MECÂNICA DOS FLUIDOS PARA ENGENHARIA

gen
Grupo
Editorial
Nacional

DÉCIMA PRIMEIRA EDIÇÃO

MECÂNICA DOS FLUIDOS PARA ENGENHARIA

DONALD F. ELGER
University of Idaho, Moscow

BARBARA A. LeBRET
University of Idaho, Moscow

CLAYTON T. CROWE
Washington State University, Pullman

JOHN A. ROBERSON
Washington State University, Pullman

Tradução e Revisão Técnica

Sérgio M. S. Soares
M.Sc. Engenharia Química
Diretor Técnico da Empresa Engenho Novo Tec. Ltda.

Tradução dos Capítulos 15 e 16

J. R. Souza, Ph.D.
Professor-Associado do Departamento de Eletrônica e Telecomunicações,
Universidade do Estado do Rio de Janeiro (UERJ)

Traduzido de
ENGINEERING FLUID MECHANICS, ELEVENTH EDITION

ISBN: 978-1-118-88068-5

Travessa do Ouvidor, 11
Rio de Janeiro, RJ – CEP 20040-040
Tels.: 21-3543-0770 / 11-5080-0770
Fax: 21-3543-0896
faleconosco@grupogen.com.br
www.grupogen.com.br

Capa: Leônidas Leite
Imagem de capa: © Okea | iStockphoto.com

Editoração Eletrônica: FOCUS Editoração Eletrônica

CIP-BRASIL. CATALOGAÇÃO NA PUBLICAÇÃO
SINDICATO NACIONAL DOS EDITORES DE LIVROS, RJ

M432
11. ed.

Mecânica dos fluidos para engenharia / Donald F. Elger ... [et al.];
tradução José Rodolfo de Souza ; tradução e revisão técnica Sérgio M. S. Soares.
- 11. ed. - Rio de Janeiro : LTC, 2019.
; 28 cm.

Tradução de: Engineering fluid mechanics
Apêndice
Inclui bibliografia e índice
ISBN 978-85-216-3596-3

1. Mecânica dos fluidos. 2. Engenharia mecânica. I. Souza, José Rodolfo de. II. Soares, Sérgio M. S.

18-54060 CDD: 532
CDU: 532

Meri Gleice Rodrigues de Souza - Bibliotecária CRB-7/6439

Esta décima primeira edição é dedicada ao
Dr. Clayton Crowe (1933-2012) e a nossos maravilhosos colegas,
alunos, amigos e familiares.
Nosso especial agradecimento aos nossos cônjuges Linda e Jim,
e ao neto de Barbara, Moses Pakootas, pela paciência e apoio.

Material Suplementar

Este livro conta com os seguintes materiais suplementares:

- Ilustrações da obra em formato de apresentação, em (.pdf) (restrito a docentes);
- Solutions Manual: arquivo em formato (.pdf), em inglês, contendo manual de soluções (restrito a docentes);
- Tabelas F.1 a F.6: arquivo em formato (.pdf), em inglês (acesso livre).

O acesso aos materiais suplementares é gratuito. Basta que o leitor se cadastre em nosso *site* (www.grupogen.com.br), faça seu *login* e clique em GEN-IO, no menu superior do lado direito. É rápido e fácil.

Caso haja alguma mudança no sistema ou dificuldade de acesso, entre em contato conosco (gendigital@grupogen.com.br).

GEN-IO (GEN | Informação Online) é o ambiente virtual de aprendizagem do GEN | Grupo Editorial Nacional, maior conglomerado brasileiro de editoras do ramo científico-técnico-profissional, composto por Guanabara Koogan, Santos, Roca, AC Farmacêutica, Forense, Método, Atlas, LTC, E.P.U. e Forense Universitária.

Os materiais suplementares ficam disponíveis para acesso durante a vigência das edições atuais dos livros a que eles correspondem.

SUMÁRIO

PREFÁCIO

Público-Alvo

Este livro foi escrito para estudantes de Engenharia de todas as carreiras que estão fazendo sua primeira ou segunda disciplina em mecânica dos fluidos. É necessário que eles tenham conhecimento prévio de Física (mecânica), Química, estática e cálculo.

Por que Escrevemos Este Livro

Nossa missão é capacitar pessoas para que exerçam a Engenharia com competência. Assim, escrevemos este livro para explicar os conceitos principais da mecânica dos fluidos em um nível apropriado para uma primeira ou segunda graduação universitária. Além disso, incluímos habilidades de Engenharia selecionadas (por exemplo, pensamentos críticos, resolução de problemas e estimativas), pois acreditamos que a prática dessas habilidades auxiliará todos os estudantes no melhor aprendizado da mecânica dos fluidos.

Abordagem

Conhecimento. Cada capítulo começa com declarações do que é importante aprender. Esses resultados do aprendizado estão formulados no sentido do que *os alunos serão capazes de fazer*. Em seguida, as seções do capítulo apresentam o conhecimento. Por fim, o conhecimento é resumido ao final de cada capítulo.

Prática com Realimentação. A pesquisa do Dr. Anders Ericsson sugere que o aprendizado é atingido por meio de uma *prática deliberada*. Esta, por sua vez, envolve executar algo e depois reunir as informações e avaliar os resultados obtidos. A fim de promover oportunidades para essa prática deliberada, fornecemos o seguinte recurso:

- Este livro contém mais de 1100 exercícios de final de capítulo. As respostas para os problemas pares selecionados são fornecidas no final do livro. Os professores podem ter acesso ao manual de soluções que está disponível, mediante cadastro, no *site* do Grupo GEN.

Características Deste Livro

Resultados do Aprendizado. Cada capítulo começa com os resultados do aprendizado, para que os estudantes possam identificar qual conhecimento devem adquirir ao estudar o capítulo.

Lógica. Cada seção descreve qual o conteúdo apresentado e por que este é relevante.

Abordagem Visual. Este livro usa desenhos e fotografias para auxiliar os estudantes a aprender de maneira mais efetiva pela conexão de imagens a palavras e equações.

Conceitos Fundamentais. Este livro apresenta os principais conceitos em um formato claro e conciso. Esses conceitos estabelecem as fundações para os níveis de aprendizado mais elevados.

Equações Seminais. Este livro enfatiza derivações técnicas, para que os estudantes possam aprendem a fazer as derivações por conta própria, aumentando seus níveis de conhecimento. As características incluem:

- As derivações das principais equações são apresentadas passo a passo.
- O significado holístico das principais equações é explicado em palavras.
- As principais equações estão nomeadas e listadas na Tabela F.2.
- As principais equações estão resumidas em tabelas nos capítulos.

- Um processo para a aplicação de cada uma das principais equações é apresentado nos capítulos.

Resumos de Capítulos. Cada capítulo termina com um resumo, para que os estudantes possam revisar os conhecimentos-chave nele contidos.

Abordagem de Processo. Um processo é um método para obter resultados. Uma abordagem de processo envolve determinar como os especialistas fazem as coisas e adaptar essa abordagem. Este livro apresenta múltiplos processos.

Modelo de Wales-Woods. O Modelo de Wales-Woods representa como os especialistas resolvem problemas. Esse modelo é apresentado no Capítulo 1 e é usado em problemas-exemplo ao longo de todo o livro.

O Método da Grade. Este livro apresenta um processo sistemático, denominado método da grade, para conduzir e cancelar unidades. A prática de unidades é enfatizada, pois ela auxilia os engenheiros a identificar e corrigir erros e porque ela ajuda-os a dar sentido aos conceitos e equações.

Unidades Tradicionais e SI. Nos exemplos e exercícios de fim de capítulo são usados tanto os sistemas de unidades SI quanto os tradicionais dos Estados Unidos. Essa apresentação ajuda os estudantes a se familiarizarem com as unidades que são usadas na prática profissional.

Problemas-Exemplo. Cada capítulo tem exemplos que mostram como o conhecimento é usado no contexto e apresentam detalhes essenciais para aplicação.

Manual de Soluções. O livro inclui um manual de soluções detalhado para os professores. Muitas soluções são apresentadas segundo o Modelo de Wales-Woods.

Galeria de Imagens. As figuras do livro estão disponíveis em formato PowerPoint, para fácil inclusão em apresentações de aula, no *site* do Grupo GEN, mediante cadastro.

Abordagem Interdisciplinar. Historicamente, este livro foi escrito para o engenheiro civil. Mantivemos essa abordagem, ao mesmo tempo em que adicionamos material para que o livro também seja apropriado para outras disciplinas da Engenharia. Por exemplo, o livro apresenta a equação de Bernoulli usando tanto termos na forma de cargas (abordagem da Engenharia Civil) como termos com unidades de pressão (a abordagem usada pelos engenheiros químicos e mecânicos). Incluímos problemas que são relevantes para desenvolvimento de produtos, de acordo com o que é praticado pelos engenheiros mecânicos e elétricos. Alguns problemas apresentam outras disciplinas, tais como a fisiologia de exercícios. A razão para essa abordagem múltipla é que o mundo do engenheiro atual está se tornando cada vez mais interdisciplinar.

O que Há de Novo na 11ª Edição

1. O Pensamento Crítico (PC) é introduzido no Capítulo 1. **Lógica:** Quando os estudantes aplicam PC, eles aprendem melhor a mecânica dos fluidos. Além disso, eles se tornam engenheiros melhores.
2. Os resultados do aprendizado são organizados em categorias. **Lógica:** O agrupamento de resultados aumenta a clareza sobre o que é importante.
3. Novo material foi adicionado ao Capítulo 1 descrevendo força, massa, peso, a lei da gravitação universal de Newton, densidade e peso específico. **Lógica:** Vimos muitos exemplos de trabalho de alunos que indicam que esses conceitos básicos algumas vezes não estão corretamente estabelecidos. Além disso, a introdução desses tópicos no Capítulo 1 possibilita abordar os cálculos de Engenharia precocemente no livro.
4. Introduzimos a **Voz do Engenheiro** no Capítulo 1 como uma forma de apresentar sabedoria. **Lógica:** A **Voz do Engenheiro** possibilita apresentar uma atitude que é amplamente compartilhada na comunidade profissional da Engenharia.
5. No Capítulo 1, foi adicionado um novo material sobre a lei dos gases ideais (LGI). **Lógica:** A seção da LGI possui agora o nível correto de detalhes técnicos para os problemas de Engenharia.
6. No Capítulo 1, o material sobre a resolução de problemas foi reescrito. Além disso, o Modelo de Wales-Woods foi resumido em uma página. **Lógica:** A resolução de problemas e a construção de modelos matemáticos são habilidades fundamentais para o engenheiro. Os conceitos no Capítulo 1 são os melhores que encontramos na literatura.
7. O Capítulo 2 possui uma nova seção sobre a determinação das propriedades dos fluidos. Essa nova seção, §2.2, contém a tabela de resumo que anteriormente estava localizada ao final do capítulo. **Lógica:** A determinação das propriedades dos fluidos é um resultado de aprendizado importante para o Capítulo 2. A nova seção enfatiza esse resultado e organiza

os conceitos. Anteriormente, o conhecimento necessário para determinar as propriedades dos fluidos estava espalhado ao longo de todo o Capítulo 2.

8. O Capítulo 2 possui uma nova seção sobre tensão, como relacionar a tensão à força, e sobre forças comuns. **Lógica:** Tensão e força são conceitos seminais na mecânica. Essa seção define os termos relevantes e mostra como eles estão relacionados.
9. As discussões no Capítulo 2 sobre a equação da tensão de cisalhamento foram editadas para aumentar a clareza e a concisão. **Lógica:** A equação da tensão de cisalhamento é uma das equações seminais da mecânica dos fluidos.
10. Nos finais de capítulos existem mais de 300 problemas novos ou revisados. **Lógica:** Tanto o aprendizado quanto a sua avaliação ficam mais fáceis com a disponibilização de problemas.
11. O Capítulo 9 foi reescrito de forma a ficar mais adequado para os estudantes que estiverem cursando sua primeira disciplina em mecânica dos fluidos.

Equipe de Autores

O livro foi escrito originalmente pelo Professor John Roberson, e o Professor Clayton Crowe adicionou material sobre escoamento compressível. O Professor Roberson deixou a autoria após a 6ª edição. O Professor Donald Elger iniciou a autoria na 7ª edição, e a Professora Barbara LeBret, na 9ª edição. O Professor Crowe deixou a autoria após a 9ª edição, tendo falecido em 5 de fevereiro de 2012.

Donald Elger, Barbara LeBret e Clayton Crowe (Foto de Archer Photography: www.archerstudio.com)

Agradecimentos

Agradecemos a nossos colegas e orientadores. Donald Elger agradece a seu orientador de Ph.D., Ronald Adams, pelas constantes indagações, na construção de todo o conteúdo, a respeito do porquê e do como. Ele também agradece a Ralph Budwig, pesquisador e colega de mecânica dos fluidos, que proporcionou muitas horas de adoráveis investigações relacionadas com essa ciência. Barbara LeBret agradece a Wilfried Brutsuert, da Cornell University e a George Bloomsburg, da University of Idaho, por a inspirarem em sua paixão pela mecânica dos fluidos. Por último, mas não menos importante, agradecemos a nosso revisor técnico, Daniel Flick, pelo excelente trabalho.

Donald F. Elger

Barbara A. LeBret

TABELA F.1 Fórmulas para Conversões de Unidades*

Nome, Símbolo, Dimensões			Fórmula de Conversão
Comprimento	L	L	**1 m** = 3,281 ft = 1,094 jarda = 39,37 in = km/1000 = 10^6 μm **1 ft** = 0,3048 m = 12 in = milha/5280 = km/3281 **1 mm** = m/1000 = in/25,4 = 39,37 mil = 1000 μm = 10^7Å
Velocidade	V	L/T	**1 m/s** = 3,600 km/h = 3,281 ft/s = 2,237 mph = 1,944 nós **1 ft/s** = 0,3048 m/s = 0,6818 mph = 1,097 km/h = 0,5925 nó
Massa	m	M	**1 kg** = 2,205 lbm = 1000 g = slug/14,59 = (tonelada métrica ou t ou Mg)/1000 **1 lbm** = lbf·s²/(32,17 ft) = kg/2,205 = slug/32,17 = 453,6 g = 16 oz = 7000 grãos = tonelada curta/2000 = tonelada métrica (t)/2205
Massa específica	ρ	M/L^3	**1000 kg/m³** = 62,43 lbm/ft³ = 1,940 slug/ft³ = 8,345 lbm/gal (EUA)
Força	F	ML/T^2	**1 lbf** = 4,448 N = 32,17 lbm·ft /s² **1 N** = kg·m/s² = 0,2248 lbf = 10^5 dina
Pressão, tensão de cisalhamento	p, τ	M/LT^2	**1 Pa** = N/m² = kg/m·s² = 10^{-5} bar = 1,450 × 10^{-4} lbf/in² = polegadas H_2O/249,1 = 0,007501 torr = 10,00 dina/cm² **1 atm** = 101,3 kPa = 2116 psf = 1,013 bar = 14,70 lbf/in² = 33,90 ft de água = 29,92 in de mercúrio = 10,33 m de água = 760 mm de mercúrio = 760 torr **1 psi** = atm/14,70 = 6,895 kPa = 27,68 in de H_2O = 51,71 torr
Volume	$\forall$	L^3	**1 m³** = 35,31 ft³ = 1000 L = 264,2 gal (EUA) **1 ft³** = 0,02832 m³ = 28,32 L = 7,481 gal (EUA) = acre-ft /43.560 **1 gal (EUA)** = 231 in³ = barril (petróleo)/42 = 4 quartos Estados Unidos = 8 pintas Estados Unidos = 3,785 L = 0,003785 m³
Vazão volumétrica	Q	L^3/T	**1 m³/s** = 35,31 ft³/s = 2119 cfm = 264,2 gal (EUA)/s = 15.850 gal (EUA)/m **1 cfs** = 1 ft³/s = 28,32 L/s = 7,481 gal (EUA)/s = 448,8 gal (EUA)/m
Vazão mássica	$\dot{m}$	M/T	**1 kg/s** = 2,205 lbm/s = 0,06852 slug/s
Energia e trabalho	E, W	ML^2/T^2	**1 J** = kg·m²/s² = N·m = W·s = volt·coulomb = 0,7376 ft·lbf = 9,478 × 10^{-4} Btu = 0,2388 cal = 0,0002388 Cal = 10^7 erg = kWh/3,600 × 10^6
Potência	P, $\dot{E}$, $\dot{W}$	ML^2/T^3	**1 W** = J/s = N·m/s = kg·m²/s³ = 1,341 × 10^{-3} hp = 0,7376 ft·lbf/s = 1,0 volt-ampere = 0,2388 cal/s = 9,478 × 10^{-4} Btu/s **1 hp** = 0,7457 kW = 550 ft·lbf/s = 33.000 ft·lbf/min = 2544 Btu/h
Velocidade angular	ω	T^{-1}	**1,0 rad/s** = 9,549 rpm = 0,1591 rev/s
Viscosidade	μ	M/LT	**1 Pa·s** = kg/m·s = N·s/m² = 10 poise = 0,02089 lbf·s/ft² = 0,6720 lbm/ft·s
Viscosidade cinemática	ν	L^2/T	**1 m²/s** = 10,76 ft²/s = 10^6 cSt
Temperatura	T	Θ	**K** = °C + 273,15 = °R/1,8 **°C** = (°F − 32)/1,8 **°R** = °F + 459,67 = 1,8 K **°F** = 1,8 °C + 32

*Visite www.onlineconversion.com para referência *on-line* útil.

TABELA F.2 Equações Comumente Usadas

Equações da lei dos gases ideais

$p = \rho RT$

$p\forall = mRT$

$p\forall = nR_uT$

$M = m/n;\ R = R_u/M$ (§1.6)

Peso específico

$\gamma = \rho g$ (Eq. 1.21)

Viscosidade cinemática

$\nu = \mu/\rho$ (Eq. 2.1)

Gravidade específica

$$S = \frac{\rho}{\rho_{\text{H}_2\text{O a 4°C}}} = \frac{\gamma}{\gamma_{\text{H}_2\text{O a 4°C}}} \quad \text{(Eq. 2.3)}$$

Definição de viscosidade

$$\tau = \mu \frac{dV}{dy} \quad \text{(Eq. 2.15)}$$

Equações da pressão

$p_{\text{man}} = p_{\text{abs}} - p_{\text{atm}}$ (Eq. 3.3a)

$p_{\text{vácuo}} = p_{\text{atm}} - p_{\text{abs}}$ (Eq. 3.3b)

Equação hidrostática

$$\frac{p_1}{\gamma} + z_1 = \frac{p_2}{\gamma} + z_2 = \text{constante} \quad \text{(Eq. 3.10a)}$$

$$p_z = p_1 + \gamma z_1 = p_2 + \gamma z_2 = \text{constante} \quad \text{(Eq. 3.10b)}$$

$$\Delta p = -\gamma \Delta z \quad \text{(Eq. 3.10c)}$$

Equações manométricas

$$p_2 = p_1 + \sum_{\text{baixo}} \gamma_i h_i - \sum_{\text{alto}} \gamma_i h_i \quad \text{(Eq. 3.21)}$$

$$h_1 - h_2 = \Delta h(\gamma_B/\gamma_A - 1) \quad \text{(Eq. 3.22)}$$

Equações da força hidrostática (superfícies planas)

$$F_P = \bar{p}A \quad \text{(Eq. 3.28)}$$

$$y_{\text{cp}} - \bar{y} = \frac{\bar{I}}{\bar{y}A} \quad \text{(Eq. 3.33)}$$

Força de empuxo (equação de Arquimedes)

$$F_B = \gamma \forall_D \quad \text{(Eq. 3.41a)}$$

A equação de Bernoulli

$$\left(\frac{p_1}{\gamma} + \frac{V_1^2}{2g} + z_1\right) = \left(\frac{p_2}{\gamma} + \frac{V_2^2}{2g} + z_2\right) \quad \text{(Eq. 4.21b)}$$

$$\left(p_1 + \frac{\rho V_1^2}{2} + \rho g z_1\right) = \left(p_2 + \frac{\rho V_2^2}{2} + \rho g z_2\right) \quad \text{(Eq. 4.21a)}$$

Equação da vazão volumétrica

$$Q = \bar{V}A = \frac{\dot{m}}{\rho} = \int_A V\,dA = \int_A \mathbf{V} \cdot d\mathbf{A} \quad \text{(Eq. 5.10)}$$

Equação da vazão mássica

$$\dot{m} = \rho A \bar{V} = \rho Q = \int_A \rho V\,dA = \int_A \rho \mathbf{V} \cdot d\mathbf{A} \quad \text{(Eq. 5.11)}$$

Equação da continuidade

$$\frac{d}{dt}\int_{\text{vc}} \rho\, d\forall + \int_{\text{sc}} \rho \mathbf{V} \cdot d\mathbf{A} = 0 \quad \text{(Eq. 5.28)}$$

$$\frac{d}{dt} M_{\text{vc}} + \sum_{\text{sc}} \dot{m}_o - \sum_{\text{sc}} \dot{m}_i = 0 \quad \text{(Eq. 5.29)}$$

$$\rho_2 A_2 V_2 = \rho_1 A_1 V_1 \quad \text{(Eq. 5.33)}$$

Equação do momento

$$\sum \mathbf{F} = \frac{d}{dt}\int_{\text{vc}} \mathbf{v}\rho\, d\forall + \int_{\text{sc}} \mathbf{v}\rho \mathbf{V} \cdot d\mathbf{A} \quad \text{(Eq. 6.7)}$$

$$\sum \mathbf{F} = \frac{d(m_{\text{vc}}\mathbf{v}_{\text{vc}})}{dt} + \sum_{\text{sc}} \dot{m}_o \mathbf{v}_o - \sum_{\text{sc}} \dot{m}_i \mathbf{v}_i \quad \text{(Eq. 6.10)}$$

Equação da energia

$$\left(\frac{p_1}{\gamma} + \alpha_1 \frac{\bar{V}_1^2}{2g} + z_1\right) + h_b = \left(\frac{p_2}{\gamma} + \alpha_2 \frac{\bar{V}_2^2}{2g} + z_2\right) + h_t + h_L \quad \text{(Eq. 7.29)}$$

A equação da potência

$$P = FV = T\omega \quad \text{(Eq. 7.3)}$$

$$P = \dot{m}gh = \gamma Q h \quad \text{(Eq. 7.31)}$$

Eficiência de uma máquina

$$\eta = \frac{P_{\text{saída}}}{P_{\text{entrada}}} \quad \text{(Eq. 7.32)}$$

Número de Reynolds (tubo)

$$\text{Re}_D = \frac{VD}{\nu} = \frac{\rho VD}{\mu} = \frac{4Q}{\pi D \nu} = \frac{4\dot{m}}{\pi D \mu} \quad \text{(Eq. 10.1)}$$

Equação da perda de carga combinada

$$h_L = \sum_{\text{tubos}} f \frac{L}{D}\frac{V^2}{2g} + \sum_{\text{componentes}} K \frac{V^2}{2g} \quad \text{(Eq. 10.45)}$$

Fator de atrito *f* (coeficiente de resistência)

$$f = \frac{64}{\text{Re}_D} \quad \text{Re}_D \le 2000 \quad \text{(Eq. 10.34)}$$

$$f = \frac{0{,}25}{\left[\log_{10}\left(\frac{k_s}{3{,}7D} + \frac{5{,}74}{\text{Re}_D^{0,9}}\right)\right]^2} \quad (\text{Re}_D \ge 3000) \quad \text{(Eq. 10.39)}$$

Equação da força de arrasto

$$F_D = C_D A\left(\frac{\rho V_0^2}{2}\right) \quad \text{(Eq. 11.5)}$$

Equação da força ascensional

$$F_L = C_L A\left(\frac{\rho V_0^2}{2}\right) \quad \text{(Eq. 11.17)}$$

TABELA F.3 Constantes Úteis

Nome da Constante	Valor
Aceleração da gravidade	$g = 9{,}81\ \text{m/s}^2 = 32{,}2\ \text{ft/s}^2$
Constante universal dos gases	$R_u = 8{,}314\ \text{kJ/kmol} \cdot \text{K} = 1545\ \text{ft} \cdot \text{lbf/lbmol} \cdot °\text{R}$
Pressão atmosférica padrão	$p_{\text{atm}} = 1{,}0\ \text{atm} = 101{,}3\ \text{kPa} = 14{,}70\ \text{psi} = 2116\ \text{psf} = 33{,}90\ \text{ft de água}$ $p_{\text{atm}} = 10{,}33\ \text{m de água} = 760\ \text{mm de Hg} = 29{,}92\ \text{in de Hg} = 760\ \text{torr} = 1{,}013\ \text{bar}$

TABELA F.4 Propriedades do Ar [$T = 20°\text{C}\ (68°\text{F}), p = 1\ \text{atm}$]

Propriedade	Unidades SI	Unidades Tradicionais
Constante específica do gás	$R_{\text{ar}} = 287{,}0\ \text{J/kg} \cdot \text{K}$	$R_{\text{ar}} = 1716\ \text{ft} \cdot \text{lbf/slug} \cdot °\text{R}$
Massa específica	$\rho = 1{,}20\ \text{kg/m}^3$	$\rho = 0{,}0752\ \text{lbm/ft}^3 = 0{,}00234\ \text{slug/ft}^3$
Peso específico	$\gamma = 11{,}8\ \text{N/m}^3$	$\gamma = 0{,}0752\ \text{lbf/ft}^3$
Viscosidade	$\mu = 1{,}81 \times 10^{-5}\ \text{N} \cdot \text{s/m}^2$	$\mu = 3{,}81 \times 10^{-7}\ \text{lbf} \cdot \text{s/ft}^2$
Viscosidade cinemática	$\nu = 1{,}51 \times 10^{-5}\ \text{m}^2/\text{s}$	$\nu = 1{,}63 \times 10^{-4}\ \text{ft}^2/\text{s}$
Razão do calor específico	$k = c_p/c_v = 1{,}40$	$k = c_p/c_v = 1{,}40$
Calor específico	$c_p = 1004\ \text{J/kg} \cdot \text{K}$	$c_p = 0{,}241\ \text{Btu/lbm} \cdot °\text{R}$
Velocidade do som	$c = 343\ \text{m/s}$	$c = 1130\ \text{ft/s}$

TABELA F.5 Propriedades da Água [$T = 15°\text{C}\ (59°\text{F}), p = 1\ \text{atm}$]

Propriedade	Unidades SI	Unidades Tradicionais
Massa específica	$\rho = 999\ \text{kg/m}^3$	$\rho = 62{,}4\ \text{lbm/ft}^3 = 1{,}94\ \text{slug/ft}^3$
Peso específico	$\gamma = 9800\ \text{N/m}^3$	$\gamma = 62{,}4\ \text{lbf/ft}^3$
Viscosidade	$\mu = 1{,}14 \times 10^{-3}\ \text{N} \cdot \text{s/m}^2$	$\mu = 2{,}38 \times 10^{-5}\ \text{lbf} \cdot \text{s/ft}^2$
Viscosidade cinemática	$\nu = 1{,}14 \times 10^{-6}\ \text{m}^2/\text{s}$	$\nu = 1{,}23 \times 10^{-5}\ \text{ft}^2/\text{s}$
Tensão superficial (água-ar)	$\sigma = 0{,}073\ \text{N/m}$	$\sigma = 0{,}0050\ \text{lbf/ft}$
Módulo de elasticidade volumétrico	$E_v = 2{,}14 \times 10^9\ \text{Pa}$	$E_v = 3{,}10 \times 10^5\ \text{psi}$

TABELA F.6 Propriedades da Água [$T = 4°\text{C}\ (39°\text{F}), p = 1\ \text{atm}$]

Propriedade	Unidades SI	Unidades Tradicionais
Massa específica	$\rho = 1000\ \text{kg/m}^3$	$\rho = 62{,}4\ \text{lbm/ft}^3 = 1{,}94\ \text{slug/ft}^3$
Peso específico	$\gamma = 9810\ \text{N/m}^3$	$\gamma = 62{,}4\ \text{lbf/ft}^3$

MECÂNICA DOS FLUIDOS PARA ENGENHARIA

CAPÍTULO **UM**

Introdução

OBJETIVO DO CAPÍTULO Nosso objetivo é prepará-lo para o sucesso. Sucesso significa praticar a Engenharia com habilidade. Este capítulo apresenta (a) tópicos da mecânica dos fluidos e (b) habilidades em Engenharia. As habilidades em Engenharia são opcionais, entretanto, as incluímos porque acreditamos que aplicá-las enquanto você aprende a mecânica dos fluidos fortalecerá o seu conhecimento sobre o assunto, ao mesmo tempo em que irá torná-lo um melhor engenheiro.

FIGURA 1.1

Como engenheiros, temos a tarefa de projetar sistemas fascinantes, tal como este planador. Isso é excitante! (© Ben Blankenburg/Corbis RF/Age Fotostock America, Inc.)

RESULTADOS DO APRENDIZADO

MECÂNICA DOS FLUIDOS PARA ENGENHARIA (§1.1*).

- Definir Engenharia.
- Definir mecânica dos fluidos.

TÓPICOS DA CIÊNCIA DOS MATERIAIS (§1.2).

- Explicar os comportamentos dos materiais usando uma abordagem microscópica ou macroscópica, ou ambas.
- Conhecer as principais características dos líquidos, gases e fluidos.
- Compreender os conceitos de corpo, a partícula material, corpo como uma partícula, e a hipótese de meio contínuo.

DENSIDADE E PESO ESPECÍFICO (§1.5).

- Conhecer os principais conceitos sobre $W = mg$
- Conhecer os principais conceitos sobre densidade e massa específica.

A LEI DOS GASES IDEAIS (LGI) (§1.6).

- Descrever um gás ideal e um gás real.
- Converter unidades de temperatura, pressão e mol/massa.
- Aplicar as equações da LGI.

HABILIDADES DE ENGENHARIA OPCIONAIS (§1.1, §1.3, §1.4, §1.7, §1.8).

- Aplicar um raciocínio crítico aos problemas de mecânica dos fluidos.
- Fazer estimativas ao resolver problemas de mecânica dos fluidos.
- Aplicar conceitos de cálculo à mecânica dos fluidos.
- Conduzir e cancelar unidades ao realizar cálculos.
- Verificar se uma equação é DH (dimensionalmente homogênea).
- Aplicar métodos de resolução de problemas aos problemas de mecânica dos fluidos.

*O símbolo § significa "seção"; por exemplo, a notação "§1.1" significa Seção 1.1.

1.1 Mecânica dos Fluidos para Engenharia

Nesta seção explicamos o que significa a mecânica dos fluidos, e então introduzimos o *pensamento crítico* (PC), um método que está no cerne da boa prática da Engenharia.

Sobre a Mecânica dos Fluidos para Engenharia

Por que estudar a mecânica dos fluidos para Engenharia? Para responder a essa pergunta, vamos começar com alguns exemplos:

- Quando as pessoas começaram a viver nas cidades, elas se depararam com problemas envolvendo a água. Quem resolveu esses problemas foram os engenheiros. Por exemplo, os engenheiros projetaram os aquedutos para levar a água às pessoas. Os engenheiros inovaram tecnologias para remover as águas residuais das cidades e, dessa forma, mantiveram as cidades limpas e isentas de efluentes. Os engenheiros desenvolveram tecnologias para tratar a água de modo a remover doenças e perigos relacionados com ela, tais como o arsênio.
- Em certa época, não existiam veículos aéreos. Assim, os Irmãos Wright aplicaram a metodologia da Engenharia para desenvolver o primeiro avião do mundo. Na década de 1940, os engenheiros desenvolveram motores a jato funcionais. Mais recentemente, os engenheiros da *The Boeing Company* desenvolveram o *787 Dreamliner*.
- As pessoas têm acesso à energia elétrica, pois os engenheiros desenvolveram tecnologias como a turbina d'água, a turbina de vento, o gerador elétrico, o motor e o sistema de distribuição elétrica.

Os exemplos anteriores revelam que os engenheiros resolvem problemas e inovam de maneiras que levam ao desenvolvimento ou ao aprimoramento da tecnologia. *Como os engenheiros são capazes de realizar essas difíceis tarefas?* Por que os irmãos Wright foram capazes de obter sucesso? Qual era o "molho secreto" que Edison tinha? A resposta é que os engenheiros desenvolveram uma metodologia para o sucesso chamada de **metodologia da Engenharia**, a qual, na realidade, é uma combinação de submetodologias, tais como a construção de modelos matemáticos, a concepção e condução de experimentos, e o projeto e construção de sistemas físicos.

Com base nas ideias que acabaram de ser apresentadas, a **Engenharia** é o conjunto dos conhecimentos que estão relacionados com a solução de problemas por meio da criação, do projeto, da aplicação e da melhoria de tecnologias. A **mecânica dos fluidos para Engenharia** é a Engenharia quando um projeto envolve um conhecimento substancial da disciplina da mecânica dos fluidos.

Definindo Mecânica

Mecânica é o ramo da ciência que trata do movimento e das forças que produzem esse movimento. A mecânica está organizada em duas categorias principais: **mecânica sólida** (materiais no estado sólido) e **mecânica dos fluidos** (materiais no estado gasoso ou líquido). Note que muitos dos conceitos da mecânica se aplicam tanto à mecânica dos fluidos quanto à mecânica dos sólidos.

Pensamento Crítico (PC)

Esta seção introduz o pensamento crítico. Lógica. (1) O coração da metodologia da Engenharia é o pensamento crítico (PC); assim sendo, a habilidade com o PC irá lhe proporcionar os recursos para bem praticar a Engenharia. (2) A aplicação de PC enquanto você está aprendendo mecânica dos fluidos irá resultar em um melhor aprendizado.

São comuns os exemplos de PC. Um exemplo é visto quando um detetive da polícia utiliza evidência física e raciocínio dedutivo para chegar a uma conclusão com relação a quem cometeu um crime. Um segundo exemplo ocorre quando um médico usa os dados de exames diagnósticos e a evidência de um exame físico para chegar a uma conclusão da razão pela qual um paciente está doente. Um terceiro exemplo existe quando um engenheiro pesquisador coleta dados experimentais sobre o fluxo de um lençol freático, chega a algumas conclusões e as publica em uma revista científica. Um quarto exemplo surge quando um engenheiro praticante

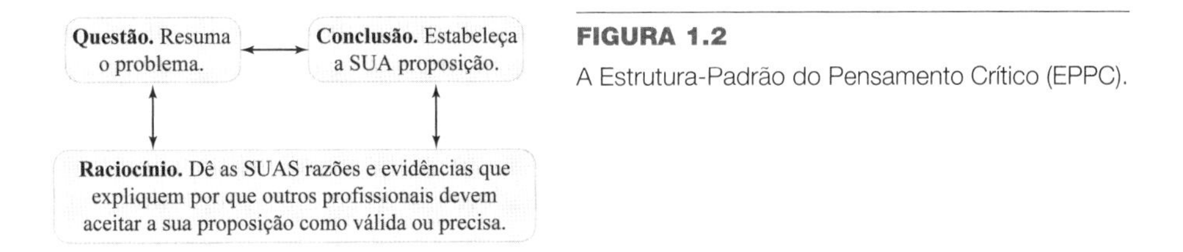

FIGURA 1.2
A Estrutura-Padrão do Pensamento Crítico (EPPC).

usa dados experimentais e cálculos de Engenharia para concluir que o Local ABC é uma boa escolha para a instalação de uma turbina de vento. Esses exemplos revelam alguns fatos sobre o pensamento crítico:

- O PC é usado por profissionais na maioria das áreas (por exemplo, detetives, médicos, cientistas e engenheiros).
- Os profissionais aplicam o PC para evitar os principais erros e enganos. Nenhum detetive competente deseja que uma pessoa inocente seja condenada por um crime. Nenhum médico competente quer fazer um diagnóstico incorreto. Nenhum engenheiro competente quer que uma ponte caia.
- O PC envolve métodos que são aceitos e endossados por uma comunidade profissional. Por exemplo, o método da impressão digital é aceito dentro da comunidade que implementa e garante o cumprimento das leis. De maneira semelhante, a Engenharia possui muitos métodos que são de consenso geral (você pode aprender alguns desses métodos neste livro).

Em resumo, **pensamento crítico** é um conjunto de crenças e de metodologias que são aceitas por uma comunidade profissional para a obtenção de uma conclusão coerente ou firme. A seguir, alguns exemplos das crenças associadas ao PC:

- Quero determinar qual é a melhor ideia ou o que está mais correto (não tenho interesse em *estar correto*; quero saber o *que é correto*).
- Quero assegurar que o meu trabalho técnico é válido ou correto (não quero maiores erros ou falhas; retrocedo para validar as minhas descobertas).
- Estou aberto a novas crenças e ideias, especialmente quando essas ideias estão alinhadas com o conhecimento e as crenças da comunidade profissional (não fico parado pensando que estou sempre certo, que minhas ideias são as melhores, ou que eu sei tudo; estando aberto a novas ideias, eu me abro para aprender).

Em relação à "como exercer o pensamento crítico", nós ensinamos e aplicamos a **Estrutura-Padrão do PC** (Fig. 1.2), que envolve três métodos:

1. **Questão.** Defina o problema que você está tentando resolver, de modo que ele fique claro e não ambíguo. Note que com frequência você terá que reescrever ou parafrasear o tema ou a questão.
2. **Raciocínio.** Liste as razões que explicam por que os profissionais devem aceitar a sua proposição (isto é, sua resposta, sua explicação, sua conclusão ou sua recomendação). Para criar o seu raciocínio, tome ações, tal como estabelecer os fatos, citar referências, definir termos, aplicar lógica dedutiva, aplicar raciocínio indutivo, e construir subconclusões.
3. **Conclusões.** Estabeleça a sua proposição. Certifique-se de que a sua proposição aborda a questão. Reconheça que uma proposição pode ser apresentada de múltiplas maneiras, tal como uma resposta, uma recomendação ou a sua posição em uma questão controversa.

1.2 Como os Materiais São Idealizados

Para entender o comportamento dos materiais, os engenheiros aplicam algumas ideias simples. Esta seção apresenta parte dessas ideias.

As Descrições Microscópica e Macroscópica

Os engenheiros lutam para compreender as coisas. Por exemplo, um engenheiro pode perguntar: por que a Liga de Aço nº 1 falha enquanto a Liga de Aço nº 2 não falha para uma mesma aplicação? Ou então, um engenheiro pode perguntar: por que a água ferve? Por que às vezes essa ebulição danifica os materiais, como em um processo de cavitação*? Para abordar essas questões sobre os materiais, os engenheiros aplicam frequentemente as seguintes ideias:

- **Descrição Microscópica.** Explica alguma coisa sobre um material por meio da descrição do que está acontecendo no nível atômico (isto é, descrevendo os átomos, moléculas, elétrons etc.).
- **Descrição Macroscópica.** Explica alguma coisa sobre um material sem recorrer a descrições no nível atômico.

Forças entre Moléculas

Uma das melhores maneiras para compreender os materiais consiste em aplicar a ideia de que as moléculas atraem umas às outras se elas estiverem próximas entre si, e que elas se repelem se ficarem próximas demais† (Fig. 1.3).

Definindo Líquido, Gás e Fluido

Na ciência, existem quatro estados da matéria: gasoso, líquido, sólido e plasma. Um **gás** é um estado da matéria em que as moléculas estão, na média, distantes entre si, de modo que as forças entre as moléculas (ou átomos) são tipicamente muito pequenas ou iguais a zero. Consequentemente, um gás não possui uma forma definida, e também carece de um volume fixo, já que um gás irá sempre se expandir para preencher o recipiente no interior do qual ele se encontra.

Um **líquido** é um estado da matéria em que as moléculas, na média, estão próximas umas às outras, de modo que as forças entre as moléculas (ou átomos) são fortes. Além disso, as moléculas estão relativamente livres para se moverem umas em relação às outras. Em comparação, quando um material está no estado sólido, os átomos tendem a ficar fixos no local – por exemplo, em uma rede cristalina. Dessa maneira, um líquido escoa facilmente quando comparado a um sólido. Por causa das fortes forças que existem entre as moléculas, um líquido possui um volume fixo, mas não uma forma fixa.

FIGURA 1.3
Uma descrição‡ das forças entre as moléculas.

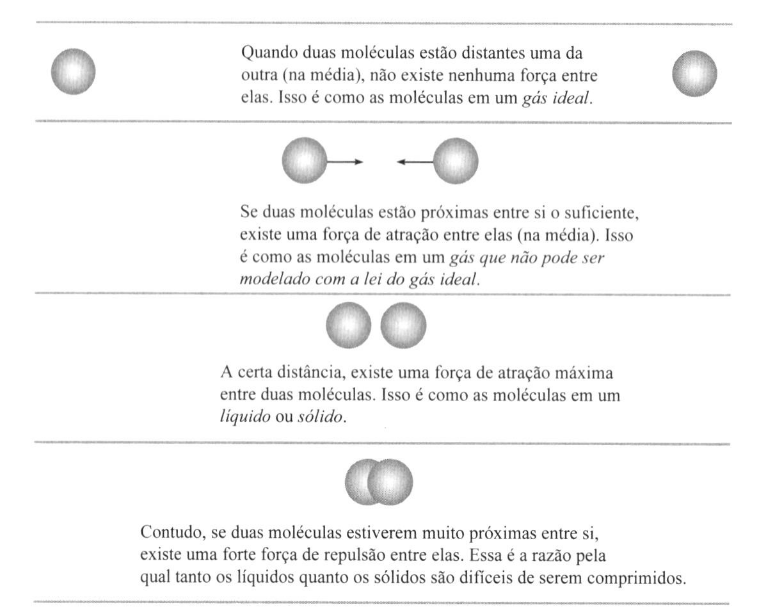

*A *cavitação* será explicada em §5.5.
†Dr. Richard Feynman, que recebeu o Prêmio Nobel de Física, chama isso a *ideia individual mais importante na ciência*. Ver as *Feynman Lectures on Physics*, Vol. 1, p. 2.
‡Para detalhes adicionais sobre as forças entre moléculas, consulte uma fonte especializada, tal como um livro-texto de química ou um professor que ensine ciência dos materiais.

TABELA 1.1 Comparação entre Sólidos, Líquidos e Gases

Atributo	Sólido	Líquido	Gás
Visualização Típica			
Descrição	Os sólidos mantêm a sua forma; não existe a necessidade de um recipiente	Os líquidos assumem a forma do recipiente e ficarão em um recipiente aberto	Os gases se expandem para preencher um recipiente fechado
Mobilidade das Moléculas	As moléculas possuem baixa mobilidade, pois elas estão ligadas em uma estrutura por meio de fortes forças intermoleculares	As moléculas se movem livremente umas entre as outras, apesar de haver fortes forças intermoleculares entre as moléculas	As moléculas se movem livremente umas entre as outras com pequena interação entre si, exceto durante colisões; essa é a razão pela qual os gases se expandem para preencher o seu recipiente
Densidade Típica	Com frequência elevada; por exemplo, a densidade do aço é 7.700 kg/m^3	Média; por exemplo, a densidade da água é 1.000 kg/m^3	Pequena; por exemplo, a densidade do ar ao nível do mar é 1,2 kg/m^3
Espaçamento Molecular	Pequeno – as moléculas estão próximas umas às outras	Pequeno – as moléculas são mantidas próximas umas às outras por meio de forças intermoleculares	Grande – na média, as moléculas estão distantes umas das outras
Efeito da Tensão de Cisalhamento	Produz deformação	Produz escoamento	Produz escoamento
Efeito da Tensão Normal	Produz deformação que pode estar associada a uma mudança no volume; pode provocar falha do material	Produz deformação associada com alteração no volume	Produz deformação associada com alteração no volume
Viscosidade	Não se aplica	Alta; diminui com o aumento da temperatura	Baixa; aumenta com a elevação da temperatura
Compressibilidade	Difícil de comprimir; o módulo bruto para o aço é de 160×10^9 Pa	Difícil de comprimir; o módulo bruto para a água líquida é de $2,2 \times 10^9$ Pa	Fácil de comprimir; o módulo bruto de um gás nas condições ambientes é de aproximadamente $1,0 \times 10^5$ Pa

O termo **fluido** se refere tanto a um líquido quanto a um gás, e é definido geralmente como um estado da matéria em que o material escoa livremente sob a ação de uma tensão de cisalhamento*.

A Tabela 1.1 fornece fatos adicionais sobre os sólidos, líquidos e gases. Note que muitas das características nessa tabela podem ser explicadas aplicando-se as ideias na Figura 1.3. **Exemplo.** A densidade de um líquido ou de um sólido é muito maior que a densidade de um gás, pois as fortes forças de atração em um líquido ou em um sólido atuam para que as moléculas fiquem mais próximas umas das outras. **Exemplo.** Um líquido é difícil de comprimir, pois as moléculas irão possuir fortes forças de repulsão se elas se aproximarem ainda mais umas das outras. Em contraste, um gás pode ser comprimido com facilidade, pois não existem forças (na média) entre as moléculas.

O Corpo, a Partícula Material, o Corpo como uma Partícula

Os engenheiros inventaram termos que podem ser usados para descrever *qualquer material*. Aprender esse vocabulário vai ajudá-lo a aprender Engenharia.

*A tensão de cisalhamento é explicada na §2.4.

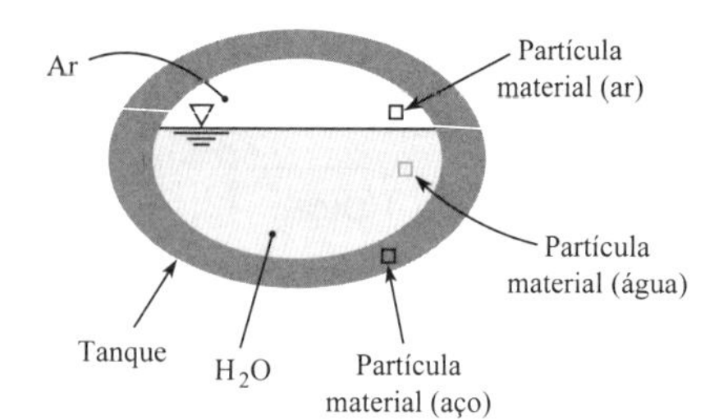

FIGURA 1.4

Para encontrar exemplos de partículas materiais: (1) Selecione qualquer corpo; por exemplo, selecionamos um tanque de aço preenchido com água e ar. (2) Selecione uma pequena quantidade de matéria e defina esse pequeno aglomerado de matéria como uma partícula material. Esta figura mostra uma partícula material composta por ar, uma partícula material composta por água e uma partícula material composta por aço.

Em Engenharia, o termo "corpo" ou "corpo material" possui um significado especial. Exemplos: uma xícara de café pode ser um *corpo*. O ar dentro de uma bola de basquete pode ser um *corpo*. Um avião a jato pode ser um *corpo*. **Corpo** ou **corpo material** é um rótulo para identificar objetos ou uma matéria que existe no mundo real, sem especificar o objeto em particular. É como aplicar o termo "esportes" para identificar muitas atividades (por exemplo, futebol, tênis, golfe ou natação) sem especificar um esporte em particular.

Uma **partícula material** consiste em uma pequena região da matéria dentro de um *corpo material* (Fig. 1.4). Alguns fatos úteis sobre partículas materiais são os seguintes:

- Uma partícula material é imaginada com frequência como *infinitesimal* no sentido do cálculo da matemática.
- Uma partícula material pode ser selecionada ou visualizada para que possua qualquer forma (por exemplo, esférica, cúbica, cilíndrica ou amorfa*).
- O termo "partícula de fluido" se refere a uma partícula material que é composta por um líquido ou um gás.

Existe outra maneira segundo a qual os engenheiros usam o termo "partícula". Por exemplo, para modelar o movimento de um avião, um engenheiro pode idealizar o avião como uma *partícula*. Um livro de física pode estabelecer que a segunda lei do movimento de Newton se aplica apenas a uma *partícula*. Nesse contexto, o termo possui um significado diferente de *partícula material*. Esse conceito alternativo é de que a **partícula (o corpo como uma partícula)** é uma maneira de idealizar um corpo material como se toda a massa desse corpo estivesse concentrada em um ponto e as dimensões do corpo fossem desprezíveis.

Resumo. Existem dois conceitos distintos usados na Engenharia: a *partícula material* e o *corpo como uma partícula*. Contudo, é comum que o rótulo "partícula" seja usado para ambas as ideias. Os engenheiros em geral determinam qual é a ideia em questão, de acordo com o contexto no qual o termo está sendo usado.

A Hipótese de Meio Contínuo

Uma vez que um corpo de um fluido é composto por moléculas, as suas propriedades são devidas ao comportamento molecular médio. Isto é, um fluido se comporta geralmente como se fosse composto por uma matéria contínua que pode ser infinitamente dividida em partes cada vez menores. Essa ideia é chamada de **hipótese de meio contínuo**.

Quando a hipótese de meio contínuo é válida, os engenheiros podem aplicar os conceitos de limite do cálculo diferencial. Um conceito de limite geralmente envolve deixar um comprimento, uma área ou um volume se aproximar de zero. Por causa da hipótese de meio contínuo, propriedades do fluido, como densidade e velocidade, podem ser consideradas funções contínuas da posição, com um valor em cada ponto no espaço.

Para ganhar uma visão da validade da hipótese de meio contínuo, considere um experimento hipotético para determinar a densidade. A Figura 1.5a mostra um recipiente contendo um gás em que um volume $\Delta V\!\!\!\!-$ foi identificado. A ideia consiste em determinar a massa das moléculas Δm dentro do volume e então calcular a densidade por meio de

$$\rho = \frac{\Delta m}{\Delta V\!\!\!\!-}$$

*"Amorfo" significa sem uma forma claramente definida.

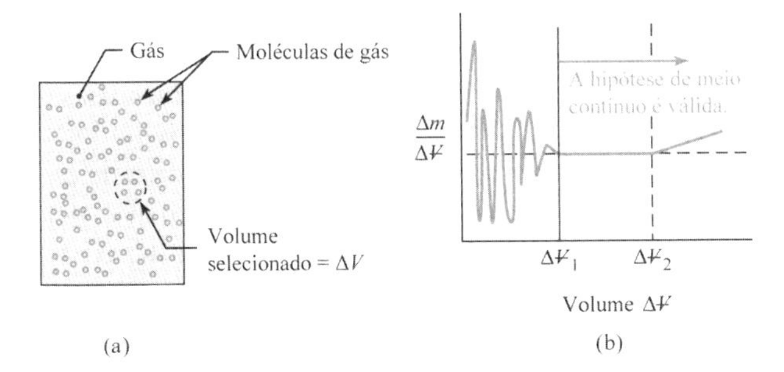

FIGURA 1.5
Quando um volume de medição ΔV é grande o suficiente para que os efeitos moleculares aleatórios se anulem na média, a hipótese de meio contínuo é válida.

A densidade calculada está plotada na Figura 1.5b. Quando o volume de medição ΔV é muito pequeno (se aproxima de zero), o número de moléculas em seu interior irá variar ao longo do tempo por causa da natureza aleatória do movimento molecular. Dessa forma, a densidade irá variar, conforme mostrado pelas oscilações na linha cinza. À medida que o volume aumenta, as variações na densidade calculada irão diminuir até que a densidade calculada seja independente do volume de medição. Essa condição corresponde à linha vertical em ΔV_1. Se o volume for muito grande, como mostrado por ΔV_2, então o valor da densidade poderá variar por causa das variações espaciais.

Para a maioria das aplicações, a hipótese de meio contínuo é válida, como mostrado no exemplo a seguir.

EXEMPLO. A teoria da probabilidade mostra que até mesmo 10^6 moléculas em um volume irá permitir a determinação da densidade com precisão superior a 1%. Assim sendo, um cubo que contenha 10^6 moléculas deve ser grande o suficiente para estimar com precisão propriedades macroscópicas como a densidade e a velocidade. Determine o comprimento de aresta de um cubo que contém 10^6 moléculas. Considere condições ambiente. Faça os cálculos para (a) água e (b) ar.

Solução. (a) O número de moles de água é $10^6/6{,}02 \times 10^{23} = 1{,}66 \times 10^{-18}$ mol. A massa de água equivalente é $(1{,}66 \times 10^{-18}\ \text{mol})(0{,}0180\ \text{kg/mol}) = 2{,}99 \times 10^{-20}$ kg. O volume do cubo é $(2{,}99 \times 10^{-20}\ \text{kg})(999\ \text{kg/m}^3) = 2{,}99 \times 10^{-23}\ \text{m}^3$. Dessa forma, o comprimento da aresta de um cubo é igual a $3{,}1 \times 10^{-8}$ m. (b) Repetindo esse cálculo com o ar, temos um comprimento de aresta de $3{,}5 \times 10^{-7}$ m.

Revisão. Para que a hipótese de meio contínuo seja aplicável, o objeto que está sendo analisado deve ser maior do que os comprimentos calculados na solução. Se adotarmos um tamanho 100 vezes maior como critério, então a *hipótese de meio contínuo se aplica* para objetos com as seguintes dimensões:

- Comprimento $(L) > 3{,}1 \times 10^{-6}$ m (para a água líquida nas condições ambientes)
- Comprimento $(L) > 3{,}5 \times 10^{-5}$ m (para o ar nas condições ambientes)

Dadas as duas escalas de comprimento que acabam de ser calculadas, fica aparente que a *hipótese de meio contínuo se aplica à maioria dos problemas de importância na Engenharia.* Contudo, existem algumas poucas situações em que as escalas de comprimento do problema são demasiado pequenas.

EXEMPLO. Quando o ar está em movimento a uma densidade muito baixa, tal como ocorre quando uma espaçonave entra na atmosfera terrestre, o espaçamento entre moléculas é significativo em comparação ao tamanho da espaçonave.

EXEMPLO. Quando um fluido escoa através das estreitas passagens e dutos em dispositivos de nanotecnologia, o espaçamento entre as moléculas é significativo em comparação ao tamanho dessas passagens e dutos.

1.3 Peso, Massa e Lei da Gravitação de Newton

Esta seção revisa os conceitos de peso e massa, e também introduz ideias (chamada a "voz do engenheiro") que irão ajudá-lo a melhor aprender a mecânica dos fluidos.

Voz do Engenheiro. *Construir um conhecimento prático a partir de cada assunto que você aprender.* Conhecimento prático é definido como o conhecimento que você absorveu de forma firme no seu cérebro (sem necessidade de realizar nenhuma consulta) e que é útil para a realização de tarefas de Engenharia. **Lógica.** O conhecimento prático é essencial para estimar e validar, e essas duas habilidades são essenciais para praticar bem a Engenharia. A seguir, alguns exemplos de conhecimento prático:

- 1,0 libra de força (isto é, 1,0 lbf) equivale a aproximadamente 4,5 newtons.
- 1,0 cavalo-vapor equivale a aproximadamente 750 watts.
- O peso de água às condições ambientes normais é de aproximadamente 10.000 newtons para cada metro cúbico.

Voz do Engenheiro. Aprenda o significado dos principais conceitos, tais como massa e força. **Lógica**. É necessário compreender os conceitos e as relações entre eles se você quer aplicar o seu conhecimento.

Definindo Massa

A *massa* de 1,0 litro de água em estado líquido às condições ambientes é 1,0 quilograma. Um corpo com uma *massa* de 2,0 *slug* possui uma *massa* de 29 quilogramas. Na segunda lei de Newton, o vetor da soma de forças é exatamente compensado pelo produto da *massa* e da aceleração. **Massa** é uma propriedade de um *corpo* que proporciona uma medida da quantidade de matéria no corpo. Por exemplo, o Corpo *A*, que possui uma massa de 20 gramas, possui mais matéria do que o Corpo *B*, que possui uma massa de 5 gramas.

Conhecimento prático recomendado. Conheça quatro unidades de massa (quilograma, grama, *slug* e libra-massa) e seja capaz de converter entre essas unidades sem a necessidade de utilizar uma calculadora.* Com relação a fórmulas de conversão, consulte a Tabela F.1, que está localizada na capa interna deste livro.

Definindo Força

Quando a água cai em uma cachoeira, podemos dizer que a Terra está puxando a água com uma força que é denominada *força da gravidade*. Quando o vento sopra contra uma placa de "PARE", podemos dizer que o ar está exercendo uma *força de arrasto* sobre a placa. Quando a água por trás de uma represa empurra a barragem, podemos dizer que a água está exercendo uma *força hidrostática* sobre a parede da barragem.

A seguir, alguns fatos sobre força:

- Toda força pode ser considerada como um empurrão ou um puxão de um corpo sobre outro.
- A força é um vetor. Neste livro, usamos uma fonte romana em negrito (por exemplo, **F**) para representar um vetor. Para representar a magnitude de um vetor, usamos uma fonte itálica (por exemplo, *F*).
- *Conhecimento prático recomendado.* Conheça duas unidades de força: libra-força (lbf) e newton (N). Seja capaz de converter entre as unidades (isto é, fazer estimativas) sem a necessidade de uma calculadora.
- As forças se classificam em duas categorias:
  - Uma **força de superfície** é qualquer força que exija que os dois corpos estejam se tocando. A maioria das forças é de superfície. Alguns livros usam o termo *força de contato*.
  - Uma **força volumétrica** é qualquer força que não exija que os dois corpos estejam se tocando. Existem apenas uns poucos tipos de forças volumétricas (por exemplo, a *força da gravidade*, a *força eletrostática* e a *força magnética*).

---

*A sua precisão deve ser típica para uma estimativa em Engenharia – por exemplo, dentro de um intervalo de 10% do número que você obteria se usasse uma calculadora.

- Outra maneira para descrever forças é pelo tratamento de *forças de ação* (uma força que atua para causar a aceleração de um corpo) e *forças de reação* (uma força que atua para prevenir que um corpo seja acelerado; tipicamente, uma força de um suporte). Não usamos os conceitos de forças de ação e reação neste livro.

Em resumo, uma **força** consiste em um empurrão ou um puxão entre dois corpos. Um empurrão ou um puxão é uma ação que irá fazer com que um corpo seja acelerado se o vetor da soma das forças na Segunda Lei do Movimento de Newton for diferente de zero.

Conhecimento das Equações

Voz do Engenheiro. Desenvolva um conhecimento das equações em todas as suas matérias de Engenharia. **Lógica**. Um conhecimento das equações é essencial para a construção de modelos matemáticos, e a construção de modelos matemáticos é, sem dúvida, a mais importante habilidade da metodologia da Engenharia.

Você possui **conhecimento da equação** para a equação XYZ quando é capaz de realizar as seguintes tarefas: (1) explicar como a equação foi desenvolvida ou de onde ela veio; (2) explicar as principais ideias – isto é, a interpretação física – da equação; (3) listar as formas comuns da equação, definir cada variável e estabelecer as unidades e dimensões; (4) descrever as hipóteses e limitações da equação e fazer escolhas corretas sobre quando aplicar ou evitar aplicar essa equação; (5) possui uma metodologia sistemática para aplicar corretamente a equação.

Lei da Gravitação Universal de Newton (LGUN)

A Lei da Gravitação Universal de Newton (LGUN) revela que quaisquer dois corpos irão se atrair mutuamente com uma força **F**, a qual é denominada força gravitacional (Fig. 1.6). Uma vez que esse conceito se aplica a quaisquer dois corpos localizados em qualquer lugar no universo, a equação é *universal* (daí seu nome).

A magnitude da força gravitacional F é dada por

$$F = G\frac{m_1 m_2}{R^2} \tag{1.1}$$

em que o termo $G = 6{,}674 \times 10^{-11}$ N·m²/kg² é denominado *constante gravitacional*, m_1 é a massa do Corpo nº 1, m_2 é a massa do Corpo nº 2, e R é a distância entre os centros de massa de cada corpo.

A lei da gravidade, como praticamente todas as leis científicas, foi desenvolvida por meio de *raciocínio indutivo*. Em particular, Newton examinou dados do movimento planetário e percebeu que eles se ajustavam à Eq. (1.1). Newton concluiu que a equação deve ser verdadeira, em geral.

Para aplicar a Eq. (1.1) à Terra, comece com a Figura 1.6 e faça com que o Corpo nº 1 represente a Terra, enquanto o Corpo nº 2 representa um corpo que se encontra sobre ou próximo à superfície da Terra. Então, G e m_1 são constantes, enquanto R é praticamente constante. Dessa forma, defina uma nova constante g que seja dada por $g \equiv Gm_T/R_T^2$, em que o índice subscrito T denota "Terra". Além disso, renomeie a força gravitacional F para que essa seja o peso do corpo W. Assim, a Eq. (1.1) simplifica a

$$W = mg \tag{1.2}$$

em que W é o peso de um corpo sobre a superfície de um planeta (tipicamente a Terra), m é a massa do corpo, e g é uma constante.

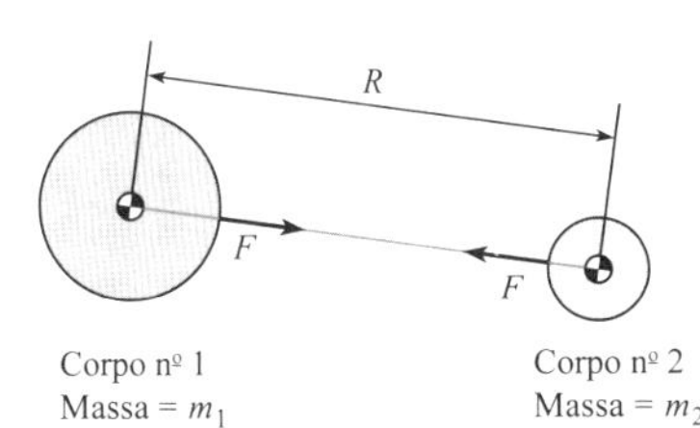

FIGURA 1.6

Quaisquer dois corpos irão se atrair mutuamente. A força correspondente é denominada **força gravitacional**. Note que a magnitude da força gravitacional no Corpo nº 1 é igual à magnitude da força gravitacional no Corpo nº 2.

Fatos Úteis e Informações

- A constante g é chamada **aceleração gravitacional**. Na Terra, esse parâmetro varia ligeiramente com a altitude; entretanto, os engenheiros utilizam geralmente o valor-padrão, que é de $g = 9{,}80665 \text{ m/s}^2 = 32{,}1740 \text{ ft/s}^2$.
- A aceleração gravitacional (g) possui uma interpretação física útil; g é a componente vertical da aceleração que resulta de quando a componente vertical do vetor da soma das forças na Segunda Lei do Movimento de Newton é exatamente igual ao vetor peso.
- Em geral, um corpo em queda não irá acelerar segundo uma taxa g em razão da presença de forças adicionais, tais como a força de sustentação (ou ascensional), a de arrasto ou a de empuxo.
- É comum as pessoas declararem que $W = mg$ é derivado de $\Sigma\mathbf{F} = m\mathbf{a}$. Contudo, é mais correto dizer que $W = mg$ é derivado da LGUN.
- O **peso** é a força gravitacional que atua em um corpo a partir de um planeta (tipicamente a Terra).
- Peso e massa são conceitos diferentes. Por exemplo, a massa de um corpo é a mesma em qualquer lugar, enquanto o peso pode mudar em função da localização. Assim, se um corpo pesa 60 newtons na Terra, o mesmo corpo irá pesar aproximadamente 10 newtons na lua. Além disso, reconheça que é comum (porém incorreto) reportar um peso usando unidades de massa. Por exemplo, é incorreto dizer que um corpo pesa 10 gramas ou que um corpo pesa 60 kg.

Relacionando Unidades de Força e Massa

Escrevemos esta seção porque já vimos muitos erros envolvendo as unidades de força e massa. Três ideias úteis em relação às unidades são: (1) as unidades foram inventadas por pessoas, (2) as unidades estão relacionadas umas com as outras por meio de equações, e (3) a definição de determinada unidade pode ser averiguada.

A definição de um newton é "um newton de força é a quantidade de força que irá dar a um quilograma de massa uma aceleração de um metro por segundo ao quadrado".

Para relacionar as unidades de força e de massa, os engenheiros começam com a segunda lei do movimento de Newton ($\Sigma\mathbf{F} = m\mathbf{a}$). Em seguida, aplicam a definição do newton para concluir que deve ser verdade que

$$(1{,}0 \text{ N}) \equiv (1{,}0 \text{ kg})(1{,}0 \text{ m/s}^2) \tag{1.3}$$

Uma vez que a Eq. (1.3) é verdadeira, também deve ser verdade (pela álgebra) que

$$1{,}0 = \left(\frac{\text{kg} \cdot \text{m}}{\text{N} \cdot \text{s}^2}\right) \tag{1.4}$$

Dessa forma, o peso de um corpo com 2,0 quilogramas deve ser de 19,6 N, conforme a análise mostrada na Eq. (1.5).

$$W = mg = \frac{2{,}0 \text{ kg}}{} \left| \frac{9{,}81 \text{ m}}{\text{s}^2} \right| \frac{\text{N} \cdot \text{s}^2}{\text{kg} \cdot \text{m}} = \boxed{19{,}6 \text{ N}} \tag{1.5}$$

Você vê a lógica? A Eq. (1.5) deve ser verdadeira porque ela está baseada em fatos corretos que foram aplicados de uma maneira correta. A principal questão que queremos abordar é que muitas pessoas ficam confusas com as unidades inglesas. No entanto, você pode aplicar a mesma lógica às unidades inglesas. Em particular, vamos começar com a definição da libra-força (lbf). Uma libra de força é a quantidade de força que irá acelerar uma libra de massa (lbm) segundo uma taxa de 32,2 pés por segundo ao quadrado. Assim sendo, é verdadeiro que

$$(1{,}0 \text{ lbf}) \equiv (1{,}0 \text{ lbm})(32{,}2 \text{ ft/s}^2) \tag{1.6}$$

Uma vez que a Eq. (1.6) é verdadeira, também deve ser verdade (pela álgebra) que

$$1{,}0 = \left(\frac{\text{lbf} \cdot \text{s}^2}{32{,}2 \text{ lbm} \cdot \text{ft}}\right) \tag{1.7}$$

Assim, o peso de um corpo com 2,0 lbm deve ser de 2,0 lbf, como consequência da análise mostrada na Eq. (1.8).

$$W = mg = \frac{2{,}0\ \text{lbm}}{} \left| \frac{32{,}2\ \text{ft}}{\text{s}^2} \right| \frac{\text{lbf} \cdot \text{s}^2}{32{,}2\ \text{lbm} \cdot \text{ft}} = \boxed{2{,}0\ \text{lbf}} \quad (1.8)$$

A Eq. (1.8) mostra que a magnitude do peso (2,0) é a mesma magnitude da massa (2,0). Isso ocorre por causa da maneira como as unidades inglesas são definidas. É correto dizer que um corpo que possui uma massa de 2,0 lbm irá possuir um peso de 2,0 lbf na Terra. Contudo, evite fazer essa generalização. Por exemplo, um corpo com uma massa de 2,0 lbm irá possuir um peso de aproximadamente 0,33 lbf na Lua. Além disso, evite dizer que 2,0 lbm é igual a 2,0 lbf, uma vez que massa e peso são conceitos diferentes.

A Equação Geral

Uma **equação geral** é uma equação que se aplica a muitos ou a todos os problemas. Uma **equação de caso especial** é uma equação que é derivada de uma equação geral, mas que tem o seu escopo limitado, já que existem hipóteses que devem ser satisfeitas para que essa equação de caso especial possa ser aplicada.

Voz do Engenheiro. *Aprenda as equações gerais e então derive cada uma das equações de caso especial à medida que elas forem necessárias.* **Lógica**. (1) Dado que existem poucas equações gerais, esse procedimento irá tornar o seu aprendizado mais simples. (2) É menos provável que você cometa erros, uma vez que, por definição, as equações gerais se aplicam com mais frequência do que as de caso especial. A seguir, são apresentados exemplos de equações gerais e de caso especial.

- A **LGUN** é uma equação geral, enquanto $W = mg$ é uma equação de caso especial que é derivada da LGUN.
- A segunda lei do movimento de Newton, $\Sigma\mathbf{F} = m\mathbf{a}$, é uma equação geral; note que essa é uma equação vetorial. Algumas equações de caso especial que podem ser derivadas dessa equação são $\Sigma F_x = ma_x$ (uma equação escalar) e $\Sigma F_z = 0$ (também uma equação escalar).
- A equação geral que define o trabalho mecânico W é a integral de linha do produto escalar do vetor força com o vetor deslocamento $W = \oint_{x_1}^{x_2} \mathbf{F}\cdot\mathbf{dx}$. Uma equação de caso especial associada é $W = Fd$, em que W é o trabalho, F é a força, e d é o deslocamento.

1.4 Tópicos Essenciais em Matemática

Estimativas

Voz do Engenheiro. *Torne-se um especialista em estimativas com lápis e papel.* Uma **estimativa com lápis e papel** é definida como uma estimativa que você pode fazer usando apenas o seu cérebro, um lápis e uma folha de papel (isto é, sem livros, calculadoras ou computadores). **Lógica**. (1) Todos os cálculos em Engenharia são, na realidade, estimativas; o aprendizado das habilidades para fazer estimativas com lápis e papel irá dar-lhe uma grande visão da natureza das estimativas em Engenharia. (2) No processo de aprendizado de como fazer estimativas com lápis e papel você irá adquirir uma grande quantidade de conhecimento prático. (3) Você irá economizar enorme quantidade de tempo, já que irá realizar cálculos com muito mais rapidez. (4) Você possuirá métodos poderosos para validar o seu trabalho técnico. (5) É divertido conceber maneiras inteligentes para estimar as coisas.

Quatro Dicas para Representar Números

Para representar os seus resultados numéricos de maneiras simples e efetivas, temos quatro recomendações:

1. Represente o seu resultado de modo que o termo digital fique entre 0,1 e 1.000; isso torna o seu resultado mais fácil de ser compreendido e lembrado. Por exemplo, 645798 pode ser representado como 646E3 ou como 64,6E4 ou 6,46E5.

2. Utilize notação científica ou de Engenharia para representar os números grandes e pequenos.
3. Utilize os prefixos métricos para representar números; por exemplo, 142.711 pascals pode ser representado como 143 kPa.
4. Utilize no máximo três algarismos significativos para representar as suas respostas finais (a menos que você possa justificar o uso de um número maior de algarismos significativos).

A **notação científica** é o método de escrever um número como um produto de dois números: um termo digital e um termo exponencial. Por exemplo, o número 7600 é escrito como o produto de 7,6 (o termo digital) e 10^3 (o termo exponencial) para dar $7{,}6 \times 10^3$. **Fato**. Existem três formas comuns de notação científica, que são as seguintes: $7{,}6 \times 10^3$ = 7,6E3 ("E" em maiúsculas) = 7,6e3 ("e" em minúsculas). Evite misturar o "e" que é usado em notação científica com o número de Euler, que é $e = 2{,}718$.

A **notação de Engenharia** é uma versão da notação científica em que as potências de 10 são escritas como múltiplos de três. **Exemplo**. 0,000475 = 4,75E-4 (notação científica) = 0,475E-3 (notação de Engenharia) = 475E-6 (notação de Engenharia). **Exemplo**. 692000 = 6,92E5 (notação científica) = 0,692e6 (notação de Engenharia).

Prefixos de Unidades (Sistema Métrico). No sistema SI é comum usar prefixos em unidades para multiplicar ou dividir por potências de dez. **Exemplo**. 0,001 newton = 1,0 mN. **Exemplo**. 0,000475 m = 0,475 mm = 475 μm. **Exemplo**. 1.000 pascals = 1,0 kPa.

Algarismos Significativos. Quando um número é reportado com três algarismos significativos (por exemplo, 1,97), isso significa que dois dos dígitos são conhecidos com precisão (isto é, o 1 e o 9), e que um dos dígitos (isto é, o 7) é uma aproximação. A lógica para os algarismos significativos é a de que os valores em Engenharia (por exemplo, a densidade da água é aproximadamente 998 kg/m^3) vieram de medições, e as medições podem apenas fornecer certos níveis de precisão. Neste livro, reportamos as respostas com três algarismos significativos. Obviamente, durante os cálculos intermediários, devemos carregar mais do que três algarismos significativos para prevenir erros de arredondamento.

Pensando com a Derivada

Já vimos muitos erros porque a ideia principal da derivada não foi aplicada. Por essa razão, escrevemos esta subseção para explicar essa ideia em detalhes.

Para descrever um erro comum, vamos dar um exemplo desse erro. Suponha que você tivesse que responder à seguinte pergunta "verdadeiro ou falso". **(V/F)**. Se um carro viajou em uma linha reta por $\Delta x = 10{,}0$ metros durante um intervalo de tempo de $\Delta t = 2{,}5$ segundos, então a sua velocidade ao final do intervalo de tempo é de (10,0 m)/(2,5 s) = 4,0 m/s.

Parece que qualquer um poderia responder essa pergunta como verdadeira, pois $V = (\Delta x)/(\Delta t)$ = (10,0 m)/(2,5 s) = 4,0 m/s. Entretanto, essa resposta só é válida se a velocidade do carro tivesse sido constante ao longo do tempo. Uma resposta melhor é dizer "falso", pois não existe informação suficiente para chegar à conclusão de que o carro estava viajando a 4 m/s ao final do intervalo de tempo. O problema que estamos ilustrando é a diferença entre *velocidade média* e *velocidade instantânea*. A melhor maneira de se pensar sobre velocidade consiste em aplicar a definição de derivada. Em palavras, a velocidade é a razão entre a distância viajada e a quantidade de tempo no limite, à medida que a quantidade de tempo tende a zero. Em forma de equação (mais compacta), a velocidade V é definida por

$$V = \lim_{\Delta t \to 0} \frac{\Delta x}{\Delta t} \quad (1.9)$$

Se a velocidade for constante, então a Eq. (1.9) irá simplificar automaticamente para dar a equação para a velocidade média. Se a velocidade estiver variando com o tempo, então a Eq. (1.9) irá fornecer um valor correto da velocidade. Obviamente, a Eq. (1.9) está baseada na definição da derivada. Com relação a essa definição, os livros de cálculo fornecem três definições:

$$\frac{dy}{dx} = \lim_{h \to 0} \frac{y(x+h) - y(x)}{h} \quad (1.10)$$

$$= \lim_{\Delta x \to 0} \frac{y(x + \Delta x) - y(x)}{\Delta x} \tag{1.11}$$

$$= \lim_{\Delta x \to 0} \frac{\Delta y}{\Delta x} \tag{1.12}$$

Aplicamos a última definição, Eq. (1.12), em vários lugares neste livro. Essa definição mostra que a derivada significa a razão entre Δy e Δx no limite em que Δx tende a zero. Note que o símbolo delta (isto é, o triângulo) que precede a variável y representa uma quantidade da variável y.

Pensando com a Integral

A integral foi inventada para resolver problemas em que as taxas variam ao longo do tempo. Para construir a definição da integral, observamos que ela está tentando estabelecer que a distância que um carro viaja (Δx) é dada por $\Delta x = V\Delta t$, em que V é a velocidade e Δt é o tempo em que o carro esteve viajando. O problema com essa fórmula é que ela não é aplicável em todos os casos, já que a velocidade pode variar. Para modificar a fórmula tal que ela seja mais geral, pode-se fazer o seguinte:

$$\Delta x = \sum_{i=1}^{N} V_i \, \Delta t_i \tag{1.13}$$

em que o movimento foi dividido em intervalos de tempo. Aqui, Δt_i é um pequeno intervalo de tempo, V_i é a velocidade durante esse intervalo de tempo, e N é o número de intervalos de tempo. Para tornar essa fórmula mais precisa, podemos fazer com que $N \to \infty$, e chegamos à fórmula geral para a distância viajada:

$$\Delta x = \lim_{N \to \infty} \sum_{i=1}^{N} V_i \, \Delta t_i \tag{1.14}$$

Agora, a soma no lado direito da Eq. (1.14) pode ser modificada pela aplicação da definição da integral para dar

$$\Delta x = \int_{0}^{t_f} V \, dt \tag{1.15}$$

Em livros de cálculo, você irá encontrar a seguinte definição da integral:

$$\int_{a}^{b} f(x)\,dx = \lim_{N \to \infty} \sum_{i=1}^{N} f(x_i)\,\Delta x_i \tag{1.16}$$

Dessa forma, a integral consiste em uma soma infinita de pequenos termos que é aplicada quando uma variável dependente f está variando em resposta às mudanças na variável independente x.

1.5 Densidade e Peso Específico

A solução da maioria dos problemas em fluidos requer o cálculo da massa ou do peso. Esses cálculos envolvem as propriedades da densidade e do peso específico, que são apresentadas nesta seção.

Definindo Densidade

Para um problema simples, a densidade (ρ) pode ser determinada pela razão entre a massa (Δm) e o volume ($\Delta \forall$), como em

$$\rho = \frac{\Delta m}{\Delta \forall} \tag{1.17}$$

Por exemplo, se você tomou 1,0 litro de água sob condições ambientes e mediu a massa, a quantidade de massa seria (Δm) ≈ 1.000 gramas, de modo que a densidade seria

$$\rho = \Delta m/\Delta \forall = (1.000 \text{ gramas})/(1{,}0 \text{ litro}) = 1{,}0 \text{ kg/L}$$

EXEMPLO. Qual é a massa de 2,5 litros de água? **Raciocínio**. (1) A massa é dada por $\Delta m = \rho(\Delta \forall)$. (2) A densidade da água em condições ambientes é de aproximadamente 1,0 kg/L. (3) Dessa forma, a massa é $\Delta m = (1{,}0 \text{ kg/L})(2{,}5 \text{ L}) = 2{,}5 \text{ kg}$.

A Eq. (1.17) define a densidade média, não a densidade em um ponto específico. Para construir uma definição mais geral da densidade, aplicamos o conceito da derivada (ver §1.4). Geralmente, a densidade é definida usando a derivada, conforme mostrado na Eq. (1.18).

$$\rho \equiv \lim_{\Delta \forall \to 0} \frac{\Delta m}{\Delta \forall} \tag{1.18}$$

em que $\Delta \forall$ representa o volume de uma pequena região de material que envolve determinado ponto (por exemplo, uma localização x, y, z) e Δm é a quantidade correspondente de massa que está contida dentro dessa região. Assim, a densidade pode ser definida como a razão entre a massa e o volume em um ponto.

Alguns fatos úteis sobre a densidade são os seguintes:

- Você pode consultar valores da densidade na parte frontal do livro (Tabelas F.4 a F.6) e nos apêndices (Tabelas A.2 a A.5).
- Em geral, o valor da densidade irá variar com a pressão e a temperatura do material. Para um líquido, a variação com a pressão é geralmente desprezível.
- A densidade de um gás é calculada com frequência aplicando-se a *forma da densidade* da lei dos gases ideais: $p = \rho RT$.
- Para calcular a quantidade de massa em um dado volume, é tentador aplicar: $\Delta m = \rho \Delta \forall$. Contudo, essa equação é de caso especial, e não uma equação geral. A equação geral que leva em consideração o fato de que a densidade pode variar com a posição é

$$m = \int_{\forall} \rho \, d\forall \tag{1.19}$$

- *Conhecimento prático recomendado*. Saiba a densidade da água em estado líquido em condições ambientes típicas nas unidades comuns: $\rho = 1.000 \text{ kg/m}^3 = 1{,}0 \text{ grama/mL} = 1{,}0 \text{ kg/L} = 62{,}4 \text{ lbm/ft}^3 = 1{,}94 \textit{ slug}/\text{ft}^3$. Saiba a densidade do ar à pressão atmosférica e 20 °C: $\rho = 1{,}2 \text{ kg/m}^3 = 1{,}2 \text{ g/L}$.

Definindo Peso Específico

O **peso específico** é a razão entre o peso e o volume em um dado ponto:

$$\gamma \equiv \lim_{\Delta \forall \to 0} \frac{\Delta W}{\Delta \forall} \tag{1.20}$$

em que $\Delta \forall$ representa o volume de uma pequena região de material que envolve determinado ponto (por exemplo, uma localização x, y, z) e ΔW é o peso correspondente da massa que está contida dentro dessa região. O peso específico e a densidade estão relacionados pela seguinte equação:

$$\gamma = \rho g \tag{1.21}$$

Assim, se você conhece uma propriedade, pode calcular a outra com facilidade. **Exemplo**. O peso específico que corresponde a uma densidade de 800 kg/m³ é $\gamma = (800 \text{ kg/m}^3)(9{,}81 \text{ m/s}^2) = 7{,}85 \text{ kN/m}^3$.

A lógica para mostrar que a Eq. (1.21) é verdadeira envolve os seguintes passos: (1) na Terra, a LGUN simplifica a $W = mg$; (2) divida $W = mg$ pelo volume para obter $(\Delta W/\Delta \forall) = (\Delta m/\Delta \forall)g$; (3) tome o limite à medida que o volume tende a zero; (4) aplique as definições de γ e ρ para obter $\gamma = \rho g$.

A seguir, alguns fatos úteis sobre o peso específico:

- Você pode consultar valores de γ na parte frontal do livro (Tabelas F.4 a F.6) e na parte de trás do livro (Tabelas A.3 a A.5).
- Uma vez que ρ e γ estão relacionados pela Eq. (1.21), γ varia com a temperatura e a pressão de uma maneira semelhante à densidade.
- O peso específico é utilizado comumente para os líquidos, mas seu uso não é comum para os gases.
- *Conhecimento prático recomendado.* Saiba o peso específico da água líquida em condições ambientes típicas: $\gamma = 9800\ \text{N/m}^3 = 9{,}80\ \text{N/L} = 62{,}4\ \text{lbf/ft}^3$.

1.6 A Lei dos Gases Ideais (LGI)

A LGI é aplicada com frequência na mecânica dos fluidos. Por exemplo, você provavelmente irá aplicar a LGI quando estiver projetando produtos tais como *air bags*, amortecedores de choque, sistemas de combustão e aeronaves.

A LGI, o Gás Ideal e o Gás Real

A LGI foi desenvolvida por meio do método lógico denominado indução. A *indução* envolve a realização de muitas observações experimentais para concluir que alguma coisa é sempre verdadeira, visto que todos os experimentos indicam isso. Por exemplo, se uma pessoa conclui que o sol irá nascer amanhã porque ele nasceu todos os dias no passado, isso é um exemplo de raciocínio indutivo.

A LGI foi desenvolvida pela combinação de três equações empíricas que haviam sido previamente descobertas. A primeira dessas equações, chamada lei de Boyle, estabelece que quando a temperatura T é mantida constante, a pressão p e o volume $\forall$ de uma quantidade fixa de gás estão relacionados por

$$p\forall = \text{constante} \qquad \text{(lei de Boyle)} \tag{1.22}$$

A segunda equação, a lei de Charles, estabelece que quando a pressão é mantida constante, a temperatura e o volume $\forall$ de uma quantidade fixa de gás estão relacionados por

$$\frac{\forall}{T} = \text{constante} \qquad \text{(lei de Charles)} \tag{1.23}$$

A terceira equação foi desenvolvida por meio de uma hipótese formulada por Avogadro: *Volumes iguais de gases à mesma temperatura e pressão contêm números iguais de moléculas.* Quando a lei de Boyle, a lei de Charles e a lei de Avogadro são combinadas, o resultado é a equação do gás ideal na seguinte forma:

$$p\forall = nR_uT \tag{1.24}$$

em que n é a quantidade de gás medida em unidades de moles.

A Eq. (1.24) é denominada a *forma $p\forall T$* ou a *forma molar* da LGI. **Dica.** Não existe necessidade de memorizar a lei de Charles ou a lei de Boyle, já que ambas são casos especiais da LGI.

O gás ideal e o gás real podem ser definidos da seguinte forma:

- Um **gás ideal** se refere a um gás que pode ser modelado usando a equação dos gases ideais, Eq. (1.24), com um aceitável grau de precisão; por exemplo, os cálculos desviam menos de 5% dos valores verdadeiros. Outra maneira de definir um gás ideal consiste em declarar que ele é qualquer gás em que as moléculas não interagem entre si, exceto quando ocorre uma colisão entre elas.
- Um **gás real** se refere a um gás que não pode ser modelado usando a equação dos gases ideais, Eq. (1.24), com um aceitável grau de precisão, já que as moléculas estão muito próximas umas às outras (na média), e assim existem forças que interagem entre elas. Embora o comportamento de um gás real possa ser modelado, as equações são mais complexas do que a LGI. Dessa forma, a LGI é o modelo preferido sempre que for capaz de fornecer um nível aceitável de precisão.

Para todos os problemas que nós (os autores) resolvemos, a LGI forneceu um modelo válido para o comportamento do gás; isto é, nós nunca precisamos aplicar as equações usadas para modelar o comportamento de um gás real. Contudo, existem alguns casos em que você deve tomar cuidado durante a aplicação da LGI:

- Quando um gás está muito frio ou sob uma pressão muito elevada, as moléculas podem se mover próximas umas às outras o suficiente para invalidar a LGI.
- Quando tanto a fase líquida quanto a fase gasosa estão presentes (por exemplo, quando propano está em um cilindro usado para um fogareiro), você deve ser cuidadoso ao aplicar a LGI para a fase gasosa.
- Quando um gás está muito quente, tal como na corrente de exaustão de um foguete, ele pode ficar ionizado ou se dissociar. Esses dois efeitos podem invalidar a lei dos gases ideais.

Ainda, a LGI se aplica bem ao modelamento de uma mistura de gases. O exemplo clássico é o ar, que é uma mistura de nitrogênio, oxigênio e outros gases.

Unidades na LGI

Uma vez que já nos deparamos com muitos erros na aplicação de unidades, escrevemos esta subseção para dar-lhe os fatos essenciais, de modo que você possa evitar a maioria desses erros, e ainda ganhar tempo.

A temperatura na LGI deve ser expressa usando a *temperatura absoluta*. A temperatura absoluta é medida em relação à temperatura do zero absoluto, que é a temperatura na qual (teoricamente) cessam todos os movimentos moleculares. A unidade SI para a temperatura absoluta é o Kelvin (K sem o símbolo de grau, como em 300 K). Uma temperatura dada em Celsius (°C) pode ser convertida em Kelvin usando esta equação: $T(\mathrm{K}) = T(°\mathrm{C}) + 273{,}15$. Por exemplo, uma temperatura de 15 °C será convertida em 15 °C + 273 = 288 K. A unidade inglesa para a temperatura absoluta é o Rankine; por exemplo, uma temperatura de 70 °F é o mesmo que uma temperatura de 530 °R. Uma temperatura dada em Fahrenheit (°F) pode ser convertida em Rankine usando esta equação: $T(°\mathrm{R}) = T(°\mathrm{F}) + 459{,}67$. Por exemplo, uma temperatura de 65 °F será convertida em 65 °F + 460 = 525 °R.

A pressão na LGI deve ser expressa usando a *pressão absoluta*. Esta é medida em relação a um vácuo perfeito, tal como o que existe no espaço sideral. Agora, é comum em Engenharia dar um valor da pressão que é medido em relação à pressão atmosférica local; essa é chamada de *pressão manométrica*. Para converter a pressão manométrica em pressão absoluta, adicione o valor da pressão atmosférica local. Por exemplo, se a pressão manométrica for de 20 kPa e a pressão atmosférica local for de 100 kPa, então a pressão absoluta será de 100 kPa + 20 kPa = 120 kPa. Se a pressão atmosférica local não estiver disponível, então use o valor-padrão para a pressão atmosférica, que é de 101,325 kPa (14,696 psi ou 2.116,2 psf). Mais detalhes sobre a pressão são apresentados em §3.1.

A LGI também usa o **mol**, unidade de medida definida como a quantidade de material que possui o mesmo número de "entidades" (átomos, moléculas, íons etc.) com base na existência de átomos desse material em 12 gramas de carbono 12 (C^{12}). Pense no mol como uma maneira de contar *quantos*. Por analogia, a dúzia também é uma unidade para contar "quantos"; por exemplo, três dúzias de rosquinhas é uma maneira de especificar 36 rosquinhas. O número de átomos em 12,0 gramas de carbono 12 é igual a um mol de átomos. Esse número, chamado de **número de Avogadro**, equivale a $6{,}022 \times 10^{23}$ entidades. Existem três diferentes unidades em uso para o mol:

- Um grama mol (mol) possui $6{,}022 \times 10^{23}$ entidades (átomos, moléculas etc.).
- Um quilograma mol (kg-mol) possui (6,022E23)(1.000 gramas/kg) = 6,022E26 entidades.
- Uma libra-massa mol (lbm-mol) possui (454,3 g/lbm)($6{,}022 \times 10^{23}$) = 2,732E26 entidades.

Outra questão relacionada com as unidades surge do fato de que a quantidade de matéria pode ser caracterizada pelo uso tanto de moles como da massa. As unidades de moles e de massa podem ser relacionadas usando a **massa molar**, que é definida como

$$M = \frac{\text{quantidade de massa}}{\text{número de moles}} = \frac{m}{n} \tag{1.25}$$

TABELA 1.2 Valores Selecionados da Massa Molar

Substância	Massa Molar (gramas/mol)
Hidrogênio	1,0079
Hélio	4,0026
Carbono	12,0107
Nitrogênio N_2	14,0067
Oxigênio O_2	15,9994
Ar Seco	28,97

Valores para a massa molar podem ser consultados e obtidos na *internet*. Alguns valores típicos também estão listados na Tabela 1.2.

EXEMPLO. Qual é a massa (em kg) de 2,7 moles de ar?

Solução. $m = nM = (28{,}97\text{E-}3 \text{ kg/mol})(2{,}7 \text{ mol}) = 78{,}2\text{E-}3 \text{ kg}$.

A Constante Universal dos Gases e a Constante Específica do Gás (R_u e R)

Na LGI, existem duas constantes dos gases: a constante universal dos gases e a constante específica do gás. Quando você escreve a LGI como $p\forall = nR_uT$, o termo R_u é chamado de constante universal dos gases. A palavra "universal" significa que essa constante dos gases é a mesma para todos os gases. O valor de R_u nas unidades SI é $R_u = 8{,}314462$ J/mol·K. O valor de R_u em unidades inglesas é $R_u = 1.545{,}349$ ft·lbf/lbm-mol·°R.

Com frequência, os engenheiros preferem trabalhar com unidades de massa em lugar de unidades de mol. Nesse caso, a LGI pode ser modificada da seguinte forma: (1) comece com a Eq. (1.24) e substitua $n = m/M$ para obter $p\forall = m(R_u/M)T$; (2) defina a constante específica do gás (R) usando a seguinte equação: $R \equiv R_u/M$. **Conclusão**. Uma maneira alternativa de escrever a LGI é $p\forall = mRT$, em que R é a *constante específica do gás*.

Resumo. Todas as vezes em que você for usar a LGI, analise se deve usar R ou R_u. Conforme a necessidade, você poderá relacionar R e R_u usando a seguinte equação:

$$R = \frac{R_u}{M} \tag{1.26}$$

Além disso, você pode encontrar valores para a constante específica dos gases (R) na Tabela A.2.

EXEMPLO. Se 3,0 moles de um gás possuem uma massa de 66 gramas, qual é a constante específica do gás para esse gás (unidades SI)?

Raciocínio. (1) Uma vez que a massa molar é a razão massa/moles, $M = (0{,}066 \text{ kg})/(3 \text{ mol}) = 0{,}022$ kg/mol. (2) Agora que o valor de M é conhecido, $R = R_u/M = (8{,}314 \text{ J/mol·K})/(0{,}022 \text{ kg/mol}) = 378$ J/kg·K.

Conclusão. $R = 378$ J/kg·K.

A LGI (Equações Práticas)

O objetivo desta subseção é (a) apresentar três equações que são usadas comumente para representar a LGI, e (b) explicar o significado de uma equação prática. Antes de fazermos isso, queremos compartilhar uma ideia que consideramos ser útil.

TABELA 1.3 A Lei dos Gases Ideais (LGI) e Equações Relacionadas

Descrição	Equação	Variáveis
Forma da densidade da LGI	$p = \rho RT$	p = pressão (Pa) (utilize a pressão absoluta, não a pressão manométrica ou a pressão de vácuo) ρ = densidade (kg/m³) R = constante específica do gás (J/(kg·K)) (consultar R na Tabela A.2) T = temperatura (K) (utilize a temperatura absoluta)
Forma mássica da LGI	$p\forall = mRT$	$\forall$ = volume (m³) m = massa (kg)
Forma molar da LGI, ou a forma $p\forall T$	$p\forall = nR_uT$	n = número de moles R_u = constante universal dos gases (R_u = 8,314 J/(mol·K) = 1545 (ft·lbf)/(lbmol·°R))
Aplique essa equação para relacionar R e R_u	$R = \frac{R_u}{M}$	M = massa molar (kg/mol)
Aplique essa equação para relacionar massa e moles	$M = m/n$	

Voz do Engenheiro. *Torne-se hábil no uso das equações práticas em cada matéria da Engenharia que você estudar*. Uma **equação prática** é definida como uma equação que é usada com frequência em uma aplicação. O benefício de usar equações práticas é a simplicidade; em particular, cada matéria de Engenharia possui aproximadamente 15 equações práticas. Se você conhecer bem essas equações, saberá uma grande parte da matéria. É verdade que a maioria dos livros de Engenharia possui centenas de equações no seu texto. Isso ocorre porque os autores estão utilizando essas equações para explicar as coisas, no entanto você não precisa se lembrar da maioria dessas equações.

As equações práticas associadas à LGI estão resumidas na Tabela 1.3. Observe que existem três equações comuns da LGI, chamadas de forma da densidade, forma mássica e forma molar. Essas equações são equivalentes, já que você pode começar com qualquer uma delas e derivar as outras duas. Note que a última coluna na Tabela 1.3 fornece as unidades SI e dicas para sua aplicação.

1.7 Unidades e Dimensões

Uma vez que a Matemática envolve abstrações, as unidades são incomuns. Em contraste, a Engenharia se relaciona à realização de coisas práticas, de modo que as unidades são essenciais, já que elas tornam os cálculos em Engenharia mais concretos, compreensíveis e relevantes. Além disso, o uso de unidades e dimensões irá economizar enorme quantidade de tempo, já que erros podem ser identificados e corrigidos. As unidades são tão úteis que nós carregamos e cancelamos unidades 100% do tempo, e encorajamos essa prática para todos os engenheiros a que ensinamos.

Definição de uma Unidade

Praticamente todo mundo está familiarizado com unidades; por exemplo:

- Unidades de massa incluem o grama, o quilograma e a libra-massa.
- Unidades de comprimento incluem o metro, o centímetro, a polegada e o pé.
- Unidades de tempo incluem o segundo, a hora, o dia, a semana e o ano.

$$P = FV = \frac{4{,}0\ \text{lbf}}{} \left| \frac{20\ \text{mph}}{} \right| \frac{1{,}0\ \text{m/s}}{2{,}237\ \text{mph}} \left| \frac{1{,}0\ \text{N}}{0{,}2248\ \text{lbf}} \right| \frac{\text{W} \cdot \text{s}}{\text{N} \cdot \text{m}}$$

$$= \boxed{159\ \text{W}}$$

FIGURA 1.7

O método da grade. Este exemplo mostra um cálculo da potência P exigida para pedalar uma bicicleta a uma velocidade de V = 20 mph, quando a força para se deslocar contra o arrasto do vento é de F = 4,0 lbf.

Em geral, uma **unidade** é uma grandeza que é escolhida como um padrão, tal que qualquer um pode descrever uma quantidade ou grandeza. Isto é, as unidades permitem quantificação (isto é, descrevem "quanto"); por exemplo:

- Se newton é o padrão (isto é, a unidade) para a força, então 5 N quantifica quanto de empurrão ou puxão é aplicado.
- Se libra-massa é o padrão (isto é, a unidade) para a massa, então 50 lbm descreve uma quantidade específica de matéria.
- Se segundos é o padrão (isto é, a unidade) para o tempo, então 500 s descreve uma quantidade de tempo específica.

A combinação de um número mais uma unidade associada (por exemplo, 5 N, 50 lbm, ou 500 s) é denominada uma *medição* ou um *valor*.

O Método da Grade

Dentre os vários métodos para carregar e cancelar unidades, o *método da grade* (Fig. 1.7) é o melhor que conhecemos. Para aprender como aplicar o método da grade, veja o método e os exemplos apresentados na Tabela 1.4.

A essência do método da grade consiste em multiplicar o lado direito da equação por 1,0 (isto é, a *identidade multiplicativa*) tantas vezes quanto necessário até que as unidades se cancelem de uma maneira que você obtenha a desejada. Por exemplo, na Figura 1.7, o lado direito da equação foi multiplicado por 1,0 três vezes:

$$1{,}0 = \frac{1{,}0\ \text{m/s}}{2{,}237\ \text{mph}}\ \text{(primeira vez)}$$

$$1{,}0 = \frac{1{,}0\ \text{N}}{0{,}2248\ \text{lbf}}\ \text{(segunda vez)}$$

$$1{,}0 = \frac{1{,}0\ \text{W} \cdot \text{s}}{\text{N} \cdot \text{m}}\ \text{(terceira vez)}$$

TABELA 1.4 Aplicando o Método da Grade (Dois Exemplos)

Passo	Exemplo 1	Exemplo 2
Enunciado do Problema =>	**Situação:** Converter uma pressão de 2,00 psi em pascal.	**Situação:** Determinar a força em newton que é necessária para acelerar uma massa de 10 g a uma taxa de 15 ft/s^2.
Passo 1. Escrever a equação	não aplicável	$F = ma$
Passo 2. Inserir os números e as unidades	$p = 2{,}00$ psi	$F = ma = (0{,}01\text{kg})(15\ \text{ft/s}^2)$
Passo 3. Consultar as taxas de conversão (ver a Tabela F.1)	$1{,}0 = \dfrac{1\ \text{Pa}}{1{,}45 \times 10^{-4}\ \text{psi}}$	$1{,}0 = \dfrac{1{,}0\ \text{m}}{3{,}281\ \text{ft}}$ $\quad 1{,}0 = \dfrac{\text{N} \cdot \text{s}^2}{\text{kg} \cdot \text{m}}$
Passo 4. Multiplicar termos e cancelar unidades.	$p = [2{,}00\ \text{psi}]\left[\dfrac{1\ \text{Pa}}{1{,}45 \times 10^{-4}\ \text{psi}}\right]$	$F = [0{,}01\ \text{kg}]\left[\dfrac{15\ \text{ft}}{\text{s}^2}\right]\left[\dfrac{1{,}0\ \text{m}}{3{,}281\ \text{ft}}\right]\left[\dfrac{\text{N} \cdot \text{s}^2}{\text{kg} \cdot \text{m}}\right]$
Passo 5. Fazer os cálculos.	$p = 13{,}8$ kPa	$F = 0{,}0457$ N

Como mostrado nos três exemplos acima, uma **taxa de conversão** é uma equação que envolve números e unidades que podem ser arranjados de modo que o número 1,0 aparece em um dos lados da equação. **Exemplo**. 100 cm = 1,0 m é uma taxa de conversão, pois essa equação pode ser escrita como 1,0 = (100 cm)/(1,0 m).

Recomendamos quatro métodos para determinar taxas de conversão:

- **Método nº 1**. Desenvolva a taxa de conversão como mostrado no seguinte exemplo:
  1. A potência é definida como

$$\text{potência} = \frac{\text{trabalho}}{\text{tempo}}$$

  2. A substituição de unidades SI mostra que

$$1{,}0\ \text{W} = \frac{1{,}0\ \text{N} \cdot \text{m}}{1{,}0\ \text{s}}$$

  3. A álgebra mostra que

$$1{,}0 = \frac{\text{W} \cdot \text{s}}{\text{N} \cdot \text{m}}$$

- **Método nº 2**. Desenvolva a taxa de conversão usando os dados na Tabela F.1 (frente do livro). **Exemplo**. Para relacionar as unidades de velocidade de m/s e mph, ache a linha identificada como "Velocidade" na Tabela F.1 e extraia os dados que 1,0 m/s = 2,237 mph. Então, faça a álgebra para mostrar que 1,0 = (1,0 m/s)/(2,237 mph). **Exemplo**. Para relacionar as unidades de pressão de kPa e torr, encontre a linha identificada como "Pressão/Tensão de Cisalhamento" e extraia os dados que 6,895 kPa = 51,71 torr. Então, faça a álgebra para mostrar que 1,0 = (6.895 kPa)/(51,71 torr) = (1,0 kPa)/(7,50 torr).
- **Método nº 3**. Aplique um fato; por exemplo, uma vez que existem 30,48 centímetros em 1,0 pé, a taxa de conversão de metros para pés é 1,0 = (0,3048 m)/(1,0 ft).
- **Método nº 4**. Utilize recursos da *internet*. Recomendamos Google e www.onlineconversion.com. **Exemplo**. Uma forma comum de medir o volume da água em hidrologia consiste em utilizar a unidade de acre-pé. Contudo, essa unidade não se encontra neste livro. Assim, vá ao Google e digite "acre-pé a metros cúbicos" e o Google irá produzir "1 acre-pé = 1.233,48184 metros cúbicos". Então, faça a álgebra para mostrar que 1,0 = (1233 m^3)/(1,0 acre-pé).

Unidades Consistentes

Voz do Engenheiro. *Antes de resolver um problema, converta todas as suas unidades em unidades consistentes (de preferência unidades SI), faça a sua análise e então reporte a sua resposta nas unidades que sejam as mais úteis para o seu contexto.* Chamamos essa ideia de a **Regra da Unidade Consistente**. A lógica é que isso irá lhe economizar muito tempo, deixar sua documentação mais compacta e limpa, e eliminar erros.

Unidades consistentes são definidas como qualquer conjunto de unidades para as quais os fatores de conversão contêm apenas o número 1,0. Isso significa, por exemplo, que

- (1,0 unidade de força) = (1,0 unidade de massa)(1,0 unidade de aceleração),
- (1,0 unidade de potência) = (1,0 unidade de trabalho)/(1,0 unidade de tempo), e
- (1,0 unidade de velocidade) = (1,0 unidade de distância)/(1,0 unidade de tempo).

EXEMPLO. Se o comprimento é medido em milímetros e a força em newton, então, qual é a unidade de pressão consistente? **Raciocínio**. (1) A definição de unidades consistentes significa que (1,0 unidade de pressão) = (1,0 unidade de força)/(1,0 unidade de área). (2) A unidade de área nesse caso é milímetros ao quadrado. (3) Combinando as etapas 1 e 2 temos (1,0 unidade de pressão) = (1,0 N)/(1,0 mm^2) = N/mm^2. (4) Uma vez que a unidade de N/mm^2 é incomum, é melhor converter isso em unidades mais familiares, da seguinte maneira: (1,0 N/mm^2) = (1,0 N)/[$(10^{-3})^2$$(1{,}0\ m)^2$] = $10^6\ N/m^2$ = 1,0 MPa. **Conclusão**. A unidade de pressão consistente para as unidades dadas é MPa (megapascal).

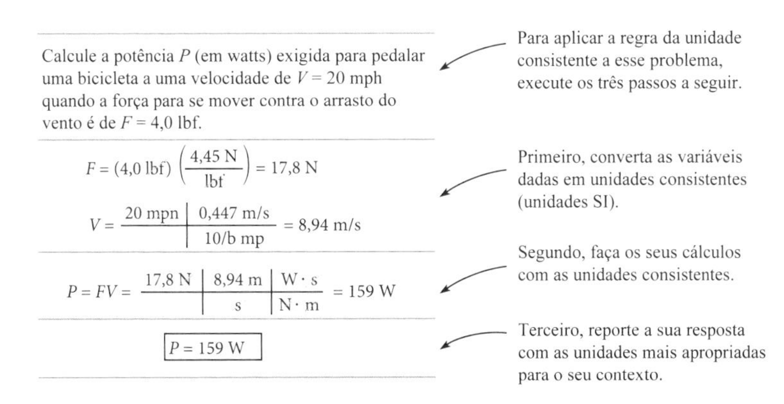

FIGURA 1.8

Este exemplo mostra como aplicar a *Regra da Unidade Consistente*.

EXEMPLO. O *conjunto de unidades dado* é consistente (*conjunto dado:* a força está em unidades de libra-força (lbf), a massa em lbm, e a aceleração em ft/s²)? **Raciocínio**. (1) Por definição, (1,0 lbf) = (1,0 lbm)(32,2 ft/s²). (2) Pela definição de unidades consistentes, o único número que pode aparecer é o 1,0. (3) O número 32,2 não é o número 1,0. (4) Dessa forma, o conjunto de unidades que foi dado não pode ser consistente. **Conclusão**. O conjunto de unidades dado não é consistente.

Em princípio, existe um número infinito de conjuntos de unidades consistentes. Felizmente, as pessoas que vieram antes de nós conceberam um conjunto ótimo – isto é, o sistema de unidades SI. O melhor método para utilizar unidades consistentes consiste em *converter todas as suas unidades em unidades SI* (Fig. 1.8).

Recomendamos que você execute todos os seus trabalhos técnicos em unidades SI. Contudo, também recomendamos que você seja hábil com as unidades inglesas. Isso é como ser capaz de falar dois idiomas, algo como eu falo "unidades SI" e eu falo "unidades inglesas", mas tornando um dos idiomas (isto é, as unidades SI) o seu idioma de preferência. Com relação às unidades inglesas, existem na realidade dois sistemas de unidades em uso. Neste texto, combinamos esses dois sistemas e os chamamos de "unidades inglesas".

As unidades consistentes tanto para o sistema SI quanto para o sistema inglês estão listadas na Tabela 1.5. A maneira de usar essa tabela consiste em converter todas as variáveis no seu problema de forma que elas sejam expressas usando apenas as unidades listadas na Tabela 1.5. **Exemplo**. Converta os seguintes valores de modo que eles tenham unidades consistentes: $\rho = 50$ lbm/ft³, $V = 200$ ft/min, $D = 12$ polegadas. **Raciocínio**. O método consiste em converter as unidades dadas para que elas correspondam às unidades especificadas na Tabela 1.5. As conversões são óbvias, por isso não iremos mostrá-las. **Conclusão**. Use $\rho = 1{,}55$ *slug*/ft³, $V = 3{,}33$ ft/s e $D = 1{,}0$ ft.

TABELA 1.5 Unidades Consistentes

Dimensão	Sistema SI	Unidades Inglesas
comprimento	metro (m)	pé (ft)
massa	quilograma (kg)	*slug* (*slug*)
tempo	segundo (s)	segundo (s)
força	newton (N)	libra-força (lbf)
pressão	pascal (Pa)	libra-força por pé quadrado (psf)
densidade	quilograma por metro cúbico (kg/m³)	*slug* por pé cúbico (*slug*/ft³)
volume	metros cúbicos (m³)	pés cúbicos (ft³)
potência	watt (W)	pés libra-força por segundo (ft·lbf/s)

FIGURA 1.9

As dimensões descrevem *o que está sendo medido*. As unidades proporcionam o método segundo o qual a quantificação é possível.

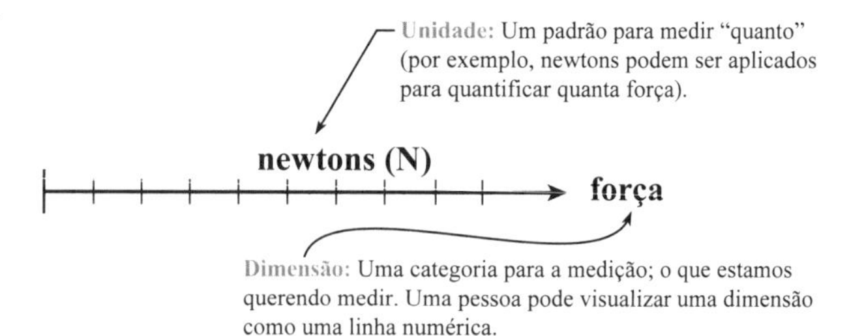

A Dimensão: Uma Maneira de Organizar Unidades

Uma vez que existem milhares de unidades, esta seção irá mostrar a você uma maneira de organizá-las em categorias denominadas *dimensões*. As dimensões serão usadas ao longo de todo este livro e serão destacadas no Capítulo 8, no qual um método de análise poderoso (chamado de análise dimensional) será introduzido.

A *massa* é um exemplo de uma *dimensão*. Para descrever a quantidade de massa, os engenheiros aplicam várias unidades (por exemplo, *slug*, grama, quilograma, onça, libra-massa etc.). O *tempo* é um exemplo de uma dimensão. Para descrever a quantidade de tempo, você pode aplicar várias unidades (segundos, minutos, horas, dias, semanas, meses, anos, séculos etc.). Outros exemplos de dimensões são velocidade, volume e energia. Cada dimensão tem associada a si muitas possibilidades de unidades, mas a dimensão propriamente dita não possui uma unidade específica. Como esses exemplos mostram, uma **dimensão** é uma entidade que é medida usando unidades. A relação entre dimensões e unidades está mostrada na Figura 1.9. Note que as dimensões podem ser identificadas pela seguinte pergunta: *O que estamos interessados em medir?* Por exemplo, os engenheiros estão geralmente interessados em medir força, potência, energia e tempo. Cada uma dessas entidades é uma dimensão.

EXEMPLO. A temperatura é uma dimensão? **Raciocínio.** (1) Uma dimensão é uma entidade que é medida e quantificada com unidades. (2) A temperatura é algo (isto é, uma entidade) que é medido e quantificado com unidades, tais como o Kelvin, Celsius e Fahrenheit. (3) Assim, a temperatura se alinha à definição de dimensão. **Conclusão**. A temperatura é uma dimensão.

As dimensões podem ser relacionadas pelo uso de equações. Por exemplo, a segunda lei de Newton, $F = ma$, relaciona as dimensões de força, massa e aceleração. Uma vez que as dimensões podem ser relacionadas, os engenheiros e cientistas podem expressá-las usando um conjunto limitado de dimensões que são denominadas **dimensões primárias** (Tabela 1.6).

Uma **dimensão secundária** é qualquer dimensão que possa ser expressa usando dimensões primárias. Por exemplo, a dimensão secundária "força" é expressa em termos de

TABELA 1.6 Dimensões Primárias

Dimensão	Símbolo	Unidade (SI)
Comprimento	L	metro (m)
Massa	M	quilograma (kg)
Tempo	T	segundo (s)
Temperatura	θ	kelvin (K)
Corrente elétrica	i	ampère (A)
Quantidade de luz	C	candela (cd)
Quantidade de matéria	N	mol (mol)

dimensões primárias usando $\Sigma \mathbf{F} = m\mathbf{a}$. As dimensões primárias de aceleração são L/T^2, assim

$$[F] = [ma] = M\frac{L}{T^2} = \frac{ML}{T^2} \tag{1.27}$$

Na Eq. (1.27), os colchetes quadrados significam "dimensões de". Dessa forma, $[F]$ significa "a dimensão de força". De maneira semelhante, $[ma]$ significa "as dimensões de massa vezes a aceleração". Note que as dimensões primárias não estão encerradas em colchetes. Por exemplo, ML/T^2 não está dentro de colchetes.

Para determinar as dimensões primárias, recomendamos dois métodos:

Método nº 1 (Método Primário). Determine as dimensões primárias aplicando as definições fundamentais das grandezas físicas.

Método nº 2 (Método Secundário). Consulte as dimensões primárias na Tabela F.1 (frente do livro) ou em outras referências de Engenharia. Recomendamos você só utilizar esse método se ainda não tiver prática suficiente para usar o Método nº 1.

EXEMPLO. Se o trabalho tem o símbolo W, quais são $[W]$?

Raciocínio.

1. O símbolo $[W]$ significa "as dimensões primárias de trabalho". Assim, a pergunta consiste em saber *quais são as dimensões primárias de trabalho?*
2. A definição de trabalho mecânico revela que (trabalho) = (força)(distância).
3. Assim, $[W] = [F][d] = (ML/T^2)(L) = ML^2/T^2$.

Conclusão. $[W] = ML^2/T^2$.

Homogeneidade Dimensional (HD)

Voz do Engenheiro. Verifique rotineiramente cada equação que você encontrar para homogeneidade dimensional. **Raciocínio**. (1) Você pode reconhecer e corrigir erros nas equações. (2) Essa habilidade irá auxiliá-lo a entender o sentido de cada equação que encontrar e ainda tornará as equações mais fáceis de serem lembradas.

Uma equação é **dimensionalmente homogênea** quando cada um de seus termos possui as mesmas dimensões primárias. O método para checar uma equação em relação à HD consiste em determinar as dimensões primárias de cada termo e então verificar se eles possuem as mesmas dimensões primárias.* Esse método está ilustrado no próximo exemplo.

EXEMPLO. Mostre que a LGI (na forma da densidade) apresenta HD.

Raciocínio.

1. A forma da densidade da LGI é $p = \rho RT$.
2. As dimensões secundárias de pressão são $[p]$ = [força]/[área]. Assim, as dimensões primárias são $[p] = M/LT^2$.
3. As unidades SI da constante específica dos gases R são J/kg·K. Assim, as dimensões secundárias são $[R]$ = [energia]/([massa][temperatura]). Assim, as dimensões primárias são $[R] = L^2/T^2\theta$.
4. A LGI pode ser analisada da seguinte maneira:

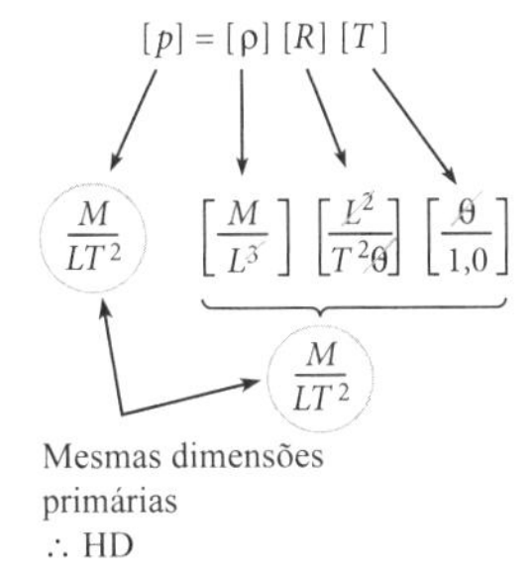

*Obviamente, também podem ser usadas dimensões ou unidades secundárias. Entretanto, recomendamos que utilize dimensões primárias, já que isso constrói um conhecimento que será útil quando você aprender análise dimensional no Capítulo 8.

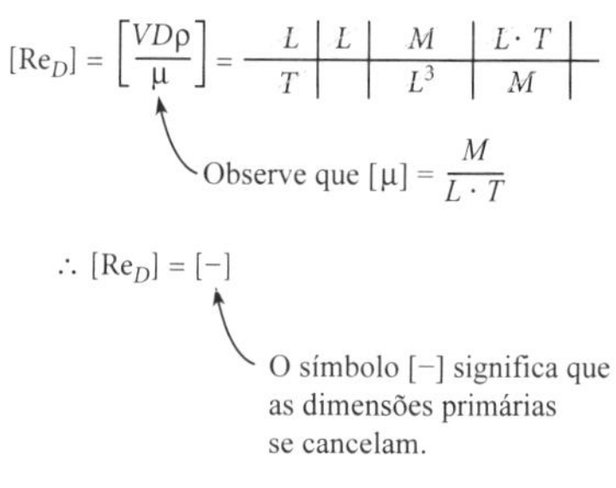

FIGURA 1.10
Este exemplo mostra como analisar o número de Reynolds para estabelecer que as dimensões principais são canceladas.

Conclusão. A forma da densidade da LGI é dimensionalmente homogênea, como demonstrado pela análise que acaba de ser apresentada.

O Grupo π (Grupo Adimensional)

Em mecânica dos fluidos, é comum arranjar as variáveis de modo que as dimensões primárias se cancelem. Esse grupo de variáveis é denominado grupo adimensional ou **grupo π**. A razão para o uso de pi (isto é, π) na identificação é que o principal teorema usado na análise é chamado de método ou teorema Π de Buckingham. Este tópico será apresentado no Capítulo 8.

Um exemplo comum de um **grupo π** é o número de Reynolds (Re_D). Uma equação para o número de Reynolds é $\text{Re}_D = (\rho VD)/\mu$, em que ρ = densidade do fluido, V = velocidade, D = diâmetro da tubulação, e μ = viscosidade do fluido. A análise do Re_D (Fig. 1.10) mostra que as dimensões principais se cancelam.

1.8 Resolução de Problemas

Embora as pessoas resolvam problemas todos os dias, nem todos são igualmente hábeis nisso. Para ilustrar essa ideia, considere o jogo de golfe. Quase todo mundo consegue acertar uma bola de golfe com um taco, mas apenas uma pequena porcentagem da população consegue fazer isso bem feito. Os golfistas possuem um alto grau de habilidade graças a muitos anos de prática. A resolução de problemas também é assim, mas a boa notícia é que o número de habilidades que você precisa ter é pequeno. Essas habilidades estão explicadas nesta seção. Esperamos que você as pratique (elas são divertidas!) e que ao longo do tempo você se torne um grande solucionador de problemas.

Definindo Resolução de Problemas

Um **problema** é uma situação que você precisa resolver, especialmente quando não possui uma ideia clara de como efetivamente vai fazer isso. Dado que um problema é a situação que precisa ser solucionada, então **resolução de problemas** é uma identificação para os métodos que provêm os recursos para solucionar problemas. Uma pessoa hábil em resolver problemas pode criar grandes soluções consumindo quantidades mínimas de tempo, esforço e custo, enquanto desfruta muito da experiência. Além disso, o processo de resolução de problemas quase sempre resulta em um aprendizado importante.

Aplicando a Resolução de Problemas à Construção de Modelos Matemáticos

Existem métodos gerais para resolver problemas. Nesta seção, vamos explicar como aplicar esses métodos no contexto das aulas de Engenharia. A nossa lógica pode ser explicada usando uma analogia: se você vai gastar muito tempo praticando violão, então você deve aplicar métodos que irão ajudá-lo a se tornar um grande violonista. Da mesma maneira, se você vai passar um longo tempo na escola de Engenharia realizando problemas de cálculo, então você deve aplicar métodos que irão ajudá-lo a se sobressair na resolução de problemas em geral e em particular na construção de modelos matemáticos.

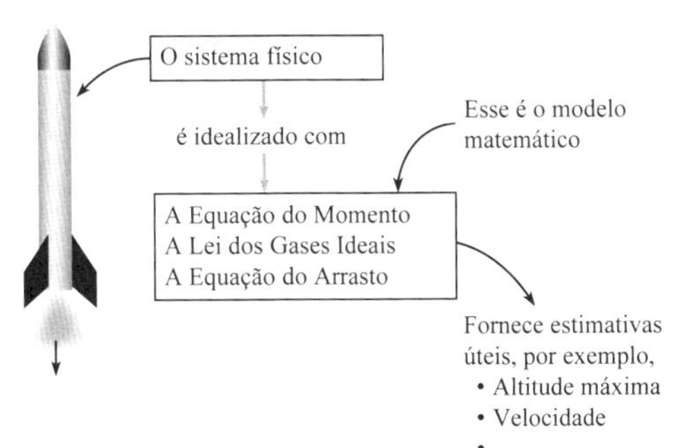

FIGURA 1.11
Exemplo de um modelo matemático de um foguete.

Um modelo matemático (Fig. 1.11) é composto por equações e por um método para a resolução dessas equações. Seu propósito é auxiliá-lo na previsão de variáveis que são úteis para "engenheirar" um sistema.

Na maioria dos problemas de Engenharia, um modelo matemático é útil. Por exemplo, suponha que você está projetando uma bomba e o sistema de bombeamento associado para enviar água de um lago a um edifício que está localizado 100 metros acima do lago. Um modelo matemático lhe dará os recursos para estimar parâmetros úteis, tais como o diâmetro ótimo da tubulação, assim como as exigências de tamanho e potência para a bomba. Se você não tivesse um modelo matemático, teria que dar um palpite em relação ao dimensionamento e então construir algo e coletar dados. Depois, você repetiria os seus passos até que tivesse um projeto aceitável. Contudo, esse método de palpite, construção e repetição é caro e demanda tempo.

Em geral, um **modelo matemático** pode ser definido como uma coletânea de equações que você resolve para dar valores de parâmetros que são úteis no contexto da resolução de problemas do mundo real. A principal razão pela qual um modelo matemático é útil é que ele reduz significativamente o custo e o tempo que você precisa para resolver o seu problema.

O método que nós usamos e que ensinamos é chamado de Modelo de Wales-Woods (MWW), pois está baseado na pesquisa do Professor Charles Wales e de seus colegas (Anni Nardi e Robert Stager), e também na pesquisa do Professor Donald Woods (1-9).

Se você aplicar o MWW, irá aprender de modo mais efetivo e irá desenvolver as suas habilidades em resolução de problemas. Existem várias razões pelas quais dizemos isso: (1) esses métodos funcionam para nós e podemos atestar os seus benefícios, (2) observamos muitos alunos se tornarem melhores solucionadores de problemas e tivemos muitos alunos que foram beneficiados por esses métodos, e (3) os métodos são respaldados por dados de pesquisa* que mostram que o MWW é efetivo. Em particular, Wales (3) analisou cinco anos de dados e descobriu que quando os métodos eram ensinados aos alunos ainda enquanto calouros, a taxa de graduação crescia em 32% e a média do coeficiente de rendimento escolar aumentava em 25% em comparação a um grupo de controle para os quais não haviam sido ensinadas essas habilidades. Com base em vinte anos de dados, Woods (9) relata que, comparados a grupos de controle, os alunos que estudaram recursos de solução de problemas mostraram ganhos significativos em confiança, habilidade na solução de problemas, atitude em relação a um aprendizado para a vida toda, autoavaliação e resposta a recrutadores.

O MWW está explicado na Tabela 1.7. As habilidades que são mais úteis estão marcadas com um ou mais símbolos de verificação (✓). A melhor maneira de aprender o MWW consiste em praticar uma ou duas habilidades de cada vez até que você fique bom nelas. Então, adicione mais algumas habilidades.

TABELA 1.7 O MWW para Resolução de Problemas

Exemplo. Esta coluna lista um problema de exemplo e, em seguida, mostra como o modelo de resolução de problemas de Wales-Wood pode ser aplicado para esse problema de exemplo.	**Explicação.** Esta coluna descreve as ações que você pode tomar para aplicar o modelo de resolução de problemas. As marcas de verificação (✓) indicam o quão útil cada ação é no contexto de um curso de Engenharia. *Mais marcas de verificação significa que um item é mais útil.*

(Continua)

*Os ganhos relatados na literatura são bem acima dos ganhos relatados para praticamente qualquer outro método educacional que conhecemos.

TABELA 1.7 O MWW para Resolução de Problemas (*Continuação*)

Definição do Problema

Enunciado do Problema

Determine o peso total de um tanque de nitrogênio com 17 ft³ se o nitrogênio está pressurizado a 500 psia, o tanque propriamente dito pesa 50 lbf, e a temperatura é de 20 °C. Trabalhe em unidades SI.

Descubra o que está sendo pedido (enquanto lê o enunciado do problema):

- (✓✓) Interprete o enunciado do problema que foi dado.
- (✓) Consulte os termos não familiares.
- (✓✓) Descubra como o sistema dado trabalha.
- (✓✓) Visualize o sistema como ele deve existir no mundo real.
- (✓✓✓) Identifique ideias ou equações que possam ser aplicáveis.

Defina a Situação

Um tanque contém N_2 comprimido

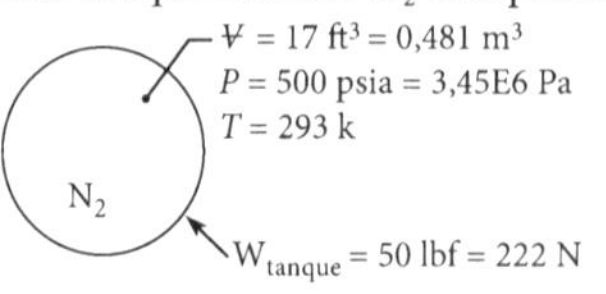

Assuma: a LGI se aplica

N_2 (A2): $R_{N_2} = 297$ J/kg·k

Documente a sua interpretação do problema:

- Resuma a situação em uma ou duas frases.
- (✓✓✓) Esboce um *diagrama do sistema.*
- (✓) Liste os valores das variáveis conhecidas com as respectivas unidades.
- (✓) Converta as unidades em *unidades consistentes.*
- Liste as principais hipóteses.
- Liste as propriedades e os outros dados relevantes.

Estabeleça o Objetivo

$W_T(N) \leftarrow$ Peso total (nitrogênio + tanque)

Descreva o seu objetivo de uma maneira inequívoca (o objetivo deve ser tão claro que não irá existir nenhum questionamento se ele foi ou não atingido).

Descobrindo uma Solução

Gere Ideias

1. Peso total

$$\underset{\boxed{?}}{W_T} = \underset{\checkmark}{W_{\text{tanque}}} + \underset{?}{W_{N_2}} \quad \text{(a)}$$

2. Lei da Gravitação Universal de Newton (aplicada à Terra)

$$\underset{\boxed{?}}{W_{N_2}} = (\underset{?}{m_{N_2}})\underset{\checkmark}{g} \quad \text{(b)}$$

3. A LGI (forma mássica)

$$\underset{\checkmark\checkmark}{p\Psi} = \underset{\boxed{?}}{m_{N_2}}\underset{\checkmark\checkmark}{RT} \quad \text{(c)}$$

Aplique o método GENI (de Wales *et al.* (1)):

1. (✓✓✓✓✓) Identifique uma equação que contenha o seu objetivo. Marque-o com um ponto de interrogação no interior de um quadrado. Marque as variáveis conhecidas com um símbolo de verificação e as variáveis desconhecidas com um ponto de interrogação (por exemplo, ver a linha a).
2. (✓✓✓✓✓) Torne qualquer(quaisquer) variável(is) desconhecida(s) o seu novo objetivo. Repita o processo de marcação usando símbolos de verificação e pontos de interrogação (por exemplo, ver as linhas b e c).
3. (✓✓✓✓✓) Repita os passos 1 e 2 até que o número de equações seja igual ao número de variáveis desconhecidas. Nesse ponto, o problema é solucionável (dizemos que *o problema foi desvendado*, o que significa que agora ele está descoberto).

Nesse exemplo, o *problema é desvendado*, pois existem três equações (a, b e c) e três variáveis desconhecidas (o peso de nitrogênio, a massa de nitrogênio e o peso total do tanque).

Trace um Plano:

1. Calcule a massa de nitrogênio usando a Eq. (c).
2. Calcule o peso de nitrogênio usando a Eq. (b).
3. Calcule o peso total usando a Eq. (a).

Conforme a necessidade, liste o conjunto de passos que você pode seguir para atingir o seu objetivo (*na maioria das vezes, você pode pular e não escrever coisa alguma*). Nos nossos exemplos, com frequência escrevemos as etapas do planejamento, de modo que você possa ver como é "elaborar um plano".

Execução

Tome uma Atitude (Execute o Plano)

1. LGI

$$m_{N_2} = \frac{p\Psi}{RT} = \frac{3{,}45\text{ E6 N}}{\text{m}^2}\left|\frac{0{,}481\text{ m}^3}{}\right|\frac{\text{kg}\cdot\text{k}}{297\text{ N}\cdot\text{m}}\left|\frac{}{293\text{ k}}\right.$$

$$= 19{,}1\text{ kg}$$

2. LGUN

$$W_{N_2} = (m_{N_2})(g) = \frac{19{,}1\text{ kg}}{}\left|\frac{9{,}81\text{ m}}{\text{s}^2}\right|\frac{\text{N}\cdot\text{s}^2}{\text{kg}\cdot\text{m}}$$

$$= 181\text{ N}$$

3. Peso Total

$$W_T = W_{\text{tanque}} + W_{N_2} = (222 + 187)\text{ N}$$

$$= \boxed{409\text{ N}}$$

Construa a sua solução:

- Faça os cálculos.
- (✓✓✓✓) Aplique o método da grade.
- Reporte a(s) sua(s) resposta(s) com três algarismos significativos.
- Destaque ou marque a(s) sua(s) resposta(s).

(*Continua*)

TABELA 1.7 O MWW para Resolução de Problemas (*Continuação*)

Pensamento Reflexivo	

Revise a Solução e o Processo
1. Quando a massa é o objetivo, a forma mássica da LGI é a melhor equação a ser selecionada.
2. Para checar a hipótese da LGI eu calculei o fator de compressibilidade e encontrei que a LGI era precisa até aproximadamente 98%.
3. Para esse problema, o peso do gás é significativo quando comparado ao peso do tanque.
	Revise a sua solução e os seus métodos:
	• (✓✓) Valide a sua solução.
	• Descubra quais recomendações você pode fazer.
	• (✓✓✓) Revise os seus métodos de resolução de problemas:
	  • Quais ações funcionaram bem para você?
	  • Quais ações você pode tomar no futuro?
	• Identifique algum conhecimento que tenha sido especialmente útil para você.
	• Identifique aspectos significativos da solução.

1.9 Resumindo Conhecimentos-Chave

Mecânica dos Fluidos para Engenharia

- A Engenharia é o corpo de conhecimento que equipa indivíduos para resolver problemas por meio da inovação, do projeto, da aplicação e da melhoria da tecnologia.
- A *metodologia da Engenharia* é um título para os métodos usados para fazer Engenharia. A metodologia da Engenharia envolve submétodos, tais como pensamento crítico, a construção de modelos matemáticos, a aplicação de experimentos científicos e a aplicação de tecnologias existentes.
- A *Mecânica* é o ramo da ciência que trata do movimento e das forças que produzem esse movimento. A mecânica está organizada em duas categorias principais: *mecânica sólida* (materiais no estado sólido) e *mecânica dos fluidos* (materiais nos estados gasoso e líquido).
- A *mecânica dos fluidos para Engenharia* é Engenharia quando o projeto envolve um conhecimento substancial da disciplina da mecânica dos fluidos.

Fluidos: Líquidos e Gases

- Tanto os líquidos quanto os gases são classificados como fluidos. Um fluido é definido como um material que se deforma continuamente sob a ação de uma tensão de cisalhamento.
- Uma diferença significativa entre os gases e os líquidos é que as moléculas em um líquido experimentam fortes forças intermoleculares, enquanto as moléculas em um gás se movem livremente com pouca ou nenhuma interação, exceto durante colisões.
- Os líquidos e os gases diferem entre si em muitos aspectos importantes. Exemplo nº 1: Os gases se expandem para preencher os seus recipientes, enquanto os líquidos irão ocupar um volume fixo. Exemplo nº 2: Os gases possuem valores de densidade muito menores do que os líquidos.

Ideias para a Idealização dos Materiais

- Um *ponto de vista microscópico* envolve a compreensão de um material pelo entendimento do que as moléculas estão fazendo. Um *ponto de vista macroscópico* envolve a compreensão de um material sem a necessidade de considerar o que as moléculas estão fazendo.
- Uma grande parte do comportamento de um material pode ser explicada pela compreensão das *forças entre as moléculas*. Moléculas que se encontram a uma grande distância não atraem umas às outras, mas moléculas próximas entre si apresentam grandes forças atrativas. Contudo, quando as moléculas estão demasiadamente próximas, existe uma força repulsiva muito grande.
- "Corpo" é um rótulo usado para identificar objetos ou matérias que existem no mundo real, sem especificar nenhum objeto em particular.
- O termo "partícula" é usado de duas maneiras:
  - Uma *partícula material* consiste em uma pequena quantidade de um corpo.
  - Um *corpo como uma partícula* envolve a idealização de um corpo como se toda a massa estivesse concentrada em um único ponto e as dimensões do corpo não fossem relevantes. Por exemplo, para analisar um avião, podemos idealizar o avião como uma partícula.
- Na hipótese de meio contínuo, a matéria é idealizada como constituída por um material contínuo que pode ser dividido em pedaços cada vez menores. A hipótese de meio contínuo se aplica à maioria dos problemas que envolvem fluidos em escoamento.

Peso e Massa

- *Massa* é uma propriedade da matéria que caracteriza a quantidade de matéria de um corpo. *Peso* é uma propriedade que caracteriza a força gravitacional em um corpo causada por um planeta próximo (por exemplo, Terra).
- Peso e massa estão relacionados entre si pela Lei da Gravitação Universal de Newton (LGUN). Essa lei nos diz que quaisquer dois corpos em qualquer lugar do universo irão se atrair mutuamente. A força de atração depende da massa de cada corpo e é inversamente proporcional à distância ao quadrado entre os centros de massa de cada corpo. Em forma de equação, a LGUN é $F = (Gm_1m_2)/R^2$, Na Terra, a LGUN simplifica a $W = mg$.

Densidade e Peso Específico

- A densidade é uma propriedade do material que caracteriza a razão entre sua massa e volume em determinado ponto;

por exemplo, a densidade da água em estado líquido em condições ambientes é de aproximadamente $\rho = 1{,}0$ kg/L = 1.000 kg/m^3.

- O peso específico é uma propriedade do material que caracteriza a razão entre o seu peso e volume em determinado ponto; por exemplo, o peso específico da água em estado líquido em condições ambientes é de aproximadamente γ = 9,8 N/L = 9.800 N/m^3.
- Em geral, ρ e γ variam com a temperatura e a pressão. Para os líquidos, geralmente ρ e γ são considerados constantes com a pressão, mas variáveis com a temperatura.

A Lei dos Gases Ideais (LGI)

- A maioria dos gases pode ser idealizada como um gás ideal.
- Para aplicar a LGI, utilize as unidades corretas de temperatura e pressão.
  - A temperatura deve estar em *temperatura absoluta* (Kelvin ou Rankine), não Celsius ou Fahrenheit.
  - A pressão deve ser a *pressão absoluta*, não a pressão manométrica ou de vácuo.
- Moles e massa estão relacionados por $m = nM$; de maneira semelhante, a constante específica do gás e a constante universal dos gases estão relacionadas por $R = R_u/M$. A massa molar M possui dimensões de (massa)/(mol).
- Existem múltiplas formas de escrever equações que representam a LGI. Três das equações mais úteis são $p = \rho RT$; $p\forall = mRT$ e $p\forall = nR_uT$.

REFERÊNCIAS

1. Wales. C.E., e Stager. R.A. *Thinking with Equations*. Center for Guided Design, West Virginia University, Morgantown, WV., 1990.
2. Wales, C.E. "Guided Design: Why & How You Should Use It". *Engineering Education*, vol. 62, nº 8 (1972).
3. Wales, C.E. "Does How You Teach Make a Difference?". *Engineering Education*, vol. 69, nº 5, 81–85 (1979).
4. Wales, C.E., Nardi, A.H., e Stager, R.A. *Thinking Skills: Making a Choice*. Center for Guided Design, West Virginia University, Morgantown, WV., 1987.
5. Wales, C.E., Nardi, A.H., e Stager, R.A. *Professional-Decision-Making*, Center for Guided Design, West Virginia University. Morgantown, WV., 1986.
6. Wales, C.E., e Stager, R.A., (1972b). "The Design of an Educational System". *Engineering Education*, vol. 62, nº 5 (1972).
7. Wales, C.E., e Stager, R.A. *Thinking with Equations*. Center for Guided Design, West Virginia University, Morgantown, WV., 1990.
8. Woods, D.R. "How I Might Teach Problem-Solving?". In: J.E. Stice, (ed.) *Developing Critical Thinking and Problem-Solving Abilities*. New Directions for Teaching and Learning, nº 30, San Francisco: Jossey-Bass, 1987.
9. Woods, D.R. "An Evidence-Based Strategy for Problem Solving". *Engineering Education*, vol. 89. nº 4, 443–459 (2000).

PROBLEMAS

Mecânica dos Fluidos para Engenharia (§1.1)

1.1 Aplique pensamento crítico a uma questão relevante da Engenharia que seja importante para você. Crie um documento escrito que liste a questão, seu raciocínio e a sua conclusão.

1.2 Faça uma pesquisa na *internet*, então crie um documento escrito em que você (a) defina o que significa raciocínio indutivo e dê dois exemplos concretos, e (b) defina o que raciocínio dedutivo significa e dê dois exemplos concretos. Use o processo de PC (§1.1) para justificar o seu raciocínio e as suas conclusões.

1.3 Escolha o seu sistema de Engenharia favorito e que mais o motiva. A partir disso, esboce a sua definição de Engenharia. Então, veja se a sua definição de Engenharia se ajusta à definição de Engenharia em §1.1. Como essa definição se compara à sua? O que é semelhante? O que é diferente?

1.4 Selecione um projeto de Engenharia (por exemplo, energia hidrelétrica como em uma represa, um coração artificial) que envolva a mecânica dos fluidos e que também o motive muito. Escreva uma redação de uma página que aborde os seguintes pontos: por que essa aplicação o motiva? Como funciona o sistema que você selecionou? Qual papel você suspeita que os engenheiros desempenharam no projeto e no desenvolvimento desse sistema?

Como os Materiais São Idealizados (§1.2)

1.5 (V/F) Um fluido é definido como um material que se deforma continuamente sob a ação de uma tensão normal.

1.6 Proponha três novas linhas para a Tabela 1.1 e preencha-as.

1.7 Com base em mecanismos moleculares, explique por que o alumínio se funde a 660 °C, enquanto o gelo funde a 0 °C.

1.8 Uma partícula de fluido:

a. é definida como uma molécula
b. é um pequeno pedaço de fluido
c. é tão pequena que a hipótese de meio contínuo não se aplica

1.9 A hipótese de meio contínuo (selecione todos os itens que foram aplicáveis):

a. se aplica ao vácuo, como no espaço sideral
b. assume que os fluidos são infinitamente divisíveis em partes cada vez menores
c. é uma hipótese inválida quando a escala de comprimento do problema ou projeto é semelhante ao espaçamento entre as moléculas
d. significa que a densidade pode ser idealizada como uma função contínua da posição
e. aplica-se somente aos gases

Peso, Massa e LGUN (§1.3)

1.10 Uma força de sustentação sobre um aerofólio é causada pelo ar que está escoando sobre ele, resultando em uma maior pressão na parte de baixo da asa do que na parte de cima. Utilize o processo de PC (ver §1.1) e as definições de força de superfície e força volumétrica para responder qual das duas forças está atuando como sustentação sobre o aerofólio.

1.11 Preencha as lacunas. Mostre o seu trabalho, usando os fatores de conversão encontrados na Tabela F.1.

a. 900 g são ________ *slug*
b. 27 lbm são ________ kg
c. 100 *slug* são ________ kg
d. 14 lbm são ________ g
e. 5 *slug* são ________ lbm

1.12 Qual é a massa aproximada em unidades de *slug* para:

a. uma garrafa de água de 2 litros?
b. um homem adulto típico?
c. um automóvel típico?

1.13 Responda as seguintes perguntas relacionadas com a massa e com o peso. Mostre o seu trabalho, e cancele e carregue unidades.

a. Qual é o peso na Terra (em N) de um corpo com 100 kg?
b. Qual é a massa (em lbm) de 20 lbf de água na Terra?
c. Qual é a massa (em *slug*) de 20 lbf de água na Terra?
d. Quantos N são necessários para acelerar 2 kg a 1 m/s²?
e. Quantos lbf são necessários para acelerar 2 lbm a 1 ft/s²?
f. Quantos lbf são necessários para acelerar 2 *slug* a 1 ft/s²?

Tópicos Essenciais em Matemática (§1.4)

1.14 O seguinte esboço mostra um fluido escoando sobre uma superfície plana. Mostre como determinar o valor da distância y em que a derivada dV/dy é máxima.

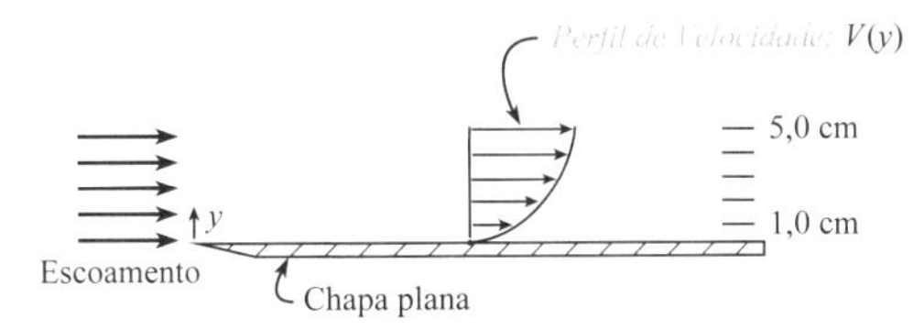

Problema 1.14

1.15 Um engenheiro mediu a velocidade de um fluido em escoamento como uma função da distância y de uma parede; os dados estão mostrados na tabela. Mostre como calcular o valor máximo de dV/dy para esse conjunto de dados. Expresse a sua resposta em unidades SI.

y (mm)	*V* (m/s)
0,0	0,00
1,0	1,00
2,0	1,99
3,0	2,97
4,0	3,94

Problema 1.15

1.16 O gráfico mostra dados que foram tomados para medir a taxa de escoamento da água para dentro de um tanque como uma função do tempo. Mostre como calcular a quantidade total de água (em kg, com precisão de um ou dois algarismos significativos) que escoou para dentro do tanque durante o intervalo de 100 s conforme está demonstrado.

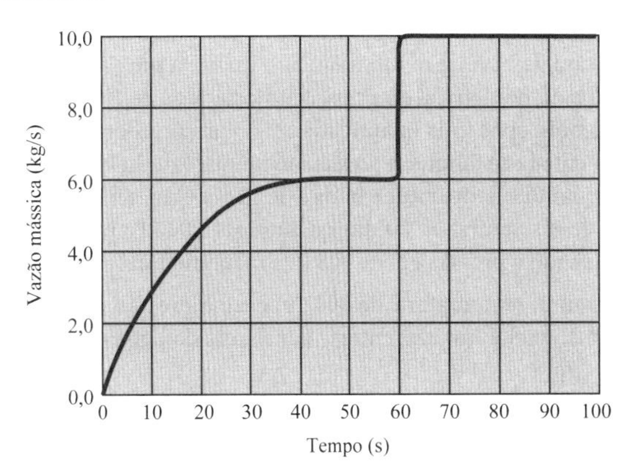

Problema 1.16

Densidade e Peso Específico (§1.5)

1.17 Como estão relacionados a densidade e o peso específico?

1.18 Densidade é (selecione todos que se apliquem):

a. peso/volume
b. massa/volume
c. volume/massa
d. massa/peso

1.19 Quais dentre as seguintes são unidades de densidade? (selecione todas que se apliquem):

a. kg/m³
b. mg/cm³
c. lbm/ft³
d. *slug*/ft³

1.20 Se um gás possui $\gamma = 14$ N/m³, qual é a sua densidade? Apresente as suas respostas em unidades SI e unidades inglesas.

Lei dos Gases Ideais (LGI) (§1.6)

1.21 Calcule o número de moléculas em:

a. um centímetro cúbico de água líquida nas condições ambientes.
b. um centímetro cúbico de ar nas condições ambientes.

1.22 Partindo da forma molar da lei dos gases ideais, mostre os passos para provar que a forma mássica está correta.

1.23 Partindo da constante universal dos gases, mostre que R_{N_2} = 297 J/(kg·K).

1.24 Um tanque esférico contém CO_2 a uma pressão de 12 atmosferas e uma temperatura de 30 °C. Durante um incêndio, a temperatura aumenta por um fator de 3, até 90 °C. A pressão também aumenta por um fator de 3? Justifique a sua resposta usando equações.

1.25 Um engenheiro que vive a uma elevação de 2.500 ft está conduzindo experimentos para verificar as previsões de desempenho de um planador. Para processar os dados, é necessário saber a densidade do ar ambiente. O engenheiro mede a temperatura (74,3 °F) e a pressão atmosférica (27,3 polegadas de mercúrio). Calcule a densidade em unidades de kg/m³. Compare o valor calculado com os dados na Tabela A.2 e faça uma recomendação quanto aos efeitos da elevação sobre a densidade; isto é, os efeitos da elevação são significativos?

1.26 Calcule a densidade e o peso específico do dióxido de carbono a uma pressão de 114 kN/m² absoluta e 90 °C.

1.27 Determine a densidade do gás metano a uma pressão de 200 kN/m² absoluta e a 80 °C.

1.28 Um tanque esférico está sendo projetado para conter 10 moles de gás metano sob uma pressão absoluta de 5 bar e uma temperatura de 80 °F. Qual deve ser o diâmetro do tanque esférico? O peso molecular do metano é 16 g/mol.

1.29 O gás natural está armazenado em um tanque esférico a uma temperatura de 12 °C. Em um momento inicial, a pressão no tanque é de 108 kPa manométrica, e a pressão atmosférica é de 100 kPa. Algum tempo depois, após uma quantidade adicional considerável de gás ter sido alimentada ao tanque, a pressão no tanque é de 204 kPa manométrica, enquanto a temperatura ainda é de 12 °C. Qual será a razão entre a massa de gás natural no tanque quando $p = 204$ kPa manométrica e aquela quando a pressão era de 108 kPa manométrica?

1.30 Em uma temperatura de 100 °C e uma pressão absoluta de 4 atmosferas, qual é a razão entre a densidade da água e a densidade do ar, $\rho_{água}/\rho_{ar}$?

1.31 Determine o peso total de um tanque de 18 ft³ de oxigênio se o oxigênio está pressurizado a 184 psia, o tanque propriamente dito pesa 150 lbf, e a temperatura é de 95 °F.

1.32 Um tanque de oxigênio de 12 m³ está a 17 °C e pressão de 850 kPa absoluta. A válvula é aberta, e algum oxigênio é liberado até que a pressão no tanque cai a 650 kPa. Calcule a massa de oxigênio liberada do tanque se a temperatura no tanque não variou durante o processo.

1.33 Qual é (a) o peso específico e (b) a densidade do ar a uma pressão absoluta de 730 kPa e uma temperatura de 28 °C?

1.34 Os meteorologistas se referem com frequência a massas de ar na previsão do clima. Estime a massa de 1,5 mi³ (milhas cúbicas) de ar em *slug* e quilogramas. Estabeleça as suas próprias hipóteses razoáveis em relação às condições da atmosfera.

1.35 Uma equipe de projeto está desenvolvendo um cilindro protótipo de CO_2 para um fabricante de botes de borracha. Esse cilindro irá permitir o usuário inflar rapidamente o bote. Um bote típico está mostrado na figura. Considere que a pressão do bote inflado seja de 3 psi (isso significa que a pressão absoluta é 3 psi maior do que a pressão atmosférica local). Estime o volume do bote e a massa de CO_2 em gramas no cilindro protótipo.

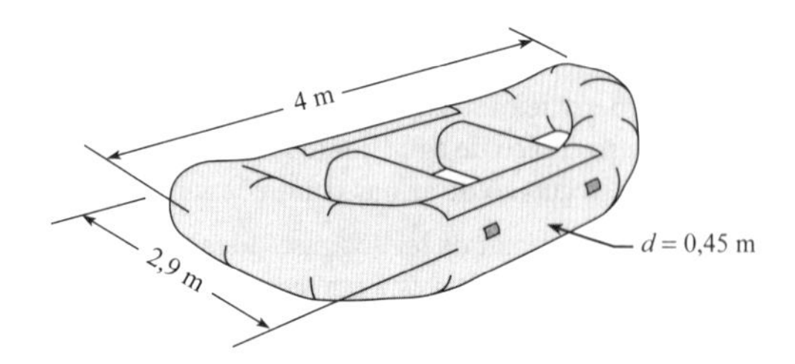

Problema 1.35

Unidades e Dimensões (§1.7)

1.36 Para cada variável dada, liste três unidades comuns.

a. Vazão volumétrica (Q), vazão mássica ($\dot{m}$), e pressão (p)
b. Força, energia, potência
c. Viscosidade

1.37 Em suas próprias palavras, descreva quais ações precisam ser tomadas em cada passo do método da grade.

1.38 Quais dentre as seguintes é uma taxa de conversão correta? Selecione todas as que se apliquem:

a. 1 = 1 hp/(550 ft·lbf/s)
b. 1 = 101,3 kPa/(14,7 lbf/in²)
c. 1 = 3,785 U.S. gal/(1,0 L)

1.39 Se a pressão atmosférica local é de 84 kPa, utilize o método da grade para determinar a pressão em unidades de:

a. psi
b. psf
c. bar
d. atmosferas
e. pés de água
f. polegadas de mercúrio

1.40 Aplique o método da grade para calcular a densidade de um gás ideal usando a fórmula $\rho = p/RT$. Expresse a sua resposta em lbm/ft³. Use os seguintes dados: a pressão absoluta é $p = 60$ psi, a constante do gás é $R = 1716$ ft·lbf/*slug*·°R, e a temperatura é $T = 180$ °F.

1.41 O aumento de pressão Δp associado ao vento que atinge uma janela de um prédio pode ser estimado usando a fórmula $\Delta p = \rho(V^2/2)$, em que ρ é a densidade do ar e V é a velocidade do vento. Aplique o método da grade para calcular o aumento de pressão para $\rho = 1,2$ kg/m³ e $V = 60$ mph.

a. Expresse a sua resposta em pascal.
b. Expresse a sua resposta em libra-força por polegada quadrada (psi).
c. Expresse a sua resposta em polegadas de coluna de água (in-H_2O).

1.42 Aplique o método da grade para calcular a força usando $F = ma$.

a. Determine a força em newton para $m = 10$ kg e $a = 10$ m/s².
b. Determine a força em libra-força para $m = 10$ lbm e $a = 10$ ft/s².
c. Determine a força em newton para $m = 10$ *slug* e $a = 10$ ft/s².

1.43 Quando uma ciclista está viajando a uma velocidade de $V = 24$ mph, a potência P que ela precisa prover é dada por $P = FV$, em que $F = 5$ lbf é a força necessária para superar o arrasto aerodinâmico. Aplique o método da grade para calcular:

a. potência em watt.
b. energia em calorias alimentícias para pedalar durante 1 hora.

1.44 Aplique o método da grade para calcular o custo em dólares norte-americanos para operar uma bomba durante um ano. A potência da bomba é de 20 hp. A bomba opera 20 h/dia e o custo da eletricidade é de US$ 0,10 por kWh.

1.45 Dentre as três listas abaixo, quais conjuntos de unidades são consistentes? Selecione todos que se apliquem.

a. libra-massa, libra-força, pé e segundo.
b. *slug*, libra-força, pé e segundo.
c. quilograma, newton, metro e segundo.

1.46 Liste as dimensões primárias de cada uma das seguintes unidades: kWh, poise, *slug*, cfm, cSt.

1.47 Na Tabela F.2 (frente do livro), determine a equação hidrostática. Para cada forma da equação que aparecer, liste o nome, símbolo e as dimensões primárias de cada variável.

1.48 Na seguinte lista, identifique quais parâmetros são dimensões e quais são unidades: *slug*, massa, kg, energia/tempo, metro, cavalo-vapor, pressão e pascal.

1.49 A equação hidrostática é $p/\gamma + z = C$, em que p é a pressão, γ é o peso específico, z é a elevação, e C é uma constante. Prove que a equação hidrostática é dimensionalmente homogênea.

1.50 Determine as dimensões primárias de cada um dos seguintes termos:

a. $(\rho V^2)/2$ (pressão cinética), em que ρ é a densidade do fluido e V é a velocidade
b. T (torque)
c. P (potência)
d. $(\rho V^2 L)/\sigma$ (número de Weber), em que ρ é a densidade do fluido, V é a velocidade, L é o comprimento, e σ é a tensão superficial

1.51 A potência provida por uma bomba centrífuga é dada por $P = \dot{m}gh$, em que $\dot{m}$ é a vazão mássica, g é a constante gravitacional e h é a pressão da bomba em termos da coluna de líquido. Prove que essa equação é dimensionalmente homogênea.

1.52 Determine as dimensões primárias de cada um dos seguintes termos.

a. $\int_A \rho V^2\, dA$, onde ρ é a densidade do fluido, V é a velocidade e A é a área.

b. $\frac{\mathrm{d}}{\mathrm{d}t}\int_{V} \rho V\, d\forall$, em que $\frac{\mathrm{d}}{\mathrm{d}t}$ é a derivada em relação ao tempo, ρ é a densidade, V é a velocidade, e $\forall$ é o volume.

Resolução de Problemas (§1.8)

1.53 Aplique o MWW e o método da grade para determinar a aceleração para uma força de 2 N que atua em um objeto de massa 7 onças. A equação relevante é a segunda lei do movimento de Newton, $F = ma$. Trabalhe em unidades SI e forneça a resposta em metros por segundo ao quadrado (m/s^2).

CAPÍTULO**DOIS**

Propriedades dos Fluidos

OBJETIVO DO CAPÍTULO Este capítulo introduz conceitos para a idealização de problemas do mundo real, aborda as propriedades dos fluidos e apresenta a equação da viscosidade.

FIGURA 2.1

Esta foto mostra engenheiros observando uma calha, que consiste em um canal artificial para conduzir água. Essa calha é usada para estudar o transporte de sedimentos em rios. (Esta foto é uma cortesia do Professor Ralph Budwig do Center for Ecohydraulics Research, University of Idaho.)

RESULTADOS DO APRENDIZADO

SISTEMA, ESTADO E PROPRIEDADE (§2.1).

- Definir sistema, contorno ou fronteira, vizinhança, estado, estado estacionário, processo e propriedade.

PROCURANDO AS PROPRIEDADES DOS FLUIDOS (§2.2).

- Buscar valores apropriados para as propriedades dos fluidos e documentar o seu trabalho.
- Definir cada uma das oito propriedades comuns aos fluidos.

TÓPICOS RELACIONADOS COM A DENSIDADE (§2.3).

- Conhecer os principais conceitos sobre gravidade específica.
- Explicar a hipótese de densidade constante e tomar decisões sobre a validade dessa hipótese.
- Determinar as mudanças na densidade da água correspondentes a uma variação na pressão ou na temperatura.

TENSÃO (§2.4).

- Definir tensão, pressão e tensão de cisalhamento.
- Explicar como relacionar tensão e força.
- Descrever cada uma das sete forças comuns nos fluidos.

A EQUAÇÃO DA VISCOSIDADE (§2.5).

- Definir o gradiente de velocidade e determinar valores do gradiente de velocidade.
- Descrever a condição de não escorregamento.
- Explicar os principais conceitos da equação da viscosidade.
- Resolver problemas que envolvam a equação da viscosidade.
- Descrever um fluido newtoniano e um fluido não newtoniano.

TENSÃO SUPERFICIAL (§2.6).

- Conhecer os principais conceitos sobre tensão superficial.
- Resolver problemas que envolvam tensão superficial.

PRESSÃO DE VAPOR (§2.7).

- Explicar os principais conceitos sobre a curva da pressão de vapor.
- Determinar a pressão na qual a água irá ferver.

2.1 Sistema, Estado e Propriedade

O vocabulário introduzido nesta seção é útil para a resolução de problemas. Em particular, esses conceitos permitem que os engenheiros descrevam os problemas de maneira precisa e concreta.

Um **sistema** é a entidade específica que está sendo estudada ou analisada pelo engenheiro. Pode ser um conjunto de matéria ou uma região no espaço. Qualquer coisa que não seja parte do sistema é considerada parte da **vizinhança**. O **contorno** ou fronteira é a superfície imaginária que separa o sistema da sua vizinhança. Para cada problema que você resolver, é sua tarefa como engenheiro selecionar e identificar o sistema que você está analisando.

EXEMPLO. Para a calha mostrada na Figura 2.1, a água que está situada dentro da calha poderia ser definida como o sistema. Com isso, a vizinhança seria as paredes da calha, o ar acima dela, e assim por diante. Note que *os engenheiros são específicos em relação ao que é o sistema, ao que é a vizinhança e ao que é o contorno.*

EXEMPLO. Suponha que um engenheiro esteja analisando o fluxo de ar de um tanque que está sendo usado por um mergulhador submarino. Conforme é mostrado na Figura 2.2, o engenheiro pode selecionar um sistema compreendido pelo tanque e o regulador. Para esse sistema, tudo o que está externo ao tanque e ao regulador consiste na vizinhança. Note que *o sistema está definido com um croqui* (linha tracejada), pois isso é uma prática profissional sensata.

Se você fizer uma escolha inteligente ao selecionar um sistema, aumentará a probabilidade de obter uma solução precisa e minimizará a quantidade de trabalho a ser feita. Embora a escolha do sistema deva se adequar ao problema em questão, com frequência existem múltiplas possibilidades para o sistema selecionado. Esse tópico será revisto ao longo de todo o livro, à medida que os vários tipos de sistemas forem introduzidos e aplicados.

Os sistemas são descritos pela especificação de números que os caracteriza. Os números são chamados de propriedades. Uma **propriedade** é uma característica mensurável de um sistema que depende apenas das condições presentes dentro de si.

EXEMPLO. Na Figura 2.2, alguns exemplos de propriedades (isto é, características mensuráveis) são as que seguem:

- A pressão do ar no interior do tanque;
- A densidade do ar no interior do tanque;
- O peso do sistema (tanque mais ar, mais regulador).

Alguns parâmetros em Engenharia são mensuráveis, entretanto, não são propriedades. Por exemplo, o trabalho não é uma propriedade, pois a quantidade de trabalho depende de como um sistema interage com a sua vizinhança. De maneira semelhante, nem a força nem o torque são propriedades, pois esses parâmetros dependem da interação entre um sistema e a sua vizinhança. A transferência de calor não é uma propriedade, assim como a transferência de massa.

O **estado** de um sistema significa a condição desse sistema conforme definida pela especificação das suas propriedades. Quando um sistema muda de um estado para outro, isso é denominado **processo**. Quando as propriedades de um sistema são constantes ao longo do tempo, fala-se que o sistema está em **estado estacionário**.

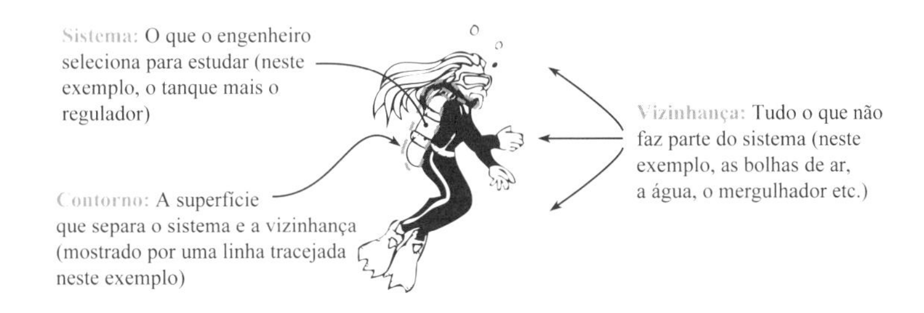

FIGURA 2.2
Exemplo de um sistema, sua vizinhança e do contorno.

FIGURA 2.3

Ar em um cilindro sendo comprimido por um pistão. Estado 1 é uma identificação para as condições do sistema antes da compressão. Estado 2 é uma identificação para as condições do sistema após a compressão.

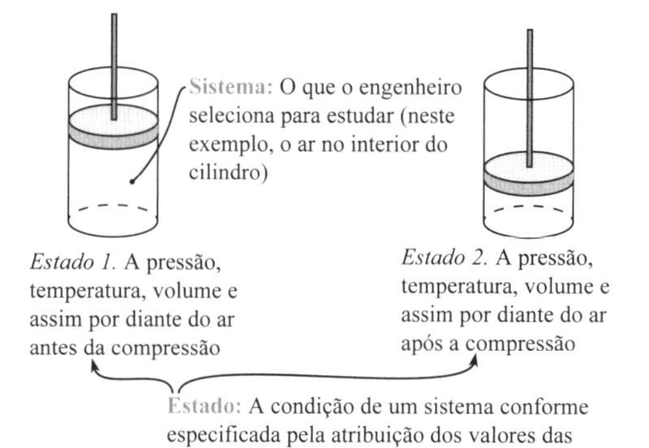

EXEMPLO. A Figura 2.3 mostra o ar sendo comprimido por um pistão em um cilindro. O ar no interior do cilindro é definido como o sistema. No estado 1, as condições do sistema são especificadas por propriedades como pressão, temperatura e densidade. De maneira semelhante, o estado 2 é definido pela especificação dessas mesmas propriedades.

EXEMPLO. Quando o ar é comprimido (Fig. 2.3), isso é um processo, pois o ar (isto é, o sistema) mudou de um conjunto de condições (estado 1) para outro (estado 2). Os engenheiros identificam e rotulam os processos que ocorrem com frequência. Por exemplo, um *processo isotérmico* é aquele em que as temperaturas do sistema são mantidas constantes, e um *processo adiabático* é aquele em que não existe transferência de calor entre o sistema e a vizinhança.

Com frequência, as propriedades são classificadas em categorias. Dois exemplos são:

- **Propriedades cinemáticas**. Caracterizam-se pelo movimento do seu sistema. Entre os exemplos incluem-se a posição, a velocidade e a aceleração.
- **Propriedades materiais**. Caracterizam-se pela natureza dos materiais em seu sistema. Entre os exemplos incluem-se a viscosidade, a densidade e o peso específico.

2.2 Procurando as Propriedades dos Fluidos

Uma das tarefas mais comuns que os engenheiros têm que realizar é a busca de propriedades dos materiais. Esta seção apresenta conceitos que irão ajudá-lo a realizar bem essa tarefa.

Visão Geral das Propriedades

Embora existam muitas propriedades dos fluidos, apenas algumas são utilizadas frequentemente. Essas propriedades estão resumidas na Tabela 2.1. Observe que elas estão organizadas em três grupos.

Grupo nº 1: Propriedades do Peso e da Massa. Três propriedades (ρ, γ e SG) são usadas para caracterizar o peso ou massa. Em geral, você pode encontrar uma dessas propriedades e então calcular qualquer uma das outras duas usando as seguintes equações: $\gamma = \rho g$ e $SG = \rho/\rho_{H_2O,\ (4°C)} = \gamma/\gamma_{H_2O,\ (4°C)}$.

Grupo nº 2: Propriedades para Caracterizar a Viscosidade. Para caracterizar os efeitos do tipo de atrito em líquidos em escoamento, os engenheiros usam a viscosidade, μ, a qual possui dois sinônimos comuns: *viscosidade dinâmica* e *viscosidade absoluta*. Além da viscosidade, os engenheiros utilizam outro termo, viscosidade cinemática, que possui o símbolo ν. A **viscosidade cinemática** é definida por

$$\nu = \frac{\mu}{\rho} \tag{2.1}$$

Uma maneira fácil de distinguir entre μ e ν consiste em checar as unidades ou dimensões, já que $[\mu] = M/(L \cdot T)$, enquanto $[\nu] = L^2/T$. Com relação à viscosidade, recomendamos que você desenvolva um sentimento físico por essa propriedade, descobrindo modelos que façam senti-

TABELA 2.1 Resumo das Propriedades dos Fluidos

	Propriedade	Unidades (SI)	Efeitos da Temperatura	Efeitos da Pressão (tendências comuns)	Observações
Propriedades do Peso e da Massa	**Densidade** (ρ): Razão entre a massa e o volume em um ponto	$\frac{kg}{m^3}$	$\rho\downarrow$ quando $T\uparrow$ se o gás estiver livre para expandir	$\rho\uparrow$ quando $p\uparrow$ se o gás for comprimido	• *Ar.* Encontre ρ na Tabela F.4 ou Tabela A.3. • *Outros Gases.* Encontre ρ na Tabela A.2. • *Atenção!* As tabelas para gases são para p = 1 atm. Para outras pressões, determine ρ usando a lei dos gases ideais.
			$\rho\downarrow$ quando $T\uparrow$ para os líquidos	Um líquido é geralmente idealizado com ρ independente da pressão	• *Água.* Encontre ρ na Tabela F.5 ou Tabela A.5. • *Nota.* Para a água, $\rho\uparrow$ quando $T\uparrow$ para temperaturas entre 0 e aproximadamente 4 °C. A máxima densidade da água ocorre para $T \approx 4$ °C. • *Outros Líquidos.* Encontre ρ na Tabela A.4.
	Peso Específico (γ): Razão entre o peso e o volume em um ponto	$\frac{N}{m^3}$	$\gamma\downarrow$ quando $T\uparrow$ se o fluido estiver livre para expandir	Gás: $\gamma\uparrow$ quando $p\uparrow$ se o gás for comprimido Líquido: um líquido é geralmente idealizado com γ independente da pressão	• Use as mesmas tabelas para a densidade. • ρ e γ podem ser relacionados usando $\gamma = \rho g$. • *Atenção!* As tabelas para gases são para p = 1 atm. Para outras pressões, determine γ usando a lei dos gases ideais e $\gamma = \rho g$. • Tipicamente, γ não é usado para gases.
	Gravidade Específica (ou Densidade Relativa) (S ou SG): Razão entre a densidade de um líquido e a densidade da água a 4 °C	nenhuma	$SG\downarrow$ quando $T\uparrow$	Um líquido é geralmente idealizado com SG independente da pressão	• Encontre os dados para SG na Tabela A.4. • SG é usado para líquidos, não sendo comumente usado para gases. • A densidade da água (a 4 °C) está listada na Tabela F.6. • $SG = \gamma/\gamma_{H_2O,\ 4°C} = \rho/\rho_{H_2O,\ 4°C}$.
Propriedades para Caracterizar a Viscosidade	**Viscosidade** (μ): Uma propriedade que caracteriza a resistência à tensão de cisalhamento e ao atrito do fluido	$\frac{N \cdot s}{m^2}$	$\mu\uparrow$ quando $T\uparrow$ para um gás	Um gás é geralmente idealizado com μ independente da pressão	• *Ar:* Encontre μ na Tabela F.4, Tabela A.3, Figura A.2. • *Outros Gases:* Encontre as propriedades na Tabela A.2, Figura A.2. • *Dica:* A viscosidade também é conhecida como viscosidade dinâmica e viscosidade absoluta. • *Atenção!* Evite confundir viscosidade e viscosidade cinemática; elas são propriedades diferentes.
			$\mu\downarrow$ quando $T\uparrow$ para um líquido	Um líquido é geralmente idealizado com μ independente da pressão	• *Água:* Encontre μ na Tabela F.5, Tabela A.5, Figura A.2. • *Outros Líquidos:* Encontre μ na Tabela A.4, Figura A.2.
	Viscosidade Cinemática (ν): Uma propriedade que caracteriza as propriedades mássicas e viscosas de um fluido	$\frac{m^2}{s}$	$\nu\uparrow$ quando $T\uparrow$ para um gás	$\nu\uparrow$ quando $p\uparrow$ para um gás	• *Ar:* Encontre μ na Tabela F.4, Tabela A.3, Figura A.3. • *Outros Gases:* Encontre as propriedades na Tabela A.2, Figura A.3. • *Atenção!* Evite confundir viscosidade e viscosidade cinemática; elas são propriedades diferentes. • *Atenção!* As tabelas para gases são para p = 1 atm. Para outras pressões, procure $\mu = \mu(T)$, então encontre ρ usando a lei dos gases ideais, e calcule ν usando $\nu = \mu/\rho$.
			$\nu\downarrow$ quando $T\uparrow$ para um líquido	Um líquido é geralmente idealizado com ν independente da pressão	• *Água:* Encontre ν na Tabela F.5, Tabela A.5, Figura A.3. • *Outros Líquidos:* Encontre ν na Tabela A.4, Figura A.3.

(*continua*)

TABELA 2.1 Resumo das Propriedades dos Fluidos (*Continuação*)

Propriedades Diversas				
Tensão Superficial (σ): Uma propriedade que caracteriza a tendência de uma superfície líquida em se comportar como uma membrana esticada	$\frac{N}{m}, \frac{J}{m^2}$	$\sigma\downarrow$ quando $T\uparrow$ para um líquido	Um líquido é geralmente idealizado com σ independente da pressão	• *Água:* Encontre σ na Figura 2.18. • *Outros Líquidos:* Encontre σ na Tabela A.4. • A tensão superficial é uma propriedade dos líquidos (não dos gases). • A tensão superficial é altamente reduzida pela presença de contaminantes ou de impurezas.
Pressão de Vapor (p_v): A pressão na qual um líquido irá ferver	Pa	$p_v\uparrow$ quando $T\uparrow$ para um líquido	Não aplicável	• *Água:* Encontre p_v na Tabela A.5.
Módulo de Elasticidade Volumétrico (E_v): Uma propriedade que caracteriza a compressibilidade de um fluido	Pa	Não apresentado aqui	Não apresentado aqui	• *Gás Ideal (processo isotérmico):* $E_v = p$ = pressão. • *Gás Ideal (processo adiabático):* $E_v = kp$; $k = c_p/c_v$. • *Água:* $E_v \approx 2{,}2 \times 10^9$ Pa.

do para você. Com esse espírito, seguem dois exemplos dos quais gostamos: **Exemplo**. O mel possui um valor muito mais alto de viscosidade do que a água em estado líquido. Dessa forma, é mais difícil inserir uma colher em uma tigela com mel do que em uma tigela com água. **Exemplo**. Se você tenta despejar óleo de motor para fora do seu vasilhame em um dia frio, o óleo irá derramar muito lentamente, pois o valor da viscosidade será alto. Se você aquecer o óleo de motor, o valor da viscosidade irá diminuir e será mais fácil de derramá-lo.

Grupo nº 3: Propriedades Diversas. As três últimas propriedades (σ, p_v, e E_v) são utilizadas para problemas específicos. Essas propriedades serão discutidas posteriormente neste capítulo.

Variação da Propriedade com a Temperatura e a Pressão

Em geral, o valor de uma propriedade de um fluido varia tanto com a temperatura quanto com a pressão. Essas variações estão resumidas na terceira e quarta colunas da Tabela 2.1. A notação $\rho\downarrow$ quando $T\uparrow$ é uma abreviação para dizer que a densidade diminui à medida que a temperatura aumenta. O fundo cinza é usado para distinguir entre os gases e os líquidos. Por exemplo, na linha para a viscosidade, o texto na região com fundo cinza indica que a viscosidade de um líquido diminui com o aumento da temperatura. De maneira semelhante, o texto que não possui fundo indica que a viscosidade de um gás aumenta com a elevação da temperatura.

Note que os valores de muitas propriedades (por exemplo, densidade de um líquido, viscosidade de um gás) podem ser idealizados como independentes da pressão. Contudo, todas as propriedades variam com a temperatura.

Encontrando as Propriedades dos Fluidos

Construímos a Tabela 2.1 para resumir os detalhes necessários para procurar as propriedades dos fluidos. Por exemplo, a última coluna na Tabela 2.1 lista os locais no livro onde os valores das propriedades estão tabulados. Nos exemplos que seguem, os detalhes-chave usados para resolver esses problemas vieram da Tabela 2.1.

EXEMPLO. Qual é a densidade do querosene (unidades SI) em condições ambientes? **Raciocínio.** (1) Em condições ambientes, o querosene é um líquido. (2) As propriedades dos líquidos podem ser encontradas na Tabela A.4. **Conclusão**. ρ = 814 kg/m³ (20°C e 1,0 atm).

EXEMPLO. Em unidades inglesas, qual é a viscosidade dinâmica da gasolina a 150 °F? **Raciocínio**. (1) A gasolina é um líquido. (2) Uma vez que o objetivo é encontrar a "viscosidade dinâmica", note que essa propriedade também é chamada de "viscosidade" e "viscosidade absoluta". (3) A viscosidade de líquidos como uma função da temperatura pode ser encontrada

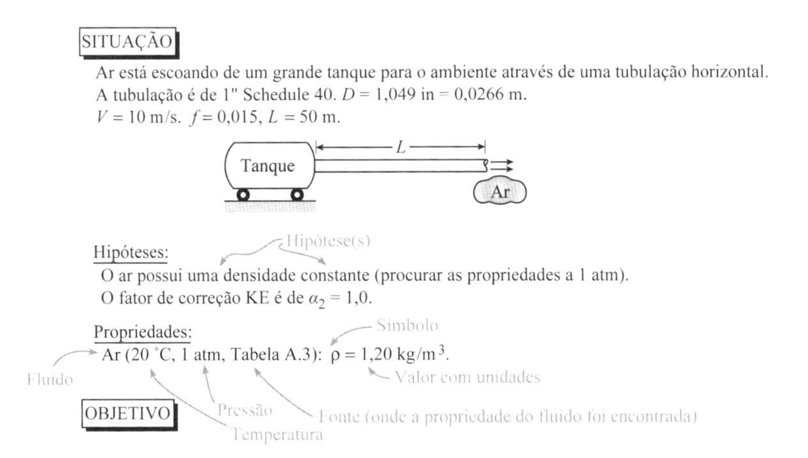

FIGURA 2.4
Um exemplo de como documentar as propriedades dos fluidos.

na Figura A.2.* (4) Leia a Figura A.2† para determinar que μ é aproximadamente 4E-6 lbf·ft/s^2. (5) *Nota:* Dado que a escala vertical na Figura A.2 é difícil de ser lida, o valor de μ foi reportado com apenas um algarismo significativo. **Conclusão**. μ = 4E-6 lbf·ft/s^2.

EXEMPLO. Qual é o peso específico do ar a 20 °C e 3,0 atmosferas de pressão (manométrica)? **Raciocínio**. (1) O peso específico está relacionado com a densidade via $\gamma = \rho g$. (2) A densidade pode ser calculada com a LGI: $\rho = p/RT$ = (4,053E5 Pa)/(287 J/kg·K)(293,2 K) = 4,817 kg/m^3. (3) Dessa forma, $\gamma = \rho g$ = (4,817 kg/m^3)(9,807 m/s^2) = 47,2 N/m^3. **Conclusão**. γ = 47,2 N/m^3.

Qualidade na Documentação

Voz do Engenheiro. *Documente o seu trabalho técnico tão bem que você ou um colega consiga recuperar o trabalho depois de três anos e facilmente compreender o que foi feito.* **Lógica**. (1) Quando você gera uma documentação efetiva, isso lhe proporciona uma estrutura que promove boas ideias. (2) Na prática profissional, você pode usar a sua documentação para relembrar detalhes técnicos meses ou anos após um projeto ter sido completado. (3) Uma documentação completa ajuda-o a proteger sua propriedade intelectual, e também a proteger a sua reputação (e o seu bolso), caso se envolva em um conflito legal.

A maioria das pessoas (incluindo nós) desgosta de documentação, mas uma bem confeccionada economiza uma quantidade enorme de tempo e esforço, de modo que a maioria dos profissionais documenta bem o seu trabalho. Nós ensinamos e praticamos uma regra chamada de *regra do 5%*, que é a seguinte: *Documente o seu trabalho técnico em tempo real (não é permitido reescrever nada**) e faça isso com tanta eficácia que o máximo de tempo extra que você vai precisar será de 5% do seu tempo total.*

Com relação à qualidade da documentação das propriedades dos fluidos, recomendamos seis práticas (Fig. 2.4):

1. Liste o nome do fluido.
2. Liste a temperatura e a pressão na qual a propriedade foi relatada pela fonte. **Lógica**. Em geral, as propriedades do fluido variam tanto com a temperatura quanto com a pressão, de modo que esses valores precisam ser listados. Além disso, o estado (gasoso, líquido ou sólido) depende da temperatura e da pressão.
3. Cite a fonte da propriedade do fluido. **Lógica**. Os dados de propriedades são, com frequência, imprecisos; dessa forma, citar a sua fonte é uma maneira de prover evidência de que o seu trabalho técnico é confiável.

*A Figura A-2 possui uma escala semilogarítmica. Como um engenheiro, você deve saber ler dados de uma escala logarítmica e como plotar em escalas logarítmicas. Se você ainda não possui essa habilidade, recomendamos que peça auxílio ao seu professor ou que consulte a *internet*.

†Recomendamos que você use uma régua e que trace linhas retas com um lápis sempre que utilizar uma escala logarítmica. Isso permitirá que você leia os dados com maior precisão.

**Esse é o objetivo; mesmo os melhores de nós precisam reescrever os seus trabalhos uma vez ou outra. O que queremos evitar é adquirir o hábito de ser relaxado e então ter que reescrever o seu trabalho.

4. Liste as hipóteses relevantes.
5. Liste o valor e as unidades da propriedade do fluido.
6. Seja conciso; escreva o mínimo de informação exigido para que o trabalho seja feito.

2.3 Tópicos Relacionados com a Densidade

Esta seção apresenta três tópicos (gravidade específica, a hipótese da densidade constante, e o módulo volumétrico) que estão relacionados com a densidade do fluido. Os dois primeiros tópicos são muito importantes; o último tópico é de importância secundária.

Gravidade Específica

A gravidade específica é útil para caracterizar a densidade ou peso específico de um material. A **gravidade específica** (representada por S ou SG) é definida como a razão entre a densidade de um material e a densidade de um material de referência. O material de referência utilizado neste livro é a água líquida a 4 °C. Assim,

$$SG = \frac{\rho}{\rho_{H_2O\ a\ 4°C}} \tag{2.2}$$

Uma vez que $\gamma = \rho g$, a Eq. (2.2) pode ser multiplicada por g para dar

$$SG = \frac{\rho}{\rho_{H_2O\ a\ 4°C}} = \frac{\gamma}{\gamma_{H_2O\ a\ 4°C}} \tag{2.3}$$

Fatos Úteis

- Se $SG < 1$, então o material irá com frequência flutuar na água (por exemplo, óleo, gasolina, madeira e isopor flutuam na água). Se $SG > 1$, o material irá, em geral, afundar (por exemplo, um pedaço de batata, concreto ou aço irão afundar na água).
- Se você adicionar óleo (por exemplo, $SG = 0{,}9$) à água ($SG = 1{,}0$), o óleo irá flutuar por sobre a água. Isso ocorre porque o óleo e a água são *imiscíveis*, o que significa que eles são incapazes de se misturar. Se você adicionar álcool (por exemplo, $SG = 0{,}8$) à água, o álcool e a água irão se misturar; os fluidos que são capazes de se misturar são denominados *miscíveis*.
- As propriedades ρ, SG e γ estão relacionadas. Se você conhecer o valor de uma delas, pode com facilidade calcular as outras duas aplicando a Eq. (2.3).
- Os valores de ρ e γ para a água a 4°C estão listados na Tabela F.6 (páginas frontais).
- Os valores de SG para líquidos estão listados na Tabela A.4 (apêndice).
- SG é usada comumente para os sólidos e líquidos, mas raramente é usada para os gases. Este livro não utiliza SG para os gases.

Conhecimento prático recomendado:

- SG (produtos do petróleo; por exemplo, gasolina ou óleo) $\approx$ 0,7 a 0,9
- SG (água do mar) $\approx$ 1,03; SG (mercúrio) $\approx$ 13,6
- SG (aço) $\approx$ 7,8; SG (alumínio) $\approx$ 2,6, SG (concreto) $\approx$ 2,2 a 2,4

A Hipótese da Densidade Constante

Se você puder justificar a hipótese de que um fluido possui uma densidade constante, isso irá tornar a sua análise muito mais simples e rápida. Esta seção apresenta informações sobre essa hipótese.

A **hipótese da densidade constante** significa que você pode idealizar o fluido envolvido no seu problema como se a densidade dele fosse constante tanto em relação à posição quanto ao tempo. Outra maneira de estabelecer essa hipótese é dizer que a densidade pode ser considerada constante apesar da temperatura, pressão, ou ambas, estarem variando. Afirmar que a hipótese da densidade constante é uma hipótese "coerente" ou "válida" significa que os números que você calcula no seu problema são apenas impactados em uma pequena proporção (por exemplo, em menos de 5%) por essa hipótese.

Fatos Úteis:

- A maioria dos tópicos e problemas neste livro e em outros livros de mecânica dos fluidos assume que a densidade é constante. Uma notável exceção é o escoamento compressível (Capítulo 12).
- Para caracterizar uma variação de densidade em relação a uma variação na pressão, os engenheiros utilizam com frequência o *módulo volumétrico*; esse tópico será apresentado na próxima subseção.
- A variação da densidade da água líquida em função da temperatura é dada na Tabela A.5.
- Quando o escoamento é estacionário,* os engenheiros normalmente fazem as seguintes hipóteses:
  - **Líquidos**. Em geral, presume-se que os líquidos em escoamento estacionário possuem densidade constante.
  - **Gases**. Para um gás em escoamento estacionário, considera-se que a densidade é constante se o número de Mach† for menor do que aproximadamente 0,3.
- Quando as temperaturas do fluido estão variando, é comum procurar uma densidade em uma temperatura média e então assumir que ela é constante. **Exemplo**. Se a água entra em um trocador de calor a 10 °C e sai a 90 °C, assuma que a densidade é constante e procure o valor da densidade a 50 °C na Tabela A.5.

Módulo de Elasticidade Volumétrico

Na prática, os líquidos são quase sempre tratados como se fossem incompressíveis,** o que significa que o volume de um líquido não irá diminuir se a pressão que atua nesse líquido for aumentada; isto é, o líquido não pode ser comprimido. Contudo, como engenheiro, você deseja compreender que os líquidos são compressíveis, mas que a hipótese de incompressibilidade é quase sempre justificada para os líquidos.

A propriedade dos fluidos denominada módulo volumétrico fornece aos engenheiros uma maneira de quantificar o grau segundo o qual um líquido é compressível. Para um líquido, o módulo volumétrico pode ser descrito usando a Eq. (2.4):

$$E_v = \frac{-\Delta p}{\Delta \forall / \forall} = \frac{\text{variação na pressão}}{\text{variação fracionária no volume}} \tag{2.4}$$

Dado que o módulo de elasticidade volumétrico para a água líquida às condições ambientes é de 2,2 GN/m^2, você pode aplicar a Eq. (2.4) para quantificar a variação no volume da água líquida.

EXEMPLO. Um volume de água líquida de 1,0 L está sujeito a uma compressão isotérmica desde a pressão atmosférica até uma pressão de 1,0 MPa absoluta. Qual é a variação no volume da água? **Raciocínio**. (1) A partir da Eq. (2.4), $\Delta\forall = \forall(-\Delta p)/E_v$. (2) Substituindo números nessa equação, temos (1E-3 m^3)(−(1,0E6 − 1,0E5) Pa)/(2,2E9 Pa) = −4,5E-7 m^3. **Conclusão**. O volume diminui em aproximadamente 0,00045 litros, o que corresponde a aproximadamente 0,045%.

Resumo. É comum, porém incorreto, dizer que determinado líquido (por exemplo, a água) é incompressível. Uma melhor declaração é dizer que os líquidos podem, em geral, ser considerados incompressíveis. Para certos tipos de problemas (por exemplo, envolvendo martelos de água e em acústica), a compressibilidade dos líquidos deve ser modelada para produzir estimativas precisas.

Para um gás ideal, E_v para uma compressão ou expansão isotérmica é dado por

$$E_v = p \text{ (processo isotérmico)} \tag{2.5}$$

*O escoamento estacionário é definido em §4.3.

†O número de Mach fornece a razão entre a velocidade do fluido e a velocidade do som (ver o Capítulo 12).

**Exceto para uns poucos tipos de problemas especiais, tais como em problemas envolvendo martelos de água e no modelamento do fluido em um cabeçote de impressora jato de tinta.

em que p é a pressão. Para aplicar a Eq. (2.4) a um gás, você deve fazer $E_v = p$ e então integrar a equação resultante, pois E_v não é constante. Adicionalmente, E_v depende da natureza do processo. Por exemplo, se a compressão ou expansão for adiabática, então

$$E_v = kp \text{ (processo adiabático)} \tag{2.6}$$

em que k, a razão do calor específico, está definido em §2.8.

2.4 Pressão e Tensão de Cisalhamento

Quando você compreende a tensão, muitos tópicos na mecânica se tornam mais fáceis. A imagem geral é a de que existem apenas dois tipos de tensão: *tensão normal* e *tensão de cisalhamento*. Na mecânica dos fluidos, a tensão normal† é quase sempre apenas a pressão do fluido; dessa forma, os dois tipos de tensão são a pressão e a tensão de cisalhamento.

Definição de Tensão

Para definir tensão, começamos observando que ela atua sobre partículas metálicas. Por exemplo, se você dobrar uma viga, as partículas materiais são deformadas por uma tensão normal (Fig. 2.5).

Dessa forma, a tensão é causada por uma carga que atua em um corpo. Um exemplo para um corpo fluido é mostrado na Figura 2.6.

Para construir uma definição de tensão, começamos pelo reconhecimento de que as dimensões secundárias da tensão são força/área:

$$\text{tensão} = \frac{\text{força}}{\text{área}} \tag{2.7}$$

Em seguida, visualize a força sobre uma face de uma partícula de material. Resolva essa força em uma componente normal de magnitude ΔF_n e uma componente tangencial de magnitude ΔF_t (Fig. 2.7).

Então, a pressão é definida como a razão entre a força normal e a área:

$$p \equiv \lim_{\Delta A \to 0} \frac{\Delta F_n}{\Delta A} \tag{2.8}$$

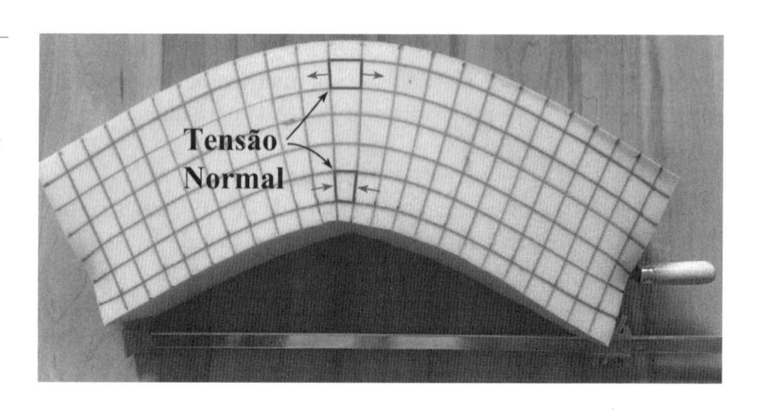

FIGURA 2.5

Esta figura mostra nossa maneira favorita de visualizar a tensão em um corpo. O método é o seguinte: (1) Selecione um *corpo* composto por uma *viga* feita de espuma. (2) Marque as *partículas materiais*; esse exemplo usa quadrados com 25 mm de aresta. (3) Submeta a viga a uma *carga*; este exemplo usa um grampo para exercer um *momento de flexão*. (4) Observe como a tensão deformou as partículas materiais. (Foto de Donald Elger)

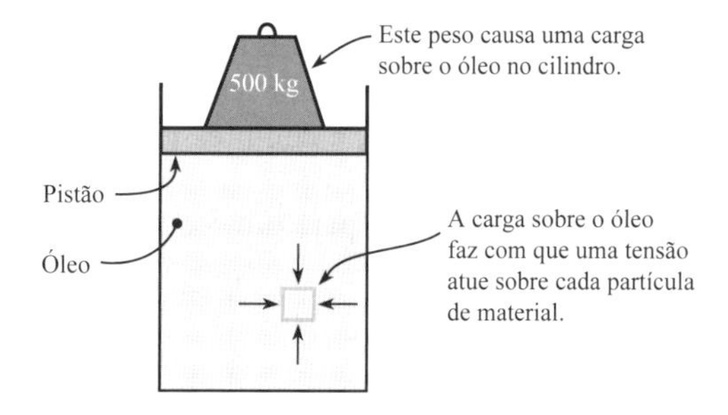

FIGURA 2.6

Neste exemplo, uma carga (isto é, um peso situado sobre um pistão) faz com que uma tensão atue sobre o óleo no interior de um cilindro.

†Existe também um componente viscoso para a tensão normal. Entretanto, esse termo raramente tem importância, de modo que é mais conveniente deixar esse tópico para livros mais avançados de mecânica dos fluidos.

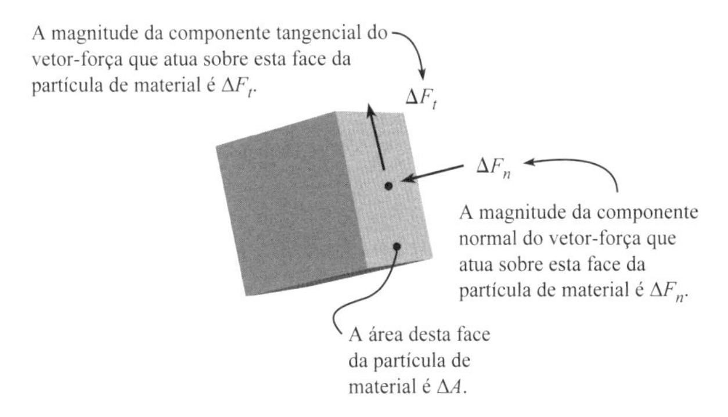

FIGURA 2.7
Este croqui mostra como a força sobre uma face de uma *partícula de material* pode ser resolvida em uma força normal e uma força tangencial.

E a tensão de cisalhamento é definida como a razão entre a força de cisalhamento e a área:

$$\tau \equiv \lim_{\Delta A \to 0} \frac{\Delta F_t}{\Delta A} \tag{2.9}$$

Resumo. Em mecânica, a tensão é uma entidade que expressa as forças que as partículas materiais exercem umas sobre as outras. A tensão é a razão entre a força e a área em um ponto e está resolvida em dois componentes.

- **Pressão (tensão normal)**. A razão entre a força normal e a área.
- **Tensão de cisalhamento**. A razão entre a força de cisalhamento e a área.

Livros mais avançados irão apresentar conceitos adicionais sobre a tensão. Por exemplo, com frequência, a tensão é representada matematicamente como um tensor de segunda ordem. Contudo, esses tópicos estão além do escopo deste livro.

Relacionando Tensão à Força

Um problema comum consiste em como relacionar a tensão que atua sobre uma área à força associada sobre a mesma área. A solução consiste em integrar a distribuição de tensão da seguinte maneira:

$$\text{força} = \int_{\text{Área}} \underbrace{\left(\frac{\text{força}}{\text{área}}\right)}_{\text{definição de tensão}} dA \tag{2.10}$$

Para construir os detalhes da integração, vamos começar com uma distribuição de pressões (Fig. 2.8). Para representar a força como uma quantidade vetorial, selecionamos uma pequena área e definimos um vetor unitário (Fig. 2.9). A força sobre a pequena área é $\mathbf{dF} = -p\mathbf{n}\, dA$. Para obter a força sobre o corpo, some as pequenas forças ($\mathbf{F} = \Sigma \mathbf{dF}$) enquanto leva o tamanho da pequena área (isto é, dA) ao limite tendendo a zero. A soma de pequenos termos é a definição da integral (§1.4). Assim,

$$\mathbf{F}_p = \int_A -p\mathbf{n}\, dA \tag{2.11}$$

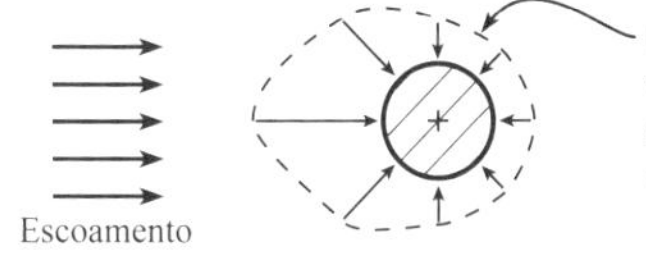

FIGURA 2.8
Esta figura mostra a distribuição de pressões associadas a um fluido que está escoando sobre um corpo que possui forma circular. Isso pode representar, por exemplo, como a pressão varia ao redor do lado externo de um píer redondo que está submerso em um rio.

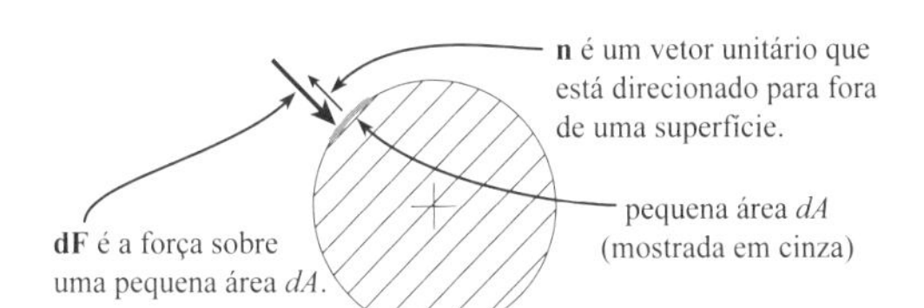

FIGURA 2.9
A força de pressão sobre uma pequena seção de área sobre um cilindro.

FIGURA 2.10

A imagem mostra como a tensão de cisalhamento varia para o escoamento sobre um cilindro circular.

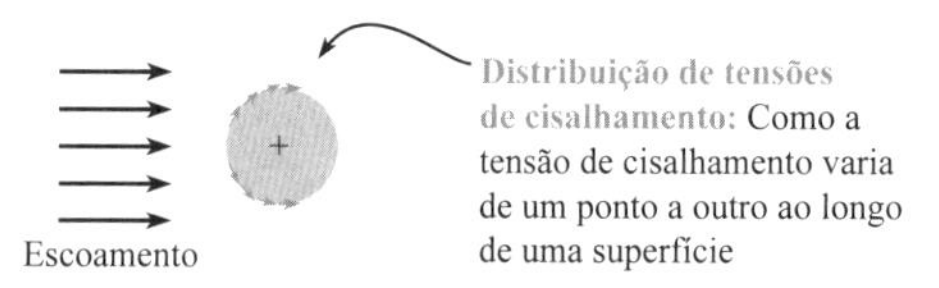

em que $\mathbf{F}_p$, denominada força devido à pressão, ou **força de pressão**, representa a força resultante sobre a área A em função da distribuição de pressões. A Eq. (2.11) possui um caso especial importante:

$$F_p = pA \tag{2.12}$$

O raciocínio para provar que a Eq. (2.12) é verdadeira é o seguinte: (1) Assuma que a área A na Eq. (2.11) representa uma superfície plana. (2) Assuma que a pressão na Eq. (2.11) seja constante, de modo que p saia de dentro da integral. (3) Dessa forma, a Eq. (2.11) pode ser simplificada da seguinte maneira: $F_p = p\int_A dA = pA$. Note que o vetor unitário foi omitido porque a direção de uma força de pressão sobre uma superfície plana é normal à superfície e direcionada para a superfície.

Resumo. A força de pressão é *sempre dada* pela integral da pressão ao longo da área, que é $\mathbf{F}_p = \int_A -p\mathbf{n}\, dA$. Apenas no caso especial de uma pressão uniforme que atua sobre uma superfície plana é que você pode calcular a força de pressão utilizando $F_p = pA$. Como sempre, recomendamos que você recorde a equação geral (isto é, a integral) e então derive $F_p = pA$, quando essa equação for necessária.

Agora podemos abordar a equação para a força de cisalhamento, que é representada pelo símbolo F_s, ou algumas vezes por F_τ. Para desenvolver uma equação para F_s, podemos aplicar a mesma lógica que foi usada para a força de pressão. A etapa 1 consiste em partir de uma distribuição de tensões (Fig. 2.10). A etapa 2 é definir uma pequena área e um vetor unitário a ela associado (Fig. 2.11). A etapa 3 é representar a força sobre a pequena área como $\mathbf{dF} = \tau\mathbf{t}\, dA$ e então somar as pequenas forças usando a integral. O resultado final é

$$\mathbf{F}_\tau = \int_A \tau\mathbf{t}\, dA \tag{2.13}$$

em que $\mathbf{F}_\tau$, a **força de cisalhamento**, representa a força resultante sobre a área A em razão da distribuição de tensões de cisalhamento. Se a tensão de cisalhamento for constante e a área de integração for uma superfície plana, então a Eq. (2.13) se reduz a

$$F_s = \tau A \tag{2.14}$$

Resumo. A força de cisalhamento é *sempre dada* pela integral da tensão de cisalhamento ao longo da área, que é $\mathbf{F}_s = \int_A \tau\mathbf{t}\, dA$. Apenas no caso especial de uma tensão de cisalhamento uniforme que atua sobre uma superfície plana é que você pode calcular a força de cisalhamento usando $F_s = \tau A$.

As Sete Forças Comuns nos Fluidos

Na mecânica dos fluidos, a correta análise das forças algumas vezes é difícil. Assim, gostaríamos de compartilhar um conceito que consideramos útil. *Quando uma força atua entre o Corpo nº 1 (composto por um fluido) e o Corpo nº 2 (composto por qualquer material, incluindo outro fluido), existem sete forças comuns que surgem. Seis dessas sete forças estão associadas à distribuição de pressões, distribuição de tensões de cisalhamento, ou ambas.*

As sete forças estão resumidas na Tabela 2.2. Note as descrições e dicas que estão apresentadas na terceira coluna. Observe na quarta coluna que todas as forças estão associadas à distribuição de tensões, exceto a força de tensão superficial.

2.5 A Equação da Viscosidade

A equação da viscosidade é usada para representar os efeitos viscosos (isto é, do atrito) em fluidos em escoamento. Essa equação é importante, pois os efeitos viscosos influenciam questões práticas, tais como o uso da energia, a queda de pressão e a força de arrasto dinâmica em um fluido.

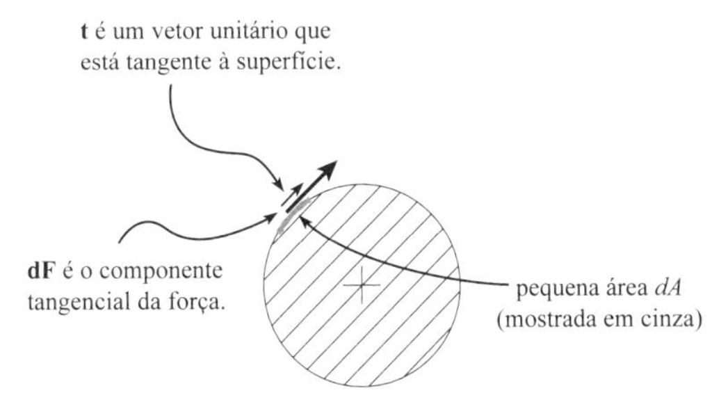

FIGURA 2.11
A força de cisalhamento sobre uma pequena seção de área sobre um cilindro.

TABELA 2.2 As Sete Forças Comuns nos Fluidos

Nº	Nome	Descrição e Dicas	Associado com
1	Força de Pressão	É a força causada por uma distribuição de pressões. Use a pressão manométrica para a maioria dos problemas.	Tensão de pressão
2	Força de Cisalhamento (Força Viscosa)	É a força causada por uma distribuição de tensões de cisalhamento. Essa força exige que o fluido esteja em escoamento.	Tensão de cisalhamento
3	Força de Empuxo	É a força sobre um corpo submerso ou parcialmente submerso que é causada pela distribuição de pressões hidrostáticas.	Tensão de pressão
4	Força de Tensão Superficial	É a força causada pela tensão superficial. A fórmula comum é $F = \sigma L$.	Forças entre moléculas
5	Força de Arrasto	Quando um fluido escoa sobre um corpo, a força de arrasto é a componente da força total que é paralela à velocidade do fluido.	Tanto a tensão de pressão, quanto a tensão de cisalhamento
6	Força Ascensional	Quando um fluido escoa sobre um corpo, a força ascensional é a componente da força total que é perpendicular à velocidade do fluido.	Tanto a tensão de pressão, quanto a tensão de cisalhamento (tipicamente, o efeito da tensão de cisalhamento é desprezível em comparação à tensão de pressão)
7	Força de Impulso	É a força associada à propulsão; isto é, a força causada por um impelidor, motor a jato, motor de foguete, etc.	Tanto a tensão de pressão, quanto a tensão de cisalhamento (tipicamente, o efeito da tensão de cisalhamento é desprezível em comparação à tensão de pressão)

A Equação da Viscosidade

A equação da viscosidade* é

$$\tau = \mu \frac{dV}{dy} \tag{2.15}$$

A equação da viscosidade relaciona a tensão de cisalhamento τ à viscosidade μ, e ao gradiente de velocidade dV/dy. Em muitas referências, a equação da viscosidade é denominada a *Lei da Viscosidade de Newton*.

O Gradiente de Velocidade

O termo (dV/dy) é chamado de **gradiente de velocidade**.† A variável V representa a magnitude do vetor velocidade. Em mecânica, a **velocidade** é definida como a velocidade (escalar) e a

*Existe uma forma mais geral dessa equação que envolve derivadas parciais. Contudo, a Eq. (2.15) se aplica a muitos escoamentos de interesse na Engenharia; assim, deixamos a forma mais geral para cursos avançados.
†Isso é chamado de *gradiente de velocidade*, pois o operador gradiente do cálculo se reduz à derivada comum dV/dy para a maioria dos escoamentos simples.

FIGURA 2.12

Este desenho mostra a água escoando dentro de um tubo circular. Um **perfil de velocidade** é um esboço ou uma equação que mostra como a velocidade varia em relação à posição.

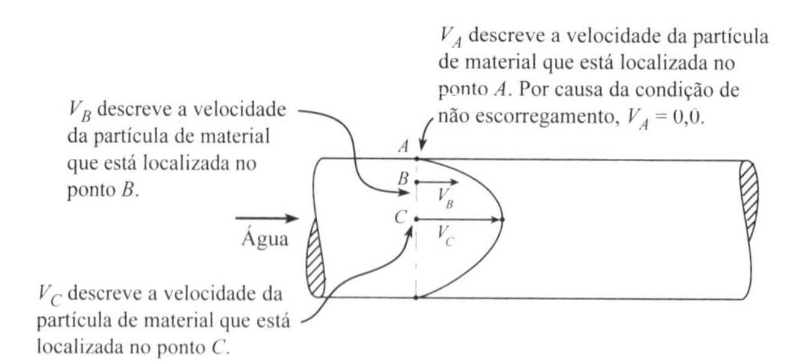

direção do deslocamento de uma partícula de material. Dessa forma, quando um fluido está escoando, cada partícula de material irá possuir uma velocidade diferente (Fig. 2.12).

A variável y em dV/dy representa a posição conforme medida a partir de uma parede. Uma vez que dV/dy é uma derivada ordinária, você pode analisar esse termo aplicando o seu conhecimento de cálculo. Os três métodos que recomendamos são os seguintes:

Método nº 1. Se você possui um gráfico de $V(y)$, determine dV/dy traçando uma linha tangente e então encontre a inclinação da linha tangente usando a "variação do eixo y sobre a variação do eixo x".

Método nº 2. Se você possui uma tabela de dados experimentais (por exemplo, dados de V em função de y), faça uma estimativa com base na definição da derivada em §1.4: $dV/dy \approx \Delta V/\Delta y$.

Método nº 3. Se você possui uma equação para $V(y)$, tire a derivada da equação usando os métodos de cálculo.

No contexto da análise do gradiente de velocidade, com frequência você precisará aplicar a **condição de não escorregamento**, que é a seguinte: *Quando um fluido está em contato com um corpo sólido, a velocidade do fluido no ponto de contato é igual à velocidade do corpo sólido naquele mesmo ponto.* **Exemplo**. Quando a água escoa através de uma tubulação, a velocidade do fluido na parede é igual à velocidade da parede, que é zero. **Exemplo**. Quando um avião se move através do ar, a velocidade do fluido em um ponto localizado sobre a asa é igual à velocidade da asa nesse mesmo ponto.

Com frequência você irá ver o *gradiente de velocidade* chamado de *taxa de deformação*, pois você pode partir da definição de deformação e provar que a taxa de deformação de uma partícula de um fluido é dada pelo gradiente de velocidade. Contudo, essa derivação é melhor ser deixada para livros avançados.

Fluido Newtoniano *versus* Fluido Não Newtoniano

Como engenheiro, você precisa tomar decisões sobre se uma equação se aplica ou não à situação que você está analisando. Uma questão ao tomar essa decisão é se um fluido pode ou não ser modelado como um fluido newtoniano. Para definir um fluido newtoniano, imagine que você está usando ar ou água, e montou um experimento que envolve a medição da tensão de cisalhamento como uma função do gradiente de velocidade para então plotar os seus dados. Você irá obter uma linha reta (Fig. 2.13), pois tanto o ar quanto a água são fluidos newtonianos.

FIGURA 2.13

Um fluido é definido como um **fluido newtoniano** quando um gráfico da tensão de cisalhamento *versus* o gradiente de velocidade fornece uma linha reta.* A inclinação será igual ao valor da viscosidade μ, pois a equação aplicável é $\tau = \mu(dV/dy)$.

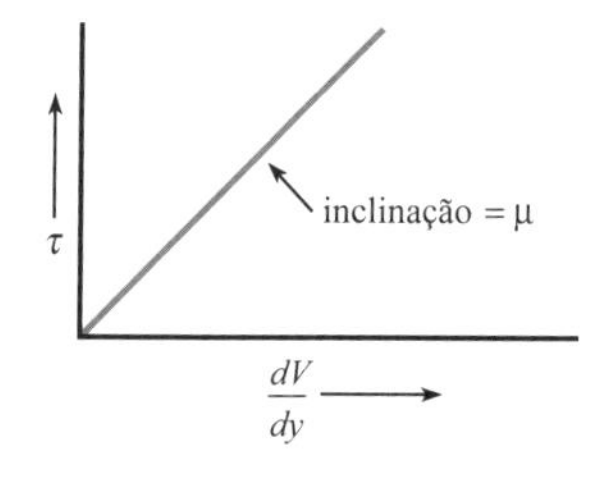

*A curva também precisa passar através da origem para distinguir um fluido newtoniano de um plástico de Bingham, que é uma classe de fluidos não newtonianos.

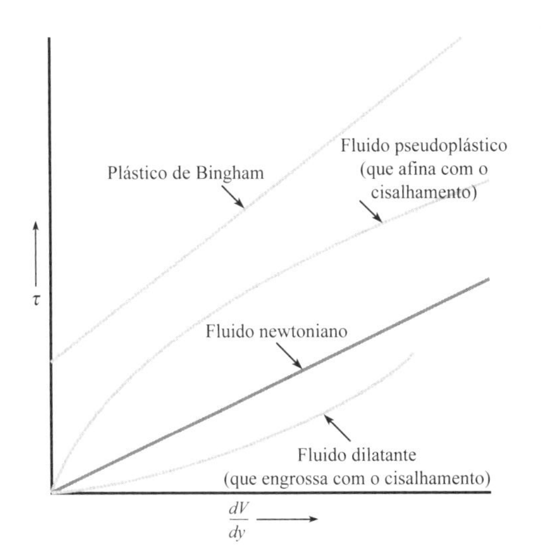

FIGURA 2.14

Um **fluido não newtoniano** (linhas cinza-claro) é qualquer fluido que não siga a relação entre a *tensão de cisalhamento* e o *gradiente de velocidade* que é seguida por um fluido newtoniano.

Se você selecionasse outros fluidos, conduzisse experimentos, e plotasse os dados, iria descobrir que alguns dos conjuntos de dados não se comportam da mesma forma que um fluido newtoniano (Fig. 2.14).

A Figura 2.14 mostra três categorias de fluidos não newtonianos. Para um fluido *pseudoplástico* (que afina com o cisalhamento), a viscosidade diminui à medida que a taxa de deformação de cisalhamento (dV/dy) aumenta. Alguns exemplos comuns são o *ketchup*, as tintas e as tintas de impressoras. Para um fluido *dilatante* (que engrossa com o cisalhamento), a viscosidade aumenta com a taxa de cisalhamento. Um exemplo de fluido dilatante é uma mistura de amido e água. Um *plástico de Bingham* atua como um sólido em pequenos valores de tensão de cisalhamento, e então se comporta como um fluido em maiores valores de tensão de cisalhamento. Alguns fluidos comuns que são idealizados como plásticos de Bingham são a maionese, a pasta de dentes e algumas lamas.

Em geral, os fluidos não Newtonianos possuem moléculas que são mais complexas do que as dos fluidos newtonianos. Dessa forma, se você estiver trabalhando com um fluido que possa ser não newtoniano, considere realizar alguma investigação; muitas das equações e modelos matemáticos apresentados em livros (incluindo este) se aplicam somente aos fluidos newtonianos. Para aprender mais sobre os fluidos não newtonianos, assista ao vídeo intitulado *Rheological Behavior of Fluids* (1) ou consulte as referências (2) e (3).

Raciocinando com a Equação da Viscosidade

Note que a equação da viscosidade para um fluido newtoniano é uma *equação linear*. Ela é assim denominada pois o gráfico da equação (Fig. 2.13) é uma linha reta. Em particular, a equação geral para uma linha reta é $y = mx + b$, no qual m é a inclinação e b é a interseção com o eixo y. Uma vez que a equação da viscosidade é $\tau = \mu(dV/dy)$, você pode ver que τ é a variável dependente, μ é a inclinação, dV/dy é a variável independente, e 0,0 é a interseção com o eixo y.

Usando a equação da viscosidade, você pode avaliar a magnitude do *gradiente de velocidade* (isto é, dV/dy) e determinar coisas sobre a magnitude da *tensão de cisalhamento* τ (por exemplo, ver a Fig. 2.15). O raciocínio pode ser representado pelo uso de setas, da seguinte maneira:

$$\tau\uparrow = \mu\left(\frac{dV}{dy}\uparrow\right) \quad (2.16)$$

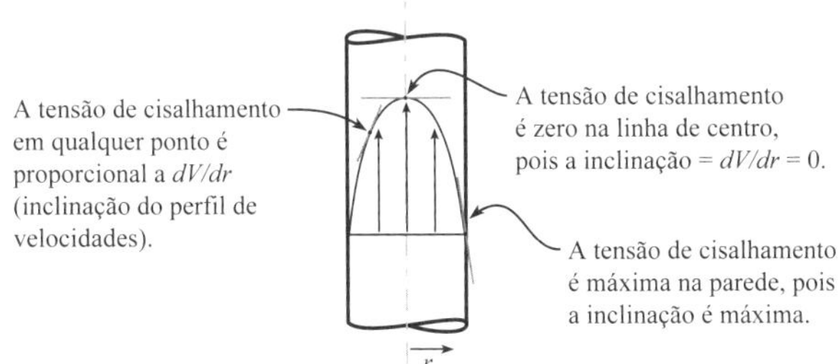

FIGURA 2.15

Este exemplo mostra o perfil de velocidades associado ao escoamento laminar em uma tubulação circular. Note como a informação sobre a tensão de cisalhamento pode ser deduzida do perfil de velocidades. Aqui, r é a posição radial conforme medida da linha de centro da tubulação.

FIGURA 2.16

O escoamento de Couette é um escoamento acionado por uma parede em movimento. O perfil de velocidades no fluido é linear.

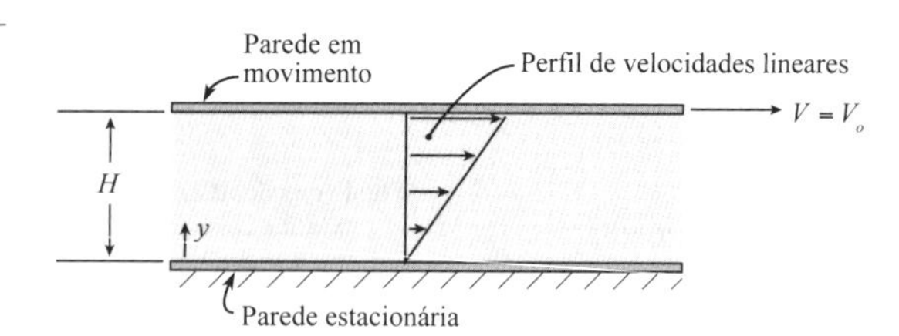

Em palavras, a Eq. (2.16) diz que se a inclinação (isto é, a magnitude de dV/dy) aumenta, então a tensão de cisalhamento deve aumentar. De maneira semelhante, a equação da viscosidade nos diz que se a inclinação diminui, então a tensão de cisalhamento deve diminuir. E, se a inclinação for constante (por exemplo, em um escoamento de Couette, que é o nosso próximo tópico), então a tensão de cisalhamento deve ser constante.

Escoamento de Couette

O escoamento de Couette é usado como um modelo para uma variedade de escoamentos que envolvem lubrificação. No escoamento de Couette (por exemplo, ver a Fig. 2.16), uma superfície em movimento causa o escoamento do fluido. Por causa da condição de não escoamento, a velocidade do fluido em $y = H$ é igual à velocidade da parede em movimento. De maneira semelhante, a velocidade do fluido em $y = 0$ é zero, pois a placa inferior está estacionária. Na região entre as placas, o perfil de velocidades é linear.

Quando a equação da viscosidade é aplicada ao escoamento de Couette, a derivada pode ser substituída pela razão, pois o gradiente de velocidade é linear.

$$\tau = \mu\frac{dV}{dy} = \mu\frac{\Delta V}{\Delta y} \tag{2.17}$$

Os termos no lado direito da Eq. (2.17) podem ser analisados da seguinte maneira:

$$\tau = \mu\frac{\Delta V}{\Delta y} = \mu\frac{V_o - 0}{H - 0} = \mu\frac{V_o}{H}$$

Assim,

$$\tau\Big|_{\text{Escoamento de Couette}} = \text{constante} = \mu\frac{V_o}{H} \tag{2.18}$$

A Eq. (2.18) revela que a tensão de cisalhamento em todos os pontos em um escoamento de Couette é constante com uma magnitude de $\mu V_0/H$.

EXEMPLO 2.1

Aplicando a Equação da Viscosidade para Calcular a Tensão de Cisalhamento em um Escoamento de Poiseuille

Enunciado do Problema

Uma solução famosa em mecânica dos fluidos, denominada escoamento de Poiseuille, envolve o escoamento laminar em uma tubulação circular (ver o Capítulo 10 para os detalhes). Considere o escoamento de Poiseuille com um perfil de velocidade na tubulação dado por

$$V(r) = V_o(1 - (r/r_o)^2)$$

em que r é a posição radial conforme medida a partir da linha de centro, V_0 é a velocidade no centro da tubulação, e r_0 é o raio da tubulação. Determine a tensão de cisalhamento no centro da tubulação, na parede, e onde $r = 1$ cm. O fluido é a água (15 °C), o diâmetro da tubulação é 4 cm, e $V_o = 1$ m/s.

Defina a Situação

A água escoa no interior de uma tubulação circular (escoamento de Poiseuille).

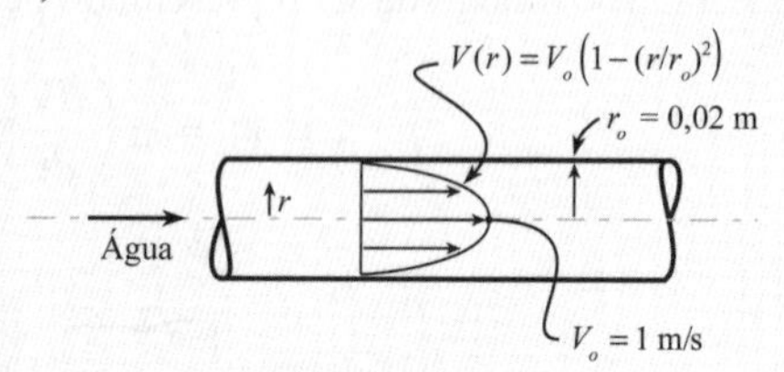

Água (15 °C, 1 atm, Tabela A.5): $\mu = 1{,}14 \times 10^{-3}$ N·s/m².

Estabeleça o Objetivo

Calcular a tensão de cisalhamento em três pontos:

$\tau(r = 0{,}00 \text{ m})$ (N/m²) ⬅ linha de centro da tubulação

$\tau(r = 0{,}01\text{ m})\ (\text{N/m}^2)$ ⬅ meio da tubulação

$\tau(r = 0{,}02\text{ m})\ (\text{N/m}^2)$ ⬅ a parede

Tenha Ideias e Trace um Plano

Uma vez que o objetivo é τ, selecione a *equação da viscosidade*. Faça com que a variável da posição seja r, em lugar de y.

$$\tau = -\mu\frac{dV}{dr} \qquad \text{(a)}$$

Em relação ao sinal de menos na Eq. (a), o y na equação da viscosidade é medido a partir da parede. A coordenada r está na direção oposta. A mudança de sinal ocorre quando a variável muda de y para r.

Para determinar o gradiente de velocidade na Eq. (a), tire a derivada do perfil de velocidades que foi dado.

$$\frac{dV(r)}{dr} = \frac{d}{dr}(V_o(1-(r/r_o)^2)) = \frac{-2V_o r}{r_o^2} \qquad \text{(b)}$$

Agora, o objetivo pode ser encontrado. **Plano**. Aplicar a Eq. (b) para determinar o gradiente de velocidade. Então, substituir na Eq. (a).

Aja (Execute o Plano)

1. Equação da viscosidade ($r = 0$ m):

$$\left.\frac{dV(r)}{dr}\right|_{r=0\text{ m}} = \frac{-2V_o(0\text{ m})}{r_o^2} = \frac{-2(1\text{ m/s})(0\text{ m})}{(0{,}02\text{ m})^2} = 0{,}0\text{ s}^{-1}$$

$$\tau(r = 0\text{ m}) = -\mu\left.\frac{dV(r)}{dr}\right|_{r=0\text{ m}} = (1{,}14\times10^{-3}\text{ N}\cdot\text{s/m}^2)(0{,}0\text{ s}^{-1}) = \boxed{0{,}0\text{ N/m}^2}$$

2. Equação da viscosidade ($r = 0{,}01$ m):

$$\left.\frac{dV(r)}{dr}\right|_{r=0{,}01\text{ m}} = \frac{-2V_o(0{,}01\text{ m})}{r_o^2} = \frac{-2(1\text{ m/s})(0{,}01\text{ m})}{(0{,}02\text{ m})^2} = -50\text{ s}^{-1}$$

Em seguida, calcule a tensão de cisalhamento:

$$\tau(r = 0{,}01\text{ m}) = -\mu\left.\frac{dV(r)}{dr}\right|_{r=0{,}01\text{ m}} = (1{,}14\times10^{-3}\text{ N}\cdot\text{s/m}^2)(50\text{ s}^{-1}) = \boxed{0{,}0570\text{ N/m}^2}$$

3. Equação da viscosidade ($r = 0{,}02$ m):

$$\left.\frac{dV(r)}{dr}\right|_{r=0{,}02\text{ m}} = \frac{-2V_o(0{,}02\text{ m})}{r_o^2} = \frac{-2(1\text{ m/s})(0{,}02\text{ m})}{(0{,}02\text{ m})^2} = -100\text{ s}^{-1}$$

Em seguida, calcule a tensão de cisalhamento:

$$\tau(r = 0{,}02\text{ m}) = -\mu\left.\frac{dV(r)}{dr}\right|_{r=0{,}02\text{ m}} = (1{,}14\times10^{-3}\text{ N}\cdot\text{s/m}^2)(100\text{ s}^{-1}) = \boxed{0{,}114\text{ N/m}^2}$$

Reveja a Solução e o Processo

1. *Sugestão*. Na maioria dos problemas, incluindo este exemplo, a indicação e o cancelamento de unidades são úteis, se não críticos.
2. *Observe*. A tensão de cisalhamento varia com a posição. Para este exemplo, τ é zero na linha de centro do escoamento e diferente de zero em todas as demais posições. O valor máximo da tensão de cisalhamento ocorre na parede da tubulação.
3. *Observe*. Para o escoamento no interior de uma tubulação circular, a equação da viscosidade possui um sinal de menos e utiliza a coordenada de posição r.

$$\tau = -\mu\frac{dV}{dr}$$

EXEMPLO 2.2

Aplicando a Equação da Viscosidade ao Escoamento de Couette

Enunciado do Problema

Uma placa de 1 m por 1 m que pesa 25 N desliza para baixo ao longo de uma rampa inclinada (inclinação = 20°) com uma velocidade constante de 2,0 cm/s. A placa está separada da rampa por uma fina película de óleo com viscosidade de 0,05 N·s/m². Assumindo que o óleo possa ser modelado como um escoamento de Couette, calcule o espaço entre a placa e a rampa.

Defina a Situação

Uma placa desliza para baixo sobre uma película de óleo sobre um plano inclinado.

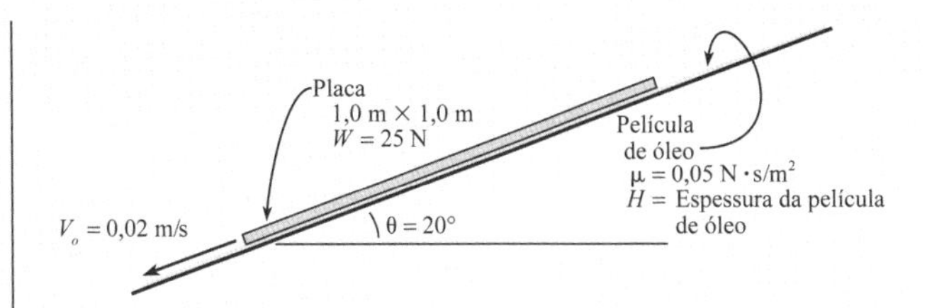

Hipóteses. (1) Escoamento de Couette. (2) A placa apresenta uma velocidade constante.

Estabeleça o Objetivo

H(mm) ⬅ espessura da película de óleo

Tenha Ideias e Trace um Plano

Uma vez que o objetivo é H, aplique a *equação da viscosidade* (Eq. 2.18):

$$H = \mu\frac{V_o}{\tau} \qquad \textbf{(a)}$$

Para determinar a tensão de cisalhamento τ na Eq. (a), desenhe um *Diagrama de Corpo Livre* (DCL) da placa. No DCL, W é o peso, N é a força normal, e $F_{cisalhamento}$ é a força de cisalhamento. Uma vez que a força de cisalhamento é constante em relação a x, a força de cisalhamento pode ser expressa como $F_{cisalhamento} = \tau A$.

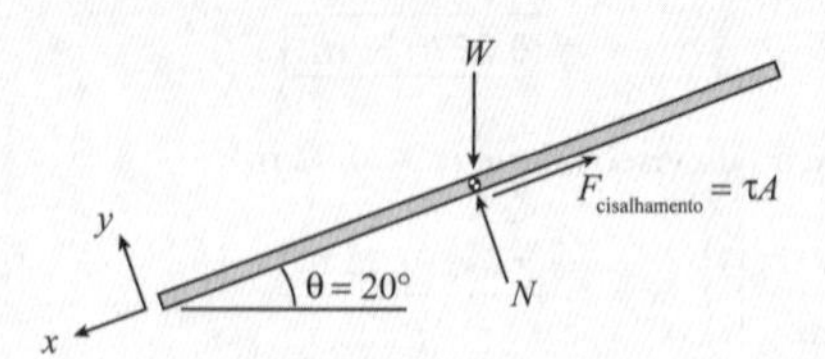

Uma vez que a placa se move a uma velocidade constante, as forças se contrabalançam. Assim, aplique o *equilíbrio de forças*.

$$\Sigma F_x = 0 = W \operatorname{sen}\theta - \tau A \qquad \textbf{(b)}$$

Reescreva a Eq. (b) como

$$\tau = (W \operatorname{sen}\theta)/A \qquad \textbf{(c)}$$

A Eq. (c) pode ser resolvida para τ. O plano é o seguinte:

1. Calcule τ usando o equilíbrio de forças (Eq. c).
2. Calcule H usando a equação para a tensão de cisalhamento (Eq. a).

Aja (Execute o Plano)

1. Equilíbrio de forças:

$$\tau = (W\operatorname{sen}\theta)/A = (25\text{ N})(\operatorname{sen} 20°)/(1{,}0\text{ m}^2) = 8{,}55\text{ N/m}^2$$

2. Equação da tensão de cisalhamento:

$$H = \mu\frac{V_o}{\tau} = (0{,}05\text{ N}\cdot\text{s/m}^2)\frac{(0{,}02\text{ m/s})}{(8{,}55\text{ N/m}^2)} = \boxed{0{,}117\text{ mm}}$$

Reveja a Solução e o Processo

1. H equivale a aproximadamente 12% de um milímetro; isso é muito pequeno.
2. *Sugestão.* A resolução desse problema envolveu o desenho de um DCL. O DCL é útil para a maioria dos problemas envolvendo um escoamento de Couette.

2.6 Tensão Superficial*

Os engenheiros precisam ser capazes de estimar e caracterizar os efeitos da tensão superficial, pois eles afetam muitos processos industriais. A seguir, alguns exemplos de efeitos da tensão superficial:

- *Absorção.* A água será absorvida em uma toalha de papel. A tinta de caneta será absorvida no papel. O polipropileno, uma excelente fibra para atividades aeróbicas em climas frios, absorve a transpiração para fora do corpo.
- *Ascensão por capilaridade.* Um líquido irá ascender em um tubo de pequeno diâmetro. A água irá ascender no solo.
- *Instabilidade capilar.* Um jato de água irá se quebrar em gotículas.
- *Gotas e formação de bolhas.* A água sobre uma folha se acumula na forma de gotículas. Uma torneira vazando goteja. As bolhas de sabão se formam.
- *Excesso de pressão.* A pressão no interior de uma gota de água é maior do que a pressão ambiente. A pressão no interior de uma bolha de vapor durante uma ebulição é maior do que a pressão ambiente.
- *Andando sobre a água.* A aranha d'água, um inseto, pode caminhar sobre a água. De maneira semelhante, um clipe de papel metálico ou uma agulha metálica pode ser posicionado para flutuar (pela ação da tensão superficial) sobre a superfície da água.
- *Detergentes.* Os sabões e detergentes melhoram a limpeza das roupas, pois eles baixam a tensão superficial da água, de modo que ela possa ser absorvida com maior facilidade no interior dos poros do tecido.

Muitos experimentos demonstraram que a superfície de um líquido se comporta como uma membrana esticada. A propriedade material que caracteriza esse comportamento é a **tensão superficial**, σ (sigma), que pode ser expressa em termos de uma força:

$$\text{tensão superficial}(\sigma) = \frac{\text{força ao longo de uma interface}}{\text{comprimento da interface}} \qquad \textbf{(2.19)}$$

*Os autores reconhecem e agradecem o Dr. Eric Aston por suas informações e dados para esta seção. O Dr. Aston é professor de Engenharia Química na University of Idaho, nos Estados Unidos.

A tensão superficial também pode ser expressa em termos de energia:

$$\text{tensão superficial}(\sigma) = \frac{\text{energia exigida para aumentar a área de superfície de um líquido}}{\text{Área unitária}} \tag{2.20}$$

A partir da Eq. (2.19), a unidade da tensão superficial é o newton por metro (N/m), e ela possui tipicamente uma magnitude que varia entre 1 e 100 mN/m. A unidade da tensão superficial também pode ser o joule por metro quadrado (J/m^2), pois

$$\frac{N}{m} = \frac{N \cdot m}{m \cdot m} = \frac{J}{m^2}$$

O mecanismo físico da tensão superficial está baseado na **força de coesão**, que é a força de atração entre moléculas similares. Uma vez que as moléculas de um líquido atraem umas às outras, as que estão no interior de um líquido (ver a Fig. 2.17) são igualmente atraídas em todas as direções. Em contraste, as moléculas na superfície são puxadas em direção ao centro, pois elas não possuem moléculas de líquido acima delas. Essa atração sobre as moléculas na superfície trazem a superfície para dentro e faz com que o líquido busque minimizar a sua área de superfície. Essa é a razão pela qual uma gota de água adquire a forma de uma esfera.

A tensão superficial da água diminui com a temperatura (ver a Fig. 2.18), pois a expansão térmica move as moléculas para que elas fiquem mais distantes umas das outras, e isso reduz a força atrativa média entre as moléculas (isto é, a força de coesão diminui). A tensão superficial é fortemente afetada pela presença de contaminantes ou impurezas. Por exemplo, a adição de sabão à água diminui a tensão superficial. A razão para isso é que as impurezas se concentram sobre a superfície, e essas moléculas diminuem a força atrativa média entre as moléculas da água. Como é mostrado na Figura 2.18, a tensão superficial da água a 20 °C é $\sigma = 0{,}0728 \approx 0{,}073$ N/m. Esse valor é usado em muitos dos cálculos neste livro.

Na Figura 2.18, a tensão superficial é reportada para uma interface de ar e água. É uma prática comum relatar os dados de tensão superficial com base nos materiais que foram usados durante a medição dos dados de tensão superficial.

Para aprender mais sobre a tensão superficial, recomendamos o vídeo *online* intitulado *Surface Tension in Fluid Mechanics* (5) e o livro de Shaw (6).

Problemas de Exemplo

A maioria dos problemas envolvendo a tensão superficial é resolvida desenhando um DCL e aplicando o equilíbrio de forças. A força devido à tensão superficial, a partir da Eq. (2.19), é

$$\text{força devido à tensão superficial} = F_\sigma = \sigma L \tag{2.21}$$

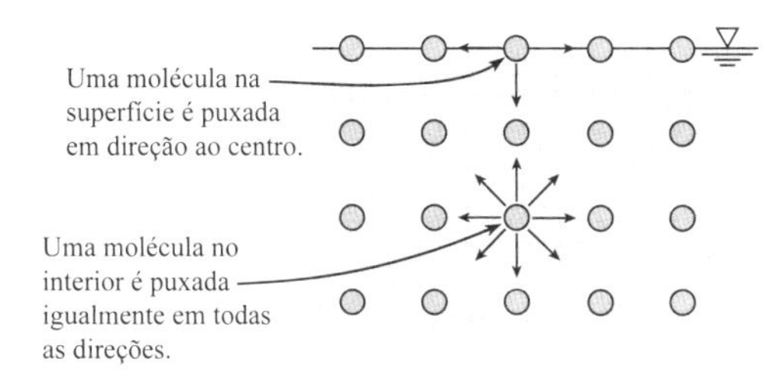

FIGURA 2.17
Forças entre as moléculas em um líquido.

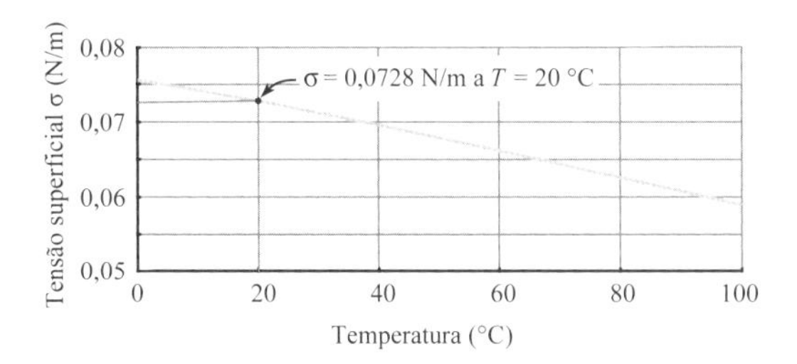

FIGURA 2.18
Tensão superficial da água para uma interface água/ar. Os valores das propriedades foram obtidos de White (7).

FIGURA 2.19

A água molha o vidro porque a adesão é maior do que a coesão. O molhamento está associado a um ângulo de contato inferior a 90°.

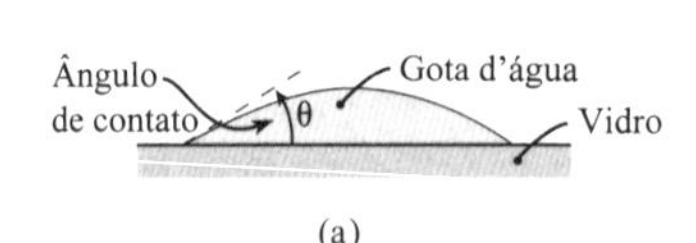

(a)

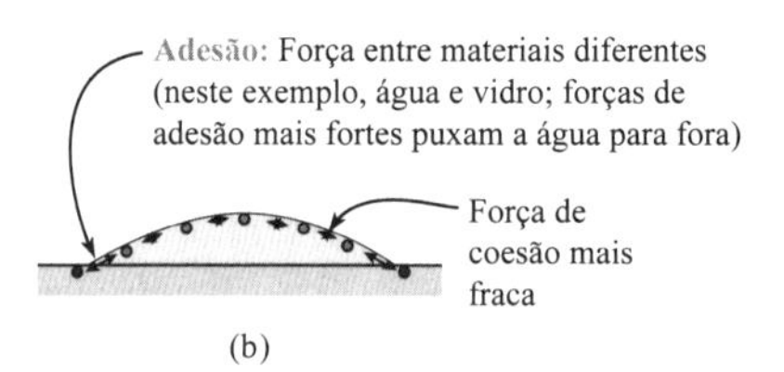

(b)

em que L é o comprimento de uma linha que existe ao longo da superfície do líquido. O uso do equilíbrio de forças para resolver problemas está ilustrado nos Exemplos 2.3 e 2.4.

Adesão e Ação de Capilaridade

Quando uma gota de água é colocada sobre o vidro, a água irá molhar o vidro (ver a Fig. 2.19), pois ela é fortemente atraída por ele. Essa força de atração puxa a água para fora, conforme mostrado. A força entre superfícies diferentes é denominada **adesão** (ver a Fig. 2.19b). A água irá "molhar" uma superfície quando a *adesão for maior do que a coesão.*

EXEMPLO 2.3

Aplicando o Equilíbrio de Forças para Calcular a Elevação de Pressão no Interior de uma Gota D'água

Enunciado do Problema

A pressão no interior de uma gota d'água é maior do que a da vizinhança. Desenvolva uma fórmula para essa elevação de pressão. Depois, calcule a elevação de pressão para uma gota d'água com 2 mm de diâmetro. Use $\sigma = 73$ mN/m.

Defina a Situação

A pressão dentro de uma gota d'água é maior do que a ambiente.

$d = 0{,}002$ m, $\sigma = 73$ mN/m.

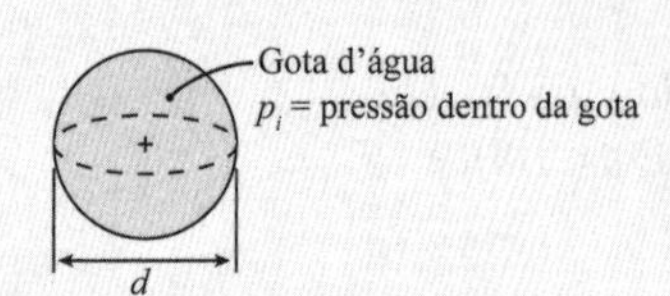

Estabeleça o Objetivo

1. Desenvolver uma equação para p_i.
2. Calcular p_i em pascal.

Tenha Ideias e Trace um Plano

Uma vez que a pressão está envolvida em um balanço de forças, desenhe um DCL da gota.

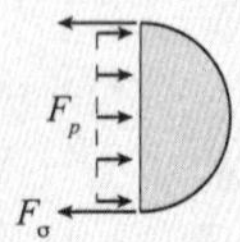

Força devido à pressão = Força devido à tensão superficial

$$F_p = F_\sigma \quad \text{(a)}$$

A partir da Eq. (2.19), a força da tensão superficial é σ vezes o comprimento da interface:

$$F_\sigma = \sigma L = \sigma \pi d \quad \text{(b)}$$

A força de pressão é a pressão vezes a área:

$$F_p = p_i \frac{\pi d^2}{4} \quad \text{(c)}$$

Combinando as Eqs. (a) a (c):

$$p_i \frac{\pi d^2}{4} = \sigma \pi d \quad \text{(d)}$$

Resolvendo para a pressão:

$$\boxed{p_i = \frac{4\sigma}{d}} \quad \text{(e)}$$

O primeiro objetivo (equação para a pressão) foi atingido. O próximo objetivo (valor da pressão) pode ser encontrado substituindo os valores na Eq. (e).

Aja (Execute o Plano)

$$p_i = \frac{4\sigma}{d} = \frac{4(0{,}073 \text{ N/m})}{(0{,}002 \text{ m})} = \boxed{146 \text{ Pa manométrico}}$$

Reveja a Solução e o Processo

1. *Observe.* A resposta é expressa como a pressão manométrica. A pressão manométrica, nesse contexto, é a elevação de pressão acima da pressão ambiente.
2. *Física.* A elevação de pressão no interior de uma gota de líquido é uma consequência do efeito de membrana exercido pela tensão superficial. Uma maneira de visualizar isso é fazendo uma analogia com um balão preenchido com ar. A pressão dentro do balão empurra para fora, contra a força de membrana da película de borracha. Da mesma maneira, a pressão dentro de uma gota de líquido empurra para fora, contra a força do tipo de membrana da tensão superficial.

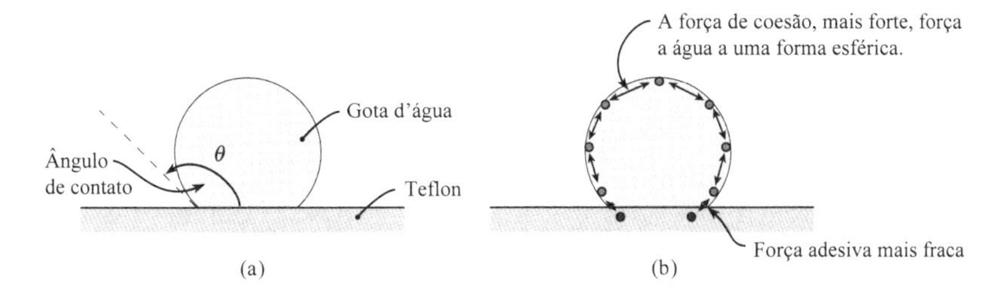

FIGURA 2.20

A água forma pelotas quando junto a um material hidrofóbico, tal como o Teflon, pois a adesão é menor do que a coesão. Uma superfície onde não há molhamento está associada a um ângulo de contato maior do que 90°.

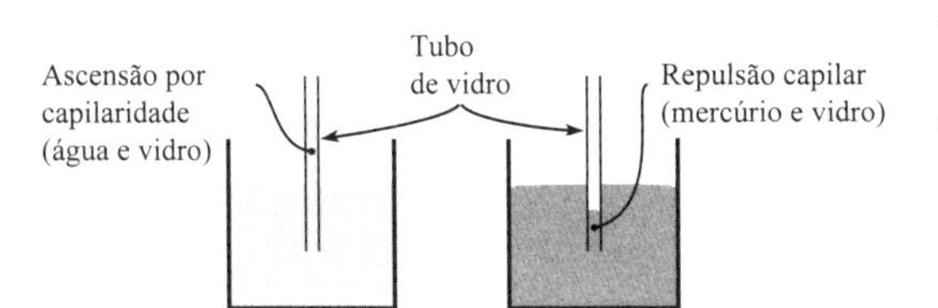

FIGURA 2.21

A água irá subir por um tubo de vidro (ascensão capilar), enquanto o mercúrio irá se mover para baixo (repulsão capilar).

Sobre algumas superfícies, tais como o Teflon e um papel encerado, uma gota d'água irá se arredondar (ou formar pelotas) (Fig. 2.20), pois a *adesão entre a água e o teflon é menor do que a coesão da água*. Uma superfície na qual a água forma pelotas é chamada de *hidrofóbica* (que odeia a água). As superfícies como o vidro, em que as gotas de água se espalham, são chamadas *hidrofílicas* (que amam a água).

A **ação de capilaridade** descreve a tendência de um líquido em se elevar no interior de tubos estreitos ou de ser atraído para o interior de pequenas aberturas. A ação de capilaridade é responsável pela água ser atraída para as brechas no solo ou para o interior das estreitas aberturas entre as fibras de uma toalha de papel seca.

Quando um tubo capilar é colocado em um recipiente com água, ela sobe pelo tubo (Fig. 2.21), já que a força de adesão entre a água e o vidro puxa a água tubo acima. Isso é chamado ascensão por capilaridade. Observe como o ângulo de contato para a água é o mesmo nas Fig. 2.19 e 2.21. Alternativamente, quando um fluido não molha a superfície (tal como o mercúrio sobre o vidro), então o líquido irá exibir repulsão capilar.

Para desenvolver uma equação para a ascensão por capilaridade (ver a Fig. 2.22), defina um sistema compreendido pela água dentro do tubo capilar. Então, desenhe um DCL. Como mostrado, o puxão da tensão superficial eleva a coluna de água. Aplicando o equilíbrio de forças, temos

$$\text{peso} = \text{força de tensão superficial}$$

$$\gamma\left(\frac{\pi d^2}{4}\right)\Delta h = \sigma \pi d \cos\theta \tag{2.22}$$

Assuma que o ângulo de contato seja praticamente igual a zero, tal que $\cos\theta \approx 1{,}0$. Note que isso é uma boa hipótese para a interface água/vidro. A Eq. (2.22) simplifica em

$$\Delta h = \frac{4\sigma}{\gamma d} \tag{2.23}$$

EXEMPLO. Calcule a ascensão por capilaridade para a água (20 °C) em um tubo de vidro com diâmetro de $d = 1{,}6$ mm.

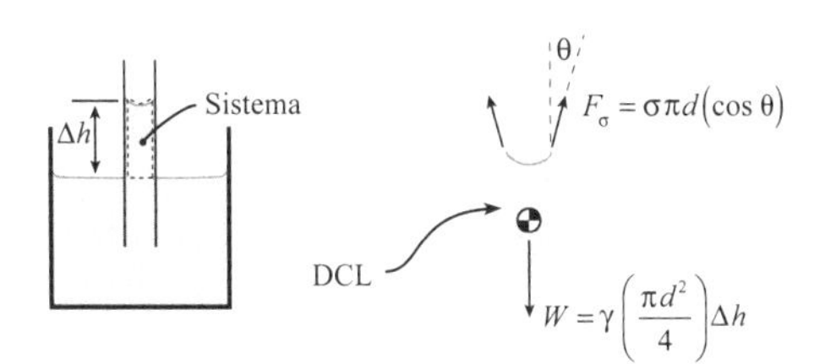

FIGURA 2.22

Croquis utilizados para desenvolver uma equação para a ascensão por capilaridade.

Solução. A partir da Tabela A.5, $\gamma = 9790$ N/m³. A partir da Figura 21.8, $\sigma = 0{,}0728$ N/m. Agora, calcule a ascensão por capilaridade usando a Eq. (2.23):

$$\Delta h = \frac{4(0{,}0728\ \text{N/m})}{(9790\ \text{N/m}^3)(1{,}6 \times 10^{-3}\ \text{m})} = \boxed{18{,}6\ \text{mm}}$$

O Exemplo 2.4 mostra um caso que envolve uma superfície que não causa molhamento.

EXEMPLO 2.4

Aplicando o Equilíbrio de Forças para Determinar o Tamanho de uma Agulha de Costura que Pode Ser Suportado pela Tensão Superficial

Enunciado do Problema

A *internet* mostra exemplos de agulhas de costura que parecem estar "flutuando" sobre a água. Esse efeito se deve à tensão superficial, que suporta a agulha. Determine o maior diâmetro de uma agulha de costura que possa ser sustentado pela água. Assuma que o material da agulha é o aço inoxidável com $SG_{AI} = 7{,}7$.

Defina a Situação

Uma agulha de costura é sustentada pela tensão superficial de uma superfície de água.

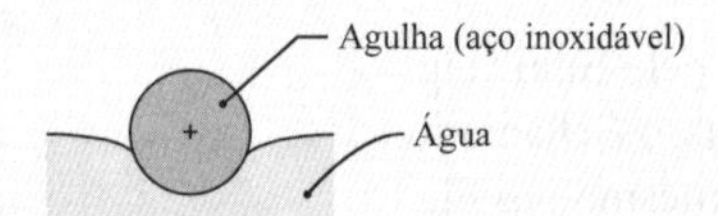

Hipóteses

- Assuma que a agulha de costura é um cilindro.
- Despreze os efeitos de extremidade.

Propriedades

- Água (20 °C, 1 atm, Fig. 2.18): $\sigma = 0{,}0728$ N/m
- Água (4 °C, 1 atm, Tabela F.6): $\gamma_{H_2O} = 9.810$ N/m³
- Aço Inoxidável (AI): $\gamma_{AI} = (7{,}7)(9.810\ \text{N/m}^3) = 75{,}5$ kN/m³

Estabeleça o Objetivo

d(mm) ⬅ diâmetro da maior agulha que possa ser suportado pela água

Tenha Ideias e Trace um Plano

Uma vez que o peso da agulha é suportado pela força de tensão superficial, esboce um DCL. Selecione um sistema que seja compreendido pela agulha e pela camada de superfície da água. O DCL é

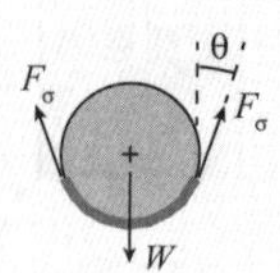

Aplique o equilíbrio de forças:

Força devido à tensão superficial = Peso da agulha

$$F_\sigma = W \qquad \text{(a)}$$

A partir da Eq. (2.21),

$$F_\sigma = \sigma 2L \cos\theta \qquad \text{(b)}$$

em que L é o comprimento da agulha. O peso da agulha é

$$W = \left(\frac{\text{peso}}{\text{volume}}\right)[\text{volume}] = \gamma_{AI}\left[\left(\frac{\pi d^2}{4}\right)L\right] \qquad \text{(c)}$$

Combine as Eq. (a), (b) e (c). Além disso, assuma que o ângulo θ é zero, pois isso fornece o maior diâmetro possível:

$$\sigma 2L = \gamma_{AI}\left(\frac{\pi d^2}{4}\right)L \qquad \text{(d)}$$

Plano. Resolva a Eq. (d) para d e então insira os valores das variáveis.

Aja (Execute o Plano)

$$d = \sqrt{\frac{8\sigma}{\pi\gamma_{AI}}} = \sqrt{\frac{8(0{,}0728\ \text{N/m})}{\pi(75{,}5 \times 10^3\ \text{N/m}^3)}} = \boxed{1{,}57\ \text{mm}}$$

Reveja a Solução e o Processo

Observe. Quando você aplicar a gravidade específica, procure as propriedades da água à temperatura de referência de 4 °C.

2.7 Pressão de Vapor

Um líquido, mesmo a uma baixa temperatura, pode ferver à medida que escoa através de um sistema. Essa ebulição pode reduzir o desempenho e danificar um equipamento. Assim, os engenheiros precisam ser capazes de estimar quando a ebulição irá ocorrer. Essa previsão se baseia na pressão de vapor.

A **pressão de vapor**, p_v (kPa), é a pressão na qual a fase líquida e a fase vapor de um material se encontram em equilíbrio térmico. A pressão de vapor também é chamada de *pressão de saturação*, e a temperatura correspondente é chamada de *temperatura de saturação*.

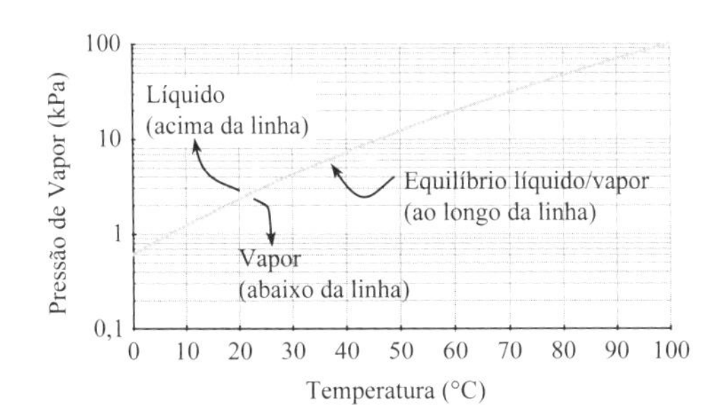

FIGURA 2.23
Um diagrama de fases para a água.

A pressão de vapor pode ser visualizada em um *diagrama de fases*. Como mostrado no diagrama de fases para a água na Figura 2.23, a água irá existir na fase líquida para qualquer combinação de temperatura e pressão que esteja localizada acima da linha de separação das fases (linha de equilíbrio). De maneira semelhante, a água irá existir na fase vapor para os pontos abaixo da linha. Ao longo da linha, as fases líquida e vapor se encontram em equilíbrio térmico. Quando ocorre a ebulição, a pressão e a temperatura da água serão dadas por um dos pontos sobre a linha de equilíbrio. Além da Figura 2.23, os dados para a pressão de vapor da água estão tabulados na Tabela A.5.

EXEMPLO. Água a 20 °C escoa através de um bico ejetor tipo *venturi* e ferve. Explique a razão para tal. Além disso, forneça o valor da pressão no bico ejetor.

Solução. A água está fervendo porque a pressão caiu ao valor da pressão de vapor. A Tabela 2.1 indica que o valor de p_v pode ser encontrado na Tabela A.5. Assim, a pressão de vapor da água a 20 °C (Tabela A.5) é p_v = 2,34 kPa absoluta. Esse valor pode ser validado usando a Figura 2.23.

Revisão. A pressão de vapor é expressa comumente usando a *pressão absoluta*. A pressão absoluta é o valor de pressão medido em relação a uma pressão de zero absoluto.

2.8 Caracterizando a Energia Térmica em Gases em Escoamento

Os engenheiros caracterizam as variações na energia térmica usando propriedades que são introduzidas nesta seção. A **energia térmica** é a energia que está associada às moléculas em movimento. Isso significa que a energia térmica está associada a uma variação na temperatura (mudança na energia sensível) e a uma mudança de fases (mudança na energia latente). Para a maioria dos problemas, as propriedades térmicas não são importantes. Contudo, as propriedades térmicas são usadas para o escoamento compressível de gases (Capítulo 12).

Calor Específico, *c*

O calor específico caracteriza a quantidade de energia térmica que deve ser transferida para uma unidade de massa de substância de forma a elevar a sua temperatura em um grau. As dimensões do calor específico são energia por unidade de massa por grau de variação na temperatura, e as unidades correspondentes são J/kg·K.

A magnitude de *c* depende do processo. Por exemplo, se um gás for aquecido a um *volume constante*, será necessário menos energia do que se o gás for aquecido à *pressão constante*. Isso ocorre porque um gás que é aquecido a uma pressão constante deve trabalhar à medida que ele se expande contra a sua vizinhança.

O *calor específico a volume constante*, c_v, se aplica a um processo que é conduzido com volume constante. O *calor específico à pressão constante*, c_p, se aplica a um processo conduzido à pressão constante. A razão c_p/c_v é denominada a **razão de calor específico** e recebe o símbolo *k*. Os valores para c_p e *k* para vários gases são fornecidos na Tabela A.2.

Energia Interna

A **energia interna** inclui toda energia na matéria, exceto a cinética e a potencial. Assim, a energia interna inclui múltiplas formas de energia, tais como a química, a elétrica e a térmica. A energia interna específica, u, possui dimensões de energia por unidade de massa. As unidades são J/kg.

Entalpia

Quando um material é aquecido sob pressão constante, o balanço de energia é

$$\text{(Energia adicionada)} = \begin{pmatrix} \text{Energia para aumentar} \\ \text{a energia térmica} \end{pmatrix} + \begin{pmatrix} \text{Energia para realizar trabalho à} \\ \text{medida que o material se expande} \end{pmatrix}$$

O termo referente ao trabalho é necessário porque o material está exercendo uma força ao longo de uma distância enquanto empurra a sua vizinhança, durante o processo de expansão térmica.

A **entalpia** é uma propriedade que caracteriza a quantidade de energia associada ao processo de aquecimento ou de resfriamento. A entalpia por unidade de massa é definida matematicamente por

$$\text{(entalpia)} = \text{(energia interna)} + \text{(pressão/densidade)}$$

$$h = u + p/\rho$$

Comportamento de Gás Ideal

Para um gás ideal, as propriedades h, u, c_p e c_v dependem apenas da temperatura, e não da pressão.

2.9 Resumindo Conhecimentos-Chave

Descrevendo o Seu Sistema

Para descrever o que você está analisando, aplique três conceitos:

- O *sistema* é o tema que você seleciona para análise.
- A *vizinhança* é tudo o mais que não faz parte do sistema.
- A *fronteira* ou *contorno* é a superfície que separa o sistema da vizinhança.

Para descrever as *condições* do seu sistema, aplique quatro conceitos:

- O *estado* de um sistema é a condição do sistema conforme especificada pelos valores de suas propriedades.
- Uma *propriedade* é uma característica mensurável de um sistema que depende somente do estado presente.
- *Estado estacionário* significa que todas as propriedades do sistema são constantes ao longo do tempo.
- Um *processo* é uma mudança de um sistema de um estado para o outro.

Procurando as Propriedades dos Fluidos

- Para caracterizar o peso ou a massa de um fluido, use ρ, γ ou *SG*. Se você conhece uma dessas propriedades, então pode calcular as outras duas usando estas equações: $\gamma = \rho g$ e $SG = \rho/\rho_{H_2O,\,(4°C)} = \gamma/\gamma_{H_2O,\,(4°C)}$.
- Para caracterizar os efeitos viscosos (isto é, efeitos do atrito), você pode usar a viscosidade, μ, também chamada de *viscosidade dinâmica* ou *viscosidade absoluta*. Você também usará com frequência uma propriedade diferente, chamada de *viscosidade cinemática*, que é definida como $\nu = \mu/\rho$.
- Ao procurar as propriedades, certifique-se de que você está levando em consideração a variação no valor da propriedade em função da temperatura e da pressão.
- A qualidade na documentação envolve listar o nome da propriedade, a fonte dos dados da propriedade, as unidades, a temperatura e a pressão, além de qualquer hipótese que você tiver feito.

Tópicos Relacionados com a Densidade

- O modelamento de um fluido como de *densidade constante* significa que você assume que a densidade seja constante em relação à posição e ao tempo. Uma *densidade variável* significa que a densidade pode mudar em relação à posição e ao tempo, ou a ambos.
- Um gás em escoamento estacionário pode ser idealizado como tendo densidade constante se o número de Mach for menor do que 0,3. Os líquidos, para a maioria dos casos de escoamento, podem ser idealizados como tendo uma densidade constante. Duas notáveis exceções são os problemas envolvendo martelos de água e os problemas em acústica.

- Todos os fluidos, incluindo os líquidos, serão comprimidos (isto é, diminuirão de volume) se a pressão for aumentada. A intensidade da variação no volume pode ser calculada usando o módulo de elasticidade volumétrico.
- A gravidade específica (S ou SG) fornece a razão entre a densidade de um material e a densidade da água líquida a 4 °C.

Tensão

Na mecânica, a **tensão** é uma entidade que expressa as forças internas que as partículas de materiais exercem umas sobre as outras. A tensão é a razão entre a força e a área em determinado ponto, e está resolvida em duas componentes:

- Pressão (tensão normal): é a razão entre a força normal e a área
- Tensão de cisalhamento: é a razão entre a força de cisalhamento e a área

Para relacionar a força à tensão, integre a tensão ao longo da área.

- A equação geral para a *força de pressão* é $\mathbf{F}_p = \int_A -p\mathbf{n}\, dA$. Para o caso especial de uma pressão uniforme que atua sobre uma superfície plana, essa equação simplifica a $F_p = pA$.
- A equação geral para a *força de cisalhamento* é $\mathbf{F}_s = \int_A \tau\, \mathbf{t}\, dA$. Para o caso especial de uma tensão de cisalhamento uniforme que atua sobre uma superfície plana, essa equação simplifica a $F_s = \tau A$.
- Quando uma força atua entre o Corpo nº 1 (um corpo fluido) e o Corpo nº 2 (qualquer outro corpo), a força pode geralmente ser identificada como uma de sete forças: (1) força de pressão, (2) força de cisalhamento, (3) força de empuxo, (4) força de arrasto, (5) força ascensional, (6) força de tensão superficial, ou (7) força de impulso. Exceto pela força de tensão superficial, cada uma dessas forças está associada a uma distribuição de pressões, uma distribuição de tensões de cisalhamento, ou ambas.

A Equação da Viscosidade

- A equação da viscosidade é útil para calcular a tensão de cisalhamento em um fluido em escoamento. A equação é $\tau = \mu\, (dV/dy)$. Se μ for constante, então τ está linearmente relacionado com a dV/dy.
- Para muitos escoamentos, o gradiente de velocidade é a primeira derivada da velocidade em relação à distância (dV/dy).
- A condição de não escorregamento significa que a velocidade do fluido em contato com uma superfície sólida será igual à velocidade da superfície.
- Um *fluido newtoniano* é aquele em que um gráfico de τ *versus* dV/dy é uma linha reta. Um *fluido não newtoniano* é aquele em que um gráfico de τ *versus* dV/dy não é uma linha reta. Em geral, os fluidos não newtonianos possuem estruturas moleculares mais complexas do que os newtonianos. Exemplos de fluidos não newtonianos incluem as tintas, pasta de dentes, e plásticos fundidos. As equações desenvolvidas para os fluidos newtonianos (isto é, muitas das equações encontradas nos livros) com frequência não se aplicam aos fluidos não newtonianos.
- O escoamento de Couette envolve um escoamento através de um canal estreito com a lâmina superior se movendo a uma velocidade V_0. No escoamento de Couette, a tensão de cisalhamento é constante em todos os pontos e é dada por $\tau_0 = (\mu V_0)/H$.

Tensão Superficial e Pressão de Vapor

- Um líquido escoando em um sistema irá ferver quando a pressão cair até a pressão de vapor. Essa ebulição é com frequência prejudicial a um projeto.
- Os problemas de tensão superficial são resolvidos geralmente por meio de um esboço de DCL e da soma das forças.
- A fórmula para a ascensão por capilaridade da água em um tubo de vidro circular é $\Delta h = (4\sigma/(\gamma d)$.

REFERÊNCIAS

1. Fluid Mechanics Films, *download* feito em 31/07/2011 de http://web.mit.edu/hml/ncfmf.html
2. Harris, J. *Rheology and non-Newtonian Flow*. New York: Longman, 1977.
3. Schowalter, W. R. *Mechanics of Non-Newtonian Fluids*. New York: Pergamon Press, 1978.
4. White. F. M. *Fluid Mechanics*, 7th ed. New York: McGraw-Hill, 2011, p. 828.
5. Fluid Mechanics Films, *download* feito em 31/07/2011 de http://web.mit.edu/hml/ncfmf.html
6. Shaw, D. J. *Introduction to Colloid and Surface Chemistry*. 4th ed. Maryland Heights, MO: Butterworth-Heinemann, 1992.

PROBLEMAS

Sistema, Estado e Propriedade (§2.1)

2.1 Um sistema é separado de sua vizinhança por um/uma:

a. divisa
b. divisória
c. contorno
d. linha de fracionamento

Procurando as Propriedades dos Fluidos (§2.2)

2.2 Onde neste livro você pode encontrar:

a. dados de densidade para líquidos como óleo e mercúrio?
b. dados do peso específico para o ar (à pressão atmosférica) em diferentes temperaturas?
c. dados de gravidade específica para a água do mar e o querosene?

2.3 Em relação à água doce e à água do mar:

a. Quem é mais densa, a água do mar ou a água doce?

b. Determine (em unidades SI) a densidade da água do mar (10 °C, 3,3% salinidade).

c. Determine o mesmo em unidades inglesas.

d. Qual pressão é especificada para os valores em (b) e (c)?

2.4 Onde neste livro você pode encontrar:

a. valores da tensão superficial (σ) para o querosene e o mercúrio?

b. valores para a pressão de vapor (p_v) da água como uma função da temperatura?

2.5 Uma cuba aberta em uma fábrica de processamento de alimentos contém 500 L de água a 20 °C e se encontra à pressão atmosférica. Se a água for aquecida até 80 °C, qual será a sua variação percentual em volume? Se a cuba tiver um diâmetro de 2 m, qual será a elevação no nível da água por causa desse aumento na temperatura?

2.6 Se a densidade, ρ, do ar aumenta por um fator de 1,4× em razão de uma variação na temperatura:

a. o peso específico aumenta por um fator de 1,4×

b. o peso específico aumenta por um fator de 13,7×

c. o peso específico permanece o mesmo

2.7 As seguintes perguntas estão relacionadas com a viscosidade.

a. Quais são as dimensões primárias da viscosidade? Quais são cinco unidades comuns?

b. Qual é a viscosidade do óleo de motor SAE 10W-30 a 115 °F (em unidades inglesas)?

2.8 Ao procurar valores para a densidade, a viscosidade absoluta e a viscosidade cinemática, qual declaração é mais verdadeira tanto para líquidos quanto para gases?

a. todas essas três propriedades variam com a temperatura.

b. todas essas três propriedades variam com a pressão.

c. todas essas três propriedades variam com a temperatura e a pressão.

2.9 Viscosidade cinemática (selecione todas as opções que forem aplicáveis):

a. é outro nome para a viscosidade absoluta

b. é viscosidade/densidade

c. é adimensional, pois as forças se cancelam

d. possui dimensões de L^2/T

e. só é usada com fluidos compressíveis

2.10 Qual é a variação na viscosidade e na densidade da água entre 10 °C e 90 °C? Qual é a variação na viscosidade e na densidade do ar entre 10 °C e 90 °C? Assuma uma pressão atmosférica padrão ($p = 101$ kN/m^2).

2.11 Determine a variação na viscosidade cinemática do ar que é aquecido de 10 °C a 50 °C. Assuma uma pressão atmosférica padrão.

2.12 Determine as viscosidades dinâmica e cinemática do querosene, óleo de motor SAE 10W-30, e água à temperatura de 50 °C.

2.13 Qual é a razão entre as viscosidades dinâmicas do ar e da água à pressão atmosférica normal e à temperatura de 20 °C? Qual é a razão entre as viscosidades cinemáticas do ar e da água para as mesmas condições?

2.14 Determine as viscosidades cinemática e dinâmica do ar e da água a uma temperatura de 40 °C e a uma pressão absoluta de 170 kPa.

2.15 Considere a razão μ_{100}/μ_{50}, em que μ é a viscosidade do oxigênio e os índices subscritos 100 e 50 se referem às temperaturas do oxigênio em graus Fahrenheit. Essa razão possui um valor (a) menor do que 1, (b) igual a 1, ou (c) maior do que 1?

Tópicos Relacionados com a Densidade (§2.3)

2.16 A gravidade específica (selecione todos que forem aplicáveis):

a. pode ter unidades de N/m^3

b. é adimensional

c. aumenta com a temperatura

d. diminui com a temperatura

2.17 Se um líquido possui uma gravidade específica de 1,7, qual é a sua densidade em *slugs* por pés cúbicos? Qual é o peso específico em libras-força por pés cúbicos?

2.18 Quais são a *SG*, γ e ρ para o mercúrio? Apresente as suas respostas em unidades SI e unidades inglesas.

2.19 Se você tem um valor do módulo de elasticidade volumétrico que é muito grande, então uma pequena variação na pressão iria causar:

a. uma variação muito grande no volume

b. uma variação muito pequena no volume

2.20 As dimensões do módulo de elasticidade volumétrico são:

a. as mesmas que as dimensões de pressão/densidade

b. as mesmas que as dimensões de pressão/volume

c. as mesmas que as dimensões de pressão

2.21 O módulo de elasticidade volumétrico do álcool etílico é $1{,}06 \times 10^6$ Pa. Para a água, ele é de $2{,}15 \times 10^9$ Pa. Qual desses líquidos é mais fácil comprimir?

a. álcool etílico

b. água

2.22 Uma pressão de 4×10^6 N/m^2 é aplicada a uma massa de água que inicialmente preenchia um volume de 4.300 cm^3. Estime o seu volume após a aplicação da pressão.

2.23 Calcule o aumento de pressão que deve ser aplicado à água líquida para reduzir o seu volume em 3%.

Pressão e Tensão de Cisalhamento (§2.4)

2.24 A tensão de cisalhamento possui dimensões de:

a. força/área

b. adimensional

A Equação da Viscosidade (§2.5)

2.25 O termo dV/dy, o gradiente de velocidade:

a. possui dimensões de L/T

b. possui dimensões de T^{-1}

2.26 Para o gradiente de velocidade dV/dy:

a. o eixo coordenado para dy é paralelo à velocidade

b. o eixo coordenado para dy é perpendicular à velocidade

2.27 A condição de não escorregamento:

a. se aplica somente a um escoamento ideal

b. se aplica somente a superfícies acidentadas (rugosas)

c. significa que a velocidade, V, é zero na parede

d. significa que a velocidade, V, é a velocidade da parede

2.28 Os fluidos newtonianos comuns são:

a. pasta de dentes, *ketchup* e tintas

b. água, óleo e mercúrio

c. todos os itens acima

2.29 Quais dentre esses materiais irão escoar (deformar) mesmo com a aplicação de uma pequena tensão de cisalhamento?

a. um plástico de Bingham

b. um fluido newtoniano

2.30 Em um ponto em um fluido que está em escoamento, a tensão de cisalhamento é de 3×10^{-4} psi, e o gradiente de velocidade é 1 s^{-1}.

a. Qual é a viscosidade em unidades inglesas?

b. Converta essa viscosidade em unidades SI.

c. Esse fluido é mais ou menos viscoso do que a água?

2.31 O óleo SAE 10W-30 com viscosidade de 1×10^{-4} lbf·s/ft^2 é usado como lubrificante entre duas peças de uma máquina que deslizam uma contra a outra com uma diferença de velocidade de 4 ft/s. Qual espaçamento, em polegadas, é exigido se você não quiser uma tensão de cisalhamento de mais do que 2 lbf/ft²? Considere um escoamento de Couette.

2.32 A distribuição de velocidades para a água (20 °C) próxima a uma parede é dada por $u = a(y/b)^{1/6}$, em que $a = 10$ m/s, $b = 2$ mm, e y é a distância da parede em mm. Determine a tensão de cisalhamento na água a $y = 1$ mm.

2.33 A distribuição de velocidades para o escoamento de petróleo a 100 °F ($\mu = 8 \times 10^{-5}$ lbf·s/ft²) entre duas paredes está mostrada e é dada por $u = 100y(0{,}1 - y)$ ft/s, em que y é medido em pés e o espaço entre as paredes é $B = 0{,}1$ ft. Trace a distribuição de velocidades e determine a tensão de cisalhamento nas paredes.

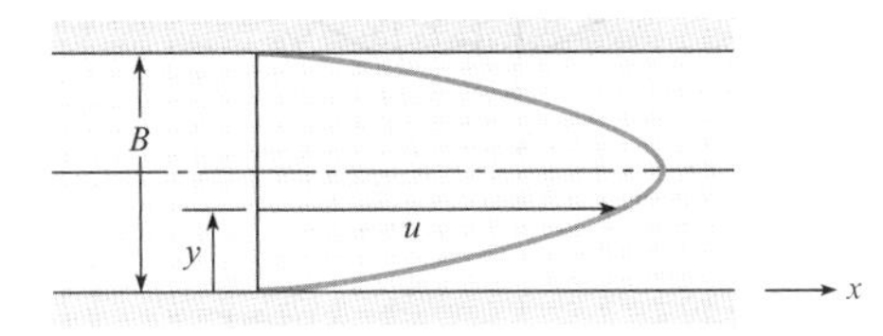

Problemas 2.33, 2.34, 2.35

2.34 Um líquido escoa entre limites paralelos, como mostrado acima. A distribuição de velocidades próxima à parede inferior é dada na seguinte tabela:

y (mm)	V (m/s)
0,0	0,00
1,0	1,00
2,0	1,99
3,0	2,98

a. Se a viscosidade do líquido é 10^{-3} N·s/m², qual é a tensão de cisalhamento máxima no líquido?

b. Onde irá ocorrer a tensão de cisalhamento mínima?

2.35 Suponha que glicerina esteja escoando ($T = 20$ °C) e que o gradiente de pressão dp/dx seja de −1,2 kPa/m. Quais são a velocidade e a tensão de cisalhamento a uma distância de 11 mm da parede se o espaço B entre as paredes for de 5,0 cm? Quais são a tensão de cisalhamento e a velocidade na parede? A distribuição de velocidades para o escoamento viscoso entre placas estacionárias é dada por

$$u = -\frac{1}{2\mu}\frac{dp}{dx}(By - y^2)$$

2.36 Duas placas estão separadas por um espaçamento de 1/4 polegada. A placa inferior está estacionária; a placa superior se move a uma velocidade de 12 ft/s. O óleo (SAE 10W-30, 150 °F), que preenche o espaço entre as placas, possui a mesma velocidade que as placas na superfície de contato. A variação na velocidade do óleo é linear. Qual é a tensão de cisalhamento no óleo?

2.37 O viscosímetro de placa deslizante mostrado adiante é usado para medir a viscosidade de um fluido. A placa superior está se movendo para a direita com uma velocidade constante de $V = 22$ m/s em resposta a uma força de $F = 1$ N. A placa inferior está estacionária. Qual é a viscosidade do fluido? Assuma uma distribuição de velocidades linear.

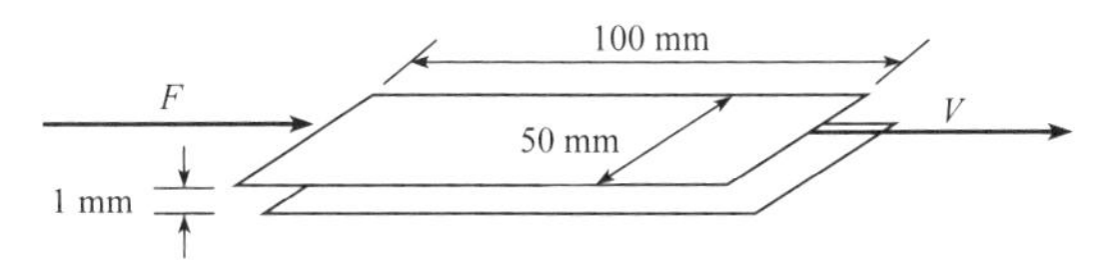

Problema 2.37

2.38 Um escoamento laminar ocorre entre duas placas paralelas horizontais sob um gradiente de pressão dp/ds (dp/ds é uma constante e o sinal de dp/ds é negativo). A placa superior se move para a esquerda com uma velocidade u_t. A expressão para a velocidade local u é dada como

$$u = -\frac{1}{2\mu}\frac{dp}{ds}(Hy - y^2) - u_t\frac{y}{H}$$

a. A magnitude da tensão de cisalhamento é maior na placa que está se movendo ($y = H$) ou na placa estacionária ($y = 0$)?

b. Desenvolva uma expressão para a posição y de tensão de cisalhamento zero.

c. Desenvolva uma expressão para a velocidade da placa u_t exigida para tornar a tensão de cisalhamento zero em $y = 0$.

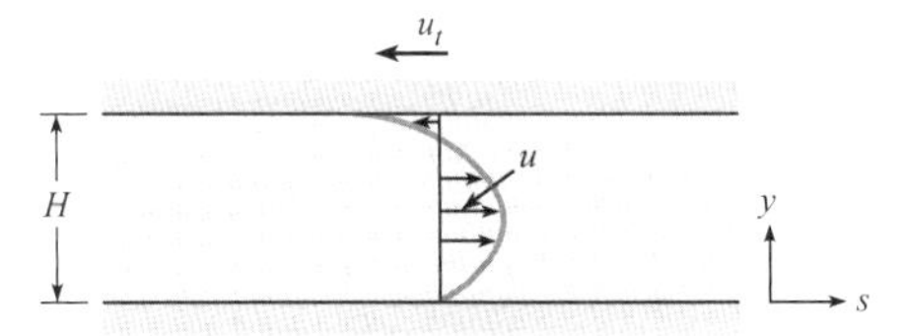

Problema 2.38

2.39 Este problema envolve um cilindro que está caindo no interior de um tubo preenchido com óleo, conforme representado na figura. O pequeno espaço entre o cilindro e o tubo está lubrificado com uma película de óleo que possui uma viscosidade μ. Desenvolva uma fórmula para a taxa de descenso em estado estacionário de um cilindro com peso W, diâmetro d e comprimento ℓ que desliza dentro de um tubo liso vertical com diâmetro interno D. Considere que o cilindro permaneça concêntrico com o tubo à medida que ele cai. Utilize a fórmula geral para determinar a taxa de descenso de um cilindro com 100 mm de diâmetro que desliza no interior de um tubo com 100,5 mm. O cilindro possui 200 mm de comprimento e pesa 15 N. O lubrificante é óleo SAE 20W a 10 °C.

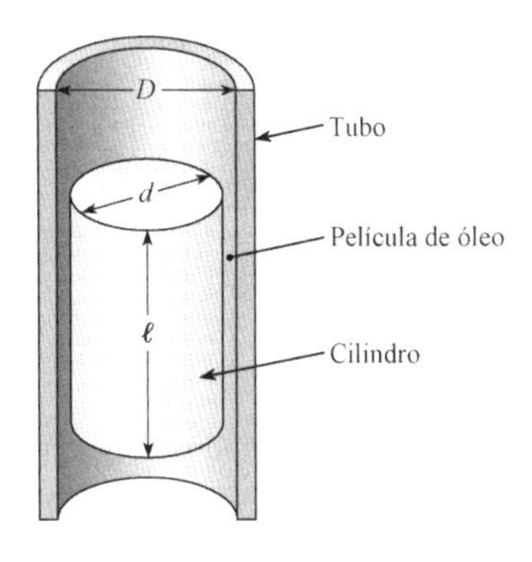

Problema 2.39

2.40 O dispositivo mostrado consiste em um disco que gira por meio de um eixo. O disco está posicionado muito próximo a uma fronteira sólida. Entre o disco e a fronteira encontra-se um óleo viscoso.

a. Se o disco girar a uma taxa de 1 rad/s, qual será a razão entre a tensão de cisalhamento no óleo a $r = 2$ cm e a tensão de cisalhamento a $r = 3$ cm?

b. Se a taxa de rotação é de 2 rad/s, qual é a velocidade do óleo em contato com o disco a $r = 3$ cm?

c. Se a viscosidade do óleo é 0,01 N·s/m^2 e o espaçamento y é de 2 mm, qual é a tensão de cisalhamento para as condições dadas no item (b)?

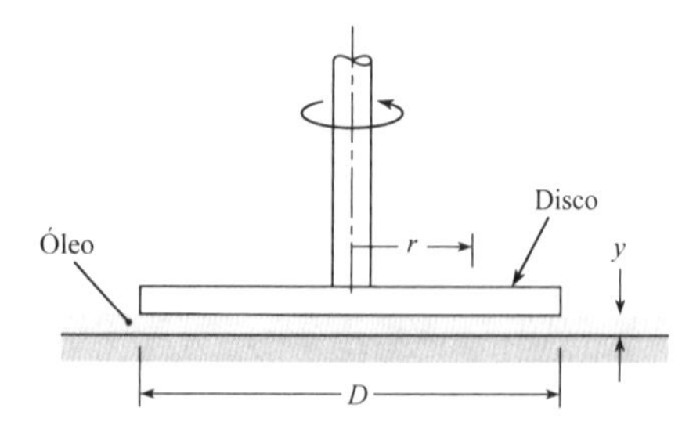

Problema 2.40

2.41 Alguns instrumentos que possuem movimento angular são amortecidos por meio de um disco que está conectado a um eixo. O disco, por sua vez, está imerso em um recipiente de óleo, como mostrado. Desenvolva a fórmula para o torque de amortecimento como uma função do diâmetro do disco D, do espaçamento S, da taxa de rotação ω, e da viscosidade do óleo μ.

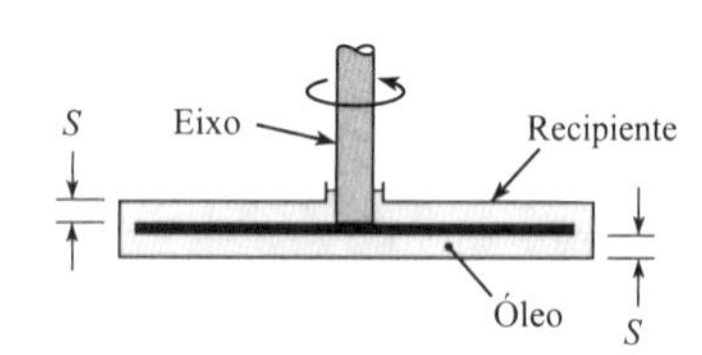

Problema 2.41

2.42 Um tipo de viscosímetro envolve o uso de um cilindro rotativo dentro de um cilindro fixo. A folga de espaçamento entre os cilindros deve ser muito pequena para que seja atingida uma distribuição de velocidades linear no líquido. (Considere que o espaçamento máximo para uma operação correta seja de 0,05 polegada.) Projete um viscosímetro que possa ser usado para medir a viscosidade do óleo de motor entre 50 °F e 200 °F.

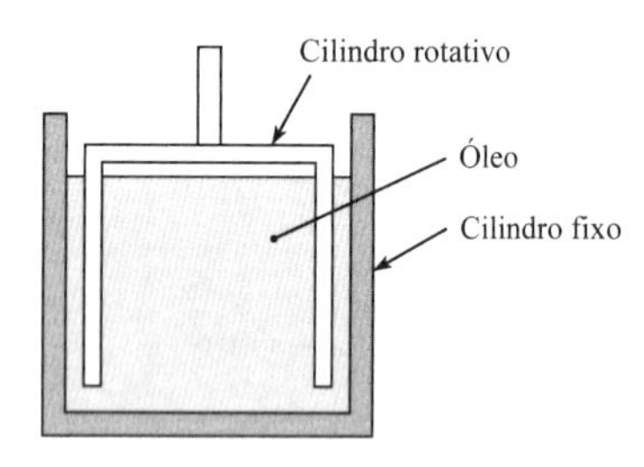

Problema 2.42

Tensão Superficial (§2.6)

2.43 A tensão superficial (selecione todos que forem aplicáveis):

a. ocorre apenas em uma interface, ou superfície
b. possui dimensões de energia/área
c. possui dimensões de força/área
d. possui dimensões de força/comprimento
e. depende de adesão e coesão
f. varia como uma função da temperatura

2.44 Qual dentre as seguintes é a fórmula para a pressão manométrica no interior de uma gotícula esférica de água muito pequena:

(a) $p = \sigma/d$, (b) $p = 4\sigma/d$, ou (c) $p = 8\sigma/d$?

2.45 Uma bolha de sabão esférica possui um raio interno R, uma espessura de película t, e uma tensão superficial σ. Desenvolva uma fórmula para a pressão no interior da bolha em relação à pressão atmosférica exterior.

Qual é o diferencial de pressão para uma bolha com raio de 4 mm? Considere σ como a mesma da água pura.

2.46 Um inseto aquático está suspenso sobre a superfície de um lago pela tensão superficial (a água não molha as patas). O inseto possui seis patas, e cada uma delas está em contato com a água ao longo de um comprimento de 3 mm. Qual é a massa máxima (em gramas) que o inseto pode ter para evitar que ele afunde?

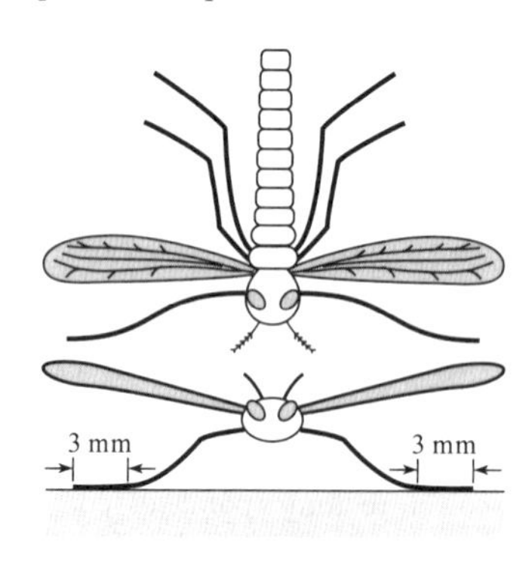

Problema 2.46

2.47 Uma coluna de água em um tubo de vidro é usada para medir a pressão em uma tubulação. O tubo possui 1/2 polegada de diâmetro. Quanto da coluna de água se deve aos efeitos da tensão superficial? Quais seriam os efeitos da tensão superficial se o tubo tivesse 1/8 polegada ou 1/16 polegada de diâmetro?

2.48 Calcule a ascensão por capilaridade máxima da água entre duas placas de vidro verticais separadas por 1 mm.

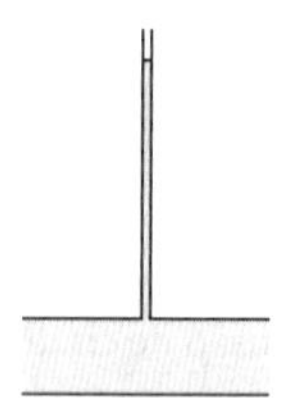

Problema 2.48

2.49 Qual é a pressão no interior de uma gotícula esférica de água com $d = 0{,}75$ mm em relação à pressão atmosférica do lado de fora da gotícula?

2.50 Pela medição da ascensão por capilaridade em um tubo, é possível calcular a tensão superficial. A tensão superficial da água varia linearmente com a temperatura de 0,0756 N/m a 0 °C até 0,0589 N/m a 100 °C. Dimensione um tubo (especifique o diâmetro e o comprimento) que use a ascensão por capilaridade da água para medir a temperatura na faixa entre 0 °C e 100 °C. Esse projeto para um termômetro é uma boa ideia?

2.51 A ascensão por capilaridade pode ser usada para descrever o quanto a água irá se elevar acima de um lençol freático, pois os poros interconectados no solo atuam como tubos capilares. Isso significa que plantas com raízes profundas no deserto precisam crescer apenas até o limite superior da "franja de capilaridade" para obter água; elas não precisam se estender até o lençol freático.

a. Assumindo que os poros interconectados possam ser representados como um tubo capilar contínuo, qual é a altura da ascensão por capilaridade em um solo do tipo sedimentoso (lodoso), com um diâmetro de poro de 10 μm?

b. A ascensão por capilaridade é maior em uma areia fina (diâmetro de poro de aproximadamente 0,1 mm) ou em cascalho fino (diâmetro de poro de aproximadamente 3 mm)?

c. As células da raiz extraem água do solo usando capilaridade. Para que isso aconteça, os poros em uma raiz precisam ser menores ou maiores do que os poros no solo? Ignore os efeitos osmóticos.

2.52 Considere uma bolha de sabão com 2 mm de diâmetro e uma gotícula de água, também com 2 mm de diâmetro. Se o valor da tensão superficial para a película da bolha de sabão for o mesmo da água, qual delas possui a maior pressão no seu interior? (a) a bolha, (b) a gotícula, (c) nenhuma – a pressão é a mesma para ambas.

2.53 Uma gota de água a 20 °C está se formando sob uma superfície sólida. A configuração imediatamente antes da separação e da queda como uma gota é mostrada na figura. Considere que a gota em formação possui o volume de um hemisfério. Qual é o diâmetro do hemisfério imediatamente antes da separação?

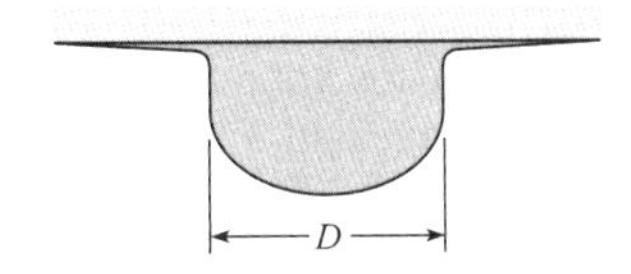

Problema 2.53

2.54 A tensão superficial de um líquido está sendo medida com um anel, conforme mostrado. O anel possui um diâmetro externo de 10 cm e um diâmetro interno de 9,5 cm. A massa do anel é 10 g. A força exigida para puxar o anel do líquido é o peso correspondente a uma massa de 16 g. Qual é a tensão superficial do líquido (em N/m)?

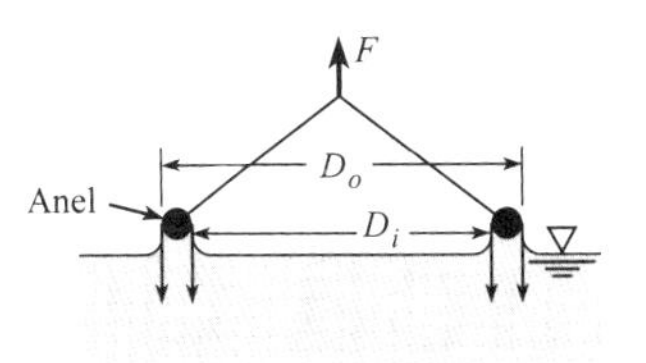

Problema 2.54

Pressão de Vapor (§2.7)

2.55 Se água em estado líquido a 30 °C está escoando em uma tubulação e a pressão cai à pressão de vapor, o que acontece com a água?

a. a água começa a condensar sobre as paredes do tubo

b. a água ferve

c. a água se transforma instantaneamente em vapor

2.56 Como a pressão de vapor varia em função do aumento da temperatura?

a. ela aumenta

b. ela diminui

c. ela permanece a mesma

2.57 A água está a 30 °C e a pressão é reduzida até a observação de ebulição. Qual é a pressão?

2.58 Uma aluna em um laboratório planeja produzir vácuo no espaço contendo ar acima da superfície de água contida em um tanque fechado. Ela planeja quc a pressão absoluta do ar seja de 12.300 Pa. A temperatura no laboratório é de 20 °C. A água irá ferver sob essas circunstâncias?

2.59 A pressão de vapor da água a 100 °C é 101 kN/m^2. A pressão de vapor da água diminui de forma aproximadamente linear com a diminuição da temperatura, a uma taxa de 3,1 kN/m^2/°C. Calcule a temperatura de ebulição da água a uma elevação de 3.000 m, em que a pressão atmosférica absoluta é de 69 kN/m^2.

CAPÍTULO TRÊS

Estática dos Fluidos

OBJETIVO DO CAPÍTULO Este capítulo introduz conceitos relacionados com a pressão e descreve como calcular as forças associadas à distribuição de pressão. A ênfase é colocada nos fluidos em equilíbrio hidrostático.

FIGURA 3.1

A primeira estrutura feita pelo homem que superou a massa de alvenaria da Grande Pirâmide de Gisé foi a Hidroelétrica Hoover. O projeto de represas envolve cálculos de forças hidrostáticas. (U.S. Bureau of Reclamation)

RESULTADOS DO APRENDIZADO

PRESSÃO (§3.1).

- Definir pressão e converter unidades de pressão.
- Descrever pressão atmosférica e selecionar um valor apropriado.
- Definir e aplicar as pressões manométrica, absoluta, de vácuo e diferencial.
- Conhecer os principais conceitos sobre as máquinas hidráulicas e resolver problemas relevantes.

AS EQUAÇÕES DA HIDROSTÁTICA (§3.2).

- Definir equilíbrio hidrostático.
- Conhecer os principais conceitos sobre a equação diferencial hidrostática.
- Conhecer os principais conceitos sobre a equação algébrica hidrostática e resolver problemas relevantes.

MEDIÇÃO DA PRESSÃO (§3.3).

- Explicar como funcionam os instrumentos científicos comuns e realizar cálculos relevantes (esse resultado do aprendizado se aplica ao barômetro de mercúrio, piezômetro, manômetro e medidor com tubo Bourdon).

A FORÇA DE PRESSÃO (§3.4).

- Definir o centro de pressão.
- Esboçar uma distribuição de pressões.
- Explicar ou aplicar a regra da pressão manométrica.
- Calcular a força devido a uma distribuição de pressões uniforme.
- Conhecer os principais conceitos sobre as equações do painel e ser capaz de aplicar essas equações.

SUPERFÍCIES CURVAS (§3.5).

- Resolver problemas que envolvem superfícies curvas que sofrem a ação de distribuições de pressões uniformes ou hidrostáticas.

EMPUXO (§3.6).

- Conhecer os principais conceitos sobre o empuxo e ser capaz de aplicar esses conceitos na resolução de problemas.

3.1 Descrevendo a Pressão

Uma vez que os engenheiros usam a pressão na solução de praticamente todos os problemas de mecânica dos fluidos, esta seção introduz conceitos fundamentais sobre a pressão.

Pressão

A **pressão** é a razão entre a força normal por causa de um fluido e a área sobre a qual essa força atua, no limite em que essa área tende a zero.

$$p = \frac{\text{magnitude da força normal}}{\text{área unitária}}\Bigg|_{\substack{\text{em um ponto, por}\\ \text{causa de um fluido}}} = \lim_{\Delta A \to 0} \frac{\Delta F_{\text{normal}}}{\Delta A} \tag{3.1}$$

A pressão é definida em um ponto, pois em geral ela varia em cada posição (x, y, z) em um fluido em escoamento.

A pressão é um escalar que produz uma força resultante por sua ação sobre uma área. A força resultante é normal à área e atua em uma direção voltada para a superfície (compressiva).

A pressão é causada pelas moléculas do fluido interagindo com a superfície. Por exemplo, quando uma bola de futebol é preenchida com ar, a pressão interna sobre a superfície da bola é causada pelas moléculas de ar que se chocam contra a superfície.

As unidades de pressão podem ser organizadas em três categorias:

- *Força pela área*. A unidade SI é o newton por metro quadrado, ou pascal (Pa). As unidades inglesas incluem o psi, que significa libra-força por polegada quadrada, e o psf, que é a libra-força por pé quadrado.
- *Altura de coluna de líquido*. Algumas vezes, as unidades de pressão fornecem uma altura equivalente de uma coluna de líquido. Por exemplo, a pressão em um balão irá empurrar uma coluna de água para cima aproximadamente 8 polegadas (Fig. 3.2). Os engenheiros dizem que a pressão no balão é de 8 polegadas de água: p = 8 polegadas H_2O. Quando a pressão é dada em unidades de "altura de uma coluna de fluido", o valor da pressão pode ser convertido diretamente em outras unidades usando a Tabela F.1. Por exemplo, a pressão no balão é

$$p = (8\ \text{in-H}_2\text{O})(249{,}1\ \text{Pa/in-H}_2\text{O}) = 1{,}99\ \text{kPa}$$

- *Atmosferas*. Algumas vezes, as unidades de pressão são expressas em termos de atmosferas, em que 1,0 atm é a pressão do ar ao nível do mar sob condições padrão. Outra unidade comum é o bar, que tem um valor muito próximo a 1,0 atm. (1,0 bar = 10^5 kPa)

Pressão Atmosférica

Esta subseção explica como selecionar um valor preciso para a pressão atmosférica (p_{atm}), já que um valor de p_{atm} é frequentemente necessário nos cálculos.

A atmosfera da Terra consiste em uma camada extremamente delgada de ar que se estende desde a superfície da Terra até o limite do espaço. A atmosfera é mantida no lugar pela força da gravidade. De acordo com a NASA, "se a Terra fosse do tamanho de uma bola de basquete, uma fronha de travesseiro esticada iria representar a espessura da atmosfera".*

Se você olhar os dados, fica evidente que p_{atm} é fortemente influenciada pela elevação:[2†]

- Em Londres (Elev. = 35 m): p_{atm} = 101 kPa
- Em Denver, Colorado, Estados Unidos (Elev. = 1.650 m): p_{atm} = 83,4 kPa
- Próximo ao cume do Monte Everest, Nepal (Elev. = 8.000 m): p_{atm} = 35,6 kPa
- Na altitude de cruzeiro típica de um avião a jato (Elev. = 12.190 m): p_{atm} = 18,8 kPa

A razão pela qual p_{atm} varia com a elevação está explicada na Figura 3.3.

Além da elevação, outras variáveis influenciam p_{atm}. À medida que a elevação aumenta, a temperatura média da atmosfera diminui. Por exemplo, nos Alpes, a temperatura média sobre

FIGURA 3.2
A pressão em um balão está fazendo com que uma coluna de água se eleve em 8 polegadas.

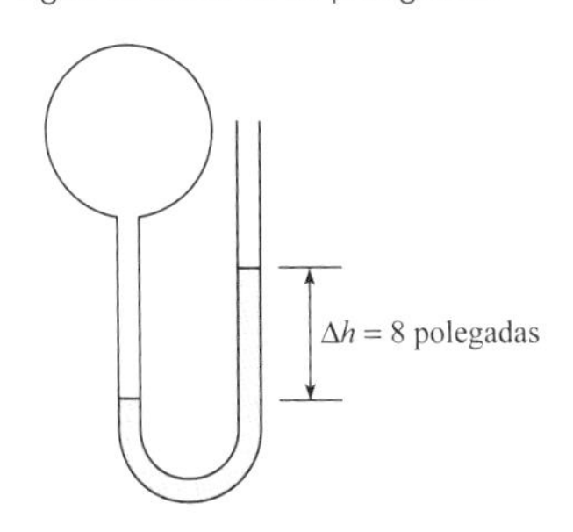

*http://www.grc.nasa.gov/WWW/k-12/airplane/atmosmet.html.

†O valor da pressão atmosférica é uma pressão absoluta. Assim, os engenheiros dizem comumente que p_{atm} = 101 kPa, em lugar de dizer que p_{atm} = 101 kPa abs.

FIGURA 3.3

Fato. A pressão atmosférica (p_{atm}) diminui à medida que a elevação aumenta. **Raciocínio**. (1) Selecione uma coluna de ar que se estenda desde a superfície da Terra até o limite superior da atmosfera. (2) Idealize essa coluna como estacionária. (3) Uma vez que essa coluna está estacionária, a soma das forças deve ser igual a zero. (4) Assim, a estática mostra que a pressão atmosférica é igual ao peso da coluna dividido pela área de seção transversal. (5) Em uma maior elevação, a coluna de fluido é mais curta e, portanto, possui menor peso. **Conclusão**. A elevação influencia fortemente o valor da pressão atmosférica.

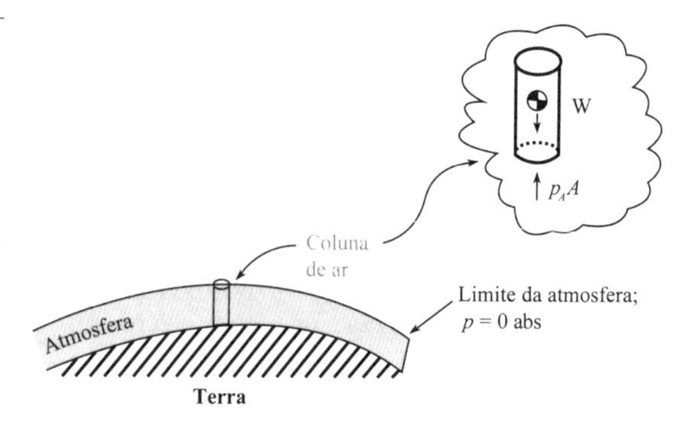

o cume de uma montanha é menor do que em uma cidade localizada em um vale. O clima local influencia p_{atm}. Um clima bom está associado a valores maiores da pressão atmosférica, enquanto um clima ruim está associado a valores menores. À medida que a atmosfera é aquecida durante o dia e resfriada durante a noite, a pressão atmosférica varia em resposta às mudanças na temperatura. Felizmente, é simples selecionar um valor apropriado de p_{atm}. Nós recomendamos três métodos, conforme segue:

Método nº 1. Se você não possui informações sobre a elevação, selecione o valor-padrão da pressão atmosférica ao nível do mar,* que é

$$p_{atm}(\text{nível do mar}) = 1{,}000 \text{ atm} = 101{,}3 \text{ kPa} = 14{,}70 \text{ psi} = 2.116 \text{ psf} = 33{,}90 \text{ ft-H}_2\text{O}$$
$$= 760{,}0 \text{ mm-Hg} = 29{,}92 \text{ in-Hg} = 1{,}013 \text{ bar}$$

Método nº 2. Se você tiver informações sobre a elevação, você pode calcular um valor típico para a pressão atmosférica usando a *atmosfera-padrão*. O ***U.S. standard atmosphere*** é um modelo matemático que fornece valores de parâmetros como temperatura, densidade e pressão correspondentes a condições médias. O modelo, desenvolvido pela NASA†, é válido da superfície da Terra até uma elevação de 1.000 km. Em relação aos cálculos, as equações do modelo matemático são complexas, e por isso recomendamos usar a calculadora *online* "*Digital Dutch*".‡

Método nº 3. A maneira mais precisa para determinar a pressão atmosférica consiste em medir o valor usando um barômetro. Esse método pode ser necessário, por exemplo, se você estiver processando dados experimentais e quiser conhecer os valores exatos da pressão atmosférica no momento em que os seus dados estiverem sendo registrados. Como uma alternativa ao uso de um barômetro, você pode procurar na *internet* um valor que tenha sido medido no local. No entanto, tome cuidado ao usar a *internet* como um recurso, pois muitas páginas ajustam a pressão atmosférica local a um valor que tal localização teria se tivesse situada ao nível do mar.

EXEMPLO. Qual valor da pressão atmosférica deve ser utilizado para um projeto que será desenvolvido na Cidade do México? **Raciocínio.** (1) A elevação da Cidade do México é 2.250 m. (2) Usando o modelo *U.S. standard atmosphere*, conforme calculado com a calculadora *Digital Dutch*,§ obtemos que $p_{atm} = 77{,}1$ kPa em uma elevação de 2.250 m. **Conclusão.** Use $p_{atm} = 77$ kPa.

Pressão Absoluta, Pressão Manométrica, Pressão de Vácuo e Pressão Diferencial

A pressão absoluta usa como referência regiões como o espaço exterior, onde a pressão é essencialmente igual a zero, já que a região está vazia de gases. A pressão no vácuo perfeito é chamada zero absoluto, e a pressão medida em relação a essa pressão zero é denominada **pressão absoluta**.

*Recomendamos que você acrescente esses valores ao seu *conhecimento prático*. Como sempre, memorize os valores aproximados, e não os valores exatos. Recomendamos memorizar até dois ou três algarismos significativos.

†A versão mais recente foi publicada em 1976.

‡http://www.digitaldutch.com/atmoscalc.

§ibid.

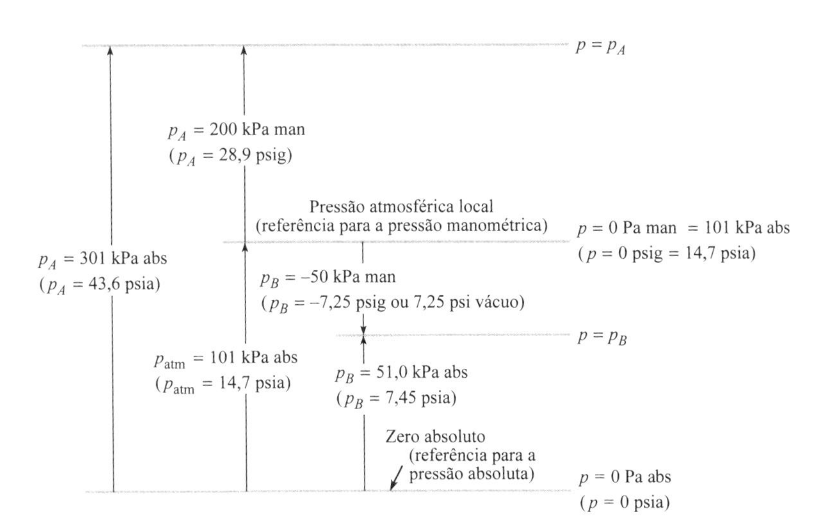

FIGURA 3.4
Exemplo de relações entre as pressões.

Quando a pressão é medida em relação à pressão atmosférica local corrente, o valor dessa pressão é chamado **pressão manométrica**. Por exemplo, quando um medidor de pressão (manômetro*) do pneu fornece um valor de 300 kPa (44 psi), isso significa que a pressão absoluta no pneu é 300 kPa maior do que a pressão atmosférica local. Para converter a pressão manométrica em pressão absoluta, some a pressão atmosférica local. Por exemplo, uma pressão manométrica de 50 kPa registrada em um local onde a pressão atmosférica é de 100 kPa é expressa como

$$p = 50 \text{ kPa man} \quad \text{ou} \quad p = 150 \text{ kPa abs} \tag{3.2}$$

Em unidades SI, as pressões manométrica e absoluta são identificadas após a unidade conforme mostrado na Eq. (3.2). Nas unidades inglesas, a pressão manométrica é identificada pela adição da letra *g* ao símbolo da unidade. Por exemplo, uma pressão manométrica de 10 libras por pé quadrado é designada como 10 psfg. De maneira semelhante, a letra *a* é usada para identificar a pressão absoluta. Por exemplo, uma pressão absoluta de 20 libras-força por polegada quadrada é designada como 20 psia.

Quando a pressão é menor do que a atmosférica, a pressão pode ser descrita usando a pressão de vácuo. A **pressão de vácuo** é definida como a diferença entre a pressão atmosférica e a pressão real. Ela é um número positivo e é igual ao valor absoluto da pressão manométrica (que será negativo). Por exemplo, se p_{atm} = 101 kPa e um manômetro conectado a um tanque indica uma pressão de vácuo de 31,0 kPa, isso também pode ser dito como 70,0 kPa abs, ou −31,0 kPa man.

A Figura 3.4 fornece uma descrição visual das três escalas de pressão. Note que p_B = 7,45 psia é equivalente a −7,25 psig e +7,25 psi vácuo. Note que p_A = 301 kPa abs é equivalente a 200 kPa man. As pressões manométrica, absoluta e de vácuo podem ser relacionadas usando as equações identificadas como as "equações da pressão".

$$p_{\text{man}} = p_{\text{abs}} - p_{\text{atm}} \tag{3.3a}$$

$$p_{\text{vácuo}} = p_{\text{atm}} - p_{\text{abs}} \tag{3.3b}$$

$$p_{\text{vácuo}} = -p_{\text{man}} \tag{3.3c}$$

EXEMPLO. Converta 5 psi de vácuo em pressão absoluta em unidades SI.

Solução. Primeiro, converta a pressão de vácuo em pressão absoluta.

$$p_{\text{abs}} = p_{\text{atm}} - p_{\text{vácuo}} = 14{,}7 \text{ psi} - 5 \text{ psi} = 9{,}7 \text{ psia}.$$

Em seguida, converta as unidades aplicando uma razão de conversão da Tabela F.1.

$$p = (9{,}7 \text{ psi})\left(\frac{101{,}3 \text{ kPa}}{14{,}7 \text{ psi}}\right) = 66.900 \text{ Pa absoluta}.$$

*__Manômetro__ é o instrumento que mede a pressão manométrica. (N.T.)

FIGURA 3.5

Um exemplo de pressão diferencial para o escoamento em uma tubulação. Os pontos A e B estão localizados sobre a linha de centro. A pressão diferencial (Δp) é a magnitude da pressão no ponto A menos a magnitude da pressão no ponto B.

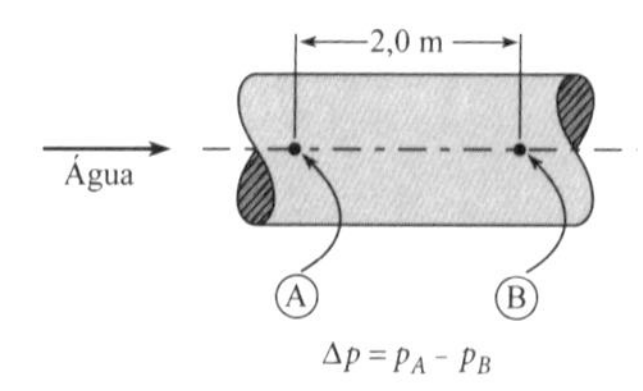

Recomendação. É uma boa prática, ao escrever unidades de pressão, especificar se a pressão é absoluta, manométrica ou de vácuo.

EXEMPLO. Suponha que a pressão em um pneu de automóvel seja especificada como de 3 bar. Determine a pressão absoluta em unidades de kPa.

Solução. Reconheça que a pressão de um pneu é geralmente especificada como uma pressão manométrica. Dessa forma, converta a pressão manométrica em pressão absoluta.

$$p_{abs} = p_{atm} + p_{man} = (101{,}3\text{ kPa}) + (3\text{ bar})\frac{(101{,}3\text{ kPa})}{(1{,}013\text{ bar})} = 401\text{ kPa absoluta}$$

Outra maneira para descrever a pressão é usando a **pressão diferencial**, que é definida como a diferença em pressão entre dois pontos, e recebe o símbolo Δp (Fig. 3.5).

Seguem alguns fatos úteis sobre a pressão diferencial:

- Os pontos (A e B) são selecionados tipicamente de modo que a pressão diferencial seja positiva; isto é, $\Delta p > 0$.
- A pressão diferencial se refere à diferença em pressão entre dois pontos, não a uma "pressão diferencial" no sentido de uma diferencial (ou derivada) em cálculo.
- O símbolo de unidade psid significa libra-força por polegada quadrada diferencial. De maneira semelhante, psfd se refere a uma pressão diferencial.

FIGURA 3.6

Tanto uma alavanca como uma máquina hidráulica proporcionam uma vantagem mecânica.

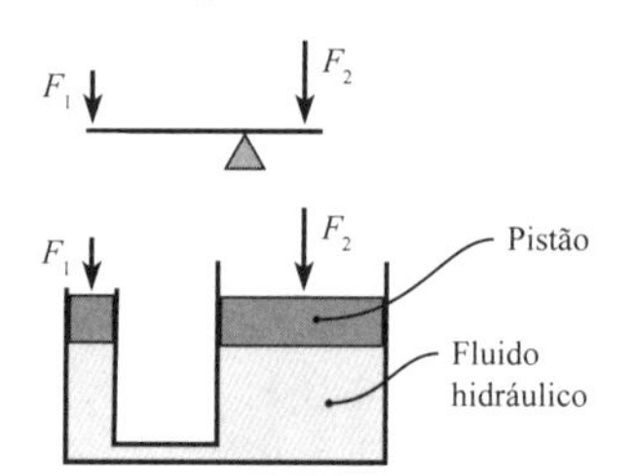

Máquinas Hidráulicas

Uma **máquina hidráulica** usa um fluido para transmitir forças ou energia para assistir no desempenho de uma tarefa humana. Um exemplo de uma máquina hidráulica é um macaco hidráulico de automóvel, em que um usuário pode prover uma pequena força a uma alavanca e suspender um automóvel. Outros exemplos de máquinas hidráulicas incluem os sistemas de frenagem em automóveis, as empilhadeiras de garfo, os sistemas de direção hidráulica dos carros, e os sistemas de controle dos aviões.

A máquina hidráulica fornece uma vantagem mecânica (Fig. 3.6). A **vantagem mecânica** (ou *ganho mecânico*) é definida como a razão entre a força de saída (ou força resistente) e a força de entrada (ou força de ação):

$$(\text{vantagem mecânica}) \equiv \frac{(\text{força de saída})}{(\text{força de entrada})} \quad \textbf{(3.4)}$$

A vantagem mecânica de uma alavanca (Fig. 3.6) é encontrada somando-se os momentos em torno do ponto fixo, para dar $F_1L_1 = F_2L_2$, em que L representa o comprimento do braço da alavanca.

$$(\text{vantagem mecânica; alavanca}) \equiv \frac{(\text{força de saída})}{(\text{força de entrada})} = \frac{F_2}{F_1} = \frac{L_1}{L_2} \quad \textbf{(3.5)}$$

Para determinar a vantagem mecânica da máquina hidráulica, aplique o equilíbrio de forças a cada pistão (Fig. 3.6) para dar $F_1 = p_1A_1$ e $F_2 = p_2A_2$, em que p é a pressão no cilindro e A é a área de face do pistão. Em seguida, reconheça que $p_1 = p_2$ e então resolva para a vantagem mecânica:

$$(\text{vantagem mecânica; máquina hidráulica}) \equiv \frac{(\text{força de saída})}{(\text{força de entrada})} = \frac{F_2}{F_1} = \frac{A_2}{A_1} = \frac{D_2^2}{D_1^2} \quad \textbf{(3.6)}$$

A máquina hidráulica é usada com frequência para ilustrar o princípio de Pascal. Esse princípio estabelece que quando existe um aumento na pressão em qualquer ponto em um fluido confinado, ocorre um aumento igual em todos os outros pontos no recipiente. O princípio de Pascal fica evidente quando um balão é inflado, pois ele se expande por igual em todas as direções. O princípio também fica evidente na máquina hidráulica (Fig. 3.7).

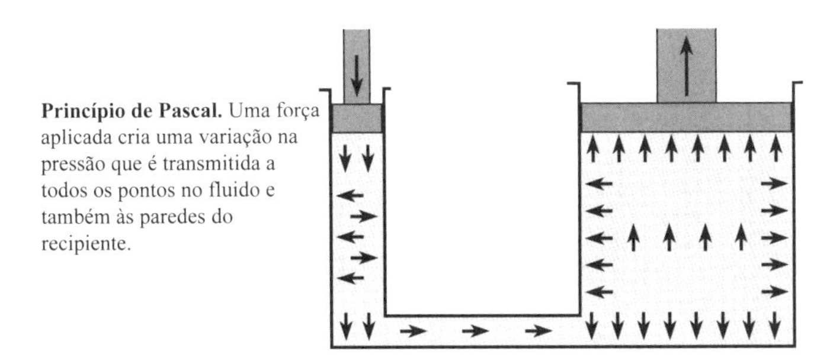

Princípio de Pascal. Uma força aplicada cria uma variação na pressão que é transmitida a todos os pontos no fluido e também às paredes do recipiente.

FIGURA 3.7

Esta figura mostra como uma máquina hidráulica pode ser usada para ilustrar o princípio de Pascal.

EXEMPLO 3.1

Aplicando Equilíbrio de Forças a um Macaco Hidráulico

Enunciado do Problema

Um macaco hidráulico possui as dimensões mostradas. Se alguém exerce uma força F de 100 N sobre a haste do macaco, qual carga, F_2, ele pode suportar? Despreze o peso do elevador.

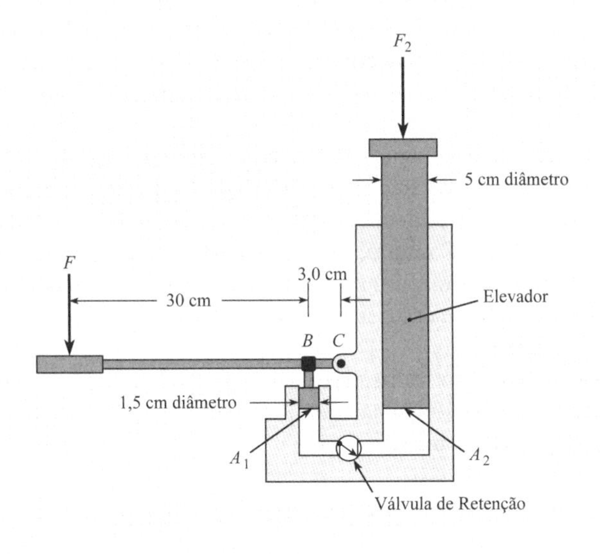

Defina a Situação

Uma força de $F = 100$ N é aplicada a uma haste de um macaco.

Hipótese: O peso do elevador (ver croqui) é desprezível.

Estabeleça o Objetivo

F_2(N) ⬅ a carga que o macaco pode elevar

Tenha Ideias e Trace um Plano

Uma vez que o objetivo é F_2, aplique o equilíbrio de forças no elevador. Então, analise o pistão pequeno e a haste. O plano é o seguinte:

1. Calcular a força que atua sobre o pistão pequeno aplicando o balanço e equilíbrio do momento.
2. Calcular a pressão p_1 no fluido hidráulico aplicando equilíbrio de forças.
3. Calcular a carga F_2 aplicando equilíbrio de forças.

Aja (Execute o Plano)

1. Equilíbrio do momento (haste):

$$\sum M_c = 0$$

$$(0{,}33 \text{ m}) \times (100 \text{ N}) - (0{,}03 \text{ m})F_1 = 0$$

$$F_1 = \frac{0{,}33 \text{ m} \times 100 \text{ N}}{0{,}03 \text{ m}} = 1.100 \text{ N}$$

2. Equilíbrio de forças (pistão pequeno):

$$\sum F_{\text{pistão pequeno}} = p_1 A_1 - F_1 = 0$$

$$p_1 A_1 = F_1 = 1.100 \text{ N}$$

Dessa forma,

$$p_1 = \frac{F_1}{A_1} = \frac{1.100 \text{ N}}{\pi d^2/4} = 6{,}22 \times 10^6 \text{ N/m}^2$$

3. Equilíbrio de forças (elevador):

$$\sum F_{\text{elevador}} = F_2 - p_1 A_2 = 0$$

$$F_2 = p_1 A_2 = \left(6{,}22 \times 10^6 \frac{\text{N}}{\text{m}^2}\right)\left(\frac{\pi}{4} \times (0{,}05 \text{ m})^2\right) = \boxed{12{,}2 \text{ kN}}$$

Note que $p_1 = p_2$, pois estão à mesma elevação (esse fato será estabelecido na próxima seção).

Reveja a Solução e o Processo

1. *Discussão.* O macaco neste exemplo, que combina uma alavanca e uma máquina hidráulica, proporciona uma força de saída de 12.200 N a partir de uma força de entrada de 100 N. Assim, esse macaco proporciona uma vantagem mecânica de 122 para 1.
2. *Conhecimento.* As máquinas hidráulicas são analisadas aplicando os balanços e equilíbrios de forças e momentos. A força de pressão é dada tipicamente por $F = pA$.

FIGURA 3.8

Este exemplo mostra como verificar se a *condição hidrostática* se aplica. Para esse caso, as condições hidrostáticas de fato são aplicáveis, pois o *peso* da partícula de fluido é contrabalançado exatamente pela *força de pressão*.

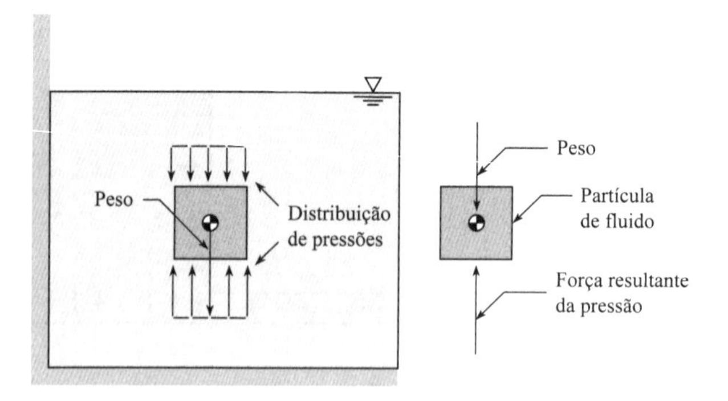

3.2 As Equações da Hidrostática

Esta seção explica como calcular a pressão para problemas em que um fluido se encontra em equilíbrio hidrostático. Existem dois resultados principais:

- A *equação diferencial* hidrostática, que é aplicada nos problemas em que a densidade varia
- A *equação algébrica* hidrostática, que é aplicada nos problemas em que a densidade é constante

A Condição Hidrostática

As equações nesta seção são aplicáveis somente quando o fluido no seu problema estiver em *equilíbrio hidrostático*. Para dizer se essa condição é aplicável, selecione uma partícula de fluido e uma direção coordenada, e desenhe um diagrama de corpo livre (DCL) que mostre apenas as forças na direção coordenada que você selecionou. Se a aceleração da partícula de fluido for igual a zero na direção coordenada e se as únicas forças atuando sobre a partícula forem a força de pressão e o peso, então a condição hidrostática se aplica a um plano que esteja paralelo à sua direção coordenada.

Se um fluido está estacionário (por exemplo, a água em um lago, como na Fig. 3.8), então a equação hidrostática será sempre aplicável. A razão é que a aceleração de qualquer partícula de fluido é zero e as únicas forças possíveis que podem contrabalançar o peso da partícula de fluido são a força de pressão e a força viscosa. Contudo, a força viscosa deve ser igual a zero, por causa da própria definição de um fluido; isto é, um fluido irá se deformar continuamente sob a ação de uma tensão viscosa. Dessa forma, a única força disponível para contrabalançar o peso da partícula de fluido é a força de pressão.

Se um fluido está *escoando*, então a equação hidrostática será aplicável em alguns casos (Fig. 3.9). Para situações semelhantes àquela mostrada na figura, você poderá aplicar a equação hidrostática $\Delta p = -\rho g \Delta z$ a pontos localizados sobre um plano.

A Equação Diferencial Hidrostática (Densidade Variável)

Esta subseção mostra como derivar $dp/dz = -\gamma$. Essa equação é importante para compreender a teoria e para resolver problemas que envolvem uma densidade variável.

Para começar a derivação, visualize qualquer região de um fluido estático (por exemplo, a água atrás de uma barragem), isole um corpo cilíndrico, e então esboce um DCL, como mostrado na

FIGURA 3.9

Este croqui mostra exemplos de quando as *condições hidrostáticas* se aplicam a um fluido em escoamento. A razão para isso é que a força de pressão contrabalança a força-peso para cada partícula de fluido que está localizada sobre um dos planos mostrados na figura.

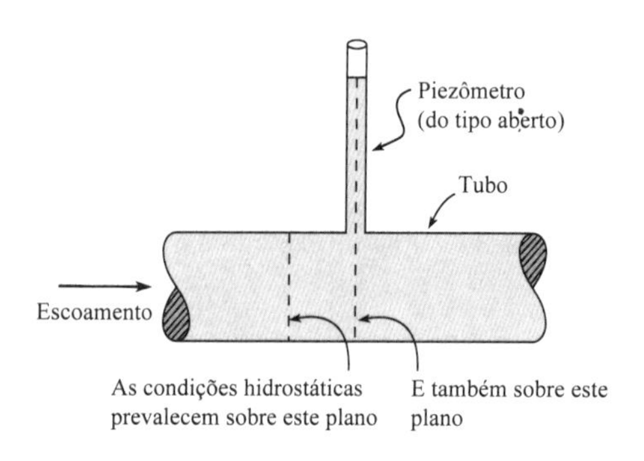

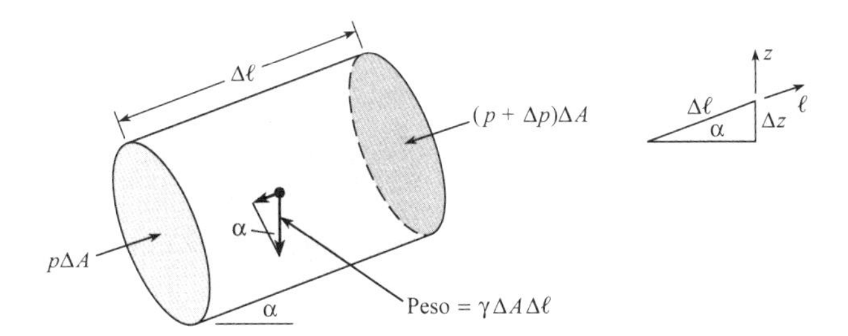

FIGURA 3.10
O sistema usado para derivar a equação diferencial hidrostática.

Figura 3.10. Note que o corpo cilíndrico está orientado tal que o seu eixo longitudinal é paralelo a uma direção arbitrária ℓ. O corpo possui comprimento $\Delta \ell$, área de seção transversal ΔA, e está inclinado segundo um ângulo α com a horizontal. Aplique o equilíbrio de forças na direção ℓ:

$$\sum F_\ell = 0$$

$$F_{\text{Pressão}} - F_{\text{Peso}} = 0$$

$$p\Delta A - (p + \Delta p)\Delta A - \gamma \Delta A \Delta \ell \operatorname{sen}\alpha = 0$$

Simplifique e divida pelo volume do corpo $\Delta\ell\Delta A$ para obter

$$\frac{\Delta p}{\Delta \ell} = -\gamma \operatorname{sen}\alpha$$

A partir da Figura 3.10, o seno do ângulo é dado por

$$\operatorname{sen}\alpha = \frac{\Delta z}{\Delta \ell}$$

Combinando as duas equações anteriores e levando Δz ao limite tendendo a zero, obtemos

$$\lim_{\Delta z \to 0} \frac{\Delta p}{\Delta z} = -\gamma$$

O resultado final é

$$\frac{dp}{dz} = -\gamma \qquad \text{(equação diferencial hidrostática)} \tag{3.7}$$

A Eq. (3.7) significa que as variações na pressão correspondem a variações na elevação. Se alguém se desloca para cima no fluido (na direção positiva de z), a pressão diminui; se alguém se desloca para baixo (z negativo), a pressão aumenta; se alguém se move ao longo de um plano horizontal, a pressão permanece constante. Obviamente, essas variações na pressão são exatamente o que um mergulhador experimenta ao ascender ou ao afundar em um lago ou piscina.

A Equação Algébrica Hidrostática (Densidade Constante)

Uma vez que o modelamento de um fluido como se a sua densidade fosse constante é com frequência bem justificado, é útil resolver a equação diferencial hidrostática para o caso especial em que a densidade é constante. A equação resultante é chamada equação algébrica hidrostática, e abreviamos esse nome para *equação hidrostática* (*EH*). Esta é uma das mais úteis equações na mecânica dos fluidos; sendo assim, recomendamos que você aprenda bem essa equação. Para derivar a equação, comece pela integração da Eq. (3.7) para o caso de uma densidade constante, para obter

$$p + \gamma z = p_z = \text{constante} \tag{3.8}$$

em que o termo z é a elevação (distância vertical) acima de um plano horizontal de referência fixo chamado um *datum*, ou ponto de referência, e p_z é a pressão piezométrica. Dividindo a Eq. (3.8) por γ, temos

$$\frac{p_z}{\gamma} = \left(\frac{p}{\gamma} + z\right) = h = \text{constante} \tag{3.9}$$

em que h é a **coluna piezométrica**. Uma vez que h é constante, a Eq. (3.9) pode ser escrita como

$$\frac{p_1}{\gamma} + z_1 = \frac{p_2}{\gamma} + z_2 \qquad \textbf{(3.10a)}$$

em que os índices subscritos 1 e 2 identificam quaisquer dois pontos em um fluido estático com densidade constante. Multiplicando a Eq. (3.10a) por γ dá

$$p_1 + \gamma z_1 = p_2 + \gamma z_2 \qquad \textbf{(3.10b)}$$

Na Eq. (3.10b), fazendo $\Delta p = p_2 - p_1$ e $\Delta z = z_2 - z_1$, obtemos

$$\Delta p = -\gamma \Delta z \qquad \textbf{(3.10c)}$$

A equação hidrostática é dada pelas Eqs. (3.10a), (3.10b) ou (3.10c). Essas três equações são equivalentes, pois qualquer uma delas pode ser usada para derivar as outras duas. A equação hidrostática é válida para qualquer fluido com densidade constante em equilíbrio hidrostático.

Note que a equação hidrostática envolve

$$\text{coluna piezométrica} = h \equiv \left(\frac{p}{\gamma} + z\right) \qquad \textbf{(3.11)}$$

$$\text{pressão piezométrica} = p_z \equiv (p + \gamma z) \qquad \textbf{(3.12)}$$

Para calcular a coluna piezométrica ou a pressão piezométrica, um engenheiro identifica um local específico em um corpo de fluido e usa o valor da pressão e da elevação naquele local. A pressão piezométrica e a coluna piezométrica estão relacionadas segundo

$$p_z = h\gamma \qquad \textbf{(3.13)}$$

A coluna piezométrica, h, uma propriedade amplamente utilizada na mecânica dos fluidos, caracteriza equilíbrio hidrostático. Quando o equilíbrio hidrostático prevalece em um corpo de fluido com densidade constante, h é constante em todos os locais. Por exemplo, a Figura 3.11 mostra um recipiente com óleo flutuando sobre a água. Uma vez que a coluna piezométrica é constante na água, $h_a = h_b = h_c$. De maneira semelhante, a coluna piezométrica é constante no óleo: $h_d = h_e = h_f$. Note que a coluna piezométrica não é constante quando há variação na densidade. Por exemplo, $h_c \neq h_d$, pois os pontos c e d estão em fluidos diferentes com valores de densidade diferentes.

FIGURA 3.11
Óleo flutuando sobre água.

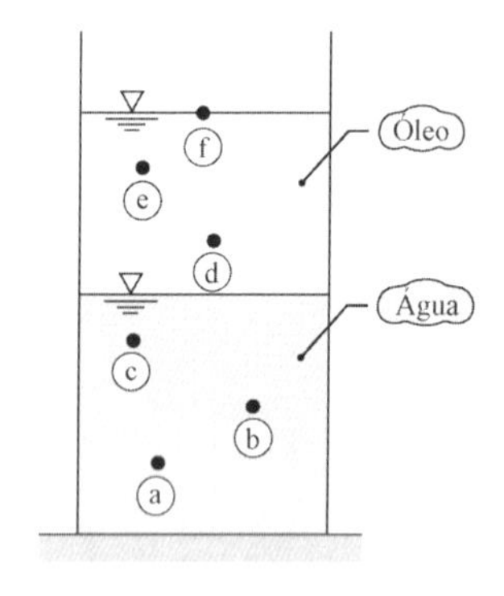

Equação Hidrostática (Equações Práticas)

Para aplicar a equação hidrostática, primeiro verifique se as hipóteses listadas na Tabela 3.1 são válidas. Então, selecione a forma mais útil da equação hidrostática. Recomendamos usar a forma da coluna ou a forma do diferencial de pressão. Também recomendamos que você aprenda o significado das variáveis dadas na terceira coluna, pois esses nomes são usados ao longo de toda a mecânica dos fluidos. Para muitos problemas, você irá considerar as duas regras seguintes muito úteis.

A **regra da interface do fluido** estabelece que para uma interface plana (por exemplo, Fig. 3.12), a pressão é constante ao longo de toda a interface (isto é, $p_1 = p_2$ na interface). **Raciocínio.** (1) A interface do fluido não está se movendo, assim $\Sigma \mathbf{F} = \mathbf{0}$. (2) Selecione um sistema infinitesimalmente delgado, tal que o peso possa ser desprezado. (3) Assim, as únicas forças sobre a interface são as forças de pressão, e a álgebra mostra que $p_1 = p_2$.

FIGURA 3.12
Para provar a regra da interface do fluido, (1) selecione um sistema infinitesimalmente delgado sobre a interface e note que o peso desse sistema é desprezível. (2) Aplique $\Sigma F = 0$ para mostrar que a pressão é constante ao longo da interface.

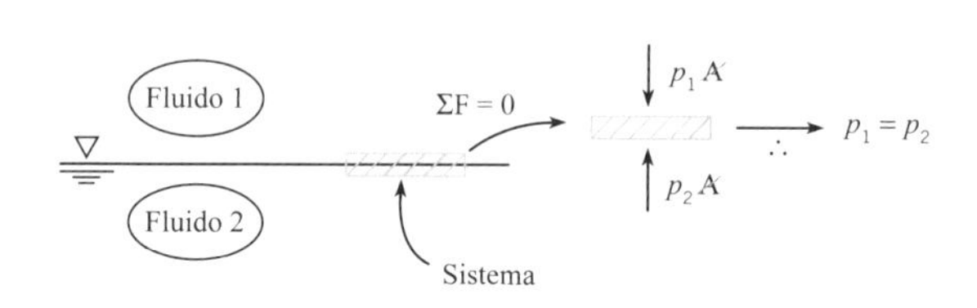

TABELA 3.1 A Equação Hidrostática (Equações Práticas e Hipóteses)

Nome (Interpretação Física)	Equação	Variáveis na Equação
Forma da coluna (a coluna piezométrica é constante em todos os pontos)	$\frac{p_1}{\gamma} + z_1 = \frac{p_2}{\gamma} + z_2$ Eq. (3.10a)	• p = pressão (N/m²) (use a pressão absoluta ou manométrica; não use a pressão de vácuo) • γ = peso específico (N/m³) • p/γ = coluna de pressão (m) • z = elevação ou coluna de elevação (m) • $(p/\gamma + z)$ = coluna piezométrica (m)
Forma do diferencial de pressão (o diferencial de pressão é linear com a variação na elevação)	$\Delta p = \gamma \Delta z$ Eq. (3.10b)	• Δp = diferencial de pressão (N/m²) • Δz = diferença na elevação (m)
Forma da pressão piezométrica (a pressão piezométrica é constante em todos os pontos)	$p_1 + \gamma z_1 = p_2 + \gamma z_2$ Eq. (3.10c)	• $(p + \gamma z)$ = pressão piezométrica (Pa)
Hipóteses a serem verificadas antes de você aplicar a equação hidrostática		1. Você só pode aplicar a EH a um único fluido que possui densidade constante. Para problemas com múltiplos fluidos (por exemplo, óleo flutuando sobre água), a EH é aplicada sucessivamente em cada fluido. 2. Você só pode aplicar a EH se a condição hidrostática for aplicável.

EXEMPLO 3.2

Aplicando a Equação Hidrostática para Determinar a Pressão em um Tanque

Enunciado do Problema

Qual é a pressão da água a uma profundidade de 35 ft no tanque mostrado?

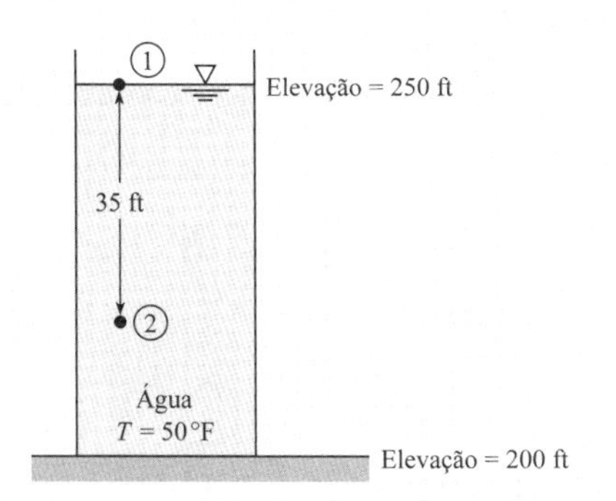

Defina a Situação

Água está contida em um tanque com profundidade de 50 ft.
Propriedades: Água (50 °F, 1 atm, Tabela A.5): $\gamma = 62{,}4$ lbf/ft³

Estabeleça o Objetivo

p_2 (psig) ⬅ pressão da água no ponto 2

Tenha Ideias e Trace um Plano

Aplicar o conceito de que a coluna piezométrica é constante. As etapas do plano são as seguintes:

1. Igualar a coluna piezométrica na elevação 1 à coluna piezométrica na elevação 2 (isto é, aplicar a Eq. 3.10a).
2. Analisar cada termo na Eq. (3.10a).
3. Resolver para a pressão na elevação 2.

Aja (Execute o Plano)

1. Equação hidrostática (Eq. 3.10a):

$$\frac{p_1}{\gamma} + z_1 = \frac{p_2}{\gamma} + z_2$$

2. A análise termo a termo da Eq. (3.10a) fornece:
   - $p_1 = p_{atm} = 0$ psig
   - $z_1 = 250$ ft
   - $z_2 = 215$ ft

3. Combine as etapas 1 e 2; resolva para p_2:

$$\frac{p_1}{\gamma} + z_1 = \frac{p_2}{\gamma} + z_2$$

$$0 + 250 \text{ ft} = \frac{p_2}{62{,}4 \text{ lbf/ft}^3} + 215 \text{ ft}$$

$$p_2 = 2.180 \text{ psfg} = \boxed{15{,}2 \text{ psig}}$$

Reveja a Solução e o Processo

1. *Validação.* A variação na pressão calculada (15 psig) é ligeiramente superior a 1 atm (14,7 psi). Uma vez que uma atmosfera corresponde a uma coluna de água de 33,9 ft e esse problema envolve 35 ft de coluna de água, a solução aparenta estar correta.

2. *Habilidade*. Esse exemplo mostra como escrever a equação que governa um processo e como analisar cada termo. Essa habilidade é chamada de *análise termo a termo*.
3. *Conhecimento*. A pressão manométrica na superfície livre de um líquido em contato com a atmosfera é zero ($p_1 = 0$, nesse exemplo).
4. *Habilidade*. Identificar uma pressão como absoluta ou manométrica ou de vácuo. Para esse exemplo, a unidade de pressão (psig) denota uma pressão manométrica.
5. *Conhecimento*. A equação hidrostática é válida quando a densidade é constante. Essa condição é atendida neste problema.

A **regra da variação da pressão do gás** estabelece que a variação na pressão hidrostática de um gás pode ser em geral desprezada. **Raciocínio**. (1) A variação na pressão hidrostática em um gás para uma variação na elevação de um metro é dada por $\Delta p/\Delta z = \rho g$. (2) As equações mostram, por exemplo, que a variação na pressão do ar à temperatura ambiente é de aproximadamente 12 pascal/metro. (3) Uma variação na pressão de 12 pascal/metro é tipicamente desprezível em comparação a outras variações relevantes na pressão. **Conclusão**. A variação na pressão hidrostática em um gás geralmente pode ser desprezada.

O Exemplo 3.3 mostra como determinar a pressão pela aplicação do conceito da *coluna piezométrica constante* a um problema envolvendo vários fluidos. Note a aplicação da regra da interface do fluido.

EXEMPLO 3.3

Aplicando a Equação Hidrostática ao Óleo e Água em um Tanque

Enunciado do Problema

O óleo com uma gravidade específica de 0,80 forma uma camada de 0,90 m de profundidade em um tanque aberto, que de outra forma estaria preenchido com água (10 °C). A profundidade total da água e óleo é de 3 m. Qual é a pressão manométrica no fundo do tanque?

Definição do Problema

Óleo e água estão contidos em um tanque.

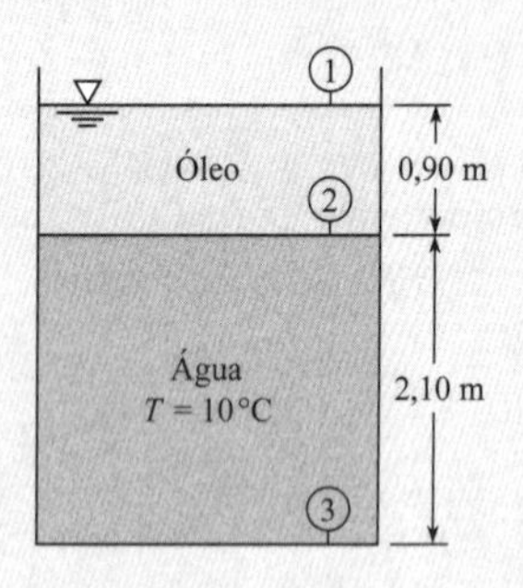

Propriedades:

- Água: (10 °C, 1 atm, Tabela A.5): $\gamma_{\text{água}} = 9.810 \text{ N/m}^3$
- Óleo: $\gamma_{\text{óleo}} = S\gamma_{\text{água, 4 °C}} = 0{,}8(9.810 \text{ N/m}^3) = 7.850 \text{ N/m}^3$

Estabeleça o Objetivo

p_3 (kPa man) ⬅ pressão no fundo do tanque

Tenha Ideias e Trace um Plano

Uma vez que o objetivo é p_3, aplicar a equação hidrostática à água. Então, analisar o óleo. As etapas do plano são as seguintes:

1. Determinar p_2 aplicando a equação hidrostática (3.10a).
2. Igualar as pressões ao longo da interface óleo-água.
3. Determinar p_3 aplicando a equação hidrostática dada na Eq. (3.10a).

Solução

1. Equação hidrostática (óleo):

$$\frac{p_1}{\gamma_{\text{óleo}}} + z_1 = \frac{p_2}{\gamma_{\text{óleo}}} + z_2$$

$$\frac{0 \text{ Pa}}{\gamma_{\text{óleo}}} + 3 \text{ m} = \frac{p_2}{0{,}8 \times 9.810 \text{ N/m}^3} + 2{,}1 \text{ m}$$

$$p_2 = 7{,}063 \text{ kPa}$$

2. Interface óleo-água:

$$p_2|_{\text{óleo}} = p_2|_{\text{água}} = 7{,}063 \text{ kPa}$$

3. Equação hidrostática (água):

$$\frac{p_2}{\gamma_{\text{água}}} + z_2 = \frac{p_3}{\gamma_{\text{água}}} + z_3$$

$$\frac{7{,}063 \times 10^3 \text{ Pa}}{9.810 \text{ N/m}^3} + 2{,}1 \text{ m} = \frac{p_3}{9.810 \text{ N/m}^3} + 0 \text{ m}$$

$$\boxed{p_3 = 27{,}7 \text{ kPa man}}$$

Reveja

Validação: Uma vez que o óleo é menos denso que a água, a resposta deveria ser ligeiramente menor do que a pressão correspondente a uma coluna de água de 3 m. A partir da Tabela F.1, uma coluna de água de 10 m ≈ 1 atm. Assim, uma coluna de água de 3 m deveria produzir uma pressão de aproximadamente 0,3 atm = 30 kPa. O valor calculado aparenta estar correto.

3.3 Medindo a Pressão

Quando os engenheiros concebem e conduzem experimentos, a pressão quase sempre precisa ser medida. Assim sendo, essa seção descreve cinco instrumentos científicos para medir a pressão.

Barômetro

Um instrumento usado para medir a pressão atmosférica é chamado **barômetro**. Os tipos mais comuns são os barômetros de mercúrio e o barômetro aneroide. Um barômetro de mercúrio é feito invertendo-se um tubo preenchido com mercúrio no interior de um recipiente contendo mercúrio, conforme mostrado na Figura 3.13. A pressão no topo do barômetro de mercúrio será a pressão de vapor do mercúrio, que é muito pequena: $p_v = 2{,}4 \times 10^{-6}$ atm a 20 °C. Assim, a pressão atmosférica irá empurrar o mercúrio tubo acima até uma altura h. O barômetro de mercúrio é analisado aplicando a equação hidrostática:

$$p_{\text{atm}} = \gamma_{\text{Hg}} h + p_v \approx \gamma_{\text{Hg}} h \tag{3.20}$$

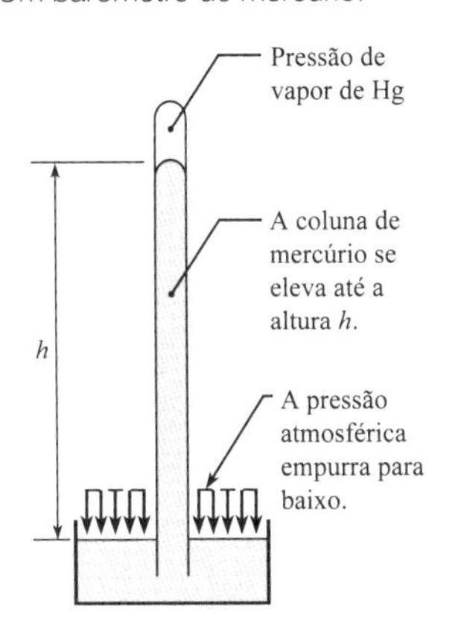

FIGURA 3.13
Um barômetro de mercúrio.

Dessa forma, medindo h, a pressão atmosférica local pode ser determinada usando a Eq. (3.20).

Um barômetro aneroide funciona mecanicamente. Um aneroide consiste em um fole elástico que foi firmemente vedado após algum ar ter sido removido. Quando a pressão atmosférica varia, faz com que o aneroide mude de tamanho, e essa variação mecânica pode ser usada para defletir uma agulha e assim indicar a pressão atmosférica local em uma escala. Um barômetro aneroide possui algumas vantagens em relação a um barômetro de mercúrio, pois ele é menor e permite que os dados sejam registrados ao longo do tempo.

Manômetro Tipo Tubo de Bourdon

Um **manômetro tipo tubo de Bourdon**, Figura 3.14, mede a pressão sentindo a deflexão de um tubo em espiral. O tubo possui uma seção transversal elíptica e está dobrado na forma de um arco circular, como mostrado na Figura 3.14b. Quando a pressão atmosférica (pressão manométrica zero) prevalece, o tubo fica sem deflexão, e para essa condição o ponteiro do medidor é calibrado para ler uma pressão de zero. Quando a pressão é aplicada ao manômetro, o tubo curvado tende a endireitar-se (ficar reto, de uma forma muito parecida com o soprar de uma língua de sogra em uma festa infantil), e dessa forma atua sobre o ponteiro para que este indique uma pressão manométrica positiva. O manômetro tipo tubo de Bourdon é comum, pois é de baixo custo, confiável, de fácil instalação, e está disponível em muitas faixas de pressão diferentes. Os manômetros tipo tubo de Bourdon possuem algumas desvantagens: as pressões dinâmicas podem não ser medidas com precisão; a precisão do medidor pode ser menor do que a de outros instrumentos; e o medidor pode ser danificado por um número excessivo de pulsações de pressão.

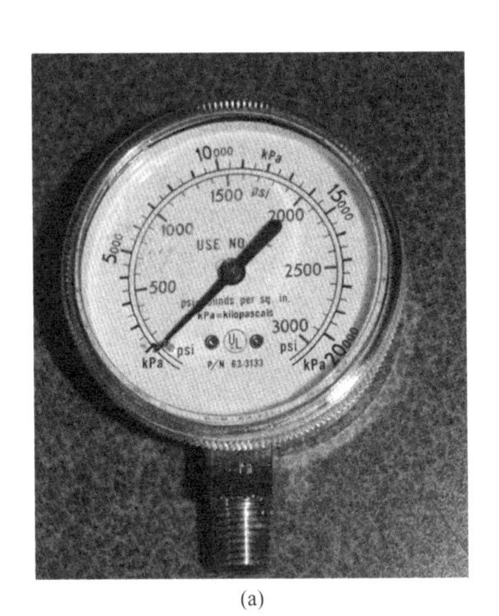

(a)

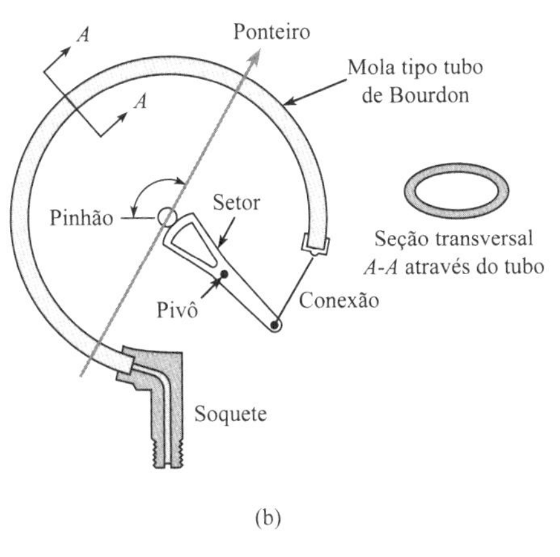

(b)

FIGURA 3.14
Manômetro tipo tubo de Bourdon. (a) Vista de um manômetro típico (foto de Donald Elger). (b) Mecanismo interno (diagrama esquemático).

FIGURA 3.15

Piezômetro fixado a uma tubulação.

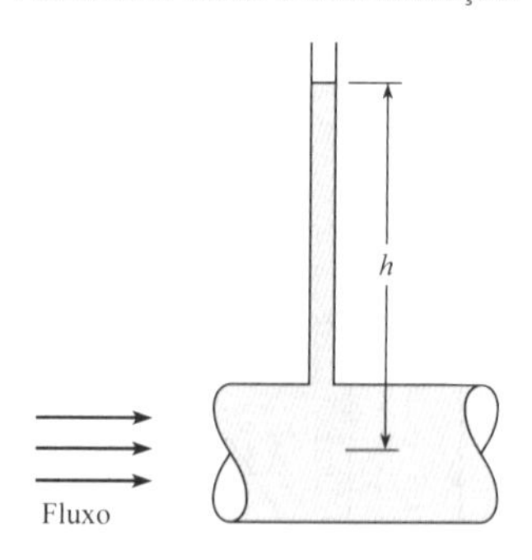

Piezômetro

Um **piezômetro** é um tubo vertical, geralmente transparente, em que um líquido sobe em resposta a uma pressão manométrica positiva. Por exemplo, a Figura 3.15 mostra um piezômetro fixado a uma tubulação. A pressão na tubulação empurra a coluna de água até uma altura h, e a pressão manométrica no centro da tubulação é $p = \gamma h$, o que vem diretamente da equação hidrostática (3.10c). O piezômetro possui várias vantagens: simplicidade, medição direta (não exige calibração), e precisão. Contudo, ele não pode ser usado com facilidade para medir a pressão em um gás, e está limitado a baixas pressões, pois a altura da coluna se torna muito grande quando a pressão aumenta.

Manômetro

Um **manômetro** (frequentemente com a forma da letra "U") é um dispositivo para medir a pressão pela elevação ou abaixamento de uma coluna de líquido. Por exemplo, a Figura 3.16 mostra um manômetro em forma de U que está sendo usado para medir a pressão em um fluido em escoamento. No caso mostrado, uma pressão manométrica positiva na tubulação empurra o líquido no manômetro para cima, a uma altura Δh. Para usar um manômetro tipo tubo U, os engenheiros relacionam a altura do líquido no manômetro à pressão, como ilustrado no Exemplo 3.4.

Uma vez que se esteja familiarizado com o princípio básico da manometria, é um procedimento direto escrever uma única equação em lugar de equações separadas, como foi feito no Exemplo 3.4. A equação única para a avaliação da pressão na tubulação da Figura 3.16 é

$$0 + \gamma_m \Delta h - \gamma \ell = p_4$$

Essa equação pode ser lida da seguinte maneira: Pressão zero na extremidade aberta, mais a variação na pressão do ponto 1 até o 2, menos a variação na pressão do ponto 3 até o 4, é igual à pressão na tubulação. O conceito principal é o de que a pressão aumenta à medida que a profundidade aumenta, e diminui quando a profundidade diminui.

FIGURA 3.16

Manômetro tipo tubo U.

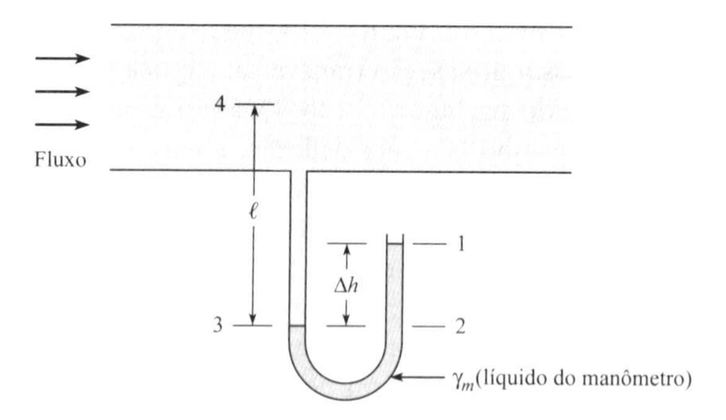

EXEMPLO 3.4

Medição da Pressão (Manômetro Tipo Tubo U)

Enunciado do Problema

A água a 10 °C é o fluido na tubulação da Figura 3.16, e o mercúrio é o fluido do manômetro. Se a deflexão Δh é 60 cm e ℓ é 180 cm, qual é a pressão manométrica no centro da tubulação?

Defina a Situação

A pressão em um tubo está sendo medida usando um manômetro tipo tubo em U.

Propriedades:

- Água (10 °C), Tabela A.5: γ = 9.810 N/m³
- Mercúrio, Tabela A.4: γ = 133.000 N/m³

Estabeleça o Objetivo

Calcular a pressão manométrica (kPa) no centro do tubo.

Tenha Ideias e Trace um Plano

Começar no ponto 1 e trabalhar até o ponto 4 usando os conceitos da Eq. (3.10c). Quando a profundidade do fluido aumentar, somar uma variação de pressão. Quando a profundidade do fluido diminuir, subtrair uma variação de pressão.

Aja (Execute o Plano)

1. Calcule a pressão no ponto 2 usando a equação hidrostática (3.10c):

$$\begin{aligned} p_2 &= p_1 + \text{aumento de pressão entre 1 e 2} = 0 + \gamma_m \Delta h_{12} \\ &= \gamma_m(0{,}6\text{ m}) = (133.000\text{ N/m}^3)(0{,}6\text{ m}) \\ &= 79{,}8\text{ kPa} \end{aligned}$$

2. Encontre a pressão no ponto 3:
   - A equação hidrostática com $z_3 = z_2$ dá

$$p_3|_{\text{água}} = p_2|_{\text{água}} = 79{,}8 \text{ kPa}$$

   - Quando uma interface fluido-fluido é plana, a pressão é constante através da interface. Dessa forma, na interface mercúrio-água,

$$p_3|_{\text{mercúrio}} = p_3|_{\text{água}} = 79{,}8 \text{ kPa}$$

3. Determine a pressão no ponto 4 usando a equação hidrostática dada na Eq. (3.10c):

$$\begin{aligned} p_4 &= p_3 - \text{diminuição de pressão entre 3 e 4} = p_3 - \gamma_w \ell \\ &= 79.800 \text{ Pa} - (9.810 \text{ N/m}^3)(1{,}8 \text{ m}) \\ &= 62{,}1 \text{ kPa man} \end{aligned}$$

A equação geral para a diferença de pressão medida pelo manômetro é

$$p_2 = p_1 + \sum_{\text{para baixo}} \gamma_i h_i - \sum_{\text{para cima}} \gamma_i h_i \tag{3.21}$$

em que γ_i e h_i são o peso específico e a deflexão em cada perna do manômetro. Não importa onde se comece, isto é, onde se define o ponto inicial 1 e o ponto final 2. Quando líquidos e gases estão ambos envolvidos em um problema de manômetro, está de acordo com a precisão de Engenharia desprezar as variações de pressão por causa da coluna de gás. Isso ocorre porque $\gamma_{\text{líquido}} \gg \gamma_{\text{gás}}$. O Exemplo 3.5 mostra como aplicar a Eq. (3.21) para realizar uma análise de um manômetro que utiliza múltiplos fluidos.

Uma vez que a configuração de manômetro mostrada na Figura 3.17 é comum, é útil derivar uma equação específica para essa aplicação. Para começar, aplique a equação do manômetro (3.21) entre os pontos 1 e 2:

$$p_1 + \sum_{\text{para baixo}} \gamma_i h_i - \sum_{\text{para cima}} \gamma_i h_i = p_2$$

$$p_1 + \gamma_A(\Delta y + \Delta h) - \gamma_B \Delta h - \gamma_A(\Delta y + z_2 - z_1) = p_2$$

Simplificando, tem-se

$$(p_1 + \gamma_A z_1) - (p_2 + \gamma_A z_2) = \Delta h(\gamma_B - \gamma_A)$$

Dividindo todos os termos por γ_A, obtemos

$$\left(\frac{p_1}{\gamma_A} + z_1\right) - \left(\frac{p_2}{\gamma_A} + z_2\right) = \Delta h\left(\frac{\gamma_B}{\gamma_A} - 1\right)$$

Reconhecendo que os termos no lado esquerdo da equação são colunas piezométricas, reescrevemos a equação para obter o resultado final:

$$h_1 - h_2 = \Delta h\left(\frac{\gamma_B}{\gamma_A} - 1\right) \tag{3.22}$$

A Eq. (3.22) é válida quando um manômetro é usado para medir a pressão diferencial. O Exemplo 3.6 mostra como essa equação é usada.

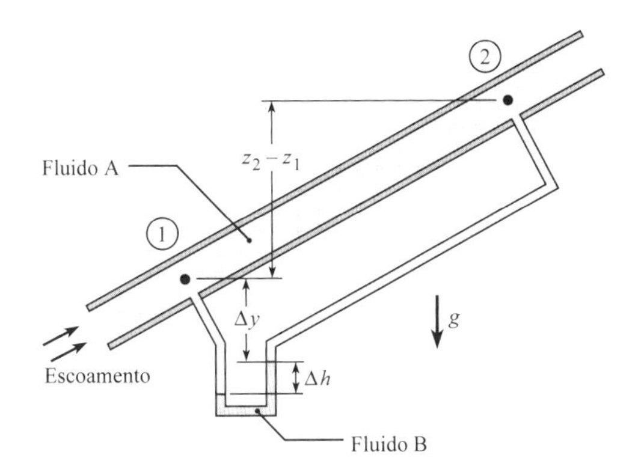

FIGURA 3.17
Dispositivo para determinar a variação na coluna piezométrica correspondente ao escoamento em uma tubulação.

EXEMPLO 3.5

Análise de um Manômetro

Enunciado do Problema

Qual é a pressão do ar no tanque se ℓ_1 = 40 cm, ℓ_2 = 100 cm, e ℓ_3 = 80 cm?

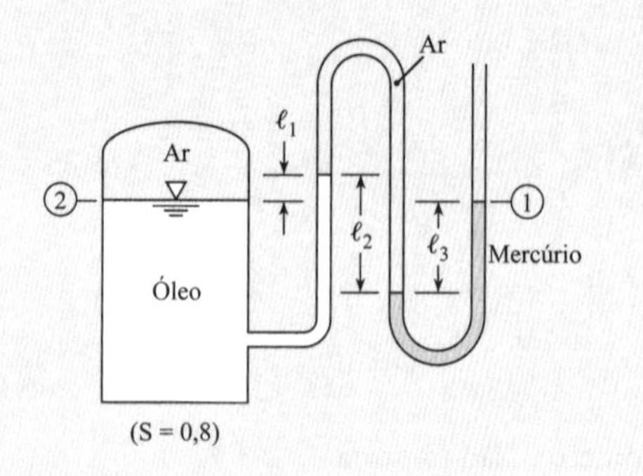

Defina a Situação

Um tanque está pressurizado com ar.

Hipótese: Despreze a variação de pressão na coluna de ar.

Propriedades:

- Óleo: $\gamma_{\text{óleo}} = S\gamma_{\text{água}} = 0{,}8 \times 9.810\ \text{N/m}^3 = 7.850\ \text{N/m}^3$
- Mercúrio, Tabela A.4: $\gamma = 133.000\ \text{N/m}^3$

Estabeleça o Objetivo

Determinar a pressão (kPa man) no ar.

Tenha Ideias e Trace um Plano

Aplicar a equação do manômetro (3.21) da posição 1 à posição 2.

Aja (Execute o Plano)

Equação do manômetro:

$$p_1 + \sum_{\text{para baixo}} \gamma_i h_i - \sum_{\text{para cima}} \gamma_i h_i = p_2$$

$$p_1 + \gamma_{\text{mercúrio}}\ell_3 - \gamma_{\text{ar}}\ell_2 + \gamma_{\text{óleo}}\ell_1 = p_2$$

$$0 + (133.000\ \text{N/m}^3)(0{,}8\ \text{m}) - 0 + (7.850\ \text{N/m}^3)(0{,}4\ \text{m}) = p_2$$

$$\boxed{p_2 = p_{\text{ar}} = 110\ \text{kPa man}}$$

EXEMPLO 3.6

Variação na Coluna Piezométrica para o Escoamento em um Tubo

Enunciado do Problema

Um manômetro diferencial de mercúrio está conectado a duas tomadas de pressão em um tubo inclinado como mostrado na Figura 3.17. A água a 50 °F está escoando através do tubo. A deflexão do mercúrio no manômetro é de 1 polegada. Determine a variação na pressão piezométrica e a coluna piezométrica entre os pontos 1 e 2.

Defina a Situação

A água está fluindo em um tubo.

Propriedades:

- Água (50 °F): Tabela A.5, $\gamma_{\text{água}} = 62{,}4\ \text{lbf/ft}^3$.
- Mercúrio: Tabela A.4, $\gamma_{\text{Hg}} = 847\ \text{lbf/ft}^3$.

Estabeleça o Objetivo

Determinar:

- A variação na coluna piezométrica (ft) entre os pontos 1 e 2
- A variação na pressão piezométrica (psfg) entre 1 e 2

Tenha Ideias e Trace um Plano

1. Determinar a diferença na coluna piezométrica usando a Eq. (3.22).
2. Relacionar a coluna piezométrica à pressão piezométrica usando a Eq. (3.13).

Aja (Execute o Plano)

1. Diferença na coluna piezométrica:

$$h_1 - h_2 = \Delta h\left(\frac{\gamma_{\text{Hg}}}{\gamma_{\text{água}}} - 1\right) = \left(\frac{1}{12}\ \text{ft}\right)\left(\frac{847\ \text{lbf/ft}^3}{62{,}4\ \text{lbf/ft}^3} - 1\right)$$

$$= \boxed{1{,}05\ \text{ft}}$$

2. Pressão piezométrica:

$$p_z = h\gamma_{\text{água}}$$

$$= (1{,}05\ \text{ft})(62{,}4\ \text{lbf/ft}^3) = \boxed{65{,}5\ \text{psf}}$$

Resumo das Equações de Manômetros

Essas equações de manômetros estão resumidas na Tabela 3.2. Uma vez que as equações foram derivadas da equação hidrostática, elas possuem as mesmas hipóteses: densidade do fluido constante e condições hidrostáticas. O processo para aplicar as equações do manômetro é o que segue:

Etapa 1. Para medir a pressão em um ponto, selecione a Eq. (3.21). Para medir a variação de pressão ou de coluna entre dois pontos em um tubo, selecione a Eq. (3.22).

TABELA 3.2 Resumo das Equações de Manômetros

Descrição	Equação	Termos
Análise da pressão manométrica. Use essa equação para um manômetro que esteja sendo aplicado para medir a pressão manométrica (por exemplo, ver a Fig. 3.16).	$p_2 = p_1 + \sum_{\text{para baixo}} \gamma_i h_i - \sum_{\text{para cima}} \gamma_i h_i$ (3.21)	p_1 = pressão no ponto 1 (N/m²) p_2 = pressão no ponto 2 (N/m²) γ_i = peso específico do fluido i (N/m³) h_i = deflexão do fluido na perna i (m)
Análise da pressão diferencial. Use essa equação para um manômetro que esteja sendo aplicado para medir a pressão diferencial em um tubo com um fluido em escoamento (por exemplo, ver a Fig. 3.17).	$h_1 - h_2 = \Delta h\left(\frac{\gamma_B}{\gamma_A} - 1\right)$ (3.22)	$h_1 = p_1/\gamma_A + z_1$ = coluna piezométrica no ponto 1 (m) $h_2 = p_2/\gamma_A + z_2$ = coluna piezométrica no ponto 2 (m) Δh = deflexão do fluido do manômetro (m) γ_A = peso específico do fluido em escoamento (N/m³) γ_B = peso específico do fluido do manômetro (N/m³)

Etapa 2. Selecione os pontos 1 e 2 em posições onde você conheça as informações ou nas quais você queira determinar informações.

Etapa 3. Escreva a forma geral da equação do manômetro.

Etapa 4. Execute uma análise termo a termo.

O Transdutor de Pressão

Um **transdutor de pressão** (PT – *pressure transducer*) é um dispositivo que converte a pressão em um sinal elétrico. Por exemplo, a Figura 3.18 mostra um transdutor de pressão manométrica por deformação. Os transdutores de pressão possuem muitas vantagens, tais como:

- Em geral, os PTs possuem altos níveis de precisão quando comparados a outros dispositivos, como os manômetros tipo tubo de Bourdon e os manômetros tipo tubo U.
- Um PT pode ser usado para medir a pressão manométrica, pressão absoluta, pressão de vácuo ou pressão diferencial.
- A maioria dos PTs pode medir a pressão como uma função do tempo e pode ser aplicado para o registro de dados eletrônicos.
- Existe um PT disponível para quase todas as faixas de pressão que você possa querer medir.

Os transdutores de pressão também possuem desvantagens, tais como:

- Custos mais elevados.
- Tempos de configuração maiores, já que eles são mais complicados.
- Em geral, os PTs precisam ser calibrados e usados com cuidado.

3.4 A Força de Pressão sobre um Painel (Superfície Plana)

Muitos problemas exigem um cálculo da força de pressão sobre um painel. Deste modo, esta seção explica como realizar esse cálculo para dois casos:

- Uma distribuição de pressões *uniforme*
- Uma distribuição de pressões *hidrostática*

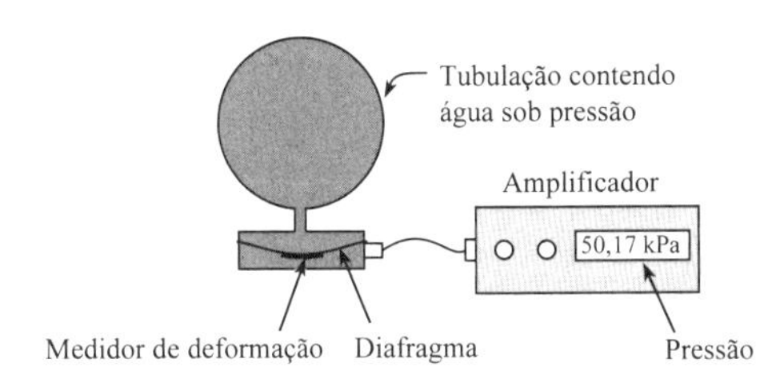

FIGURA 3.18
Um transdutor de pressão manométrica por deformação opera da seguinte maneira: (1) A pressão deforma um diafragma. (2) A deflexão do diafragma é sentida em um medidor de deformação. (3) A voltagem do medidor de deformação é amplificada e então convertida em um valor de pressão por meio de um *software*. (4) O valor da pressão é exibido.

FIGURA 3.19

Este exemplo mostra (a) uma distribuição de pressões uniforme, e (b) a força de pressão associada.

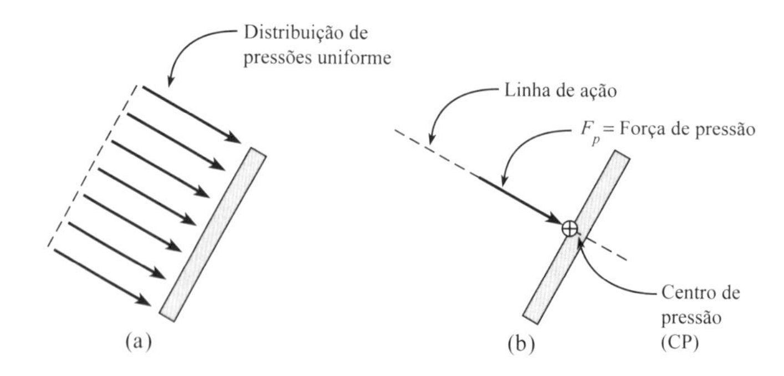

Um **painel** é qualquer superfície que seja plana ou que possa ser idealizada como se fosse plana (por exemplo, a face de uma barragem, uma superfície sobre a asa de um avião, ou a seção transversal dentro de um vaso de pressão).

A Distribuição de Pressões Uniforme

A Fig. 3.19 mostra uma distribuição de pressões uniforme e a força de pressão associada $\mathbf{F}_p$. O valor de F_p é calculado usando

$$F_p = pA \tag{3.23}$$

em que p é a *pressão manométrica* e A é a área de superfície do painel. A força de pressão atua em um ponto que é chamado o *centro de pressão* (CP). Para uma pressão uniforme, o CP está localizado no centroide (centro geométrico) do painel. A direção da força de pressão é normal ao painel. O raciocínio segundo o qual a Eq. (3.23) é verdadeira é o seguinte: (1) a força de pressão sobre *qualquer superfície* é dada por $\mathbf{F}_p = \int_A -p\,\mathbf{n}\,dA$. (2) Uma vez que a pressão é constante para uma distribuição de pressões uniforme, $\mathbf{F}_p = p\int_A -\mathbf{n}\,dA = pA(-\mathbf{n})$. **Conclusão:** A magnitude de $\mathbf{F}_p$ é $F_p = pA$. A direção de $\mathbf{F}_p$ é a direção ($-\mathbf{n}$). Assim, a Eq, (3.23) é verdadeira.

Alguns fatos úteis com relação às distribuições de pressões são apresentados na sequência.

- Uma distribuição de pressões uniforme é usada comumente para idealizar a distribuição de pressões por causa de um gás e a distribuição de pressões em função de um líquido quando um painel está na horizontal.
- A pressão manométrica (e não a pressão absoluta) é usada na Eq. (3.23), por causa da *regra da pressão manométrica*. Essa regra está explicada na Figura 3.20.
- Para analisar um vaso de pressão, aplique o *método do balanço de forças para um vaso de pressão*. Esse método está explicado na Figura 3.21.

FIGURA 3.20

Regra da pressão manométrica: Quando uma pressão atmosférica uniforme atua sobre um corpo, a integração dessa pressão ao longo da área mostra que a força de pressão resultante é igual a zero. Assim, use a pressão manométrica ao analisar a força de pressão.

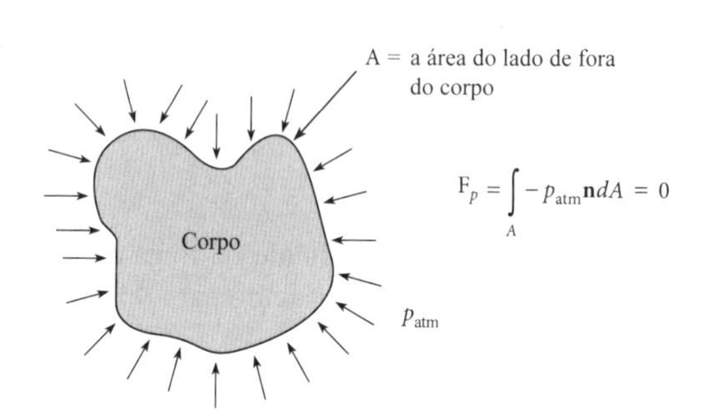

FIGURA 3.21

O **balanço de forças para um vaso de pressão** é um método para analisar a força (F_u) necessária para unir um vaso de pressão. Para derivar uma equação, adote os seguintes procedimentos: (1) Imagine cortar o tanque onde ele está unido. (2) Esboce um DCL da parte cortada do tanque. (3) Faça o balanço da força de pressão com a força de união para mostrar que $F_u = p_iA_u$.

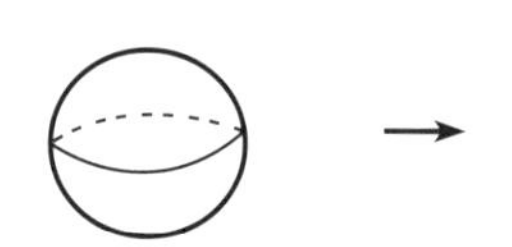

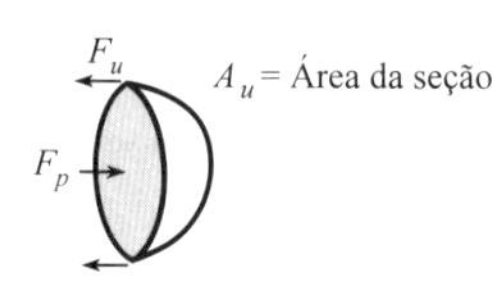

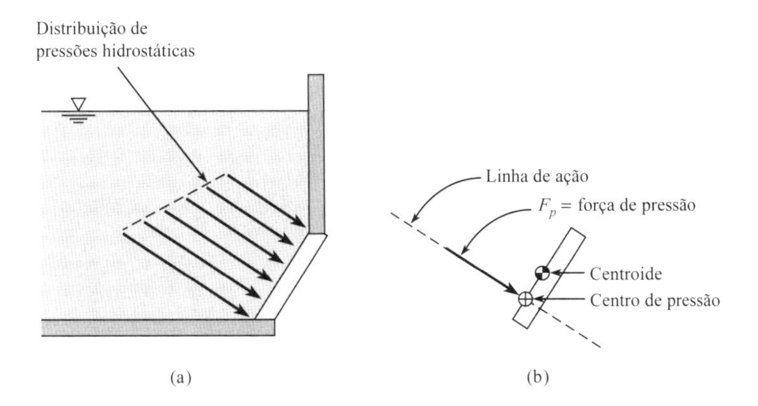

FIGURA 3.22

Um exemplo mostrando (a) uma distribuição de pressões hidrostática sobre um painel retangular, e (b) a força de pressão correspondente.

A Distribuição de Pressões Hidrostática

Uma **distribuição de pressões hidrostática** (Fig. 3.22) descreve a distribuição de pressões quando a pressão varia somente com a elevação z de acordo com $dp/dz = -\gamma$. Quando prevalecem condições hidrostáticas, qualquer painel que não seja horizontal estará sujeito a uma distribuição de pressões hidrostática.

Uma força de pressão atua em um ponto chamado de **centro de pressão**, que é calculado de modo que o torque devido à força de pressão seja exatamente o mesmo que o torque devido à distribuição de pressões. Em outras palavras, se você quiser substituir a distribuição de pressões por uma força estaticamente equivalente que atue em um ponto, o ponto correto é o centro de pressão. Neste livro, o símbolo para o CP é um círculo com um símbolo de mais no seu interior: ⊕.

O **centroide** de uma área pode ser considerado como o ponto de equilíbrio dessa área (ver a Fig. 3.23). Em geral, as equações para determinar o centroide são integrais, tais como $x_c = (\int x dA)/A$. Para formas comuns, as equações foram resolvidas e os engenheiros simplesmente consultam o valor. Neste livro, as fórmulas para o centroide são apresentadas no apêndice, Figura A.1.

Esboçando uma Distribuição de Pressões

Como engenheiro, você deve ser capaz de esboçar uma distribuição de pressões. A seguir, algumas diretrizes: (1) desenhe cada seta de modo que o seu comprimento represente a magnitude da pressão, (2) esboce a pressão manométrica, não a pressão absoluta, (3) desenhe cada seta de modo que ela seja normal à superfície, e (4) desenhe cada seta para representar compressão.

Teoria: Força Causada por uma Distribuição de Pressões Hidrostática

Em seguida, iremos mostrar como determinar a força sobre uma face de um painel que sofre a ação de uma distribuição de pressões hidrostática. Para começar, esboce um painel com forma aleatória que está submerso em um líquido (Fig. 3.24). A Linha AB é a vista em perfil de um painel. O plano do painel intercepta a superfície líquida horizontal no eixo 0-0 segundo um ângulo α. A distância do eixo 0-0 até o eixo horizontal através do centroide da área é dada por $\bar{y}$. A distância de 0-0 até a área diferencial dA é y.

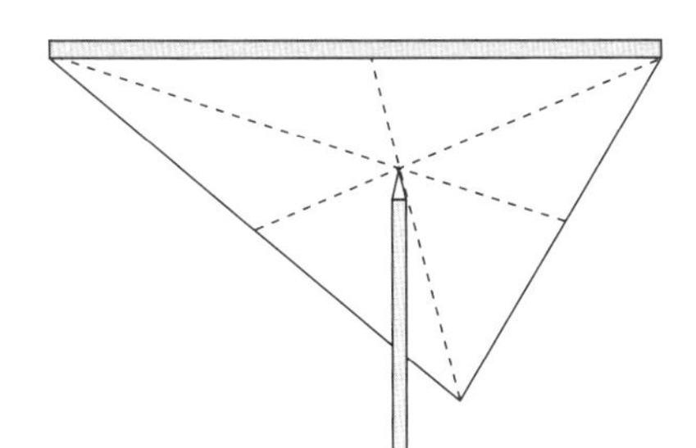

FIGURA 3.23

Um exemplo do *centroide* para um painel triangular. A ideia aqui é (1) imaginar a construção de um modelo do painel, então (2) o centroide será o ponto no qual o modelo ficaria equilibrado na extremidade de um lápis. Este exemplo assume que o modelo possui uma densidade uniforme, e que o campo gravitacional é uniforme.

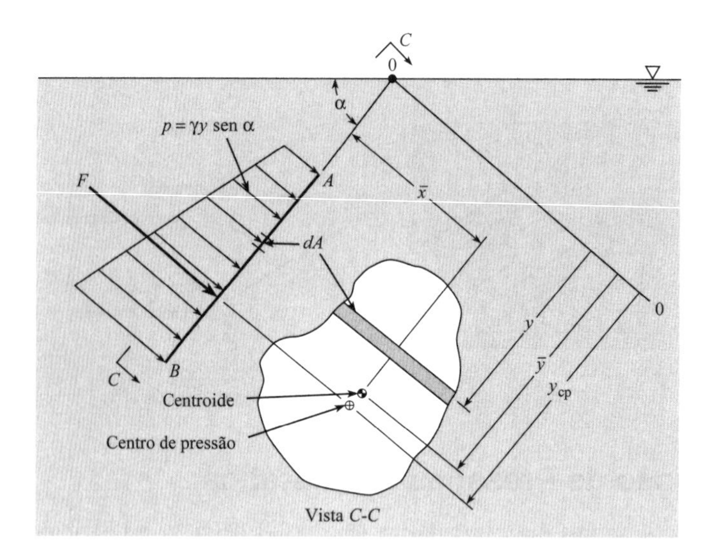

FIGURA 3.24
Distribuição da pressão hidrostática sobre uma superfície plana.

A força devido à pressão é dada por

$$F_p = \int_A p dA \tag{3.24}$$

Na Eq. (3.24), a pressão pode ser encontrada com a equação hidrostática:

$$p = -\gamma \Delta z = \gamma y \operatorname{sen} \alpha \tag{3.25}$$

Combine as Eqs. (3.24) e (3.25) para obter

$$F_p = \int_A p dA = \int_A \gamma y \operatorname{sen} \alpha \, dA = \gamma \operatorname{sen} \alpha \int_A y dA \tag{3.26}$$

Uma vez que a integral no lado direito da Eq. (3.26) é o primeiro momento da área, substitua a integral pelo seu equivalente, $\bar{y}A$. Portanto,

$$F_p = \gamma \bar{y} A \operatorname{sen} \alpha = (\gamma \bar{y} \operatorname{sen} \alpha) A \tag{3.27}$$

Aplique a equação hidrostática para mostrar que as variáveis dentro dos parênteses no lado direito de Eq. (3.27) são a pressão no centroide da área. Assim,

$$F_p = \bar{p} A \tag{3.28}$$

A Eq. (3.28) mostra que a força hidrostática sobre um painel com forma arbitrária (por exemplo, retangular, redondo, elíptico) é dada pelo produto da área do painel e pela pressão na elevação do centroide.

Teoria: O Centro de Pressão para uma Distribuição de Pressões Hidrostática

Esta subseção mostra como derivar uma equação para a localização vertical do CP. Para que o painel mostrado na Figura 3.24 esteja em equilíbrio de momento, o torque devido à força resultante F_p deve contrabalançar o torque devido a cada força diferencial:

$$y_{cp} F_p = \int y \, dF$$

Note que y_{cp} é a distância "*inclinada*" desde o centro de pressão até a superfície do líquido. O rótulo "inclinado" indica que a distância é medida no plano que passa através do painel. A força diferencial dF é dada por $dF = pdA$; portanto,

$$y_{cp} F = \int_A yp \, dA$$

Ainda, $p = \gamma y \text{ sen } \alpha$, tal que

$$y_{cp}F = \int_A \gamma y^2 \text{ sen } \alpha \, dA \quad (3.29)$$

Uma vez que γ e sen α são constantes,

$$y_{cp}F = \gamma \text{ sen } \alpha \int_A y^2 \, dA \quad (3.30)$$

A integral no lado direito da Eq. (3.30) é o segundo momento da área (chamado com frequência de momento de inércia da área). Esse será identificado como I_0. Contudo, para aplicações em Engenharia, é conveniente expressar o segundo momento em relação ao eixo centroidal horizontal da área. Dessa forma, pelo teorema dos eixos paralelos,

$$I_0 = \bar{I} + \bar{y}^2 A \quad (3.31)$$

Substituindo a Eq. (3.31) na Eq. (3.30), temos

$$y_{cp}F = \gamma \text{ sen } \alpha(\bar{I} + \bar{y}^2 A)$$

Contudo, a partir da Eq. (3.25), $F = \gamma \bar{y} \text{ sen } \alpha A$. Portanto,

$$y_{cp}(\gamma \bar{y} \text{ sen } \alpha A) = \gamma \text{ sen } \alpha(\bar{I} + \bar{y}^2 A) \quad (3.32)$$

$$y_{cp} = \bar{y} + \frac{\bar{I}}{\bar{y}A}$$

$$y_{cp} - \bar{y} = \frac{\bar{I}}{\bar{y}A} \quad (3.33)$$

Na Eq. (3.33), o momento de inércia da área $\bar{I}$ é tomado em relação a um eixo horizontal que passa através do centroide da área. Fórmulas para $\bar{I}$ estão apresentadas na Figura A.1. A distância inclinada $\bar{y}$ mede o comprimento desde a superfície do líquido até o centroide do painel ao longo de um eixo que está alinhado com a "inclinação do painel", como é mostrado na Figura 3.24.

A Eq. (3.33) mostra que o CP estará localizado abaixo do centroide. A distância entre o CP e o centroide depende da profundidade de submersão, que é caracterizada por $\bar{y}$, além da geometria do painel, que é caracterizada por $\bar{I}/A$.

Por causa das hipóteses nas derivações, as Eqs. (3.28) e (3.33) possuem várias limitações. Em primeiro lugar, elas se aplicam apenas a um único fluido com densidade constante. Em segundo lugar, a pressão na superfície do líquido precisa ser igual a $p = 0$ manométrica, para localizar corretamente o CP. Em terceiro lugar, a Eq. (3.33) fornece apenas a localização vertical do CP, não a localização lateral.

Equações Práticas para a Força sobre um Painel (Resumo)

Na Tabela 3.3, resumimos informações que são úteis para a aplicação das equações para um painel. Note que essa tabela fornece as equações, as variáveis e as principais hipóteses. Essas equações são aplicadas nos Exemplos 3.7 e 3.8.

EXEMPLO 3.7

Força Hidrostática por causa do Concreto

Enunciado do Problema

Determine a força que atua em um lado de uma forma de concreto com 2,44 m de altura e 1,22 m de largura (8 ft por 4 ft) que é usada para moldar uma parede de porão. O peso específico do concreto é 23,6 kN/m³ (150 lbf/ft³).

Defina a Situação

O concreto no estado líquido atua sobre uma superfície vertical. A parede vertical possui 2,44 m de altura e 1,22 m de largura.

Hipótese: O concreto fresco recentemente derramado pode ser representado como um líquido.

Propriedade: Concreto: $\gamma = 23,6$ kN/m³

Estabeleça o Objetivo

Determinar a força resultante (kN) que está atuando sobre a parede.

Trace um Plano

Aplicar a equação para um painel (3.28).

Solução

1. Equação para um painel:

$$F = \bar{p}A$$

2. Análise termo a termo:
   - $\bar{p}$ = pressão na profundidade do centroide

$$p = (\gamma_{\text{concreto}})(z_{\text{centroide}}) = (23,6\ \text{kN/m}^3)(2,44/2\ \text{m})$$
$$= 28,79\ \text{kPa}$$

   - A = área do painel

$$A = (2,44\ \text{m})(1,22\ \text{m}) = 2,977\ \text{m}^2$$

3. Força resultante:

$$F = \bar{p}A = (28,79\ \text{kPa})(2,977\ \text{m}^2) = \boxed{85,7\ \text{kN}}$$

TABELA 3.3 Resumo das Equações para um Painel

Finalidade da Equação	Equação	Variáveis
Estimar a magnitude da força hidrostática	$F_p = \bar{p}A$ (3.28)	F_p = força de pressão (N) $\bar{p}$ = pressão manométrica avaliada na profundidade do centroide (Pa) A = área de superfície da placa (m^2)
Calcular a localização do centro de pressão (CP)	$y_{cp} - \bar{y} = \dfrac{\bar{I}}{\bar{y}A}$ (3.33)	$(y_{cp} - \bar{y})$ = distância inclinada do centroide ao CP (m) $\bar{I}$ = momento de inércia da área do painel em torno do seu eixo centroidal (m^4; para as fórmulas, ver a Figura A.1 no apêndice) $\bar{y}$ = distância inclinada do centroide até a superfície do líquido (m)
Essa figura define as variáveis	$(y_{cp} - \bar{y})$ = distância inclinada entre o CP e o centroide (essa distância) $\bar{p}$ = pressão manométrica no centroide F_p $\bar{y}$ = distância inclinada entre o centroide e a superfície	
Verifique essas hipóteses	**1.** O problema envolve apenas um fluido. Esse fluido possui uma densidade constante. **2.** A distribuição de pressões é hidrostática. **3.** A pressão na superfície livre é zero manométrica. **4.** O painel é simétrico em relação a um eixo paralelo à distância inclinada.	

EXEMPLO 3.8

Força para Abrir uma Comporta Elíptica

Enunciado do Problema

Uma comporta elíptica cobre a extremidade de um tubo com 4 m de diâmetro. Se a comporta é articulada pela sua parte superior, qual força normal F é exigida para abrir a comporta quando a profundidade da água é de 8 m na parte de cima do tubo e o tubo está aberto para a atmosfera no seu outro lado? Despreze o peso da comporta.

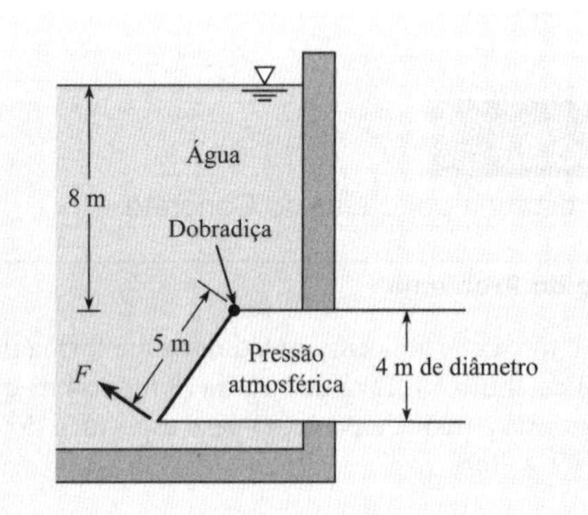

Defina a Situação

A pressão da água está atuando sobre uma comporta elíptica.

Propriedades: Água (10 °C): Tabela A.5, $\gamma = 9.810\ \text{N/m}^3$

Hipóteses:

1. Desprezar o peso da comporta.
2. Desprezar o atrito entre a parte inferior da comporta e a parede do tubo.

Estabeleça o Objetivo

F(N) ⬅ força necessária para abrir a comporta

Tenha Ideias e Trace um Plano

1. Calcular a força hidrostática resultante usando $F = \bar{p}A$.
2. Determinar a localização do centro de pressão usando a Eq. (3.33).
3. Esboçar um DCL da comporta.
4. Aplicar o equilíbrio de momento em torno da dobradiça.

Aja (Execute o Plano)

1. Força hidrostática (resultante):
   - $\bar{p}$ = pressão na profundidade do centroide

     $\bar{p} = (\gamma_{\text{água}})(z_{\text{centroide}}) = (9.810\ \text{N/m}^3)(10\ \text{m}) = 98{,}1\ \text{kPa}$
   - A = área do painel elíptico (usando a Fig. A.1 para determinar a fórmula)

$$A = \pi ab = \pi(2{,}5\ \text{m})(2\ \text{m}) = 15{,}71\ \text{m}^2$$

   - Calcular a força resultante:

     $F_p = \bar{y}A = (98{,}1\ \text{kPa})(15{,}71\ \text{m}^2) = 1{,}54\ \text{MN}$

2. Centro de pressão:
   - $\bar{y} = 12{,}5$ m, em que $\bar{y}$ é a distância inclinada da superfície da água até o centroide
   - Momento de inércia da área $\bar{I}$ de um painel elíptico usando uma fórmula da Figura A.1:

$$\bar{I} = \frac{\pi a^3 b}{4} = \frac{\pi(2{,}5\ \text{m})^3(2\ \text{m})}{4} = 24{,}54\ \text{m}^4$$

   - Determinando o centro de pressão:

$$y_{\text{cp}} - \bar{y} = \frac{\bar{I}}{\bar{y}A} = \frac{25{,}54\ \text{m}^4}{(12{,}5\ \text{m})(15{,}71\ \text{m}^2)} = 0{,}125\ \text{m}$$

3. DCL da comporta:

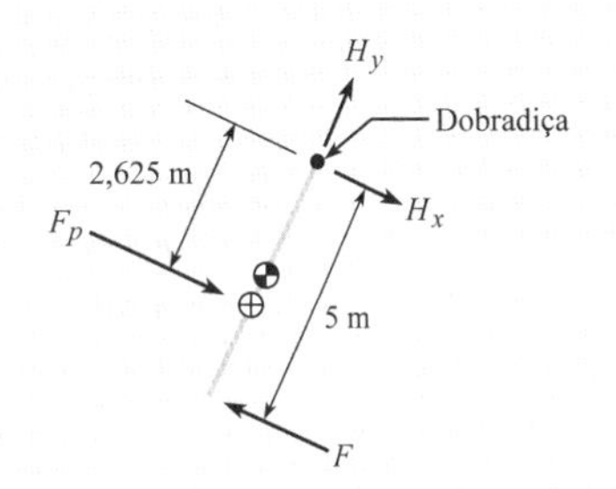

4. Equilíbrio do momento:

$$\sum M_{\text{dobradiça}} = 0$$

$$1{,}541 \times 10^6\ \text{N} \times 2{,}625\ \text{m} - F \times 5\ \text{m} = 0$$

$$F = \boxed{809\ \text{kN}}$$

3.5 Calculando a Força de Pressão sobre uma Superfície Curva

Como engenheiros, calculamos as forças de pressão sobre superfícies curvas quando estamos projetando componentes como tanques, tubulações e comportas curvas. Deste modo, esse tópico está descrito nesta seção.

Considere a superfície curva AB na Figura 3.25a. O objetivo é representar a distribuição de pressões com uma força resultante que passa pelo centro de pressão. Um procedimento consiste em integrar a força de pressão ao longo da superfície curva e determinar a força equivalente. Contudo, é mais fácil somar as forças para o corpo livre mostrado na parte superior da Figura 3.25b. O croqui inferior na Figura 3.25b mostra como a força que atua sobre a superfície curva se relaciona com a força F que atua sobre o corpo livre. Usando o DCL e somando as forças na direção horizontal, temos

$$F_x = F_{AC} \tag{3.34}$$

A linha de ação para a força F_{AC} é pelo centro de pressão para o lado AC.

A componente vertical da força equivalente é

$$F_y = W + F_{CB} \tag{3.35}$$

em que W é o peso do fluido no corpo livre e F_{CB} é a força sobre o lado CB.

A força F_{CB} atua por meio do centroide da superfície CB, enquanto o peso atua pelo centro de gravidade do corpo livre. A linha de ação para a força vertical pode ser encontrada somando os momentos em torno de qualquer eixo conveniente.

FIGURA 3.25

(a) Distribuição de pressões e a força equivalente. (b) Diagrama de corpo livre e o par de forças ação-reação.

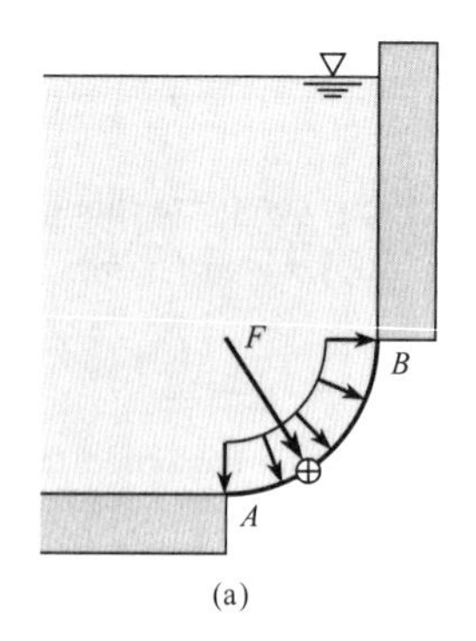

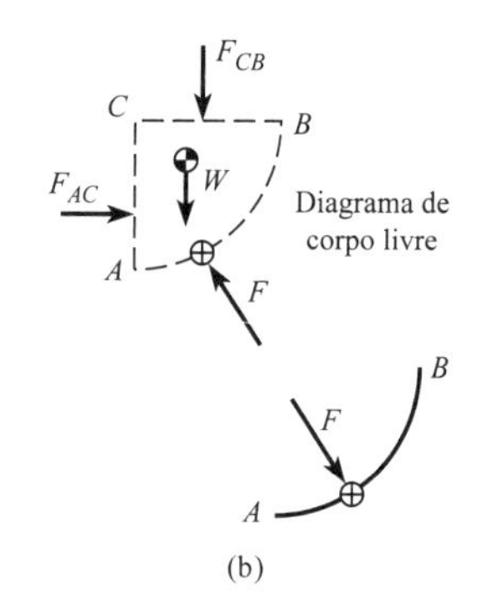

O Exemplo 3.9 ilustra como os problemas envolvendo superfícies curvas podem ser resolvidos com a aplicação de conceitos de equilíbrio juntamente com as equações para as forças sobre um painel.

A ideia central dessa seção é que as *forças sobre superfícies curvas podem ser encontradas com a aplicação de conceitos de equilíbrio aos sistemas compreendidos pelo fluido em contato com a superfície curva.* Note como os conceitos de equilíbrio são usados em cada uma das situações discutidas à frente.

FIGURA 3.26

Tanque esférico pressurizado mostrando as forças que atuam sobre o fluido dentro da região marcada.

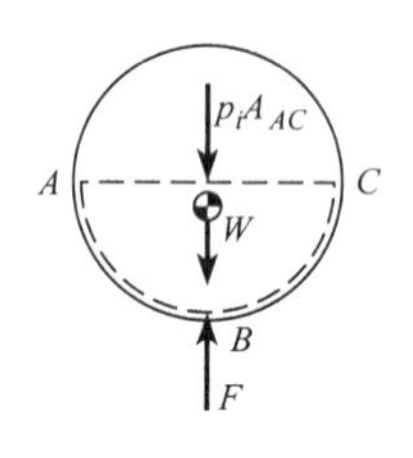

Considere uma esfera que contém um gás pressurizado até uma pressão manométrica p_i, como mostrado na Figura 3.26. As forças indicadas atuam sobre o fluido no volume ABC. Aplicando o princípio de equilíbrio na direção vertical, obtemos

$$F = p_i A_{AC} + W$$

Uma vez que o peso específico para um gás é bem pequeno, os engenheiros geralmente desprezam o peso do gás:

$$F = p_i A_{AC} \tag{3.36}$$

Outro exemplo consiste em determinar a força sobre uma superfície curva que está submersa em um reservatório de líquido, como mostrado na Figura 3.27a. Se a pressão atmosférica prevalece acima da superfície livre e pelo lado de fora da superfície AB, então a força causada pela pressão atmosférica se cancela, e o equilíbrio fornece

$$F = \gamma \forall_{ABCD} = W\downarrow \tag{3.37}$$

Assim, a força sobre a superfície AB é igual ao peso do líquido acima da superfície, e a seta indica que a força atua para baixo.

Agora, considere a situação em que a distribuição de pressões sobre uma superfície curva delgada vem do líquido que está por baixo dela, como mostrado na Figura 3.27b. Se a região acima da superfície, o volume *abcd*, estivesse preenchida com o mesmo líquido, então a pressão que atua em cada ponto da superfície superior de *ab* seria igual à pressão que atua sobre cada ponto na superfície inferior. Em outras palavras, não iria existir nenhuma força resultante sobre a superfície. Assim sendo, a força equivalente sobre a superfície *ab* é dada por

$$F = \gamma \forall_{abcd} = W\downarrow \tag{3.38}$$

em que W é o peso do líquido necessário para preencher um volume que se estende desde a superfície curva até a superfície livre do líquido.

FIGURA 3.27

Superfície curva com (a) líquido acima e (b) líquido abaixo. Em (a), as setas representam as forças que atuam sobre o líquido. Em (b), as setas representam a distribuição de pressões sobre a superfície *ab*.

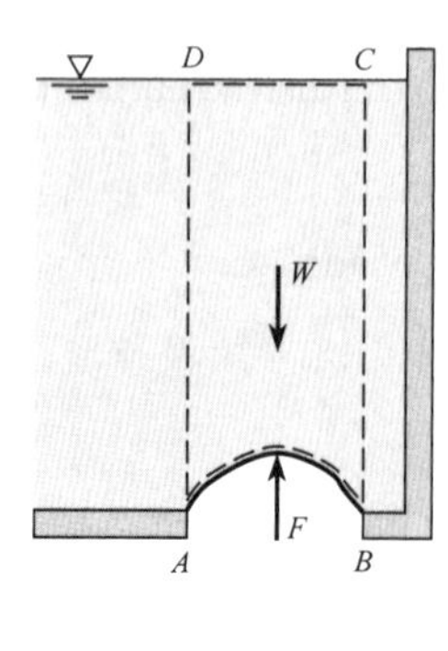

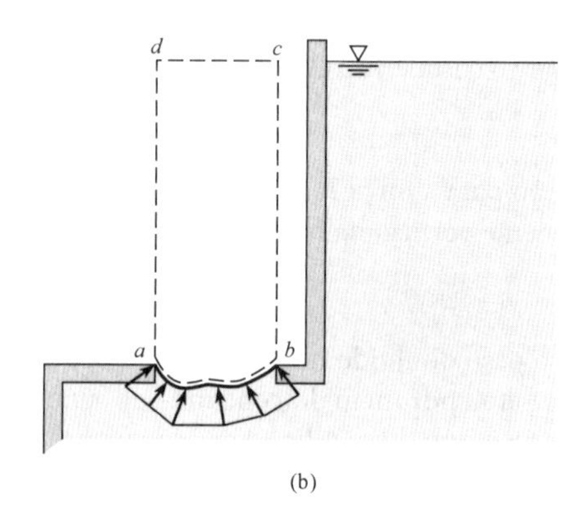

EXEMPLO 3.9

Força Hidrostática sobre uma Superfície Curva

Enunciado do Problema

A superfície *AB* é um arco circular com raio de 2 m e largura de 1 m para dentro do plano do papel. A distância *EB* é de 4 m. O fluido acima da superfície *AB* é a água, e a pressão atmosférica prevalece na superfície livre da água e pelo lado de baixo da superfície *AB*. Determine a magnitude e a linha de ação da força hidrostática que atua sobre a superfície *AB*.

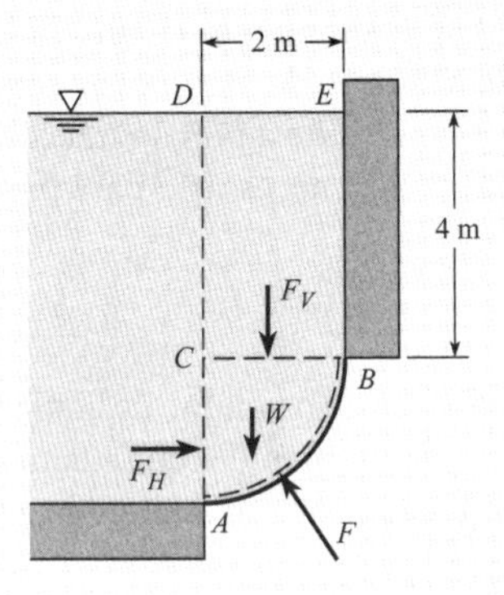

Defina a Situação

Situação: Um corpo de água está contido por uma superfície curva.

Propriedades: Água (10 °C): Tabela A.5, γ = 9.810 N/m³

Estabeleça o Objetivo

Determinar:

1. A força hidrostática (em newton) sobre a superfície curva *AB*
2. A linha de ação da força hidrostática

Tenha Ideias e Trace um Plano

Aplicar os conceitos de equilíbrio ao corpo de fluido *ABC*:

1. Determinar a componente horizontal de *F* pela aplicação da Eq. (3.34).
2. Determinar a componente vertical de *F* pela aplicação da Eq. (3.35).
3. Determinar a linha de ação de *F* descobrindo as linhas de ação das componentes e então usando uma solução gráfica.

Aja (Execute o Plano)

1. Força na direção horizontal:

$$F_x = F_H = \bar{p}A = (5\text{ m})(9.810\text{ N/m}^3)(2 \times 1\text{ m}^2)$$
$$= 98{,}1\text{ kN}$$

2. Força na direção vertical:
   - Força vertical no lado *CB*:

$$F_V = \bar{p}_0 A = 9{,}81\text{ kN/m}^3 \times 4\text{ m} \times 2\text{ m} \times 1\text{ m} = 78{,}5\text{ kN}$$

   - Peso da água no volume *ABC*:

$$W = \gamma \forall_{ABC} = (\gamma)(\tfrac{1}{4}\pi r^2)(w)$$
$$= (9{,}81\text{ kN/m}^3) \times (0{,}25 \times \pi \times 4\text{ m}^2)(1\text{ m}) = 30{,}8\text{ kN}$$

   - Somando forças:

$$F_y = W + F_V = 109{,}3\text{ kN}$$

3. Linha de ação (força horizontal):

$$y_{cp} = \bar{y} + \frac{\bar{I}}{\bar{y}A} = (5\text{ m}) + \left(\frac{1 \times 2^3/12}{5 \times 2 \times 1}\text{ m}\right)$$
$$y_{cp} = 5{,}067\text{ m}$$

4. A linha de ação (x_{cp}) para a força vertical é encontrada somando-se os momentos em torno do ponto *C*:

$$x_{cp}F_y = F_V \times 1\text{ m} + W \times \bar{x}_w$$

A distância horizontal do ponto *C* até o centroide da área *ABC* é encontrada usando a Figura A.1: $\bar{x}_w = 4r/3\pi = 0{,}849$ m. Assim,

$$x_{cp} = \frac{78{,}5\text{ kN} \times 1\text{ m} + 30{,}8\text{ kN} \times 0{,}849\text{ m}}{109{,}3\text{ kN}} = 0{,}957\text{ m}$$

5. A força resultante que atua sobre a superfície curva está mostrada na seguinte figura:

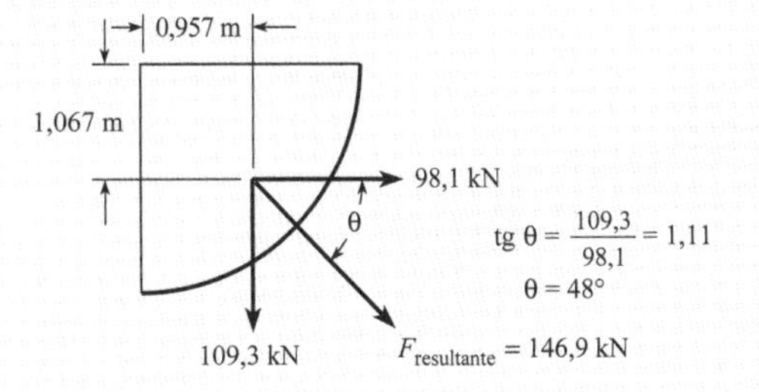

3.6 Calculando Forças de Empuxo

Os engenheiros calculam forças de empuxo para aplicar em projetos como de embarcações marítimas, transporte de sedimentos em rios, e de migração de peixes. As forças de empuxo são algumas vezes significativas em problemas que envolvem gases (por exemplo, para um balão meteorológico). Esta seção descreve como calcular a força de empuxo sobre um objeto.

Uma **força de empuxo** é definida como uma força para cima (em relação à força da gravidade) sobre um corpo que está total ou parcialmente submerso em um fluido, um gás ou em um líquido. As forças de empuxo são causadas por uma distribuição de pressões hidrostática.

FIGURA 3.28

Duas vistas de um corpo imerso em um líquido.

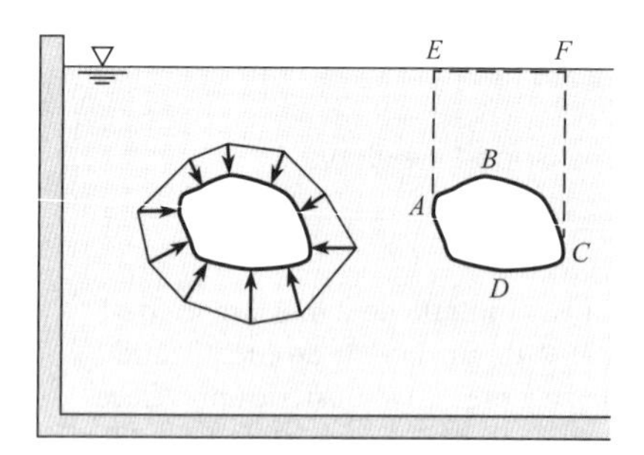

A Equação da Força de Empuxo

Para derivar uma equação, considere um corpo *ABCD* submerso em um líquido com peso específico γ (Fig. 3.28). O croqui acima mostra a distribuição de pressões atuando sobre o corpo. Como mostrado pela Eq. (3.38), as pressões que atuam sobre a porção inferior do corpo criam uma força para cima que é igual ao peso do líquido que é necessário para preencher o volume acima da superfície *ADC*. A força para cima é

$$F_{\text{para cima}} = \gamma(\forall_b + \forall_a)$$

em que $\forall_b$ é o volume do corpo (isto é, volume *ABCD*) e $\forall_a$ é o volume de líquido acima do corpo (isto é, volume *ABCFE*). Como mostrado pela Eq. (3.37), as pressões que atuam sobre a superfície superior do corpo criam uma força para baixo que é igual ao peso do líquido acima do corpo:

$$F_{\text{para baixo}} = \gamma\forall_a$$

Subtraindo a força para baixo da força para cima, obtém-se a força resultante ou força de empuxo F_E que atua sobre o corpo:

$$F_E = F_{\text{para cima}} - F_{\text{para baixo}} = \gamma\forall_b \qquad \textbf{(3.39)}$$

Dessa forma, a força resultante ou força de empuxo (F_E) é igual ao peso do líquido que seria necessário para ocupar o volume do corpo.

Considere um corpo que está flutuando como mostrado na Figura 3.29. A porção marcada do objeto possui um volume $\forall_D$. A pressão atua sobre a superfície curva *ADC*, causando uma força para cima igual ao peso do líquido que seria necessário para preencher o volume $\forall_D$. A força de empuxo é dada por

$$F_E = F_{\text{para cima}} = \gamma\forall_D \qquad \textbf{(3.40)}$$

Assim, a força de empuxo é igual ao peso do líquido que seria necessário para ocupar o volume $\forall_D$. Esse volume é chamado de volume deslocado. Uma comparação entre as Eqs. (3.39) e (3.40) mostra que pode ser escrita uma única equação para a força de empuxo:

$$F_E = \gamma\forall_D \qquad \textbf{(3.41a)}$$

Na Eq. (3.41a), $\forall_D$ é o volume que é deslocado pelo corpo. Se o corpo está totalmente submerso, o volume deslocado é o volume do corpo. Se um corpo está parcialmente submerso, o volume deslocado é a porção do volume que está submersa.

FIGURA 3.29

Um corpo parcialmente submerso em um líquido.

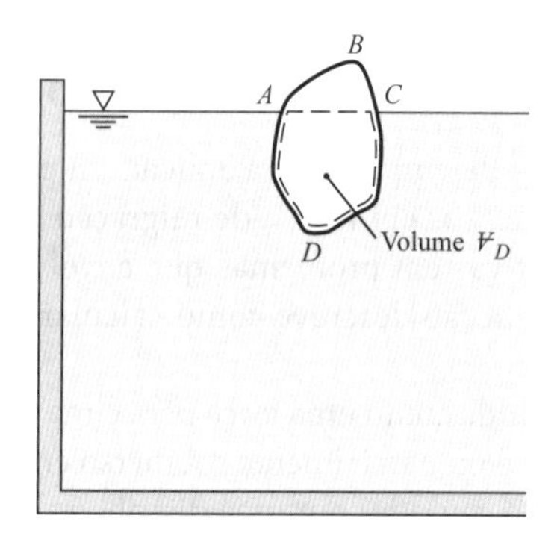

A Eq. (3.41b) é válida somente para um único fluido com densidade uniforme. O princípio geral do empuxo é denominado **princípio de Arquimedes**:

$$(\text{força de empuxo}) = F_E = (\text{peso do fluido deslocado}) \qquad (3.41b)$$

A força de empuxo atua em um ponto denominado centro de empuxo, que está localizado no centro de gravidade do fluido deslocado.

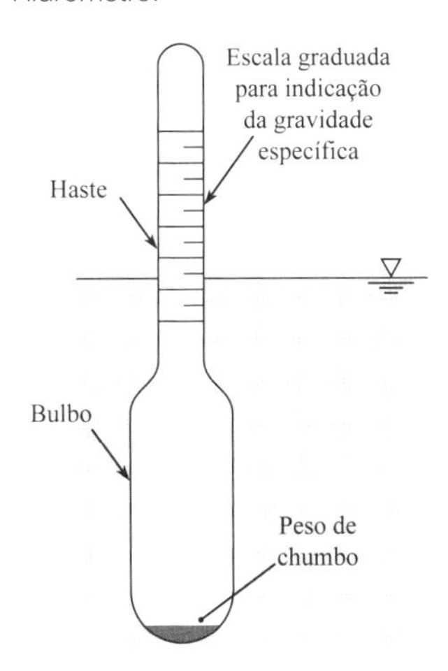

FIGURA 3.30
Hidrômetro.

O Hidrômetro

Um **hidrômetro** (Fig. 3.30) é um instrumento para medir a gravidade específica de líquidos. Ele é feito tipicamente de um bulbo de vidro que possui um peso em uma das extremidades, de modo que o hidrômetro flutua em uma posição vertical. Uma haste com diâmetro constante é marcada com uma escala, e o peso específico do líquido é determinado pela profundidade segundo a qual o hidrômetro flutua. O princípio de operação do hidrômetro é o empuxo. Em um líquido pesado (isto é, com alto γ), o hidrômetro irá flutuar em uma profundidade menor, uma vez que menos volume do líquido deve ser deslocado para contrabalançar o peso do hidrômetro. Em um líquido leve, o hidrômetro irá flutuar em uma profundidade maior.

EXEMPLO 3.10

Força de Empuxo sobre uma Peça Metálica

Enunciado do Problema

Uma peça metálica (objeto 2) está suspensa por um bloco de madeira flutuante (objeto 1) por meio de um fio delgado. O bloco de madeira possui uma gravidade específica $S_1 = 0{,}3$ e dimensões de 50 × 50 × 10 mm. A peça metálica possui um volume de 6600 mm³. Determine a massa m_2 da peça metálica e a tração T no fio.

Defina a Situação

Uma peça metálica está suspensa a partir de um bloco de madeira flutuante.

Propriedades:

- Água (15 °C): Tabela A.5, $\gamma = 9.800$ N/m³
- Madeira: $S_1 = 0{,}3$

Estabeleça o Objetivo

- Determinar a massa (em gramas) da peça metálica.
- Calcular a tração (em newton) no fio.

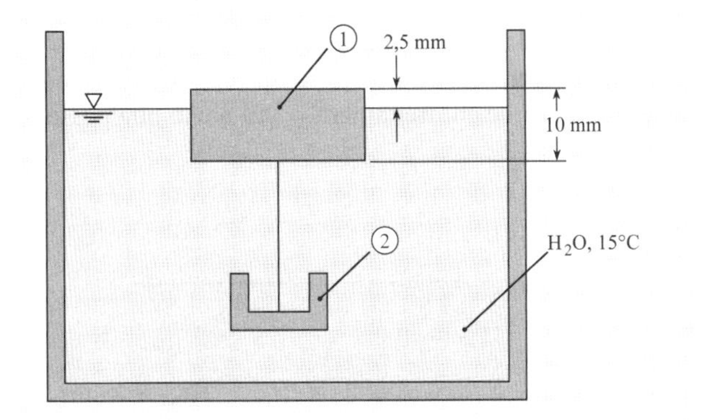

Tenha Ideias e Trace um Plano

1. Desenhar DCLs do bloco e da peça.
2. Aplicar equilíbrio ao bloco para determinar a tração.
3. Aplicar equilíbrio à peça para determinar o peso da peça.
4. Calcular a massa da peça metálica usando $W = mg$.

Aja (Execute o Plano)

1. DCLs:

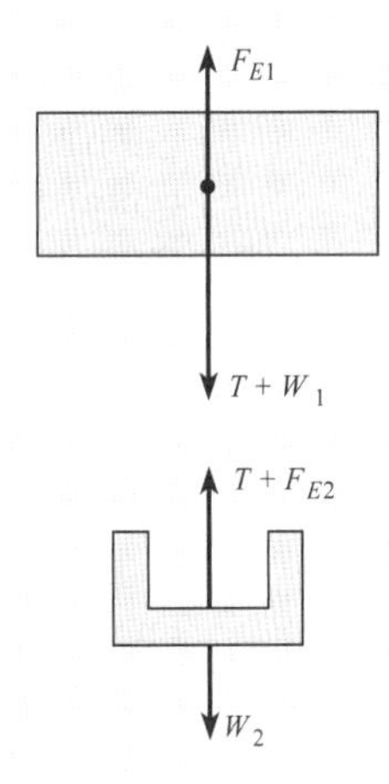

2. Equilíbrio de forças (direção vertical) aplicado ao bloco:

$$T = F_{E1} - W_1$$

- Força de empuxo $F_{E1} = \gamma \forall_{D1}$, em que $\forall_{D1}$ é o volume submerso:

$$\begin{aligned} F_{E1} &= \gamma \forall_{D1} \\ &= (9.800 \text{ N/m}^3)(50 \times 50 \times 7{,}5 \text{ mm}^3)(10^{-9} \text{ m}^3/\text{mm}^3) \\ &= 0{,}184 \text{ N} \end{aligned}$$

- Peso do bloco:

$$\begin{aligned} W_1 &= \gamma S_1 \forall_1 \\ &= (9.800 \text{ N/m}^3)(0{,}3)(50 \times 50 \times 10 \text{ mm}^3)(10^{-9} \text{ m}^3/\text{mm}^3) \\ &= 0{,}0735 \text{ N} \end{aligned}$$

- Tração no fio:

$$T = (0{,}184 - 0{,}0735) = 0{,}110 \text{ N}$$

3. Equilíbrio de forças (direção vertical) aplicado à peça metálica:
   - Força de empuxo:

$$F_{E2} = \gamma V_2 = (9.800 \text{ N/m}^3)(6.600 \text{ mm}^3)(10^{-9}) = 0{,}0647 \text{ N}$$

   - Equação do equilíbrio:

$$W_2 = T + F_{E2} = (0{,}110 \text{ N}) + (0{,}0647 \text{ N})$$

4. Massa da peça metálica:

$$m_2 = W_2/g = \boxed{17{,}8 \text{ g}}$$

Reveja a Solução e o Processo

Discussão. Note que a tração no fio (0,11 N) é menor do que o peso da peça metálica (0,18 N). Esse resultado está consistente com a observação comum de que um objeto pesará menos na água do que no ar.

Sugestão. Ao resolver problemas que envolvam o empuxo, desenhe um DCL.

3.7 Predizendo a Estabilidade de Corpos Imersos e Flutuantes

Os engenheiros precisam calcular se um objeto irá tombar ou permanecer em uma posição vertical quando for colocado em um líquido (por exemplo, para o projeto de navios e boias). Assim, essa estabilidade é apresentada nesta seção.

Corpos Imersos

Quando um corpo está completamente imerso em um líquido, a sua estabilidade depende das posições relativas do centro de gravidade do corpo e do centroide do volume de fluido deslocado, que é chamado de **centro de empuxo**, ou centro de flutuação. Se o centro de empuxo estiver acima do centro de gravidade (ver a Fig. 3.31a), qualquer inclinação do corpo irá produzir um par de endireitamento, e consequentemente o corpo será estável. Alternativamente, se o centro de gravidade estiver acima do centro de empuxo, qualquer inclinação irá produzir um momento de derrube, o que fará com que o corpo gire em 180° (ver a Fig. 3.31c). Se o centro de empuxo e o centro de gravidade forem coincidentes, o corpo será neutramente estável, isto é, ele irá carecer de uma tendência para se endireitar ou para girar (ver a Fig. 3.31b).

Corpos Flutuantes

A questão da estabilidade é mais complexa para os corpos flutuantes do que para os corpos imersos, uma vez que o centro de empuxo pode assumir diferentes posições em relação ao centro de gravidade, dependendo da forma do corpo e da posição na qual ele está flutuando. Por exemplo, considere a seção transversal de um navio, conforme mostrado na Figura 3.32a. Aqui, o centro de gravidade G está acima do centro de empuxo C. Portanto, a uma primeira vista, pareceria que o navio é instável e poderia tombar. Contudo, note a posição de C e G após o navio assumir um pequeno ângulo de inclinação. Como mostrado na Figura 3.32b, o centro de gravidade está na mesma posição, mas o centro de empuxo se moveu para fora do centro de gravidade, produzindo assim um momento de endireitamento. Um navio que possui essas características é estável.

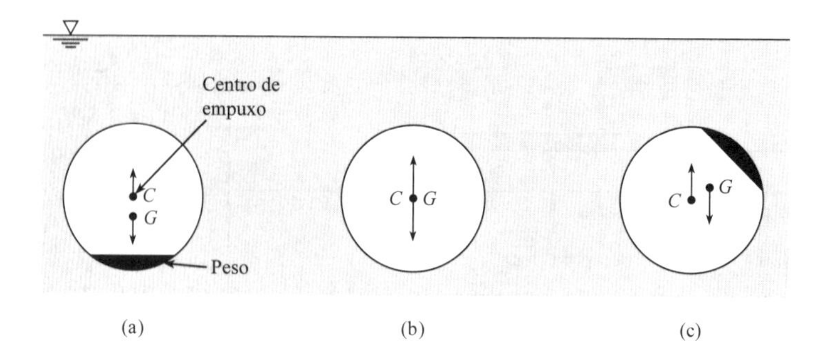

FIGURA 3.31
Condições de estabilidade para corpos imersos.
(a) Estável. (b) Neutro. (c) Instável.

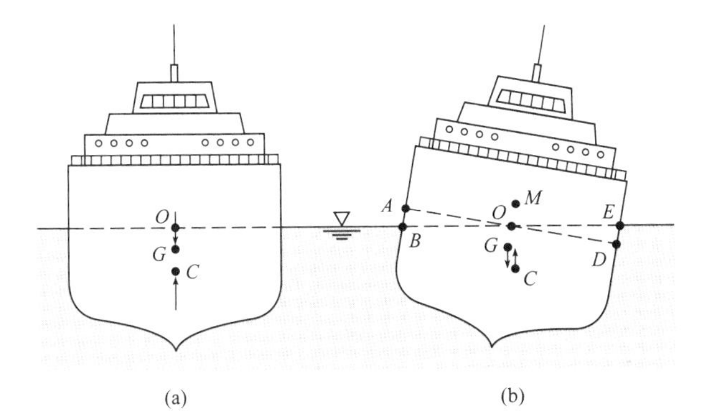

FIGURA 3.32

Relações de estabilidade para um navio.

A razão para a mudança no centro de empuxo para o navio é que parte do volume de empuxo original, como mostrado pela forma de cunha *AOB*, é transferido para um novo volume de empuxo *EOD*. Uma vez que o centro de empuxo está no centroide do volume deslocado, segue-se que, para esse caso, o centro de empuxo deve se mover lateralmente para a direita. O ponto de interseção das linhas de ação da força de empuxo antes e após a inclinação é chamado de *metacentro* (*M*), e a distância *GM* é chamada de *altura metacêntrica*. Se *GM* for positivo, isto é, se *M* estiver acima de *G*, o navio é estável; contudo, se *GM* for negativo, o navio será instável. As relações quantitativas envolvendo esses princípios básicos da estabilidade estão apresentadas no próximo parágrafo.

Considere o navio mostrado na Figura 3.33, que está submetido a um pequeno ângulo de inclinação α. Em primeiro lugar, vamos avaliar o deslocamento lateral do centro de empuxo, CC'; então, será fácil por trigonometria simples resolver para a altura metacêntrica *GM* ou avaliar o momento de endireitamento. Lembre-se de que o centro de empuxo está no centroide do volume deslocado. Portanto, vamos recorrer aos fundamentos dos centroides para avaliar o deslocamento CC'. A partir da definição do centroide de um volume,

$$\bar{x}\,\forall = \Sigma x_i \Delta \forall_i \tag{3.42}$$

em que $\bar{x} = CC'$, que é a distância do plano em torno do qual são tomados os momentos até o centroide de $\forall$; $\forall$ é o volume total deslocado; $\Delta\forall_i$ é o incremento em volume; e x_i é o braço do momento do incremento em volume.

Tome os momentos em torno do plano de simetria do navio. Lembre-se da mecânica de que os volumes à esquerda produzem momentos negativos, enquanto os volumes à direita produzem momentos positivos. Para o lado direito da Eq. (3.42), escreva os termos para o momento do volume submerso em torno do plano de simetria. Uma maneira conveniente de se fazer isso consiste em considerar o momento do volume antes da inclinação, subtrair o momento do volume representado pela cunha *AOB*, e adicionar o momento representado pela aresta *EOD*. De uma maneira geral, isso é dado pela seguinte equação:

$$\bar{x}\,\forall = \text{Momento de } \forall \text{ antes da inclinação} - \text{Momento de } \forall_{AOB} + \text{Momento de } \forall_{EOD} \tag{3.43}$$

Uma vez que o volume de empuxo original é simétrico em relação ao eixo *y*-*y*, o momento para o primeiro termo à direita é zero. Além disso, o sinal do momento de $\forall_{AOB}$ é negativo; portanto, quando esse momento negativo é subtraído do lado direito da Eq. (3.43), o resultado é

$$\bar{x}\,\forall = \sum x_i \Delta \forall_{iAOB} + \sum x_i \Delta \forall_{iEOD} \tag{3.44}$$

Agora, expressando a Eq. (3.44) em forma integral:

$$\bar{x}\,\forall = \int_{AOB} x\,d\forall + \int_{EOD} x\,d\forall \tag{3.45}$$

Contudo, pode ser visto da Figura 3.33b que $d\forall$ pode ser dado como o produto do comprimento do volume diferencial, $x \operatorname{tg} \alpha$, e da área diferencial, dA. Consequentemente, a Eq. (3.45) pode ser escrita como

$$\bar{x}\,\forall = \int_{AOB} x^2 \operatorname{tg} \alpha\, dA + \int_{EOD} x^2 \operatorname{tg} \alpha\, dA$$

FIGURA 3.33

(a) Uma vista em planta de um navio. (b) Seção A-A do navio.

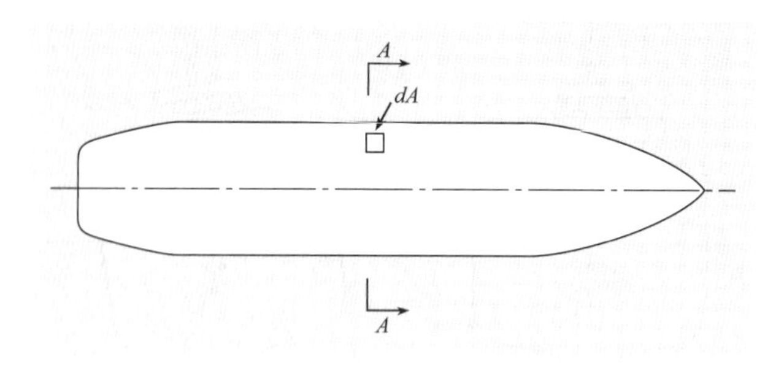

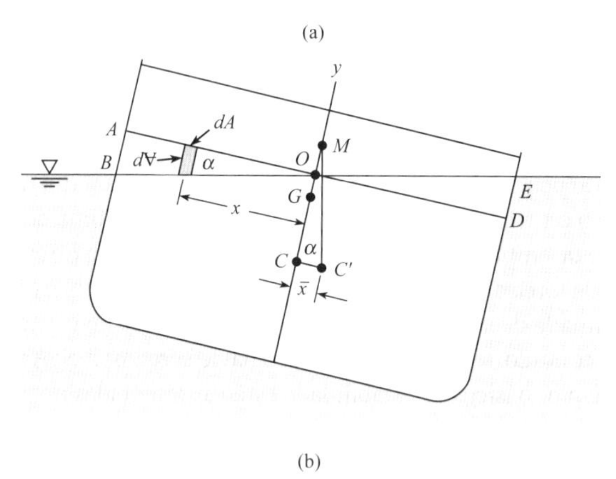

Aqui, tg α é uma constante em relação à integração. Além disso, uma vez que os dois termos no lado direito são idênticos, à exceção da área ao longo da qual a integração deve ser realizada, combine-os da seguinte maneira:

$$\bar{x}\,\forall = \text{tg}\,\alpha \int_{A_{\text{lâmina d'água}}} x^2\, dA \quad \text{(3.46)}$$

O segundo momento, ou o momento de inércia da área definida pela lâmina d'água, recebe o símbolo I_{00}, e o seguinte é obtido:

$$\bar{x}\,\forall = I_{00}\,\text{tg}\,\alpha$$

Em seguida, substitua $\bar{x}$ por CC' e resolva para CC':

$$CC' = \frac{I_{00}\,\text{tg}\,\alpha}{\forall}$$

A partir da Figura 3.33b,

$$CC' = CM\,\text{tg}\,\alpha$$

Assim, eliminando CC' e tg α, obtemos

$$CM = \frac{I_{00}}{\forall}$$

Contudo,

$$GM = CM - CG$$

Portanto, a *altura metacêntrica* é

$$GM = \frac{I_{00}}{\forall} - CG \quad \text{(3.47)}$$

A Eq. (3.47) é usada para determinar a estabilidade de corpos flutuantes. Como observado anteriormente, se GM for positivo, o corpo é estável; se GM for negativo, o corpo é instável.

Note que para pequenos ângulos de inclinação α, o momento de endireitamento ou momento de inclinação é dado por:

$$ME = \gamma \forall GM\alpha \quad (3.48)$$

Contudo, para grandes ângulos de inclinação, métodos diretos de cálculo baseados nesses mesmos princípios teriam que ser empregados para avaliar o momento de endireitamento ou de inclinação.

EXEMPLO 3.11

Estabilidade de um Bloco Flutuante

Enunciado do Problema

Um bloco de madeira com 30 cm de aresta em seção transversal quadrada e 60 cm de comprimento pesa 318 N. O bloco irá flutuar com os lados na vertical conforme mostrado?

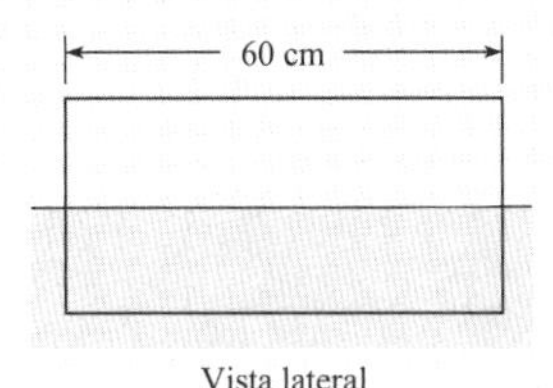

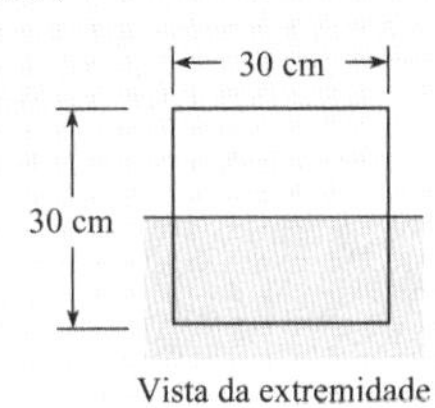

Defina a Situação

Um bloco de madeira está flutuando na água.

Estabeleça o Objetivo

Determinar a configuração estável do bloco de madeira.

Tenha Ideias e Trace um Plano

1. Aplicar o equilíbrio de forças para determinar a profundidade de submersão.
2. Determinar se o bloco é estável em torno do eixo maior aplicando a Eq. (3.47).
3. Se o bloco não for estável, repetir as etapas 1 e 2.

Aja (Execute o Plano)

1. Equilíbrio (direção vertical):

$$\sum F_y = 0$$

$$-\text{peso} + \text{força de empuxo} = 0$$

$$-318 \text{ N} + 9.810 \text{ N/m}^3 \times 0{,}30 \text{ m} \times 0{,}60 \text{ m} \times d = 0$$

$$d = 0{,}18 \text{ m} = 18 \text{ cm}$$

2. Estabilidade (eixo longitudinal):

$$GM = \frac{I_{00}}{\forall} - CG = \frac{\frac{1}{12} \times 60 \times 30^3}{18 \times 60 \times 30} - (15 - 9)$$
$$= 4{,}167 - 6 = -1{,}833 \text{ cm}$$

Uma vez que a altura metacêntrica é negativa, o bloco não é estável em torno do eixo longitudinal. Assim sendo, uma pequena perturbação irá fazer com que o bloco se incline para a orientação mostrada abaixo. Nota: os cálculos para determinar as dimensões (2,26 e 5,73 cm) não estão mostrados neste exemplo.

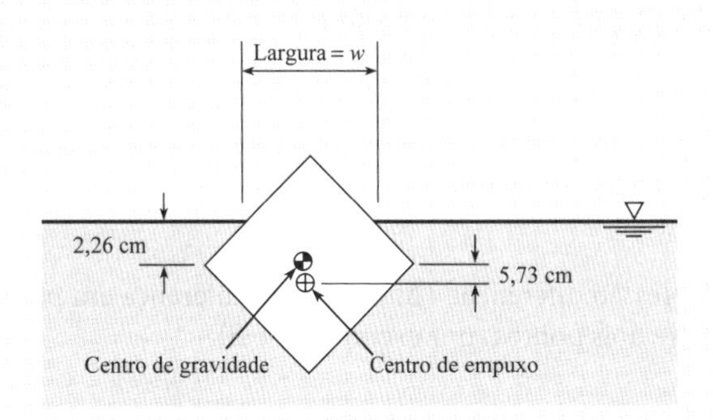

3. Equilíbrio (direção vertical):

$$-\text{peso} + \text{força de empuxo} = 0$$

$$-(318 \text{ N}) + (9810 \text{ N/m}^3)(\forall_D) = 0$$

$$\forall_D = 0{,}0324 \text{ m}^3$$

4. Determine a dimensão w:

(Volume deslocado) = (Volume do bloco) – (Volume acima da lâmina d'água)

$$\forall_D = 0{,}0324 \text{ m}^3 = (0{,}3^2)(0{,}6) \text{ m}^3 - \frac{w^2}{4}(0{,}6 \text{ m})$$

$$w = 0{,}379 \text{ m}$$

5. Momento de inércia na lâmina d'água:

$$I_{00} = \frac{bh^3}{12} = \frac{(0{,}6 \text{ m})(0{,}379 \text{ m})^3}{12} = 0{,}00273 \text{ m}^4$$

6. Altura metacêntrica:

$$GM = \frac{I_{00}}{\forall} - CG = \frac{0{,}00273 \text{ m}^4}{0{,}0324 \text{ m}^3} - 0{,}0573 \text{ m} = 0{,}027 \text{ m}$$

Uma vez que a altura metacêntrica é positiva, o bloco será estável nessa posição.

3.8 Resumindo Conhecimentos-Chave

Pressão

- A *pressão p* é a razão entre a (magnitude da força normal devido a um fluido) e a (área) em um ponto.
  - A pressão sempre atua para comprimir o material que está em contato com o fluido que exerce a pressão.
  - A pressão é um escalar, não um vetor.
- Os engenheiros expressam a pressão em termos de pressão manométrica, pressão absoluta, pressão de vácuo e pressão diferencial.
  - A pressão absoluta é medida em relação ao zero absoluto.
  - A pressão manométrica fornece a magnitude da pressão em relação à pressão atmosférica.

$$p_{\text{abs}} = p_{\text{atm}} + p_{\text{man}}$$

  - A pressão de vácuo fornece a magnitude da pressão abaixo da pressão atmosférica.

$$p_{\text{vácuo}} = p_{\text{atm}} - p_{\text{abs}}$$

  - A pressão diferencial (Δp) fornece a diferença em pressão entre dois pontos (por exemplo, A e B).

Equilíbrio Hidrostático

- Uma *condição hidrostática* significa que o peso de cada partícula de fluido está contrabalançado pela força de pressão resultante.
- O peso de um fluido causa um aumento da pressão com o aumento da profundidade, resultando na *equação diferencial hidrostática*. As equações que são usadas em hidrostática são derivadas dessa equação. A equação hidrostática diferencial é

$$\frac{dp}{dz} = -\gamma = -\rho g$$

- Se a densidade é constante, a equação diferencial hidrostática pode ser integrada para resultar na equação hidrostática. O significado (isto é, a física) da equação hidrostática é que a coluna piezométrica (ou pressão piezométrica) é constante em todo lugar em um corpo de fluido estático.

$$\frac{p}{\gamma} + z = \text{constante}$$

Distribuições de Pressões e Forças Devido à Pressão

- Um fluido em contato com uma superfície produz uma *distribuição de pressões*, que é uma descrição matemática ou visual de como a pressão varia ao longo da superfície.
- Uma distribuição de pressões é representada frequentemente como uma força estaticamente equivalente $\mathbf{F}_p$ que atua no *centro de pressão* (CP).
- Uma *distribuição de pressões uniforme* significa que a pressão é a mesma em todos os pontos sobre uma superfície. As distribuições de pressões devido a gases são tipicamente idealizadas como distribuições de pressões uniformes.
- Uma *distribuição de pressões hidrostática* significa que a pressão varia de acordo com $dp/dz = -\gamma$.

Força sobre uma Superfície Plana

- Para um painel que está sujeito a uma distribuição de pressões hidrostática, a força hidrostática é

$$F_p = \bar{p}A$$

- Essa força hidrostática
  - Atua *no* centroide da área para uma distribuição de pressões uniforme.
  - Atua *abaixo* do centroide da área para uma distribuição de pressões hidrostática. A distância inclinada entre o centro de pressão e o centroide da área é dada por

$$y_{\text{cp}} - \bar{y} = \frac{I}{\bar{y}A}$$

Forças Hidrostáticas sobre uma Superfície Curva

- Quando uma superfície é curva, a força de pressão pode ser determinada aplicando o equilíbrio de forças a um corpo livre compreendido pelo fluido em contato com a superfície.

A Força de Empuxo

- A *força de empuxo* é a força de pressão sobre um corpo que está parcial ou totalmente submerso em um fluido.
- A magnitude da força de empuxo é dada por

Força de empuxo = F_E = peso do fluido que foi deslocado

- O centro de empuxo está localizado no centro de gravidade do fluido deslocado. A direção da força de empuxo é oposta à do vetor gravidade.
- Quando a força de empuxo ocorre por causa de um único fluido com densidade constante, a magnitude da força de empuxo é

$$F_E = \gamma \forall_D$$

Estabilidade Hidrodinâmica

- Estabilidade hidrodinâmica significa que se um objeto é deslocado do equilíbrio, é porque existe um momento que faz com que o objeto volte ao equilíbrio.
- Os critérios para estabilidade são os seguintes:
  - *Objeto submerso.* O corpo é estável se o centro de gravidade está abaixo do centro de empuxo.
  - *Objeto flutuante.* O corpo é estável se a altura metacêntrica é positiva.

PROBLEMAS

Descrevendo a Pressão (§3.1)

3.1 Aplique o método da grade (§1.7) a cada situação.

a. Se a pressão é de 15 polegadas de água (vácuo), qual é a pressão manométrica em kPa?

b. Se a pressão é de 140 kPa abs, qual é a pressão manométrica em psi?

c. Se uma pressão manométrica é de 0,55 bar, qual é a pressão absoluta em psi?

d. Se a pressão sanguínea de uma pessoa é de 119 mm Hg manométrica, qual é a sua pressão sanguínea em kPa abs?

3.2 Uma esfera com 93 mm de diâmetro contém um gás ideal a 20 °C. Aplique o método da grade (§1.7) para calcular a densidade em unidades de kg/m^3.

a. O gás é hélio. A pressão manométrica é de 36 polegadas de H_2O.

b. O gás é metano. A pressão de vácuo é de 8,8 psi.

3.3 Para as perguntas abaixo, assuma uma pressão atmosférica-padrão.

a. Para uma pressão de vácuo de 43 kPa, qual é a pressão absoluta? E a pressão manométrica?

b. Para uma pressão de 15,6 psig, qual é a pressão em psia?

c. Para uma pressão de 190 kPa manométrica, qual é a pressão absoluta em kPa?

d. Forneça a pressão 100 psfg em psfa.

3.4 A pressão atmosférica local é de 91 kPa. Um manômetro em um tanque de oxigênio lê uma pressão de 250 kPa manométrica. Qual é a pressão no tanque em kPa abs?

3.5 A bancada de testes de manômetro mostrada na figura é usada para calibrar ou para testar manômetros de pressão. Quando os pesos e o pistão pesam em conjunto 132 N, o manômetro que está sendo testado indica 197 kPa. Se o diâmetro do pistão é de 30 mm, qual é a porcentagem de erro no manômetro?

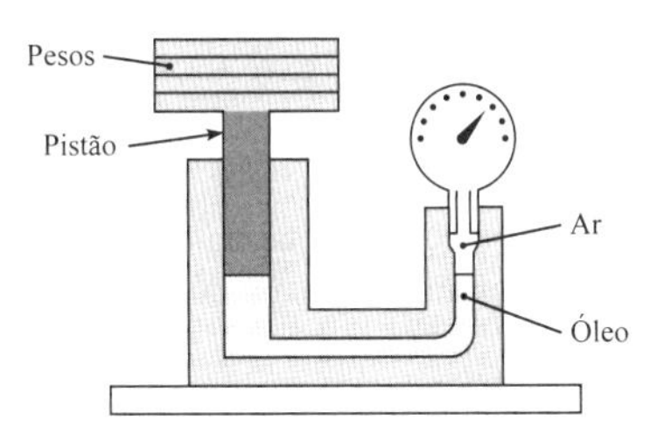

Problema 3.5

3.6 Como mostrado, um rato pode usar a vantagem mecânica provida por uma máquina hidráulica para levantar um elefante.

a. Derive uma equação algébrica que forneça a vantagem mecânica da máquina hidráulica mostrada. Assuma que os pistões não apresentam atrito e que as suas massas são desprezíveis.

b. Um rato pode possuir uma massa de 25 g, e um elefante uma massa de 7.500 kg. Determine um valor de D_1 e D_2 tal que o rato possa suportar o elefante.

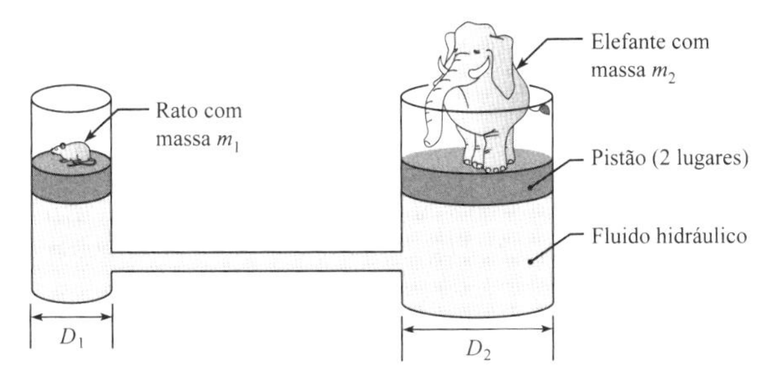

Problema 3.6

3.7 Encontre um automóvel estacionado para o qual você tenha informações sobre a pressão do pneu e o peso. Meça a área do pneu em contato com o asfalto. Em seguida, usando a informação do peso e a pressão do pneu, utilize os princípios da Engenharia para calcular a área de contato. Compare a sua medição com os cálculos e discuta os resultados.

A Equação Hidrostática (§3.2)

3.8 Para derivar a equação hidrostática, quais dentre os seguintes critérios devem ser assumidos? Selecione todos os itens que estiverem corretos:

a. O peso específico é constante.

b. O fluido não possui partículas carregadas.

c. O fluido está em equilíbrio.

3.9 Imagine dois tanques. O tanque A está preenchido até uma profundidade h com água. O tanque B está preenchido até a profundidade h com óleo. Qual tanque possui a maior pressão? Por quê? Onde no tanque ocorre a maior pressão?

3.10 Considere a Figura 3.11.

a. Qual fluido possui a maior densidade?

b. Se você plotar em um gráfico a pressão como uma função de z nesses dois líquidos em camadas, em qual fluido ela varia mais em relação a cada variação em z?

3.11 Aplique o método da grade (§1.7) com a equação hidrostática ($\Delta p = \gamma \Delta z$) a cada um dos seguintes casos:

a. Estime a variação na pressão Δp em kPa para uma variação na elevação Δz de 6,8 ft em um fluido com uma densidade de 90 lbm/ft^3.

b. Estime a variação na pressão em psf para um fluido com SG = 1,3 e uma variação na elevação de 22 m.

c. Estime a variação na pressão em polegadas de água para um fluido com uma densidade de 1,2 kg/m^3 e uma variação na elevação de 2500 ft.

d. Estime a variação na elevação em milímetros para um fluido com SG = 1,4 que corresponde a uma variação na pressão de 1/6 atm.

3.12 Usando §3.2 e outros recursos, responda às seguintes perguntas. Esforce-se para responder com profundidade, clareza e precisão, também combinando desenhos, palavras e equações, de forma a melhorar a efetividade da sua comunicação.

a. O que significa hidrostático? Como os engenheiros identificam se um fluido é hidrostático?

b. Quais são as formas comuns da equação hidrostática? As formas são equivalentes ou elas são diferentes?

c. O que é um *datum*? Como os engenheiros estabelecem um *datum*?

d. Quais são os principais conceitos da Eq. (3.10)? Isto é, qual é o significado dessa equação?

e. Quais hipóteses precisam ser satisfeitas para aplicar a equação hidrostática?

3.13 Aplique o método da grade a cada uma das seguintes situações:

a. Qual é a variação na pressão do ar em pascal entre o piso e o teto de uma sala com paredes que possuem 8 ft de altura?

b. Uma mergulhadora no oceano (SG = 1,03) registra uma pressão de 1,5 atm no seu medidor de profundidade. Qual é a sua profundidade?

c. Um caminhante começa uma trilha a uma elevação na qual a pressão do ar é de 960 mbar, e ele ascende 1.240 ft até o cume de uma montanha. Assumindo que a densidade do ar seja constante, qual é a pressão em mbar no cume da montanha?

d. O Lago Pend Oreille, no norte do estado de Idaho, nos Estados Unidos, é um dos lagos mais profundos no mundo, com uma profundidade de 370 m em alguns locais. Esse lago é usado como uma instalação de testes para submarinos. Qual é a maior pressão manométrica que um submarino poderia experimentar nesse lago?

e. Um tubo vertical com 55 m de altura, preenchido com água e aberto à atmosfera, é usado para alimentar água para o combate a incêndios. Qual é a maior pressão manométrica no tubo vertical?

3.14 Como mostrado, o espaço com ar acima de um longo tubo está pressurizado a 50 kPa de vácuo. A agua (20 °C) de um reservatório enche o tubo até uma altura h. Se a pressão no espaço com ar muda para 25 kPa de vácuo, o valor de h aumenta ou diminui, e em quanto? Assuma uma pressão atmosférica de 100 kPa.

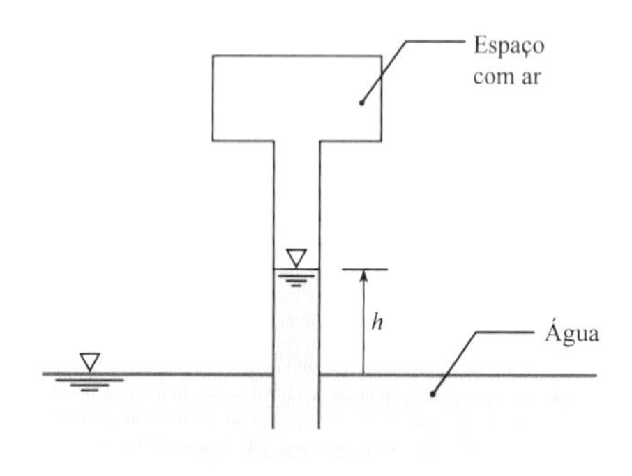

Problema 3.14

3.15 Um teste de campo é usado para medir a densidade do petróleo bruto recuperado durante uma operação de fraturamento hidráulico (*fracking*).* O petróleo bruto recuperado é misturado com salmoura. A mistura de óleo e salmoura é colocada em um tanque aberto e deixada para separar as fases. Após a separação, uma camada com 1,0 m de óleo flutua sobre 0,55 m de salmoura. A densidade da salmoura é de 1030 kg/m³, e a pressão no fundo do tanque é de 14 kPa man. Determine a densidade do óleo.

3.16 Para um tanque fechado com manômetros tipo tubo de Bourdon a ele fixados, qual é a gravidade específica do óleo e a leitura de pressão no manômetro C?

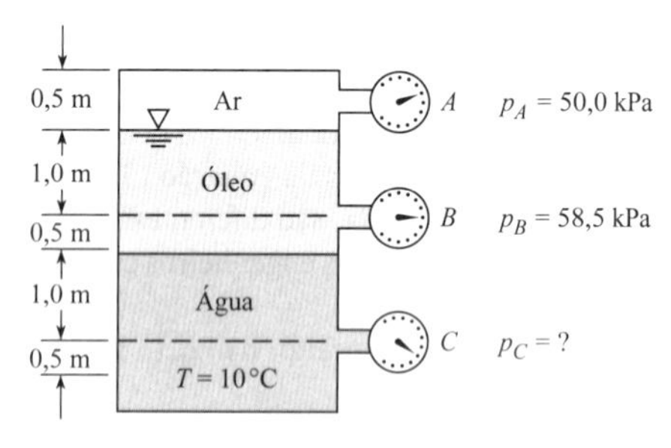

Problema 3.16

3.17 Este manômetro contém água à temperatura ambiente. O tubo de vidro à esquerda possui um diâmetro interno de 1 mm (d = 1,0 mm). O tubo de vidro à direita é três vezes maior. Para essas condições, o nível da superfície da água no tubo à esquerda será: (a) Maior do que o nível da superfície da água no tubo à direita? (b) Igual ao nível da superfície da água no tubo à direita? Ou (c) menor do que o nível da superfície da água no tubo à direita? Estabeleça a sua razão ou hipótese principal para essa escolha.

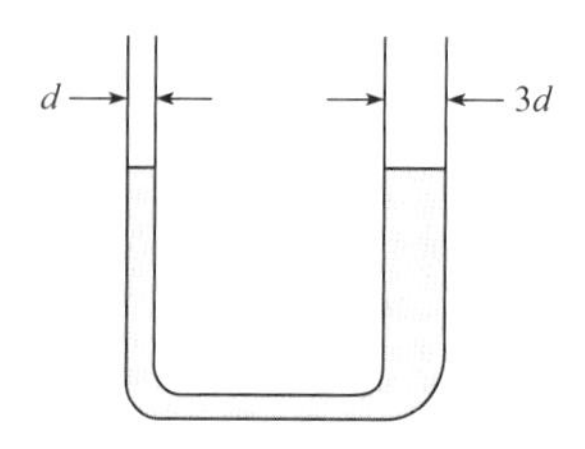

Problema 3.17

3.18 Se uma força F_1 de 390 N é aplicada ao pistão com 4 cm de diâmetro, qual é a magnitude da força F_2 que pode ser resistida pelo pistão com o diâmetro de 10 cm? Despreze os pesos dos pistões.

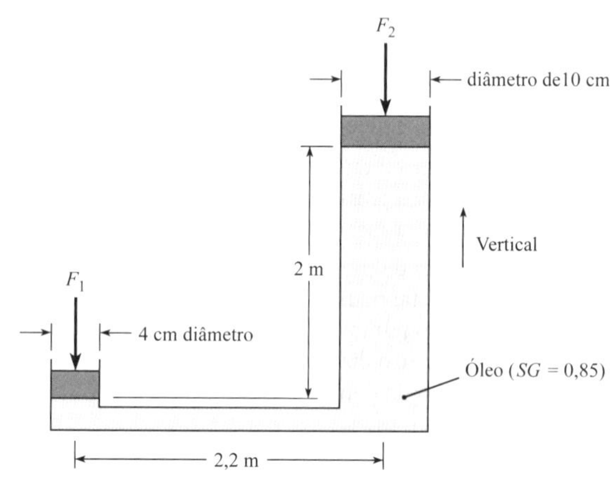

Problema 3.18

3.19 Em relação ao macaco hidráulico no Problema 3.18, quais conceitos foram usados para analisar o macaco? Selecione todos os que forem aplicáveis:

a. pressão = (força)(área)

b. a pressão aumenta linearmente com a profundidade em um fluido com uma densidade constante

c. a pressão no fundo da câmara com 4 cm é maior do que a pressão no fundo da câmara com 10 cm

d. quando um corpo está estacionário, a soma das forças sobre o corpo é zero

e. quando um corpo está estacionário, a soma dos momentos sobre o corpo é zero

f. pressão diferencial = (peso/volume)(variação na elevação)

3.20 Alguns mergulhadores livres (que não usam equipamento) chegam a uma profundidade de até 50 m. Qual é a pressão manométrica nessa profundidade na água doce, e qual é a razão entre a pressão absoluta nessa profundidade e a pressão atmosférica normal? Considere T = 20 °C.

3.21 A água ocupa o 1,2 m da parte inferior de um tanque cilíndrico. Sobre a água encontra-se 0,8 m de querosene, que está aberto à atmosfera. Se a temperatura é de 20 °C, qual é a pressão manométrica no fundo do tanque?

3.22 Um tanque com um manômetro fixado à sua lateral contém água a 20 °C. A pressão atmosférica é de 100 kPa. Existe uma válvula localizada a 1 m da superfície da água no manômetro. A válvula é

*Fraturamento hidráulico (ou fraturamento) é um método usado para a recuperação de gás e óleo. Ele cria fraturas nas rochas pela injeção a altas pressões, no interior das fissuras menores, de líquidos contendo aditivos particulados, forçando as fissuras a crescerem. As trincas maiores permitem que mais produtos de petróleo escoem através da formação até o poço. Um teste de densidade conforme aqui descrito poderia ser realizado para fazer uma determinação preliminar da composição aproximada do óleo. Após o fraturamento, a salmoura deve ser descartada.

fechada, prendendo o ar no interior do manômetro, e a água é adicionada ao tanque até o nível da válvula. Determine o aumento na elevação da água no manômetro assumindo que o ar no seu interior seja comprimido isotermicamente.

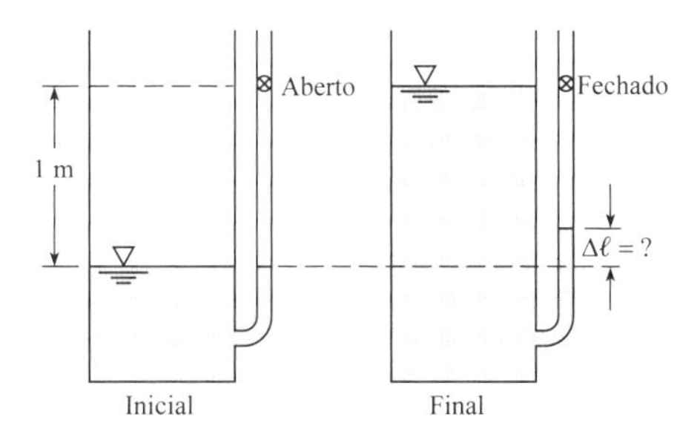

Problema 3.22

3.23 Um tanque está equipado com um manômetro na sua lateral, como mostrado. O líquido no fundo do tanque e no manômetro possui uma gravidade específica (SG) de 3,0. A profundidade desse líquido de fundo é 20 cm. Uma camada com 15 cm de água está por cima da camada inferior de líquido. Determine a posição da superfície do líquido no manômetro.

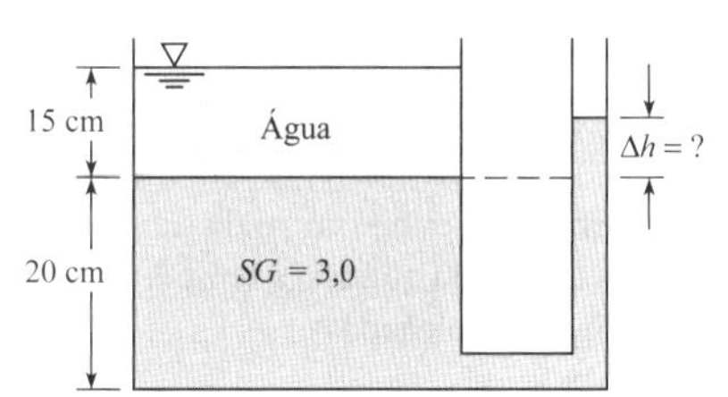

Problema 3.23

3.24 Como mostrado, um peso está sobre um pistão com diâmetro D_1. O pistão se desloca por sobre um reservatório de óleo com profundidade h_1 e gravidade específica SG. O reservatório está conectado a um tubo redondo com diâmetro D_2 e o óleo se eleva no tubo até uma altura h_2. O óleo no tubo está aberto para a atmosfera. Desenvolva uma equação para a altura h_2 em termos do peso W da carga e de outras variáveis relevantes. Despreze o peso do pistão.

3.25 Como mostrado, um peso com massa de 5 kg está sobre um pistão com diâmetro $D_1 = 120$ mm. O pistão se desloca por sobre um reservatório de óleo com profundidade $h_1 = 42$ mm e gravidade específica $SG = 0,8$. O reservatório está conectado a um tubo redondo com diâmetro $D_2 = 5$ mm, e o óleo se eleva no tubo até uma altura h_2. Determine h_2. Assuma que o óleo no tubo esteja aberto para a atmosfera e despreze o peso do pistão.

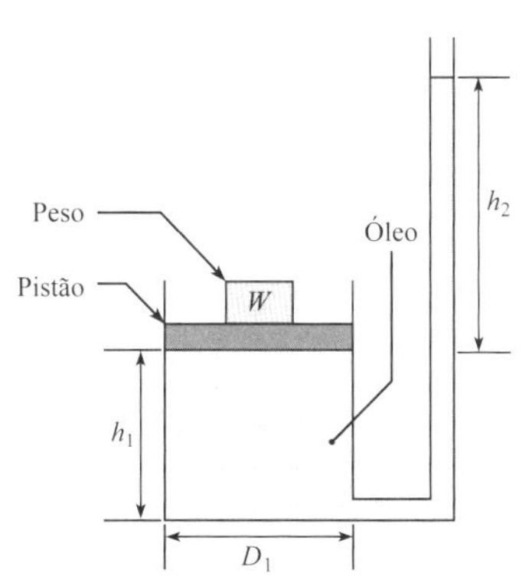

Problemas 3.24, 3.25

3.26 Qual é a pressão manométrica máxima no tanque com formato irregular mostrado na figura? Onde irá ocorrer a pressão máxima? Qual é a força de pressão que atua na parte superior (CD) da última câmara no lado direito do tanque? Assuma $T = 10$ °C.

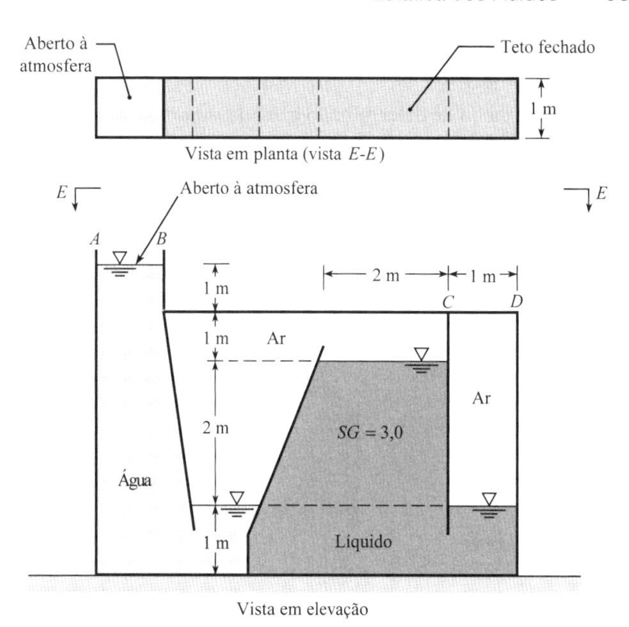

Problema 3.26

3.27 O tubo e a câmara de aço mostrados na figura pesam juntos 700 lbf. Qual força terá que ser exercida sobre a câmara por todos os parafusos para manter o conjunto no local? A dimensão ℓ é igual a 4 ft. *Nota:* Não existe nenhum fundo na câmara – apenas um flange aparafusado ao piso.

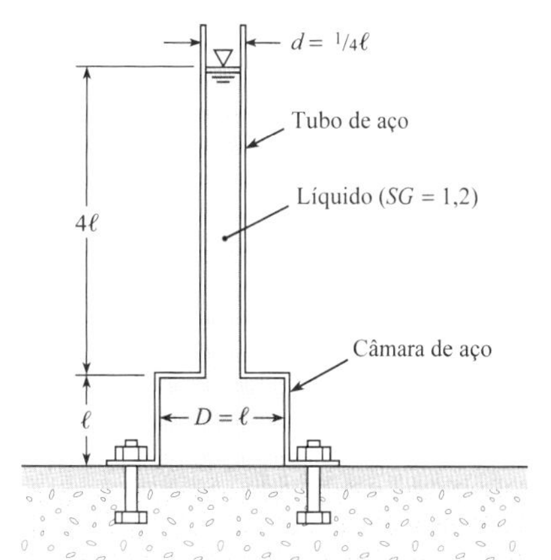

Problema 3.27

3.28 O pistão mostrado pesa 8 lbf. Na sua posição inicial, ele está impedido de se mover em direção ao fundo do cilindro por meio de um batente metálico. Assumindo que não existe atrito, tampouco vazamento entre o pistão e o cilindro, qual volume de óleo ($SG = 0,85$) teria que ser adicionado ao tubo de 1 polegada para fazer com que o pistão se elevasse 1 polegada da sua posição inicial?

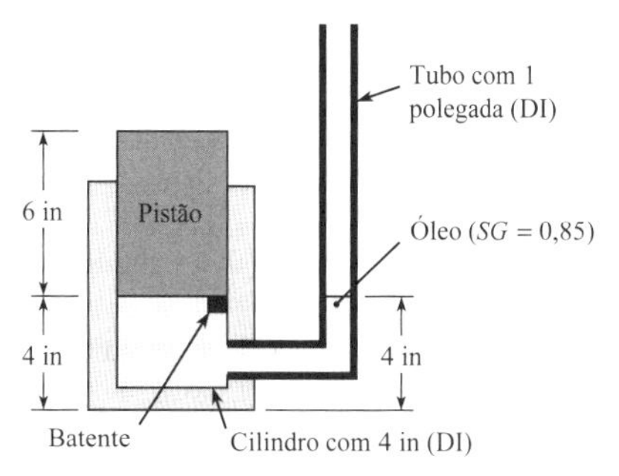

Problema 3.28

3.29 Considere uma bolha de ar subindo do fundo de um lago. Desprezando a tensão superficial, determine a razão entre a densidade do ar na bolha em uma profundidade de 34 ft e a sua densidade em uma profundidade de 8 ft.

3.30 Uma maneira de determinar o nível da superfície de um líquido em um tanque é pela descarga de uma pequena quantidade de ar através de um pequeno tubo, cuja extremidade está submersa no tanque, e a leitura da pressão no manômetro que está fixado ao tubo. A partir disso, o nível da superfície líquida no tanque pode ser calculado. Se a pressão no manômetro é de 15 kPa, qual é a profundidade *d* de líquido no tanque?

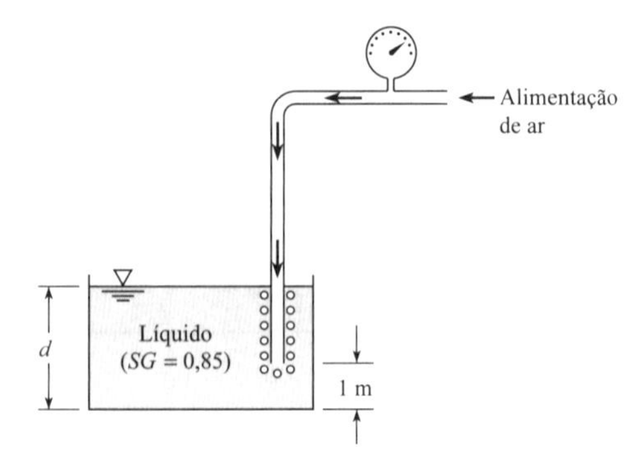

Problema 3.30

Medindo a Pressão (§3.3)

3.31 Associe os seguintes dispositivos de medição de pressão ao seu nome correto. Os nomes dos dispositivos são: barômetro, manômetro tipo Bourdon, piezômetro, manômetro e transdutor de pressão.

a. Um tubo em forma de U em que as mudanças na pressão causam mudanças na elevação relativa de um líquido que é geralmente mais denso que o fluido no sistema que está sendo medido; pode ser usado para medir vácuo.

b. Contém tipicamente um diafragma, um medidor de deformação e a conversão a um sinal elétrico.

c. Uma face redonda com uma escala para medir a deflexão de uma agulha, na qual a agulha é defletida por mudanças na extensão de um tubo oco em espiral.

d. Um tubo vertical no qual um líquido se eleva em resposta a uma pressão manométrica positiva.

e. Um instrumento usado para medir a pressão atmosférica; pode apresentar diferentes desenhos.

Aplicando as Equações de Manômetros (§3.3)

3.32 Qual é a maneira mais correta para descrever os dois termos de somatório (Σ) na equação do manômetro, Eq. (3.21)?

a. Adicione os "para baixo" e subtraia os "para cima".

b. Subtraia os "para baixo" e some os "para cima".

3.33 Como mostrado, um gás à pressão p_g eleva uma coluna de líquido até uma altura *h*. A pressão manométrica no gás é dada por $p_g = \gamma_{\text{líquido}}h$. Aplique o método da grade (§1.7) para cada uma das situações a seguir.

a. O manômetro usa um líquido com $SG = 1,4$. Calcule a pressão em psia para $h = 2,3$ ft.

b. O manômetro usa mercúrio. Calcule a elevação na coluna em mm para uma pressão manométrica de 0,5 atm.

c. O líquido possui uma densidade de 22 lbm/ft^3. Calcule a pressão em psfg para $h = 6$ polegadas.

d. O líquido possui uma densidade de 800 kg/m^3. Calcule a pressão manométrica em bar para $h = 2,3$ m.

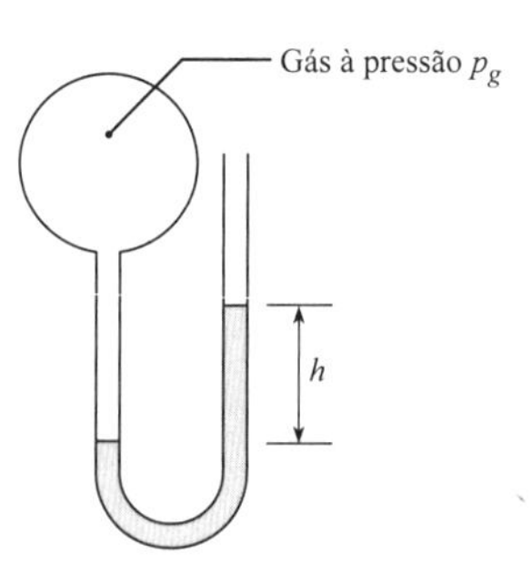

Problema 3.33

3.34 A pressão manométrica no centro do tubo é (a) negativa, (b) zero, ou (c) positiva? Despreze os efeitos da tensão superficial e explique a sua lógica.

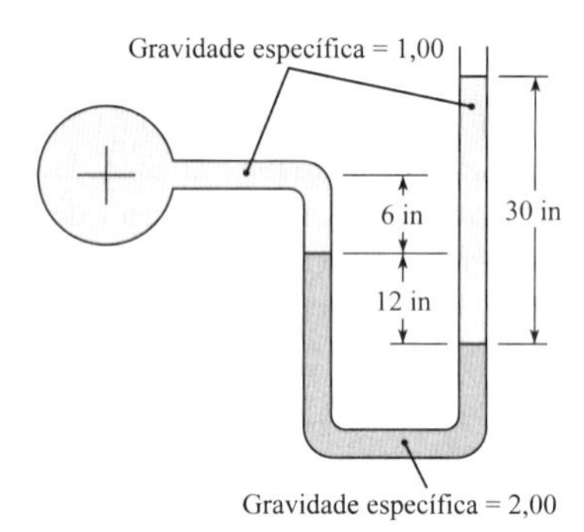

Problema 3.34

3.35 Determine a pressão manométrica no centro da tubulação (ponto *A*) em libras por polegada quadrada quando a temperatura é de 70 °F com $h_1 = 16$ polegadas e $h_2 = 2$ polegadas

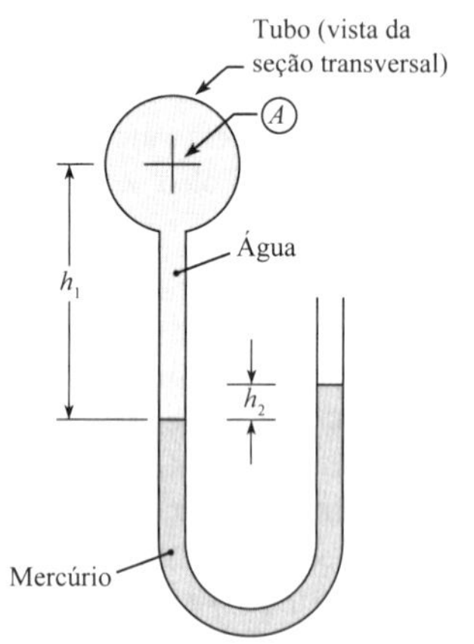

Problema 3.35

3.36 Considerando os efeitos da tensão superficial, estime a pressão manométrica no centro do tubo *A* para $h = 120$ mm e $T = 20$ °C.

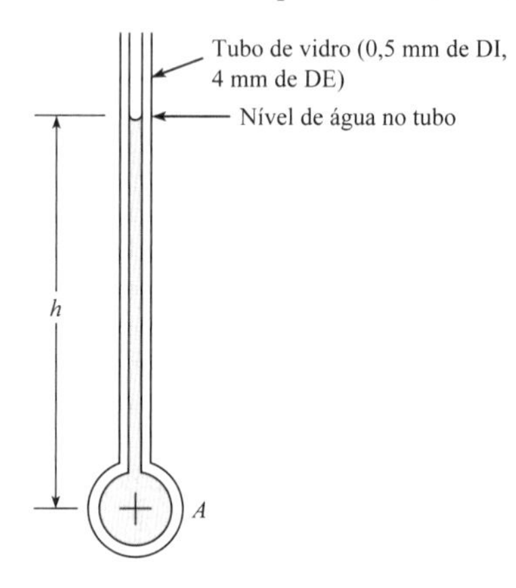

Problema 3.36

3.37 Qual é a pressão no centro do tubo B?

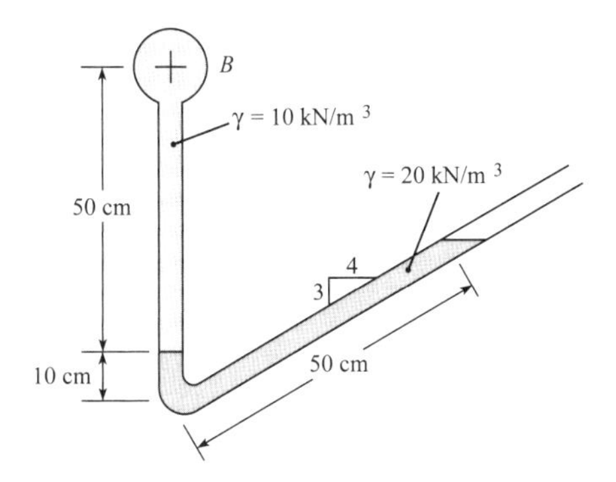

Problema 3.37

3.38 A razão entre o diâmetro do recipiente e o diâmetro do tubo é 8. Quando o ar no recipiente está à pressão atmosférica, a superfície livre no tubo está na posição 1. Quando o recipiente é pressurizado, o líquido no tubo se move 40 cm para cima, da posição 1 para a 2. Qual é a pressão no recipiente que causa essa deflexão? A densidade do líquido é 1.200 kg/m³.

3.39 A razão entre o diâmetro do recipiente e o diâmetro do tubo é 10. Quando o ar no recipiente está à pressão atmosférica, a superfície livre no tubo está na posição 1. Quando o recipiente é pressurizado, o líquido no tubo se move 3 ft para cima, da posição 1 para a posição 2. Qual é a pressão no recipiente que causa essa deflexão? O peso específico do líquido é 50 lbf/ft³.

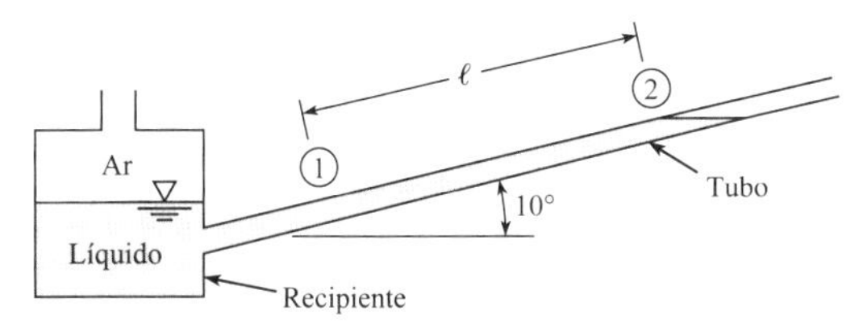

Problemas 3.38, 3.39

3.40 Determine a pressão manométrica no centro do tubo A em libras por polegada quadrada e em quilopascal.

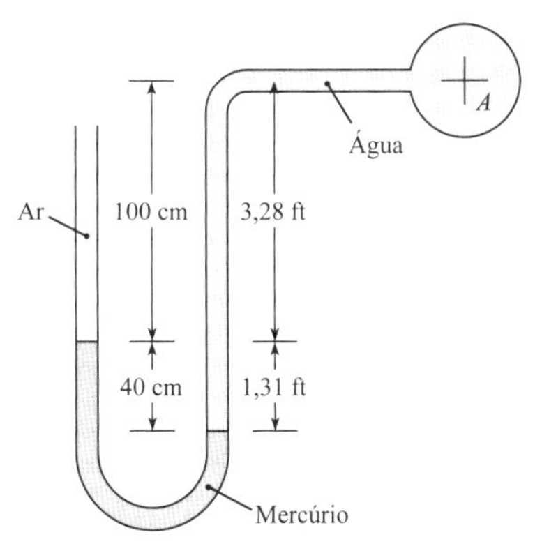

Problema 3.40

3.41 Um dispositivo para medição do peso específico de um líquido consiste em um manômetro tipo tubo em U, como mostrado. O tubo do manômetro possui um diâmetro interno de 0,5 cm e possui originalmente água no seu interior. Exatamente 2 cm³ de um líquido desconhecido é então derramado em uma das hastes do manômetro, e um deslocamento de 5 cm é medido entre as superfícies, como mostrado na figura. Qual é o peso específico do líquido desconhecido?

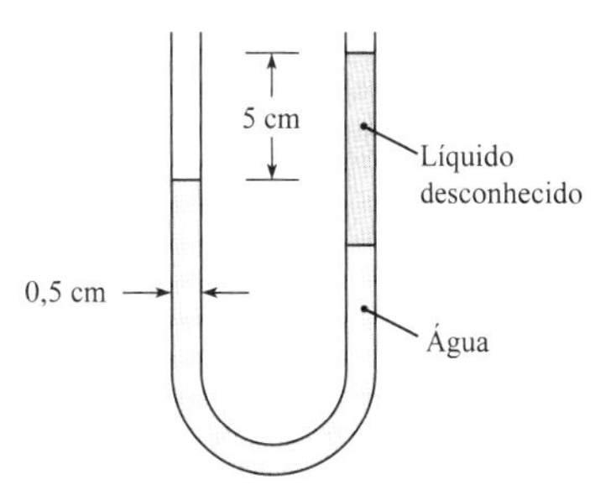

Problema 3.41

3.42 Conforme mostrado na figura, é colocado mercúrio no interior do tubo até que ele ocupe 375 mm do comprimento do tubo. Um volume igual de água é então derramado no interior da haste esquerda. Localize as superfícies da água e do mercúrio. Além disso, determine a pressão máxima no tubo.

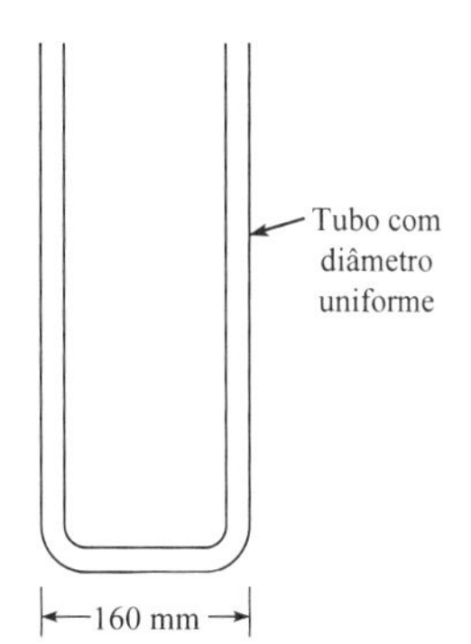

Problema 3.42

3.43 Determine a pressão no centro do tubo A, $T = 10$ °C.

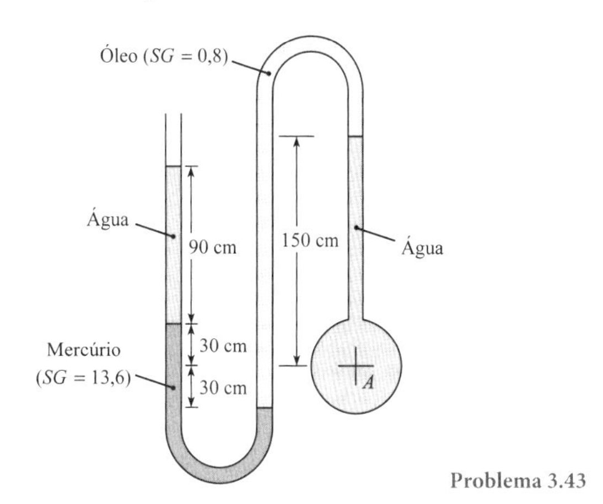

Problema 3.43

3.44 Determine (a) a diferença em pressão e (b) a diferença na coluna piezométrica entre os pontos A e B. As elevações z_A e z_B são 10 m e 11 m, respectivamente, $\ell_1 = 1$ m, e a deflexão do manômetro ℓ_2 é de 50 cm.

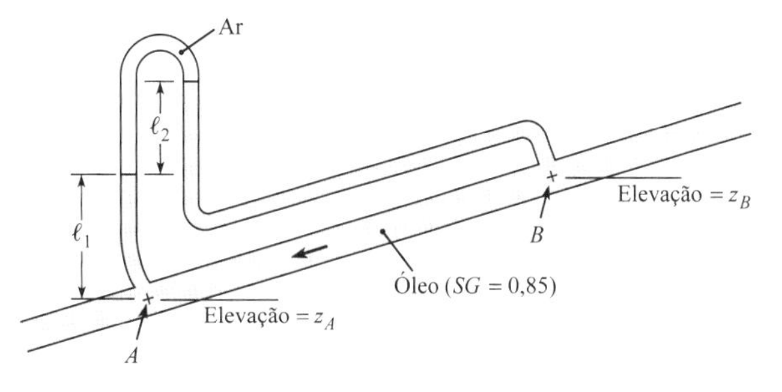

Problema 3.44

3.45 A deflexão no manômetro é de h metros quando a pressão no tanque é de 150 kPa absoluta. Se a pressão absoluta no tanque for dobrada, qual será a deflexão no manômetro?

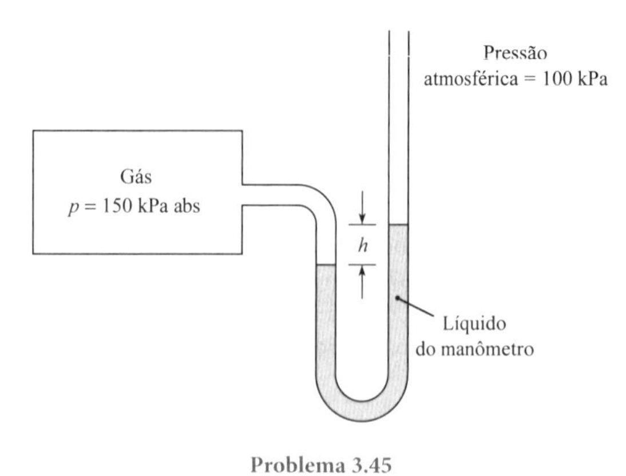

Problema 3.45

3.46 Um conduíte vertical está conduzindo óleo (SG = 0,95). Um manômetro diferencial de mercúrio está fixado ao conduíte nos pontos A e B. Determine a diferença na pressão entre A e B quando h = 3 polegadas. Qual é a diferença na coluna piezométrica entre A e B?

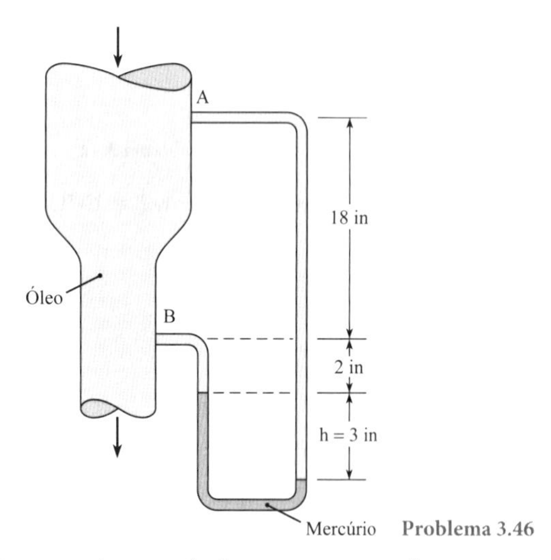

Problema 3.46

3.47 Dois manômetros de água estão conectados a um tanque de ar. Uma haste do manômetro está aberta a uma pressão de 100 kPa (absoluta), enquanto a outra haste está sujeita a 90 kPa. Determine a diferença na deflexão entre ambos os manômetros, $\Delta h_a - \Delta h_b$.

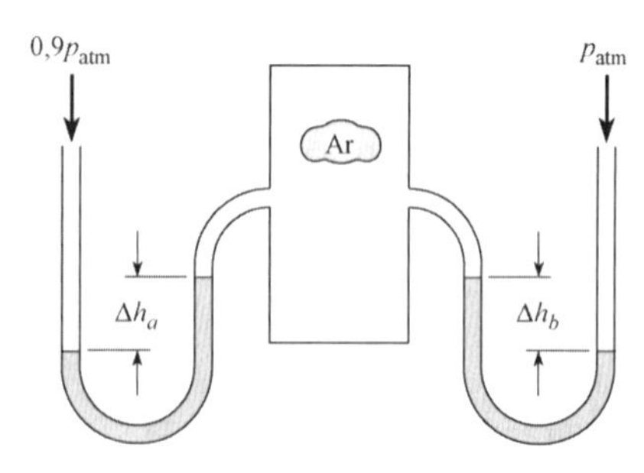

Problema 3.47

3.48 Uma nova balança para medir o peso de uma pessoa, em que a pessoa fica sobre um pistão conectado a um reservatório de água e a um tubo vertical, está mostrada no diagrama. O nível da água no tubo vertical deve ser calibrado para fornecer o peso da pessoa em libra-força. Quando a pessoa fica de pé sobre a balança, a altura da água no tubo vertical deve estar próxima ao nível da visão, de modo que a pessoa possa ler o resultado. Existe uma vedação ao redor do pistão que previne vazamentos, mas que não causa uma força de atrito significativa. A balança deve funcionar para pessoas que pesem entre 60 e 250 lbf e que tenham entre 4 e 6 pés de altura. Escolha o tamanho do pistão e o diâmetro do tubo vertical. Defina claramente as características do projeto que você considerou. Indique como você calibraria a escala no tubo vertical. A escala seria linear?

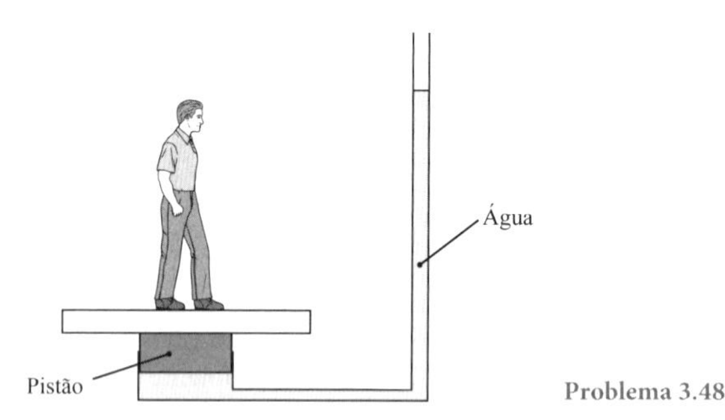

Problema 3.48

Forças de Pressão sobre Painéis (Superfícies Planas) (§3.4)

3.49 Usando §3.4 e outros recursos, responda às perguntas abaixo. Esforce-se para responder com profundidade, clareza e precisão, também combinando desenhos, palavras e equações de forma a melhorar a efetividade da sua comunicação.

a. Para condições hidrostáticas, como se parecem as distribuições de pressões típicas sobre um painel? Desenhe três exemplos que correspondam a diferentes situações.

b. O que é um centro de pressão (CP)? Qual é o centroide da área?

c. Na Eq. (3.28), o que significa $\bar{p}$? Que fatores influenciam o valor de $\bar{p}$?

d. Qual é a relação entre a distribuição de pressões sobre um painel e a força resultante?

e. Qual é a distância entre o CP e o centroide da área? Que fatores influenciam essa distância?

3.50 Parte 1. Considere a equação para a distância entre o CP e o centroide de um painel submerso (Eq. (3.33)). Naquela equação, y_{CP} é

a. a distância vertical da superfície da água até o CP.

b. a distância inclinada da superfície da água até o CP.

Parte 2. Considere a figura mostrada. Para o caso 1, a janela de visão plana na frente de um veículo de exploração submersível (submarino) se encontra a uma profundidade y_1. No caso 2, o submarino se moveu para uma maior profundidade no oceano, y_2. Como resultado desse aumento na profundidade geral do submarino e da sua janela, dizer se o espaçamento entre o CP e o centroide (a) aumentou, (b) permaneceu o mesmo, ou (c) diminuiu.

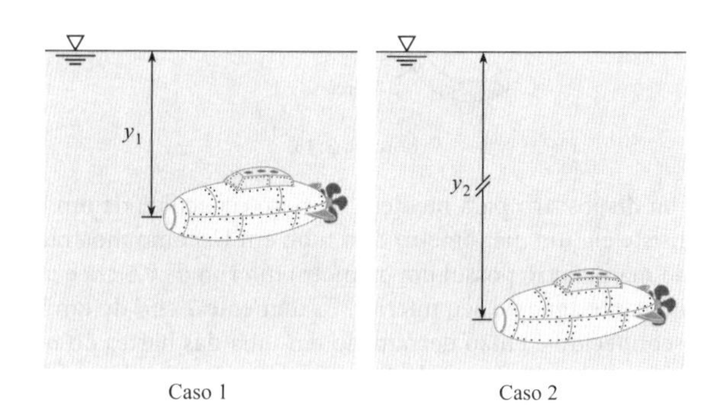

Problema 3.50

3.51 Quais dessas hipóteses e/ou limitações devem ser conhecidas ao usar a Eq. (3.33) para uma superfície submersa ou painel para calcular a distância entre o centroide do painel e o centro de pressão da força hidrostática (selecione todos que se apliquem):

a. A equação se aplica apenas a um único fluido com densidade constante.

b. A pressão na superfície deve ser $p = 0$ manométrica.

c. O painel deve estar na vertical.

d. A equação fornece apenas a localização vertical (na forma de uma distância inclinada) até o CP; não a distância lateral da aresta do corpo.

3.52 Dois tanques cilíndricos possuem áreas de fundo A e $4A$, respectivamente, e são preenchidos com água até as profundidades mostradas.

a. Qual tanque possui a maior pressão em seu fundo?

b. Qual tanque possui a maior força atuando para baixo na superfície circular do fundo?

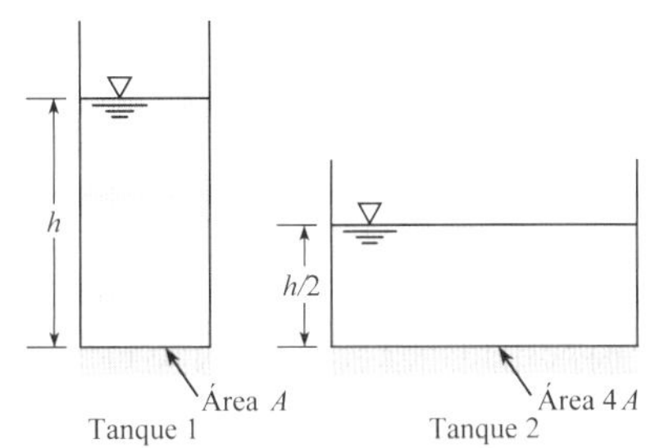

Problema 3.52

3.53 Qual é a força que atua sobre a comporta de um canal de irrigação se o canal e a comporta possuem 2 ft de largura, 2 ft de profundidade, e o canal está completamente cheio com água? Não existe água no outro lado da comporta. O clima tem estado quente há semanas, tal que a temperatura é de 70 °F.

3.54 Um canal de irrigação está cheio, com água parada ($V = 0$ m/s) ($T = 5$ °C), represada por uma comporta fechada. Tanto o canal quanto a comporta possuem 2 m de largura por 1,5 m de profundidade. Determine a força que atua sobre a comporta e o local do centro de pressão sobre ela, conforme medido a partir do fundo do canal. Não existe água no lado a jusante da comporta.

3.55 Considere as duas comportas retangulares mostradas na figura. Ambas possuem o mesmo tamanho, mas a comporta A é mantida no local por um eixo horizontal que passa através do seu ponto central, enquanto a comporta B está escorada a um eixo na sua parte superior. Agora, considere o torque T exigido para manter as comportas no local à medida que H aumenta. Marque a(s) afirmação(ões) válida(s): (a) T_A aumenta com H. (b) T_B aumenta com H. (c) T_A não varia com H. (d) T_B não varia com H.

3.56 Para a comporta A, escolha as afirmativas que são válidas: (a) A força hidrostática que atua sobre a comporta aumenta com o aumento de H. (b) A distância entre o CP e o centroide na comporta diminui com o aumento de H. (c) A distância entre o CP e o centroide na comporta permanece constante à medida que H aumenta. (d) O torque aplicado ao eixo para prevenir que a comporta gire deve ser aumentado à medida que H aumenta. (e) O torque aplicado ao eixo para prevenir que a comporta gire permanece constante com o aumento de H.

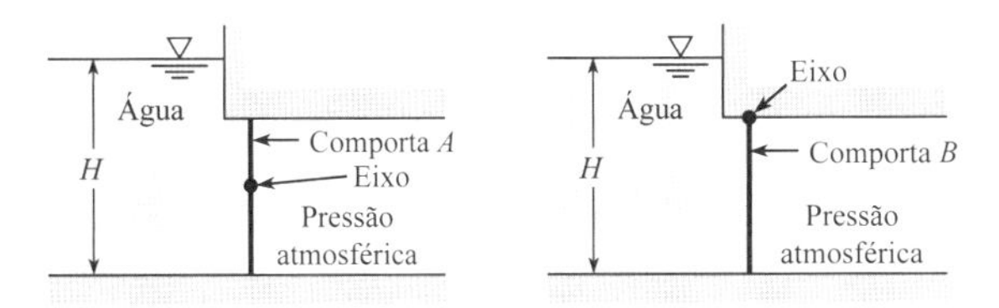

Problemas 3.55, 3.56

3.57 Como mostrado, a água (15 °C) está em contato com um painel quadrado; $d = 2{,}3$ m e $h = 2$ m.

a. Calcule a profundidade do centroide.

b. Calcule a força resultante sobre o painel.

c. Calcule a distância do centroide até o CP.

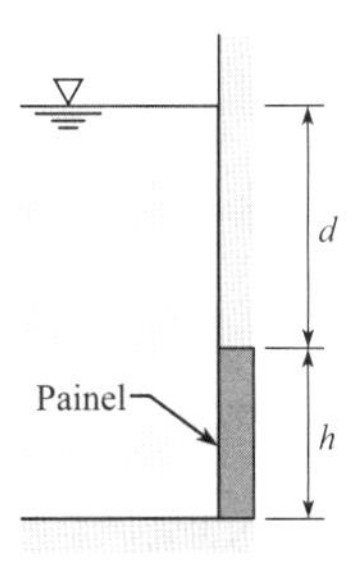

Problema 3.57

3.58 Como mostrado, uma janela de visão redonda com diâmetro $D = 0{,}8$ m está localizada em um grande tanque de água do mar ($SG = 1{,}03$). A parte superior da janela está 2,0 m abaixo da superfície da água, e a janela está em um ângulo de 60° em relação à horizontal. Determine a força hidrostática que atua sobre a janela, e localize o CP correspondente.

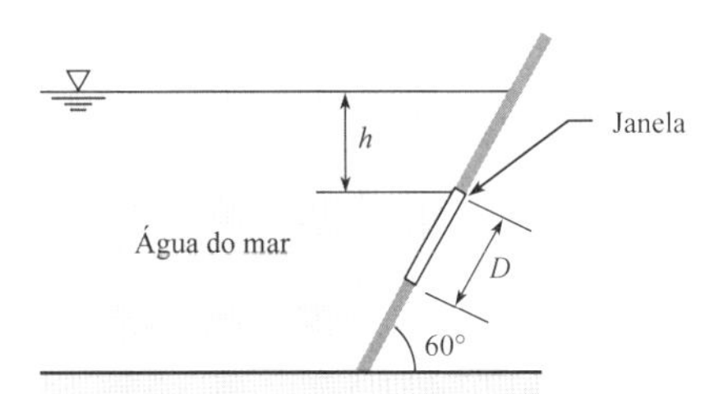

Problema 3.58

3.59 Determine a força da comporta sobre o bloco, conforme mostrado, em que $d = 12$ m, $h = 6$ m e $w = 6$ m.

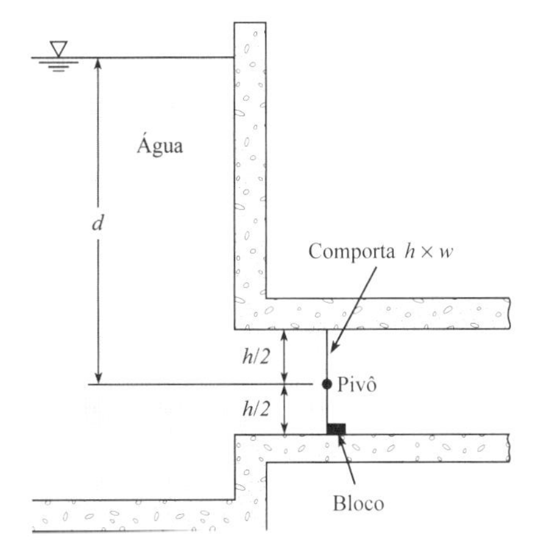

Problema 3.59

3.60 Uma comporta retangular está fixada por meio de dobradiças ao nível da lâmina d'água, conforme mostrado. A comporta possui $h = 4$ ft do seu comprimento abaixo da linha da lâmina d'água, $L = 1$ ft acima da lâmina d'água, e a sua largura é de 5,8 ft. O peso específico da água é 62,4 lbf/ft³. Determine a força (lbf) aplicada no fundo da comporta que é necessária para mantê-la fechada.

3.61 Uma comporta retangular está fixada por meio de dobradiças ao nível da lâmina d'água, conforme mostrado. A comporta possui $h = 2$ m do seu comprimento abaixo da linha da lâmina d'água, $L = 0{,}3$ m acima da lâmina d'água, e a sua largura é de 2,0 m. O peso específico da água é 9.810 N/m³. Determine a força necessária (em N) aplicada no fundo da comporta para mantê-la fechada.

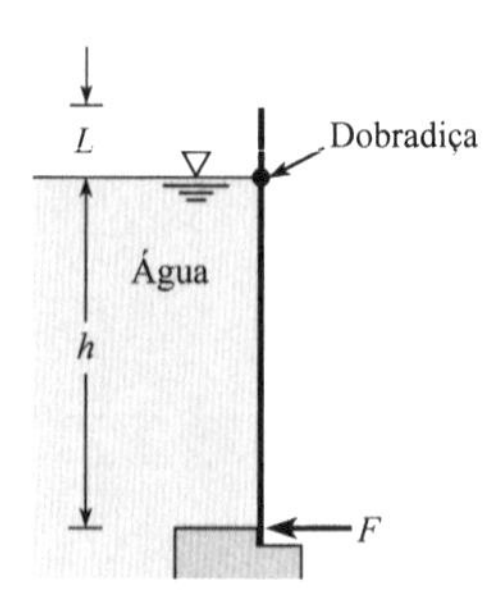

Problemas 3.60, 3.61

3.62 A comporta mostrada é retangular e possui dimensões de altura $h = 6$ m por largura $b = 4$ m. A dobradiça está a $d = 3$ m abaixo da superfície da água. Qual é a força no ponto A? Despreze o peso da comporta.

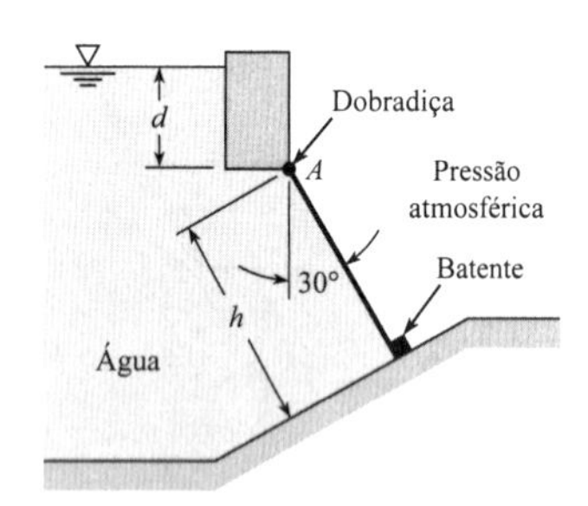

Problema 3.62

3.63 Determine a força P necessária exatamente para dar início à abertura da comporta com 2 m de largura.

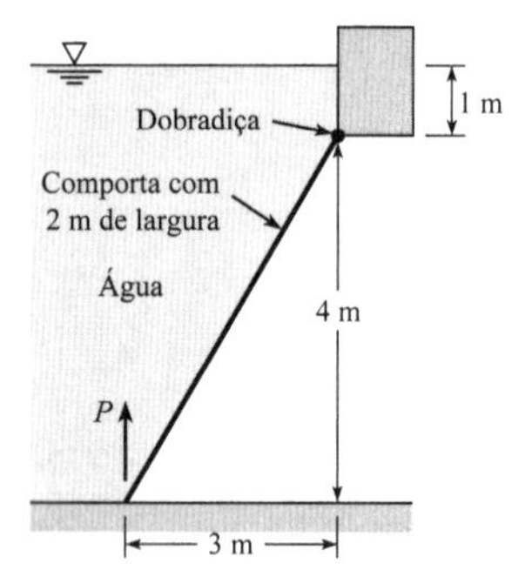

Problema 3.63

3.64 A comporta quadrada mostrada está pivotada de forma excêntrica, tal que ela se abre automaticamente em certo valor de h. Qual é esse valor em termos de ℓ?

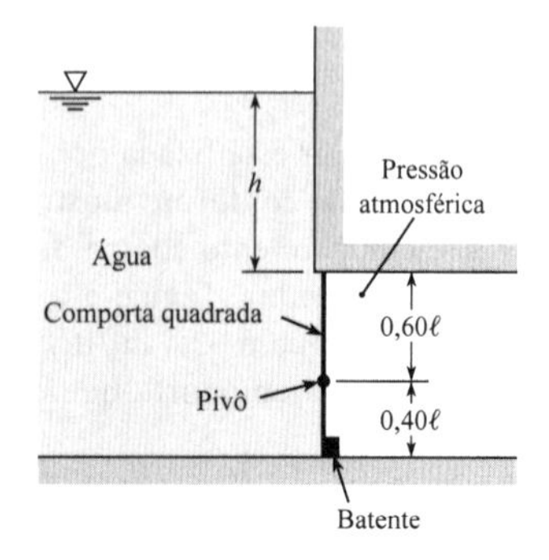

Problema 3.64

3.65 Esta válvula borboleta ($D = 12$ ft) é usada para controlar o escoamento em uma tubulação de saída com 12 ft de diâmetro em uma represa. Na posição mostrada, a válvula está fechada. Ela é suportada por um eixo horizontal através do seu centro. O eixo está localizado $H = 60$ ft abaixo da superfície da água. Qual torque tem de ser aplicado ao eixo para manter a válvula na posição mostrada?

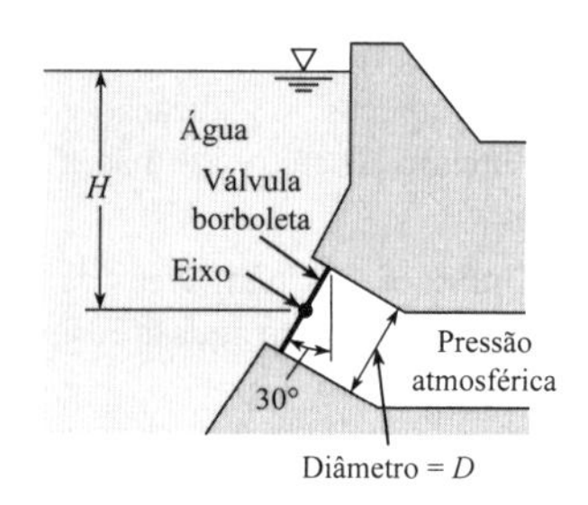

Problema 3.65

3.66 Para a comporta mostrada, $\alpha = 45°$, $y_1 = 1$ m, e $y_2 = 4$ m. A comporta irá cair ou permanecer na posição sob a ação das forças hidrostática e da gravidade se o seu peso for 150 kN e ela possuir 1,0 m de largura? Assuma $T = 10$ °C. Use cálculos para justificar a sua resposta.

3.67 Para essa comporta, $\alpha = 45°$, $y_1 = 3$ ft, e $y_2 = 6$ ft. A comporta irá cair ou permanecer na posição sob a ação das forças hidrostática e da gravidade se o seu peso for 18.000 lb e ela possuir 3 ft de largura? Assuma $T = 50$ °F. Use cálculos para justificar a sua resposta.

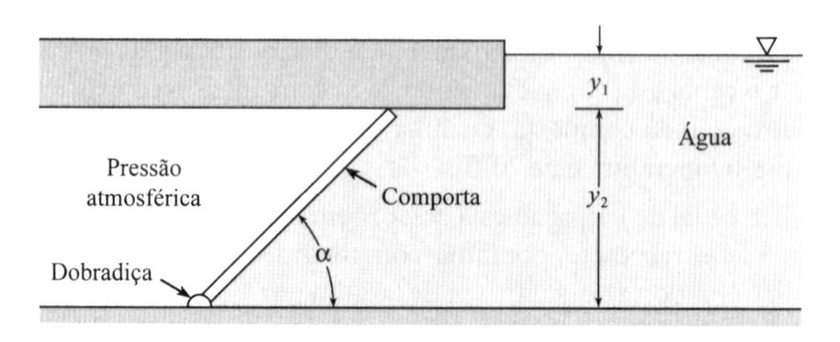

Problemas 3.66, 3.67

3.68 Determine a força hidrostática F sobre a comporta triangular que está presa por meio de dobradiças na aresta inferior e que é mantida pela reação R_T no canto superior. Expresse F em termos de γ, h e W. Determine também a razão R_T/F. Despreze o peso da comporta.

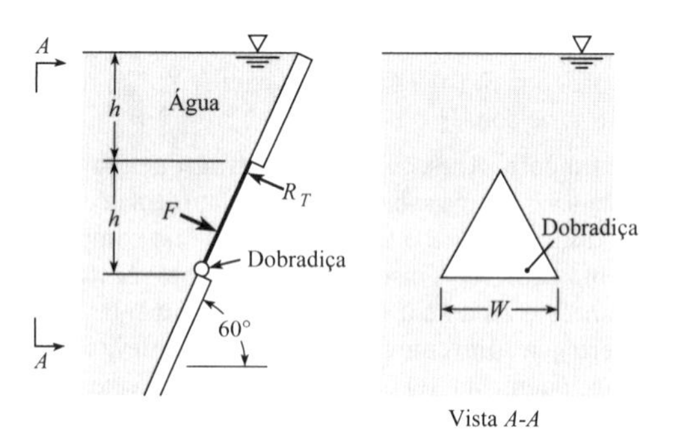

Problema 3.68

3.69 Na construção de represas, o concreto é derramado em camadas de aproximadamente 1,8 m ($y_1 = 1,8$ m). As formas para a parede da barragem são reusadas de uma camada para a próxima. A figura mostra uma dessas formas, a qual é aparafusada ao concreto já curado. Para o novo derramamento, que momento ocorrerá na base da forma por metro de comprimento (normal à página)? Assuma que o concreto atue como um líquido quando ele é primeiro derramado, e que ele possui um peso específico de 24 kN/m³.

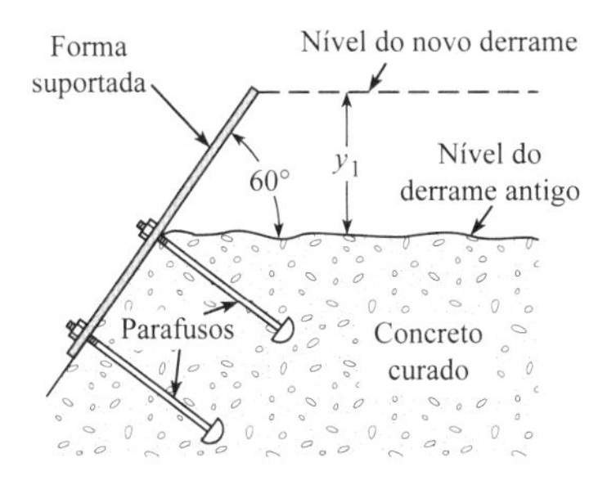

Problema 3.69

3.70 A comporta retangular plana pode girar em torno do suporte em *B*. Para as condições dadas, ela é estável ou instável? Despreze o peso da comporta. Justifique a sua resposta com cálculos.

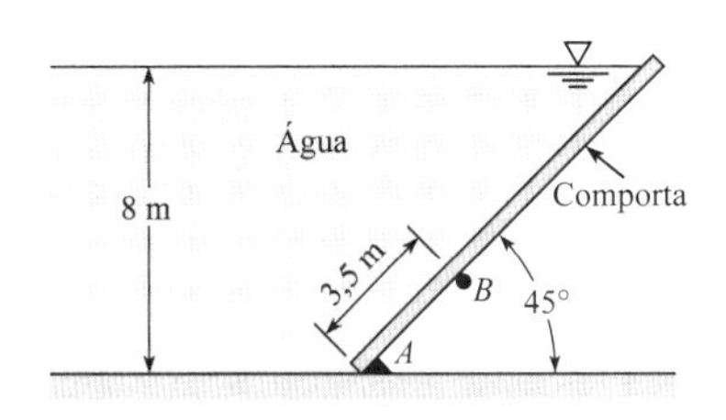

Problema 3.70

Força de Pressão sobre uma Superfície Curva (§3.5)

3.71 Dois cascos hemisféricos estão perfeitamente vedados entre si, e a pressão interna é reduzida a 25% da pressão atmosférica. O raio interno é de 10,5 cm, enquanto o raio externo é de 10,75 cm. A vedação está localizada a meio caminho entre os raios interno e externo. Se a pressão atmosférica é de 101,3 kPa, qual é a força exigida para puxar e separar os cascos?

3.72 Um tampão na forma de um hemisfério é inserido em um orifício na lateral de um tanque, como mostrado na figura. O tampão está vedado por um *O-ring* (anel de vedação) com um raio de 0,2 m. O raio do tampão hemisférico é 0,25 m. A profundidade do centro do tampão é de 2 m em meio à água doce. Determine as forças horizontal e vertical sobre o tampão devido à pressão hidrostática.

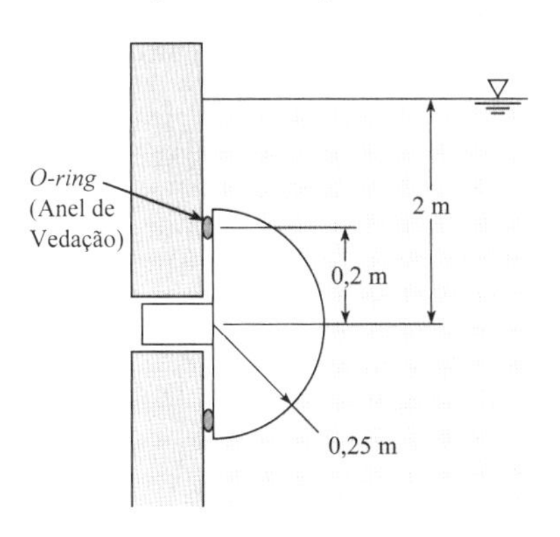

Problema 3.72

3.73 Esse domo (hemisfério) está localizado abaixo da superfície da água, como mostrado. Determine a magnitude e o sinal dos componentes da força necessários para manter o domo no local, assim como a linha de ação da componente horizontal da força. Aqui $y_1 = 1$ m e $y_2 = 2$ m. Assuma $T = 10$ °C.

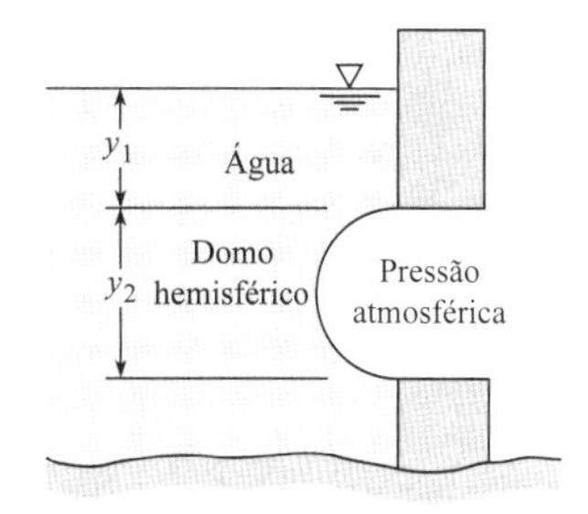

Problema 3.73

Calculando Forças de Empuxo (§3.6)

3.74 Três esferas com o mesmo diâmetro estão submersas no mesmo corpo de água. Uma esfera é de aço, uma consiste em um balão esférico preenchido com água, e uma é um balão esférico preenchido com ar.

a. Qual esfera possui a maior força de empuxo?

b. Se você mover a esfera de aço de uma profundidade de 1 ft para 10 ft, o que acontece com a magnitude da força de empuxo que atua sobre a esfera?

c. Se todas as três esferas forem liberadas de uma gaiola a uma profundidade de 1 m, o que irá acontecer às três esferas, e por quê?

3.75 Uma rocha pesa 980 N no ar e 609 N na água. Determine o seu volume.

3.76 Você está em um leilão de bens tentando decidir se irá dar um lance em um pingente de ouro que declararam ser de 24 quilates (puro). O pingente parece com ouro, mas você gostaria de checar. Foi permitido que você fizesse algumas medições e que coletasse os seguintes dados: O pingente tem uma massa de 100 g no ar e uma massa aparente de 94,8 g quando submerso em água. Você sabe que o *SG* do ouro 24 quilates é 19,3, e o *SG* do ouro 22 quilates é 17,8; você decide dar um lance em qualquer coisa que tenha $SG > 19{,}0$. Determine o *SG* do pingente e decida se irá dar o lance.

3.77 Como mostrado, um cubo ($L = 94$ mm) suspenso em tetracloreto de carbono é exatamente contrabalançado por um objeto com massa $m_1 = 610$ g. Determine a massa m_2 do cubo.

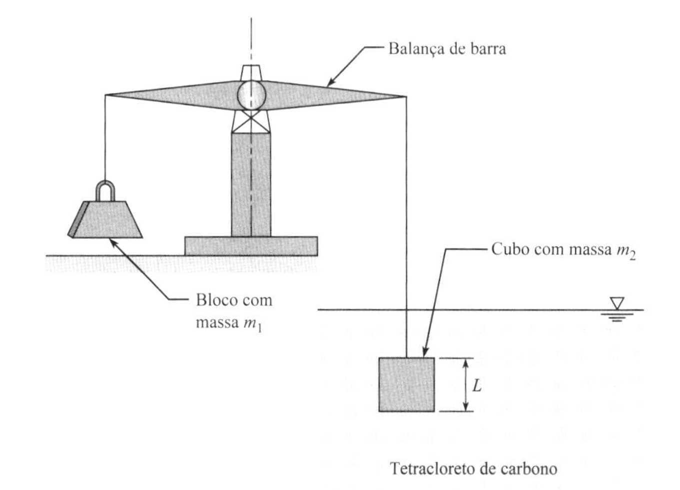

Problema 3.77

3.78 Como mostrado, um bastão com diâmetro uniforme possui um peso em uma das extremidades e está flutuando em um líquido. O líquido (a) é mais leve do que a água, (b) deve ser a água, ou (c) é mais pesado do que a água. Mostre o seu trabalho.

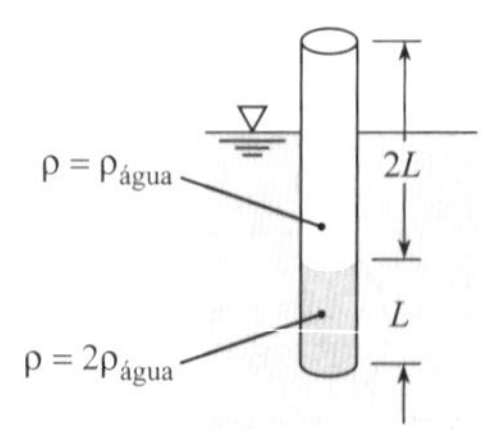

Problema 3.78

3.79 Um navio com 800 ft possui um peso de 40.000 toneladas, e a área definida pela lâmina d'água é de 38.000 ft². O navio irá aumentar ou diminuir o seu calado* ao passar da água salgada para a doce? Quanto ele irá afundar ou se elevar?

3.80 Um navio cargueiro com 150 m de comprimento pesa 300×10^6 N, e a área definida pela sua lâmina d'água é de 2.600 m². O navio irá trafegar em águas mais ou menos profundas ao passar da água doce para a salgada, à medida que ele deixa o porto e se dirige ao mar aberto? Quanto (em m) ele irá afundar ou elevar?

3.81 Uma boia de aço esférica submersa que possui 1,2 m de diâmetro e pesa 1.800 N deve ficar ancorada em água salgada a 50 m abaixo da superfície. Determine o peso de sucata de ferro que deve ser colocado no interior da boia para que a força na sua corrente de ancoragem não exceda 5 kN.

3.82 Um bloco de material com volume desconhecido é submergido em água e tem o seu peso (em água) determinado como de 390 N. O mesmo bloco pesa 700 N no ar. Determine o peso específico e o volume do material.

3.83 Um tanque cilíndrico com 1 ft de diâmetro está cheio com água até uma profundidade de 2 ft. Um cilindro de madeira com 5 polegadas de diâmetro e 6,0 polegadas de comprimento é colocado para flutuar na água. O peso do cilindro de madeira é de 3,5 lbf. Determine a variação (se houver) na profundidade da água no tanque.

3.84 A plataforma flutuante mostrada está sustentada em cada um dos seus cantos por meio de um cilindro oco vedado que possui 1 m de diâmetro. A plataforma propriamente dita pesa 30 kN no ar, e cada cilindro pesa 1,0 kN por metro de comprimento. Qual é o comprimento total de cilindro L exigido para que a plataforma flutue 1 m acima da superfície da água? Assuma que o peso específico da água (salobra) seja de 10.000 N/m³. A plataforma é quadrada quando vista em planta.

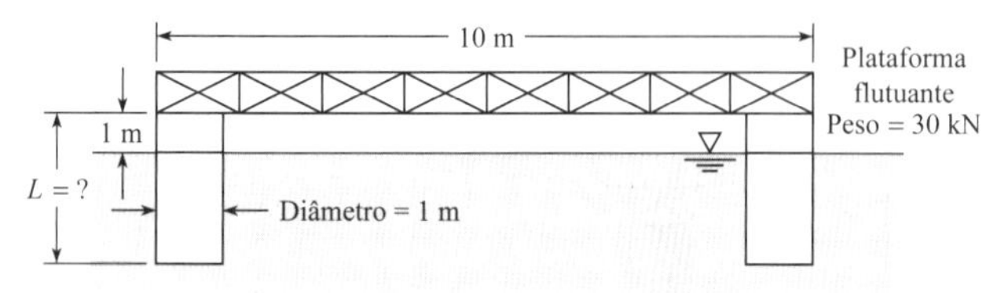

Problema 3.84

3.85 A que profundidade d esse bloco retangular (com densidade 0,75 vezes aquela da água) irá flutuar no reservatório contendo dois líquidos?

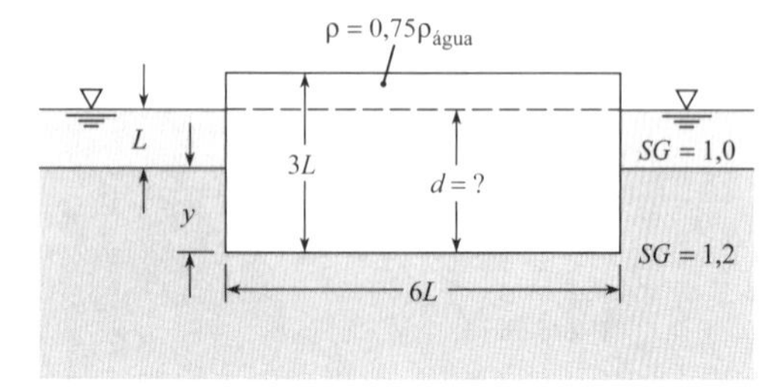

Problema 3.85

*Calado é a distância entre o ponto mais baixo do casco de um navio e o nível da lâmina d'água. É quanto o casco do navio está afundado dentro da água. (N.T.)

3.86 Determine o volume mínimo de concreto ($\gamma = 23{,}6$ kN/m³) necessário para manter a comporta (1 m de largura) em uma posição fechada, com $\ell = 3$ m. Note a dobradiça no fundo da comporta.

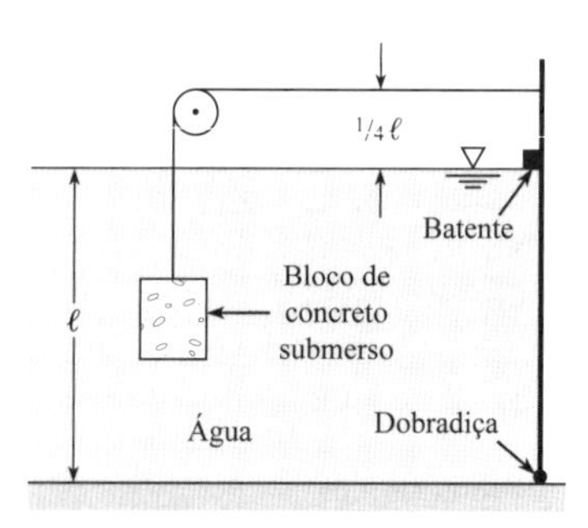

Problema 3.86

3.87 Um recipiente cilíndrico com 4 ft de altura e 2 ft de diâmetro contém água até uma profundidade de 2 ft. Quanto varia o nível da água no tanque quando um bloco de 5 lb de gelo é colocado no recipiente? Existe qualquer alteração no nível da água no tanque quando o bloco de gelo se funde? Isso depende da gravidade específica do gelo? Explique todos os processos.

3.88 O bastão de madeira parcialmente submerso está fixado à parede por meio de uma dobradiça, como está mostrado. O bastão está em equilíbrio sob a ação das forças peso e de empuxo. Determine a densidade da madeira.

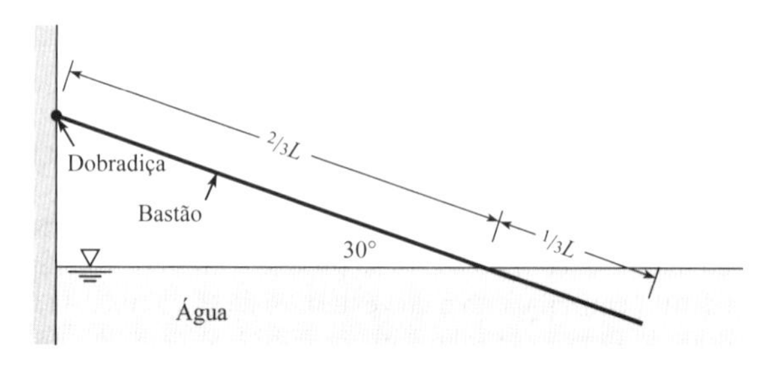

Problema 3.88

3.89 Uma comporta com seção transversal circular é mantida fechada por meio de uma alavanca com 1 m de comprimento que está fixada a um cilindro flutuante. O cilindro possui 25 cm de diâmetro e pesa 200 N. A comporta está fixada a um eixo horizontal de modo que ela pode girar ao redor do seu centro. O líquido é a água. A corrente e a alavanca que estão fixados à comporta possuem peso desprezível. Determine o comprimento da corrente tal que a comporta fique exatamente no limite de se abrir quando a profundidade da água acima da dobradiça dela é de 10 m.

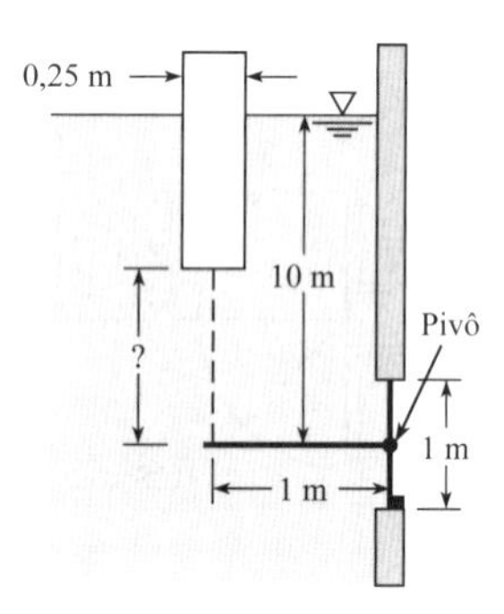

Problema 3.89

Medindo ρ, γ e SG com Hidrômetros (§3.6)

3.90 O hidrômetro mostrado pesa 0,015 N. Se a haste afunda 7,2 cm no óleo ($z = 7{,}2$ cm), qual é a gravidade específica do óleo?

3.91 O hidrômetro mostrado afunda 4,7 cm (z = 4,7 cm) na água (15 °C). O bulbo desloca 1,0 cm^3, e a área da haste é de 0,1 cm^2. Determine o peso do hidrômetro.

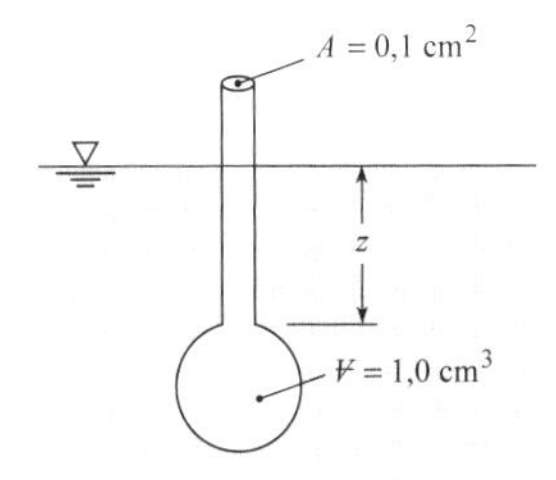

Problemas 3.90, 3.91

3.92 Um hidrômetro comercial comum para medir a quantidade de anticongelante no sistema de refrigeração de um motor de automóvel consiste em uma câmara contendo esferas de diferentes cores. O sistema é calibrado para informar a faixa de gravidade específica mediante a distinção entre as esferas que afundam e aquelas que flutuam. A gravidade específica de uma mistura etileno glicol-água varia entre 1,012 e 1,065 para entre 10 e 50% em peso de etileno glicol. Assuma que existam na câmara seis esferas, cada uma com 1 cm de diâmetro. Qual deve ser o peso de cada esfera para prover uma faixa de gravidades específicas entre 1,01 e 1,06 com intervalos de 0,01?

3.93 Um hidrômetro com a configuração mostrada possui um bulbo com diâmetro de 2 cm, um comprimento de bulbo de 8 cm, um diâmetro de haste de 1 cm, um comprimento de haste de 8 cm, e uma massa de 40 g. Qual é a faixa de gravidades específicas que pode ser medida com esse hidrômetro?

(*Sugestão:* Os níveis de líquido variam entre o fundo e o topo da haste.)

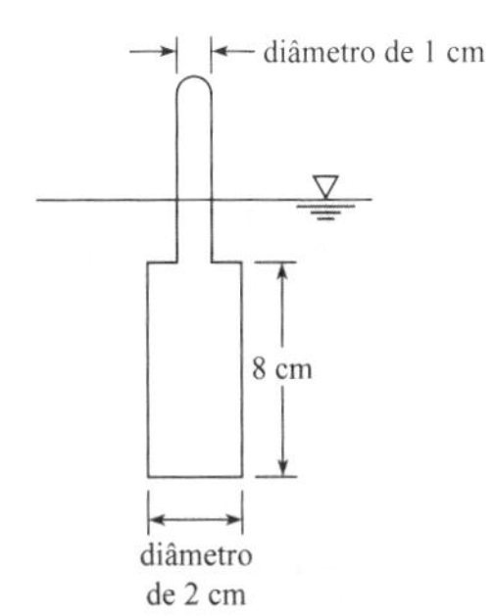

Problema 3.93

Predizendo a Estabilidade (§3.7)

3.94 Uma barcaça com 20 ft de largura e 40 ft de comprimento está carregada com pedras, como mostrado. Assuma que o centro de gravidade das pedras e da barcaça esteja localizado ao longo da linha de centro, na superfície superior da barcaça. Se as pedras e a barcaça pesam 400.000 lbf, a barcaça irá flutuar normalmente ou irá virar?

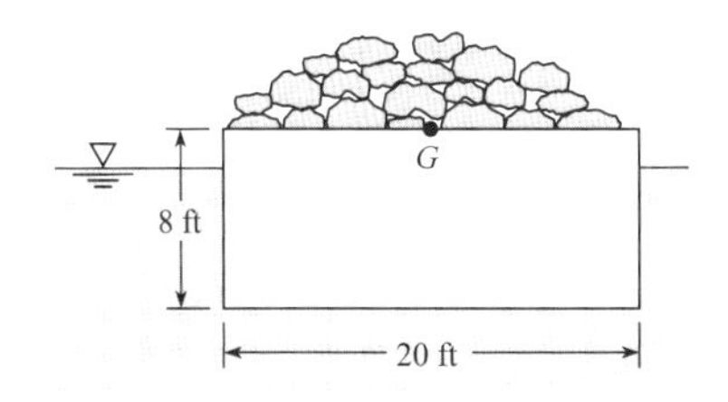

Problema 3.94

3.95 Um corpo flutuante possui uma seção transversal quadrada com lado w, como mostrado na figura. O centro de gravidade se encontra no centroide da seção transversal. Determine a localização da linha da lâmina d'água, ℓ/w, onde o corpo seria neutramente estável (GM = 0). Se o corpo estiver flutuando na água, qual seria a gravidade específica do material do corpo?

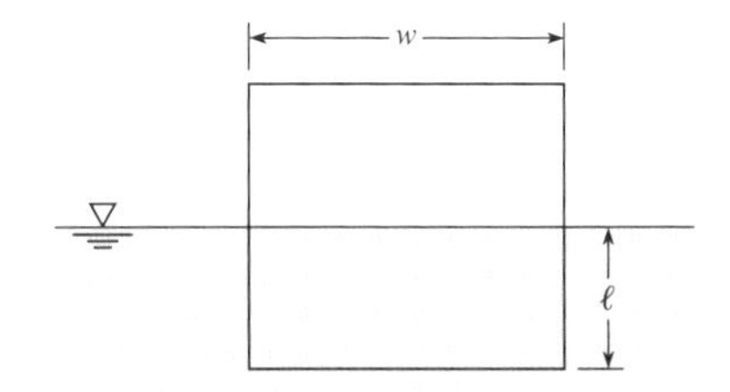

Problema 3.95

3.96 Um bloco cilíndrico de madeira com 1 m de diâmetro e 1 m de comprimento possui um peso específico de 7.500 N/m^3. Ele irá flutuar na água com o seu eixo vertical?

3.97 Um bloco cilíndrico de madeira com 1 m de diâmetro e 1 m de comprimento possui um peso específico de 5.000 N/m^3. Ele irá flutuar na água com as extremidades na horizontal?

3.98 Diga se o bloco ilustrado nesta figura é estável flutuando na posição destacada. Mostre os seus cálculos.

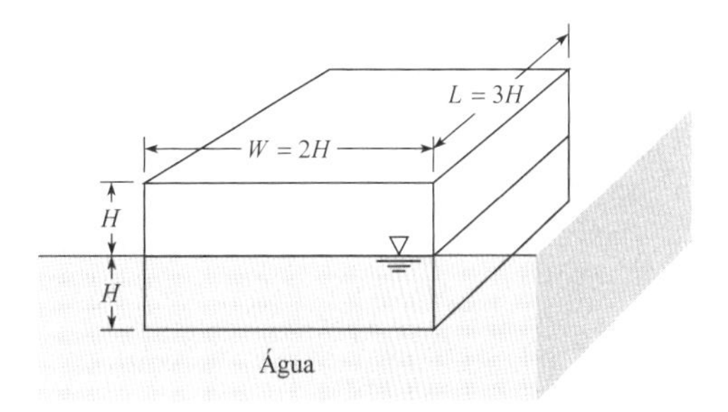

Problema 3.98

CAPÍTULO**QUATRO**

A Equação de Bernoulli e a Variação de Pressão

OBJETIVO DO CAPÍTULO Este capítulo descreve os fluidos em escoamento, introduz a equação de Bernoulli e descreve as variações de pressão em fluidos em escoamento.

FIGURA 4.1
Esta foto mostra o escoamento sobre um modelo de caminhão em um túnel de vento. O propósito deste estudo era comparar a força de arrasto em diversos tipos de capotas de caminhão. O estudo foi realizado por Stephen Lyda enquanto ele era aluno de graduação de engenharia. (Fotografia por Stephen Lyda.)

RESULTADOS DO APRENDIZADO

DESCREVENDO O ESCOAMENTO (§4.1 a 4.3, §4.12).

- Explicar linhas de corrente, linhas de emissão e linhas de trajetória.
- Explicar as abordagens de Euler e Lagrange.
- Conhecer os termos definidos na Tabela 4.4.

PROPRIEDADES CINEMÁTICAS (§4.2, §4.4).

- Definir velocidade e campo de velocidades.
- Definir aceleração.

EQUAÇÃO DE EULER (§4.5).

- Explicar como a equação de Euler se origina e os significados dos termos que aparecem nela.

A EQUAÇÃO DE BERNOULLI (§4.6).

- Conhecer os principais conceitos sobre a equação de Bernoulli.
- Resolver problemas que envolvam a equação de Bernoulli.

MEDIÇÃO DA VELOCIDADE (§4.7).

- Explicar como funcionam o piezômetro, o tubo de estagnação e o tubo de Pitot; realizar cálculos.
- Definir pressão estática e pressão cinética.

PRESSÃO (§4.10, §4.12).

- Descrever o campo de pressões para o escoamento em torno de um cilindro circular.
- Explicar as três causas da variação de pressão.

4.1 Descrevendo Linhas de Corrente, Linhas de Emissão e Linhas de Trajetória

Para visualizar e descrever fluidos em escoamento, os engenheiros utilizam as linhas de corrente, as linhas de emissão e as linhas de trajetória. Portanto, esses tópicos são introduzidos nesta sessão.

Linhas de Trajetória e Linhas de Emissão

A **linha de trajetória** é o percurso realizado por uma partícula do fluido ao se mover através de um campo de escoamento. Por exemplo, quando o vento sopra uma folha, dá uma ideia sobre o que o fluido está fazendo. Se imaginamos a folha como pequena e estando ligada a uma partícula de ar à medida que esta partícula se move, então o movimento da folha irá revelar o movimento da partícula. Outra maneira de pensar em termos de uma linha de trajetória é imaginar uma luz fixada a uma partícula de fluido. Uma fotografia em longa exposição tirada da luz em movimento seria a linha de trajetória. Uma maneira de revelar as linhas de trajetória em um escoamento de água consiste em adicionar pequenas esferas que sejam neutras em relação ao empuxo para que o movimento das esferas seja o mesmo que o das partículas do fluido. Observando o movimento dessas esferas através do fluido, revela-se a linha de trajetória de cada partícula.

A **linha de emissão** é a linha gerada por um fluido marcador, tal como um corante, injetado continuamente em um campo de escoamento em um ponto de partida. Por exemplo, se uma fumaça é introduzida em um escoamento de ar, as linhas resultantes são chamadas linhas de emissão. As linhas de emissão estão mostradas na Figura 4.1. Estas foram produzidas ao vaporizar óleo mineral sobre um fio vertical que foi aquecido ao se passar uma corrente elétrica através do fio.

Linhas de Corrente

A **linha de corrente** é definida como uma linha que é tangente em todos os pontos ao vetor velocidade local.

EXEMPLO. O padrão de escoamento para a água drenada através de uma abertura em um tanque (Fig. 4.2a) pode ser visualizado ao examinar as linhas de corrente. Note que os vetores velocidade nos pontos *a*, *b* e *c* são tangentes às linhas de corrente. Além disso, as linhas de corrente adjacentes à parede seguem o contorno da parede porque a velocidade do fluido é paralela à ela. A geração de um padrão de escoamento é uma maneira efetiva de ilustrar o campo de escoamento.

As linhas de corrente para o escoamento em torno de um aerofólio (Fig. 4.2b) revelam que parte do escoamento passa por cima do aerofólio, enquanto a outra passa por baixo. O escoamento é separado pela **linha de corrente divisória**. No local onde a linha de corrente divisória intersecta o corpo, a velocidade será zero em relação ao corpo. Isso é chamado **de ponto de estagnação**.

As linhas de corrente para o escoamento em torno de um protótipo do Volvo ECC (Fig. 4.3) permitem que os engenheiros avaliem as características aerodinâmicas do escoamento e possivelmente mudem a forma do automóvel para alcançar um melhor desempenho, tal como um arrasto reduzido.

Comparando Linhas de Corrente, Linhas de Emissão e Linhas de Trajetória

Quando o escoamento é permanente (regime estacionário), a linha de corrente, a linha de emissão e a linha de trajetória têm a mesma aparência quando passam através do mesmo ponto. Assim, a linha de emissão, que pode ser revelada por meio de métodos experimentais, irá mostrar

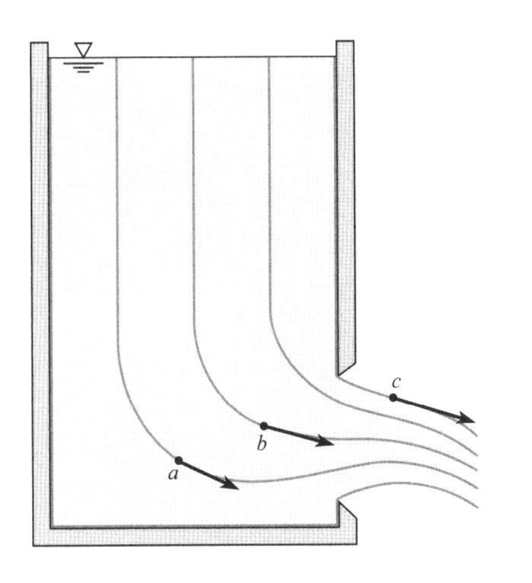

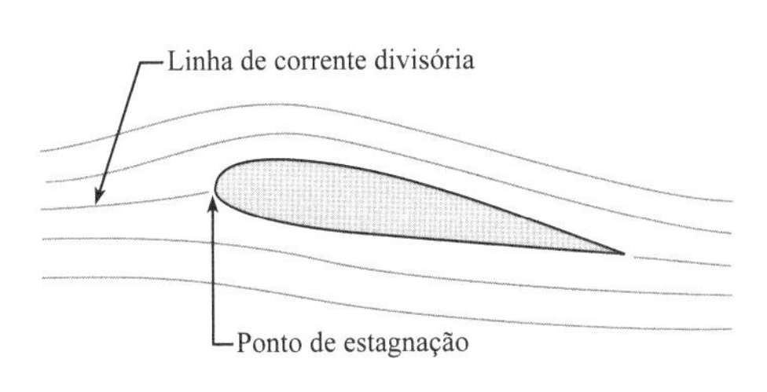

FIGURA 4.2
(a) Escoamento através de uma abertura em um tanque. (b) Escoamento em torno de uma secção de um aerofólio.

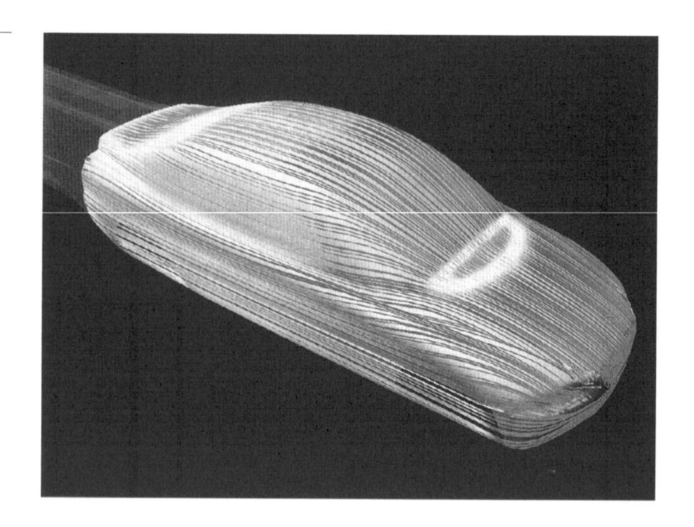

FIGURA 4.3
Padrão de linhas de corrente previstas sobre um protótipo do automóvel Volvo ECC. (Cortesia do Analytical Methods, VSAERO software, Volvo Concept Center.)

como se parece a linha de corrente. De maneira semelhante, uma partícula no escoamento irá seguir uma linha definida pela linha de emissão.

Quando o escoamento é transiente, a linha de corrente, a linha de emissão e a linha de trajetória têm aparências diferentes. Um filme fascinante chamado *Flow Visualization* (Visualização do Escoamento) (1) mostra como e por que a linha de corrente, a linha de emissão e a linha de trajetória são diferentes em um escoamento transiente.

EXEMPLO. Para mostrar como as linhas de trajetória, de emissão e de corrente diferem em um escoamento transiente, considere um escoamento bidimensional que inicialmente possua linhas de corrente horizontais (Fig. 4.4). Em determinado tempo, t_0, o escoamento muda instantaneamente de direção, se movendo para cima e para a direita a 45°, sem mudanças adicionais. Uma partícula do fluido é rastreada do ponto de partida, e até o tempo t_0, a linha de trajetória é o segmento de linha horizontal mostrado na Figura 4.4a. Após o tempo t_0, a partícula continua a seguir a linha de corrente e se move para cima e para a direita, como mostrado na Figura 4.4b. Ambos os segmentos de linha constituem a linha de trajetória. Note na Figura 4.4b que a linha de trajetória (linha preta tracejada) difere de uma linha de corrente para $t < t_0$ e de qualquer linha de corrente para $t > t_0$. Desta forma, a linha de trajetória e a linha de corrente não são as mesmas.

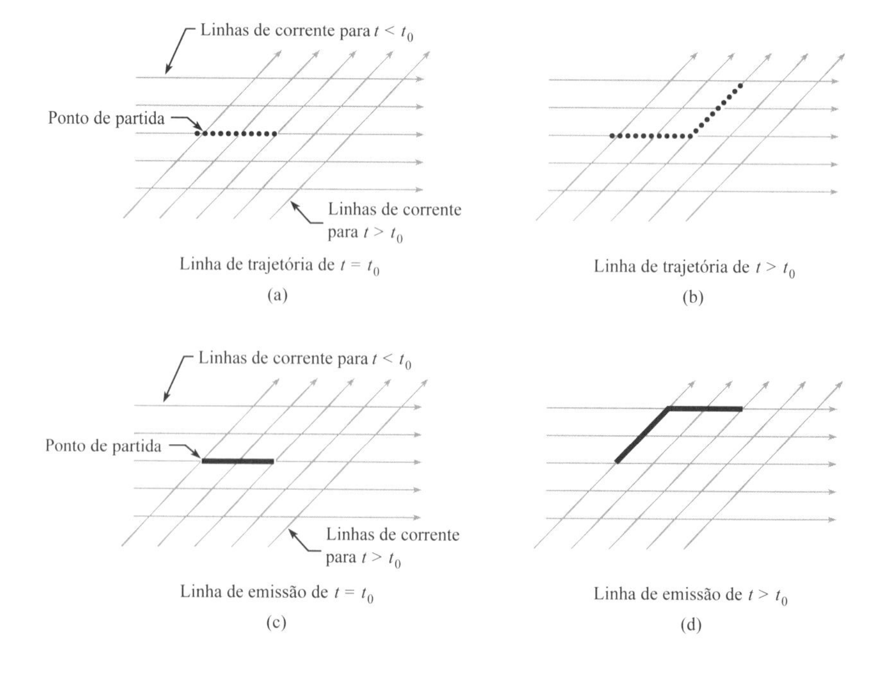

FIGURA 4.4
Linhas de corrente, linhas de trajetória e linhas de emissão para um campo de escoamento transiente.

Em seguida, considere a linha de emissão ao introduzir um fluido marcador negro, como mostrado nas Figuras 4.4c e 4.4d. Como mostrado, a linha de emissão na Figura 4.4d difere da linha de trajetória e de qualquer linha de corrente.

4.2 Caracterizando a Velocidade de um Fluido em Escoamento

Esta seção introduz a *velocidade* e o *campo de velocidades*. Então, esses conceitos são usados para introduzir dois métodos alternativos para a descrição do movimento:

- *Abordagem de Lagrange.* Descreve o movimento da matéria.
- *Abordagem de Euler.* Descreve o movimento em locais no espaço.

Descrevendo a Velocidade

Velocidade, uma propriedade de uma partícula do fluido, fornece a rapidez e a direção do deslocamento da partícula em um dado instante no tempo. A definição matemática da velocidade é

$$\mathbf{V}_A = \frac{d\mathbf{r}_A}{dt} \tag{4.1}$$

em que $\mathbf{V}_A$ é a velocidade da partícula A, e $\mathbf{r}_A$ é a posição da partícula A no tempo t.

> **EXEMPLO.** Quando a água é drenada de um tanque (Fig. 4.5a), $\mathbf{V}_A$ fornece a velocidade e a direção do deslocamento da partícula no ponto A. A velocidade $\mathbf{V}_A$ é a taxa de variação do vetor $\mathbf{r}_A$ em relação ao tempo.

Campo de Velocidades

Uma descrição da velocidade de cada partícula do fluido em um escoamento é chamada um **campo de velocidades**. Em geral, cada partícula do fluido em um escoamento possui uma velocidade diferente. Por exemplo, as partículas A e B na Figura 4.5a possuem velocidades diferentes. Desta forma, o campo de velocidades descreve como a velocidade varia com a posição (ver a Fig. 4.5b).

Um campo de velocidades pode ser descrito visualmente (Fig. 4.5b) ou matematicamente. Por exemplo, um campo de velocidades estacionário e bidimensional em um campo é dado por

$$\mathbf{V} = (2x\,\text{s}^{-1})\mathbf{i} - (2y\,\text{s}^{-1})\mathbf{j} \tag{4.2}$$

em que x e y são coordenadas de posição medidas em metro, e $\mathbf{i}$ e $\mathbf{j}$ são vetores unitários nas direções x e y, respectivamente.

Quando um campo de velocidades é dado por uma equação, um gráfico pode auxiliar na visualização do escoamento. Por exemplo, selecione o ponto $(x, y) = (1, 1)$ e substitua $x = 1{,}0$ metro e $y = 1{,}0$ metro na Eq. (4.2) para encontrar a velocidade como

$$\mathbf{V} = (2\text{ m/s})\mathbf{i} - (2\text{ m/s})\mathbf{j} \tag{4.3}$$

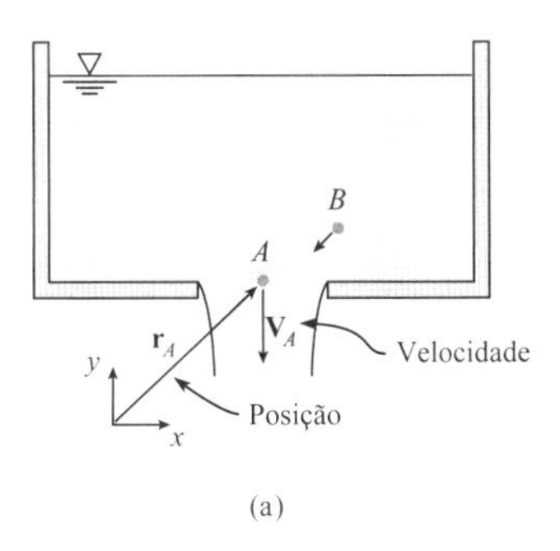

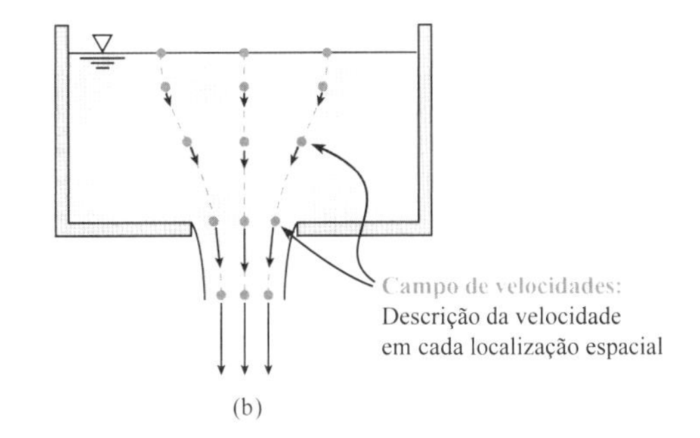

FIGURA 4.5
Água sendo drenada para fora de um tanque. (a) A velocidade da partícula A é a derivada da posição em relação ao tempo. (b) O campo de velocidades representa a velocidade de cada partícula do fluido ao longo da região do escoamento.

FIGURA 4.6

O campo de velocidades especificado pela Eq. (4.2): (a) vetores velocidade e (2) o padrão de linhas de corrente.

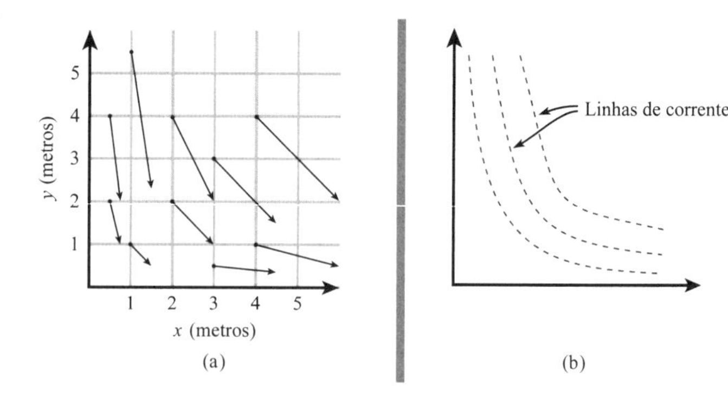

Marque esse ponto no gráfico e repita o processo para outros pontos para criar a Figura 4.6a. Finalmente, utilize a definição da linha de corrente (a linha que é tangente ao vetor velocidade em todos os pontos) para criar um padrão de linhas de corrente (Fig. 4.6b).

Resumo. O campo de velocidades descreve a velocidade de cada partícula do fluido em uma região do espaço. Pode ser mostrado visualmente, como nas Figuras. 4.5 e 4.6, ou descrito matematicamente, como na Eq. (4.2).

O conceito de um campo pode ser generalizado. Um **campo** é uma descrição matemática ou visual de uma variável como uma função da posição e do tempo.

> **EXEMPLOS.** Um campo de pressões descreve a distribuição de pressões em diferentes pontos no espaço e no tempo. Um campo de temperaturas descreve a distribuição de temperaturas em diferentes pontos no espaço e no tempo.

Um campo pode ser um valor escalar (por exemplo, campo de temperaturas, campo de pressões) ou um vetor (por exemplo, campo de velocidades, campo de acelerações).

As Abordagens de Euler e de Lagrange

Na mecânica dos sólidos, é bem direto descrever o movimento de uma partícula ou de um corpo rígido. Por outro lado, a partículas de um fluido em escoamento se movem de formas mais complicadas, e não é prático rastrear o movimento de cada partícula. Assim, os pesquisadores inventaram uma segunda maneira de descrever o movimento.

A primeira maneira (chamada de **abordagem de Lagrange**) envolve a seleção de um corpo e a descrição do movimento deste corpo. A segunda maneira (chamada de **abordagem de Euler**) envolve a seleção de uma região no espaço e a descrição do movimento que está ocorrendo nos pontos no espaço. Adicionalmente, a abordagem de Euler permite que as propriedades sejam avaliadas em locais no espaço em função do tempo, pois a esta abordagem utiliza campos.

> **EXEMPLO.** Considere partículas em queda (Fig. 4.7). A abordagem de Lagrange utiliza equações que descrevem uma partícula individual. A abordagem de Euler utiliza uma equação para o *campo de velocidades*. Embora as equações das duas abordagens sejam diferentes, ambas estimam os mesmos valores de velocidade. Note que a equação $v = \sqrt{2g|z|}$ na Figura

FIGURA 4.7

Esta figura mostra pequenas partículas liberadas do repouso e caindo sob a ação da gravidade. As equações no lado esquerdo da imagem mostram como o movimento é descrito usando uma abordagem de Lagrange. As equações no lado direito mostram uma abordagem de Euler.

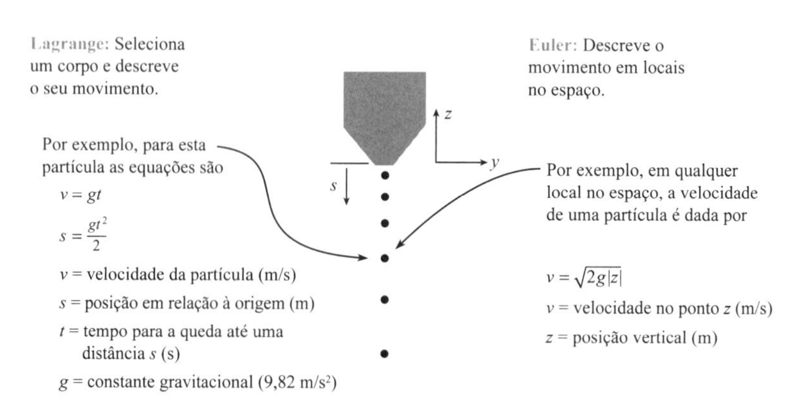

TABELA 4.1 Comparação entre as Abordagens de Lagrange e de Euler

Característica	Abordagem de Lagrange	Abordagem de Euler
Conceito básico	Observa ou descreve o movimento de matéria com identidade fixa.	Observa ou descreve o movimento da matéria em locais no espaço.
Mecânica dos sólidos (aplicação)	Utilizada em dinâmica.	Utilizado em elasticidade. Pode ser utilizado para modelar o escoamento de materiais.
Mecânica dos fluidos (aplicação)	A mecânica dos fluidos utiliza muitos conceitos de Euler (por exemplo, partícula do fluido, linha de emissão, aceleração de uma partícula de fluido). As equações na mecânica dos fluidos são com frequência derivadas de um ponto de vista de Lagrange.	Praticamente todas as equações matemáticas em mecânica dos fluidos são escritas utilizando a abordagem de Euler.
Variáveis independentes	Posição inicial (x_0, y_0, z_0) e tempo (t).	Posição espacial (x, y, z) e tempo (t).
Complexidade matemática	Mais simples.	Mais complexo; por exemplo, surgem derivadas parciais e termos não lineares.
Conceito de campo	Não é utilizado na abordagem de Lagrange.	O campo é um conceito de Euler. Quando campos são utilizados, a matemática inclui com frequência a divergência, o gradiente e o rotacional.
Tipos de sistemas usados	Sistemas fechados, partículas, corpos rígidos, sistema de partículas.	Volumes de controle.

4.7 foi derivada ao igualar a energia cinética da partícula à variação da energia potencial gravitacional.

Quando os conceitos na Figura 4.7 são generalizados, as variáveis independentes da abordagem de Lagrange são a posição inicial e o tempo. As variáveis independentes da abordagem de Euler são a posição no campo e o tempo. A Tabela 4.1 compara as abordagens de Lagrange e de Euler.

Representando a Velocidade Usando Componentes

Quando o campo de velocidades é representado em componentes cartesianos, a forma matemática é

$$\mathbf{V} = u(x, y, z, t)\mathbf{i} + v(x, y, z, t)\mathbf{j} + w(x, y, z, t)\mathbf{k} \tag{4.4}$$

em que $u = u(x, y, z, t)$ é a componente x do vetor velocidade e $\mathbf{i}$ é um vetor unitário na direção x. As coordenadas (x, y, z) fornecem a localização espacial no campo e t é o tempo. De maneira semelhante, os componentes v e w fornecem as componentes y e z do vetor velocidade.

Outra maneira de representar uma velocidade é utilizando as *componentes normal e tangencial*. Nesta abordagem (Fig. 4.8), vetores unitários são fixados à partícula e se movem com ela. O vetor unitário tangencial $\mathbf{u}_t$ é tangente à trajetória da partícula, enquanto o vetor unitário normal $\mathbf{u}_n$ é normal à trajetória e está direcionado para dentro, apontado para o centro de curvatura. A coordenada de posição s mede a distância percorrida ao longo da trajetória. A velocidade de uma partícula do fluido é representada por $\mathbf{V} = V(s, t)\mathbf{u}_t$, em que V é a velocidade da partícula e t é o tempo.

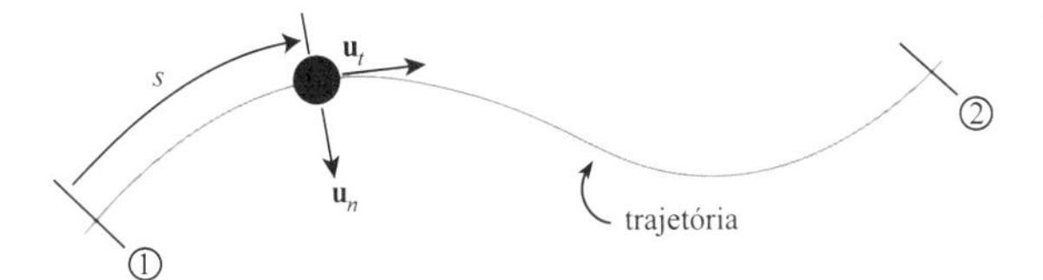

FIGURA 4.8

Descrevendo o movimento de uma partícula de fluido usando as componentes normal e tangencial.

4.3 Descrevendo o Escoamento

Os engenheiros usam muitas palavras para descrever os fluidos em escoamento. Falar e compreender esta linguagem são fundamentais para a prática profissional. Desta forma, esta seção introduz conceitos para descrever os fluidos em escoamento. Uma vez que existem muitos conceitos, uma tabela de resumo é apresentada (ver a Tabela 4.4).

Escoamentos Uniforme e Não Uniforme

Para introduzir o escoamento uniforme, considere um campo de velocidades com a forma

$$\mathbf{V} = \mathbf{V}(s, t)$$

FIGURA 4.9
Uma partícula de fluido se movendo ao longo de uma linha de trajetória.

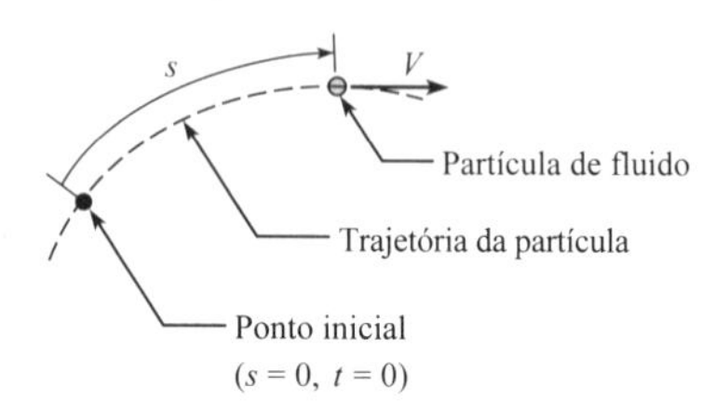

em que s é a distância percorrida por uma partícula de fluido ao longo de uma trajetória e t é o tempo (Fig. 4.9). Essa representação matemática é denominada *componentes normal e tangencial*. Essa abordagem é útil quando a trajetória de uma partícula é conhecida.

Em um **escoamento uniforme**, a velocidade é constante em magnitude e direção ao longo de uma linha de corrente em cada instante no tempo. No escoamento uniforme, as linhas de corrente devem ser retilíneas, o que significa serem retas e paralelas (ver a Fig. 4.10). O escoamento uniforme pode ser descrito pela equação:

$$\left(\frac{\partial \mathbf{V}}{\partial s}\right)_t = \frac{\partial \mathbf{V}}{\partial s} = 0 \quad \text{(escoamento uniforme)} \tag{4.5}$$

FIGURA 4.10
Escoamento uniforme em uma tubulação.

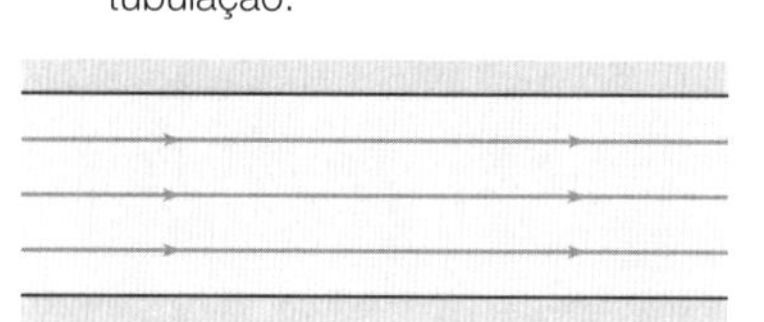

Em relação à notação neste livro, omitimos as variáveis que são mantidas constantes ao escrever as derivadas parciais. Por exemplo, na Eq. (4.5), os termos mais à esquerda mostram a maneira formal de escrever uma derivada parcial, enquanto o termo intermediário mostra uma notação mais simples. A lógica para a notação mais simples é que as variáveis que são mantidas constantes podem ser inferidas a partir do contexto.

Em um **escoamento não uniforme**, a velocidade varia ao longo de uma linha de corrente de acordo com a magnitude, a direção, ou ambos. Como consequência, todo escoamento que possui uma linha de corrente com curvatura é não uniforme. Qualquer escoamento em que a velocidade do escoamento esteja variando de acordo com a posição no espaço também é não uniforme. O escoamento não uniforme também pode ser descrito com uma equação.

$$\frac{\partial \mathbf{V}}{\partial s} \neq 0 \quad \text{(escoamento não uniforme)} \tag{4.6}$$

EXEMPLOS. Um escoamento não uniforme ocorre no duto convergente mostrado na Figura 4.11a, pois a velocidade aumenta à medida que o duto converge. Um escoamento não uniforme ocorre no vórtice mostrado na Figura 4.11b, pois as linhas de corrente são curvas.

Escoamento Permanente e Não Permanente

Em geral, um campo de velocidades $\mathbf{V}$ depende da posição $\mathbf{r}$ e do tempo t: $\mathbf{V} = \mathbf{V}(\mathbf{r}, t)$. Entretanto, em muitas situações, a velocidade é constante ao longo do tempo, de modo que $\mathbf{V} =$

FIGURA 4.11
Padrões para um escoamento não uniforme: (a) escoamento convergente, (b) escoamento em um vórtice.

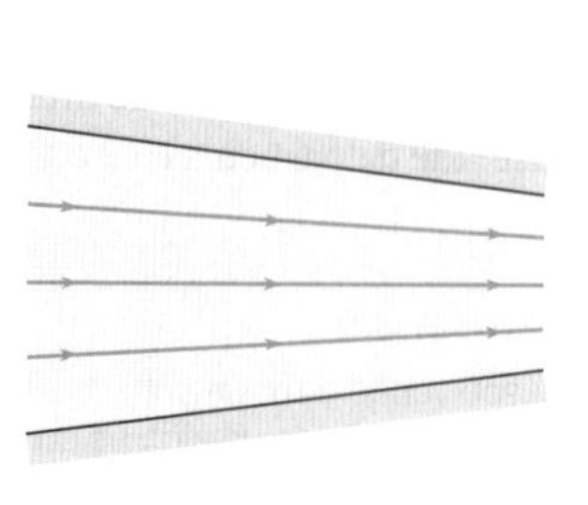

(a)

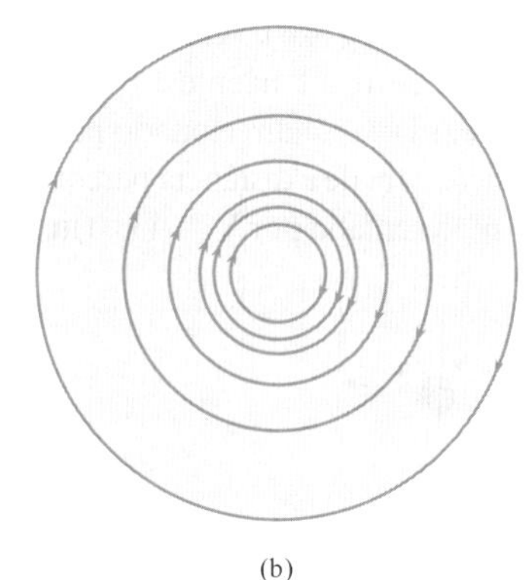

(b)

(a)

(b)

FIGURA 4.12
Exemplos de escoamento laminar e turbulento: (a) O escoamento do xarope é laminar. (Lauri Patterson/ The Agency Collection/Getty Images.) (b) O escoamento para fora de uma chaminé de fumaça é turbulento. (Foto por Donald Elger.)

V(**r**). Isso é conhecido como regime permanente, ou regime estacionário. Um **escoamento permanente** significa que a velocidade em cada posição no espaço é constante ao longo do tempo. Esse conceito pode ser escrito em termos matemáticos da seguinte forma:

$$\left.\frac{\partial \mathbf{V}}{\partial t}\right|_{\text{todos os pontos no campo de velocidades}} = 0$$

Em um **escoamento não permanente ou escoamento transiente**, a velocidade varia, pelo menos em alguns pontos, no campo de velocidades. Esse conceito pode ser representado pela seguinte equação:

$$\frac{\partial \mathbf{V}}{\partial t} \neq 0$$

EXEMPLO. Se o escoamento em um tubo tiver variado ao longo do tempo por causa da abertura ou do fechamento de uma válvula, então o escoamento será transiente; ou seja, a velocidade em algumas posições no campo de velocidades estaria aumentando ou diminuindo ao longo do tempo.

Escoamento Laminar e Turbulento

Em um experimento famoso, Osborne Reynolds mostrou que existem dois tipos diferentes de escoamento que podem ocorrem em um tubo.* O primeiro tipo de escoamento, denominado **escoamento laminar**, consiste em um estado de escoamento bem ordenado, em que as camadas de fluido adjacentes se movem suavemente umas em relação às outras. O escoamento ocorre em camadas ou lâminas. Um exemplo de escoamento laminar é o escoamento de um xarope grosso (Fig. 4.12a).

O segundo tipo de escoamento identificado por Reynolds é chamado **escoamento turbulento**, que consiste em um escoamento transiente caracterizado por turbilhões de diferentes tamanhos e uma intensa mistura ao longo da corrente. Pode ser observado no rastro de um navio e também na fumaça de uma chaminé (Fig. 4.12b). A mistura devida ao escoamento turbulento fica aparente, já que a fumaça se expande e dispersa.

O escoamento laminar em um tubo (Fig. 4.13a) possui uma suave distribuição de velocidades parabólica. O escoamento turbulento (Fig. 4.13b) possui uma distribuição de velocidades em forma de pistão, pois os turbilhões misturam o escoamento, o que tende a manter a distribuição uniforme. Tanto no escoamento laminar quanto no escoamento turbulento prevalece a condição de não escorregamento junto à parede do tubo.

FIGURA 4.13
Escoamento laminar e turbulento em um tubo reto.
(a) Escoamento laminar.
(b) Escoamento turbulento.
Ambos os croquis assumem um escoamento totalmente desenvolvido.

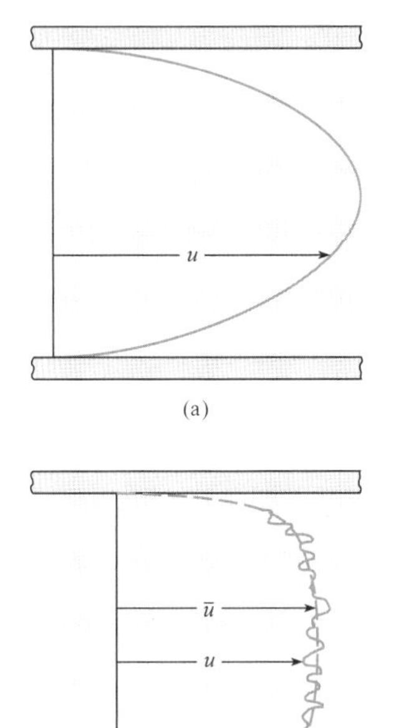

Velocidade Ponderada no Tempo

O escoamento turbulento é transiente, de modo que o procedimento-padrão consiste em representar a velocidade como uma velocidade média ponderada no tempo $\overline{u}$ mais uma com-

*O experimento de Reynolds está descrito no Capítulo 10.

TABELA 4.2 Comparação entre os Escoamentos Laminar e Turbulento

Característica	Escoamento Laminar	Escoamento Turbulento
Descrição básica	Escoamento suave em camadas (lâminas).	O escoamento possui muitos turbilhões de diferentes tamanhos. O escoamento parece aleatório, caótico e transiente.
Perfil de velocidades em um tubo	Parabólico: a razão entre a velocidade média e a velocidade na linha de centro do tubo é de 0,5 em um escoamento completamente desenvolvido.	Em forma de pistão; a razão entre a velocidade média e a velocidade na linha de centro do tubo está entre 0,8 e 0,9.
Mistura de materiais adicionados ao escoamento	Baixos níveis de mistura: É difícil fazer com que um material se misture com um fluido em um escoamento laminar.	Altos níveis de mistura. Fácil de misturar um material; por exemplo, visualize o creme misturando com o café.
Variação ao longo do tempo	Pode ser permanente ou transiente.	Sempre transiente.
Dimensionalidade do escoamento	Pode ser 1-D, 2-D ou 3-D.	Sempre 3-D.
Disponibilidade de soluções matemáticas	Em princípio, qualquer escoamento laminar pode ser resolvido com uma solução analítica ou por computador. Existem muitas soluções analíticas existentes. As soluções são muito próximas ao que seria medido por meio de um experimento.	Não existe nenhuma teoria completa para o escoamento turbulento. Existe um número limitado de procedimentos de soluções semi-empíricas. Muitos escoamentos turbulentos não podem ser estimados com precisão por meio de modelos para computador ou de soluções analíticas. Os engenheiros dependem com frequência de experimentos para caracterizar um escoamento turbulento.
Importância prática	Uma pequena porcentagem de problemas práticos envolve um escoamento laminar.	A maioria dos problemas práticos envolve escoamento turbulento. Tipicamente, o escoamento do ar e da água em sistemas de tubulações é turbulento. A maioria dos escoamentos de água em canais abertos é turbulento.
Ocorrência (número de Reynolds)	Ocorre em valores mais baixos de números de Reynolds. (O número de Reynolds é introduzido no Capítulo 8.)	Ocorre em maiores valores de números de Reynolds.

ponente flutuante u'. Desta forma, a velocidade é expressa com $u = \overline{u} + u'$ (ver a Fig. 4.13b). A componente flutuante é definida como a diferença entre a velocidade local e a velocidade média ponderada no tempo. Um escoamento turbulento é designado "permanente" ou "estacionário" quando a velocidade ponderada no tempo não varia ao longo do tempo. Para uma visualização interessante de escoamentos turbulentos, veja o vídeo intitulado *Turbulence* (Turbulência) (3). A Tabela 4.2 compara os escoamentos laminar e turbulento.

Escoamentos Unidimensional e Multidimensional

A dimensionalidade de um campo de escoamento pode ser ilustrada por meio de um exemplo. A Figura 4.14a mostra a distribuição de velocidades para um escoamento simétrico em relação ao eixo central em um duto circular. O escoamento é uniforme, ou completamente desenvolvido, de modo que a velocidade não varia em sua direção (z). A velocidade depende somente de uma dimensão espacial, qual seja, o raio r, de modo que o escoamento é unidimensional ou 1-D. A Figura 4.14b mostra a distribuição de velocidades para um escoamento uniforme no interior de um duto quadrado. Neste caso, a velocidade depende de duas dimensões, quais sejam, x e y, de modo que o escoamento é bidimensional. A Figura 4.14c também mostra a distribuição de velocidades para o escoamento em um duto quadrado, porém a área de seção

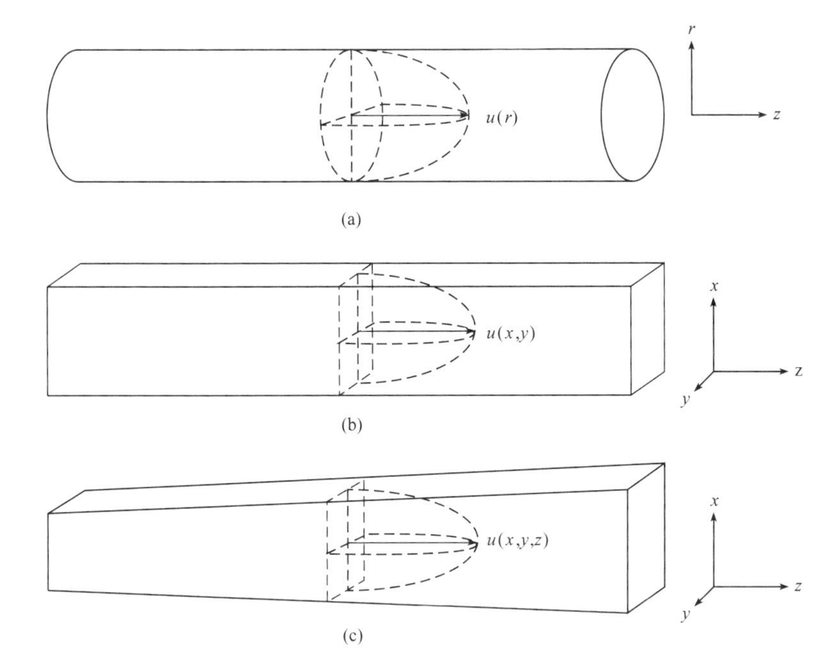

FIGURA 4.14

Dimensionalidade do escoamento: (a) escoamento unidimensional, (b) escoamento bidimensional, e (c) escoamento tridimensional.

transversal do duto está expandindo na direção do escoamento, de modo que a velocidade também será dependente da posição z, assim como de x e y. Este escoamento é tridimensional, ou 3-D.

A turbulência é outro bom exemplo de escoamento tridimensional, já que as componentes da velocidade em um dado momento dependem das três direções coordenadas. Por exemplo, a componente da velocidade u em um dado momento depende de x, y e z; isto é, $u(x, y, z)$. O escoamento turbulento é transiente, de modo que as componentes da velocidade também dependem do tempo.

Outra definição utilizada com frequência na mecânica dos fluidos é a de escoamento quase unidimensional. Por essa definição, assume-se que existe somente uma componente da velocidade na direção do escoamento e que os perfis de velocidade estão distribuídos uniformemente; existe uma velocidade constante ao longo da seção transversal do duto.

Escoamento Viscoso e Invíscido

Em um **escoamento viscoso**, as forças associadas às tensões de cisalhamento viscosas são grandes o suficiente para afetar o movimento dinâmico das partículas que compreendem o escoamento. Por exemplo, quando um fluido escoa em um tubo como está mostrado na Figura 4.13, este é um escoamento viscoso. De fato, tanto o escoamento laminar quanto o turbulento são tipos de escoamento viscoso.

Em um **escoamento invíscido**, as forças associadas às tensões de cisalhamento viscosas são pequenas o suficiente para que elas não afetem o movimento dinâmico das partículas que compreendem o escoamento. Dessa forma, em um escoamento invíscido, as tensões viscosas podem ser desprezadas nas equações para o movimento.

Regiões de Camada-Limite, Esteira e Escoamento Potencial

Para idealizar muitos escoamentos complexos, os engenheiros utilizam conceitos que podem ser ilustrados pelo escoamento sobre uma esfera (Fig. 4.15). Como mostrado, o escoamento está dividido em três regiões: uma região de escoamento invíscido, uma esteira e uma camada-limite.

Separação do Escoamento

A separação do escoamento (Fig. 4.15) ocorre quando as partículas do fluido adjacentes a um corpo se desviam dos contornos desse corpo. A Figura 4.16 mostra a separação do escoamento atrás de uma barra quadrada. Observe que o escoamento se separa das bordas da barra e que a região de esteira é grande. Tanto na Figura 4.15 quanto na 4.16, o escoamento segue os con-

FIGURA 4.15

Padrão de escoamento ao redor de uma esfera quando o número de Reynolds é elevado. O desenho mostra as regiões do escoamento.

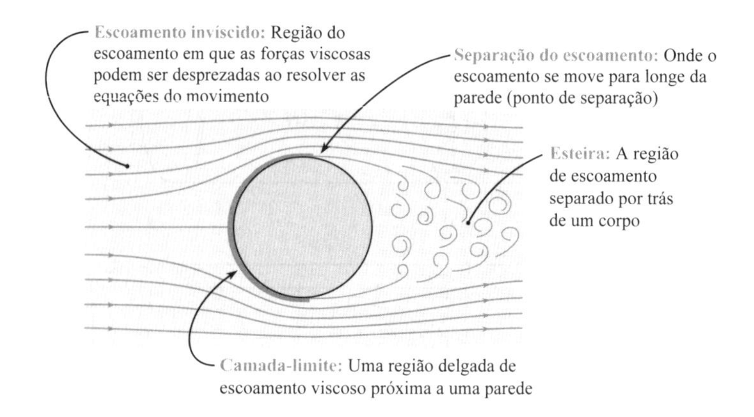

FIGURA 4.16

Padrão de escoamento por uma barra quadrada ilustrando a separação do escoamento nas arestas da barra.

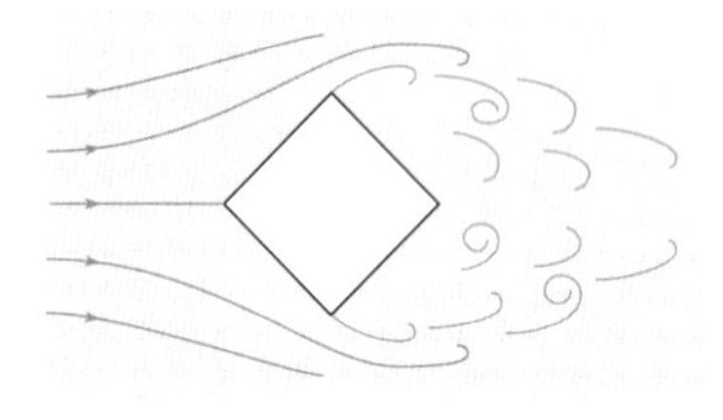

FIGURA 4.17

Escoamento separado atrás de uma seção de aerofólio sob um ângulo grande.

tornos do corpo nos lados a montante dos objetos. A região em que um escoamento segue o contorno do corpo é denominada **escoamento ligado**.

Quando o escoamento se separa (Fig. 4.16), a força de arrasto sobre o corpo é geralmente grande. Dessa forma, os projetistas buscam reduzir ou eliminar a separação do escoamento ao projetar produtos tais como automóveis e aviões. Além disso, a separação do escoamento pode levar a uma falha estrutural, já que a esteira é transiente por causa do desprendimento de vórtices, o que cria forças oscilatórias e variáveis. Essas forças causam vibrações estruturais que podem levar a uma falha quando a frequência natural da estrutura está próxima à frequência do desprendimento dos vórtices. Em um exemplo famoso, o desprendimento de vórtices associado à separação do escoamento causou uma oscilação excessiva da ponte Tacoma Narrows, próxima a Seattle, nos Estados Unidos, o que causou a sua falha catastrófica.

A Figura 4.17 mostra a separação do escoamento para um aerofólio (um aerofólio é um corpo com a forma de seção transversal de uma asa). A separação do escoamento ocorre quando o aerofólio é girado até um ângulo de ataque que é muito grande. A separação do escoamento nesse contexto faz com que um avião pare ou fique estagnado, o que significa que a força de sustentação cai drasticamente e que as asas não são mais capazes de manter o avião em um voo nivelado. Essa estagnação deve ser evitada.

A separação do escoamento pode ocorrer no interior de tubulações. Por exemplo, o escoamento passando através de um orifício em um tubo irá se separar (ver a Fig. 13.14). Nesse caso, a zona de escoamento separado (desconectado) é geralmente chamada de zona de recirculação. A separação de um escoamento no interior de um tubo é geralmente um fenômeno indesejado, pois ela causa perdas de energia, zonas de baixa pressão que podem levar à cavitação e a vibrações.

Resumo. *Escoamento ligado* significa que o escoamento está se movendo paralelamente às paredes de um corpo. A *separação do escoamento*, que ocorre tanto em escoamentos internos quanto externos, significa que o escoamento se move para fora da parede. A separação do escoamento está relacionada com fenômenos de interesse na Engenharia, tais como o arrasto, as vibrações estruturais e a cavitação.

4.4 Aceleração

A previsão de forças é importante para o projetista. Uma vez que as forças estão relacionadas com a aceleração, esta seção descreve o que significa aceleração no contexto de um fluido em escoamento.

FIGURA 4.18

Esta figura mostra o escoamento sobre uma esfera. A esfera cinza é uma partícula de fluido que está se movendo ao longo da linha de corrente de estagnação.

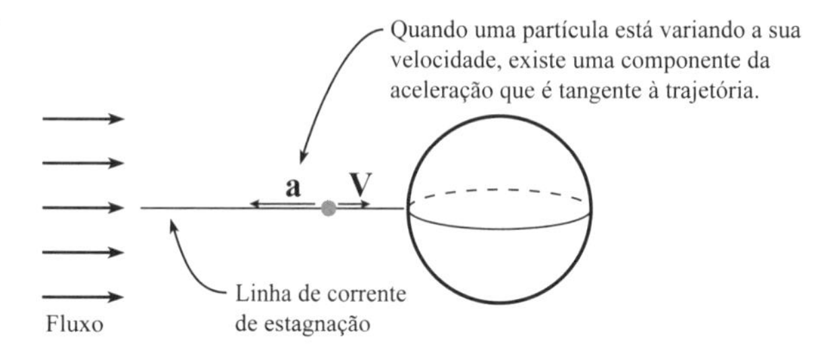

Definição de Aceleração

Aceleração é uma propriedade de uma partícula de fluido que caracteriza a variação na velocidade da partícula e a variação na direção do deslocamento em um momento no tempo. A definição matemática de aceleração é

$$\mathbf{a} = \frac{d\mathbf{V}}{dt} \quad (4.6)$$

em que **V** é a velocidade da partícula e t é o tempo.

Interpretação Física da Aceleração

A aceleração ocorre quando *a velocidade de uma partícula de fluido, ou a sua direção de deslocamento, ou ambas, está variando.*

EXEMPLO. À medida que uma partícula se move ao longo da linha de corrente retilínea na Figura 4.18, ela diminui a sua velocidade. Uma vez que a partícula varia a sua velocidade, ela acelera (na realidade, neste caso, desacelera). Sempre que uma partícula variar a sua velocidade, haverá uma componente do vetor aceleração tangente à trajetória. Essa componente da aceleração é chamada a *componente tangencial da aceleração.*

EXEMPLO. À medida que uma partícula se move ao longo de uma linha de corrente curvilínea (ver a Fig. 4.19), ela deve possuir uma componente de aceleração direcionada para o centro do raio de curvatura, conforme mostrado. Esta componente é chamada a *componente normal do vetor aceleração.* Adicionalmente, se a partícula está mudando de velocidade, então a componente tangencial também estará presente.

Resumo. A aceleração é uma propriedade de uma partícula do fluido. A componente tangencial do vetor aceleração está associada a uma variação na velocidade. A componente normal está associada a uma variação na direção. A componente normal será diferente de zero sempre que uma partícula estiver se movendo sobre uma linha de corrente curva, pois a partícula estará variando continuamente a sua direção de deslocamento.

Descrevendo Matematicamente a Aceleração

Uma vez que a velocidade de um fluido em escoamento é descrita por meio de um campo de velocidades (isto é, uma abordagem de Euler), a representação matemática da aceleração é diferente daquela apresentada em cursos de matérias como física e dinâmica. Esta subseção desenvolve os conceitos sobre a aceleração de um fluido.

Para começar, imagine uma partícula de fluido sobre uma linha de corrente, como mostrado na Figura 4.20. Escreva a velocidade usando componentes normal-tangencial:

$$\mathbf{V} = V(s, t)\,\mathbf{u}_t$$

Nesta equação, a velocidade da partícula V é uma função da posição s e do tempo t. A direção de deslocamento da partícula é dada pelo vetor unitário $\mathbf{u}_t$, o qual, por definição, é tangente à linha de corrente.

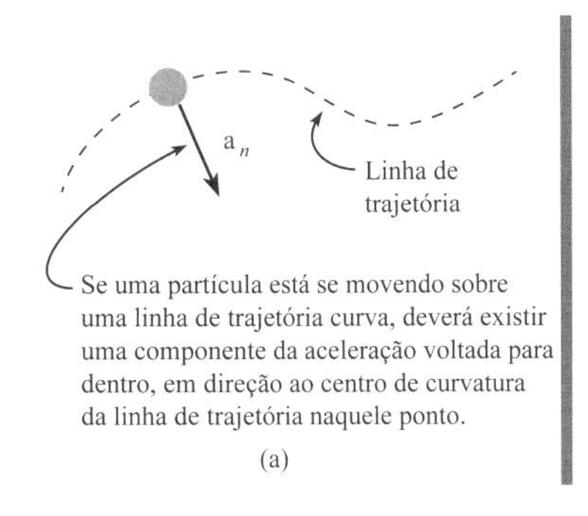

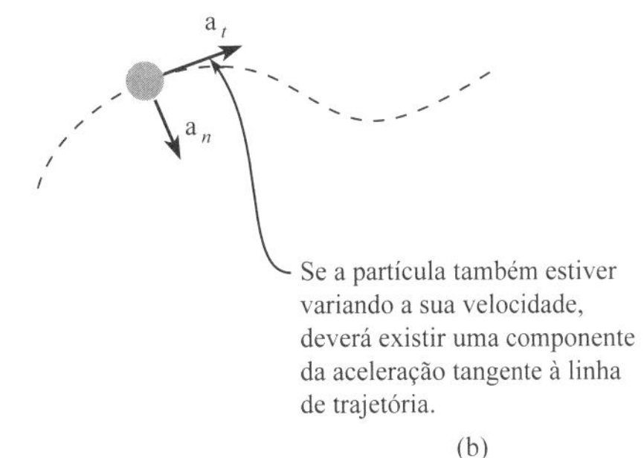

FIGURA 4.19
Esta figura mostra uma partícula se movendo ao longo de uma linha de corrente curva.

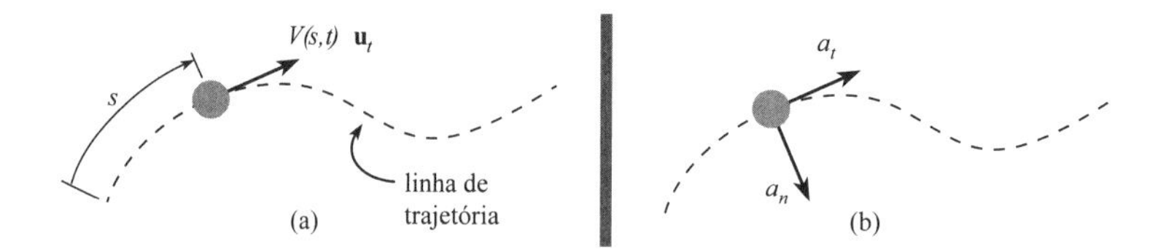

FIGURA 4.20
Partícula se movendo sobre uma linha de trajetória:
(a) velocidade, (b) aceleração.

Usando a definição de aceleração:

$$\mathbf{a} = \frac{d\mathbf{V}}{dt} = \left(\frac{dV}{dt}\right)\mathbf{u}_t + V\left(\frac{d\mathbf{u}_t}{dt}\right) \tag{4.7}$$

Para avaliar a derivada da velocidade na Eq. (4.7), pode ser usada a regra da cadeia para uma função com duas variáveis:

$$\frac{dV(s,t)}{dt} = \left(\frac{\partial V}{\partial s}\right)\left(\frac{ds}{dt}\right) + \frac{\partial V}{\partial t} \tag{4.8}$$

Em um tempo dt, a partícula de fluido se move a uma distância ds, de modo que a derivada ds/dt corresponde à velocidade V da partícula, e a Eq. (4.8) se torna

$$\frac{dV}{dt} = V\left(\frac{\partial V}{\partial s}\right) + \frac{\partial V}{\partial t} \tag{4.9}$$

Na Eq. (4.7), a derivada do vetor unitário $d\mathbf{u}_t/dt$ é diferente de zero, pois a direção do vetor unitário muda ao longo do tempo à medida que a partícula se move ao longo da linha de trajetória. A derivada é

$$\frac{d\mathbf{u}_t}{dt} = \frac{V}{r}\mathbf{u}_n \tag{4.10}$$

em que $\mathbf{u}_t$ é o vetor unitário perpendicular à linha de trajetória que aponta para dentro, em direção ao centro de curvatura (2).

Substituindo as Eqs. (4.9) e (4.10) na Eq. (4.7), tem-se a aceleração da partícula de fluido:

$$\mathbf{a} = \left(V\frac{\partial V}{\partial s} + \frac{\partial V}{\partial t}\right)\mathbf{u}_t + \left(\frac{V^2}{r}\right)\mathbf{u}_n \tag{4.11}$$

A interpretação dessa equação é a seguinte: a aceleração no lado esquerdo é a aceleração da partícula de fluido. Os termos no lado direito representam uma maneira de avaliar essa aceleração usando a velocidade, o gradiente de velocidade e a variação da velocidade com o tempo.

A Eq. (4.11) mostra que a magnitude da componente normal da aceleração é V^2/r. A direção dessa componente da aceleração é normal à linha de corrente e voltada para dentro em direção ao centro de curvatura da linha de corrente. Este termo é algumas vezes chamado de **aceleração centrípeta**, em que "centrípeta" significa *que busca o centro*.

Aceleração Convectiva e Local

Na Eq. (4.11), o termo $\partial V/\partial t$ significa a taxa de variação temporal da velocidade enquanto a posição (x, y, z) é mantida constante. Os termos derivados em relação ao tempo na formulação de Euler para a aceleração são chamados de **aceleração local**, uma vez que a posição é mantida constante. Todos os demais termos são chamados de **aceleração convectiva**, pois estes tipicamente envolvem variáveis que estão associadas ao movimento do fluido.

EXEMPLO. Os conceitos da Eq. (4.11) podem ser ilustrados pelo uso do quadrinho na Figura 4.21. O carrinho representa a partícula de fluido, enquanto o trilho representa a linha de trajetória. Uma forma direta de medir a aceleração consiste em andar no carrinho e ler a aceleração em um acelerômetro. Isto fornece a aceleração no lado esquerdo da Eq. (4.11). A abordagem de Euler consiste em se registrar dados, tal que os termos no lado direito da

FIGURA 4.21

Medindo a aceleração convectiva segundo duas abordagens diferentes. (Quadrinho por Chad Crowe.)

Eq. (4.11) possam ser calculados. Teria que ser medida a velocidade do carrinho em dois locais separados por uma distância Δs e calcular o termo convectivo usando

$$V\frac{\partial V}{\partial s} \approx V\frac{\Delta V}{\Delta s}$$

Em seguida, seriam medidos os valores de V e r, e então se calcularia V^2/r. A aceleração local, para este exemplo, seria zero. Quando se fazem os cálculos para o lado direito da Eq. (4.11), o valor calculado será igual ao valor registrado pelo acelerômetro.

Resumo. A física da aceleração é descrita considerando a variação da velocidade e a variação da direção de uma partícula de fluido. Aceleração local e a convectiva são denominações para os termos matemáticos que aparecem na formulação de Euler para a aceleração.

Quando um campo de velocidades é especificado, denota uma abordagem de Euler, e pode-se calcular a aceleração substituindo números na equação. O Exemplo 4.1 ilustra esse método.

EXEMPLO 4.1

Calculando a Aceleração quando é Especificado um Campo de Velocidades

Enunciado do Problema

Um bocal está projetado tal que a sua velocidade varie conforme a equação

$$u(x) = \frac{u_0}{1{,}0 - 0{,}5x/L}$$

em que a velocidade u_0 é a velocidade na entrada e L é o comprimento do bocal. A velocidade de entrada é de 10 m/s, enquanto o comprimento é de 0,5 m. A velocidade é uniforme ao longo de cada seção transversal. Determine a aceleração em um ponto à metade do caminho ao longo do bocal ($x/L = 0{,}5$).

Defina a Situação

Uma distribuição de velocidades é especificada em um bocal.

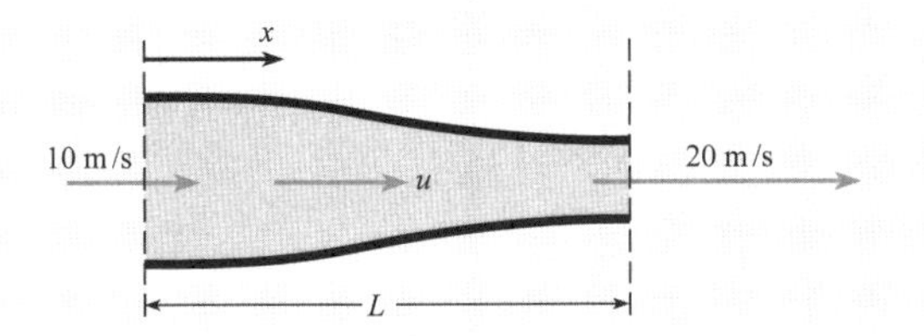

Hipótese: O campo de escoamento é quase unidimensional (a velocidade normal à linha de centro do bocal é desprezível).

Estabeleça o Objetivo

Calcular a aceleração no ponto central do bocal.

Tenha Ideias e Trace um Plano

1. Selecionar a linha de trajetória ao longo da linha de centro do bocal.
2. Avaliar os termos na Eq. (4.11).

Aja (Execute o Plano)

A distância ao longo da linha de trajetória é x, tal que s na Eq. (4.11) se torna x e V se torna u. A linha de trajetória é reta, de modo que $r \to \infty$.

1. Análise termo a termo:
   - Aceleração convectiva:

$$\frac{\partial u}{\partial x} = -\frac{u_0}{(1 - 0{,}5x/L)^2} \times \left(-\frac{0{,}5}{L}\right)$$

$$= \frac{1}{L}\frac{0{,}5u_0}{(1 - 0{,}5x/L)^2}$$

$$u\frac{\partial u}{\partial x} = 0{,}5\frac{u_0^2}{L}\frac{1}{(1 - 0{,}5x/L)^3}$$

Avaliação em $x/L = 0{,}5$:

$$u\frac{\partial u}{\partial x} = 0{,}5 \times \frac{10^2}{0{,}5} \times \frac{1}{0{,}75^3}$$
$$= 237 \text{ m/s}^2$$

- Aceleração local:

$$\frac{\partial u}{\partial t} = 0$$

- Aceleração centrípeta (também é uma aceleração convectiva):

$$\frac{u^2}{r} = 0$$

2. Combinar os termos:

$$a_x = 237 \text{ m/s}^2 + 0$$
$$= \boxed{237 \text{ m/s}^2}$$
$$a_n \text{ (normal à linha de trajetória)} = \boxed{0}$$

Reveja a Solução e o Processo

Conhecimento. Uma vez que a_x é positivo, a direção da aceleração é positiva; isto é, a velocidade aumenta na direção de x, como seria esperado. Apesar de o escoamento ser permanente, as partículas de fluido ainda assim são aceleradas.

4.5 Aplicando a Equação de Euler para Compreender a Variação de Pressão

A equação de Euler, o tópico desta seção, é usada pelos engenheiros para compreender a variação de pressão.

Derivação da Equação de Euler

A equação de Euler é derivada pela aplicação de $\Sigma \mathbf{F} = m\mathbf{a}$ a uma partícula de fluido. A derivação é semelhante à derivação da equação diferencial hidrostática (Capítulo 3).

Para começar, selecione uma partícula de fluido (Fig. 4.22a) e oriente a partícula segundo uma direção arbitrária ℓ e em um ângulo α em relação ao plano horizontal (Fig. 4.22b). Assuma que as forças viscosas sejam zero. Assuma que a partícula esteja em um escoamento e que ela esteja acelerando. Então, aplique a segunda lei de Newton na direção ℓ:

$$\sum F_\ell = ma_\ell$$
$$F_{\text{pressão}} + F_{\text{gravidade}} = ma_\ell \tag{4.12}$$

A massa da partícula é

$$m = \rho \Delta A \Delta \ell$$

A força resultante devido à pressão na direção ℓ é

$$F_{\text{pressão}} = p\Delta A - (p + \Delta p)\Delta A = -\Delta p \Delta A$$

A força devido à gravidade é

$$F_{\text{gravidade}} = -\Delta W_\ell = -\Delta W \operatorname{sen} \alpha \tag{4.13}$$

A partir da Figura 4.22b, note que sen $\alpha = \Delta z/\Delta \ell$. Portanto, a Eq. (4.13) se torna

$$F_{\text{gravidade}} = -\Delta W \frac{\Delta z}{\Delta \ell}$$

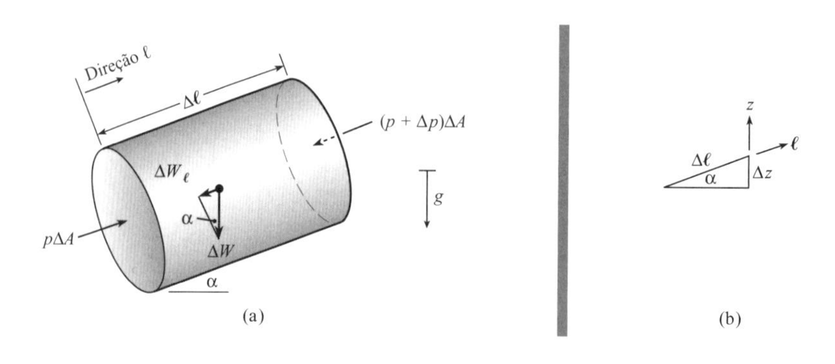

FIGURA 4.22
(a) Forças atuando em uma partícula de fluido e (b) um croqui mostrando a geometria.

O peso da partícula é $\Delta W = \gamma\Delta\ell\Delta A$. Substituindo a massa da partícula e as forças sobre a partícula na Eq. (4.12), obtemos

$$-\Delta p\Delta A - \gamma\Delta\ell\Delta A\frac{\Delta z}{\Delta\ell} = \rho\Delta\ell\Delta A a_\ell$$

Dividindo todos os termos pelo volume da partícula, $\Delta A\Delta\ell$, resulta em

$$-\frac{\Delta p}{\Delta\ell} - \gamma\frac{\Delta z}{\Delta\ell} = \rho a_\ell$$

Levando ao limite em que $\Delta\ell$ tende a zero (reduz a partícula a um tamanho infinitesimal) temos

$$-\frac{\partial p}{\partial\ell} - \gamma\frac{\partial z}{\partial\ell} = \rho a_\ell \qquad (4.14)$$

Assuma um escoamento com densidade constante, tal que γ seja constante, e a Eq. (4.14) se reduz a

$$-\frac{\partial}{\partial\ell}(p + \gamma z) = \rho a_\ell \qquad (4.15)$$

A Eq. (4.15) é uma forma escalar da equação de Euler. Uma vez que esta equação é verdadeira qualquer que seja a direção escalar, podemos escrevê-la em uma forma vetorial equivalente:

$$-\nabla p_z = \rho\mathbf{a} \qquad (4.16)$$

em que ∇p_z é o gradiente da pressão piezométrica, e $\mathbf{a}$ é a aceleração da partícula de fluido.

Interpretação Física da Equação de Euler

A equação de Euler mostra que o gradiente de pressão é colinear ao vetor aceleração e oposto em direção.

$$-\nabla p_z = \rho\mathbf{a}$$

$$-\left(\begin{array}{c}\text{gradiente do campo de}\\ \text{pressões piezométrico}\end{array}\right) = \left(\frac{\text{massa}}{\text{volume}}\right)(\text{aceleração da partícula})$$

Desta forma, usando conhecimentos da aceleração, podemos fazer inferências sobre a variação da pressão. Três casos importantes são apresentados em seguida. Neste ponto, recomendamos o vídeo intitulado *Pressure Fields and Fluid Acceleration* (4) (Campos de Pressões e Aceleração do Fluido), que ilustra conceitos fundamentais usando experimentos de laboratório.

Caso 1: Variação de Pressão por causa de uma Mudança na Velocidade de uma Partícula
Quando uma partícula de fluido está aumentando ou diminuindo a sua velocidade à medida que se move ao longo de uma linha de corrente, a pressão irá variar em uma direção tangente à linha de corrente. Por exemplo, a Figura 4.23 mostra uma partícula de fluido se movendo ao longo de uma linha de corrente de estagnação. Uma vez que a partícula está diminuindo a sua velocidade, o vetor aceleração aponta para a esquerda. Portanto, o gradiente de pressão

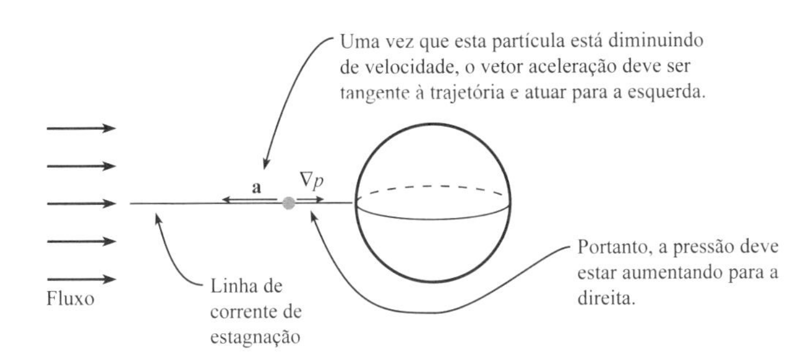

FIGURA 4.23
Esta figura mostra o escoamento sobre uma esfera. O objeto cinza-claro é uma partícula de fluido que se move ao longo da linha de corrente de estagnação.

FIGURA 4.24

Escoamento com linhas de corrente retilíneas. As etapas numeradas dão a lógica para mostrar que a variação de pressão normal às linhas de correntes retilíneas é hidrostática.

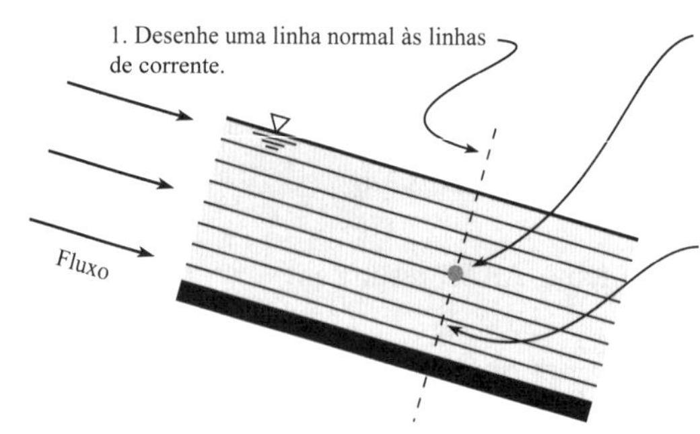

FIGURA 4.25

Escoamento com linhas de corrente curvas. Assuma que as partículas do fluido possuam uma velocidade constante. Dessa forma, o vetor aceleração aponta para dentro em direção ao centro de curvatura.

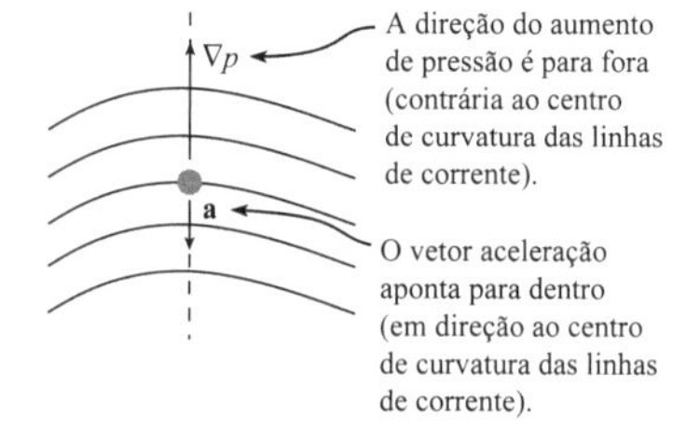

deve apontar para a direita. Dessa forma, a pressão está aumentando ao longo da linha de corrente, e a direção do aumento de pressão é para a direita. **Resumo.** Quando uma partícula estiver variando a sua velocidade, a pressão irá variar em uma direção que é tangente à linha de corrente.

Caso 2: Variação de Pressão Normal às Linhas de Corrente Retilíneas

Quando as linhas de corrente são retas e paralelas (Fig. 4.24), a *pressão piezométrica será constante ao longo de uma linha que seja normal às linhas de corrente.*

Caso 3: Variação de Pressão Normal às Linhas de Corrente Curvas

Quando as linhas de corrente são curvas (Fig. 4.25), então a *pressão piezométrica irá aumentar ao longo de uma linha que seja normal às linhas de corrente.* A direção do aumento de pressão será para fora a partir do centro de curvatura das linhas de corrente. A Figura 4.25 mostra porque a pressão irá variar. Uma partícula de fluido sobre uma linha de corrente curva deve possuir uma componente de aceleração para dentro. Portanto, o gradiente de pressão irá apontar para fora. Uma vez que o gradiente aponta na direção do aumento da pressão, concluímos que a pressão irá aumentar ao longo da linha desenhada normal às linhas de corrente. **Resumo.** Quando as linhas de corrente são curvas, a pressão aumenta para fora a partir do centro de curvatura* das linhas de corrente.

Cálculos Envolvendo a Equação de Euler

Na maioria dos casos, os cálculos envolvendo a equação de Euler estão além do escopo deste livro. Entretanto, quando um fluido está acelerando como um corpo rígido, a equação de Euler pode ser aplicada de uma maneira simples. Os Exemplos 4.2 e 4.3 mostram como fazer isto.

EXEMPLO 4.2

Aplicando a Equação de Euler a uma Coluna de Fluido que Está Sendo Acelerada para Cima

Enunciado do Problema

Uma coluna de água em um tubo vertical está sendo acelerada por um pistão na direção vertical a 100 m/s². A profundidade da coluna de água é de 10 cm. Determine a pressão manométrica sobre o pistão. A densidade da água é de 10³ kg/m³.

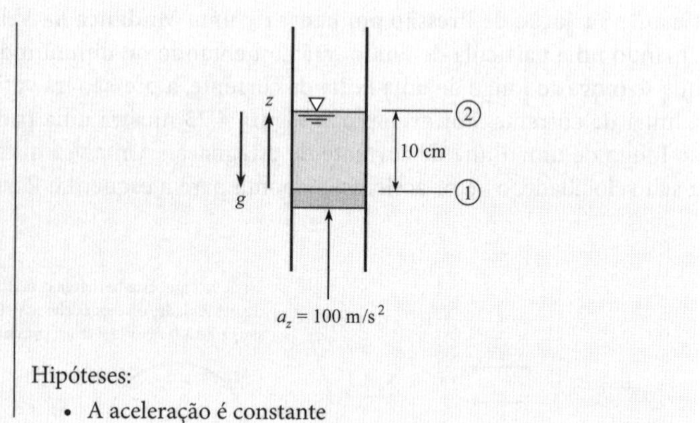

Defina a Situação

Uma coluna de água está sendo acelerada por um pistão.

Hipóteses:

- A aceleração é constante

*Cada linha de corrente possui um centro de curvatura em cada ponto ao longo da linha de corrente. Não existe um único centro de curvatura de um grupo de linhas de corrente.

- Os efeitos viscosos não são importantes
- A água é incompressível

Propriedade: $\rho = 10^3$ kg/m³

Estabeleça o Objetivo

Determinar: A pressão manométrica sobre o pistão.

Tenha Ideias e Trace um Plano

1. Aplicar a equação de Euler, Eq. (4.15), na direção z.
2. Integrar entre as posições 1 e 2.
3. Igualar a pressão a zero (pressão manométrica) na seção 2.
4. Calcular a pressão sobre o pistão.

Aja (Execute o Plano)

1. Uma vez que a aceleração é constante, não existe dependência em relação ao tempo, e assim a derivada parcial na equação de Euler pode ser substituída por uma derivada ordinária. A equação de Euler se torna

$$\frac{d}{dz}(p + \gamma z) = -\rho a_z$$

2. A integração entre as seções 1 e 2 produz:

$$\int_1^2 d(p + \gamma z) = \int_1^2 (-\rho a_z)\,dz$$

$$(p_2 + \gamma z_2) - (p_1 + \gamma z_1) = -\rho a_z (z_2 - z_1)$$

3. Álgebra:

$$p_1 = (\gamma + \rho a_z)\Delta z = \rho(g + a_z)\Delta z$$

4. Avaliação da pressão:

$$p_1 = 10^3\ \text{kg/m}^3 \times (9{,}81 + 100)\ \text{m/s}^2 \times 0{,}1\ \text{m}$$

$$p_1 = \boxed{10{,}9 \times 10^3\ \text{Pa} = 10{,}9\ \text{kPa, manométrica}}$$

EXEMPLO 4.3

Aplicando a Equação de Euler à Gasolina em um Caminhão-Tanque que Está Desacelerando

Enunciado do Problema

O tanque em um caminhão-tanque está completamente cheio com gasolina, que possui um peso específico de 42 lbf/ft³ (6,60 kN/m³). O caminhão está desacelerando a uma taxa de 10 ft/s² (3,05 m/s²).

1. Se o tanque no caminhão possui 20 ft (6,1 m) de comprimento e se a pressão na extremidade traseira superior do tanque é a atmosférica, qual é a pressão na parte dianteira superior?
2. Se o tanque possui 6 ft (1,83 m) de altura, qual é a pressão máxima nele?

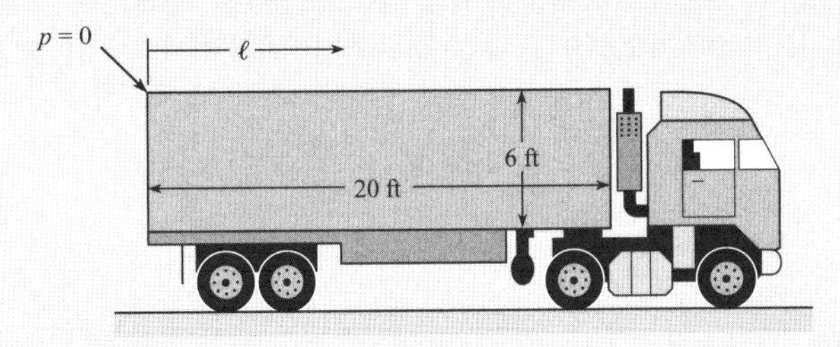

Defina a Situação

Um tanque de gasolina em desaceleração possui uma pressão igual a uma pressão manométrica de zero na extremidade traseira superior.

Hipóteses:

1. A desaceleração é constante.
2. A gasolina é incompressível.

Propriedade: $\gamma = 42$ lbf/ft³ (6,60 kN/m³)

Estabeleça o Objetivo

Determinar:

1. A pressão (psfg e kPa, manométrica) na parte dianteira superior do tanque.
2. A pressão máxima (psfg e kPa, manométrica) no tanque.

Trace um Plano

1. Aplicar a equação de Euler, Eq. (4.15), ao longo da parte superior do tanque. A elevação, z, é constante.
2. Avaliar a pressão na parte dianteira superior.
3. A pressão máxima irá ocorrer na parte dianteira inferior. Aplicar a equação de Euler de cima para baixo na parte dianteira do tanque.
4. Usando o resultado da etapa 2, avaliar a pressão na parte dianteira inferior.

Aja (Execute o Plano)

1. Equação de Euler ao longo da parte superior do tanque:

$$\frac{dp}{d\ell} = -\rho a_\ell$$

A integração da parte traseira (1) até a parte dianteira (2) dá:

$$p_2 - p_1 = -\rho a_\ell \Delta\ell = -\frac{\gamma}{g} a_\ell \Delta\ell$$

2. Avaliação de p_2 com $p_1 = 0$:

$$p_2 = -\left(\frac{42\ \text{lbf/ft}^3}{32{,}2\ \text{ft/s}^2}\right) \times (-10\ \text{ft/s}^2) \times 20\ \text{ft}$$

$$= \boxed{261\ \text{psfg}}$$

Em unidades SI:

$$p_2 = -\left(\frac{6{,}60\ \text{kN/m}^3}{9{,}81\ \text{m/s}^2}\right) \times (-3{,}05\ \text{m/s}^2) \times 6{,}1\ \text{m}$$

$$= \boxed{12{,}5\ \text{(kPa manométrica)}}$$

3. Equação de Euler na direção vertical:

$$\frac{d}{dz}(p + \gamma z) = -\rho a_z$$

4. Para a direção vertical, $a_z = 0$. Integrando do topo do tanque (2) até o fundo do tanque (3), temos:

$$p_2 + \gamma z_2 = p_3 + \gamma z_3$$

$$p_3 = p_2 + \gamma(z_2 - z_3)$$

$$p_3 = 261 \text{ lbf/ft}^2 + 42 \text{ lbf/ft}^3 \times 6 \text{ ft} = \boxed{513 \text{ psfg}}$$

Em unidades SI:

$$p_3 = 12{,}5 \text{ kN/m}^2 + 6{,}6 \text{ kN/m}^3 \times 1{,}83 \text{ m}$$

$$p_3 = \boxed{24{,}6 \text{ kPa manométrica}}$$

4.6 Aplicando a Equação de Bernoulli ao Longo de uma Linha de Corrente

A equação de Bernoulli é usada com frequência na mecânica dos fluidos; esta seção introduz esse tópico.

Derivação da Equação de Bernoulli

Selecione uma partícula sobre uma linha de corrente (Fig. 4.26). A coordenada de posição s fornece a posição da partícula. O vetor unitário $\mathbf{u}_t$ é tangente à linha de corrente, e o vetor unitário $\mathbf{u}_n$ é normal à linha de corrente. Assuma um escoamento em regime permanente, tal que a velocidade da partícula depende apenas da posição. Isto é, $V = V(s)$.

Assuma que as forças viscosas sobre a partícula possam ser desprezadas. Então, aplique a equação de Euler (Eq. 4.15) à partícula na direção $\mathbf{u}_t$:

$$-\frac{\partial}{\partial s}(p + \gamma z) = \rho a_t \tag{4.17}$$

A aceleração é dada pela Eq. (4.11). Uma vez que o escoamento é permanente, $\partial V/\partial t = 0$, e a Eq. (4.11) fornece

$$a_t = V\frac{\partial V}{\partial s} + \frac{\partial V}{\partial t} = V\frac{\partial V}{\partial s} \tag{4.18}$$

Uma vez que p, z e V nas Eqs. (4.17) e (4.18) dependem apenas da posição s, as derivadas parciais se tornam derivadas ordinárias (isto é, funções apenas de uma única variável). Assim, escrevemos essas derivadas como derivadas ordinárias, e combinamos as Eqs. (4.17) e (4.18) para obter

$$-\frac{d}{ds}(p + \gamma z) = \rho V\frac{dV}{ds} = \rho\frac{d}{ds}\left(\frac{V^2}{2}\right) \tag{4.19}$$

Movendo todos os termos para o mesmo lado:

$$\frac{d}{ds}\left(p + \gamma z + \rho\frac{V^2}{2}\right) = 0 \tag{4.20}$$

Quando a derivada de uma expressão é zero, a expressão é igual a uma constante. Assim, reescrevemos a Eq. (4.20) como

$$p + \gamma z + \rho\frac{V^2}{2} = C \tag{4.21a}$$

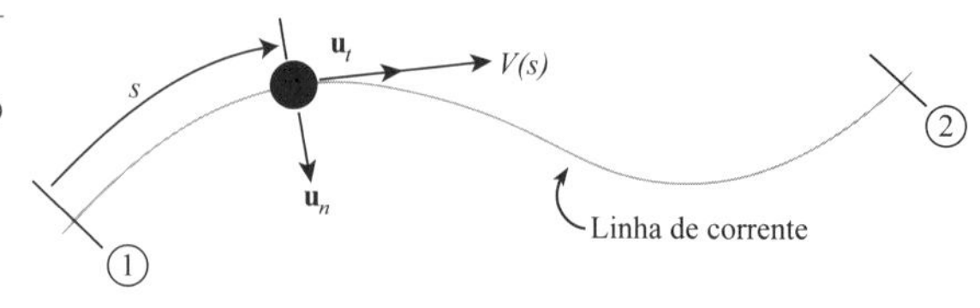

FIGURA 4.26
Croqui utilizado para a derivação da equação de Bernoulli.

em que C é uma constante. A Eq. (4.21a) é a *forma da pressão para a equação de Bernoulli*. Ela é chamada de a forma da pressão porque todos os termos têm unidades de pressão. Dividindo a Eq. (4.21a) pelo peso específico, obtemos a *forma da carga de líquido para a equação de Bernoulli*, que é dada como a Eq. (4.21b). Na forma da carga (ou coluna) de líquido, todos os termos têm unidades de comprimento.

$$\frac{p}{\gamma} + z + \frac{V^2}{2g} = C \tag{4.21b}$$

Interpretação Física nº 1 (A Energia É Conservada)

Uma forma de interpretar a equação de Bernoulli leva ao conceito de que *quando a equação de Bernoulli se aplica, a carga total do fluido em escoamento é uma constante ao longo de uma linha de corrente*. Para desenvolver essa interpretação, lembre-se de que a coluna (ou carga) piezométrica, introduzida no Capítulo 3, é definida como

$$\text{coluna piezométrica} = h \equiv \frac{p}{\gamma} + z \tag{4.22}$$

Introduza a Eq. (4.22) na Eq. (4.21b):

$$h + \frac{V^2}{2g} = \text{Constante} \tag{4.23}$$

Agora, a carga ou coluna de velocidade é definida por

$$\text{Coluna de velocidade} \equiv \frac{V^2}{2g} \tag{4.24}$$

Combinando as Eqs. (4.22) a (4.24), obtemos

$$\begin{pmatrix}\text{Coluna}\\ \text{piezométrica}\end{pmatrix} + \begin{pmatrix}\text{Coluna de}\\ \text{velocidade}\end{pmatrix} = \begin{pmatrix}\text{Constante ao longo de}\\ \text{uma linha de corrente}\end{pmatrix} \tag{4.25}$$

A Eq. (4.25) é mostrada visualmente na Figura 4.27. Note que a coluna piezométrica (linhas cinza-claras) e a coluna de velocidade (linhas cinza-escuras) estão variando, porém a soma da coluna piezométrica mais a coluna de velocidade é constante em todos os pontos. Assim, a carga (ou coluna) total é constante para todos os pontos ao longo de uma linha de corrente quando a equação de Bernoulli se aplica.

A discussão anterior introduziu a carga (ou coluna). **Carga** *é um conceito usado para caracterizar o balanço de trabalho e energia em um fluido em escoamento*. Como mostrado na Figura 4.27, *a carga pode ser visualizada como a altura de uma coluna de líquido*. Cada tipo de carga descreve um termo de trabalho ou de energia. A carga de velocidade caracteriza a energia cinética em um fluido em escoamento, a carga de elevação caracteriza a

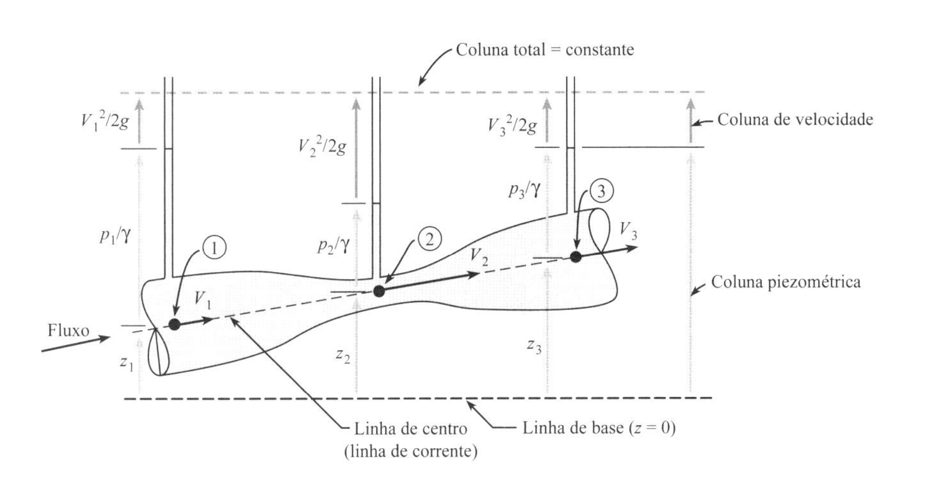

FIGURA 4.27
Água escoando através de um bico Venturi. Os piezômetros mostram a coluna piezométrica nas posições 1, 2 e 3.

energia potencial gravitacional de um fluido, e a carga de pressão está relacionada com o trabalho realizado por uma força de pressão. Como mostrado na Figura 4.27, a carga total é constante. Isso significa que quando a equação de Bernoulli se aplica, o fluido não está perdendo energia à medida que escoa. A razão é que os efeitos viscosos são os responsáveis pelas perdas de energia, e quando a equação de Bernoulli se aplica, os efeitos viscosos são desprezíveis.

Interpretação Física nº 2 (A Velocidade e a Pressão Variam Inversamente)

Uma segunda forma de interpretar a equação de Bernoulli leva ao conceito de que *quando a velocidade aumenta, a pressão irá diminuir*. Para desenvolver essa interpretação, lembre-se de que a pressão piezométrica, introduzida no Capítulo 3, é definida como

$$\text{pressão piezométrica} = p_z \equiv p + \gamma z \tag{4.26}$$

Introduza a Eq. (4.26) na Eq. (4.21a):

$$p_z + \frac{\rho V^2}{2} = \text{Constante} \tag{4.27}$$

Para que a Eq. (4.27) seja verdadeira, a pressão piezométrica e a velocidade devem variar inversamente, de modo que a soma de p_z e $(V^2/2g)$ seja uma constante. Assim, a forma da pressão para a equação de Bernoulli mostra que *a pressão piezométrica varia inversamente com a velocidade*. Em regiões de alta velocidade, a pressão piezométrica será baixa; em regiões de baixa velocidade, a pressão piezométrica será alta.

EXEMPLO. A Figura 4.28 mostra um aerador de vinho tinto Vinturi™, que é um produto usado para adicionar ar ao vinho. Quando o vinho escoa através do Vinturi, a forma do dispositivo causa um aumento na velocidade do vinho e uma correspondente diminuição na sua pressão. Na garganta, a pressão está mais baixa do que a pressão atmosférica, de modo que o ar escoa para dentro através de dois pontos de entrada, se misturando com o vinho para criar um vinho aerado, que para a maioria das pessoas apresenta melhor sabor.

Equações Práticas e Processo

A Tabela 4.3 resume a equação de Bernoulli. O Exemplo 4.4 mostra como aplicar a equação de Bernoulli a um tanque de água que está drenando. Um método sistemático para aplicar a equação de Bernoulli é o seguinte:

Passo 1: **Seleção.** Selecione a forma da carga ou a forma da pressão. Verifique que as hipóteses sejam atendidas.

Passo 2: **Desenhe.** Selecione uma linha de corrente. Então, selecione os pontos 1 e 2 para os quais você possui informações ou quer encontrar informações. Marque a sua documentação para indicar a linha de corrente e os pontos.

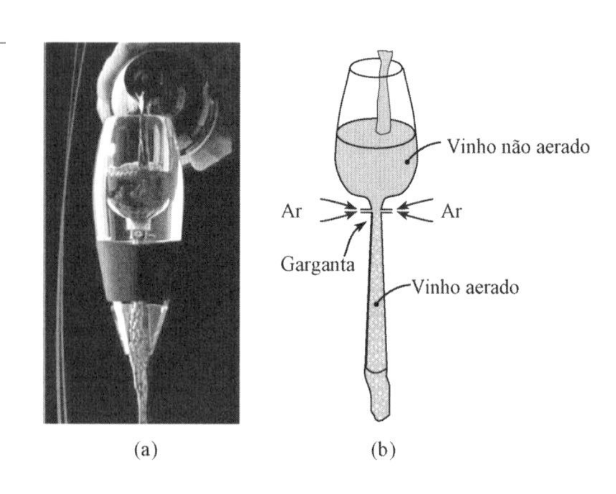

FIGURA 4.28
(a) O aerador de vinho Vinturi e (b) um desenho esquemático ilustrando o princípio de operação. (Fotografia cortesia de Vinturi Inc.)

TABELA 4.3 Resumo da Equação de Bernoulli

Descrição	Equação	Termos
Equação de Bernoulli (forma da carga) Forma recomendada para uso com líquidos	$\left(\frac{p_1}{\gamma} + \frac{V_1^2}{2g} + z_1\right) = \left(\frac{p_2}{\gamma} + \frac{V_2^2}{2g} + z_2\right)$ Eq. (4.21b)	p = pressão estática (Pa) (use a pressão manométrica ou a pressão absoluta; evite a pressão de vácuo) γ = peso específico (N/m^3) V = velocidade (m/s) g = constante gravitacional = 9,81 m/s^2 z = elevação ou carga de elevação (m)
Equação de Bernoulli (forma da pressão) Forma recomendada para uso com gases	$\left(p_1 + \frac{\rho V_1^2}{2} + \rho g z_1\right) = \left(p_2 + \frac{\rho V_2^2}{2} + \rho g z_2\right)$ Eq. (4.21a)	$\frac{p}{\gamma}$ = carga de pressão (m) $\frac{V^2}{2g}$ = carga de velocidade (m) $\frac{p}{\gamma} + z$ = carga piezométrica (m) $p + \gamma z$ = pressão piezométrica (Pa) $\frac{\rho V^2}{2}$ = pressão cinética (Pa)

Passo 3: **Equação geral.** Escreva a forma geral da equação de Bernoulli. Execute uma análise termo a termo para simplificar a *equação geral* a uma *equação reduzida* que se aplique ao problema em questão.

Passo 4: **Validação.** Verifique a equação reduzida para certificar-se de que ela faz sentido fisicamente.

EXEMPLO 4.4

Aplicando a Equação de Bernoulli à Água Drenando de um Tanque

Enunciado do Problema

A água em um tanque aberto drena através de um orifício no fundo do tanque. A elevação da água no tanque é de 10 m acima do dreno. Determine a velocidade do líquido no orifício de drenagem.

Defina a Situação

A água escoa para fora de um tanque.

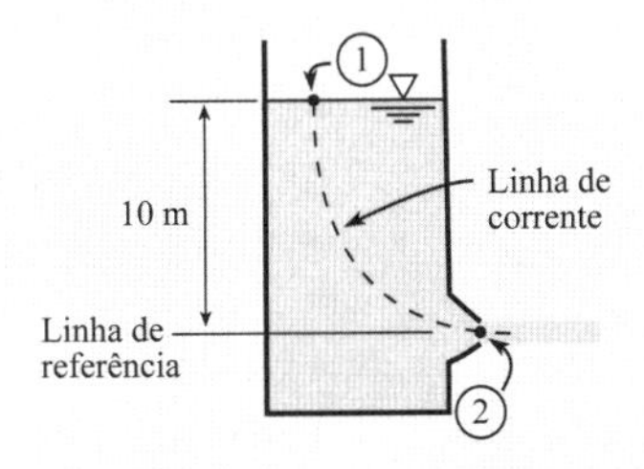

Hipóteses:

- Escoamento permanente.
- Os efeitos viscosos são desprezíveis

Estabeleça o Objetivo

V_2 (m/s) ⬅ velocidade no orifício de saída

Tenha Ideias e Trace um Plano

Seleção: Selecionar a forma da carga para a equação de Bernoulli, pois o fluido é um líquido. Documentar as hipóteses (ver antes).

Desenho: Selecionar o ponto 1, para o qual são conhecidas informações, e o ponto 2, para o qual são desejadas informações. No diagrama de situação (ver anteriormente), esboçar a linha de corrente, identificar os pontos 1 e 2, e identificar o ponto de referência.

Equação Geral:

$$\left(\frac{p_1}{\gamma} + \frac{V_1^2}{2g} + z_1\right) = \left(\frac{p_2}{\gamma} + \frac{V_2^2}{2g} + z_2\right) \quad \textbf{(a)}$$

Análise termo a termo:

- $p_1 = p_2 = 0$ kPa manométrica
- Igualar $V_1 = 0$, pois $V_1 << V_2$
- Igualar $z_1 = 10$ m e $z_2 = 0$ m

Reduzir a Eq. (a) tal que ela se aplique ao problema em questão:

$$(0 + 0 + 10\text{ m}) = \left(0 + \frac{V_2^2}{2g} + 0\right) \quad \textbf{(b)}$$

Simplificar a Eq. (b):

$$V_2 = \sqrt{2g(10\text{ m})} \quad \textbf{(c)}$$

Uma vez que a Eq. (c) possui apenas uma variável desconhecida, o plano é usar esta equação para resolver para V_2.

Aja (Execute o Plano)

$$V_2 = \sqrt{2g(10\ \text{m})}$$

$$V_2 = \sqrt{2(9{,}81\ \text{m/s}^2)(10\ \text{m})}$$

$$\boxed{V_2 = 14{,}0\ \text{m/s}}$$

Reveja a Solução e o Processo

1. *Conhecimento.* Note que a mesma resposta seria calculada para um objeto largado da mesma elevação que a água no tanque. Isto ocorre porque ambos os problemas envolvem igualar a energia potencial gravitacional em 1 à energia cinética em 2.
2. *Validação.* A hipótese de baixa velocidade na superfície do líquido é em geral válida. Pode ser mostrado (Capítulo 5) que

$$\frac{V_1}{V_2} = \frac{D_2^2}{D_1^2}$$

Por exemplo, uma razão entre diâmetros de 10 para 1 ($D_2/D_1 = 0{,}1$) resulta na razão de velocidades de 100 para 1 ($V_1/V_2 = 1/100$).

Quando a equação de Bernoulli é aplicada a um gás, é comum desprezar os termos para a elevação, pois esses termos são desprezivelmente pequenos em comparação aos termos relativos à pressão e à velocidade. Um exemplo de aplicação da equação de Bernoulli a um escoamento de ar está apresentado no Exemplo 4.5.

EXEMPLO 4.5

Aplicando a Equação de Bernoulli ao Ar Escoando ao Redor de um Capacete de Ciclista

Enunciado do Problema

O problema consiste em estimar a pressão nos pontos A e B, tal que esses valores possam ser usados para estimar a ventilação em um capacete de ciclista que está sendo projetado. Assuma uma densidade do ar de $\rho = 1{,}2\ \text{kg/m}^3$ e uma velocidade do ar de 12 m/s em relação ao capacete. O ponto A é um ponto de estagnação, e a velocidade do ar no ponto B é de 18 m/s.

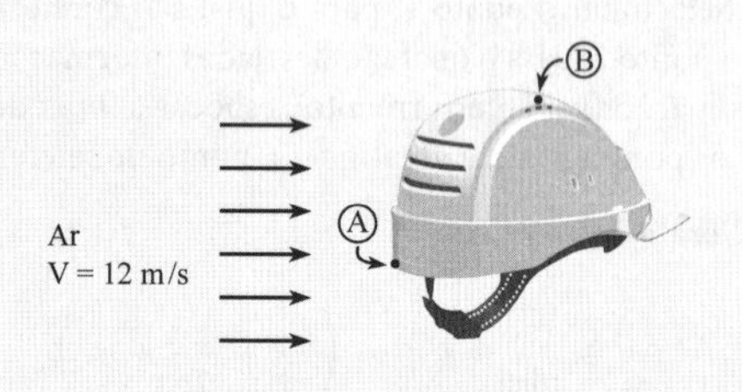

Defina a Situação

O escoamento ao redor de um capacete de ciclista é idealizado como o escoamento ao redor da metade superior de uma esfera. Um escoamento permanente é assumido. Assume-se que o ponto B esteja fora da camada-limite. Os pontos são reidentificados de acordo com o que está mostrado no diagrama de situação; isto torna a aplicação da equação de Bernoulli mais fácil.

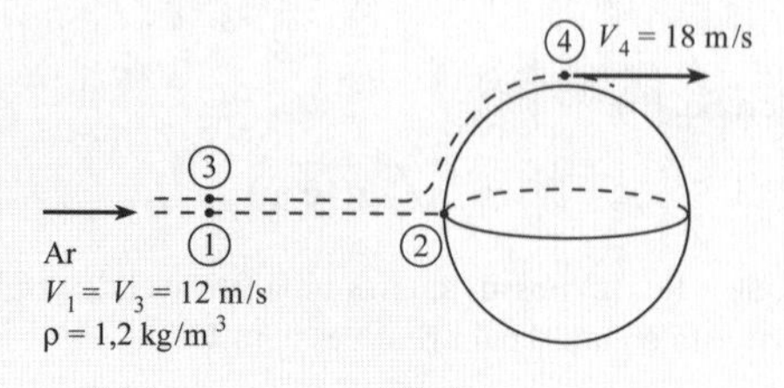

Estabeleça o Objetivo

p_2 (Pa manométrica) ⬅ pressão no ponto de estagnação anterior
p_4 (Pa manométrica) ⬅ pressão no ponto de interesse

Tenha Ideias e Trace um Plano

Seleção: Selecionar a forma da pressão para a equação de Bernoulli, pois o escoamento é de ar. Então, escrever a equação de Bernoulli ao longo da linha de corrente de estagnação (isto é, do ponto 1 ao ponto 2):

$$\left(p_1 + \frac{\rho V_1^2}{2} + \rho g z_1\right) = \left(p_2 + \frac{\rho V_2^2}{2} + \rho g z_2\right) \qquad \textbf{(a)}$$

Análise termo a termo:

- $p_1 = 0$ kPa manométrica, pois o escoamento externo está à pressão atmosférica.
- $V_1 = 12$ m/s.
- Igualar $z_1 = z_2 = 0$, pois os termos referentes à elevação são desprezivelmente pequenos para um escoamento de gás, tal como um escoamento de ar.
- Igualar $V_2 = 0$, pois este é um ponto de estagnação.

Então, simplificar a Eq. (a):

$$0 + \frac{\rho V_1^2}{2} + 0 = p_2 + 0 + 0 \qquad \textbf{(b)}$$

A Eq. (b) possui apenas uma única variável (p_2).

Em seguida, aplicar a equação de Bernoulli à linha de corrente que conecta os pontos 3 e 4:

$$\left(p_3 + \frac{\rho V_3^2}{2} + \rho g z_3\right) = \left(p_4 + \frac{\rho V_4^2}{2} + \rho g z_4\right) \qquad \textbf{(c)}$$

Realizar uma análise termo a termo para obter:

$$\left(0 + \frac{\rho V_3^2}{2} + 0\right) = \left(p_4 + \frac{\rho V_4^2}{2} + 0\right) \qquad \textbf{(d)}$$

A Eq. (d) possui apenas uma variável desconhecida (p_4). O plano é o seguinte:

1. Calcular p_2 usando Eq. (b).
2. Calcular p_4 usando Eq. (d).

Aja (Execute o Plano)

1. Equação de Bernoulli (ponto 1 ao 2):

$$p_2 = \frac{\rho V_1^2}{2} = \frac{(1{,}2\text{ kg/m}^3)(12\text{ m/s})^2}{2}$$

$$\boxed{p_2 = 86{,}4\text{ Pa manométrica}}$$

2. Equação de Bernoulli (ponto 3 ao 4):

$$p_4 = \frac{\rho(V_3^2 - V_4^2)}{2} = \frac{(1{,}2\text{ kg/m}^3)(12^2 - 18^2)(\text{m/s})^2}{2}$$

$$\boxed{p_4 = -108\text{ Pa manométrica}}$$

Reveja a Solução e o Processo

1. *Discussão.* Note que onde a velocidade é alta (isto é, ponto 4), a pressão é baixa (pressão manométrica negativa).
2. *Conhecimento.* Lembre-se de especificar as unidades de pressão entre pressão manométrica ou pressão absoluta.
3. *Conhecimento.* A teoria mostra que a velocidade no ponto de interesse (tangente superior da meia esfera) é 3/2 vezes a velocidade na corrente livre.

O Exemplo 4.6 envolve um venturi. Um **venturi** (também chamado um bico venturi) consiste em uma seção contraída, como mostrado neste exemplo. À medida que o fluido escoa através de um venturi, a pressão é reduzida na área estreita, chamada de garganta. Essa queda de pressão é chamada de efeito venturi.

O venturi pode ser usado para entranhar gotas de líquido em um escoamento de gás, como em um carburador, e também pode ser usado para medir a vazão. O venturi é analisado com frequência usando a equação de Bernoulli.

EXEMPLO 4.6

Aplicando a Equação de Bernoulli ao Escoamento através de um Bico Venturi

Enunciado do Problema

Tubos piezométricos são instalados em uma seção de venturi, conforme mostrado na figura. O líquido é incompressível. A carga piezométrica a montante é de 1 m, e a carga piezométrica na garganta é de 0,5 m. A velocidade na seção da garganta é duas vezes maior que na seção de aproximação. Determine a velocidade na seção da garganta.

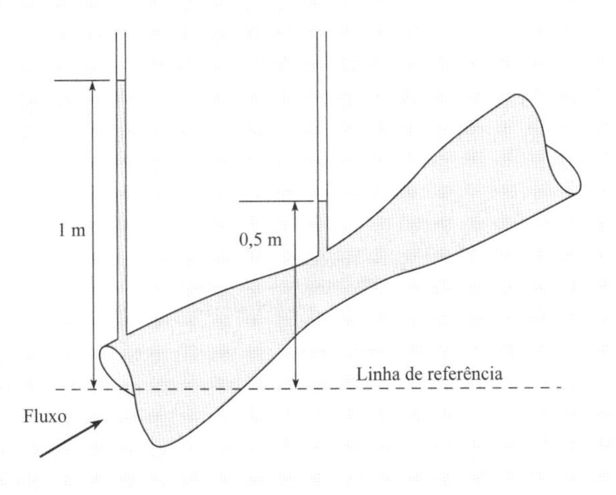

Defina a Situação

Um líquido escoa através de um bico venturi.

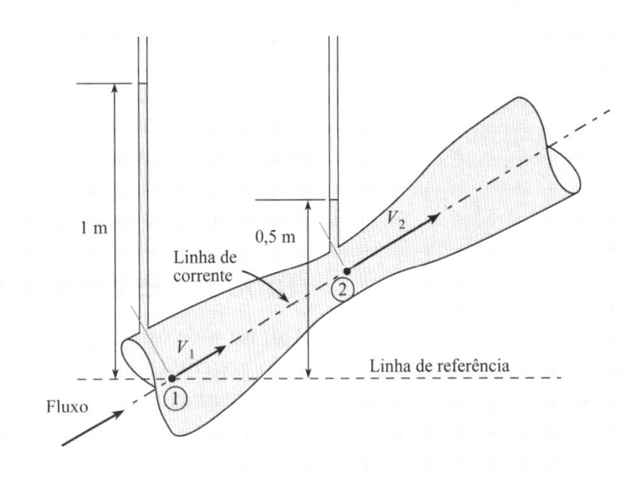

Estabeleça o Objetivo

V_2 (m/s) ⬅ velocidade no ponto 2

Tenha Ideias e Trace um Plano

Selecionar a equação de Bernoulli, pois o problema envolve o escoamento através de um bocal. Selecionar a forma da carga, pois um líquido está envolvido. Selecionar uma linha de corrente e os pontos 1 e 2.
Esboçar estas escolhas no diagrama de situação.

Escrever a forma geral da equação de Bernoulli:

$$\frac{p_1}{\gamma} + z_1 + \frac{V_1^2}{2g} = \frac{p_2}{\gamma} + z_2 + \frac{V_2^2}{2g} \quad \textbf{(a)}$$

Introduzir a carga piezométrica, pois isso é o que o piezômetro mede:

$$h_1 + \frac{V_1^2}{2g} = h_2 + \frac{V_2^2}{2g}$$

$$(1{,}0 \text{ m}) + \frac{V_1^2}{2g} = (0{,}5 \text{ m}) + \frac{V_2^2}{2g}$$

Igualar $V_1 = 0{,}5\ V_2$

$$(1{,}0 \text{ m}) + \frac{(0{,}5\ V_2)^2}{2g} = (0{,}5 \text{ m}) + \frac{V_2^2}{2g} \quad \textbf{(b)}$$

Planejar: Use a Eq. (b) para resolver para V_2.

Aja (Execute o Plano)

Equação de Bernoulli (isto é, Eq. b):

$$(0{,}5 \text{ m}) = \frac{0{,}75\ V_2^2}{2g}$$

Assim:

$$V_2 = \sqrt{\frac{2g(0{,}5 \text{ m})}{0{,}75}}$$

$$V_2 = \sqrt{\frac{2(9{,}81 \text{ m/s}^2)(0{,}5 \text{ m})}{0{,}75}}$$

$$V_2 = \boxed{3{,}62 \text{ m/s}}$$

Reveja a Solução e o Processo

1. *Conhecimento.* Observe como um piezômetro é usado para medir a carga piezométrica no bocal.
2. *Conhecimento.* Um piezômetro não poderia ser usado para medir a carga piezométrica se a pressão em qualquer lugar na linha fosse subatmosférica. Nesse caso, poderiam ser usados manômetros ou tubos em U.

4.7 Medindo a Velocidade e a Pressão

O piezômetro, o tubo de estagnação e o tubo de Pitot são usados há muito tempo para medir a pressão e a velocidade. De fato, muitos conceitos em medição estão baseados nesses instrumentos. Esta seção os descreve.

Pressão Estática

A **pressão estática** é a pressão em um fluido em escoamento. Uma forma comum de medir a pressão estática consiste em perfurar um pequeno orifício na parede de um tubo e então conectar um piezômetro ou manômetro de pressão a essa porta (ver a Figura 4.29), que é chamada de **tomada de pressão**. A razão pela qual uma tomada de pressão é útil é que ela possibilita medir a pressão estática sem perturbar o escoamento.

Tubo de Estagnação

Um **tubo de estagnação** (também conhecido como tubo de carga total) consiste em um tubo com extremidade aberta direcionada a montante em um escoamento (ver a Figura 4.30). Um tubo de estagnação mede a soma da pressão estática mais a pressão cinética.

A **pressão cinética** é definida em um ponto arbitrário A como:

$$\begin{pmatrix}\text{pressão cinética}\\ \text{no ponto A}\end{pmatrix} = \frac{\rho V_A^2}{2}$$

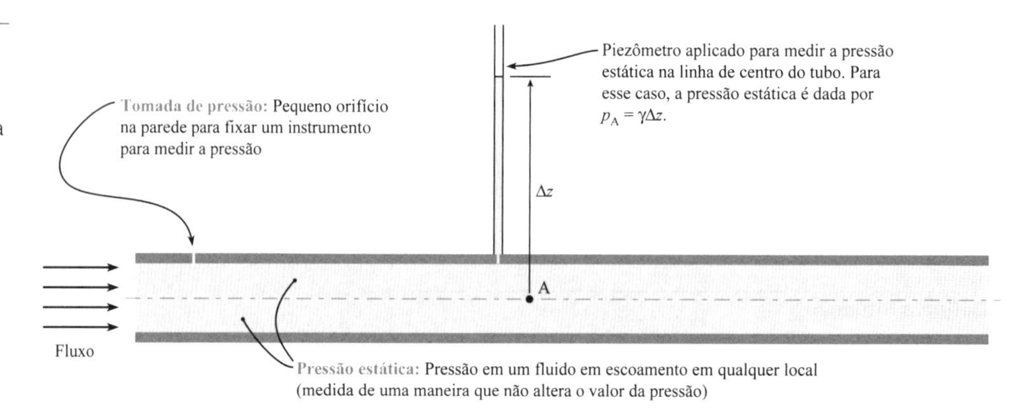

FIGURA 4.29

Esta figura define uma porta de pressão e mostra como um piezômetro está conectado a uma parede e é usado para medir a pressão estática.

FIGURA 4.30
Tubo de estagnação.

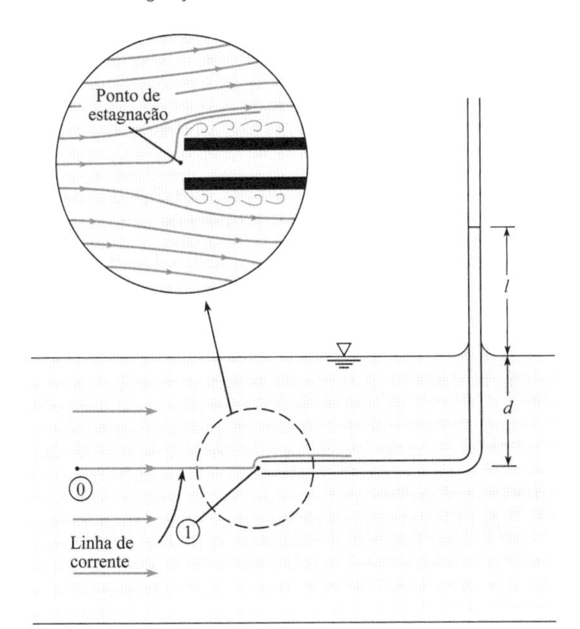

FIGURA 4.31
Tubo de Pitot.

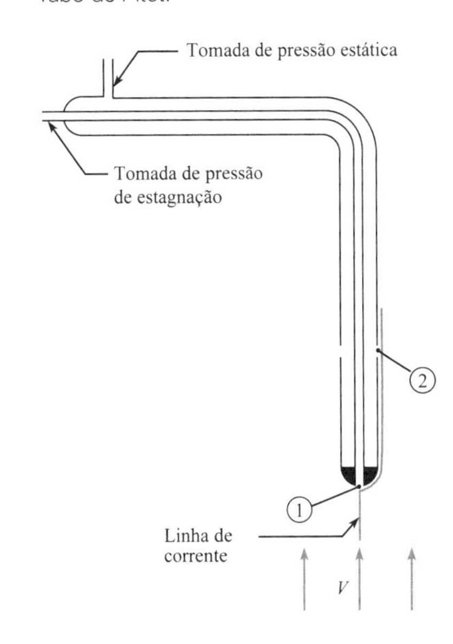

Em seguida, vamos derivar uma equação para a velocidade em um escoamento em canal aberto. Para o tubo de estagnação na Figura 4.30, selecione os pontos 0 e 1 sobre a linha de corrente, e iguale $z_0 = z_1$. A equação de Bernoulli se reduz a

$$p_1 + \frac{\rho V_1^2}{2} = p_0 + \frac{\rho V_0^2}{2} \tag{4.28}$$

A velocidade no ponto 1 é igual a zero (ponto de estagnação). Assim, a Eq. (4.28) se simplifica a

$$V_0^2 = \frac{2}{\rho}(p_1 - p_0) \tag{4.29}$$

Em seguida, aplique a equação hidrostática: $p_0 = \gamma d$ e $p_1 = \gamma(l + d)$. Portanto, a Eq. (4.29) pode ser escrita como

$$V_0^2 = \frac{2}{\rho}(\gamma(l + d) - \gamma d)$$

que se reduz a

$$V_0 = \sqrt{2gl} \tag{4.30}$$

Tubo de Pitot

O **tubo de Pitot**, que recebe este nome em homenagem ao engenheiro hidráulico francês que o inventou no século XVIII, está baseado no mesmo princípio que o tubo de estagnação, mas é muito mais versátil. O tubo de Pitot, mostrado na Figura 4.31, possui uma tomada de pressão na extremidade a montante do tubo para medir a pressão cinética. Também existem tomadas localizadas a vários diâmetros do tubo a jusante da sua extremidade frontal, para medir a pressão estática no fluido, onde a velocidade é essencialmente a mesma que a velocidade de aproximação. Quando a equação de Bernoulli, Eq. (4.21a), é aplicada entre os pontos 1 e 2 ao longo da linha de corrente mostrada na Figura 4.31, o resultado é

$$p_1 + \gamma z_1 + \frac{\rho V_1^2}{2} = p_2 + \gamma z_2 + \frac{\rho V_2^2}{2}$$

Contudo, $V_1 = 0$, de modo que a resolução daquela equação para V_2 fornece uma equação para a velocidade:

$$V_2 = \left[\frac{2}{\rho}(p_{z,1} - p_{z,2})\right]^{1/2} \quad \textbf{(4.31)}$$

Aqui, $V_2 = V$, em que V é a velocidade da corrente e $p_{z,1}$ e $p_{z,2}$ são as pressões piezométricas nos pontos 1 e 2, respectivamente.

Ao conectar um manômetro ou um tubo em U entre as tomadas de pressão mostradas na Figura 4.31 que levam aos pontos 1 e 2, pode-se facilmente medir a velocidade de escoamento com o tubo de Pitot. Uma vantagem principal do tubo de Pitot é que ele pode ser usado para medir a velocidade em uma tubulação pressurizada; um tubo de estagnação não é conveniente para uso em uma situação desse tipo.

Se um manômetro diferencial for conectado entre as tomadas de pressão, ele irá medir diretamente a diferença na pressão piezométrica. Portanto, a Eq. (4.31) irá se simplificar a

$$V = \sqrt{2\Delta p/\rho} \quad \textbf{(4.32)}$$

em que Δp é a diferença de pressão medida pelo manômetro.

Mais informações sobre os tubos de Pitot e a medição de um escoamento estão disponíveis em *Flow Measurement Engineering Handbook* (5) (Manual de Engenharia para Medição de Vazão). O Exemplo 4.7 ilustra a aplicação do tubo de Pitot com um tubo em U. O Exemplo 4.8 ilustra a aplicação com um manômetro.

EXEMPLO 4.7

Aplicando um Tubo de Pitot (Pressão Medida com um Tubo em U)

Enunciado do Problema

Um manômetro tipo tubo em U de mercúrio está conectado a um tubo de Pitot em uma tubulação que transporta querosene, conforme mostrado. Se a deflexão no tubo em U é de 7 polegadas, qual é a velocidade do querosene no tubo? Assuma que a gravidade específica do querosene seja de 0,81.

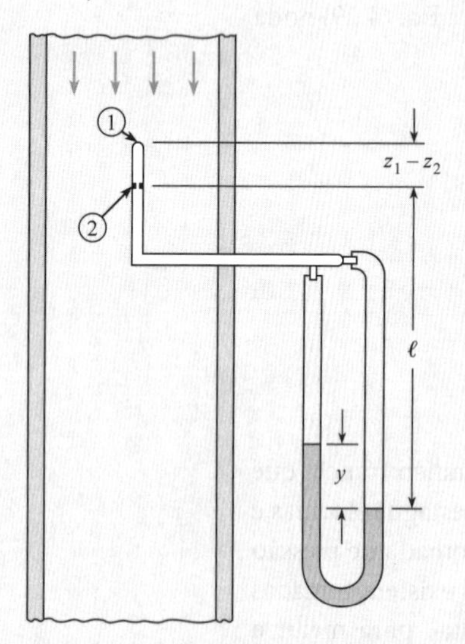

Defina a Situação

Um tubo de Pitot está montado em um tubo e conectado a um manômetro tipo U.

Hipótese: A equação do tubo de Pitot se aplica.

Propriedades:

- $S_{quero} = 0{,}81$; a partir da Tabela A.4
- $S_{Hg} = 13{,}55$

Estabeleça o Objetivo

Determinar a velocidade do escoamento (m/s).

Tenha Ideias e Trace um Plano

1. Determinar a diferença na pressão piezométrica usando a equação do tubo em U.
2. Substituir na equação do tubo de Pitot.
3. Avaliar a velocidade.

Aja (Execute o Plano)

1. A equação do tubo em U entre os pontos 1 e 2 no tubo de Pitot é:

$$p_1 + (z_1 - z_2)\gamma_{quero} + \ell\gamma_{quero} - y\gamma_{Hg} - (\ell - y)\gamma_{quero} = p_2$$

ou

$$p_1 + \gamma_{quero} z_1 - (p_2 + \gamma_{quero} z_2) = y(\gamma_{Hg} - \gamma_{quero})$$
$$p_{z,1} - p_{z,2} = y(\gamma_{Hg} - \gamma_{quero})$$

2. A substituição na equação para o Tubo de Pitot fornece:

$$V = \left[\frac{2}{\rho_{quero}} y(\gamma_{Hg} - \gamma_{quero})\right]^{1/2}$$
$$= \left[2gy\left(\frac{\gamma_{Hg}}{\gamma_{quero}} - 1\right)\right]^{1/2}$$

3. Equação da velocidade:

$$V = \left[2 \times 32{,}2 \text{ ft/s}^2 \times \frac{7}{12}\text{ft}\left(\frac{13{,}55}{0{,}81} - 1\right)\right]^{1/2}$$

$$= \left[2 \times 32{,}2 \times \frac{7}{12}(16{,}7 - 1)\text{ft}^2/\text{s}^2\right]^{1/2}$$

$$= \boxed{24{,}3 \text{ ft/s}}$$

Reveja a Solução e o Processo

Discussão. O −1 no termo (16,7 −1) reflete o efeito da coluna de querosene na perna direita do tubo em U, que tende a contrabalançar o mercúrio na perna esquerda. Assim sendo, com um tubo em U gás-líquido, o efeito de contrabalanceamento é desprezível.

EXEMPLO 4.8

Aplicando um Tubo de Pitot (Pressão Medida com um Manômetro Bourdon)

Enunciado do Problema

Um manômetro diferencial está conectado entre as tomadas de um tubo de Pitot. Quando esse tubo é usado em um teste em um túnel de vento, o manômetro indica uma Δp de 730 Pa. Qual é a velocidade do ar no túnel de vento? A pressão e a temperatura no túnel são de 98 kPa absoluta e 20 °C, respectivamente.

Defina a Situação

Um manômetro de pressão diferencial tipo Bourdon está fixado a um tubo de Pitot para medição da velocidade em um túnel de vento.

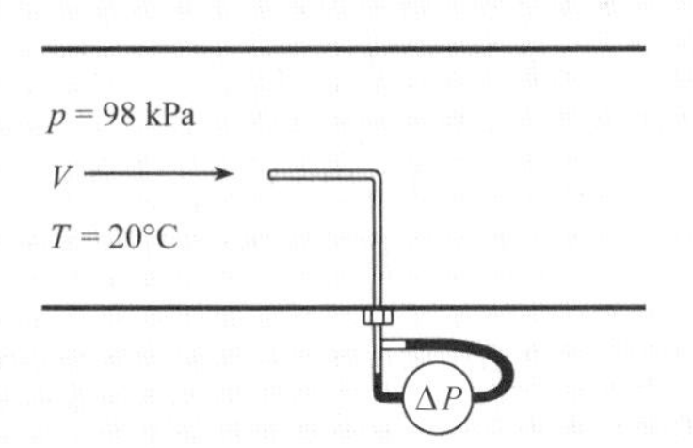

Hipóteses:

- O escoamento de ar é permanente.
- A equação para o tubo de Pitot se aplica.

Propriedades: A partir da Tabela A.2: $R_{ar} = 287$ J/kg K.

Estabeleça o Objetivo

Determinar a velocidade do ar (em m/s).

Tenha Ideias e Trace um Plano

1. Usando a lei dos gases ideais, calcular a densidade do ar.
2. Usando a equação para o tubo de Pitot, calcular a velocidade.

Aja (Execute o Plano)

1. Cálculo da densidade:

$$\rho = \frac{p}{RT} = \frac{98 \times 10^3 \text{ N/m}^2}{(287 \text{ J/kg K}) \times (20 + 273 \text{ K})} = 1{,}17 \text{ kg/m}^3$$

2. Equação para o tubo de Pitot com manômetro de pressão diferencial:

$$V = \sqrt{2\Delta p/\rho}$$

$$V = \sqrt{(2 \times 730 \text{ N/m}^2)/(1{,}17 \text{ kg/m}^3)} = \boxed{35{,}3 \text{ m/s}}$$

4.8 Caracterizando o Movimento Rotacional de um Fluido em Escoamento

Além da velocidade e da aceleração, os engenheiros também descrevem a rotação de um fluido. Esse tópico é introduzido nesta seção. Nesse ponto, recomendamos assistir ao vídeo *online* "*Vorticity*" (Vorticidade) (6), pois ele mostra os conceitos nesta seção usando experimentos de laboratório.

Conceito de Rotação

A **rotação** de uma partícula de fluido é definida como a rotação média de duas faces inicialmente mutuamente perpendiculares de uma partícula de fluido. O teste consiste em olhar na rotação da linha que divide ao meio ambas as faces (*a-a* e *b-b* na Fig. 4.32). O ângulo entre essa linha e o eixo horizontal é a rotação, θ.

A relação geral entre θ e os ângulos que definem os lados está mostrada na Figura 4.33, em que θ_A é o ângulo de um lado com o eixo x, enquanto o ângulo θ_B é o ângulo do outro lado

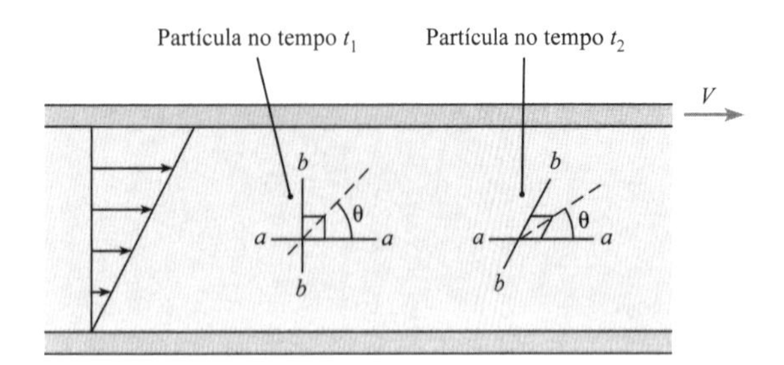

FIGURA 4.32
Rotação de uma partícula de fluido no escoamento entre placas paralelas, no qual uma placa está se movendo e a outra está estática.

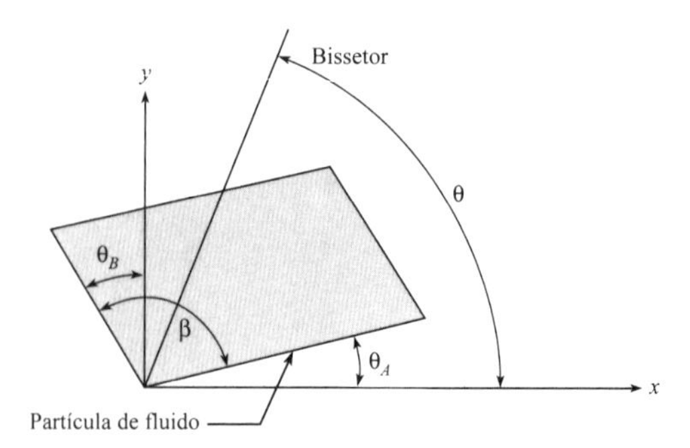

FIGURA 4.33
Orientação de uma partícula de fluido que sofreu rotação.

com o eixo y. O ângulo entre os lados é $\beta = \frac{\pi}{2} + \theta_B - \theta_A$, tal que a orientação da partícula em relação ao eixo x é

$$\theta = \frac{1}{2}\beta + \theta_A = \frac{\pi}{4} + \frac{1}{2}(\theta_A + \theta_B)$$

A taxa rotacional da partícula é

$$\dot{\theta} = \frac{1}{2}(\dot{\theta}_A + \dot{\theta}_B) \tag{4.33}$$

Se $\dot{\theta} = 0$, então o escoamento é **irrotacional**, o que significa que a taxa de rotação (conforme definida pela Eq. 4.33) é zero para todos os pontos no campo de velocidades.

Em seguida, derivamos uma equação para $\dot{\theta}$ em termos do campo de velocidades. Considere a partícula mostrada na Figura 4.34. Os lados da partícula estão inicialmente perpendiculares entre si, com comprimentos Δx e Δy. Então, a partícula se move ao longo do tempo e se deforma conforme mostrada, com o ponto 0 indo para 0′, o ponto 1 para 1′, e o ponto 2 para 2′. Os comprimentos dos lados não são alterados. Após o tempo Δt, o lado horizontal girou no sentido anti-horário em $\Delta\theta_A$, enquanto o lado vertical girou no sentido horário (direção negativa) em $-\Delta\theta_B$.

A componente y da velocidade para o ponto 1 é $v + (\partial v/\partial x)\Delta x$, enquanto a componente x do ponto 2 é $u + (\partial u/\partial y)\Delta y$. Os deslocamentos resultantes dos pontos 1 e 2 são*

$$\begin{aligned}\Delta y_1 &\sim \left[\left(v + \frac{\partial v}{\partial x}\Delta x\right)\Delta t - v\Delta t\right] = \frac{\partial v}{\partial x}\Delta x\Delta t \\ \Delta x_2 &\sim \left[\left(u + \frac{\partial u}{\partial y}\Delta y\right)\Delta t - u\Delta t\right] = \frac{\partial u}{\partial y}\Delta y\Delta t\end{aligned} \tag{4.34}$$

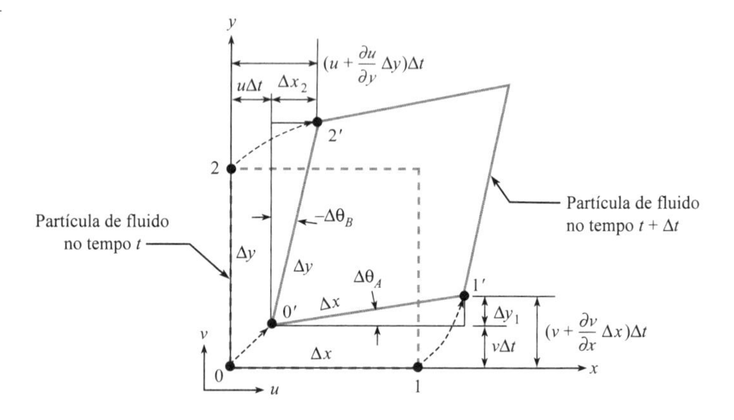

FIGURA 4.34
Translação e deformação de uma partícula de fluido.

*O símbolo ~ significa que as grandezas são aproximadamente iguais, mas se tornam exatamente iguais à medida que as grandezas se aproximam de zero.

Fazendo referência à Figura 4.34, os ângulos $\Delta\theta_A$ e $\Delta\theta_B$ são dados por

$$\begin{aligned} \Delta\theta_A &= \operatorname{arcsen}\left(\frac{\Delta y_1}{\Delta x}\right) \sim \frac{\Delta y_1}{\Delta x} \sim \frac{\partial v}{\partial x}\Delta t \\ -\Delta\theta_B &= \operatorname{arcsen}\left(\frac{\Delta x_2}{\Delta y}\right) \sim \frac{\Delta x_2}{\Delta y} \sim \frac{\partial u}{\partial y}\Delta t \end{aligned} \tag{4.35}$$

Dividindo os ângulos por Δt e levando ao limite em que $\Delta t \to 0$,

$$\begin{aligned} \dot{\theta}_A &= \lim_{\Delta t \to 0} \frac{\Delta\theta_A}{\Delta t} = \frac{\partial v}{\partial x} \\ \dot{\theta}_B &= \lim_{\Delta t \to 0} \frac{\Delta\theta_B}{\Delta t} = -\frac{\partial u}{\partial y} \end{aligned} \tag{4.36}$$

Substituindo esses resultados na Eq. (4.33), obtemos a taxa de rotação da partícula ao redor do eixo z (normal à página):

$$\dot{\theta} = \frac{1}{2}\left(\frac{\partial v}{\partial x} - \frac{\partial u}{\partial y}\right)$$

Essa componente da velocidade rotacional é definida como Ω_z, tal que

$$\Omega_z = \frac{1}{2}\left(\frac{\partial v}{\partial x} - \frac{\partial u}{\partial y}\right) \tag{4.37a}$$

Da mesma forma, as taxas de rotação ao redor dos outros eixos são

$$\Omega_x = \frac{1}{2}\left(\frac{\partial w}{\partial y} - \frac{\partial v}{\partial z}\right) \tag{4.37b}$$

$$\Omega_y = \frac{1}{2}\left(\frac{\partial u}{\partial z} - \frac{\partial w}{\partial x}\right) \tag{4.37c}$$

O vetor taxa de rotação é

$$\Omega = \Omega_x\mathbf{i} + \Omega_y\mathbf{j} + \Omega_z\mathbf{k} \tag{4.38}$$

Um escoamento irrotacional ($\Omega = 0$) exige que

$$\frac{\partial v}{\partial x} = \frac{\partial u}{\partial y} \tag{4.39a}$$

$$\frac{\partial w}{\partial y} = \frac{\partial v}{\partial z} \tag{4.39b}$$

$$\frac{\partial u}{\partial z} = \frac{\partial w}{\partial x} \tag{4.39c}$$

A aplicação mais extensiva dessas equações é na teoria de um escoamento ideal. Um escoamento ideal consiste no escoamento irrotacional de um fluido incompressível. Os campos de escoamento nos quais os efeitos viscosos são pequenos podem com frequência ser considerados irrotacionais. De fato, se o escoamento de um fluido incompressível e invíscido for inicialmente irrotacional, então ele irá permanecer irrotacional.

Vorticidade

A maneira mais comum de descrever a rotação consiste em usar a **vorticidade**, que é um vetor igual a duas vezes o vetor taxa de rotação. A magnitude da vorticidade indica a rotacionalidade de um escoamento e é muito importante em escoamentos em que os efeitos viscosos dominam, tal como nos escoamentos dentro da camada-limite, separados e na esteira. A equação da vorticidade é

$$\begin{aligned} \omega &= 2\Omega \\ &= \left(\frac{\partial w}{\partial y} - \frac{\partial v}{\partial z}\right)\mathbf{i} + \left(\frac{\partial u}{\partial z} - \frac{\partial w}{\partial x}\right)\mathbf{j} + \left(\frac{\partial v}{\partial x} - \frac{\partial u}{\partial y}\right)\mathbf{k} \\ &= \nabla \times \mathbf{V} \end{aligned} \tag{4.97}$$

em que $\nabla \times \mathbf{V}$ é o rotacional do campo de velocidades.

Um escoamento irrotacional significa que o vetor vorticidade é igual a zero em todos os pontos. O Exemplo 4.9 ilustra como avaliar a rotacionalidade de um campo de escoamento, enquanto o Exemplo 4.10 avalia a rotação de uma partícula de fluido.

EXEMPLO 4.9

Avaliando a Rotação

Enunciado do Problema

O vetor $\mathbf{V} = 10x\mathbf{i} - 10y\mathbf{j}$ representa um campo de velocidades bidimensional. O escoamento é irrotacional?

Defina a Situação

O campo de velocidades é fornecido.

Estabeleça o Objetivo

Determinar se o escoamento é irrotacional.

Tenha Ideias e Trace um Plano

Uma vez que $w = 0$ e $\dfrac{\partial}{\partial z} = 0$, aplicar a Eq. (4.39a) para avaliar a rotacionalidade.

Aja (Execute o Plano)

Componentes da velocidade e derivadas:

$$u = 10x \qquad \frac{\partial u}{\partial y} = 0$$

$$v = -10y \qquad \frac{\partial v}{\partial x} = 0$$

Dessa forma, o escoamento é irrotacional.

EXEMPLO 4.10

Rotação de uma Partícula de Fluido

Definição do Problema

Um fluido existe entre placas planas paralelas, em que uma está estacionária e a outra está se movendo, e a velocidade é linear, conforme mostrado. A distância entre as placas é de 1 cm, e a placa superior se move a 2 cm/s. Determine a quantidade de rotação a que uma partícula de fluido localizada a 0,5 cm será submetida após ter se deslocado1 cm.

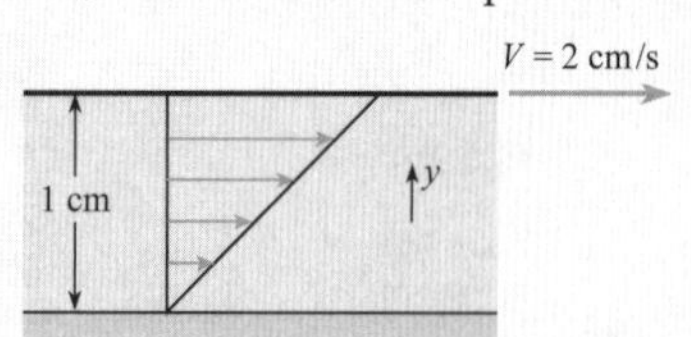

Defina a Situação

Este problema envolve um escoamento de Couette.

Hipótese: Escoamento planar ($w = 0$ e $\dfrac{\partial}{\partial z} = 0$).

Estabeleça o Objetivo

Determinar a rotação de uma partícula de fluido (em radianos) no ponto central após um deslocamento de 1 cm.

Tenha Ideias e Trace um Plano

1. Usar a Eq. (4.37a) para avaliar a taxa rotacional com $v = 0$.
2. Determinar o tempo para uma partícula se deslocar 1 cm.
3. Calcular a quantidade de rotação.

Aja (Execute o Plano)

1. Distribuição de velocidades:

$$u = 0{,}02\ \text{m/s} \times \frac{y}{0{,}01\ \text{m}} = 2y\ (\text{l/s})$$

Taxa rotacional:

$$\Omega_z = \frac{1}{2}\left(\frac{\partial v}{\partial x} - \frac{\partial u}{\partial y}\right) = -1\ \text{rad/s}$$

2. Tempo para o deslocamento de 1 cm:

$$u = 2\ (\text{l/s}) \times 0{,}005\ \text{m} = 0{,}01\ \text{m/s}$$

$$\Delta t = \frac{\Delta x}{u} = \frac{0{,}01\ \text{m}}{0{,}01\ \text{m/s}} = 1\ \text{s}$$

3. Quantidade de rotação

$$\Delta\theta = \Omega_z \times \Delta t = -1 \times 1 = -1\ \text{rad}$$

Reveja a Solução e o Processo

Discussão. Observe que a rotação é negativa (no sentido horário).

4.9 A Equação de Bernoulli para o Escoamento Irrotacional

Quando o escoamento é irrotacional, a equação de Bernoulli pode ser aplicada entre quaisquer dois pontos nesse escoamento. Isto é, os pontos não precisam estar sobre a mesma linha de escoamento. Esta *forma irrotacional* da equação de Bernoulli é usada extensivamente em aplicações tal como em hidrodinâmica clássica, aerodinâmica de superfícies de sustentação (asas) e em ventos atmosféricos. Dessa forma, esta seção descreve como derivar a equação de Bernoulli para um escoamento irrotacional.

Para iniciar a derivação, aplica-se a equação de Euler, Eq. (4.15), na direção n (normal à linha de corrente):

$$-\frac{d}{dn}(p + \gamma z) = \rho a_n \tag{4.41}$$

em que a derivada parcial de n é substituída pela derivada ordinária, pois o escoamento é assumidamente permanente (sem dependência em relação ao tempo). Duas linhas de corrente adjacentes e a direção n estão mostradas na Figura 4.35. A velocidade local do fluido é V, e o raio de curvatura local da linha de corrente é r. A aceleração normal à linha de corrente é a aceleração centrípeta, tal que

$$a_n = -\frac{V^2}{r} \tag{4.42}$$

em que o sinal negativo ocorre pois a direção n está para fora do centro de curvatura e a aceleração centrípeta está voltada em direção ao centro de curvatura. Usando a condição de irrotacionalidade, a aceleração pode ser escrita como

$$a_n = -\frac{V^2}{r} = -V\left(\frac{V}{r}\right) = V\frac{dV}{dr} = \frac{d}{dr}\left(\frac{V^2}{2}\right) \tag{4.43}$$

Além disto, a derivada em relação a r pode ser expressa como uma derivada em relação a n por

$$\frac{d}{dr}\left(\frac{V^2}{2}\right) = \frac{d}{dn}\left(\frac{V^2}{2}\right)\frac{dn}{dr} = \frac{d}{dn}\left(\frac{V^2}{2}\right)$$

pois a direção de n é a mesma que a de r, tal que $dn/dr = 1$. A Eq. (4.43) pode ser reescrita como

$$a_n = \frac{d}{dn}\left(\frac{V^2}{2}\right) \tag{4.44}$$

Substituindo a expressão para a aceleração na equação de Euler, Eq. (4.41), e assumindo uma densidade constante, obtemos

$$\frac{d}{dn}\left(p + \gamma z + \rho\frac{V^2}{2}\right) = 0 \tag{4.45}$$

$$p + \gamma z + \rho\frac{V^2}{2} = C \tag{4.46}$$

que é a equação de Bernoulli, e C é constante na direção n (através das linhas de corrente).

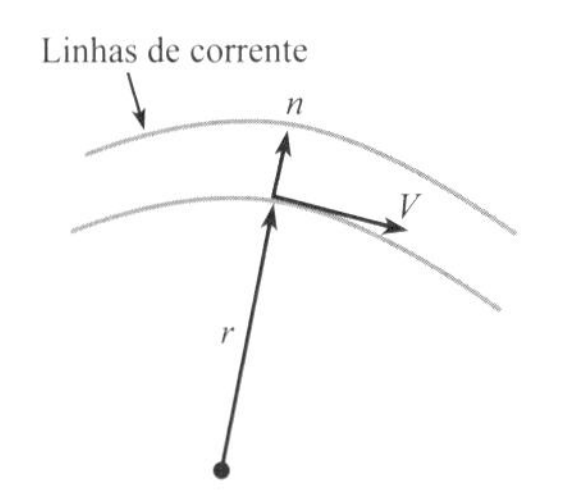

FIGURA 4.35
Duas linhas de corrente adjacentes mostrando a direção n entre linhas.

Resumo. Para um escoamento irrotacional, a constante C na equação de Bernoulli é a mesma tanto através quanto ao longo das linhas de corrente, de modo que ela é a mesma em todos os pontos no campo de escoamento. Assim, *ao aplicar a equação de Bernoulli para um escoamento irrotacional, pode-se selecionar os pontos 1 e 2 em quaisquer lugares, não apenas ao longo de uma linha de corrente.*

4.10 Descrevendo o Campo de Pressões para o Escoamento sobre um Cilindro Circular

Escoamento sobre um cilindro circular é um paradigma (isto é, um modelo) para o escoamento externo sobre muitos objetos. Esse escoamento está descrito nesta seção.

O Coeficiente de Pressão

Para descrever o campo de pressões, os engenheiros usam com frequência um grupo adimensional denominado o **coeficiente de pressão**:

$$C_p = \frac{p_z - p_{zo}}{\rho V_o^2/2} = \frac{h - h_o}{V_o^2/(2g)} \quad (4.47)$$

Distribuição de Pressões para um Fluido Ideal

Um **fluido ideal** é definido como um fluido que não possui viscosidade e que possui densidade constante. Se assumirmos um escoamento irrotacional de um fluido ideal, então os cálculos revelam os resultados mostrados na Figura 4.36a. As características relevantes nessa figura são as seguintes:

- A distribuição de pressões é simétrica a montante e a jusante do cilindro.
- O coeficiente de pressão algumas vezes é negativo (plotado para fora), o que corresponde a uma pressão manométrica negativa.
- O coeficiente de pressão algumas vezes é positivo (plotado para dentro), o que corresponde a uma pressão manométrica positiva.
- A pressão máxima ($C_p = +1{,}0$) ocorre nas partes frontal e traseira do cilindro, nos pontos de estagnação (pontos B e D).
- A pressão mínima ($C_p = -3{,}0$) ocorre na seção intermediária do cilindro, onde a velocidade é mais alta (ponto C).

Em seguida, introduzimos os conceitos de gradientes de pressão favorável e adverso. Para começar, aplicamos a equação de Euler enquanto desprezamos os efeitos gravitacionais:

$$\rho a_t = -\frac{\partial p}{\partial s}$$

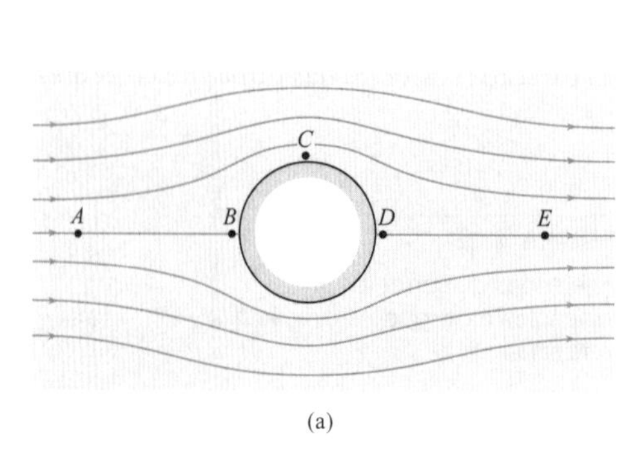

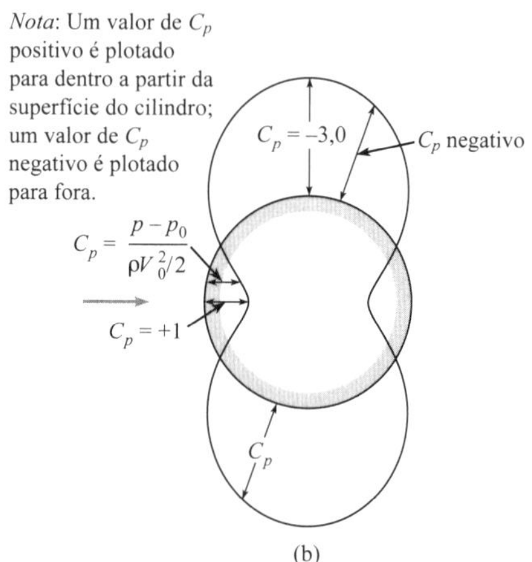

FIGURA 4.36
Escoamento irrotacional ao redor de um cilindro: (a) padrão de linha de corrente, (b) distribuição de pressões.

Note que $a_t > 0$ se $\partial p/\partial s < 0$; isto é, a partícula de fluido acelera se a pressão diminui com a distância ao longo de uma linha de trajetória. Isso é um **gradiente de pressão favorável**. Por outro lado, $a_t < 0$ se $\partial p/\partial s > 0$, tal que a partícula de fluido desacelera se a pressão aumenta ao longo de uma linha de trajetória. Isso é um **gradiente de pressão adverso**. As definições de gradiente de pressão são resumidas da seguinte maneira:

Gradiente de pressão favorável	$\partial p/\partial s < 0$	$a_t > 0$ (aceleração)
Gradiente de pressão adverso	$\partial p/\partial s > 0$	$a_t < 0$ (desaceleração)

Visualize o movimento de uma partícula de fluido na Figura 4.36a, à medida que ela se desloca ao redor do cilindro de *A* para *B* para *C* para *D* e finalmente para *E*. Note que a partícula primeiro desacelera da velocidade na corrente livre até a velocidade zero no ponto de estagnação dianteiro, já que ela se desloca em um gradiente de pressão adverso. Então, à medida que passa de *B* para *C*, ela se encontra em um gradiente de pressão favorável, e acelera até a sua velocidade mais alta. De *C* para *D*, a pressão aumenta novamente em direção ao ponto de estagnação traseiro, e a partícula desacelera, mas possui momento suficiente para atingir *D*. Finalmente, a pressão diminui de *D* para E, e este gradiente de pressão favorável acelera a partícula de volta à velocidade na corrente livre.

Distribuição de Pressões para um Escoamento Viscoso

Considere o escoamento de um fluido real (viscoso) ao redor de um cilindro, como mostrado na Figura 4.37. O padrão de escoamento a montante do ponto intermediário é muito semelhante ao padrão para um fluido ideal. Contudo, em um fluido viscoso, a velocidade na superfície é zero (condição de não escorregamento), enquanto com o escoamento de um fluido invíscido a velocidade na superfície não precisa ser zero. Por causa dos efeitos viscosos, uma camada-limite se forma junto à superfície. A velocidade varia de zero na superfície até a velocidade na corrente livre ao longo da camada-limite. Sobre a seção dianteira do cilindro, onde o gradiente de pressão é favorável, a camada-limite é bastante delgada.

A jusante da seção intermediária, o gradiente de pressão é adverso, e as partículas de fluido na camada-limite, desaceleradas pelos efeitos viscosos, podem apenas ir até lá e então são forçadas a se desviar para longe da superfície. A partícula é empurrada para fora da parede pela força de pressão associada ao gradiente de pressão adverso. O ponto no qual o escoamento deixa a parede é denominado ponto de separação. Um escoamento recirculatório chamado de uma esteira se desenvolve atrás do cilindro. O escoamento na região da esteira é denominado escoamento separado. A distribuição de pressões sobre a superfície do cilindro na região da esteira é praticamente constante, como mostrado na Figura 4.37b. A pressão reduzida na esteira leva a um maior arrasto.

4.11 Calculando o Campo de Pressões para um Escoamento Rotativo

Esta seção descreve como relacionar pressão com velocidade para um *fluido em uma rotação de corpo sólido*. Para compreender a rotação de um corpo sólido, considere um recipiente de água cilíndrico (Fig. 4.38a) que se encontra estacionário. Imagine que o recipiente seja colocado em

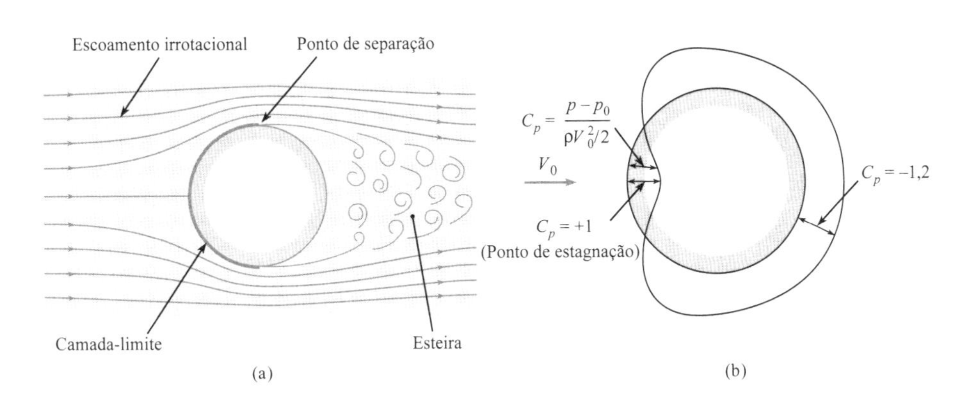

FIGURA 4.37
Escoamento de um fluido real ao redor de um cilindro circular: (a) padrão de escoamento, (b) distribuição de pressões.

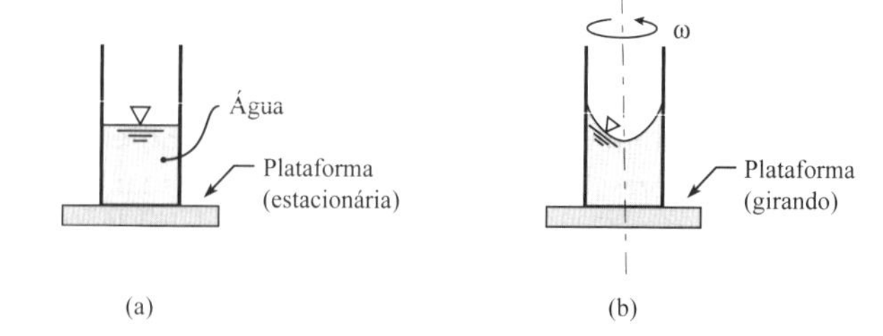

FIGURA 4.38

Croqui usado para definir um fluido em rotação de corpo sólido.

movimento de rotação ao redor de um eixo (Fig. 4.38b) e que seja deixado atingir um estado estacionário com uma velocidade angular de ω. No estado estacionário, as partículas de fluido estarão em repouso umas em relação às outras. Isto é, a distância entre quaisquer duas partículas de fluido será constante. Essa condição também descreve a rotação de um corpo rígido; dessa forma, esse tipo de movimento é definido como um **fluido em uma rotação de corpo sólido**.

Em muitas aplicações em Engenharia são encontradas situações em que um fluido gira como um corpo sólido. Uma aplicação comum é a separadora centrífuga. As acelerações centrípetas resultantes de um fluido em rotação separam as partículas mais pesadas das mais leves, à medida que as partículas mais pesadas se movem para fora e as partículas mais leves são deslocadas em direção ao centro. Um separador de leite opera dessa maneira, assim como o faz um separador ciclone para a remoção de particulados de uma corrente de ar.

Derivação de uma Equação para um Fluido em Rotação de Corpo Sólido

Para iniciar, aplique a equação de Euler na direção normal às linhas de corrente e para fora a partir do centro de rotação. Nesse caso, as partículas de fluido giram como os raios de uma roda, tal que a direção ℓ na equação de Euler, Eq. (4.15), é substituída por r, resultando

$$-\frac{d}{dr}(p + \gamma z) = \rho a_r \tag{4.48}$$

em que a derivada parcial foi substituída por uma derivada ordinária, já que o escoamento é permanente e função apenas do raio r. A partir da Eq. (4.11), a aceleração na direção radial (para fora do centro de curvatura) é

$$a_r = -\frac{V^2}{r}$$

e a equação de Euler se torna

$$-\frac{d}{dr}(p + \gamma z) = -\rho\frac{V^2}{r} \tag{4.49}$$

Para uma rotação de corpo sólido ao redor de um eixo fixo,

$$V = \omega r$$

Substituindo essa distribuição de velocidades na equação de Euler resulta em

$$\frac{d}{dr}(p + \gamma z) = \rho r\omega^2 \tag{4.50}$$

Integrando a Eq. (4.50) em relação a r temos

$$p + \gamma z = \frac{\rho r^2\omega^2}{2} + \text{const} \tag{4.51}$$

ou

$$\frac{p}{\gamma} + z - \frac{\omega^2 r^2}{2g} = C \tag{4.52a}$$

Essa equação também pode ser escrita como

$$p + \gamma z - \rho\frac{\omega^2 r^2}{2} = C \qquad (4.52b)$$

Essas equações equivalentes descrevem a *variação de pressão em um escoamento rotativo.* O Exemplo 4.11 mostra como aplicar as equações, e o Exemplo 4.12 ilustra a análise de um escoamento rotativo em um manômetro tipo tubo em U.

EXEMPLO 4.11

Calculando o Perfil de Superfície de um Líquido em Rotação

Enunciado do Problema

Um tanque cilíndrico de líquido mostrado na figura está girando como um corpo sólido a uma taxa de 4 rad/s. O diâmetro do tanque é de 0,5 m. A linha *AA* representa a superfície do líquido antes da rotação, enquanto a linha *A'A'* mostra o perfil da superfície após a rotação ter sido estabelecida. Determine a diferença de elevação entre o líquido no centro e na parede durante a rotação.

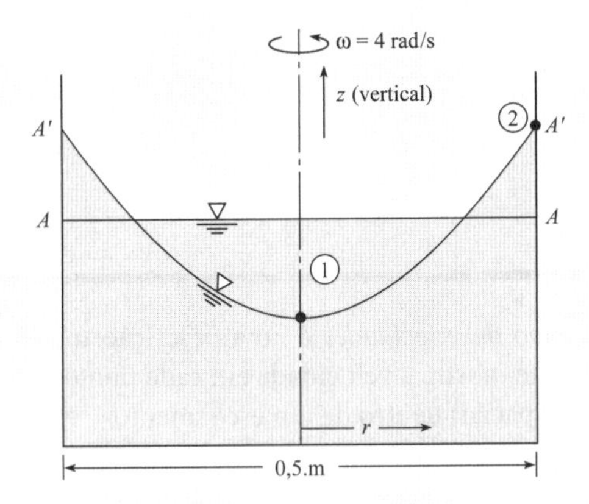

Defina a Situação

Um líquido está girando em um tanque cilíndrico.

Estabeleça o Objetivo

Calcular a diferença na elevação (em metros) entre o líquido no centro e na parede.

Tenha Ideias e Trace um Plano

1. Aplicar a Eq. (4.52a) entre os pontos 1 e 2.
2. Calcular a diferença na elevação.

Aja (Execute o Plano)

1. Equação (4.52a):

$$\frac{p_1}{\gamma} + z_1 - \frac{\omega^2 r_1^2}{2g} = \frac{p_2}{\gamma} + z_2 - \frac{\omega^2 r_2^2}{2g}$$

A pressão em ambos os pontos é a atmosférica, tal que $p_1 = p_2$, e os termos da pressão se cancelam. No ponto 1, $r_1 = 0$, enquanto no ponto 2, $r = r_2$. A equação reduz a

$$z_2 - \frac{\omega^2 r_2^2}{2g} = z_1$$

$$z_2 - z_1 = \frac{\omega^2 r_2^2}{2g}$$

2. Diferença na elevação:

$$z_2 - z_1 = \frac{(4\ \text{rad/s})^2 \times (0{,}25\ \text{m})^2}{2 \times 9{,}81\ \text{m/s}^2}$$

$$= \boxed{0{,}051\ \text{m ou } 5{,}1\ \text{cm}}$$

Reveja a Solução e o Processo

Note que o perfil de superfície é parabólico.

EXEMPLO 4.12

Avaliando um Manômetro de Tubo em U em Rotação

Enunciado do Problema

Quando o tubo em U está parado, a água fica em repouso no tubo, conforme mostrado. Se o tubo gira ao redor do eixo excêntrico a uma taxa de 8 rad/s, quais são os novos níveis de água no tubo?

Defina a Situação

Um manômetro tipo tubo em U gira ao redor de um eixo excêntrico.

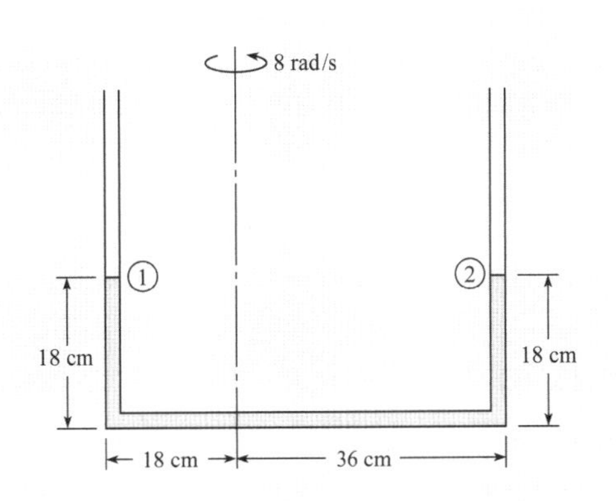

Hipótese: O líquido é incompressível.

Estabeleça o Objetivo

Determinar os níveis de água em cada perna.

Tenha Ideias e Trace um Plano

O comprimento total do líquido no tubo em U deve ser o mesmo antes e após a rotação, qual seja, 90 cm. Assuma, para começar, que o líquido permanece na perna de baixo. A pressão no topo do líquido em cada perna é a atmosférica.

1. Aplicar a equação para a variação de pressão em escoamentos rotativos, Eq. (4.52a), para avaliar a diferença na elevação em cada perna.
2. Usando a restrição de comprimento total do líquido, determinar o nível em cada perna.

Aja (Execute o Plano)

1. Aplicar a Eq. (4.52a) entre o topo da perna à esquerda (1) e o topo da perna à direita (2):

$$z_1 - \frac{r_1^2\omega^2}{2g} = z_2 - \frac{r_2^2\omega^2}{2g}$$

$$z_2 - z_1 = \frac{\omega^2}{2g}(r_2^2 - r_1^2)$$

$$= \frac{(8\ \text{rad/s})^2}{2 \times 9{,}81\ \text{m/s}^2}(0{,}36^2\ \text{m}^2 - 0{,}18^2\ \text{m}^2) = 0{,}317\ \text{m}$$

2. A soma das alturas em cada perna é de 36 cm.

$$z_2 + z_1 = 0{,}36\ \text{m}$$

Solução para as alturas das pernas:

$$z_2 = 0{,}338\ \text{m}$$
$$z_1 = 0{,}022\ \text{m}$$

Reveja a Solução e o Processo

Discussão. Se o resultado fosse uma altura negativa em uma das pernas, significaria que uma extremidade da coluna de líquido estaria na perna horizontal, e o problema teria que ser retrabalhado para refletir essa configuração.

4.12 Resumindo Conhecimentos-Chave

Linha de Trajetória, Linhas de Corrente e Linhas de Emissão

- Para visualizar o escoamento, os engenheiros utilizam a linha de corrente, linha de emissão e a linha de trajetória:
  - A *linha de corrente* é uma curva que é tangente em todos os pontos ao vetor velocidade local.
  - A *linha de corrente* é uma entidade matemática que não pode ser observada no mundo físico.
  - A configuração das linhas de corrente em um campo de escoamento é chamada de *padrão de escoamento.*
  - A *linha de trajetória* é a linha (reta ou curva) que uma partícula segue.
  - Uma *linha de emissão* é a linha produzida por um corante ou outro fluido marcador introduzido em um ponto.
- Em um *escoamento permanente*, as linhas de trajetória, linhas de emissão e linhas de corrente são coincidentes (isto é, umas sobre as outras) se elas compartilham um ponto comum.
- Em um *escoamento transiente*, as linhas de trajetória, linhas de emissão e linhas de corrente não são coincidentes.

Velocidade e o Campo de Velocidades

- Em um fluido em escoamento, a *velocidade* é definida como a rapidez e a direção de deslocamento de uma partícula de fluido.
- Um *campo de velocidades* é uma descrição matemática ou gráfica que mostra a velocidade em cada ponto (isto é, localização espacial) dentro de um escoamento.

Descrições de Euler e de Lagrange

Existem duas maneiras para descrever o movimento (Lagrange e Euler):

- Na *abordagem de Lagrange*, o engenheiro identifica um conjunto específico de matéria e descreve o seu movimento. Por exemplo, quando um engenheiro está descrevendo o movimento de uma partícula de fluido, esta é uma descrição baseada em Lagrange.
- Na *abordagem de Euler*, o engenheiro identifica uma região no espaço e descreve o movimento da matéria pelo qual está passando em termos do que está acontecendo em vários locais no espaço. Por exemplo, o campo de velocidades em um conceito baseado em Euler.
- A abordagem de Euler utiliza campos. Um *campo* é uma descrição matemática ou gráfica que mostra como uma variável está distribuída no espaço. Um campo pode ser um *campo escalar* ou um *campo vetorial.*
- A abordagem de Euler usa os operadores divergência, gradiente e rotacional.
- A abordagem de Euler utiliza uma matemática mais complicada (por exemplo, derivadas parciais) do que a abordagem de Lagrange.

TABELA 4.4 Como os Engenheiros Descrevem os Fluidos em Escoamento

Descrição	Conhecimento-Chave
Os engenheiros classificam os escoamentos como *uniforme* ou *não uniforme*.	• Os escoamentos uniforme e não uniforme descrevem como a velocidade varia no espaço. • *Escoamento uniforme* significa que a velocidade em cada ponto em uma dada linha de corrente é a mesma. Um escoamento uniforme exige linhas de corrente retilíneas (retas e paralelas). • *Escoamento não uniforme* significa que a velocidade em vários pontos em uma dada linha de corrente é diferente.
Os engenheiros classificam os escoamentos como *permanente* ou *transiente*.	• *Escoamento permanente* significa que a velocidade é constante em relação ao tempo em todos os pontos no espaço. • *Escoamento transiente* significa que a velocidade está variando com o tempo em algum ou em todos os pontos no espaço. • Os engenheiros idealizam com frequência os escoamentos transientes como se fossem permanentes. Por exemplo, a drenagem de um tanque de água é comumente assumida como se fosse um escoamento permanente.
Os engenheiros classificam os escoamentos como *laminar* ou *turbulento*.	• *Escoamento laminar* envolve o escoamento em camadas (lâminas) suaves, com baixos níveis de mistura entre as camadas. • *Escoamento turbulento* envolve o escoamento que é dominado por turbilhões de vários tamanhos. O escoamento é caótico, transiente e em 3-D. Existem altos níveis de mistura. • Ocasionalmente, os engenheiros descrevem um escoamento como de *transição*. Essa ação significa que o escoamento está mudando de um escoamento laminar para um turbulento.
Os engenheiros classificam os escoamentos como *1-D*, *2-D* ou *3-D*.	• *Escoamento unidimensional (1-D)* significa que a velocidade depende de uma variável espacial; por exemplo, a velocidade depende apenas do raio r. • *Escoamento tridimensional (3-D)* significa que a velocidade depende de três variáveis espaciais; por exemplo, a velocidade depende de três coordenadas de posição: $\mathbf{V} = \mathbf{V}(x, y, z)$.
Os engenheiros classificam os escoamentos como *escoamentos viscosos* ou *escoamentos invíscidos*.	• Em um *escoamento viscoso*, as forças associadas às tensões de cisalhamento viscosas são significativas. Desta forma, os termos viscosos são incluídos ao se resolver as equações do movimento. • Em um *escoamento invíscido*, as forças associadas às tensões de cisalhamento viscosas são insignificantes. Desta forma, os termos viscosos são desprezados ao se resolver as equações do movimento. O fluido se comporta como se a sua viscosidade fosse zero.
Os engenheiros descrevem os escoamentos descrevendo uma *região de escoamento invíscido*, uma *camada-limite* e uma *esteira*.	• Na *região de escoamento invíscido*, as linhas de corrente são suaves, e o escoamento pode ser analisado com a equação de Euler. • A *camada-limite* é uma região delgada de fluido junto à parede. Os efeitos viscosos são significativos na camada-limite. • A *esteira* é a região de escoamento separado atrás de um corpo.
Os engenheiros descrevem os escoamentos como separados ou ligados.	• A *separação do escoamento* ocorre quando as partículas de fluido se movem para longe da parede. • O *escoamento ligado* ocorre quando as partículas de fluido estão se movendo ao longo de uma parede ou fronteira. • A região de escoamento separado dentro de um tubo ou duto é com frequência chamada de uma *zona de recirculação*.

Descrevendo o Escoamento

Os engenheiros descrevem os fluidos em escoamento usando os conceitos resumidos na Tabela 4.4.

Aceleração

- *Aceleração* é uma propriedade de uma partícula de fluido que caracteriza:
  - A variação na velocidade da partícula ou
  - A variação na direção do deslocamento da partícula.
- A *aceleração* é definida matematicamente como a derivada do vetor velocidade.
- A *aceleração* de uma partícula de fluido pode ser descrita qualitativamente. Diretrizes:
  - Se uma partícula está se deslocando sobre uma linha de corrente curva, irá existir uma componente da aceleração normal à linha de corrente e direcionada para o centro de curvatura.
  - Se a partícula estiver variando de velocidade, irá existir uma componente da aceleração tangente à linha de corrente.
- Na *representação da aceleração segundo Euler:*
  - Os termos que envolvem derivadas em relação ao tempo são termos de *aceleração local* e
  - Todos os demais termos são termos de *aceleração convectiva*. A maioria desses termos envolve derivadas em relação à posição.

Equação de Euler

- A *equação de Euler* é a *segunda lei do movimento de Newton* aplicada a uma partícula de fluido quando o escoamento é invíscido e incompressível.
- A equação de Euler pode ser escrita como uma *equação vetorial*:

$$-\nabla p_z = \rho \mathbf{a}$$

- Essa forma vetorial também pode ser escrita como uma *equação escalar* em uma direção arbitrária ℓ:

$$-\frac{\partial}{\partial \ell}(p + \gamma z) = -\left(\frac{\partial p_z}{\partial \ell}\right) = \rho a_\ell$$

- *Física da equação de Euler*: O gradiente da pressão piezométrica é colinear com a aceleração e oposto em direção. Isso revela como a pressão varia:
  - Quando as linhas de corrente são curvas, a pressão irá aumentar para fora a partir do centro de curvatura.
  - Quando uma linha de corrente é retilínea e uma partícula sobre a linha de corrente está variando de velocidade, então a pressão irá variar em uma direção tangente à linha de corrente. A direção do aumento de pressão é oposta ao vetor aceleração.
  - Quando as linhas de corrente são retilíneas, a variação de pressão normal às linhas de corrente é hidrostática.

A Equação de Bernoulli

- A *equação de Bernoulli* é a *conservação de energia* aplicada a uma partícula de fluido. Ela é derivada pela integração da equação de Euler para um escoamento permanente, invíscido e com densidade constante.
- Para as hipóteses que acabaram de ser definidas, a equação de Bernoulli é aplicada entre quaisquer dois pontos sobre a mesma linha de corrente.
- A equação de Bernoulli possui duas formas:
  - Forma da carga: $p/\gamma + z + V^2/(2g) = \text{constante}$
  - Forma da pressão: $p + \rho g z + (\rho V^2)/2 = \text{constante}$
- Existem duas maneiras equivalentes para descrever a física da equação de Bernoulli:
  - Quando a velocidade aumenta, a pressão piezométrica diminui (ao longo de uma linha de corrente).
  - A carga total (carga de velocidade mais carga piezométrica) é constante ao longo de uma linha de corrente. Isto significa que a energia é conservada à medida que uma partícula de fluido se move ao longo de uma linha de corrente.

Medindo a Velocidade e a Pressão

- Quando a pressão é medida em uma *tomada de pressão* na parede de um tubo, fornece uma medida da pressão estática. Essa mesma medida também pode ser usada para determinar a carga de pressão ou piezométrica.
- A *pressão estática* é definida como a pressão em um fluido em escoamento. Deve ser medida de uma maneira que não altere o valor da pressão medida.
- A *pressão cinética* é $(\rho V^2)/2$.
- Um *tubo de estagnação* fornece uma medida da (pressão estática) + (pressão cinética):

$$p + (\rho V^2)/2$$

- O *tubo de Pitot* oferece um método para medir tanto a pressão estática quanto a cinética em um ponto em um fluido em escoamento, e assim fornece uma maneira para medir a velocidade de um fluido.

Rotação de um Fluido, Vorticidade e Escoamento Irrotacional

- Taxa de rotação Ω
  - É uma propriedade de uma partícula de fluido que descreve com que rapidez a partícula está girando,
  - É definida colocando duas linhas perpendiculares sobre uma partícula de fluido e depois tirando a média da taxa de rotação dessas linhas, e
  - É uma grandeza vetorial com a direção do vetor dada pela regra da mão direita.
- Uma maneira usual de descrever a rotação é empregando o vetor vorticidade ω, que é igual a duas vezes o vetor rotação: $\omega = 2\Omega$.
- Em coordenadas Cartesianas, a vorticidade é dada por

$$\omega = \left(\frac{\partial w}{\partial y} - \frac{\partial v}{\partial z}\right)\mathbf{i} + \left(\frac{\partial u}{\partial z} - \frac{\partial w}{\partial x}\right)\mathbf{j} + \left(\frac{\partial v}{\partial x} - \frac{\partial u}{\partial y}\right)\mathbf{k}$$

- Um escoamento irrotacional é aquele em que a vorticidade é igual a zero em todos os pontos.
- Quando se aplica a equação de Bernoulli a um escoamento irrotacional, pode-se selecionar os pontos 1 e 2 em quaisquer dois lugares, não apenas ao longo de uma linha de corrente.

Descrevendo o Campo de Pressões

- O campo de pressões é descrito com frequência usando um grupo π chamado de coeficiente de pressão.
- O gradiente de pressão próximo a um corpo está relacionado com a separação do escoamento:
  - Um gradiente de pressão adverso está associado à separação do escoamento.
  - Um gradiente de pressão positivo está associado a um escoamento ligado.
- O campo de pressões para um escoamento ao redor de um cilindro circular é um paradigma para a compreensão de escoamentos externos. A pressão ao longo da parte dianteira do cilindro é alta, enquanto a pressão na esteira é baixa.
- Quando o escoamento apresenta rotação como a de um corpo sólido, o campo de pressões p pode ser descrito usando

$$p + \gamma z - \rho \frac{\omega^2 r^2}{2} = C$$

em que ω é a velocidade de rotação e r é a distância a partir do eixo de rotação até o ponto no campo.

Descrevendo o Campo de Pressões (Resumo)

As variações de pressão em um fluido em escoamento estão associadas a três fenômenos:

- **Peso**. Por causa do peso de um fluido, a pressão aumenta com o aumento da profundidade (isto é, a diminuição da elevação). Esse tópico está apresentado no Capítulo 3 (Hidrostática).
- **Aceleração**. Quando as partículas de um fluido estão acelerando, existem em geral variações na pressão que estão associadas a esta aceleração. Em um escoamento invíscido, o gradiente do campo de pressões está alinhado segundo uma direção oposta ao vetor aceleração.
- **Efeitos viscosos**. Quando os efeitos viscosos são significativos, podem existir variações de pressão associadas. Por exemplo, existem quedas de pressão associadas a escoamentos em tubos e dutos horizontais. Esse tópico está apresentado no Capítulo 10 (Escoamento em Tubos).

REFERÊNCIAS

1. *Flow Visualization*, Fluid Mechanics Films, *download* feito em 31/07/2011 de http://web.mit.edu/hml/ncfmf.html.

2. Hibbeler, R. C. *Dynamics*. Englewood Cliffs, NJ: Prentice Hall, 1995.

3. *Turbulence*, Fluid Mechanics Films, *download* feito em 31/07/2011 de http://web.mit.edu/hml/ncfmf.html.

4. *Pressure Fields and Fluid Acceleration*, Fluid Mechanics Films, *download* feito em 31/07/2011 de http://web.mit.edu/hml/ncfmf.html.

5. Miller, R. W. (ed.) *Flow Measurement Engineering Handbook*, New York: McGraw-Hill, 1996.

6. *Vorticity, Part 1, Part 2*, Fluid Mechanics Films, *download* feito em 31/07/2011 de http://web.mit.edu/hml/ncfmf.html.

PROBLEMAS

Linhas de Corrente, Linhas de Emissão e Linhas de Trajetória (§4.1)

4.1 Se de alguma forma você pudesse fixar uma luz a uma partícula de fluido e tirar uma foto de longa exposição, a imagem que você fotografou seria uma linha de trajetória ou uma linha de emissão? Explique com base na definição de cada uma.

4.2 O padrão produzido pela fumaça que sai de uma chaminé em um dia de vento é análogo a uma linha de trajetória ou a uma linha de emissão? Explique com base na definição de cada uma.

4.3. Uma biruta é um dispositivo em forma de meia que fica fixado a um apoio giratório no topo de um poste. As birutas em aeroportos são usadas pelos pilotos para visualizar mudanças instantâneas na direção do vento. Se fosse traçada uma linha colinear com a orientação da biruta em qualquer instante, a linha iria melhor a aproximar se (a) uma linha de trajetória, (b) uma linha de emissão, ou (c) uma linha de corrente.

4.4 Para que as linhas de corrente, linhas de emissão e linhas de trajetória sejam todas colineares, o escoamento deve ser:

a. dividido
b. estagnado
c. permanente
d. um rastreador

4.5 No tempo $t = 0$, foi injetado um corante no ponto A em um campo de escoamento de um líquido. Quando o corante já havia sido injetado há 4 s, uma linha de trajetória para uma partícula do corante que foi emitida no instante 4 s foi iniciada. A linha de emissão ao final de 10 s está mostrada a seguir. Assuma que a rapidez (velocidade escalar), mas não a velocidade (grandeza vetorial), do escoamento tenha sido a mesma durante todo o período de 10 s. Desenhe a linha de trajetória da partícula que foi emitida em $t = 4$ s. Faça suas próprias hipóteses para qualquer informação que estiver faltando.

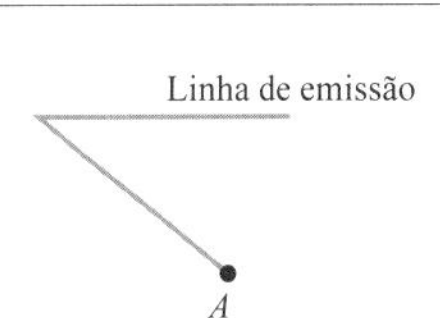

Problema 4.5

4.6 No tempo $t = 0$, uma listra de corante foi iniciada no ponto A em um campo de escoamento de um líquido. A velocidade escalar do escoamento é constante ao longo de um período de 10 s, mas a direção do escoamento não é necessariamente constante. Em qualquer instante em particular, a velocidade na totalidade do campo de escoamento é a mesma. A linha de emissão produzida pelo corante está mostrada abaixo. Desenhe (e identifique) uma linha de corrente para o campo de escoamento em $t = 8$ s.

Desenhe (e identifique) uma linha de trajetória que alguém iria ver em $t = 10$ s para uma partícula de corante que foi emitida do ponto A em $t = 2$ s.

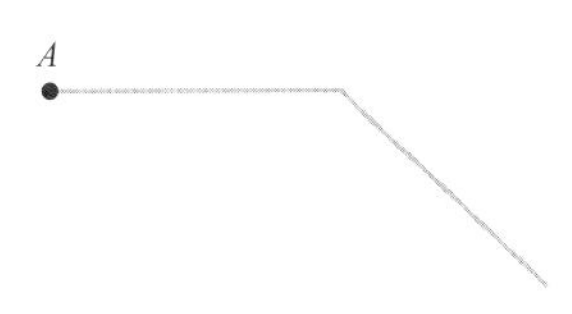

Problema 4.6

Velocidade e o Campo de Velocidades (§4.2)

4.7 Um campo de velocidades é dado matematicamente como $\mathbf{V} = (2x + 3y)\mathbf{j}$. O campo de velocidades é:

a. 1-D em x
b. 1-D em y
c. 2-D em x e y

As Abordagens de Euler e Lagrange (§4.2)

4.8 Existe um derramamento de gasolina em um grande rio. O prefeito de uma grande cidade localizada rio abaixo exige uma estimativa de quantas horas irá levar para que o derramamento chegue à estação de suprimento de água. A equipe de resposta a emergências mede a velocidade da frente do derramamento, efetivamente enfocando uma partícula do fluido. Ao mesmo tempo, engenheiros ambientais na universidade local empregam um modelo de computador que simula o campo de velocidades para qualquer estágio do rio e para todos os seus pontos (incluindo seções estreitas de cânions com altas velocidades e zonas extremamente largas com baixas velocidades). Comparando essas duas abordagens matemáticas, qual das seguintes afirmativas é a mais correta?

a. A equipe de resposta a emergências possui uma abordagem de Euler, enquanto os engenheiros possuem uma abordagem de Lagrange.

b. A equipe de resposta a emergências possui uma abordagem de Lagrange, enquanto os engenheiros possuem uma abordagem de Euler.

Descrevendo o Escoamento (§4.3)

4.9 Identifique cinco exemplos de um escoamento transiente e explique quais características os classificam como um escoamento transiente.

4.10 Você está derramando um xarope espesso sobre as suas panquecas. À medida que o xarope se espalha sobre as panquecas, a fina película de xarope irá exibir escoamento laminar ou turbulento? Por quê?

4.11 Um campo de velocidades é dado por $\mathbf{V} = 10xyt\mathbf{i}$. Ele é:

a. 1-D e permanente
b. 1-D e transiente
c. 2-D e permanente
d. 2-D e transiente

4.12 Qual é a maneira mais correta de caracterizar um escoamento turbulento?

a. 1-D
b. 2-D
c. 3-D

4.13 No sistema na figura, a válvula em C é gradualmente aberta de maneira que é produzida uma taxa constante de aumento da descarga. Como você classificaria o escoamento em B enquanto a válvula está sendo aberta? Como você classificaria o escoamento em A?

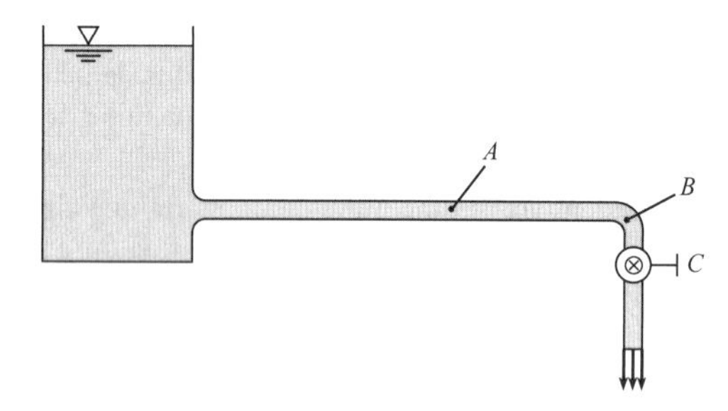

Problema 4.13

4.14 Água escoa através da passagem mostrada. Se a vazão é reduzida ao longo do tempo, o escoamento é classificado como (a) permanente, (b) transiente, (c) uniforme, ou (d) não uniforme. (Selecione todos os que se aplicam.)

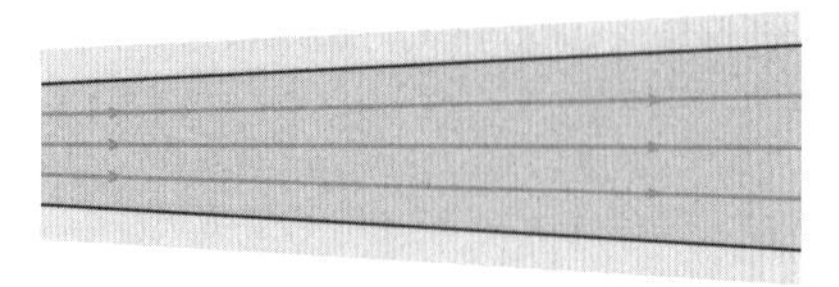

Problema 4.14

4.15 Se um padrão de escoamento possui linhas de corrente convergentes, como você classificaria o escoamento?

4.16 Correlacione corretamente os itens na coluna A com os da coluna B.

A	B
Escoamento permanente	$\partial V_s/\partial s = 0$
Escoamento transiente	$\partial V_s/\partial s \neq 0$
Escoamento uniforme	$\partial V_s/\partial t \neq 0$
Escoamento não uniforme	$\partial V_s/\partial t = 0$

4.17 Classifique cada um dos seguintes como um escoamento unidimensional, bidimensional ou tridimensional.

a. Escoamento de água sobre a crista de um longo vertedouro de uma barragem.
b. Escoamento em um tubo horizontal reto.
c. Escoamento em uma tubulação com diâmetro constante que segue o contorno do solo em um terreno acidentado.
d. Escoamento de ar de uma fenda em uma placa na extremidade de um grande duto retangular.
e. Escoamento de ar ao redor de um automóvel.
f. Escoamento de ar ao redor de uma casa.
g. Escoamento de água ao redor de um tubo que está posicionado normal ao escoamento ao longo do fundo de um largo canal retangular.

Aceleração (§4.4)

4.18 A aceleração é a taxa de variação da velocidade com o tempo. O vetor aceleração está sempre alinhado com o vetor velocidade? Explique.

4.19 Para um corpo em rotação, a aceleração voltada para o centro da rotação é uma aceleração centrípeta ou centrífuga? Justifique a sua resposta. Pode ser útil consultar os significados e as raízes das palavras.

4.20 Em um fluido em escoamento, a aceleração significa que uma partícula de fluido está:

a. variando de direção
b. variando de velocidade
c. variando tanto a velocidade quanto a direção
d. qualquer um dos itens acima

4.21 O escoamento que passa através de um bocal é permanente. A velocidade do fluido aumenta entre a entrada e a saída do bocal. A aceleração à metade do caminho entre a entrada e saída é:

a. convectiva
b. local
c. ambas

4.22 A aceleração local:

a. é próxima à origem
b. ocorre em um escoamento transiente
c. é sempre não uniforme

4.23 A velocidade ao longo de uma linha de trajetória é dada por V (m/s) $= s^2t^{1/2}$, em que s está em metros e t está em segundos. O raio de curvatura é de 0,5 m. Avalie a aceleração tangente e normal à trajetória em $s = 3$ m e $t = 0{,}5$ segundo.

4.24 Testes com uma esfera são conduzidos em um túnel de vento a uma velocidade do ar de U_0. A velocidade do escoamento em direção à esfera ao longo do eixo longitudinal é $u = -U_0\,(1 - r_0^3/x^3)$, em que

r_0 é o raio da esfera e x é a distância do seu centro. Determine a aceleração de uma partícula de ar sobre o eixo x a montante da esfera em termos de x, r_0 e U_0.

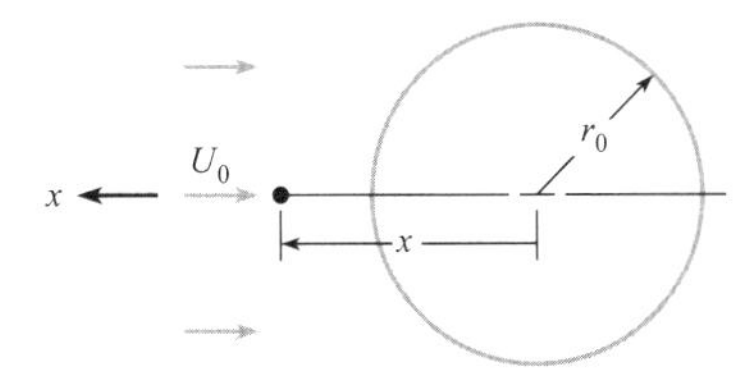

Problema 4.24

4.25 Nesta passagem de escoamento, a velocidade está variando com o tempo. A velocidade varia com o tempo na seção A-A segundo

$$V = 4 \text{ m/s} - 2{,}25\frac{t}{t_0} \text{ m/s}$$

No tempo $t = 0{,}50$ s, sabe-se que na seção A-A o gradiente de velocidade na direção s é de +2,1 m/s por metro. Dado que t_0 é 0,6 s, e assumindo um escoamento quase unidimensional, responda às seguintes perguntas para o tempo $t = 0{,}5$ s:

a. Qual é a aceleração local em A-A?

b. Qual é a aceleração convectiva em A-A?

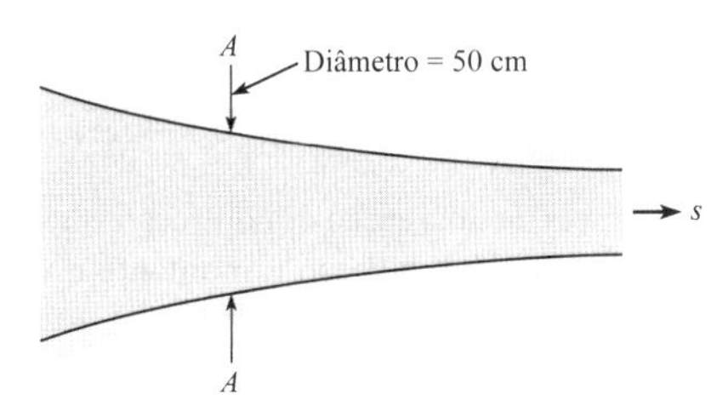

Problema 4.25

4.26 O bocal na figura possui um formato que faz com que a velocidade do fluido varie linearmente da base até a extremidade do bocal. Assumindo um escoamento quase unidimensional, qual é a aceleração convectiva a meio caminho entre a base e a extremidade, se a velocidade é de 2 ft/s na base e 5 ft/s na extremidade? O comprimento do bocal é de 23 polegadas.

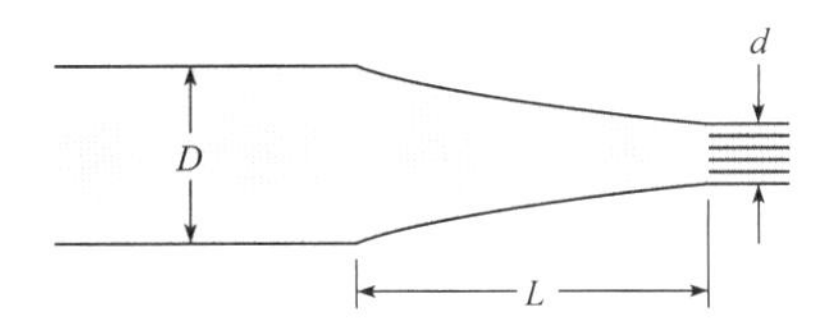

Problemas 4.26, 4.27

4.27 No Problema 4.26, a velocidade varia linearmente com o tempo ao longo de todo o bocal. A velocidade na base é de $1t$ (ft/s) e na extremidade é de $4t$ (ft/s). Qual é a aceleração local a meio caminho ao longo do bocal quando $t = 2$ s?

4.28 A velocidade do escoamento da água no bocal mostrado é dada pela seguinte expressão:

$$V = 2t/(1 - 0{,}5x/L)^2,$$

em que V = velocidade em pés por segundo, t = tempo em segundos, x = distância ao longo do bocal, e L = comprimento do bocal = 4 ft. Quando $x = 0{,}5L$ e $t = 3$ s, qual é a aceleração local ao longo da linha de centro? Qual é a aceleração convectiva? Assuma que prevalece um escoamento quase unidimensional.

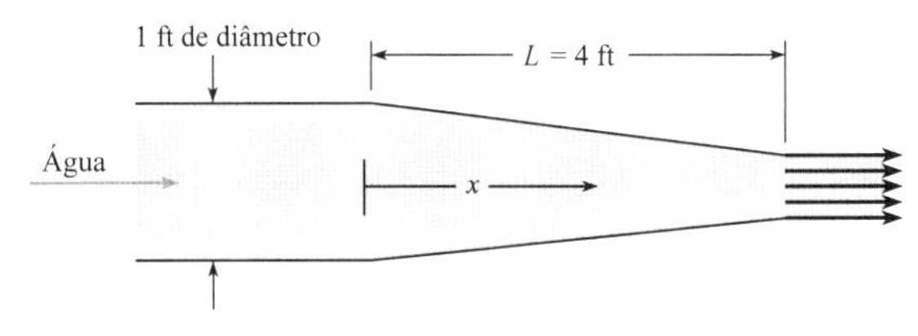

Problema 4.28

Equação de Euler e a Variação da Pressão (§4.5)

4.29 Enuncie a segunda lei do movimento de Newton. Quais são as limitações de uso da segunda lei de Newton? Explique.

4.30 Quais são as diferenças entre uma força devido ao peso e uma força devido à pressão? Explique.

4.31 Um tubo se inclina para cima na direção do escoamento do líquido segundo um ângulo de 30° com a horizontal. Qual é o gradiente de pressão na direção do escoamento ao longo do tubo em termos do peso específico do líquido γ, se o líquido está desacelerando (aceleração em direção oposta à do escoamento) a uma taxa de 0,3 g?

4.32 Qual é o gradiente de pressão exigido para acelerar o querosene (SG = 0,81) verticalmente para cima em um tubo vertical segundo uma taxa de 0,4 g?

4.33 O líquido hipotético no tubo mostrado na figura possui viscosidade zero e um peso específico de 10 kN/m³. Se $p_B - p_A$ é igual a 8 kPa, pode-se concluir que o líquido no tubo está sendo acelerado (a) para cima, (b) para baixo, ou (c) nenhum dos dois: aceleração = 0.

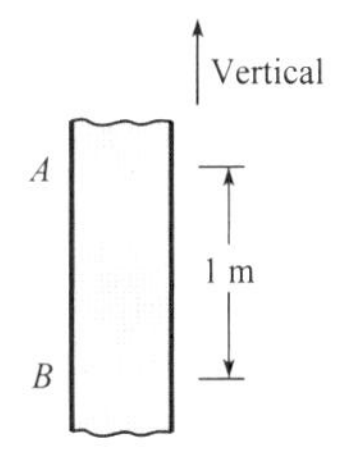

Problema 4.33

4.34 A água (ρ = 62,4 lbm/ft³) está em repouso com uma profundidade de 6 ft em um tubo vertical que está aberto no topo e fechado no fundo por um pistão. Qual aceleração para cima do pistão é necessária para criar uma pressão de 8 psig imediatamente acima do pistão?

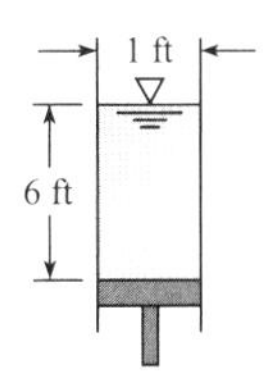

Problema 4.34

4.35 Qual gradiente de pressão é exigido para acelerar a água (ρ = 1.000 kg/m³) em um tubo horizontal a uma taxa de 7,7, m/s²?

4.36 A água (ρ = 1.000 kg/m³) é acelerada do repouso em um tubo horizontal que possui 80 m de comprimento e 30 cm de diâmetro. Se a taxa de aceleração (em direção à extremidade a jusante) é de 5 m/s², qual é a pressão na extremidade a montante se a pressão na extremidade a jusante é de 90 kPa manométrica?

4.37 Um líquido com um peso específico de 100 lbf/ft³ está no conduto. Este é um tipo especial de líquido que apresenta viscosidade zero.

As pressões nos pontos A e B são de 170 psf e 100 psf, respectivamente. Qual (ou quais) das seguintes conclusões pode(m) ser tirada(s) com certeza? (a) A velocidade está na direção positiva de ℓ. (b) A velocidade está na direção negativa de ℓ. (c) A aceleração está na direção positiva de ℓ. (d) A aceleração está na direção negativa de ℓ.

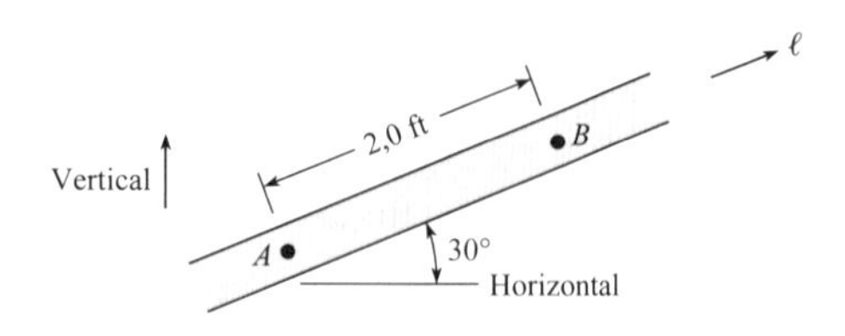

Problema 4.37

4.38 Se a velocidade varia linearmente com a distância através deste bocal de água, qual é o gradiente de pressão, pd/dx, a meio caminho ao longo do bocal? Assuma que $\rho = 62{,}4$ lbm/ft³.

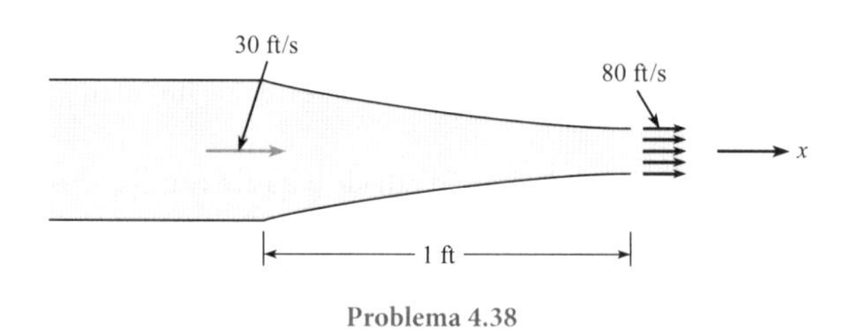

Problema 4.38

4.39 O tanque fechado mostrado, que está cheio de líquido, é acelerado para baixo a $1{,}5g$ e para a direita a $0{,}9g$. Aqui $L = 3$ ft, $H = 4$ ft, e a gravidade específica do líquido é de 1,2. Determine $p_c - p_A$ e $p_B - p_A$.

4.40 O tanque fechado mostrado, que está cheio de líquido, é acelerado para baixo a $\frac{2}{3}g$ e para a direita a $1g$. Aqui $L = 2{,}5$ m, $H = 3$ m, e o líquido possui uma gravidade específica de 1,3. Determine $p_c - p_A$ e $p_B - p_A$.

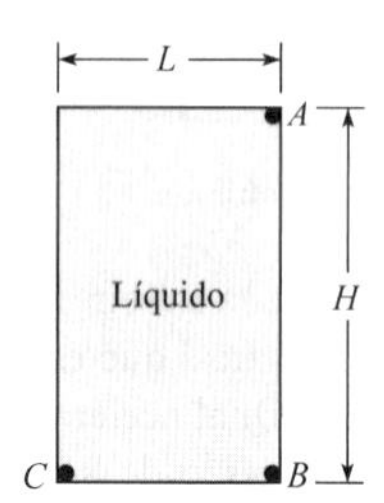

Problemas 4.39, 4.40

Aplicando a Equação de Bernoulli (§4.6)

4.41 Descreva em suas próprias palavras como funciona um aspirador.

4.42 Quando a equação de Bernoulli é aplicada a um venturi, tal como o que foi mostrado na Figura 4.27, quais das seguintes afirmações são verdadeiras? (Selecione todas as aplicáveis.)

- **a.** Se a carga de velocidade e a carga de elevação aumentam, então a carga de pressão deve diminuir.
- **b.** A pressão sempre diminui na direção do escoamento ao longo de uma linha de corrente.
- **c.** A carga total do fluido em escoamento é constante ao longo da linha de corrente.

4.43 Um engenheiro está projetando uma fonte como a que está mostrada na figura, e irá instalar um bocal que possa produzir um jato vertical. A que altura (h) a água na fonte irá se elevar se $V_n = 26$ m/s em $h = 0$?

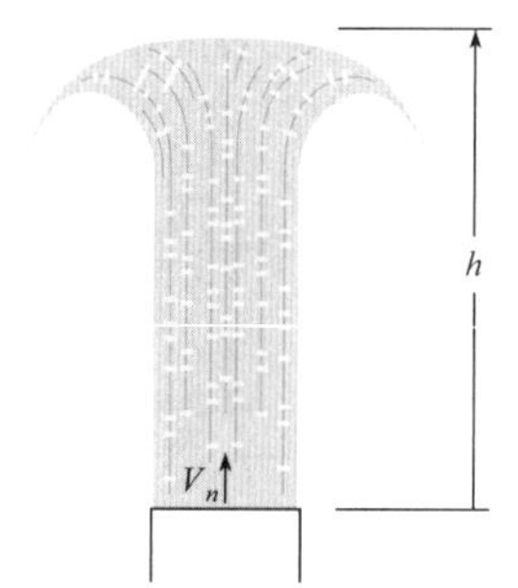

Problema 4.43

4.44 O tanque mostrado a seguir é usado para pressurizar uma solução água-fertilizante para distribuição por um pulverizador. O tanque está pressurizado a $p = 15$ kPa manométrico. A altura h é de 0,8 m. Qual é a velocidade (m/s) do fertilizante na saída?

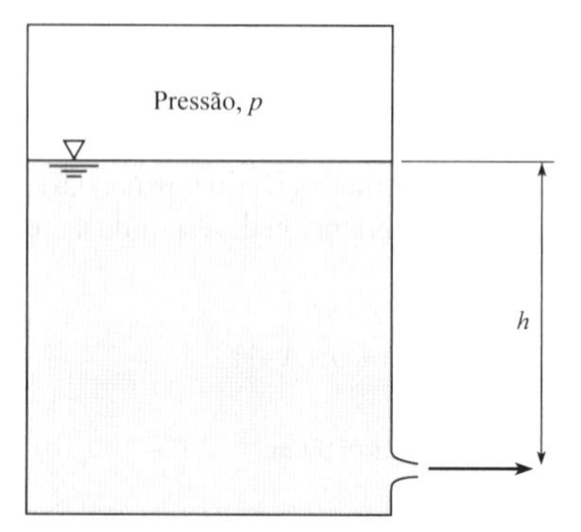

Problema 4.44

4.45 Água escoa através de uma seção de contração vertical (venturi). Piezômetros estão fixados à tubulação a montante e na seção com área mínima, como mostrado. A velocidade média no tubo é $V = 5$ ft/s. A diferença na elevação entre os dois níveis de água nos piezômetros é de $\Delta z = 6$ polegadas. A temperatura da água é de 68 °F. Qual é a velocidade (ft/s) na seção de área mínima?

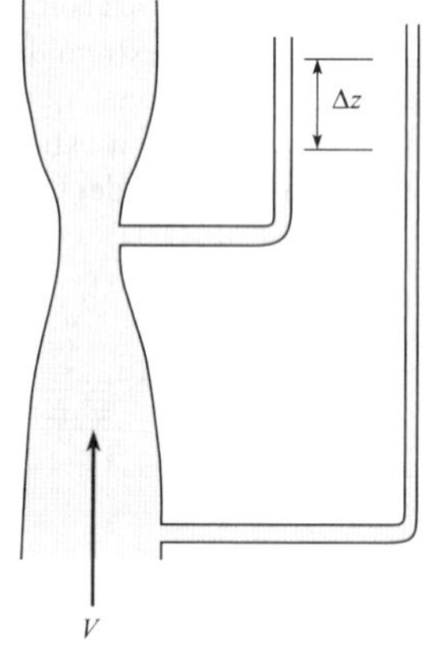

Problema 4.45

4.46 Querosene a 20 °C escoa através de uma seção de contração, como mostrado. Um medidor de pressão conectado entre o tubo a montante e a seção de garganta mostra uma diferença de pressão de 25 kPa. A velocidade do querosene na seção da garganta é de 8,7 m/s. Qual é a velocidade (m/s) na tubulação a montante?

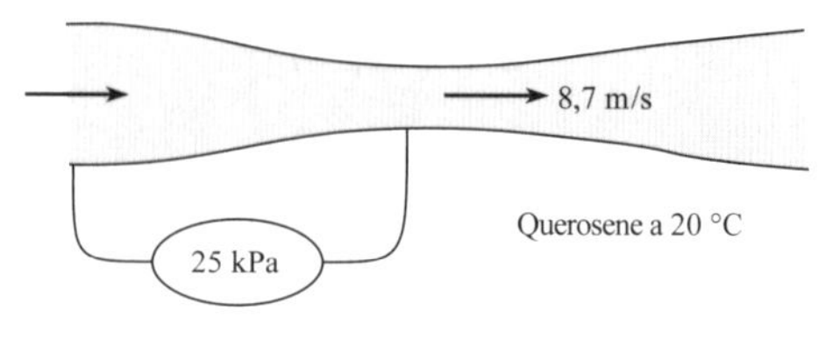

Problema 4.46

Tubos de Estagnação e Tubos de Pitot (§4.7)

4.47 Um tubo de estagnação colocado em um rio (selecione todos os que sejam aplicáveis):

a. pode ser usado para determinar a pressão do ar
b. pode ser usado para determinar a velocidade da água
c. mede a pressão cinética + pressão estática

4.48 Um tubo de Pitot está montado sobre um avião para medir a velocidade do ar. Em uma altitude de 10.000 ft, na qual a temperatura é de 23 °F e a pressão é de 9 psia, é medida uma diferença de pressão correspondente a 8 polegadas de água. Qual é a velocidade do ar?

4.49 Um tubo de Pitot é colocado em um canal aberto, como mostrado na figura. Qual é a velocidade V_A (m/s) quando a altura h é de 15 cm?

4.50 Um tubo de vidro é inserido no interior de uma corrente de água em escoamento com uma abertura direcionada a montante e a outra extremidade na vertical. Se a velocidade da água, V_A, é de 6,6 m/s, a que altura a água irá se elevar, h?

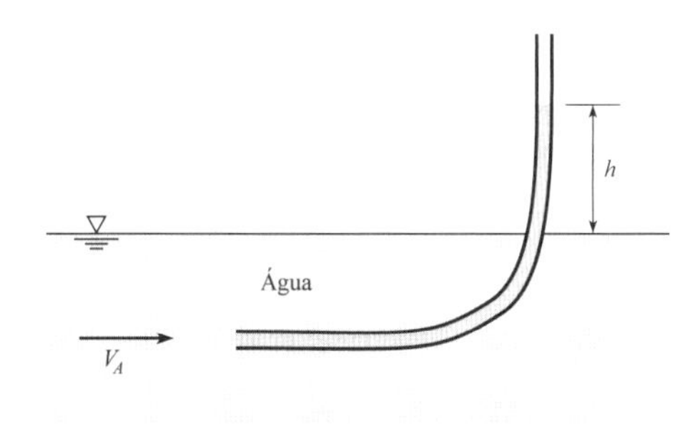

Problemas 4.49, 4.50

4.51 Para medir a velocidade do ar em uma planta de secagem de alimentos (T = 160 °F, p = 14 psia), um manômetro tipo tubo em U ar-água é conectado a um tubo de Pitot. Quando o manômetro apresenta uma deflexão de 4 polegadas, qual é a velocidade?

4.52 Dois tubos de Pitot são mostrados. Aquele mais acima é usado para medir a velocidade do ar, e está conectado a um manômetro tipo tubo em U ar-água, conforme mostrado. Aquele abaixo é usado para medir a velocidade da água, e também está conectado a um manômetro tipo tubo em U ar-água, conforme mostrado. Se a deflexão h é a mesma para ambos os manômetros, então é possível concluir que (a) $V_A = V_w$, (b) $V_A > V_W$, ou (c) $V_A < V_w$.

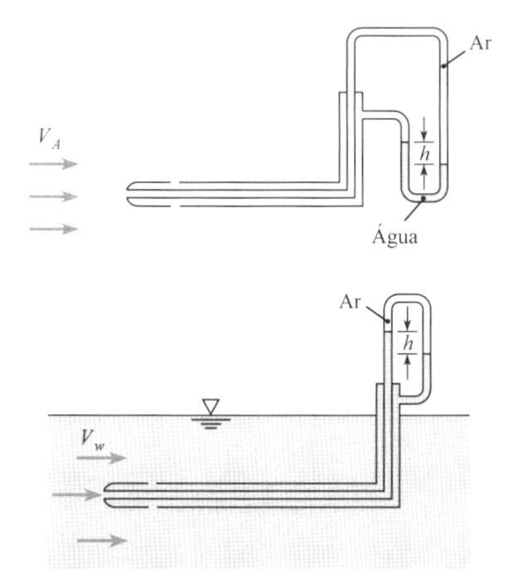

Problema 4.52

4.53 Um tubo de Pitot é usado para medir a velocidade no centro de um tubo de 12 polegadas. Se a querosene a 68 °F está escoando e a deflexão em um manômetro tipo U mercúrio-querosene conectado ao tubo de Pitot é de 5,5 polegadas, qual é a velocidade?

4.54 Um tubo de Pitot usado para medir a velocidade do ar está conectado a um manômetro tipo Bourdon. Se a temperatura do ar é de 10 °C à pressão atmosférica normal ao nível de mar, e se o manômetro lê uma pressão diferencial de 3 kPa, qual é a velocidade do ar?

4.55 Um tubo de Pitot usado para medir a velocidade do ar está conectado a um manômetro tipo Bourdon. Se a temperatura do ar é de 200 °F à pressão atmosférica normal, e se o manômetro lê uma pressão diferencial de 15 psf, qual é a velocidade do ar?

4.56 Um tubo de Pitot é usado para medir a velocidade do gás em um duto. Um transdutor de pressão conectado ao tubo de Pitot registra uma diferença de pressão de 3,0 psi. A densidade do gás no duto é de 0,19 lbm/ft^3. Qual é a velocidade do gás no duto?

4.57 O dispositivo de medição de vazão mostrado consiste em uma sonda de estagnação no ponto 2 e uma tomada de pressão estática no ponto 1. A velocidade no ponto 2 é 1,5 vezes a no ponto 1. O ar com uma densidade de 1,2 kg/m^3 escoa através do duto. Um manômetro tipo tubo em U contendo água está conectado entre a sonda de estagnação e a tomada de pressão, e é medida uma deflexão de 10 cm. Qual é a velocidade no ponto 2?

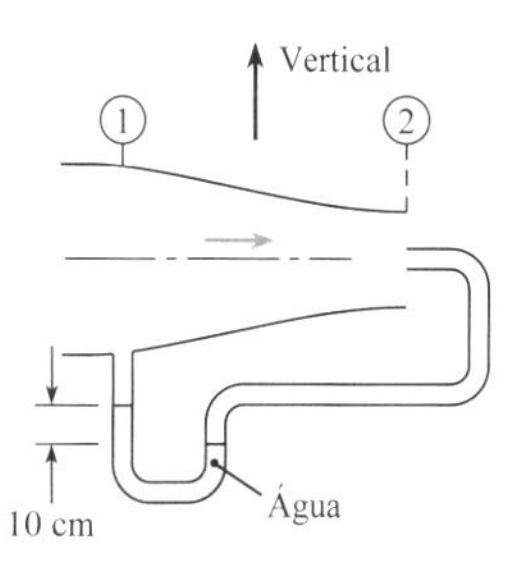

Problema 4.57

4.58 A sonda de Pitot "esférica" mostrada é usada para medir a velocidade de escoamento em água quente (ρ = 965 kg/m^3). Tomadas de pressão estão localizadas no ponto de estagnação dianteiro e a 90° do mesmo. A velocidade do fluido junto à superfície da esfera varia conforme 1,5 V_0 sen θ, em que V_0 é a velocidade na corrente livre, e θ é medido a partir do ponto de estagnação dianteiro. As tomadas de pressão estão ao mesmo nível; isto é, elas se encontram sobre o mesmo plano horizontal. A diferença de pressão piezométrica entre as duas tomadas é de 3 kPa. Qual é a velocidade na corrente livre V_0?

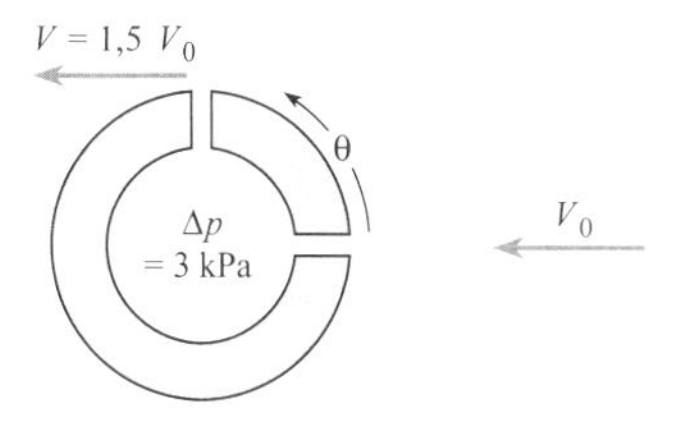

Problema 4.58

4.59 Um dispositivo usado para medir a velocidade de um fluido em um tubo consiste em um cilindro, com um diâmetro muito menor do que o do tubo, montado no tubo com tomadas de pressão no ponto de estagnação dianteiro e no lado de trás do cilindro. Os dados mostram que o coeficiente de pressão na tomada de pressão traseira é de −0,3. A água com uma densidade de 1.000 kg/m^3 escoa pelo tubo. Um manômetro tipo Bourdon conectado por linhas às tomadas de pressão mostra uma diferença de pressão de 500 Pa. Qual é a velocidade no tubo?

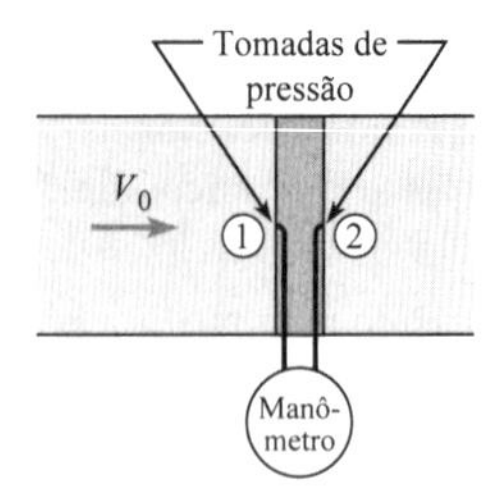

Problema 4.59

4.60 Esta esfera de vigilância da marinha está sendo testada para o campo de pressões que será induzido em frente a ela como uma função da velocidade. Velocímetros na bacia de testes mostram que quando $V_A = 14$ m/s, a velocidade em B é 8 m/s e em C é 1 m/s. Qual é o valor de $p_B - p_C$? (As velocidades são medidas em relação a um ponto estacionário, isto é, o plano de referência do laboratório.)

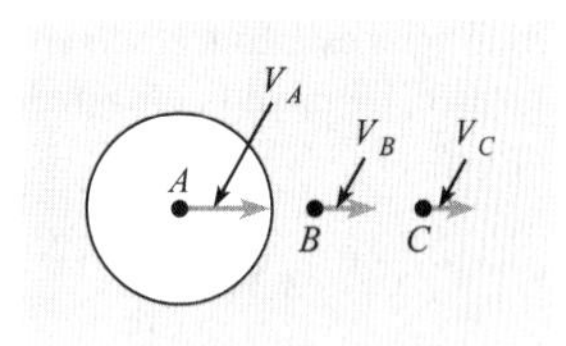

Problema 4.60

4.61 A água em um canal está mostrada para duas condições. Se a profundidade d é a mesma em ambos os casos, o manômetro A irá medir uma pressão maior ou menor que o manômetro B? Explique.

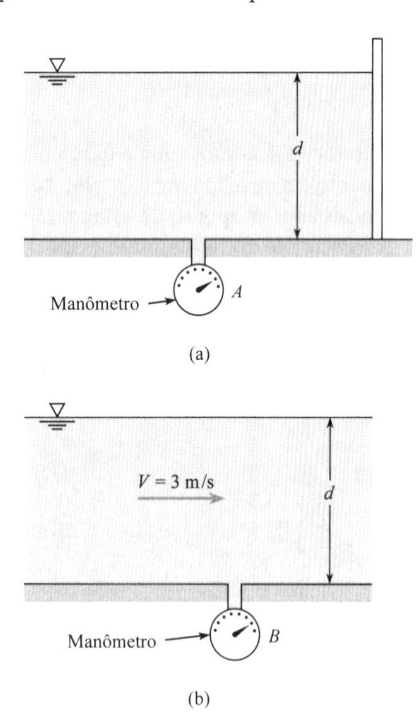

Problema 4.61

4.62 Um instrumento robusto usado com frequência para monitorar a velocidade dos gases em chaminés de fumaça consiste em dois tubos abertos orientados para a direção do escoamento, como mostrado, e conectados a um manômetro. O coeficiente de pressão é de 1,0 em A e de −0,2 em B. Assuma que água, a 20 °C, seja usada no manômetro e que uma deflexão de 5 mm é observada. A pressão e a temperatura dos gases da chaminé são de 101 kPa abs e 250 °C, respectivamente. A constante dos gases para os gases da chaminé é de 200 J/kg·K. Determine a velocidade dos gases na chaminé.

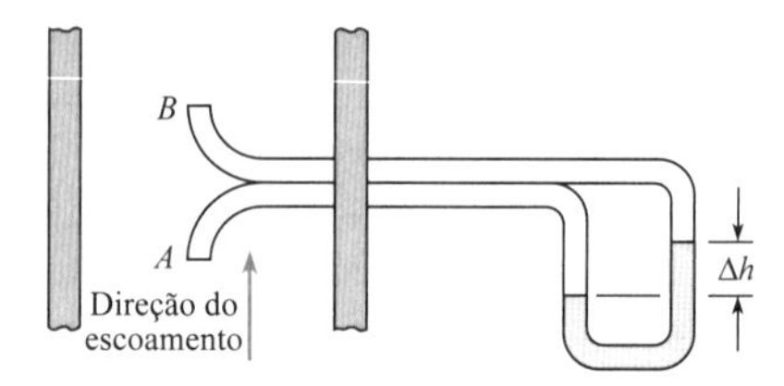

Problema 4.62

4.63 Um tubo de Pitot é usado para medir a velocidade do ar em relação a um avião. O tubo de Pitot está conectado a um dispositivo sensor de pressão calibrado para indicar a correta velocidade do ar quando a temperatura é de 17 °C e a pressão é de 101 kPa. O avião voa a uma altitude de 3.000 m, na qual a pressão e a temperatura são de 70 kPa e −6,3 °C, respectivamente. A velocidade do ar indicada é de 56 m/s. Qual é a verdadeira velocidade do ar?

4.64 Você precisa medir a velocidade de escoamento do ar e encomenda um tubo de Pitot comercialmente disponível. A instrução que o acompanha estabelece que a velocidade do escoamento do ar é dada por

$$V(\text{ft/min}) = 1.096{,}7\sqrt{\frac{h_v}{d}}$$

em que h_v é a "pressão da velocidade" em polegadas de água e d é a densidade em libras por pé cúbico. A pressão da velocidade é a deflexão medida em um manômetro de água fixado às portas de pressão estática e total. As instruções também estabelecem que a densidade d pode ser calculada usando

$$d\,(\text{lbm/ft}^3) = 1{,}325\frac{p_a}{T}$$

em que p_a é a pressão barométrica em polegadas de mercúrio e T é a temperatura absoluta em graus Rankine. Antes de usar o tubo de Pitot, você quer confirmar se as equações estão corretas. Determine se elas estão corretas.

4.65 Considere o escoamento de água sobre as superfícies mostradas. Para cada caso, a profundidade da água na seção D-D é a mesma (1 ft), e a velocidade média é a mesma e igual a 10 ft/s. Quais das seguintes afirmativas são válidas?

a. $p_C > p_B > p_A$
b. $p_B > p_C > p_A$
c. $p_A = p_B = p_C$
d. $p_B < p_C < p_A$
e. $p_A < p_B < p_C$

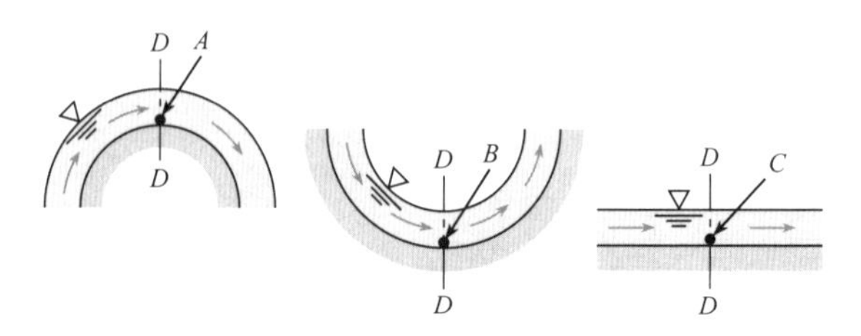

Problema 4.65

Caracterizando o Movimento Rotacional de um Fluido (§4.8)

4.66 O que significa rotação de uma partícula de fluido? Use um desenho para explicar.

4.67 Considere uma partícula de fluido esférica em um fluido invíscido (sem tensões de cisalhamento). Se as forças de pressão e gravitacional são as únicas que estão atuando sobre a partícula, elas podem fazer com que a partícula gire? Explique.

4.68 O vetor $\mathbf{V} = 10x\mathbf{i} - 10y\mathbf{j}$ representa um campo de velocidades bidimensional. O escoamento é irrotacional?

4.69 As componentes u e v da velocidade de um campo de escoamento são dadas por $u = -\omega y$ e $v = \omega x$. Determine a vorticidade e a taxa de rotação do campo de escoamento.

4.70 As componentes da velocidade para um escoamento bidimensional são

$$u = \frac{Cx}{(y^2 + x^2)} \qquad v = \frac{Cy}{(x^2 + y^2)}$$

em que C é uma constante. O escoamento é irrotacional?

4.71 Um campo de escoamento bidimensional é definido por $u = x^2 - y^2$ e $v = -2xy$. O escoamento é rotacional ou irrotacional?

A Equação de Bernoulli (Escoamento Irrotacional) (§4.9)

4.72 O líquido escoa com uma superfície livre ao redor de uma curva. O líquido é invíscido e incompressível, e o escoamento é permanente e irrotacional. A velocidade varia com o raio ao longo do escoamento conforme $V = 1/r$ m/s, em que r está em metros. Determine a diferença na profundidade do líquido do lado de dentro para o de fora do raio. O raio interno da dobra é de 1 m e o raio externo é de 3 m.

4.73 A velocidade no tubo de saída deste reservatório é de 30 ft/s e h = 18 ft. Por causa da entrada arredondada da tubulação, assume-se que o escoamento é irrotacional. Sob essas condições, qual é a pressão em A?

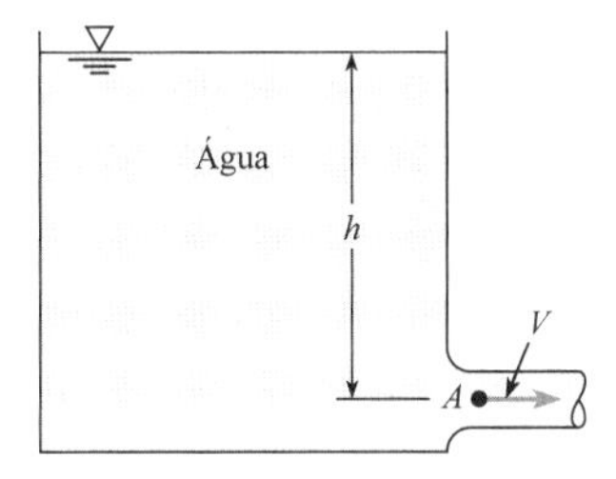

Problemas 4.73, 4.74

4.74 A velocidade no tubo de saída deste reservatório é de 8 m/s e h = 19 m. Por causa da entrada arredondada da tubulação, assume-se que o escoamento é irrotacional. Sob essas condições, qual é a pressão em A?

4.75 A velocidade máxima do escoamento ao redor de um cilindro circular, como mostrado, é de duas vezes a velocidade de aproximação. Qual é o valor de Δp entre o ponto de maior pressão e o ponto de menor pressão em um vento de 40 m/s? Assuma um escoamento irrotacional e condições atmosféricas padrão.

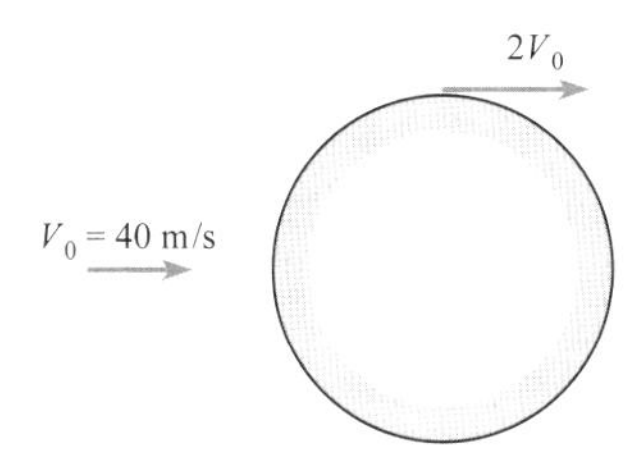

Problema 4.75

4.76 São dadas a velocidade e a pressão manométrica em dois pontos no campo de escoamento. Assuma que os dois pontos se encontrem sobre um plano horizontal e que a densidade do fluido seja uniforme no campo de escoamento, igual a 1.000 kg/m³. Assuma um escoamento permanente. Então, dadas essas informações, determine quais das seguintes afirmativas é verdadeira. (a) O escoamento na contração é não uniforme e irrotacional. (b) O escoamento na contração é uniforme e irrotacional. (c) O escoamento na contração é não uniforme e rotacional. (d) O escoamento na contração é uniforme e rotacional.

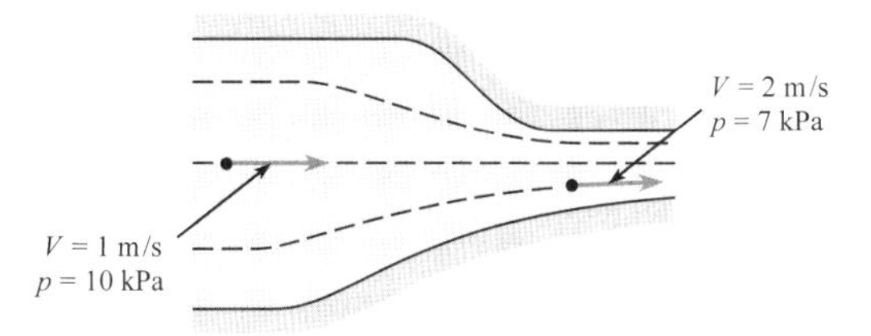

Problema 4.76

4.77 A água (ρ = 62,4 lbm/ft³) escoa a partir do grande orifício no fundo do tanque, conforme mostrado. Assuma que o escoamento seja irrotacional. O ponto B está na elevação zero, enquanto o ponto A está a uma elevação de 1 ft. Se V_A = 4 ft/s em um ângulo de 45° com a horizontal e se V_B = 12 ft/s verticalmente para baixo, qual é o valor de $p_A - p_B$?

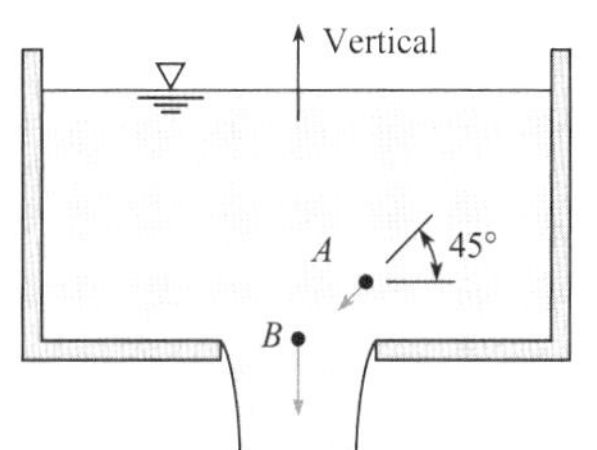

Problema 4.77

4.78 A teoria do escoamento ideal irá gerar um padrão de escoamento ao redor de um aerofólio semelhante àquele mostrado na figura. Se a velocidade de aproximação do ar V_0 é de 80 m/s, qual é a diferença de pressão entre o fundo e o topo desse aerofólio nos pontos onde as velocidades são de V_1 = 85 m/s e V_2 = 75 m/s? Assuma que ρ_{ar} seja uniforme em 1,2 kg/m³.

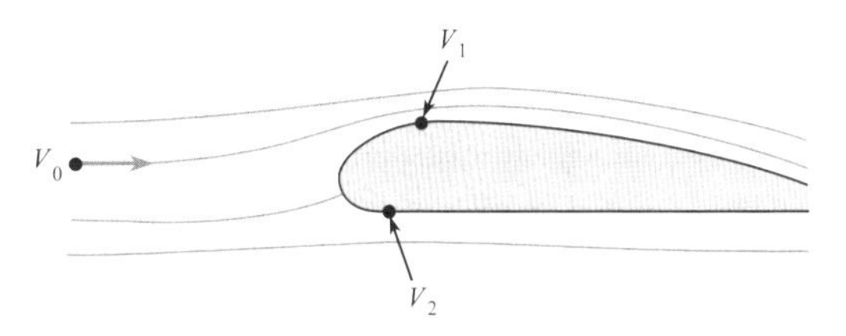

Problema 4.78

4.79 Considere o escoamento de água entre duas placas paralelas em que uma placa está fixa, conforme mostrado. A distância entre as placas é h, e a velocidade da placa em movimento é V. Uma pessoa deseja calcular a diferença de pressão entre as placas e aplica a equação de Bernoulli entre os pontos 1 e 2,

$$z_1 + \frac{p_1}{\gamma} + \frac{V_1^2}{2g} = z_2 + \frac{p_2}{\gamma} + \frac{V_2^2}{2g}$$

Então, conclui que

$$p_1 - p_2 = \gamma(z_2 - z_1) + \rho\frac{V_2^2}{2}$$
$$= \gamma h + \rho\frac{V^2}{2}$$

Isso está correto? Explique a razão para a sua resposta.

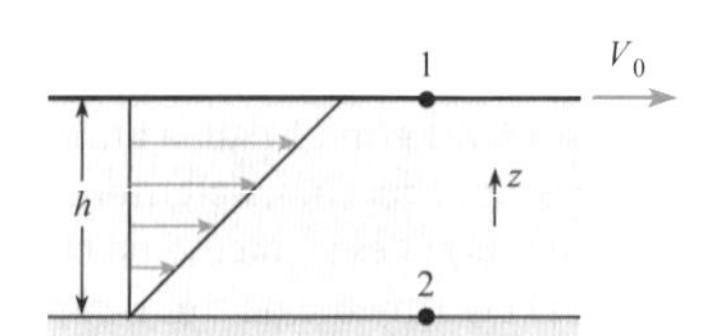

Problema 4.79

Campo de Pressões para um Cilindro Circular (§4.10)

4.80 Um fluido está escoando ao redor de um cilindro, conforme mostrado na Figura 4.37. Um gradiente de pressão favorável pode ser encontrado:

a. a montante do ponto de estagnação
b. no ponto de estagnação
c. entre o ponto de estagnação e o ponto de separação

4.81 A pressão na esteira de um corpo saliente é aproximadamente igual à pressão no ponto de separação. A distribuição de velocidades para o escoamento sobre uma esfera é $V = 1{,}5\ V_0$ sen θ, em que V_0 é a velocidade na corrente livre e θ é o ângulo medido a partir do ponto de estagnação dianteiro. O escoamento se separa em θ = 120°. Se a velocidade na corrente livre é de 100 m/s e o fluido é o ar (ρ = 1,2 kg/m³), determine o coeficiente de pressão na região separada próxima à esfera. Além disso, qual é a pressão manométrica nessa região se a pressão na corrente livre é a atmosférica?

4.82 A Figura 4.36 mostra um escoamento irrotacional ao redor de um cilindro circular. Assuma que a velocidade de aproximação em *A* seja constante (não varia com o tempo).

a. O escoamento ao redor do cilindro é permanente ou transiente?
b. Esse é um caso de escoamento unidimensional, bidimensional ou tridimensional?
c. Existe alguma(s) região(ões) de escoamento onde a aceleração local esteja presente? Caso positivo, mostre onde está(ão) e mostre os vetores que representam a aceleração local nas regiões onde elas ocorrem.
d. Existe alguma(s) região(ões) de escoamento onde a aceleração convectiva esteja presente? Caso positivo, mostre os vetores que representam a aceleração convectiva nas regiões onde elas ocorrem.

4.83 Conhecendo a velocidade no ponto 1 de um fluido a montante de uma esfera e a velocidade média no ponto 2 na esteira da esfera, pode uma pessoa usar a equação de Bernoulli para determinar a diferença de pressão entre os dois pontos? Forneça a lógica para a sua decisão.

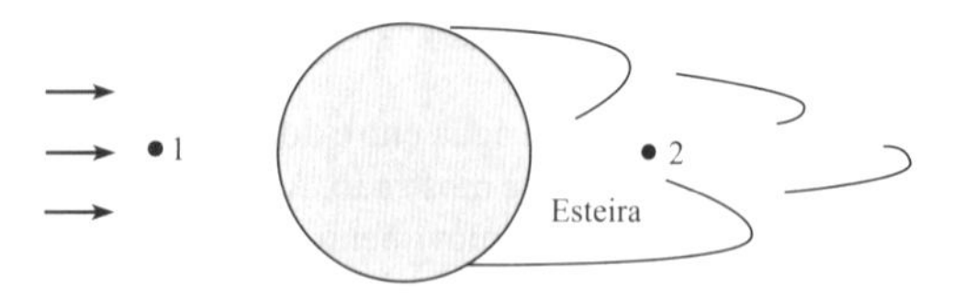

Problema 4.83

Campo de Pressões para um Escoamento Rotativo (§4.11)

4.84 Este tanque fechado, que possui 4 ft de diâmetro, está cheio com água (ρ = 62,4 lbm/ft³) e gira ao redor do seu eixo vertical a uma taxa de 10 rad/s. Um piezômetro aberto está conectado ao tanque, como mostrado, tal que ele também está girando com o tanque. Para essas condições, qual é a pressão no centro do fundo do tanque?

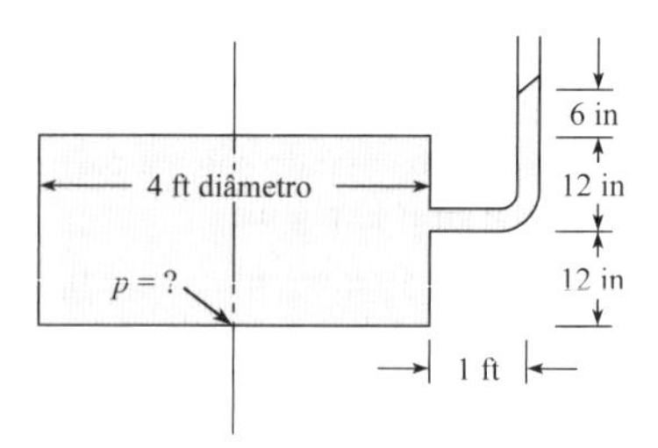

Problema 4.84

4.85 Um tanque de líquido (*SG* = 0,80) que possui 1 ft de diâmetro e 1,0 ft de altura (*h* = 1,0 ft) está fixado rigidamente (como mostrado) a um braço giratório que possui 2 ft de raio. O braço gira tal que a velocidade no ponto *A* é de 20 ft/s. Se a pressão em *A* é de 25 psf, qual é a pressão em *B*?

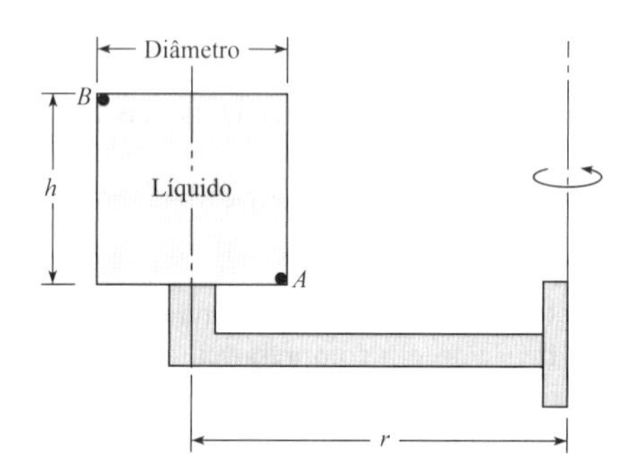

Problema 4.85

4.86 Separadores são usados para separar líquidos com diferentes densidades, tal como a nata do leite desnatado, pela rotação da mistura a altas velocidades. Em um separador de nata, o leite desnatado vai para o lado de fora, enquanto a nata migra em direção ao centro. Um fator de mérito para a centrífuga é a força de aceleração centrífuga (FCR – Força Centrífuga Relativa), que é a aceleração radial dividida pela aceleração devido à gravidade. Um separador de nata pode operar a 9.000 rpm (rev/min). Se a cuba do separador possui 20 cm de diâmetro, qual é a aceleração centrípeta se o líquido gira como um corpo sólido, e qual é a FCR?

4.87 Um tanque fechado de líquido (*SG* = 1,2) é girado ao redor de um eixo vertical (ver a figura), e ao mesmo tempo todo o tanque é acelerado para cima a 4 m/s². Se a taxa de rotação é de 10 rad/s, qual é a diferença de pressão entre os pontos *A* e *B* ($p_B - p_A$)? O ponto *B* está no fundo do tanque em um raio de 0,5 m do eixo de rotação, enquanto o ponto *A* está no topo sobre o eixo de rotação.

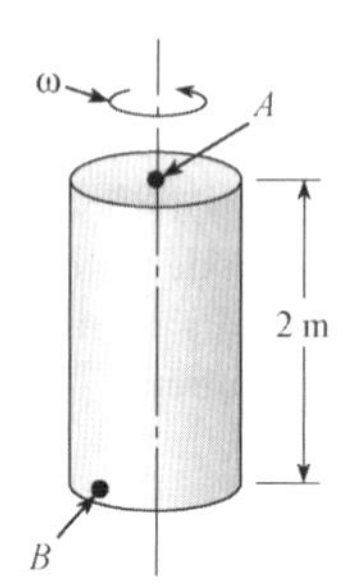

Problema 4.87

4.88 Um tubo em U é girado ao redor de uma de suas pernas, como mostrado. Antes de ser girado, o líquido no tubo enche 0,25 m de cada perna. O comprimento da base do tubo em U é de 0,5 m, e cada perna possui 0,5 m de comprimento. Qual seria a taxa de rotação máxima (em rad/s) para assegurar que nenhum líquido fosse expulso para fora através da perna exterior.

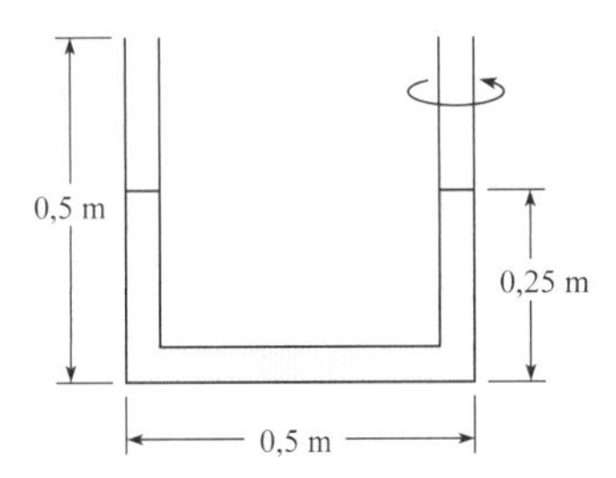

Problema 4.88

4.89 Um braço com um tubo de estagnação na extremidade é girado a 100 rad/s em um plano horizontal 10 cm abaixo da superfície de um líquido, conforme mostrado. O braço possui 20 cm de comprimento, e o tubo no centro de rotação se estende acima da superfície do líquido. O líquido no tubo é o mesmo que está no tanque, e possui um peso específico de 10.000 N/m³. Determine a localização da superfície de líquido no tubo central.

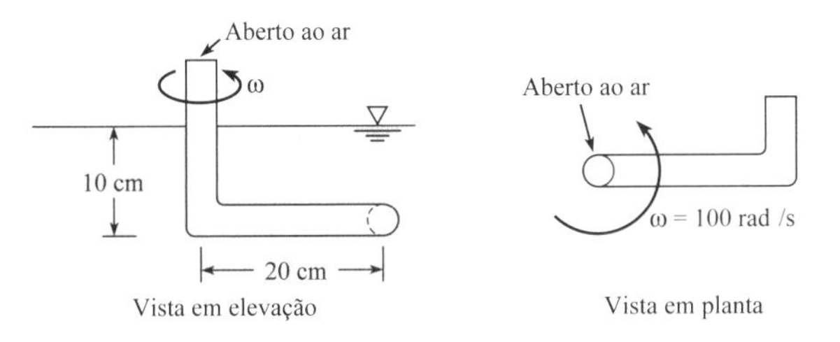

Problema 4.89

4.90 Um manômetro tipo tubo em U é girado ao redor de uma de suas pernas, como mostrado. A diferença na elevação entre as superfícies de líquido nas pernas é de 20 cm. O raio do braço de rotação é de 10 cm. O líquido no manômetro é óleo com uma gravidade específica de 0,8. Determine o número de *g*'s de aceleração na perna com a maior quantidade de óleo.

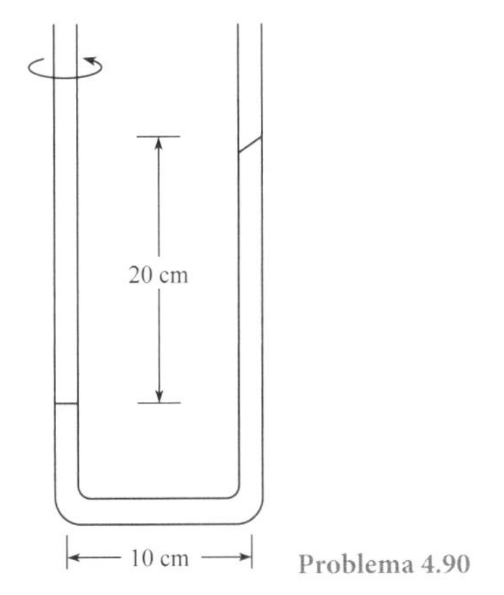

Problema 4.90

4.91 Um tanque de combustível para um foguete no espaço em um ambiente sem gravidade (zero *g*) é girado para manter o combustível em uma extremidade do tanque. O sistema gira a 3 rev/min. A extremidade do tanque (ponto *A*) está a 1,5 m do eixo de rotação, enquanto o nível de combustível está a 1 m do eixo de rotação. A pressão na extremidade sem líquido do tanque é de 0,1 kPa, e a densidade do combustível é de 800 kg/m³. Qual é a pressão na saída (ponto *A*)?

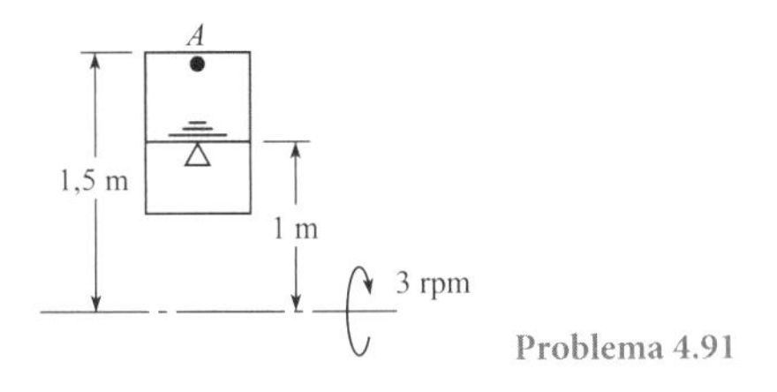

Problema 4.91

4.92 Água (ρ = 1.000 kg/m³) preenche um tubo delgado com 1 cm de diâmetro, 40 cm de comprimento, e que está fechado em uma das suas extremidades. Quando o tubo é girado no plano horizontal ao redor da sua extremidade aberta a uma velocidade constante de 50 rad/s, qual é a força exercida sobre a extremidade fechada?

4.93 A água (ρ = 1.000 kg/m³) está em repouso no tubo em U com uma extremidade fechada, como mostrado na figura, quando não há rotação. Se ℓ = 2 cm e se todo o sistema é girado ao redor do eixo *A*-*A*, em qual velocidade angular irá começar a derramar água para fora no tubo aberto? Assuma que a temperatura para o sistema seja a mesma antes e após a rotação, e que a pressão inicial na extremidade fechada seja a pressão atmosférica.

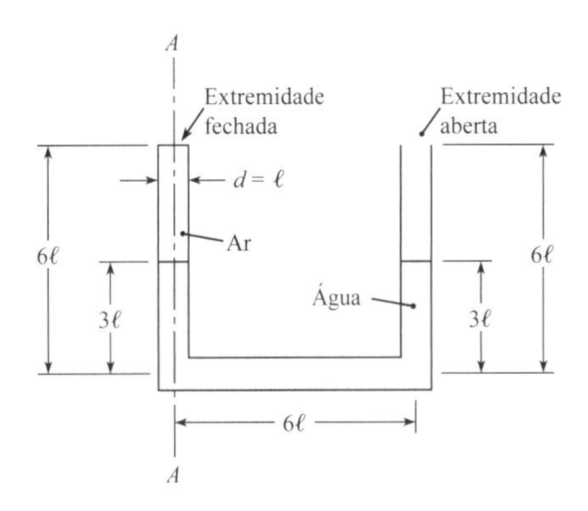

Problema 4.93

4.94 Uma bomba centrífuga simples consiste em um disco com 10 cm de diâmetro dotado de portas radiais, como mostrado. A água é bombeada de um reservatório através de um tubo central sobre o eixo. O rotor gira a 3.000 rev/min, e o líquido descarrega à pressão atmosférica. Para estabelecer a altura máxima para a operação da bomba, assuma que a vazão seja zero e a pressão na alimentação da bomba seja a atmosférica. Calcule a altura máxima operacional *z* para a bomba.

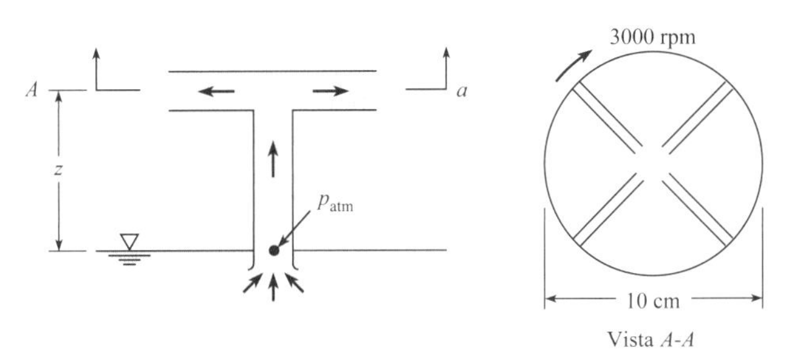

Problema 4.94

4.95 Um tanque cilíndrico fechado contendo água (ρ = 1.000 kg/m³) é girado ao redor do seu eixo horizontal, conforme mostrado. A água dentro do tanque gira com o tanque ($V = r\omega$). Desenvolva uma equação para dp/dz ao longo de uma linha vertical radial através do centro de rotação. Qual é o valor de dp/dz ao longo desta linha para $z = -1$ m, $z = 0$, e $z = +1$ m quando ω = 5 rad/s? Aqui, $z = 0$ no eixo.

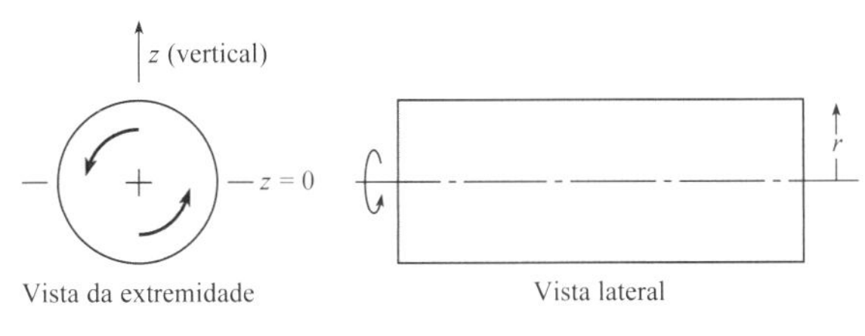

Problema 4.95

CAPÍTULO**CINCO**

A Abordagem do Volume de Controle e a Equação da Continuidade

OBJETIVO DO CAPÍTULO Este capítulo descreve como a conservação de massa pode ser aplicada a um fluido em escoamento. A equação resultante é denominada a *equação da continuidade*. É aplicada a uma região espacial chamada volume de controle, o qual também é introduzido.

FIGURA 5.1

A foto mostra um coletor solar com tubos evacuados que está sendo testado para avaliar a sua eficiência. Esse projeto foi conduzido por alunos de graduação em Engenharia. A equipe aplicou o conceito de volume de controle, a equação da continuidade, as equações de vazão, e conhecimentos de termodinâmica e transferência de calor. (Foto por Donald Elger.)

RESULTADOS DO APRENDIZADO

VAZÃO (§5.1).

- Conhecer os principais conceitos sobre vazão mássica e vazão volumétrica.
- Definir velocidade média e conhecer seus valores típicos.
- Resolver problemas que envolvem as equações de vazão.

A ABORDAGEM DO VOLUME DE CONTROLE (§5.2).

- Descrever os seis tipos de sistemas.
- Distinguir entre propriedades intensivas e extensivas.
- Explicar como usar o produto escalar para caracterizar o escoamento resultante de saída.
- Conhecer os principais conceitos do Teorema do Transporte de Reynolds.

A EQUAÇÃO DA CONTINUIDADE (§5.3, §5.4).

- Conhecer os principais conceitos sobre a equação da continuidade.
- Resolver problemas que envolvem a equação da continuidade.

CAVITAÇÃO (§5.5).

- Conhecer os principais conceitos sobre cavitação – por exemplo, por que a cavitação acontece, por que a cavitação é importante, como identificar possíveis locais de cavitação, e como projetar para reduzir a possibilidade de cavitação.

5.1 Caracterizando a Vazão

Os engenheiros caracterizam a vazão usando (a) a vazão mássica, $\dot{m}$, e (b) a vazão volumétrica, Q. Esses conceitos e as equações associadas a eles são introduzidos nesta seção.

Vazão Volumétrica (Descarga)

A vazão volumétrica Q é a *razão entre o volume e o tempo em um dado instante*. Em forma de equação,

$$Q = \left(\frac{\text{volume de fluido passando através de uma área de seção transversal}}{\text{intervalo de tempo}}\right)_{\substack{\text{instante}\\ \text{no tempo}}} = \lim_{\Delta t \to 0} \frac{\Delta \forall}{\Delta t} \quad (5.1)$$

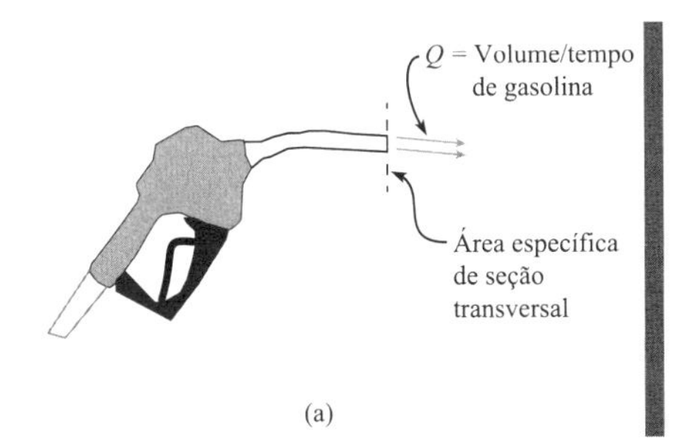

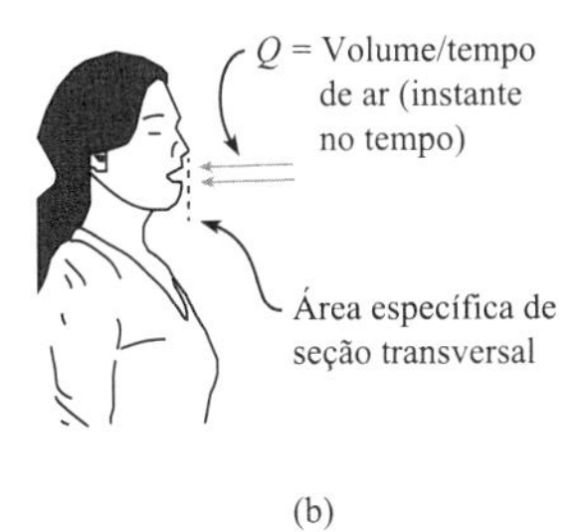

FIGURA 5.2
Desenhos utilizados para definir a vazão volumétrica: (a) gasolina escoando de uma válvula em um posto de gasolina, (b) ar escoando para dentro de uma pessoa durante um processo de inalação.

EXEMPLO. Para descrever a vazão volumétrica (Q) para uma bomba de gasolina (Fig. 5.2a), selecione uma área da seção transversal. Então, Q é o volume de gasolina que escoou através da seção especificada durante determinado intervalo de tempo (digamos, um segundo) dividido pelo intervalo de tempo. As unidades poderiam ser galões por minuto ou litros por segundo.

EXEMPLO. Para descrever a vazão volumétrica (Q) para a inalação de uma pessoa enquanto ela pratica ioga (Fig. 5.2b), selecione uma área da seção transversal, conforme mostrado. Então, Q é o volume de ar que escoou pela seção especificada durante determinado intervalo de tempo (digamos, $\Delta t = 0{,}01$ s), dividido pelo intervalo de tempo. Note que o intervalo de tempo deve ser curto, pois a vazão está variando continuamente durante a respiração. A ideia é fazer com que $\Delta t \rightarrow 0$, tal que a vazão fique caracterizada em um instante de tempo.

A vazão volumétrica é chamada com frequência de *descarga*. Uma vez que esses dois termos são sinônimos, este livro usa ambos indistintamente.

As unidades SI para a vazão volumétrica são o metro cúbico de volume por segundo (m^3/s). Em unidades inglesas, a unidade consistente é o pé cúbico por segundo (ft^3/s). Com frequência, essa unidade é escrita como "cfs", que é a abreviação de "*cubic feet per second*" (pés cúbicos por segundo, em inglês).

Desenvolvendo Equações para a Vazão Volumétrica

Esta subseção mostra como desenvolver equações úteis para a vazão volumétrica, Q, em termos da velocidade do fluido e da área de seção transversal A.

Para relacionar Q à velocidade V, selecione um escoamento de um fluido (Fig. 5.3) em que a velocidade seja considerada constante ao longo da seção transversal do tubo. Suponha que um corante seja injetado na seção transversal identificada como seção A-A durante um período de tempo Δt. O fluido que passa por A-A durante o intervalo de tempo Δt está representado pelo volume marcado. O comprimento do volume marcado é $V\Delta t$, tal que o volume é $\Delta \forall = AV\Delta t$. Aplicando a definição de Q:

$$Q = \lim_{\Delta t \to 0} \frac{\Delta \forall}{\Delta t} = \lim_{\Delta t \to 0} \frac{AV\Delta t}{\Delta t} = VA \tag{5.2}$$

FIGURA 5.3
Volume de fluido em escoamento, com distribuição de velocidades uniforme que passa através da seção A-A no intervalo de tempo Δt.

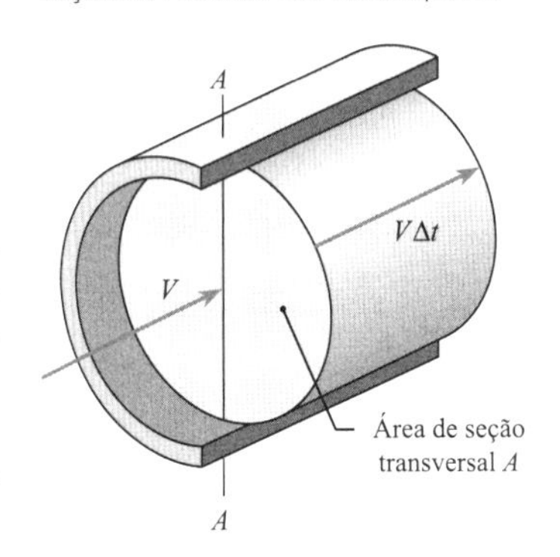

Na Eq. (5.2), observe como se comportam as unidades:

$$Q = VA$$

$$\text{vazão volumétrica (m}^3\text{/s)} = \text{velocidade (m/s)} \times \text{área (m}^2\text{)}$$

Uma vez que a Eq. (5.2) está baseada em uma distribuição de velocidades uniforme, considere um escoamento em que a velocidade varia ao longo da seção transversal (ver a Fig. 5.4). A região sombreada em cinza-claro mostra o volume de fluido que passa através de uma área diferencial da seção. Usando o conceito da Eq. (5.2), igualamos $dQ = V\,dA$. Para obter a vazão total, somamos a vazão volumétrica de cada elemento diferencial e então aplicamos a definição da integral:

$$Q = \sum_{\text{seção}} V_i\, dA_i = \int_A V\, dA \tag{5.3}$$

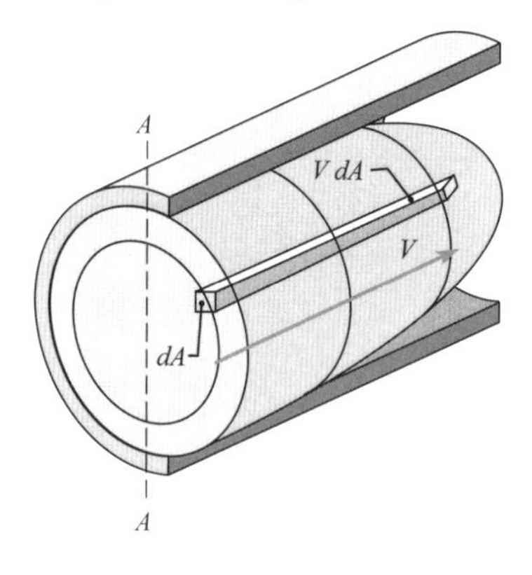

FIGURA 5.4
Volume de fluido que passa à seção *A-A* no tempo Δt.

A Eq. (5.3) significa que a *velocidade integrada ao longo da área da seção transversal fornece a vazão volumétrica*. Para desenvolver outro resultado útil, dividimos a Eq. (5.3) pela área A para obter

$$\overline{V} = \frac{Q}{A} = \frac{1}{A}\int_A V\,dA \tag{5.4}$$

A Eq. (5.4) fornece uma definição de $\overline{V}$, que é chamada de velocidade média ponderada, ou simplesmente **velocidade média**. Como mostrado, esta é assim definida por se tratar de uma velocidade média ponderada pela área. Por essa razão, a velocidade média é algumas vezes chamada de *velocidade média pela área*. Esse rótulo é útil para distinguir uma velocidade média pela área de uma *velocidade média pelo tempo*, que é usada para caracterizar um escoamento turbulento (ver §4.3). Alguns valores úteis da velocidade média estão resumidos na Tabela 5.1.

A Eq. (5.4) pode ser generalizada usando o conceito de produto escalar. Este é útil quando o vetor velocidade está alinhado em um ângulo em relação à área da seção (Fig. 5.5). O único componente da velocidade que contribui para o escoamento através da área diferencial dA é a componente normal à área, V_n. A vazão volumétrica diferencial através da área dA é

$$dQ = V_n dA$$

Se o vetor, $\mathbf{dA}$, é definido com magnitude igual a área diferencial, dA, e a direção normal à superfície, então $V_n dA = |\mathbf{V}| \cos\theta\, dA = \mathbf{V}\cdot\mathbf{dA}$, em que $\mathbf{V}\cdot\mathbf{dA}$ é o produto escalar de dois vetores. Dessa forma, uma equação mais geral para a vazão volumétrica através de uma superfície A é

$$Q = \int_A \mathbf{V}\cdot\mathbf{dA} \tag{5.7}$$

Se a velocidade é constante ao longo da área e a área é uma superfície plana, então a vazão volumétrica é

$$Q = \mathbf{V}\cdot\mathbf{A}$$

Se, além disso, os vetores velocidade e área estão alinhados, então

$$Q = VA$$

que reverte à equação original desenvolvida para a vazão volumétrica, Eq. (5.2).

Vazão Mássica

A vazão mássica $\dot{m}$ é a *razão entre a massa e o tempo em um instante no tempo*. Em forma de equação,

$$\dot{m} = \left(\frac{\text{massa de fluido que passa através de uma área de seção transversal}}{\text{intervalo de tempo}}\right)_{\substack{\text{instante}\\ \text{no tempo}}} = \lim_{\Delta t\to 0}\frac{\Delta m}{\Delta t} \tag{5.6}$$

TABELA 5.1 Valores da Velocidade Média

Situação	Equação para a Velocidade Média
Escoamento laminar totalmente desenvolvido em um tubo redondo. Para mais informações, ver §10.5.	$\overline{V}/V_{máx} = 0{,}5$, em que $V_{máx}$ é o valor da velocidade máxima no tubo. Note que $V_{máx}$ é o valor da velocidade no centro do tubo.
Escoamento laminar totalmente desenvolvido em um canal retangular (o canal possui largura infinita).	$\overline{V}/V_{máx} = 2/3 = 0{,}667$.
Escoamento turbulento totalmente desenvolvido em um tubo redondo. Para mais informações, ver §10.6.	$\overline{V}/V_{máx} \approx 0{,}79$ a $0{,}86$, em que a razão depende do número de Reynolds.

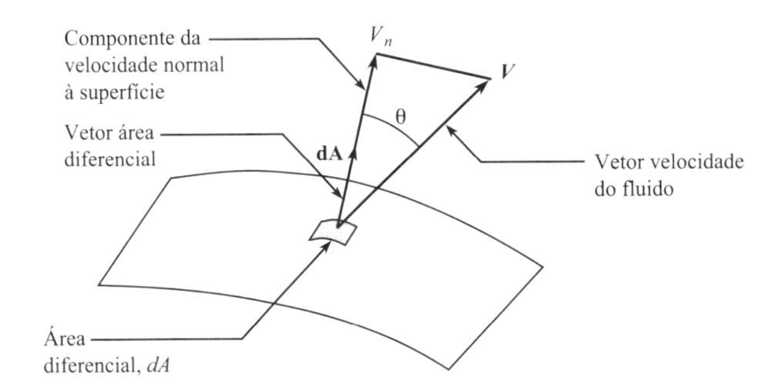

FIGURA 5.5

Vetor velocidade orientado segundo um ângulo θ em relação à normal.

As unidades comuns para a vazão mássica são kg/s, lbm/s e slug/s.

Usando o mesmo procedimento que foi aplicado para a vazão volumétrica, a massa do fluido no volume marcado na Figura 5.3 é $\Delta m = \rho\Delta\forall$, em que ρ é a densidade média. Assim, podem ser derivadas várias equações úteis:

$$\begin{aligned}\dot{m} &= \lim_{\Delta t\to 0}\frac{\Delta m}{\Delta t} = \rho\lim_{\Delta t\to 0}\frac{\Delta\forall}{\Delta t} = \rho Q\\ &= \rho A V\end{aligned} \quad (5.7)$$

A forma geral da equação para a vazão mássica que corresponde à Eq. (5.5) é

$$\dot{m} = \int_A \rho\mathbf{V}\cdot\mathbf{dA} \quad (5.8)$$

em que tanto a velocidade quanto a densidade do fluido podem variar ao longo da área de seção transversal. Se a densidade for constante, então a Eq. (5.7) é recuperada. Além disso, se o vetor velocidade estiver alinhado com o vetor área, então a Eq. (5.8) se reduz a

$$\dot{m} = \int_A \rho V\,dA \quad (5.9)$$

Equações Práticas

A Tabela 5.2 resume as equações para a vazão. Note que multiplicando a Eq. (5.10) pela densidade obtemos a Eq. (5.11).

Problemas-exemplo

Para a maioria dos problemas, a aplicação da equação para a vazão envolve a substituição de números na equação apropriada; veja o Exemplo 5.1 para esse caso.

TABELA 5.2 Resumo das Equações para a Vazão

Descrição	Equação	Termos
Equação para a vazão volumétrica	$Q = \overline{V}A = \frac{\dot{m}}{\rho} = \int_A V\,dA = \int_A \mathbf{V}\cdot\mathbf{dA}$ (5.10)	Q = vazão volumétrica = descarga (m^3/s) $\overline{V}$ = velocidade média = velocidade média pela área (m/s) A = área de seção transversal (m^2) $\dot{m}$ = vazão mássica (kg/s) V = velocidade de uma partícula de fluido (m/s) dA = área diferencial (m^2) $\mathbf{V}$ = velocidade de uma partícula de fluido (m/s) $\mathbf{dA}$ = vetor área diferencial (m^2) (aponta para fora a partir da superfície de controle)
Equação para a vazão mássica	$\dot{m} = \rho A\overline{V} = \rho Q = \int_A \rho V\,dA = \int_A \rho\mathbf{V}\cdot\mathbf{dA}$ (5.11)	$\dot{m}$ = vazão mássica (kg/s) ρ = densidade mássica (kg/m^3)

EXEMPLO 5.1

Aplicando as Equações para a Vazão ao Escoamento de Ar em um Tubo

Enunciado do Problema

Ar com uma densidade mássica de 1,24 kg/m³ (0,00241 slugs/ft³) escoa em um tubo com diâmetro de 30 cm (0,984 ft) a uma vazão mássica de 3 kg/s (0,206 slugs/s). Quais são a velocidade média e a vazão volumétrica nesse tubo em ambos os sistemas de unidades?

Defina a Situação

O ar escoa em um tubo.

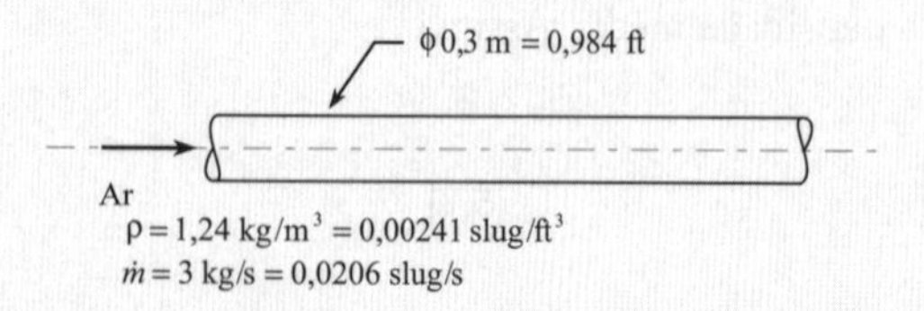

Estabeleça o Objetivo

Q(m³/s e ft³/s) ⬅ vazão volumétrica

$\dot{m}$ (m/s e ft/s) ⬅ velocidade média

Tenha Ideias e Trace um Plano

Uma vez que Q é o objetivo e $\dot{m}$ e ρ são conhecidas, aplicar a equação para a vazão mássica (Eq. 5.11):

$$\dot{m} = \rho Q \quad \textbf{(a)}$$

Para determinar o último objetivo ($\overline{V}$), aplicar a equação para a vazão volumétrica (Eq. 5.10):

$$Q = \overline{V}A \quad \textbf{(b)}$$

O plano é o seguinte:

1. Calcular Q usando a Eq. (a).
2. Calcular $\overline{V}$ usando a Eq. (b).

Aja (Execute o Plano)

1. Equação para a vazão mássica:

$$Q = \frac{\dot{m}}{\rho} = \frac{3 \text{ kg/s}}{1{,}24 \text{ kg/m}^3} = \boxed{2{,}42 \text{ m}^3\text{/s}}$$

$$Q = 2{,}42 \text{ m}^3\text{/s} \times \left(\frac{35{,}31 \text{ ft}^3}{1 \text{ m}^3}\right) = \boxed{85{,}5 \text{ cfs}}$$

2. Equação para a vazão volumétrica:

$$V = \frac{Q}{A} = \frac{2{,}42 \text{ m}^3\text{/s}}{(\frac{1}{4}\pi) \times (0{,}30 \text{ m})^2} = \boxed{34{,}2 \text{ m/s}}$$

$$V = 34{,}2 \text{ m/s} \times \left(\frac{1 \text{ ft}}{0{,}3048 \text{ m}}\right) = \boxed{112 \text{ ft/s}}$$

EXEMPLO 5.2

Calculando a Vazão Volumétrica Aplicando o Produto Escalar

Enunciado do Problema

A água escoa em um canal que possui uma inclinação de 30°. Se a velocidade for assumida constante, 12 m/s, e uma profundidade de 60 cm for medida ao longo de uma linha vertical, qual é a vazão volumétrica por metro de largura do canal?

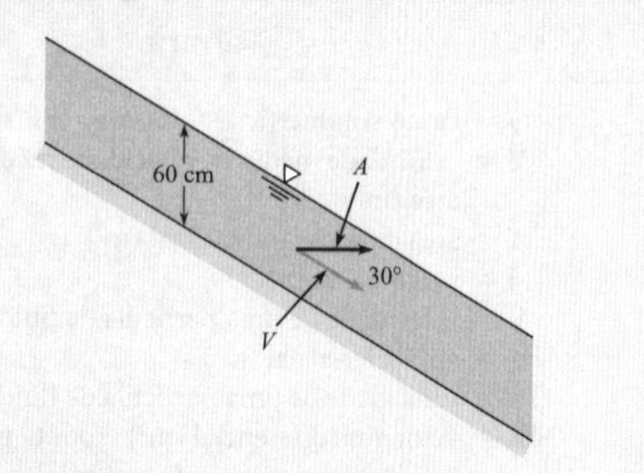

Defina a Situação

Água escoa através de um canal aberto.

Estabeleça o Objetivo

Q(m³/s) ⬅ vazão volumétrica por metro de largura do canal

Tenha Ideias e Trace um Plano

Uma vez que V e A não estão em ângulos retos, aplicar $Q = \mathbf{V} \cdot \mathbf{A} = VA \cos \theta$. Uma vez que todas as variáveis são conhecidas, exceto Q, o plano consiste em substituir os valores das variáveis.

Aja (Execute o Plano)

$$\begin{aligned} Q &= \mathbf{V} \cdot \mathbf{A} = V(\cos 30°)A \\ &= (12 \text{ m/s})(\cos 30°)(0{,}6 \text{ m}) \\ &= \boxed{6{,}24 \text{ m}^3\text{/s por metro}} \end{aligned}$$

Reveja a Solução e o Processo

1. *Conhecimento*. Este exemplo envolve um escoamento em canal. Um *escoamento em canal* ocorre quando um líquido (geralmente a água) escoa com uma superfície aberta exposta ao ar sob a ação da gravidade.
2. *Conhecimento*. A vazão volumétrica por unidade de largura é geralmente designada como q.

TABELA 5.3 Áreas Diferenciais para a Determinação da Vazão

Tipo	Esboço	Descrição
Escoamento em canal	dy; $dA = wdy$; Escoamento em canal; y; w	Quando a velocidade variar conforme $V = V(y)$ em um canal retangular, utilize uma área diferencial dA, dada por $dA = wdy$, em que w é a largura do canal e dy é uma altura diferencial.
Escoamento em tubo	$dA = 2\pi rdr$; r; Escoamento em tubo	Quando a velocidade variar conforme $V = V(r)$ em um tubo redondo, utilize uma área diferencial dA, dada por $dA = 2\pi rdr$, em que r é o raio da área diferencial e dr é um raio diferencial.

Quando um fluido passa por uma superfície de controle e o vetor velocidade está em um ângulo em relação ao vetor normal à superfície, utilize o produto escalar. Esse caso é ilustrado pelo Exemplo 5.2.

Outro caso importante ocorre quando a velocidade varia em diferentes pontos sobre a superfície de controle. Nesse caso, utilize uma integral para determinar a vazão, conforme especificado pela Eq. (5.10):

$$Q = \int_A V\,dA$$

Nesta integral, a área diferencial dA depende da geometria do problema. Dois casos usuais estão mostrados na Tabela 5.3. A análise de uma velocidade variável está ilustrada no Exemplo 5.3.

EXEMPLO 5.3

Determinando a Vazão por Integração

Enunciado do Problema

A velocidade da água no canal mostrado na figura abaixo possui uma distribuição de velocidades ao longo da seção vertical igual a $u/u_{máx} = (y/d)^{1/2}$. Qual é a vazão volumétrica no canal se a água tem uma profundidade de 2 m ($d = 2$ m), o canal possui 5 m de largura, e a velocidade máxima é de 3 m/s?

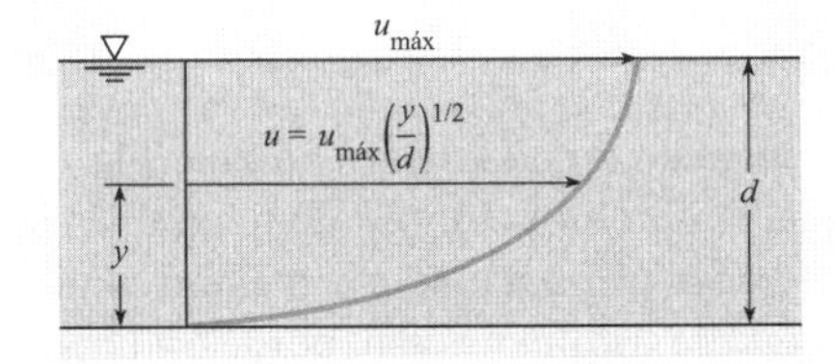

Defina a Situação

Água escoa em um canal.

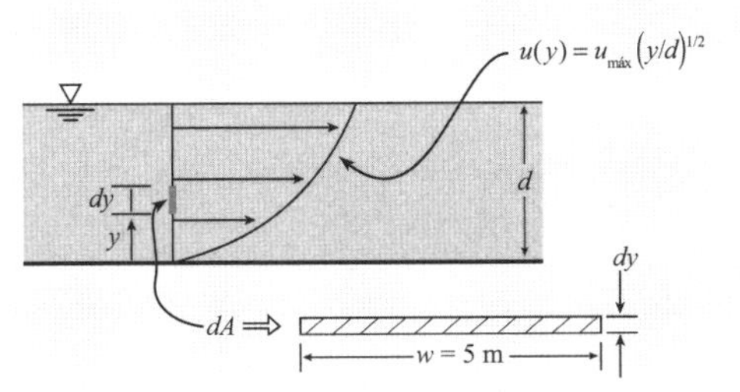

Estabeleça o Objetivo

$Q(m^3/s)$ ⬅ vazão volumétrica

Tenha Ideias e Trace um Plano

Uma vez que a velocidade está variando ao longo da área da seção transversal, aplicar a Eq. (5.10):

$$Q = \int_A V\,dA \quad \text{(a)}$$

Como a Eq. (a) possui duas variáveis desconhecidas (V e dA), é preciso encontrar equações para essas variáveis. A velocidade é dada:

$$V = u(y) = u_{máx}(y/d)^{1/2} \quad \text{(b)}$$

A partir da Tabela 5.3, a área diferencial é

$$dA = wdy \quad \text{(c)}$$

Notar que a área diferencial está esboçada no diagrama de situação. Substituir as Eqs. (b) e (c) na Eq. (a):

$$Q = \int_0^d u_{máx}(y/d)^{1/2}w\,dy \quad \text{(d)}$$

O plano consiste em integrar a Eq. (d) e então inserir os valores das variáveis.

Aja (Execute o Plano)

$$Q = \int_0^d u_{\text{máx}}(y/d)^{1/2}\, w\, dy$$

$$= \frac{wu_{\text{máx}}}{d^{1/2}} \int_0^d y^{1/2}\, dy$$

$$= \frac{wu_{\text{máx}}}{d^{1/2}} \frac{2}{3} y^{3/2} \Big|_0^d = \frac{wu_{\text{máx}}}{d^{1/2}} \frac{2}{3} d^{3/2}$$

$$= \frac{(5 \text{ m})(3 \text{ m/s})}{(2 \text{ m})^{1/2}} \times \frac{2}{3} \times (2 \text{ m})^{3/2} = 20 \text{ m}^3\text{/s}$$

5.2 A Abordagem do Volume de Controle

Os engenheiros resolvem problemas na mecânica dos fluidos usando a *abordagem do volume de controle*. As equações para essa abordagem são derivadas com o emprego do *teorema do transporte de Reynolds*. Esses tópicos são apresentados nesta seção.

O Sistema Fechado e o Volume de Controle

Como introduzido na Seção 2.1, um *sistema* é qualquer coisa que o engenheiro selecione para estudar. A *vizinhança* é tudo o que está externo ao sistema, e o *contorno* é a interface entre o sistema e a vizinhança. Os sistemas podem ser classificados em duas categorias: o sistema fechado e o sistema aberto (também conhecido como *volume de controle*).

O **sistema fechado** (também conhecido como *massa de controle*) consiste em um conjunto fixo de matéria que o engenheiro seleciona para análise. Por definição, a massa não pode cruzar o contorno de um sistema fechado. Por sua vez, o contorno de um sistema fechado pode se mover e deformar.

FIGURA 5.6

Exemplo de um sistema fechado.

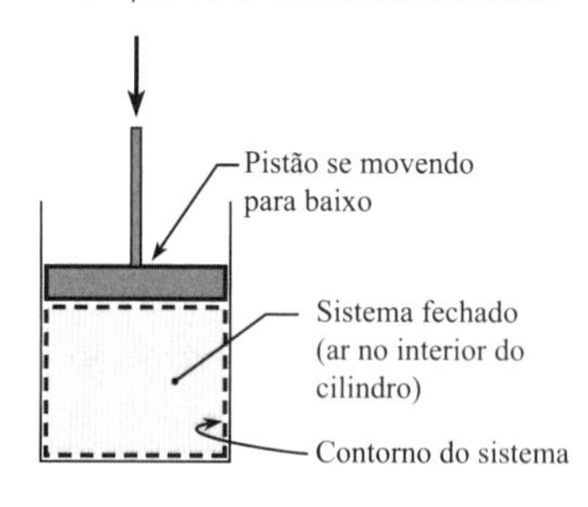

EXEMPLO. Considere o ar no interior de um cilindro (ver Fig. 5.6). Se o objetivo é calcular a pressão e a temperatura do ar durante a compressão, então os engenheiros selecionam um sistema fechado compreendido pelo ar dentro do cilindro. Os contornos do sistema iriam se deformar à medida que o pistão se movesse tal que o sistema fechado sempre conteria a mesma matéria. Esse é um exemplo de um sistema fechado, pois a massa dentro do sistema é sempre a mesma.

Uma vez que o sistema fechado envolve a seleção e análise de um conjunto específico de matéria, ele é um conceito de Lagrange.

O **volume de controle** (VC ou vc; também conhecido como um sistema aberto) consiste em uma região volumétrica específica no espaço que o engenheiro seleciona para análise. A matéria dentro de um volume de controle está em geral mudando ao longo do tempo, pois a massa está escoando através dos contornos. Uma vez que o volume de controle envolve a seleção e análise de uma região no espaço, o VC é um conceito de Euler.

EXEMPLO. Suponha que água esteja escoando através de um tanque (Fig. 5.7) e o objetivo seja calcular a profundidade da água h como uma função do tempo. Uma chave para resolver esse problema consiste em selecionar um sistema, e a melhor escolha é um VC envolvendo o tanque. Note que o VC é sempre tridimensional, pois ele é uma região volumétrica. Contudo, os VCs são geralmente desenhados em duas dimensões. As superfícies de contorno de um VC são chamadas de **superfície de controle**, abreviado como SC ou sc.

FIGURA 5.7

A água está entrando em um tanque pelo topo e saindo pelo fundo.

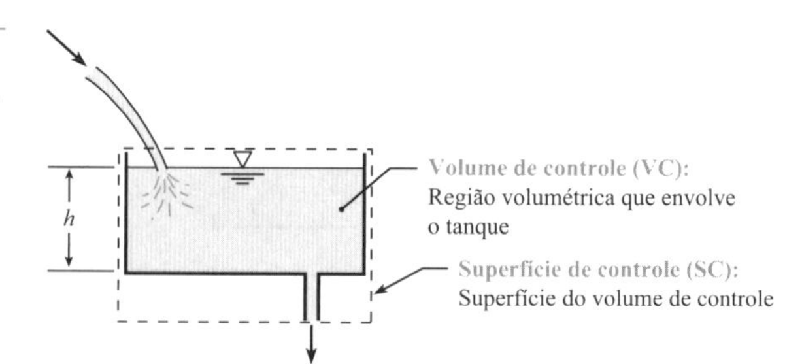

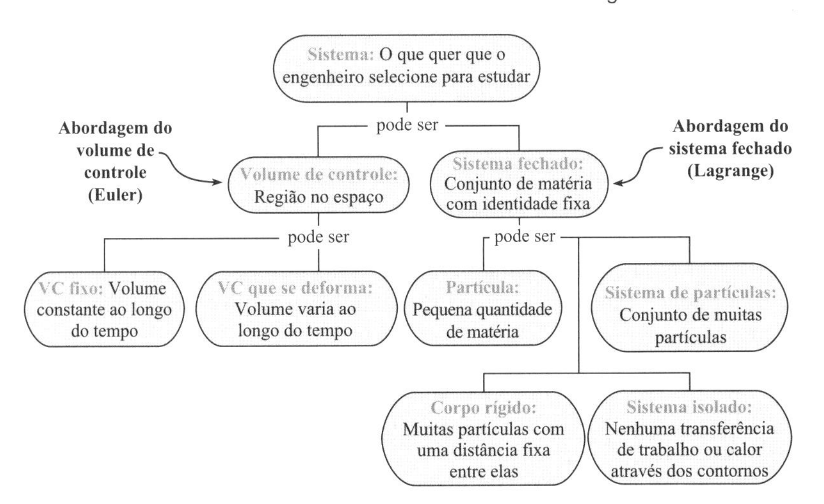

FIGURA 5.8
Quando os engenheiros selecionam um sistema, eles escolhem ou a *abordagem do volume de controle* ou a *abordagem do sistema fechado*. Então, eles selecionam o tipo específico de sistema a partir de seis possibilidades.

Um volume de controle pode ser definido seja ele deformável ou fixo. Quando um **VC fixo** é definido, significa que a sua forma e o seu volume são constantes ao longo do tempo. Quando é definido um **VC que se deforma**, a sua forma e o seu volume variam ao longo do tempo, tipicamente para reproduzir o volume de uma região de fluido.

EXEMPLO. Para modelar um foguete feito a partir de um balão suspenso por um barbante, pode-se definir um VC que se deforma para envolver o balão que está esvaziando, e seguir o formato do balão durante o processo de esvaziamento.

Resumo. Quando os engenheiros analisam um problema, eles selecionam o tipo de sistema que é mais útil (ver a Fig. 5.8). Existem duas abordagens. Usando a *abordagem do volume de controle*, o engenheiro seleciona uma região no espaço e analisa o escoamento ocorrido nesta região. Usando a *abordagem do sistema fechado*, o engenheiro seleciona um corpo de matéria com identidade fixa e analisa esta matéria.

A Tabela 5.4 compara as duas abordagens.

Propriedades Intensivas e Extensivas

As propriedades, que são características mensuráveis de um sistema, podem ser classificadas em duas categorias. Uma **propriedade extensiva** é qualquer propriedade que dependa da quantidade de matéria presente. Uma **propriedade intensiva** é qualquer propriedade que independa da quantidade de matéria presente.

TABELA 5.4 Comparação entre as Abordagens do Volume de Controle e do Sistema Fechado

Característica	Abordagem do Sistema Fechado	Abordagem do Volume de Controle
Conceito básico	Analisa um corpo ou um conjunto fixo de matéria.	Analisa uma região do espaço.
Lagrange × Euler	Abordagem de Lagrange.	Abordagem de Euler.
Massa cruzando os contornos	Massa não pode cruzar os contornos.	Permite que a massa cruze os contornos.
Massa (quantidade)	A massa do sistema fechado deve permanecer constante ao longo do tempo; sempre o mesmo número de quilogramas.	A massa dos materiais dentro do VC pode permanecer constante ou pode variar ao longo do tempo.
Massa (identidade)	Sempre contém a mesma matéria.	Pode conter a mesma matéria todo o tempo, ou a identidade da matéria pode variar ao longo do tempo.
Aplicação	Mecânica dos sólidos, mecânica dos fluidos, termodinâmica e outras ciências térmicas.	Mecânica dos fluidos, termodinâmica e outras ciências térmicas.

Exemplos (extensiva). Massa, momento, energia e peso são propriedades extensivas, pois cada uma delas depende da quantidade de matéria que está presente. **Exemplos (intensiva).** Pressão, temperatura e densidade são propriedades intensivas, pois cada uma delas independe da quantidade de matéria que está presente.

Muitas propriedades intensivas são obtidas tirando a razão entre duas propriedades extensivas. Por exemplo, a densidade é a razão entre a massa e o volume. De maneira semelhante, a energia específica e é a razão entre a energia e a massa.

Para desenvolver uma equação geral para relacionar propriedades intensivas e extensivas, defina uma propriedade extensiva genérica, B. Além disso, defina uma propriedade intensiva correspondente b.

$$b = \left(\frac{B}{\text{massa}}\right)_{\text{ponto no espaço}}$$

A quantidade de propriedade extensiva B contida em um volume de controle em um dado instante é

$$B_{\text{vc}} = \int_{\text{vc}} b\,dm = \int_{\text{vc}} b\rho\,d\forall \tag{5.12}$$

em que dm e $d\forall$ são a massa diferencial e o volume diferencial, respectivamente, enquanto a integral é feita ao longo do volume de controle.

Transporte de uma Propriedade através da Superfície de Controle

Uma vez que um fluido em escoamento transporta massa, momento e energia através de uma superfície de controle, a próxima etapa consiste em descrever esse transporte. Considere o escoamento através de um duto (Fig. 5.9) e assuma que a velocidade esteja distribuída uniformemente ao longo da superfície de controle. Então, a vazão mássica através de cada seção é dada por

$$\dot{m}_1 = \rho_1 A_1 V_1 \qquad \dot{m}_2 = \rho_2 A_2 V_2$$

A vazão de saída menos a de entrada é

$$\begin{aligned}(\text{vazão de saída menos vazão de entrada}) &= (\text{vazão mássica de saída resultante})\\ &= \dot{m}_2 - \dot{m}_1 = \rho_2 A_2 V_2 - \rho_1 A_1 V_1\end{aligned}$$

Em seguida, vamos introduzir a velocidade. O mesmo volume de controle está mostrado na Figura 5.10, com cada área da superfície de controle representada por um vetor **A** orientado para fora a partir do volume de controle e com magnitude igual à área de seção transversal. A velocidade é representada por um vetor **V**. Fazendo o produto escalar dos vetores velocidade e área em ambas as estações obtemos

$$\mathbf{V}_1 \cdot \mathbf{A}_1 = -V_1 A_1 \qquad \mathbf{V}_2 \cdot \mathbf{A}_2 = V_2 A_2$$

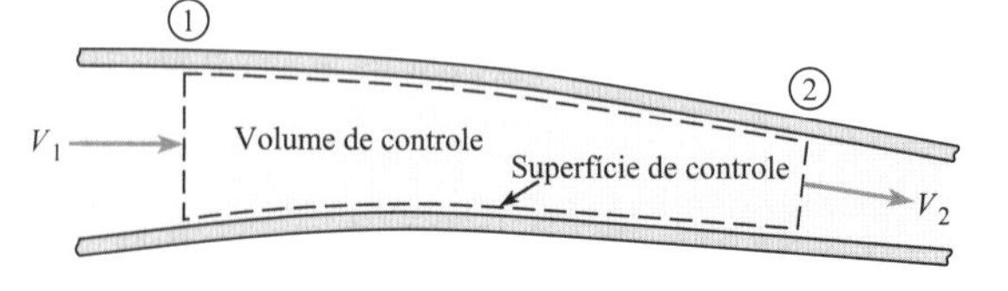

FIGURA 5.9
Escoamento através de um volume de controle em um duto.

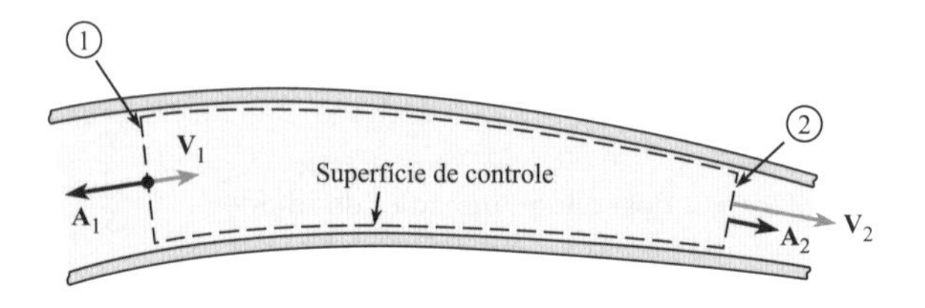

FIGURA 5.10
As superfícies de controle são representadas por vetores área, enquanto as velocidades são representadas por vetores velocidade.

O valor negativo na estação 1 ocorre porque os vetores velocidade e área estão em direções opostas. De maneira semelhante, o valor positivo na estação 2 ocorre, pois esses vetores estão na mesma direção. Agora, a vazão mássica de saída resultante pode ser escrita como

$$\begin{aligned}\text{vazão mássica de saída resultante} &= \rho_2 V_2 A_2 - \rho_1 V_1 A_1 \\ &= \rho_2 \mathbf{V}_2 \cdot \mathbf{A}_2 + \rho_1 \mathbf{V}_1 \cdot \mathbf{A}_1 \\ &= \sum_{sc} \rho \mathbf{V} \cdot \mathbf{A}\end{aligned} \tag{5.13}$$

A Eq. (5.13) estabelece que se o produto escalar $\rho\mathbf{V}\cdot\mathbf{A}$ for somado para todos os escoamentos para dentro e para fora do volume de controle, o resultado será a vazão mássica de saída resultante para fora do volume de controle, ou o efluxo mássico resultante (*efluxo* significa escoamento para fora). Se a soma for positiva, então a vazão mássica resultante será para fora do volume de controle. Se ela for negativa, então a vazão mássica resultante será para dentro do volume de controle. Se as vazões de entrada e de saída forem iguais, então

$$\sum_{sc} \rho \mathbf{V} \cdot \mathbf{A} = 0$$

Para obter a vazão líquida de uma propriedade extensiva B através de uma seção, escreva

$$\overbrace{\left(\frac{B}{\text{massa}}\right)}^{b} \overbrace{\left(\frac{\text{massa}}{\text{tempo}}\right)}^{\dot{m}} = \overbrace{\left(\frac{B}{\text{tempo}}\right)}^{\dot{B}}$$

A seguir, inclua todos os pontos de entrada e de saída:

$$\dot{B}_{\text{líquido}} = \sum_{sc} b \, \overbrace{\rho \mathbf{V} \cdot \mathbf{A}}^{\dot{m}} \tag{5.14}$$

A Eq. (5.14) é aplicável para todos os escoamentos em que as propriedades estão uniformemente distribuídas ao longo da área de escoamento. Para levar em consideração variações nos valores das propriedades, substitua a soma por uma integral:

$$\dot{B}_{\text{líquido}} = \int_{sc} b \rho \mathbf{V} \cdot \mathbf{dA} \tag{5.15}$$

A Eq. (5.15) será usada na derivação do teorema do transporte de Reynolds.

O Teorema do Transporte de Reynolds

O teorema do transporte de Reynolds é uma equação que relaciona um termo de derivada para um *sistema fechado* aos termos correspondentes para um *volume de controle*. A razão para o teorema é que as leis da conservação da ciência foram formuladas originalmente para sistemas fechados. Ao longo do tempo, os pesquisadores descobriram como modificar as equações para que elas fossem aplicáveis a um volume de controle. O resultado é o teorema do transporte de Reynolds.

Para derivar este teorema, considere um fluido em escoamento; ver a Figura 5.11. A região sombreada mais escura é um *sistema fechado*. Como mostrado, os contornos do sistema fechado variam ao longo do tempo, então o sistema sempre contém a mesma matéria. Além disso, define-se um VC conforme identificado pela linha tracejada. No tempo t, o sistema fechado consiste no material dentro do volume de controle e o material que está entrando, tal que a propriedade B do sistema nesse instante no tempo é

$$B_{\text{sistema fechado}}(t) = B_{\text{vc}}(t) + \Delta B_{\text{entrada}} \tag{5.16}$$

No tempo $t + \Delta t$, o sistema fechado se moveu e agora consiste no material no volume de controle e o material que está passando para fora, tal que B para o sistema é

$$B_{\text{sistema fechado}}(t + \Delta t) = B_{\text{vc}}(t + \Delta t) + \Delta B_{\text{saída}} \tag{5.17}$$

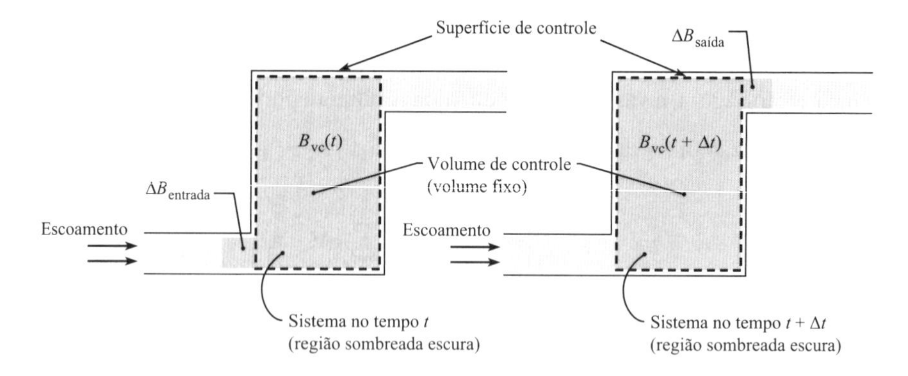

FIGURA 5.11
Progressão de um sistema fechado até um volume de controle.

A taxa de variação da propriedade B é

$$\frac{dB_{\text{sistema fechado}}}{dt} = \lim_{\Delta t \to 0}\left[\frac{B_{\text{sistema fechado}}(t + \Delta t) - B_{\text{sistema fechado}}(t)}{\Delta t}\right] \tag{5.18}$$

Substituindo nas Eqs. (5.16) e (5.17) resulta em

$$\frac{dB_{\text{sistema fechado}}}{dt} = \lim_{\Delta t \to 0}\left[\frac{B_{\text{vc}}(t + \Delta t) - B_{\text{vc}}(t) + \Delta B_{\text{saída}} - \Delta B_{\text{entrada}}}{\Delta t}\right] \tag{5.19}$$

Rearranjando os termos, obtemos

$$\frac{dB_{\text{sistema fechado}}}{dt} = \lim_{\Delta t \to 0}\left[\frac{B_{\text{vc}}(t + \Delta t) - B_{\text{vc}}(t)}{\Delta t}\right] + \lim_{\Delta t \to 0}\frac{\Delta B_{\text{saída}}}{\Delta t} - \lim_{\Delta t \to 0}\frac{\Delta B_{\text{entrada}}}{\Delta t} \tag{5.20}$$

O primeiro termo no lado direito da Eq. (5.20) é a taxa de variação da propriedade B dentro do volume de controle, ou

$$\lim_{\Delta t \to 0}\left[\frac{B_{\text{vc}}(t + \Delta t) - B_{\text{vc}}(t)}{\Delta t}\right] = \frac{dB_{\text{vc}}}{dt} \tag{5.21}$$

Os termos restantes são

$$\lim_{\Delta t \to 0}\frac{\Delta B_{\text{saída}}}{\Delta t} = \dot{B}_{\text{saída}} \quad \text{e} \quad \lim_{\Delta t \to 0}\frac{\Delta B_{\text{entrada}}}{\Delta t} = \dot{B}_{\text{entrada}}$$

Esses dois termos podem ser combinados para dar

$$\dot{B}_{\text{líquido}} = \dot{B}_{\text{saída}} - \dot{B}_{\text{entrada}} \tag{5.22}$$

ou o efluxo resultante, ou a vazão de saída resultante, da propriedade B através da superfície de controle. A Eq. (5.20) pode agora ser escrita como

$$\frac{dB_{\text{sistema fechado}}}{dt} = \frac{d}{dt}B_{\text{vc}} + \dot{B}_{\text{líquido}}$$

Substituindo na Eq. (5.15) para $\dot{B}_{\text{líquido}}$ e na Eq. (5.12) para B_{vc} resulta na forma geral do teorema do transporte de Reynolds:

$$\underbrace{\frac{dB_{\text{sistema fechado}}}{dt}}_{\text{Lagrange}} = \underbrace{\frac{d}{dt}\int_{\text{vc}} b\rho\, d\forall + \int_{\text{sc}} b\rho \mathbf{V}\cdot\mathbf{dA}}_{\text{Euler}} \tag{5.23}$$

A Eq. (5.23) pode ser expressa em palavras como

$$\begin{Bmatrix}\text{Taxa de variação}\\ \text{da propriedade } B\\ \text{no sistema fechado}\end{Bmatrix} = \begin{Bmatrix}\text{Taxa de variação}\\ \text{da propriedade } B \text{ no}\\ \text{volume de controle}\end{Bmatrix} + \begin{Bmatrix}\text{Vazão de saída líquida}\\ \text{da propriedade } B \text{ através}\\ \text{da superfície de controle}\end{Bmatrix}$$

O lado esquerdo da equação é a forma de Lagrange – isto é, a taxa de variação da propriedade B para o sistema fechado. O lado direito é a forma de Euler – ou seja, a variação da propriedade B avaliada no volume de controle e o fluxo medido na superfície de controle. Essa equação se aplica ao instante em que o sistema ocupa o volume de controle e proporciona a conexão entre as descrições de Lagrange e de Euler para o escoamento de um fluido. A velocidade **V** é sempre medida em relação à superfície de controle, pois ela está relacionada com o fluxo de massa através da superfície.

Uma forma simplificada do teorema do transporte de Reynolds pode ser escrita se a massa que cruza a superfície de controle ocorre por meio de um número de pontos de entrada e de saída, e se a velocidade, densidade e propriedade intensiva b estiverem distribuídas uniformemente (constantes) ao longo de cada ponto. Então

$$\frac{dB_{\text{sistema fechado}}}{dt} = \frac{d}{dt}\int_{\text{vc}} b\rho\, d\forall + \sum_{\text{sc}} \rho b \mathbf{V} \cdot \mathbf{A} \tag{5.24}$$

em que a soma é conduzida para cada ponto que cruza a superfície de controle.

Uma forma alternativa pode ser escrita em termos das vazões mássicas:

$$\frac{dB_{\text{sistema fechado}}}{dt} = \frac{d}{dt}\int_{\text{vc}} \rho b\, d\forall + \sum_{\text{sc}} \dot{m}_s b_s - \sum_{\text{sc}} \dot{m}_e b_e \tag{5.25}$$

em que os índices subscritos e e s se referem aos pontos de entrada e de saída, respectivamente, localizados sobre a superfície de controle. Esta forma da equação não exige que a velocidade e a densidade estejam uniformemente distribuídas ao longo de cada ponto de entrada e de saída, mas a propriedade b deve estar.

5.3 A Equação da Continuidade (Teoria)

A equação da continuidade é a lei da *conservação de massa* aplicada a um volume de controle. Uma vez que essa equação é comumente usada pelos engenheiros, esta seção apresenta os tópicos relevantes.

Derivação

A lei da conservação de massa para um sistema fechado pode ser escrita como

$$\frac{d(\text{massa de um sistema fechado})}{dt} = \frac{dm_{\text{sistema fechado}}}{dt} = 0 \tag{5.26}$$

Para transformar a Eq. (5.26) em uma equação para um volume de controle, aplique o teorema do transporte de Reynolds, Eq. (5.23). Na Eq. (5.23), a propriedade extensiva é B = massa. A propriedade intensiva correspondente é

$$b = \frac{B}{\text{massa}} = \frac{\text{massa}}{\text{massa}} = 1{,}0$$

Substituindo B e b na Eq. (5.23), obtemos

$$\frac{dm_{\text{sistema fechado}}}{dt} = \frac{d}{dt}\int_{\text{vc}} \rho\, d\forall + \int_{\text{sc}} \rho \mathbf{V} \cdot \mathbf{dA} \tag{5.27}$$

Combinando a Eq. (5.26) na Eq. (5.27), obtemos a *forma geral da equação da continuidade.*

$$\frac{d}{dt}\int_{\text{vc}} \rho\, d\forall + \int_{\text{sc}} \rho \mathbf{V} \cdot \mathbf{dA} = 0 \tag{5.28}$$

Se a massa cruza os contornos em vários pontos de entrada e de saída, então a Eq. (5.28) se reduz para dar a *forma simplificada da equação da continuidade*:

$$\frac{d}{dt} m_{\text{vc}} + \sum_{\text{sc}} \dot{m}_s - \sum_{\text{sc}} \dot{m}_e = 0 \tag{5.29}$$

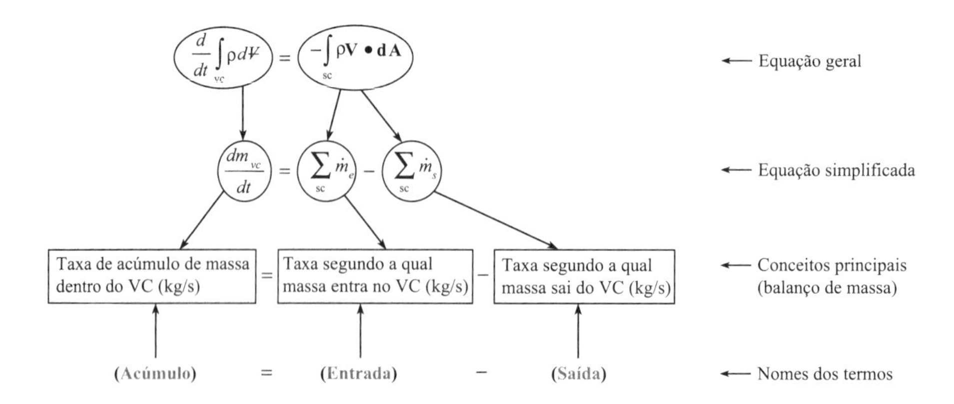

FIGURA 5.12
Esta figura mostra o significado conceitual da equação da continuidade.

Interpretação Física da Equação da Continuidade

A Figura 5.12 mostra o significado dos termos na equação da continuidade. A linha superior dá a forma geral (Eq. 5.28), enquanto a segunda linha fornece a forma simplificada (Eq. 5.29). As setas mostram quais termos possuem os mesmos significados conceituais.

O termo de **acúmulo** descreve as mudanças na quantidade de massa dentro do volume de controle (VC) em relação ao tempo. A massa dentro de um VC pode aumentar ao longo do tempo (o acúmulo é positivo), diminuir ao longo do tempo (o acúmulo é negativo), ou permanecer a mesma (o acúmulo é zero).

Os termos de escoamento de **entrada e de saída** descrevem as taxas segundo as quais a massa está escoando através das superfícies do volume de controle. Algumas vezes, os escoamentos de entrada e de saída são combinados para dar o **efluxo**, que é definido como a taxa positiva resultante segundo a qual a massa está escoando para fora de um VC. Isto é, (efluxo) = (escoamento de saída) − (escoamento de entrada). Quando o efluxo é positivo, existe um escoamento líquido de massa para fora do VC, e o acúmulo é negativo. Quando o efluxo é negativo, o acúmulo é positivo.

Como mostrado na Figura 5.12, a física da equação da continuidade pode ser resumida conforme segue:

$$\text{acúmulo} = \text{entrada} - \text{saída} \tag{5.30}$$

em que todos os termos na Eq. (5.30) são taxas (ver a Fig. 5.12).

A Eq. (5.30) é chamada equação de balanço, pois os conceitos estão relacionados com as nossas experiências diárias e a maneira como as coisas se equilibram. Por exemplo, o acúmulo de dinheiro em uma conta bancária é igual às entradas (depósitos) menos as saídas (retiradas). Uma vez que a equação da continuidade é uma equação de balanço, ela é algumas vezes chamada de *equação de balanço de massa.*

A equação da continuidade é aplicada a um instante no tempo e as unidades são kg/s. Algumas vezes, a equação da continuidade é integrada em relação ao tempo e a unidade é o kg. Para reconhecer um problema que irá envolver integração, *procure por uma mudança de estado durante um intervalo de tempo.*

5.4 A Equação da Continuidade (Aplicação)

Esta seção descreve como aplicar a equação da continuidade e apresenta problemas de exemplo.

Equações Práticas

Três formas úteis das equações da continuidade estão resumidas na Tabela 5.5.

O processo para aplicar a equação da continuidade é o seguinte:

Passo 1: **Seleção.** Selecione a equação da continuidade quando vazões, velocidades ou acúmulo de massa estiverem envolvidos no problema.

Passo 2: **Esboço.** Selecione um VC localizando SCs que atravessam (a) um ponto sobre o qual você tem informações ou (b) um ponto onde você queira informações. Esboce o VC e identifique-o apropriadamente. Note que é comum identificar o ponto de entrada como seção 1 e o ponto de saída como seção 2.

TABELA 5.5 Resumo da Equação da Continuidade

Descrição	Equações	Termos
Forma geral. Válida para qualquer problema	$\frac{d}{dt}\int_{vc} \rho d\forall + \int_{sc} \rho \mathbf{V} \cdot \mathbf{dA} = 0$ (Eq. 5.28)	t = tempo (s) ρ = densidade (kg/m³) $d\forall$ = volume diferencial (m³) $\mathbf{V}$ = vetor velocidade do fluido (m/s) (a coordenada de referência é a superfície de controle) $\mathbf{dA}$ = vetor área diferencial (m²) (a direção positiva de **dA** é para fora da SC) m_{vc} = massa dentro do volume de controle (kg) $\dot{m} = \rho AV$ = massa/tempo cruzando a SC (kg/s) A = área de escoamento (m²) V = velocidade média (m/s)
Forma simplificada. Útil quando existem pontos de entrada e de saída bem definidos.	$\frac{d}{dt}m_{vc} + \sum_{sc} \dot{m}_s - \sum_{sc} \dot{m}_e = 0$ (Eq. 5.29)	
Forma para escoamento em tubo. Válido para o escoamento em um tubo. *Para gases:* A densidade pode variar, mas deve ser uniforme ao longo das seções 1 e 2. *Para líquidos:* A equação se reduz a $A_2V_2 = A_1V_1$, para uma hipótese de densidade constante.	$\rho_2 A_2 V_2 = \rho_1 A_1 V_1$ (Eq. 5.33)	

Passo 3: **Análise.** Escreva a equação da continuidade e execute uma análise termo a termo para simplificar a equação geral à equação reduzida.

Passo 4: **Validação.** Verifique as unidades. Verifique a física básica; isto é, verifique se o (fluxo de entrada) menos (fluxo de saída) = (acúmulo).

Problemas-exemplo

O primeiro problema-exemplo (Exemplo 5.4) mostra como a continuidade é aplicada a um problema que envolve acúmulo de massa.

EXEMPLO 5.4

Aplicando a Equação da Continuidade a um Tanque com uma Vazão de Entrada e uma de Saída

Enunciado do Problema

Uma corrente de água escoa para dentro de um tanque aberto. A velocidade da água que está entrando é $V = 7$ m/s, e a área de seção transversal é $A = 0{,}0025$ m². A água também escoa para fora do tanque segundo uma taxa $Q = 0{,}003$ m³/s. A densidade da água é 1000 kg/m³. Qual é a taxa segundo a qual a água está sendo armazenada (ou removida) no tanque?

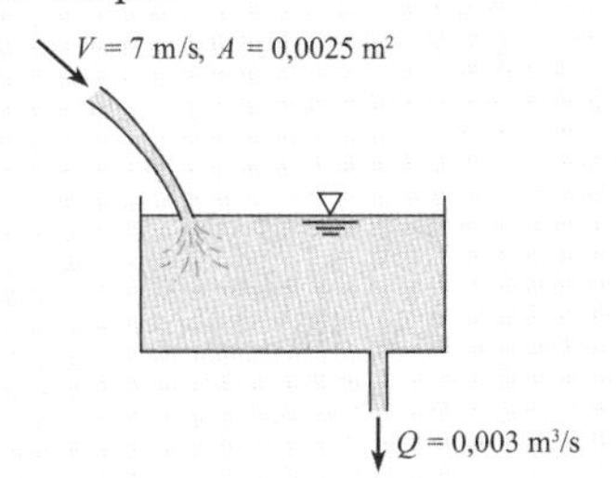

Defina a Situação

A água escoa para dentro de um tanque pela parte de cima, e para fora pela parte de baixo.

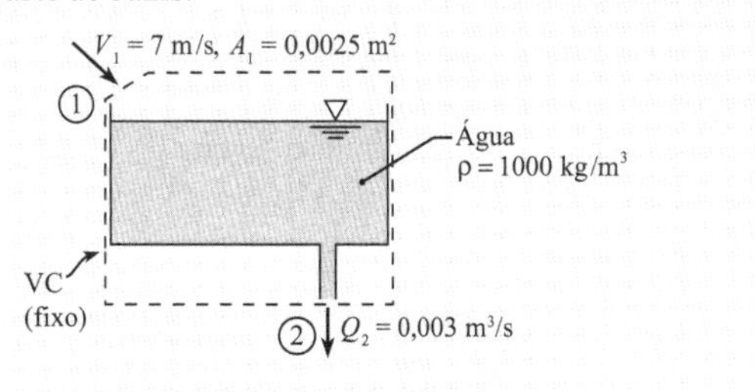

Estabeleça o Objetivo

(dm_{vc}/dt) (kg/s) ⬅ taxa de acúmulo de água no tanque

Tenha Ideias e Trace um Plano

Seleção: Selecionar a forma simplificada da equação da continuidade (Eq. 5.29).

Esboço: Modificar o diagrama de situação para mostrar o VC e as seções 1 e 2. Notar que o VC no canto superior esquerdo está esboçado de forma que ele se encontre em um ângulo reto com o escoamento de entrada.

Análise: Escrever a equação da continuidade (forma simplificada):

$$\frac{d}{dt}m_{vc} + \sum_{sc} \dot{m}_s - \sum_{sc} \dot{m}_e = 0 \quad \textbf{(a)}$$

Analisar os termos de saída e entrada:

$$\sum_{sc} \dot{m}_s = \rho Q_2 \quad \textbf{(b)}$$

$$\sum_{sc} \dot{m}_e = \rho A_1 V_1 \quad \textbf{(c)}$$

Combinar as Eqs. (a), (b) e (c):

$$\frac{d}{dt}m_{vc} = \rho A_1 V_1 - \rho Q_2 \quad \textbf{(d)}$$

Validação: Cada termo possui unidades de quilogramas por segundo. A Eq. (d) possui sentido físico; (taxa de acúmulo de massa) = (taxa de entrada de massa) – (taxa de saída de massa).

Uma vez que as variáveis no lado direito da Eq. (d) são conhecidas, o problema pode ser resolvido. O plano é o seguinte:

1. Calcular as vazões no lado direito da Eq. (d).
2. Aplicar a Eq. (d) para calcular a taxa de acúmulo.

Aja (Execute o Plano)

1. Vazões mássicas (entrada e saída):

$$\rho A_1 V_1 = (1000\ \text{kg/m}^3)(0{,}0025\ \text{m}^2)(7\ \text{m/s}) = 17{,}5\ \text{kg/s}$$
$$\rho Q_2 = (1000\ \text{kg/m}^3)(0{,}003\ \text{m}^3\text{/s}) = 3\ \text{kg/s}$$

2. Acúmulo:

$$\frac{dm_{vc}}{dt} = 17{,}5\ \text{kg/s} - 3\ \text{kg/s} = \boxed{14{,}5\ \text{kg/s}}$$

Reveja a Solução e o Processo

1. *Discussão.* Uma vez que o acúmulo é positivo, a quantidade de massa dentro do volume de controle aumenta ao longo do tempo.
2. *Discussão.* O nível de água crescente no interior do tanque faz com que o ar escoe para fora do VC. Como o ar possui uma densidade que é de aproximadamente 1/1.000 da densidade da água, esse efeito é desprezível.

O Exemplo 5.5 mostra como resolver um problema que envolve acúmulo usando um VC fixo.

EXEMPLO 5.5

Aplicando a Equação da Continuidade para Calcular a Taxa de Elevação do Nível de Água em um Reservatório

Enunciado do Problema

Um rio descarga em um reservatório a uma taxa de 400.000 ft³/s (cfs), e a vazão de saída do reservatório através dos dutos de escoamento em uma barragem é de 250.000 cfs. Se a área de superfície do reservatório é de 40 mi² (milhas quadradas), qual é a taxa de elevação do nível de água no reservatório?

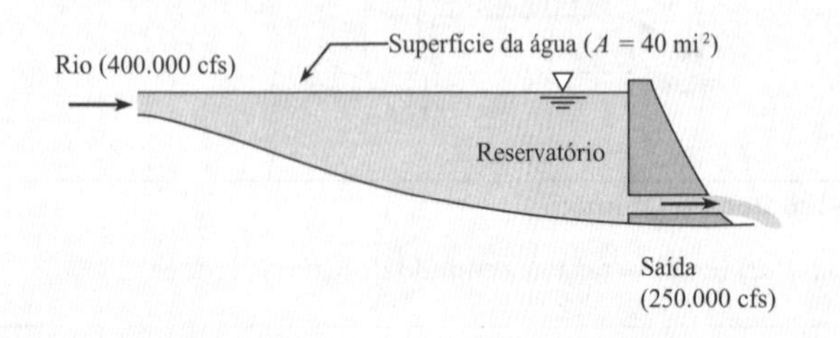

Defina a Situação

Um reservatório está se enchendo de água.

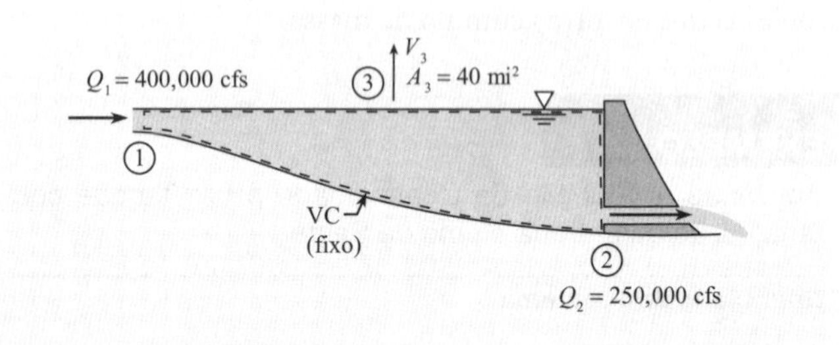

Estabeleça o Objetivo

V_3 (ft/h) ⬅ velocidade segundo a qual a superfície da água se eleva

Tenha Ideias e Trace um Plano

Seleção: Selecionar a equação da continuidade, pois o problema envolve vazões e o acúmulo de massa em um reservatório.

Esboço: Selecionar um volume de controle fixo e esboçar este VC no diagrama de situação. A superfície de controle na seção 3 está imediatamente abaixo da superfície da água e está estacionária. A massa passa através da superfície de controle 3 à medida que o nível de água no reservatório se eleva (ou baixa). A massa no interior do volume de controle é constante, pois o volume do VC é constante.

Análise: Escrever a equação da continuidade (forma simplificada):

$$\frac{d}{dt}m_{vc} + \sum_{sc} \dot{m}_s - \sum_{sc} \dot{m}_e = 0 \qquad \textbf{(a)}$$

Em seguida, analisar cada termo:

- A massa no volume de controle é constante. Assim,

$$dm_{vc}/dt = 0. \qquad \textbf{(b)}$$

- Existem dois escoamentos de saída, nas seções 2 e 3. Assim,

$$\sum_{sc} \dot{m}_s = \rho Q_2 + \rho A_3 V_3 \qquad \textbf{(c)}$$

- Existe apenas um escoamento de entrada, na seção 1. Assim,

$$\sum_{sc} \dot{m}_e = \rho Q_1. \qquad \textbf{(d)}$$

Substituir as Eqs. (b), (c) e (d) na Eq. (a). Então, dividir cada termo pela densidade:

$$Q_2 + A_3 V_3 = Q_1 \qquad \textbf{(e)}$$

Validação: A Eq. (e) é dimensionalmente homogênea, pois cada termo possui dimensões de volume por tempo. A Eq. (e) faz sentido físico: (escoamento de saída pelas seções 2 e 3) é igual ao (escoamento de entrada pela seção 1).

Uma vez que a Eq. (e) contém o objetivo do problema e todas as demais variáveis são conhecidas, o problema está resolvido. O plano é o seguinte:

1. Usar a Eq. (e) para derivar uma equação para V_3.
2. Resolver para V_3.

Aja (Execute o Plano)

1. Equação da continuidade:

$$V_3 = \frac{Q_1 - Q_2}{A_3}$$

2. Cálculos:

$$V_{\text{elevação}} = \frac{400.000 \text{ cfs} - 250.000 \text{ cfs}}{40 \text{ mi}^2 \times (5280 \text{ ft/mi})^2}$$

$$= 1{,}34 \times 10^{-4} \text{ ft/s} = \boxed{0{,}482 \text{ ft/h}}$$

O Exemplo 5.6 mostra (a) como usar um VC que se deforma e (b) como integrar a equação da continuidade.

EXEMPLO 5.6

Aplicando a Equação da Continuidade para Estimar o Tempo para a Drenagem de um Tanque

Enunciado do Problema

Um jato de água com 10 cm sai de um tanque com diâmetro de 1,0 m. Assuma que a equação de Bernoulli seja aplicável, tal que a velocidade no jato é de $\sqrt{2gh}$ m/s, em que h é a elevação da superfície da água acima do jato de saída. Quanto tempo irá levar para a superfície da água no tanque baixar de $h_0 = 2$ m para $h_f = 0{,}50$ m?

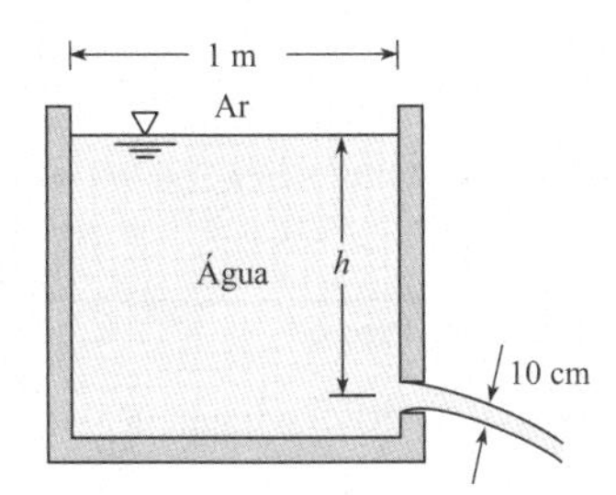

Defina a Situação

A água está drenando de um tanque.

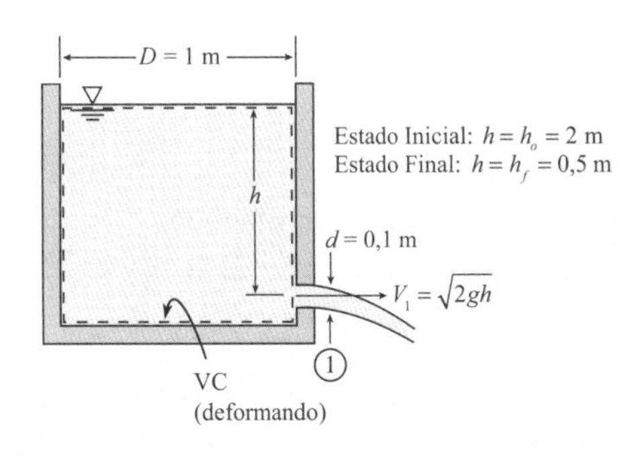

Estabeleça o Objetivo

t_f (s) ⬅ tempo para o tanque drenar de h_0 até h_f

Tenha Ideias e Trace um Plano

Seleção: Selecionar a equação da continuidade reconhecendo que o problema envolve vazão de saída e acúmulo de massa em um tanque.

Notar também que a equação da continuidade precisará ser integrada, pois este problema envolve o tempo, um estado inicial definido e um estado final definido.

Esboço: Selecionar um VC que se deforma, definido para que a área de superfície superior coincida com o nível da superfície da água. Esboce este VC no diagrama de situação.

Análise: Escrever a equação da continuidade:

$$\frac{d}{dt}m_{vc} + \sum_{sc} \dot{m}_s - \sum_{sc} \dot{m}_e = 0 \quad \text{(a)}$$

Analisar cada termo passo a passo:

- A massa no volume de controle é dada por*

$$m_{vc} = \text{(densidade)(volume)} = \rho\left(\frac{\pi D^2}{4}\right)h \quad \text{(b)}$$

- Tirar a derivada da Eq. (b) em relação ao tempo. Notar que a única variável que se altera ao longo do tempo é a profundidade da água h, de forma que as demais variáveis podem sair da derivada.

$$\frac{dm_{cv}}{dt} = \frac{d}{dt}\left(\rho\left(\frac{\pi D^2}{4}\right)h\right) = \rho\left(\frac{\pi D^2}{4}\right)\frac{dh}{dt} \quad \text{(c)}$$

- A vazão de entrada é zero, enquanto a vazão de saída é

$$\sum_{sc} \dot{m}_s = \rho A_1 V_1 = \rho\left(\frac{\pi d^2}{4}\right)\sqrt{2gh} \quad \text{(d)}$$

Substituir as Eqs. (b), (c) e (d) na Eq. (a):

$$\rho\left(\frac{\pi D^2}{4}\right)\frac{dh}{dt} = -\rho\left(\frac{\pi d^2}{4}\right)\sqrt{2gh} \quad \text{(e)}$$

Validação: Na Eq. (e), cada termo possui unidades de kg/s. Ainda, esta equação possui sentido físico; (taxa de acúmulo) = (negativo da vazão de saída)

Integração: Para começar, simplificar a Eq. (e)

$$\left(\frac{D}{d}\right)^2\frac{dh}{dt} = -\sqrt{2gh} \quad \text{(f)}$$

Em seguida, aplicar o método da *separação de variáveis*. Colocar as variáveis envolvendo h no lado esquerdo da equação e todas as demais no lado direito. Integrar usando integrais definidas:

$$-\int_{h_o}^{h_f} \frac{dh}{\sqrt{2gh}} = \int_0^{t_f}\left(\frac{d}{D}\right)^2 dt \quad \text{(g)}$$

Fazer a integração para obter

$$\frac{2(\sqrt{h_o} - \sqrt{h_f})}{\sqrt{2g}} = \left(\frac{d}{D}\right)^2 t_f \quad \text{(h)}$$

Uma vez que a Eq. (h) contém o objetivo do problema (t_f) e todas as demais variáveis nesta equação são conhecidas, o plano consiste em usar a Eq. (h) para calcular (t_f).

Aja (Execute o Plano)

$$t_f = \left(\frac{D}{d}\right)^2\left(\frac{2(\sqrt{h_o} - \sqrt{h_f})}{\sqrt{2g}}\right)$$

$$= \left(\frac{1\text{ m}}{0{,}1\text{ m}}\right)^2\left(\frac{2(\sqrt{(2\text{ m})} - \sqrt{(0{,}5\text{ m})})}{\sqrt{2(9{,}81\text{ m/s}^2)}}\right)$$

$$\boxed{t_f = 31{,}9\text{ s}}$$

O Exemplo 5.7 mostra outro exemplo no qual a equação da continuidade é integrada em relação ao tempo.

EXEMPLO 5.7

Despressurização do Gás em um Tanque

Definição do Problema

O metano escapa através de um pequeno orifício (10^{-7} m²) em um tanque de 10 m³. O metano escapa tão lentamente que a temperatura no tanque permanece constante em 23 °C. A vazão mássica de metano através do orifício é dada por $\dot{m} = 0{,}66\, pA/\sqrt{RT}$, em que p é a pressão no tanque, A é a área do orifício, R é a constante dos gases, e T é a temperatura no tanque. Calcular o tempo exigido para que a pressão absoluta no tanque diminua de 500 para 400 kPa.

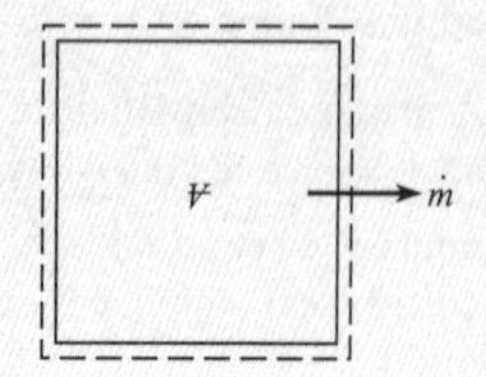

Defina a Situação

Metano vaza através de um orifício com 10^{-7} m² em um tanque de 10 m³.

Hipóteses:

1. Temperatura do gás constante em 23 °C durante o vazamento.
2. A lei dos gases ideais é aplicável.

Propriedades: Tabela A.2: $R = 518$ J/kg · K.

Estabeleça o Objetivo

Determinar: Tempo (em segundos) para a pressão diminuir de 500 kPa a 400 kPa.

Tenha Ideias e Trace um Plano

Selecionar um VC que englobe todo o tanque:

1. Aplicar a equação da continuidade, Eq. (5.29).

*A massa no volume VC também inclui a massa de água abaixo da saída. Contudo, quando dm_{vc}/dt é avaliado, este termo vai a zero.

2. Analisar termo a termo.
3. Resolver a equação para o tempo decorrido.
4. Calcular o tempo.

Aja (Execute o Plano)

1. Equação da continuidade:

$$\frac{d}{dt}m_{vc} + \sum_{sc}\dot{m}_s - \sum_{sc}\dot{m}_e = 0$$

2. Análise termo a termo:
   - Termo da taxa de acúmulo. A massa no volume de controle é a soma da massa da parede do tanque, M_{parede}, mais a massa de metano no tanque,

$$m_{vc} = m_{parede} + \rho\forall$$

em que $\forall$ é o volume interno do tanque, que é constante. A massa da parede do tanque é constante, de modo que

$$\frac{dm_{vc}}{dt} = \forall\frac{d\rho}{dt}$$

   - Não existe entrada de massa:

$$\sum_{sc}\dot{m}_e = 0$$

   - A vazão mássica de saída é

$$\sum_{sc}\dot{m}_s = 0{,}66\frac{pA}{\sqrt{RT}}$$

Substituindo termos na equação da continuidade obtemos

$$\forall\frac{d\rho}{dt} = -0{,}66\frac{pA}{\sqrt{RT}}$$

3. Equação para o tempo decorrido:
   - Usar a lei dos gases ideais para ρ:

$$\forall\frac{\mathrm{d}}{\mathrm{d}t}\left(\frac{p}{RT}\right) = -0{,}66\frac{pA}{\sqrt{RT}}$$

   - Uma vez que R e T são constantes,

$$\frac{\mathrm{d}p}{\mathrm{d}t} = -0{,}66\frac{pA\sqrt{RT}}{\forall}$$

   - Em seguida, separar as variáveis:

$$\frac{dp}{p} = -0{,}66\frac{A\sqrt{RT}dt}{\forall}$$

   - Integrando a equação e substituindo os limites para as pressões inicial e final, tem-se

$$t = \frac{1{,}52\forall}{A\sqrt{RT}}\ln\frac{p_0}{p_f}$$

4. Tempo decorrido:

$$t = \frac{1{,}52\,(10\ \text{m}^3)}{(10^{-7}\ \text{m}^2)\left(518\dfrac{\text{J}}{\text{kg}\cdot\text{K}}\times 300\ \text{K}\right)^{1/2}}\ln\frac{500}{400} = \boxed{8{,}6\times 10^4\ \text{s}}$$

Reveja a Solução e o Processo

1. *Discussão*. O tempo corresponde a aproximadamente um dia.
2. *Conhecimento*. Uma vez que a lei dos gases ideais é usada, a pressão e a temperatura têm de estar em valores absolutos.

Equação da Continuidade para o Escoamento em um Conduto

Um conduto é um tubo, duto ou canal que está completamente preenchido com um fluido em escoamento. Uma vez que o escoamento em condutos é comum, é útil derivar uma equação que se aplique a esse caso. Para começar a derivação, reconheça que em um conduto (ver a Fig. 5.13) não há espaço para acúmulo de massa,* e a Eq. (5.28) simplifica a

$$\int_{sc}\rho\mathbf{V}\cdot\mathbf{dA} = 0 \tag{5.31}$$

A massa está cruzando a superfície de controle nas seções 1 e 2, tal que a Eq. (5.31) simplifica a

$$\int_{\text{seção 2}}\rho V dA - \int_{\text{seção 1}}\rho V dA = 0 \tag{5.32}$$

Se a densidade for considerada constante ao longo de cada seção, a Eq. (5.32) simplifica a

$$\rho_1 A_1 V_1 = \rho_2 A_2 V_2 \tag{5.33}$$

*O termo de acúmulo de massa em um conduto pode ser diferente de zero para alguns problemas com escoamento não estacionário, mas isso é raro. Este tópico é deixado para livros avançados.

FIGURA 5.13
Escoamento através de um conduto.

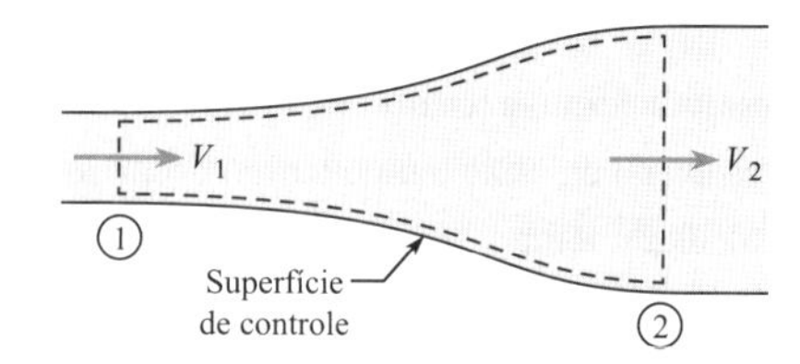

A Eq. (5.33), que é chamada *forma para o escoamento em um tubo* da equação da continuidade, é o resultado final. O significado dessa equação é (taxa de entrada de massa na seção 1) = (taxa de saída de massa na seção 2).

Existem outras maneiras úteis de escrever a equação da continuidade. Por exemplo, a Eq. (5.33) pode ser escrita em várias formas equivalentes:

$$\rho_1 Q_1 = \rho_2 Q_2 \quad \textbf{(5.34)}$$

$$\dot{m}_1 = \dot{m}_2 \quad \textbf{(5.35)}$$

Se a densidade for assumida constante, então a Eq. (5.34) se reduz a

$$Q_2 = Q_1 \quad \textbf{(5.36)}$$

A Eq. (5.34) é válida para escoamentos incompressíveis em um tubo tanto em estado estacionário quanto em estado não estacionário. Se existirem mais de dois pontos de entrada e de saída e o termo de acúmulo for zero, então a Eq. (5.29) pode ser reduzida a

$$\sum_{sc} \dot{m}_e = \sum_{sc} \dot{m}_s \quad \textbf{(5.37)}$$

Se o escoamento possuir densidade constante, a Eq. (5.37) pode ser escrita em termos da vazão volumétrica:

$$\sum_{sc} Q_e = \sum_{sc} Q_s \quad \textbf{(5.38)}$$

Resumo. Dependendo das hipóteses do problema, existem muitas maneiras de escrever a equação da continuidade. No entanto, é possível analisar qualquer problema usando as três equações resumidas na Tabela 5.5. Assim, recomendamos começar com uma dessas três equações, pois é mais simples do que memorizar muitas equações diferentes.

O Exemplo 5.8 mostra como aplicar a equação da continuidade para o escoamento em um tubo.

EXEMPLO 5.8

Aplicando a Equação da Continuidade ao Escoamento em um Tubo com Área Variável

Enunciado do Problema

Um tubo com 120 cm de diâmetro está em série com um tubo de 60 cm de diâmetro. A velocidade da água no tubo de 120 cm é de 2 m/s. Qual é a velocidade da água no tubo de 60 cm?

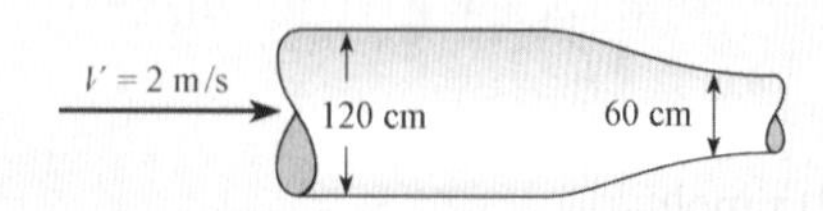

Defina a Situação

A água escoa através de uma contração em um tubo.

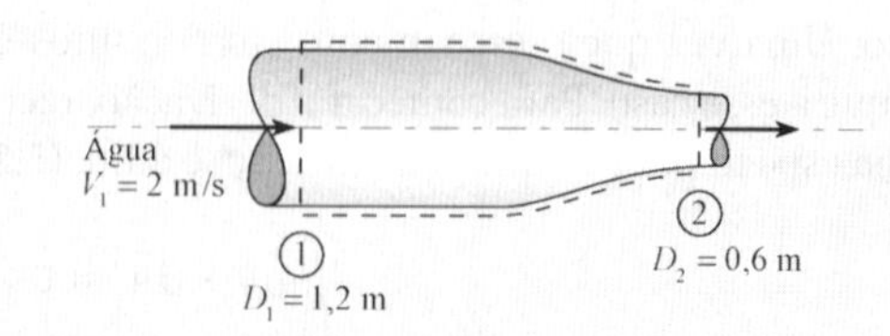

Estabeleça o Objetivo

V_2(m/s) ⬅ velocidade média na seção 2

Tenha Ideias e Trace um Plano

Seleção: Selecionar a equação da continuidade, pois as variáveis do problema são a velocidade e o diâmetro da tubulação.

Esboçando: Selecionar um VC fixo. Esboçar este VC no diagrama de situação. Identificar a entrada como seção 1 e a saída como seção 2.

Análise: Selecionar a forma da equação da continuidade para o escoamento em um tubo (isto é, Eq. 5.33), pois o problema envolve o escoamento em um tubo:

$$\rho A_1 V_1 = \rho A_2 V_2 \quad \text{(a)}$$

Assumir que a densidade é constante (esta é a prática padrão para o escoamento estacionário de um líquido). A equação da continuidade se reduz a

$$A_1 V_1 = A_2 V_2 \quad \text{(b)}$$

Validação: Para validar a Eq. (b), notar que as dimensões primárias de cada termo são L^3/T. Ainda, essa equação faz sentido físico, pois ela pode ser interpretada como (vazão de entrada) = (vazão de saída).

Plano: A Eq. (b) contém o objetivo (V_2), e todas as demais variáveis são conhecidas. Assim, o plano é substituir valores nesta equação.

Aja (Execute o Plano)

Equação da continuidade:

$$V_2 = V_1 \frac{A_1}{A_2} = V_1 \left(\frac{D_1}{D_2}\right)^2$$

$$V_2 = (2 \text{ m/s}) \left(\frac{1{,}2 \text{ m}}{0{,}6 \text{ m}}\right)^2 = \boxed{8 \text{ m/s}}$$

O Exemplo 5.9 mostra como a equação da continuidade pode ser aplicada juntamente com a equação de Bernoulli.

EXEMPLO 5.9

Aplicando as Equações de Bernoulli e da Continuidade para Escoar através de um Venturi

Enunciado do Problema

Água com uma densidade de 1000 kg/m³ escoa através de um medidor tipo Venturi vertical, conforme mostrado. Um manômetro está conectado entre duas tomadas no tubo (ponto 1) e na garganta (ponto 2). A razão entre as áreas $A_{garganta}/A_{tubo}$ é de 0,5. A velocidade no tubo é de 10 m/s. Determine o diferencial de pressão registrado pelo manômetro. Considere que o escoamento tenha uma distribuição de velocidades uniforme e que os efeitos viscosos não são importantes.

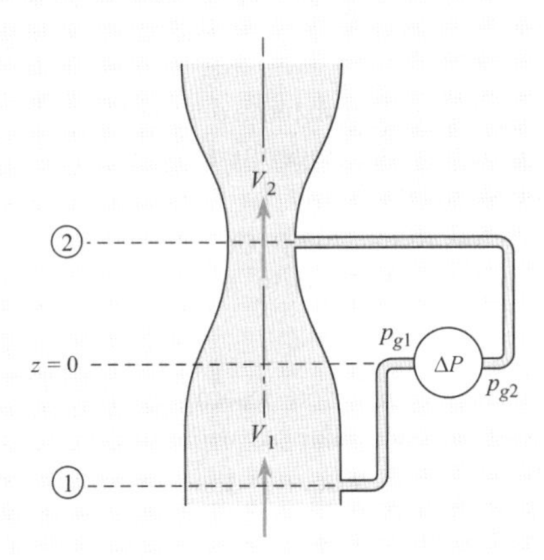

Defina a Situação

Água escoa em um medidor tipo Venturi. Razão entre áreas = 0,5. $V_1 = 10$ m/s.

Hipóteses:

1. A distribuição de velocidades é uniforme.
2. Os efeitos viscosos não são importantes.

Propriedades: $\rho = 1000$ kg/m³.

Estabeleça o Objetivo

Determinar: Diferencial de pressão medido pelo manômetro.

Tenha Ideias e Trace um Plano

1. Uma vez que os efeitos viscosos não são importantes, aplicar a equação de Bernoulli entre os pontos 1 e 2.
2. Combinar a equação da continuidade (5.33) com os resultados do passo 1.
3. Determinar a pressão no manômetro aplicando a equação hidrostática.

Aja (Execute o Plano)

1. A equação de Bernoulli:

$$p_1 + \gamma z_1 + \rho \frac{V_1^2}{2} = p_2 + \gamma z_2 + \rho \frac{V_2^2}{2}$$

Reescrever a equação em termos da pressão piezométrica:

$$p_{z_1} - p_{z_2} = \frac{\rho}{2}(V_2^2 - V_1^2)$$

$$= \frac{\rho V_1^2}{2}\left(\frac{V_2^2}{V_1^2} - 1\right)$$

2. Equação da continuidade. $V_2/V_1 = A_1/A_2$:

$$p_{z_1} - p_{z_2} = \frac{\rho V_1^2}{2}\left(\frac{A_1^2}{A_2^2} - 1\right)$$

$$= \frac{1000 \text{ kg/m}^3}{2} \times (10 \text{ m/s})^2 \times (2^2 - 1)$$

$$= 150 \text{ kPa}$$

3. Aplicar a equação hidrostática entre o ponto de fixação do manômetro onde a pressão é p_{g_1}, e o ponto 1, onde a linha do manômetro está conectada ao tubo:

$$p_{z_1} = p_{g_1}$$

Além disso, $p_{z_2} = p_{g_2}$, de modo que

$$\Delta p_{\text{manômetro}} = p_{g_1} - p_{g_2} = p_{z_1} - p_{z_2} = \boxed{150 \text{ kPa}}$$

FIGURA 5.14
Dano por cavitação a uma hélice propulsora. (Foto por Erik Axdahl.)

5.5 Prevendo Cavitação

Os projetistas podem encontrar um fenômeno chamado cavitação, em que um líquido começa a ferver (entrar em ebulição) em decorrência da baixa pressão. Essa situação é benéfica para algumas aplicações, mas geralmente é um problema que deve ser evitado mediante um projeto bem concebido. Esta seção descreve a cavitação e discute como projetar sistemas para minimizar a possibilidade de uma cavitação danosa.

Descrição da Cavitação

A **cavitação** ocorre quando a pressão do fluido em determinado ponto em um sistema cai até a pressão de vapor e ocorre a ebulição.

EXEMPLO. Considere água escoando a 15 °C em um sistema de tubulação. Se a pressão da água cair até a pressão de vapor, a água irá ferver e os engenheiros irão dizer que o sistema está cavitando. Uma vez que a pressão de vapor da água a 15 °C (que pode ser consultada no Apêndice A.5) é p_v = 1,7 kPa abs, a condição exigida para cavitação é conhecida. Para evitar a cavitação, o projetista pode configurar o sistema tal que as pressões em todos os locais fiquem acima de 1,7 kPa absoluta.

A cavitação pode danificar equipamentos e degradar o seu desempenho. A ebulição causa a formação de bolhas de vapor, que crescem e entram em colapso, produzindo ondas de choque, ruídos, efeitos dinâmicos que levam a um desempenho reduzido dos equipamentos e, com frequência, à falha dos mesmos. O dano por cavitação causado a uma hélice de propulsão (ver a Fig. 5.14) ocorre porque a hélice em movimento cria baixas pressões próximo às extremidades das lâminas, onde a velocidade é alta. Em 1983, a cavitação causou grandes danos aos túneis de vertedouro da Represa de Glen Canyon. Por causa disso, os engenheiros encontraram uma solução e implementaram-na em várias represas nos Estados Unidos; ver a Figura 5.15.

A cavitação degrada o material em decorrência das altas pressões que estão associadas ao colapso das bolhas de vapor. Estudos experimentais revelam que uma pressão intermitente muito grande, tão alta quanto 800 MPa (115.000 psi), se desenvolve na vizinhança das bolhas quando elas entram em colapso (1). Portanto, se as bolhas colapsam próximas a fronteiras, tais como junto a paredes de tubos, rotores de bombas, carcaças de válvulas e pisos de vertedouros de barragens, elas podem causar um dano considerável. Geralmente, esse dano ocorre na forma de uma falha por fadiga causada pela ação de milhões de bolhas que se chocam (na verdade, implodem) contra a superfície do material ao longo de um grande período de tempo, produzindo pites no material junto à zona de cavitação.

FIGURA 5.15

Esta imagem mostra o vertedouro da Represa Flaming Gorge no rio Green, em Utah/Estados Unidos. Profissionais estão entrando no vertedouro para levantar os problemas associados à cavitação. (U.S. Bureau of Reclamation)

Em algumas aplicações, a cavitação é benéfica. Ela é responsável pela efetividade de uma limpeza ultrassônica. Foram desenvolvidos torpedos de supercavitação em que uma grande bolha envolve o torpedo, reduzindo significativamente a área de contato com a água e levando a velocidades significativamente maiores. A cavitação desempenha um papel medicinal na litotripsia por ondas de choque para a destruição de pedras renais.

O maior e tecnicamente mais avançado túnel de água para o estudo da cavitação está localizado em Memphis, Tennessee/Estados Unidos, o Grande Túnel de Cavitação William P. Morgan. Esta instalação é usada para testar modelos em grande escala de sistemas de submarinos e torpedos em escala real, assim como aplicações na indústria de transportes marítimos. Discussões mais detalhadas da cavitação podem ser encontradas em Brennen (2) e Young (3).

Identificando Sítios de Cavitação

Para prever a cavitação, os engenheiros procuram locais com baixas pressões. Por exemplo, quando a água escoa através de uma restrição em uma tubulação (Fig. 5.16), a velocidade aumenta de acordo com a equação da continuidade, e a pressão, por sua vez, diminui, conforme estabelecido pela equação de Bernoulli. Para baixas vazões, existe uma queda de pressão relativamente pequena na restrição, de modo que a água permanece bem acima de sua pressão de vapor e não ocorre ebulição. Contudo, à medida que a vazão aumenta, a pressão na restrição se torna progressivamente menor, até que se atinge uma vazão em que a pressão é igual à pressão de vapor, como mostrado na Figura 5.16. Nesse ponto, o líquido ferve para formar bolhas e tem início a cavitação. O surgimento da cavitação também pode ser afetado pela presença de gases contaminantes, turbulência e efeitos viscosos.

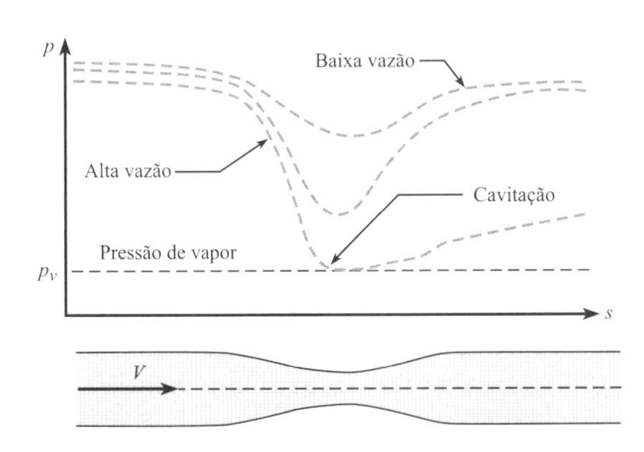

FIGURA 5.16

Escoamento através de uma restrição em um tubo: variação da pressão para três vazões diferentes.

FIGURA 5.17

Formação de bolhas de vapor no processo de cavitação: (a) cavitação, (b) cavitação sob maior vazão.

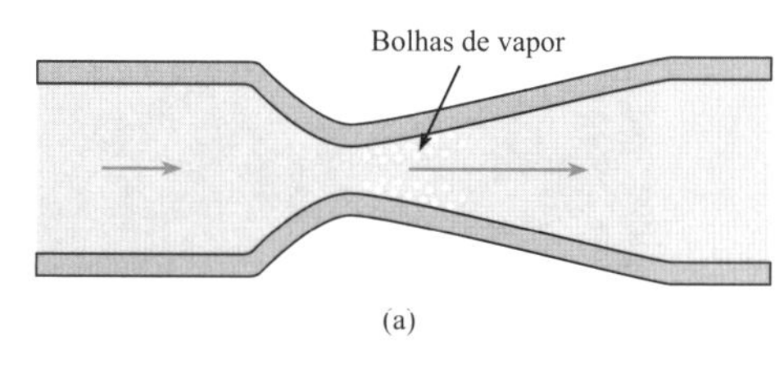

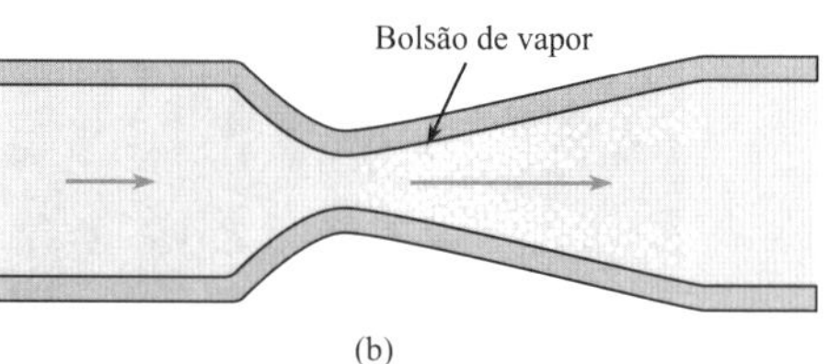

A formação de bolhas de vapor na restrição na Figura 5.16 é mostrada na Figura 5.17a. As bolhas de vapor se formam e entram em colapso à medida que se movem para uma região de maior pressão e são varridas corrente abaixo com o escoamento. Quando a velocidade do escoamento é aumentada ainda mais, a pressão mínima continua como a pressão de vapor local, mas a zona de formação de bolhas se estende, conforme mostrado na Figura 5.17b. Nesse caso, todo o bolsão de vapor pode crescer e colapsar intermitentemente, produzindo sérios problemas de vibração.

Resumo. A cavitação, que é causada pela ebulição de líquidos a baixas pressões, é geralmente problemática em um sistema em Engenharia. A cavitação é mais provável de ocorrer em locais com baixas pressões, tais como os seguintes:

- Pontos em altas elevações
- Locais com altas velocidades (por exemplo, restrições em tubulações, extremidades das lâminas de propulsores)
- A sucção (entrada) de bombas.

5.6 Resumindo Conhecimentos-Chave

Caracterizando a Vazão ($\dot{m}$ e Q)

- *Vazão volumétrica*, Q (m^3/s), é definida por

$$Q = \left(\frac{\text{volume de fluido que passa através de uma área de seção transversal}}{\text{intervalo de tempo}} \right)_{\substack{\text{Instante} \\ \text{no tempo}}} = \lim_{\Delta t \to 0} \frac{\Delta \forall}{\Delta t}$$

- A vazão volumétrica também é chamada de *descarga*.
- Q pode ser calculada com quatro equações:

$$Q = \overline{V}A = \frac{\dot{m}}{\rho} = \int_A V\,dA = \int_A \mathbf{V} \cdot \mathbf{dA}$$

- *Vazão mássica*, $\dot{m}$ (kg/s), é definida como

$$\dot{m} = \left(\frac{\text{massa de fluido que passa através de uma área de seção transversal}}{\text{intervalo de tempo}} \right)_{\substack{\text{Instante} \\ \text{no tempo}}} = \lim_{\Delta t \to 0} \frac{\Delta m}{\Delta t}$$

- $\dot{m}$ pode ser calculada com quatro equações:

$$\dot{m} = \rho A\overline{V} = \rho Q = \int_A \rho V\,dA = \int_A \rho \mathbf{V} \cdot \mathbf{dA}$$

- *Velocidade média*, $\overline{V}$ ou V, é o valor da velocidade ponderada ao longo da área de seção em um instante no tempo. Esse conceito é diferente da *velocidade ponderada no tempo*, que envolve a velocidade ponderada ao longo do tempo em um dado ponto no espaço.
- Valores típicos da velocidade média:
  - $\overline{V}/V_{máx} = 0{,}5$ para escoamento laminar em um tubo redondo
  - $\overline{V}/V_{máx} = 2/3 = 0{,}667$ para escoamento laminar em um conduto retangular
  - $\overline{V}/V_{máx} \approx 0{,}79$ a $0{,}86$ para escoamento turbulento em um tubo redondo
- Os problemas que podem ser resolvidos com as equações para a vazão podem ser organizados em três categorias:
  - *Equações algébricas.* Os problemas nessa categoria são resolvidos com a aplicação direta das equações (ver o Exemplo 5.1).
  - *Produto escalar.* Quando a área não está alinhada com o vetor velocidade, aplica-se o produto escalar ($\mathbf{V} \cdot \mathbf{A}$; ver o Exemplo 5.2).
  - *Integração.* Quando a velocidade é dada com uma função da posição, integra-se a velocidade ao longo da área (ver o Exemplo 5.3).

A Abordagem do Volume de Controle e o Teorema do Transporte de Reynolds

- Um *sistema* é o que o engenheiro seleciona para analisar. Os sistemas podem ser classificados em duas categorias: o sistema fechado e o volume de controle.
  - Um *sistema fechado* consiste em uma dada quantidade de matéria com identidade fixa. Identidade fixa significa que o sistema fechado sempre compreende a mesma matéria. Assim, a massa não pode cruzar a fronteira de um sistema fechado.
  - Um *volume de controle* (vc ou VC) consiste em uma região geométrica definida no espaço e encerrada por uma *superfície de controle* (sc ou SC).
  - O teorema do transporte de Reynolds é uma ferramenta matemática para converter uma derivada escrita para um sistema fechado em termos que se aplicam a um volume de controle.

A Equação da Continuidade

- A *lei da conservação de massa* para um volume de controle é chamada de *equação da continuidade*.
- A física da equação da continuidade é

$$\begin{pmatrix}\text{taxa de}\\ \text{acúmulo de massa}\end{pmatrix} = \begin{pmatrix}\text{taxa de}\\ \text{entrada de massa}\end{pmatrix} - \begin{pmatrix}\text{taxa de}\\ \text{saída de massa}\end{pmatrix}$$

- A equação da continuidade pode ser aplicada em um instante do tempo e as unidades são kg/s. Além disso, a equação da continuidade pode ser integrada e aplicada ao longo de um intervalo de tempo finito (por exemplo, 5 minutos), em cujo caso a unidade é o kg.
- Três formas úteis da equação da continuidade (ver a Tabela 5.5) são as seguintes:
  - A equação geral (sempre se aplica)
  - A forma simplificada (útil quando existem pontos de entrada e saída bem definidos)
  - A forma para o escoamento em um tubo (se aplica ao escoamento em um conduto)

Cavitação

- A cavitação ocorre em um líquido em escoamento quando a pressão cai até a pressão de vapor local do líquido.
- A pressão de vapor está discutida no Capítulo 2. Os dados para a água estão apresentados na Tabela A.5.
- A cavitação é geralmente indesejável, pois ela pode reduzir o desempenho. Ela também pode causar erosão ou a formação de pites em materiais sólidos, ruídos, vibrações e falhas estruturais.
- A cavitação é mais provável de ocorrer em regiões com alta velocidade, nas regiões de entrada de bombas centrífugas e em locais com alta elevação.
- Para reduzir a probabilidade de cavitação, os projetistas podem especificar que os componentes que estão sujeitos a cavitação (por exemplo, válvulas e bombas centrífugas) fiquem situados em baixas elevações.

REFERÊNCIAS

1. Knapp, R. T., J. W. Daily, e F. G. Hammitt. *Cavitation*. New York: McGraw-Hill, 1970.

2. Brennen, C. E. *Cavitation and Bubble Dynamics*. New York: Oxford University Press, 1995.

3. Young, F. R. *Cavitation*. New York: McGraw-Hill, 1989.

PROBLEMAS

Caracterizando Vazões (§5.1)

5.1 A vazão média da Represa de Grand Coulee é de 110.000 ft³/s. A largura do rio após a represa é de 100 jardas. Fazendo uma estimativa razoável da velocidade do rio, calcule a sua profundidade.

5.2 Tomando uma jarra de volume conhecido, encha-a com água da torneira de sua casa e meça o tempo para o seu enchimento. Calcule a descarga (vazão) da torneira. Estime a área de seção transversal da saída da torneira, e calcule a velocidade da água que está saindo da torneira.

5.3 Outro nome para a equação da vazão volumétrica poderia ser:

a. a equação de descarga
b. a equação da vazão mássica
c. tanto a quanto b

5.4 Um líquido escoa através de um tubo com uma velocidade constante. Se um tubo com duas vezes o tamanho for usado com a mesma velocidade, a vazão será (a) dividida à metade, (b) dobrada, ou (c) quadruplicada? Explique.

5.5 Para o escoamento de um gás em um tubo, qual forma da equação da continuidade é mais geral?

a. $V_1A_1 = V_2A_2$
b. $\rho_1 V_1A_1 = \rho_1 V_2A_2$
c. ambas são igualmente aplicáveis

5.6 A vazão volumétrica de água em um tubo com 27 cm de diâmetro é de 0,057 m³/s. Qual é a velocidade média?

5.7 Um tubo com diâmetro de 21 polegadas conduz água a uma velocidade de 10 ft/s. Qual é a vazão volumétrica em pés cúbicos por segundo e em galões por minuto (1 cfs é igual a 449 gpm)?

5.8 Um tubo com diâmetro de 2 m conduz água a uma velocidade de 4 m/s. Qual é a vazão volumétrica em metros cúbicos por segundo e em pés cúbicos por segundo?

5.9 Um tubo cujo diâmetro é de 10 cm transporta ar a uma temperatura de 20 °C e pressão de 253 kPa absoluta a 50 m/s. Determine a vazão mássica.

5.10 Gás natural (metano) escoa a 16 m/s através de um tubo com um diâmetro de 1,5 m. A temperatura do metano é de 15 °C, e a pressão é de 200 kPa manométrica. Determine a vazão mássica.

5.11 Um engenheiro de aquecimento e ar condicionado está projetando um sistema para mover 1000 m³ de ar por hora a 100 kPa abs, e 30 °C. O duto é retangular com dimensões de seção transversal de 1 m por 20 cm. Qual será a velocidade do ar no duto?

5.12 A distribuição de velocidades hipotética em um duto circular é

$$\frac{V}{V_0} = 1 - \frac{r}{R}$$

em que r é a posição radial no duto, R é o raio do duto, e V_0 é a velocidade sobre o eixo. Determine a razão entre a velocidade média e a velocidade sobre o eixo.

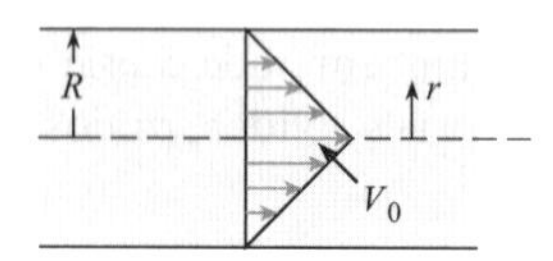

Problema 5.12

5.13 A água escoa em um canal bidimensional com largura W e profundidade D, conforme mostrado no diagrama. O perfil de velocidades hipotético para a água é

$$V(x, y) = V_s\left(1 - \frac{4x^2}{W^2}\right)\left(1 - \frac{y^2}{D^2}\right)$$

em que V_s é a velocidade na superfície da água na metade da distância entre as paredes do canal. O sistema de coordenadas é como mostrado; x é medido a partir do plano central do canal, enquanto y é medido para baixo a partir da superfície da água. Determine a descarga (vazão volumétrica) no canal em termos de V_s, D e W.

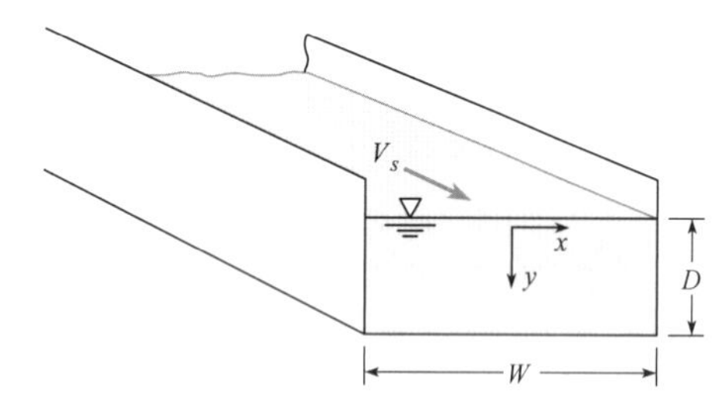

Problema 5.13

5.14 A água escoa em um tubo que possui 4 ft de diâmetro e a seguinte distribuição de velocidades hipotética: a velocidade é máxima na linha de centro e diminui linearmente com r até chegar à mínima na parede do tubo. Se $V_{máx} = 15$ ft/s e $V_{mín} = 9$ ft/s, qual é a vazão volumétrica em pés cúbicos por segundo e em galões por minuto?

5.15 No Problema 5.14, se $V_{máx} = 8$ m/s, $V_{mín} = 6$ m/s e $D = 2$ m, qual é a vazão volumétrica em metros cúbicos por segundo e a velocidade média?

5.16 O ar entra neste duto quadrado na seção 1 com a distribuição de velocidades, conforme mostrado. Note que a velocidade varia apenas na direção do eixo y (para um dado valor de y, a velocidade é a mesma para todos os valores de z).

a. Qual é a vazão volumétrica?

b. Qual é a velocidade média no duto?

c. Qual é a vazão mássica do escoamento se a densidade mássica do ar é de 1,9 kg/m³?

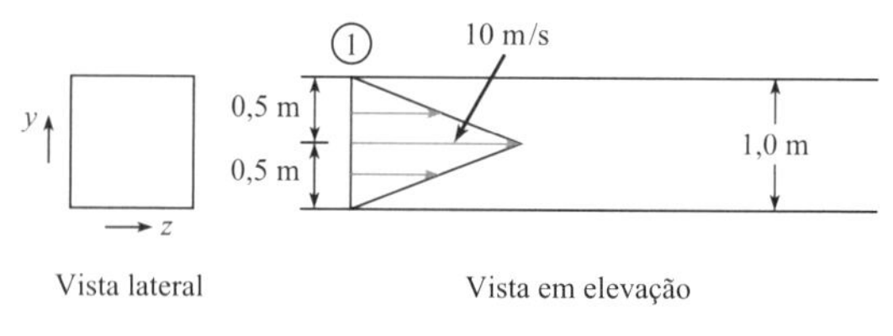

Problema 5.16

5.17 A velocidade na seção A-A é de 15 ft/s e a profundidade vertical y na mesma seção é de 3 ft. Se a largura do canal é de 40 ft, qual é a vazão volumétrica em pés cúbicos por segundo?

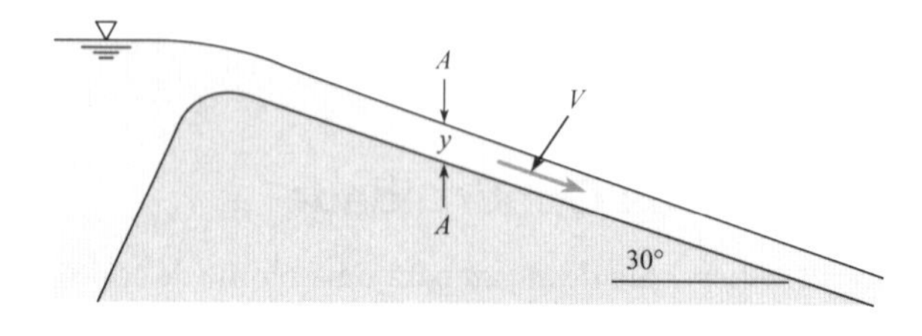

Problema 5.17

5.18 O canal retangular mostrado possui 1,2 m de largura. Qual é a vazão volumétrica no canal?

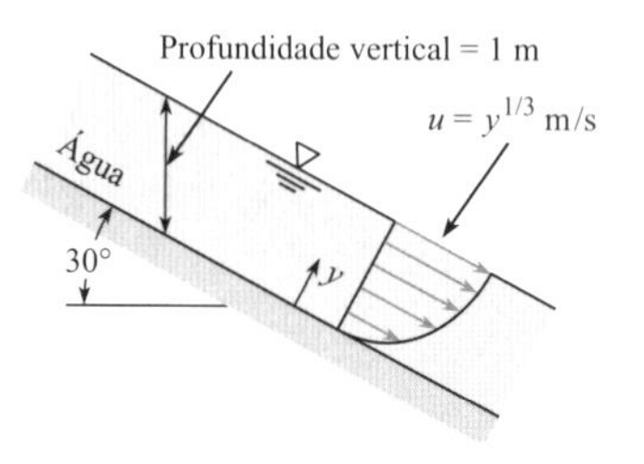

Problema 5.18

5.19 Se a velocidade no canal do Problema 5.18 é dada como $u = 8[\exp(y) - 1]$ m/s e a largura do canal é de 2 m, qual é a vazão volumétrica no canal e qual é a velocidade média?

5.20 A água de um tubo é desviada para um tanque de pesagem durante exatamente 1 min. O aumento de peso no tanque foi de 80 kN. Qual é a vazão volumétrica em metros cúbicos por segundo? Assuma $T = 20$ °C.

5.21 Engenheiros estão desenvolvendo um novo projeto para um motor a jato para um veículo aéreo não tripulado (isto é, um drone). Durante os testes, para simular o voo, o ar abastece o motor a jato através de um duto redondo que a ele está fixado. No duto, imediatamente a montante do motor a jato, as seguintes especificações são exigidas: $V = 280$ m/s, $\dot{m} = 180$ kg/s, $p = 60$ kPa abs, e $T = -17$ °C. Qual é o diâmetro do tubo necessário para atender a essas especificações?

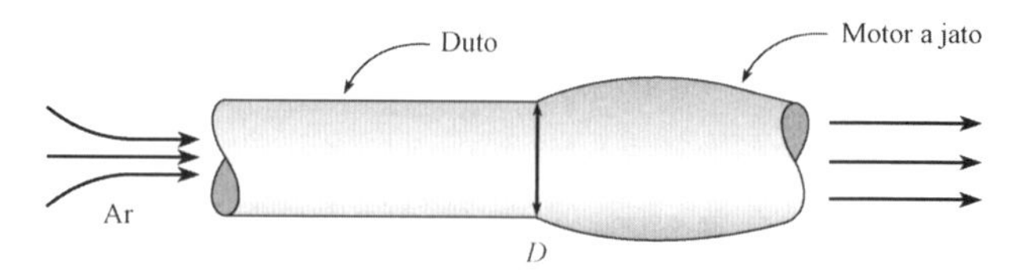

Problema 5.21

5.22 Água entra na eclusa de um canal de navios através de 180 portas, cada porta com uma seção transversal de 2 ft por 2ft. A eclusa tem 900 ft de comprimento e 105 ft de largura. Ela está projetada de modo que a superfície da água no seu interior suba a uma taxa máxima de 6 ft/min. Para esta condição, qual será a velocidade média em cada ponto de entrada?

5.23 Uma equação empírica para a distribuição de velocidades em um canal aberto retangular, horizontal é dada por $u = u_{máx}(y/d)^n$, em que u é a velocidade a uma distância de y metros acima do piso do canal. Se a profundidade d do escoamento é de 1,7 m, $u_{máx} = 9$ m/s, e $n = 1/6$, qual é a descarga em metros cúbicos por segundo por metro de largura do canal? Qual é a velocidade média?

5.24 A velocidade hipotética da água em um canal em forma de V (ver a figura a seguir) varia linearmente com a profundidade, desde zero no fundo até um valor máximo na superfície da água. Determine a vazão volumétrica se a velocidade máxima é de 6 ft/s.

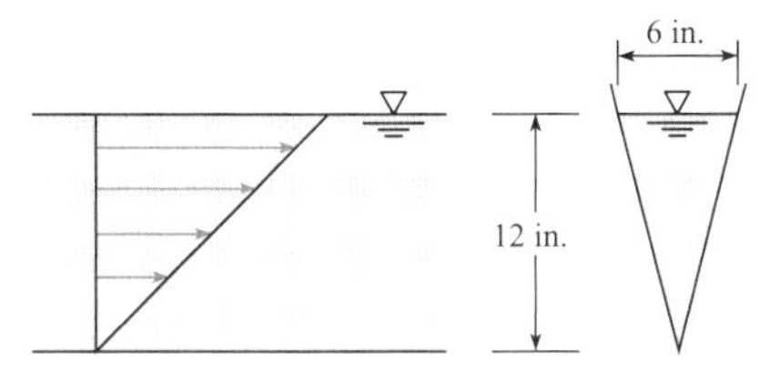

Problema 5.24

5.25 A velocidade do escoamento em um tubo circular varia de acordo com a equação $V/V_c = (1 - r^2/r_0^2)^n$, em que V_c é a velocidade na linha de centro, r_0 é o raio do tubo, r é a distância radial a partir da linha de centro, e n é um coeficiente dimensional. Determine a velocidade média como uma função de V_c e n.

5.26 A água escoa através de uma tubulação com 4,0 polegadas de diâmetro a 75 lbm/min. Calcule a velocidade média. Assuma $T = 60$ °F.

5.27 A água escoa através de uma tubulação com 17 cm a 1.022 kg/min. Calcule a velocidade média em metros por segundo se $T = 20$ °C.

5.28 A água de uma tubulação é desviada para dentro de um tanque de pesagem durante 15 min. O aumento de peso no tanque é de 4.765 lbf. Qual é a vazão média em galões por minuto e em pés cúbicos por segundo? Assuma $T = 60$ °F.

5.29 Um trocador de calor tipo casco-tubo consiste em um tubo no interior de outro, como mostrado. O líquido escoa em direções opostas em cada tubo. Se a velocidade e a vazão volumétrica do líquido é a mesma em cada tubo, qual é a razão entre o diâmetro do tubo externo para o diâmetro do tubo interno?

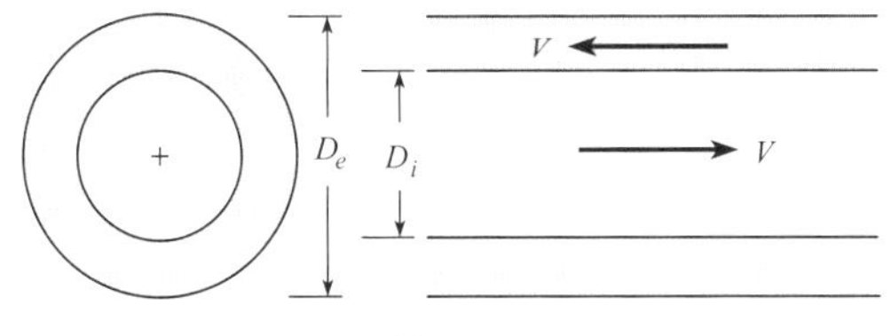

Problema 5.29

5.30 A seção transversal de um trocador de calor consiste em três tubos circulares dentro de um tubo maior. O diâmetro interno dos três tubos menores é $D_P = 1,5$ cm, e as espessuras das paredes desses tubos é de 3 mm cada. O diâmetro interno do tubo maior é $D_G = 11$ cm. Se a velocidade do fluido na região entre os tubos menores e o maior é de 13 m/s, qual é a vazão volumétrica correspondente em m³/s?

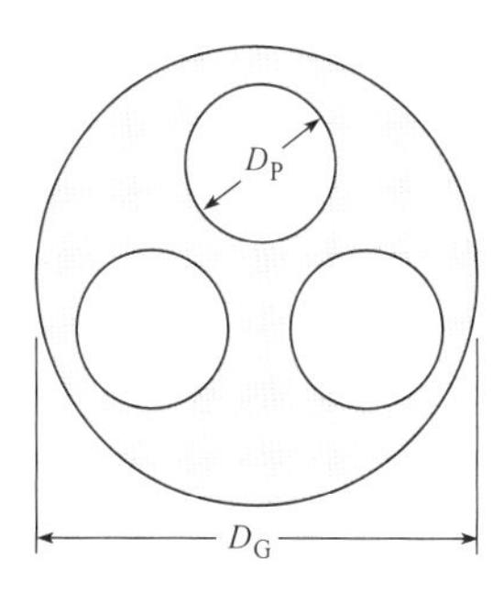

Problema 5.30

5.31 A velocidade média da água em um tubo com 5 polegadas é de 9 ft/s. Determine a vazão em slugs por segundo, galões por minuto e pés cúbicos por segundo se $T = 60$ °F.

Abordagens de Lagrange e Euler (§5.2)

5.32 Leia §4.2 e §5.2, e use a *internet* para achar as respostas para as seguintes perguntas:

a. O que significa a abordagem de Lagrange? Quais são três exemplos do mundo real que ilustram a abordagem de Lagrange? (Use exemplos que não estão no livro.)
b. O que significa a abordagem de Euler? Quais são três exemplos do mundo real que ilustram a abordagem de Euler? (Use exemplos que não estão no livro.)
c. Quais são três diferenças importantes entre as abordagens de Euler e de Lagrange?
d. Por que usar uma abordagem de Euler? Quais são os benefícios?
e. O que é um campo? Como um campo está relacionado com a abordagem de Euler?
f. Quais são as dificuldades de descrever um campo de escoamento usando a descrição de Lagrange?

5.33 Qual é a diferença entre uma propriedade intensiva e uma propriedade extensiva? Dê um exemplo de cada.

5.34 Diga se cada uma das seguintes grandezas é extensiva ou intensiva:

a. massa
b. volume
c. densidade
d. energia
e. energia específica

5.35 Qual tipo de propriedade você obtém quando divide uma propriedade extensiva por outra propriedade extensiva – extensiva ou intensiva? Sugestão: Considere a densidade.

A Abordagem do Volume de Controle (§5.2)

5.36 O que é uma superfície de controle e um volume de controle? A massa pode passar através de uma superfície de controle?

5.37 Na Figura 5.11, diga se:

a. o VC está passando pelo sistema.
b. o sistema está passando pelo VC.

5.38 Qual é o propósito do teorema do transporte de Reynolds?

5.39 O gás escoa para dentro e para fora da câmara, conforme mostrado. Para tais condições, qual(is) das seguintes afirmativas é(são) verdadeira(s) a respeito da aplicação da equação do volume de controle ao princípio da continuidade?

a. $B_{sis} = 0$
b. $dB_{sis}/dt = 0$

c. $\sum_{sc} b\rho \mathbf{V} \cdot \mathbf{A} = 0$

d. $\frac{d}{dt}\int_{vc} \rho \, d\mathcal{V} = 0$

e. $b = 0$

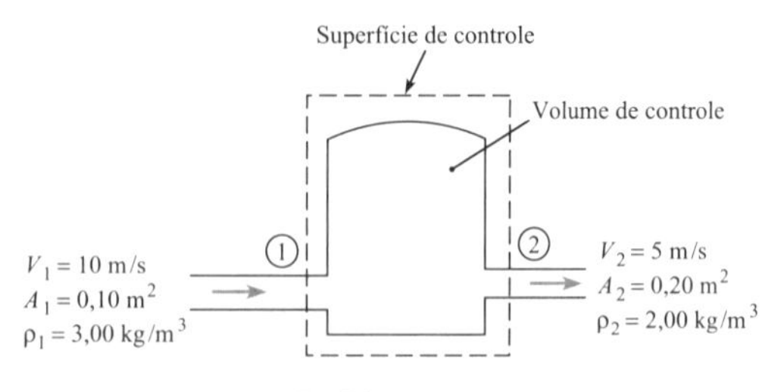

Problema 5.39

5.40 O pistão no cilindro está se movendo para cima. Assuma que o volume de controle seja o volume dentro do cilindro acima do pistão (o volume de controle muda de tamanho à medida que o pistão se move). Existe uma mistura gasosa no volume de controle. Para as condições dadas, indique qual(is) dentre as seguintes afirmativas é(são) verdadeira(s):

a. $\sum_{sc} \rho \mathbf{V} \cdot \mathbf{A}$ é igual a zero.

b. $\frac{d}{dt}\int_{vc} \rho \, d\mathcal{V}$ é igual a zero.

c. A densidade mássica do gás no volume de controle está aumentando ao longo do tempo.

d. A temperatura do gás no volume de controle está aumentando ao longo do tempo.

e. O escoamento dentro do volume de controle é não estacionário.

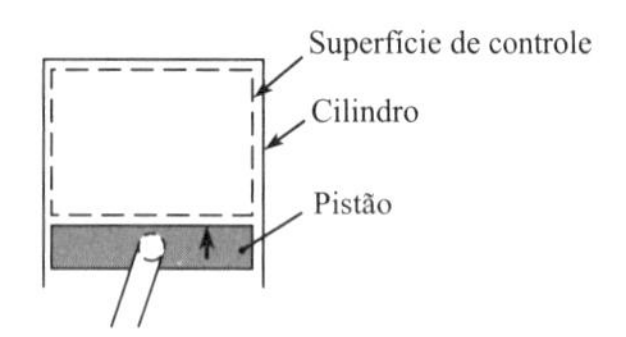

Problema 5.40

5.41 Para os casos *a* e *b* mostrados na figura, responda as seguintes perguntas e afirmativas relacionadas com a aplicação do teorema do transporte de Reynolds na equação da continuidade.

a. Qual é o valor de b?

b. Determine o valor de dB_{sis}/dt.

c. Determine o valor de $\sum_{sc} b\rho \mathbf{V} \cdot \mathbf{A}$.

d. Determine o valor de $\int_{vc} b\rho \, d\mathcal{V}$.

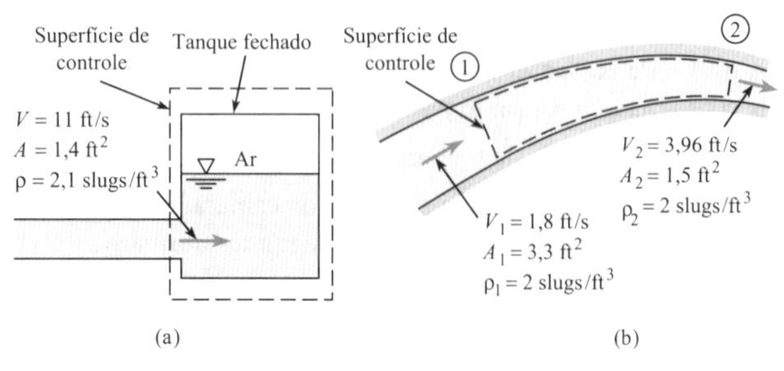

Problema 5.41

A Equação da Continuidade (Teoria) (§5.3)

5.42 A lei da conservação de massa para um sistema fechado exige que a massa do sistema seja:

a. constante

b. zero

Aplicando a Equação da Continuidade (§5.4)

5.43 Considere a forma simplificada da equação da continuidade, Eq. 5.29. Um engenheiro está usando essa equação para determinar a vazão volumétrica Q_C de um córrego na confluência com um grande rio, pois ela possui medições eletrônicas automáticas da vazão volumétrica do rio a montante (rio acima), Q_{Rm}, e a jusante (rio abaixo), R_{Rj}, da confluência com o córrego.

a. Qual dentre os três termos no lado esquerdo da Eq. 5.29 o engenheiro irá assumir igual a zero? Por quê?

b. Esboce o córrego e o rio, e esboce o VC que você selecionaria para resolver esse problema.

5.44 A água escoa através de um tubo cheio. É possível que a vazão volumétrica para dentro do tubo seja diferente da vazão volumétrica para fora do tubo? Explique.

5.45 O ar é bombeado para dentro de uma extremidade de um tubo segundo certa vazão mássica. É necessário que a mesma vazão mássica de ar saia pela outra extremidade do tubo? Explique.

5.46 Se um pneu de automóvel desenvolve um vazamento, como a massa de ar e a densidade variam dentro do pneu ao longo do tempo? Assumindo que a temperatura permaneça constante, como a variação na densidade está relacionada com a pressão do pneu?

5.47 Dois tubos estão conectados em série entre si. O diâmetro de um tubo é três (3) vezes o diâmetro do segundo tubo. Com um líquido escoando nos tubos, a velocidade no tubo maior é de 4 m/s. Qual é a velocidade no tubo menor?

5.48 Dois pistões estão se movendo para a esquerda, mas o pistão *A* possui uma velocidade duas vezes maior que a do pistão *B*. O nível de água no tanque está (a) subindo, (b) estático, sem se mover para cima ou para baixo, ou (c) caindo?

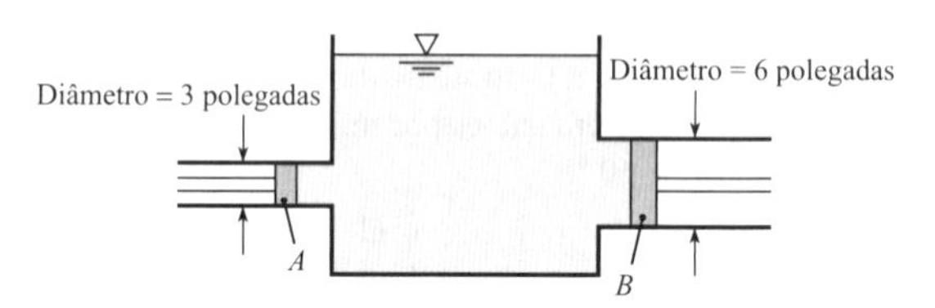

Problema 5.48

5.49 Duas correntes descarregam em um tubo, conforme mostrado. Os escoamentos são incompressíveis. A vazão volumétrica da corrente *A* para dentro do tubo é dada por $Q_A = 0,01t$ m^3/s e aquela da corrente *B* por $Q_B = 0,006\, t^2$ m^3/s, em que t está em segundos. A área de saída do tubo é de 0,01 m^2. Determine a velocidade e a aceleração do fluido na saída em $t = 1$ s.

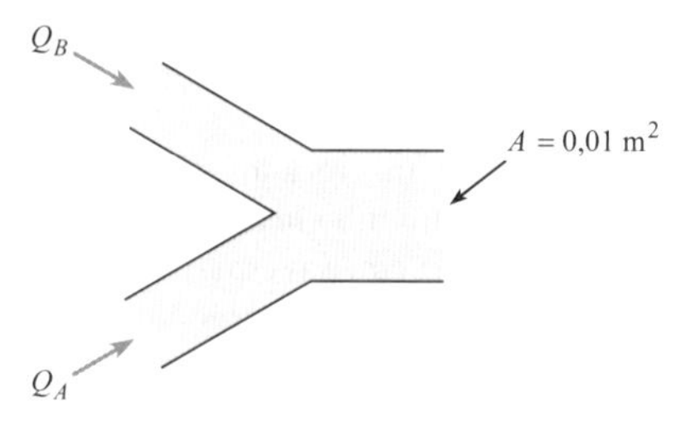

Problema 5.49

5.50 Durante a produção de biodiesel, a glicerina é um produto residual e é coletada por separação gravitacional, pois a sua *SG* (1,26) é muito maior do que a do biodiesel. A glicerina é retirada pelo fundo do tanque de separação, através de um tubo que possui $p_1 = 350$ kPa manométrica, em que $D = 70$ cm e a vazão é de 680 L/s. Determine a pressão na seção 2, que está 0,8 m mais alta e na qual o diâmetro foi reduzido para $d = 35$ cm. Assuma que o escoamento seja invíscido.

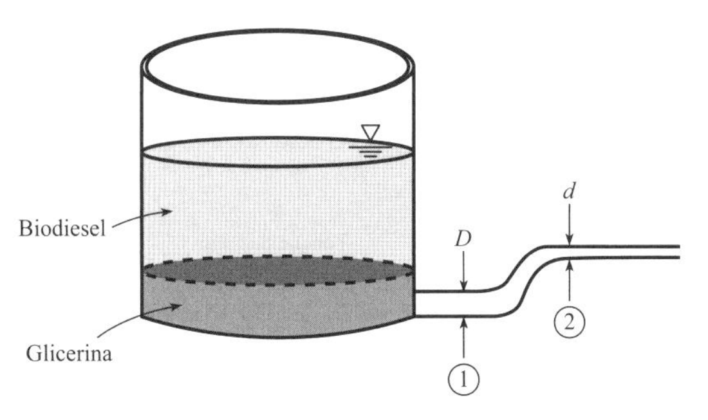

Problema 5.50

5.51 Em uma instalação de secagem de alimentos, um tubo aquecido com diâmetro constante é usado para elevar a temperatura do ar. Na entrada do tubo, a velocidade é de 12 m/s, a pressão é de 100 kPa absoluta, e a temperatura é de 20 °C. Na saída, a pressão é de 90 kPa absoluta e a temperatura é de 80 °C. Qual é a velocidade na saída? A equação de Bernoulli pode ser usada para relacionar as variações de pressão e de velocidade? Explique.

5.52 O ar é descarregado para baixo no tubo e depois para fora entre os discos paralelos. Assumindo uma variação desprezível na densidade do ar, derive uma fórmula para a aceleração do ar no ponto *A*, que está a uma distância *r* do centro dos discos. Expresse a aceleração em termos da descarga de ar constante *Q*, da distância radial *r*, e do espaçamento entre os discos *h*. Se $D = 10$ cm, $h = 0,6$ cm, e $Q = 0,380$ m³/s, quais são a velocidade no tubo e a aceleração no ponto *A*, na qual $r = 20$ cm?

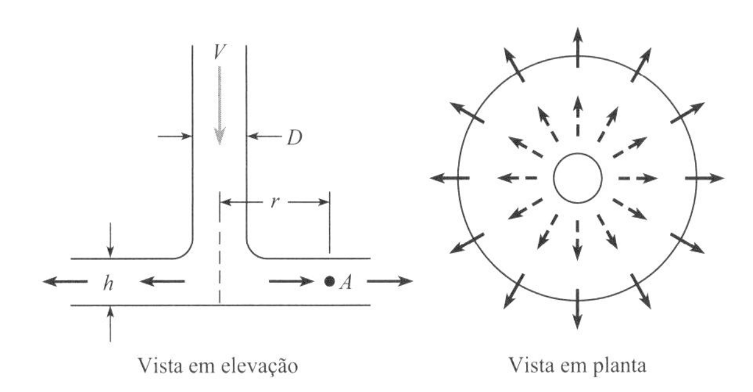

Problemas 5.52 e 5.53

5.53 Todas as condições do Problema 5.52 são as mesmas, exceto que $h = 1$ cm e a vazão volumétrica é dada como $Q = Q_0(t/t_0)$, na qual $Q_0 = 0,1$ m³/s e $t_0 = 1$ s. Para as condições adicionais, qual será a aceleração no ponto *A* quando $t = 2$ s e $t = 3$ s.

5.54 Um tanque possui um orifício no fundo com uma área de seção transversal de 0,0025 m², e uma linha de alimentação na lateral com uma área de seção transversal de 0,0025 m², conforme mostrado. A área de seção transversal do tanque é de 0,1 m². A velocidade do líquido escoando para fora pelo orifício no fundo é de $\sqrt{2gh}$, em que *h* é a altura da superfície de água no tanque acima da saída. Em certo momento, o nível da superfície no tanque é de 1 m e está subindo a uma taxa de 0,1 cm/s. O líquido é incompressível. Determine a velocidade do líquido através da entrada.

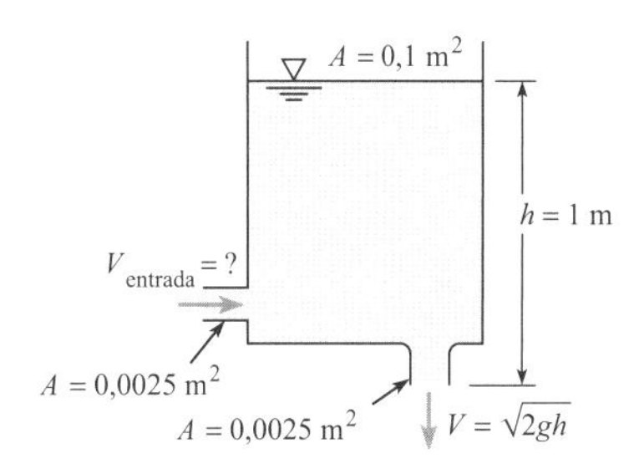

Problema 5.54

5.55 Uma bomba mecânica é usada para pressurizar um pneu de bicicleta. A entrada para a bomba é de 0,4 cfm. A densidade do ar que entra na bomba é de 0,075 lbm/ft³. O volume inflado de um pneu de bicicleta é de 0,050 ft³. A densidade do ar no pneu inflado é de 0,4 lbm/ft³. Quantos segundos são gastos para pressurizar o pneu se inicialmente não havia nenhum ar dentro dele?

5.56 Este tanque circular de água está sendo cheio a partir de um tubo, conforme mostrado. A velocidade do escoamento de água do tubo é de 10 ft/s. Qual será a taxa de elevação da superfície da água no tanque?

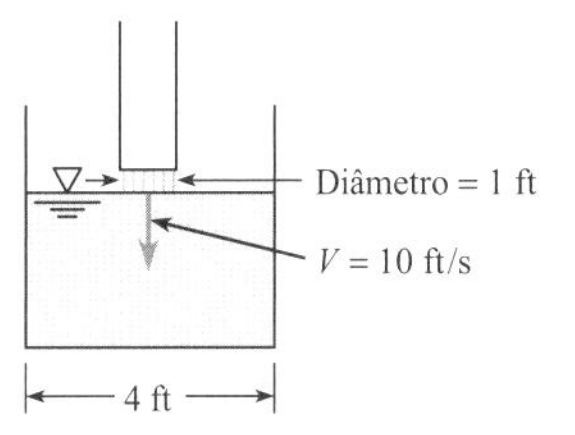

Problema 5.56

5.57 Um duto de ar retangular com 21 cm por 50 cm conduz um escoamento de 1,2 m³/s. Determine a velocidade no duto. Se o duto diminui para 9 cm por 39 cm, qual é a velocidade na última seção? Assuma uma densidade constante para o ar.

5.58 Um tubo de 30 cm se divide em um ramo de 20 cm e um ramo de 8 cm. Se a vazão volumétrica total é de 0,45 m³/s e se a mesma velocidade média ocorre em cada ramo, qual é a vazão volumétrica em cada ramo?

5.59 A água escoa em um tubo de 12 polegadas que está conectado em série com um tubo de 4 polegadas. Se a vazão é de 927 gpm (galões por minuto), qual é a velocidade média em cada tubo?

5.60 Qual é a velocidade do escoamento de água na perna *B* do "T" mostrado na figura?

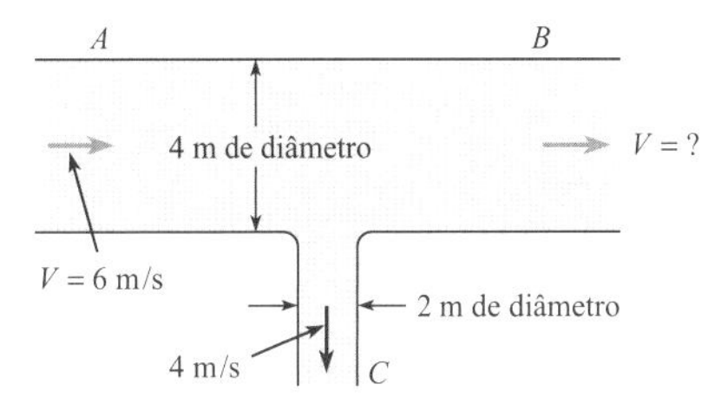

Problema 5.60

5.61 Para um escoamento de gás estacionário no conduto mostrado, qual é a velocidade média na seção 2?

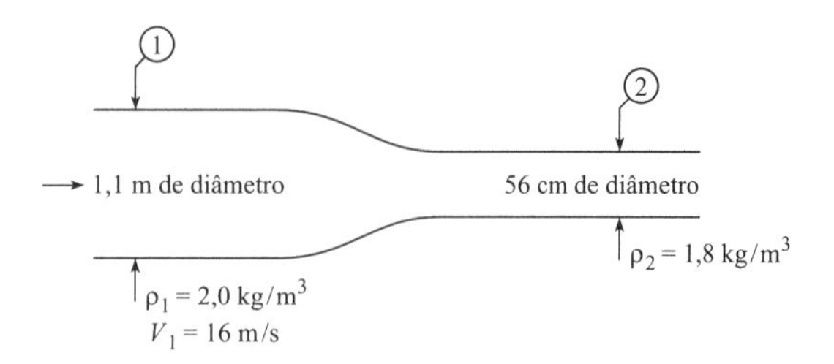

Problema 5.61

5.62 Dois tubos, A e B, estão conectados a um tanque de água aberto. A água está entrando pelo fundo do tanque a partir do tubo *A* a 10 cfm. O nível da água no tanque está subindo a 1,0 polegada/min, e a área de superfície do tanque é de 80 ft². Calcule a vazão volumétrica em um segundo tubo, tubo *B*, que também está conectado ao fundo do tanque. O escoamento está entrando ou saindo do tanque a partir do tubo *B*?

5.63 O tanque na figura está enchendo ou esvaziando? De acordo com qual taxa o nível da água está subindo ou descendo no tanque?

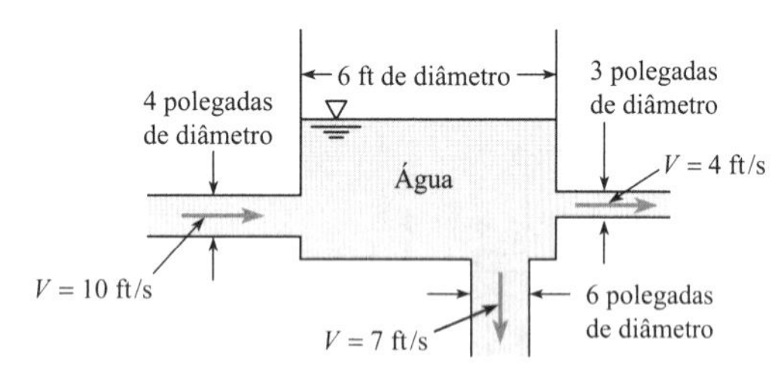

Problema 5.63

5.64 Dados: as velocidades do escoamento, conforme mostradas na figura, e elevação da superfície da água (como mostrado) em $t = 0$ s. Ao final de 22 s, a superfície da água no tanque estará subindo ou baixando, e a que velocidade?

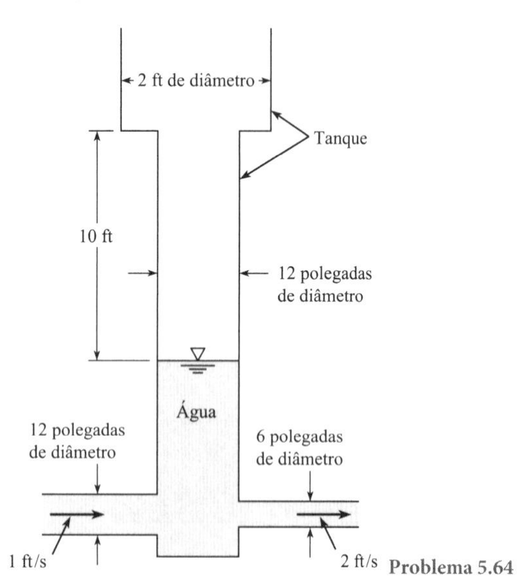

Problema 5.64

5.65 Um lago sem nenhuma saída é alimentado por um rio com uma vazão constante de 1800 ft³/s. A água evapora a partir da superfície a uma taxa constante de 12 ft³/s por milha quadrada de superfície. A área varia com a profundidade *h* (pés) segundo *A* (milhas quadradas) = 4,5 + 5,5*h*. Qual é a profundidade de equilíbrio do lago? Abaixo de qual vazão volumétrica do rio o lago irá secar?

5.66 Um bocal estacionário descarrega água contra uma placa que se move em direção ao bocal à metade da velocidade do jato. Quando a descarga do bocal é de 5 cfs, a que taxa irá a placa defletir a água?

5.67 Um tanque aberto possui uma vazão de alimentação constante de 20 ft³/s. Um dreno com 1,0 ft de diâmetro proporciona uma velocidade de saída variável $V_{\text{saída}}$ igual a $\sqrt{(2gh)}$ ft/s. Qual é a altura de equilíbrio h_{eq} do líquido no tanque?

5.68 Assumindo que ocorre uma mistura completa entre as duas correntes de alimentação antes da descarga da mistura a partir do tubo *C*, determine a vazão mássica, a velocidade e a gravidade específica da mistura no tubo em *C*.

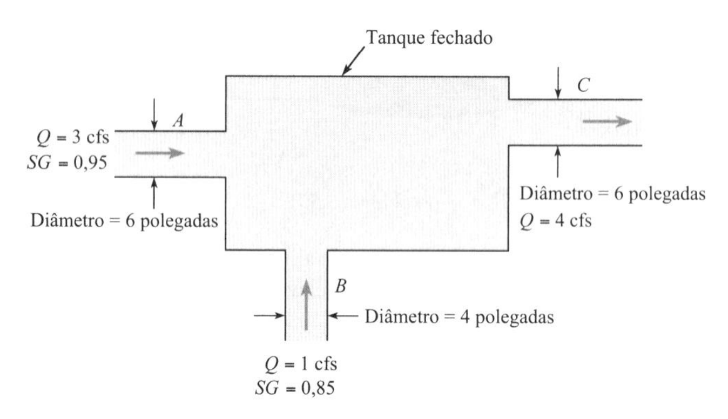

Problema 5.68

5.69 Oxigênio e metano são misturados a 204 kPa de pressão absoluta e 100 °C. A velocidade dos gases para o interior do misturador é de 8 m/s. A densidade do gás que deixa o misturador é de 2,2 kg/m³. Determine a velocidade de saída da mistura de gases.

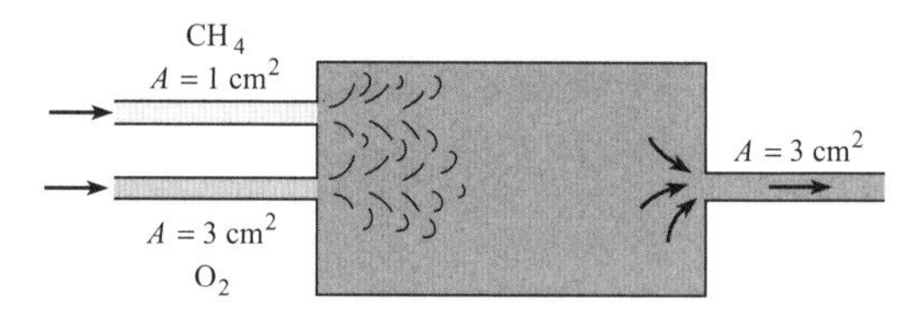

Problema 5.69

5.70 Um tubo com uma série de orifícios, conforme mostrado na figura, é usado em muitos sistemas de Engenharia para distribuir gás em um sistema. A vazão volumétrica através de cada orifício depende da diferença de pressão ao longo do orifício e é dada por

$$Q = 0{,}67\,A_o\left(\frac{2\Delta p}{\rho}\right)^{1/2}$$

em que A_o é a área do orifício, Δp é a diferença de pressão através do orifício, e ρ é a densidade do gás no tubo. Se o tubo é suficientemente comprido, a pressão será uniforme ao longo dele. Um tubo de distribuição para o ar a 20 °C possui 0,5 metro de diâmetro e 8 m de comprimento. A pressão manométrica no tubo é de 100 Pa. A pressão fora do tubo é atmosférica em 1 bar. O diâmetro do orifício é 2,5 cm, e existem 40 orifícios por metro de comprimento de tubo. A pressão é constante no tubo. Determine a velocidade do ar que entra no tubo.

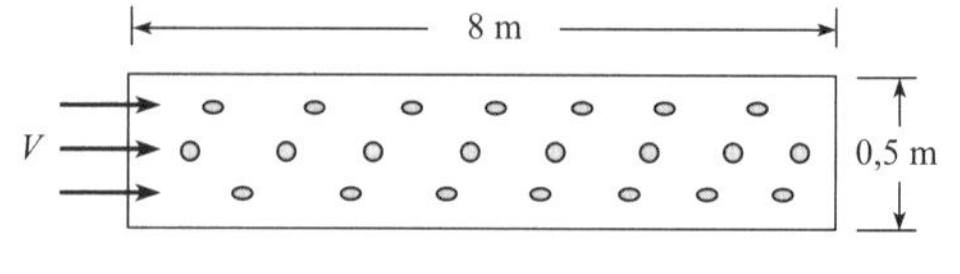

Problema 5.70

5.71 A válvula tipo globo mostrada na figura é um dispositivo muito comum para controlar a vazão. O escoamento vem pelo tubo à esquerda e passa através de uma área de passagem mínima formada pelo disco e pela sede da válvula. À medida que a válvula é fechada, a área para o escoamento entre o disco e a válvula é reduzida. A área de escoamento pode ser aproximada pela região anular entre o disco e a sede. A queda de pressão ao longo da válvula pode ser estimada aplicando a equação de Bernoulli entre o tubo a montante e a abertura entre o disco e a sede da válvula. Assuma que existe uma vazão de 10 gpm (galões por minuto) de água a 60 °F através da válvula. O diâmetro interno do tubo a montante é de 1 polegada. A distância ao longo da abertura do disco até a sede é de 1/8 de uma polegada, e o diâmetro da abertura é de 1/2 polegada. Qual é a queda de pressão ao longo da válvula em psid?[1]

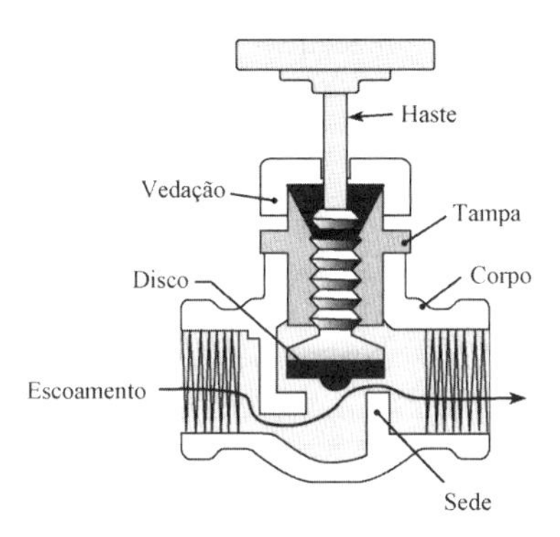

Problema 5.71

5.72 No escoamento através de um orifício mostrado no diagrama, o escoamento passa por uma área de passagem mínima a jusante do orifício, chamado de "*vena contracta*". A razão entre a área de escoamento na *vena contracta* e a área do orifício é 0,64.

a. Desenvolva uma equação para a descarga através do orifício na forma de $Q = CA_o(2\Delta p/\rho)^{1/2}$, em que A_o é a área do orifício, Δp é a diferença de pressão entre o escoamento a montante e a *vena contracta*, e ρ é a densidade do fluido. C é um coeficiente adimensional.

b. Avalie a descarga para a água a 1000 kg/m³ e uma diferença de pressão de 10 kPa para um orifício com 1,5 cm centrado em um tubo com 2,5 cm de diâmetro.

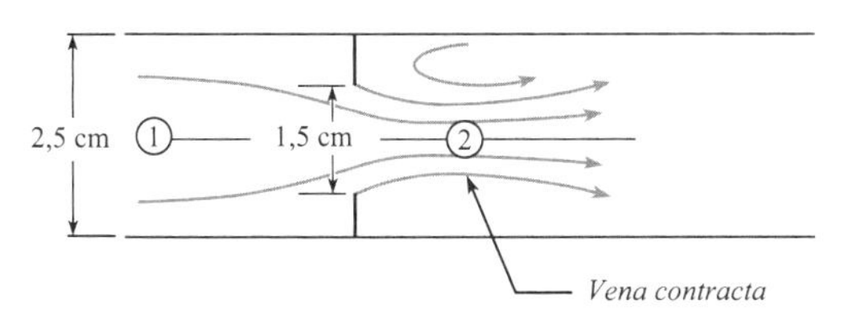

Problema 5.72

5.73 Um compressor alimenta gás a um tanque com 8 m³. A vazão mássica de entrada é dada por $\dot{m} = 0{,}5\ \rho_0/\rho$ (kg/s), em que ρ é a densidade no tanque e ρ_0 é a densidade inicial. Determine o tempo que levaria para aumentar a densidade no tanque por um fator de 2 se a densidade inicial for de 1,8 kg/m³. Assuma que a densidade seja uniforme ao longo de todo o tanque.

[1]O "d" em psid indica uma pressão diferencial – isto é, nem absoluta nem manométrica.

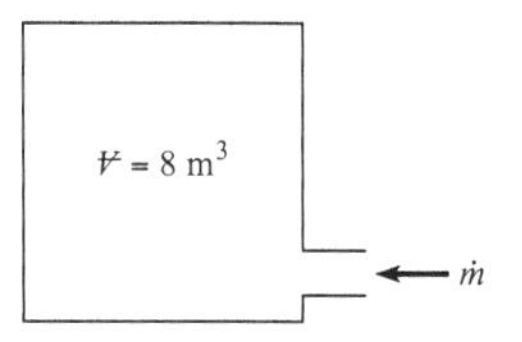

Problema 5.73

5.74 O oxigênio vaza lentamente através de um pequeno orifício em uma garrafa. O volume da garrafa é de 0,1 m³, e o diâmetro do orifício é de 0,12 mm. A temperatura no tanque permanece constante em 18 °C, e a vazão mássica é dada por $\dot{m} = 0{,}68\ pA/\sqrt{RT}$. Quanto tempo levará para que a pressão absoluta caia de 10 para 5 MPa?

5.75 Quanto tempo irá levar para que a superfície da água no tanque mostrado caia de $h = 3$ m para $h = 50$ cm?

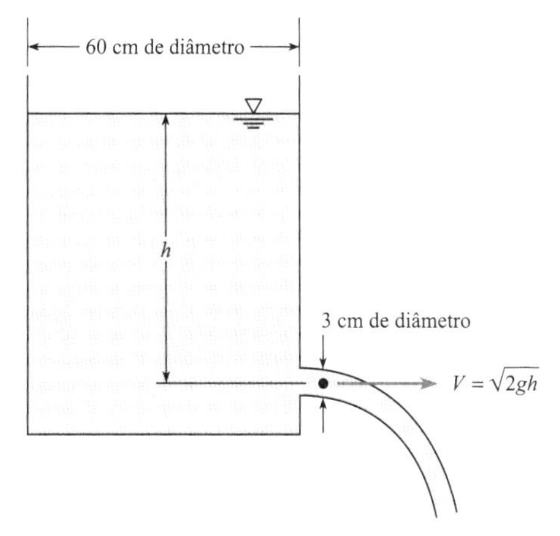

Problema 5.75

5.76 A água está drenando de um tanque pressurizado, como mostrado na figura. A velocidade de saída é dada por

$$V_s = \sqrt{\frac{2p}{\rho} + 2gh}$$

em que p é a pressão no tanque, ρ é a densidade da água, e h é a elevação da superfície da água acima da saída. A profundidade da água no tanque é de 2 m. O tanque possui uma área de seção transversal de 1,7 m², e a área de saída do tubo é de 9 cm². A pressão no tanque é mantida em 10 kPa. Determine o tempo exigido para esvaziar o tanque. Compare esse valor com o tempo exigido se o tanque não estivesse pressurizado.

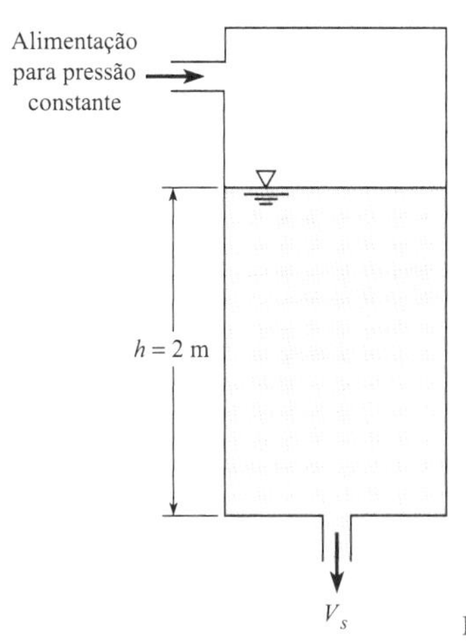

Problema 5.76

5.77 Um tanque esférico com um raio (R) de 0,5 m está preenchido com água até a metade. Um ponto de saída no fundo do tanque está aberto para drenagem. O diâmetro do orifício é de 1 cm, e a velocidade da água drenando do orifício é de $V_s = \sqrt{2gh}$, em que h é a elevação da superfície da água acima do orifício. Determine o tempo exigido para o tanque esvaziar.

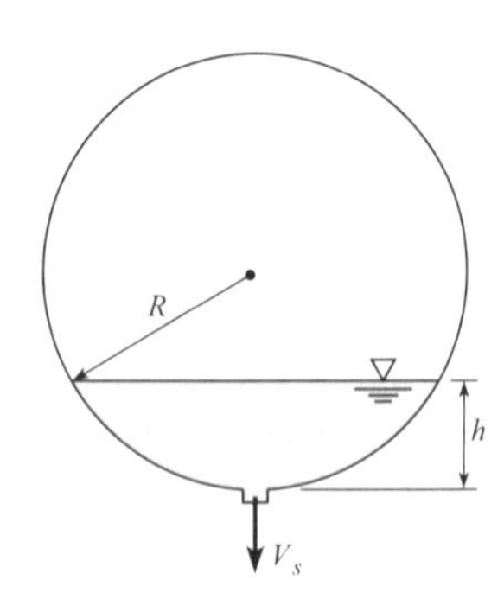

Problema 5.77

5.78 *Propulsão de Foguete*. Para se preparar para os problemas 5.79 e 5.80, use a *internet* ou outros recursos e defina os seguintes termos no contexto da propulsão de foguetes: (a) combustível sólido, (b) grão, e (c) regressão da superfície. Além disso, explique como funciona um motor de foguete por combustível sólido.

5.79 Um motor de foguete com combustão na extremidade possui uma câmara com diâmetro de 10 cm e um diâmetro de saída do bocal de 8 cm. A densidade do propelente sólido é de 1770 kg/m³, e a superfície do propelente regride a uma taxa de 1,2 cm/s. Os gases que cruzam o plano de saída do bocal possuem uma pressão de 10 kPa abs e uma temperatura de 2200 °C. A constante dos gases para os gases de exaustão é de 415 J/kg · K. Calcule a velocidade do gás no plano de saída do bocal.

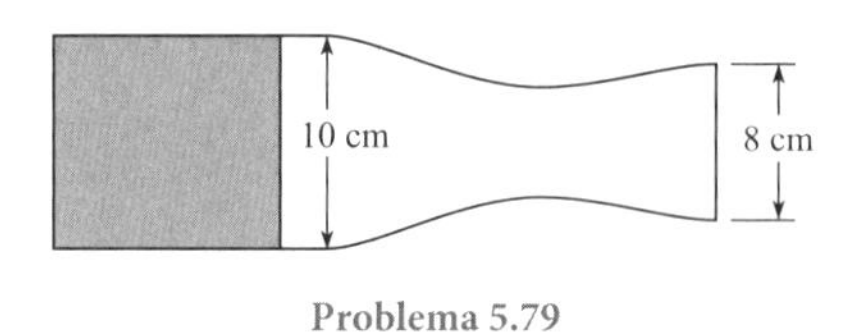

Problema 5.79

5.80 Um motor de foguete com porta cilíndrica possui um projeto de grão que consiste em uma forma cilíndrica, como mostrado. A superfície interna curva e ambas as extremidades queimam. A superfície do propelente sólido regride uniformemente a 1 cm/s. A densidade do propelente é de 2000 kg/m³. O diâmetro interno do motor é de 20 cm. O grão do propelente possui 40 cm de comprimento e um diâmetro interno de 12 cm. O diâmetro do plano de saída do bocal é de 20 cm. A velocidade do gás no plano de saída é de 1800 m/s. Determine a densidade do gás no plano de saída.

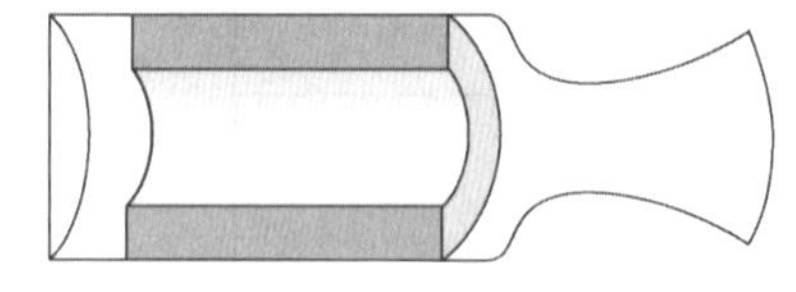

Problema 5.80

5.81 O gás está escoando do local 1 para o local 2 na expansão de tubulação mostrada. A densidade, diâmetro e velocidade na entrada são de ρ_1, D_1 e V_1, respectivamente. Se D_2 é $2D_1$ e V_2 é metade de V_1, qual é a magnitude de ρ_2?

a. $\rho_2 = 4\,\rho_1$
b. $\rho_2 = 1/2\,\rho_1$
c. $\rho_2 = 2\,\rho_1$
d. $\rho_2 = \rho_1$

5.82 O ar está escoando de um duto de ventilação (seção transversal 1), como mostrado, e está se expandindo para ser liberado em uma sala segundo a seção transversal 2. A área na seção transversal 2, A_2, é três vezes A_1. Assuma que a densidade seja constante. A relação entre Q_1 e Q_2 é

a. $Q_2 = 1/3\,Q_1$
b. $Q_2 = Q_1$
c. $Q_2 = 3\,Q_1$
d. $Q_2 = 9\,Q_1$

5.83 A água está escoando do local 1 para o local 2 nessa expansão de tubulação. D_1 e V_1 são conhecidos na entrada. D_2 e p_2 são conhecidos na saída. Qual(is) equação(ões) você necessita para resolver para a pressão de entrada p_1? Despreze os efeitos da viscosidade.

a. A equação da continuidade.
b. A equação da continuidade e a equação para a vazão.
c. A equação da continuidade, a equação para a vazão e a equação de Bernoulli.
d. A informação para resolver o problema é insuficiente.

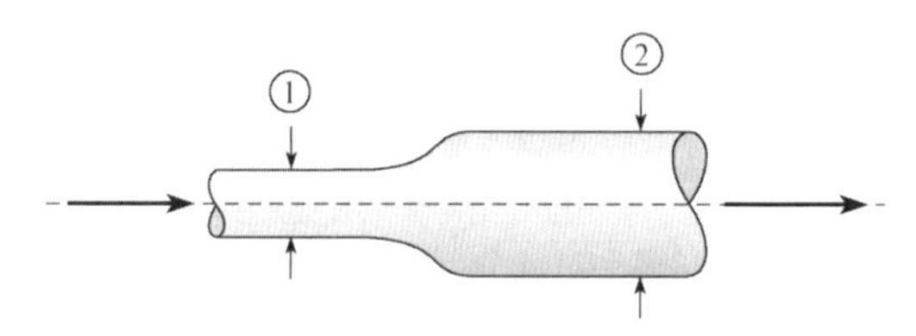

Problemas 5.81, 5.82, 5.83

5.84 O padrão de escoamento por meio da restrição em um tubo é conforme o mostrado, e a Q da água é de 60 cfs. Para $d = 2$ ft e $D = 6$ ft, qual é a pressão no ponto B se a pressão no ponto C é de 3200 psf?

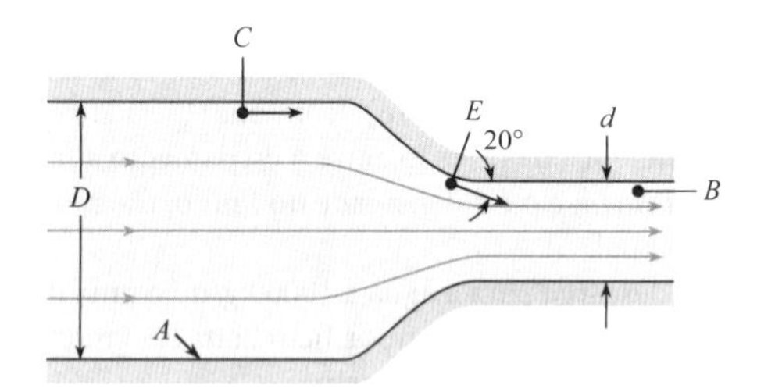

Problema 5.84

5.85 O medidor Venturi anular é útil para medir escoamentos em sistemas de tubulação para os quais as distâncias de estabilização a montante são limitadas. O medidor Venturi anular consiste em uma seção cilíndrica montada dentro de um tubo, conforme mostrado. A diferença de pressão é medida entre o tubo a montante e na região adjacente à seção cilíndrica. O ar em condições normais escoa no sistema. O diâmetro do tubo é de 6 polegadas. A razão entre o diâmetro da seção cilíndrica e o diâmetro do tubo interno é de 0,8. Uma diferença de pressão de 2 polegadas de água é medida. Determine a vazão volumétrica. Assuma que o escoamento seja incompressível, invíscido e estacionário, e que a velocidade esteja uniformemente distribuída ao longo do tubo.

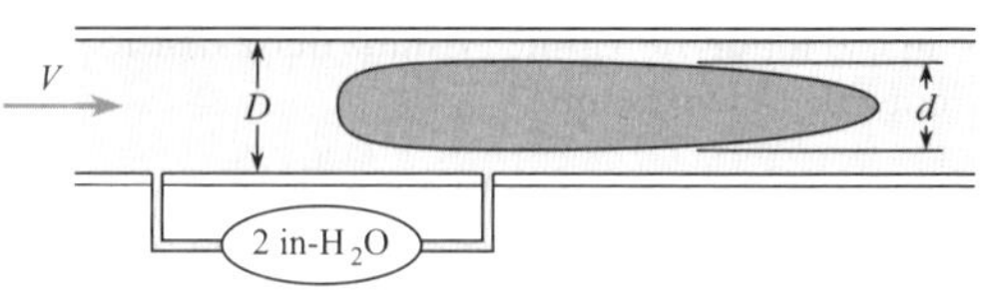

Problema 5.85

5.86 Aplicadores tipo Venturi são usados com frequência para borrifar fertilizantes líquidos. A água escoando através do Venturi cria uma pressão subatmosférica na garganta, que por sua vez faz com que o fertilizante líquido escoe para cima pelo tubo de alimentação e se misture com a água na região da garganta. O aplicador Venturi mostrado usa água a 20 °C para borrifar um fertilizante líquido com a mesma densidade. O Venturi exala para a atmosfera, e o diâmetro da saída é de 1 cm. A razão entre a área da saída e a área da garganta (A_2/A_1) é 2. A vazão de água através do Venturi é 8 L/min (litros/min). O fundo do tubo de alimentação no reservatório está 5 cm abaixo da superfície do fertilizante líquido e 10 cm abaixo da linha de centro do Venturi. A pressão na superfície do fertilizante líquido é atmosférica. A vazão através do tubo de alimentação entre o reservatório e a garganta do Venturi é

$$Q_1(\text{L/min}) = 0{,}5\sqrt{\Delta h}$$

em que Δh é a queda na coluna piezométrica (em metros) entre a entrada do tubo de alimentação e a linha de centro do Venturi. Determine a vazão de fertilizante líquido no tubo de alimentação, Q_l. Além disso, determine a concentração de fertilizante líquido na mistura, $[Q_l/(Q_l + Q_a)]$, na saída do borrifador.

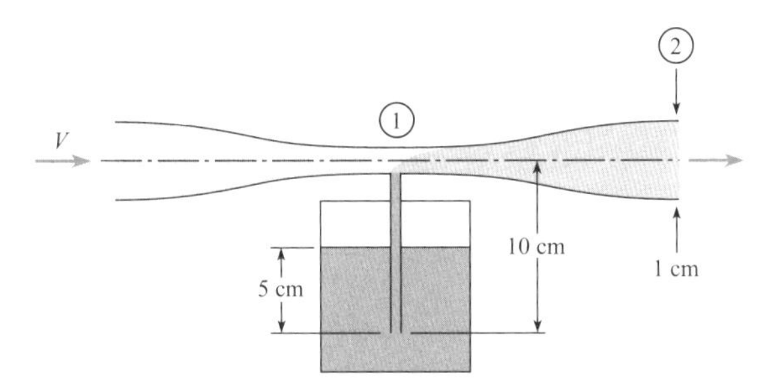

Problema 5.86

5.87 Ar com uma densidade de 0,07 lbm/ft^3 está escoando para cima no duto vertical, conforme mostrado. A velocidade na entrada (estação 1) é de 90 ft/s, e a razão entre as áreas da estação 1 e da estação 2 é 0,3 (A_2/A_1 = 0,3). Duas tomadas de pressão a 10 ft de distância uma da outra estão conectadas a um manômetro, conforme mostrado. O peso específico do líquido no manômetro é 120 lbf/ft^3. Determine a deflexão, Δh, do manômetro.

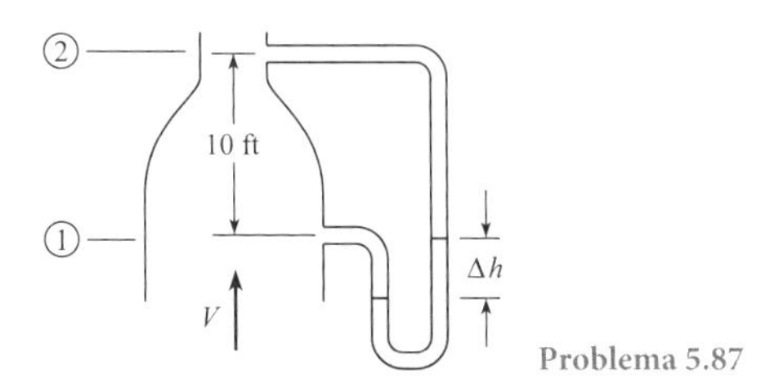

Problema 5.87

5.88 Um atomizador utiliza uma constrição em um duto de ar, conforme mostrado. Projete um atomizador operacional fazendo as suas próprias hipóteses em relação à fonte de ar.

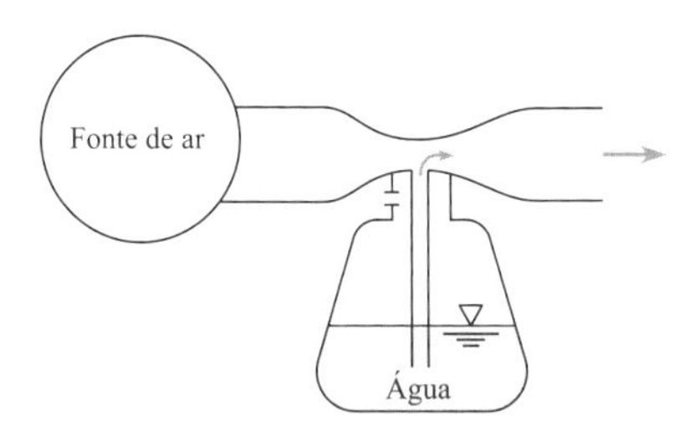

Problema 5.88

5.89 Um dispositivo de sucção está sendo projetado com base no princípio de Venturi para levantar objetos submersos na água. A temperatura operacional da água é 15 °C. O copo de sucção está localizado 1 m abaixo da superfície da água, e a garganta do Venturi está localizada 1 m acima da água. A pressão atmosférica é de 100 kPa. A razão entre a área da garganta e a área da saída é de 1/4, e a área da saída é de 0,001 m^2. A área do copo de sucção é 0,1 m^2.

a. Determine a velocidade da água na saída para a máxima condição de elevação.
b. Determine a vazão volumétrica utilizando o sistema para a máxima condição de elevação.
c. Determine a carga máxima que o copo de sucção pode suportar.

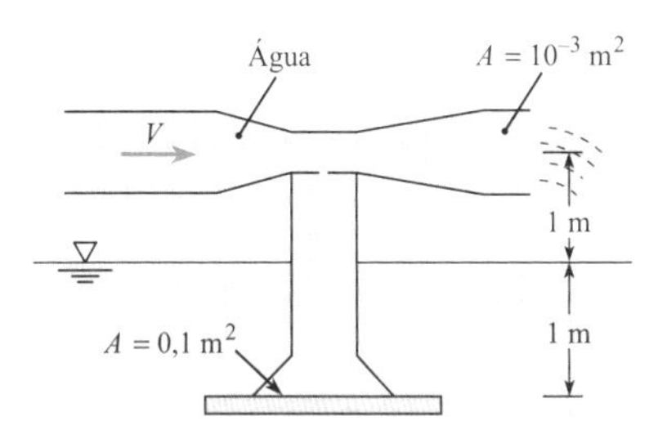

Problema 5.89

5.90 Um projeto para um aerobarco é mostrado na figura. Um ventilador conduz ar a 60 °F para dentro da câmara, e o ar é exalado entre as saias e o solo. A pressão dentro da câmara é responsável pela elevação. O aerobarco possui 15 ft de comprimento e 7 ft de largura. O peso da embarcação, incluindo a tripulação, combustível e carga, é de 2000 lbf. Assuma que a pressão na câmara seja a pressão de estagnação (velocidade zero) e a pressão na qual o ar sai ao redor da saia seja atmosférica. Assuma que o ar seja incompressível, que o escoamento seja estacionário, e que os efeitos viscosos sejam desprezíveis. Determine a vazão de ar necessária para manter as saias a uma altura de 3 polegadas acima do solo.

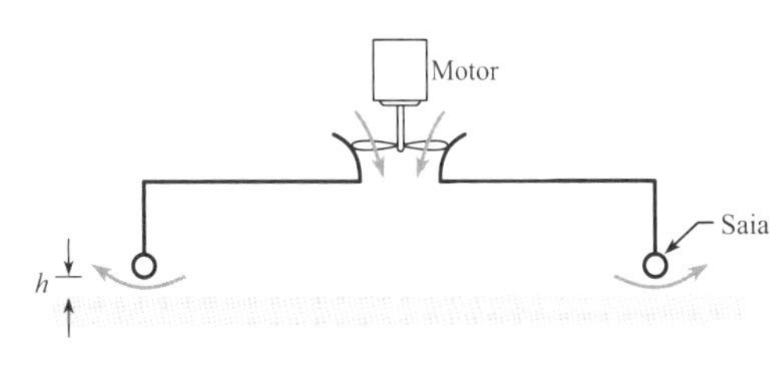

Problema 5.90

5.91 A água é forçada para fora deste cilindro pelo pistão. Se o pistão é acionado a uma velocidade de 6 ft/s, qual será a velocidade de saída da água pelo bocal se d = 2 polegadas e D = 4 polegadas? Desprezando o atrito e assumindo um escoamento irrotacional, determine a força F que será exigida para acionar o pistão. A pressão de saída é a pressão atmosférica.

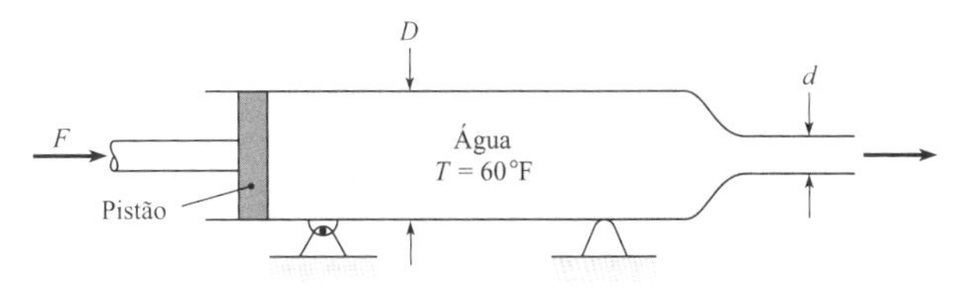

Problema 5.91

Prevendo a Cavitação (§5.5)

5.92 Algumas vezes, ao dirigir o seu carro em um dia de calor, você pode encontrar um problema com a bomba de combustível chamado cavitação da bomba. O que está acontecendo com a gasolina? Como isso afeta a operação da bomba?

5.93 O que é cavitação? Por que a tendência para a cavitação em um líquido aumenta com o aumento da temperatura?

5.94 As seguintes perguntas têm a ver com cavitação:

a. É mais correto dizer que a cavitação tem a ver com (i) pressões de vácuo, ou (ii) pressões de vapor?

b. O que a palavra cavitação tem a ver com cavidades, tais como as cáries que temos em nossos dentes?

c. Quando a água cai em uma cachoeira e você pode ver muitas bolhas na água, isso se deve a cavitação? Por que sim, ou por que não?

5.95 Quando o manômetro *A* indica uma pressão de 130 kPa manométrica, a cavitação acaba de ter início no medidor Venturi. Se D = 50 cm e d = 10 cm, qual é a vazão volumétrica de água no sistema para esta condição de cavitação incipiente? A pressão atmosférica é de 100 kPa abs e a temperatura da água é de 10 °C. Despreze efeitos gravitacionais.

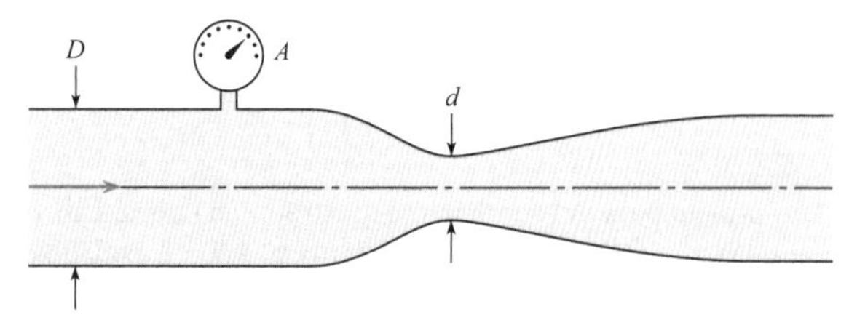

Problema 5.95

5.96 Uma esfera com 1 ft de diâmetro está se movendo horizontalmente a uma profundidade de 12 ft abaixo da superfície de um lago onde a temperatura da água é de 50 °F. Com relação à esfera, a velocidade máxima da água é de $V_{máx}$ = 1,5 V_o. Aqui, $V_{máx}$ ocorre próximo às partes superior e inferior da esfera. O termo V_o é a velocidade da esfera. A que velocidade da esfera a cavitação terá início?

5.97 Quando a peça hidrodinâmica mostrada foi testada, a pressão mínima sobre a superfície da peça era de 70 kPa absoluta, quando a peça estava submersa a 1,80 m e era rebocada a uma velocidade de 8 m/s. À mesma profundidade, a que velocidade terá início a cavitação? Assuma um escoamento irrotacional e T = 10 °C.

5.98 Quando a peça hidrodinâmica mostrada foi testada, a pressão mínima sobre a superfície da peça era de 2,7 psi de vácuo, quando a peça estava submersa a 3,1 ft e era rebocada a uma velocidade de 20 ft/s. À mesma profundidade, a que velocidade terá início a cavitação? Assuma um escoamento irrotacional e T = 50 °F.

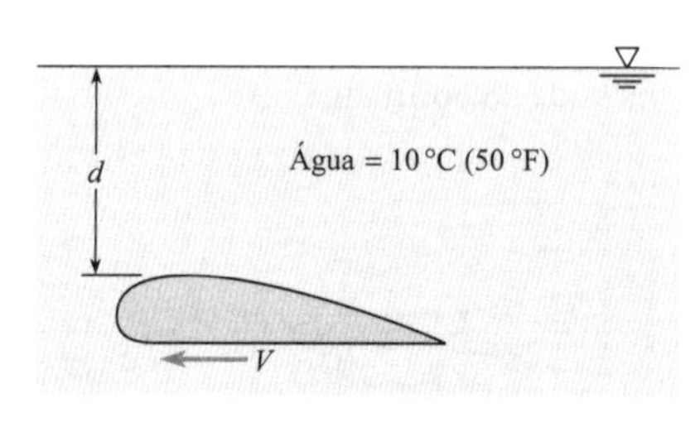

Problemas 5.97, 5.98

CAPÍTULO**SEIS**

A Equação do Momento

OBJETIVO DO CAPÍTULO Este capítulo apresenta (a) a equação do momento linear e (b) a equação do momento angular. Ambas as equações são derivadas da segunda lei do movimento de Newton.

FIGURA 6.1
Os engenheiros projetam sistemas usando um pequeno conjunto de equações fundamentais, tais como a equação do momento. (Foto cortesia da NASA.)

RESULTADOS DO APRENDIZADO

SEGUNDA LEI DE NEWTON (§6.1).

- Conhecer os principais conceitos sobre a segunda lei do movimento de Newton.
- Resolver problemas que envolvem a segunda lei de Newton aplicando o método de solução visual.

A EQUAÇÃO DO MOMENTO LINEAR (§6.2 a §6.4).

- Listar as etapas para derivar a equação do momento e explicar a física.
- Desenhar um diagrama de forças e um diagrama de momentos.
- Explicar ou calcular o fluxo de momento.
- Aplicar a equação do momento linear para resolver problemas.

VOLUMES DE CONTROLE QUE SE MOVEM (§6.5).

- Distinguir entre um sistema de referência inercial e um não inercial.
- Resolver problemas que envolvam volumes de controle que se movem.

6.1 Compreendendo a Segunda Lei do Movimento de Newton

Uma vez que a segunda lei de Newton é o fundamento teórico para a equação do movimento, esta seção revê seus conceitos relevantes.

Forças Volumétricas e Superficiais

Uma força é uma interação entre dois corpos que pode ser entendida como um empurrão ou um puxão de um corpo sobre outro. Uma interação de empurrão/puxão é algo que possa causar uma aceleração.

A terceira lei de Newton nos diz que as forças devem envolver a interação de *dois corpos* e que *ocorrem em pares*. As duas forças são iguais em magnitude, opostas em direção e são colineares.

EXEMPLO. Para dar exemplos de forças, considere um avião que esteja voando em uma trajetória reta a uma velocidade constante (Fig. 6.2). Selecione o avião como o *sistema* para análise. Idealize-o como uma *partícula*. A primeira lei de Newton (isto é, equilíbrio de forças) nos diz que a soma das forças deve estar equilibrada (ser igual a zero). Existem quatro forças sobre o avião:

- A *força ascensional* ou *de elevação* é o empurrão resultante para cima do ar (corpo 1) sobre o avião (corpo 2).

FIGURA 6.2

Quando um avião está voando em linha reta e nivelado, as forças somam zero.

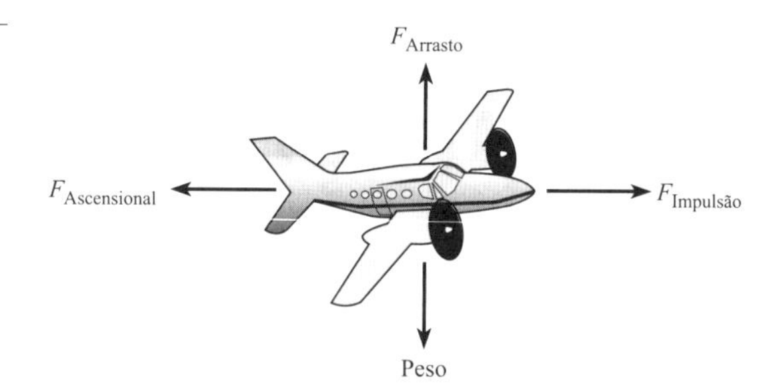

- O *peso* é o puxão da Terra (corpo 1) sobre o avião (corpo 2) mediante a ação da gravidade.
- A *força de arrasto* é a força resistiva resultante do ar (corpo 1) sobre o avião (corpo 2).
- A *força de impulsão* é o empurrão horizontal resultante do ar (corpo 1) sobre as superfícies da hélice do motor (corpo 2).

Note que cada uma das quatro interações que acabam de ser descritas pode ser classificada como uma força, pois (a) elas envolvem um empurrão ou puxão, e (b) elas envolvem a interação de dois corpos de matéria.

As forças podem ser classificadas em duas categorias: força volumétrica e força superficial. Uma **força superficial** (também conhecida como uma força de contato) é uma força que requer contato físico ou o toque entre os dois corpos que estão interagindo. A força ascensional (Fig. 6.2) é uma força superficial, pois o ar (corpo 1) deve tocar a asa (corpo 2) para criar a força ascensional. De maneira semelhante, as forças de impulsão e de arrasto são forças superficiais.

Uma **força volumétrica** é uma força que pode atuar sem contato físico. Por exemplo, a força peso é uma força volumétrica, pois o avião (corpo 1) não precisa tocar a Terra (corpo 2) para a força peso atuar.

Uma força volumétrica atua sobre todas as partículas dentro de um sistema. Em contraste, uma força superficial atua somente sobre as partículas que estão em contato físico com o outro corpo com o qual interage. Por exemplo, considere um sistema compreendido por um copo de água sobre uma mesa. A força peso está puxando todas as partículas dentro do sistema, e nós representamos essa força como um vetor que passa pelo centro de gravidade do sistema. Em contraste, a força normal no fundo do copo atua somente sobre as partículas do copo que tocam a mesa.

Resumo: As forças podem ser classificadas em duas categorias: forças volumétricas e forças superficiais (ver a Fig. 6.3). A maioria das forças é superficial.

Segunda Lei do Movimento de Newton

Em palavras, a segunda lei de Newton é o seguinte: *A soma das forças sobre uma partícula é proporcional à aceleração, e a constante de proporcionalidade é a massa da partícula.* Observe

FIGURA 6.3

As forças podem ser classificadas como forças volumétricas e forças superficiais.

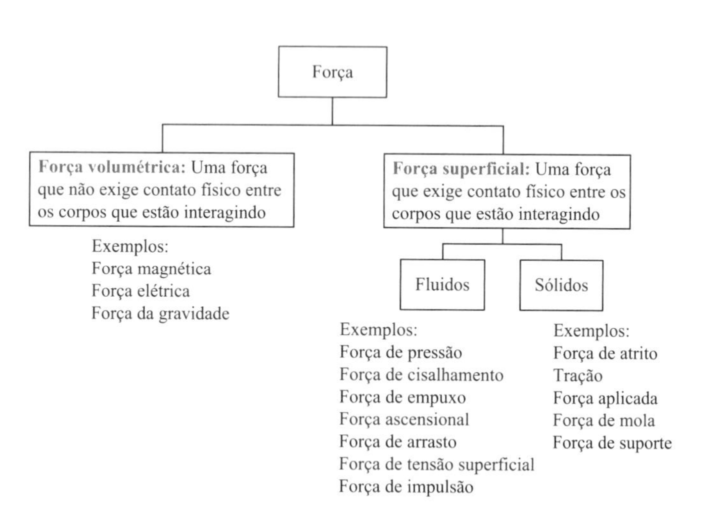

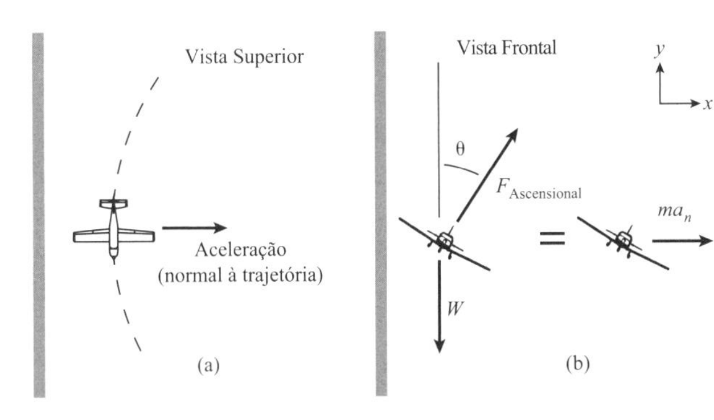

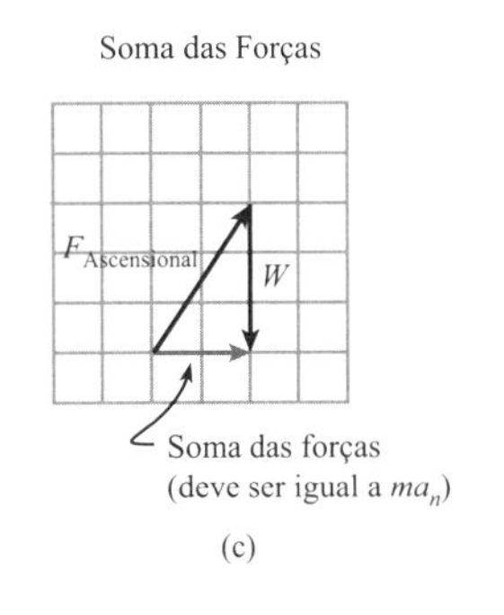

FIGURA 6.4
Um avião voando com uma velocidade constante, segundo uma trajetória curva em um plano horizontal: (a) vista superior, (b) vista frontal, (c) um esboço mostrando como o vetor $\Sigma\mathbf{F}$ contrabalança o vetor $m\mathbf{a}$.

que esta lei se aplica somente a uma partícula. A segunda lei estabelece que *a aceleração e as forças desbalanceadas são proporcionais*. Isto significa, por exemplo, que

- Se uma partícula está acelerando, então a soma das forças sobre a partícula é diferente de zero, e
- Se a soma das forças sobre uma partícula é diferente de zero, então a partícula estará acelerando.

A segunda lei de Newton pode ser escrita como uma equação:

$$\left(\sum \mathbf{F}\right)_{\text{ext}} = m\mathbf{a} \tag{6.1}$$

em que o índice subscrito "ext" é uma lembrança para que sejam somadas somente as forças externas.

EXEMPLO. Para ilustrar a relação entre as forças desbalanceadas e a aceleração, considere um avião que está fazendo uma curva à esquerda enquanto voa a uma velocidade constante em um plano horizontal (Fig. 6.4a). Selecione o avião como um *sistema* e idealize-o como uma *partícula*. Uma vez que o avião está voando em uma trajetória circular a uma velocidade constante, o vetor aceleração deve apontar para dentro. A Figura 6.4b mostra os vetores que aparecem na segunda lei de Newton. Para que essa lei seja satisfeita, a soma dos vetores força (Fig. 6.4c) deve ser igual ao vetor $m\mathbf{a}$.

O exemplo do avião ilustra um método para visualizar e resolver uma equação vetorial chamado de *Método da Solução Visual* (MSV). Esse método foi adaptado de Hibbeler (1) e será apresentado na próxima subseção.

Resolvendo uma Equação Vetorial com o Método da Solução Visual (MSV)

O MSV é um procedimento para resolver uma equação vetorial por meio da Física ao mesmo tempo em que também demonstra visualmente como a equação pode ser resolvida, o que simplifica a resolução de problemas. O MSV possui três etapas:

Passo 1. Identifique a equação vetorial na sua forma geral.

Passo 2. Esboce um diagrama que mostre os vetores que aparecem no lado esquerdo da equação. Em seguida, esboce um segundo diagrama que mostre os vetores que aparecem no lado direito da equação. Adicione um sinal de igual entre os diagramas.

Passo 3. A partir dos diagramas, aplique a equação geral e simplifique os resultados para criar a(s) equação(ões) reduzida(s). Esta(s) pode(m) ser escrita(s) como uma equação vetorial ou como uma ou mais equações escalares.

EXEMPLO. Este exemplo mostra como aplicar o MSV ao problema do avião (veja a Fig. 6.4).

Passo 1. A equação geral é a segunda lei de Newton $(\Sigma\mathbf{F})_{\text{ext}} = m\mathbf{a}$.

Passo 2. Os dois diagramas separados por um sinal de igual estão mostrados na Figura 6.4b.

Passo 3. Observando os diagramas, é possível escrever a equação reduzida usando equações escalares:

$$\text{(direção } x\text{)} \qquad F_{\text{ascensional}} \operatorname{sen} \theta = ma_n$$

$$\text{(direção } y\text{)} \qquad -W + F_{\text{ascensional}} \cos \theta = 0$$

Alternativamente, é possível observar no diagrama e então escrever a equação reduzida usando uma equação vetorial:

$$F_{\text{ascensional}}(\operatorname{sen} \theta \mathbf{i} + \cos \theta \mathbf{j}) - W\mathbf{j} = (ma_n)\mathbf{i}$$

EXEMPLO. Este exemplo mostra como aplicar o MSV a uma equação vetorial genérica.

Passo 1. Suponha que a equação geral seja $\Sigma\mathbf{x} = \mathbf{y}_2 - \mathbf{y}_1$.

Passo 2. Suponha que os vetores sejam conhecidos. Então, esboce os diagramas (Fig. 6.5).

Passo 3. Observando os diagramas, escreva as equações reduzidas. Para obter os sinais corretos, note que a equação geral mostra que o vetor $\mathbf{y}_1$ é subtraído. As equações reduzidas são

$$\text{(direção } x\text{)} \qquad x_2 + x_3 - x_4 \cos 30° = y_2 \cos 30° - y_1$$

$$\text{(direção } y\text{)} \qquad x_1 + x_4 \operatorname{sen} 30° = -y_2 \operatorname{sen} 30°$$

Segunda Lei de Newton (Sistema de Partículas)

A segunda lei de Newton (Eq. 6.1) se aplica a uma partícula. Uma vez que um fluido em escoamento envolve muitas partículas, o próximo passo consiste em modificar a segunda lei para que ela seja aplicável a um sistema de partículas. Para começar a derivação, observe que a massa de uma partícula deve ser constante. Então, modifique a Eq. (6.1) para dar

$$\left(\sum \mathbf{F}\right)_{\text{ext}} = \frac{d(m\mathbf{v})}{dt} \tag{6.2}$$

em que $m\mathbf{v}$ é o momento de uma partícula.

Para estender a Eq. (6.2) a múltiplas partículas, aplique a segunda lei de Newton a cada partícula, e então adicione todas as equações. As forças internas, que são definidas como as forças entre as partículas do sistema, se cancelam; o resultado é

$$\left(\sum \mathbf{F}\right)_{\text{ext}} = \frac{d}{dt} \sum_{i=1}^{N} (m_i \mathbf{v}_i) \tag{6.3}$$

em que $m_i\mathbf{v}_i$ é o momento da iésima partícula e $(\Sigma\mathbf{F})_{\text{ext}}$ são as forças externas ao sistema. Em seguida, faça

$$\text{(Momento total do sistema)} \equiv \mathbf{M} = \sum_{i=1}^{N} (m_i \mathbf{v}_i) \tag{6.4}$$

Combine as Eqs. (6.3) e (6.4):

$$\left(\sum \mathbf{F}\right)_{\text{ext}} = \left.\frac{d(\mathbf{M})}{dt}\right|_{\text{sistema fechado}} \tag{6.5}$$

O índice subscrito "sistema fechado" lembra que a Eq. (6.5) é para um sistema fechado.

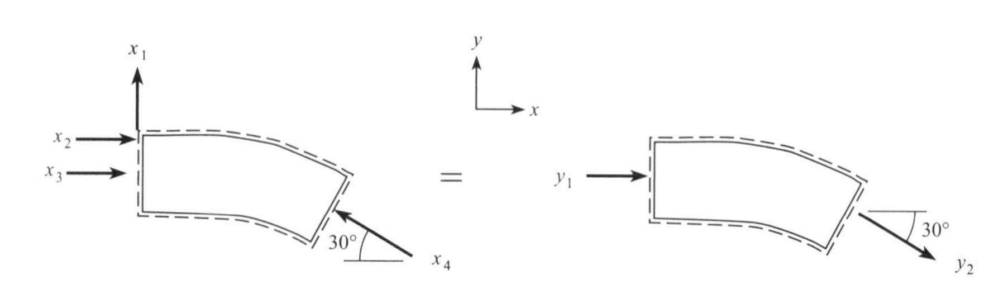

FIGURA 6.5
Vetores usados para ilustrar como resolver uma equação vetorial.

6.2 A Equação do Momento Linear: Teoria

Esta seção mostra como derivar a equação do momento linear e explica a física do processo.

Derivação

Comece com a segunda lei de Newton para um sistema de partículas (Eq. 6.5). Em seguida, aplique o teorema do transporte de Reynolds (Eq. 5.23) ao lado direito da equação. A propriedade extensiva é o momento, e a propriedade intensiva correspondente é o momento por unidade de massa, que acaba sendo a velocidade. Dessa forma, o teorema do transporte de Reynolds dá

$$\left.\frac{d\mathbf{M}}{dt}\right|_{\text{sistema fechado}} = \frac{d}{dt}\int_{vc} \mathbf{v}\rho\, d\forall + \int_{sc} \mathbf{v}\rho\mathbf{V}\cdot d\mathbf{A} \tag{6.6}$$

Combinando as Eqs. (6.5) e (6.6) é obtida a *forma geral* da *equação do momento*.

$$\left(\sum \mathbf{F}\right)_{ext} = \frac{d}{dt}\int_{vc} \mathbf{v}\rho\, d\forall + \int_{sc} \rho\mathbf{v}(\mathbf{V}\cdot d\mathbf{A}) \tag{6.7}$$

em que $(\Sigma\mathbf{F})_{ext}$ é a soma das forças externas que atuam sobre a matéria no volume de controle, $\mathbf{v}$ é a velocidade do fluido em relação ao sistema inercial de referência, e $\mathbf{V}$ é a velocidade em relação à superfície de controle.

A Eq. (6.7) pode ser simplificada. Para começar, assuma que cada partícula dentro do VC tenha a mesma velocidade. Assim, o primeiro termo no lado direito da Eq. (6.7) pode ser escrito como

$$\frac{d}{dt}\int_{vc} \mathbf{v}\rho\, d\forall = \frac{d}{dt}\left[\mathbf{v}\int_{vc} \rho\, d\forall\right] = \frac{d(m_{vc}\mathbf{v}_{vc})}{dt} \tag{6.8}$$

Em seguida, assuma que a velocidade esteja distribuída uniformemente à medida que ela cruza a superfície de controle. Então, o último termo na Eq. (6.7) pode ser escrito como

$$\int_{sc} \mathbf{v}\rho\mathbf{V}\cdot d\mathbf{A} = \mathbf{v}\int_{sc} \rho\mathbf{V}\cdot d\mathbf{A} = \sum_{sc} \dot{m}_o\mathbf{v}_o - \sum_{sc} \dot{m}_i\mathbf{v}_i \tag{6.9}$$

A combinação das Eqs. (6.7) a (6.9) dá o resultado final,

$$\left(\sum \mathbf{F}\right)_{ext} = \frac{d(m_{vc}\mathbf{v}_{vc})}{dt} + \sum_{sc} \dot{m}_o\mathbf{v}_o - \sum_{sc} \dot{m}_i\mathbf{v}_i \tag{6.10}$$

em que m_{vc} é a massa da matéria que está dentro do volume de controle. Os índices subscritos o e i se referem aos pontos de saída (o = *outlet*) e de entrada (i = *inlet*), respectivamente. A Eq. (6.10) é a *forma simplificada* da equação do momento.

Interpretação Física da Equação do Momento

A equação do momento estabelece que a soma das forças é exatamente contrabalançada pelos termos do momento; ver a Figura 6.6.

Fluxo de Momento (Interpretação Física)

Para compreender o que significa o fluxo de momento, selecione uma partícula de fluido cilíndrica que passa através de uma SC (Fig. 6.7). Assuma que a partícula seja longa o suficiente para que ele trafegue através da SC durante um intervalo de tempo Δt. Então, o comprimento da partícula é

$$L = (\text{comprimento}) = \left(\frac{\text{comprimento}}{\text{tempo}}\right)(\text{tempo}) = (\text{velocidade})(\text{tempo}) = v\Delta t$$

e o volume da partícula é $\forall = (v\Delta t)\Delta A$. O momento da partícula é

$$\text{momento de uma partícula} = (\text{massa})(\text{velocidade}) = (\rho\Delta\forall)\mathbf{v} = (\rho v\Delta t\Delta A)\mathbf{v}$$

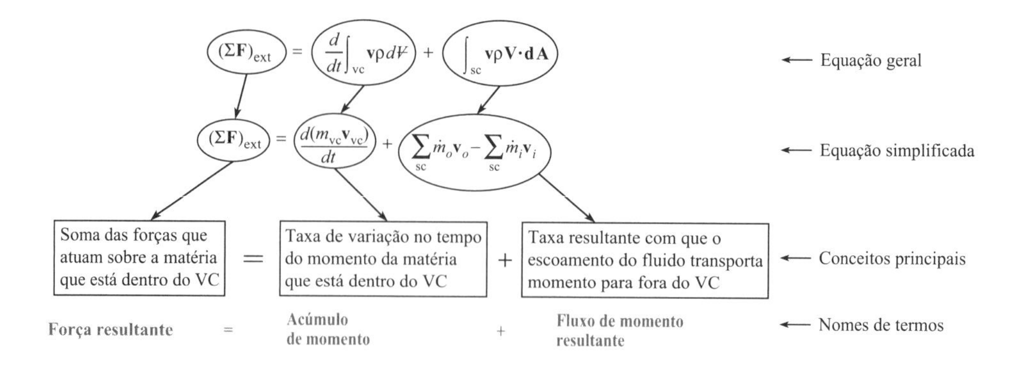

FIGURA 6.6
O significado conceitual da equação do momento.

Em seguida, some o momento de todas as partículas que estão cruzando a superfície de controle através de uma face específica:

$$\text{momento de todas as partículas} = \sum_{sc} (\rho v \Delta t \Delta A)\mathbf{v} \tag{6.11}$$

Agora, faça com que o intervalo de tempo Δt e a área ΔA tendam a zero, e substitua a soma por uma integral. A Eq. (6.11) se torna

$$\left(\frac{\text{momento de todas as partículas que cruzam a SC}}{\text{intervalo de tempo}}\right)_{\text{instante no tempo}} = \int_{sc} (\rho v)\mathbf{v}\, dA$$

Resumo. O fluxo de momento descreve a taxa segundo a qual o fluido em escoamento transporta o momento através da superfície de controle.

Fluxo de Momento (Cálculos)

Quando um fluido cruza a superfície de controle, ele transporta o momento através da SC. Na seção 1 (Fig. 6.8), o momento é transportado para dentro do VC. Na seção 2, o momento é transportado para fora do VC.

Quando a velocidade está distribuída uniformemente ao longo da SC, a Eq. (6.10) indica

$$\begin{pmatrix}\text{magnitude do} \\ \text{fluxo de momento}\end{pmatrix} = \dot{m}v = \rho A v^2 \tag{6.12}$$

Assim, na seção 1, o fluxo de momento possui uma magnitude de

$$\dot{m}v = (2\ \text{kg/s})(8\ \text{m/s}) = 16\ \text{kg} \cdot \text{m/s}^2 = 16\ \text{N}$$

e a direção do vetor é para a direita. De maneira semelhante, na seção 2, o fluxo de momento possui uma magnitude de 16 newtons e uma direção de 45° abaixo da horizontal. A partir da Eq. (6.10), termo para o fluxo de momento resultante é

$$\dot{m}\mathbf{v}_2 - \dot{m}\mathbf{v}_1 = \{(16\ \text{N})\cos(45°\mathbf{i} - \text{sen}\ 45°\mathbf{j})\} - \{(16\ \text{N})\mathbf{i}\}$$

Resumo. Para uma velocidade uniforme, os termos para o fluxo de momento possuem uma magnitude $\dot{m}v = \rho A v^2$ e uma direção paralela ao vetor velocidade. O fluxo de momento resultante é calculado subtraindo o(s) vetor(es) do fluxo de momento de entrada do(s) vetor(es) do fluxo de momento de saída.

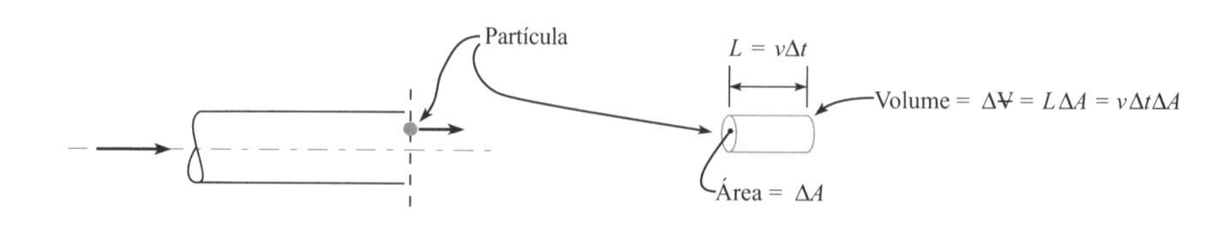

FIGURA 6.7
Uma partícula de fluido passando através da superfície de controle durante um intervalo de tempo Δt.

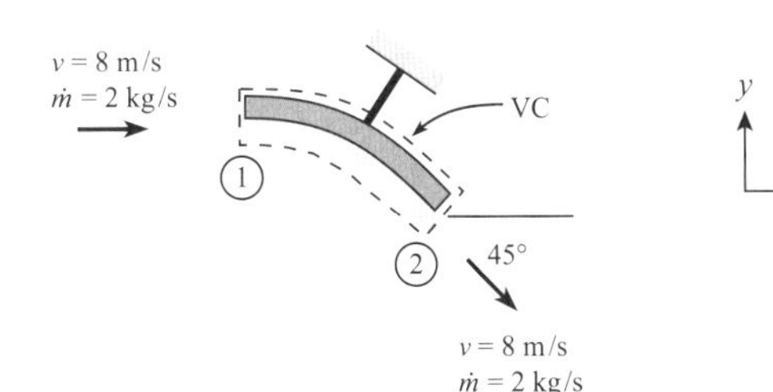

FIGURA 6.8
Um jato de fluido atingindo uma palheta plana.

Acúmulo de Momento (Interpretação Física)

Para compreender o que significa o acúmulo de momento, considere um volume de controle ao redor de um bocal (Fig. 6.9). Então, divida o volume de controle em muitos pequenos volumes e, em seguida, escolha um deles e observe que o momento dentro desse volume é $(\rho\Delta\forall)\mathbf{v}$.

Para determinar o momento total dentro do VC, some os momentos para todos os pequenos volumes que compreendem o VC. Então, faça $\Delta\forall \to 0$ e use o fato de que uma integral é a soma de muitos termos pequenos.

$$\begin{pmatrix}\text{momento total}\\ \text{dentro do VC}\end{pmatrix} = \sum (\rho\Delta\forall)\mathbf{v} = \sum \mathbf{v}\rho\Delta\forall = \int_{\text{vc}} \mathbf{v}\,\rho d\forall \tag{6.13}$$

Tirando a derivada em relação ao tempo da Eq. (6.13), obtemos o resultado final:

$$\begin{pmatrix}\text{acúmulo de}\\ \text{momento}\end{pmatrix} = \begin{pmatrix}\text{taxa de variação do}\\ \text{momento total}\\ \text{dentro do VC}\end{pmatrix} = \frac{d}{dt}\int_{\text{vc}} \mathbf{v}\,\rho\, d\forall \tag{6.14}$$

Resumo. O acúmulo de momento descreve a taxa de variação no tempo do momento dentro do VC. Para a maioria dos problemas, o termo referente ao acúmulo é zero ou desprezível. Para analisar o termo de acúmulo de momento, podem ser feitas duas perguntas: o *momento da matéria dentro do VC está variando ao longo do tempo? Essa variação é significativa?* Se as respostas a ambas as perguntas forem sim, então o termo de acúmulo de momento deve ser analisado. De outra maneira, o termo de acúmulo pode ser zerado.

6.3 A Equação do Momento Linear: Aplicação

Equações Práticas

A Tabela 6.1 resume a equação do momento linear.

Diagrama de Força e Momento

O método recomendado para a aplicação da equação do momento, o MSV, está ilustrado no próximo exemplo.

EXEMPLO. Este exemplo explica como aplicar o MSV para a água escoando para fora de um bocal (Fig. 6.10a). A água entra na seção 1 e sai como um jato na seção 2.

Passo 1. Escreva a equação do momento (ver a Fig. 6.10b). Selecione um volume de controle que envolva o bocal.

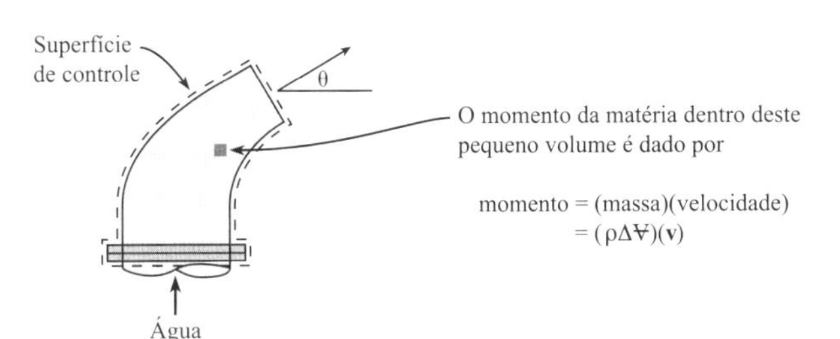

FIGURA 6.9
Água escoando através de um bocal.

TABELA 6.1 Resumo da Equação do Momento Linear

Descrição	Equação	Termos
Equação geral	$\left(\sum \mathbf{F}\right)_{ext} = \frac{d}{dt}\int_{vc} \mathbf{v}\rho d\forall + \int_{sc} \rho\mathbf{v}(\mathbf{V}\cdot\mathbf{dA})$ Eq. (6.7)	$(\Sigma\mathbf{F})_{ext}$ = soma das forças externas (N) t = tempo (s) $\mathbf{v}$ = velocidade medida a partir do sistema de referência selecionado (m/s) (deve ser selecionado um sistema de referência que seja inercial) $\mathbf{v}_{vc}$ = velocidade do VC a partir do sistema de referência selecionado (m/s) $\mathbf{V}$ = velocidade medida a partir da superfície de controle (m/s) ρ = densidade do fluido (kg/m^3) m_{vc} = massa de matéria dentro do volume de controle (kg) $\dot{m}_o$ = vazão mássica para fora do volume de controle (kg/s) $\dot{m}_i$ = vazão mássica para dentro do volume de controle (kg/s)
Equação simplificada Use esta equação para a maioria dos problemas. Hipóteses: (a) Todas as partículas dentro do VC possuem a mesma velocidade, e (b) quando o escoamento cruza a SC, a velocidade está uniformemente distribuída.	$\left(\sum \mathbf{F}\right)_{ext} = \frac{d(m_{vc}\mathbf{v}_{vc})}{dt} + \sum_{sc} \dot{m}_o\mathbf{v}_o - \sum_{sc} \dot{m}_i\mathbf{v}_i$ Eq. (6.10)	

FIGURA 6.10

A maneira recomendada para aplicar a equação do momento consiste em esboçar diagramas para as forças e os momentos, e então escrever a forma reduzida da equação do momento nas direções x e y.

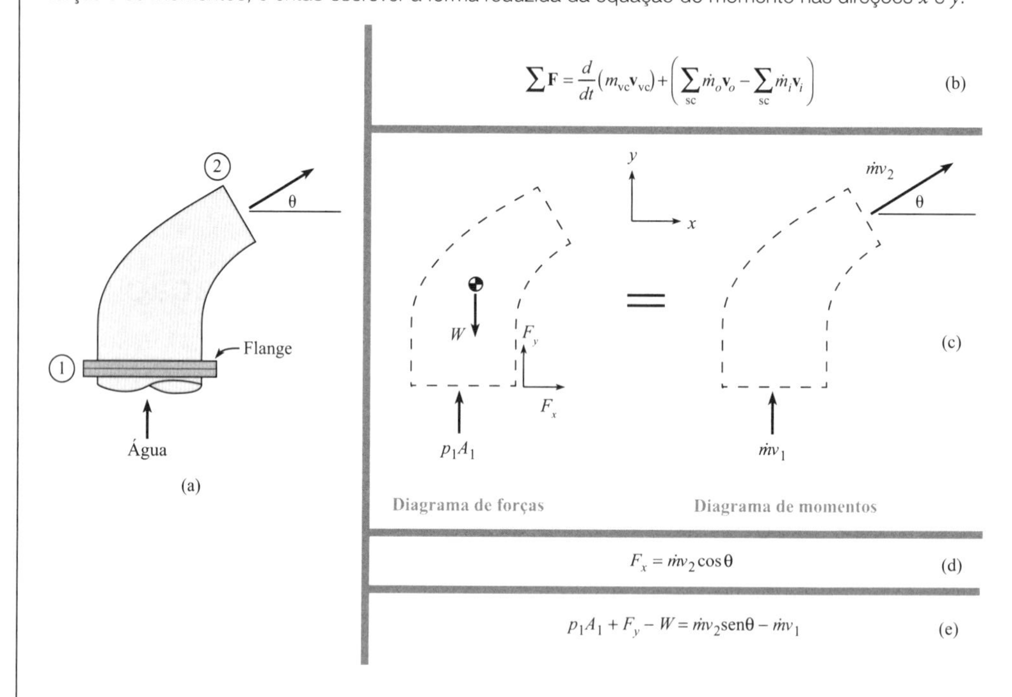

Passo 2a. Para representar os termos de força, esboce um *diagrama de forças* (Fig. 6.10c), o qual ilustra as forças que estão atuando sobre a matéria que está dentro do VC. Um diagrama de forças é semelhante a um *diagrama de corpo livre* quanto ao modo como ele é desenhado e a como ele se parece. Contudo, um diagrama de corpo livre é um conceito de Lagrange, enquanto um diagrama de forças é um conceito de Euler. Essa é a razão pela qual são usados nomes diferentes.

Para desenhar o diagrama de forças, esboce o VC, e então esboce as forças externas que estão atuando sobre o VC. Na Figura 6.10c, o vetor peso, W, representa o peso da água mais o peso do material do bocal. O vetor pressão, simbolizado

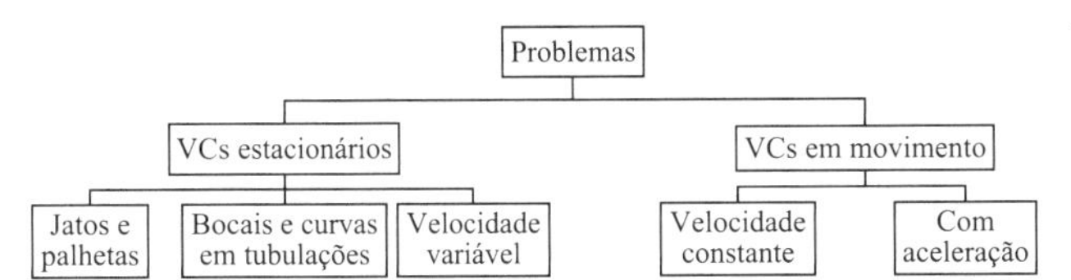

FIGURA 6.11
Um esquema de classificação para problemas que podem ser resolvidos com a aplicação da equação do momento.

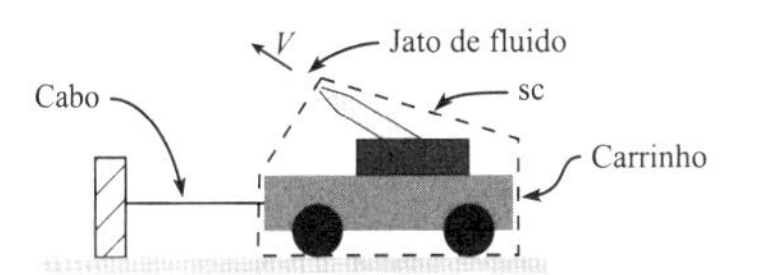

FIGURA 6.12
Um problema envolvendo um jato de fluido.

com p_1A_1, representa a água no tubo empurrando a água através do bocal. O vetor força, simbolizado com F_x e F_y, representa a força do suporte que está mantendo o bocal estacionário.

Passo 2b. Para representar os termos do momento, esboce um diagrama de momentos (Fig. 6.10c). Esse diagrama mostra os termos do momento no lado direito da equação do momento. A saída de momento está representada com $\dot{m}v_2$ e a entrada de momento é representada com $\dot{m}v_1$. O termo de acúmulo de momento é zero, pois o momento total dentro do VC permanece constante ao longo do tempo.

Passo 3. Usando os diagramas, escreva as equações reduzidas (ver as Figs. 6.10d e 6.10e).

Resumo. O *diagrama de forças* mostra as forças no VC, e o *diagrama de momentos* mostra os termos do momento. Recomendamos que esses diagramas sejam esboçados e que se use o MSV.

Um Processo para Aplicar a Equação do Momento

Passo 1: **Seleção.** Selecione a equação do momento linear quando o problema envolver forças e a aceleração das partículas de um fluido, e o torque não precisar ser considerado.

Passo 2: **Esboço.** Selecione um VC tal que as superfícies de controle cortem por onde (a) você conhece as informações ou (b) você queira saber as informações. Então, esboce um diagrama de forças e um diagrama de momentos.

Passo 3: **Análise.** Escreva equações escalares ou vetoriais usando o MSV.

Passo 4: **Validação.** Verifique se todas as forças são externas. Verifique os sinais dos vetores. Verifique a física. Por exemplo, se o acúmulo for igual a zero, então a soma de forças deve contrabalançar o fluxo de momento para fora menos o fluxo de momento para dentro.

Um Mapa Rodoviário para a Resolução de Problemas

A Figura 6.11 mostra um esquema de classificação para os problemas. Como um mapa rodoviário, o objetivo deste diagrama é ajudar na navegação do terreno. As duas próximas seções apresentam os detalhes de cada categoria de problemas.

6.4 A Equação do Momento Linear para um Volume de Controle Estacionário

Quando um VC está estacionário em relação à Terra, o termo de acúmulo é quase sempre igual a zero ou desprezível. Assim, a equação do momento simplifica para

$$(\text{soma de forças}) = (\text{taxa de saída de momento}) - (\text{taxa de entrada de momento})$$

Jatos de Fluido

Os problemas na categoria de jatos de fluido envolvem um jato livre que sai de um bocal. Contudo, a análise do bocal, propriamente dito, não é parte do problema. Um exemplo de um problema de jato de fluido é apresentado na Figura 6.12. Esse problema envolve um canhão de água sobre um carrinho. A água deixa o bocal com velocidade V, e o objetivo é determinar a tração no cabo.

Cada categoria de problemas possui certos aspectos que tornam suas respectivas resoluções mais fáceis. Esses aspectos serão apresentados na forma de **dicas**, conforme segue:

- **Dica 1.** Quando um jato livre cruza a superfície de controle, ele não exerce uma força. Assim, não desenhe uma força no diagrama de forças. A razão é que a pressão no jato é a pressão ambiente, de modo que não existe uma força resultante. Isso pode ser comprovado com a aplicação da equação de Euler.

- **Dica 2.** O fluxo de momento do jato de fluido é $\dot{m}\mathbf{v}$.

O Exemplo 6.1 mostra um problema na categoria dos jatos de fluido.

EXEMPLO 6.1

Equação do Momento Aplicada a um Foguete Estacionário

Enunciado do Problema

O seguinte esboço mostra um foguete de 40 g, do tipo que é usado para modelos de foguetes, sendo acionado em uma área de testes para avaliar a sua potência. O jato de exaustão do motor do foguete possui um diâmetro de d = 1 cm, uma velocidade v = 450 m/s, e uma densidade de ρ = 0,5 kg/m³. Assuma que a pressão no jato de exaustão seja igual à pressão ambiente. Determine a força F_s que atua sobre o suporte e que mantém o foguete estacionário.

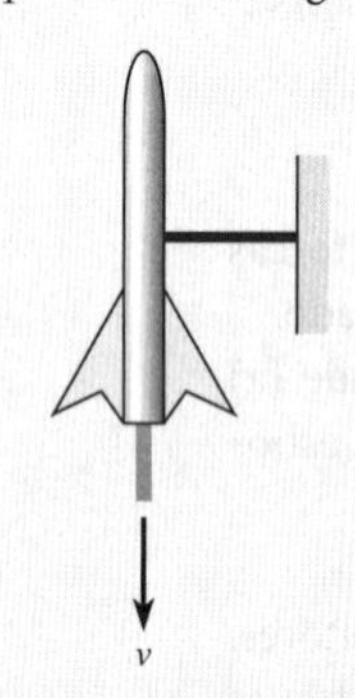

Defina a Situação

Um pequeno foguete é acionado em uma área de testes.

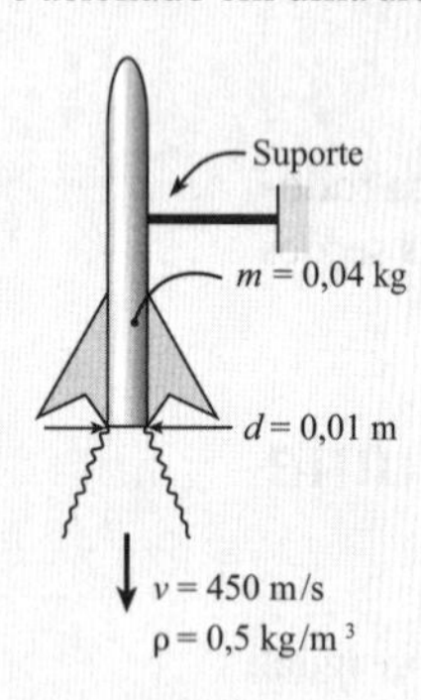

Hipóteses: A pressão é de 0,0 kPa manométrica no plano de saída do bocal.

Estabeleça o Objetivo

F_s (N) ⬅ força que atua sobre o suporte

Tenha Ideias e Trace um Plano

Seleção: Selecione a equação do momento, pois as partículas de fluido estão acelerando por causa das pressões geradas pela combustão e porque a força é o objetivo.

Esboço: Selecione um VC que envolva o foguete, pois a superfície de controle corta

- através do suporte (onde queremos informações) e
- ao longo do bocal do foguete (onde as informações são conhecidas).

Então, esboce um *diagrama de forças* e um *diagrama de momentos*. Note que os diagramas incluem uma seta para indicar a direção positiva do eixo y. Isto é importante, pois a equação do momento é uma equação vetorial.

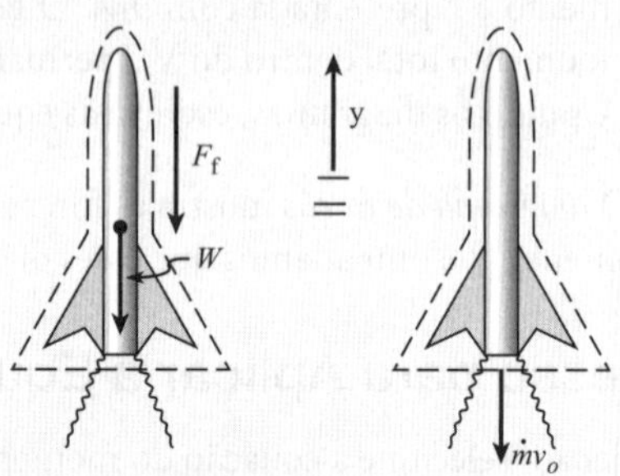

No diagrama de forças, a força volumétrica é o peso (W). A força (F_f) representa o empurrão para baixo do suporte sobre o foguete. Não existe força de pressão no plano de saída do bocal, pois a pressão é atmosférica.

Análise: Aplique a equação do momento na direção vertical selecionando os termos dos diagramas:

$$F_f + W = \dot{m}v_o \quad \text{(a)}$$

Na Eq. (a), a única variável desconhecida é F_f. Assim, o plano é o seguinte:

1. Calcular o fluxo de momento: $\dot{m}v_o = \rho A v_o^2$.
2. Calcular o peso.
3. Resolver para a força F_f. Então, aplicar a terceira lei de Newton.

Aja (Execute o Plano)

1. Fluxo de momento:

$$\rho A v^2 = (0{,}5\ \text{kg/m}^3)(\pi \times 0{,}01^2\ \text{m}^2/4)(450^2\ \text{m}^2/\text{s}^2) = 7{,}952\ \text{N}$$

2. Peso:

$$W = mg = (0{,}04\ \text{kg})(9{,}81\ \text{m/s}^2) = 0{,}3924\ \text{N}$$

3. Força sobre o foguete (a partir da Eq. (a)):

$$F_f = \rho A v_o^2 - W = (7{,}952\ \text{N}) - (0{,}3924\ \text{N}) = 7{,}56\ \text{N}$$

Pela terceira lei de Newton, a força sobre o suporte é igual em magnitude a F_f, e oposta em direção.

$$\boxed{F_s = 7{,}56\ \text{N (para cima)}}$$

Revisão

1. *Conhecimento*. Note que as forças que atuam sobre o foguete não somam zero. Isso ocorre porque o fluido está acelerando.
2. *Conhecimento*. Para um foguete, o termo $\dot{m}v$ é algumas vezes chamado de "força de impulsão". Para este exemplo, $\dot{m}v$ = 7,95 N (1,79 lbf); esse valor é típico de um pequeno motor usado em modelos de foguetes.
3. *Conhecimento*. A terceira lei de Newton nos diz que as forças sempre ocorrem em pares, iguais em magnitude e opostas em direção. No esboço a seguir, F_f e F_s são iguais em magnitude e opostas em direção.

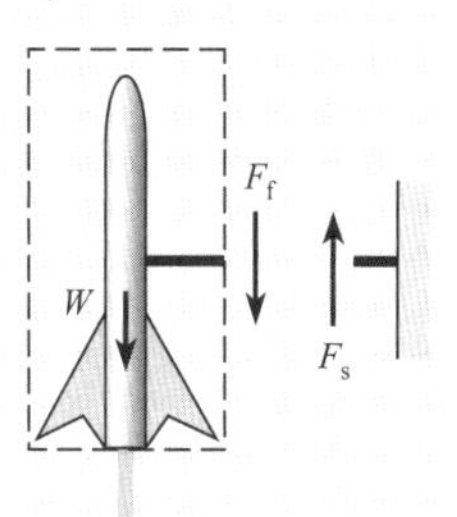

O Exemplo 6.2 fornece outro problema na categoria dos jatos de fluido.

EXEMPLO 6.2

Equação do Momento Aplicada a um Jato de Fluido

Enunciado do Problema

Como mostrado no desenho, concreto escoa para dentro de um carrinho que está posicionado sobre uma balança. A corrente de concreto possui uma densidade de ρ = 150 lbm/ft³, uma área de A = 1 ft², e uma velocidade de v = 10 ft/s. No instante mostrado, o peso do carrinho mais o concreto é de 800 lbf. Determine a tração no cabo e o peso registrado pela balança. Assuma um escoamento estacionário.

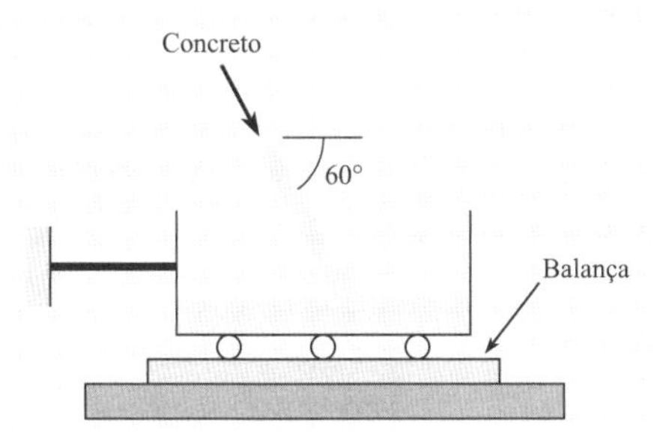

Defina a Situação

Concreto está escoando para dentro de um carrinho que está sendo pesado.

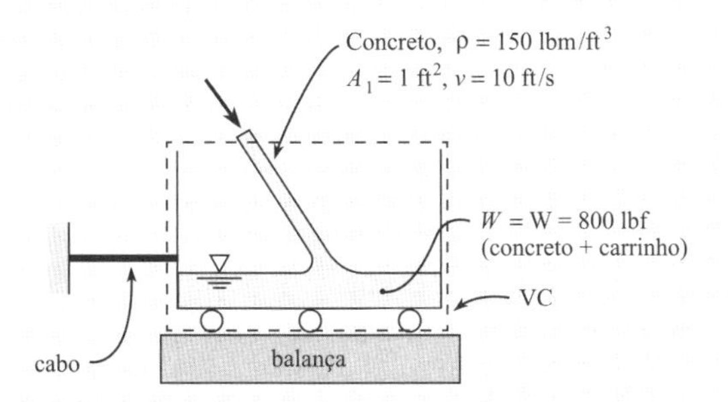

Estabeleça o Objetivo

T (lbf) ⬅ tração no cabo
W_b (lbf) ⬅ peso registrado pela balança

Tenha Ideias e Trace um Plano

Selecione a equação do momento. Então, selecione um VC e esboce-o no diagrama de situação. Em seguida, esboce um diagrama de forças e um diagrama de momentos.

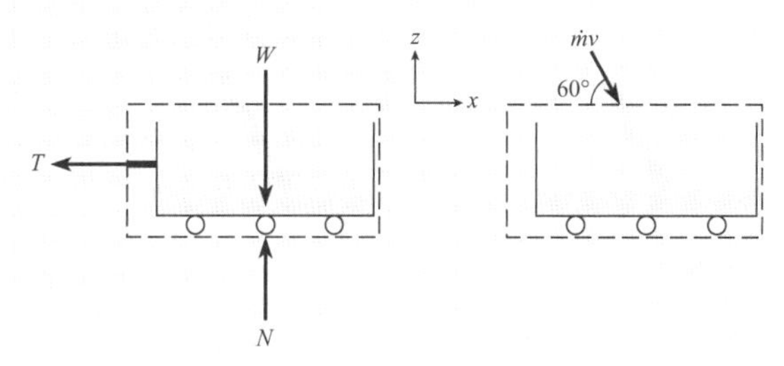

Note no diagrama de forças que o jato de líquido não exerce uma força na superfície de controle. Isso ocorre porque a pressão no jato é igual à pressão atmosférica.

Para aplicar a equação do momento, use os diagramas de forças e de momentos para visualizar os vetores.

$$\sum \mathbf{F} = \dot{m}_o \mathbf{v}_o - \dot{m}_i \mathbf{v}_i$$

$$-T\mathbf{i} + (N - W)\mathbf{k} = -\dot{m}v((\cos 60°)\mathbf{i} - (\operatorname{sen} 60°)\mathbf{j})$$

Em seguida, escreva as equações escalares:

$$-T = -\dot{m}v\cos 60° \quad \textbf{(a)}$$

$$(N - W) = \dot{m}v \operatorname{sen} 60° \quad \textbf{(b)}$$

Agora, os objetivos podem ser obtidos. O plano é o seguinte:

1. Calcular T usando a Eq. (a).
2. Calcular N usando a Eq. (b), e então, fazer com que W_b = $-N$.

Aja (Execute o Plano)

1. Equação do momento (direção horizontal):

$$T = \dot{m}v\cos 60° = \rho A v^2 \cos 60°$$

$$T = (150 \text{ lbm/ft}^3)\left(\frac{slugs}{32{,}2 \text{ lbm}}\right)(1 \text{ ft}^2)(10 \text{ ft/s})^2 \cos 60°$$

$$= \boxed{233 \text{ lbf}}$$

2. Equação do momento (direção vertical):

$$N - W = \dot{m}v\,\text{sen}\,60° = \rho A v^2\,\text{sen}\,60°$$
$$N = W + \rho A v^2\,\text{sen}\,60°$$
$$= 800\text{ lbf} + 403\text{ lbf} = \boxed{1200\text{ lbf}}$$

Revisão

1. *Discussão.* O peso registrado pela balança é maior do que o peso do carrinho por causa do momento conduzido pelo jato de fluido.
2. *Discussão.* O termo de acúmulo de momento neste problema é diferente de zero. Contudo, foi assumido que ele era pequeno e assim foi desprezado.

FIGURA 6.13
Um jato de fluido atingindo uma palheta plana.

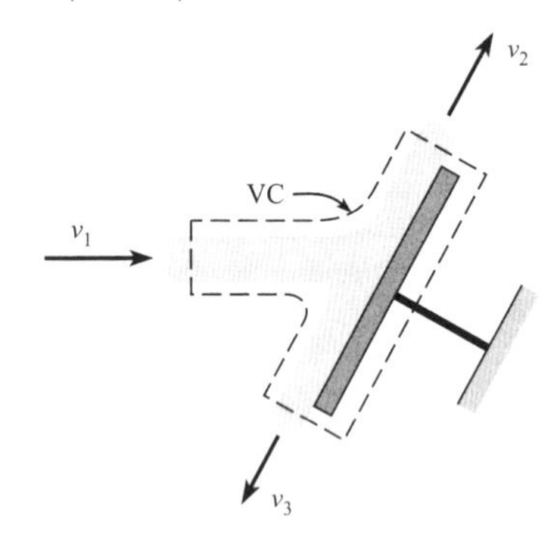

Palhetas

Uma palheta é um componente estrutural, tipicamente delgado, que é usado para girar um jato de fluido (Fig. 6.13). Uma palheta é usada para idealizar muitos componentes de interesse em Engenharia. Os exemplos incluem uma lâmina em uma turbina, uma vela em um navio, e um inversor de propulsão em um motor de aeronave.

Para tornar mais fácil a resolução de problemas envolvendo palhetas, oferecemos as seguintes **dicas**:

- **Dica 1.** Assuma que $v_1 = v_2 = v_3$. Essa hipótese pode ser justificada com a equação de Bernoulli. Em particular, assuma um escoamento invíscido e despreze variações na elevação; a equação de Bernoulli pode ser usada para provar que a velocidade do jato de fluido é constante.
- **Dica 2.** Faça com que cada fluxo de momento seja igual a $\dot{m}\mathbf{v}$. Por exemplo, na Figura 6.13, o momento alimentado é $\dot{m}_1\mathbf{v}_1$. As saídas de momento são $\dot{m}_2\mathbf{v}_2$ e $\dot{m}_3\mathbf{v}_3$.
- **Dica 3.** Se a palheta for plana, como na Figura 6.13, assuma que a força para manter a palheta estacionária seja normal à palheta, pois as tensões viscosas são pequenas em relação às tensões de pressão. Dessa forma, a carga sobre a palheta pode ser assumida como sendo devido à pressão, que atua normal à palheta.
- **Dica 4.** Quando o jato é um jato livre, como na Figura 6.13, reconheça que ele não causa uma força resultante na superfície de controle, pois a pressão no jato é atmosférica. Apenas pressões diferentes da atmosférica causam uma força resultante.

EXEMPLO 6.3
Equação do Momento Aplicada a uma Palheta

Enunciado do Problema

Um jato de água (ρ = 1,94 slug/ft³) é defletido 60° por uma palheta estacionária, como mostrado na figura. O jato incidente possui uma velocidade de 100 ft/s e um diâmetro de 1 polegada. Determine a força exercida pelo jato sobre a palheta.

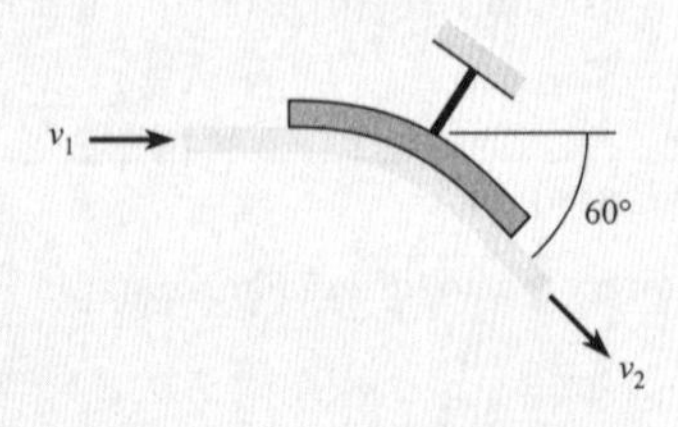

Defina a Situação

Um jato de água é defletido por uma palheta.

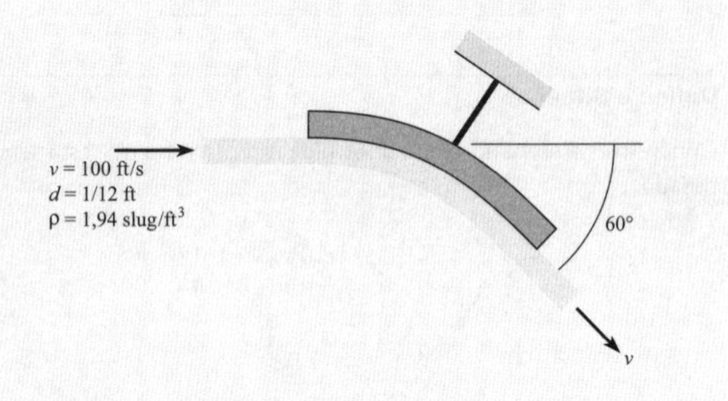

Hipóteses:

- A velocidade do jato é constante: $v_1 = v_2 = v$.
- O diâmetro do jato é constante: $d_1 = d_2 = d$.
- Despreze os efeitos da gravidade.

Estabeleça o Objetivo

$\mathbf{F}_{\text{jato}}$ (lbf) ⬅ força do jato de fluido sobre a palheta

Tenha Ideias e Trace um Plano

Seleção: Uma vez que a força é um parâmetro e as partículas de fluido aceleram conforme o jato se curva, selecione a equação do momento linear.

Esboço: Selecione um VC que corte através do suporte, tal que a força do suporte possa ser determinada. Então, esboce um diagrama de forças e um de momentos.

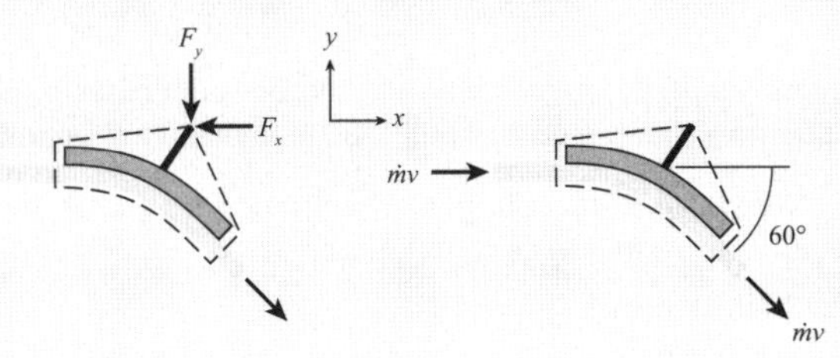

Nos diagramas de forças e de momentos, observe o seguinte:

- As forças de pressão são iguais a zero, pois as pressões no jato de água na superfície de controle são iguais a zero manométrica.
- Cada fluxo de momento é representado como $\dot{m}v$.

Análise: Para aplicar a equação do momento, use os diagramas de forças e de momentos para escrever uma equação vetorial:

$$\sum \mathbf{F} = \dot{m}_o\mathbf{v}_o - \dot{m}_i\mathbf{v}_i$$

$$(-F_x)\mathbf{i} + (-F_y)\mathbf{j} = \dot{m}v(\cos 60°\mathbf{i} - \text{sen}\,60°\mathbf{j}) - \dot{m}v\mathbf{i}$$

Agora, escreva equações escalares:

$$-F_x = \dot{m}v(\cos 60° - 1) \quad \textbf{(a)}$$

$$-F_y = -\dot{m}v(\text{sen}\,60°) \quad \textbf{(b)}$$

Uma vez que existem informações suficientes para resolver as Eqs. (a) e (b), o problema está resolvido. O plano é

1. Calcular $\dot{m}v$.
2. Aplicar a Eq. (a) para calcular F_x.
3. Aplicar a Eq. (b) para calcular F_y.
4. Aplicar a terceira lei de Newton para determinar a força do jato.

Aja (Execute o Plano)

1. Fluxo de momento:

$$\begin{aligned}\dot{m}v &= (\rho A v)v \\ &= (1{,}94\ \textit{slug}/\text{ft}^3)(\pi \times 0{,}0417^2\ \text{ft}^2)(100\ \text{ft/s})^2 \\ &= 105{,}8\ \text{lbf}\end{aligned}$$

2. Equação do momento linear (direção x):

$$\begin{aligned}F_x &= \dot{m}v(1 - \cos 60°) \\ &= (105{,}8\ \text{lbf})(1 - \cos 60°) \\ F_x &= 53{,}0\ \text{lbf}\end{aligned}$$

3. Equação do momento linear (direção y):

$$\begin{aligned}F_y &= \dot{m}v\,\text{sen}\,60° \\ &= (105{,}8\ \text{lbf})\text{sen}\,60° \\ F_y &= 91{,}8\ \text{lbf}\end{aligned}$$

4. Terceira lei de Newton:

A força do jato sobre a palheta ($\mathbf{F}_{\text{jato}}$) é em direção oposta à força exigida para manter a palheta estacionária (**F**). Portanto,

$$\mathbf{F}_{\text{jato}} = (53{,}0\ \text{lbf})\mathbf{i} + (91{,}8\ \text{lbf})\mathbf{j}$$

Revisão

1. *Discussão.* Note que o objetivo do problema foi especificado como um vetor. Assim, a resposta foi dada como um vetor.
2. *Habilidade.* Observe como as hipóteses usuais para uma palheta foram aplicadas na etapa "defina a situação".

Bocais

Os bocais são dispositivos de escoamento usados para acelerar uma corrente de fluido mediante uma redução na área de seção transversal do escoamento (Fig. 6.14). Os problemas nessa categoria envolvem a análise do bocal propriamente dito, não a análise do jato livre.

Para tornar mais fácil a resolução de problemas envolvendo bocais, oferecemos as seguintes **dicas**:

- **Dica 1.** Faça com que cada fluxo de momento seja igual a $\dot{m}\mathbf{v}$. Para o bocal na Figura 6.14, o momento alimentado é $\dot{m}\mathbf{v}_A$ e a saída de momento é $\dot{m}\mathbf{v}_B$.
- **Dica 2.** Inclua uma força de pressão na qual o bocal se conecta a uma tubulação. Para o bocal na Figura 6.14, inclua uma força de pressão de magnitude $p_A A_A$ no diagrama de forças que, como todas as forças de pressão, é compressiva.
- **Dica 3.** Para determinar p_A, aplique a equação de Bernoulli entre A e B.

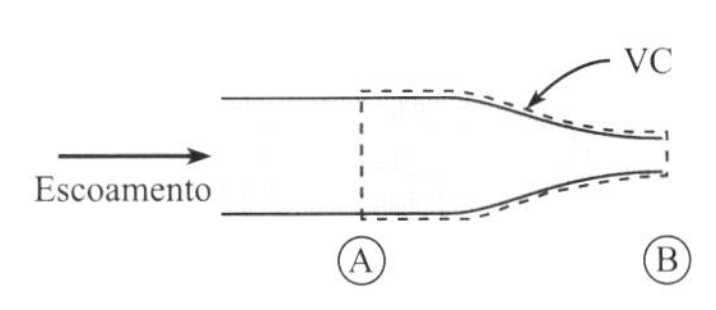

FIGURA 6.14
Um jato de fluido saindo de um bocal.

- **Dica 4.** Para relacionar v_A e v_B, aplique a equação da continuidade.
- **Dica 5.** Quando a SC passar através de uma estrutura de suporte (por exemplo, uma parede de tubulação, um flange), represente a força associada no diagrama de forças. Para o bocal mostrado na Figura 6.14, adicione uma força F_{Ax} e uma força F_{Ay} ao diagrama de forças.

EXEMPLO 6.4

Equação do Momento Aplicada a um Bocal

Enunciado do Problema

O desenho mostra o ar escoando através de um bocal. A pressão de entrada é $p_1 = 105$ kPa abs, e o ar sai para a atmosfera, onde a pressão é de 101,3 kPa abs. O bocal possui um diâmetro de entrada de 60 mm e um de saída de 10 mm, enquanto está conectado ao tubo de alimentação por meio de flanges. Determine a força exigida para manter o bocal estacionário. Assuma que o ar tenha uma densidade constante de 1,22 kg/m³. Despreze o peso do bocal.

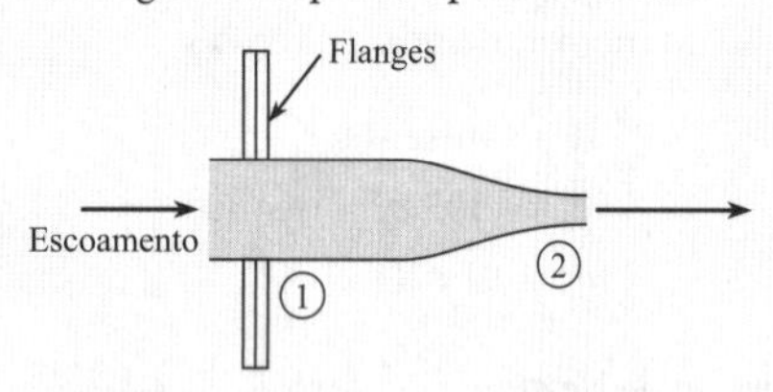

Defina a Situação

Ar escoa através de um bocal.

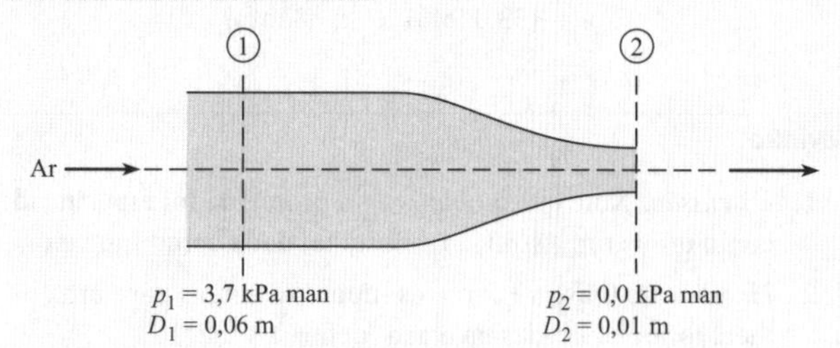

Propriedades: $\rho = 1{,}22$ kg/m³

Hipóteses:

- O peso do bocal é desprezível.
- Escoamento estacionário, escoamento com densidade constante, escoamento invíscido.

Estabeleça os Objetivos

F (N) ⬅ força exigida para manter o bocal estacionário

Tenha Ideias e Trace um Plano

Seleção: Uma vez que a força é um parâmetro e as partículas de fluido estão acelerando no bocal, selecione a equação do momento.

Esboço: esboce um diagrama de forças (DF) e um diagrama de momentos (DM):

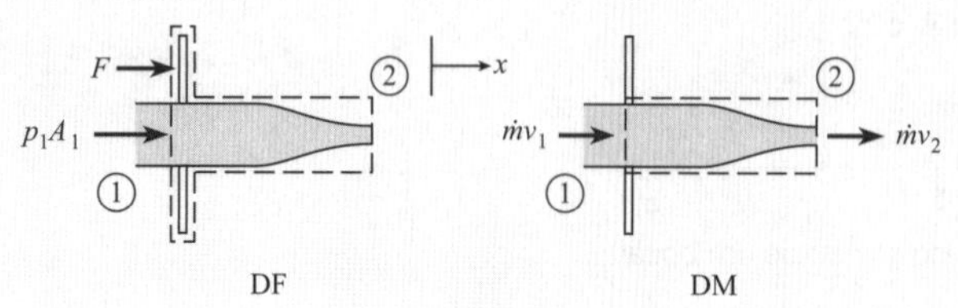

Escreva a equação do momento (direção x):

$$F + p_1A_1 = \dot{m}(v_2 - v_1) \quad \textbf{(a)}$$

Para resolver para F, precisamos de v_2 e v_1, que podem ser encontrados usando a equação de Bernoulli. Assim, o plano é o seguinte:

1. Derivar uma equação para v_2 aplicando a equação de Bernoulli e a equação da continuidade.
2. Calcular v_2 e v_1.
3. Calcular F aplicando a Eq. (a).

Aja (Execute o Plano)

1. *Equação de Bernoulli* (aplique entre 1 e 2):

$$p_1 + \gamma z_1 + \frac{1}{2}\rho v_1^2 = p_2 + \gamma z_2 + \frac{1}{2}\rho v_2^2$$

Análise termo a termo:

- $z_1 = z_2 = 0$
- $p_1 = 3{,}7$ kPa; $p_2 = 0{,}0$

A equação de Bernoulli se reduz a

$$p_1 + \rho v_1^2/2 = \rho v_2^2/2$$

Equação da continuidade. Selecione um VC que passe através das seções 1 e 2. Despreze os termos de acúmulo de massa. A equação da continuidade simplifica a

$$v_1A_1 = v_2A_2$$
$$v_1d_1^2 = v_2d_2^2$$

Substitua na equação de Bernoulli e resolva para v_2:

$$v_2 = \sqrt{\frac{2p_1}{\rho(1 - (d_2/d_1)^4)}}$$

2. Calcule v_2 e v_1:

$$v_2 = \sqrt{\frac{2 \times 3{,}7 \times 1000 \text{ Pa}}{(1{,}22 \text{ kg/m}^3)(1 - (10/60)^4)}} = 77{,}9 \text{ m/s}$$

$$v_1 = v_2\left(\frac{d_2}{d_1}\right)^2$$

$$= 77{,}9 \text{ m/s} \times \left(\frac{1}{6}\right)^2 = 2{,}16 \text{ m/s}$$

3. Equação do momento:

$$F + p_1A_1 = \dot{m}(v_2 - v_1)$$

$$F = \rho A_1v_1(v_2 - v_1) - p_1A_1$$

$$= (1{,}22 \text{ kg/m}^3)\left(\frac{\pi}{4}\right)(0{,}06 \text{ m})^2(2{,}16 \text{ m/s})$$

$$\times (77{,}9 - 2{,}16)(\text{m/s})$$

$$-3{,}7 \times 1000\ \text{N/m}^2 \times \left(\frac{\pi}{4}\right)(0{,}06\ \text{m})^2$$

$$= 0{,}564\ \text{N} - 10{,}46\ \text{N} = -9{,}90\ \text{N}$$

Uma vez que F é negativo, a direção é oposta à assumida no diagrama de forças. Assim,

$$\boxed{\text{Força para manter o bocal} = 9{,}90\ \text{N}(\leftarrow \text{direção})}$$

Revisão

1. *Conhecimento.* A direção assumida inicialmente para a força em um diagrama de forças é arbitrária. Se a resposta para a força for negativa, então ela atua em direção oposta à escolhida.
2. *Conhecimento.* As pressões foram trocadas para as manométricas na operação de "defina a situação", pois são as diferenças de pressões em relação à pressão atmosférica que causam as forças de pressão resultantes.

Curvas em Tubulações

Uma **curva em tubulação** é um componente estrutural usado para fazer um giro de acordo com determinado ângulo (Fig. 6.15). Uma curva em tubulação está conectada com frequência a seções retilíneas de tubos por meio de flanges. Um **flange** consiste em um disco redondo com um orifício no centro que desliza por sobre um tubo e que com frequência é soldado no local. Os flanges são aparafusados entre si para conectar seções de tubos.

As seguintes dicas são úteis para resolver problemas que envolvem curvas em tubulações.

- **Dica 1.** Faça com que cada fluxo de momento seja igual a $\dot{m}\mathbf{v}$. Para a curva na Figura 6.15, o momento alimentado é $\dot{m}\mathbf{v}_A$ e a saída de momento é $\dot{m}\mathbf{v}_B$.
- **Dica 2.** Inclua as forças de pressão nas quais a SC passa através de um tubo. Na Figura 6.15, existe uma força de pressão na seção A ($F_A = p_A A_A$) e outra na seção B ($F_B = p_B A_B$). Como sempre, ambas as forças de pressão são compressivas.
- **Dica 3.** Para relacionar p_A e p_B, o mais correto é aplicar a *equação da energia*, explicada no Capítulo 7, e incluir a perda de carga. Uma alternativa seria assumir que a pressão é constante, ou um escoamento invíscido, e aplicar a equação de Bernoulli.
- **Dica 4.** Para relacionar v_A e v_B, aplique a equação da continuidade.
- **Dica 5.** Quando a SC passar através de uma estrutura de suporte (parede de tubulação, flange), inclua as cargas causadas pelo suporte no diagrama de forças.

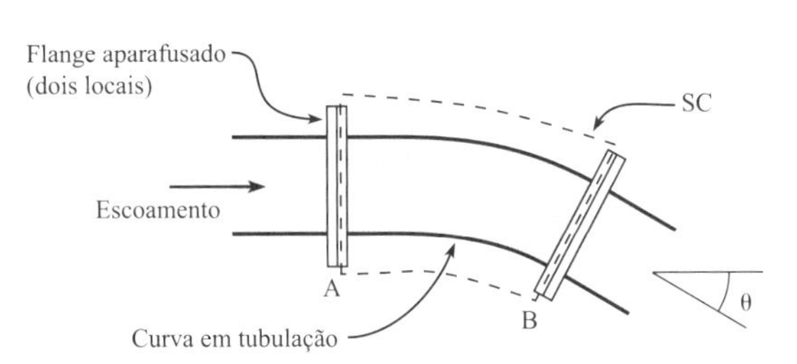

FIGURA 6.15
Curva em tubulação.

EXEMPLO 6.5

Equação do Momento Aplicada a uma Curva em Tubulação

Enunciado do Problema

A curva em uma tubulação com 1 m de diâmetro mostrada no diagrama está conduzindo petróleo ($S = 0{,}94$) segundo uma vazão em regime estacionário de 2 m³/s. A curva possui um ângulo de 30° e está em um plano horizontal. O volume de óleo na curva é de 1,2 m³, e o peso vazio da curva é de 4 kN. Assuma que a pressão ao longo da linha de centro da curva seja constante com um valor de 75 kPa man. Determine a força exigida para manter a curva no local.

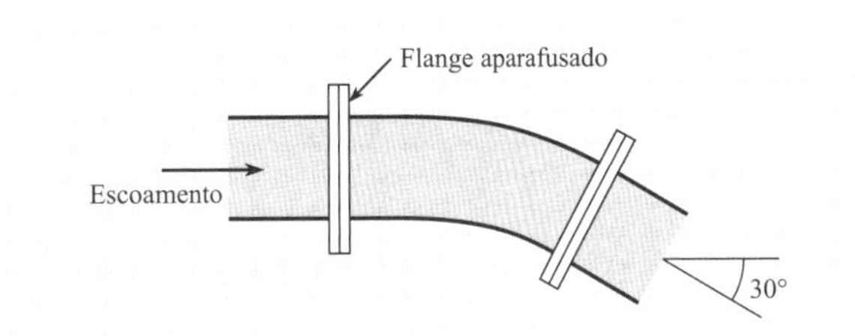

Defina a Situação

Petróleo escoa através de uma curva em uma tubulação:

- A curva está localizada em um plano horizontal.
- $\forall_{\text{óleo}} = 1{,}2\ \text{m}^3$ = volume de óleo na curva.

- $W_{\text{curva}} = 4.000$ N = peso vazio da curva.
- $p = 75$ kPa man = pressão ao longo da linha de centro.

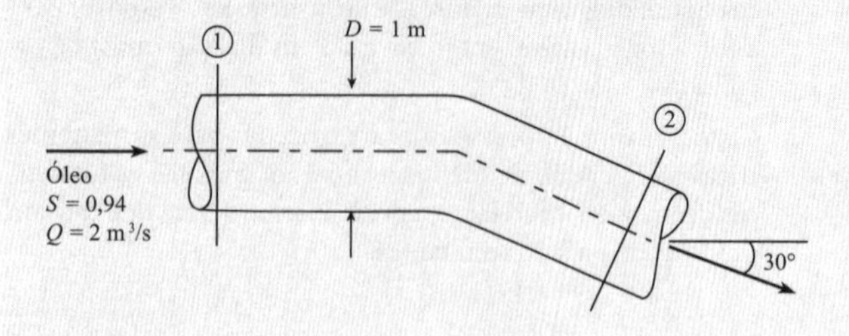

Estabeleça os Objetivos

F (N) ⬅ força para manter a curva estacionária

Tenha Ideias e Trace um Plano

Seleção: Uma vez que a força é um parâmetro e as partículas de fluido estão acelerando na curva na tubulação, selecione a equação do momento.

Esboço: Selecione um VC que passe através da estrutura de suporte e através das seções 1 e 2. Em seguida, esboce os diagramas de forças e de momentos.

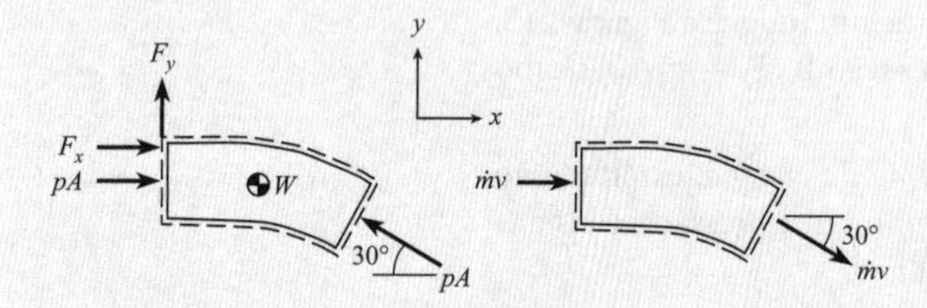

Análise: Usando os diagramas como guias, escreva a equação do momento em cada direção:

- direção x:

$$F_x + p_1A_1 - p_2A_2\cos 30° = \dot{m}v_2\cos 30° - \dot{m}v_1 \quad \textbf{(a)}$$

- direção y:

$$F_y + p_2A_2\,\text{sen}\,30° = -\dot{m}v_2\,\text{sen}\,30° \quad \textbf{(b)}$$

- direção z:

$$F_z - W_{\text{total}} = 0 \quad \textbf{(c)}$$

Revise essas equações: note que existe informação suficiente para resolver os objetivos do problema: F_x, F_y e F_z. Assim, crie um plano:

1. Calcular o fluxo de momento $\dot{m}v$.
2. Calcular a força de pressão pA.
3. Resolver a Eq. (a) para F_x.
4. Resolver a Eq. (b) para F_y.
5. Resolver a Eq. (c) para F_z.

Aja (Execute o Plano)

1. Fluxo de momento:
   - Aplique a equação para a vazão volumétrica:

$$v = Q/A = \frac{(2\ \text{m}^3/\text{s})}{(\pi \times 0{,}5^2\ \text{m}^2)} = 2{,}55\ \text{m/s}$$

   - Em seguida, calcule o fluxo de momento:

$$\dot{m}v = \rho Q v = (0{,}94 \times 1000\ \text{kg/m}^3)(2\ \text{m}^3/\text{s})(2{,}55\ \text{m/s})$$
$$= 4{,}79\ \text{kN}$$

2. Força de pressão:

$$pA = (75\ \text{kN/m}^2)(\pi \times 0{,}5^2\ \text{m}^2) = 58{,}9\ \text{kN}$$

3. Equação do momento (direção x):

$$F_x + p_1A_1 - p_2A_2\cos 30° = \dot{m}v_2\cos 30° - \dot{m}v_1$$
$$F_x = -pA(1 - \cos 30°) - \dot{m}v(1 - \cos 30°)$$
$$= -(pA + \dot{m}v)(1 - \cos 30°)$$
$$= -(58{,}9 + 4{,}79)(\text{kN})(1 - \cos 30°)$$
$$= -8{,}53\ \text{kN}$$

4. Equação do momento (direção y):

$$F_y + p_2A_2\,\text{sen}\,30° = -\dot{m}v_2\,\text{sen}\,30°$$
$$F_y = -(pA + \dot{m}v)\,\text{sen}\ 30°$$
$$= -(58{,}9 + 4{,}79)(\text{kN})(\text{sen}\ 30°) = -31{,}8\ \text{kN}$$

5. Equação do momento (direção z). (O peso da curva inclui o óleo mais o tubo vazio.)

$$-F_z - W_{\text{total}} = 0$$
$$W = \gamma V\!\!\!\!- + 4\ \text{kN}$$
$$= (0{,}94 \times 9{,}81\ \text{kN/m}^3)(1{,}2\ \text{m}^3) + 4\ \text{kN} = 15{,}1\ \text{kN}$$

6. Força para segurar a curva:

$$\boxed{\mathbf{F} = (-8{,}53\ \text{kN})\mathbf{i} + (-31{,}8\ \text{kN})\mathbf{j} + (15{,}1\ \text{kN})\mathbf{k}}$$

Distribuição de Velocidade Variável

Esta subseção mostra como resolver um problema quando o fluxo de momento é avaliado por integração. Este caso está ilustrado no Exemplo 6.6.

EXEMPLO 6.6

Equação do Momento Aplicada com uma Distribuição de Velocidade Variável

Enunciado do Problema

A força de arrasto de um dispositivo em forma de bala pode ser medida usando um túnel de vento. O túnel é redondo com um diâmetro de 1 m, a pressão na seção 1 é de 1,5 kPa man, a pressão na seção 2 é 1,0 kPa man, e a densidade do ar é de 1,0 kg/m³. Na entrada, a velocidade é uniforme com uma magnitude de 30 m/s. Na saída, a velocidade varia linearmente, como mostrado no desenho. Determine a força de arrasto sobre o dispositivo e as palhetas de suporte. Despreze a resistência viscosa na parede, e assuma que a pressão seja uniforme ao longo das seções 1 e 2.

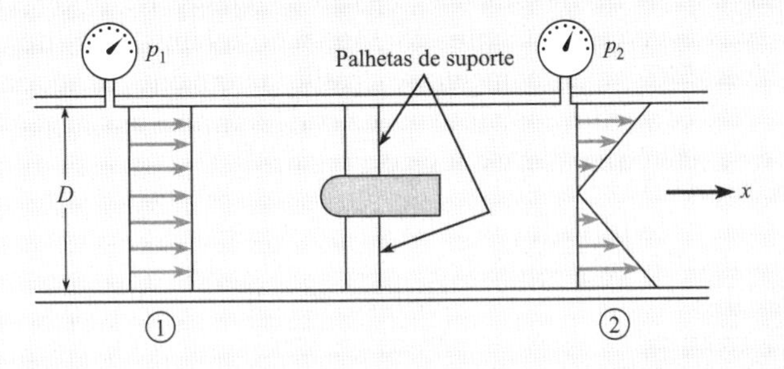

Defina a Situação

São fornecidos os dados para um teste em um túnel de vento (ver acima).

Propriedades: Ar: $\rho = 1{,}0$ kg/m³.
Hipóteses: Escoamento estacionário.

Estabeleça os Objetivos

Determine: A força de arrasto (em newtons) sobre o modelo

Trace um Plano

1. Selecionar um volume de controle que envolva o modelo.
2. Esboçar o diagrama de forças.
3. Esboçar o diagrama de momentos.
4. O perfil de velocidade a jusante não está uniformemente distribuído. Aplicar a forma integral da equação do momento, Eq. (6.7).
5. Avaliar a soma de forças.
6. Determinar o perfil de velocidade na seção 2 aplicando a equação da continuidade.
7. Avaliar os termos do momento.
8. Calcular a força de arrasto sobre o modelo.

Aja (Execute o Plano)

1. O volume de controle selecionado está mostrado. O volume de controle é estacionário.

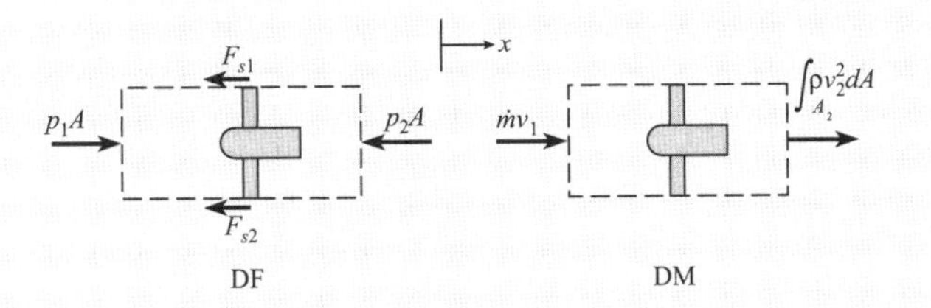

2. As forças consistem nas forças de pressão e nas forças sobre as hastes de suporte do modelo que são cortadas pela superfície de controle. A força de arrasto sobre o modelo é igual e oposta à força sobre as hastes de suporte: $F_A = F_{s1} + F_{s2}$.

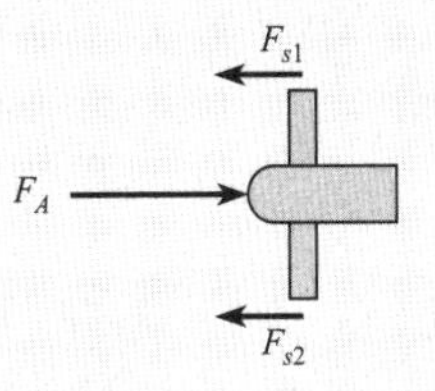

3. Existem fluxos de momento de entrada e de saída.
4. Forma integral da equação do momento na direção x:

$$\sum F_x = \frac{d}{dt}\int_{vc} \rho v_x d\forall + \int_{sc} \rho v_x (\mathbf{V} \cdot d\mathbf{A})$$

Na seção transversal 1, $\mathbf{V}\cdot d\mathbf{A} = -v_x dA$, e na seção transversal 2, $\mathbf{V}\cdot d\mathbf{A} = v_x dA$, assim

$$\sum F_x = \frac{d}{dt}\int_{vc} \rho v_x d\forall - \int_1 \rho v_x^2 dA + \int_2 \rho v_x^2 dA$$

5. Avaliação dos termos de força:

$$\sum F_x = p_1 A - p_2 A - (F_{s1} + F_{s2})$$
$$= p_1 A - p_2 A - F_A$$

6. Perfil de velocidades na seção 2:

A velocidade é linear em relação ao raio, assim, escolha $v_2 = v_1 K(r/r_o)$, em que r_o é o raio do túnel e K é um fator de proporcionalidade a ser determinado.

$$Q_1 = Q_2$$
$$A_1 v_1 = \int_{A_2} v_2(r)\, dA = \int_0^{r_o} v_1 K(r/r_o) 2\pi r\, dr$$
$$\pi r_o^2 v_1 = 2\pi v_1 K \frac{1}{3} r_o^2$$
$$K = \frac{3}{2}$$

7. Avaliação dos termos de momento:
   - O termo de acúmulo para um escoamento estacionário é

$$\frac{d}{dt}\int_{vc} \rho v_x d\forall = 0$$

   - O momento na seção transversal 1 com $v_x = v_1$ é

$$\int_1 \rho v_x^2 dA = \rho v_1^2 A = \dot{m} v_1$$

   - O momento na seção transversal 2 é

$$\int_2 \rho v_x^2 dA = \int_0^{r_o} \rho \left[\frac{3}{2} v_1 \left(\frac{r}{r_o}\right)\right]^2 2\pi r dr = \frac{9}{8}\dot{m} v_1$$

8. Força de arrasto:

$$p_1A - p_2A - F_A = \dot{m}v_1\left(\frac{9}{8} - 1\right)$$

$$F_A = (p_1 - p_2)A - \frac{1}{8}\rho A v_1^2$$

$$= (\pi \times 0{,}5^2\ \text{m}^2)(1{,}5 - 1{,}0)(10^3)\text{N/m}^2$$

$$-\frac{1}{8}(1\ \text{kg/m}^3)(\pi \times 0{,}5^2\ \text{m}^2)(30\ \text{m/s})^2$$

$$F_A = \boxed{304\ \text{N}}$$

6.5 Exemplos da Equação do Momento Linear (Objetos em Movimento)

Esta seção descreve como aplicar a equação do momento linear a problemas que envolvem objetos em movimento, tais como carrinhos em movimento e foguetes. Quando um objeto está se movendo, faça com que o VC se mova com ele. Como será mostrado adiante (repetindo a Fig. 6.11), os problemas que envolvem VCs em movimento se classificam em duas categorias: objetos que se movem com velocidade constante e objetos em aceleração. Ambas as categorias envolvem a seleção de um sistema de referência, que é o tópico a seguir.

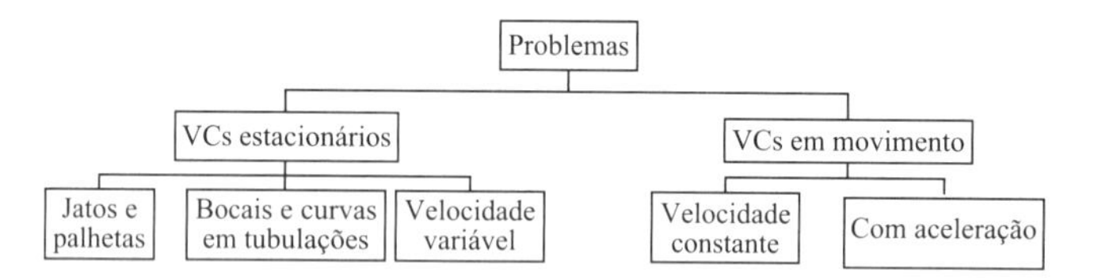

Sistema de Referência

Quando um objeto está se movendo, é necessário especificar um **sistema de referência**. Este consiste em uma estrutura tridimensional a partir da qual um observador faz medições. Por exemplo, a Figura 6.16 mostra um foguete em voo. Para essa situação, um sistema de referência possível está fixado à Terra. Outro sistema de referência possível está fixado ao foguete. Observadores nesses dois sistemas de referência iriam reportar valores diferentes da velocidade do foguete V_{Foguete} e da velocidade do jato de fluido V_{Jato}. O sistema de referência no solo é inercial. Um **sistema de referência inercial** é qualquer sistema de referência que seja estacionário ou que esteja se movendo a uma velocidade constante em relação à Terra. Assim, um sistema de referência inercial é um sistema de referência que não apresenta aceleração. Alternativamente, um **sistema de referência não inercial** é qualquer sistema de referência que apresenta aceleração.

FIGURA 6.16

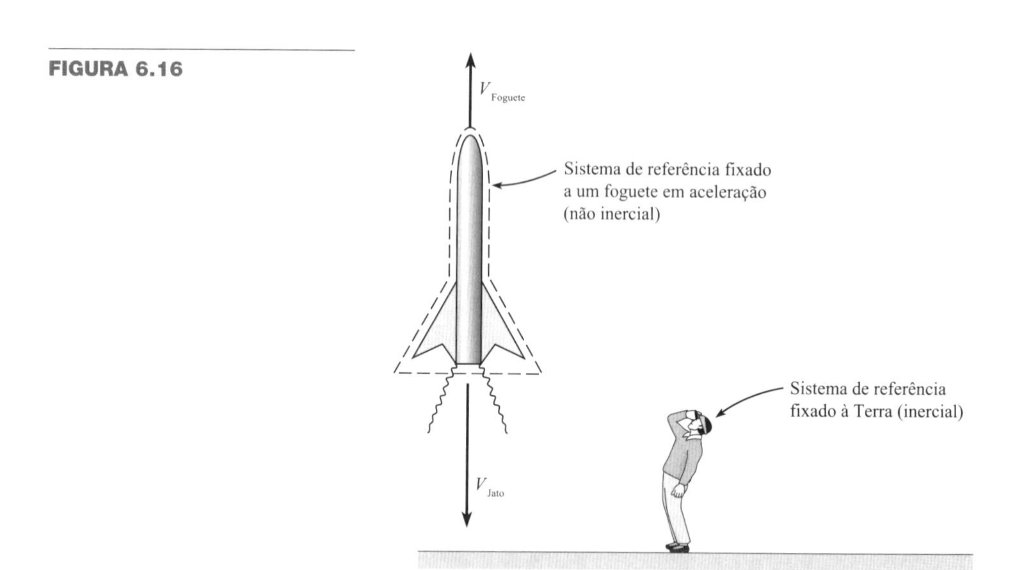

Em relação à equação do momento linear como apresentada neste livro, essa equação é válida apenas para um sistema inercial. Assim, quando os objetos estão em movimento, o engenheiro deve especificar um sistema de referência inercial.

Analisando um Corpo em Movimento (Velocidade Constante)

Quando um objeto está se movendo com velocidade constante, o sistema de referência pode ser colocado sobre ele ou fixado à Terra. Contudo, a maioria dos problemas fica mais simples se o sistema de referência for fixado ao objeto em movimento, conforme mostra o Exemplo 6.7.

EXEMPLO 6.7

Equação do Momento Aplicada a um VC em Movimento

Enunciado do Problema

Um bocal estacionário produz um jato de água com uma velocidade de 50 m/s e uma área de seção transversal de 5 cm². O jato incide sobre um bloco em movimento e deflete 90° em relação ao bloco. O bloco está deslizando com uma velocidade constante de 25 m/s sobre uma superfície com atrito. A densidade da água é de 1000 kg/m³. Determine a força de atrito *F* que atua sobre o bloco.

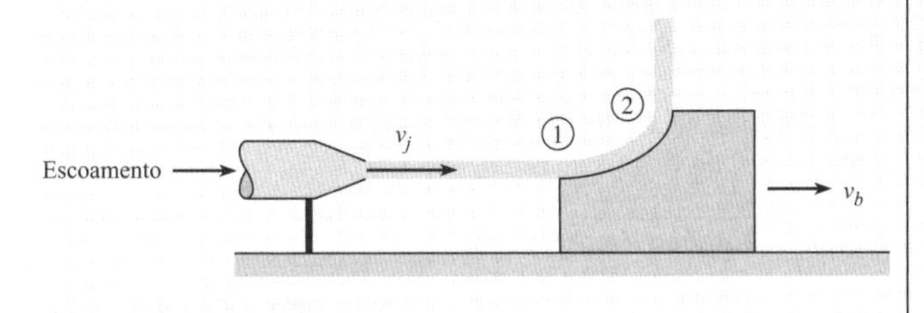

Defina a Situação

Um bloco desliza a uma velocidade constante por causa de um jato de fluido.

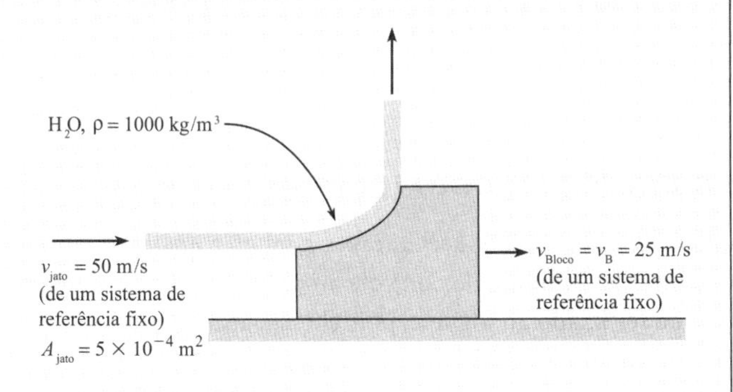

Estabeleça o Objetivo

F_a (N) ⬅ a força de atrito sobre o bloco

Método de Solução I (Sistema de Referência em Movimento)

Quando um corpo está se movendo a velocidade constante, a maneira mais fácil de resolver o problema consiste em colocar o sistema de referência (SR) sobre o corpo em movimento. Esse método de solução será mostrado primeiro.

Tenha Ideias e Trace um Plano

Selecione a equação do momento linear, pois a força é o objetivo e as partículas de fluido estão acelerando conforme elas interagem com o bloco.

Selecione um VC em movimento que envolva o bloco, pois este VC inclui parâmetros conhecidos (isto é, os dois jatos de fluido) e o objetivo (força de atrito).

Uma vez que o VC está se movendo a uma velocidade constante, selecione um sistema de referência (SR) que esteja fixado ao bloco em movimento. Este SR torna a análise do problema mais simples.

Esboce os diagramas de forças e de momentos e o SR.

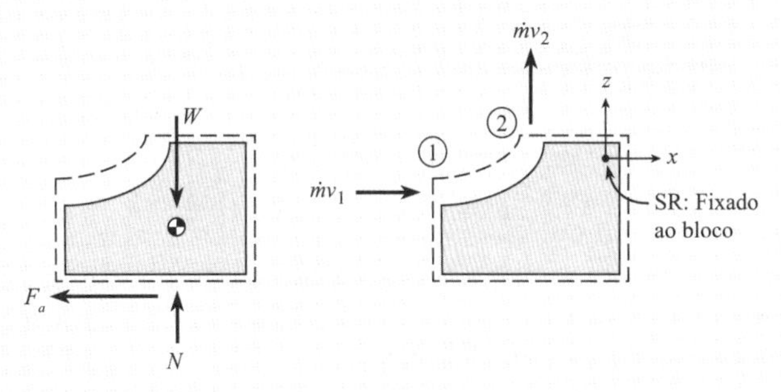

Para aplicar a equação do momento, use os diagramas de forças e de momentos para visualizar os vetores. A equação do momento na direção *x* é

$$-F_a = -\dot{m}v_1 \quad \text{(a)}$$

Na Eq. (a), a vazão mássica descreve a taxa segundo a qual a massa está cruzando a superfície de controle. Uma vez que a SC está se movendo para longe do jato de fluido, o termo para a vazão mássica se torna

$$\dot{m} = \rho AV = \rho A_{\text{jato}}(v_{\text{jato}} - v_{\text{bloco}}) \quad \text{(b)}$$

Na Eq. (a), a velocidade v_1 é a velocidade medida a partir do sistema de referência selecionado. Assim,

$$v_1 = v_{\text{jato}} - v_{\text{bloco}} \quad \text{(c)}$$

Combinando as Eqs. (a), (b) e (c), obtém-se

$$F_a = \dot{m}v_1 = \rho A_{\text{jato}}(v_{\text{jato}} - v_{\text{bloco}})^2 \quad \text{(d)}$$

Uma vez que todas as variáveis no lado direito da Eq. (d) são conhecidas, podemos resolver o problema. O plano é simples: inserir os números na Eq. (d).

Aja (Execute o Plano)

$$F_a = \rho A_{\text{jato}}(v_{\text{jato}} - v_{\text{bloco}})^2$$

$$F_a = (1000\ \text{kg/m}^2)(5 \times 10^{-4}\ \text{m}^2)(50 - 25)^2(\text{m/s})^2$$

$$\boxed{F_a = 312\ \text{N}}$$

Método de Solução II (Sistema de Referência Fixo)

Outra maneira de resolver este problema consiste em usar um sistema de referência fixo. Para implementar esse procedimento, esboce o diagrama de forças e o diagrama de momentos, e o SR selecionado. Observe que $\dot{m}v_2$ exibe uma componente vertical e uma horizontal. Isso ocorre porque um observador no SR selecionado vê estas componentes da velocidade.

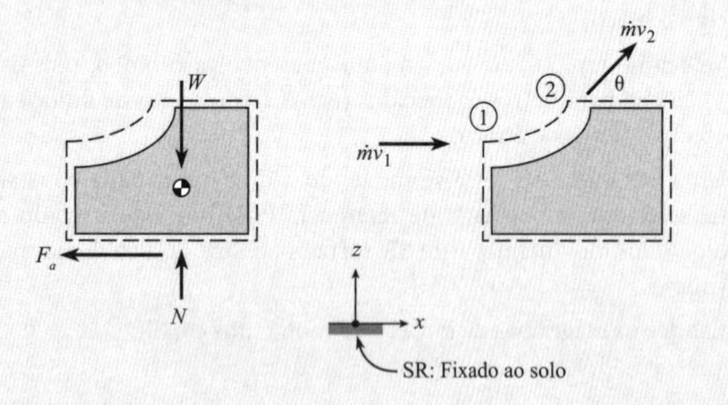

A partir dos diagramas, pode-se escrever a equação do momento na direção x:

$$\begin{aligned} -F_a &= \dot{m}v_2\cos\theta - \dot{m}v_1 \\ F_a &= \dot{m}(v_1 - v_2\cos\theta) \end{aligned} \qquad \text{(e)}$$

Na equação do momento, a vazão mássica é medida em relação à superfície de controle. Assim, $\dot{m}$ é independente do SR, e pode ser usada a Eq. (b), que é repetida aqui:

$$\dot{m} = \rho AV = \rho A_{\text{jato}}(v_{\text{jato}} - v_{\text{bloco}}) \qquad \text{(f)}$$

Na Eq. (e), a velocidade v_1 é a velocidade conforme medida a partir do sistema de referência selecionado. Assim,

$$v_1 = v_{\text{jato}} \qquad \text{(g)}$$

Para analisar v_2, relacione as velocidades usando uma equação de velocidade relativa a partir de um livro de dinâmica:

$$v_{\text{jato}} = v_{\text{bloco}} + v_{\text{jato/bloco}} \qquad \text{(h)}$$

em que

- $v_2 = v_{\text{jato}}$ é a velocidade do jato na seção 2 conforme medida a partir do SR fixo,
- v_{bloco} é a velocidade do bloco em movimento conforme medida a partir do SR fixo, e
- $v_{\text{jato/bloco}}$ é a velocidade do jato na seção conforme medida a partir de um SR fixado ao bloco em movimento.

Substitua os números na Eq. (h) para obter

$$\mathbf{v}_2 = (25\ \text{m/s})\mathbf{i} + (25\ \text{m/s})\mathbf{j} \qquad \text{(i)}$$

Assim,

$$v_2\cos\theta = v_{2x} = 25\ \text{m/s} = v_{\text{bloco}} \qquad \text{(j)}$$

Substitua as Eqs. (f), (g) e (j) na Eq. (e):

$$\begin{aligned} F_a &= \{\dot{m}\}(v_1 - v_2\cos\theta) \\ &= \{\rho A_{\text{jato}}(v_{\text{jato}} - v_{\text{bloco}})\}(v_{\text{jato}} - v_{\text{bloco}}) \\ &= \rho A_{\text{jato}}(v_{\text{jato}} - v_{\text{bloco}})^2 \end{aligned} \qquad \text{(k)}$$

A Eq. (k) é idêntica à Eq. (d). Assim, o *método de solução I* é equivalente ao *método de solução II*.

Reveja a Solução e o Processo

1. *Conhecimento.* Quando um objeto se mover com velocidade constante, selecione um SR fixo ao objeto em movimento, pois isso é muito mais fácil do que selecionar um SR fixo à Terra.
2. *Conhecimento.* As especificações do volume de controle e do sistema de referência são decisões independentes.

Analisando um Corpo em Movimento (com Aceleração)

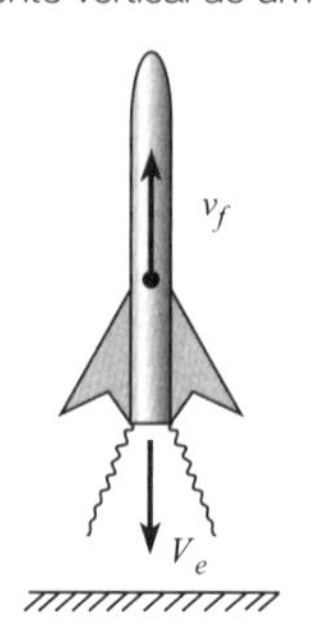

FIGURA 6.17
Lançamento vertical de um foguete.

Esta seção apresenta um exemplo de um objeto com aceleração – a saber, a análise de um foguete (Fig. 6.17). Para começar, esboce um volume de controle ao redor do foguete. Observe que o sistema de referência não pode ser fixado ao foguete, pois ele está acelerando.

Assuma que o foguete esteja se movendo verticalmente para cima com uma velocidade v_f medida em relação ao solo. Os gases de exaustão saem do bocal do motor (área A_e) a uma velocidade V_e em relação ao bocal do foguete, com uma pressão manométrica de p_e. O objetivo é obter a equação do movimento para o foguete.

O volume de controle é desenhado ao redor e acelera com o foguete. Os diagramas de forças e de momentos estão mostrados na Figura 6.18. Existe uma força de arrasto D e um peso W que atuam para baixo, e também uma força de pressão p_eA_e sobre o plano de saída do bocal, pois a pressão em um jato supersônico é maior do que a pressão ambiente. A soma das forças na direção z é

$$\sum F_z = p_eA_e - W - D \qquad \textbf{(6.15)}$$

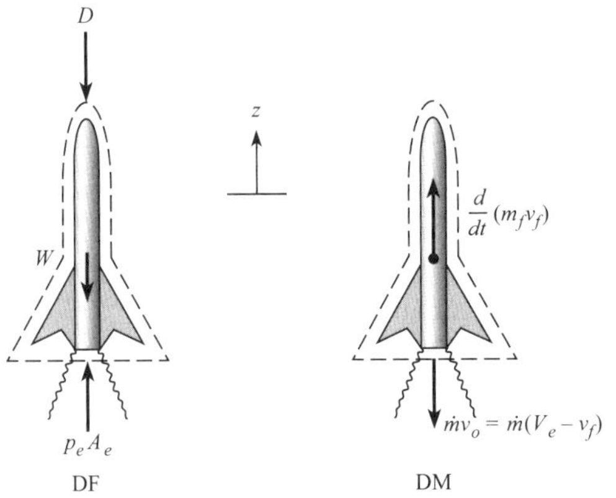

FIGURA 6.18

Diagramas de forças e de momentos para o foguete.

Existe apenas um fluxo de momento para fora do bocal do foguete, $\dot{m}v_o$. A velocidade v_o deve ser relacionada com um sistema de referência inercial, que neste caso é o solo. A velocidade dos gases de exaustão em relação ao solo é

$$v_o = (V_e - v_f) \tag{6.16}$$

uma vez que o foguete está se movendo para cima com uma velocidade v_f em relação ao solo, e os gases de saída estão se movendo para baixo a uma velocidade V_e em relação ao foguete.

A equação do momento na direção z é

$$\sum F_z = \frac{d}{dt}\int_{vc} v_z \rho d\forall + \sum_{sc} \dot{m}_o v_{oz} - \sum_{sc} \dot{m}_i v_{iz}$$

A velocidade dentro do volume de controle é a velocidade do foguete, v_f, tal que o termo de acúmulo se torna

$$\frac{d}{dt}\left(\int_{vc} v_z \rho d\forall\right) = \frac{d}{dt}\left[v_f \int_{vc} \rho d\forall\right] = \frac{d}{dt}(m_f v_f)$$

Substituindo os termos das somas das forças e dos momentos na equação do momento, temos

$$p_e A_e - W - D = \frac{d}{dt}(m_f v_f) - \dot{m}(V_e - v_f) \tag{6.17}$$

Em seguida, aplique a regra do produto ao termo de acúmulo. Isto fornece

$$p_e A_e - W - D = m_f \frac{dv_f}{dt} + v_f\left(\frac{dm_f}{dt} + \dot{m}\right) - \dot{m}V_e \tag{6.18}$$

A equação da continuidade pode agora ser usada para eliminar o segundo termo à direita. Aplicando a equação da continuidade à superfície de controle ao redor do foguete leva a

$$\begin{aligned} \frac{d}{dt}\int_{vc} \rho d\forall + \sum \dot{m}_o - \sum \dot{m}_i &= 0 \\ \frac{dm_f}{dt} + \dot{m} &= 0 \end{aligned} \tag{6.19}$$

Substituindo a Eq. (6.19) na Eq. (6.18) fornece

$$\dot{m}V_e + p_e A_e - W - D = m_f \frac{dv_f}{dt} \tag{6.20}$$

A soma da saída de momento com a força de pressão na saída do bocal é identificada como a propulsão, T, do foguete

$$T = \dot{m}V_e + p_e A_e = \rho_e A_e V_e^2 + p_e A_e$$

assim, a Eq. (6.20) simplifica para

$$m_f \frac{dv_f}{dt} = T - D - W \tag{6.21}$$

que é a equação usada para estimar e analisar o desempenho do foguete.

A integração da Eq. (6.21) leva a uma das equações fundamentais na tecnologia de foguetes: a velocidade de fim de queima, ou a velocidade que é atingida quando todo o combustível foi queimado. Desprezando o arrasto e o peso, a equação do movimento se reduz a

$$T = m_f \frac{dv_f}{dt} \tag{6.22}$$

A massa instantânea do foguete é dada por $m_f = m_i - \dot{m}t$, em que m_i é a massa inicial do foguete e t é o tempo desde a sua ignição. Substituindo a expressão para a massa na Eq. (6.22) e integrando com a condição inicial $v_f(0) = 0$ resulta em

$$v_{bo} = \frac{T}{\dot{m}} \ln \frac{m_i}{m_f} \tag{6.23}$$

em que v_{bo} é a velocidade no final da queima do combustível, e m_f é a massa final, ou do corpo, do foguete. A razão $T/\dot{m}$ é conhecida como o impulso específico, I_{sp}, e possui unidades de velocidade.

6.6 A Equação do Momento Angular

Esta seção apresenta a *equação do momento angular*, que também é chamada de *equação do momento de momento*, e é muito útil para situações que envolvem torques. Os exemplos incluem a análise de máquinas rotativas, tais como bombas, turbinas, ventiladores e sopradores.

Derivação da Equação

A segunda lei do movimento de Newton pode ser usada para derivar uma equação para o movimento rotacional de um sistema de partículas:

$$\sum \mathbf{M} = \frac{d(\mathbf{H}_{\text{sis}})}{dt} \tag{6.24}$$

em que $\mathbf{M}$ é um momento e $\mathbf{H}_{\text{sis}}$ é o momento angular total de toda a massa que forma o sistema.

Para converter a Eq. (6.24) em uma equação de Euler, aplique o teorema do transporte de Reynolds, Eq. (5.23). A propriedade extensiva B_{sis} torna-se o momento angular do sistema: $B_{\text{sis}} = \mathbf{H}_{\text{sis}}$. A propriedade intensiva b torna-se o momento angular por unidade de massa. O momento angular de um elemento é $\mathbf{r} \times m\mathbf{v}$, e assim $b = \mathbf{r} \times \mathbf{v}$. Substituindo para B_{sis} e b na Eq. (5.23), obtemos

$$\frac{d(\mathbf{H}_{\text{sis}})}{dt} = \frac{d}{dt}\int_{\text{vc}} (\mathbf{r} \times \mathbf{v})\rho\, d\forall + \int_{\text{sc}} (\mathbf{r} \times \mathbf{v})\rho \mathbf{V} \cdot \mathbf{dA} \tag{6.25}$$

Combinando as Eqs. (6.24) e (6.25) tem-se a forma integral da *equação do momento angular*:

$$\sum \mathbf{M} = \frac{d}{dt}\int_{\text{vc}} (\mathbf{r} \times \mathbf{v})\rho\, d\forall + \int_{\text{sc}} (\mathbf{r} \times \mathbf{v})\rho \mathbf{V} \cdot \mathbf{dA} \tag{6.26}$$

em que $\mathbf{r}$ é um vetor posição que se estende do centro do momento, $\mathbf{V}$ é a velocidade de escoamento em relação à superfície de controle, e $\mathbf{v}$ é a velocidade de escoamento em relação ao sistema de referência inercial selecionado.

Se a massa cruza a superfície de controle através de uma série de pontos de entrada e de saída com propriedades distribuídas uniformemente ao longo de cada ponto de entrada e saída, então a equação do momento angular torna-se

$$\sum \mathbf{M} = \frac{d}{dt}\int_{\text{vc}} (\mathbf{r} \times \mathbf{v})\rho\, d\forall + \sum_{\text{sc}} \mathbf{r}_o \times (\dot{m}_o \mathbf{v}_o) - \sum_{\text{sc}} \mathbf{r}_i \times (\dot{m}_i \mathbf{v}_i) \tag{6.27}$$

A equação do momento angular possui a seguinte interpretação física:

$$\begin{pmatrix}\text{soma dos}\\ \text{momentos}\end{pmatrix} = \begin{pmatrix}\text{acúmulo de}\\ \text{momento angular}\end{pmatrix} + \begin{pmatrix}\text{fluxo de saída de}\\ \text{momento angular}\end{pmatrix} - \begin{pmatrix}\text{fluxo de entrada de}\\ \text{momento angular}\end{pmatrix}$$

Aplicação

O processo para aplicação da equação do momento angular é semelhante ao processo para aplicação da equação do momento linear. Para ilustrá-lo, o Exemplo 6.8 mostra como aplicar a equação do momento angular a uma curva em tubulação.

EXEMPLO 6.8

Aplicando a Equação do Momento Angular para Calcular o Momento em uma Curva com Redução

Enunciado do Problema

A curva com redução mostrada na figura está suportada sobre um eixo horizontal pelo ponto A. A água (20 °C) escoa através da curva a 0,25 m³/s. A pressão de entrada na seção transversal 1 é 150 kPa man, e a pressão de saída na seção 2 é 59,3 kPa man. Um peso de 1420 N atua 20 cm à direita do ponto A. Determine o momento que o sistema de suporte deve resistir. Os diâmetros dos tubos de entrada e de saída são de 30 cm e 10 cm, respectivamente.

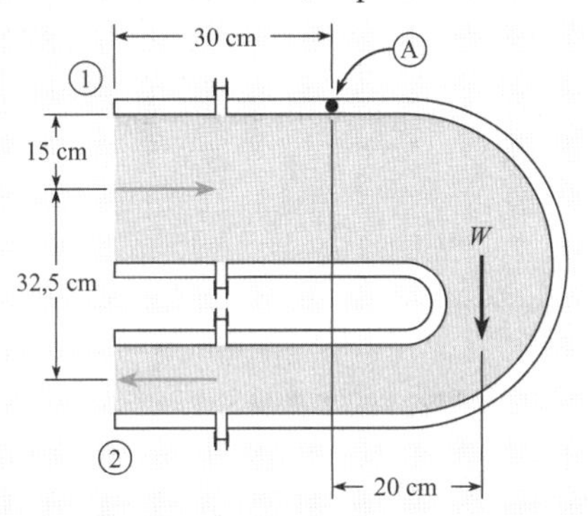

Defina a Situação

Água escoa através de uma curva em uma tubulação.

Hipóteses: Escoamento em regime estacionário.

Propriedades: Água (Tabela A.5, 20 °C, p = 1 atm): ρ = 998 kg/m³

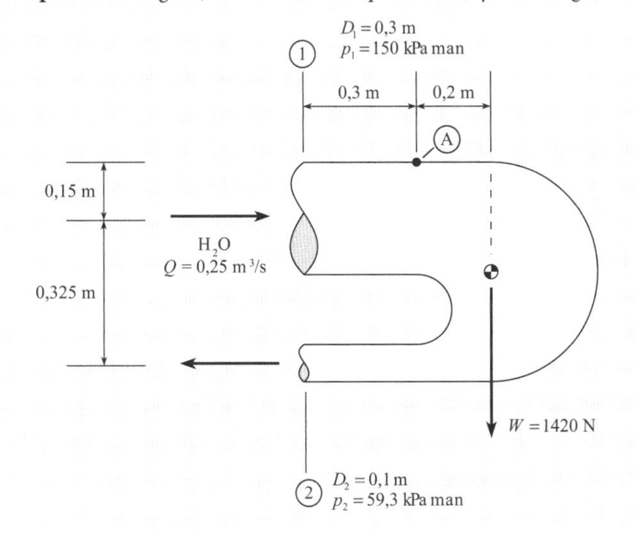

Estabeleça o Objetivo

$\mathbf{M}_A$ (N) ⬅ o momento que atua sobre a estrutura de suporte

Tenha Ideias e Trace um Plano

Selecione a equação do momento angular (Eq. 6.27), pois (a) o torque é um parâmetro e (b) as partículas de fluido estão acelerando à medida que elas passam através da curva na tubulação.

Selecione um volume de controle que envolva a curva com redução. A razão é que este VC passa pelo ponto A (onde queremos conhecer o momento) e também passa pelas seções 1 e 2, onde a informação é conhecida.

Esboce os diagramas de forças e de momentos. Adicione dimensões aos esboços, tal que fique mais fácil avaliar os produtos vetoriais.

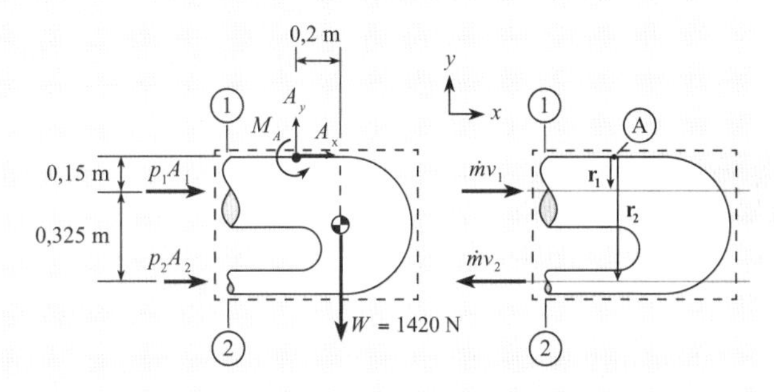

Selecione o ponto "A" para somar os momentos ao redor dele. Uma vez que o escoamento é estacionário, o termo de acúmulo de momento é zero. Além disso, existe um fluxo de entrada de momento angular e um fluxo de saída. Assim, a equação do momento angular (Eq. 6.27) simplifica a

$$\sum \mathbf{M}_A = \{\mathbf{r}_2 \times (\dot{m}\mathbf{v}_2)\} - \{\mathbf{r}_1 \times (\dot{m}\mathbf{v}_1)\} \quad \text{(a)}$$

Soma dos momentos na direção z:

$$\sum M_{A,z} = (p_1A_1)(0{,}15\text{ m}) + (p_2A_2)(0{,}475\text{ m}) + M_A - W(0{,}2\text{ m}) \quad \text{(b)}$$

Em seguida, analise os termos de momento na Eq. (a):

$$\{\mathbf{r}_2 \times (\dot{m}\mathbf{v}_2)\} - \{\mathbf{r}_1 \times (\dot{m}\mathbf{v}_1)\}_z = \{-r_2\,\dot{m}v_2\} - \{r_1\,\dot{m}v_1\} \quad \text{(c)}$$

Substitua as Eqs. (b) e (c) na Eq. (a):

$$(p_1A_1)(0{,}15\text{ m}) + (p_2A_2)(0{,}475\text{ m}) + M_A - W(0{,}2\text{ m}) = \{-r_2\dot{m}v_2\} - \{r_1\dot{m}v_1\} \quad \text{(d)}$$

Todos os termos na Eq. (d) são conhecidos, tal que M_A pode ser calculado. Dessa forma, o plano é o seguinte:

1. Calcular os torques devido à pressão: $r_1p_1A_1$ e $r_2p_2A_2$.

2. Calcular os termos do fluxo de momento: $r_2\dot{m}v_2 + r_1\dot{m}v_1$.
3. Calcular M_A.

Aja (Execute o Plano)

1. Torques devido à pressão

$$r_1p_1A_1 = (0{,}15\text{ m})(150 \times 1000\text{ N/m}^2)(\pi \times 0{,}3^2/4\text{ m}^2) = 1590\text{ N}\cdot\text{m}$$
$$r_2p_2A_2 = (0{,}475\text{ m})(59{,}3 \times 1000\text{ N/m}^2)(\pi \times 0{,}15^2/4\text{ m}^2) = 498\text{ N}\cdot\text{m}$$

2. Termos do fluxo de momento:

$$\dot{m} = \rho Q = (998\text{ kg/m}^3)(0{,}25\text{ m}^3\text{/s}) = 250\text{ kg/s}$$
$$v_1 = \frac{Q}{A_1} = \frac{0{,}25\text{ m}^3\text{/s}}{\pi \times 0{,}15^2\text{ m}^2} = 3{,}54\text{ m/s}$$
$$v_2 = \frac{Q}{A_2} = \frac{0{,}25\text{ m}^3\text{/s}}{\pi \times 0{,}075^2\text{ m}^2} = 14{,}15\text{ m/s}$$
$$\dot{m}(r_2v_2 + r_1v_1) = (250\text{ kg/s}) \times (0{,}475 \times 14{,}15 + 0{,}15 \times 3{,}54)(\text{m}^2\text{/s}) = 1813\text{ N}\cdot\text{m}$$

3. Momento exercido pelo suporte:

$$M_A = -0{,}15p_1A_1 - 0{,}475p_2A_2 + 0{,}2W - \dot{m}(r_2v_2 + r_1v_1)$$
$$= -(1590\text{ N}\cdot\text{m}) - (498\text{ N}\cdot\text{m}) + (0{,}2\text{ m} \times 1420\text{ N}) - (1813\text{ N}\cdot\text{m})$$
$$M_A = -3{,}62\text{ kN}\cdot\text{m}$$

Dessa forma, um momento de 3,62 kN·m atuando em uma direção horária é necessário para manter a curva estacionária.

> Pela terceira lei de Newton, o momento que atua sobre a estrutura de suporte é MA = 3,62 kN·m (anti-horário).

Reveja a Solução e o Processo

Dica. Use a "regra da mão direita" para determinar a direção correta dos momentos.

O Exemplo 6.9 ilustra como aplicar a equação do momento angular para estimar a potência gerada por uma turbina. Esta análise pode ser aplicada tanto em máquinas geradoras de energia (turbinas) como em máquinas que absorvem energia (bombas e compressores). Informações adicionais são apresentadas no Capítulo 14.

EXEMPLO 6.9

Aplicando a Equação do Momento Angular para Prever a Potência Produzida por uma Turbina Tipo Francis

Enunciado do Problema

Uma turbina tipo Francis é mostrada no diagrama. A água é direcionada por palhetas-guia para dentro da roda giratória (rotor) da turbina. As palhetas-guia possuem um ângulo de 70° em relação à direção radial. A água sai com apenas uma componente radial da velocidade em relação ao ambiente. O diâmetro externo do rotor é de 1 m, enquanto o diâmetro interno é de 0,5 m. A distância ao longo do rotor é de 4 cm. A descarga é de 0,5 m³/s, e a taxa de rotação do rotor é de 1200 rpm. A densidade da água é de 1000 kg/m³. Determine a potência (kW) produzida pela turbina.

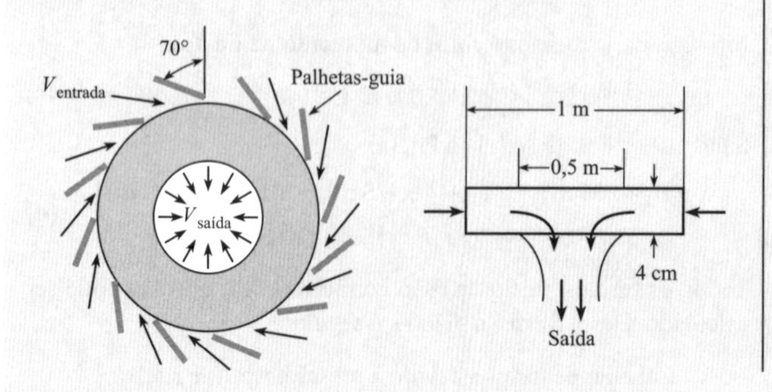

Defina a Situação

Uma turbina tipo Francis gera energia.

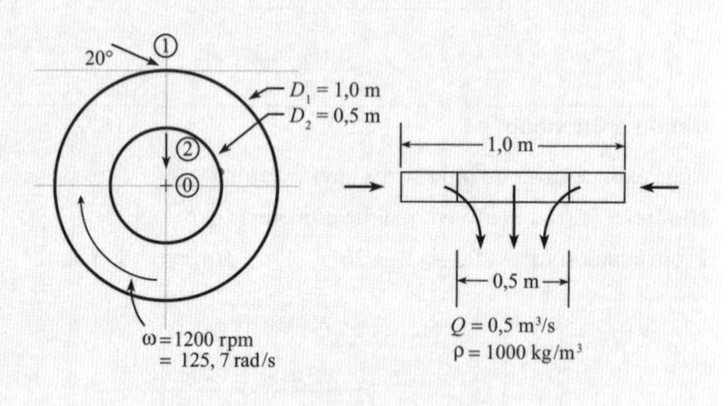

Estabeleça o Objetivo

P (W) ⬅ potência gerada pela turbina

Tenha Ideias e Trace um Plano

Uma vez que a potência é o objetivo, selecione a *equação da potência*:

$$P = T\omega \quad \text{(a)}$$

em que T é o torque que atua sobre a turbina e ω é a velocidade angular da turbina. Na Eq. (a), o torque é desconhecido, e assim se torna o novo objetivo. O torque pode ser determinado usando a equação do momento angular.

Esboço: Para aplicar a equação do momento angular, selecione um volume de controle que envolva a turbina. Então, esboce os diagramas de forças e de momentos:

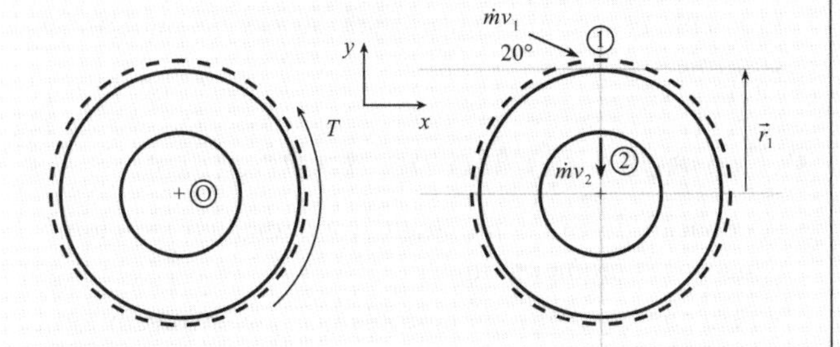

No diagrama de forças, o torque T é o torque externo do gerador. Uma vez que ele é oposto à aceleração angular, a sua direção é anti-horária. O escoamento é idealizado usando um fluxo de momento de entrada na seção 1 e um fluxo de momento de saída na seção 2.

Selecione o ponto "O" para somar os momentos ao seu redor. Uma vez que o escoamento é estacionário, o acúmulo de momentos é igual a zero. Assim, a equação do momento angular (Eq. 6.26) simplifica a

$$\sum \mathbf{M}_A = \{\mathbf{r}_2 \times (\dot{m}\mathbf{v}_2)\} - \{\mathbf{r}_1 \times (\dot{m}\mathbf{v}_1)\} \qquad \textbf{(b)}$$

Aplique a Eq. (b) na direção z. Além disso, reconheça que o escoamento na seção 2 não possui momento angular. Isto é, $[\mathbf{r}_2 \times (\dot{m}\mathbf{v}_2)] = 0$. Dessa forma, a Eq. (b) simplifica a

$$T = 0 - \{-r_1\dot{m}v_1\cos 20°\}$$

que pode ser escrita como

$$T = r_1\dot{m}v_1\cos 20° \qquad \text{(c)}$$

Na Eq. (c), a velocidade v_1 pode ser calculada usando a equação da vazão. Uma vez que a velocidade não é perpendicular à área, utilize o produto escalar:

$$Q_1 = \mathbf{V}_1 \cdot \mathbf{A}_1$$
$$Q = v_1A_1\operatorname{sen}20°$$

que pode ser reescrita como

$$v_1 = \frac{Q}{A_1\operatorname{sen}20°}$$

Agora, o número de equações é igual ao número de variáveis desconhecidas. Assim, o plano é o seguinte:

1. Calcular a velocidade de entrada v_1 usando a Eq. (d).
2. Calcular a vazão mássica usando $\dot{m} = \rho Q$.
3. Calcular o torque usando a Eq. (c).
4. Calcular a potência usando a Eq. (a).

Aja (Execute o Plano)

1. Equação da vazão volumétrica:

$$v_1 = \frac{Q}{A_1\operatorname{sen}20°} = \frac{(0{,}5\ \text{m}^3/\text{s})}{\pi(1{,}0\ \text{m})(0{,}04\ \text{m})\operatorname{sen}20°} = 11{,}63\ \text{m/s}$$

2. Equação da vazão mássica:

$$\dot{m} = \rho Q = (1000\ \text{kg/m}^3)(0{,}5\ \text{m}^3/\text{s}) = 500\ \text{kg/s}$$

3. Equação do momento angular:

$$T = r_1\dot{m}v_1\cos 20°$$
$$= (0{,}5\ \text{m})(500\ \text{kg/s})(11{,}63\ \text{m/s})\cos 20°$$
$$= 2732\ \text{N}\cdot\text{m}$$

4. Equação da potência:

$$P = T\omega = (2732\ \text{N}\cdot\text{m})(125{,}7\ \text{rad/s})$$
$$\boxed{P = 343\ \text{kW}}$$

6.7 Resumindo Conhecimentos-Chave

A Segunda Lei do Movimento de Newton

- A *força* é um empurrão ou puxão de um corpo sobre outro. Um empurrão/puxão é uma interação que pode causar a aceleração de um corpo. Uma força sempre exige a interação de dois corpos.
- As forças podem ser classificadas em duas categorias:
  - *Forças volumétricas.* As forças nessa categoria não exigem que os corpos que estão interagindo se toquem. As forças volumétricas comuns incluem o peso, a força magnética e a força eletrostática.
  - *Forças superficiais.* As forças nessa categoria exigem que os dois corpos que estão interagindo se toquem. A maioria das forças é superficial.
- A segunda lei de Newton $\Sigma\mathbf{F} = m\mathbf{a}$ se aplica a uma partícula de fluido; outras formas dessa lei são derivadas dessa equação.
- A segunda lei de Newton garante que as forças estão relacionadas a acelerações:
  - Assim, se $\Sigma\mathbf{F} > \mathbf{0}$, a partícula deve acelerar.
  - Assim, se $\mathbf{a} > \mathbf{0}$, a soma das forças deve ser diferente de zero.

Resolvendo Equações Vetoriais

- Uma equação vetorial é aquela em que os termos são vetores.
- Uma equação vetorial pode ser escrita como uma ou mais equações escalares equivalentes.

- O Método de Solução Visual (MSV) é um procedimento para resolver uma equação vetorial que torna mais fácil a solução de problemas. O processo para o MSV é o seguinte:
  - **Passo 1**. Identifique a equação vetorial na sua forma geral.
  - **Passo 2**. Esboce um diagrama que mostre os vetores no lado esquerdo da equação. Desenhe um sinal de igual. Esboce um diagrama que mostre os vetores no lado direito da equação.
  - **Passo 3**. A partir dos diagramas, aplique a equação geral, escreva os resultados finais, e simplifique os resultados para criar a(s) equação(ões) reduzida(s).

A Equação do Momento Linear

- A equação do momento linear é a segunda lei de Newton em uma forma que é útil para resolver problemas em mecânica dos fluidos.
- Para derivar a equação do momento, prossiga da seguinte maneira:
  - Comece com a segunda lei de Newton para uma única partícula.
  - Derive a segunda lei de Newton para um sistema de partículas.
  - Aplique o teorema do transporte de Reynolds para obter o resultado final.
- Interpretação física:

$$\begin{pmatrix}\text{soma das}\\ \text{forças}\end{pmatrix} = \begin{pmatrix}\text{acúmulo de}\\ \text{momento}\end{pmatrix} + \begin{pmatrix}\text{fluxo de entrada}\\ \text{de momento}\end{pmatrix} - \begin{pmatrix}\text{fluxo de saída}\\ \text{de momento}\end{pmatrix}$$

- O termo de *acúmulo de momento* fornece a taxa segundo a qual o momento dentro do volume de controle está variando ao longo do tempo.
- Os termos de *fluxos de momento* dão a taxa segundo a qual o momento está sendo transportado através das superfícies de controle.

A Equação do Momento Angular

- A equação do momento angular é o análogo rotacional da equação do momento linear:
  - Esta equação é útil para problemas que envolvem torques (isto é, momentos).
  - Esta equação é aplicada comumente a máquinas rotativas, tais como bombas, ventiladores e turbinas.
- A física da equação do momento angular é

$$\begin{pmatrix}\text{soma dos}\\ \text{momentos}\end{pmatrix} = \begin{pmatrix}\text{acúmulo de}\\ \text{momento angular}\end{pmatrix} + \begin{pmatrix}\text{fluxo de saída de}\\ \text{momento angular}\end{pmatrix} - \begin{pmatrix}\text{fluxo de entrada de}\\ \text{momento angular}\end{pmatrix}$$

- Para aplicar a equação do momento angular, use o mesmo procedimento que é usado para a equação do momento linear.

REFERÊNCIA

1. Hibbeler, R. C. *Dynamics*. Englewood Cliffs, NJ: Prentice Hall, 1995.

PROBLEMAS

Segunda Lei do Movimento de Newton (§6.1)

6.1 Identifique as forças superficiais e volumétricas que atuam em uma boia no oceano. Além disso, esboce um diagrama de corpo livre e explique como se aplicam as leis do movimento de Newton.

6.2 A segunda lei de Newton pode ser estabelecida da seguinte forma: a força é igual à taxa de variação de momento, $F = d(mv)/dt$. Tirando a derivada em partes, obtemos $F = m(dv/dt) + v(dm/dt)$. Isso não corresponde a $F = ma$. Qual é a fonte da discrepância?

A Equação do Momento Linear: Teoria (§6.2)

6.3 Quais dentre os seguintes estão corretos em relação à derivação da equação do momento? (Selecione todos os aplicáveis.)

a. O teorema do transporte de Reynolds é aplicado à lei de Fick.
b. A propriedade extensiva é o momento.
c. A propriedade intensiva é a massa.
d. Assume-se que a velocidade está distribuída uniformemente ao longo da cada entrada e saída.
e. O fluxo de momento resultante é igual às "entradas" menos as "saídas".
f. A força resultante é a soma das forças que atuam na matéria dentro do VC.

A Equação do Momento Linear: Aplicação (§6.3)

6.4 Ao desenhar um diagrama de forças (DF) e o seu diagrama de momentos (DM) correspondente para estabelecer as equações para um problema envolvendo a equação do momento (ver a Fig. 6.10), quais dentre os seguintes elementos devem estar no DF e quais devem estar no DM? (Classifique cada um dos seguintes como "DF" ou "DM".)

a. Cada corrente de massa com o produto $\dot{m}_s\mathbf{v}_s$ ou o produto $\dot{m}_e\mathbf{v}_e$ cruzando a fronteira de uma superfície de controle.
b. Forças exigidas para segurar as paredes, palhetas ou tubulações no local.
c. Peso de um tanque que contém o fluido.
d. Peso do fluido.
e. Força de pressão associada a um fluido escoando através de uma fronteira de uma superfície de controle.

Aplicando a Equação do Momento a Jatos de Fluido (§6.4)

6.5 Dê cinco exemplos de jatos e como eles ocorrem na prática.

6.6. Um "foguete balão" consiste em um balão suspenso em um arame de varal por um tubo oco (canudo de bebida) e um barbante. O bocal é formado por um tubo de 1,6 cm de diâmetro, e um jato de ar sai do bocal com uma velocidade de 60 m/s e uma densidade de 1,2 kg/m³. Determine a força *F* necessária para manter o balão estacionário. Despreze o atrito.

6.7 O foguete balão é mantido no local por uma força *F*. A pressão dentro do balão é de 12 polegadas H_2O, o diâmetro do bocal é de 0,4 cm, e a densidade do ar é de 1,2 kg/m³. Determine a velocidade de saída *v* e a força *F*. Despreze o atrito e assuma que o fluxo de ar seja invíscido e irrotacional.

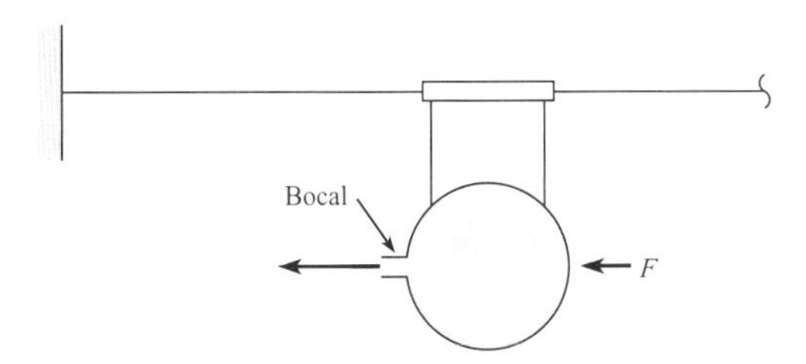

Problemas 6.6, 6.7

6.8 Para o Exemplo 6.2 em §6.4, o diagrama de situação mostra concreto sendo "lançado" em um ângulo para dentro de um carrinho que está preso por um cabo, e sobre uma balança. Determine se as duas seguintes declarações são verdadeiras ou falsas.

a. Massa está acumulando no carrinho.
b. Momento está sendo acumulado no carrinho.

6.9 Um jato com diâmetro de 40 mm e velocidade $v = 20$ m/s está enchendo um tanque. O tanque possui uma massa de 23 kg e contém 28 litros de água no instante mostrado. A temperatura da água é de 15 °C. Determine a força que atua no fundo do tanque e a força que atua sobre o bloco de batente. Despreze o atrito.

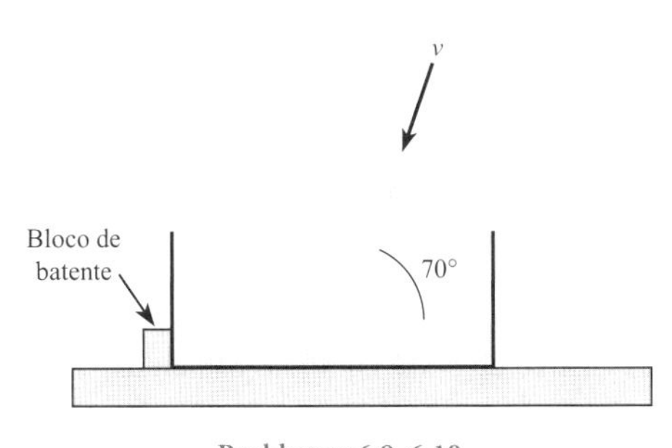

Problemas 6.9, 6.10

6.10 Um jato de água com diâmetro de 2 polegadas e velocidade $v = 60$ ft/s está enchendo um tanque. O tanque possui uma massa de 25 lbm e contém 6 galões de água no instante mostrado. A temperatura da água é de 70 °F. Determine o coeficiente de atrito mínimo tal que a força que atua no bloco de batente seja igual a zero.

6.11 Um concurso de projetos apresenta um submarino que irá trafegar a uma velocidade constante de $V_{sub} = 1$ m/s em água a 15 °C. O submarino é acionado por um jato de água. Esse jato é criado pela sucção de água por meio de uma entrada com 25 mm de diâmetro, passando essa água através de uma bomba e então acelerando a água através de um bocal com 5 mm de diâmetro até uma velocidade V_{jato}. A força de arrasto hidrodinâmica (F_A) pode ser calculada usando

$$F_A = C_D\left(\frac{\rho V_{sub}^2}{2}\right)A_p$$

em que o coeficiente de arrasto é $C_D = 0,3$ e a área projetada é $A_p = 0,28$ m². Especifique um valor aceitável de V_{jato}. Veja §6.5 para obter conhecimentos úteis sobre VCs em movimento.

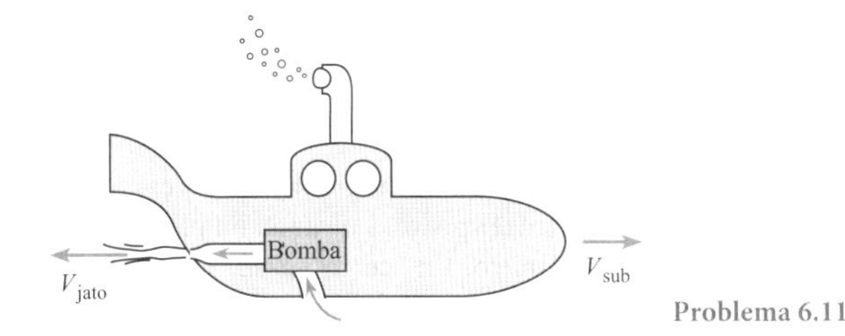

Problema 6.11

6.12 Este tanque provê um jato de água (70 °C) para resfriar uma superfície metálica vertical durante a fabricação. Calcule *V* quando uma força horizontal de 180 lbf é exigida para manter a superfície metálica no local. $Q = 3$ cfs.

6.13 Um jato de água horizontal a 70 °C sai através de um orifício circular em um grande tanque. O jato atinge uma placa vertical que está normal ao eixo do jato. Uma força de 600 lbf é necessária para manter a placa no local contra a ação do jato. Se a pressão no tanque é de 25 psig no ponto *A*, qual é o diâmetro do jato imediatamente na saída do orifício?

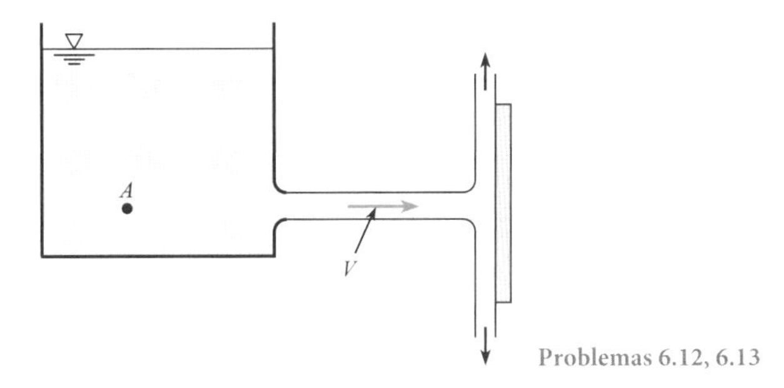

Problemas 6.12, 6.13

6.14 Um engenheiro está fazendo cálculos preliminares para o projeto de um brinquedo de água. Um usuário do produto irá aplicar uma força F_1 que move um pistão ($D = 80$ mm) a uma velocidade de $V_{pistão} = 300$ mm/s. A água a 20 °C sai como um jato a partir de um bocal convergente de diâmetro $d = 15$ mm. Para manter o brinquedo estacionário, o usuário aplica uma força F_2 ao suporte. Que força (F_1 *versus* F_2) é maior? Explique a sua resposta usando conceitos da equação do momento. Depois, calcule F_1 e F_2. Despreze o atrito entre o pistão e as paredes.

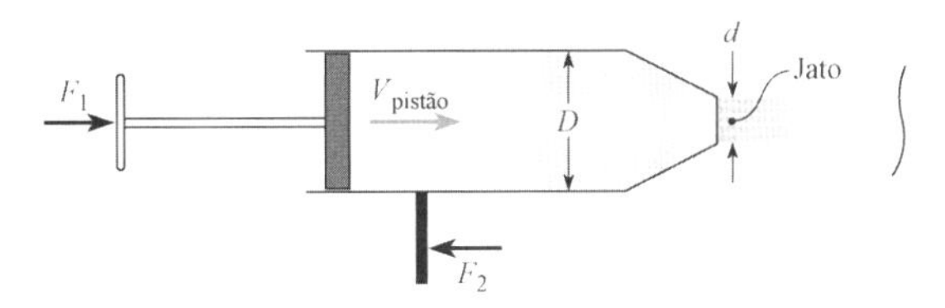

Problema 6.14

6.15 Uma mangueira de incêndio em um barco produziu um jato de água com 3 polegadas de diâmetro e uma velocidade de V = 65 mph. O barco é mantido estacionário por um cabo fixado a um píer, e a temperatura da água é de 50 °F. Calcule a tração no cabo.

6.16 Um barco é mantido estacionário por um cabo fixado a um píer. Uma mangueira de incêndio direciona um jorro de água a 5 °C a uma velocidade de V = 50 m/s. Se a carga permissível sobre o cabo é de 5 kN, calcule a vazão mássica do jato de água. Qual é o diâmetro correspondente do jato de água?

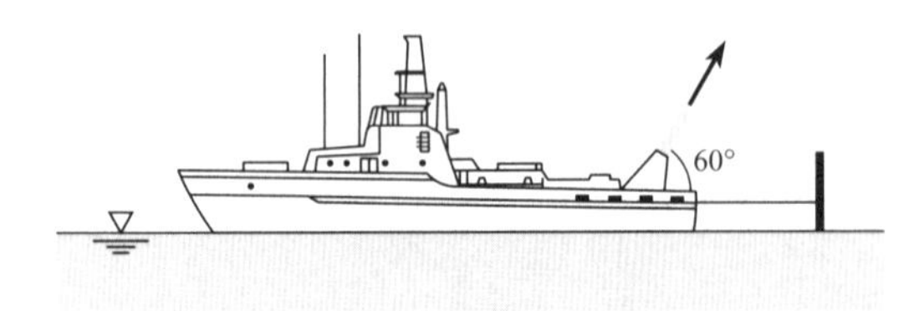

Problemas 6.15, 6.16

6.17 Um grupo de amigos desfruta regularmente de *rafting* em corredeiras, e costumam trazer pistolas de água de pistão para atirar água de um bote no outro. Em certo verão, eles notam que quando se encontram em água parada (sem correntes), eles começam a se afastar após apenas alguns poucos tiros uns contra os outros. Eles questionam se o jato que está sendo ejetado para fora de uma pistola de água de pistão possui momento suficiente para forçar um atirador e um bote para trás. Para responder a essa pergunta,

a. Esboce um VC, um DF e um DM para este sistema.

b. Calcule o fluxo de momento (N) gerado pela ejeção de água com uma vazão de 3 gal/s a partir de uma área de seção transversal de 1,7 polegada.

6.18 Um tanque de água (15 °C) com um peso total de 200 N (água mais o recipiente) está suspenso por um cabo vertical. O ar sob pressão gera um jato de água (d = 12 mm) para fora, pelo fundo do tanque, tal que a tração no cabo vertical é de 10 N. Se H = 425 mm, determine a pressão de ar exigida em unidades de atmosfera (manométrica). Assuma que o escoamento de água seja irrotacional.

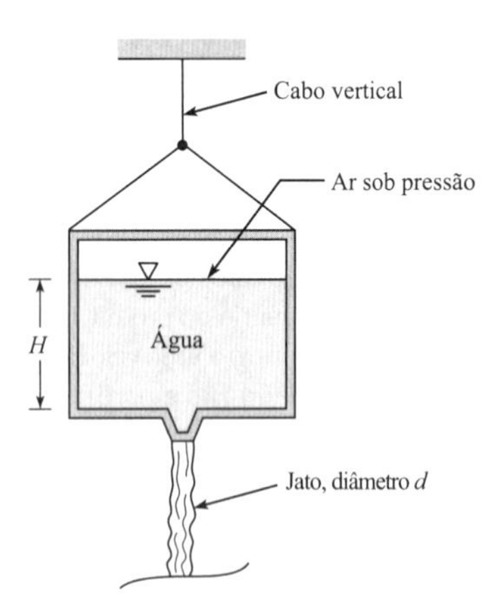

Problema 6.18

6.19 Um jato de água (60 °F) está descarregando a uma taxa constante de 2,0 cfs do tanque superior. Se o diâmetro do jato na seção 1 é de 4 polegadas, quais forças serão medidas pelas balanças A e B? Assuma que o tanque vazio pesa 300 lbf, que a área de seção transversal do tanque seja de 4 ft², h = 1 ft, e H = 9 ft.

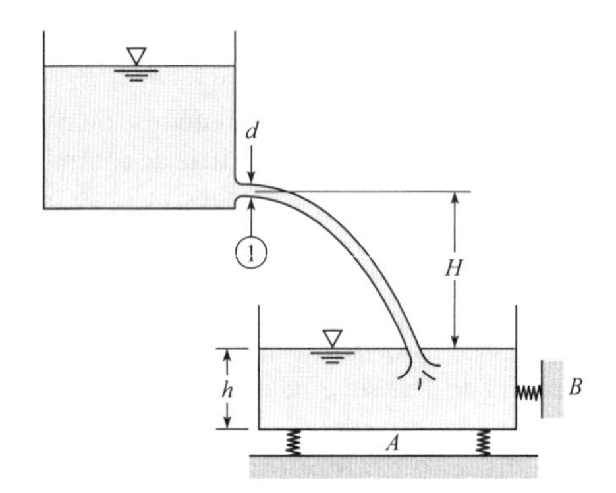

Problema 6.19

6.20 Uma esteira transportadora descarrega brita em uma barcaça, conforme mostrado, a uma taxa de 40 yd³/min (jardas cúbicas por minuto). Se a brita pesa 120 lbf/ft³, qual é a tração na amarra que prende a barcaça à doca?

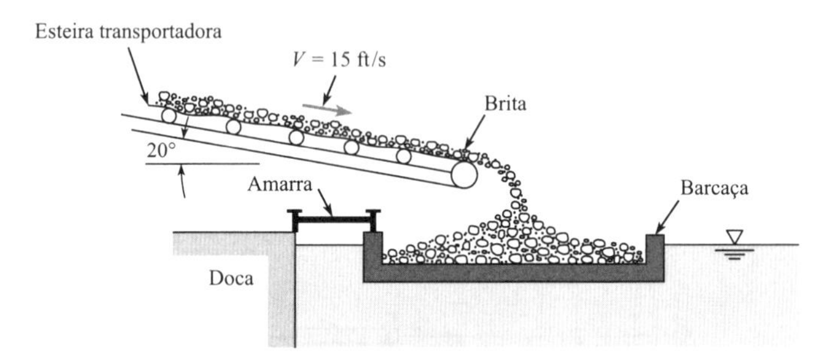

Problema 6.20

6.21 O bocal semicircular borrifa uma lâmina de líquido através de um arco de 180°, conforme mostrado. A velocidade é V na seção de fluxo de saída, onde a espessura da lâmina é t. Derive uma fórmula para a força externa F (na direção y) que é exigida para manter o sistema de bocal no local. Essa força deve ser uma função de ρ, V, r e t.

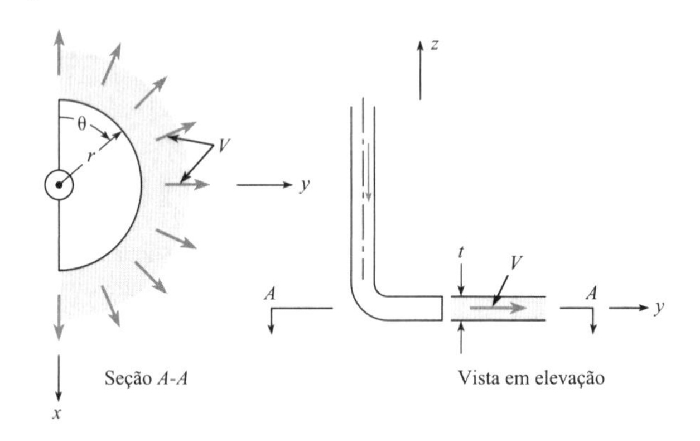

Problema 6.21

6.22 A seção de expansão de um bocal de um foguete é com frequência de formato cônico, e uma vez que o escoamento diverge, a propulsão derivada do bocal é menor do que seria se a velocidade de saída fosse paralela ao eixo do bocal em todos os pontos. Considerando o escoamento através da seção esférica suspensa pelo cone e assumindo que a pressão de saída seja igual à pressão atmosférica, mostre que a propulsão é dada por

$$T = \dot{m}V_s\frac{(1 + \cos\alpha)}{2}$$

em que $\dot{m}$ é a vazão mássica através do bocal, V_s é a velocidade de saída, e α é o semiângulo do bocal.

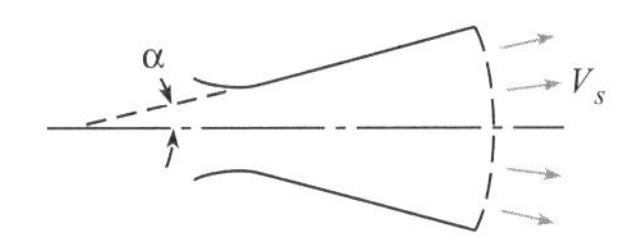

Problema 6.22

Aplicando a Equação do Momento a Palhetas (§6.4)

6.23 Determine as forças nas direções x e y que são necessárias para segurar esta palheta fixa, que rotaciona o jato de óleo ($SG = 0{,}9$) em um plano horizontal. Aqui, $V_1 = 29$ m/s, $V = 33$ m/s, e $Q = 0{,}9$ m³/s.

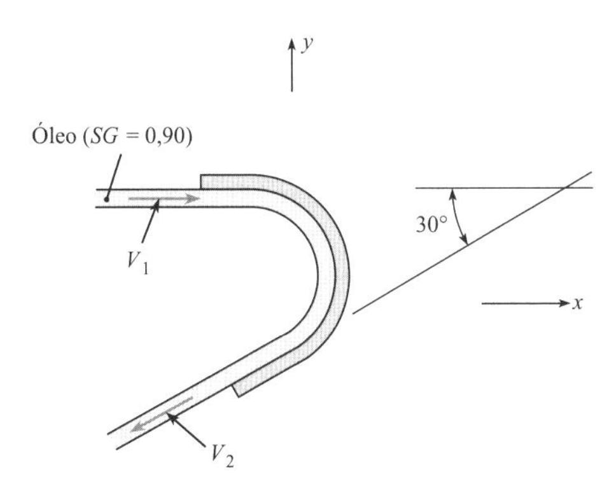

Problemas 6.23, 6.24

6.24 Resolva o Problema 6.23 para $V_1 = 70$ ft/s, $V_2 = 65$ ft/s, e $Q = 1{,}5$ cfs.

6.25 Este jato d'água planar (60 °F) é defletido por uma palheta fixa. Quais são as componentes x e y da força por unidade de largura necessárias para manter a palheta estacionária? Despreze a gravidade.

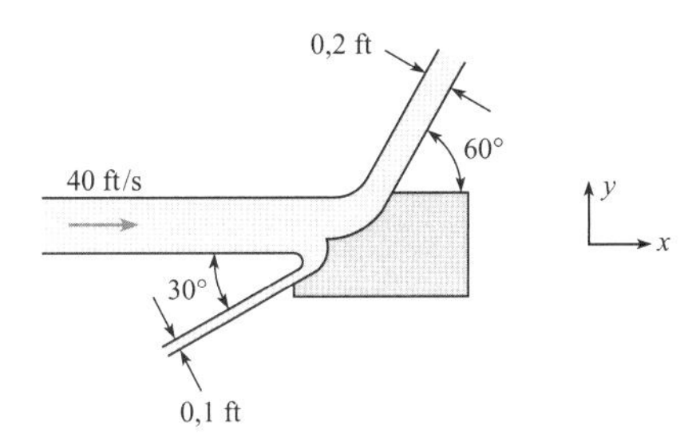

Problema 6.25

6.26 Um jato de água com uma velocidade de 60 ft/s e uma vazão mássica de 40 lbm/s é girado 30° por uma palheta fixa. Determine a força do jato de água sobre a palheta. Despreze a gravidade.

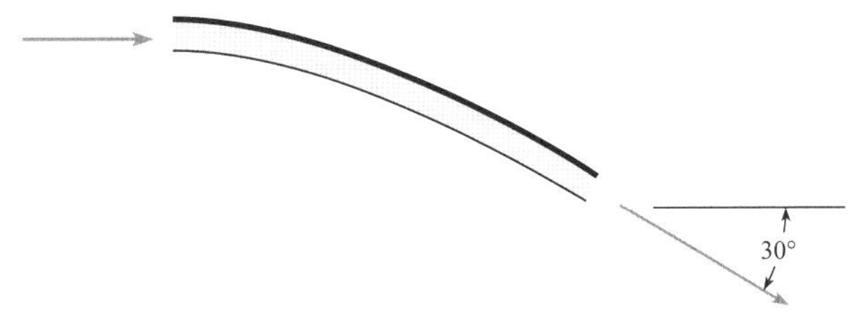

Problema 6.26

6.27 A água ($\rho = 1.000$ kg/m³) se choca contra um bloco, conforme mostrado, e é defletida 30°. A vazão da água é de 15,1 kg/s, e a velocidade de entrada é $V = 16$ m/s. A massa do bloco é de 1 kg. O coeficiente de atrito estático entre o bloco e a superfície é de 0,1 (força de atrito/força normal). Se a força paralela à superfície exceder a força de atrito, o bloco irá se mover. Determine a força sobre o bloco e se o bloco irá se mover. Despreze o peso da água.

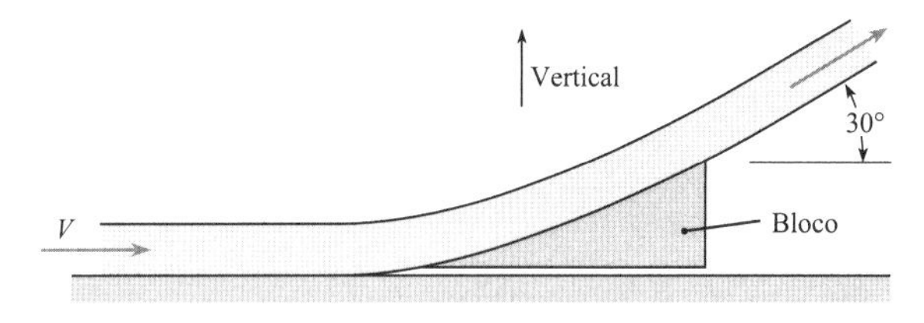

Problemas 6.27, 6.28

6.28 Para a situação descrita no Problema 6.27, determine a velocidade de entrada máxima (V) tal que o bloco não deslize.

6.29 A placa A tem 50 cm de diâmetro e possui um orifício com aresta viva no seu centro. Um jato d'água (a 10 °C) atinge a placa concentricamente com uma velocidade de 60 m/s. Qual é a força externa necessária para segurar a placa no local se o jato que passa pelo orifício também possui uma velocidade de 60 m/s? Os diâmetros dos jatos são $D = 15$ cm e $d = 0{,}5$ cm.

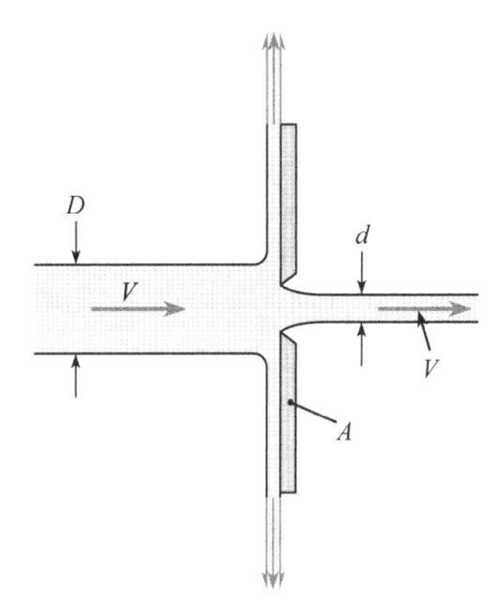

Problema 6.29

6.30 Um cone que é mantido estável por um fio está livre para se mover na direção vertical, e há um jato de água (a 10 °C) atingindo o cone por debaixo. O cone pesa 30 N. A velocidade inicial do jato quando ele sai do orifício é de 15 m/s, e o diâmetro inicial do jato é de 2 cm. Determine a altura até a qual o cone irá se elevar e permanecer estacionário. *Nota:* O fio é apenas para estabilidade e não deve entrar nos seus cálculos.

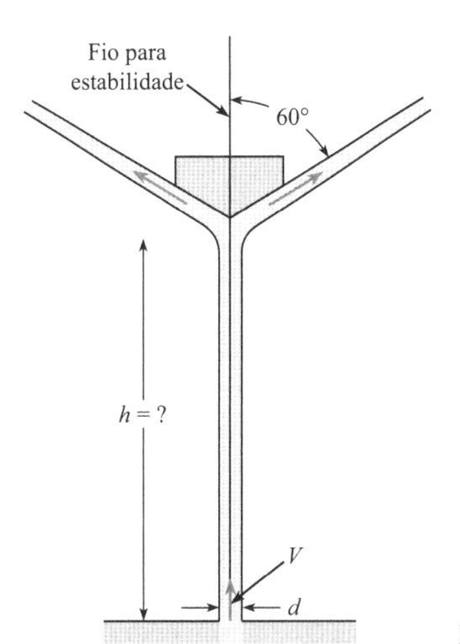

Problema 6.30

6.31 Um jato de água horizontal (a 10 °C) que possui 6 cm de diâmetro e uma velocidade de 20 m/s é defletido por uma palheta, conforme mostrado. Se a palheta está se movendo a uma taxa de 7 m/s na direção x, quais componentes da força são exercidos sobre a palheta pela água nas direções x e y? Assuma que o atrito entre a água e a palheta seja desprezível. Veja §6.5 para conhecimentos úteis sobre VCs que se movem.

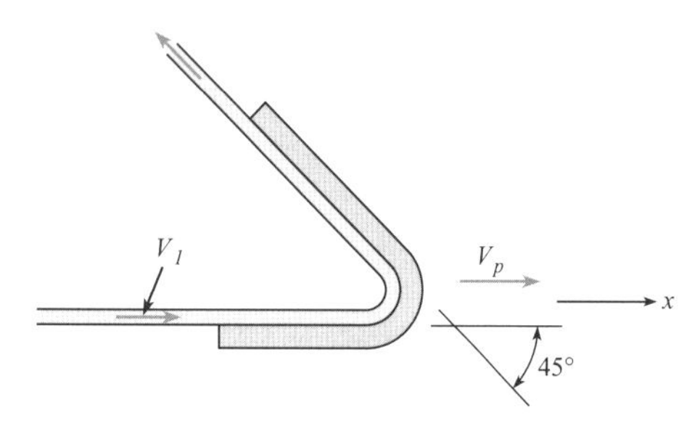

Problema 6.31

6.32 Uma palheta sobre o carrinho em movimento deflete um jato d'água (ρ = 1000 kg/m³) com 15 cm de diâmetro, conforme mostrado. A velocidade inicial da água no jato é de 50 m/s, e o carrinho se move a uma velocidade de 3 m/s. Se a palheta divide o jato de tal maneira que metade dele vai em uma direção e metade vai em outra, qual é a força exercida sobre a palheta pela água? Veja §6.5 para conhecimentos úteis sobre VCs que se movem.

6.33 Faça referência ao carrinho no Problema 6.32. Se a velocidade do carrinho é constante e igual a 5 ft/s, a velocidade inicial do jato é de 60 ft/s, e o diâmetro do jato = 0,15 ft, qual é a resistência ao rolamento do carrinho? (ρ = 62,4 lbm/ft³.) Veja §6.5 para conhecimentos úteis sobre VCs que se movem.

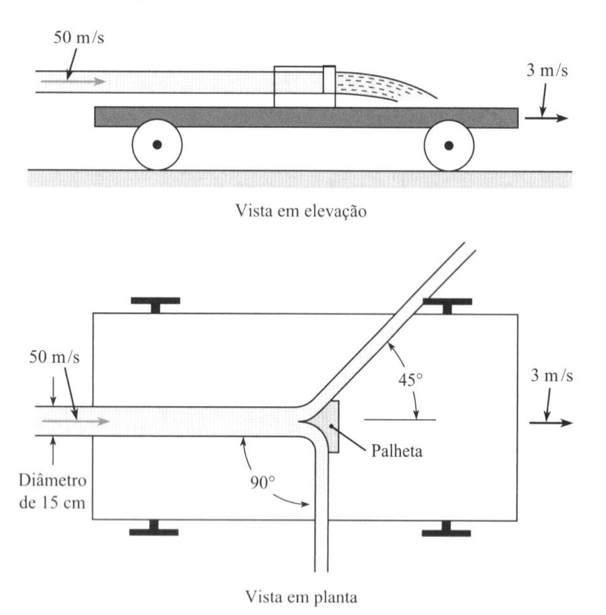

Problemas 6.32, 6.33

6.34 A água (ρ = 1000 kg/m³) no jato possui uma velocidade de 60 m/s para a direita e é defletida por um cone que se move para a esquerda com uma velocidade de 5 m/s. O diâmetro do jato é de 10 cm. Determine a força horizontal externa necessária para mover o cone. Assuma que o atrito entre a água e a palheta seja desprezível. Veja §6.5 para conhecimentos úteis sobre VCs que se movem.

6.35 O jato de água (a 50 °F) bidimensional é defletido pela palheta bidimensional, que se move para a direita com uma velocidade de 60 ft/s. O jato inicial possui 0,30 ft de espessura (dimensão vertical), e a sua velocidade é de 100 ft/s. Qual potência por pé do jato (normal à página) é transmitida à palheta? Veja §6.5 para conhecimentos úteis sobre VCs que se movem.

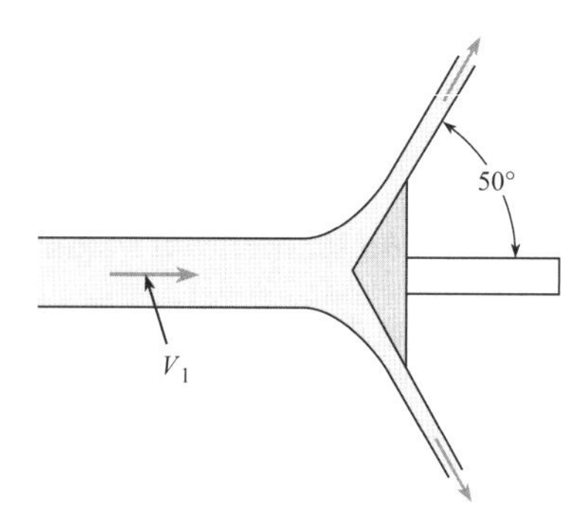

Problemas 6.34, 6.35

6.36 Assuma que a concha mostrada, que possui 20 cm de largura, seja usada como um dispositivo de frenagem para estudar efeitos de desaceleração, tal como aqueles em veículos espaciais. Se a concha está fixada a um trenó de 1000 kg que se desloca inicialmente na horizontal a uma taxa de 100 m/s, qual será a desaceleração inicial do trenó? A concha afunda na água 8 cm (d = 8 cm). (T = 10 °C.) Veja §6.5 para conhecimentos úteis sobre VCs que se movem.

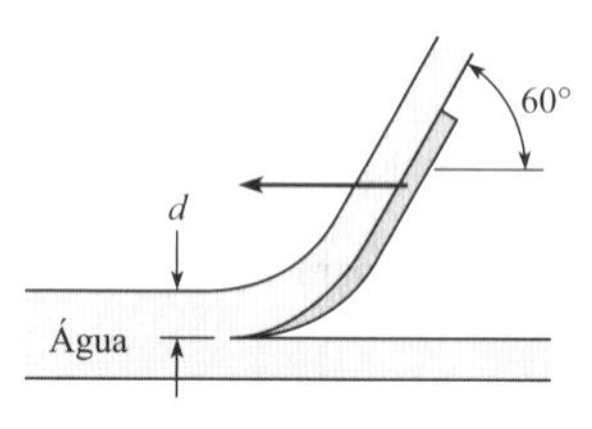

Problema 6.36

6.37 Este limpa-neve limpa uma faixa de neve (SG = 0,20) que possui 4 polegadas de profundidade (d = 4 polegadas) e 2 ft de largura (B = 2 ft). A neve sai da lâmina na direção indicada nos desenhos. Desprezando o atrito entre a neve e a lâmina, estime a potência exigida exatamente para a remoção da neve se a velocidade do limpa-neve é de 40 ft/s. Veja §6.5 para conhecimentos úteis sobre VCs que se movem.

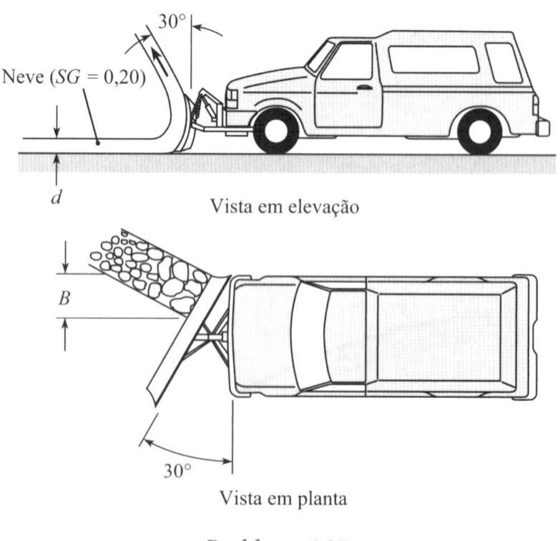

Problema 6.37

6.38 Um aerofólio de envergadura finita pode ser considerado como se fosse uma palheta, conforme mostrado na figura. A seção transversal de ar afetada é igual ao círculo com o diâmetro da envergadura da asa, b. A asa deflete o ar segundo um ângulo α e produz uma força normal à velocidade na corrente livre, a força ascensional L, e na direção da corrente livre, o arrasto D. A velocidade do ar permanece inalterada. Calcule a força ascensional e o arrasto para uma envergadura de asa de 30 ft em uma corrente de ar de 300 ft/s a 14,7 psia e 60 °F para uma deflexão do escoamento de 2°.

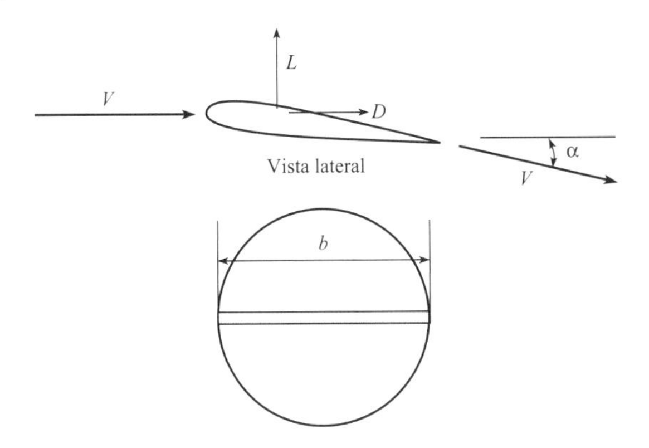

Problema 6.38

Aplicando a Equação do Momento a Bocais (§6.4)

6.39 Jatos de água a alta velocidade são usados para aplicações especiais em cortes. A pressão na câmara é de aproximadamente 60.000 psig. Usando a equação de Bernoulli, estime a velocidade da água que sai do bocal e que despeja à pressão atmosférica. Despreze efeitos de compressibilidade e assuma uma temperatura da água de 60 °F.

6.40 A água a 60 °F escoa através de um bocal que contrai de um diâmetro de 12 polegadas até 1 polegada. A pressão na seção 1 é de 2500 psfg, e a pressão atmosférica prevalece na saída do jato. Calcule a velocidade do escoamento na saída do bocal e a força exigida para manter o bocal estacionário. Despreze o peso.

6.41 A água a 15 °C escoa através de um bocal que contrai de um diâmetro de 15 cm até 2 cm. A velocidade de saída é $v_2 = 10$ m/s, e a pressão atmosférica prevalece na saída do jato. Calcule a pressão na seção 1 e a força exigida para manter o bocal estacionário. Despreze o peso.

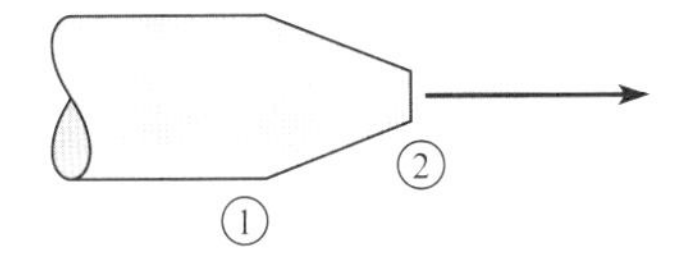

Problemas 6.40, 6.41

6.42 A água (a 50 °F) escoa através deste bocal a uma taxa de 25 cfs e descarrega na atmosfera. $D_1 = 20$ polegadas, e $D_2 = 9$ polegadas. Determine a força exigida no flange para manter o bocal no lugar. Assuma que o escoamento seja irrotacional. Despreze as forças gravitacionais.

6.43 Resolva o Problema 6.42 usando os seguintes valores: $Q = 0{,}30$ m³/s, $D_1 = 30$ cm, e $D_2 = 10$ cm. ($\rho = 1000$ kg/m³.)

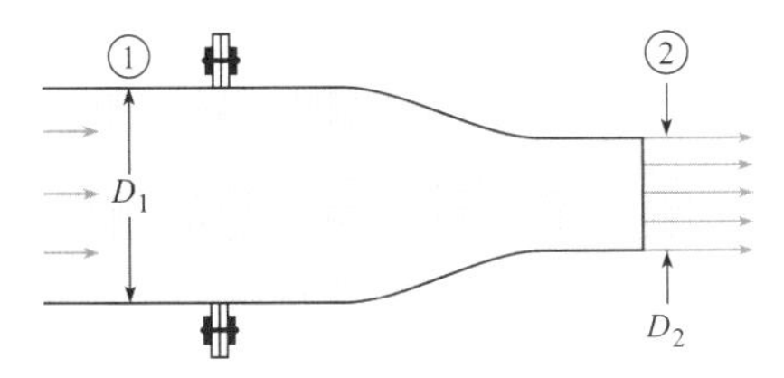

Problemas 6.42, 6.43

6.44 Este "duplo" bocal descarrega água ($\rho = 62{,}4$ lbm/ft³) na atmosfera a uma taxa de 16 cfs. Se o bocal está apoiado sobre um plano horizontal, qual é a componente na direção x da força atuando por meio dos parafusos do flange que é exigida para manter o bocal no lugar? *Nota:* Assuma um escoamento irrotacional, e assuma que a velocidade da água em cada jato seja a mesma. O jato A possui 4 polegadas em diâmetro, o jato B tem 4,5 polegadas em diâmetro, e o tubo possui 1,4 ft em diâmetro.

6.45 Este "duplo" bocal descarrega água (a 10 °C) na atmosfera a uma taxa de 0,65 m³/s. Se o bocal está apoiado sobre um plano horizontal, qual é a componente na direção x da força atuando por meio dos parafusos do flange que é exigida para manter o bocal no lugar? *Nota:* Assuma um escoamento irrotacional e que a velocidade da água em cada jato seja a mesma. O jato A possui 8 cm em diâmetro, o jato B 9 cm em diâmetro, e o tubo possui 30 cm em diâmetro.

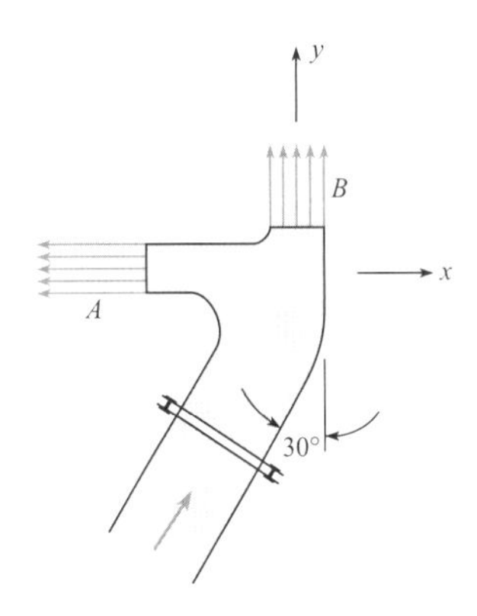

Problemas 6.44, 6.45

6.46 Um projetista de bocal de foguetes está preocupado com a força exigida para prender a seção do bocal no corpo de um foguete. A seção do bocal tem a forma mostrada na figura. A pressão e a velocidade na entrada do bocal são de 1,5 MPa e 100 m/s. A pressão e velocidade na saída são de 80 kPa absoluta e 2000 m/s. A vazão mássica através do bocal é de 220 kg/s. A pressão atmosférica é de 100 kPa. O foguete não está acelerando. Calcule a força sobre a conexão bocal-câmara.

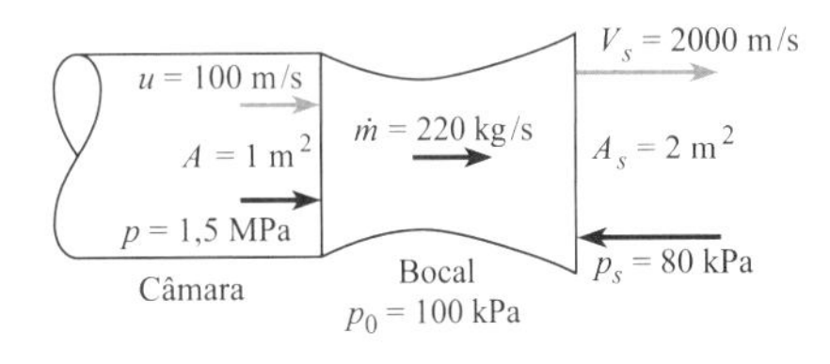

Problema 6.46

6.47 A água ($\rho = 62{,}4$ lbm/ft³) é descarregada a partir da fenda bidimensional mostrada a uma taxa de 8 cfs por pé de fenda. Determine a pressão p no manômetro e a força da água por pé sobre as placas verticais nas extremidades, A e C. As dimensões da fenda e do jato, B e b, são de 8 polegadas e 4 polegadas, respectivamente.

6.48 A água (a 10 °C) é descarregada a partir da fenda bidimensional mostrada a uma taxa de 0,40 m³/s por metro de fenda. Determine a pressão p no manômetro e a força da água por metro sobre as placas verticais nas extremidades, A e C. As dimensões da fenda e do jato, B e b, são de 20 cm e 7 cm, respectivamente.

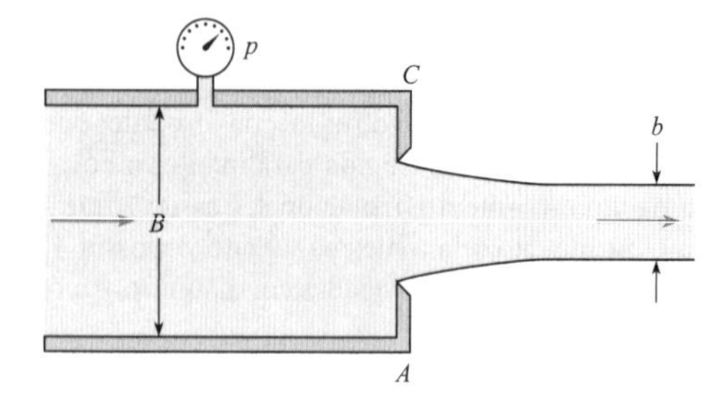

Problemas 6.47, 6.48

6.49 Este cabeçote de *spray* descarrega água ($\rho = 62{,}4$ lbm/ft³) a uma taxa de 4 ft³/s. Assumindo um escoamento irrotacional e uma velocidade de saída de 58 ft/s no jato livre, determine qual é a força atuando por meio dos parafusos do flange que é necessária para manter o cabeçote de *spray* na tubulação de 6 polegadas. Despreze as forças gravitacionais.

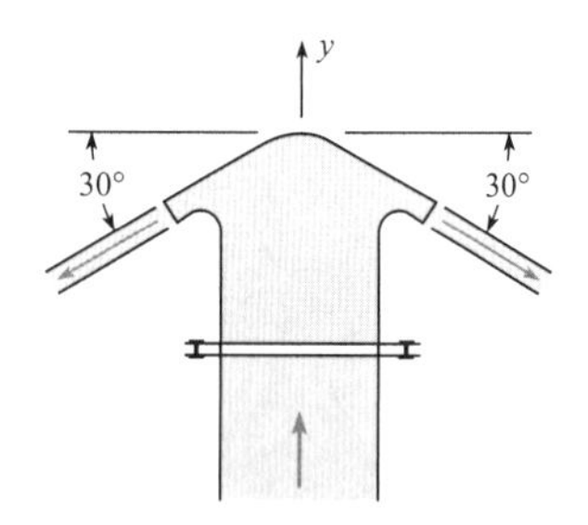

Problema 6.49

6.50 Dois jatos de água ($\rho = 62{,}4$ lbm/ft³) circulares ($d = 0{,}5$ polegada) saem deste bocal não usual. Se $V_j = 80{,}2$ ft/s, qual força é exigida no flange para segurar o bocal no lugar? A pressão na tubulação de 4 polegadas ($D = 3{,}5$ polegadas) é de 50 psig.

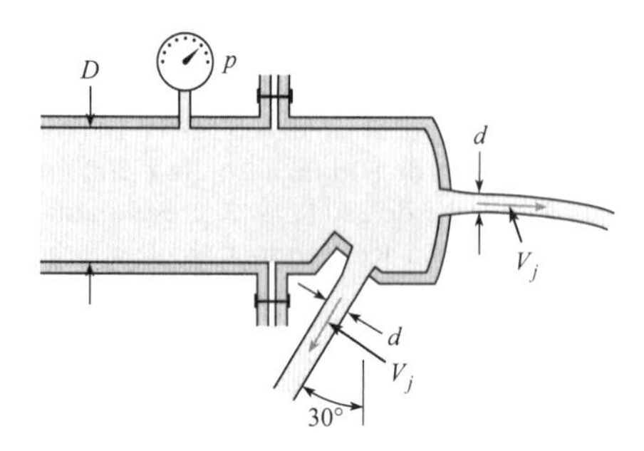

Problema 6.50

6.51 Um líquido ($SG = 1{,}2$) entra na "esfera negra" através de uma tubulação de 2 polegadas com velocidade de 50 ft/s e uma pressão de 60 psig. Ele deixa a esfera através de dois jatos, conforme mostrado. A velocidade no jato vertical é de 100 ft/s, e o seu diâmetro é de 1 polegada. O diâmetro do outro jato também é de 1 polegada. Qual é a força exigida no decorrer da parede do tubo de 2 polegadas nas direções x e y para manter a esfera no lugar? Assuma que a esfera mais o líquido no seu interior pesam 200 lbf.

6.52 Um líquido ($SG = 1{,}5$) entra na "esfera negra" através de uma tubulação de 5 cm com velocidade de 10 m/s e uma pressão de 400 kPa. Ele deixa a esfera através de dois jatos, conforme mostrado. A velocidade no jato vertical é de 30 m/s, e o seu diâmetro é de 25 mm. O diâmetro do outro jato também é de 25 mm. Qual é a força exigida no decorrer da parede do tubo de 5 cm nas direções x e y para manter a esfera no lugar? Assuma que a esfera mais o líquido no seu interior pesam 600 N.

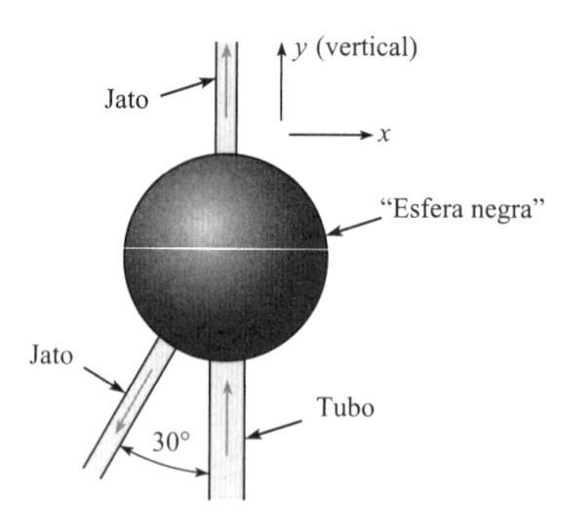

Problemas 6.51, 6.52

Aplicando a Equação do Momento a Curvas em Tubulações (§6.4)

6.53 Uma corrente de gás quente entra em uma curva de tubulação de 180° com diâmetro uniforme, conforme mostrado. A velocidade de entrada é de 100 ft/s, a densidade do gás é de 0,02 lbm/ft³, e a vazão mássica é de 2 lbm/s. A água é borrifada dentro do duto para resfriar o gás, que sai com uma densidade de 0,05 lbm/ft³. A vazão mássica de água para dentro do gás é desprezível. As pressões na entrada e na saída são as mesmas e iguais à pressão atmosférica. Determine a força exigida para segurar a curva.

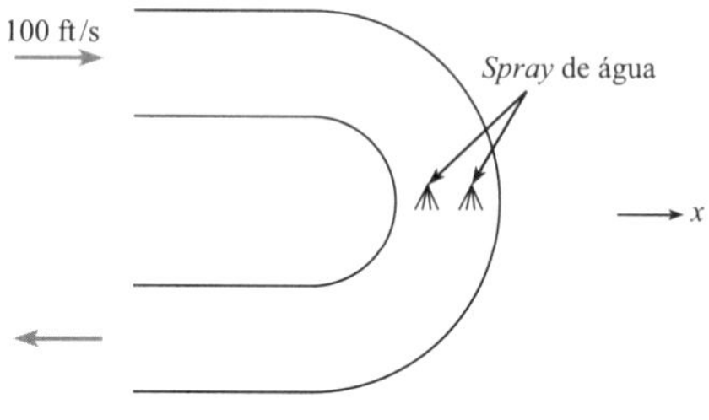

Problema 6.53

6.54 Assuma que a pressão manométrica p seja a mesma nas seções 1 e 2 na curva horizontal mostrada na figura. O fluido escoando na curva possui uma densidade ρ, vazão volumétrica Q e velocidade V. A área de seção transversal do tubo é A. Então, a magnitude da força (desprezando a gravidade) exigida nos flanges para segurar a curva no lugar será (a) pA, (b) $pA + \rho QV$, (c) $2pA + \rho QV$, ou (d) $2pA + 2\rho QV$?

6.55 O tubo mostrado possui uma curva vertical de 180°. O diâmetro D é de 1,25 ft, e a pressão no centro do tubo superior é de 15 psig. Se a vazão na curva é de 40 cfs, qual será a força externa exigida para segurar a curva no local contra a ação da água? A curva pesa 200 lbf, e o volume da curva é de 2 ft³. Assuma que a equação de Bernoulli seja aplicável. ($\rho = 62{,}4$ lbm/ft³.)

6.56 O tubo mostrado possui uma curva horizontal de 180°, conforme mostrado, e D é de 20 cm. A vazão volumétrica de água ($\rho = 1000$ kg/m³) no tubo e na curva é de 0,35 m³/s, e a pressão no tubo e na curva é de 100 kPa man. Se o volume da curva é de 0,10 m³, e a curva propriamente dita pesa 400 N, qual força deverá ser aplicada nos flanges para segurar a curva no local?

6.57 Resolva o Problema 6.56 e responda às seguintes perguntas:

a. As duas forças de pressão, da entrada e da saída, atuam na mesma direção, ou em direções opostas?

b. Para os dados fornecidos, qual termo possui a maior magnitude (em N), o termo relativo à força de pressão resultante, ou o termo do fluxo de momento resultante?

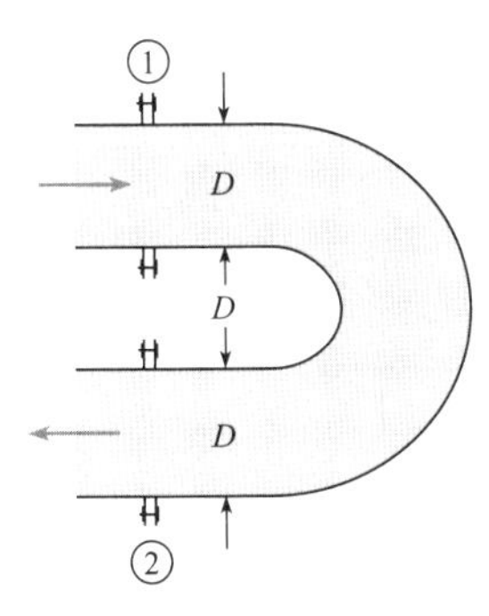

Problemas 6.54, 6.55, 6.56, 6.57

6.58 A água (a 50 °F) escoa na curva horizontal de 90° a uma taxa de 12 cfs, e descarrega na atmosfera após o flange a jusante. O diâmetro da tubulação é de 1 ft. Qual deverá ser a força aplicada no flange a montante para manter a curva no lugar? Assuma que o volume de água a jusante do flange a montante seja de 3 ft³, e que a curva e o tubo pesem 100 lbf. Assuma que a pressão na seção de entrada seja de 6 psig.

6.59 A pressão manométrica ao longo de toda a curva de tubulação em 90° é de 300 kPa. Se o diâmetro do tubo é de 1,5 m e a vazão da água (a 10 °C) é de 10 m³/s, qual componente de força na direção x deve ser aplicada à curva para segurá-la no local contra a ação da água?

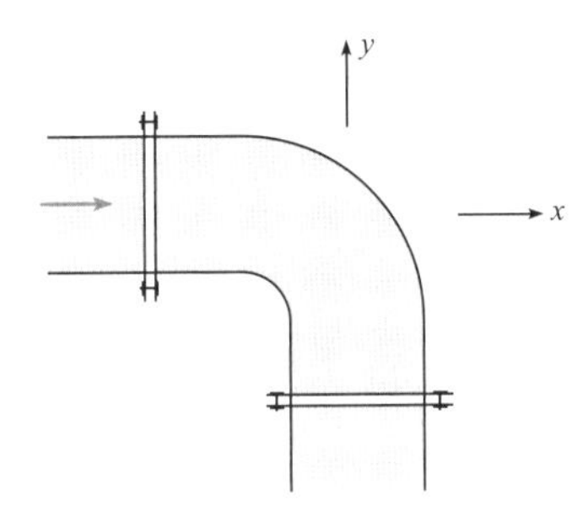

Problemas 6.58, 6.59

6.60 Esta curva vertical de 30° em um tubo com 1,5 ft de diâmetro carrega a água (ρ = 62,4 lbm/ft³) a uma taxa de 31,4 cfs. Se a pressão p_1 é de 10 psi na extremidade inferior da curva, onde a elevação é de 100 ft, e p_2 é de 8,5 psi na extremidade superior, onde a elevação é de 103 ft, qual será a componente vertical da força que deverá ser exercida pela "ancoragem" na curva para mantê-la na posição? A curva, propriamente dita, pesa 300 lb, e o comprimento L é de 5 ft.

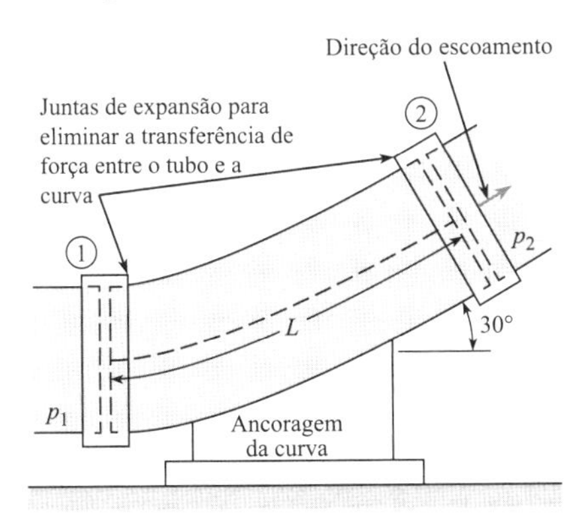

Problema 6.60

6.61 Esta curva descarrega água (ρ = 1000 kg/m³) na atmosfera. Determine as componentes da força no flange que são exigidas para segurar a curva no lugar. A curva se encontra em um plano horizontal. Assuma que as forças viscosas sejam desprezíveis. O volume interior da curva é de 0,25 m³, D_1 = 60 cm, D_2 = 10 cm, e V_2 = 15 m/s. A massa do material da curva é de 250 kg.

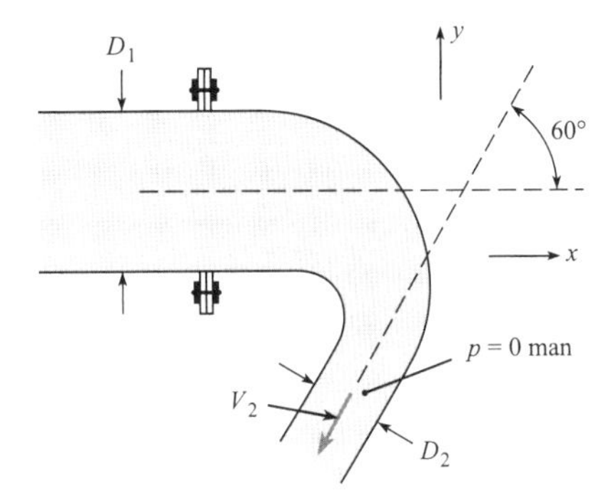

Problema 6.61

6.62 Este bocal curva o escoamento verticalmente para cima em 30° com a horizontal, e descarrega água (γ = 62,4 lbf/ft³) a uma velocidade de V = 130 ft/s. O volume dentro do bocal propriamente dito é de 1,8 ft³, e o peso do bocal é de 100 lbf. Para essas condições, qual *força vertical* deve ser aplicada ao bocal no flange para que ele fique preso no lugar?

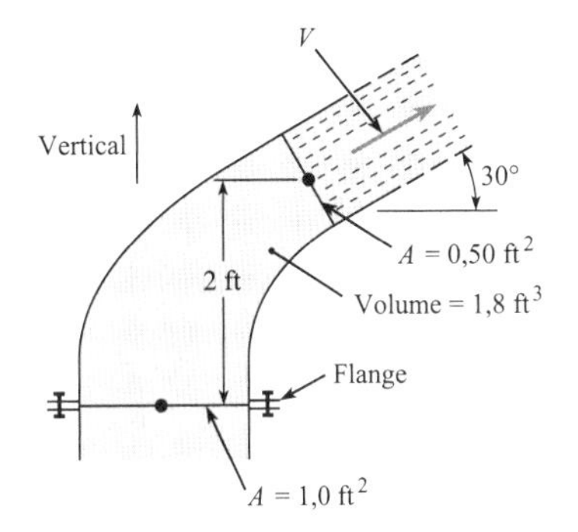

Problema 6.62

6.63 Um tubo com 1 ft de diâmetro curva segundo um ângulo de 135 °. A velocidade do escoamento de gasolina (SG = 0,8) é de 15 ft/s, e a pressão é de 10 psig na curva. Qual é a força externa exigida para segurar a curva contra a ação da gasolina? Despreze a força gravitacional.

6.64 Um tubo horizontal de 4 polegadas possui uma curva de 180°. Se a vazão de água (60 °F) na curva é de 8 cfs e a pressão no local é de 20 psig, qual força externa na direção original do escoamento é exigida para segurar a curva no local?

6.65 Um tubo com 15 cm de diâmetro curva segundo um ângulo de 135°. A velocidade do escoamento de gasolina (SG = 0,8) é de 8 m/s, e a pressão é de 100 kPa man ao longo de toda a curva. Desprezando a força gravitacional, determine a força externa exigida para segurar a curva contra a ação da gasolina.

6.66 Uma curva de redução horizontal gira o escoamento de água (ρ = 1000 kg/m³) em 60°. A área de entrada é de 0,001 m², e a área de saída é de 0,0001 m². A água da saída descarrega na atmosfera com uma velocidade de 55 m/s. Qual força horizontal (paralela à direção inicial do escoamento) atuando por meio do metal da curva na entrada é exigida para manter a curva no lugar?

6.67 A água (a 10 °C) escoa em um duto, conforme mostrado. A velocidade de entrada da água é de V_1 = 25 m/s. A área de seção transversal do duto é de 0,1 m². A água é injetada normal à parede do duto segundo uma taxa de 500 kg/s a meio caminho entre as estações 1 e 2.

Despreze as forças de atrito sobre a parede do duto. Calcule a pressão diferencial ($p_1 - p_2$) entre as estações 1 e 2.

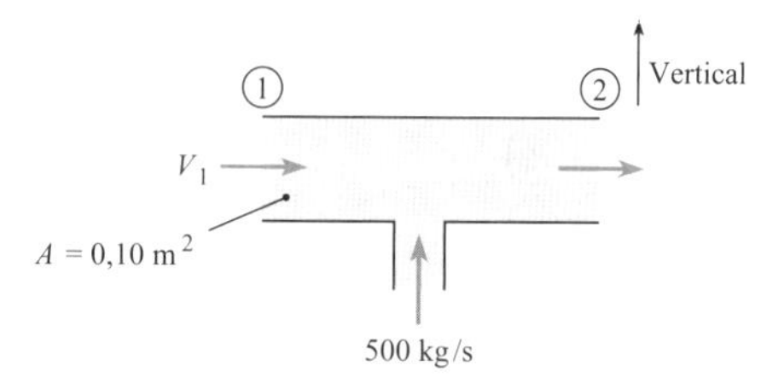

Problema 6.67

6.68 Para esta conexão em "Y" que se encontra em um plano horizontal, as áreas de seção transversal nas seções 1, 2 e 3 são de 1 ft², 1 ft² e 0,25 ft², respectivamente. Nessas mesmas respectivas seções, as pressões são de 1.000 psfg, 900 psfg e 0 psfg, e as vazões de água são de $Q_1 = 25$ cfs para a direita, $Q_2 = 16$ cfs para a direita, e uma saída para atmosfera a $Q_3 = 9$ cfs. Qual componente de força na direção x teria que ser aplicada ao "Y" para mantê-lo no lugar?

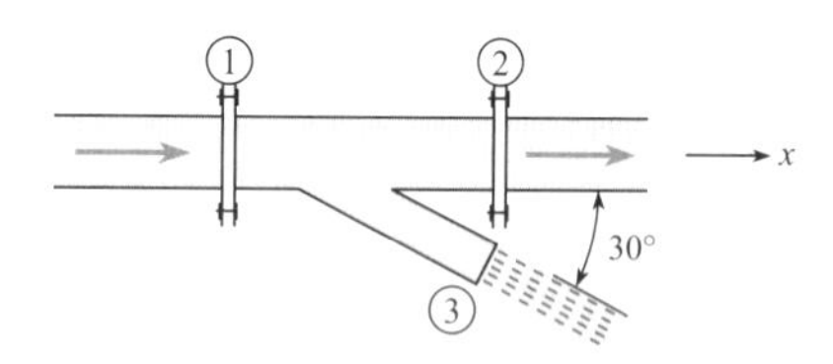

Problema 6.68

6.69 A água ($\rho = 62{,}4$ lbm/ft³) escoa através de uma seção curva horizontal com um "T", conforme mostrado. A vazão mássica que entra na seção a é de 12 lbm/s, e as que saem nas seções b e c são de 6 lbm/s, cada. A pressão na seção a é de 15 psig. A pressão nas duas saídas é atmosférica. As áreas de seção transversal dos tubos são todas as mesmas: 5 polegadas². Determine a componente da força na direção x necessária para reter essa seção.

6.70 A água ($\rho = 1000$ kg/m³) escoa através de uma seção curva horizontal com um "T", conforme mostrado. Na seção a, o escoamento entra com uma velocidade de 5 m/s, e a pressão é de 4,8 kPa man. Nas seções b e c o escoamento sai do dispositivo com uma velocidade de 3 m/s, e a pressão nessas seções é atmosférica ($p = 0$). As áreas de seção transversal em a, b e c são as mesmas: 0,20 m². Determine as componentes da força nas direções x e y necessárias para reter essa seção.

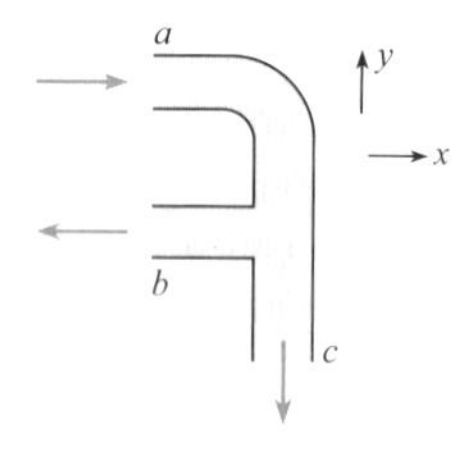

Problemas 6.69, 6.70

6.71 Para este "T" horizontal através do qual a água ($\rho = 1000$ kg/m³) está escoando, são dadas as seguintes informações: $Q_1 = 40$ m³/s, $Q_2 = 30$ m³/s, $p_1 = 100$ kPa, $p_2 = 70$ kPa, $p_3 = 80$ kPa, $D_1 = 15$ cm, $D_2 = 7$ cm e $D_3 = 15$ cm. Os valores de pressão dados são pressões manométricas. Para essas condições, qual força externa no plano x-y (por meio dos parafusos ou de outros dispositivos de sustentação) é necessária para manter o "T" no lugar?

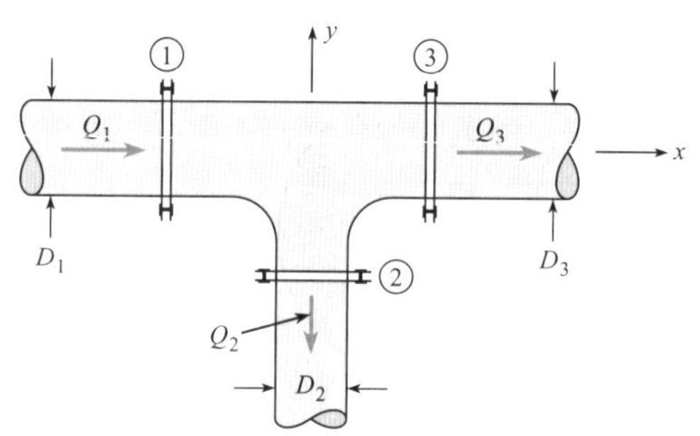

Problema 6.71

A Equação do Momento: Outras Situações (§6.4)

6.72 Mangueiras de incêndio podem quebrar janelas. Uma mangueira de incêndio com 0,2 m de diâmetro (D_1) está fixada a um bocal com diâmetro de 0,08 m (d_2) de saída. O jato livre do bocal é defletido em 90° quando ele atinge a janela, conforme mostrado. Determine a força que a janela deve suportar por causa do impacto do jato quando a água escoa através da mangueira de incêndio a uma taxa de 0,5 m³/s.

6.73 Um bombeiro está encharcando uma casa que se localiza perigosamente próxima a um prédio incendiado. Para prevenir danos pela água ao interior da casa vizinha, ele reduz a sua vazão tal que ela não irá quebrar as janelas. Assumindo que uma janela típica seja capaz de suportar uma força de até 25 lbf, qual é a maior vazão volumétrica que ele deve permitir (galões por minuto), dada uma mangueira de incêndio com 8 polegadas de diâmetro (D_1) descarregando através de um bocal com 4 polegadas de diâmetro (d_2) de saída? O jato livre do bocal é defletido em 90° quando atinge a janela, conforme mostrado.

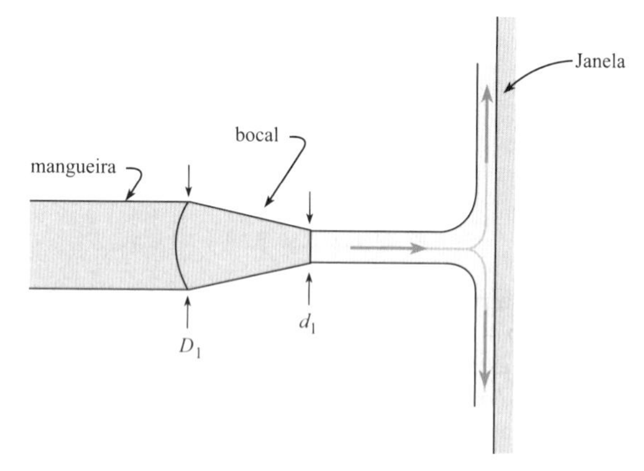

Problemas 6.72, 6.73

6.74 Para um escoamento laminar em um tubo, a tensão cisalhante na parede (τ_0) faz com que a distribuição de velocidades varie de uniforme a parabólica, conforme mostrado. Na seção em que o escoamento está totalmente desenvolvido (seção 2), o perfil de velocidades é $u = u_{máx}[1 - (r/r_0)^2]$. Derive uma fórmula para a força sobre a parede devido à tensão cisalhante, F_τ, entre 1 e 2 como uma função de U (a velocidade média no tubo), ρ, p_1, p_2 e D (o diâmetro do tubo).

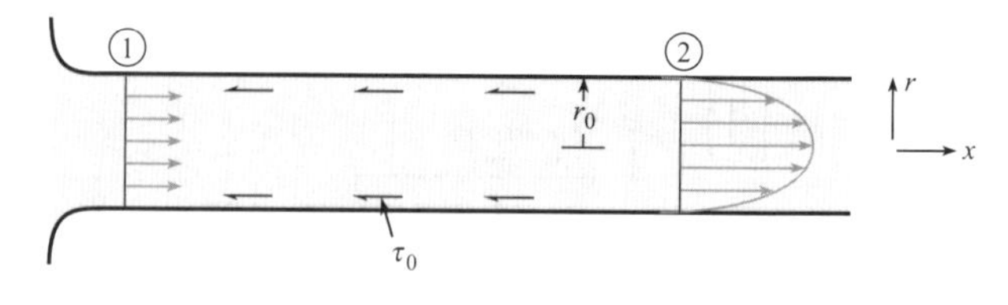

Problema 6.74

6.75 O propulsor de um barco próprio para trafegar em pântanos produz uma corrente de deslizamento de 3 ft de diâmetro com uma velocidade relativa ao barco de 100 ft/s. Se a temperatura do ar é de 80 °F, qual é a força de propulsão quando o barco não está se movendo e também quando a sua velocidade para frente é de 30 ft/s? *Dica:* assuma que a pressão, exceto na vizinhança imediata do propulsor, seja atmosférica.

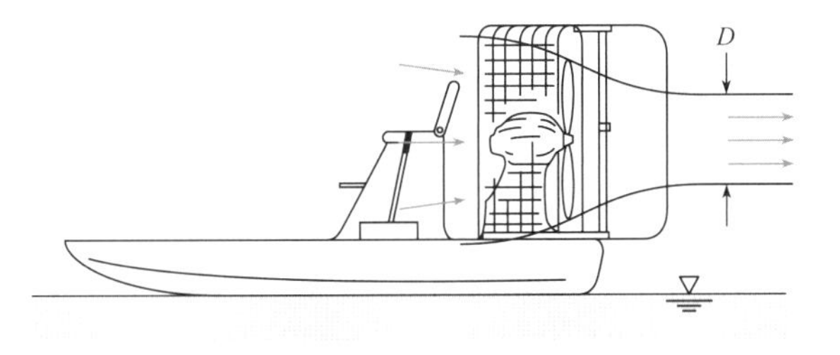

Problema 6.75

6.76 Uma turbina de vento está operando em um vento de 12 m/s, que possui uma densidade de 1,2 kg/m³. O diâmetro da silhueta da turbina é de 4 m. A linha de corrente a pressão constante (atmosférica) possui um diâmetro de 3 m a montante do moinho de vento e de 4,5 m a jusante. Assuma que as distribuições de velocidades sejam uniformes e que o ar seja incompressível. Determine a força sobre a turbina de vento.

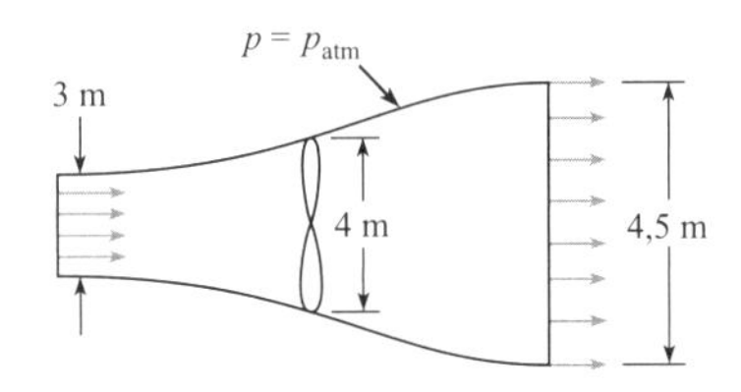

Problema 6.76

6.77 A figura ilustra o princípio da bomba de jato. Derive uma fórmula para $p_2 - p_1$ como uma função de D_j, V_j, D_0, V_0 e ρ. Assuma que o fluido do jato e que o fluido que está inicialmente escoando no tubo sejam os mesmos, e assuma que eles estejam completamente misturados na seção 2, tal que a velocidade seja uniforme ao longo daquela seção. Assuma também que as pressões sejam uniformes ao longo das seções 1 e 2. Qual é o valor de $p_2 - p_1$ se o fluido é a água, $A_j/A_0 = 1/3$, $V_j = 15$ m/s e $V_0 = 2$ m/s? Despreze a tensão cisalhante.

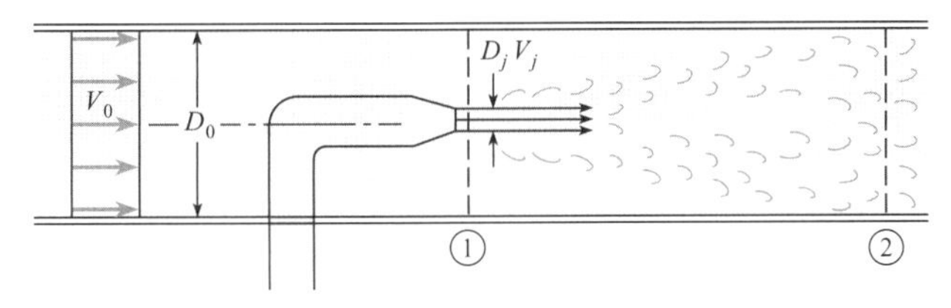

Problema 6.77

6.78 Bombas do tipo jato são algumas vezes usadas para recircular os fluxos em bacias onde são criados peixes. O uso de uma bomba tipo jato elimina a necessidade de máquinas mecânicas que poderiam ser prejudiciais aos peixes. A figura a seguir mostra o conceito básico para esse tipo de aplicação. Para esse tipo de bacia, os jatos teriam que aumentar a elevação da superfície da água por um valor equivalente a $6V^2/2g$, em que V é a velocidade média na bacia (1 ft/s, conforme mostrado neste exemplo). Proponha um projeto básico para um sistema de jatos que faria tal sistema de recirculação funcionar para um canal de 8 ft de largura por 4 ft de profundidade. Isto é, determine a velocidade, tamanho e o número de jatos.

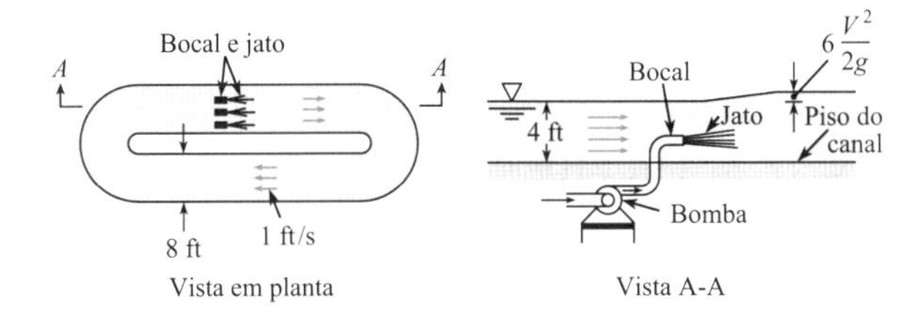

Problema 6.78

6.79 Um dispositivo com forma de torpedo é testado em um túnel de vento com a densidade do ar de 0,0026 slug/ft³. O túnel possui 3 ft de diâmetro, a pressão a montante é de 0,24 psig, e a pressão a jusante é de 0,10 psig. Se a velocidade média do ar é de $V = 120$ ft/s, quais são a vazão mássica e a velocidade máxima na seção a jusante em C? Se considerarmos a pressão como uniforme ao longo das seções em A e C, qual é o arrasto do dispositivo e das palhetas de suporte? Assuma que a resistência viscosa nas paredes seja desprezível.

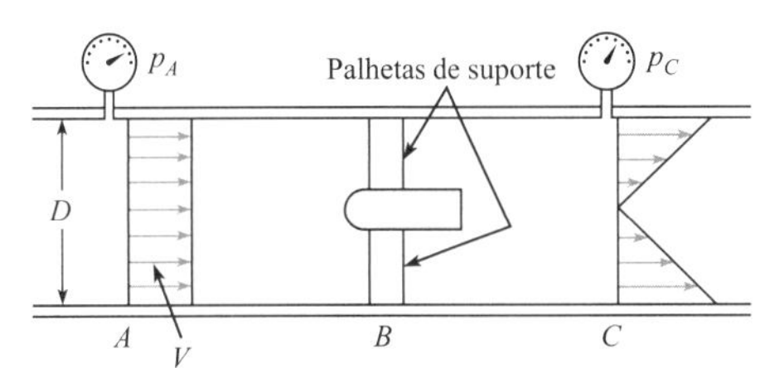

Problema 6.79

6.80 Um *ramjet* (um tipo de motor a jato) opera coletando ar na entrada, provendo combustível para combustão, e exalando o ar quente através da saída. A vazão mássica na entrada e na saída do *ramjet* é de 60 kg/s (a vazão mássica do combustível é desprezível). A velocidade de entrada é de 225 m/s. A densidade dos gases na saída é de 0,25 kg/m³, e a área de saída é de 0,5 m². Calcule a propulsão proporcionada pelo *ramjet*. O *ramjet* não está acelerando, e o escoamento dentro dele é estacionário.

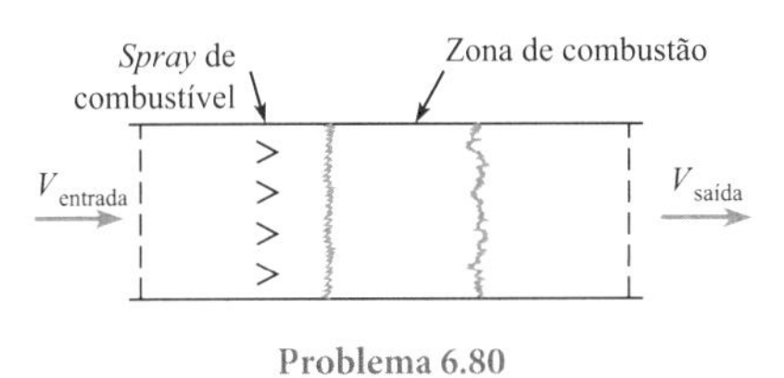

Problema 6.80

Aplicando a Equação do Momento a VCs em Movimento (§6.5)

6.81 Usando a *internet* ou qualquer outra fonte como referência, defina em suas próprias palavras o significado de "sistema de referência inercial".

6.82 A superfície da Terra não é um verdadeiro sistema de referência inercial, pois existe uma aceleração centrípeta por causa da sua rotação. A Terra gira uma vez a cada 24 horas, e possui um diâmetro de 8.000 milhas. Qual é a aceleração centrípeta sobre a superfície da Terra, e como ela se compara à aceleração gravitacional?

6.83 O tanque de água aberto mostrado está apoiado sobre um plano isento de atrito. O orifício tapado na lateral possui um tubo de saída com 4 cm de diâmetro que está localizado 3 m abaixo da superfície da água. Ignore todos os efeitos do atrito, e determine a força necessária para evitar que o tanque se mova quando a tampa for removida.

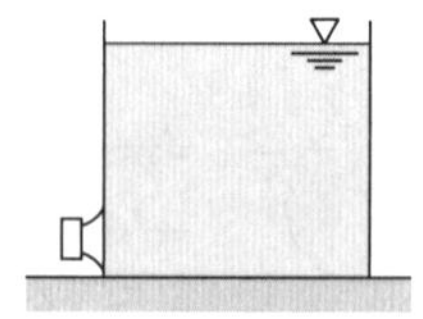

Problema 6.83

6.84 Um carrinho está se movendo ao longo de um trilho de trem a uma velocidade constante de 5 m/s, conforme mostrado. A água (ρ = 1000 kg/m^3) sai de um bocal a 10 m/s e é defletida em 180° por meio de uma palheta no carrinho. A área de seção transversal do bocal é de 0,002 m^2. Calcule a força de resistência sobre o carrinho.

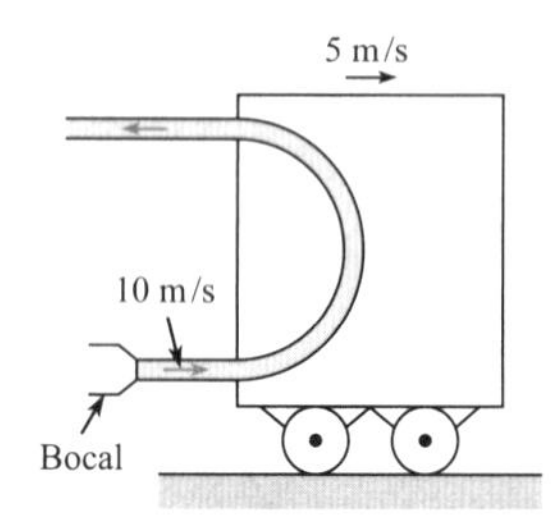

Problema 6.84

6.85 Um jato de água é usado para acelerar um carrinho, conforme mostrado. A vazão volumétrica (Q) do jato é de 0,1 m^3/s, e a velocidade do jato (V_j) é de 10 m/s. Quando a água atinge o carrinho, ela é defletida em uma direção normal, como mostrado. A massa do carrinho (M) é de 10 kg. A densidade da água (ρ) é de 1000 kg/m^3. Não existe resistência sobre o carrinho, e a sua velocidade inicial é zero. A massa da água no jato é muito menor do que a massa do carrinho. Derive uma equação para a aceleração do carrinho como uma função de Q, ρ, V_c, M e V_j. Avalie a aceleração do carrinho quando a velocidade é de 5 m/s.

6.86 Um jato de água incide sobre um carrinho, conforme mostrado. Após atingi-lo, a água é defletida verticalmente em relação a ele. O carrinho está inicialmente em repouso, e é acelerado pelo jato de água. A massa no jato de água é muito menor do que a do carrinho. Não existe resistência sobre o carrinho. A vazão mássica do jato é de 45 kg/s. A massa do carrinho é de 100 kg. Determine o tempo exigido para que o carrinho atinja uma velocidade equivalente a metade da velocidade do jato.

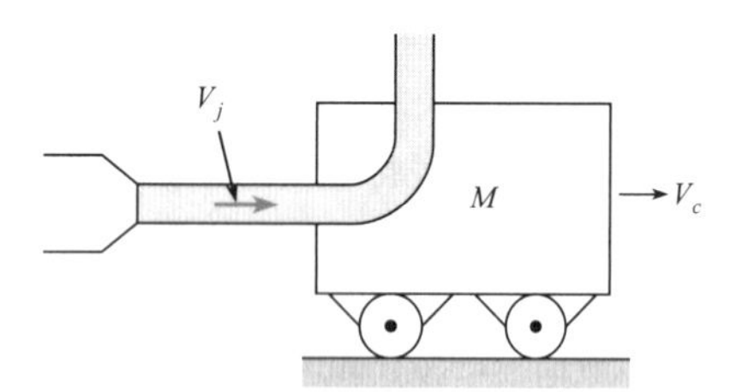

Problemas 6.85, 6.86

6.87 Um brinquedo muito popular no mercado há vários anos era o foguete de água. A água (a 10 °C) era carregada em um foguete de plástico e pressurizada com uma bomba manual. O foguete era liberado, e viajava uma distância considerável no ar. Assuma que um foguete tenha uma massa de 50 g e que esteja carregado com 100 g de água. A pressão dentro dele é de 100 kPa man, e a área de saída é um décimo da área de seção transversal da câmara. O diâmetro interno do foguete é de 5 cm. Assuma que a equação de Bernoulli seja válida para o escoamento de água dentro do foguete. Desprezando o atrito do ar, calcule a velocidade máxima do foguete.

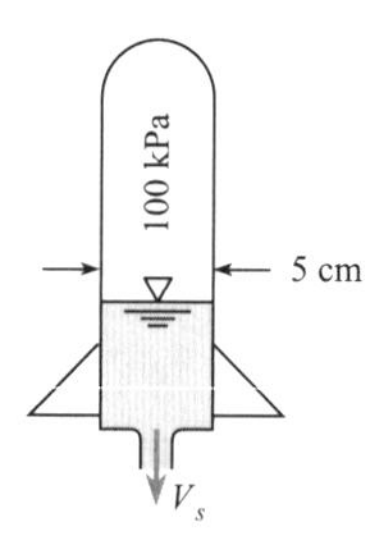

Problema 6.87

A Equação do Momento Angular (§6.6)

6.88 A água (ρ = 1000 kg/m^3) é descarregada da fenda no tubo, conforme mostrado na figura. Se o jato bidimensional resultante possui 100 cm de comprimento e 15 mm de espessura, e se a pressão na seção *A*-*A* é de 30 kPa, qual é a reação na seção *A*-*A*? Neste cálculo, não considere o peso da tubulação.

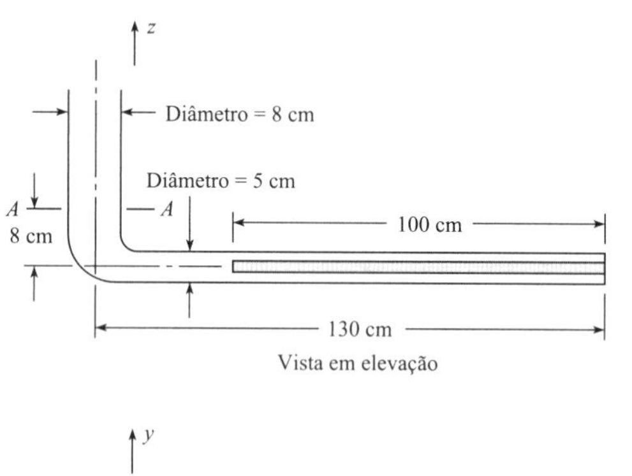

Problema 6.88

6.89 Qual é a força e a reação de momento na seção 1? Água (a 50 °F) está escoando no sistema. Despreze as forças gravitacionais.

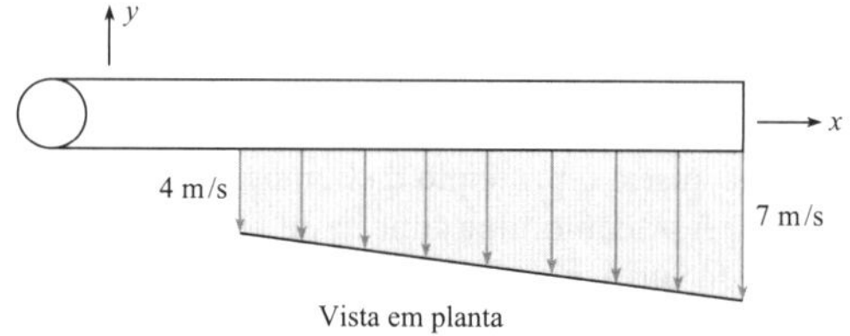

Problema 6.89

6.90 Qual é a reação na seção 1? A água (ρ = 1000 kg/m^3) está escoando, e os eixos dos dois jatos estão em um mesmo plano vertical. O sistema tubo e bocal pesa 90 N.

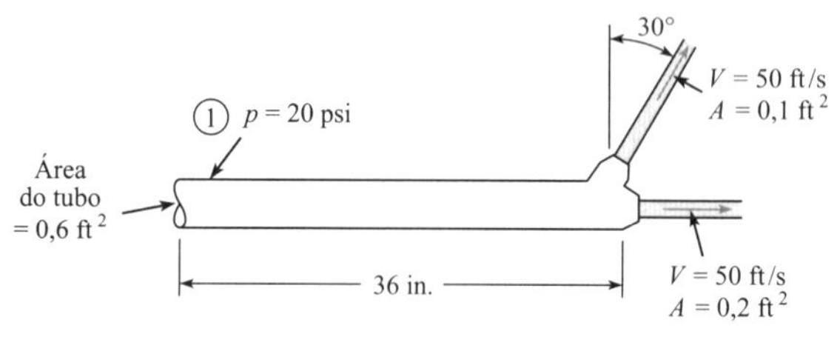

Problema 6.90

6.91 Uma curva de redução em uma tubulação é mantida no lugar por um pedestal, conforme mostrado. Existem juntas de expansão nas seções 1 e 2, de modo que nenhuma força é transmitida através do tubo após essas seções. A pressão na seção 1 é de 20 psig, e a vazão de água ($\rho = 62{,}4$ lbm/ft^3) é de 2 cfs. Determine a força e o momento que devem ser aplicados na seção 3 para manter a curva estacionária. Assuma que o escoamento seja irrotacional, e despreze a influência da gravidade.

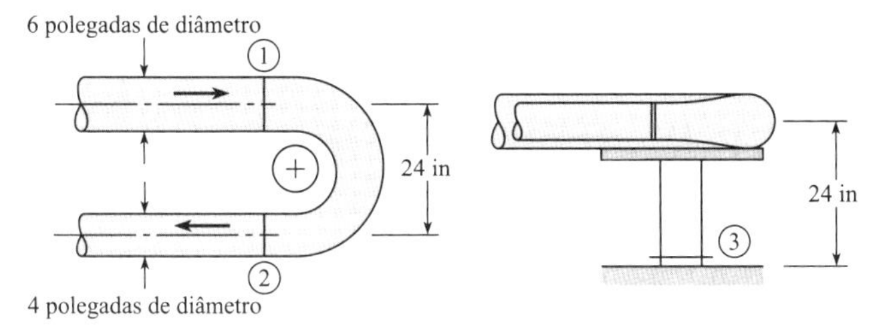

Problema 6.91

6.92 Um ventilador centrífugo é usado para bombear ar. O rotor do ventilador possui 1 ft de diâmetro, e o espaçamento da lâmina é de 2 polegadas. O ar entra sem nenhum momento angular, e sai radialmente em relação ao rotor do ventilador. A vazão volumétrica é de 1500 cfm. O rotor gira a 3600 rpm (revoluções por minuto). O ar está à pressão atmosférica e à temperatura de 60 °F. Despreze a compressibilidade do ar. Calcule a potência (hp) exigida para operar o ventilador.

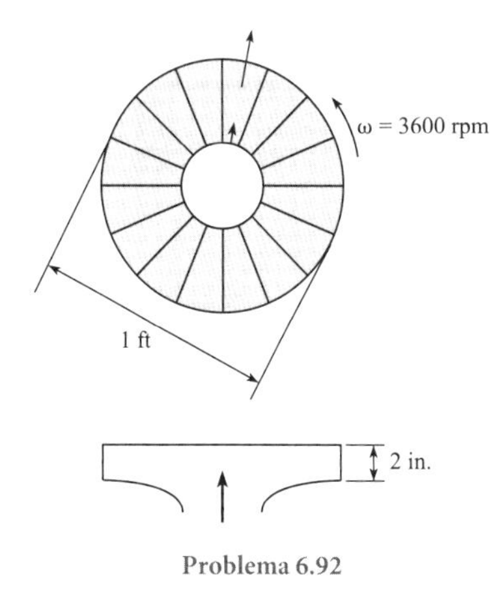

Problema 6.92

CAPÍTULO**SETE**

A Equação da Energia

OBJETIVO DO CAPÍTULO Este capítulo descreve como a conservação de energia pode ser aplicada a um fluido em escoamento. A equação resultante é chamada de *equação da energia*.

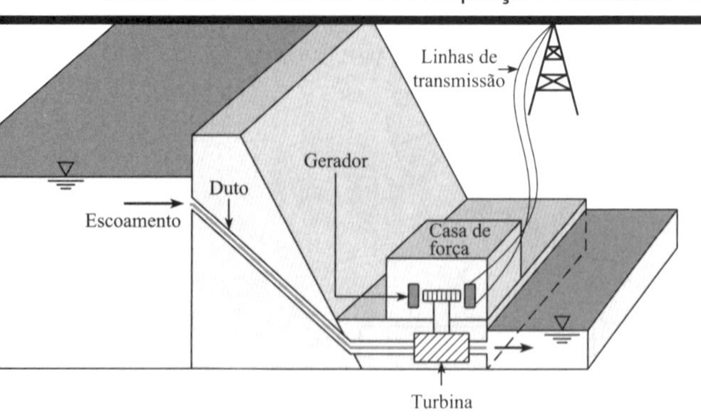

FIGURA 7.1

A equação da energia pode ser aplicada à geração de energia hidroelétrica. Adicionalmente, a equação da energia pode ser utilizada em milhares de outras aplicações. Esta é uma das equações mais úteis na mecânica dos fluidos.

RESULTADOS DO APRENDIZADO

TRABALHO E ENERGIA (§7.1).

- Definir energia, trabalho e potência.
- Definir uma bomba e uma turbina.
- Classificar a energia em categorias.
- Conhecer as unidades comuns.

CONSERVAÇÃO DE ENERGIA PARA UM SISTEMA FECHADO (§7.2).

- Conhecer os conceitos principais sobre a conservação de energia para um sistema fechado.
- Aplicar a(s) equação(ões) para resolver problemas e responder perguntas.

A EQUAÇÃO DA ENERGIA (§7.3).

- Conhecer os conceitos mais importantes sobre a equação da energia.
- Calcular α.
- Definir trabalho de escoamento e trabalho de eixo.
- Definir carga (*head*) e conhecer os vários tipos de *carga*.
- Aplicar a equação da energia para resolver problemas.

A EQUAÇÃO DA POTÊNCIA (§7.4).

- Conhecer os conceitos associados a cada uma das equações da potência.
- Resolver problemas que envolvem a equação da potência.

EFICIÊNCIA (§7.4).

- Definir eficiência mecânica.
- Resolver problemas que envolvem a eficiência de componentes, tais como bombas e turbinas.

A EXPANSÃO REPENTINA (§7.7).

- Calcular a perda de carga para uma expansão repentina.

A LINHA DE ENERGIA E A LINHA PIEZOMÉTRICA (§7.8).

- Explicar os principais conceitos sobre a linha de energia (LE) e a linha piezométrica (LP).
- Esboçar a LE e a LP.
- Resolver problemas que envolvem a LE e a LP.

7.1 Vocabulário Técnico: Trabalho, Energia e Potência

A conservação de energia talvez seja a *equação individual mais útil em toda a Engenharia*. A chave para a aplicação dessa equação é possuir um conhecimento sólido dos conceitos fundamentais de energia, trabalho e potência. Além de revisar esses tópicos, esta seção também irá definir as bombas e as turbinas.

Energia

Energia é a propriedade de um sistema que se caracteriza pela quantidade de trabalho que ele pode realizar sobre o seu ambiente. Simplificando, se uma matéria (isto é, o sistema) pode ser usado para erguer um peso, então aquela matéria possui energia.

Exemplos

- A água em uma barragem possui energia, visto que ela pode ser direcionada por um tubo (isto é, um duto), e então ser usada para girar uma roda (isto é, uma turbina d'água) que ergue um peso. Obviamente, esse trabalho também pode girar o eixo de um gerador elétrico, que é usado para produzir energia elétrica.
- O vento possui energia, pois ele pode atravessar um conjunto de lâminas (por exemplo, um moinho de vento), girá-las, e erguer um peso que está preso a um eixo rotativo. Esse eixo também pode ser usado para girar o eixo de um gerador elétrico.
- A gasolina possui energia, pois ela pode ser colocada em um cilindro (por exemplo, um motor a gasolina), queimada e expandida para mover um pistão em um cilindro. Esse cilindro em movimento pode, então, ser conectado a um mecanismo usado para erguer um peso.

A unidade SI para a energia, o *joule*, está associada a uma força de um newton que atua em uma distância de um metro. Por exemplo, se uma pessoa com um peso de 700 newtons se desloca por uma escada que mede 10 metros, então a sua energia potencial gravitacional variou em $\Delta EP = (700\ \text{N})(10\ \text{m}) = 700\ \text{N·m} = 700\ \text{J}$. Nas unidades inglesas, a unidade de energia, o *pé-libra força* (ft·lbf), é definida como a energia associada a uma força de 1,0 lbf, que se move ao longo de uma distância de 1,0 ft.

Outra forma de definir uma unidade de energia consiste em descrever o aquecimento da água. Uma *caloria* (cal) é a quantidade aproximada de energia exigida para aumentar a temperatura de 1,0 grama de água em 1 °C. A conversão de unidades entre caloria e joules é de 1,0 cal = 4,187 J.* A *quilocaloria* (kcal ou Cal) é a quantidade de energia para elevar 1,0 kg de água em 1 °C. Portanto, 1,0 kcal = 4187 J. A quilocaloria é usada nos Estados Unidos e em todo o mundo para caracterizar a quantidade de energia em alimentos. Assim, um item de alimento com 100 calorias possui um conteúdo de energia de 0,4187 MJ.† A energia no sistema inglês é frequentemente medida por meio da "Unidade Térmica Britânica" (Btu = *British thermal unit*). Um Btu é a quantidade de energia exigida para elevar a temperatura de 1,0 lbm de água em 1,0 °F.

A energia pode ser classificada em categorias:

- **Energia mecânica.** É a energia associada ao movimento (isto é, a *energia cinética*) mais a energia associada à posição em um campo. Em relação à posição em um campo, a mesma se refere à posição em um campo gravitacional (isto é, energia potencial gravitacional) e à deflexão de um objeto elástico, tal como uma mola (isto é, energia potencial de mola).
- **Energia térmica.** É a energia associada a variações na temperatura e a mudanças de fases. Por exemplo, selecione um sistema compreendido por 1 kg de gelo (aproximadamente 1 litro de água). A energia para derreter o gelo é de 334 kJ. A energia para elevar a temperatura da água líquida de 0 °C a 100 °C é de 419 kJ.

---

*Existem diferentes definições para a caloria na literatura. Por exemplo, você pode encontrar uma referência que estabeleça que 1,0 cal = 4,184 J.

†Apesar de se dizer que um item de determinado alimento possui "*x* calorias", o certo seria dizer que a energia contida nesse item é de "*x* quilocalorias (kcal)" (N.T.)

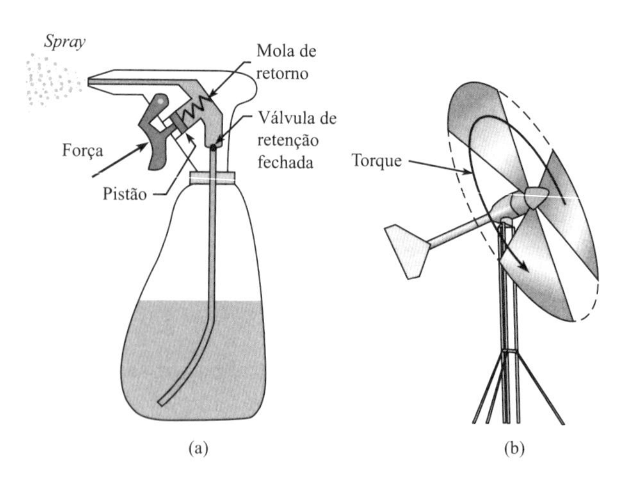

FIGURA 7.2

(a) Para um pulverizador, a força que atua ao longo de uma distância é um exemplo de trabalho mecânico.
(b) Para a turbina de vento, a pressão do ar causa um torque que atua em um deslocamento angular. Este também é um exemplo de trabalho mecânico.

- **Energia química.** É a energia associada às ligações químicas entre os elementos. Por exemplo, quando o metano (CH_4) é queimado, existe uma reação química que envolve a quebra das ligações no metano e a formação de novas ligações para produzir CO_2 e água. Essa reação química libera calor, o que é uma maneira de dizer que a energia química é convertida em térmica durante a combustão.
- **Energia elétrica.** É a energia associada à variação elétrica. Por exemplo, um capacitor carregado contém a quantidade de energia elétrica equivalente a $\Delta E = 1/2\ CV^2$, em que C é a capacitância e V é a voltagem.
- **Energia nuclear.** É a energia associada à adesão das partículas no interior do núcleo de um átomo. Por exemplo, quando o átomo de urânio se divide em dois durante a fissão, ocorre liberação de energia.

Trabalho

Geralmente, os alunos em cursos universitários aprendem primeiro o conceito de trabalho mecânico. O **trabalho mecânico** ocorre quando uma força atua ao longo de uma distância. Uma definição melhor (isto é, mais precisa) é a de que o trabalho é a integral da linha da força **F** e do deslocamento **ds**, como em

$$W = \int_{s_1}^{s_2} \mathbf{F} \cdot \mathbf{ds} \tag{7.1}$$

As unidades e dimensões do trabalho são as mesmas da energia. A Figura 7.2 mostra dois exemplos de trabalho mecânico.

Para realizar balanços de energia (isto é, aplicar a lei de conservação de energia) a problemas do mundo real, você precisa de uma definição mais geral de trabalho.* A definição que preferimos é esta:† **Trabalho** é qualquer interação na fronteira de um sistema que não consiste em transferência de calor ou transferência de matéria. Por exemplo, quando a energia elétrica é fornecida a um motor, a corrente elétrica é classificada como trabalho.

Potência

Potência, que expressa uma taxa de trabalho ou energia, é definida por

$$P \equiv \frac{\text{quantidade de trabalho (ou energia)}}{\text{intervalo de tempo}} = \lim_{\Delta t \to 0} \frac{\Delta W}{\Delta t} = \dot{W} \tag{7.2}$$

A Eq. (7.2) é definida em um instante do tempo, pois a potência pode variar ao longo do tempo. Para calcular a potência, os engenheiros usam equações diferentes. Para um movimento

*Este tipo generalizado de trabalho é algumas vezes chamado de *trabalho termodinâmico* para distingui-lo do *trabalho mecânico*. Neste livro, usamos o termo *trabalho* para representar todos os tipos de trabalho, incluindo o mecânico.
†Esta definição vem do professor de Engenharia Química e ganhador do Prêmio Nobel John Fenn pela autoria do livro *Engines, Energy and Entropy: A Thermodynamics Primer*, p. 5.

retilíneo, tal como o de um automóvel ou bicicleta, a quantidade de trabalho é o produto da força e do deslocamento: $\Delta W = F\Delta x$. Então, a potência pode ser encontrada usando

$$P = \lim_{\Delta t \to 0} \frac{F\Delta x}{\Delta t} = FV \quad \text{(7.3a)}$$

em que V é a velocidade do corpo em movimento.

Quando um eixo está girando (Fig. 7.2b), a quantidade de trabalho é dada pelo produto do torque e o deslocamento angular, $\Delta W = T\Delta\theta$. Nesse caso, a equação da potência é

$$P = \lim_{\Delta t \to 0} \frac{T\Delta \theta}{\Delta t} = T\omega \quad \text{(7.3b)}$$

em que ω é a velocidade angular. As unidades SI para a velocidade angular são rad/s.

Uma vez que a potência possui unidades de energia por tempo, a unidade SI é um joule/segundo, que é chamada de watt. As unidades comuns para a potência são o watt (W), cavalo-vapor (cv), *horsepower* (hp) e ft-lbf/s. Alguns valores típicos de potência incluem:

- Uma lâmpada incandescente pode usar entre 60 e 100 J/s de energia.
- Um atleta bem-condicionado pode sustentar um consumo de potência de aproximadamente 300 J/s durante uma hora. Isso significa aproximadamente quatro décimos de um cavalo-vapor. Um cavalo-vapor é a potência aproximada que um cavalo de tração pode fornecer.
- Um típico carro tamanho médio possui uma potência nominal de 126 kW (169 hp).
- Uma grande usina hidroelétrica (por exemplo, a Represa Bonneville no rio Columbia, a 64 km a leste de Portland, no estado norte-americano do Oregon) possui uma potência nominal de 1080 MW.

Bombas e Turbinas

Uma **turbina** é uma máquina usada para extrair energia de um fluido em escoamento.* Exemplos de turbinas incluem a turbina de vento com eixo horizontal, a turbina a gás, a turbina Kaplan, a turbina Francis e a roda de Pelton.

Uma **bomba** é uma máquina usada para prover energia a um fluido em escoamento. Exemplos de bombas incluem a bomba de pistão, a bomba centrífuga, a bomba de diafragma e a bomba de engrenagens.

7.2 Conservação de Energia

Quando James Prescott Joule morreu, o seu obituário no *The Electrical Engineer* (1, p.311) dizia:

> *De fato, poucas pessoas que lerem este anúncio irão compreender quão grandioso era o homem que faleceu; e ainda é preciso que aqueles que são mais qualificados para julgar admitam que o nome dele deve ser colocado entre os dos mais elementares profissionais da ciência.*

Joule era um cervejeiro que se engajou na ciência como um *hobby*, e ainda assim formulou uma das mais importantes leis científicas já desenvolvidas. Contudo, a teoria de Joule da conservação de energia era tão controversa que ele não conseguiu um único jornal científico para publicá-la, de modo que sua teoria foi primeiro publicada em um jornal local de Manchester (2). Que excelente exemplo de persistência! Atualmente, as ideias de Joule sobre o trabalho e a energia são fundamentais para Engenharia. Esta seção introduz a teoria de Joule.

A Teoria de Joule da Conservação de Energia

Joule reconheceu que a energia de um *sistema fechado* só pode ser mudada de duas maneiras:

- **Trabalho.** A energia do sistema pode ser mudada por interações de trabalho na fronteira.

*O motor em um jato, que é chamado uma turbina a gás, é uma notável exceção. O motor a jato adiciona energia a um fluido em escoamento, e, dessa forma, aumenta o momento de um jato de fluido e produz propulsão.

FIGURA 7.3
A lei da conservação de energia para um sistema fechado.

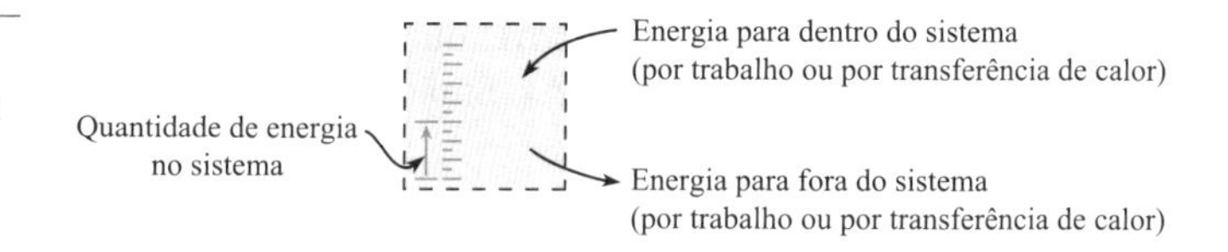

- **Transferência de calor.** A energia do sistema pode ser mudada por transferência de calor através da fronteira. A **Transferência de calor** pode ser definida como a transferência de energia térmica do quente para o frio por mecanismos de condução, convecção e radiação.

O conceito de Joule sobre conservação de energia está ilustrado na Figura 7.3. O sistema é representado pela caixa cinza. A escala no lado esquerdo da figura representa a quantidade de energia no sistema. As setas no lado direito ilustram que a energia pode aumentar ou diminuir por meio das interações de trabalho ou de transferência de calor. Note que a energia é uma propriedade de um sistema, enquanto o trabalho e a transferência de calor são interações que ocorrem nas fronteiras do sistema.

O balanço de energia e trabalho proposto por Joule é capturado com uma equação chamada de primeira lei da termodinâmica:

$$\Delta E = Q - W$$

$$\left\{\begin{matrix}\text{aumento na}\\ \text{energia armazenada}\\ \text{no sistema}\end{matrix}\right\} = \left\{\begin{matrix}\text{quantidade de energia}\\ \text{que entrou no sistema}\\ \text{por transferência de calor}\end{matrix}\right\} - \left\{\begin{matrix}\text{quantidade de energia}\\ \text{que deixou o sistema}\\ \text{por causa do trabalho}\end{matrix}\right\} \quad (7.4)$$

Os termos na Eq. (7.4) possuem unidade de joule, e a equação é aplicada durante um intervalo de tempo enquanto o sistema é submetido a um processo que o leva do estado 1 ao 2. Para modificar a Eq. (7.4) para que ela se aplique a um instante no tempo, utiliza-se a derivada para obter

$$\frac{dE}{dt} = \dot{Q} - \dot{W} \quad (7.5)$$

A Eq. (7.5) é aplicável a um instante no tempo e possui unidades de joule por segundo, ou watt. Os termos referentes ao trabalho e à transferência de calor possuem convenções de sinais:

- W e $\dot{W}$ são positivos se o trabalho for feito pelo sistema sobre a vizinhança.
- W e $\dot{W}$ são negativos se o trabalho for feito pela vizinhança sobre o sistema.
- Q e $\dot{Q}$ são positivos se o calor (isto é, a energia térmica) for transferido para dentro do sistema.
- Q e $\dot{Q}$ são negativos se o calor (isto é, a energia térmica) for transferido para fora do sistema.

Volume de Controle (Sistema Aberto)

A Eq. (7.5) se aplica a um *sistema fechado*. Para estendê-la a um VC, aplique o teorema do transporte de Reynolds, Eq. (5.23). Deixe que a propriedade extensiva seja a energia ($B_{sis} = E$) e que $b = e$, para obter

$$\dot{Q} - \dot{W} = \frac{d}{dt}\int_{vc} e\rho\, d\forall + \int_{sc} e\rho \mathbf{V}\cdot d\mathbf{A} \quad (7.6)$$

em que e é a energia por massa no fluido. A Eq. (7.6) é a forma geral da conservação de energia para um volume de controle. Contudo, a maioria dos problemas em mecânica dos fluidos pode ser resolvida com uma forma mais simples dessa equação, conforme será feito na próxima seção.

7.3 A Equação da Energia

Esta seção mostra como simplificar a Eq. (7.6) para uma forma conveniente para problemas que ocorrem em mecânica dos fluidos.

Selecione a Eq. (7.6). Então, faça $e = e_c + e_p + u$, em que e_c é a energia cinética por unidade de massa, e_p é a energia potencial gravitacional por unidade de massa, e u é a energia interna* por unidade de massa.

$$\dot{Q} - \dot{W} = \frac{d}{dt}\int_{vc}(e_c + e_p + u)\rho d\mathcal{V} + \int_{sc}(e_c + e_p + u)\rho \mathbf{V} \cdot d\mathbf{A} \quad (7.7)$$

Em seguida, faça com que†

$$e_c = \frac{\text{energia cinética de uma partícula de fluido}}{\text{massa desta partícula de fluido}} = \frac{mV^2/2}{m} = \frac{V^2}{2} \quad (7.8)$$

De maneira semelhante, substitua

$$e_p = \frac{\text{energia potencial gravitacional de uma partícula de fluido}}{\text{massa desta partícula de fluido}} = \frac{mgz}{m} = gz \quad (7.9)$$

em que z é a elevação medida em relação a um ponto de referência. Quando as Eqs. (7.8) e (7.9) são substituídas na Eq. (7.7), o resultado é

$$\dot{Q} - \dot{W} = \frac{d}{dt}\int_{vc}\left(\frac{V^2}{2} + gz + u\right)\rho d\mathcal{V} + \int_{sc}\left(\frac{V^2}{2} + gz + u\right)\rho \mathbf{V} \cdot d\mathbf{A} \quad (7.10)$$

Trabalho de Eixo e Trabalho de Escoamento

Para simplificar o termo do trabalho na Eq. (7.10), vamos classificá-lo em duas categorias:

(trabalho) = (trabalho de escoamento) + (trabalho de eixo)

Quando o trabalho está associado a uma força de pressão, então ele é denominado **trabalho de escoamento**. Alternativamente, **trabalho de eixo** é qualquer trabalho que não esteja associado a uma força de pressão. O trabalho de eixo é geralmente realizado por um eixo (a partir do qual tem origem o termo) e está comumente associado a uma bomba ou turbina. De acordo com a convenção de sinais para o trabalho, o trabalho de uma bomba é negativo. De maneira semelhante, o trabalho de uma turbina é positivo. Assim,

$$\dot{W}_{\text{eixo}} = \dot{W}_{\text{turbinas}} - \dot{W}_{\text{bombas}} = \dot{W}_t - \dot{W}_b \quad (7.11)$$

Para derivar uma equação para o trabalho de escoamento, utilize o conceito de que o trabalho é igual à força vezes a distância. Comece o desenvolvimento definindo um volume de controle localizado dentro de uma tubulação convergente (Fig. 7.4). Na seção 2, o fluido que está dentro do volume de controle irá empurrar o fluido que está do lado de fora do volume de controle. A magnitude da força de empurrão é p_2A_2. Durante um intervalo de tempo Δt, o deslocamento do fluido na seção 2 é $\Delta x_2 = V_2\Delta t$. Dessa forma, a quantidade de trabalho é

$$\Delta W_2 = (F_2)(\Delta x_2) = (p_2 A_2)(V_2 \Delta t) \quad (7.12)$$

Converta a quantidade de trabalho dada pela Eq. (7.12) em uma taxa de trabalho:

$$\dot{W}_2 = \lim_{\Delta t \to 0} \frac{\Delta W_2}{\Delta t} = p_2 A_2 V_2 = \left(\frac{p_2}{\rho}\right)(\rho A_2 V_2) = \dot{m}\left(\frac{p_2}{\rho}\right) \quad (7.13)$$

Esse trabalho é positivo, pois o fluido dentro do volume de controle está realizando trabalho sobre o ambiente. De uma maneira similar, o trabalho de escoamento na seção 1 é negativo e é dado por

$$\dot{W}_1 = -\dot{m}\left(\frac{p_1}{\rho}\right)$$

---

*Por definição, a energia interna contém todas as formas de energia que não são cinética ou potencial gravitacional.
†Assume-se que a superfície de controle não esteja acelerando, tal que V, que é medida em referência à superfície de controle, também seja medida em relação a um sistema de referência inercial.

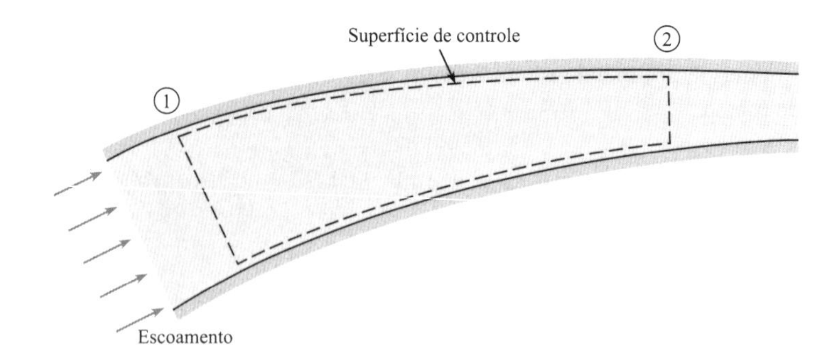

FIGURA 7.4
Esboço para a derivação do trabalho de escoamento.

O trabalho de escoamento resultante para a situação ilustrada na Figura 7.4 é

$$\dot{W}_{\text{escoamento}} = \dot{W}_2 + \dot{W}_1 = \dot{m}\left(\frac{p_2}{\rho}\right) - \dot{m}\left(\frac{p_1}{\rho}\right) \tag{7.14}$$

A Eq. (7.14) pode ser generalizada para uma situação envolvendo múltiplas correntes de fluido passando através de uma superfície de controle:

$$\dot{W}_{\text{escoamento}} = \sum_{\text{saídas}} \dot{m}_{\text{saída}}\left(\frac{p_{\text{saída}}}{\rho}\right) - \sum_{\text{entradas}} \dot{m}_{\text{entrada}}\left(\frac{p_{\text{entrada}}}{\rho}\right) \tag{7.15}$$

Para desenvolver a equação geral para o trabalho de escoamento, use as integrais para justificar as variações na velocidade e na pressão sobre a superfície de controle. Além disso, use o produto escalar para justificar a direção do escoamento. A equação geral para o trabalho de escoamento é

$$\dot{W}_{\text{escoamento}} = \int_{\text{sc}} \left(\frac{p}{\rho}\right)\rho \mathbf{V} \cdot d\mathbf{A} \tag{7.16}$$

Em resumo, o termo do trabalho é a soma do trabalho de escoamento, Eq. (7.16), e do trabalho de eixo, Eq. (7.11):

$$\dot{W} = \dot{W}_{\text{escoamento}} + \dot{W}_{\text{eixo}} = \left(\int_{\text{sc}} \left(\frac{p}{\rho}\right)\rho \mathbf{V} \cdot d\mathbf{A}\right) + \dot{W}_{\text{eixo}} \tag{7.17}$$

Introduza o termo para o trabalho da Eq. (7.17) na Eq. (7.10), e faça com que $\dot{W}_{\text{eixo}} = \dot{W}_s$:

$$\begin{aligned}\dot{Q} - \dot{W}_e - &\int_{\text{sc}} \frac{p}{\rho}\rho \mathbf{V} \cdot d\mathbf{A} \\ &= \frac{d}{dt}\int_{\text{vc}} \left(\frac{V^2}{2} + gz + u\right)\rho\, d\forall + \int_{\text{sc}} \left(\frac{V^2}{2} + gz + u\right)\rho \mathbf{V} \cdot d\mathbf{A}\end{aligned} \tag{7.18}$$

Na Eq. (7.18), combine o último termo no lado esquerdo com o último no lado direito:

$$\dot{Q} - \dot{W}_s = \frac{d}{dt}\int_{\text{vc}} \left(\frac{V^2}{2} + gz + u\right)\rho\, d\forall + \int_{\text{sc}} \left(\frac{V^2}{2} + gz + u + \frac{p}{\rho}\right)\rho \mathbf{V} \cdot d\mathbf{A} \tag{7.19}$$

Substitua $p/\rho + u$ pela entalpia específica, h. A forma integral do princípio da energia é

$$\dot{Q} - \dot{W}_e = \frac{d}{dt}\int_{\text{vc}} \left(\frac{V^2}{2} + gz + u\right)\rho\, d\forall + \int_{\text{sc}} \left(\frac{V^2}{2} + gz + h\right)\rho \mathbf{V} \cdot d\mathbf{A} \tag{7.20}$$

Fator de Correção para a Energia Cinética

A próxima simplificação consiste em extrair os termos relacionados com a velocidade das integrais no lado direito da Eq. (7.20). Isso é feito com a introdução do fator de correção para a energia cinética.

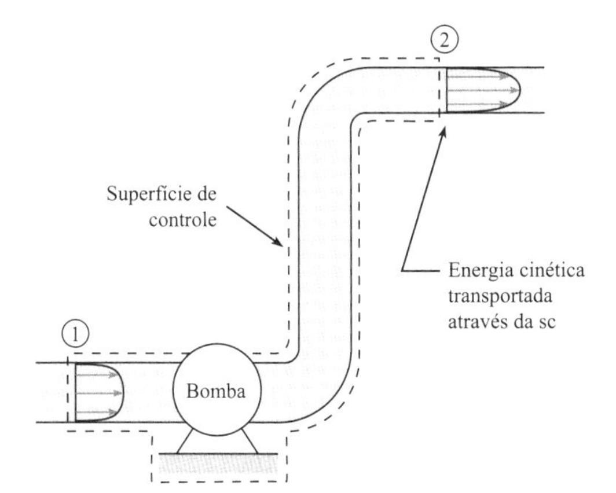

FIGURA 7.5

O escoamento conduz energia cinética para dentro e para fora de um volume de controle.

A Figura 7.5 mostra um fluido que é bombeado através de um tubo. Nas seções 1 e 2, a energia cinética é transportada através da superfície de controle pelo fluido em escoamento. Para derivar uma equação para essa energia cinética, comece pela equação para a vazão mássica:

$$\dot{m} = \rho A\bar{V} = \int_A \rho V dA$$

Esta integral pode ser visualizada como a adição da massa de cada partícula de fluido que cruza a área da seção e a divide pelo intervalo de tempo associado a esse cruzamento. Para converter essa integral em energia cinética (EC), multiplique a massa de cada partícula de fluido por $(V^2/2)$:

$$\left\{\begin{matrix}\text{taxa de EC} \\ \text{transportada} \\ \text{através de uma seção}\end{matrix}\right\} = \int_A \rho V\left(\frac{V^2}{2}\right)dA = \int_A \frac{\rho V^3 dA}{2}$$

O **fator de correção para a energia cinética** é definido como

$$\alpha = \frac{\text{EC real/tempo em que cruza uma seção}}{\text{EC/tempo considerando uma distribuição de velocidades uniforme}} = \frac{\displaystyle\int_A \frac{\rho V^3 dA}{2}}{\displaystyle\frac{\bar{V}^3}{2}\int_A \rho dA}$$

Para um fluido com densidade constante, esta equação se simplifica a

$$\alpha = \frac{1}{A}\int_A \left(\frac{V}{\bar{V}}\right)^3 dA \qquad \textbf{(7.21)}$$

Para o desenvolvimento teórico, α é encontrada pela integração do perfil de velocidades usando a Eq. (7.21). Esse procedimento, ilustrado no Exemplo 7.1, é muito trabalhoso. Assim, em suas aplicações, os engenheiros com frequência estimam um valor de α. A seguir, algumas diretrizes:

- Para um escoamento laminar totalmente desenvolvido em um tubo, a distribuição de velocidades é parabólica. Use $\alpha = 2{,}0$, pois esse é o valor correto, conforme mostrado no Exemplo 7.1.
- Para um escoamento turbulento totalmente desenvolvido em um tubo, $\alpha \approx 1{,}05$, pois o perfil de velocidades é pistonado. Use $\alpha = 1{,}0$ nesse caso.
- Para o escoamento na saída de um bocal ou em uma seção convergente, use $\alpha = 1{,}0$, pois o escoamento convergente leva a um perfil de velocidade uniforme. Essa é a razão pela qual os túneis de vento utilizam seções convergentes.
- Para um escoamento uniforme (tal como o escoamento do ar em um túnel de vento ou o escoamento do ar que incide sobre uma turbina de vento), use $\alpha = 1{,}0$.

EXEMPLO 7.1

Calculando o Fator de Correção para a Energia Cinética em um Escoamento Laminar

Enunciado do Problema

A distribuição da velocidade para o escoamento laminar em um tubo é dada pela equação

$$V(r) = V_{máx}\left[1 - \left(\frac{r}{r_0}\right)^2\right]$$

em que $V_{máx}$ é a velocidade no centro do tubo, r_0 é o raio do tubo, e r é a distância radial do centro. Determine o fator de correção para a EC, α.

Defina a Situação

Existe um escoamento laminar em um tubo circular.

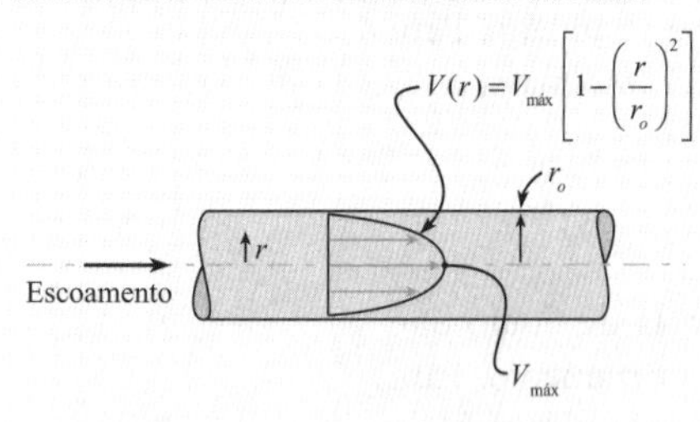

Estabeleça o Objetivo

$\alpha \Leftarrow$ determinar o fator de correção para a EC (sem unidades)

Tenha Ideias e Trace um Plano

Uma vez que o objetivo é α, aplique a definição dada pela Eq. (7.21).

$$\alpha = \frac{1}{A}\int_A \left(\frac{V(r)}{\overline{V}}\right)^3 dA \qquad \text{(a)}$$

A Eq. (a) possui uma variável conhecida (A) e duas variáveis desconhecidas (dA, $\overline{V}$). Para determinar dA, consulte o Capítulo 5, Figura 5.3.

$$dA = 2\pi r dr \qquad \text{(b)}$$

Para determinar $\overline{V}$, aplique a *equação para a vazão*:

$$\overline{V} = \frac{1}{A}\int_A V(r)dA = \frac{1}{\pi r_o^2}\int_{r=0}^{r=r_o} V(r)2\pi r dr \qquad \text{(c)}$$

Agora, o problema está resolvido. Existem três equações e três variáveis desconhecidas. O plano é o seguinte:

1. Determinar a velocidade média $\overline{V}$ usando a Eq. (c).
2. Inserir $\overline{V}$ na Eq. (a) e integrar.

Aja (Execute o Plano)

1. Equação da vazão (determina a velocidade média):

$$\overline{V} = \frac{1}{\pi r_0^2}\left[\int_0^{r_0} V_{máx}\left(1 - \frac{r^2}{r_0^2}\right)2\pi r\, dr\right]$$

$$= \frac{2V_{máx}}{r_0^2}\left[\int_0^{r_0}\left(1 - \frac{r^2}{r_0^2}\right)r\, dr\right] = \frac{2V_{máx}}{r_0^2}\left[\int_0^{r_0}\left(r - \frac{r^3}{r_0^2}\right)dr\right]$$

$$= \frac{2V_{máx}}{r_0^2}\left[\left(\frac{r^2}{2} - \frac{r^4}{4r_0^2}\right)\bigg|_0^{r_0}\right] = \frac{2V_{máx}}{r_0^2}\left[\frac{r_0^2}{2} - \frac{r_0^2}{4}\right] = V_{máx}/2$$

2. Definição de α:

$$\alpha = \frac{1}{A}\left[\int_A\left(\frac{V(r)}{\overline{V}}\right)^3 dA\right] = \frac{1}{\pi r_0^2\overline{V}^3}\left[\int_0^{r_0} V(r)^3 2\pi r\, dr\right]$$

$$= \frac{1}{\pi r_0^2(V_{máx}/2)^3}\left[\int_0^{r_0}\left[V_{máx}\left(1 - \frac{r^2}{r_0^2}\right)\right]^3 2\pi r\, dr\right]$$

$$= \frac{16}{r_0^2}\left[\int_0^{r_0}\left(1 - \frac{r^2}{r_0^2}\right)^3 r\, dr\right]$$

Para avaliar a integral, faça uma substituição de variáveis, tal que $u = (1 - r^2/r_0^2)$. A integral se torna

$$\alpha = \left(\frac{16}{r_0^2}\right)\left(-\frac{r_0^2}{2}\right)\left(\int_1^0 u^3\, du\right) = 8\left(\int_0^1 u^3\, du\right)$$

$$= 8\left(\frac{u^4}{4}\bigg|_0^1\right) = 8\left(\frac{1}{4}\right)$$

$$\boxed{\alpha = 2}$$

Reveja a Solução e o Processo

1. *Conhecimento.* O escoamento laminar totalmente desenvolvido em um tubo circular é chamado de escoamento de Poiseuille. Fatos úteis:
   - O perfil de velocidade é parabólico.
   - A velocidade média é igual à metade da velocidade máxima (na linha de centro): $\overline{V} = V_{máx}/2$.
   - O fator de correção para a energia cinética é $\alpha = 2$.
2. *Conhecimento.* Na prática, os engenheiros geralmente estimam o valor de α. O objetivo deste exemplo é ilustrar como calcular α.

Últimas Etapas da Derivação

Agora que o fator de correção para a EC está disponível, a derivação da equação da energia pode ser completada. Comece aplicando a Eq. (7.20) para o volume de controle mostrado na Figura 7.5. Assuma um escoamento em regime estacionário e que a velocidade seja normal às superfícies de controle. Então, a Eq. (7.20) se simplifica a

$$\dot{Q} - \dot{W}_e + \int_{A_1}\left(\frac{p_1}{\rho} + gz_1 + u_1\right)\rho V_1 dA_1 + \int_{A_1}\frac{\rho V_1^3}{2}dA_1 \qquad \text{(7.22a)}$$

$$= \int_{A_2} \left(\frac{p_2}{\rho} + gz_2 + u_2 \right) \rho V_2 dA_2 + \int_{A_2} \frac{\rho V_2^3}{2} dA_2 \quad (7.22b)$$

Considere que a carga piezométrica $p/\gamma + z$ seja constante ao longo das seções 1 e 2.* Se a temperatura também for assumida constante ao longo de cada seção, então $p/\rho + gz + u$ pode ser retirado da integral para produzir

$$\dot{Q} - \dot{W}_e + \left(\frac{p_1}{\rho} + gz_1 + u_1 \right) \int_{A_1} \rho V_1 dA_1 + \int_{A_1} \rho \frac{V_1^3}{2} dA_1$$
$$= \left(\frac{p_2}{\rho} + gz_2 + u_2 \right) \int_{A_2} \rho V_2 dA_2 + \int_{A_2} \rho \frac{V_2^3}{2} dA_2 \quad (7.23)$$

Em seguida, calcule que $\int \rho V dA = \rho \overline{V} A = \overline{V}$ a partir de cada termo na Eq. (7.23). Uma vez que $\dot{m}$ não aparece como um fator de $\int (\rho V^3/2) dA$, expresse $\int (\rho V^3/2) dA$ como $\alpha(\rho \overline{V}^3/2)A$, em que α é o fator de correção para a energia cinética:

$$\dot{Q} - \dot{W}_e + \left(\frac{p_1}{\rho} + gz_1 + u_1 + \alpha_1 \frac{\overline{V}_1^2}{2} \right) \dot{m} = \left(\frac{p_2}{\rho} + gz_2 + u_2 + \alpha_2 \frac{\overline{V}_2^2}{2} \right) \dot{m} \quad (7.24)$$

Divida tudo por $\dot{m}$:

$$\frac{1}{\dot{m}} (\dot{Q} - \dot{W}_e) + \frac{p_1}{\rho} + gz_1 + u_1 + \alpha_1 \frac{\overline{V}_1^2}{2} = \frac{p_2}{\rho} + gz_2 + u_2 + \alpha_2 \frac{\overline{V}_2^2}{2} \quad (7.25)$$

Introduza a Eq. (7.11) na Eq. (7.25):

$$\frac{\dot{W}_b}{\dot{m}g} + \frac{p_1}{\gamma} + z_1 + \alpha_1 \frac{\overline{V}_1^2}{2g} = \frac{\dot{W}_t}{\dot{m}g} + \frac{p_2}{\gamma} + z_2 + \alpha_2 \frac{\overline{V}_2^2}{2g} + \frac{u_2 - u_1}{g} - \frac{\dot{Q}}{\dot{m}g} \quad (7.26)$$

Introduza a **carga da bomba** e a **carga da turbina**:

$$\textit{carga da bomba} = h_b = \frac{\dot{W}_b}{\dot{m}g} = \frac{\text{trabalho/tempo realizado pela bomba sobre o escoamento}}{\text{peso/tempo do fluido em escoamento}}$$

$$\textit{carga da turbina} = h_t = \frac{\dot{W}_t}{\dot{m}g} = \frac{\text{trabalho/tempo realizado pelo escoamento sobre a turbina}}{\text{peso/tempo do fluido em escoamento}} \quad (7.27)$$

A equação Eq. (7.26) se torna

$$\frac{p_1}{\gamma} + \alpha_1 \frac{\overline{V}_1^2}{2g} + z_1 + h_b = \frac{p_2}{\gamma} + \alpha_2 \frac{\overline{V}_2^2}{2g} + z_2 + h_t + \left[\frac{1}{g}(u_2 - u_1) - \frac{\dot{Q}}{\dot{m}g} \right] \quad (7.28)$$

A Eq. (7.28) está separada entre termos que representam a energia mecânica (fora do colchete) e termos que representam a energia térmica (entre colchetes). Um termo entre colchetes é sempre positivo por causa da segunda lei da termodinâmica. Ele é chamado de perda de carga e é representado por h_L. A **perda de carga** é a conversão de energia mecânica útil em energia térmica perdida pela ação da viscosidade. A perda de carga é análoga à energia térmica (calor) que é produzida pelo atrito de Coulomb. Quando o termo entre colchetes é substituído pela perda de carga h_L, a Eq. (7.28) se torna a *equação da energia*:

$$\left(\frac{p_1}{\gamma} + \alpha_1 \frac{\overline{V}_1^2}{2g} + z_1 \right) + h_b = \left(\frac{p_2}{\gamma} + \alpha_2 \frac{\overline{V}_2^2}{2g} + z_2 \right) + h_t + h_L \quad (7.29)$$

*A equação de Euler pode ser usada para mostrar que a variação da pressão normal a linhas de corrente retilíneas é hidrostática.

FIGURA 7.6
O balanço de energia para um VC quando a equação da energia é aplicada.

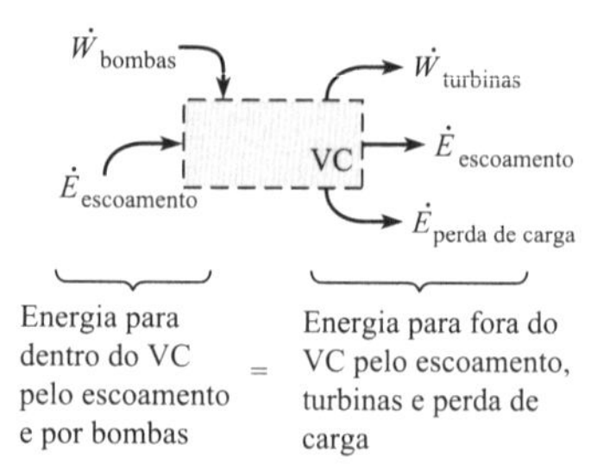

Interpretação Física da Equação da Energia

A equação da energia descreve um balanço de energia para um volume de controle (Fig. 7.6). As entradas de energia são contrabalançadas pelas saídas.* Em relação às entradas, a energia pode ser transportada através da superfície de controle por um fluido em escoamento, ou uma bomba pode realizar o trabalho sobre o fluido e, dessa forma, adicionar energia a ele. Em relação às saídas, a energia dentro do escoamento pode ser usada para realizar o trabalho sobre uma turbina, pode ser transportada através da superfície de controle pelo fluido em escoamento, ou a energia mecânica pode ser convertida em calor térmico perdido pela perda de carga.

O balanço de energia também pode ser expresso usando cargas (ou colunas de fluido):

$$\left(\frac{p_1}{\gamma} + \alpha_1 \frac{\overline{V}_1^2}{2g} + z_1\right) + h_b = \left(\frac{p_2}{\gamma} + \alpha_2 \frac{\overline{V}_2^2}{2g} + z_2\right) + h_t + h_L$$

$$\begin{pmatrix}\text{carga da pressão}\\ \text{carga da velocidade}\\ \text{carga da elevação}\end{pmatrix}_1 + \begin{pmatrix}\text{carga da}\\ \text{bomba}\end{pmatrix} = \begin{pmatrix}\text{carga da pressão}\\ \text{carga da velocidade}\\ \text{carga da elevação}\end{pmatrix}_2 + \begin{pmatrix}\text{carga da}\\ \text{turbina}\end{pmatrix} + \begin{pmatrix}\text{perda de}\\ \text{carga}\end{pmatrix}$$

A carga pode ser considerada a *razão entre a energia e o peso para uma partícula de fluido*, ou ela pode descrever a *energia por tempo que passa através de uma seção*, pois a carga e a potência estão relacionadas por $P = \dot{m}gh$.

Equações Práticas

A Tabela 7.1 resume a equação da energia, as suas variáveis e as principais hipóteses.
A seguir, o processo para aplicação da equação da energia:

Passo 1: **Seleção.** Selecione a equação da energia quando o problema envolver uma bomba, uma turbina ou uma perda de carga. Verifique para assegurar-se de que as hipóteses usadas para derivar a equação da energia são satisfeitas. As hipóteses são escoamen-

TABELA 7.1 Resumo da Equação da Energia

Descrição	Equação	Termos
A equação da energia possui apenas uma forma. Principais hipóteses: • Estado estacionário; nenhum acúmulo de energia no VC. • O VC possui uma entrada e uma saída. • Escoamento da densidade constante. • Todos os termos de energia térmica (exceto a perda de carga) podem ser desprezados. • As linhas de corrente são retas e paralelas em cada seção. • A temperatura é constante ao longo de cada seção.	$\left(\frac{p_1}{\gamma} + \alpha_1 \frac{\overline{V}_1^2}{2g} + z_1\right) + h_b =$ $\left(\frac{p_2}{\gamma} + \alpha_2 \frac{\overline{V}_2^2}{2g} + z_2\right) + h_t + h_L$ Eq. (7.29)	$\left(\frac{p}{\gamma} + \alpha\frac{\overline{V}^2}{2g} + z\right) = \begin{pmatrix}\text{energia/peso transportado para}\\ \text{dentro ou para fora do vc pelo}\\ \text{escoamento do fluido}\end{pmatrix} = \text{carga total}$ p/y = carga da pressão na sc (m) $\alpha\frac{\overline{V}^2}{2g}$ = carga da velocidade na sc (m) (α = fator de correção para a energia cinética (EC) na sc) ($\alpha \approx$ 1,0 para um escoamento turbulento) ($\alpha \approx$ 1,0 para bocais) ($\alpha \approx$ 2,0 para um escoamento laminar totalmente desenvolvido em tubo circular) z = carga da elevação na sc (m) h_b = carga adicionada por uma bomba (m) h_t = carga removida por uma turbina (m) h_L = perda de carga (m) (para estimar a perda de carga, aplique a Eq. (10.45))

*O termo $\dot{E}_{\text{escoamento}}$ inclui um termo de trabalho, qual seja, o trabalho de escoamento. Lembre-se de que a energia é uma propriedade de um sistema, enquanto o trabalho e a transferência de calor são interações que ocorrem nas fronteiras do sistema. Aqui, estamos usando do termo "balanço de energia" para descrever (termos de energia) + (termos de trabalho) + (termos de transferência de calor).

to em estado estacionário, um ponto de entrada e um ponto de saída, densidade constante e termos de energia térmica desprezíveis (exceto para a perda de carga).

Passo 2: **Seleção do VC.** Selecione e identifique a seção 1 (ponto de entrada) e a seção 2 (ponto de saída). Localize as seções 1 e 2 nas quais (a) você conheça as informações ou (b) você deseje informações. Por convenção, os engenheiros geralmente não esboçam um VC quando aplicam a equação da energia.

Passo 3: **Análise.** Escreva a forma geral da equação da energia. Conduza uma análise termo a termo. Simplifique a equação geral até a equação reduzida.

Passo 4: **Validação.** Verifique as unidades. Verifique a física: (carga para dentro em razão do escoamento do fluido e bomba) = (carga para fora em razão do escoamento do fluido, turbina e perda de carga).

EXEMPLO 7.2

Aplicando a Equação da Energia para Estimar a Pressão da Água em um Tubo Conectado a um Reservatório

Enunciado do Problema

Um tubo horizontal conduz água de resfriamento a 10 °C para uma usina de energia térmica. A perda de carga no tubo é dada por

$$h_L = \frac{0{,}02(L/D)V^2}{2g}$$

em que L é o comprimento do tubo do reservatório até o ponto em questão, V é a velocidade média no tubo, e D é o diâmetro do tubo. Se o diâmetro do tubo é de 20 cm e a vazão é de 0,06 m³/s, qual é a pressão no tubo a $L = 2000$ m? Assuma que $\alpha_2 = 1$.

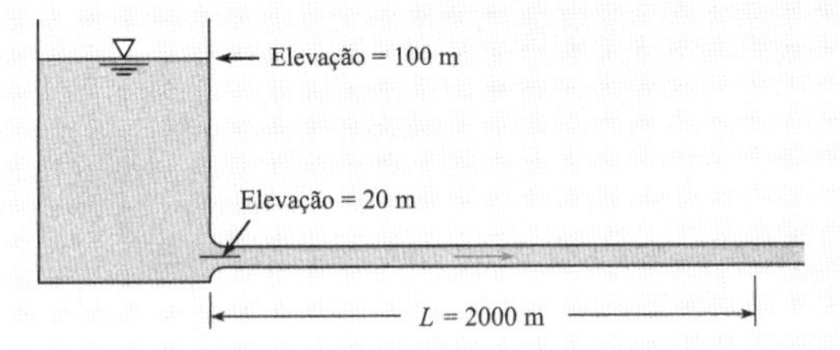

Defina a Situação

Água escoa em um sistema.

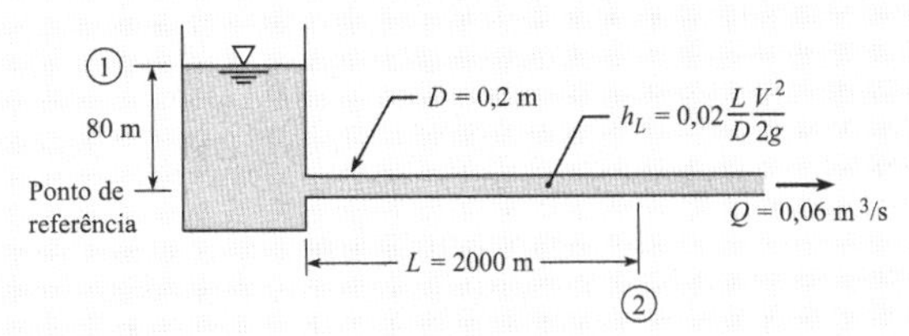

Hipóteses:

- $\alpha_2 = 1{,}0$
- Escoamento estacionário

Propriedades: Água (10 °C, 1 atm, Tabela A.5): $\gamma = 9810$ N/m³

Estabeleça o Objetivo

p_2 (kPa) ⬅ pressão na seção 2

Tenha Ideias e Trace um Plano

Selecione a equação da energia, quando (a) a situação envolve o escoamento de água através de um tubo e (b) a equação da energia contém o objetivo (p_2). Localize a seção 1 na superfície e a seção 2 no local no qual queremos conhecer a pressão. O plano é o seguinte:

1. Escrever a forma geral da equação da energia (7.29).
2. Analisar cada termo na equação da energia.
3. Resolver para p_2.

Aja (Execute o Plano)

1. Equação da energia (forma geral):

$$\frac{p_1}{\gamma} + \alpha_1\frac{\overline{V}_1^2}{2g} + z_1 + h_b = \frac{p_2}{\gamma} + \alpha_2\frac{\overline{V}_2^2}{2g} + z_2 + h_t + h_L$$

2. Análise termo a termo:

- $p_1 = 0$, pois a pressão no topo de um reservatório é $p_{atm} =$ 0 man.
- $V_1 \approx 0$, pois o nível do reservatório é constante ou está variando muito lentamente.
- $z_1 = 100$ m; $z_2 = 20$ m.
- $h_b = h_t = 0$, pois não existem bombas ou turbinas no sistema.
- Determine V_2 usando a equação da vazão (5.3).

$$V_2 = \frac{Q}{A} = \frac{0{,}06\ \text{m}^3/\text{s}}{(\pi/4)(0{,}2\ \text{m})^2} = 1{,}910\ \text{m/s}$$

- A perda de carga é

$$h_L = \frac{0{,}02(L/D)V^2}{2g} = \frac{0{,}02(2000\ \text{m}/0{,}2\ \text{m})(1{,}910\ \text{m/s})^2}{2(9{,}81\ \text{m/s}^2)}$$
$$= 37{,}2\ \text{m}$$

3. Combine os passos 1 e 2:

$$(z_1 - z_2) = \frac{p_2}{\gamma} + \alpha_2\frac{\overline{V}_2^2}{2g} + h_L$$

$$80\ \text{m} = \frac{p_2}{\gamma} + 1{,}0\frac{(1{,}910\ \text{m/s})^2}{2(9{,}81\ \text{m/s}^2)} + 37{,}2\ \text{m}$$

$$80\ \text{m} = \frac{p_2}{\gamma} + (0{,}186\ \text{m}) + (37{,}2\ \text{m})$$

$$p_2 = \gamma(42{,}6\ \text{m}) = (9810\ \text{N/m}^3)(42{,}6\ \text{m}) = \boxed{418\ \text{kPa}}$$

Reveja a Solução e o Processo

1. *Habilidade.* Observe que a seção 1 foi estabelecida na superfície livre, pois as propriedades naquele ponto são conhecidas.

A seção 2 foi estabelecida no local onde se quer determinar as informações.

2. *Conhecimento.* Em relação à seleção de uma equação, seria possível escolher a equação de Bernoulli. Contudo, ela teria sido uma escolha ruim, já que a equação de Bernoulli assume um escoamento invíscido.
   - *Conceito-chave.* Selecione a equação de Bernoulli se os efeitos viscosos puderem ser desprezados; selecione a equação da energia se os efeitos viscosos forem significativos.
   - *Regra básica.* Quando um fluido está escoando através de um tubo que possui mais do que aproximadamente cinco diâmetros de comprimento, isto é, $(L/D > 5)$, os efeitos viscosos são significativos.

7.4 A Equação da Potência

Dependendo do contexto, os engenheiros utilizam várias equações para calcular a potência. Esta seção mostra como calcular a potência associada a bombas e turbinas. A definição da equação para a potência de bombas é a mesma utilizada na Eq. (7.27) para carga da bomba, apresentada:

$$\dot{W}_b = \gamma Q h_b = \dot{m} g h_b \quad \textbf{(7.30a)}$$

De maneira semelhante, a potência transmitida de um escoamento para uma turbina é

$$\dot{W}_t = \gamma Q h_t = \dot{m} g h_t \quad \textbf{(7.30b)}$$

As Equações (7.30a) e (7.30b) podem ser generalizadas para resultar em uma equação para calcular a potência associada a uma bomba ou turbina:

$$P = \dot{m} g h = \gamma Q h \quad \textbf{(7.31)}$$

As equações para o cálculo da potência estão resumidas na Tabela 7.2.

TABELA 7.2 Resumo da Equação da Potência

Descrição	Equação	Termos
Movimento retilíneo de um objeto, tal como um avião, um submarino ou um carro	$P = FV$ (7.3a)	P = potência (W) F = força realizando trabalho (N) V = velocidade do objeto (m/s)
Movimento de rotação, tal como um eixo que aciona uma bomba ou um eixo de saída de uma turbina	$P = T\omega$ (7.3b)	T = torque (N·m) ω = velocidade angular (rad/s)
Potência suprida de uma bomba a um fluido em escoamento Potência suprida de um fluido em escoamento a uma turbina	$P = \dot{m}gh = \gamma Qh$ (7.31)	$\dot{m}$ = vazão mássica por meio da máquina (kg/s) g = constante gravitacional = 9,81 (m/s²) h = carga da bomba ou carga da turbina (m) γ = peso específico (N/m³) Q = vazão volumétrica (m³/s)

EXEMPLO 7.3

Aplicando a Equação da Energia para Calcular a Potência Exigida por uma Bomba

Enunciado do Problema

Um tubo com 50 cm de diâmetro conduz água (10 °C) a uma taxa de 0,5 m³/s. Uma bomba no tubo é usada para mover a água de uma elevação de 30 m a 40 m. A pressão na seção 1 é de 70 kPa man, e a pressão na seção 2 é de 350 kPa man. Qual potência em quilowatts e em cavalos-vapor deve ser suprida ao escoamento pela bomba? Assuma $h_L = 3$ m de água e $\alpha_1 = \alpha_2 = 1$.

Defina a Situação

A água está sendo bombeada por um sistema.

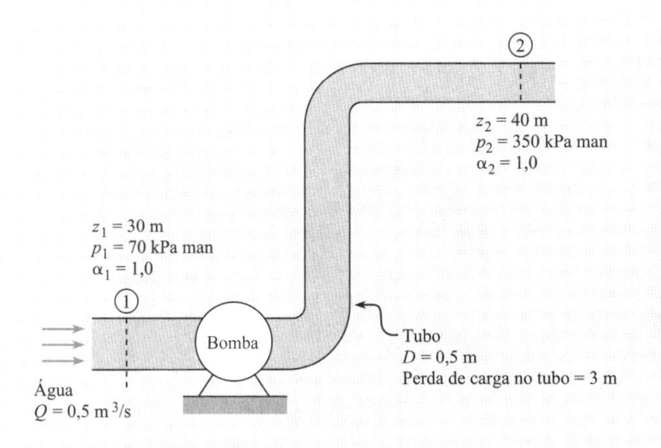

Propriedades: Água (10 °C, 1 atm, Tabela A.5): $\gamma = 9810$ N/m³

Estabeleça o Objetivo

P (W e hp) ⬅ potência que a bomba está suprindo à água em unidades de watt e cavalo-vapor

Tenha Ideias e Trace um Plano

Uma vez que este problema envolve a água que está sendo bombeada por um sistema, esse é um problema para a equação da energia. Contudo, o objetivo é determinar a potência, de modo que a equação dessa potência também será necessária. Os passos são os que seguem:

1. Escrever a equação da energia entre as seções 1 e 2.
2. Analisar cada termo na equação da energia.
3. Calcular a carga da bomba h_b.
4. Determinar a potência aplicando a equação da potência (7.30a).

Aja (Execute o Plano)

1. Equação da energia (forma geral):

$$\frac{p_1}{\gamma} + \alpha_1\frac{\overline{V}_1^2}{2g} + z_1 + h_b = \frac{p_2}{\gamma} + \alpha_2\frac{\overline{V}_2^2}{2g} + z_2 + h_t + h_L$$

2. Análise termo a termo:
   - A carga da velocidade se cancela, pois $V_1 = V_2$.
   - $h_t = 0$, pois não existem turbinas no sistema.
   - Todos os demais termos de cargas são fornecidos.
   - Inserindo os termos na equação geral obtemos:

$$\frac{p_1}{\gamma} + z_1 + h_b = \frac{p_2}{\gamma} + z_2 + h_L$$

3. Carga da bomba (a partir do passo 2):

$$h_b = \left(\frac{p_2 - p_1}{\gamma}\right) + (z_2 - z_1) + h_L$$

$$= \left(\frac{(350.000 - 70.000)\ \text{N/m}^2}{9810\ \text{N/m}^3}\right) + (10\ \text{m}) + (3\ \text{m})$$

$$= (28{,}5\ \text{m}) + (10\ \text{m}) + (3\ \text{m}) = 41{,}5\ \text{m}$$

Física: A carga provida pela bomba (41,5 m) é contrabalançada pelo aumento na carga da pressão (28,5 m), mais o aumento na carga da elevação (10 m), mais a perda de carga (3 m).

4. Equação da potência:

$$P = \gamma Q h_b$$

$$= (9810\ \text{N/m}^3)(0{,}5\ \text{m}^3/\text{s})(41{,}5\ \text{m})$$

$$= \boxed{204\ \text{kW}} = (204\ \cancel{\text{kW}})\left(\frac{1{,}0\ \text{hp}}{0{,}746\ \cancel{\text{kW}}}\right) = \boxed{273\ \text{hp}}$$

Reveja a Solução e o Processo

Discussão. A potência calculada representa o trabalho/tempo que está sendo realizado pelo rotor da bomba sobre a água. A energia elétrica fornecida à bomba precisaria ser maior do que esta, por causa das perdas de energia no motor elétrico e porque a bomba propriamente dita não é 100% eficiente. Ambos os fatores podem ser levados em consideração ao se utilizar a eficiência da bomba (η_{bomba}) e a eficiência do motor (η_{motor}), respectivamente.

7.5 Eficiência Mecânica

A Figura 7.7 mostra um motor elétrico conectado a uma bomba centrífuga. Motores, bombas, turbinas e dispositivos semelhantes exibem perdas de energia. Nas bombas e turbinas, as perdas de energia ocorrem por fatores como o atrito mecânico, a dissipação viscosa e vazamentos. As perdas de energia são levadas em consideração mediante o uso da eficiência.

A **eficiência mecânica** é definida como a razão entre a saída e a entrada de potência:

$$\eta \equiv \frac{\text{saída de potência de uma máquina ou sistema}}{\text{entrada de potência em uma máquina ou sistema}} = \frac{P_{\text{saída}}}{P_{\text{entrada}}} \qquad (7.32)$$

O símbolo para a eficiência mecânica é a letra grega η, a qual é pronunciada como "eta". Além da eficiência mecânica, os engenheiros também utilizam a *eficiência térmica*, definida pela entrada de energia térmica em um sistema. Neste livro, será usada apenas a eficiência mecânica, e algumas vezes vamos usar a identificação "eficiência" em lugar de "eficiência mecânica".

EXEMPLO. Suponha que um motor elétrico como o que é mostrado na Figura 7.7 esteja consumindo 1000 W de energia elétrica de um circuito de parede. Conforme a Figura 7.8

FIGURA 7.7
Desenho em CAD de uma bomba centrífuga e um motor elétrico. (Imagem cortesia de Ted Kyte; www.ted-kyte.com.)

mostra, o motor provê 750 J/s de potência ao seu eixo de saída. Essa potência aciona a bomba, e a bomba fornece 450 J/s ao fluido.

Neste exemplo, a eficiência do motor elétrico é

$$\eta_{\text{motor}} = (750\ \text{J/s})/(1000\ \text{J/s}) = 0{,}75 = 75\%$$

De maneira semelhante, a eficiência da bomba é

$$\eta_{\text{bomba}} = (450\ \text{J/s})/(750\ \text{J/s}) = 0{,}60 = 60\%$$

e a eficiência combinada é

$$\eta_{\text{combinada}} = (450\ \text{J/s})/(1000\ \text{J/s}) = 0{,}45 = 45\%$$

EXEMPLO. Suponha que o vento que incide sobre uma turbina de vento contenha 1000 J/s de energia, como mostrado na Figura 7.9. Como a turbina de vento não consegue extrair toda a energia, e por causa das perdas, o trabalho que a turbina de vento realiza sobre o seu eixo de saída é de 360 J/s. Essa potência aciona um gerador elétrico que produz 324 J/s de energia elétrica, a qual é fornecida à rede de energia. Calcule a eficiência do sistema e dos componentes.

A eficiência da turbina de vento é

$$\eta_{\text{turbina de vento}} = (360\ \text{J/s})/(1000\ \text{J/s}) = 0{,}36 = 36\%$$

A eficiência do gerador elétrico é

$$\eta_{\text{gerador elétrico}} = (324\ \text{J/s})/(360\ \text{J/s}) = 0{,}90 = 90\%$$

A eficiência combinada é

$$\eta_{\text{combinada}} = (324\ \text{J/s})/(1000\ \text{J/s}) = 0{,}324 = 32{,}4\%$$

Podemos generalizar os resultados dos dois últimos exemplos para resumir as equações da eficiência (Tabela 7.3). O Exemplo 7.4 mostra como a eficiência entra no cálculo da potência.

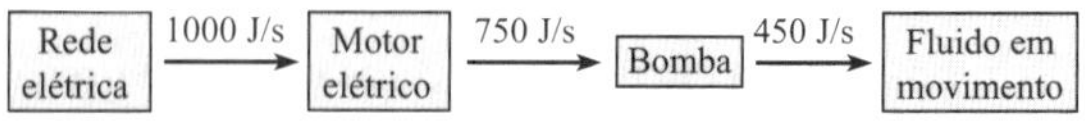

FIGURA 7.8
O fluxo de energia através de uma bomba que é acionada por um motor elétrico.

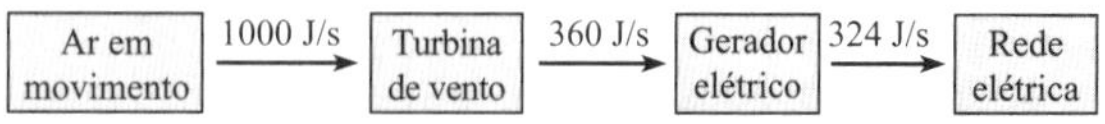

Rede elétrica → 1000 J/s → Motor elétrico → 750 J/s → Bomba → 450 J/s → Fluido em movimento

FIGURA 7.9
O fluxo de energia associado à geração de energia elétrica de uma turbina de vento.

Ar em movimento → 1000 J/s → Turbina de vento → 360 J/s → Gerador elétrico → 324 J/s → Rede elétrica

TABELA 7.3 Resumo da Equação da Eficiência

Descrição	Equação	Termos
Bomba	$P_{\text{bomba}} = \eta_{\text{bomba}} P_{\text{eixo}}$ (7.33a)	P_{bomba} = potência que a bomba supre ao fluido (W) $[P_{\text{bomba}} = \dot{m}gh_b = \gamma Q h_b]$ η_{bomba} = eficiência da bomba () P_{eixo} = potência que é suprida ao eixo da bomba (W)
Turbina	$P_{\text{eixo}} = \eta_{\text{turbina}} P_{\text{turbina}}$ (7.33b)	P_{turbina} = potência que o fluido supre a uma turbina (W) $[P_{\text{turbina}} = \dot{m}gh_t = \gamma Q h_t]$ η_{turbina} = eficiência da turbina () P_{eixo} = potência que é suprida pelo eixo da turbina (W)

EXEMPLO 7.4

Aplicando a Equação da Energia para Estimar a Potência Produzida por uma Turbina

Enunciado do Problema

Na taxa máxima de geração de energia, uma pequena usina hidroelétrica recebe uma descarga de 14,1 m³/s através de uma queda de elevação de 61 m. A perda de carga através das entradas, do duto e da saída é de 1,5 m. A eficiência combinada da turbina e do gerador elétrico é de 87%. Qual é a taxa de geração de energia?

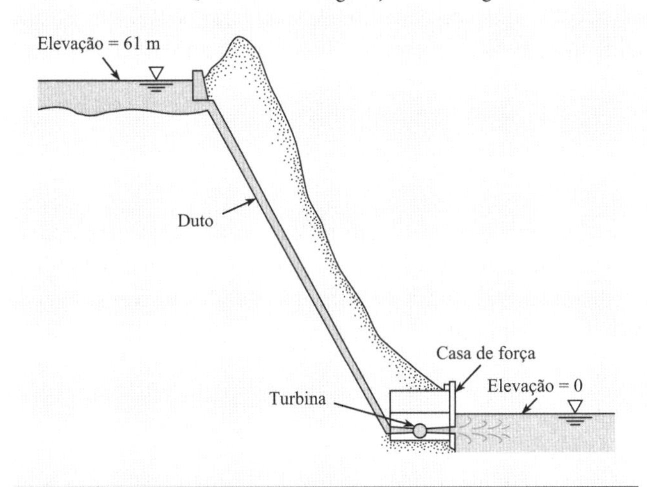

Defina a Situação

Uma pequena usina hidroelétrica está produzindo energia elétrica:

- Perda de carga combinada: $h_L = 1{,}5$ m
- Eficiência combinada (turbina/gerador): $\eta = 0{,}87$

Propriedades: Água (10 °C, 1 atm, Tabela A.5): $\gamma = 9810\ \text{N/m}^3$

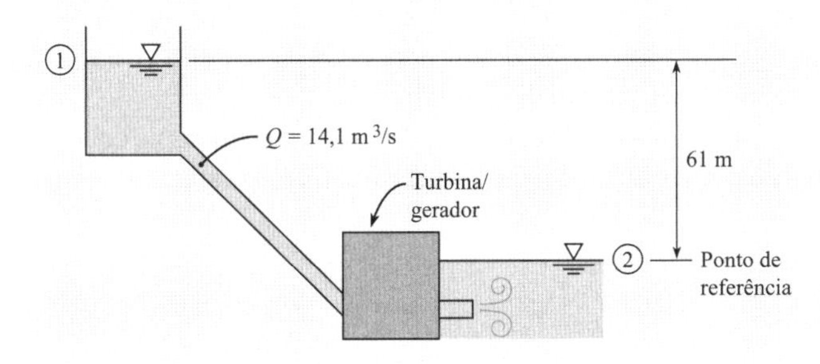

Estabeleça o Objetivo

$P_{\text{saída do gerador}}$ (MW) ⬅ potência produzida pelo gerador

Tenha Ideias e Trace um Plano

Uma vez que este problema envolve um sistema fluido para a produção de energia, selecione a equação da energia. Como a potência é o objetivo, selecione também a equação da potência. O plano é o seguinte:

1. Escrever a equação da energia (7.29) entre as seções 1 e 2.
2. Analisar cada termo na equação da energia.
3. Resolver a carga da turbina h_t.
4. Determinar a potência de entrada na turbina usando a equação da potência (7.30b).
5. Determinar a potência de saída do gerador usando a equação da eficiência (7.33b).

Aja (Execute o Plano)

1. Equação da energia (forma geral):

$$\frac{p_1}{\gamma} + \alpha_1 \frac{\overline{V}_1^2}{2g} + z_1 + h_b = \frac{p_2}{\gamma} + \alpha_2 \frac{\overline{V}_2^2}{2g} + z_2 + h_t + h_L$$

2. Análise termo a termo:
   - As cargas da velocidade são desprezíveis, pois $V_1 \approx 0$ e $V_2 \approx 0$.
   - As cargas da pressão são zero, pois $p_1 = p_2 = 0$ man.
   - $h_b = 0$, pois não existem bombas no sistema.
   - Os termos da carga da elevação são dados.

3. Combine os passos 1 e 2:

$$h_1 = (z_1 - z_2) - h_L$$
$$= (61\ \text{m}) - (1{,}5\ \text{m}) = 59{,}5\ \text{m}$$

Física: A carga fornecida à turbina (59,5 m) é igual à variação de elevação resultante da represa (61 m) menos a perda de carga (1,5 m).

4. Equação da potência:

$$P_{\text{entrada da turbina}} = \gamma Q h_t = (9810\ \text{N/m}^3)(14{,}1\ \text{m}^3/\text{s})(59{,}5\ \text{m})$$
$$= 8{,}23\ \text{MW}$$

5. Equação da eficiência:

$$P_{\text{saída do gerador}} = \eta P_{\text{entrada da turbina}} = 0{,}87(8{,}23\ \text{MW})$$
$$= \boxed{7{,}16\ \text{MW}}$$

Reveja a Solução e o Processo

1. *Conhecimento.* Observe que as seções 1 e 2 foram localizadas nas superfícies livres. Isso ocorreu porque conhecia-se as informações dessas posições.

2. *Discussão.* A potência máxima que pode ser gerada é uma função da carga da elevação e da vazão. Essa potência máxima é reduzida pela perda de carga e pelas perdas de energia na turbina e no gerador.

7.6 Contrastando a Equação de Bernoulli e a Equação da Energia

Embora a equação de Bernoulli (Eq. 4.21b) e a equação da energia (Eq. 7.29) possuam uma forma similar e vários termos em comum, elas não são a mesma equação. Esta seção explica as diferenças entre essas duas equações. Trata-se de uma informação importante para a compreensão conceitual dessas duas relevantes equações.

A equação de Bernoulli e a equação da energia são derivadas de maneiras diferentes. A equação de Bernoulli deriva da aplicação da segunda lei de Newton a uma partícula e, na sequência, da integração da equação resultante ao longo de uma linha de corrente. A equação da energia deriva da primeira lei da termodinâmica e da posterior utilização do teorema do transporte de Reynolds. Consequentemente, a equação de Bernoulli envolve apenas a energia mecânica, enquanto a equação da energia inclui tanto a energia mecânica quanto a energia térmica.

As duas equações possuem métodos de aplicação diferentes. A equação de Bernoulli é aplicada selecionando dois pontos sobre uma linha de corrente e então igualando os termos nestes pontos:

$$\frac{p_1}{\gamma} + \frac{V_1^2}{2g} + z_1 = \frac{p_2}{\gamma} + \frac{V_2^2}{2g} + z_2$$

Além disto, esses dois pontos podem ser em qualquer lugar no campo de escoamento para o caso especial de um escoamento irrotacional. A equação da energia é aplicada selecionando-se uma seção de entrada e uma seção de saída, e igualando os termos à medida que eles se aplicam a um volume de controle localizado entre a entrada e a saída:

$$\left(\frac{p_1}{\gamma} + \alpha_1 \frac{\overline{V}_1^2}{2g} + z_1\right) + h_b = \left(\frac{p_2}{\gamma} + \alpha_2 \frac{\overline{V}_2^2}{2g} + z_2\right) + h_t + h_L$$

As duas equações possuem hipóteses diferentes. A equação de Bernoulli se aplica a um escoamento estacionário, incompressível e invíscido. A equação da energia se aplica ao escoamento estacionário, incompressível e viscoso em um tubo, com energia adicional sendo inserida por uma bomba ou extraída por uma turbina.

Sob circunstâncias especiais, a equação da energia pode ser reduzida à equação de Bernoulli. Se o escoamento for invíscido, não existe perda de carga; isto é, $h_L = 0$. Se o "tubo" for considerado de pequena corrente que engloba uma linha de corrente, então $\alpha = 1$. Não existe nenhuma bomba ou turbina ao longo de uma linha de corrente, de modo que $h_b = h_t = 0$. Nesse caso, a equação da energia é idêntica à equação de Bernoulli. Observe que a equação da energia não pode ser derivada a partir da equação de Bernoulli.

Resumo. A equação da energia *não* é a equação de Bernoulli. Contudo, ambas as equações podem ser relacionadas com a lei da conservação de energia. Assim, termos semelhantes aparecem em cada equação.

7.7 Transições

O propósito desta seção é ilustrar como as equações da energia, do momento e da continuidade podem ser usadas em conjunto para analisar (a) a perda de carga para uma expansão abrupta e (b) as forças sobre transições. Esses resultados são úteis para projetar sistemas, especialmente aqueles com grandes tubulações, tais como os de um duto em uma represa.

Expansão Abrupta

Uma **expansão abrupta ou repentina** em um tubo ou duto é uma variação de uma área de seção menor, a uma área de seção maior, como mostrado na Figura 7.10. Observe que um jato de fluido confinado do tubo menor descarrega no interior do tubo maior, criando uma zona de escoamento separado. Uma vez que as linhas de corrente no jato são inicialmente retas e paralelas, a distribuição de pressão piezométrica ao longo do jato na seção 1 será uniforme.

Para analisar a transição, aplique a equação da energia entre as seções 1 e 2:

$$\frac{p_1}{\gamma} + \alpha_1 \frac{V_1^2}{2g} + z_1 = \frac{p_2}{\gamma} + \alpha_2 \frac{V_2^2}{2g} + z_2 + h_L \quad (7.34)$$

Assuma condições de escoamento turbulento, tal que $\alpha_1 = \alpha_2 \approx 1$. A equação do momento é

$$\sum F_s = \dot{m}V_2 - \dot{m}V_1$$

Em seguida, faça $\dot{m} = \rho AV$, e então identifique as forças. Observe que a força de cisalhamento pode ser desprezada, pois ela é pequena em comparação à força da pressão. A equação do momento se torna

$$p_1A_2 - p_2A_2 - \gamma A_2 L \operatorname{sen} \alpha = \rho V_2^2 A_2 - \rho V_1^2 A_1$$

ou

$$\frac{p_1}{\gamma} - \frac{p_2}{\gamma} - (z_2 - z_1) = \frac{V_2^2}{g} - \frac{V_1^2}{g}\frac{A_1}{A_2} \quad (7.35)$$

A equação da continuidade se simplifica para

$$V_1A_1 = V_2A_2 \quad (7.36)$$

Combinando as Eqs. (7.34) a (7.36), obtemos uma equação para a perda de carga h_L causada por uma expansão repentina:

$$h_L = \frac{(V_1 - V_2)^2}{2g} \quad (7.37)$$

Se um tubo descarrega um fluido no interior de um reservatório, então $V_2 = 0$, e a perda de carga se simplifica para

$$h_L = \frac{V^2}{2g}$$

que é a carga da velocidade no tubo. Essa energia é dissipada pela ação viscosa do fluido no reservatório.

Forças sobre Transições

Para determinar as forças sobre as transições em tubos, aplique a equação do momento em combinação com a equação da energia, a equação da vazão e a equação da perda de carga. Esse procedimento está ilustrado no Exemplo 7.5.

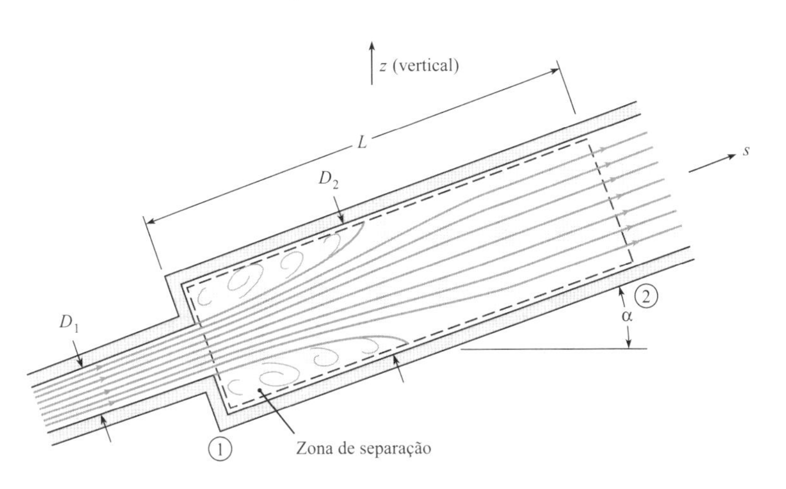

FIGURA 7.10
Escoamento através de uma expansão abrupta.

EXEMPLO 7.5

Aplicando as Equações da Energia e do Momento para Determinar a Força sobre uma Contração em um Tubo

Enunciado do Problema

Um tubo com 30 cm de diâmetro conduz água (10 °C, 250 kPa) a uma taxa de 0,707 m³/s. O tubo contrai até um diâmetro de 20 cm. A perda de carga ao longo da contração é dada por

$$h_L = 0{,}1\frac{V_2^2}{2g}$$

em que V_2 é a velocidade no tubo de 20 cm. Qual é a força horizontal exigida para manter a transição no local? Assuma que o fator de correção para a energia cinética seja de 1,0 tanto na entrada quanto na saída.

Defina a Situação

Água escoa através de uma contração.

- $\alpha_1 = \alpha_2 = 1{,}0$
- $h_L = 0{,}1\,(V_2^2/2g))$

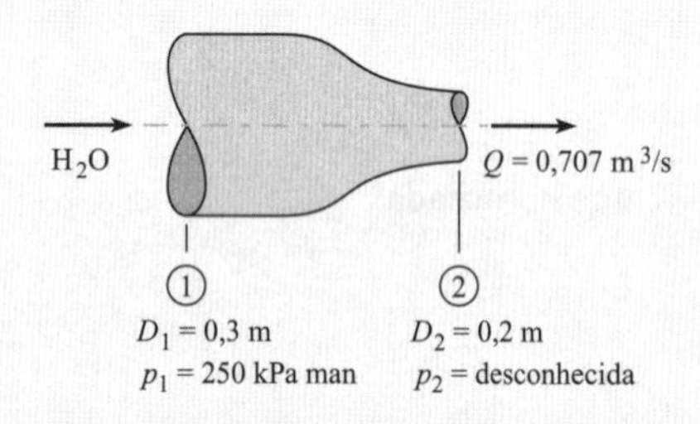

Propriedades: Água (10 °C, 1 atm, Tabela A.5): $\gamma = 9.810$ N/m³

Estabeleça o Objetivo

F_x (N) ⬅ força horizontal atuando sobre a contração

Tenha Ideias e Trace um Plano

Uma vez que a força é o objetivo, comece pela equação do momento. Para resolver a equação do momento, precisamos de p_2. Determine-o por meio da equação da energia. O plano passo a passo é o seguinte:

1. Derivar uma equação para F_x aplicando a equação do momento.
2. Derivar uma equação para p_2 aplicando a equação da energia.
3. Calcular p_2.
4. Calcular F_x.

Aja (Execute o Plano)

1. Equação do momento:
   - Esboce um diagrama de forças e um diagrama de momentos:

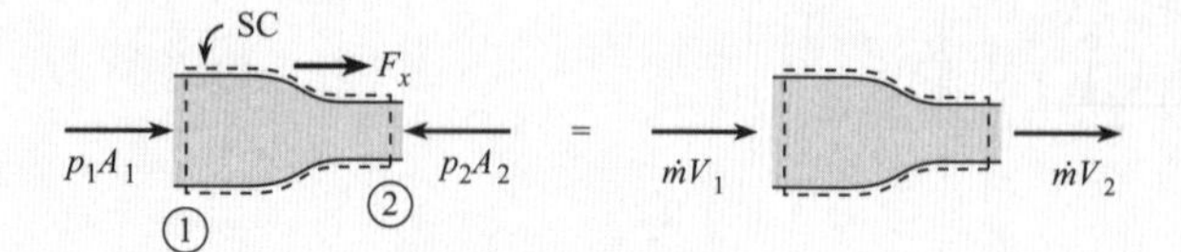

   - Escreva a equação do momento na direção x:

$$p_1A_1 - p_2A_2 + F_x = \dot{m}V_2 - \dot{m}V_1$$

   - Rearranje para determinar

$$F_x = \rho Q(V_2 - V_1) + p_2A_2 - p_1A_1$$

2. Equação da energia (da seção 1 para a 2):
   - Faça com que $\alpha_1 = \alpha_2 = 1$, $z_1 = z_2$, e $h_b = h_t = 0$.
   - A Eq. (7.29) se simplifica a

$$\frac{p_1}{\gamma} + \frac{V_1^2}{2g} = \frac{p_2}{\gamma} + \frac{V_2^2}{2g} + h_L$$

   - Rearranje para determinar

$$p_2 = p_1 - \gamma\left(\frac{V_2^2}{2g} - \frac{V_1^2}{2g} + h_L\right)$$

3. Pressão na seção 2:
   - Determine as velocidades usando a equação da vazão:

$$V_1 = \frac{Q}{A_1} = \frac{0{,}707 \text{ m}^3/\text{s}}{(\pi/4) \times (0{,}3 \text{ m})^2} = 10 \text{ m/s}$$

$$V_2 = \frac{Q}{A_2} = \frac{0{,}707 \text{ m}^3/\text{s}}{(\pi/4) \times (0{,}2 \text{ m})^2} = 22{,}5 \text{ m/s}$$

   - Calcule a perda de carga:

$$h_L = \frac{0{,}1\,V_2^2}{2g} = \frac{0{,}1 \times (22{,}5 \text{ m/s})^2}{2 \times (9{,}81 \text{ m/s}^2)} = 2{,}58 \text{ m}$$

   - Calcule a pressão:

$$\begin{aligned} p_2 &= p_1 - \gamma\left(\frac{V_2^2}{2g} - \frac{V_1^2}{2g} + h_L\right) \\ &= 250 \text{ kPa} - 9{,}81 \text{ kN/m}^3 \\ &\quad \times \left(\frac{(22{,}5 \text{ m/s})^2}{2(9{,}81 \text{ m/s}^2)} - \frac{(10 \text{ m/s})^2}{2(9{,}81 \text{ m/s}^2)} + 2{,}58 \text{ m}\right) \\ &= 21{,}6 \text{ kPa} \end{aligned}$$

4. Calcule F_x:

$$\begin{aligned} F_x &= \rho Q(V_2 - V_1) + p_2A_2 - p_1A_1 \\ &= (1000 \text{ kg/m}^3)(0{,}707 \text{ m}^3/\text{s})(22{,}5 - 10)(\text{m/s}) \\ &\quad + (21.600 \text{ Pa})\left(\frac{\pi(0{,}2 \text{ m})^2}{4}\right) - (250.000 \text{ Pa}) \\ &\quad \times \left(\frac{\pi(0{,}3 \text{ m})^2}{4}\right) \\ &= (8837 + 677 - 17.670)\text{N} = -8{,}16 \text{ kN} \end{aligned}$$

$$\boxed{F_x = 8{,}16 \text{ kN atuando para a esquerda}}$$

7.8 As Linhas Piezométrica e de Energia

Esta seção introduz a linha piezométrica (ou hidráulica) (LP) e a linha de energia (LE), que são representações gráficas que mostram a carga em um sistema. Esse procedimento visual fornece uma compreensão e auxilia na localização e na correção de pontos problemáticos no sistema (geralmente, pontos de baixa pressão).

A **LE**, mostrada na Figura 7.11, é a linha que indica a carga total em cada local em um sistema. A LE está relacionada com os termos na equação da energia por

$$\text{LE} = \begin{pmatrix}\text{carga da}\\ \text{velocidade}\end{pmatrix} + \begin{pmatrix}\text{carga da}\\ \text{pressão}\end{pmatrix} + \begin{pmatrix}\text{carga da}\\ \text{elevação}\end{pmatrix} = \alpha\frac{V^2}{2g} + \frac{p}{\gamma} + z = \begin{pmatrix}\text{carga}\\ \text{total}\end{pmatrix} \quad (7.38)$$

Observe que a **carga total**, que caracteriza a energia que é conduzida por um fluido em escoamento, é a soma da carga da velocidade, carga da pressão e carga da elevação.

A **LP**, mostrada na Figura 7.11, é a linha que indica a carga piezométrica em cada local em um sistema:

$$\text{LP} = \begin{pmatrix}\text{carga da}\\ \text{pressão}\end{pmatrix} + \begin{pmatrix}\text{carga da}\\ \text{elevação}\end{pmatrix} = \frac{p}{\gamma} + z = \begin{pmatrix}\text{carga}\\ \text{piezométrica}\end{pmatrix} \quad (7.39)$$

Uma vez que a LP fornece a carga piezométrica, a LP será coincidente com a superfície do líquido em um piezômetro, como mostrado na Figura 7.11. De maneira semelhante, a LE será coincidente com a superfície do líquido em um tubo de estagnação.

Dicas para Desenhar as LPs e LEs

Esta seção apresenta dez conceitos úteis para esboçar diagramas válidos.

1. Em um lago ou reservatório, a LP e a LE irão coincidir com a superfície do lago. Além disso, tanto a LP quanto a LE irão indicar a carga piezométrica.
2. Uma bomba causa uma elevação brusca na LE e na LP pela adição de energia ao escoamento. Por exemplo, ver a Figura 7.12.

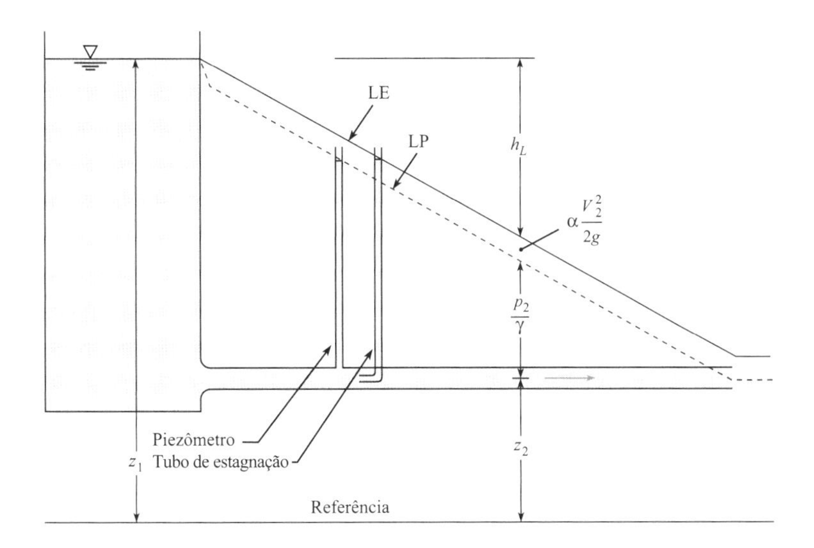

FIGURA 7.11
LE e LP em um tubo reto.

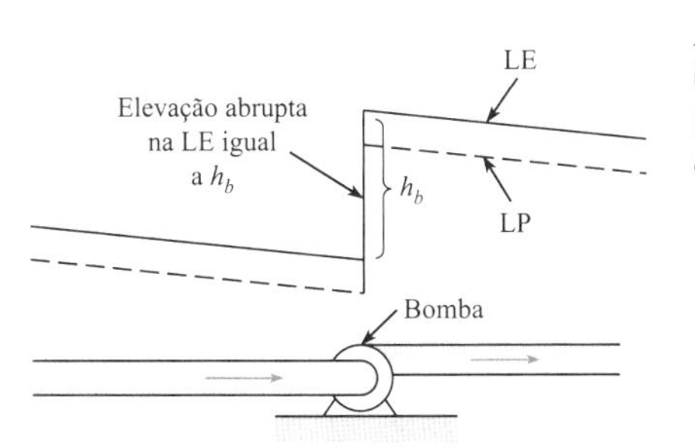

FIGURA 7.12
Elevação na LE e na LP por causa de uma bomba.

FIGURA 7.13

Queda na LE e na LP por causa de uma turbina.

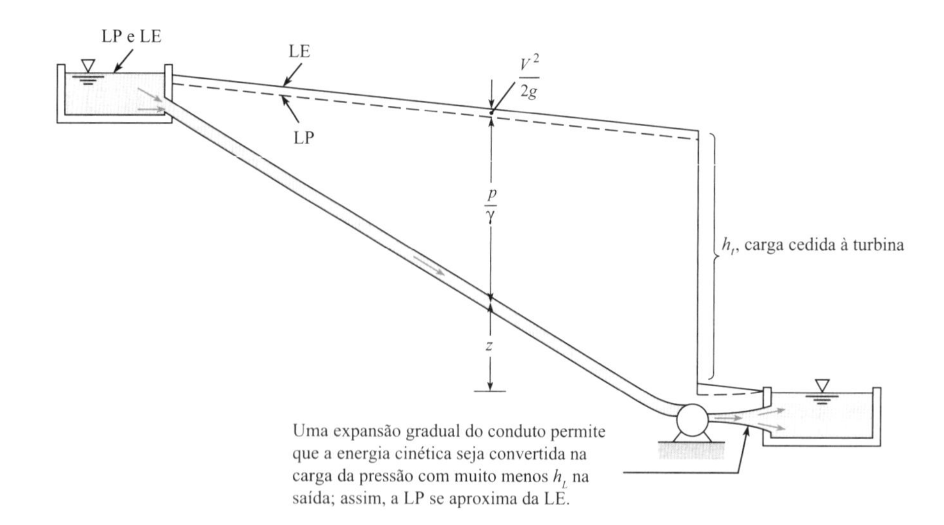

3. Para um escoamento estacionário em um tubo com diâmetro constante e rugosidade da parede uniforme, a inclinação ($\Delta h_L/\Delta L$) da LE e da LP será constante. Para exemplos, ver as Figuras 7.11 a 7.13.
4. Coloque a LP abaixo da LE a uma distância equivalente à carga da velocidade ($\alpha V^2/2g$).
5. A altura da LE diminui na direção do escoamento, a menos que uma bomba esteja presente.
6. Uma turbina causa uma queda brusca na LE e na LP pela remoção de energia do escoamento. Por exemplo, ver a Figura 7.13.
7. A potência gerada por uma turbina pode ser aumentada usando uma expansão gradual na saída da turbina. Como mostrado na Figura 7.13, a expansão converte energia cinética em pressão. Se a saída para um reservatório é uma expansão brusca, como na Figura 7.14, então essa energia cinética é perdida.
8. Quando um tubo descarrega na atmosfera, a LP coincidente com o sistema, pois $p/\gamma = 0$ nesses pontos. Por exemplo, nas Figuras 7.15 e 7.16, a LP no jato de líquido é desenhada pela linha de centro do jato.
9. Quando o canal de passagem de um escoamento mudar de diâmetro, a distância entre a LE e a LP irá variar (ver as Figs. 7.14 e 7.15), pois a velocidade varia. Além disso, a inclinação da LE irá variar, uma vez que a perda de carga por comprimento será maior no conduto com a maior velocidade (ver a Fig. 7.14).
10. Se a LP ficar abaixo do tubo, então o valor de p/γ será negativo, indicando uma pressão subatmosférica (ver a Fig. 7.16) e um local de cavitação em potencial.

FIGURA 7.14

Variação na LE e na LP por causa de uma variação no diâmetro do tubo.

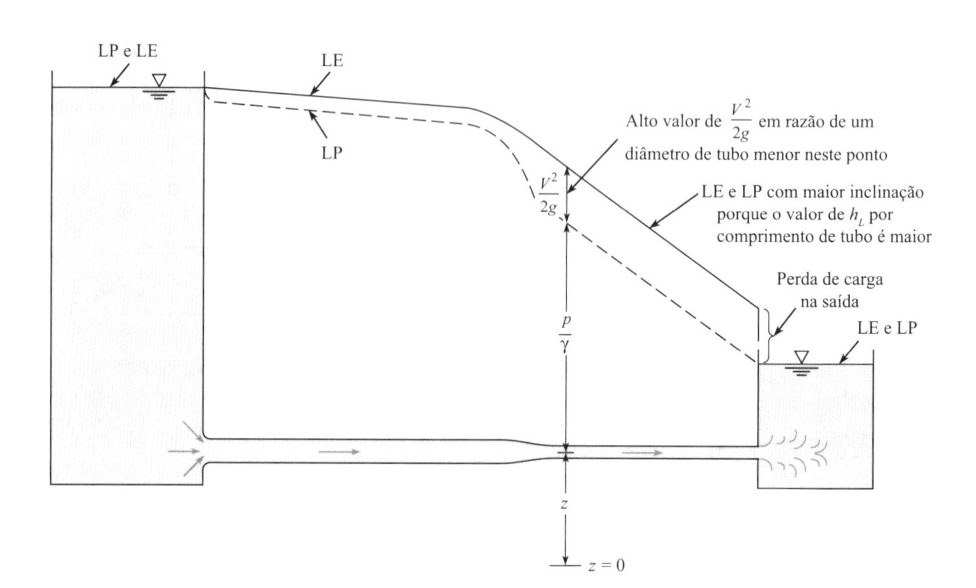

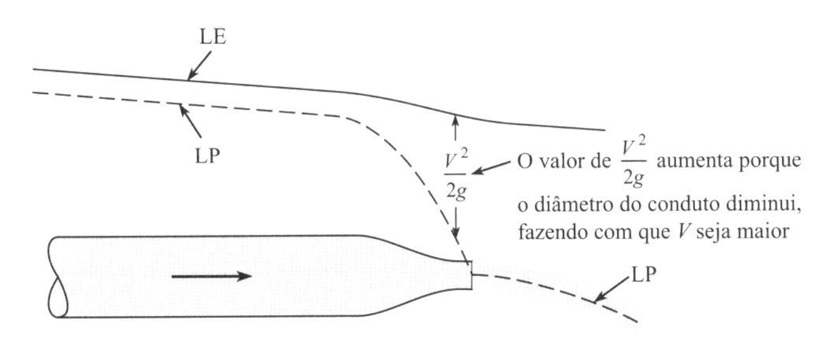

FIGURA 7.15
Variação na LP e na LE por causa do escoamento através de um bocal.

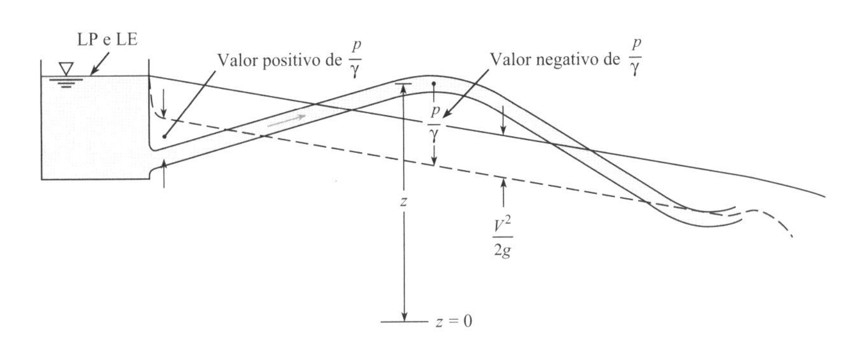

FIGURA 7.16
Pressão subatmosférica quando o tubo está acima da LP.

O procedimento recomendado para desenhar uma LE e uma LP é mostrado no Exemplo 7.6. Observe como as dicas da seção anterior são aplicadas.

EXEMPLO 7.6

Esboçando a LE e a LP para um Sistema de Tubulação

Enunciado do Problema

Uma bomba extrai água (50 °F) de um reservatório, no qual a elevação da superfície da água é de 520 ft, e força a água através de um tubo com 5000 ft de comprimento e 1 ft em diâmetro. Esse tubo descarrega a água no interior de um reservatório com uma elevação da superfície da água de 620 ft. A vazão é de 7,85 cfs, e a perda de carga no tubo é dada por

$$h_L = 0{,}01\left(\frac{L}{D}\right)\left(\frac{V^2}{2g}\right)$$

Determine a carga suprida pela bomba, h_b, e a potência alimentada ao escoamento, e desenhe a LP e a LE para o sistema. Considere que o tubo seja horizontal e que se encontre a uma elevação de 510 ft.

Defina a Situação

A água é bombeada de um reservatório mais baixo para um reservatório mais alto.

- $h_L = 0{,}01\left(\frac{L}{D}\right)\left(\frac{V^2}{2g}\right)$
- **Propriedades:** Água (50 °F, 1 atm, Tabela A.5): $\gamma = 62{,}4$ lbf/ft³

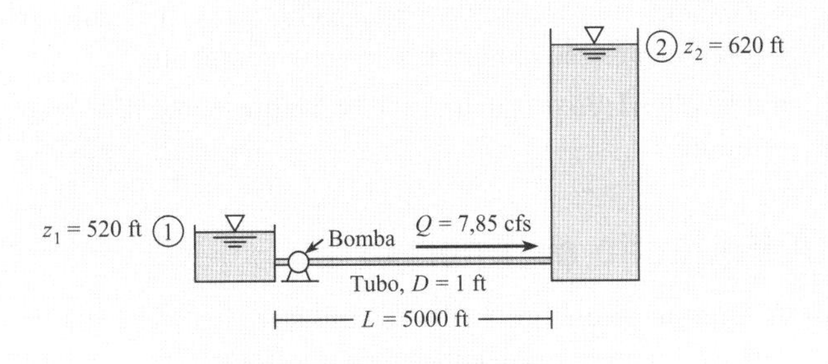

Estabeleça os Objetivos

1. h_b(ft) ⬅ carga da bomba
2. P(hp) ⬅ potência suprida pela bomba
3. Desenho da LP e da LE.

Tenha Ideias e Trace um Plano

Uma vez que a carga da bomba e a potência são os objetivos, aplique a equação da energia e a equação da potência, respectivamente. O plano passo a passo é o seguinte:

1. Localizar as seções 1 e 2 no topo dos reservatórios (ver desenho). Então, aplicar a equação da energia (7.29).
2. Calcular os termos na equação da energia.
3. Calcular a potência usando a equação da potência (7.30a).
4. Desenhar a LP e a LE.

Aja (Execute o Plano)

1. Equação da energia (forma geral):

$$\frac{p_1}{\gamma} + \alpha_1\frac{\overline{V}_1^2}{2g} + z_1 + h_b = \frac{p_2}{\gamma} + \alpha_2\frac{\overline{V}_2^2}{2g} + z_2 + h_t + h_L$$

- As cargas das velocidades são desprezíveis, porque $V_1 \approx 0$ e $V_2 \approx 0$.
- As cargas das pressões são zero porque $p_1 = p_2 = 0$ man.
- $h_t = 0$, pois não existem turbinas no sistema.

$$h_b = (z_2 - z_1) + h_L$$

Interpretação: A carga suprida pela bomba provê a energia para elevar o fluido a uma elevação maior mais a energia para superar a perda de carga.

2. Cálculos:

- Calcule V usando a equação da vazão:

$$V = \frac{Q}{A} = \frac{7{,}85\ \text{ft}^3/\text{s}}{(\pi/4)(1\ \text{ft})^2} = 10\ \text{ft/s}$$

- Calcule a perda de carga:

$$h_L = 0{,}01\left(\frac{L}{D}\right)\left(\frac{V^2}{2g}\right) = 0{,}01\left(\frac{5000\ \text{ft}}{1{,}0\ \text{ft}}\right)\left(\frac{(10\ \text{ft/s})^2}{2 \times (32{,}2\ \text{ft/s}^2)}\right)$$
$$= 77{,}6\ \text{ft}$$

- Calcule h_b:

$$h_b = (z_2 - z_1) + h_L = (620\ \text{ft} - 520\ \text{ft}) + 77{,}6\ \text{ft} = \boxed{178\ \text{ft}}$$

3. Potência:

$$\dot{W}_b = \gamma Q h_b = \left(\frac{62{,}4\ \text{lbf}}{\text{ft}^3}\right)\left(\frac{7{,}85\ \text{ft}^3}{\text{s}}\right)(178\ \text{ft})\left(\frac{\text{hp} \cdot \text{s}}{550\ \text{ft} \cdot \text{lbf}}\right)$$
$$= \boxed{159\ \text{hp}}$$

4. LP e LE:

- A partir da Dica 1 na seção anterior, localize a LP e a LE ao longo das superfícies dos reservatórios.
- A partir da Dica 2, desenhe uma elevação da carga de 178 ft correspondente à bomba.
- A partir da Dica 3, desenhe a LE da descarga da bomba até a superfície do reservatório. Faça uso do fato de que a perda de carga é de 77,6 ft. Além disso, desenhe a LE do reservatório à esquerda até a entrada da bomba. Mostre uma pequena perda de carga.
- A partir da Dica 4, desenhe a LP abaixo da LE segundo uma distância equivalente a $V^2/2g \approx 1{,}6$ ft.
- A partir da Dica 5, verifique os desenhos para assegurar que a LE e a LP estão diminuindo na direção do escoamento (exceto na bomba).

O desenho é o seguinte. A LP é mostrada como uma linha negra tracejada. A LE é mostrada como uma linha sólida cinza.

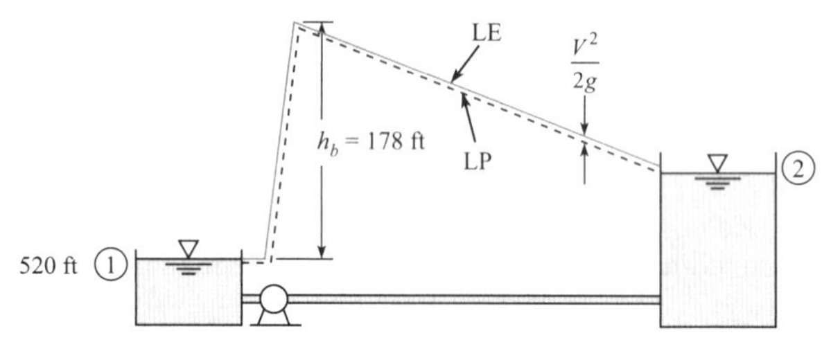

7.9 Resumindo Conhecimentos-Chave

Conceitos Fundamentais

- A *energia* é uma propriedade de um sistema que permite que ele realize trabalho sobre a sua vizinhança. Ela pode ser classificada em cinco categorias: energia mecânica, energia térmica, energia química, energia elétrica e energia nuclear.
- O *trabalho mecânico* é realizado por uma força que atua ao longo de uma distância. Em uma definição mais geral, *trabalho* é qualquer interação em uma fronteira de um sistema que não seja transferência de calor ou de matéria.
- *Potência* é a razão entre o trabalho e o tempo, ou entre a energia e o tempo em determinado instante no tempo. Observe a diferença-chave entre a energia e a potência:
  - Energia (e trabalho) descreve uma *quantidade* (por exemplo, quantos joules).
  - Potência descreve uma *quantidade/tempo* ou *taxa* (por exemplo, quantos joules/segundo ou watts).
- As máquinas podem ser classificadas em duas categorias:
  - Uma *bomba* é qualquer máquina que adiciona energia a um fluido em escoamento.
  - Uma *turbina* é qualquer máquina que extrai energia de um fluido em escoamento.

Conservação de Energia e a Derivação da Equação da Energia

- A lei da conservação de energia assegura que o trabalho e a energia se contrabalançam.
  - O balanço para um sistema fechado é (variações de energia do sistema) = (aumento de energia por causa da transferência de calor) – (diminuição de energia por causa da realização de trabalho pelo sistema).
  - O balanço para um VC é (variações de energia no VC) = (aumento de energia no VC por causa da transferência de calor) – (energia para fora do VC via trabalho realizado sobre a vizinhança) + (energia transportada para dentro do VC pelo escoamento do fluido)
- O trabalho pode ser classificado em duas categorias:
  - *Trabalho de escoamento* é o trabalho que é realizado pela força da pressão em um fluido em escoamento.
  - *Trabalho de eixo* é qualquer trabalho que não seja de escoamento.

A Equação da Energia

- A equação da energia é a lei da conservação de energia simplificada para que seja aplicável a situações comuns à mecânica dos fluidos. Algumas das hipóteses mais importantes são regime estacionário, um ponto de entrada e um ponto de saída do escoamento para o VC, densidade constante, e todos os termos relativos à energia térmica (exceto a perda de carga) são desprezados.

- A equação da energia descreve um balanço de energia para um volume de controle (VC):

(energia para dentro do VC) = (energia para fora do VC)

(energia para dentro do VC por escoamento e bombas) = (energia para fora por escoamento, turbinas e perda de carga)

- A equação da energia, usando símbolos matemáticos, é

$$\left(\frac{p_1}{\gamma} + \alpha_1 \frac{V_1^2}{2g} + z_1\right) + h_b = \left(\frac{p_2}{\gamma} + \alpha_2 \frac{V_2^2}{2g} + z_2\right) + h_t + h_L$$

$$\begin{pmatrix}\text{carga da pressão}\\ \text{carga da velocidade}\\ \text{carga da elevação}\end{pmatrix}_1 + \begin{pmatrix}\text{carga da}\\ \text{bomba}\end{pmatrix} = \begin{pmatrix}\text{carga da pressão}\\ \text{carga da velocidade}\\ \text{carga da elevação}\end{pmatrix}_2 + \begin{pmatrix}\text{carga da}\\ \text{turbina}\end{pmatrix} + \begin{pmatrix}\text{perda de}\\ \text{carga}\end{pmatrix}$$

- Em relação à carga:
  - A carga pode ser considerada como a razão entre a energia e o peso para uma partícula de fluido.
  - A carga também pode descrever a energia por tempo que está cruzando uma seção, pois a carga e a potência estão relacionadas por $P = \dot{m}gh$.
- Em relação à perda de carga (h_L):
  - A perda de carga representa uma conversão irreversível de energia mecânica em energia térmica por meio da ação da viscosidade.
  - A perda de carga é sempre positiva e é análoga ao aquecimento por atrito.
  - A perda de carga para uma expansão repentina é dada por

$$h_L = \frac{(V_1 - V_2)^2}{2g}$$

- Em relação ao fator de correção para a energia cinética α:
  - Este fator leva em conta a distribuição da energia cinética em um fluido em escoamento. Ele é definido como a razão entre a EC real/tempo que cruza uma superfície e a EC/tempo que cruzaria, se a velocidade fosse uniforme.
  - Para a maioria das situações, os engenheiros fixam $\alpha = 1$. Se o escoamento for reconhecido como completamente desenvolvido e laminar, então os engenheiros usam $\alpha = 2$. Em outros casos, pode-se retornar à definição matemática e calcular um valor de α.

Potência e Eficiência Mecânica

- A eficiência mecânica é a razão entre a (saída de potência) e a (entrada de potência) para uma máquina ou sistema.
- Existem várias equações que os engenheiros usam para calcular a potência.
  - Para um movimento de translação, tal como o de um carro ou de um avião, $P = FV$
  - Para um movimento de rotação, tal como o de um eixo em uma bomba, $P = T\omega$
  - Para a bomba, a potência adicionada ao escoamento é: $P = \gamma Q h_b$
  - Para uma turbina, a potência extraída do escoamento é $P = \gamma Q h_t$

A LP e a LE

- A linha piezométrica (LP) é um perfil da carga piezométrica, $p/\gamma + z$, ao longo de um tubo.
- A linha de energia (LE) é um perfil da carga total, $V^2/2g + p/\gamma + z$, ao longo de um tubo.
- Se a linha piezométrica fica abaixo da elevação de um tubo, existe uma pressão subatmosférica no tubo naquele local, dando origem à possibilidade de cavitação.

REFERÊNCIAS

1. Electrical Engineer, October 18, 1889.
2. Winhoven, S. H., and N. K. Gibbs, "James Prescott Joule (1818-1889): A Manchester Son and the Father of the International Unit of Energy," British Association of Dermatologists. Acessado em 23 de janeiro de 2011, http://www.bad.org.uk/Portals/_Bad/History/Historical%20poster%2006.pdf.
3. Cengel, Y. A., and M. A. Boles. *Thermodynamics: An Engineering Approach*. New York: McGraw-Hill, 1998.
4. Moran, M. J., and H. N. Shapiro. *Fundamentals of Engineering Thermodynamics*. New York: John Wiley, 1992.

PROBLEMAS

Trabalho, Energia e Potência (§7.1)

7.1 Preencha as lacunas. Mostre o seu trabalho.

a. 1090 J = ______ kcal.

b. ______ ft·lbf = energia para elevar um peso de 13 N ao longo de uma diferença de elevação de 115 m.

c. 17.000 Btu = ______ kWh.
d. 71 ft·lbf/s = ______ hp.
e. $[E]$ = [energia] = ______

7.2 Usando a Seção 7.1 e outras fontes, responda às perguntas a seguir. Procure responder com profundidade, clareza e precisão. Além disso, procure utilizar de modo eficaz desenhos, palavras e equações.

a. Quais são as formas comuns de energia? Quais dessas formas são relevantes à mecânica dos fluidos?
b. O que é o trabalho? Descreva três exemplos de trabalho que sejam relevantes à mecânica dos fluidos.
c. Quais são as unidades de potência mais comuns?
d. Liste três diferenças significativas entre potência e energia.

7.3 Aplique o método da grade a cada situação.

a. Calcule a energia em joules usada por uma bomba de 13 hp que está operando há 410 horas. Além disso, calcule o custo da eletricidade para esse período de tempo. Assuma que a eletricidade custe $0,20 por kWh.
b. Um motor está sendo usado para girar o eixo de uma bomba centrífuga. Aplique a Eq. (7.3b) para calcular a potência em watts correspondente a um torque de 850 lbf·polegadas e uma velocidade de rotação de 1100 rpm.
c. Uma turbina produz uma potência de 3500 ft·lbf/s. Calcule a potência em hp e em watts.

7.4 Energia (selecione todas as opções corretas):

a. possui as mesmas unidades que o trabalho
b. possui as mesmas unidades que a potência
c. possui as mesmas unidades que trabalho/tempo
d. pode ter unidades de Joule
e. pode ter unidades de Watt
f. pode ter unidades de ft·lbf
g. pode ter unidades de calorias

7.5 Potência (selecione todas as opções corretas):

a. possui as mesmas unidades que a energia
b. possui as mesmas unidades que energia/tempo
c. possui as mesmas unidades que trabalho/tempo
d. pode ter unidades de Joule
e. pode ter unidades de Watt
f. pode ter unidades de cavalo-vapor
g. pode ter unidades de ft·lbf

7.6 O desenho mostra um produto de consumo usual chamado de *Water Pik*. Esse dispositivo utiliza um motor para acionar uma bomba de pistão que produz um jato de água (d = 1 mm, T = 10 °C) com uma velocidade de 27 m/s. Estime a potência elétrica mínima em watts que é exigida pelo dispositivo. *Dicas:* (a) Assuma que a potência seja usada apenas para produzir a energia cinética da água no jato e (b) em um intervalo de tempo Δt, a quantidade de massa que escoa para fora do bocal é Δm, e a quantidade correspondente de energia cinética é $(\Delta m V^2/2)$.

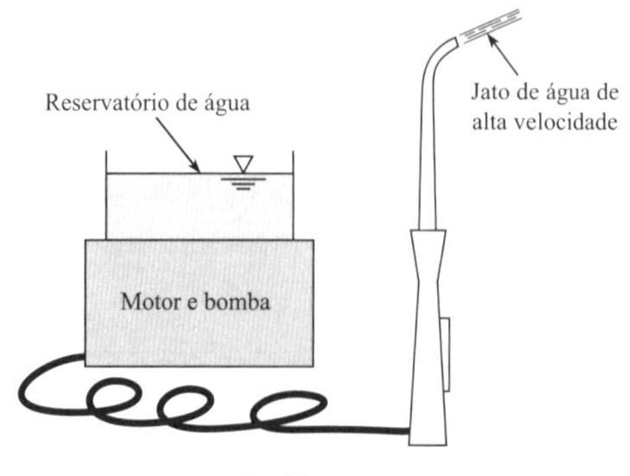

Problema 7.6

7.7 Um engenheiro está considerando o desenvolvimento de uma pequena turbina de vento (D = 1,25 m) para aplicações domésticas. A velocidade do vento projetado é de 15 mph a T = 10 °C e p = 0,9 bar. A eficiência da turbina é de η = 20%, o que significa que 20% da energia cinética no vento pode ser extraída. Estime a potência em watts que pode ser produzida pela turbina. *Sugestão:* Em um intervalo de tempo Δt, a quantidade de massa que escoa através do rotor é $\Delta m = \dot{m}\Delta t$, e a quantidade correspondente de energia cinética nesse escoamento é $(\Delta m V^2/2)$.

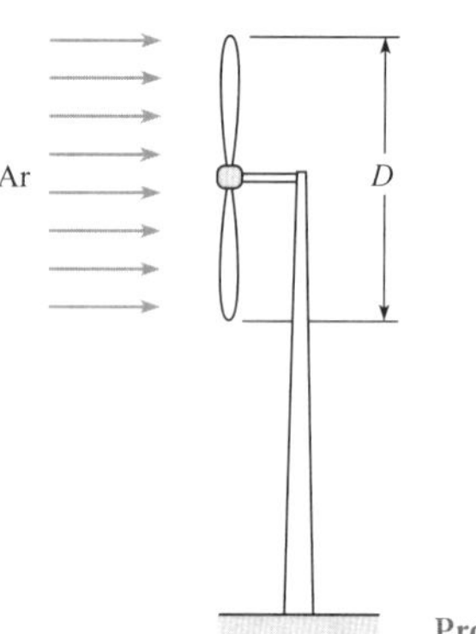

Problema 7.7

Conservação de Energia (§7.2)

7.8 A primeira lei da termodinâmica para um sistema fechado pode ser caracterizada em palavras como

a. (variação da energia em um sistema) = (alimentação de energia térmica) −(trabalho realizado sobre a vizinhança)
b. (variação da energia em um sistema) = (saída de energia térmica) − (trabalho realizado pela vizinhança)
c. qualquer um dos acima

7.9 A aplicação do teorema do transporte de Reynolds à primeira lei da termodinâmica (selecione todos que estejam corretos)

a. se refere ao aumento da energia armazenada em um sistema fechado
b. estende a aplicabilidade da primeira lei de um sistema fechado para um sistema aberto (volume de controle)
c. se refere apenas à transferência de calor, e não ao trabalho

O fator de Correção para a Energia Cinética (§7.3)

7.10 Usando a Seção 7.3 e outros recursos, responda às seguintes perguntas. Procure responder com profundidade, clareza e precisão, ao mesmo tempo em que combina o uso de desenhos, palavras e equações de forma a melhorar a eficácia da sua comunicação.

a. O que é o fator de correção para a energia cinética? Por que os engenheiros utilizam esse termo?
b. Qual é o significado de cada variável (α, A, V, $\overline{V}$) que aparece na Eq. (7.21)?
c. Quais são os valores de α comumente utilizados?

7.11 Para esta distribuição de velocidades hipotética em um amplo canal retangular, avalie o fator de correção para a energia cinética α.

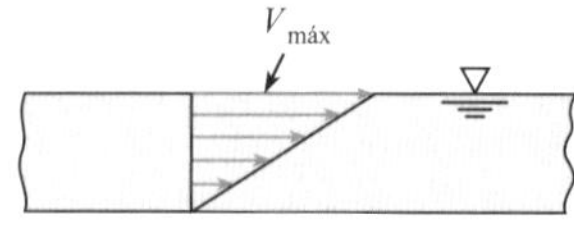

Problema 7.11

7.12 Para estas distribuições de velocidade em um tubo circular, indique se o fator de correção para a energia cinética α é maior, igual, ou menor que a unidade.

7.13 Calcule α para o caso (*c*)

7.14 Calcule α para o caso (*d*)

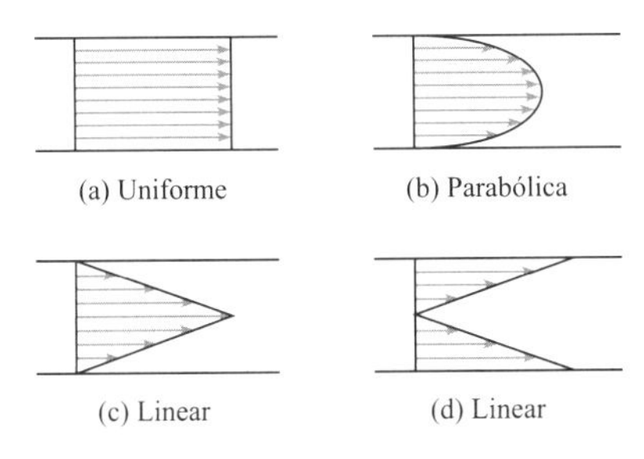

Problemas 7.12, 7.13, 7.14

A Equação da Energia (§7.3)

7.15 A água escoa em estado estacionário neste tubo vertical. A pressão em *A* é de 10 kPa, e em *B* é de 98,1 kPa. O escoamento no tubo é (a) para cima, (b) para baixo, ou (c) não há escoamento. (*Sugestão:* Veja o problema 7.23.)

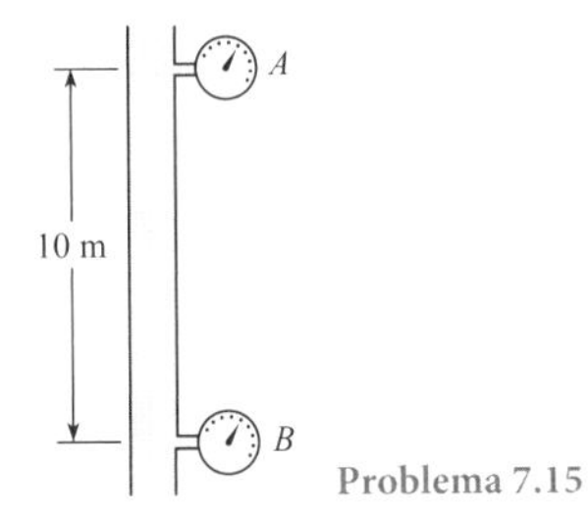

Problema 7.15

7.16 Determine a vazão volumétrica no tubo e a pressão no ponto *B*. Despreze as perdas de carga. Assuma $\alpha = 1{,}0$ em todos os pontos.

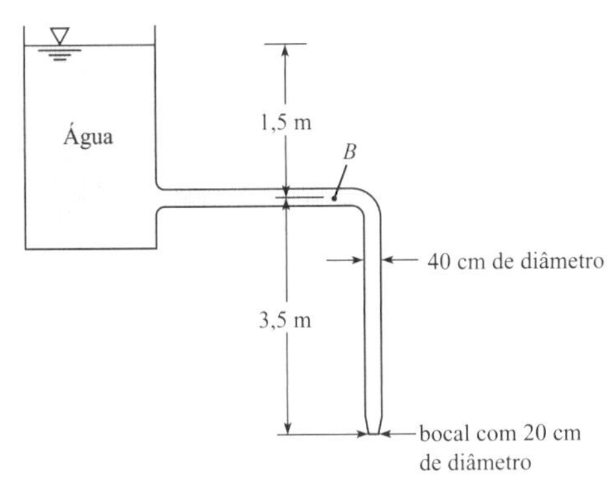

Problema 7.16

7.17 Necessita-se determinar a perda de carga para a conexão de redução de tubo, conforme mostrado, instalada em um sistema com água a 10 °C que escoa a 0,040 m³/s. O diâmetro reduz de 20 cm para 12 cm ao longo dessa conexão (direção do escoamento, conforme a seta) e, para determinada vazão, mede-se uma queda na pressão na linha de centro de 490 kPa para 470 kPa. Assuma que o fator de correção para a energia cinética seja de 1,05 na entrada e na saída da redução, e que essa redução esteja na horizontal.

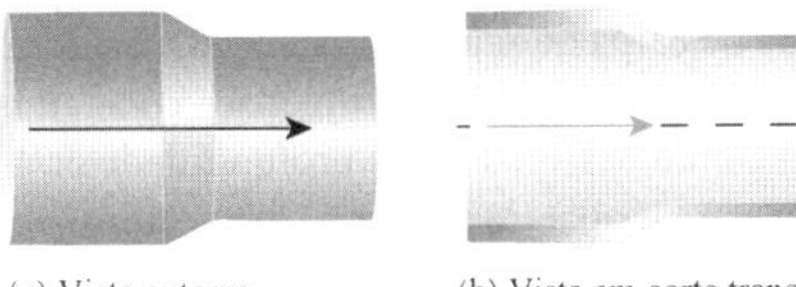

(a) Vista externa (b) Vista em corte transversal na linha de centro Problema 7.17

7.18 Um tubo drena um tanque, conforme mostrado. Se $x = 11$ ft, $y = 7$ ft, e as perdas de carga forem desprezadas, qual é a pressão no ponto *A* e qual é a velocidade na saída? Assuma $\alpha = 1{,}0$ em todos os pontos.

7.19 Um tubo drena um tanque, conforme mostrado. Se $x = 2$ m, $y = 1$ m, e as perdas de carga forem desprezadas, qual é a pressão no ponto *A* e qual é a velocidade na saída? Assuma $\alpha = 1{,}0$ em todos os pontos.

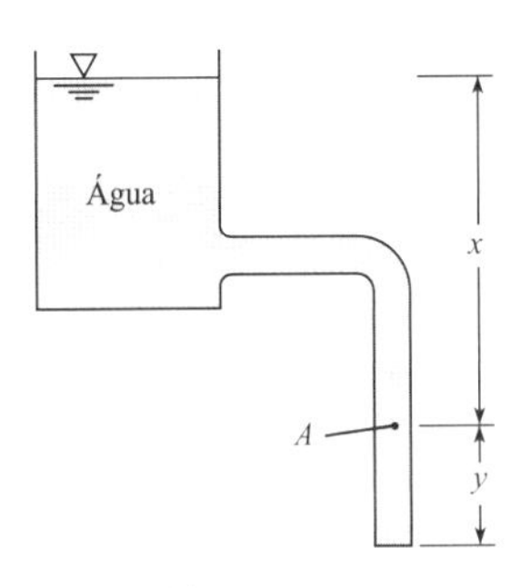

Problemas 7.18, 7.19

7.20 Para este sistema, a vazão volumétrica de água é de 0,2 m³/s, $x = 1{,}0$ m, $y = 1{,}5$ m, $z = 6{,}0$ m, e o diâmetro do tubo é de 60 cm. Assumindo uma perda de carga de 0,5 m, qual é a carga da pressão no ponto 2 se o jato do bocal possui 10 cm de diâmetro? Assuma $\alpha = 1{,}0$ em todos os pontos.

7.21 Para este diagrama de um sistema industrial de lavagem sob pressão, $x = 2$ ft, $y = 5$ ft, $z = 9$ ft, $Q = 3{,}4$ ft³/s, e o diâmetro da mangueira é de 3 polegadas. Assumindo uma perda de carga de 4 ft derivada ao longo da distância entre o ponto 2 e o jato, qual é a pressão no ponto 2 se o jato do bocal possui 1 polegada de diâmetro? Assuma $\alpha = 1{,}0$ em todo o sistema.

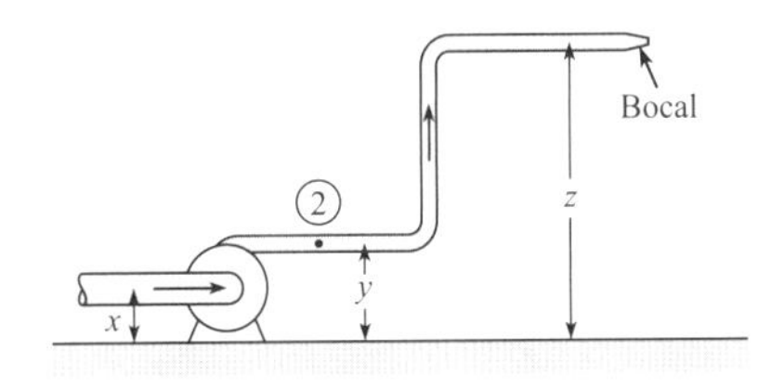

Problemas 7.20, 7.21

7.22 Para este tubo de refinaria, $D_A = 20$ cm, $D_B = 14$ cm, e $L = 1$ m. Se o petróleo bruto ($SG = 0{,}90$) está escoando a uma vazão de 0,05 m³/s, determine a diferença na pressão entre as seções *A* e *B*. Despreze as perdas de carga.

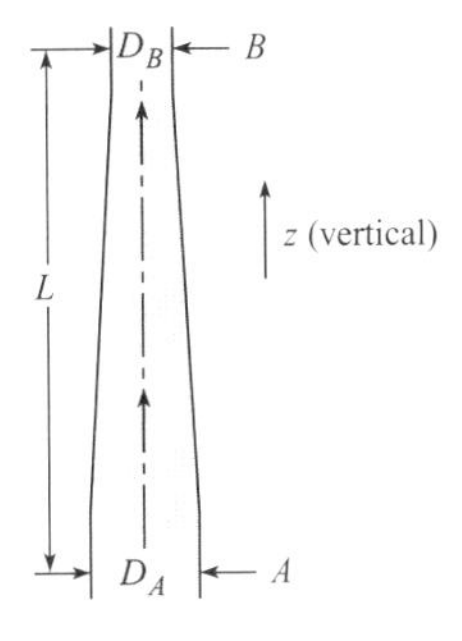

Problema 7.22

7.23 Gasolina com gravidade específica de 0,8 está escoando no tubo mostrado a uma taxa de 5 cfs. Qual é a pressão na seção 2 quando a pressão na seção 1 é de 18 psig e a perda de carga entre as duas seções é de 9 ft? Assuma $\alpha = 1{,}0$ em todos os pontos.

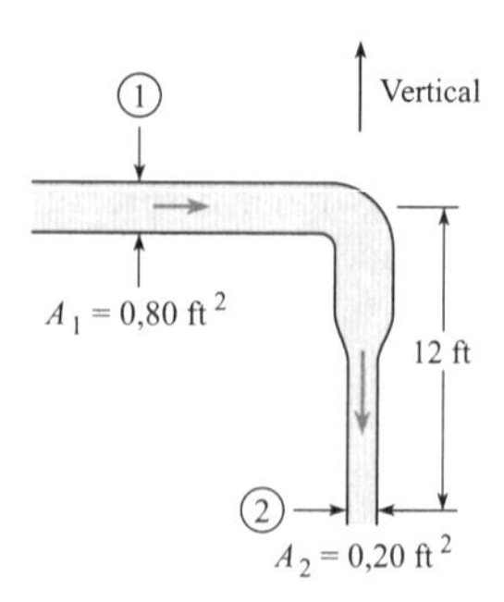

Problema 7.23

7.24 Água escoa de um tanque pressurizado, conforme mostrado. A pressão no tanque acima da superfície da água é de 100 kPa man, e o nível da superfície da água está 8 m acima da saída. A velocidade de saída da água é de 10 m/s. A perda de carga no sistema varia como $h_L = K_L V^2/2g$, em que K_L é o coeficiente de perda menor. Determine o valor para K_L. Assuma $\alpha = 1{,}0$ em todos os pontos.

7.25 Um reservatório com água está pressurizado, conforme mostrado. O diâmetro do tubo é de 1 polegada. A perda de carga no sistema é dada por $h_L = 5V^2/2g$. A altura entre a superfície da água e a saída do tubo é de 10 ft. É necessária uma vazão volumétrica de 0,10 ft³/s. Qual deve ser a pressão no tanque para atingir tal vazão? Assuma $\alpha = 1{,}0$ em todos os pontos.

7.26 Na figura mostrada, suponha que o reservatório esteja aberto no topo para a atmosfera. A válvula é usada para controlar a vazão do reservatório. A perda de carga na válvula é dada por $h_L = 4V^2/2g$, em que V é a velocidade no tubo. A área de seção transversal do tubo é de 8 cm². A perda de carga em razão do atrito no tubo é desprezível. A elevação do nível de água no reservatório acima da saída do tubo é de 9 m. Determine a vazão volumétrica no tubo. Assuma $\alpha = 1{,}0$ em todos os pontos.

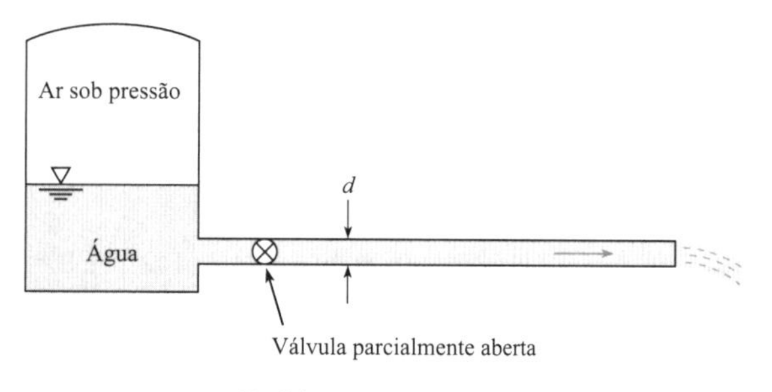

Problemas 7.24, 7.25, 7.26

7.27 Uma pequena artéria no braço humano, com diâmetro $D = 1$ cm, reduz gradualmente ao longo de uma distância de 10 cm a um diâmetro de $d = 0{,}8$ cm. A pressão sanguínea (man) no diâmetro D é de 110 mm Hg, e em d é de 85 mm Hg. Qual é a perda de carga (m) que ocorre ao longo dessa distância se o sangue ($SG = 1{,}06$) está se movendo com uma vazão de 20 cm³/s e o braço está sendo mantido na posição horizontal? Idealize o escoamento do sangue na artéria como em estado estacionário, $\alpha = 1$, o fluido como newtoniano, e que as paredes da artéria sejam rígidas.

7.28 Como mostrado, um microcanal está sendo projetado para transferir fluidos em uma aplicação em um MEMS (*Microelectrical Mechanical System* = Sistema Mecânico Microelétrico). O canal possui 240 micrômetros de diâmetro e 8 cm de comprimento. Álcool etílico é conduzido por um sistema a uma taxa de 0,1 microlitros/s (μL/s) com uma bomba tipo seringa, que consiste essencialmente em um pistão em movimento. A pressão na saída do canal é a atmosférica. O escoamento é laminar, de modo que $\alpha = 2$. A perda de carga no canal é dada por

$$h_L = \frac{32\mu LV}{\gamma D^2}$$

em que L é o comprimento do canal, D é o diâmetro, V é a velocidade média, μ é a viscosidade do fluido, e γ é o peso específico do fluido. Determine a pressão na bomba tipo seringa. A carga da velocidade associada ao movimento do pistão na bomba tipo seringa é desprezível.

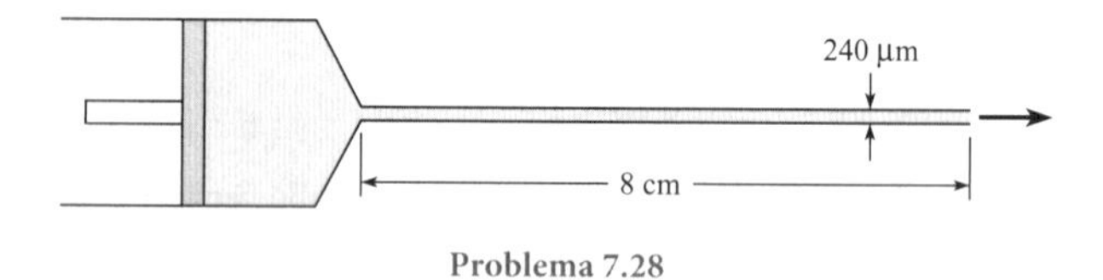

Problema 7.28

7.29 Um equipamento para combate a incêndios exige que a velocidade na saída da mangueira seja de 30 m/s em uma elevação de 45 m acima do hidrante. O bocal na extremidade da mangueira possui uma taxa de contração de 4:1 ($A_s/A_{mangueira} = 1/4$). A perda de carga na mangueira é de $8V^2/2g$, na qual V é a velocidade na mangueira. Qual deve ser a pressão no hidrante para atender a essa exigência? A tubulação que alimenta o hidrante é muito maior do que a mangueira de incêndio.

7.30 A vazão volumétrica no sifão é de 2,5 cfs, $D = 7$ polegadas, $L_1 = 4$ ft e $L_2 = 5$ ft. Determine a perda de carga entre a superfície do reservatório e o ponto C. Determine a pressão no ponto B se três quartos da perda de carga (conforme encontrada acima) ocorre entre a superfície do reservatório e o ponto B. Assuma $\alpha = 1{,}0$ em todos os pontos.

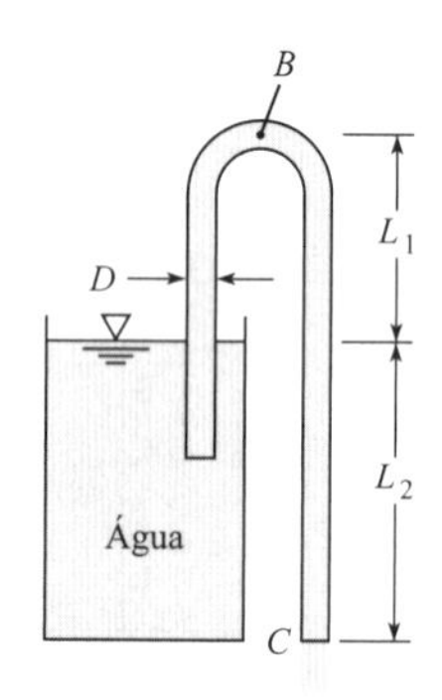

Problema 7.30

7.31 Para este sifão, as elevações em A, B, C e D são de 30 m, 32 m, 27 m e 26 m, respectivamente. A perda de carga entre a entrada e o ponto B é de três quartos da carga da velocidade, e a perda de carga no tubo propriamente dito entre o ponto B e a extremidade do tubo é de um quarto da carga da velocidade. Para essas condições, qual é a vazão volumétrica e qual é a pressão no ponto B? O diâmetro do tubo = 25 cm. Assuma $\alpha = 1{,}0$ em todos os pontos.

7.32 Para este sistema, o ponto B está 10 m acima do fundo do reservatório superior. A perda de carga de A a B é de $1{,}1V^2/2g$, e a área do tubo é de 8×10^{-4} m². Assuma uma vazão volumétrica constante de 8×10^{-4} m³/s. Para essas condições, qual será a profundidade da água no reservatório superior para a qual irá iniciar a cavitação no ponto B? Pressão de vapor = 1,23 kPa e pressão atmosférica = 100 kPa. Assuma $\alpha = 1{,}0$ em todos os pontos.

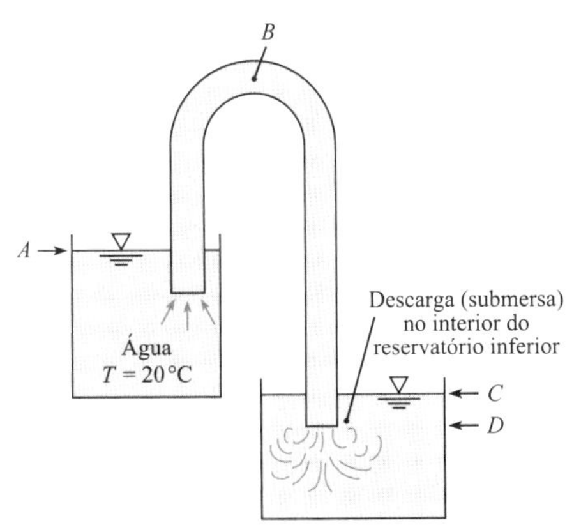

Problemas 7.31, 7.32

7.33 Neste sistema, $d = 6$ polegadas, $D = 12$ polegadas, $\Delta z_1 = 6$ ft, e $\Delta z_2 = 12$ ft. A vazão volumétrica de água no sistema é de 10 cfs. A máquina é uma bomba ou uma turbina? Quais são as pressões nos pontos A e B? Despreze as perdas de carga. Assuma $\alpha = 1{,}0$ em todos os pontos.

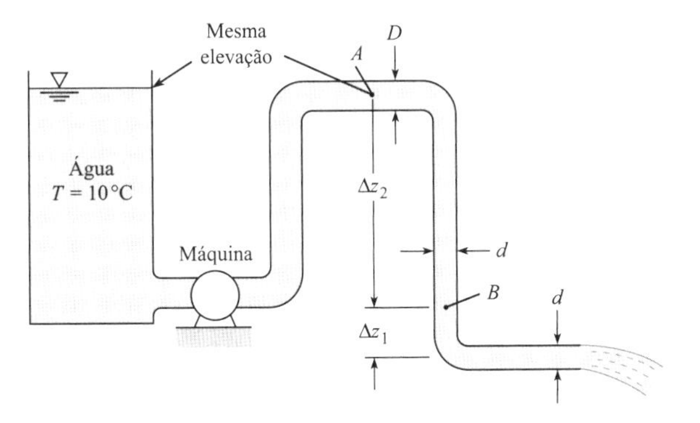

Problema 7.33

7.34 O diâmetro do tubo D é de 30 cm, d é 15 cm, e a pressão atmosférica é de 100 kPa. Qual é a vazão volumétrica máxima permissível antes de ocorrer cavitação na garganta do medidor Venturi se $H = 5$ m? Assuma $\alpha = 1{,}0$ em todos os pontos.

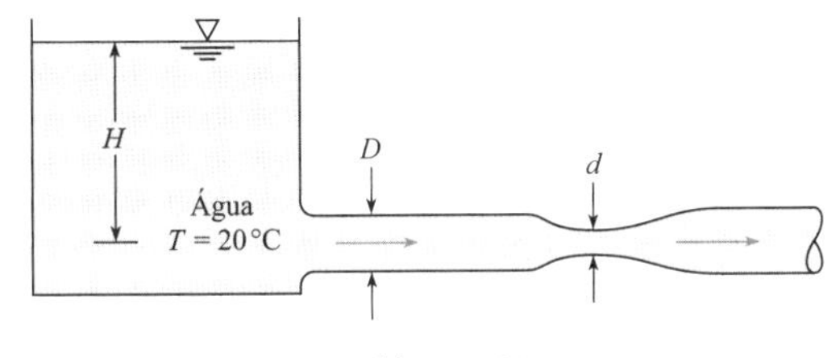

Problema 7.34

7.35 Neste sistema, $d = 15$ cm, $D = 35$ cm, e a perda de carga do medidor Venturi até a extremidade do tubo é dada por $h_L = 1{,}5V^2/2g$, em que V é a velocidade no tubo. Desprezando todas as demais perdas de carga, determine qual carga H irá dar início à cavitação se a pressão atmosférica é de 100 kPa absoluta. Qual será a vazão volumétrica no surgimento da cavitação? Assuma $\alpha = 1{,}0$ em todos os pontos.

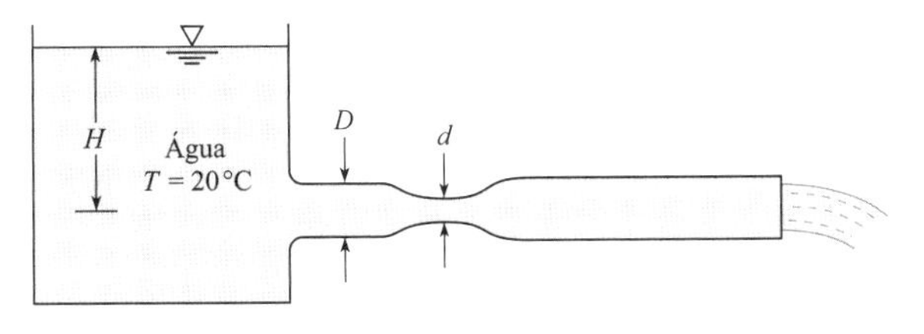

Problema 7.35

7.36 Uma bomba é usada para encher um tanque com 5 m de diâmetro em um rio, conforme mostrado. A superfície da água no rio está 2 m abaixo do fundo do tanque. O diâmetro do tubo é de 5 cm, e a perda de carga no tubo é dada por $h_L = 10V^2/2g$, em que V é a velocidade média no tubo. O escoamento no tubo é turbulento, tal que $\alpha = 1$. A carga provida pela bomba varia com a vazão volumétrica através da bomba segundo $h_b = 20 - 4 \times 10^4\, Q^2$, em que a vazão volumétrica é dada em metros cúbicos por segundo (m³/s) e h_b está em metros. Quanto tempo irá levar para encher o tanque até uma profundidade de 10 m?

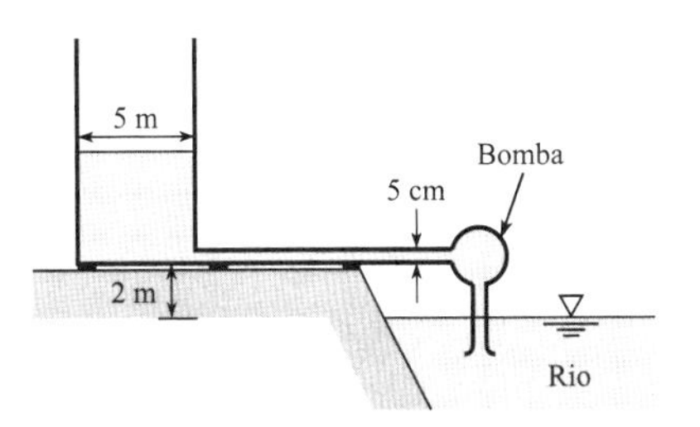

Problema 7.36

7.37 Uma bomba é usada para óleo SAE-30 do tanque A para o tanque B, conforme mostrado. Os tanques possuem um diâmetro de 12 m. A profundidade inicial do óleo no tanque A é de 20 m, e no tanque B é de 1 m. A bomba proporciona uma carga constante de 60 m. A tubulação de conexão possui um diâmetro de 20 cm, e a perda de carga devido ao atrito no tubo é de $20V^2/2g$. Determine o tempo exigido para transferir o óleo do tanque A para o B; isto é, o tempo requerido para encher o tanque B até uma profundidade de 20 m.

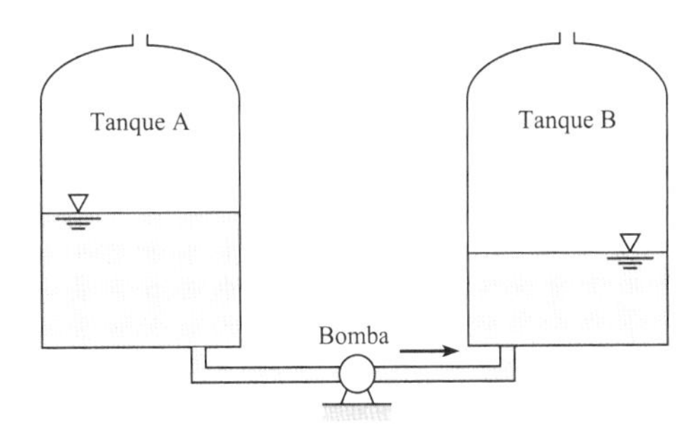

Problema 7.37

A Equação da Potência (§7.4)

7.38 Conforme mostrado, a água a 15 °C está escoando em um tubo posicionado horizontalmente com 15 cm de diâmetro e 60 m de comprimento. A velocidade média é de 2 m/s, e a perda de carga é de 2 m. Determine a queda de pressão e a potência de bombeamento exigida para superar a perda de carga na tubulação.

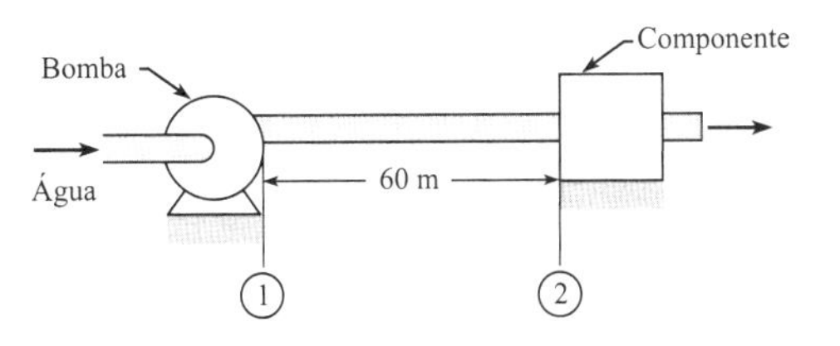

Problema 7.38

7.39 A bomba mostrada na figura fornece energia ao escoamento tal que a pressão a montante (tubo de 12 polegadas) é de 5 psi, enquanto a pressão a jusante (tubo de 6 polegadas) é de 59 psi, quando a vazão de água é de 7 cfs. Qual é a potência em cavalo-vapor suprida pela bomba ao escoamento? Assuma $\alpha = 1{,}0$ em todos os pontos.

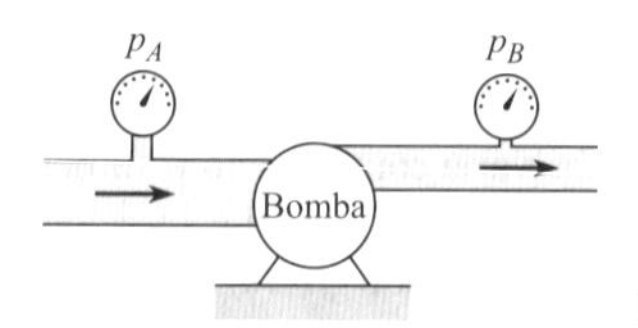

Problema 7.39

7.40 Uma vazão volumétrica de água de 8 m³/h deve escoar através deste tubo horizontal, que possui 1 m de diâmetro. Se a perda de carga é de $7V^2/2g$ (V é a velocidade no tubo), qual potência terá que ser suprida ao escoamento pela bomba para produzir essa vazão? Assuma $\alpha = 1{,}0$ em todos os pontos.

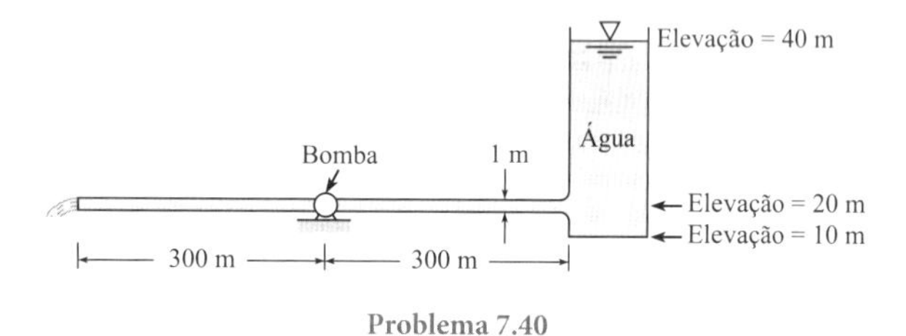

Problema 7.40

7.41 Um engenheiro está projetando um túnel de vento subsônico. A seção de testes deve possuir uma área de seção transversal de 4 m² e uma velocidade do ar de 60 m/s. A densidade do ar é de 1,2 kg/m³. A área da saída do túnel é de 10 m². A perda de carga através do túnel é dada por $h_L = (0{,}025)(V_T^2/2g)$, em que V_T é a velocidade do ar na seção de testes. Calcule a potência necessária para operar o túnel de vento. *Sugestão:* Assuma uma perda de energia desprezível para o escoamento que se aproxima do túnel na região A, e assuma pressão atmosférica na seção de saída do túnel. Assuma $\alpha = 1{,}0$ em todos os pontos.

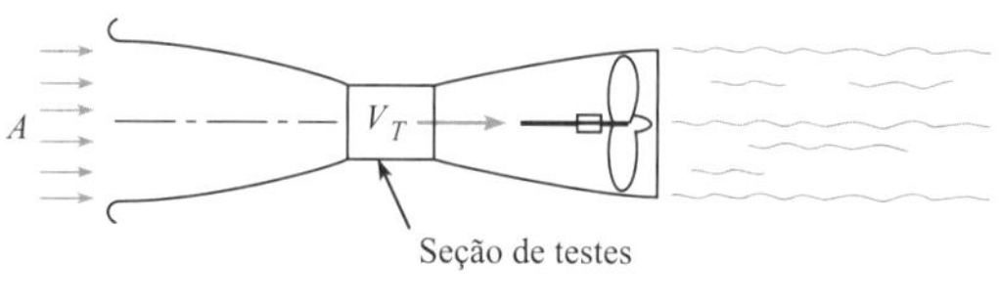

Problema 7.41

7.42 Desprezando as perdas de carga, determine qual potência, em cavalos-vapor, a bomba deve suprir para produzir o escoamento mostrado. Aqui, as elevações nos pontos A, B, C e D são de 124 ft, 161 ft, 110 ft e 90 ft, respectivamente. A área do bocal é de 0,10 ft².

7.43 Desprezando as perdas de carga, determine qual potência a bomba deve suprir para produzir o escoamento mostrado. Aqui, as elevações nos pontos A, B, C e D são de 40 m, 64 m, 35 m e 30 m, respectivamente. A área do bocal é de 11 cm².

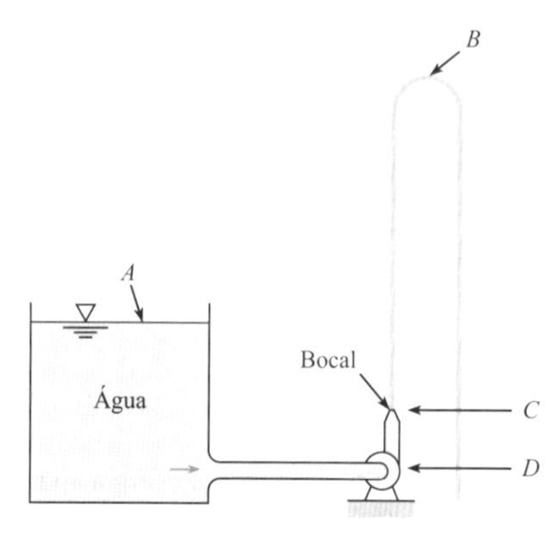

Problemas 7.42, 7.43

7.44 A água (10 °C) está escondo a uma taxa de 0,35 m³/s, e assume-se que $h_L = 2V^2/2g$ do reservatório até o medidor, em que V é a velocidade no tubo de 30 cm. Qual potência deve ser suprida pela bomba? Assuma $\alpha = 1{,}0$ em todos os pontos.

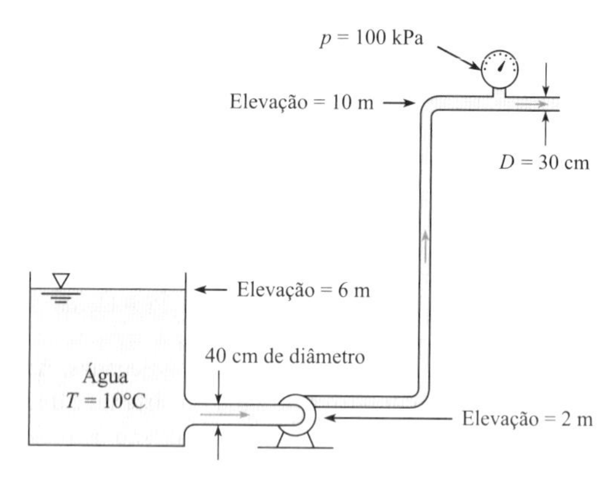

Problema 7.44

7.45 No teste de bomba mostrado, a vazão é de 6 cfs de óleo (SG = 0,88). Calcule a potência em cavalos-vapor que a bomba fornece ao óleo se existe uma leitura diferencial de 46 polegadas de mercúrio no manômetro tipo U. Assuma $\alpha = 1{,}0$ em todos os pontos.

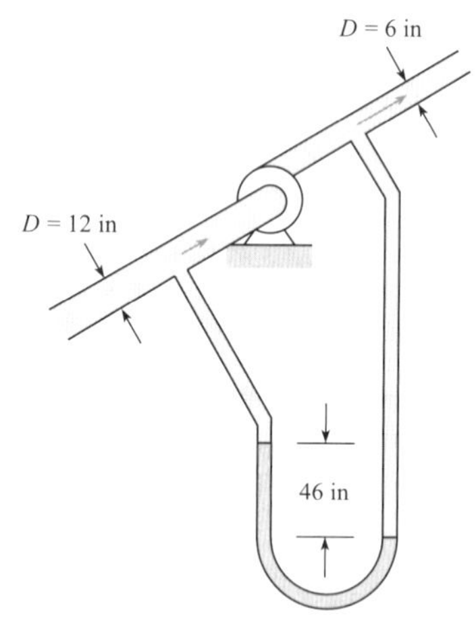

Problema 7.45

7.46 Se a vazão volumétrica é de 480 cfs, qual potência de saída deve ser esperada da turbina? Assuma que a eficiência da turbina seja de 85%, e que a perda de carga global seja de 1,3 $V^2/2g$, em que V é a velocidade no duto de 7 ft. Assuma $\alpha = 1{,}0$ em todos os pontos.

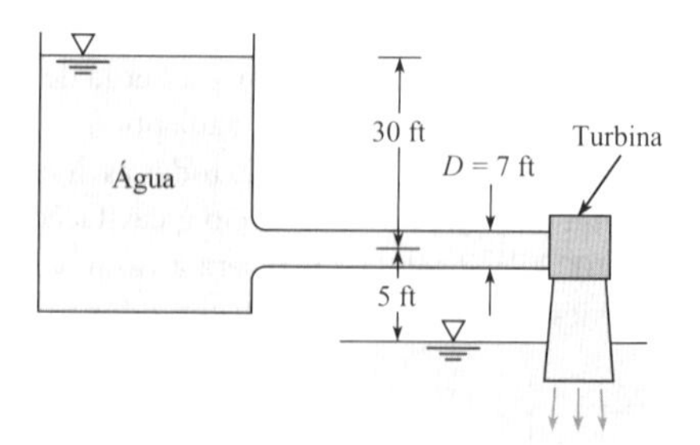

Problema 7.46

7.47 Um pequeno sistema de energia hidráulica é mostrado. A diferença na elevação entre a superfície da água no reservatório e no lago a jusante do reservatório, H, é de 24 m. A velocidade da água que está escoando no lago é de 7 m/s, e a vazão volumétrica do sistema é de

4 m³/s. A perda de carga por causa do atrito no duto (tubo de entrada na turbina, sob pressão muito alta) é desprezível. Determine a potência produzida pela turbina em quilowatts.

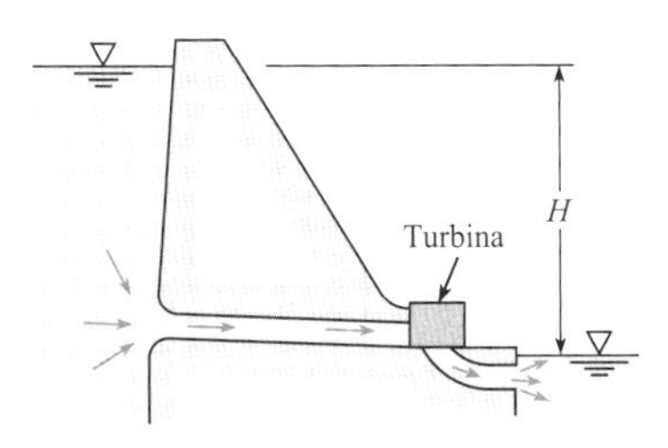

Problema 7.47

Eficiência Mecânica (§7.5)

7.48 Um ventilador produz uma elevação de pressão de 6 mm de água para mover ar por meio de um secador de cabelos. A velocidade média do ar na saída é de 10 m/s, e o diâmetro de saída é de 44 mm. Estime a potência elétrica em watts que precisa ser alimentada para operar o ventilador. Assuma que a combinação ventilador/motor tenha uma eficiência de 60%.

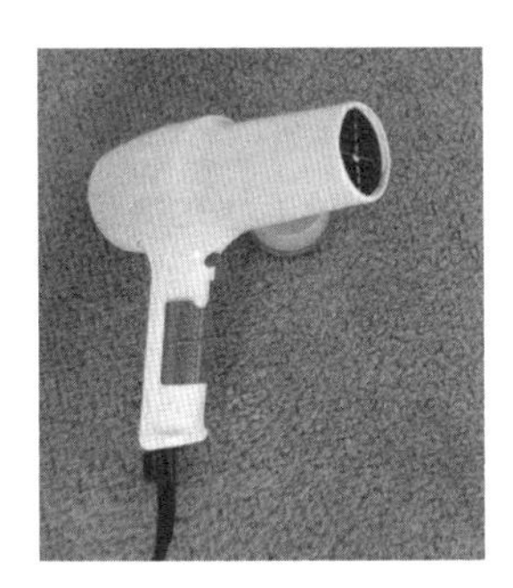

Problema 7.48
(Foto por Donald Elger)

7.49 Um engenheiro está fazendo uma estimativa para o proprietário de uma residência. Este proprietário possui um pequeno riacho (Q = 1,4 cfs, T = 40 °F) que está localizado a uma elevação H = 34 ft acima da residência. O proprietário está propondo represar o riacho, desviando o escoamento através de um tubo (duto de alimentação). Esse fluxo irá girar uma turbina hidráulica, que, por sua vez, irá acionar um gerador para produzir energia elétrica. Estime a potência máxima em quilowatts que pode ser gerada se não existir perda de carga e se tanto a turbina quanto o gerador forem 100% eficientes. Além disso, estime a potência se a perda de carga for de 5,5 ft, a eficiência da turbina for de 70%, e a eficiência do gerador for de 90%.

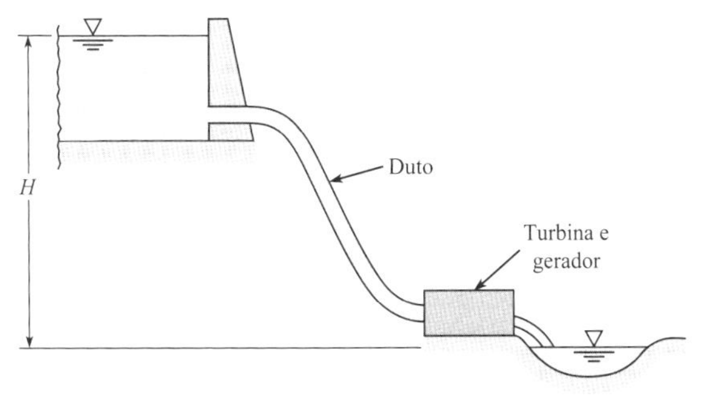

Problema 7.49

7.50 A bomba mostrada conduz água através de um tubo de sucção com 8 polegadas e descarrega a água através de um tubo de 3 polegadas em que a velocidade é de 12 ft/s. O tubo de 6 polegadas descarrega horizontalmente no ar em C. A que altura h acima da superfície da água em A é possível elevar a água se 14 hp são usados pela bomba? A bomba opera a 60% de eficiência e a perda de carga no tubo entre A e C é igual a $2V_C^2/2g$. Assuma α = 1,0 em todo o sistema.

7.51 A bomba mostrada conduz água (20 °C) através de um tubo de sucção com 20 cm e descarrega a água através de um tubo de 11 cm em que a velocidade é de 3 m/s. O tubo de 10 cm descarrega horizontalmente no ar no ponto C. A que altura h acima da superfície da água em A é possível elevar a água se 28 kW são usados pela bomba? Assuma que a bomba opera a 60% de eficiência e que a perda de carga no tubo entre A e C seja igual a $2V_C^2/2g$. Assuma α = 1,0 em todo o sistema.

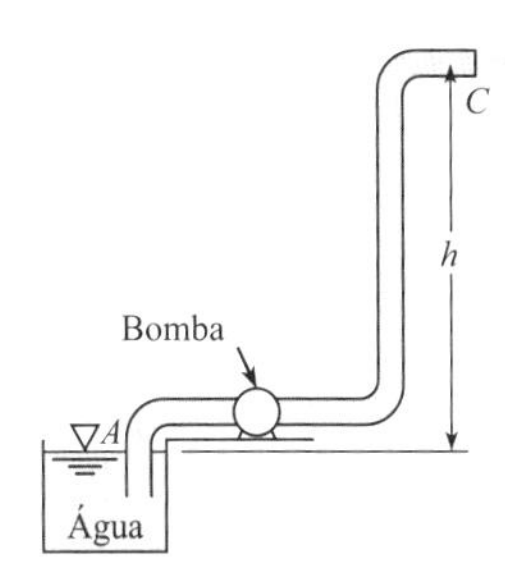

Problemas 7.50, 7.51

7.52 Um sistema de bombeamento deve ser projetado para bombear petróleo bruto ao longo de uma distância de 1 milha em um tubo com 1 ft de diâmetro, segundo uma taxa de 3860 gpm. A pressão na entrada e na saída do tubo é a atmosférica, e a saída do tubo está 210 ft acima da entrada. A perda de carga no sistema em razão do atrito no tubo é de 60 psi. O peso específico do óleo é de 53 lbf/ft³. Determine a potência, em cavalos-vapor, exigida para a bomba.

Contrastando a Equação de Bernoulli e a Equação da Energia (§7.6)

7.53 Como a equação da energia (Equação 7.29) em §7.3 é semelhante à equação de Bernoulli? Como ela é diferente? Dê duas semelhanças importantes e três diferenças importantes.

Transições (§7.7)

7.54 Qual é a perda de carga na saída do tubo que descarrega água no interior de um reservatório a uma taxa de 14 cfs, se o diâmetro do tubo é de 18 polegadas?

7.55 Qual é a perda de carga na saída do tubo que descarrega água no interior de um reservatório a uma taxa de 0,8 m³/s, se o diâmetro do tubo é de 53 cm?

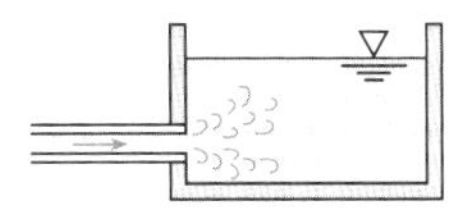

Problemas 7.54, 7.55

7.56 Um tubo de 7 cm conduz água com uma velocidade média de 2 m/s. Se esse tubo se expande abruptamente a um tubo de 15 cm, qual será a perda de carga por causa dessa brusca expansão?

7.57 Um tubo de 6 polegadas se expande abruptamente a uma bitola de 12 polegadas. Se a vazão volumétrica de água nos tubos é de 5 cfs, qual é a perda de carga por causa dessa brusca expansão?

7.58 A água está drenando do tanque A ao B. A diferença de elevação entre os dois tanques é de 10 m. O tubo que conecta os dois tanques possui uma expansão de seção brusca, conforme mostrado. A área de seção transversal do tubo que sai de A é de 8 cm², e a área do tubo que entra em B é de 25 cm². Assuma que a perda de carga no sistema consista apenas naquela em razão da expansão repentina de seção e à perda por causa do escoamento para o tanque B. Determine a vazão volumétrica entre os dois tanques.

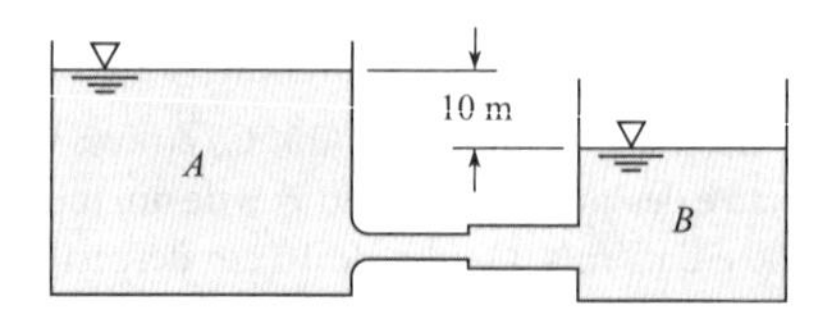

Problema 7.58

7.59 Um tubo de 40 cm se expande bruscamente a uma bitola de 60 cm. Essas tubulações são horizontais e a vazão volumétrica de água da menor para a maior bitola é de 1,0 m³/s. Qual força horizontal é exigida para manter a transição no lugar se a pressão no tubo de 40 cm é de 70 kPa manométrica? Ainda, qual é a perda de carga? Assuma $\alpha = 1{,}0$ em todos os pontos.

7.60 A água ($\gamma = 62{,}4$ lbf/ft³) escoa através de um tubo horizontal com diâmetro constante, com área de seção transversal de 9 polegadas². A velocidade no tubo é de 15 ft/s, e a água descarga à atmosfera. A perda de carga entre a junção e a extremidade do tubo é de 3 ft. Determine a força sobre a junção para segurar o tubo. A tubulação está montada sobre roletes que não apresentam atrito. Assuma $\alpha = 1{,}0$ em todos os pontos.

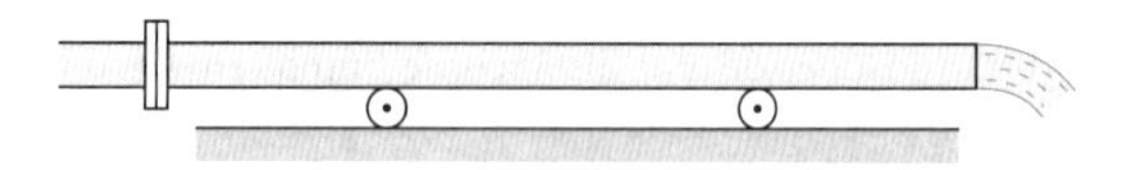

Problema 7.60

7.61 Esta expansão brusca deve ser usada para dissipar o escoamento de alta energia de água no duto com 5 ft de diâmetro. Assuma $\alpha = 1{,}0$ em todos os pontos.

a. Qual potência (em cavalos-vapor) é perdida ao longo da expansão?

b. Se a pressão na seção 1 é de 5 psig, qual é a pressão na seção 2?

c. Qual é a força necessária para manter a expansão no lugar?

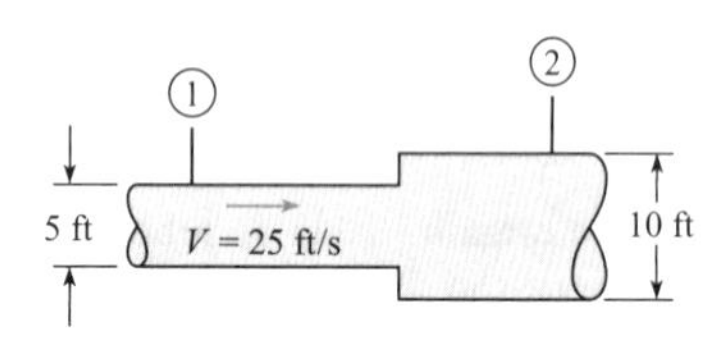

Problema 7.61

7.62 Este tubo de alumínio com rugosidade possui 6 polegadas de diâmetro. Ele pesa 1,5 lb por pé de comprimento, e o comprimento L é de 50 ft. Se a vazão volumétrica de água é de 6 cfs e a perda de carga devido ao atrito da seção 1 ao final da tubulação é de 10 ft, qual é a força longitudinal transmitida ao longo da seção 1 pela parede do tubo?

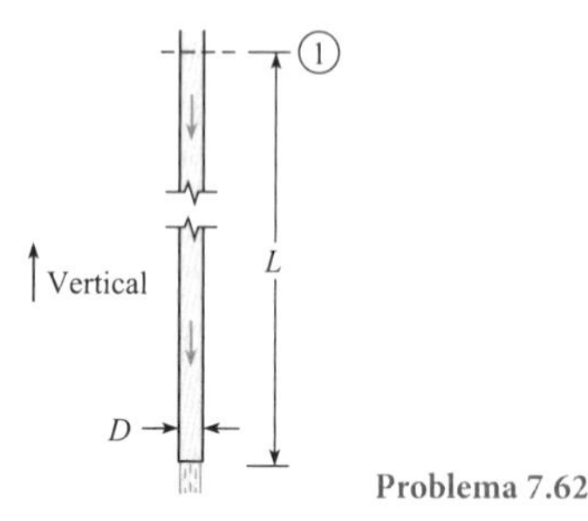

Problema 7.62

7.63 A água escoa nesta curva a uma taxa de 5 m³/s, e a pressão na entrada é de 650 kPa. Se a perda de carga na curva é de 10 m, qual será a pressão na saída da curva? Também estime a força do bloco de ancoragem sobre a curva na direção x que é exigida para segurar a curva no local. Assuma $\alpha = 1{,}0$ em todos os pontos.

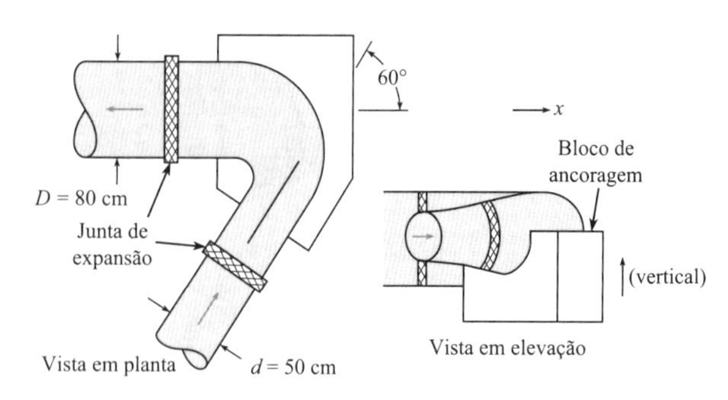

Problemas 7.63, 7.64

7.64 Em uma planta local de tratamento de água, a água escoa através desta curva a uma taxa de 7 m³/s, e a pressão na entrada é de 800 kPa. Se a perda de carga na curva é de 13 m, qual será a pressão na saída da curva? Estime também a força do bloco de ancoragem sobre a curva na direção x que é exigida para segurar a curva no local. Assuma $\alpha = 1{,}0$ em todos os pontos.

Linhas Piezométrica e de Energia (§7.8)

7.65 Usando a Seção 7.8 e outros recursos, responda às perguntas a seguir. Procure responder com profundidade, clareza e precisão, e, ao mesmo tempo, combine o uso de desenhos, palavras e equações de forma a se comunicar da forma mais compreensível que for possível.

a. Quais são as três razões importantes para os engenheiros usarem a LP e a LE?

b. Quais fatores influenciam a magnitude da LP? Que fatores influenciam a magnitude da LE?

c. Como a LE e a LP estão relacionadas com o piezômetro? E com o tubo de estagnação?

d. Como a LE está relacionada com a equação da energia?

e. Como você usa a LP ou a LE para determinar a direção do escoamento?

7.66 A linha de energia para um escoamento em regime estacionário em um tubo com diâmetro uniforme está mostrada. Quais dentre os seguintes poderiam estar no interior da "caixa-preta"? (a) Uma bomba, (b) uma válvula parcialmente fechada, (c) uma expansão brusca, ou (d) uma turbina? Selecione todas as respostas válidas e explique o seu raciocínio.

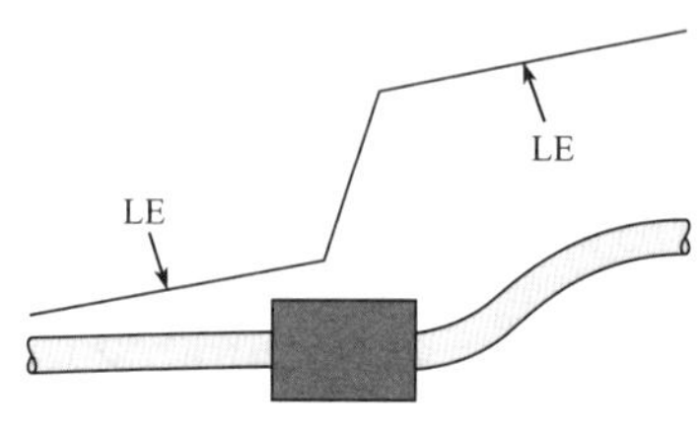

Problema 7.66

7.67 Se o tubo mostrado possui um diâmetro constante, diga se esse tipo de LP é possível? Caso positivo, sob quais condições adicionais? Caso negativo, por que não?

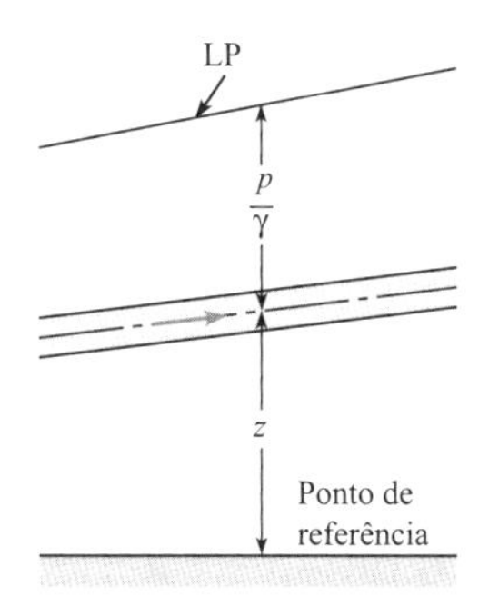

Problema 7.67

7.68 Para o sistema mostrado:

a. Qual é a direção do escoamento?
b. Que tipo de máquina está em A?
c. Você acha que ambos os tubos, AB e CA, são do mesmo diâmetro?
d. Desenhe a LE para o sistema.
e. Existe vácuo em qualquer ponto ou região dos tubos? Caso positivo, identifique a sua localização.

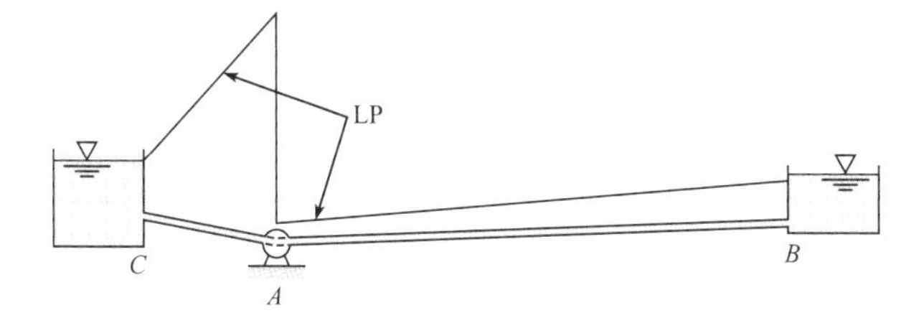

Problema 7.68

7.69 A LP e a LE estão mostradas para determinado sistema em escoamento.

a. O escoamento é de A para E ou de E para A?
b. Parece que existe um reservatório no sistema?
c. O tubo em E possui um diâmetro uniforme ou variável?
d. Existe uma bomba no sistema?
e. Desenhe uma configuração física que possa gerar as condições que estão mostradas entre C e D.
f. Existe algo mais revelado pelo desenho?

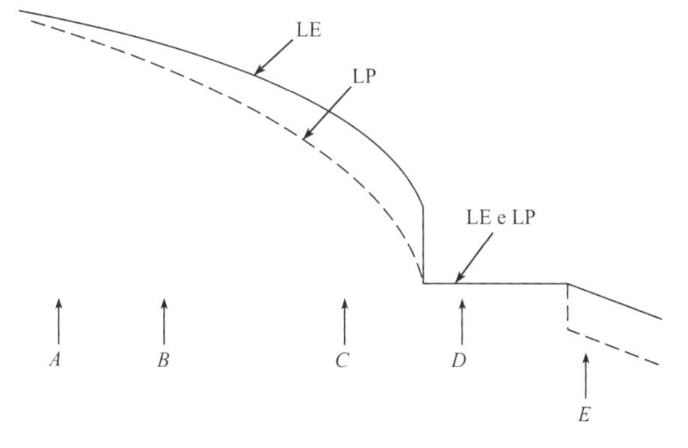

Problema 7.69

7.70 Desenhe a LP e a LE para este conduto, que tem seu diâmetro reduzido uniformemente da esquerda para a extremidade à direita.

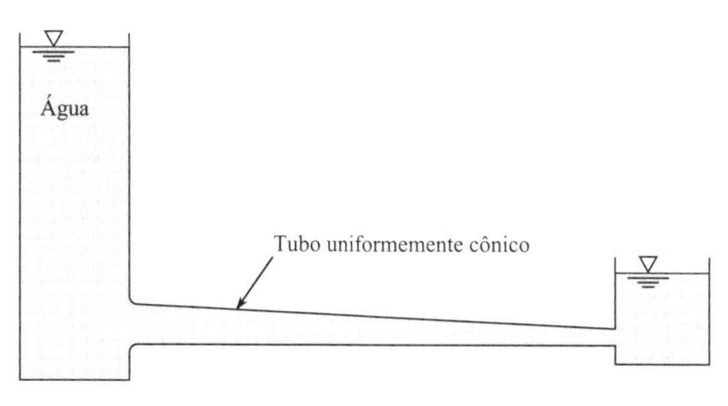

Problema 7.70

7.71 A LP e a LE para uma tubulação estão mostradas na figura.

a. Indique qual é a LP e qual é a LE.
b. Todos os tubos são do mesmo tamanho? Caso negativo, qual é o menor tubo?
c. Existe qualquer região nos tubos na qual a pressão esteja abaixo da atmosférica? Caso positivo, onde?
d. Onde está o ponto de máxima pressão no sistema?
e. Onde está o ponto de mínima pressão no sistema?
f. O que você imagina que está localizado na extremidade do tubo no ponto E?
g. A pressão do ar no tanque está acima ou abaixo da atmosférica?
h. O que você pensa que está localizado no ponto B?

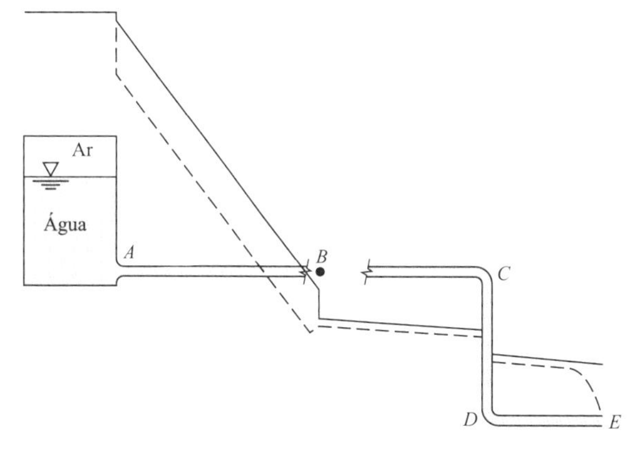

Problema 7.71

7.72 Na figura mostrada, a magnitude da LE varia de 14 m a 22 m. Qual é a carga da bomba, h_b?

7.73 A bomba mostrada é alimentada com 1,5 kW a partir do eixo de um motor, para prover uma vazão mássica de 20 kg/s. Se a bomba opera com 70% de eficiência, qual é o aumento na LE?

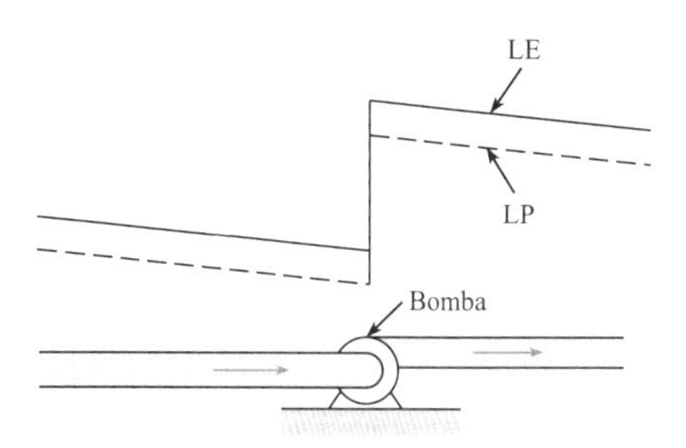

Problemas 7.72, 7.73

7.74 Assuma que a perda de carga no tubo seja dada por $h_L = 0{,}014(L/D)(V^2/2g)$, em que L é o comprimento do tubo e D é o diâmetro. Assuma $\alpha = 1{,}0$ em todos os pontos.

a. Determine a vazão volumétrica de água através desse sistema.
b. Desenhe a LP e a LE para o sistema.
c. Localize o ponto de máxima pressão.
d. Localize o ponto de mínima pressão.
e. Calcule as pressões máxima e mínima no sistema.

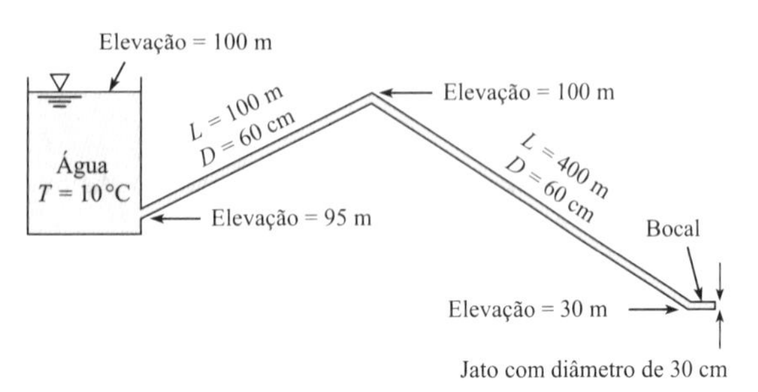

Problema 7.74

7.75 Desenhe a LP e a LE para o reservatório e o tubo no Exemplo 7.2.

7.76 A vazão volumétrica de água através desta turbina é de 1000 cfs. Qual potência é gerada se a eficiência da turbina é de 85% e a perda de carga total é de 4 ft? $H = 100$ ft. Além disso, desenhe cuidadosamente a LE e a LP.

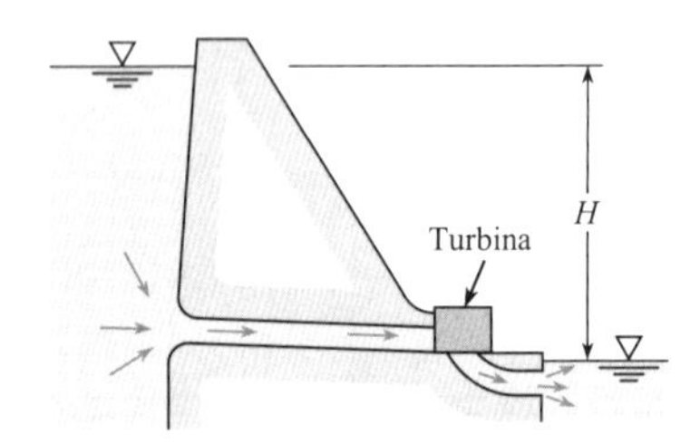

Problema 7.76

7.77 Água escoa do reservatório através de um tubo e depois descarrega por um bocal, conforme mostrado. A perda de carga no tubo propriamente dito é dada por $h_L = 0{,}025(L/D)(V^2/2g)$, em que L e D são o comprimento e diâmetro do tubo, e V é a velocidade no tubo. Qual é a vazão volumétrica de água? Além disso, desenhe a LP e a LE para o sistema. Assuma $\alpha = 1{,}0$ em todos os pontos.

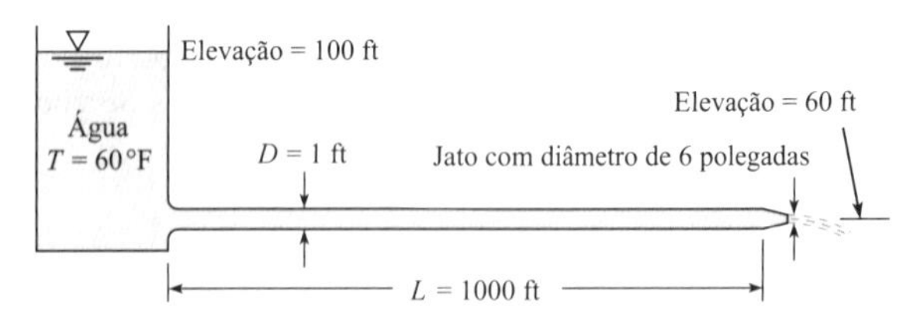

Problema 7.77

7.78 Use a Figura 7.14 como referência. Assuma que a perda de carga nos tubos seja dada por $h_L = 0{,}02(L/D)(V^2/2g)$, em que V é a velocidade média no tubo, D é o seu diâmetro, e L é o comprimento. As elevações da superfície da água nos reservatórios superior e inferior são de 100 m e 60 m, respectivamente. As dimensões pertencentes aos tubos a montante e a jusante são $D_m = 32$ cm, $L_m = 190$ m, $D_j = 12$ cm, e $L_j = 110$ m. Determine a vazão volumétrica de água no sistema.

7.79 Qual potência em cavalos-vapor deve ser suprida à água para bombear 3,0 cfs a 68 °F do reservatório inferior para o superior? Assuma que a perda de carga nos tubos seja dada por $h_L = 0{,}018(L/D)(V^2/2g)$, em que L é o comprimento do tubo em pés e D é o diâmetro do tubo em pés. Desenhe a LP e a LE.

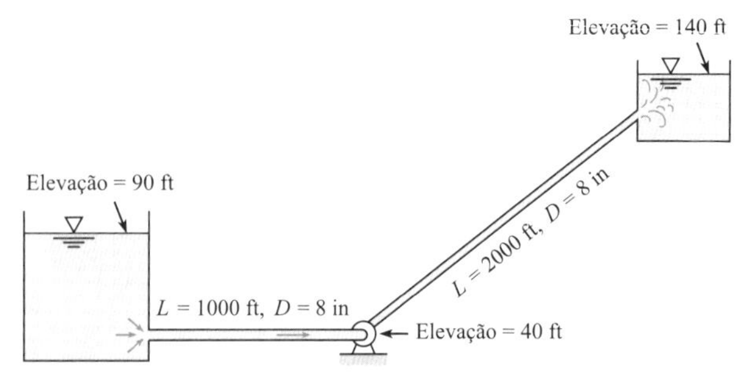

Problema 7.79

7.80 A água escoa do reservatório A para o B. A temperatura da água no sistema é de 10 °C, o diâmetro do tubo D é de 1 m, e o comprimento L é de 300 m. Se $H = 16$ m, $h = 2$ m, e a perda de carga no tubo é dada por $h_L = 0{,}01(L/D)(V^2/2g)$, em que V é a velocidade no tubo, qual será a vazão volumétrica no tubo? Na solução, inclua a perda de carga na saída do tubo, e desenhe a LP e a LE. Qual será a pressão no ponto P a meio caminho entre os dois reservatórios? Assuma $\alpha = 1{,}0$ em todos os pontos.

7.81 A água escoa do reservatório A para o B em uma comunidade de aposentados no deserto. A temperatura da água no sistema é de 100 °F, o diâmetro do tubo D é de 2 ft, e o comprimento L é de 160 ft. Se $H = 35$ ft, $h = 10$ ft, e a perda de carga no tubo é dada por $h_L = 0{,}01(L/D)(V^2/2g)$, em que V é a velocidade no tubo, qual será a vazão volumétrica no tubo? Na solução, inclua a perda de carga na saída do tubo. Qual será a pressão no ponto P a meio caminho entre os dois reservatórios? Assuma $\alpha = 1{,}0$ em todos os pontos.

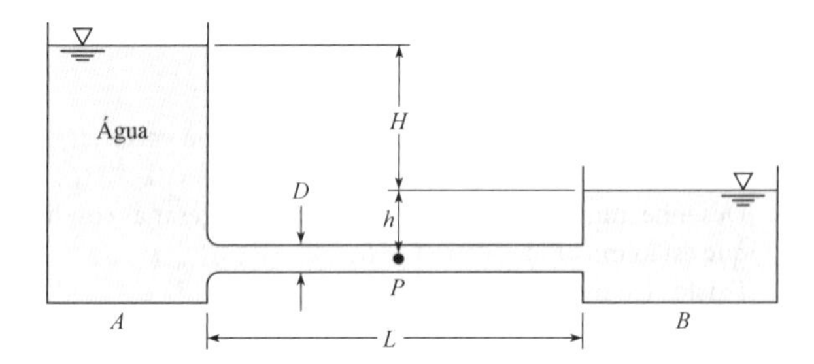

Problemas 7.80, 7.81

7.82 Água escoa do reservatório à esquerda para o reservatório à direita a uma taxa de 16 cfs. A fórmula para as perdas de carga nos tubos é $h_L = 0{,}02(L/D)(V^2/2g)$. Qual é a elevação exigida no reservatório à esquerda para produzir este escoamento? Além disso, desenhe cuidadosamente a LP e a LE para o sistema. *Nota:* Assuma que a fórmula para a perda de carga pode ser usada tanto para a tubulação menor quanto para a maior. Assuma $\alpha = 1{,}0$ em todos os pontos.

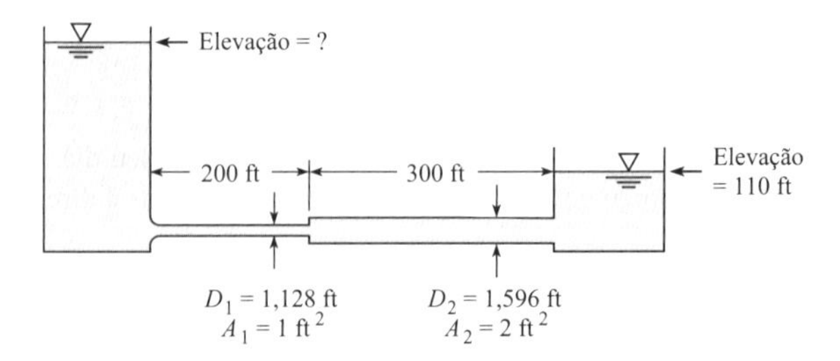

Problema 7.82

7.83 Qual é a potência exigida para bombear água a uma taxa de 3 m³/s do reservatório inferior para o superior? Assuma que a perda de carga no tubo seja dada por $h_L = 0{,}018(L/D)(V^2/2g)$, em que L é o comprimento do tubo, D é o diâmetro e V é a velocidade no tubo. A temperatura da água é de 10 °C, a elevação da superfície da água no reservatório inferior é de 150 m, e a elevação da superfície no reservatório superior é de 250 m. A elevação da bomba é de 100 m, $L_1 = 100$ m, $L_2 = 1000$ m, $D_1 = 1$ m e $D_2 = 50$ cm. Assuma que a eficiência da bomba e do motor seja de 74%. Na solução, inclua a perda de carga na saída do tubo, e desenhe a LP e a LE. Assuma $\alpha = 1{,}0$ em todos os pontos.

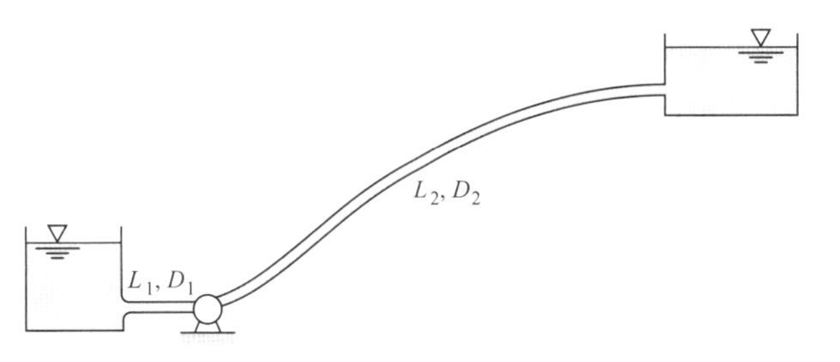

Problema 7.83

7.84 Use a Figura 7.16 como referência. Assuma que a perda de carga no tubo seja dada por $h_L = 0{,}02(L/D)(V^2/2g)$, em que V é a velocidade média no tubo, D é o diâmetro do tubo e L é o comprimento do tubo. As elevações da superfície da água no reservatório, do ponto mais alto no tubo e da saída do tubo são 250 m, 250 m, e 210 m, respectivamente. O diâmetro do tubo é de 30 cm, e o comprimento é de 200 m. Determine a vazão volumétrica de água no tubo e, assumindo que o ponto mais alto esteja a meio caminho ao longo da tubulação, determine a pressão no tubo naquele ponto. Assuma $\alpha = 1{,}0$ em todos os pontos.

CAPÍTULO**OITO**

Análise Dimensional e Similitude

OBJETIVO DO CAPÍTULO Em decorrência da complexidade dos escoamentos, os projetos são frequentemente baseados em resultados experimentais, os quais são comumente feitos usando modelos em escala. A base teórica para a realização de testes experimentais é chamada de análise dimensional, o tópico deste capítulo. Este tópico também é usado para simplificar a análise e para apresentar resultados.

FIGURA 8.1

A foto mostra um modelo de um carro de corrida de fórmula 1, construído em argila para testes em um pequeno túnel de vento. O propósito do teste foi avaliar as características de arrasto. O trabalho foi realizado por Josh Hartung enquanto ele era um estudante de graduação em Engenharia. (Foto cortesia de Josh Hartung.)

RESULTADOS DO APRENDIZADO

ANÁLISE DIMENSIONAL (§8.1, §8.2).

- Explicar por que a análise dimensional é útil para os engenheiros.
- Definir um grupo π.
- Explicar ou aplicar o teorema Π de Buckingham.

MÉTODOS (§8.3).

- Aplicar o método passo a passo.
- Aplicar o método do expoente.

GRUPOS π COMUNS (§8.4).

- Definir e descrever os grupos π comuns para os fluidos.
- Explicar como um grupo π pode ser compreendido como uma razão de termos fisicamente significativos.

EXPERIMENTOS (§8.5).

- Definir modelo e protótipo.
- Explicar o que significa similitude e como atingi-la.
- Relacionar variáveis físicas entre um modelo e um protótipo pela compatibilização de grupos π.

8.1 A Necessidade pela Análise Dimensional

A mecânica dos fluidos está mais fortemente envolvida com testes experimentais do que outras disciplinas porque as ferramentas analíticas atualmente disponíveis para resolver as equações do momento e da energia não são capazes de prover resultados precisos. Isso fica particularmente evidente nos escoamentos turbulentos em que há separação. As soluções obtidas ao se utilizar as técnicas de dinâmica dos fluidos computacional com os maiores computadores disponíveis geram apenas aproximações aceitáveis para os problemas com escoamento turbulento, e daí a necessidade de uma avaliação e verificação experimental.

Para analisar os estudos com modelos e para correlacionar os resultados de pesquisas experimentais, é essencial que os pesquisadores empreguem grupos adimensionais. Para apreciar as vantagens de se utilizar grupos adimensionais, considere o escoamento de água através do orifício não usual ilustrado na Figura 8.2. Na realidade, ele é muito parecido com um bocal usado para a medição de um escoamento, exceto pelo fato de que o escoamento está na direção oposta. Um orifício operando sob essa condição irá apresentar um desempenho muito diferente do que exibiria se estivesse operando no modo normal. Contudo, não é improvável que uma empresa ou um departamento de águas municipal possa ter uma situação desse tipo, em que o escoamento possa ocorrer na "direção correta" na maior parte do tempo, e na "direção errada" em outro momento; daí a necessidade para tal conhecimento.

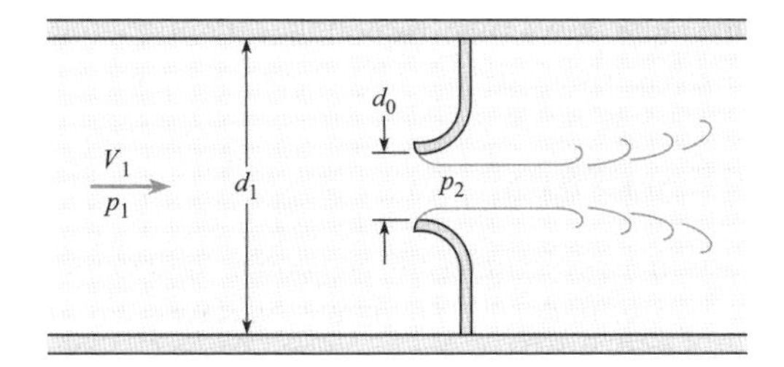

FIGURA 8.2
Escoamento através de um bocal de escoamento invertido.

Em razão do tamanho e dos custos, nem sempre é factível conduzir testes em um protótipo em escala real. Assim, os engenheiros irão realizar os testes em um modelo em escala menor e medir a queda de pressão ao longo do modelo. O procedimento pode envolver a testagem de vários orifícios, cada um com um diferente diâmetro de garganta d_0. Para fins de discussão, assuma que três bocais sejam testados. A equação de Bernoulli, que foi introduzida no Capítulo 4, sugere que a queda de pressão irá depender da velocidade do escoamento e da densidade do fluido. Ela também vai depender da viscosidade do fluido.

O programa de testes pode ser conduzido usando uma faixa de velocidades e possivelmente com fluidos de diferentes densidades (e viscosidades). A queda de pressão, $p_1 - p_2$, é uma função da velocidade V_1, da densidade ρ, e do diâmetro d_0. Ao conduzir numerosas medições em diferentes valores de V_1 e de ρ para os três bocais diferentes, os dados poderiam ser traçados conforme mostrado na Figura 8.3a para testes usando água. Além disso, testes adicionais poderiam ser planejados com diferentes fluidos a um custo consideravelmente maior.

O material que será introduzido neste capítulo leva a uma abordagem muito melhor. Por meio de uma análise dimensional, é possível mostrar que a queda de pressão pode ser expressa como

$$\frac{p_1 - p_2}{(\rho V^2)/2} = f\left(\frac{d_0}{d_1}, \frac{\rho V_1 d_0}{\mu}\right) \tag{8.1}$$

o que significa que o grupo adimensional para a pressão, $(p_1 - p_2)/(\rho V^2/2)$, é uma função da razão adimensional entre os diâmetros da garganta e do tubo d_0/d_1, e do grupo adimensional $(\rho V_1 d_0)/\mu$, que será identificado posteriormente como o número de Reynolds. O objetivo do programa experimental é estabelecer a relação funcional. Como será mostrado posteriormente, se o número de Reynolds for suficientemente grande, os resultados serão independentes do número de Reynolds. Então

$$\frac{p_1 - p_2}{(\rho V^2)/2} = f\left(\frac{d_0}{d_1}\right) \tag{8.2}$$

Assim, para qualquer projeto de orifício específico (o mesmo d_0/d_1), a queda de pressão, $p_1 - p_2$, dividida por $\rho V_1^2/2$ para o modelo será a mesma para o protótipo. Portanto, os dados coletados dos testes com o modelo podem ser aplicados diretamente ao protótipo. Apenas um teste é necessário para cada projeto de orifício. Consequentemente, apenas três testes são necessários, conforme mostrado na Figura 8.3b. A realização de menos testes resulta em uma economia considerável de esforço e recursos.

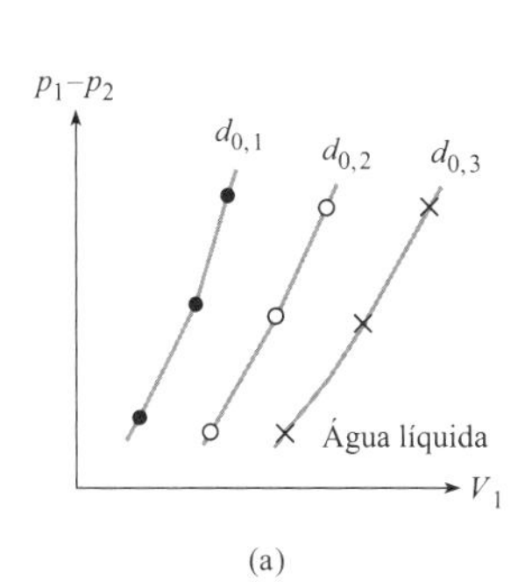

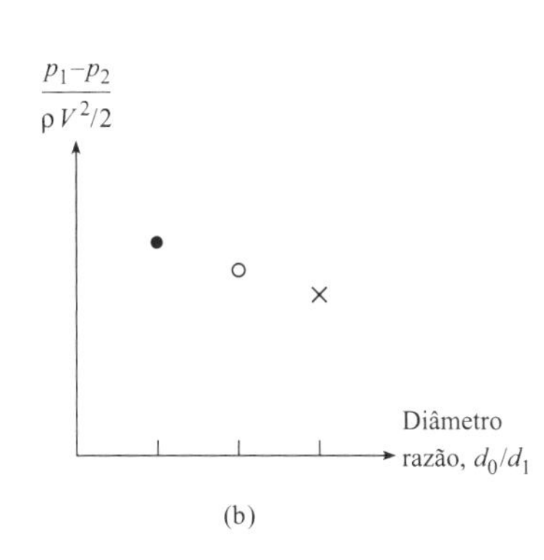

FIGURA 8.3
Relações para pressão, velocidade e diâmetro. (a) Usando variáveis dimensionais. (b) Usando grupos adimensionais.

A identificação de grupos adimensionais que provêm correspondência entre os dados do modelo e do protótipo é conduzida pela **análise dimensional**.

8.2 Teorema Π de Buckingham

Em 1915, Buckingham (1) mostrou que o número de grupos adimensionais independentes de variáveis (parâmetros adimensionais) necessários para correlacionar as variáveis em um dado processo é igual a $n - m$, em que n é o número de variáveis envolvidas e m é o número de dimensões básicas incluídas nas variáveis.

Buckingham se referiu aos grupos adimensionais como Π, que é a razão pela qual o teorema é chamado de teorema Π. Daqui em diante, os grupos adimensionais serão referidos como **grupos π**. Se a equação que descreve um sistema físico possui n variáveis dimensionais e é expressa como

$$y_1 = f(y_2, y_3, \ldots y_n)$$

então, ela pode ser rearranjada e expressa em termos de $(n - m)$ grupos π como

$$\pi_1 = \varphi(\pi_2, \pi_3, \ldots \pi_{n-m})$$

Assim, se é de conhecimento que a força de arrasto F de um fluido escoando ao redor de uma esfera é uma função da velocidade V, da densidade mássica ρ, da viscosidade μ, e do diâmetro D, então as cinco variáveis (F, V, ρ, μ e D) e as três dimensões básicas (L, M e T) estão envolvidas.* Pelo teorema Π de Buckingham, existirão $5 - 3 = 2$ grupos π que podem ser usados para correlacionar os resultados experimentais na forma

$$\pi_1 = \varphi(\pi_2)$$

8.3 Análise Dimensional

A **análise dimensional** é o processo para aplicação dos grupos π à análise, ao projeto de experimentos e à apresentação de resultados. Esta seção apresenta dois métodos para determinar os grupos π: o método passo a passo e o método do expoente.

O Método Passo a Passo

Vários métodos podem ser usados para conduzir o processo de determinar os grupos π, mas a abordagem passo a passo, muito claramente apresentada por Ipsen (2), é uma das mais fáceis e revela muito sobre o processo. O processo para o método passo a passo está apresentado na Tabela 8.1.

O resultado final pode ser expresso como uma relação funcional da forma

$$\pi_1 = f(\pi_2, \pi_2, \ldots \pi_n) \tag{8.3}$$

A seleção dos grupos π dependentes e independentes decorre da aplicação. Além disso, a seleção das variáveis usadas para eliminar as dimensões é arbitrária.

O Exemplo 8.1 mostra como usar o método passo a passo para determinar os grupos π para um corpo em queda no vácuo.

EXEMPLO 8.1

Determinando o Grupo π para um Corpo em Queda no Vácuo

Enunciado do Problema

Existem três variáveis dimensionais significativas para um corpo em queda no vácuo (sem efeitos viscosos): a velocidade, V; a aceleração devido à gravidade, g; e a distância no decorrer da qual o corpo cai, h. Determine os grupos π usando o método passo a passo.

Defina a Situação

Um corpo está caindo no vácuo, $V = f(g, h)$.

Estabeleça o Objetivo

Determinar os grupos π.

*Note que apenas três dimensões básicas serão aqui consideradas. A temperatura não será incluída.

TABELA 8.1 A Abordagem Passo a Passo

Passo	Ação Tomada durante Este Passo
1	Identifique as variáveis dimensionais significativas e escreva as dimensões primárias de cada uma.
2	Aplique o teorema Π de Buckingham para determinar o número de grupos π.*
3	Construa uma tabela com o número de linhas igual ao número de variáveis dimensionais, e o número de colunas igual ao número de dimensões básicas mais um ($m + 1$).
4	Liste todas as variáveis dimensionais na primeira coluna com as dimensões primárias.
5	Selecione uma dimensão para ser eliminada, escolha uma variável com aquela dimensão na primeira coluna, e combine com as variáveis restantes para eliminar a dimensão. Liste as variáveis combinadas na segunda coluna com as dimensões primárias restantes.
6	Selecione outra dimensão para ser eliminada, escolha a partir das variáveis na segunda coluna que possuem aquela dimensão, e combine com as variáveis restantes. Liste as novas combinações com as dimensões primárias restantes na terceira coluna.
7	Repita o Passo 6 até que todas as dimensões sejam eliminadas. Os grupos adimensionais restantes são os grupos π. Liste os grupos π na última coluna.

*Observe que, em raros casos, o número de grupos π pode ser um a mais do que o previsto pelo teorema Π de Buckingham. Esta anomalia pode ocorrer porque é possível que duas categorias dimensionais possam ser eliminadas quando se dividir (ou multiplicar) por certa variável. Ver Ipsen (2) para um exemplo desse caso.

Tenha Ideias e Trace um Plano

Aplique o método passo a passo estabelecido na Tabela 8.1.

Aja (Execute o Plano)

1. Variáveis significativas e dimensões:

$$[V] = L/T$$
$$[g] = L/T^2$$
$$[h] = L$$

Existem apenas duas dimensões, L e T.

2. A partir do teorema Π de Buckingham, existe apenas um grupo π (três variáveis; duas dimensões).
3. Construa uma tabela com três linhas (número de variáveis) e três (dimensões + 1) colunas.
4. Liste as variáveis e as dimensões primárias na primeira coluna.

Variável	[ ]	Variável	[ ]	Variável	[ ]
V	$\frac{L}{T}$	$\frac{V}{h}$	$\frac{1}{T}$	$\frac{V}{\sqrt{gh}}$	0
g	$\frac{L}{T^2}$	$\frac{g}{h}$	$\frac{1}{T^2}$		
h	L				

5. Selecione h para eliminar L. Divida g por h, e entre na segunda coluna com a dimensão $1/T^2$. Divida V por h, e entre na segunda coluna com a dimensão $1/T$.
6. Selecione g/h para eliminar T. Divida V/h por $\sqrt{g/h}$, e entre na terceira coluna.

Como esperado, existe apenas um grupo π:

$$\pi = \frac{V}{\sqrt{gh}}$$

A forma funcional final da equação é

$$\frac{V}{\sqrt{gh}} = C$$

Reveja a Solução e o Processo

1. *Conhecimento.* A partir da física, pode-se mostrar que $C = \sqrt{2}$.
2. *Conhecimento.* A relação apropriada entre V, h e g foi encontrada por meio da análise adimensional. Se o valor de C não fosse conhecido, então ele poderia ser determinado por meio de experimentos.

O Exemplo 8.2 ilustra a aplicação do método passo a passo para determinar os grupos π para um problema com cinco variáveis e três dimensões primárias.

EXEMPLO 8.2

Determinando Grupos π para o Arrasto sobre uma Esfera Usando o Método Passo a Passo

Enunciado do Problema

O arrasto F_D de uma esfera em um fluido que escoa pela esfera é uma função da viscosidade, μ, da densidade mássica, ρ, da velocidade do escoamento, V, e do diâmetro da esfera, D. Use o método passo a passo para determinar os grupos π.

Defina a Situação

A relação funcional é $F_D = f(V, \rho, \mu, D)$

Estabeleça o Objetivo

Determinar os grupos π usando o método passo a passo.

Tenha Ideias e Trace um Plano

Aplique o procedimento passo a passo estabelecido na Tabela 8.1.

Aja (Execute o Plano)

1. Dimensões das variáveis significativas:

$$F = \frac{ML}{T^2}, V = \frac{L}{T}, \rho = \frac{M}{L^3}, \mu = \frac{M}{LT}, D = L$$

2. Número de grupos π: 5 − 3 = 2.
3. Construa uma tabela com cinco linhas e quatro colunas.
4. Escreva as variáveis e as dimensões na primeira coluna.

Variável	[ ]	Variável	[ ]	Variável	[ ]	Variável	[ ]
F_D	$\frac{ML}{T^2}$	$\frac{F_D}{D}$	$\frac{M}{T^2}$	$\frac{F_D}{\rho D^4}$	$\frac{1}{T^2}$	$\frac{F_D}{\rho V^2 D^2}$	0
V	$\frac{L}{T}$	$\frac{V}{D}$	$\frac{1}{T}$	$\frac{V}{D}$	$\frac{1}{T}$		
ρ	$\frac{M}{L^3}$	ρD^3	M				
μ	$\frac{M}{LT}$	μD	$\frac{M}{T}$	$\frac{\mu}{\rho D^2}$	$\frac{1}{T}$	$\frac{\mu}{\rho VD}$	0
D	L						

5. Elimine L usando D, e escreva novas combinações de variáveis com as dimensões correspondentes na segunda coluna.
6. Elimine M usando ρD^3, e escreva novas combinações de variáveis com dimensões na terceira coluna.
7. Elimine T usando V/D, e escreva novas combinações na quarta coluna.

Os dois grupos π finais são

$$\pi_1 = \frac{F_D}{\rho V^2 D^2} \quad \text{e} \quad \pi_2 = \frac{\mu}{\rho VD}$$

A equação funcional pode ser escrita como

$$\frac{F_D}{\rho V^2 D^2} = f\left(\frac{\mu}{\rho VD}\right)$$

A forma dos grupos π obtidos irá depender das variáveis selecionadas para eliminar as dimensões. Por exemplo, se no Exemplo 8.2 $\mu/\rho D^2$ tivesse sido usado para eliminar a dimensão tempo, então os dois grupos π teriam sido

$$\pi_1 = \frac{\rho F_D}{\mu^2} \quad \text{e} \quad \pi_2 = \frac{\mu}{\rho VD}$$

O resultado ainda é válido, mas pode não ser conveniente de usar. A forma de qualquer grupo π pode ser alterada pela multiplicação ou divisão por outro grupo π. Multiplicando π_1 pelo quadrado de π_2, gera o grupo π_1 original no Exemplo 8.2:

$$\frac{\rho F_D}{\mu^2} \times \left(\frac{\mu}{\rho VD}\right)^2 = \frac{F_D}{\rho V^2 D^2}$$

Ao fazer isso, os dois grupos π seriam os mesmo que no Exemplo 8.2.

O Método do Expoente

Um método alternativo para determinar os grupos π é o método do expoente. Ele envolve a resolução de um conjunto de equações algébricas para satisfazer a homogeneidade dimensional. O processo para o método do expoente está listado na Tabela 8.2.

O Exemplo 8.3 ilustra como aplicar o método do expoente para determinar os grupos π do mesmo problema abordado no Exemplo 8.2.

TABELA 8.2 O Método do Expoente

Passo	Ação Tomada durante Este Passo
1	Identifique as variáveis dimensionais significativas, y_i, e escreva as dimensões primárias de cada, $[y_i]$.
2	Aplique o teorema Π de Buckingham para determinar o número de grupos π.
3	Escreva o produto das dimensões primárias na forma $$[y_1] = [y_2]^a \times [y_3]^b \times \cdots \times [y_n]^k$$ em que n é o número de variáveis dimensionais, e a, b e, assim por diante, são os expoentes.
4	Determine as equações algébricas para os expoentes que satisfazem a homogeneidade dimensional (mesma potência para as dimensões em cada lado da equação).
5	Resolva as equações para os expoentes.
6	Expresse a equação dimensional na forma $y_1 = y_2^a y_3^b \cdots y_n^k$, e identifique os grupos π.

EXEMPLO 8.3

Determinando Grupos π para o Arrasto sobre uma Esfera Usando o Método do Expoente

Enunciado do Problema

O arrasto de uma esfera, F_D, em um fluido que escoa é uma função da velocidade, V, da densidade do fluido, ρ, da viscosidade do fluido, μ, e do diâmetro da esfera, D. Determine os grupos π usando o método do expoente.

Defina a Situação

A relação funcional é $F_D = f(V, \rho, \mu, D)$.

Estabeleça o Objetivo

Determinar os grupos π usando o método do expoente.

Tenha Ideias e Trace um Plano

Aplique o processo para o método do expoente estabelecido na Tabela 8.2.

Aja (Execute o Plano)

1. As dimensões das variáveis significativas são

$$[F] = \frac{ML}{T^2}, [V] = \frac{L}{T}, [\rho] = \frac{M}{L^3}, [\mu] = \frac{M}{LT}, [D] = L$$

2. Número de grupos π: 5 − 3 = 2.
3. Forme o produto com dimensões:

$$\frac{ML}{T^2} = \left[\frac{L}{T}\right]^a \times \left[\frac{M}{L^3}\right]^b \times \left[\frac{M}{LT}\right]^c \times [L]^d$$
$$= \frac{L^{a-3b-c+d}M^{b+c}}{T^{a+c}}$$

4. *Homogeneidade dimensional.* Equacione as potências das dimensões em cada lado:

$$L:\ a - 3b - c + d = 1$$
$$M:\ b + c = 1$$
$$T:\ a + c = 2$$

5. Resolva para os expoentes a, b e c em termos de d:

$$\begin{pmatrix} 1 & -3 & -1 \\ 0 & 1 & 1 \\ 1 & 0 & 1 \end{pmatrix} \begin{pmatrix} a \\ b \\ c \end{pmatrix} = \begin{pmatrix} 1-d \\ 1 \\ 2 \end{pmatrix}$$

O valor do determinante é −1, de modo que pode ser obtida uma solução única. A solução é $a = d$, $b = d - 1$, $c = 2 - d$.

6. Escreva a equação dimensional com expoentes.

$$F = V^d \rho^{d-1} \mu^{2-d} D^d$$
$$F = \frac{\mu^2}{\rho}\left(\frac{\rho V D}{\mu}\right)^d$$
$$\frac{F\rho}{\mu^2} = \left(\frac{\rho V D}{\mu}\right)^d$$

Existem dois grupos π:

$$\pi_1 = \frac{F\rho}{\mu^2} \quad \text{e} \quad \pi_2 = \frac{\rho V D}{\mu}$$

Ao dividir π_1 pelo quadrado de π_2, o grupo π_1 pode ser escrito como $F_D/(\rho V^2 D^2)$, tal que a forma funcional da equação possa ser escrita como

$$\frac{F}{\rho V^2 D^2} = f\left(\frac{\rho V D}{\mu}\right)$$

Reveja a Solução e o Processo

Discussão. A relação funcional entre os dois grupos π pode ser obtida a partir de experimentos.

Seleção de Variáveis Significativas

Todos os procedimentos expostos anteriormente tratam de situações diretas. Ainda assim, alguns problemas podem ocorrer. Para aplicar a análise dimensional, primeiro deve-se decidir quais variáveis são significativas. Se o problema não for suficientemente conhecido para fazer uma boa escolha das variáveis significativas, então a análise dimensional raras vezes irá prover um esclarecimento.

Um sério problema pode ser a omissão de uma variável significativa. Se isso for feito, provavelmente um dos grupos π significativos ficará faltando. Nesse sentido, frequentemente o melhor é identificar uma lista de variáveis significativas para um problema e determinar se apenas uma categoria dimensional (tal como M ou L ou T) ocorre. Quando isso acontece, é provável que exista um erro na escolha de variáveis significativas, pois não é possível combinar duas variáveis para eliminar a dimensão solitária. Ou a variável com a dimensão solitária não deveria ter sido incluída em primeiro lugar (ela não é significativa), ou outra variável deveria ter sido incluída.

Como saber se uma variável é significativa para um dado problema? Provavelmente a resposta mais correta é "pela experiência". Após trabalhar no campo da mecânica dos fluidos por vários anos, o profissional desenvolve uma sensibilidade sobre a importância das variáveis em certos tipos de aplicações. Entretanto, mesmo o engenheiro inexperiente irá apreciar o fato de que os efeitos de uma superfície livre não são significativos para o escoamento em um duto fechado; consequentemente, a tensão superficial, σ, não seria incluída como uma variável. No escoamento em dutos fechados, se a velocidade é menor do que aproximadamente um terço da velocidade do som, os efeitos da compressibilidade são geralmente desprezíveis. Essas diretrizes, que foram observadas por pesquisadores mais experientes, auxiliam o engenheiro novato no desenvolvimento da sua confiança na aplicação da análise dimensional e da similitude.

8.4 Grupos π Comuns

Os grupos π mais comuns podem ser encontrados aplicando a análise dimensional às variáveis que podem ser significativas em uma situação geral de escoamento. O objetivo desta seção é desenvolver esses grupos π comuns e discutir a sua importância.

As variáveis que possuem importância em um campo de escoamento genérico são a velocidade, V, a densidade, ρ, a viscosidade, μ, e a aceleração devido à gravidade, g. Além dessas, se a compressibilidade do fluido for provável, então o módulo de elasticidade volumétrico, E_v, deverá ser incluído. Se existir uma interface líquido-gás, então os efeitos da tensão superficial também poderão ser significativos. Finalmente, o campo do escoamento será afetado por um comprimento geral, L, tal como a largura de um prédio ou o diâmetro de um tubo. Essas variáveis serão consideradas independentes. As dimensões primárias das variáveis independentes significativas são

$$[V] = L/T \quad [\rho] = M/L^3 \quad [\mu] = M/LT$$
$$[g] = L/T^2 \quad [E_v] = M/LT^2 \quad [\sigma] = M/T^2 \quad [L] = L$$

Existem várias outras variáveis independentes que poderiam ser identificadas para efeitos térmicos, tais como a temperatura, o calor específico e a condutividade térmica. A inclusão dessas variáveis está além do escopo deste livro.

Produtos que resultam de um fluido em escoamento são as distribuições de pressões (p), distribuições de tensões de cisalhamento (τ), e as forças sobre superfícies e objetos (F) em um campo de escoamento. Estas serão identificadas como variáveis dependentes. As dimensões primárias das variáveis dependentes são

$$[p] = M/LT^2 \quad [\tau] = [\Delta p] = M/LT^2 \quad [F] = (ML)/T^2$$

Existem outras variáveis dependentes que não foram incluídas aqui, mas que serão encontradas e introduzidas para aplicações específicas.

No total, existem 10 variáveis significativas, o que, pela aplicação do teorema Π de Buckingham, significa que existem sete grupos π. Utilizando o método passo a passo ou o método do expoente, obtemos

$$\frac{p}{\rho V^2} \quad \frac{\tau}{\rho V^2} \quad \frac{F}{\rho V^2 L^2}$$

$$\frac{\rho V L}{\mu} \quad \frac{V}{\sqrt{E_v/\rho}} \quad \frac{\rho L V^2}{\sigma} \quad \frac{V^2}{gL}$$

Os três primeiros grupos, os grupos π dependentes, são identificados por nomes específicos. Para eles, é uma prática comum usar a pressão cinética, $\rho V^2/2$, em lugar de ρV^2. Para a maioria das aplicações, o engenheiro está interessado na diferença de pressões, de modo que o grupo π para a pressão é expresso como

$$C_p = \frac{p - p_0}{\frac{1}{2}\rho V^2}$$

em que C_p é denominado o coeficiente de pressão, e p_0 é uma pressão de referência. O coeficiente de pressão foi introduzido anteriormente no Capítulo 4, e foi discutido na Seção 8.1. O grupo π associado à tensão de cisalhamento é denominado o coeficiente de tensão de cisalhamento, e é definido como

$$c_f = \frac{\tau}{\frac{1}{2}\rho V^2}$$

em que o índice subscrito f se refere à "fricção", ou atrito. O grupo π associado a uma força é referido aqui como um coeficiente de força, e está definido como

$$C_F = \frac{F}{\frac{1}{2}\rho V^2 L^2}$$

Este coeficiente será usado extensivamente no Capítulo 11 para as forças ascensional e de arrasto sobre aerofólios e hidrofólios.

Os grupos π independentes recebem seus nomes em homenagem a antigos colaboradores para a mecânica dos fluidos. O grupo π "$VL\rho/\mu$" é chamado de número de Reynolds, em homenagem a Osborne Reynolds, e é designado por Re. O grupo "$V/(\sqrt{E_v/\rho})$" é reescrito como "(V/c)", pois $\sqrt{E_v/\rho}$ é a velocidade do som, c. Este grupo π é chamado de número de Mach, e é designado por M. O grupo π "$\rho L V^2/\sigma$" é chamado de número de Weber, e é designado por We. O grupo π restante é geralmente expresso como "$V/\sqrt{gL}$", e é identificado como o número de Froude,* sendo escrito como Fr.

A forma funcional geral para todos os grupos π é

$$C_p, c_f, C_F = f(\text{Re, M, We, Fr}) \tag{8.4}$$

o que significa que qualquer um dos três grupos π dependentes é uma função dos quatro grupos π independentes; isto é, o coeficiente de pressão, o coeficiente de tensão de cisalhamento, ou o coeficiente da força são funções do número de Reynolds, número de Mach, número de Weber e número de Froude.

Os grupos π, seus símbolos e seus nomes estão resumidos na Tabela 8.3. Cada grupo π independente possui uma interpretação física importante, conforme indicado na coluna Razão. O número de Reynolds pode ser visto como sendo a razão entre as forças cinéticas e as forças viscosas. As forças cinéticas são as que estão associadas ao movimento do fluido. A equação de Ber-

*Algumas vezes, o número de Froude é escrito como "$V/\sqrt{(\Delta\gamma gL)/\gamma}$", e é chamado de número de Froude densimétrico. Ele tem aplicação no estudo do movimento de fluidos em que existe uma estratificação da densidade, tal como entre a água salgada e a água doce em um estuário, ou em efluentes aquosos aquecidos associados a usinas de energia térmica.

TABELA 8.3 Grupos Π Comuns

Grupo π	Símbolo	Nome	Razão
$\frac{p - p_0}{(\rho V^2)/2}$	C_p	Coeficiente de pressão	$\frac{\text{Diferença de pressão}}{\text{Pressão cinética}}$
$\frac{\tau}{(\rho V^2)/2}$	c_f	Coeficiente de tensão de cisalhamento	$\frac{\text{Tensão de cisalhamento}}{\text{Pressão cinética}}$
$\frac{F}{(\rho V^2 L^2)/2}$	C_F	Coeficiente de força	$\frac{\text{Força}}{\text{Força cinética}}$
$\frac{\rho L V}{\mu}$	Re	Número de Reynolds	$\frac{\text{Força cinética}}{\text{Força viscosa}}$
$\frac{V}{c}$	M	Número de Mach	$\sqrt{\frac{\text{Força cinética}}{\text{Força compressiva}}}$
$\frac{\rho L V^2}{\sigma}$	We	Número de Weber	$\frac{\text{Força cinética}}{\text{Força de tensão superficial}}$
$\frac{V}{\sqrt{gL}}$	Fr	Número de Froude	$\sqrt{\frac{\text{Força cinética}}{\text{Força gravitacional}}}$

noulli indica que a diferença de pressão exigida para levar um fluido em movimento ao repouso é a pressão cinética, $\rho V^2/2$, de modo que as forças cinéticas,[†] F_k, devem ser proporcionais a

$$F_k \propto \rho V^2 L^2$$

A força de cisalhamento devido aos efeitos viscosos, F_v, é proporcional à tensão de cisalhamento e a área.

$$F_v \propto \tau A \propto \tau L^2$$

e a tensão de cisalhamento é proporcional a

$$\tau \propto \mu \frac{dV}{dy} \propto \frac{\mu V}{L}$$

de modo que $F_v \propto \mu V L$. Tomando a razão entre as forças cinéticas e viscosas,

$$\frac{F_k}{F_v} \propto \frac{\rho V L}{\mu} = \text{Re}$$

obtemos o número de Reynolds. A magnitude do número de Reynolds fornece importantes informações sobre o escoamento. Um número de Reynolds baixo implica que os efeitos viscosos são importantes; um número de Reynolds elevado implica que as forças cinéticas são predominantes. O número de Reynolds é um dos grupos π mais amplamente utilizados na mecânica dos fluidos. Ele também é escrito com frequência usando a viscosidade cinemática, $\text{Re} = \rho VL/\mu = VL/\nu$.

As razões nos demais grupos π independentes possuem importância semelhante. O número de Mach é um indicador da importância dos efeitos da compressibilidade no escoamento de um fluido. Se o número de Mach for pequeno, então a força cinética associada ao movimento do fluido não irá causar uma variação significativa na densidade, e o escoamento poderá ser tratado como incompressível (densidade constante). Por outro lado, se o número de Mach for grande, frequentemente irão existir variações apreciáveis na densidade, as quais deverão ser levadas em consideração em estudos com modelos.

[†]Tradicionalmente, a força cinética tem sido identificada como a força "inercial".

O número de Weber é um parâmetro importante na atomização de líquidos. A tensão superficial do líquido na superfície de uma gotícula é responsável pela manutenção da forma da gotícula. Se uma gotícula estiver sujeita a um jato de ar e se existir uma velocidade relativa entre a gotícula e o gás, as forças cinéticas em razão dessa velocidade relativa irão fazer com que a gotícula se deforme. Se o número de Weber for muito grande, a força cinética irá superar a de tensão superficial, a ponto da gotícula se despedaçar e formar gotículas ainda menores. Assim, um critério do número de Weber pode ser útil para estimar o tamanho esperado de uma gotícula na atomização de um líquido. O tamanho das gotículas resultantes da atomização de um líquido é um parâmetro importante em turbinas a gás e na combustão em foguetes.

O número de Froude não é importante quando a gravidade causa apenas uma distribuição de pressões hidrostáticas, tal como em um duto fechado. Entretanto, se a força da gravidade influenciar o padrão do escoamento, tal como no escoamento sobre um vertedouro ou na formação das ondas criadas por um navio enquanto ele se desloca pelo mar, então o número de Froude é um parâmetro de muita importância.

8.5 Similitude

Escopo da Similitude

A **similitude** é a teoria e arte de estimar o desempenho de um protótipo com base em observações do comportamento de modelos. Sempre que for necessário realizar testes em um modelo para obter informações que não possam ser conseguidas exclusivamente por meio de métodos analíticos, as regras de similitude deverão ser aplicadas. A teoria da similitude envolve a aplicação de grupos π, tais como o número de Reynolds ou o número de Froude, para estimar o desempenho do protótipo a partir de ensaios com modelos. A arte da similitude entra no problema quando o engenheiro tem que tomar decisões sobre o projeto e a construção do modelo, a realização de testes, ou a análise de resultados que não estejam incluídos na teoria básica.

A prática atual da Engenharia utiliza testes com modelos em maior frequência do que a maioria das pessoas imagina. Por exemplo, sempre que um novo avião está sendo projetado, são realizados testes não apenas com um modelo geral em escala do protótipo do avião, mas também com vários componentes do avião. São realizados numerosos testes com seções individuais das asas, assim como com os conjuntos dos motores e com seções da cauda.

Modelos de automóveis e de trens de alta velocidade também são testados em túneis de vento para estimar o arrasto e os padrões de escoamento para o protótipo. As informações derivadas desses estudos com frequência indicam problemas potenciais que podem ser corrigidos antes do protótipo ser construído, economizando, dessa forma, tempo e recursos consideráveis no desenvolvimento do protótipo.

Na Engenharia Civil, sempre são usados testes com modelos para predizer as condições do escoamento para os vertedouros de grandes represas. Além disso, os modelos de rios assistem o engenheiro no projeto de estruturas para o controle de inundações, assim como na análise do movimento de sedimentos no rio. Os engenheiros navais realizam extensos testes com os modelos de cascos de navios para estimar o arrasto dos navios. Muitos desses tipos de testes são realizados no David Taylor Model Basin, no Naval Surface Warfare Center, Carderock Division, próximo a Washington, D.C., Estados Unidos (ver a Figura 8.4). Também são realizados testes regulares com os modelos de prédios altos, para auxiliar na predição das cargas dos ventos sobre os prédios, determinar as características de estabilidade dos prédios, e os padrões de escoamento do ar nas suas vizinhanças. Esta última informação é usada pelos arquitetos para projetar passarelas e acessos que são mais seguros e mais confortáveis para o uso dos pedestres.

Similitude Geométrica

Similitude geométrica significa que o modelo é uma réplica geométrica exata do protótipo.* Consequentemente, se for especificado um modelo em escala de 1:10, todas as suas dimensões

*Para a maioria dos estudos com modelos, essa é uma exigência básica. Contudo, para certos tipos de problemas, tais como em modelos de rios, para a obtenção de resultados significativos é necessária, com frequência, uma distorção da escala vertical.

FIGURA 8.4
Teste com modelo de navio no David Taylor Model Basin, Naval Surface Warfare Center, Carderock Division. (Foto da Marinha dos Estados Unidos [U.S. Navy] por John F. Williams/Liberado)

lineares deverão ser de 1/10 daquelas do protótipo. Na Figura 8.5, se o modelo e o protótipo são geometricamente similares, as seguintes igualdades são válidas:

$$\frac{\ell_m}{\ell_p} = \frac{w_m}{w_p} = \frac{c_m}{c_p} = L_r$$

Aqui, ℓ, w e c são dimensões lineares específicas associadas ao modelo e ao protótipo, e L_r é a razão de escala entre o modelo e o protótipo. Segue-se que a razão de áreas correspondente entre o modelo e o protótipo será o quadrado da razão de comprimento: $A_r = L_r^2$. A razão de volumes correspondente será dada por $\forall_m/\forall_p = L_r^3$.

Similitude Dinâmica

Similitude dinâmica significa que as forças que atuam sobre massas correspondentes no modelo e no protótipo estão na mesma razão (F_m/F_p = constante) ao longo de todo o campo de escoamento. Por exemplo, a razão entre as forças cinéticas e viscosas deve ser a mesma para o modelo e para o protótipo. Uma vez que as forças que atuam sobre os elementos do fluido controlam seu movimento, segue-se que a similaridade dinâmica irá gerar similaridade dos padrões de escoamento. Consequentemente, os padrões de escoamento para o modelo e o protótipo serão os mesmos se a similitude geométrica for satisfeita e se as forças relativas atuando sobre o fluido forem as mesmas no modelo e no protótipo. Esta última condição exige que os grupos π apropriados introduzidos na Seção 8.4 sejam os mesmos para o modelo e para o protótipo, pois esses grupos π são indicadores das forças relativas no interior do fluido.

Uma interpretação mais física das razões entre forças pode ser ilustrada considerando o escoamento sobre o vertedouro mostrado na Figura 8.6a. Aqui, massas de fluido correspondentes no modelo e no protótipo são atuadas por forças correspondentes, a saber, a força da

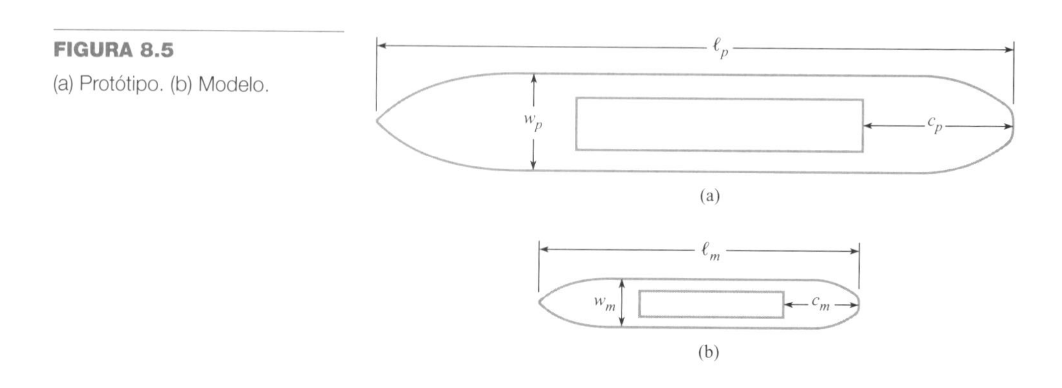

FIGURA 8.5
(a) Protótipo. (b) Modelo.

gravidade F_g, a força de pressão F_p, e a força de resistência viscosa F_v. Essas forças se somam vetorialmente, conforme mostrado na Figura 8.6, para gerar uma força resultante F_R, que, por sua vez, irá produzir uma aceleração do volume de fluido de acordo com a segunda lei do movimento de Newton. Assim, uma vez que os polígonos de forças no protótipo e no modelo são similares, as magnitudes das forças no protótipo e no modelo estarão na mesma razão que as magnitudes dos vetores que representam a massa vezes a aceleração:

$$\frac{m_m a_m}{m_p a_p} = \frac{F_{gm}}{F_{gp}}$$

ou

$$\frac{\rho_m L_m^3 (V_m / t_m)}{\rho_p L_p^3 (V_p / t_p)} = \frac{\gamma_m L_m^3}{\gamma_p L_p^3}$$

que se reduz a

$$\frac{V_m}{g_m t_m} = \frac{V_p}{g_p t_p}$$

Porém

$$\frac{t_m}{t_p} = \frac{L_m / V_m}{L_p / V_p}$$

tal que

$$\frac{V_m^2}{g_m L_m} = \frac{V_p^2}{g_p L_p} \tag{8.6}$$

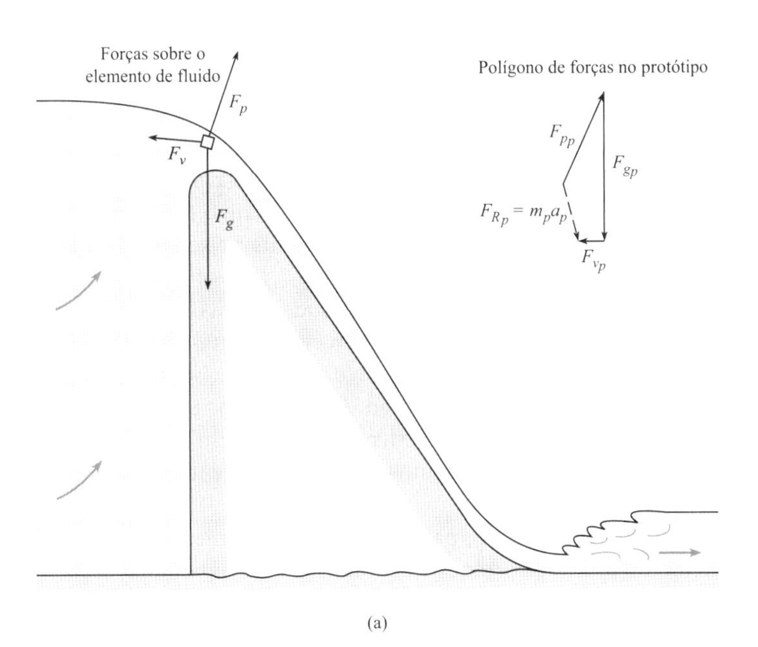

FIGURA 8.6
Relações modelo-protótipo: vista do protótipo (a) e vista do modelo (b).

Tirando a raiz quadrada de cada lado da Eq. (8.6), temos

$$\frac{V_m}{\sqrt{g_m L_m}} = \frac{V_p}{\sqrt{g_p L_p}} \quad \text{ou} \quad \text{Fr}_m = \text{Fr}_p \tag{8.7}$$

Assim, o número de Froude para o modelo deve ser igual ao número de Froude para o protótipo, a fim de se ter a mesma razão entre forças no modelo e no protótipo.

Igualando a razão entre as forças que produzem aceleração à razão entre as forças viscosas,

$$\frac{m_m a_m}{m_p a_p} = \frac{F_{vm}}{F_{vp}} \tag{8.8}$$

em que $F_v \propto \mu V L$ leva a

$$\text{Re}_m = \text{Re}_p$$

A mesma análise pode ser conduzida para o número de Mach e o número de Weber. Para resumir, se os grupos π independentes para o modelo e o protótipo forem iguais, então a condição para similitude dinâmica será satisfeita.

Fazendo referência à Eq. (8.4) para a relação funcional geral,

$$C_p, c_f, C_F = f(\text{Re}, \text{M}, \text{We}, \text{Fr})$$

Se os grupos π independentes forem os mesmos para o modelo e o protótipo, então os grupos π dependentes também deverão ser iguais, de modo que

$$C_{p,m} = C_{p,p} \qquad c_{f,m} = c_{f,p} \qquad C_{F,m} = C_{F,p} \tag{8.9}$$

Para haver similitude completa entre o modelo e o protótipo, é necessário existir similitude tanto geométrica quanto dinâmica.

Em muitas situações, pode não ser possível ou necessário todos os grupos π independentes terem modelo e protótipo iguais para que sejam conduzidos estudos úteis com os modelos. Para o escoamento de um líquido em um tubo horizontal, por exemplo, em que o fluido preenche completamente o tubo (sem superfície livre), não existirão efeitos da tensão superficial, tal que o número de Weber seria inadequado. Da mesma maneira, efeitos de compressibilidade não seriam importantes, de modo que o número de Mach não seria necessário. Além disso, a gravidade não seria responsável pelo escoamento, portanto o número de Froude não precisaria ser considerado. O único grupo π significativo seria o número de Reynolds; a similitude dinâmica seria obtida ao se igualá-lo entre o modelo e o protótipo.

Por outro lado, se fosse realizado um teste com modelo para o escoamento sobre um vertedouro, então o número de Froude seria um grupo π significativo, pois a gravidade é responsável pelo movimento do fluido. Além disso, a ação das tensões viscosas por causa da superfície do vertedouro possivelmente afetaria o padrão de escoamento, de modo que o número de Reynolds poderia ser um grupo π significativo. Nessa situação, a similitude dinâmica pode exigir que tanto o número de Froude quanto o número de Reynolds sejam os mesmos para o modelo e o protótipo.

A escolha de grupos π significativos para a similitude dinâmica e o seu efetivo uso na previsão do desempenho do protótipo serão considerados nas duas próximas seções.

8.6 Estudos com Modelos para Escoamentos sem Efeitos de Superfície Livre

Os efeitos de uma superfície livre estão ausentes no escoamento de líquidos ou de gases em dutos fechados, incluindo dispositivos de controle, tais como válvulas, ou no escoamento ao redor de corpos (por exemplo, aeronaves) que viajam através do ar ou que estão profundamente submersos em um líquido, como a água (submarinos). Os efeitos de uma superfície livre também estão ausentes onde uma estrutura, como um edifício, está estacionária e o vento escoa ao seu redor. Em todos esses casos, quando os números de Mach são relativamente pequenos, o critério do número de Reynolds é o mais significativo para a similaridade dinâmica. Isto é, o número de Reynolds para o modelo deve ser igual ao número de Reynolds para o protótipo.

O Exemplo 8.4 ilustra a aplicação da similitude do número de Reynolds para o escoamento sobre um dirigível.

EXEMPLO 8.4

Similitude do Número de Reynolds

Enunciado do Problema

As características de arrasto de um dirigível com 5 m de diâmetro e 60 m de comprimento devem ser estudadas em um túnel de vento. Se a velocidade do dirigível em repouso no ar é de 10 m/s, e se um modelo em escala 1:10 deve ser testado, qual velocidade do ar no túnel de vento é necessária para obter condições dinamicamente similares? Assuma as mesmas pressão e temperatura do ar para o modelo e o protótipo.

Defina a Situação

Um modelo de dirigível em escala 1:10 está sendo testado em um túnel de vento. A velocidade do protótipo é de 10 m/s.

Hipóteses: Mesmas pressão e temperatura do ar para o modelo e o protótipo, portanto $\nu_m = \nu_p$.

Estabeleça o Objetivo

Determinar a velocidade do ar (m/s) no túnel de vento para similitude dinâmica.

Tenha Ideias e Trace um Plano

O único grupo π que é apropriado é o número de Reynolds (não existem efeitos de compressibilidade, efeitos de superfície livre ou efeitos gravitacionais). Assim, igualando os números de Reynolds do modelo e do protótipo, satisfazemos a similitude dinâmica.

1. Igualar os números de Reynolds do modelo e do protótipo.
2. Calcular a velocidade no modelo.

Aja (Execute o Plano)

1. Similitude do número de Reynolds:

$$\mathrm{Re}_m = \mathrm{Re}_p$$

$$\frac{V_m L_m}{\nu_m} = \frac{V_p L_p}{\nu_p}$$

2. Velocidade no modelo:

$$V_m = V_p \frac{L_p}{L_m} \frac{\nu_m}{\nu_p} = 10 \text{ m/s} \times 10 \times 1 = \boxed{100 \text{ m/s}}$$

O Exemplo 8.4 mostra que a velocidade do ar no túnel de vento deve ser de 100 m/s para que ocorra uma verdadeira similitude do número de Reynolds. Essa velocidade é bem grande e, de fato, nela pode começar a ser importante os efeitos do número de Mach. Contudo, será mostrado na Seção 8.8 que nem sempre é necessário operar os modelos na verdadeira similitude de número de Reynolds para a obtenção de resultados úteis.

Se o engenheiro sentir que é essencial manter a similitude do número de Reynolds, então apenas umas poucas alternativas estão disponíveis. Uma maneira de produzir números de Reynolds elevados em velocidades do ar padrões consiste em aumentar a densidade do ar. Um túnel de vento da NASA no Ames Research Center, em Moffett Field, Califórnia, é uma dessas instalações. Ele possui uma seção de testes com 12 ft (3,7 m) de diâmetro, pode ser pressurizado até 90 psia (620 kPa), e operado para produzir um número de Reynolds por pé de até $1{,}2 \times 10^7$; o número de Mach máximo em que um modelo pode ser testado neste túnel de vento é de 0,6. Nele, o escoamento do ar é produzido por um ventilador de único estágio, com 20 lâminas e escoamento axial, que é acionado por um motor elétrico síncrono de velocidade variável com 15.000 cavalos-vapor (3). Vários problemas são peculiares a um túnel pressurizado. Em primeiro lugar, uma couraça (essencialmente um invólucro pressurizado) deve envolver todo o túnel e seus componentes, adicionando custos. Em segundo lugar, leva tempo para pressurizar o túnel em preparação para operação, aumentando o tempo entre o início e o fim de uma rodada de testes. Neste sentido, deve ser observado que o túnel de vento pressurizado original do Ames Research Center foi construído em 1946; contudo, por causa do uso excessivo, sua couraça de pressão começou a deteriorar, de modo que uma nova instalação (a que foi descrita anteriormente) foi construída e colocada em operação em 1995. As melhorias em relação à instalação antiga incluem um melhor sistema de coleta de dados, turbulência muito baixa e o recurso de despressurizar apenas a seção de testes, em lugar de todo o circuito do túnel com 620.000 ft^3, ao se instalar e remover os modelos. O túnel de vento pressurizado original foi usado para testar a maioria dos modelos de aeronaves comerciais dos EUA ao longo dos últimos cinquenta anos, incluindo os Boeing 737, 757 e 767, Lockheed L-1011, e McDonnell Douglas DC-9 e DC-10.

O Boeing 777 foi testado no túnel pressurizado de baixa velocidade com 5 m por 5 m em Farborough, Inglaterra. Esse túnel, operado pela Agência de Avaliação de Defesa e Pesquisa (*Defence Evaluation and Research Agency* – DERA) da Grã-Bretanha, pode operar em três atmosferas com números de Mach de até 0,2. Um total de aproximadamente 15.000 horas de testes foi exigido (4).

Outro método para obter números de Reynolds elevados consiste em construir um túnel de vento em que o meio de testes (gás) se encontre em uma temperatura muito baixa, produzindo dessa forma um fluido com densidade relativamente elevada e baixa viscosidade. A NASA construiu um túnel desse tipo, e o opera no Langley Research Center. Chamado de *National Transonic Facility*, ele pode ser pressurizado até 9 atmosferas. O meio de testes é o nitrogênio, que é resfriado pela injeção de nitrogênio líquido no sistema. Nesse túnel de vento, é possível atingir números de Reynolds de 10^8 com base em um tamanho de modelo de 0,25 m (5). Por causa de seu projeto sofisticado, seu custo inicial foi de aproximadamente US$ 100.000.000 (6), e seus custos operacionais são elevados.

Outra abordagem moderna na tecnologia dos túneis de vento é o desenvolvimento da suspensão magnética ou eletrostática dos modelos. O uso de suspensão magnética com modelos de aviões foi estudado (6), e a suspensão eletrostática para o estudo da aerodinâmica de uma única partícula foi relatada (7).

O uso de túneis de vento para o projeto de aeronaves cresceu significativamente à medida que o tamanho e a sofisticação das aeronaves aumentaram. Por exemplo, na década de 1930, o DC-3 e o B-17 receberam ao redor de 100 horas de testes em túnel de vento cada um, a uma taxa de US$ 100 por hora de teste. Em contraste, o caça F-15 exigiu aproximadamente 20.000 horas de testes a um custo de US$ 20.000 por hora (6). Este último tempo de testes é ainda mais impressionante quando se considera que um volume muito maior de dados por hora, e com maior precisão, é obtido a partir dos túneis de vento modernos em decorrência da capacidade dos computadores em gerar dados em alta velocidade.

O Exemplo 8.5 ilustra o uso da similitude do número de Reynolds para projetar um teste para uma válvula.

EXEMPLO 8.5

Similitude do Número de Reynolds de uma Válvula

Enunciado do Problema

A válvula mostrada é do tipo usado no controle da água em grandes dutos. Devem ser realizados testes com modelos, usando água como fluido, para determinar como a válvula irá operar sob condições em que esteja totalmente aberta. A dimensão do protótipo é de 6 pés de diâmetro na entrada. Qual vazão é exigida para o modelo se o escoamento no protótipo é de 700 cfs? Assuma que a temperatura para o modelo e o protótipo sejam de 60 °F, e que o diâmetro de entrada do modelo seja de 1 ft.

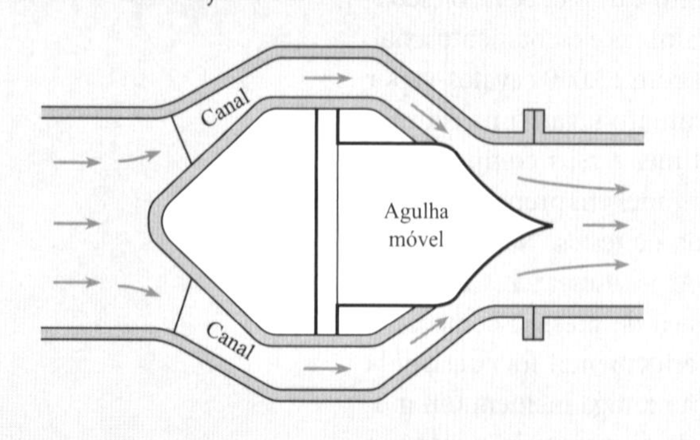

Defina as Situações

Um modelo em escala de 1:6 de uma válvula será testado em um túnel de água. A vazão no protótipo é de 700 cfs.

Hipóteses:

1. Não existem efeitos de compressibilidade, superfícies livres ou gravitacionais.
2. As temperaturas da água no modelo e no protótipo são as mesmas. Portanto, as viscosidades cinemáticas para o modelo e o protótipo são iguais.

Estabeleça o Objetivo

Determinar a vazão através do modelo em cfs.

Tenha Ideias e Trace um Plano

A similitude dinâmica é obtida ao equalizar os números de Reynolds do modelo e do protótipo. A razão entre as áreas do modelo e do protótipo é o quadrado da razão de escala.

1. Iguale os números de Reynolds do modelo e do protótipo.
2. Calcule a razão de velocidades.
3. Calcule a razão de vazão volumétrica usando a razão entre as áreas do modelo e do protótipo.

Aja (Execute o Plano)

1. Similitude dos números de Reynolds:

$$\mathrm{Re}_m = \mathrm{Re}_p$$

$$\frac{V_m L_m}{\nu_m} = \frac{V_p L_p}{\nu_p}$$

2. Razão de velocidades:

$$\frac{V_m}{V_p} = \frac{L_p}{L_m}\frac{\nu_m}{\nu_p}$$

Uma vez que $\nu_p = \nu_m$,

$$\frac{V_m}{V_p} = \frac{L_p}{L_m}$$

3. Vazão volumétrica:

$$\frac{Q_m}{Q_p} = \frac{V_m}{V_p}\frac{A_m}{A_p} = \frac{L_p}{L_m}\left(\frac{L_m}{L_p}\right)^2 = \frac{L_m}{L_p}$$

$$Q_m = 700 \text{ cfs} \times \frac{1}{6} = \boxed{117 \text{ cfs}}$$

Reveja a Solução e o Processo

Discussão. Esta vazão volumétrica é muito alta e serve para enfatizar que são feitos pouquíssimos estudos com modelos que satisfazem completamente o critério do número de Reynolds. Este assunto será mais discutido nas próximas seções.

8.7 Desempenho Modelo-Protótipo

Similitude geométrica (modelo em escala) e similitude dinâmica (mesmos grupos π) significam que os grupos π dependentes são os mesmos tanto para o modelo quanto para o protótipo. Por essa razão, as medições feitas com o modelo podem ser aplicadas diretamente ao protótipo. Tal correspondência está ilustrada nesta seção.

O Exemplo 8.6 mostra como a diferença de pressão medida em um teste com um modelo pode ser usada para determinar a diferença de pressão entre os dois pontos correspondentes no protótipo.

EXEMPLO 8.6

Aplicação do Coeficiente de Pressão

Enunciado do Problema

Um modelo em escala 1:10 de um dirigível é testado em um túnel de vento sob condições dinamicamente similares. A velocidade do dirigível em repouso no ar é de 10 m/s. Uma diferença de pressão de 17,8 kPa é medida entre dois pontos no modelo. Qual será a diferença de pressão entre os dois pontos correspondentes no protótipo? A temperatura e a pressão no túnel de vento são as mesmas que no protótipo.

Defina a Situação

Um modelo em escala 1:10 de um dirigível é testado em um túnel de vento sob condições dinamicamente similares. Uma diferença de pressão de 17,8 kPa é medida no modelo.

Propriedades: A pressão e a temperatura são as mesmas para o teste no túnel de vento e o protótipo, assim $\nu_m = \nu_p$.

Estabeleça o Objetivo

Determinar a diferença de pressão correspondente (P) no protótipo.

Tenha Ideias e Trace um Plano

A Eq. (8.4) se reduz a

$$C_p = f(\text{Re})$$

1. Iguale os números de Reynolds para determinar a razão entre velocidades.
2. Iguale o coeficiente de pressão para determinar a diferença de pressão.

Aja (Execute o Plano)

1. Similitude dos números de Reynolds:

$$\text{Re}_m = \text{Re}_p$$

$$\frac{V_m L_m}{\nu_m} = \frac{V_p L_p}{\nu_p}$$

$$\frac{V_p}{V_m} = \frac{L_m}{L_p} = \frac{1}{10}$$

2. Correspondência dos coeficientes de pressão:

$$\frac{\Delta p_m}{\frac{1}{2}\rho_m V_m^2} = \frac{\Delta p_p}{\frac{1}{2}\rho_p V_p^2}$$

$$\frac{\Delta p_p}{\Delta p_m} = \left(\frac{V_p}{V_m}\right)^2 = \left(\frac{L_m}{L_p}\right)^2 = \frac{1}{100}$$

Diferença de pressão no protótipo:

$$\Delta p_p = \frac{\Delta p_m}{100} = \frac{17{,}8 \text{ kPa}}{100} = \boxed{178 \text{ Pa}}$$

O Exemplo 8.7 ilustra o cálculo da força dinâmica do fluido sobre um protótipo de dirigível a partir de dados de um túnel de vento usando similitude.

EXEMPLO 8.7

Força de Arrasto a partir de um Teste em Túnel de Vento

Enunciado do Problema

Um modelo em escala 1:10 de um dirigível é testado em um túnel de vento sob condições dinamicamente similares. Se a força de arrasto sobre o modelo do dirigível é de 1530 N, qual força correspondente seria esperada sobre o protótipo? A pressão e a temperatura do ar são as mesmas tanto no modelo quanto no protótipo.

Defina a Situação

Um modelo em escala 1:10 de um dirigível é testado em um túnel de vento, e uma força de arrasto de 1.530 N é medida.

Propriedades: A pressão e a temperatura são as mesmas, $\nu_m = \nu_p$.

Estabeleça o Objetivo

Determinar a força de arrasto (em newtons) sobre o protótipo.

Tenha Ideias e Trace um Plano

O número de Reynolds é o único grupo π significativo, e assim a Eq. (8.4) se reduz a $C_F = f(\text{Re})$.

1. Determine a razão entre as velocidades igualando os números de Reynolds.
2. Determine a força igualando os coeficientes de força.

Aja (Execute o Plano)

1. Similitude dos números de Reynolds:

$$\text{Re}_m = \text{Re}_p$$

$$\frac{V_m L_m}{\nu_m} = \frac{V_p L_p}{\nu_p}$$

$$\frac{V_p}{V_m} = \frac{V_m}{L_p} = \frac{1}{10}$$

2. Correspondência dos coeficientes de força:

$$\frac{F_p}{\frac{1}{2}\rho_p V_p^2 L_p^2} = \frac{F_m}{\frac{1}{2}\rho_m V_m^2 L_m^2}$$

$$\frac{F_p}{F_m} = \frac{V_p^2}{V_m^2}\frac{L_p^2}{L_m^2} = \frac{L_m^2}{L_p^2}\frac{L_p^2}{L_m^2} = 1$$

Portanto,

$$F_p = 1530 \text{ N}$$

Reveja a Solução e o Processo

Discussão. O resultado de que a força no modelo é a mesma que a força no protótipo é interessante. Quando é usada a similitude dos números de Reynolds e as propriedades dos fluidos são as mesmas, as forças sobre o modelo serão sempre as mesmas que as forças sobre o protótipo.

8.8 Similitude Aproximada em Números de Reynolds Elevados

A justificativa principal para a realização de testes com modelos é que é mais econômico obter as respostas necessárias para um projeto de Engenharia por meio desses testes do que por qualquer outro meio. Contudo, como foi revelado nos Exemplos 8.3, 8.4 e 8.6, a similitude de números de Reynolds exige testes com modelos que são caros (instalações a alta pressão, grandes seções de testes, ou o uso de fluidos diferentes). Esta seção mostra que uma similitude aproximada pode ser atingida apesar de números de Reynolds elevados não poderem ser atingidos nos testes com modelos.

Considere o tamanho e a energia exigidos pelos testes com túnel de vento do dirigível no Exemplo 8.4. O túnel de vento exigiria provavelmente uma seção de pelo menos 2 m por 2 m para acomodar o modelo do dirigível. Com uma velocidade do ar de 100 m/s no túnel, a potência exigida para produzir continuamente uma corrente de ar desse tamanho e com essa velocidade seria da ordem de 4 MW. Um teste desse tipo não é proibitivo, mas é muito caro. Também é concebível que a velocidade do ar de 100 m/s introduzisse efeitos do número de Mach não encontrados com o protótipo, gerando preocupação quanto à validade dos dados obtidos com o modelo. Além disso, uma força de 1530 N é geralmente maior do que aquelas que estão geralmente associadas a testes com modelos. Portanto, especialmente no estudo de problemas que envolvem escoamentos sem uma superfície livre, é desejável realizar testes com modelos de maneira tal que não sejam encontradas grandes magnitudes de forças ou pressões.

Em muitos casos, é possível obter todas as informações necessárias a partir de testes reduzidos. Com frequência, o efeito do número de Reynolds (efeitos viscosos relativos) ou se torna insignificante em números de Reynolds elevados ou se torna independente dele. O ponto no qual é possível interromper os testes com frequência pode ser detectado por meio de inspeção de um gráfico do coeficiente de pressão C_p em função do número de Reynolds Re. Tal gráfico para um medidor Venturi em um tubo está mostrado na Figura 8.7. Nesse medidor, Δp é a diferença de pressão entre os pontos mostrados, e V é a velocidade na seção restringida do medidor Venturi.

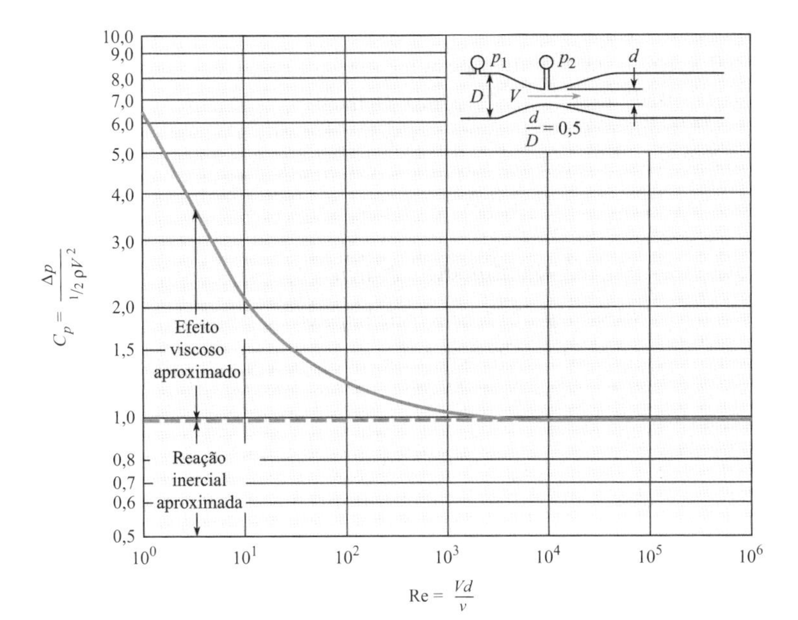

FIGURA 8.7

C_p para um medidor Venturi como uma função dos números de Reynolds.

Aqui, observa-se que as forças viscosas afetam o valor de C_p abaixo de um número de Reynolds de aproximadamente 50.000. Contudo, para números de Reynolds mais altos, o valor de C_p é virtualmente constante. Fisicamente, isso significa que em números de Reynolds pequenos (forças viscosas relativamente altas), uma parte significativa da variação de pressão vem da resistência viscosa, o restante vem da aceleração (variação na energia cinética) do fluido à medida que este passa através do medidor Venturi. Entretanto, em números de Reynolds elevados (resultando ou de uma pequena viscosidade ou de um grande produto de V, D e ρ), a resistência viscosa é desprezível em comparação à força exigida para acelerar o fluido. Uma vez que a razão entre Δp e a pressão cinética não varia (C_p constante) para números de Reynolds elevados, não existe a necessidade de conduzir testes em números de Reynolds maiores. Isto em geral é verdadeiro, desde que o padrão de escoamento não mude com o número de Reynolds.

Em um sentido prático, quem quer que esteja a cargo do teste com o modelo irá tentar estimar, a partir de trabalhos anteriores, qual é o número de Reynolds máximo necessário para atingir o ponto de efeito insignificante do número de Reynolds, e então irá projetar o modelo de maneira correspondente. Após uma série de testes ter sido realizada com o modelo, a curva de C_p *versus* Re será traçada para ver se a faixa de C_p constante de fato foi atingida. Caso positivo, nenhum dado adicional será necessário para estimar o desempenho do protótipo. Contudo, se C_p ainda não tiver atingido um valor constante, o programa de testes terá que ser expandido ou os resultados obtidos terão que ser extrapolados. Dessa forma, os resultados de alguns testes com modelos podem ser usados para estimar o desempenho do protótipo, apesar dos números de Reynolds não serem os mesmos para o modelo e o protótipo. Isto é especialmente válido para corpos com formas em ângulo, tais como modelos de edifícios, testados em túneis de vento.

Adicionalmente, os resultados de testes com modelos podem ser combinados com resultados analíticos. A dinâmica dos fluidos computacional (DFC) pode estimar a mudança no desempenho em função do número de Reynolds, mas pode não ser confiável para estimar o nível de desempenho. Nesse caso, o teste com modelos seria usado para estabelecer o nível de desempenho, e as tendências previstas pela DFC seriam usadas para extrapolar os resultados para outras condições.

O Exemplo 8.8 é uma ilustração da similitude aproximada em um número de Reynolds elevado para o escoamento através de uma constrição.

EXEMPLO 8.8

Medindo a Perda de Carga em um Bocal com Escoamento Invertido

Enunciado do Problema

Devem ser realizados testes para determinar a perda de carga em um bocal sob uma situação de escoamento invertido. O protótipo opera com água a 50 °F e com uma velocidade nominal de escoamento invertido de 5 ft/s. O diâmetro do protótipo é de 3 ft. Os testes são realizados em um modelo com escala de 1/12, com água a 60 °F. Uma perda de carga (queda de pressão) de 1 psid é medida com uma velocidade de 20 ft/s. Qual será a perda de carga no bocal real?

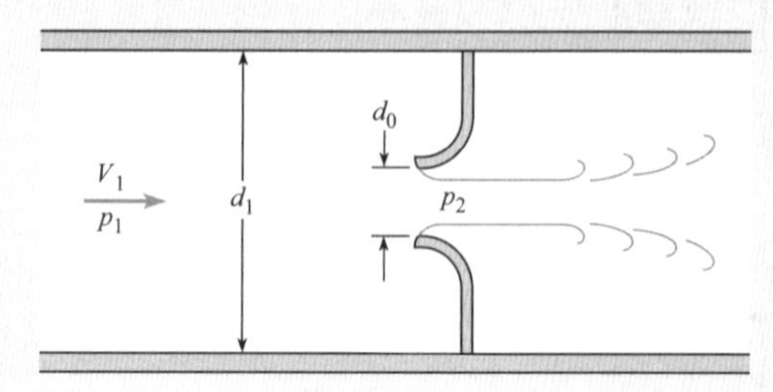

Defina a Situação

Um modelo em escala 1/12 é usado para testes da perda de carga em um bocal com escoamento invertido. Uma diferença de pressão de 1 psid é medida com o modelo a 20 ft/s.

Propriedades:

- Água (50 °F, Tabela F.5): $\rho = 1{,}94\ \text{slug/ft}^3$, $\nu = 1{,}41 \times 10^{-5}\ \text{ft}^2\text{/s}$
- Água (60 °F, Tabela F.5): $\rho = 1{,}94\ \text{slug/ft}^3$, $\nu = 1{,}22 \times 10^{-5}\ \text{ft}^2\text{/s}$

Estabeleça o Objetivo

Determinar a queda de pressão (psid) para o bocal do protótipo.

Tenha Ideias e Trace um Plano

O único grupo π significativo é o número de Reynolds, de modo que a Eq. (8.4) se reduz a $C_p = f(\text{Re})$. A similitude dinâmica é atingida se $\text{Re}_m = \text{Re}_p$, então $C_{p,m} = C_{p,p}$. A partir da Figura 8.7, se Re_m, $\text{Re}_p > 10^3$, então $C_{p,m} = C_{p,p}$.

1. Calcule o número de Reynolds para o modelo e o protótipo.
2. Verifique se ambos excedem 10^3. Caso negativo, os testes com o modelo precisam ser reavaliados.
3. Calcule o coeficiente de pressão.
4. Avalie a queda de pressão no protótipo.

Aja (Execute o Plano)

1. Números de Reynolds:

$$\text{Re}_m = \frac{VD}{\nu} = \frac{20\ \text{ft/s} \times (3/12\ \text{ft})}{1{,}22 \times 10^{-5}\ \text{ft}^2\text{/s}} = 4{,}10 \times 10^5$$

$$\text{Re}_p = \frac{5\ \text{ft/s} \times 3\ \text{ft}}{1{,}41 \times 10^{-5}\ \text{ft}^2\text{/s}} = 1{,}06 \times 10^6$$

2. Ambos os números de Reynolds excedem 10^3. Portanto, $C_{p,m} = C_{p,p}$. O teste é válido.
3. Coeficiente de pressão a partir dos testes com o modelo:

$$C_{p,m} = \frac{\Delta p}{\frac{1}{2}\rho V^2} = \frac{1\ \text{lbf/in}^2 \times 144\ \text{in}^2\text{/ft}^2}{\frac{1}{2} \times 1{,}94\ \text{slug/ft}^3 \times (20\ \text{ft/s})^2} = 0{,}371$$

4. Queda de pressão no protótipo:

$$\Delta p_p = 0{,}371 \times \frac{1}{2}\rho V^2 = 0{,}371 \times 0{,}5 \times 1{,}94\ \text{slug/ft}^3 \times (5\ \text{ft/s})^2$$

$$= 9{,}0\ \text{lbf/ft}^2 = \boxed{0{,}0625\ \text{psid}}$$

Reveja a Solução e o Processo

1. *Conhecimento.* Uma vez que os números de Reynolds são muito maiores do que 10^3, a equação para a queda de pressão é válida ao longo de uma ampla faixa de velocidades.
2. *Discussão.* Este exemplo justifica a independência do número de Reynolds que foi mencionada na Seção 8.1.

Em algumas situações, os efeitos viscosos e de compressibilidade podem ser importantes, mas não é possível ter similitude dinâmica com ambos os grupos π. Qual grupo π é escolhido para similitude depende em grande parte de qual informação o engenheiro está buscando. Se o engenheiro está interessado no movimento viscoso do fluido próximo a uma parede em um escoamento supersônico isento de choques, então o número de Reynolds deve ser selecionado como o grupo π significativo. Contudo, se o padrão de onda de choques sobre um corpo é de interesse, então o número de Mach deve ser selecionado para similitude. Uma regra-padrão útil é que os efeitos de compressibilidade não são importantes para $M < 0{,}3$.

O Exemplo 8.9 mostra a dificuldade em se ter similitude do número de Reynolds e evitar efeitos do número de Mach em testes em túnel de vento para um automóvel.

EXEMPLO 8.9

Testes com Modelos para a Força de Arrasto sobre um Automóvel

Enunciado do Problema

Um modelo em escala 1:10 de um automóvel é testado em um túnel de vento com ar à pressão atmosférica e 20 °C. O automóvel possui 4 m de comprimento e trafega a uma velocidade de 100 km/h em ar às mesmas condições. Qual deve ser a velocidade no túnel de vento tal que o arrasto medido possa ser relacionado com o arrasto do protótipo? A experiência mostra que os grupos π dependentes são independentes dos números de Reynolds para valores acima de 10^5. A velocidade do som é de 1235 km/h.

Defina a Situação

Um modelo em escala 1:10 de um automóvel com 4 m de comprimento e que se move a 100 km/h é testado em um túnel de vento.

Propriedades: Ar (20 °C), Tabela A.3, $\rho = 1,2$ kg/m³, $\nu = 1,51 \times 10^{-5}$ N·s/m²

Estabeleça o Objetivo

Determinar a velocidade no túnel de vento para atingir similitude.

Tenha Ideias e Trace um Plano

O número de Mach do protótipo é de aproximadamente 0,08 (100/1235), de modo que os efeitos do número de Mach não são importantes. A similitude dinâmica é obtida com os números de Reynolds, $\text{Re}_m = \text{Re}_p$. Com a similitude dinâmica, $C_{F,m} = C_{F,p}$, e as medições com o modelo podem ser aplicadas ao protótipo.

1. Determine a velocidade do modelo para similitude dinâmica.
2. Avalie a velocidade do modelo. Se não for factível, continue para a próxima etapa.
3. Calcule o número de Reynolds para o protótipo. Se $\text{Re}_p > 10^5$, então $\text{Re}_m \geq 10^5$, para $C_{F,m} = C_{F,p}$.
4. Determine a velocidade para a qual $\text{Re}_m \geq 10^5$.

Aja (Execute o Plano)

1. Velocidade a partir da similitude do número de Reynolds:

$$\left(\frac{VL}{\nu}\right)_m = \left(\frac{VL}{\nu}\right)_p$$

$$\frac{V_m}{V_p} = \frac{L_p}{L_m} = 10$$

$$V_m = 10 \times 100 \text{ km/h} = 1000 \text{ km/h}$$

2. Com esta velocidade, M = 1000/1235 = 0,81. Ela é muito alta para testes com modelos, pois iria introduzir indesejáveis efeitos de compressibilidade.
3. Número de Reynolds do protótipo:

$$\text{Re}_p = \frac{VL\rho}{\mu} = \frac{100 \text{ km/h} \times 0,278 \text{ (m/s)(km/h)} \times 4 \text{ m}}{1,51 \times 10^{-5} \text{ m}^2\text{/s}}$$
$$= 7,4 \times 10^6$$

Portanto, $C_{F,m} = C_{F,p}$ se $\text{Re}_m \geq 10^5$.

4. Velocidade no túnel de vento:

$$V_m \geq \text{Re}_m \frac{\nu_m}{L_m} = 10^5 \times \frac{1,51 \times 10^{-5} \text{ m}^2\text{/s}}{0,4 \text{ m}}$$
$$\geq \boxed{3,8 \text{ m/s}}$$

Reveja a Solução e o Processo

Discussão. A velocidade no túnel de vento deve exceder 3,8 m/s. De um ponto de vista prático, a velocidade será escolhida para prover forças suficientemente grandes para medições confiáveis e precisas.

8.9 Estudos com Modelos com Superfície Livre

Modelos de Vertedouros

O escoamento sobre um vertedouro é um caso clássico de um escoamento com superfície livre. A principal influência, além da geometria do vertedouro propriamente dita, sobre o escoamento da água sobre um vertedouro é a ação da gravidade. Assim, o critério de similaridade do número de Froude é usado para tais estudos com modelos. Pode-se reconhecer que para grandes vertedouros com profundidades da água da ordem de 3 m ou 4 m e com velocidades da ordem de 10 m/s ou mais, o número de Reynolds é muito grande. Em valores elevados do número de Reynolds, as forças viscosas relativas são frequentemente independentes dele, como observado na seção anterior (§8.8). Contudo, se o modelo em escala reduzida for construído muito pequeno, então as forças viscosas, assim como as forças de tensão superficial, terão um efeito relativo maior sobre o escoamento no modelo do que no protótipo. Portanto, na prática, os modelos de vertedouros são construídos grandes o suficiente para que os efeitos viscosos tenham aproximadamente o mesmo efeito relativo no modelo que no protótipo (isto é, os efeitos viscosos são praticamente independentes do número de Reynolds). Então, o número de Froude é o grupo π significativo. A maioria dos modelos de vertedouros é feita com pelo menos 1 m de altura, e para estudos precisos, tais como a calibragem de canais de vertedouros individuais, não é incomum projetar e construir modelos de seções de vertedouro que tenham 2 m ou 3 m de altura. As Figuras 8.8 e 8.9 mostram um modelo geral e um modelo do vertedouro para a Represa Hell's Canyon, em Idaho, Estados Unidos.

O Exemplo 8.10 é uma aplicação da similitude do número de Froude no modelamento da vazão volumétrica sobre um vertedouro.

FIGURA 8.8

Modelo geral da Represa Hell's Canyon. Os testes foram realizados no Albrook Hydraulic Laboratory, na Washington State University. (Foto cortesia do Albrook Hydraulic Laboratory, Washington State University.)

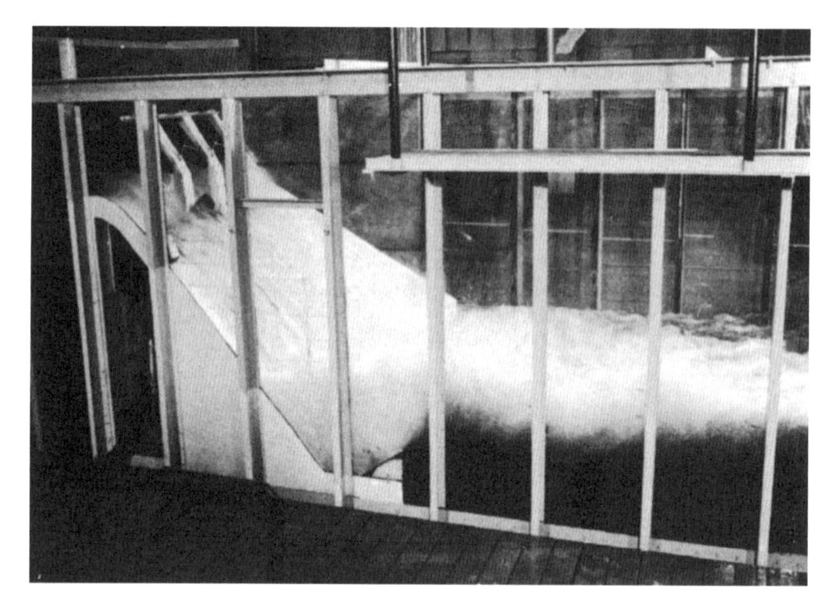

FIGURA 8.9

Modelo do vertedouro da Represa Hell's Canyon. Os testes foram realizados no Albrook Hydraulic Laboratory, na Washington State University. (Foto cortesia do Albrook Hydraulic Laboratory, Washington State University.)

EXEMPLO 8.10

Modelando a Vazão Volumétrica de Transbordamento sobre um Vertedouro

Enunciado do Problema

Um modelo em escala 1/49 de uma represa que está sendo proposta é usado para prever as condições do escoamento no protótipo. Se a vazão volumétrica do projeto para o transbordamento sobre o vertedouro é de 15.000 m³/s, qual vazão de água deveria ser estabelecida no modelo para simular esse escoamento? Se uma velocidade de 1,2 m/s é medida em um ponto no modelo, qual será a velocidade em um ponto correspondente no protótipo?

Defina a Situação

Um modelo em escala 1/49 de um vertedouro está sendo testado. A vazão volumétrica no protótipo é de 15.000 m³/s.

Estabeleça o Objetivo

Determinar:

1. A vazão sobre o modelo.
2. Velocidade no protótipo no ponto no qual a velocidade no modelo é de 1,2 m/s.

Tenha Ideias e Trace um Plano

A gravidade é responsável pelo escoamento, de modo que o grupo π significativo é o número de Froude. Para similitude dinâmica, $\mathrm{Fr}_m = \mathrm{Fr}_p$.

1. Calcule a razão de velocidades a partir da similitude do número de Froude.
2. Calcule a razão de vazões volumétricas usando a razão de escala, e calcule a vazão volumétrica do modelo.
3. Use a razão de velocidade do passo 1 para determinar a velocidade no ponto correspondente no protótipo.

Aja (Execute o Plano)

1. Similitude do número de Froude:

$$\mathrm{Fr}_m = \mathrm{Fr}_p$$

$$\frac{V_m}{\sqrt{g_m L_m}} = \frac{V_p}{\sqrt{g_p L_p}}$$

A aceleração em decorrência da gravidade é a mesma, assim

$$\frac{V_m}{V_p} = \sqrt{\frac{L_m}{L_p}}$$

2. Razão de vazão volumétrica:

$$\frac{Q_m}{Q_p} = \frac{A_m}{A_p}\frac{V_m}{V_p} = \frac{L_m^2}{L_p^2}\sqrt{\frac{L_m}{L_p}} = \left(\frac{L_m}{L_p}\right)^{5/2}$$

Vazão volumétrica para o modelo:

$$Q_m = Q_p\left(\frac{1}{49}\right)^{5/2} = 15.000\,\frac{\mathrm{m}^3}{\mathrm{s}} \times \frac{1}{16.800} = \boxed{0{,}89\ \mathrm{m}^3/\mathrm{s}}$$

3. Velocidade no protótipo:

$$\frac{V_p}{V_m} = \sqrt{\frac{L_p}{L_m}}$$

$$V_p = \sqrt{49} \times 1{,}2\ \mathrm{m/s} = \boxed{8{,}4\ \mathrm{m/s}}$$

Testes com Modelos de Navios

A maior instalação para testes de navios nos Estados Unidos é a David Taylor Model Basin, no Naval Surface Warfare Center, Carderock Division, próximo a Washington, D.C.. Duas das instalações principais são os tanques de prova tipo reboque e a instalação de braço rotativo. Na instalação de braço rotativo, os modelos são suspensos a partir da extremidade do braço em uma grande bacia circular. As forças e os momentos podem ser medidos para modelos de navios com até 9 m de comprimento, em velocidades em regime estacionário que são tão elevadas quanto 15,4 m/s (30 nós). Na bacia de prova tipo reboque de alta velocidade, modelos de 1,2 m a 6,1 m podem ser rebocados em velocidades de até 16,5 m/s (32 nós).

O propósito dos testes com modelos de navios é determinar a resistência que o sistema de propulsão terá que superar. Essa resistência é a soma da resistência em decorrência das ondas mais a resistência por causa da superfície do casco. A resistência em decorrência ondas é um fenômeno de superfície livre, ou de número de Froude, enquanto a resistência por causa do casco é um fenômeno viscoso, ou de número de Reynolds. Uma vez que tanto os efeitos das ondas quanto os efeitos viscosos contribuem de maneira significativa para a resistência global, pode parecer que ambos os critérios, de Froude e de Reynolds, deveriam ser usados. Contudo, é impossível satisfazer ambos se o líquido utilizado no modelo for a água (o único líquido de teste prático de ser usado), pois a similitude do número de Reynolds dita uma maior velocidade para o modelo do que para o protótipo [igual a $V_p(L_p/L_m)$], enquanto a similitude do número de Froude dita uma menor velocidade para o modelo [igual a $V_p(\sqrt{L_m}/\sqrt{L_p})$]. Para contornar tal dilema, modela-se o fenômeno que é mais difícil de ser estimado analiticamente, e considera-se a outra resistência por meio analítico. Uma vez que a resistência em decorrência das ondas é o problema mais difícil, o modelo é operado de acordo com uma similitude do número de Froude, e a resistência do casco é considerada analiticamente.

Para ilustrar como os resultados dos testes e das soluções analíticas para a resistência da superfície são combinados para produzir dados de projeto, os passos sequenciais necessários são indicados a seguir:

1. Realize os testes com modelo de acordo com a similitude do número de Froude, e a resistência total do modelo é medida. Esta resistência total do modelo será igual à resistência em decorrência das ondas mais a resistência por causa da superfície do casco do modelo.
2. Estime a resistência por causa da superfície do modelo por meio de cálculos analíticos.
3. Subtraia a resistência por causa da superfície calculada no passo 2 da resistência total do modelo do passo 1 para obter a resistência em decorrência das ondas do modelo.
4. Usando a similitude do número Froude, redimensione a resistência em decorrência das ondas do modelo para gerar a resistência em decorrência das ondas do protótipo.
5. Estime analiticamente a resistência por causa da superfície do casco para o protótipo.
6. A soma da resistência em decorrência das ondas do protótipo do passo 4 com a resistência por causa da superfície do protótipo do passo 5 fornece a resistência total do protótipo, ou arrasto.

8.10 Resumindo Conhecimentos-Chave

Lógica e Descrição da Análise Dimensional

- A análise dimensional envolve a combinação de variáveis dimensionais para formar grupos adimensionais. Esses grupos, chamados grupos π, podem ser considerados como parâmetros de escala para o escoamento de um fluido. A análise dimensional é aplicada à análise, ao projeto de experimentos e à apresentação de resultados.
- O *teorema Π de Buckingham* diz que o número de grupos π independentes é $n - m$, em que n é o número de variáveis dimensionais e m é o número de dimensões básicas incluídas nas variáveis.

Lógica e Descrição da Análise Dimensional

- Os grupos π podem ser encontrados ou pelo *método passo a passo* ou pelo *método do expoente*:
  - No *método passo a passo*, cada dimensão é removida usando sucessivamente uma variável dimensional até os grupos π serem obtidos.
  - No *método do expoente*, cada variável é elevada a uma potência, elas são multiplicadas umas às outras, e três equações algébricas simultâneas formuladas para homogeneidade dimensional são resolvidas para gerar os grupos π.

Grupos π Comuns

- Quatro *grupos π independentes* comuns são

$$\text{Número de Reynolds, Re} = \frac{\rho V L}{\mu} \qquad \text{Número de Mach, M} = \frac{V}{c}$$

$$\text{Número de Weber, We} = \frac{\rho V^2 L}{\sigma} \qquad \text{Número de Froude, Fr} = \frac{V}{\sqrt{gL}}$$

- Três *grupos π dependentes* comuns são

$$\text{Coeficiente de pressão, } C_p = \frac{\Delta p}{(\rho V^2)/2}$$

$$\text{Coeficiente de tensão de cisalhamento, } c_f = \frac{\tau}{(\rho V^2)/2}$$

$$\text{Coeficiente de força, } C_F = \frac{F}{(\rho V^2 L^2)/2}$$

- A forma funcional geral dos grupos π comuns é

$$C_F, c_f, C_p = f(\text{Re, M, We, Fr})$$

Análise Dimensional em Testes Experimentais

- Testes experimentais são realizados frequentemente com uma réplica em pequena escala (*modelo*) da estrutura em tamanho real (*protótipo*).
- *Similitude* é a arte e a teoria de predizer o desempenho de um protótipo a partir de observações feitas com um modelo. Para atingir uma similitude exata:
  - O modelo deve ser em escala do protótipo (*similitude geométrica*).
  - Os valores dos grupos π devem ser os mesmos para o modelo e para o protótipo (*similitude dinâmica*).
- Na prática, nem sempre é possível obter uma similitude dinâmica completa, de modo que *apenas os grupos π mais importantes são igualados.*

REFERÊNCIAS

1. Buckingham, E. "Model Experiments and the Forms of Empirical Equations." *Trans. ASME*, 37 (1915), 263.
2. Ipsen, D. C., *Units, Dimensions and Dimensionless Numbers*. New York: McGraw-Hill, 1960.
3. Publicação da NASA disponível a partir do U.S. Government Printing Office: Nº 1995-685-893.
4. Comunicação pessoal. Mark Goldhammer, Gerente, Projeto Aerodinâmico do 777.
5. Kilgore, R. A., and D. A. Dress. "The Application of Cryogenics to High Reynolds-Number Testing in Wind Tunnels, Part 2. Development and Application of the Cryogenic Wind Tunnel Concept." *Cryogenics*, Vol. 24, nº 9, September 1984.
6. Baals, D. D., and W. R. Corliss. *Wind Tunnels of NASA*. Washington, DC: U.S. Govt. Printing Office, 1981.
7. Kale, S., *et al.* "An Experimental Study of Single-Particle Aerodynamics." *Proc. of First Nat. Congress on Fluid Dynamics*, Cincinnati, Ohio, July 1988.

PROBLEMAS

Análise Dimensional (§8.3)

8.1 Determine as dimensões primárias da densidade (ρ), viscosidade (μ), e pressão (p).

8.2 De acordo com o teorema Π de Buckingham, se existem seis variáveis dimensionais e três dimensões primárias, quantas variáveis adimensionais irão existir?

8.3 Explique o que significa homogeneidade dimensional?

8.4 Determine quais das seguintes equações são dimensionalmente homogêneas:

$$\textbf{a. } Q = \tfrac{2}{3} CL\sqrt{2g}H^{3/2}$$

em que Q é a vazão volumétrica, C é um número puro, L é o comprimento, g é a aceleração devido à gravidade, e H é a carga.

$$\textbf{b. } V = \frac{1{,}49}{n} R^{2/3} S^{1/2}$$

em que V é a velocidade, n é comprimento elevado à potência um-sexto, R é o comprimento, e S é a inclinação.

$$\textbf{c. } h_f = f\frac{L}{D}\frac{V^2}{2g}$$

em que h_f é a perda de carga, f é um coeficiente de resistência adimensional, L é o comprimento, D é o diâmetro, V é a velocidade, e g é a aceleração devido à gravidade.

$$\textbf{d. } D = \frac{0{,}074}{\text{Re}^{0{,}2}}\frac{Bx\rho V^2}{2}$$

em que D é a força de arrasto, Re é Vx/ν, B é a largura, x é o comprimento, ρ é a densidade mássica, ν é a viscosidade cinemática, e V é a velocidade.

8.5 Determine as dimensões das seguintes variáveis e combinações de variáveis em termos das dimensões primárias:

- **a.** T (torque)
- **b.** $\rho V^2/2$, em que V é a velocidade e ρ é a densidade mássica
- **c.** $\sqrt{\tau/\rho}$, em que τ é a tensão de cisalhamento
- **d.** Q/ND^3, em que Q é a vazão volumétrica, D é o diâmetro, e N é a velocidade angular de uma bomba

8.6 Leva certo tempo para que o nível de líquido em um tanque de diâmetro D caia da posição h_1 para h_2, enquanto o tanque está sendo drenado através de um orifício com diâmetro d no seu fundo. Determine grupos π que sejam aplicáveis a este problema. Assuma que o líquido seja não viscoso. Expresse a sua resposta na forma funcional.

$$\frac{\Delta h}{d} = f(\pi_1, \pi_2, \pi_3)$$

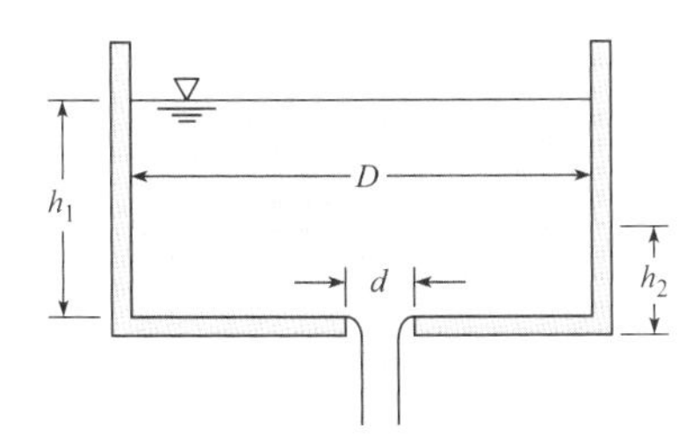

Problema 8.6

8.7 A elevação máxima de um líquido em um pequeno tubo capilar é uma função do diâmetro do tubo, da tensão superficial e do peso específico do líquido. Quais são os grupos π significativos para o problema?

8.8 Para velocidades muito baixas, é de conhecimento que a força de arrasto F_D de uma pequena esfera é uma função exclusivamente da velocidade V do escoamento que passa pela esfera, do diâmetro d da esfera, e da viscosidade μ do fluido. Determine os grupos π envolvendo essas variáveis.

8.9 As observações mostram que a impulsão lateral, F, para uma esfera com rugosidade que gira em um fluido é uma função do diâmetro da esfera, D, da velocidade da corrente livre, V_0, da densidade, ρ, da viscosidade, μ, da altura da rugosidade, k_s, e da velocidade angular de giro, ω. Determine o(s) parâmetro(s) adimensional(is) que seria(m) usado(s) para correlacionar os resultados experimentais de um estudo envolvendo as variáveis apontadas acima. Expresse a sua resposta na forma funcional

$$\frac{F}{\rho V_0^2 D^2} = f(\pi_1, \pi_2, \pi_3)$$

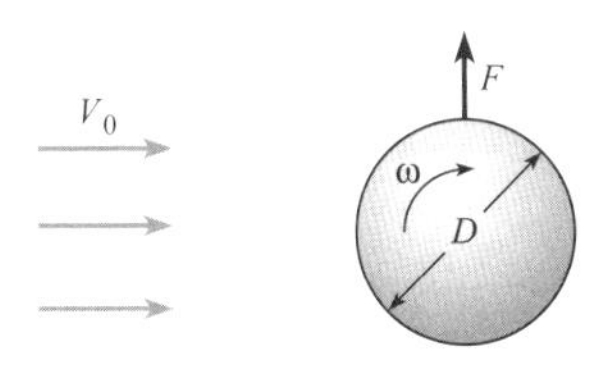

Problema 8.9

8.10 Considere um escoamento viscoso em regime estacionário através de um pequeno tubo horizontal. Para esse tipo de escoamento, o gradiente de pressão ao longo do tubo, $\Delta p/\Delta \ell$, deve ser uma função da viscosidade μ, da velocidade média V, e do diâmetro D. Por meio de análise dimensional, derive uma relação funcional associando essas variáveis.

8.11 É de conhecimento que a pressão diferencial desenvolvida por uma bomba centrífuga, Δp, é uma função do diâmetro D do rotor, da velocidade de rotação n, da vazão volumétrica Q, e da densidade do fluido ρ. Por meio de análise dimensional, determine os grupos π que relacionam essas variáveis.

8.12 A força sobre um satélite na atmosfera superior da Terra depende da trajetória média das moléculas λ (um comprimento), da densidade ρ, do diâmetro do corpo D, e da velocidade molecular c: $F = f(\lambda, \rho, D, c)$. Determine a forma adimensional dessa equação.

8.13 Um estudo geral está para ser realizado para a altura de elevação de líquido em um tubo capilar em função do tempo após o início de um teste. Outras variáveis significativas incluem a tensão superficial, a densidade mássica, o peso específico, a viscosidade e o diâmetro do tubo. Determine os parâmetros adimensionais aplicáveis ao problema. Expresse a sua resposta na forma funcional.

$$\frac{h}{d} = f(\pi_1, \pi_2, \pi_3)$$

8.14 Um engenheiro está usando um experimento para caracterizar a potência P consumida por um ventilador (ver foto) a ser usado em uma aplicação de resfriamento em eletrônica. A potência depende de quatro variáveis: $P = f(\rho, D, Q, n)$, em que ρ é a densidade do ar, D é o diâmetro do rotor do ventilador, Q é a vazão produzida pelo ventilador e n é a taxa de rotação do ventilador. Encontre os grupos π relevantes e sugira uma maneira de traçar os dados em um gráfico.

Problema 8.14
(Foto por Donald Elger)

8.15 Por meio de análise dimensional, determine os grupos π para a variação na pressão que ocorre quando água ou óleo escoa através de um tubo horizontal com uma contração brusca, conforme mostrado. Expresse a sua resposta na forma funcional

$$\frac{\Delta p d^4}{\rho Q^2} = f(\pi_1, \pi_2)$$

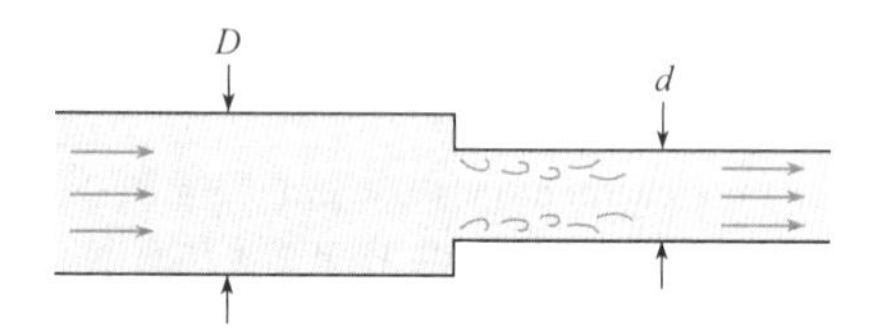

Problema 8.15

8.16 Uma partícula sólida cai através de um fluido viscoso. Acredita-se que a velocidade de queda, V, seja uma função da densidade do fluido, ρ_f, da densidade da partícula, ρ_p, da viscosidade do fluido, μ, do diâmetro da partícula, D, e da aceleração devido à gravidade, g:

$$V = f(\rho_f, \rho_p, \mu, D, g)$$

Por análise dimensional, desenvolva os grupos π para este problema. Expresse a sua resposta na forma

$$\frac{V}{\sqrt{gD}} = f(\pi_1, \pi_2)$$

8.17 Um dispositivo com forma de torpedo está sendo projetado para se deslocar imediatamente abaixo da superfície da água. Quais números adimensionais na Seção 8.4 seriam significativos neste problema? Forneça uma lógica para a sua resposta.

8.18 Situações de escoamento na mecânica de biofluidos envolvem o escoamento através de tubos que variam de tamanho ao longo do tempo (tais com vasos sanguíneos) ou que são alimentados por meio de uma fonte oscilatória (tal como uma glândula pulsante). A vazão volumétrica Q no tubo será uma função da frequência ω, do diâmetro do tubo D, da densidade do fluido ρ, da viscosidade μ, e do gradiente de pressão $(\Delta p)/(\Delta l)$. Determine os grupos π para esta situação na forma

$$\frac{Q}{\omega D^3} = f(\pi_1, \pi_2)$$

8.19 A velocidade de elevação V_b de uma bolha com diâmetro D em um líquido de densidade ρ_l e viscosidade μ depende da aceleração devido à gravidade, g, e da diferença de densidade entre a bolha e o líquido, $\rho_l - \rho_b$. Determine os grupos π na forma

$$\frac{V_b}{\sqrt{gD}} = f(\pi_1, \pi_2)$$

8.20 A vazão volumétrica de uma bomba centrífuga é uma função da velocidade de rotação da bomba, N, do diâmetro do rotor, D, da carga através da bomba, h_b, da viscosidade do fluido, μ, da densidade do fluido, ρ, e da aceleração devido à gravidade, g. A relação funcional é

$$Q = f(N, D, h_p, \mu, \rho, g)$$

Por meio de análise dimensional, encontre os parâmetros adimensionais. Expresse a sua resposta na forma

$$\frac{Q}{ND^3} = f(\pi_1, \pi_2, \pi_3)$$

8.21 Testes de arrasto mostram que o arrasto de uma placa quadrada colocada em posição normal à velocidade de corrente livre é uma função da velocidade V, da densidade ρ, das dimensões da placa B, da viscosidade μ, da média quadrática da velocidade turbulenta na corrente livre u_{mq}, e da escala de comprimento da turbulência L_x. Aqui, u_{mq} e L estão em ft/s e ft, respectivamente. Por meio de análise dimensional, desenvolva os grupos π que poderiam ser usados para correlacionar os resultados experimentais. Expresse a sua resposta na forma funcional

$$\frac{F_D}{\rho V^2 B^2} = f(\pi_1, \pi_2, \pi_3)$$

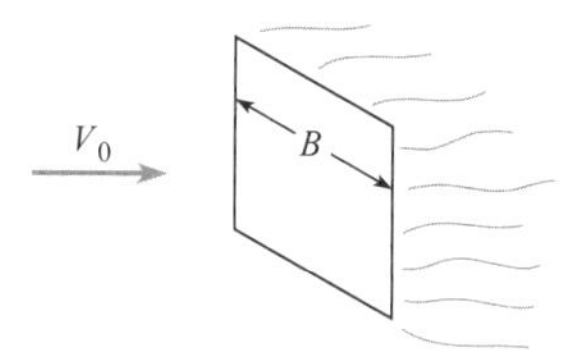

Problema 8.21

8.22 Usando a *internet*, leia a respeito do número de Womersley (α) e responda às seguintes perguntas.

a. O número α é adimensional? Como você sabe? Mostre que de fato todas as unidades se cancelam.
b. Como outros grupos π independentes, α é a razão entre duas forças. De quais duas forças ele é a razão?
c. Como o perfil de velocidades em um vaso sanguíneo se parece para $\alpha \leq 1$? E para $\alpha \geq 10$?
d. O que é a aorta, e em que lugar no corpo humano ela está localizada? Qual é o valor típico de α na aorta? O que você pode concluir sobre o perfil de velocidades nela?

8.23 O número de Womersley (α) é um grupo π dado pela razão entre [força transiente pulsante]/[força viscosa]. Os engenheiros biomédicos aplicaram esse número ao escoamento em vasos sanguíneos. O número de Womersley (α) é dado por:

$$\alpha = r\sqrt{\frac{\omega\rho}{\mu}}$$

em que r = raio do vaso sanguíneo, e ω = frequência, tipicamente a taxa de batimento cardíaco. Da mesma forma como ocorre com Re, α possui implicações práticas diferentes em faixas críticas. Na faixa de $\alpha \leq 1$, uma distribuição de velocidades parabólica (laminar) tem tempo para se desenvolver em um tubo durante cada ciclo de batimento cardíaco. Quando $\alpha \geq 10$, o perfil de velocidades é relativamente plano (escoamento pistonado) no vaso sanguíneo. Para um ser humano objeto de pesquisa, assuma que o batimento cardíaco seja de 70 pulsações/min, que o raio da aorta seja de 17 mm, que a densidade do sangue seja de 1060 kg/m³, e que o raio de um capilar seja de 7 μm. A viscosidade do sangue é normalmente de 3×10^{-3} Pa·s.

a. Determine α para a aorta da pessoa que está sendo estudada.
b. Determine α para o capilar dessa pessoa.
c. A aorta ou o capilar possui um valor de α que prediga um escoamento pistonado? Algum deles possui um valor de α que indique uma distribuição de velocidades parabólica?

Grupos π Comuns (§8.4)

8.24 Para cada um dos itens a seguir, qual grupo π (Re, We, M ou Fr) melhor se ajusta à descrição dada?

a. (força cinética)/(força de tensão superficial)
b. (força cinética)/(força viscosa)
c. (força cinética)/(força gravitacional)
d. (força cinética)/(força compressiva)
e. Usado para modelar a água que escoa sobre um vertedouro em uma represa
f. Usado para projetar impressoras a *laser*
g. Usado para analisar o arrasto sobre um carro em um túnel de vento
h. Usado para analisar o voo de jatos supersônicos

Similitude (§8.5)

8.25 O que significa similitude geométrica?

8.26 Muitas empresas de automóveis anunciam produtos com baixo arrasto para proporcionar melhor desempenho. Pesquise a literatura técnica na *internet* em relação a testes de automóveis em túneis de vento, e resuma as suas descobertas de uma maneira concisa e informativa em duas páginas ou menos.

8.27 Uma das desvantagens de montar um modelo de um automóvel em um túnel de vento e medir o arrasto é que o efeito da estrada não é incluído. Dê as suas impressões a respeito de qual pode ser o efeito da estrada sobre o arrasto em um automóvel, e expresse o seu raciocínio. Liste também algumas variáveis que possam influenciar o efeito do solo sobre o arrasto em um automóvel.

8.28 Um dos maiores túneis de vento nos Estados Unidos é o do Ames Research Center da NASA, em Moffat Field, Califórnia. Busque informações sobre essa instalação (tamanho, velocidade da seção de testes etc.), e resuma as suas descobertas.

8.29 O arrasto hidrodinâmico sobre um veleiro é muito importante para o desempenho da embarcação, especialmente em regatas de competição, tal como a America's Cup. Investigue na *internet* ou em outras fontes sobre a extensão e os tipos de simulação que foram conduzidas em veleiros de alto desempenho.

8.30 O arrasto sobre um submarino que se move abaixo da superfície livre deve ser determinado por meio de um teste com um modelo em escala 1/19 em um túnel de água. A velocidade do protótipo na água do mar ($\rho = 1015$ kg/m³, $\nu = 1{,}4 \times 10^{-6}$ m²/s) é de 1 m/s. O teste é realizado em água doce a 20 °C. Determine a velocidade da água no túnel de água para similitude dinâmica, assim como a razão entre a força de arrasto sobre o modelo em relação à força de arrasto sobre o protótipo.

8.31 Em um estudo da potência requerida para superar o arrasto, um engenheiro está usando um grupo π dado por $\dfrac{P}{\rho A V^3}$, em que P é a potência perdida, ρ é a densidade do fluido, A é a área, e V é a velocidade do fluido. Em testes de laboratório com um modelo em escala 1:8, a potência perdida foi medida como sendo de 5 W quando a velocidade do ar era de 0,5 m/s. Calcule a potência perdida no protótipo (kW) quando a velocidade do ar é de 4 m/s. A temperatura é a mesma em ambos os casos.

8.32 A água com uma viscosidade cinemática de 10^{-6} m²/s escoa através de um tubo com 4 cm. Qual deveria ser a velocidade da água para que o seu escoamento fosse dinamicamente similar ao do óleo ($\nu = 10^{-5}$ m²/s) escoando através do mesmo tubo a uma velocidade de 1,0 m/s?

8.33 O óleo com uma viscosidade cinemática de 4×10^{-6} m²/s escoa através de um tubo liso com 15 cm de diâmetro a 3 m/s. Qual velocidade água a 20 °C deveria possuir em um tubo liso de 5 cm de diâmetro para ser dinamicamente similar?

8.34 Um grande medidor Venturi é calibrado por meio de um modelo em escala 1:10 usando o mesmo líquido do protótipo. Qual é a razão entre vazões volumétricas, Q_m/Q_p, para haver similaridade dinâmica? Se uma diferença de pressão de 400 kPa é medida entre os pontos de medição no modelo para determinada vazão volumétrica, qual diferença de pressão irá ocorrer entre os pontos semelhantes no protótipo para condições dinamicamente similares?

8.35 Um modelo em escala 1:8 de um submersível experimental para águas profundas deve ser testado para determinar as suas características de arrasto ao ser rebocado atrás de um submarino. Para verdadeira similitude, qual deveria ser a velocidade de reboque em relação à do protótipo?

8.36 Um balão esférico que deve ser usado em ar a 60 °F e pressão atmosférica é testado mediante a rebocadura de um modelo em escala 1:12 em um lago. O modelo possui 1,4 ft de diâmetro, e um arrasto de 37 lbf é medido quando o modelo é rebocado em água profunda a 5 ft/s. Qual arrasto (em libras-força e newtons) pode ser esperado para o protótipo no ar sob condições dinamicamente similares? Assuma que a temperatura da água seja de 60 °F.

8.37 Um engenheiro precisa de um valor de força de ascensão para um avião que possui um coeficiente de ascensão (C_A) de 0,4. O grupo π é definido como

$$C_A = 2\frac{F_A}{\rho V^2 S}$$

em que F_A é a força ascensional, ρ é a densidade do ar ambiente, V é a velocidade do ar relativa ao avião, e S é a área das asas a partir de uma vista superior. Estime a força ascensional em newton para uma velocidade de 90 m/s, uma densidade do ar de 1,1 kg/m³, e uma área da asa (projeção em planta) de 18 m².

8.38 Um avião se desloca no ar ($p = 100$ kPa, $T = 10$ °C) a 150 m/s. Se um modelo em escala 1:8 do avião é testado em um túnel de vento a 25 °C, qual deve ser a densidade do ar no túnel para que tanto o critério do número de Reynolds quanto o critério do número de Mach sejam satisfeitos? A velocidade do som varia com a raiz quadrada da temperatura absoluta. (*Nota:* a viscosidade dinâmica é independente da pressão.)

8.39 O jato Boeing 787-3 Dreamliner possui uma envergadura (distância da extremidade de uma asa à outra) de 52 m. Ele voa a um número de Mach de cruzeiro de 0,85, que corresponde a uma velocidade de 945 km/h a uma altitude de 10.000 m. Você irá estimar o arrasto sobre o protótipo medindo o arrasto sobre um modelo em escala que possui 1 m de envergadura em um túnel de vento com ar no qual a velocidade do som é de 340 m/s e a densidade é de 0,98 kg/m³. Qual é a razão entre a força sobre o protótipo e a força sobre o modelo?

Apenas a similitude de número de Mach é considerada. Utilize as propriedades da atmosfera-padrão no Capítulo 3 para avaliar a densidade do ar para o protótipo.

8.40 O escoamento em determinado tubo deve ser testado com ar e depois com água. Assuma que as velocidades (V_A e V_w) são tais que o escoamento com o ar é dinamicamente similar ao escoamento com a água. Então, para essa condição, a magnitude da razão entre as velocidades, V_A/V_w, será (a) menor que a unidade, (b) igual à unidade, ou (c) maior que a unidade.

8.41 Um tubo liso projetado para conduzir petróleo (D = 60 polegadas, $\rho = 1{,}75$ slug/ft³ e $\mu = 4 \times 10^{-4}$ lbf·s/ft²) deve ser modelado com um tubo liso de 4 polegadas de diâmetro conduzindo água (T = 60 °F). Se a velocidade média no protótipo é de 4,5 ft/s, qual deveria ser a velocidade média da água no modelo para assegurar condições dinamicamente similares?

8.42 Um aluno está competindo em um concurso para projetar um dirigível controlado por controle remoto. A força de arrasto que atua sobre o dirigível depende do número de Reynolds, Re = $(\rho V D)/\mu$, em que V é a velocidade do dirigível, D é o diâmetro máximo, ρ é a densidade do ar, e μ é a viscosidade do ar. O dirigível possui um coeficiente de arrasto (C_D) de 0,3. Este grupo π é definido como

$$C_D = 2\frac{F_D}{\rho V^2 A_p}$$

em que F_D é a força de arrasto, ρ é a densidade do ar ambiente, V é a velocidade do dirigível, e $A_p = \pi D^2/4$ é a área máxima de seção transversal do dirigível visto de frente. Calcule o número de Reynolds, a força de arrasto em newton, e a potência em watts exigida para mover o dirigível através do ar. A velocidade do dirigível é de 800 mm/s, e o diâmetro máximo é de 475 mm. Assuma que o ar ambiente esteja a 20 °C.

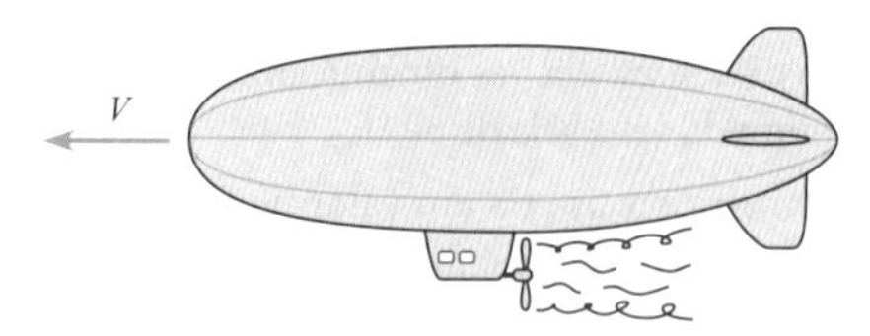

Problema 8.42

8.43 A colonização da Lua exigirá uma maior compreensão do escoamento de fluidos sob forças gravitacionais reduzidas. A força da gravidade na Lua é um quinto da existente sobre a superfície da Terra. Um engenheiro está projetando um experimento com modelo para o escoamento em um duto na Lua. Os parâmetros de escala importantes são o número de Froude e o número de Reynolds. O modelo será em escala integral. A viscosidade cinemática do fluido a ser usado na Lua é de 2×10^{-5} m²/s. Qual deveria ser a viscosidade cinemática do fluido usado para o modelo na Terra?

8.44 Uma torre de secagem em uma planta industrial possui 10 m de diâmetro. O ar dentro da torre possui uma viscosidade cinemática de 4×10^{-5} m²/s e entra a 18 m/s. Um modelo em escala 1:20 dessa torre é fabricado para operar com água, a qual possui uma viscosidade cinemática de 10^{-6} m²/s. Qual deve ser a velocidade de entrada da água para atingir um dimensionamento em escala com base no número de Reynolds?

8.45 Um medidor de vazão para ser usado em uma tubulação de 40 cm conduzindo óleo ($\nu = 10^{-5}$ m²/s, $\rho = 860$ kg/m³) deve ser calibrado por meio de um modelo (escala 1/12) conduzindo água (T = 20 °C e pressão atmosférica padrão). Se o modelo é operado com uma velocidade de 3 m/s, determine a velocidade para o protótipo com base em um dimensionamento pelo número de Reynolds. Para as condições dadas, se a diferença de pressão no modelo foi medida como 3,0 kPa, qual diferença de pressão você esperaria para o medidor de vazão na tubulação de óleo?

8.46 Um "gerador de ruídos" B está sendo rebocado atrás de um caça-minas A para disparar minas acústicas inimigas, tal como aquela mostrada em C. A força de arrasto do "gerador de ruídos" deve ser estudada em um túnel de água em uma escala 1:5 (o modelo possui um quinto do tamanho da escala real). Se a velocidade de reboque na escala real é de 5 m/s, qual deve ser a velocidade da água no túnel de água para que os dois testes sejam exatamente similares? Qual será a força de arrasto sobre o protótipo se a força de arrasto sobre o modelo é de 2400 N? Assuma que água do mar à mesma temperatura seja usada tanto em escala real quanto nos testes com o modelo.

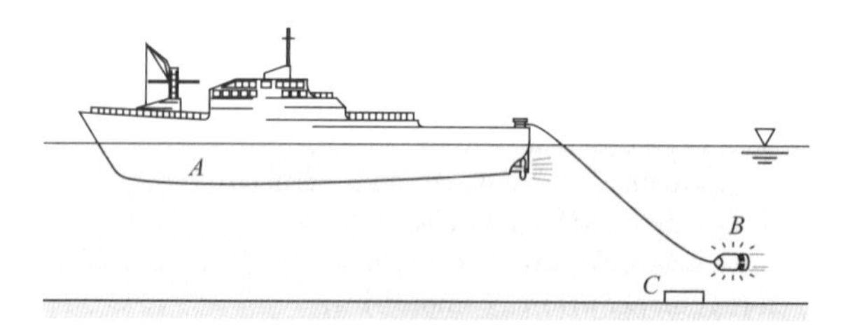

Problema 8.46

8.47 Um experimento está sendo projetado para medir as forças aerodinâmicas sobre um edifício. O modelo é uma réplica em escala 1/500 do protótipo. A velocidade do vento no protótipo é de 47 ft/s, e a densidade é de 0,0024 slug/ft³. A velocidade máxima no túnel de vento é de 300 ft/s. A viscosidade do ar que escoa para o modelo e o protótipo é a mesma. Determine a densidade necessária no túnel de vento para que haja similaridade dinâmica. Uma força de 50 lbf é medida sobre o modelo. Qual será a força sobre o protótipo?

8.48 Uma válvula com 60 cm é projetada para controlar o escoamento em uma tubulação de petróleo. Um modelo em escala de 1:3 da válvula em tamanho real deve ser testado com água no laboratório. Se a vazão no protótipo deve ser de 0,5 m³/s, qual vazão deve ser estabelecida no teste para que haja similitude dinâmica? Além disso, se o coeficiente de pressão C_p no modelo for determinado ser de 1,07, qual será o valor de C_p correspondente na válvula em escala real? As propriedades do fluido relevantes para o petróleo são $SG = 0{,}82$ e $\mu = 3 \times 10^{-3}$ N·s/m². A viscosidade da água é de 10^{-3} N·s /m².

8.49 O momento que atua sobre o leme de um submarino está sendo estudado com um modelo em escala 1/40. Se o teste é realizado em um túnel de água e se o momento medido sobre o modelo é de 2 N·m quando a velocidade da água doce no túnel é de 6,6 m/s, quais são o momento e a velocidade correspondentes para o protótipo? Assuma que o protótipo opere em água do mar. Considere T = 10 °C tanto para a água doce como para a água do mar.

8.50 Um modelo de hidrofólio (embarcação com sustentação dinâmica) é testado em um túnel de água. Para determinado ângulo de ataque, a ascensão do hidrofólio é de 25 kN quando a velocidade da água no túnel é de 15 m/s. Se o hidrofólio protótipo deve possuir duas vezes o tamanho do modelo, qual força ascensional seria esperada para o protótipo em condições dinamicamente similares? Assuma uma temperatura da água de 20 °C tanto para o modelo como para o protótipo.

8.51 Estudos experimentais mostraram que a condição para quebra de uma gotícula em uma corrente de gás é

$$\text{We}/\text{Re}^{1/2} = 0{,}5$$

em que Re é o número de Reynolds e We é o número de Weber com base no diâmetro da gotícula. Qual diâmetro de gotícula de água irá se quebrar em uma corrente de ar a 12 m/s a 20 °C e pressão atmosférica padrão? A tensão superficial da água é de 0,041 N/m.

8.52 A água é pulverizada a partir de um bocal a 20 m/s no ar a pressão atmosférica e 20 °C. Estime o tamanho das gotículas produzidas se o número de Weber para a quebra das gotículas é de 6,0 com base no diâmetro da mesma.

8.53 Determine a relação entre a razão de viscosidades cinemáticas ν_m/ν_p e a razão de escala, se tanto o critério de número de Reynolds como o de número de Froude deve ser satisfeito em determinado teste com modelo.

8.54 Um modelo hidráulico, escala 1/20, é construído para simular as condições de escoamento de um vertedouro em uma represa. Para um teste em particular, as ondas a jusante foram observadas ser de 8 cm de altura. Qual seria a altura das ondas similares na represa em escala real operando sob as mesmas condições? Se o período da onda no modelo é de 2 s, qual seria o período da onda no protótipo?

8.55 Para estudar o escoamento sobre um vertedouro em uma nova represa é construído um modelo em escala 1/20. A vazão máxima de projeto no vertedouro real será de 150 m³/s. Calcule a vazão correspondente no modelo. Os grupos π que você deve igualar são

$$\pi_1 = \frac{Q}{AV} \quad \text{e} \quad \pi_2 = \sqrt{\frac{V}{gy}}.$$

8.56 Um modelo de hidroavião é construído em uma escala de 1:6. Para simular as condições de decolagem a 117 km/h, qual deveria ser a velocidade do modelo correspondente para atingir um dimensionamento pelo número de Froude?

8.57 Se a razão de escalas entre um modelo de vertedouro e o seu protótipo é de 1/36, quais razões de velocidade e de vazão volumétrica irão prevalecer entre o modelo e o protótipo? Se a vazão do protótipo é de 3000 m³/s, qual é a vazão volumétrica do modelo?

8.58 Um modelo em escala 1/40 de um vertedouro é testado em um laboratório. Se a velocidade e a vazão volumétrica no modelo são de 3,2 ft/s e 3,53 cfs, respectivamente, quais são os valores correspondentes para o protótipo?

8.59 O escoamento ao redor de uma ponte-cais é estudado usando um modelo em escala 1/12. Quando a velocidade no modelo é de 0,9 m/s, a onda em repouso na extremidade do cais é de 2,5 cm de altura. Quais são os valores de velocidade e da altura de ondas correspondentes no protótipo?

8.60 Um modelo em escala 1/25 de um vertedouro é testado. A vazão volumétrica no modelo é de 0,1 m³/s. A que vazão volumétrica no protótipo isso corresponde? Se leva 1 min para uma partícula flutuar de um ponto a outro no modelo, quanto tempo irá levar para que uma partícula similar se desloque em uma trajetória correspondente no protótipo?

8.61 Um estuário de maré deve ser modelado em escala 1/600. No estuário real, espera-se que a velocidade máxima da água seja de 3,6 m/s, e o período da maré de aproximadamente 12,5 h. Qual velocidade e período correspondentes seriam observados no modelo?

8.62 A força máxima determinada da onda em um modelo 1/36 de um quebra-mar é de 80 N. Para uma onda correspondente no quebra-mar em escala real, qual força em escala real seria esperada? Assuma que seja usada água doce nos estudos com o modelo. Considere T = 10 °C para a água tanto no modelo como no protótipo.

8.63 Um modelo de um vertedouro deve ser construído em uma escala de 1/80. Se o protótipo possui uma vazão volumétrica de 800 m³/s, qual deve ser a vazão volumétrica no modelo para assegurar similaridade dinâmica? A força total em uma parte do modelo é determinada como 51 N. A que força no protótipo isso corresponde?

8.64 Uma represa recentemente projetada deve ser modelada no laboratório. O principal objetivo do estudo com o modelo geral é determinar a adequação do projeto do vertedouro e observar as velocidades, elevações e pressões da água em pontos críticos da estrutura. O alcance do rio a ser modelado é de 1200 m de comprimento, a largura da represa (também a largura máxima do reservatório a montante) será de 300 m, e a vazão volumétrica máxima de transbordamento a ser modelada é de 5000 m³/s. A vazão máxima de laboratório está limitada em 0,90 m³/s, e a área disponível para a construção do modelo é de 50 m de comprimento por 20 m de largura. Determine a maior razão (modelo/protótipo) de escalas factível para tal estudo.

8.65 A resistência a ondas de um modelo de um navio em escala 1/25 é de 2 lbf em uma velocidade do modelo de 5 ft/s. Quais são a velocidade e a resistência correspondentes das ondas do protótipo?

8.66 Um modelo de um edifício comercial arranha-céu em escala 1/550 é testado em um túnel de vento para estimar as pressões e as forças sobre a estrutura em escala real. A velocidade do ar no túnel de vento é de 20 m/s a 20 °C e sob pressão atmosférica, e a estrutura em escala real deve suportar ventos de até 200 km/h (10 °C). Se os valores extremos do coeficiente de pressão forem determinados como 1,0, −2,7 e −0,8, respectivamente sobre a parede a barlavento (exposta ao vento), a parede lateral, e a parede a sota-vento (protegida do vento) do modelo, quais pressões correspondentes poderiam ser esperadas atuar sobre o protótipo? Se a medida da força lateral do vento (força do vento sobre o edifício normal à direção do vento) é 20 N no modelo, qual força lateral poderia ser esperada no protótipo no vento de 200 km/h?

CAPÍTULO **NOVE**

Escoamento Viscoso sobre uma Superfície Plana

OBJETIVO DO CAPÍTULO O conhecimento do escoamento viscoso irá prepará-lo para resolver muitos problemas na Engenharia. Muito do que sabemos sobre o escoamento viscoso veio do estudo sobre uma superfície plana. Este capítulo introduz tanto o escoamento viscoso quanto a equação de Navier-Stokes.

FIGURA 9.1
O projeto de barcos pode envolver a aplicação da teoria do escoamento viscoso. (Foucras G./StockImage/Getty Images.)

RESULTADOS DO APRENDIZADO

EQUAÇÕES DE NAVIER-STOKES (§9.1, §9.2, §9.3).

- Listar as etapas na derivação da equação de Navier-Stokes para um escoamento em regime estacionário e uniforme.
- Para o escoamento de Couette, descrever o escoamento e aplicar as equações práticas.
- Para o escoamento de Poiseuille em um canal, descrever o escoamento e aplicar as equações práticas.

CAMADA-LIMITE (QUALITATIVO) (§9.4, §9.5).

- Explicar o conceito da camada-limite.
- Esboçar as camadas-limites laminar e turbulenta, e descrever as características principais.
- Esboçar os perfis de velocidades nas camadas-limites laminar e turbulenta.

CAMADA-LIMITE (CÁLCULOS) (§9.4, §9.6).

- Definir e calcular Re_x e Re_L.
- Calcular a espessura da camada-limite δ.
- Calcular o coeficiente local de tensão de cisalhamento c_f e a tensão de cisalhamento na parede.
- Calcular o coeficiente médio de tensão de cisalhamento C_f e a força de arrasto F_D.
- Para um corpo em movimento, calcular a potência exigida para superar a força de arrasto.

9.1 A Equação de Navier-Stokes para o Escoamento Uniforme

Muitas soluções para problemas de escoamentos viscosos vêm da resolução da equação de Navier-Stokes. Nesta seção, derivamos esta equação para escoamentos uniformes e em regime estacionário de um fluido newtoniano.

Derivação

Passo 1: **Desenhe uma partícula de fluido**. Selecione um escoamento viscoso que seja uniforme e estacionário, e então esboce uma partícula de fluido retangular com dimensões de Δs por Δy por unidade (Fig. 9.2).

Passo 2: **Aplique a segunda lei de Newton**. Aplique $\Sigma\mathbf{F} = m\mathbf{a}$ na direção s. A aceleração é zero porque o escoamento é uniforme e estacionário. Assim,

$$\Sigma F_s = 0 \tag{9.1}$$

As forças são o peso, a força de pressão e a força de cisalhamento. Dessa forma,

$$\begin{aligned}(\text{peso}) + (\text{força de pressão}) + (\text{força de cisalhamento}) &= 0 \\ W_s + F_{ps} + F_{\tau s} &= 0\end{aligned} \tag{9.2}$$

Cada variável na Eq. (9.2) representa um componente de força na direção s.

Passo 3: **Analise o peso**. O peso da partícula de fluido é

$$W = mg = \rho(\Delta s)(\Delta y)(1)g \tag{9.3}$$

O componente do peso na direção s é $\rho(\Delta s)(\Delta y)g\,\text{sen}(\theta)$. Pelo uso do triângulo desenhado na parte superior da Figura 9.2, é possível mostrar que $\text{sen}(\theta) = -dz/ds$. Assim, a componente do peso na direção s é

$$W_s = -\gamma\Delta y\Delta s\frac{dz}{ds} \tag{9.4}$$

Passo 4: **Analise a força de pressão**. Os termos da pressão na Figura 9.2 vêm de uma expansão em série de Taylor do campo de pressão. A força de pressão resultante na direção s é

$$F_{ps} = -\frac{dp}{ds}\Delta s\Delta y \tag{9.5}$$

Passo 5: **Analise a força de cisalhamento**. Os termos da força de cisalhamento na Figura 9.2 vêm de uma expansão em série de Taylor do campo de tensão de cisalhamento. A força de cisalhamento resultante na direção s é

$$F_{\tau s} = \frac{d\tau}{dy}\Delta s\Delta y \tag{9.6}$$

Supondo que o fluido é newtoniano, $\tau = \mu du/dy$. Aqui, μ é a viscosidade do fluido e u é a componente do vetor velocidade na direção s. Substitua $\tau = \mu du/dy$ na Eq. (9.6) para obter

$$F_{\tau s} = \mu\frac{d^2u}{dy^2}\Delta s\Delta y \tag{9.7}$$

Passo 6: **Combine os termos**. Substitua os termos dos passos 2 a 4 na Eq. (9.2). Então, divida cada termo por $\Delta s\Delta y(1)$, que é o volume da partícula de fluido. O resultado

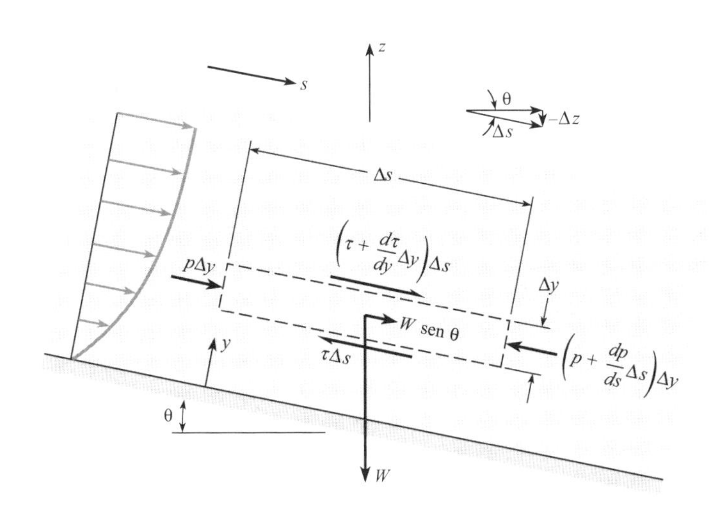

FIGURA 9.2
Este desenho mostra as forças que atuam em uma partícula de fluido localizada em um escoamento viscoso. A partícula tem forma retangular e se estende 1,0 unidade para dentro do papel.

é a equação de Navier-Stokes para um escoamento uniforme e estacionário de um fluido newtoniano:

$$\frac{d^2u}{dy^2} = \frac{1}{\mu}\frac{d}{ds}(p + \gamma z) \tag{9.8}$$

A Eq. (9.8) descreve, para uma partícula de fluido, o equilíbrio entre a força de pressão, a força de cisalhamento e o peso. Uma forma mais geral da equação de Navier-Stokes, derivada em §16.4, inclui termos que levam em consideração a aceleração de uma partícula de fluido.

Resolvendo a Equação de Navier-Stokes

O escoamento de Couette e o escoamento de Poiseuille, que serão analisados nas próximas duas seções, são classificados como soluções exatas. Existem apenas poucas soluções exatas; todas as demais envolvem alguma aproximação.

Quando os engenheiros resolvem a equação de Navier-Stokes, o objetivo é geralmente o campo de velocidades. Após este ter sido encontrado, outros parâmetros de interesse na Engenharia, como por exemplo a tensão de cisalhamento e a vazão média, podem ser derivados. Essa abordagem será ilustrada nas duas próximas seções.

9.2 Escoamento de Couette

O escoamento de Couette (ver a Figura 9.3 e §2.5) é usado para idealizar escoamentos tais como o de óleo no mancal de um eixo.

Resolvendo para o Campo de Velocidades

Para resolver para o campo de velocidades em um escoamento de Couette, adote os seguintes passos.

Passo 1: **Aplique a equação de Navier-Stokes**. No escoamento de Couette, o gradiente de pressão na direção do deslocamento é zero ($dp/ds = 0$), e as linhas de corrente estão na horizontal, o que significa que $dz/ds = 0$. Portanto, o lado direito da Eq. (9.8) é zero, e esta equação se reduz a

$$\frac{d^2u}{dy^2} = 0 \tag{9.9}$$

Para resolver a equação diferencial, integre duas vezes usando o método conhecido como "separação de variáveis".

$$u = C_1y + C_2 \tag{9.10}$$

Passo 2: **Escreva as condições de contorno**. Para resolver para as duas constantes na Eq. (9.10), aplique as duas condições de contorno a seguir:

$$u = 0 \text{ em } y = 0 \tag{9.11}$$

$$u = U \text{ em } y = L \tag{9.12}$$

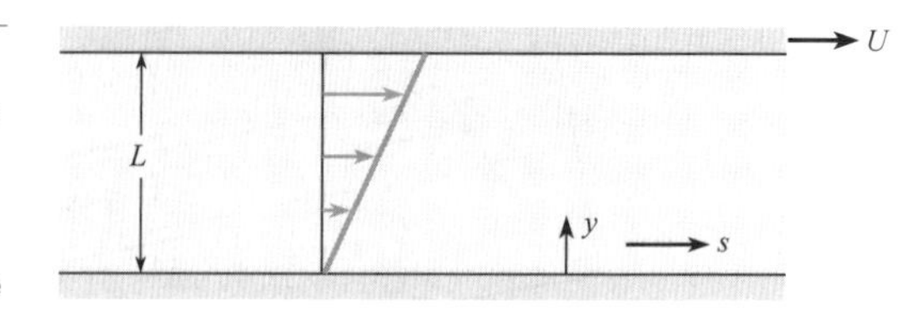

FIGURA 9.3

O escoamento de Couette envolve duas chapas planas, cada uma delas grande o suficiente para que as dimensões das placas possam ser idealizadas como infinitas. A placa inferior é estacionária, enquanto a placa superior se move a uma velocidade constante U. O espaçamento (ou folga) L é pequeno, podendo ser, por exemplo, uma fração de milímetro. A equação para o perfil de velocidades mostrado na figura é derivada nesta seção.

Passo 3: **Aplique as condições de contorno**. Combine a Eq. (9.10) com as Eqs. (9.11) e (9.12) para obter uma equação para o campo de velocidades:

$$u = Uy/L \tag{9.13}$$

O perfil de velocidades (Fig. 9.3) revela um perfil de velocidades linear.

Derivando Equações Práticas

Para desenvolver uma equação para o campo de tensões de cisalhamento, aplique $\tau = \mu(du/dy)$ à Eq. 9.13:

$$\tau = \mu U/L \tag{9.14}$$

A Eq. (9.14) revela que a tensão de cisalhamento é uma constante em todos os pontos. Para desenvolver uma equação para a velocidade média, substitua a Eq. (9.13) em $\bar{V} = (1/A)\int u dA$. Após a integração, o resultado será $\bar{V} = U/2$.

9.3 Escoamento de Poiseuille em um Canal

O duto considerado nesta seção consiste em um canal retangular (Fig. 9.4). Um canal é uma passagem de escoamento entre duas placas paralelas, quando cada placa é larga o suficiente para que os efeitos de extremidade causados pelas paredes laterais do canal possam ser desprezados.

Experimentos reveleram que o escoamento em um canal retangular será laminar para um número de Reynolds abaixo de 1000. Dessa forma, o escoamento de Poiseuille em um canal se aplica a um escoamento estacionário, laminar e totalmente desenvolvido de um fluido newtoniano com $Re_B < 1000$, em que $Re_B = UB/\nu$.

Resolvendo para o Campo de Velocidades

Para derivar uma equação para o campo de velocidades, adote os seguintes passos.

Passo 1: **Aplique a Equação de Navier-Stokes**. Antes de resolver a Eq. (9.8), reconheça que o lado direito da equação deve ser uma constante. *Lógica.* A variável independente no lado esquerdo da equação é y. A variável independente no lado direito da equação é s. Uma vez que cada uma dessas variáveis pode alterar os seus valores de maneira independente, ambos os lados da equação devem ser iguais a uma constante para preservar a igualdade. Com isso, o lado direito da equação deve ser uma constante.

Integre a Eq. (9.8) duas vezes para obter a solução geral:

$$u = \frac{y^2}{2\mu}\frac{d}{ds}(p + \gamma z) + C_1 y + C_2 \tag{9.15}$$

Passo 2: **Aplique as condições de contorno**. Para desenvolver as condições de contorno, aplique a condição de ausência de escorregamento em cada uma das paredes:

$$u = 0 \text{ em } y = 0 \tag{9.16}$$

$$u = 0 \text{ em } y = B \tag{9.17}$$

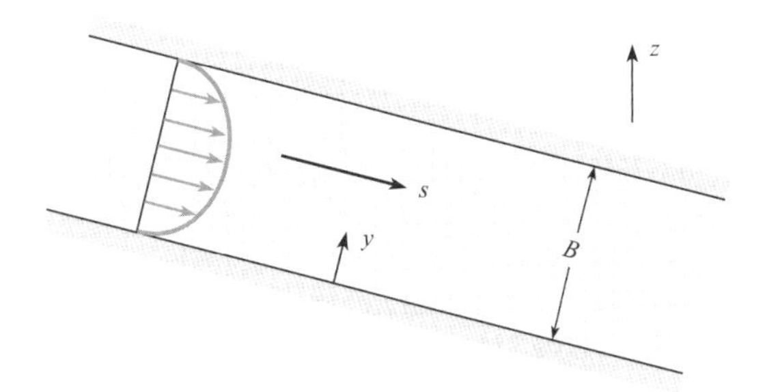

FIGURA 9.4
O escoamento de Poiseuille se refere a um escoamento laminar em um duto. Este desenho mostra um canal retangular e o perfil de velocidades associado.

Para satisfazer a Eq. (9.16), faça $C_2 = 0$. Para satisfazer a Eq. (9.17), resolva para C_1 conforme a seguir:

$$C_1 = -\frac{B}{2\mu}\frac{d}{ds}(p + \gamma z) \tag{9.18}$$

Passo 3: **Construa a solução particular**. Combine as Eqs. (9.15) e (9.18) para obter uma equação para o campo de velocidades:

$$u = -\frac{(By - y^2)}{2\mu}\frac{d}{ds}(p + \gamma z) \tag{9.19}$$

Observe que a Eq. (9.19) é a equação de uma parábola (Fig. 9.4). Para checar qualquer solução de uma equação diferencial, como, por exemplo, validar a Eq. (9.19), recomendamos três práticas: (a) Verificar se a solução satisfaz à equação diferencial original, (b) verificar se a solução apresenta homogeneidade dimensional (HD), e (c) verificar se a solução satisfaz às condições de contorno.

Derivando Equações Práticas

Para desenvolver uma equação para a velocidade máxima, reconheça que $u_{\text{máx}}$ ocorre em $y = B/2$. Então, substitua este valor na Eq. (9.19) para obter

$$u_{\text{máx}} = -\left(\frac{B^2}{8\mu}\right)\frac{d}{ds}(p + \gamma z) \tag{9.20}$$

Em seguida, simplifique o lado direito da Eq. (9.20) introduzindo a carga piezométrica ($p + \gamma z = \gamma h$). O resultado será

$$u_{\text{máx}} = -\left(\frac{B^2\gamma}{8\mu}\right)\frac{dh}{ds} \tag{9.21}$$

Para desenvolver uma equação para a vazão volumétrica por unidade de largura q, substitua a Eq. (9.19) em $Q = qw = \int u dA = \int_0^B uwdy$. O resultado será

$$q = -\left(\frac{B^3}{12\mu}\right)\frac{d}{ds}(p + \gamma z) = -\left(\frac{B^3\gamma}{12\mu}\right)\frac{dh}{ds} \tag{9.22}$$

A Eq. (9.22) revela que o escoamento de Poiseuille é desenvolvido por um gradiente na carga piezométrica (dh/ds). O sinal negativo no lado direito da Eq. (9.22) significa que um fluido irá escoar da carga piezométrica alta para a carga piezométrica baixa. Algumas vezes, ouvimos alguém dizer que um fluido escoa da alta para a baixa pressão, ou no sentido de diminuição do gradiente de pressão; fique alerta que esse conceito sobre a pressão não se aplica a todos os casos.

Para desenvolver uma equação para a velocidade média $\overline{V}$, aplique a equação $\overline{V} = Q/A = q/B$, e introduza $u_{\text{máx}}$ conforme dado na Eq. (9.21). O resultado será

$$\overline{V} = 2u_{\text{máx}}/3 \tag{9.23}$$

A Eq. (9.23) revela que a velocidade média é de dois terços da velocidade máxima.

9.4 A Camada-Limite (Descrição)

O Conceito de Camada-Limite

Quando tinha 29 anos, Ludwig Prandtl escreveu um trabalho (1) sobre o conceito de camada-limite. O impacto desse conceito, conforme descrito por John Anderson (2, p. 42), é que "o mundo moderno da aerodinâmica e da dinâmica dos fluidos ainda é dominado pelo conceito de Prandtl. Por todos os motivos, o seu conceito de camada-limite merecia o Prêmio Nobel".

A ideia central do conceito de camada-limite (Fig. 9.5) é idealizar o escoamento próximo à superfície de um corpo como uma camada delgada que é distinta do escoamento que a envolve.

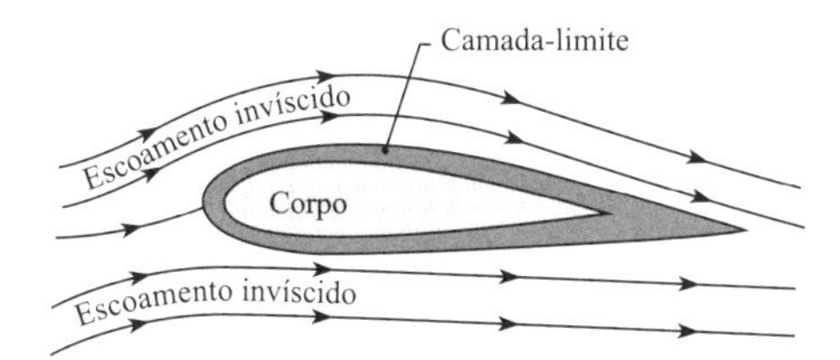

FIGURA 9.5

A camada-limite é uma camada delgada próxima ao corpo que é analisada separadamente do escoamento que a envolve.

O conceito de camada-limite é aplicado para idealizar muitos escoamentos do mundo real; alguns exemplos são apresentados a seguir.

- O escoamento de água ao redor da pilastra de uma ponte
- O escoamento de ar que passa pela superfície da Terra
- O escoamento de ar ao redor de um automóvel
- O escoamento de ar ou de água na entrada de um tubo

A Camada-Limite sobre uma Placa Plana

Uma vez que o escoamento sobre uma placa plana (Fig. 9.6) é simples, ele é a base para a compreensão da maioria dos escoamentos em camadas-limites. Observe que o escoamento fora da camada-limite é chamado de **corrente livre**.

A camada-limite começa na borda de entrada da placa. Sua espessura δ aumenta com x. A aresta da camada-limite é definida como o ponto em que a velocidade local é igual a 99% da velocidade na corrente livre. Portanto, $y = \delta$ quando a Eq. (9.24) é satisfeita.

$$\frac{u}{U_o} = 0{,}99 \tag{9.24}$$

A camada-limite sobre uma placa plana começa laminar (Fig. 9.6). Isso significa que o escoamento é liso, como em camadas, e estacionário. Se o comprimento da placa L for grande o suficiente, a camada-limite laminar será seguida por uma camada-limite de transição, e então por uma camada-limite turbulenta. Uma **região de transição** é a zona na qual a camada-limite muda de laminar para turbulenta. A camada-limite turbulenta possui características distintas: (a) Em cada ponto a velocidade varia ao longo do tempo; (b) em cada ponto a pressão varia ao longo do tempo; (c) o escoamento é sempre transiente (não estacionário); e (d) o escoamento é dominado por turbilhões. Um **turbilhão** é um movimento circular do fluido (redemoinho). O maior turbilhão na camada-limite tem um diâmetro que é aproximadamente igual à espessura da camada-limite. O menor turbilhão na camada-limite possui um diâmetro que é dado pela escala de comprimento conhecida como escala de comprimento de Kolmogorov. Por causa dos turbilhões em um escoamento turbulento, existe uma forte mistura em qualquer escoamento desse tipo, a qual tende a equalizar o perfil de velocidades.

O Número de Reynolds

A natureza da camada-limite (laminar *versus* turbulenta) está correlacionada com o número de Reynolds. A variável Re_x, chamada de "número de Reynolds baseado em x", ou "número de Reynolds local", é definido conforme a seguir:

$$\text{Re}_x = \frac{U_o x}{\nu} \tag{9.25}$$

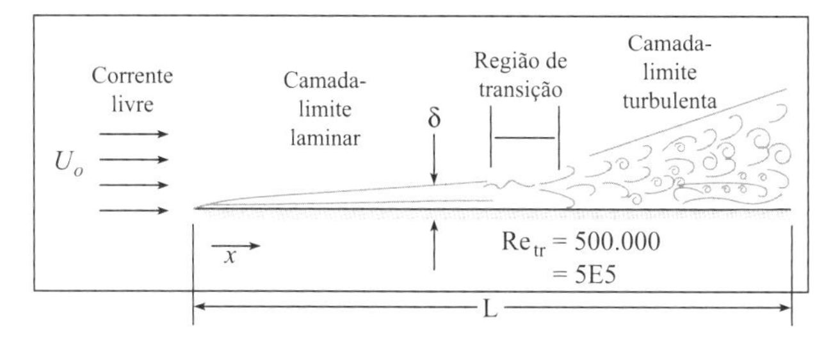

FIGURA 9.6

A camada-limite sobre uma superfície plana. Aqui, U_o é a velocidade na corrente livre, x é a distância, δ é a espessura da camada-limite, L é o comprimento da placa, e Re_{tr} é o número de Reynolds associado à transição.

A variável U_0 representa a velocidade na corrente livre, x é a distância a partir da borda de entrada da placa, e ν é a viscosidade cinemática do fluido. A variável Re_L, chamada de "número de Reynolds baseado em L", é definida como

$$\text{Re}_L = \frac{U_o L}{\nu} \tag{9.26}$$

Uma variável como x ou L no número de Reynolds é chamada de uma escala de comprimento.

O Número de Reynolds de Transição

O valor de Re_x, no qual a transição tem seu início e seu fim, varia de experimento para experimento. Assim, não existe um critério único para a transição. Este livro segue uma abordagem comum em Engenharia que envolve três hipóteses:

- Se $\text{Re}_x \leq 500.000$, a camada-limite é considerada laminar.
- Se $\text{Re}_x > 500.000$, a camada-limite é considerada turbulenta.
- O comprimento da zona de transição é desprezado.

O número de Reynolds de transição é $\text{Re}_{\text{tr}} = 500.000$.

9.5 Perfis de Velocidade na Camada-Limite

Na mecânica dos fluidos, os engenheiros querem descobrir o perfil de velocidades. Uma vez que conheçamos o perfil de velocidades, podemos determinar os outros parâmetros (por exemplo, a força de arrasto e a tensão de cisalhamento) que queremos conhecer.

Teoria da Camada-Limite

Para analisar uma camada-limite, Prandtl criou uma forma aproximada (não exata) das equações que regem o processo, chamada de equações da camada-limite. Blasius (3), um aluno de pós-graduação que trabalhava com Prandtl, resolveu as equações da camada-limite para uma camada-limite laminar sobre uma placa plana; os engenheiros chamam essa solução de **solução de Blasius**.

O Perfil de Velocidades Laminar

Para uma camada-limite laminar sobre uma placa plana, a solução de Blasius (Fig. 9.7) fornece um gráfico do perfil de velocidades. Observe que $u = 0$ em $y = 0$ em função da condição de não escorregamento. Além disso, observe que o perfil de velocidades se une suavemente à corrente livre.

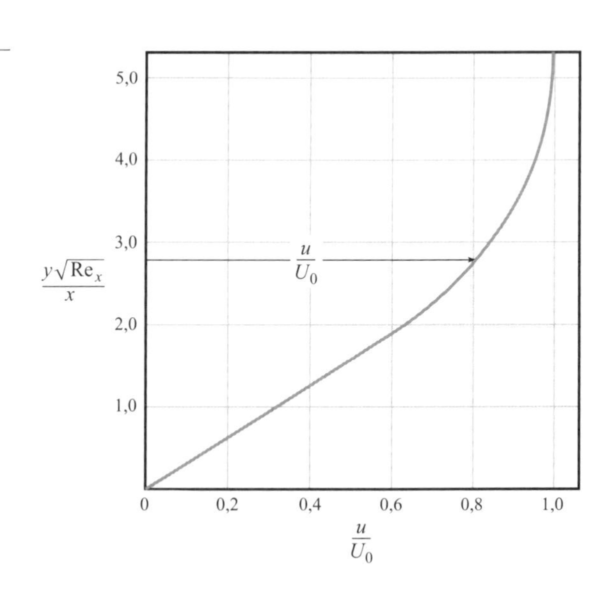

FIGURA 9.7
A solução de Blasius (3) para o perfil de velocidades em uma camada-limite laminar sobre uma placa plana. Aqui, u é a velocidade em uma altura y acima da superfície. A velocidade U_0 é a velocidade na corrente livre, e Re_x é o número de Reynolds local.

O Perfil de Velocidades Turbulento

Os pesquisadores desenvolveram múltiplas soluções para o perfil de velocidades turbulento. O método de pesquisa envolve o ajuste de curvas a dados experimentais com a adição de teoria específica para tal. Os resultados podem ser confusos, já que existem muitos perfis de velocidades diferentes. Neste livro, apresentamos apenas alguns dos perfis mais comuns.

Na camada-limite turbulenta, o perfil de velocidades (Fig. 9.8) é praticamente uniforme longe da parede. Isto ocorre por causa dos turbilhões que misturam o escoamento. Próximo à parede, o perfil de velocidades exibe um gradiente de velocidades acentuado. Dessa forma, o valor de τ_0 para a camada-limite turbulenta é geralmente maior do que τ_0 para a camada-limite laminar.

Distribuição de velocidades logarítmica. Uma equação comum para descrever a camada-limite turbulenta é a distribuição de velocidades logarítmica, que é dada por

$$\frac{u}{u_*} = 2{,}44 \ln\left(\frac{yu_*}{\nu}\right) + 5{,}56 \tag{9.27}$$

A **velocidade de atrito** u_* é definida por $u_* = \sqrt{\tau_0/\rho}$. Este termo não é realmente uma velocidade, visto que, de modo contrário, ele possui as mesmas unidades que a velocidade. Para calcular um valor para u_*, os engenheiros calculam um valor de τ_0 usando os métodos descritos em §9.6.

A Eq. (9.27) se aplica à parte do perfil de velocidades em que o valor de yu_*/ν está entre 30 e 500.

Fórmula da lei de potências. Para números de Reynolds entre 10^5 e 10^7 (isto é, $10^5 < \mathrm{Re}_x < 10^7$), o perfil de velocidades na camada-limite turbulenta sobre uma placa plana é bem aproximado pela equação para a lei de potências, que é

$$\frac{u}{U_o} = \left(\frac{y}{\delta}\right)^{1/7} \tag{9.28}$$

A Eq. (9.28) reproduz os resultados experimentais para a faixa ($0{,}1 < y/\delta < 1{,}0$). Na parede, a Eq. (9.28) não pode ser válida, pois $du/dy \to \infty$ em $y = 0$, o que significa que $\tau_0 \to \infty$.

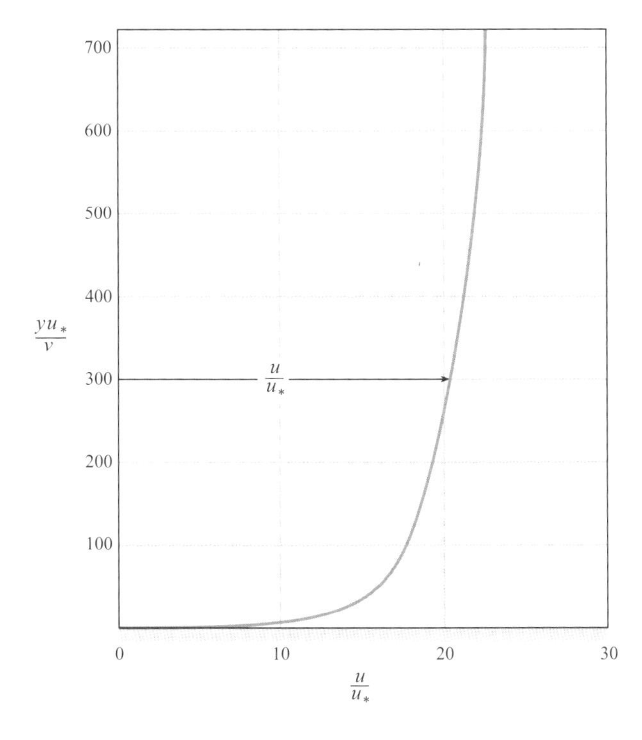

FIGURA 9.8
Um exemplo de um perfil de velocidades turbulento. Aqui, u é a velocidade ponderada ao longo do tempo, enquanto u_* é a velocidade de atrito.

9.6 A Camada-Limite (Cálculos)

As equações nesta seção estão baseadas em quatro hipóteses: (1) escoamento uniforme sobre uma superfície lisa e plana, (2) escoamento estacionário com a corrente livre paralela à superfície plana, (3) um fluido newtoniano, e (4) um número de Reynolds grande o suficiente para assegurar que o conceito de camada-limite seja válido.

Espessura da Camada-Limite

Para a camada-limite laminar, Schlichting (4, p. 140) mostra que a espessura δ da camada-limite é dada por

$$\frac{\delta}{x} = \frac{5{,}0}{\mathrm{Re}_x^{1/2}} \tag{9.29}$$

Para a camada-limite turbulenta, White (5, p. 430) mostra que δ é dada por

$$\frac{\delta}{x} = \frac{0{,}16}{\mathrm{Re}_x^{1/7}} \tag{9.30}$$

EXEMPLO. Água (ν = 1,2E-6 m^2/s) escoa sobre a parte superior de uma placa plana. O comprimento da placa é de 1,5 m. A velocidade na corrente livre é de 5 m/s. Calcule a espessura da camada-limite em $x/L = 0{,}5$.

Raciocínio.

1. Para determinar se a camada-limite é laminar ou turbulenta, calcule o número de Reynolds. Re_x = (5 m/s)(0,75 m)/(1,2E-6 m^2/s) = 3,125E6.
2. No ponto em questão, a camada-limite é turbulenta.
3. Assim, δ = (0,16)(0,75 m)/$(3{,}125E6)^{1/7}$ = 1,42 cm.

Tensão de Cisalhamento na Parede

Os engenheiros incorporam a tensão de cisalhamento na parede τ_0 em um grupo π da seguinte maneira:

$$c_f = \frac{\text{(tensão de cisalhamento na parede)}}{\text{(pressão cinética)}} = \frac{\tau_o}{(\rho U_o^2/2)} \tag{9.31}$$

O nome de c_f é **coeficiente local de tensão de cisalhamento**. Para a camada-limite laminar, Schlichting (**4**, p. 138) mostra que

$$c_f = \frac{0{,}664}{\mathrm{Re}_x^{1/2}} \tag{9.32}$$

Para a camada-limite turbulenta, os pesquisadores propuseram muitas fórmulas diferentes. White (**5**, p.432) recomenda

$$c_f = \frac{0{,}455}{\ln^2(0{,}06\,\mathrm{Re}_x)} \tag{9.33}$$

Após um valor de c_f ter sido calculado, τ_0 pode ser encontrado usando

$$\tau_o = c_f(\rho U_o^2/2) \tag{9.34}$$

EXEMPLO. Aplicando as Eqs. (9.32), (9.33) e (9.34), calculamos τ_0 para a água que escoa sobre uma placa (Fig. 9.9). Observe que τ_0 para a camada-limite turbulenta é geralmente maior do que τ_0 para a camada-limite laminar, e que τ_0 diminui com x. Para a camada-limite laminar, essa diminuição é proporcional a $x^{-0,5}$, um fato que nós deduzimos a partir da Eq. (9.32).

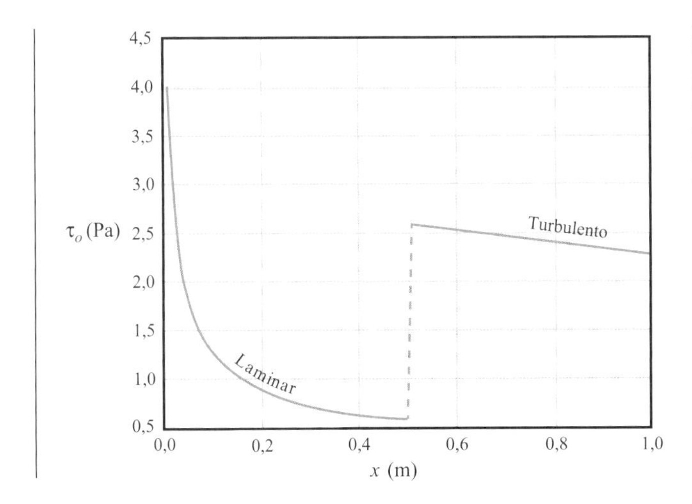

FIGURA 9.9

Esta figura mostra a tensão de cisalhamento na parede τ_0 calculada para a água que escoa sobre uma placa plana. As variáveis do problema são L = 1,0 m, U_o = 1,1 m/s, ν = 1,1E-6 m²/s, e ρ = 1000 kg/m³.

Força de Arrasto (Força de Cisalhamento, Força de Atrito Superficial)

Os engenheiros incorporam a força de arrasto em um grupo π da seguinte maneira:

$$C_f \equiv \frac{\text{(força de arrasto)}}{\text{(pressão cinética)(área de referência)}} = \frac{F_D}{(\rho U_o^2/2)(A_{\text{Ref}})} \quad (9.35)$$

O termo C_f é chamado de "coeficiente de arrasto" ou "coeficiente médio da tensão de cisalhamento". Observe que a velocidade na corrente livre U_0 é medida em relação a um observador localizado sobre a placa. **Exemplo:** Se uma placa está se movendo a uma velocidade de 6 m/s no ar em repouso, então U_0 = 6 m/s.

A área de referência A_{Ref} é (a) a área de superfície de um lado da placa, ou (b) a área de superfície de ambos os lados da placa. A força de arrasto F_D também pode ser representada como uma força de cisalhamento F_c, pois a força de arrasto sobre uma placa plana se deve apenas à tensão de cisalhamento. Além disso, a força de arrasto associada à tensão de cisalhamento é algumas vezes chamada de força de cisalhamento, de força de atrito superficial, ou de arrasto de superfície.

Para calcular a força de arrasto, rearranje a Eq. (9.35) para obter

$$F_D = C_f(\rho U_o^2/2)(A_{\text{Ref}}) \quad (9.36)$$

Para calcular C_f, determine a natureza da camada-limite e então selecione a equação apropriada a partir das três opções a seguir:

- **Camada-limite laminar**. Se $\text{Re}_L \leq 500.000$, considere que a camada-limite seja laminar e selecione a Eq. (9.37).

Laminar

$$C_f = \frac{1{,}33}{\text{Re}_L^{1/2}} \quad (9.37)$$

- **Camada-limite mista**. Se $\text{Re}_L > 500.000$, considere que a camada-limite seja mista e selecione a Eq. (9.38). Uma camada-limite mista começa como laminar e se transforma em turbulenta.

Laminar Turbulenta

$$C_f = \frac{0{,}523}{\text{In}^2(0{,}06\text{Re}_L)} - \frac{1520}{\text{Re}_L} \quad (9.38)$$

- **Camada-limite turbulenta**. Para este caso, selecione a Eq. (9.39). Uma camada-limite turbulenta caracteriza-se por ser turbulenta ao longo de toda a extensão da placa. Os engenheiros idealizam a camada-limite como turbulenta quando existem elementos de rugosidade

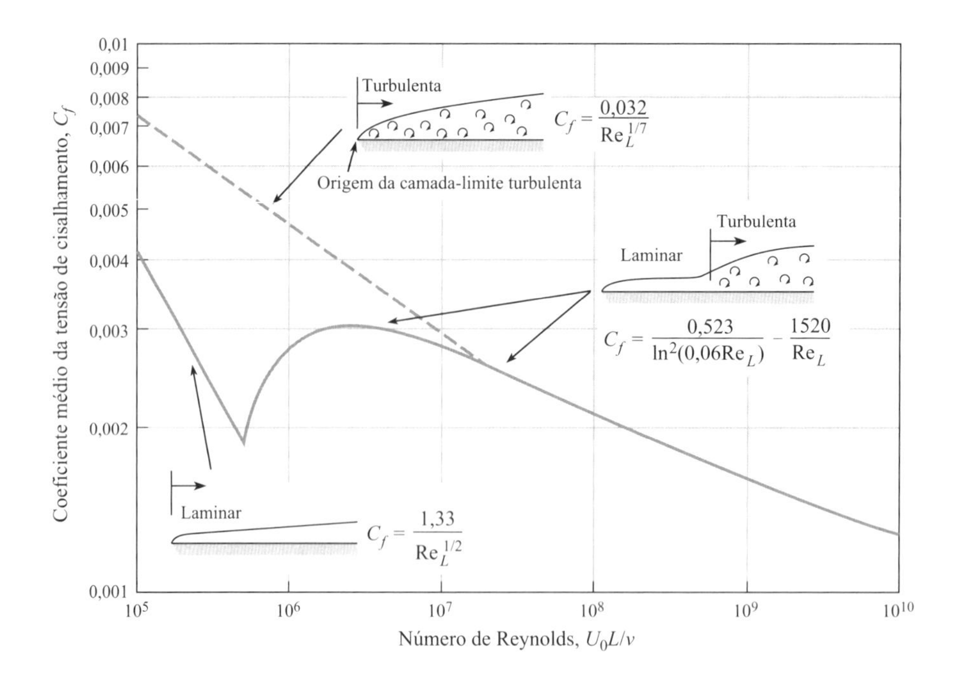

FIGURA 9.10

Esta figura mostra C_f sobre uma placa plana como uma função do número de Reynolds.

que fazem com que sua totalidade seja turbulenta. Exemplos de elementos de rugosidade incluem areia colada à placa, componentes elétricos em uma placa de circuito impresso, e os fios localizados próximos à aresta principal (anterior) de uma placa. Se $Re_L \gg 500.000$, a camada-limite também pode ser idealizada como turbulenta, pois o comprimento da camada-limite laminar é curto em relação à extensão da placa.

Turbulenta

$$C_f = \frac{0,032}{Re_L^{1/7}} \tag{9.39}$$

Origem da camada-limite turbulenta

As correlações para a força de arrasto estão traçadas na Figura 9.10. Se $Re_L \geq 10^7$, então as Eqs. (9.38) e (9.39) fornecem o mesmo valor de C_f. Para esta condição, a camada-limite pode ser modelada como uma "camada-limite turbulenta".

A força de arrasto sobre uma placa plana pode ser usada para idealizar um escoamento mais complexo. *Exemplo:* A força de arrasto sobre um avião pode ser estimada idealizando o avião como uma placa plana com área de superfície equivalente. Dessa forma, um avião com uma área de superfície exterior de 6,2 m² poderia ser idealizado como uma placa plana com uma área de superfície de 3,1 m² na face superior da placa e 3,1 m² na face inferior. Para obter a relação de escala, o comprimento da placa e outras variáveis devem ser ajustados para que Re_L para o sistema real (isto é, o avião) seja igual a Re_L para a idealização (isto é, a placa plana).

PROBLEMA-EXEMPLO. O óleo ($\rho = 900$ kg/m³, $\nu = 8,0\text{E-}5$ m²/s) escoa sobre ambos os lados de uma placa plana. As dimensões da placa são $W = 250$ mm e $L = 750$ mm. A velocidade na corrente livre é $U_0 = 4,5$ m/s. Calcule a força de arrasto sobre a placa.

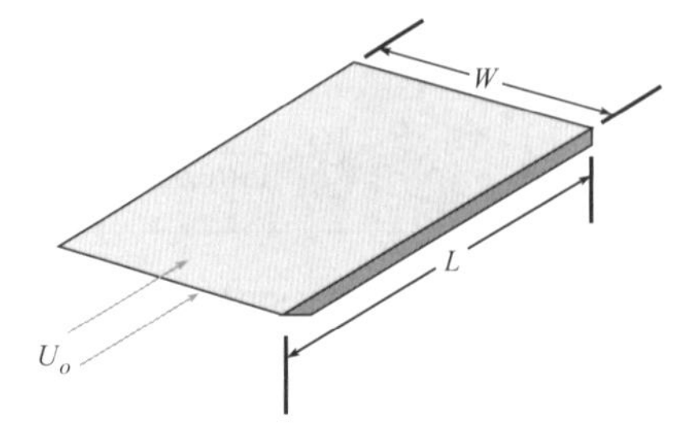

Raciocínio.

1. A força de arrasto pode ser calculada usando $F_D = C_f(\rho U_0^2/2)(A_{Ref})$.
2. O número de Reynolds é $Re_L = (4{,}5 \text{ m/s})(0{,}75 \text{ m})/(8{,}0E\text{-}5) = 42.187$.
3. Uma vez que $Re_L \leq 500.000$, a camada-limite é laminar.
4. Assim, o coeficiente de arrasto é $C_f = 1{,}33/\sqrt{42.187} = 6{,}4752E\text{-}3$.
5. A área de referência é $A_{Ref} = (2)(0{,}75 \text{ m})(0{,}25 \text{ m}) = 0{,}375 \text{ m}^2$.
6. A partir da etapa 1, $F_D = (6{,}4752E\text{-}3)(900 \text{ kg/m}^3)(4{,}5 \text{ m/s})^2(0{,}375 \text{ m}^2)/2 = 22{,}1$ N.

A Equação da Potência

Quando um corpo (por exemplo, um carro, barco ou avião) se move em um fluido, o corpo deve trabalhar sobre o fluido para superar a força de arrasto. Quando o corpo está se movendo em uma linha reta a uma velocidade constante (isto é, movimento retilíneo), essa taxa de trabalho é dada pela equação da potência:

$$P = F_D V \tag{9.40}$$

Aqui, P é a potência necessária para superar a força de arrasto, F_D é a força de arrasto atuando sobre o corpo, e V é a velocidade do corpo em relação a uma coordenada de referência no solo.

PROBLEMA-EXEMPLO. Um submarino (comprimento = 150 m, diâmetro médio = 12 m) se move na água do mar ($\nu = 1{,}4E\text{-}6 \text{ m}^2/\text{s}$, $\rho = 1.030 \text{ kg/m}^3$) a uma velocidade de 9 m/s. Estime a potência necessária para superar a força de arrasto. Idealize o submarino como uma placa plana que possui a mesma área de superfície que o submarino.

Solução.

1. A potência necessária para superar o arrasto é $P = F_D V$.
2. A força de arrasto é dada por $F_D = C_f(\rho V^2/2)(A_{Ref})$.
3. A área de referência é $A_{Ref} = (150 \text{ m})(\pi)(12 \text{ m}) = 5655 \text{ m}^2$.
4. O número de Reynolds é $Re_L = (150 \text{ m})(9 \text{ m/s})/(1{,}4E\text{-}6 \text{ m}^2/\text{s}) = 9{,}643E8$.
5. A partir da Figura 9.10 ou da Eq. (9.38), $C_f = 0{,}00164$.
6. A força de arrasto (ver a etapa 2) é $F_D = 3{,}858E5$ N.
7. A potência (ver a etapa 1) é $P = (3{,}858E5 \text{ N})(9 \text{ m/s}) = 3{,}47$ MW.

9.7 Resumindo Conhecimentos-Chave

A Equação de Navier-Stokes (Escoamento Uniforme)

- A equação de Navier-Stokes é derivada pela aplicação da segunda lei do movimento de Newton a uma partícula de fluido.
- A equação de Navier-Stokes possui poucas soluções exatas. Duas delas são o escoamento de Couette e o escoamento de Poiseuille.
- Para o escoamento de Couette, as seguintes condições são aplicáveis: (a) a pressão é uniforme, (b) a tensão de cisalhamento é igual em todos os pontos a $\mu U/L$, e (c) o perfil de velocidades é linear.
- Para o escoamento de Poiseuille em um canal, as seguintes condições são aplicáveis: (a) o critério de escoamento laminar é $Re_B = VB/\nu < 1.000$, (b) a velocidade média é dois terços da velocidade máxima ($\overline{V} = 2u_{máx}/3$), (c) a vazão volumétrica por comprimento é $q = -(B^3\gamma/12\mu)dh/ds$, e (d) o perfil de velocidades é parabólico.

A Camada-Limite

- A camada-limite é a região delgada de fluido próxima a um corpo sólido. Na camada-limite, as tensões viscosas causam um perfil de velocidades.
- A espessura da camada-limite δ é a distância a partir da parede até o local onde a velocidade é 99% da velocidade na corrente livre.
- Se Re_L for grande o suficiente, a camada-limite irá possuir três regiões: (a) a camada-limite laminar, (b) a camada-limite de transição, e (c) a camada-limite turbulenta.
- Para fins de Engenharia, a transição a uma camada-limite turbulenta ocorre em $Re_{tr} = 500.000$.

TABELA 9.1 Resumo de Equações para uma Camada-Limite sobre uma Placa Plana

Parâmetro	Escoamento Laminar Re_x, $Re_x < 5 \times 10^5$	Escoamento Turbulento Re_x, $Re_x \geq 5 \times 10^5$
Espessura da Camada-Limite, δ	$\delta = \frac{5x}{Re_x^{1/2}}$	$\delta = \frac{0{,}16x}{Re_x^{1/7}}$
Coeficiente Local de Tensão de Cisalhamento, c_f	$c_f = \frac{0{,}664}{Re_x^{1/2}}$	$c_f = \frac{0{,}445}{\ln^2(0{,}06Re_x)}$
Coeficiente Médio de Tensão de Cisalhamento, C_f (camada-limite mista)	$C_f = \frac{1{,}33}{Re_L^{1/2}}$	$C_f = \frac{0{,}523}{\ln^2(0{,}06Re_L)} - \frac{1520}{Re_L}$
Coeficiente Médio de Tensão de Cisalhamento, C_f (camada-limite turbulenta)	$C_f = \frac{0{,}032}{Re_L^{1/7}}$	

Estimando Parâmetros da Camada-Limite

- A Tabela 9.1 lista equações que são comumente aplicadas.
- A tensão de cisalhamento na parede τ_0 é calculada usando $\tau_0 = c_f(\rho U_0^2/2)$.
- A força de arrasto F_D é calculada a partir de $F_D = C_f(\rho U_0^2/2)(A_{Ref})$.

REFERÊNCIAS

1. Prandtl, L. "Über Flussigkeitsbewegung bei sehr kleiner Reibung". Verhandlungen des III. Internationalen Mathematiker-Kongresses. Leipzig, 1905.

2. Anderson, Jr., John D., "Ludwig Prandtl's Boundary Layer". Physics Today 58, nº 12 (2005): 42-48.

3. Blasius, H. "Grenzschichten in Flüssigkeiten mit kleiner Reibung". Z. Mat. Physik. (1908), Tradução para o inglês em NACA TM 1256.

4. Schlichting, Herman. *Boundary-Layer Theory*. 7th ed. New York: McGraw-Hill, 1979.

5. White, Frank M. *Viscous Fluid Flow*. 2nd ed. New York: McGraw-Hill, 1991.

PROBLEMAS

Escoamento de Couette (§9.2)

9.1 A distribuição de velocidades em um escoamento de Couette é linear se a viscosidade for constante. Se a placa em movimento for aquecida e a viscosidade do líquido diminuir próximo à placa quente, como a distribuição de velocidades irá mudar? Forneça uma descrição qualitativa e a lógica para a sua argumentação.

9.2 O cubo mostrado, que pesa 110 N e mede 39 cm em cada lado, desliza para baixo em uma superfície inclinada sobre a qual existe uma película de óleo que possui uma viscosidade de 10^{-2} N·s/m². Qual é a velocidade do bloco se o óleo possui uma espessura de 0,11 mm?

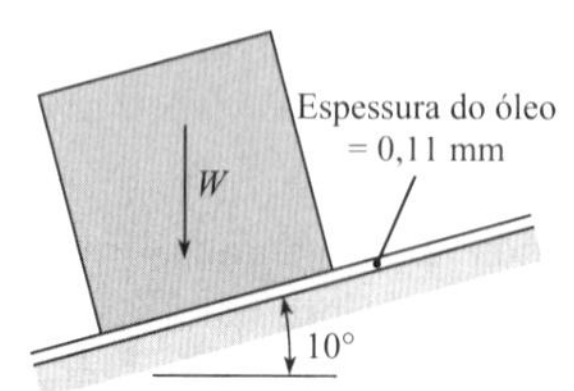

Problema 9.2

9.3 Uma placa com 3 ft por 3 ft que pesa 32 lbf desliza para baixo sobre uma rampa inclinada com uma velocidade de 0,6 ft/s. A placa está separada da rampa por meio de uma camada de óleo com 0,02 polegada de espessura. Calcule a viscosidade dinâmica μ do óleo.

9.4 Uma placa com 1 m por 1 m e que pesa 55 N desliza para baixo sobre uma rampa inclinada com uma velocidade de 40 cm/s. A placa está separada da rampa por meio de uma camada de óleo com 0,6 mm de espessura. Desprezando os efeitos das arestas da placa, calcule a viscosidade dinâmica μ do óleo.

9.5 São necessárias informações sobre a espessura de óleo exigida para lubrificar peças metálicas que estão deslizando por um plano inclinado. Uma peça metálica quadrada com laterais de 0,9 m e que pesa 20 N deve deslizar pelo plano inclinado mostrado a uma velocidade de 20 cm/s. Desprezando os efeitos das arestas, calcule a espessura de óleo necessária, se $\mu = 5{,}43 \times 10^{-2}$ N·s/m².

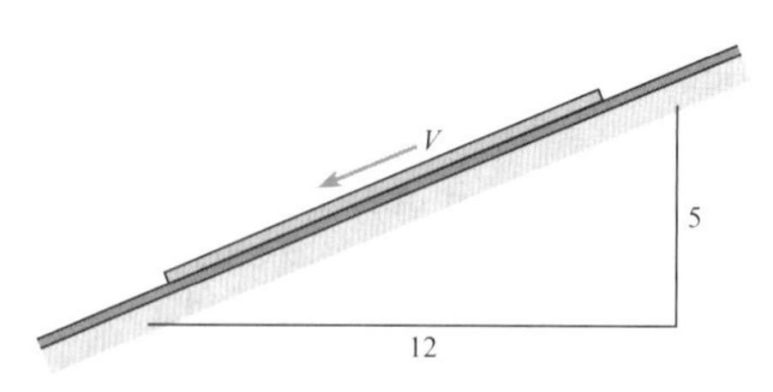

Problemas 9.3, 9.4, 9.5

9.6 Uma placa plana é puxada para a direita a uma velocidade de 30 cm/s. O óleo com uma viscosidade de 4 N·s/m² preenche o espaço entre a placa e a barreira sólida. A placa possui 1 m de comprimento (L = 1 m) por 30 cm de largura, e o espaçamento entre a placa e a barreira é de 2,0 mm.

a. Expresse a velocidade matematicamente no que se refere ao sistema de coordenadas mostrado.

b. Por métodos matemáticos, determine se esse escoamento é rotacional ou irrotacional.

c. Determine se a continuidade é satisfeita, usando a forma diferencial da equação da continuidade.

d. Calcule a força exigida para produzir o movimento desta placa.

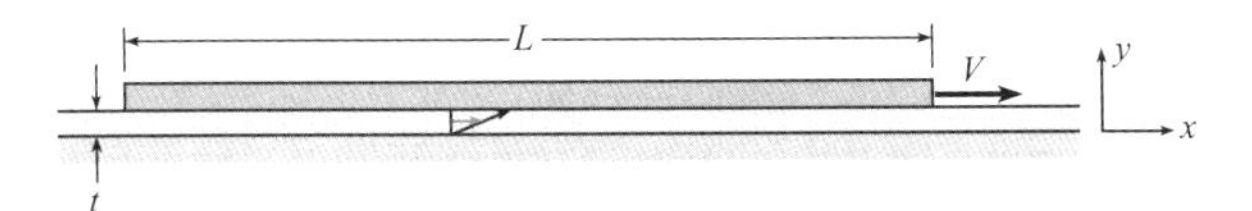

Problema 9.6

9.7 A placa superior mostrada na ilustração a seguir se move para a direita com uma velocidade V, enquanto a placa inferior está livre para se mover lateralmente sob a ação das forças viscosas a ela aplicadas. Para condições de regime estacionário, derive uma equação para a velocidade da placa inferior. Considere que a área de contato do óleo seja a mesma para a placa superior, para cada lado da placa inferior e para a borda fixa.

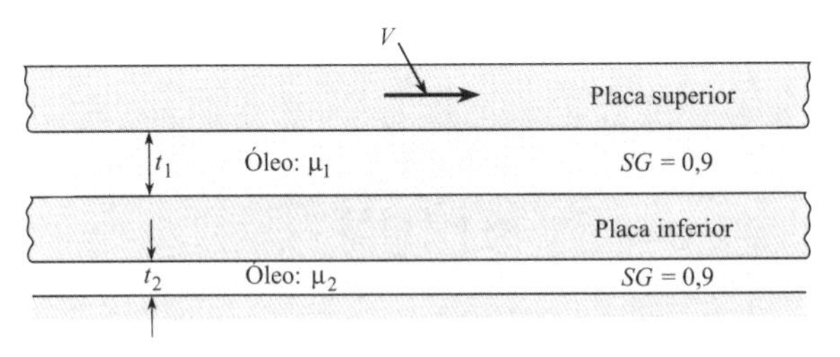

Problema 9.7

9.8 Um disco horizontal circular com 27 cm de diâmetro possui uma folga de 3,0 mm de uma placa horizontal. Qual é o torque exigido para girar o disco ao redor do seu centro a uma velocidade angular de 31 rad/s quando o espaço de separação contém óleo (μ = 8 N·s/m²)?

9.9 Uma placa com 2 mm de espessura e 3 m de largura (normal à página) está sendo puxada entre as paredes mostradas na figura a uma velocidade de 0,5 m/s. Note que o espaço que não é ocupado pela placa é preenchido com glicerina a uma temperatura de 20 °C. Além disso, a placa está posicionada entre as paredes. Esboce a distribuição de velocidades da glicerina na seção A-A. Desprezando o peso da placa, estime a força exigida para puxá-la à velocidade dada.

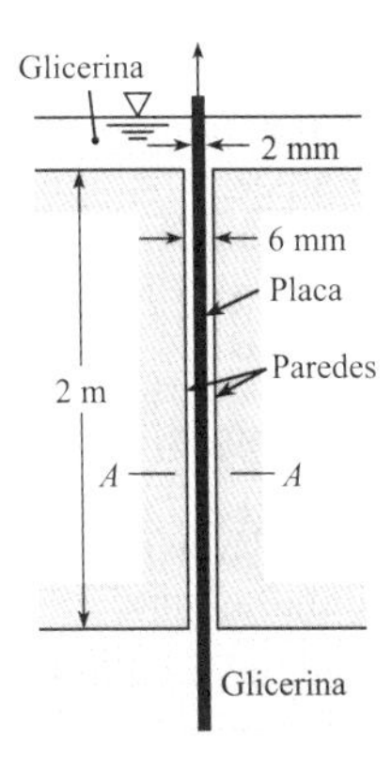

Problema 9.9

9.10 Um mancal usa óleo SAE-30 com uma viscosidade de 0,1 N·s/m². Ele possui 30 mm de diâmetro, a folga entre o eixo e a carcaça é de 1 mm, possui um comprimento de 1 cm, e o seu eixo gira a ω = 200 rad/s. Considerando que o escoamento entre o eixo e a carcaça seja um escoamento de Couette, determine o torque exigido para girar o mancal.

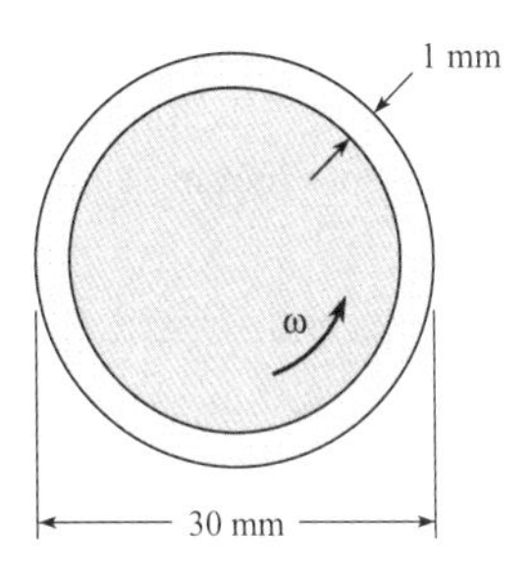

Problema 9.10

9.11 Com frequência, em aplicações que envolvem a lubrificação com um líquido, existe um calor gerado que é transferido através da camada de lubrificante. Considere um escoamento de Couette com uma parede a uma temperatura mais alta que a outra. O gradiente de temperatura através do escoamento afeta a viscosidade do fluido de acordo com a relação

$$\mu = \mu_0 \exp\left(-0{,}1\frac{y}{L}\right)$$

em que μ_0 é a viscosidade em $y = 0$ e L é a distância entre as paredes. Incorpore essa expressão na equação para o escoamento de Couette, e integre e expresse a tensão de cisalhamento na forma

$$\tau = C\frac{U\mu_0}{L}$$

em que C é uma constante e U é a velocidade da parede em movimento. Analise a sua resposta. A tensão de cisalhamento deve ser maior ou menor do que com uma viscosidade uniforme?

Escoamento de Poiseuille (§9.3)

9.12 Existe um escoamento uniforme e em regime estacionário entre placas paralelas horizontais, conforme mostrado na figura.

a. O escoamento é de Poiseuille; portanto, o que está causando o movimento do fluido?

b. Onde está localizada a velocidade máxima?

c. Onde está localizada a tensão de cisalhamento máxima?

d. Onde está localizada a tensão de cisalhamento mínima?

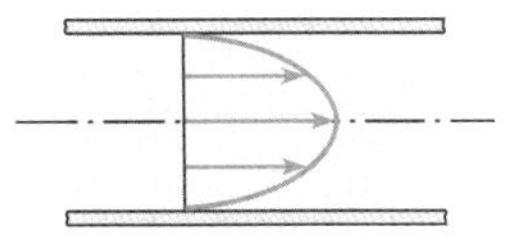

Problema 9.12

9.13 Existe um escoamento uniforme e em regime estacionário entre as placas paralelas horizontais, conforme mostrado na mistura a seguir.

a. Em poucas palavras, diga que outras condições devem estar presentes para causar a estranha distribuição de velocidades.

b. Onde está localizada a tensão de cisalhamento mínima?

9.14 Sob certas condições (pressão diminuindo na direção x, a placa superior fixa, e a placa inferior se movendo para a direita na direção positiva de x), a distribuição de velocidades laminar será conforme mostrado na figura a seguir. Para tais condições, indique se cada uma das seguintes afirmativas é verdadeira ou falsa:

a. A tensão de cisalhamento a meio caminho entre as placas é zero.
b. A tensão de cisalhamento mínima ocorre junto à placa em movimento.
c. A tensão de cisalhamento máxima ocorre onde a velocidade é maior.
d. A tensão de cisalhamento mínima ocorre onde a velocidade é maior.

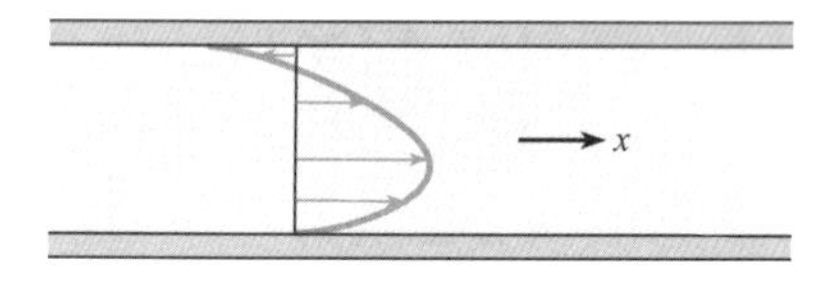

Problemas 9.13, 9.14

9.15 A distribuição de velocidades mostrada na figura representa um escoamento laminar. Indique quais das seguintes afirmativas são verdadeiras:

a. O gradiente de velocidades junto à parede é infinitamente grande.
b. A tensão de cisalhamento máxima no líquido ocorre a meio caminho entre as paredes.
c. A tensão de cisalhamento máxima no líquido ocorre junto à parede.
d. O escoamento é irrotacional.
e. O escoamento é rotacional.

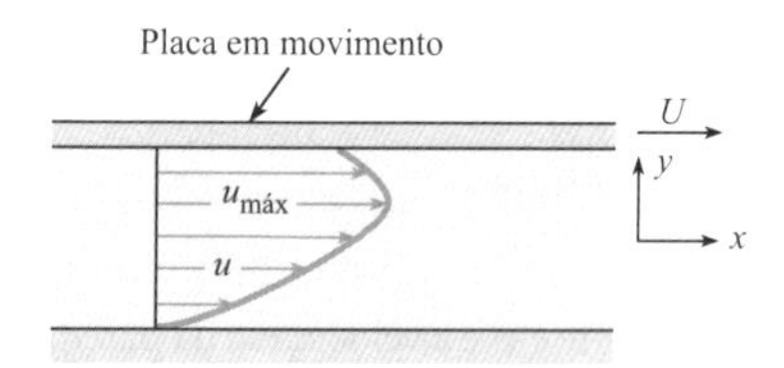

Problema 9.15

9.16 Duas placas paralelas horizontais estão separadas por uma distância de 0,015 ft. A pressão diminui a uma taxa de 25 psf/ft na direção horizontal x no fluido entre as placas. Qual é a velocidade máxima do fluido na direção x? Considere que o fluido possui uma viscosidade dinâmica de 10^{-3} lbf·s/ft² e uma gravidade específica de 0,80.

9.17 Um fluido viscoso preenche o espaço entre estas duas placas, e as pressões em A e B são de 150 psf e 100 psf, respectivamente. O fluido não está acelerando. Se o seu peso específico é de 100 lbf/ft³, então pode-se concluir que (a) o escoamento se dá para baixo, (b) o escoamento é para cima, ou (c) não existe escoamento.

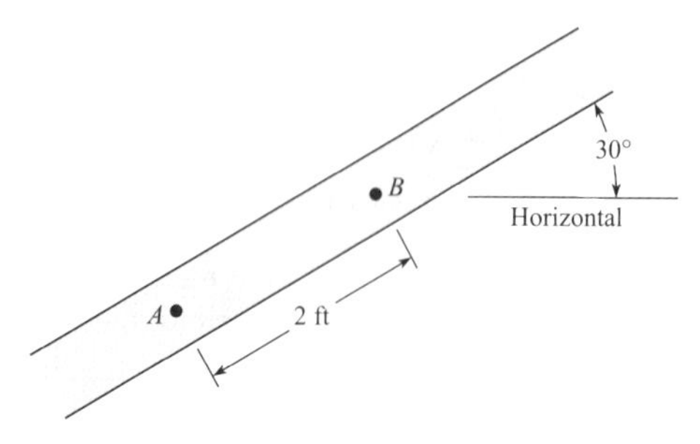

Problema 9.17

9.18 A glicerina a 20 °C escoa para baixo entre duas placas paralelas verticais que estão separadas por uma distância de 0,6 cm. As extremidades estão abertas, de modo que não existe um gradiente de pressões. Calcule a vazão volumétrica por unidade de largura, q, em m²/s.

9.19 Duas placas paralelas verticais estão separadas por uma distância de 0,012 ft. Se a pressão diminui a uma taxa de 100 psf/ft na direção vertical z no fluido entre as placas, qual é a velocidade máxima do fluido na direção z? Considere que o fluido possui uma viscosidade de 10^{-3} lbf·s/ft² e uma gravidade específica de 0,80.

9.20 Duas placas paralelas estão separadas por uma distância de 0,09 polegada, e o óleo de motor (SAE-30) com uma temperatura de 100 °F escoa a uma taxa de 0,009 cfs por pé de largura entre as placas. Qual é o gradiente de pressões na direção do escoamento se as placas têm uma inclinação de 60° em relação à horizontal e se o escoamento é para baixo entre as placas?

9.21 A seguir, é mostrado um tipo de mancal que pode ser usado para suportar estruturas muito grandes. Nele, o fluido sob pressão é forçado do ponto central do mancal (fenda A) para a zona B exterior. Dessa forma, ocorre uma distribuição de pressões conforme mostra a figura. Para este mancal, que possui 43 cm de largura, qual é a vazão volumétrica de óleo da fenda A por metro de comprimento de mancal exigida? Assuma uma carga de 190 kN por metro de comprimento de mancal com um espaçamento de folga t entre o piso e a superfície do mancal de 1,5 mm. Considere uma viscosidade do óleo de 0,20 N·s/m². Quanto óleo por hora teria que ser bombeado por metro de comprimento de mancal para as condições dadas?

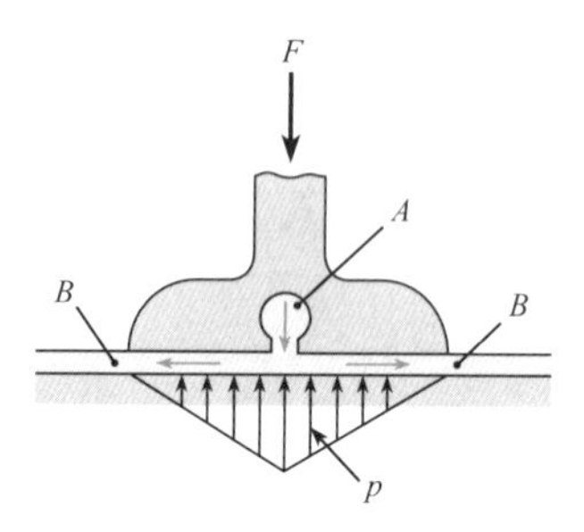

Problema 9.21

9.22 Um engenheiro está projetando um canal muito delgado e horizontal para o resfriamento de um circuito eletrônico. O canal possui 3 cm de largura e 6 cm de comprimento. A distância entre as placas é de 0,4 mm. A velocidade média do fluido é de 7 cm/s. O fluido usado possui uma viscosidade de 1,2 cP e uma densidade de 800 kg/m³. Considerando que não existam variações na viscosidade ou na densidade, determine a queda de pressão no canal e a potência exigida para mover o escoamento através dele.

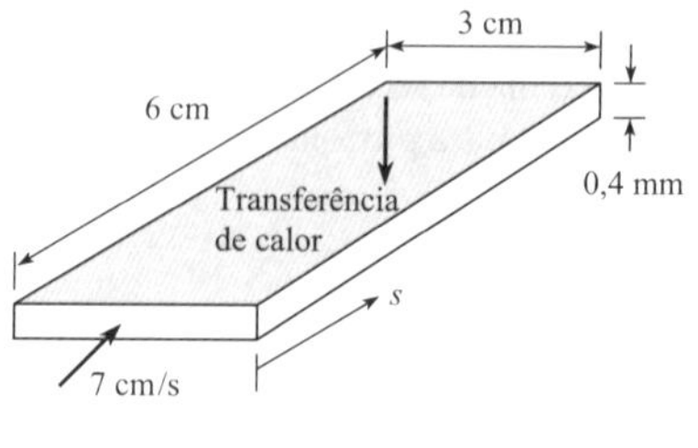

Problema 9.22

A Camada-Limite (Descrição) (§9.4)

9.23 (a) Explique com suas próprias palavras o que significa "camada-limite". (b) Defina "espessura da camada-limite".

9.24 Quais dentre as seguintes são características de uma camada-limite laminar? (Selecione todas as corretas.)

a. O escoamento é liso.
b. A espessura da camada-limite aumenta na direção a jusante.
c. Uma espessura da camada-limite decrescente está correlacionada com uma diminuição na tensão de cisalhamento.
d. Uma espessura da camada-limite crescente está correlacionada com uma diminuição na tensão de cisalhamento.

Perfis de Velocidade na Camada-Limite (§9.5)

9.25 Um líquido (ρ = 1000 kg/m^3; μ = 2 × 10^{-2} N·s/m^2; ν = 2 × 10^{-5} m^2/s) escoa tangencialmente ao redor de uma placa plana. Se a velocidade de aproximação é de 1 m/s, qual é a velocidade do líquido 2 m a jusante da aresta principal, e a 0,8 mm de distância da placa?

9.26 O óleo (ν = 10^{-4} m^2/s) escoa tangencialmente ao redor de uma placa delgada. Se a velocidade na corrente livre é de 1 m/s, qual é a velocidade 5 m a jusante da aresta principal e a 15 mm de distância da placa?

9.27 O óleo (ν = 10^{-4} m^2/s, SG = 0,9) escoa ao redor de uma placa em uma direção tangencial, tal que ocorre o desenvolvimento de uma camada-limite. Se a velocidade de aproximação é de 0,3 m/s, qual é a velocidade do óleo 0,2 m a jusante da aresta principal, a 0,1 cm de distância da placa?

9.28 Uma camada-limite turbulenta existe no escoamento de água a 20 °C sobre uma placa plana. A tensão de cisalhamento local medida na superfície da placa é de 0,4 N/m^2. Qual é a velocidade em um ponto a 0,3 cm da superfície da placa?

A Camada-Limite (Cálculos) (§9.6)

9.29 Classifique cada uma das seguintes características entre as duas categorias: camada-limite laminar (L), ou camada-limite turbulenta (T).

a. O escoamento ocorre em camadas lisas.
b. A camada-limite contém turbilhões que misturam o escoamento.
c. O perfil de velocidades pode ser escrito com uma equação da lei de potências.
d. O perfil de velocidades é uma função de $\sqrt{\text{Re}}$.
e. O perfil de velocidades pode ser descrito com a distribuição de velocidades logarítmica.
f. A espessura da camada-limite δ varia como $x^{6/7}$.
g. A espessura da camada-limite δ varia como $x^{1/2}$.
h. Mesmo quando o escoamento médio é estacionário, a velocidade na camada-limite será transiente.
i. A tensão de cisalhamento é uma função do logaritmo natural.
j. A tensão de cisalhamento é uma função de $\sqrt{\text{Re}}$.

9.30 Considere que a parede adjacente a uma camada-limite laminar líquida esteja aquecida e que a viscosidade do fluido seja menos próxima à parede e aumente o valor da corrente livre na aresta da camada-limite. Como essa variação na viscosidade afetaria a espessura da camada-limite e a tensão de cisalhamento local? Apresente um raciocínio lógico às suas respostas.

9.31 Uma placa delgada com 6 ft de comprimento e 3 ft de largura está submersa e é mantida estacionária em uma corrente de água (T = 60 °F) que possui uma velocidade de 17 ft/s. Qual é a espessura da camada-limite sobre a placa para Re$_x$ = 500.000 (assuma que a camada-limite ainda seja laminar), e em qual distância a jusante da aresta principal ocorre este número de Reynolds? Qual é a tensão de cisalhamento sobre a placa neste ponto?

9.32 Qual é a razão entre a espessura da camada-limite sobre uma placa plana e lisa e a distância a partir da aresta principal imediatamente antes da transição a um escoamento turbulento?

9.33 Um modelo de avião possui uma asa com 6ft de envergadura e 4,5 polegadas de largura (distância da aresta principal de entrada à aresta de saída). O modelo voa no ar a 60 °F e a pressão atmosférica. A asa pode ser considerada como uma placa plana, no que se refere ao arrasto. (a) Em qual velocidade terá início o desenvolvimento de uma camada-limite turbulenta sobre a asa? (b) Qual será a força de arrasto total sobre a asa imediatamente antes do aparecimento da turbulência?

9.34 O óleo (μ = 10^{-2} N·s/m^2; ρ = 900 kg/m^3) escoa ao redor de uma placa em uma direção tangencial, de modo que há o desenvolvimento de uma camada-limite. Se a velocidade de aproximação é de 4 m/s, então em uma seção 30 cm a jusante da aresta principal a razão entre τ_δ (tensão de cisalhamento na fronteira da camada-limite) e τ_0 (tensão de cisalhamento na superfície da placa) é de aproximadamente (a) 0, (b) 0,24, (c) 2,4 ou (d) 24.

9.35 Um líquido (ρ = 1000 kg/m^3; μ = 2 × 10^{-2} N·s/m^2; ν = 2 × 10^{-5} m^2/s) escoa tangencialmente ao redor de uma placa plana com comprimento total de 4 m (paralelo à direção do escoamento), velocidade de 1 m/s, e largura de 1,5 m. Qual é o arrasto de atrito superficial (força de cisalhamento) sobre um lado da placa?

9.36 Uma placa delgada com 0,7 m de comprimento e 1,5 m de largura está submersa e é mantida estacionária em uma corrente de água (T = 10 °C) que possui uma velocidade de 1,5 m/s. Qual é a espessura da camada-limite sobre a placa para Re$_x$ = 500.000 (assuma que a camada-limite ainda seja laminar), e em qual distância a jusante da aresta principal ocorre este número de Reynolds? Qual é a tensão de cisalhamento sobre a placa neste ponto?

9.37 Uma placa plana com 1,5 m de comprimento e 1,0 m de largura é rebocada em água a 20 °C na direção do seu comprimento a uma velocidade de 15 cm/s. Determine a resistência da placa e a espessura da camada-limite na sua extremidade da popa.

9.38 Assuma que uma camada-limite gasosa turbulenta estava adjacente a uma parede fria, e que a viscosidade na região da parede foi reduzida. Como isso pode afetar as características da camada-limite? Apresente um raciocínio lógica à sua resposta.

9.39 Um elemento para medir a tensão de cisalhamento local está posicionado em uma placa plana a 1 metro da aresta principal. O elemento consiste simplesmente em uma pequena placa, 1 cm × 1 cm, montada nivelada com a parede, e a força de cisalhamento é medida sobre a placa. O fluido escoando pela placa é o ar com uma velocidade na corrente livre de V = 42 m/s, uma densidade de 1,2 kg/m^3, e uma viscosidade cinemática de 1,5 × 10^{-5} m^2/s. A camada-limite é turbulenta desde a aresta principal. Qual é a magnitude da força devido à tensão de cisalhamento que atua sobre o elemento?

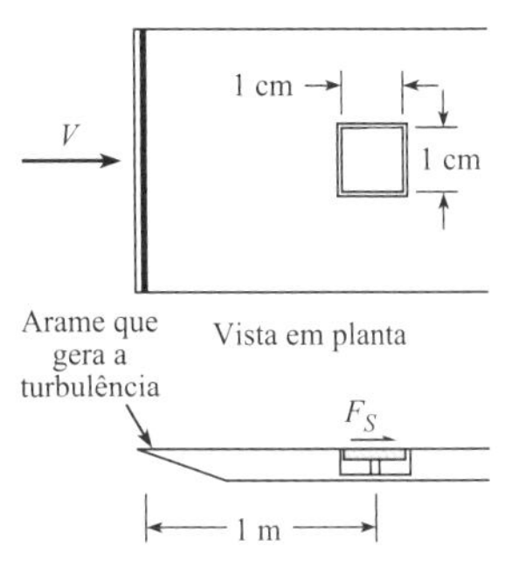

Problema 9.39

9.40 Uma asa de avião com 2 m de largura (distância entre a aresta anterior e a aresta posterior) e 11 m de envergadura voa a 200 km/h no ar a 30 °C. Considere que a força de arrasto sobre as superfícies da asa seja igual àquela sobre uma placa plana.

a. Qual é o arrasto de atrito sobre a asa?

b. Qual é a potência exigida para superar isto?

c. Qual porcentagem da largura da asa possui escoamento laminar?

d. Qual será a mudança no arrasto se uma camada-limite turbulenta tiver origem na aresta principal.

9.41 Para a camada-limite hipotética sobre a placa plana mostrada na figura, qual é a tensão de cisalhamento sobre a placa na extremidade a jusante (ponto A)? Aqui $\rho = 1{,}2$ kg/m^3 e $\mu = 3{,}0 \times 10^{-5}$ N·s/m^2.

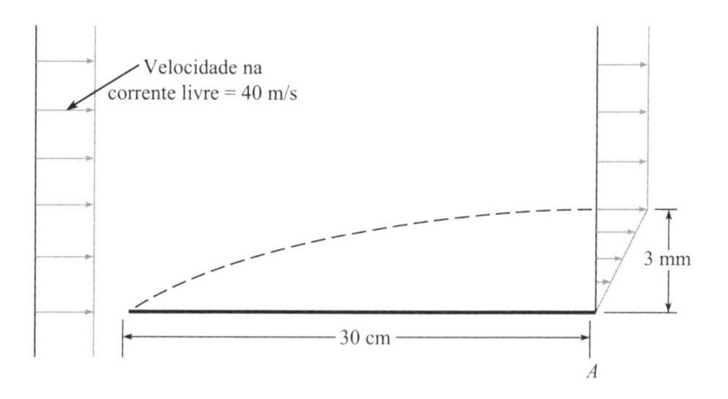

Problema 9.41

9.42 Qual é a razão entre a força de arrasto de uma placa com 30 m de comprimento e 5 m de largura e aquela de uma placa com 10 m de comprimento e 5 m de largura, se ambas as placas forem rebocadas no sentido do comprimento através da água (T = 20 °C) a 10 m/s?

9.43 Calcule a potência exigida para puxar a faixa, conforme mostrado na figura, se ela for rebocada a 48 m/s e se considerarmos que ela possui a mesma força de arrasto que uma placa plana equivalente. Assuma uma pressão atmosférica padrão e uma temperatura de 10 °C.

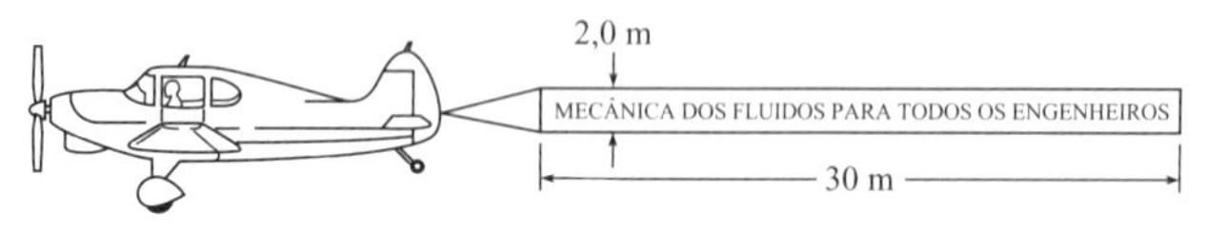

Problema 9.43

9.44 Um painel plástico delgado (3 mm de espessura) é baixado de um navio até um sítio de obra sobre o piso do oceano. O painel de plástico pesa 300 N no ar e é baixado a uma taxa de 3 m/s. Considerando que o painel permaneça orientado verticalmente, calcule a tração no cabo.

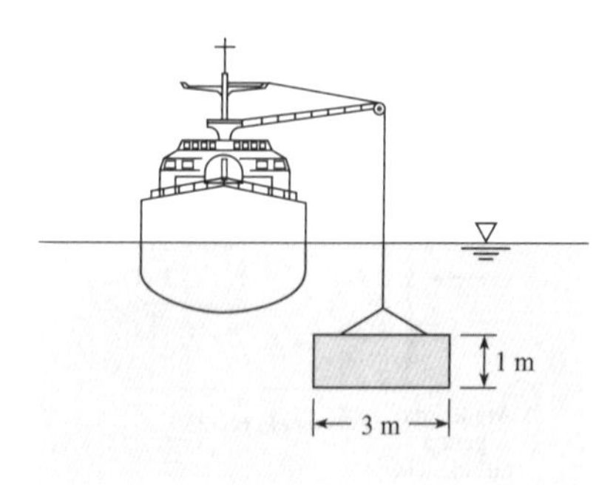

Problema 9.44

9.45 A placa mostrada na figura é mais pesada na sua parte inferior, de modo que irá cair de forma estável e estacionária em um líquido. O peso da placa no ar é de 23,5 N, e ela possui um volume de 0,002 m^3. Estime a velocidade terminal em água doce a 20 °C. A camada-limite é normal; isto é, ela não possui turbulência desde a aresta principal.

Neste problema, a velocidade final da queda (velocidade terminal) ocorre quando o peso é igual à soma do atrito de superfície e do empuxo.

$$W = B + F_s = \gamma V\!\!\!\!- + \frac{1}{2} C_f \rho U_0^2 S$$

Sugestão: Este problema exige uma solução por iteração.

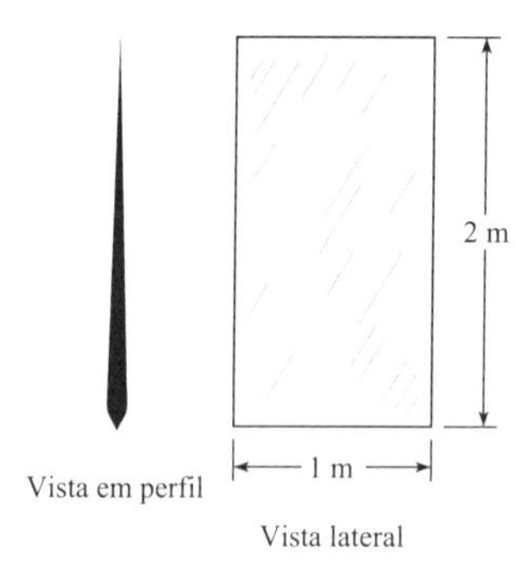

Problema 9.45

9.46 Uma camada-limite turbulenta se desenvolve a partir da aresta principal de uma placa plana com água a 20 °C escoando tangencialmente ao redor da placa com uma velocidade na corrente livre de 7,7 m/s. Determine a força de arrasto que atua em um lado da placa, se as dimensões da placa são de L = 1 m, e largura B = 0,5 m.

9.47 Um modelo de avião desce em um mergulho vertical e cruza o ar em condições padrão (1 atmosfera e 20 °C). A maior parte do arrasto se deve ao atrito de superfície sobre a asa (como aquele em uma placa plana). A asa possui uma envergadura de 1 m (de extremidade a extremidade) e uma largura (distância da aresta anterior à aresta posterior) de 10 cm. A aresta principal é rugosa, de modo que a camada-limite turbulenta ocorre desde ali. O modelo pesa 3 N. Determine a velocidade (em metros por segundo) na qual o modelo irá cair.

9.48 Uma placa plana tem orientação paralela a uma corrente de ar a 45 m/s, 20 °C e pressão atmosférica. A placa possui L = 1 m na direção do escoamento e 0,5 m de largura. Em um lado da placa, a camada-limite turbulenta tem origem na sua aresta principal, enquanto no outro lado não existe dispositivo gerador de turbulência. Determine a força de arrasto total sobre a placa.

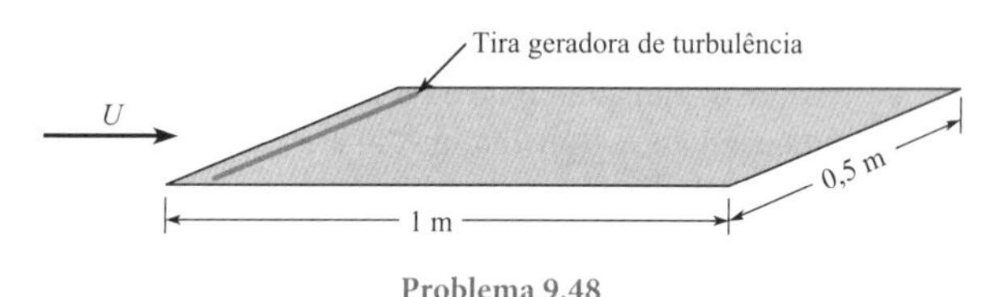

Problema 9.48

9.49 Um engenheiro está projetando um duto horizontal e retangular que será parte de um sistema que irá permitir que os peixes passem por fora de uma represa. Dentro do duto, um fluxo de água a 40 °F será dividido em duas correntes por meio de uma placa metálica plana e retangular. Calcule a força de arrasto viscosa sobre essa placa, assumindo um escoamento em camada-limite com velocidade da corrente livre de 12 ft/s e dimensões da placa de L = 5 ft e W = 4,5 ft.

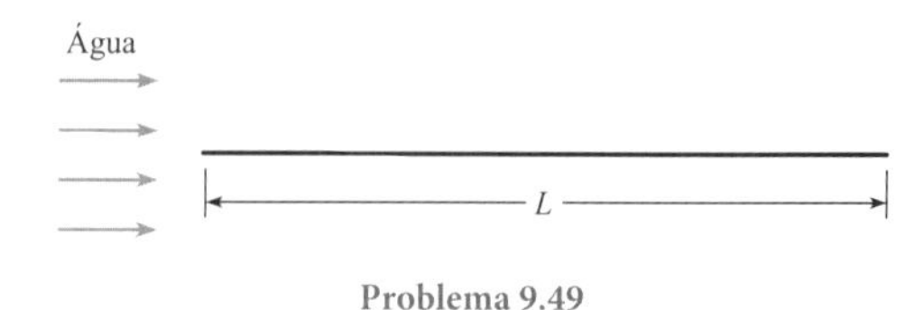

Problema 9.49

9.50 Um modelo está sendo desenvolvido para a região de entrada entre duas placas planas. Conforme mostrado na figura, assume-se que a região seja aproximada por uma camada-limite turbulenta que tem origem na aresta principal. O sistema é projetado tal que as placas terminam onde as camadas-limites se unem. O espaçamento entre as placas é de 4 mm, e a velocidade de entrada é de 10 m/s. O fluido é água a 20 °C. Uma rugosidade na aresta principal torna a camada-limite turbulenta desde ali. Determine o comprimento L no qual as camadas-limites se unem, e determine a força por unidade de profundidade (para dentro do papel) devido à tensão de cisalhamento sobre ambas as placas.

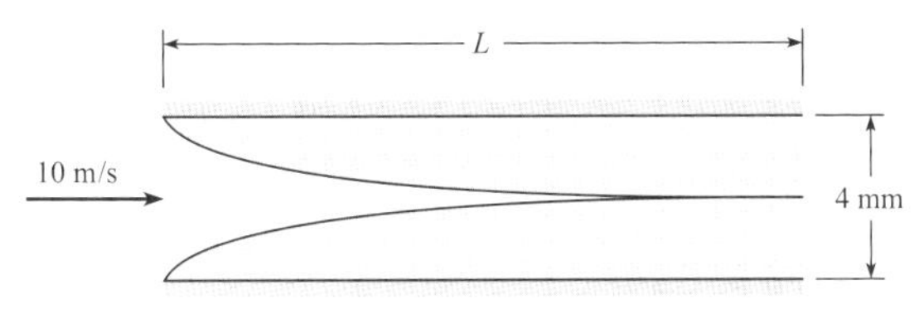

Problema 9.50

9.51 Um barco a motor puxa um tronco longo, liso e encharcado com água (0,5 m de diâmetro e 40 m de comprimento) a uma velocidade de 3 m/s. Assumindo que o tronco está totalmente submerso, estime a força exigida para superar a força de cisalhamento do tronco. Assuma uma temperatura da água de 10 °C e que a camada-limite seja turbulenta desde a parte frontal do tronco.

9.52 Trens de passageiros de alta velocidade são desenhados para ter a forma das linhas de corrente para reduzir a força de cisalhamento. A seção transversal de um vagão de passageiros de um desses trens é mostrada na figura. Para um trem com 81 m de comprimento, estime a força de cisalhamento (a) para uma velocidade de 81,1 km/h e (b) para 204 km/h. Qual é a potência exigida apenas pelas forças de cisalhamento nessas velocidades? Esses dois cálculos de potência serão as respostas (c) e (d), respectivamente. Assuma $T = 10$ °C e que a camada-limite seja turbulenta desde a parte frontal do trem.

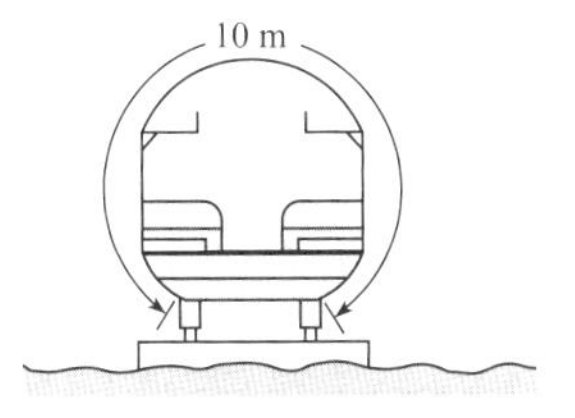

Problema 9.52

9.53 Um túnel de vento opera pela extração de ar através de uma contração, passando este ar por uma seção de testes, e depois pela exaustão por meio do uso de um grande ventilador axial. Os dados experimentais são registrados na seção de testes, que é normalmente uma seção retangular de duto feita a partir de um plástico transparente (geralmente acrílico). Na seção de testes, a velocidade deve possuir uma distribuição uniforme; dessa forma, é importante que a camada-limite seja muito delgada no final da seção. Para o túnel de vento na figura, a seção de testes é quadrada com uma dimensão de $W = 457$ mm em cada lado e um comprimento de $L = 914$ mm. Determine a razão entre a espessura máxima da camada-limite e a largura da seção de testes [$\delta(x = L)/W$] para dois casos: velocidade de operação mínima (1 m/s) e velocidade de operação máxima (70 m/s). Assuma as propriedades do ar a 1 atm e 20 °C.

Problema 9.53
(Foto por Donald Elger.)

9.54 Um navio com 600 ft de comprimento se desloca a uma taxa de 25 ft/s na água doce parada ($T = 50$ °F). Se a área submersa do navio é de 50.000 ft², qual é a sua força de atrito superficial?

9.55 Uma barcaça de rio possui as dimensões mostradas na figura. Ela desloca 2 ft de água quando vazia. Estime a força de atrito superficial da barcaça quando ela está sendo rebocada a uma velocidade de 10 ft/s na água doce parada a 60 °F.

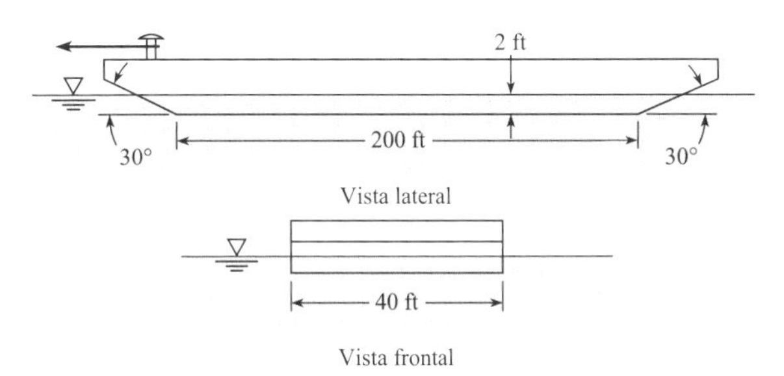

Problema 9.55

9.56 Um navio-tanque possui dimensões de comprimento, largura e calado (completamente carregado) de 325 m, 48 m e 19 m, respectivamente. Em mares abertos, o navio-tanque opera normalmente a uma velocidade de 18 nós (1 nó = 0,515 m/s). Para essas condições, e assumindo que as condições de camada-limite de placa plana sejam aproximadas, estime a força de atrito superficial de um desses navios que se desloca em água a 10 °C. Qual é a potência exigida para superar a força de atrito superficial? Qual é a espessura da camada-limite a 300 m da proa do navio?

9.57 Um hidroplano com 3 m de comprimento se desloca sobre a superfície de um lago com águas muito calmas ($T = 20$ °C) a uma velocidade de 15 m/s. Para essa condição, qual será a tensão de cisalhamento mínima ao longo do fundo liso?

9.58 Estime a potência exigida para superar a força de cisalhamento de um esquiador aquático se ele ou ela for rebocado a 30 mph e cada esqui possuir 4 ft por 6 polegadas. Assuma uma temperatura da água de 60 °F.

9.59 Se a área molhada de um navio de 80 m é de 1.500 m², qual é a dimensão aproximada da força de atrito superficial quando o navio está se deslocando a uma velocidade de 15 m/s? Qual é a espessura da camada-limite na popa do navio? Considere a água do mar a $T = 10$ °C.

CAPÍTULO**DEZ**

Escoamento em Dutos

OBJETIVO DO CAPÍTULO Este capítulo explica como analisar o escoamento em dutos. A principal ferramenta, a equação da energia, foi apresentada no Capítulo 7. Este capítulo avança em relação a esse conhecimento ao descrever como calcular a perda de carga. Adicionalmente, será explicado como analisar bombas e uma rede de tubulações.

FIGURA 10.1

O oleoduto do Alasca, uma realização significativa da Engenharia, atravessa o estado americano do Alasca transportando óleo ao longo de 1286 km. O diâmetro da tubulação é de 1,2 m, e 44 bombas são usadas para promover o escoamento. Este capítulo apresenta informações para o projeto de sistemas que envolvem tubos, bombas e turbinas. (Foto © Eastcott/Momatiuk/The Image Works.)

RESULTADOS DO APRENDIZADO

ESCOAMENTO EM DUTOS (§10.1, §10.2).

- Definir um duto.
- Conhecer os principais conceitos sobre a classificação de um escoamento e o número de Reynolds.
- Especificar uma bitola de uma tubulação usando o padrão NPS (*Nominal Pipe Sizes* = Bitolas Nominais de Tubulações).

PERDA DE CARGA (§10.3).

- Descrever a perda de carga total, perda de carga na tubulação e perda de carga de um componente.
- Definir o fator de atrito f.
- Para a equação de Darcy-Weisbach, listar as etapas da derivação, descrever a física, explicar o significado das variáveis e aplicar esta equação.

FATOR DE ATRITO (§10.5, §10.6).

- Calcular h_f ou f usando as equações relevantes.
- Descrever o diagrama de Moody e aplicá-lo para determinar f.

RESOLUÇÃO DE EQUAÇÕES (§10.7).

- Resolver problemas de escoamento turbulento quando as equações não puderem ser resolvidas apenas por meio da álgebra.

PERDA DE CARGA COMBINADA (§10.8).

- Definir o coeficiente de perda de carga localizada.
- Descrever e aplicar a equação da perda de carga combinada.

DIÂMETRO HIDRÁULICO (§10.9).

- Definir e calcular o diâmetro hidráulico e o raio hidráulico.
- Resolver problemas relevantes.

BOMBAS CENTRÍFUGAS (§10.9).

- Esboçar e explicar a curva do sistema e a curva da bomba.
- Resolver problemas relevantes.

10.1 Classificando o Escoamento

Esta seção descreve como classificar o escoamento em um duto considerando (a) se o escoamento é laminar ou turbulento, e (b) se o escoamento está se desenvolvendo ou se está completamente desenvolvido. A classificação do escoamento é essencial para selecionar a equação apropriada para calcular a perda de carga.

Um **duto** é qualquer cano, tubo, ou conduto que esteja completamente preenchido com um fluido em escoamento. Exemplos incluem uma tubulação transportando gás natural liquefeito, um microcanal transportando hidrogênio em uma célula de combustível, e um duto transportando ar para o aquecimento de um edifício. Um tubo que esteja parcialmente preenchido com um fluido em escoamento (por exemplo, um tubo de dreno) é classificado como um escoamento em um canal aberto e é analisado usando conceitos do Capítulo 15.

Escoamento Laminar e Escoamento Turbulento

O escoamento em um duto é classificado como laminar ou turbulento, dependendo da magnitude do número de Reynolds. A pesquisa original envolveu a visualização do escoamento em um tubo de vidro, conforme é mostrado na Figura 10.2a. Na década de 1880, Reynolds (1) injetou um corante no centro do tubo e observou o seguinte:

- Quando a velocidade era baixa, a trilha de corante escoava ao longo do tubo com pouca expansão, como mostrado na Figura 10.2b. Entretanto, se a água no tanque era perturbada, a trilha oscilava ao longo do tubo.
- Se a velocidade era aumentada, em um dado ponto no tubo o corante iria de uma só vez se misturar com a água, como mostrado na Figura 10.2c.
- Quando o corante exibia uma mistura rápida (Fig. 10.2c), a iluminação com uma faísca elétrica revelava turbilhões no fluido misturado, como mostrado na Figura 10.2d.

Os regimes de escoamento mostrados na Figura 10.2 são o escoamento laminar (Fig. 10.2b) e o escoamento turbulento (Figs. 10.2c e 10.2d). Reynolds mostrou que o surgimento da turbulência estava relacionado com um grupo π, que agora é chamado de número de Reynolds ($\text{Re} = \rho V D/\mu$) em homenagem ao seu trabalho pioneiro.

O número de Reynolds é escrito com frequência como Re_D, no qual o índice subscrito "D" denota que o diâmetro é usado na fórmula. Esse índice subscrito é denominado *escala de comprimento*, cuja indicação para o número de Reynolds é uma boa prática, pois nela são usados valores diversos. Por exemplo, no Capítulo 9 foram introduzidos o Re_x e Re_L.

O número de Reynolds pode ser calculado a partir de quatro equações diferentes e equivalentes, pois é possível partir de qualquer uma das fórmulas e derivar as demais. As fórmulas são:

$$\text{Re}_D = \frac{VD}{\nu} = \frac{\rho VD}{\mu} = \frac{4Q}{\pi D \nu} = \frac{4\dot{m}}{\pi D \mu} \quad (10.1)$$

Reynolds descobriu que, se o fluido no reservatório a montante não estivesse completamente em repouso ou se o tubo tivesse vibrações, a variação de escoamento laminar para

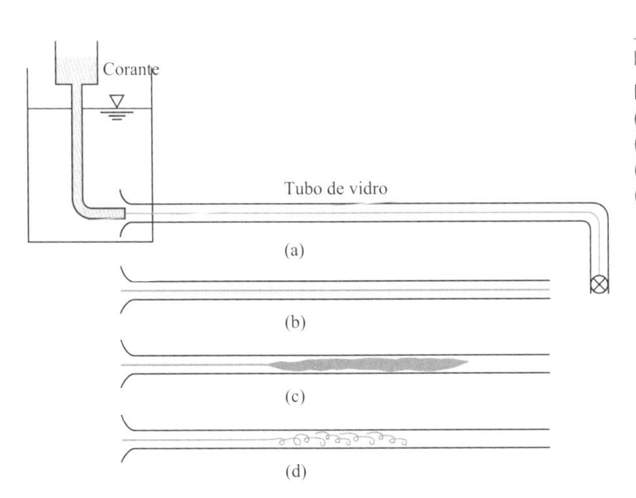

FIGURA 10.2
Experimento de Reynolds:
(a) aparato,
(b) escoamento laminar do corante no tubo,
(c) escoamento turbulento do corante no tubo,
(d) turbilhões em um escoamento turbulento.

turbulento ocorria em $Re_D \sim 2100$. Contudo, se as condições fossem ideais, era possível atingir um número de Reynolds muito maior antes que o escoamento se tornasse turbulento. Reynolds também descobriu que, quando uma velocidade alta mudava para uma velocidade baixa, a mudança de volta a um escoamento laminar ocorria em $Re_D \sim 2000$. Com base nos experimentos de Reynolds, os engenheiros usam diretrizes para estabelecer se o escoamento em um duto será laminar ou turbulento. As diretrizes usadas neste livro são as seguintes:

$$\begin{aligned} &\mathrm{Re}_D \leq 2000 && \text{escoamento laminar} \\ &2000 \leq \mathrm{Re}_D \leq 3000 && \text{imprevisível} \\ &\mathrm{Re}_D \geq 3000 && \text{escoamento turbulento} \end{aligned} \quad (10.2)$$

Na Eq. (10.2), a faixa intermediária ($2000 \leq \mathrm{Re}_D \leq 3000$) corresponde a um tipo de escoamento que é imprevisível, pois ele pode variar continuamente entre os estados laminar e turbulento. Reconheça que não existem valores precisos para a relação de número de Reynolds *versus* regimento de escoamento. Desse modo, as diretrizes dadas na Eq. (10.2) são aproximadas, e outras referências podem dar valores diferentes. Por exemplo, algumas referências usam $\mathrm{Re}_D = 2300$ como critério para turbulência.

Escoamento em Desenvolvimento e Escoamento Completamente Desenvolvido

O escoamento em um duto é classificado como um escoamento em desenvolvimento ou um escoamento completamente desenvolvido. Por exemplo, considere um fluido laminar entrando em um tubo a partir de um reservatório, conforme mostrado na Figura 10.3. À medida que o fluido se move pelo tubo, o perfil de velocidades muda na direção do fluxo, uma vez que os efeitos viscosos fazem com que o perfil pistonado mude gradualmente para um perfil parabólico. Essa região em que o perfil de velocidades muda é chamada de **escoamento em desenvolvimento**. Após ser atingida a distribuição parabólica, o perfil do escoamento permanece sem alterações na direção do fluxo, e o escoamento é chamado de **escoamento completamente desenvolvido**.

A distância exigida para o desenvolvimento do escoamento é chamada de **comprimento de entrada** (L_e). Nele, a tensão de cisalhamento na parede diminui na direção do fluxo (isto é, na direção s). Para o escoamento laminar, a distribuição de tensões de cisalhamento na parede está mostrada na Figura 10.3. Próximo à entrada do tubo, o gradiente de velocidades radial (mudança na velocidade em função da distância da parede) é alto, de modo que a tensão de cisalhamento é grande. À medida que o perfil de velocidades progride para uma forma parabólica, o gradiente de velocidades e a tensão de cisalhamento na parede diminuem até atingir um valor constante. O comprimento de entrada é definido como a distância na qual a tensão

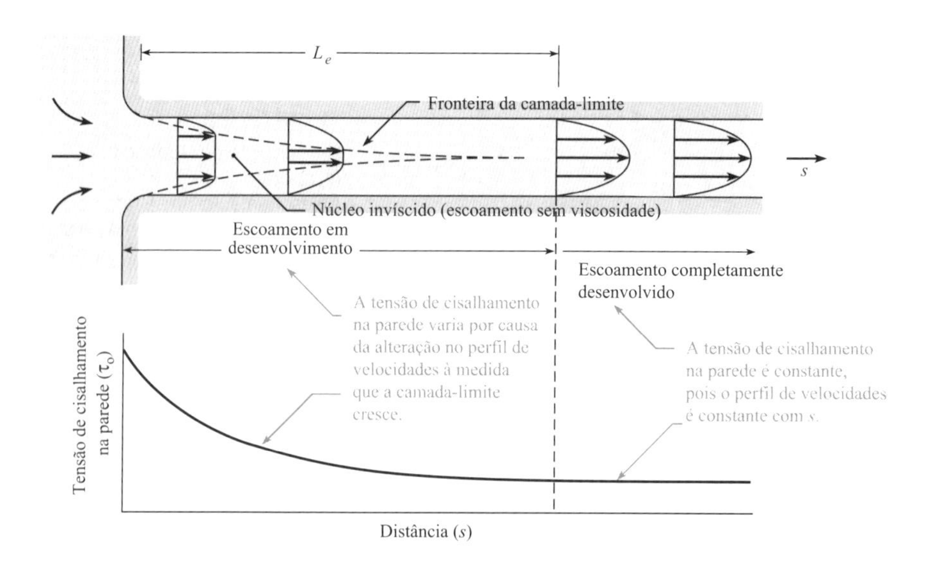

FIGURA 10.3
No escoamento em desenvolvimento, a tensão de cisalhamento na parede está mudando. No escoamento completamente desenvolvido, a tensão de cisalhamento na parede é constante.

de cisalhamento atinge 2% do valor completamente desenvolvido. As correlações para o comprimento de entrada são

$$\frac{L_e}{D} = 0{,}05\ \text{Re}_D \qquad (\text{escoamento laminar: Re}_D \leq 2000) \qquad \textbf{(10.3a)}$$

$$\frac{L_e}{D} = 50 \qquad (\text{escoamento turbulento: Re}_D \geq 3000) \qquad \textbf{(10.3b)}$$

A Eq. (10.3) é válida para o escoamento que entra em um tubo circular desde um reservatório em condições quiescentes. Outros componentes a montante, tais como válvulas, curvas e bombas, produzem campos de escoamento complexos que exigem comprimentos diferentes para atingir um escoamento completamente desenvolvido.

Em resumo, o escoamento em um duto é classificado em quatro categorias: laminar em desenvolvimento, laminar completamente desenvolvido, turbulento em desenvolvimento ou turbulento completamente desenvolvido. A chave para a classificação consiste em calcular o número de Reynolds, conforme mostrado no Exemplo 10.1.

EXEMPLO 10.1

Classificando o Escoamento em Dutos

Enunciado do Problema

Considere um fluido escoando em um tubo redondo com comprimento de 1 m e diâmetro de 5 mm. Classifique o escoamento como laminar ou turbulento, e calcule o comprimento de entrada para (a) ar (50 °C) com uma velocidade de 12 m/s e (b) água (15 °C) com uma vazão mássica de $\dot{m} = 8$ g/s.

Defina a Situação

Fluido está escoando em um tubo redondo (dois casos são dados).

Escoamento
$L = 1{,}0$ m
$D = 0{,}005$ m
(*a*) Ar, 50°C, $V = 12$ m/s
(*b*) Água, 15°C, $\dot{m} = 0{,}008$ kg/s

Propriedades:

- Ar (50 °C): Tabela A.3, $\nu = 1{,}79 \times 10^{-5}$ m²/s
- Água (15 °C): Tabela A.5, $\mu = 1{,}14 \times 10^{-3}$ N·s/m²

Hipóteses:

- O tubo está conectado a um reservatório.
- A entrada é lisa e afunilada.

Estabeleça o Objetivo

- Determinar se cada escoamento é laminar ou turbulento.
- Calcular o comprimento de entrada (em metros) para cada caso.

Tenha Ideias e Trace um Plano

- Calcule o número de Reynolds usando a Eq. (10.1).
- Estabeleça se o escoamento é laminar ou turbulento usando a Eq. (10.2).
- Calcule o comprimento de entrada usando a Eq. (10.3).

Aja (Execute o Plano)

a. Ar:

$$\text{Re}_D = \frac{VD}{\nu} = \frac{(12\ \text{m/s})(0{,}005\ \text{m})}{1{,}79 \times 10^{-5}\ \text{m}^2/\text{s}} = 3350$$

Uma vez que $\text{Re}_D > 3000$, $\boxed{\text{o escoamento é turbulento.}}$

$$L_e = 50D = 50(0{,}005\,\text{m}) = \boxed{0{,}25\ \text{m}}$$

b. Água:

$$\text{Re}_D = \frac{4\dot{m}}{\pi D \mu} = \frac{4(0{,}008\ \text{kg/s})}{\pi(0{,}005\ \text{m})(1{,}14 \times 10^{-3}\ \text{N} \cdot \text{s/m}^2)} = 1787$$

Uma vez que $\text{Re}_D < 2000$, $\boxed{\text{o escoamento é laminar.}}$

$$L_e = 0{,}05\text{Re}_D D = 0{,}05(1787)(0{,}005\ \text{m}) = \boxed{0{,}447\ \text{m}}$$

10.2 Especificando Bitolas de Tubulações

Esta seção descreve como especificar tubulações usando o padrão de Bitolas Nominais de Tubulações (NPS = *Nominal Pipe Size*). Esta informação é útil para especificar uma bitola de tubulação que está comercialmente disponível.

Bitolas Padrões para Tubulações (NPS)

Um dos padrões mais comuns para bitolas de tubulações é o sistema NPS. Os termos usados no sistema NPS são introduzidos na Figura 10.4. O ID (*Inner Diameter* = Diâmetro Interno) indica

FIGURA 10.4
Vista em seção de um tubo.

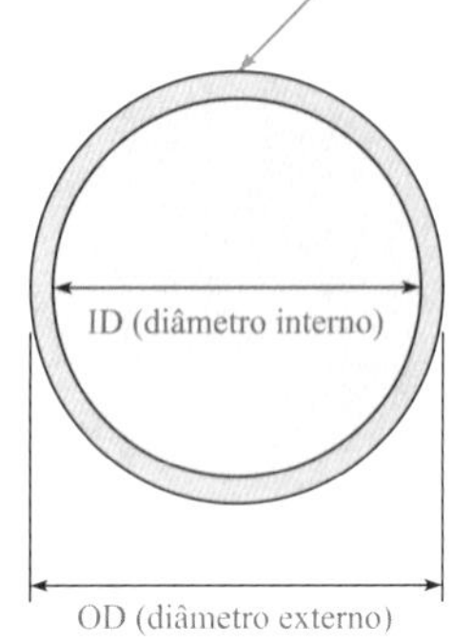

TABELA 10.1 Bitolas Nominais de Tubulações

NPS - Bitola Nominal (polegadas)	OD (polegadas)	*Schedule*	Espessura da Parede (polegadas)	ID (polegadas)
1/2	0,840	40 80	0,109 0,147	0,622 0,546
1	1,315	40 80	0,133 0,179	1,049 0,957
2	2,375	40 80	0,154 0,218	2,067 1,939
4	4,500	40 80	0,237 0,337	4,026 3,826
8	8,625	40 80	0,322 0,500	7,981 7,625
14	14,000	10 40 80 120	0,250 0,437 0,750 1,093	13,500 13,126 12,500 11,814
24	24,000	10 40 80 120	0,250 0,687 1,218 1,812	23,500 22,626 21,564 20,376

o diâmetro interno do tubo, enquanto o OD (*Outer Diameter* = Diâmetro Externo) indica o diâmetro externo do tubo. Como mostrado na Tabela 10.1, um tubo NPS é especificado usando dois valores: uma bitola de tubulação nominal e um "*schedule*" (relacionado com espessura de parede). A bitola nominal do tubo determina o diâmetro externo do tubo, ou OD. Por exemplo, os tubos com uma bitola nominal de 2 polegadas possuem um OD de 2,375 polegadas (60,325 mm). Uma vez que a bitola nominal atinja 14 polegadas, a bitola nominal e o OD são iguais. Isto é, um tubo com uma bitola nominal de 24 polegadas terá um OD de 24 polegadas.

O *schedule* do tubo está relacionado com a espessura da parede. O significado original de "*schedule*" era a habilidade de um tubo em resistir à pressão; dessa forma, o *schedule* está relacionado com a espessura da parede. Cada bitola nominal de tubo possui vários *schedules* possíveis, que variam de 5 até 160. Os dados na Tabela 10.1 mostram valores representativos de ODs e de *schedules*; mais bitolas de tubos são especificadas em manuais de Engenharia e na *Internet*.

10.3 Perda de Carga em Tubos

Esta seção apresenta a equação de Darcy-Weisbach, uma das equações mais úteis na mecânica dos fluidos, usada para calcular a perda de carga em uma seção reta de tubo.

Perda de Carga Combinada (Total)

Existem dois tipos de perda de carga: a perda de carga no tubo e a perda de carga do componente. Toda perda de carga é classificada usando as duas categorias a seguir:

$$\text{(perda de carga total)} = \text{(perda de carga no tubo)} + \text{(perda de carga do componente)} \quad \textbf{(10.4)}$$

A **perda de carga do componente** está associada ao escoamento por meio de dispositivos como válvulas, curvas e tes. A **perda de carga no tubo** está associada ao escoamento completamente desenvolvido em dutos, e é causada pelas tensões de cisalhamento que atuam sobre o

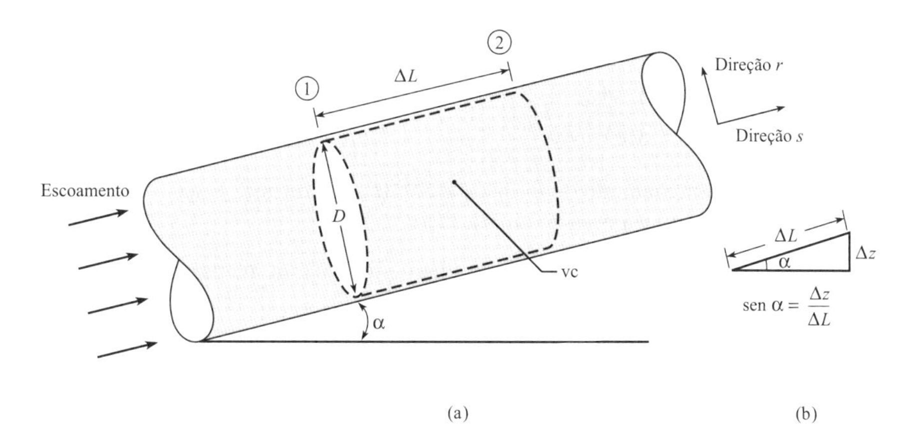

FIGURA 10.5
Situação inicial para a derivação da equação de Darcy-Weisbach.

fluido em escoamento. Note que a perda de carga no tubo é algumas vezes chamada de perda de carga principal ou perda de carga distribuída, enquanto a perda de carga de um componente é algumas vezes chamada de perda de carga localizada. A perda de carga no tubo é estimada com a equação de Darcy-Weisbach.

Derivação da Equação de Darcy-Weisbach

Para derivar a equação de Darcy-Weisbach, comece com a situação mostrada na Figura 10.5. Considere um escoamento completamente desenvolvido e em regime estacionário em um tubo redondo com diâmetro constante D. Localize um volume de controle cilíndrico de diâmetro D e comprimento ΔL dentro do tubo. Defina um sistema de coordenadas com uma coordenada axial na direção do escoamento (direção s) e uma coordenada radial na direção r.

Aplique a equação do momento ao volume de controle mostrado na Figura 10.5.

$$\sum \mathbf{F} = \frac{d}{dt}\int_{vc} \mathbf{v}\rho d\forall + \int_{sc} \mathbf{v}\rho \mathbf{V} \cdot d\mathbf{A} \tag{10.5}$$

(forças resultantes) = (taxa de acúmulo de momento) + (taxa líquida de saída de momento)

Selecione a direção do escoamento e analise cada um dos três termos na Eq. (10.5). A taxa líquida de saída de momento é zero, pois a distribuição de velocidades na seção 2 é idêntica à distribuição de velocidades na seção 1. O termo de acúmulo de momento também é zero, pois o escoamento é estacionário. Desse modo, a Eq. (10.5) simplifica a $\mathbf{\Sigma F} = \mathbf{0}$. As forças estão mostradas na Figura 10.6. Somando as forças na direção do escoamento obtemos

$$F_{\text{pressão}} + F_{\text{cisalhamento}} + F_{\text{peso}} = 0$$
$$(p_1 - p_2)\left(\frac{\pi D^2}{4}\right) - \tau_0(\pi D \Delta L) - \gamma\left[\left(\frac{\pi D^2}{4}\right)\Delta L\right] \text{sen}\,\alpha = 0 \tag{10.6}$$

A Figura 10.5b mostra que sen $\alpha = (\Delta z/\Delta L)$. A Eq. (10.6) torna-se

$$(p_1 + \gamma z_1) - (p_2 + \gamma z_2) = \frac{4\Delta L \tau_0}{D} \tag{10.7}$$

Em seguida, aplique a equação da energia ao volume de controle mostrado na Figura 10.5. Reconheça que $h_b = h_t = 0$, $V_1 = V_2$, e $\alpha_1 = \alpha_2$. Desse modo, a equação da energia se reduz a

$$\frac{p_1}{\gamma} + z_1 = \frac{p_2}{\gamma} + z_2 + h_L$$
$$(p_1 + \gamma z_1) - (p_2 + \gamma z_2) = \gamma h_L \tag{10.8}$$

Combine as Eqs. (10.7) e (10.8), e substitua ΔL por L. Além disso, introduza um novo símbolo, h_f, para representar a perda de carga em um tubo:

$$h_f = \begin{pmatrix}\text{perda de carga}\\ \text{em um tubo}\end{pmatrix} = \frac{4L\tau_0}{D\gamma} \tag{10.9}$$

FIGURA 10.6
Diagrama de forças.

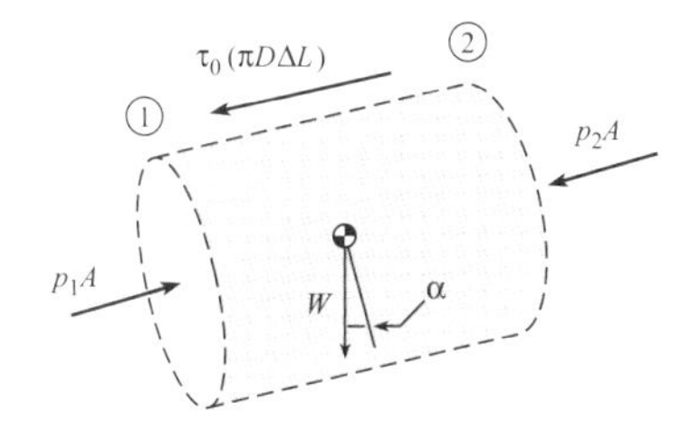

Rearranje o lado direito da Eq. (10.9):

$$h_f = \left(\frac{L}{D}\right)\left\{\frac{4\tau_0}{\rho V^2/2}\right\}\left\{\frac{\rho V^2/2}{\gamma}\right\} = \left\{\frac{4\tau_0}{\rho V^2/2}\right\}\left(\frac{L}{D}\right)\left\{\frac{V^2}{2g}\right\} \tag{10.10}$$

Defina um novo grupo π chamado de **fator de atrito** (f), que fornece a razão entre a tensão de cisalhamento na parede (τ_0) e a pressão cinética ($\rho V^2/2$):

$$f \equiv \frac{(4 \cdot \tau_0)}{(\rho V^2/2)} \approx \frac{\text{tensão de cisalhamento atuando na parede}}{\text{pressão cinética}} \tag{10.11}$$

Na literatura técnica, o fator de atrito é identificado por várias denominações diferentes e sinônimas: fator de atrito, fator de atrito de Darcy, fator de atrito de Darcy-Weisbach, e coeficiente de resistência. Existe também outro coeficiente chamado de fator de atrito de Fanning, usado com frequência por engenheiros químicos, e que está relacionado com o fator de atrito de Darcy-Weisbach por um fator de 4:

$$f_{\text{Darcy}} = 4 f_{\text{Fanning}} \tag{10.12}$$

Este livro utiliza apenas o fator de atrito de Darcy-Weisbach. Combinando as Eqs. (10.10) e (10.11) obtemos a equação de Darcy-Weisbach:

$$h_f = f \frac{L}{D} \frac{V^2}{2g} \tag{10.13}$$

Para usar a equação de Darcy-Weisbach, o escoamento deve estar completamente desenvolvido e em regime estacionário. A equação de Darcy-Weisbach é usada tanto para escoamentos laminares ou turbulentos, quanto para tubos redondos ou dutos não redondos, como por exemplo o duto retangular.

A equação de Darcy-Weisbach mostra que a perda de carga depende do fator de atrito, da razão entre o comprimento do tubo e o seu diâmetro, e da velocidade média ao quadrado. A chave para utilizar a equação de Darcy-Weisbach consiste em calcular o valor do fator de atrito f. Este tópico será abordado nas próximas seções deste livro.

10.4 Distribuições de Tensões no Escoamento em um Tubo

Esta seção deriva equações para as distribuições de tensões sobre um plano que está orientado normal às linhas de corrente. Elas são aplicáveis tanto a um escoamento laminar quanto turbulento, e fornecem informações sobre a natureza do escoamento. Além disso, estas equações são usadas para derivações subsequentes.

No escoamento em um tubo, a pressão que atua sobre um plano normal à direção do escoamento é hidrostática. Isso significa que a distribuição de pressões varia linearmente, conforme mostrado na Figura 10.7. A razão pela qual a distribuição de pressões é hidrostática pode ser explicada com a equação de Euler (ver §4.5).

Para derivar uma equação para a variação na tensão de cisalhamento, considere o escoamento de um fluido newtoniano em um tubo redondo que está inclinado em um ângulo α em relação à horizontal, conforme mostrado na Figura 10.8. Considere que o escoamento esteja

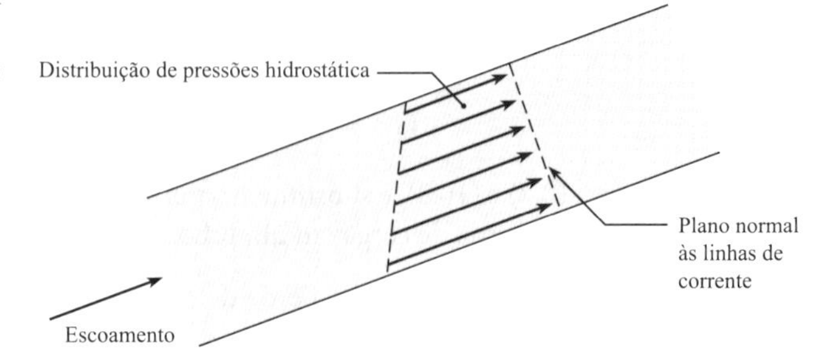

FIGURA 10.7

Para o escoamento completamente desenvolvido em um tubo, a distribuição de pressões sobre uma área normal às linhas de corrente é hidrostática.

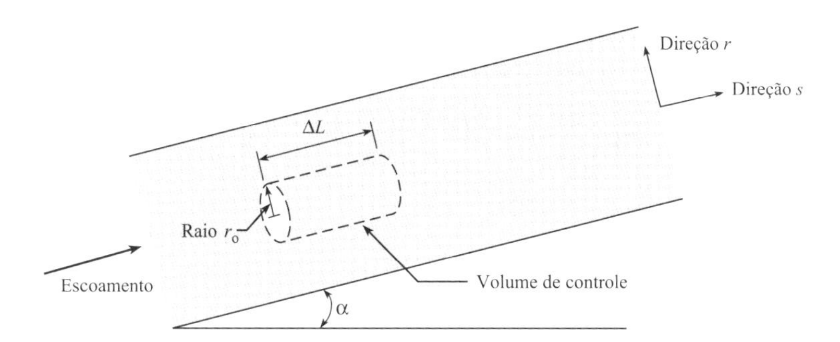

FIGURA 10.8
Desenho para a derivação de uma equação para a tensão de cisalhamento.

completamente desenvolvido, e seja estacionário e laminar. Defina um volume de controle cilíndrico com comprimento ΔL e raio r.

Aplique a equação do momento na direção s. O fluxo líquido de saída de momento é zero, pois o escoamento está completamente desenvolvido; isto é, a distribuição de velocidades na entrada é a mesma que a distribuição de velocidades na saída. O acúmulo de momento também é zero, pois o escoamento é estacionário. A equação do momento simplifica a um equilíbrio de forças:

$$\sum F_s = F_{\text{pressão}} + F_{\text{peso}} + F_{\text{cisalhamento}} = 0 \qquad (10.13)$$

Analise cada termo na Eq. (10.13) usando o diagrama de forças mostrado na Figura 10.9:

$$pA - \left(p + \frac{dp}{ds}\Delta L\right)A - W\text{sen}\,\alpha - \tau(2\pi r)\Delta L = 0 \qquad (10.14)$$

Faça com que $W = \gamma A \Delta L$, e substitua sen $\alpha = \Delta z/\Delta L$, conforme mostrado na Figura 10.5b. Em seguida, divida a Eq. (10.14) por $A\Delta L$:

$$\tau = \frac{r}{2}\left[-\frac{d}{ds}(p + \gamma z)\right] \qquad (10.15)$$

A Eq. (10.15) mostra que a distribuição de tensões de cisalhamento varia linearmente com r, conforme mostrado na Figura 10.10. Observe que a tensão de cisalhamento é zero na linha de centro, que ela atinge um valor máximo de τ_0 na parede, e que a variação entre esses pontos é linear. Essa variação de tensões de cisalhamento linear se aplica tanto ao escoamento laminar quanto turbulento.

FIGURA 10.9
Diagrama de forças correspondente ao volume de controle definido na Figura 10.8.

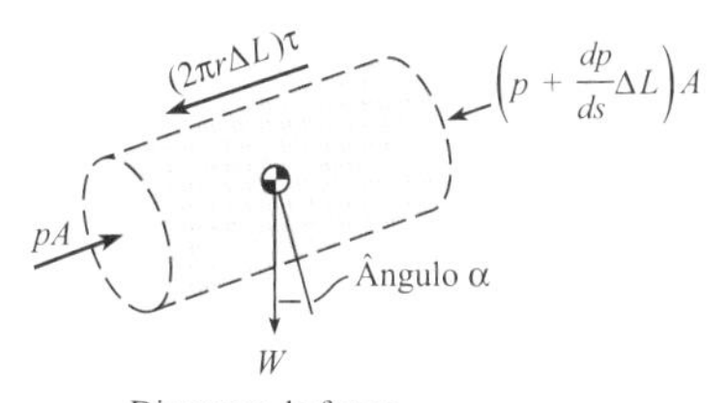

FIGURA 10.10
Em um escoamento completamente desenvolvido (laminar ou turbulento), a distribuição de tensões de cisalhamento é linear.

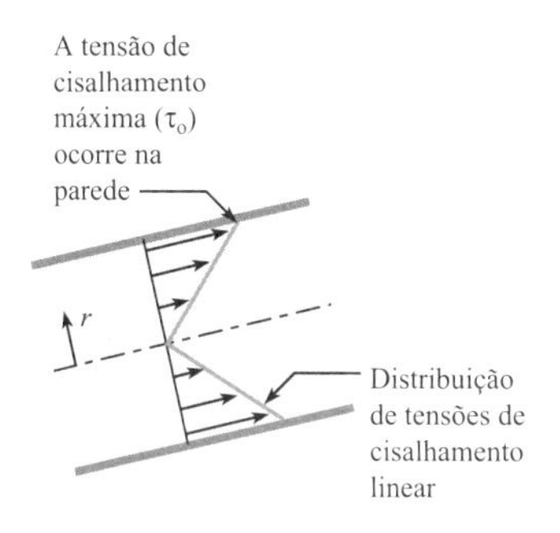

10.5 Escoamento Laminar em um Tubo Redondo

Esta seção descreve o escoamento laminar e deriva equações relevantes. O escoamento laminar é importante para o escoamento em pequenos dutos, denominados microcanais, para o escoamento de lubrificantes, e para a análise de outros escoamentos em que as forças viscosas são dominantes. Ainda, o conhecimento do escoamento laminar proporciona uma base para o estudo de tópicos avançados.

O **escoamento laminar** é um regime de escoamento em que o movimento do fluido é suave, o escoamento ocorre em camadas (lâminas), e a mistura entre as camadas ocorre por difusão molecular, um processo que é muito mais lento do que a mistura turbulenta. De acordo com a Eq. (10.2), o escoamento laminar acontece quando $\text{Re}_D \leq 2000$. Quando feito em um tubo redondo é chamado de **escoamento de Poiseuille** ou **escoamento de Hagen-Poiseuille**, em homenagem aos pesquisadores que estudaram escoamentos em baixas velocidades nos anos 1840.

Perfil de Velocidades

Para derivar uma equação para o perfil de velocidades em um escoamento laminar, comece relacionando a tensão à taxa de deformação usando a equação da viscosidade:

$$\tau = \mu\frac{dV}{dy}$$

em que y é a distância a partir da parede do tubo. Substitua as variáveis fazendo com que $y = r_0 - r$, em que r_0 é o raio do tubo e r é a coordenada radial. Em seguida, use a regra da cadeia do cálculo:

$$\tau = \mu\left(\frac{dV}{dy}\right) = \mu\left(\frac{dV}{dr}\right)\left(\frac{dr}{dy}\right) = -\left(\mu\frac{dV}{dr}\right) \tag{10.16}$$

Substitua a Eq. (10.16) na Eq. (10.15):

$$\left(\frac{2\mu}{r}\right)\left(\frac{dV}{dr}\right) = \frac{d}{ds}(p + \gamma z) \tag{10.17}$$

Na Eq. (10.17), o lado esquerdo é uma função do raio r, enquanto o lado direito é uma função da localização axial s. Isso só pode ser verdadeiro se cada lado da Eq. (10.17) for igual a uma constante. Desse modo,

$$\text{constante} = \frac{d}{ds}(p + \gamma z) = \left(\frac{\Delta(p + \gamma z)}{\Delta L}\right) = \left(\frac{\gamma \Delta h}{\Delta L}\right) \tag{10.18}$$

em que Δh é a variação na carga piezométrica ao longo de um comprimento ΔL do duto. Combine as Eqs. (10.17) e (10.18):

$$\frac{dV}{dr} = \left(\frac{r}{2\mu}\right)\left(\frac{\gamma \Delta h}{\Delta L}\right) \tag{10.19}$$

Integre a Eq. (10.19):

$$V = \left(\frac{r^2}{4\mu}\right)\left(\frac{\gamma \Delta h}{\Delta L}\right) + C \tag{10.20}$$

Para avaliar a constante de integração C na Eq. (10.20), aplique a condição de não escorregamento, que estabelece que a velocidade do fluido na parede é igual a zero. Assim,

$$V(r = r_0) = 0$$

$$0 = \frac{r_0^2}{4\mu}\left(\frac{\gamma \Delta h}{\Delta L}\right) + C$$

Resolva para C e substitua o resultado na Eq. (10.20):

$$V = \frac{r_0^2 - r^2}{4\mu}\left[-\frac{d}{ds}(p + \gamma z)\right] = -\left(\frac{r_0^2 - r^2}{4\mu}\right)\left(\frac{\gamma \Delta h}{\Delta L}\right) \tag{10.21}$$

A velocidade máxima ocorre em $r = 0$:

$$V_{\text{máx}} = -\left(\frac{r_0^2}{4\mu}\right)\left(\frac{\gamma \Delta h}{\Delta L}\right) \tag{10.22}$$

Combine as Eqs. (10.21) e (10.22):

$$V(r) = -\left(\frac{r_0^2 - r^2}{4\mu}\right)\left(\frac{\gamma \Delta h}{\Delta L}\right) = V_{\text{máx}}\left(1 - \left(\frac{r}{r_0}\right)^2\right) \tag{10.23}$$

A Eq. (10.23) mostra que a velocidade varia conforme o raio ao quadrado ($V \sim r^2$), o que significa que a distribuição de velocidades no escoamento laminar é parabólica, conforme traçada na Figura 10.11.

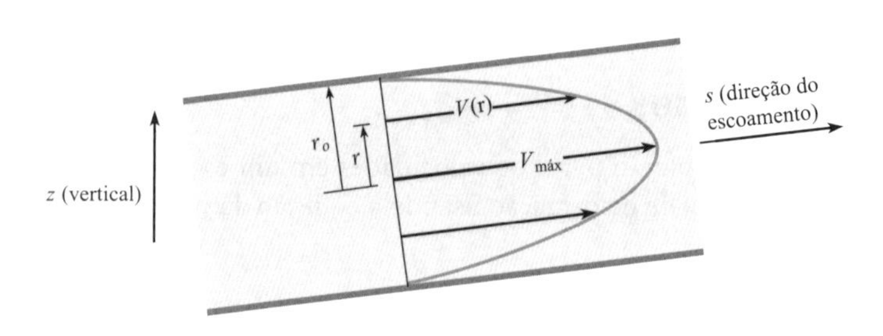

FIGURA 10.11
O perfil de velocidades no escoamento de Poiseuille é parabólico.

Vazão Volumétrica e Velocidade Média V

Para derivar uma equação para a vazão volumétrica Q, introduza o perfil de velocidades da Eq. (10.23) na equação para a vazão:

$$Q = \int V\,dA = -\int_0^{r_0} \frac{(r_0^2 - r^2)}{4\mu}\left(\frac{\gamma \Delta h}{\Delta L}\right)(2\pi r\,dr) \quad (10.24)$$

Integre a Eq. (10.24):

$$Q = -\left(\frac{\pi}{4\mu}\right)\left(\frac{\gamma \Delta h}{\Delta L}\right)\frac{(r^2 - r_0^2)^2}{2}\Bigg|_0^{r_0} = -\left(\frac{\pi r_0^4}{8\mu}\right)\left(\frac{\gamma \Delta h}{\Delta L}\right) \quad (10.25)$$

Para derivar uma equação para a velocidade média, aplique $Q = \overline{V}A$ e use a Eq. (10.25).

$$\overline{V} = -\left(\frac{r_0^2}{8\mu}\right)\left(\frac{\gamma \Delta h}{\Delta L}\right) \quad (10.26)$$

A comparação das Eqs. (10.26) e (10.22) revela que $\overline{V} = V_{máx}/2$. Em seguida, substitua $D/2$ para r_0 na Eq. (10.26). O resultado final é uma equação para a velocidade média em um tubo redondo:

$$\overline{V} = -\left(\frac{D^2}{32\mu}\right)\left(\frac{\gamma \Delta h}{\Delta L}\right) = \frac{V_{máx}}{2} \quad (10.27)$$

Perda de Carga e Fator de Atrito f

Para derivar uma equação para a perda de carga em um tubo redondo, considere um escoamento completamente desenvolvido no tubo mostrado na Figura 10.12. Aplique a equação da energia entre as seções 1 e 2, e simplifique para obter

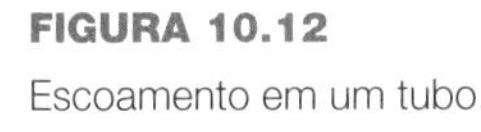

FIGURA 10.12
Escoamento em um tubo.

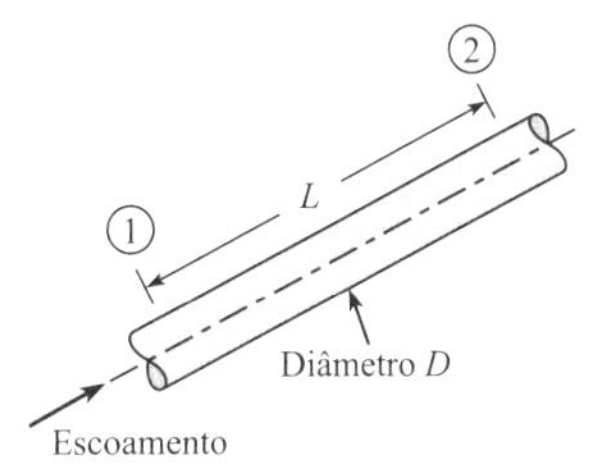

$$\left(\frac{p_1}{\gamma} + z_1\right) = \left(\frac{p_2}{\gamma} + z_2\right) + h_L \quad (10.28)$$

Substitua $h_L = h_f$, e então a Eq. (10.28) se torna

$$\left(\frac{p_1}{\gamma} + z_1\right) = \left(\frac{p_2}{\gamma} + z_2\right) + h_f \quad (10.29)$$

Expanda a Eq. (10.27):

$$\overline{V} = -\left(\frac{\gamma D^2}{32\mu}\right)\left(\frac{\Delta h}{\Delta L}\right) = -\left(\frac{\gamma D^2}{32\mu}\right)\frac{\left(\frac{p_2}{\gamma} + z_2\right) - \left(\frac{p_1}{\gamma} + z_1\right)}{\Delta L} \quad (10.30)$$

Reorganize a Eq. (10.30) e substitua ΔL por L:

$$\left(\frac{p_1}{\gamma} + z_1\right) = \left(\frac{p_2}{\gamma} + z_2\right) + \frac{32\mu \overline{V} L}{\gamma D^2} \quad (10.31)$$

Comparando as Eqs. (10.29) e (10.31) obtemos uma equação para a perda de carga em um tubo:

$$h_f = \frac{32\mu L \overline{V}}{\gamma D^2} \quad (10.32)$$

As hipóteses-chave para a Eq. (10.32) são (a) escoamento laminar, (b) escoamento completamente desenvolvido, (c) escoamento em regime estacionário, e (d) fluido newtoniano.

A Eq. (10.32) mostra que a perda de carga em um escoamento laminar varia linearmente com a velocidade. Além disso, a perda de carga é influenciada pela viscosidade, comprimento do tubo, peso específico, e diâmetro do tubo ao quadrado.

Para derivar uma equação para o fator de atrito f, combine a Eq. (10.32) com a equação de Darcy-Weisbach (10.12):

$$h_f = \frac{32\,\mu L V}{\gamma D^2} = f\frac{L}{D}\frac{V^2}{2g} \tag{10.33}$$

$$\text{ou } f = \left(\frac{32\mu L V}{\gamma D^2}\right)\left(\frac{D}{L}\right)\left(\frac{2g}{V^2}\right) = \frac{64\mu}{\rho D V} = \frac{64}{\text{Re}_D} \tag{10.34}$$

A Eq. (10.34) mostra que o fator de atrito para um escoamento laminar depende apenas do número de Reynolds. O Exemplo 10.2 ilustra como calcular a perda de carga.

EXEMPLO 10.2

Perda de Carga para o Escoamento Laminar

Enunciado do Problema

Óleo ($SG = 0{,}85$) com uma viscosidade cinemática de 6×10^{-4} m²/s escoa em um tubo com 15 cm de diâmetro a uma taxa de 0,020 m³/s. Qual é a perda de carga para um tubo com 100 m de comprimento?

Defina a Situação

- O óleo está escoando em um tubo a uma vazão de $Q = 0{,}02$ m³/s.
- O diâmetro do tubo é $D = 0{,}15$ m.

Hipóteses: Escoamento completamente desenvolvido em regime estacionário

Propriedades: Óleo: $SG = 0{,}85$, $\nu = 6 \times 10^{-4}$ m²/s

Estabeleça o Objetivo

Calcular a perda de carga (em metros) para um comprimento de tubo de 100 m.

Tenha Ideias e Trace um Plano

1. Calcule a velocidade média usando a equação da vazão.
2. Calcule o número de Reynolds usando a Eq. (10.1).
3. Verifique se o escoamento é laminar ou turbulento usando a Eq. (10.2).
4. Calcule a perda de carga usando a Eq. (10.32).

Aja (Execute o Plano)

1. Velocidade média:

$$V = \frac{Q}{A} = \frac{0{,}020\ \text{m}^3/\text{s}}{(\pi D^2)/4} = \frac{0{,}020\ \text{m}^3/\text{s}}{\pi((0{,}15\ \text{m})^2/4)} = 1{,}13\ \text{m/s}$$

2. Número de Reynolds:

$$\text{Re}_D = \frac{VD}{\nu} = \frac{(1{,}13\ \text{m/s})(0{,}15\ \text{m})}{6 \times 10^{-4}\ \text{m}^2/\text{s}} = 283$$

3. Uma vez que $\text{Re}_D < 2000$, o escoamento é laminar.
4. Perda de carga (escoamento laminar):

$$h_f = \frac{32\mu L V}{\gamma D^2} = \frac{32\rho\nu L V}{\rho g D^2} = \frac{32\nu L V}{g D^2}$$
$$= \frac{32(6 \times 10^{-4}\ \text{m}^2/\text{s})(100\ \text{m})(1{,}13\ \text{m/s})}{(9{,}81\ \text{m/s}^2)(0{,}15\ \text{m})^2}$$
$$= \boxed{9{,}83\ \text{m}}$$

Reveja a Solução e o Processo

Conhecimento. Uma maneira alternativa para calcular a perda de carga para um escoamento laminar consiste em usar a equação de Darcy-Weisbach (10.12) da seguinte maneira:

$$f = \frac{64}{\text{Re}_D} = \frac{64}{283} = 0{,}226$$

$$h_f = f\left(\frac{L}{D}\right)\left(\frac{V^2}{2g}\right) = 0{,}226\left(\frac{100\ \text{m}}{0{,}15\ \text{m}}\right)\left(\frac{(1{,}13\ \text{m/s})^2}{2 \times 9{,}81\ \text{m/s}^2}\right)$$
$$= 9{,}83\ \text{m}$$

10.6 Escoamento Turbulento e Diagrama de Moody

Esta seção descreve as características do escoamento turbulento, apresenta as equações para calcular o fator de atrito f, e apresenta um famoso gráfico chamado Diagrama de Moody. Esta informação é importante, pois a maioria dos escoamentos em dutos é turbulenta.

Descrição Qualitativa de um Escoamento Turbulento

O **escoamento turbulento** é um regime de escoamento em que o movimento das partículas de fluido é caótico, com turbilhões e transiente, com um movimento significativo de partículas em direções transversais à direção do escoamento. Por causa do movimento caótico das partículas de fluido, o escoamento turbulento produz altos níveis de mistura e possui um perfil de velocidades que é mais uniforme ou mais plano do que o perfil de velocidades laminar correspondente. De acordo com a Eq. (10.2), o escoamento turbulento ocorre quando Re $\geq$ 3000.

Os engenheiros e cientistas modelam o escoamento turbulento usando uma abordagem empírica. Isto ocorre por causa da natureza complexa do escoamento turbulento, que preveniu os pesquisadores de estabelecer uma solução matemática de utilidade geral. Ainda, as informações empíricas têm sido usadas com sucesso e extensivamente no projeto de sistemas. Ao longo dos anos, os pesquisadores propuseram muitas equações para a tensão de cisalhamento e a perda de carga em escoamentos turbulentos em tubulações. As equações empíricas que comprovaram ser mais confiáveis e precisas para a prática da Engenharia são apresentadas na próxima seção.

Equações para a Distribuição de Velocidades

A distribuição de velocidades ponderada no tempo é descrita com frequência usando uma equação chamada de fórmula da lei de potência:

$$\frac{u(r)}{u_{\text{máx}}} = \left(\frac{r_0 - r}{r_0}\right)^m \quad (10.35)$$

em que $u_{\text{máx}}$ é a velocidade no centro do tubo, r_0 é o raio do tubo, e m é uma variável determinada empiricamente que depende de Re, conforme mostrado na Tabela 10.2. Nela, observe que a velocidade no centro do tubo é tipicamente em torno de 20% maior do que a velocidade média V. Embora a Eq. (10.35) forneça uma representação precisa do perfil de velocidades, ela não prediz um valor preciso da tensão de cisalhamento na parede.

Um procedimento alternativo à Eq. (10.35) consiste em usar as equações para a camada-limite turbulenta que foram apresentadas no Capítulo 9. A mais significativa dessas equações, chamada de distribuição de velocidades logarítmica, é dada pela Eq. (9.27), e é aqui repetida:

$$\frac{u(r)}{u_*} = 2{,}44 \ln \frac{u_*(r_0 - r)}{\nu} + 5{,}56 \quad (10.36)$$

em que u_*, a velocidade de cisalhamento, é dada por $u_* = \sqrt{\tau_0/\rho}$.

Equações para o Fator de Atrito, *f*

Para derivar uma equação para *f em escoamento turbulento*, substitua a lei do logaritmo na Eq. (10.36) na definição de velocidade média dada pela Eq. (5.10):

$$V = \frac{Q}{A} = \left(\frac{1}{\pi r_0^2}\right) \int_0^{r_0} u(r) 2\pi r dr = \left(\frac{1}{\pi r_0^2}\right) \int_0^{r_0} u_* \left[2{,}44 \ln \frac{u_*(r_0 - r)}{\nu} + 5{,}56\right] 2\pi r dr$$

Após a integração, álgebra, e ajuste das constantes para melhor adequação dos dados experimentais, o resultado é

$$\frac{1}{\sqrt{f}} = 2{,}0 \log_{10}(\text{Re}\sqrt{f}\,) - 0{,}8 \quad (10.37)$$

TABELA 10.2 Expoentes para a Equação da Lei de Potência e Razão entre as Velocidades Máxima e Média

Re	4×10^3	$2{,}3 \times 10^4$	$1{,}1 \times 10^5$	$1{,}1 \times 10^6$	$3{,}2 \times 10^6$
m	$\frac{1}{6{,}0}$	$\frac{1}{6{,}6}$	$\frac{1}{7{,}0}$	$\frac{1}{8{,}8}$	$\frac{1}{10{,}0}$
$u_{\text{máx}}/V$	1,26	1,24	1,22	1,18	1,16

Fonte de dados: Schlichting (2).

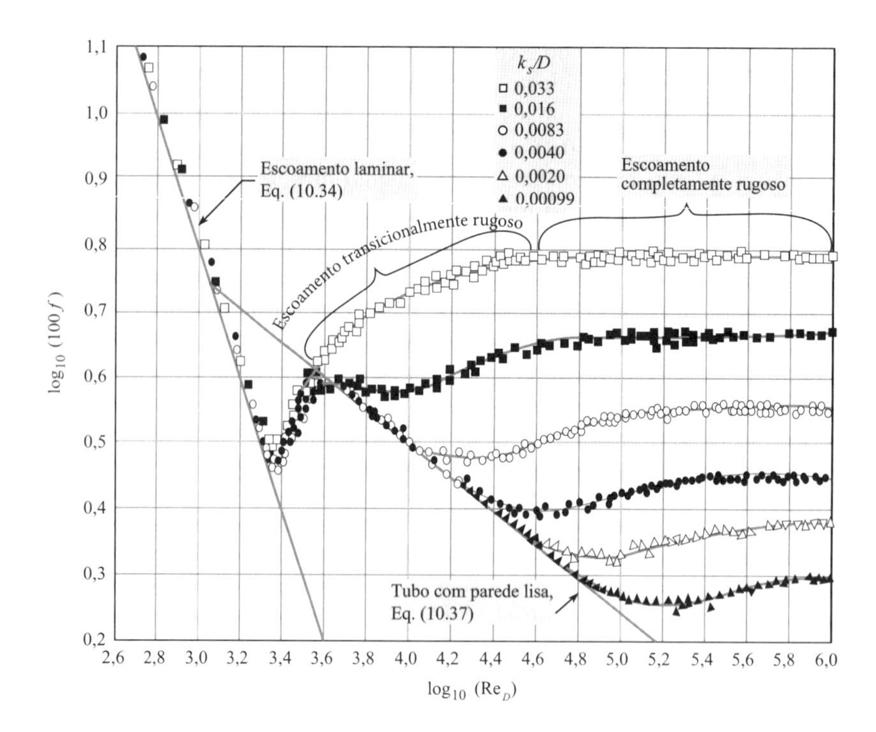

FIGURA 10.13

Coeficiente de resistência f em função do número de Reynolds para o tubo com rugosidade por areia. [Segundo Nikuradse (4).]

A Eq. (10.37), primeiro derivada por Prandtl em 1935, fornece o fator de atrito para o escoamento turbulento em tubos que possuem paredes lisas. Os detalhes da derivação da Eq. (10.37) são apresentados por White (20). Para determinar a influência da rugosidade nas paredes, Nikuradse (4), um dos alunos de pós-graduação de Prandtl, colou grãos de areia com tamanho uniforme nas paredes internas de um tubo e então mediu as quedas de pressão e vazões.

Os dados de Nikuradse, Figura 10.13, mostram o fator de atrito f traçado em função do número de Reynolds para vários tamanhos de grãos de areia. Para caracterizar o tamanho dos grãos de areia, Nikuradse usou uma variável chamada a **altura da rugosidade da areia** com símbolo k_s. O grupo π, k_s/D, recebe o nome **rugosidade relativa**.

No escoamento laminar, os dados na Figura 10.13 mostram que a rugosidade da parede não influencia f. Observe, em particular, como os dados correspondentes a vários valores de k_s/D colapsam em uma única linha azul que é identificada como "escoamento laminar".

No escoamento turbulento, os dados na Figura 10.13 mostram que a rugosidade da parede possui um grande impacto sobre o valor de f. Quando $k_s/D = 0{,}033$, os valores de f são de aproximadamente 0,04. À medida que a rugosidade relativa cai a 0,002, os valores de f diminuem por um fator de aproximadamente 3. Eventualmente, a rugosidade da parede passa a não importar, e o valor de f pode ser estimado supondo que o tubo tenha uma parede lisa. Este último caso corresponde à curva azul na Figura 10.13, identificada como "tubo com parede

TABELA 10.3 Efeitos da Rugosidade da Parede

Tipo de Escoamento	Faixas dos Parâmetros		Influências dos Parâmetros sobre f
Escoamento laminar	$\mathrm{Re}_D < 2000$	NA	f depende do número de Reynolds. f é independente da rugosidade da parede (k_s/D).
Escoamento turbulento, tubo liso	$\mathrm{Re}_D > 3000$	$\left(\frac{k_s}{D}\right)\mathrm{Re}_D < 10$	f depende do número de Reynolds. f é independente da rugosidade da parede (k_s/D).
Escoamento Turbulento Transicionalmente Rugoso	$\mathrm{Re}_D > 3000$	$10 < \left(\frac{k_s}{D}\right)\mathrm{Re}_D < 1000$	f depende do número de Reynolds. f depende da rugosidade da parede (k_s/D).
Escoamento turbulento completamente rugoso	$\mathrm{Re}_D > 3000$	$\left(\frac{k_s}{D}\right)\mathrm{Re}_D > 1000$	f é independente do número de Reynolds. f depende da rugosidade da parede (k_s/D).

lisa". Os efeitos da rugosidade foram resumidos por White (5) e estão apresentados na Tabela 10.3. Estas regiões também estão identificadas na Figura 10.13.

Diagrama de Moody

Colebrook (6) aprimorou o trabalho de Nikuradse com a aquisição de dados para tubos comerciais, e então desenvolveu uma equação empírica, chamada de fórmula de Colebrook-White, para o fator de atrito. Moody (3) usou a fórmula de Colebrook-White para gerar um gráfico semelhante àquele que está mostrado na Figura 10.14. Este gráfico é agora conhecido como o **diagrama de Moody** para tubos comerciais.

No diagrama de Moody, Figura 10.14, a variável k_s denota a **rugosidade de areia equivalente**. Isto é, um tubo que possui as mesmas características de resistência em altos valores de Re que um tubo com rugosidade de areia é dito possuir uma rugosidade equivalente àquela do tubo com rugosidade de areia. A Tabela 10.4 fornece a rugosidade de areia equivalente para vários tipos de tubos. Esta tabela pode ser usada para calcular a rugosidade relativa para determinado diâmetro de tubo, que, por sua vez, é usada na Figura 10.14 para determinar o fator de atrito.

No diagrama de Moody, Figura10.14, a abscissa é o número de Reynolds Re, e a ordenada é o coeficiente de resistência f. Cada curva cinza é para uma rugosidade relativa k_s/D constante, e os valores de k_s/D são dados à direita, na extremidade de cada curva. Para determinar f, conhecendo Re e k_s/D, vá para a direita para encontrar a curva de rugosidade relativa correta. Depois, veja a parte inferior do gráfico para determinar o valor dado de Re e, com ele, siga verticalmente para cima até que a curva k_s/D seja atingida. Por fim, a partir desse ponto, siga horizontalmente para o eixo à esquerda para ler o valor de f. Se a curva para o valor dado de k_s/D não estiver traçada na Figura 10.14, então simplesmente determine a posição apropriada no gráfico por meio de interpolação entre as curvas de k_s/D que envolvem o valor já fornecido de k_s/D.

Para fornecer uma solução mais conveniente para alguns tipos de problemas, a parte superior do diagrama de Moody apresenta uma escala baseada no parâmetro Re $f^{1/2}$. Esse parâmetro é útil quando h_f e k_s/D são conhecidos, mas a velocidade V não é. Usando a equação de Darcy-Weisbach dada na Eq. (10.12) e a definição do número de Reynolds, é possível mostrar que

$$\text{Re} f^{1/2} = \frac{D^{3/2}}{\nu}(2gh_f/L)^{1/2} \tag{10.38}$$

No diagrama de Moody, Figura 10.14, as curvas de valores Re $f^{1/2}$ constantes estão traçadas usando linhas negras grossas que se inclinam da esquerda para a direita. Por exemplo, quando Re $f^{1/2} = 10^5$ e $k_s/D = 0{,}004$, então $f = 0{,}029$. Quando se utilizam computadores para conduzir os cálculos do escoamento em tubos, é mais conveniente ter uma equação para o fator de atrito como função do número de Reynolds e da rugosidade relativa. Usando a fórmula de

TABELA 10.4 Rugosidade de Grão de Areia Equivalente, (k_s), para Vários Materiais de Tubos

Material da Fronteira	k_s, Milímetros	k_s, Polegadas
Vidro, plástico	0,00 (liso)	0,00 (liso)
Tubo de cobre ou latão	0,0015	6×10^{-5}
Ferro forjado, aço	0,046	0,002
Ferro fundido asfaltado	0,12	0,005
Ferro galvanizado	0,15	0,006
Ferro fundido	0,26	0,010
Concreto	0,3 a 3,0	0,012-0,12
Aço rebitado	0,9-9	0,035-0,35
Tubo de borracha (reto)	0,025	0,001

FIGURA 10.14
Fator de Atrito *f versus* o Número de Reynolds. [Dados a partir de Moody (3).]

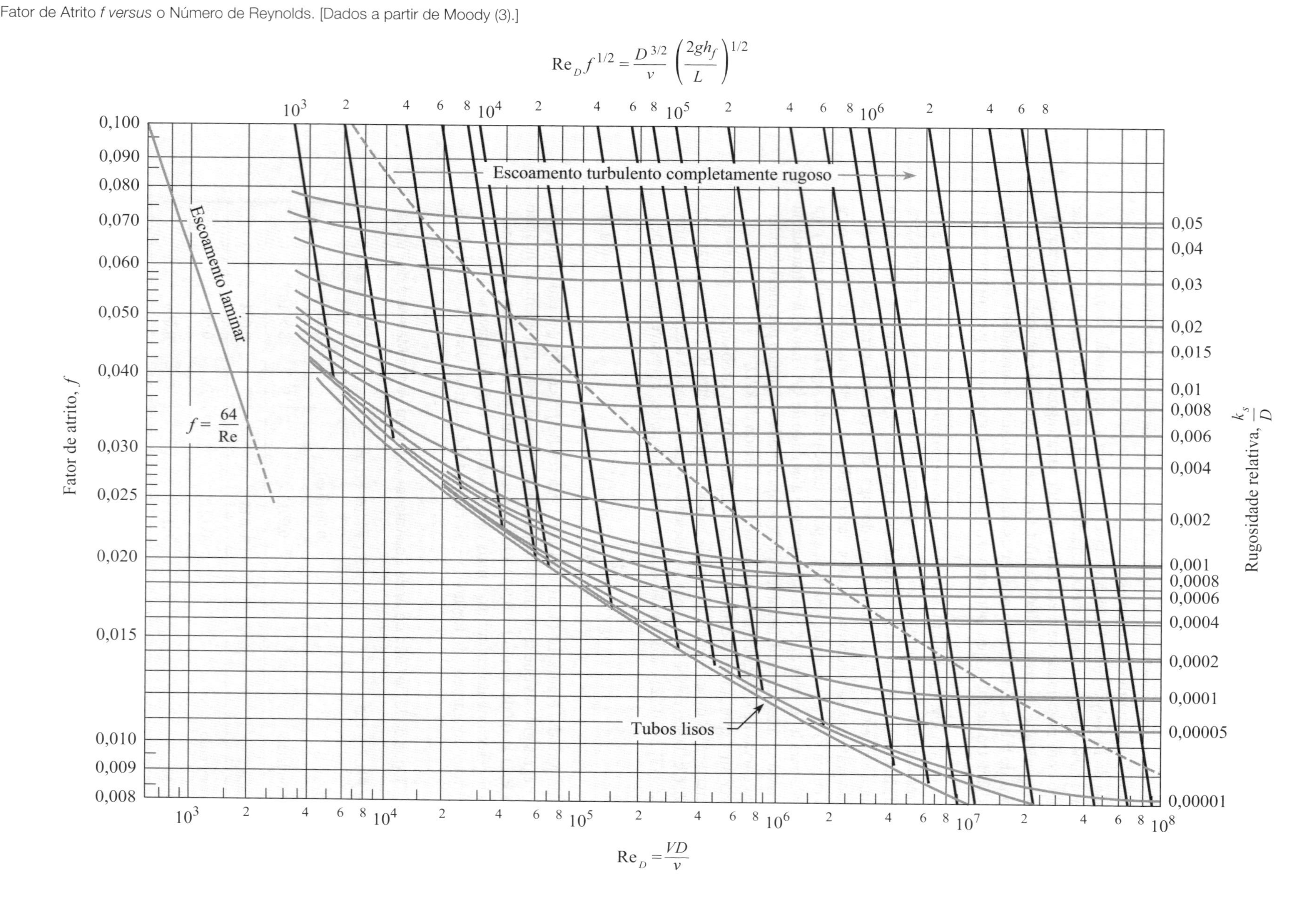

Colebrook-White, Swamee e Jain (7) desenvolveram uma equação explícita para o coeficiente de atrito, qual seja

$$f = \frac{0{,}25}{\left[\log_{10}\left(\frac{k_s}{3{,}7D} + \frac{5{,}74}{\mathrm{Re}_D^{0{,}9}}\right)\right]^2} \tag{10.39}$$

Relata-se que esta equação estima fatores de atrito que diferem em menos de 3% daqueles no diagrama de Moody para os intervalos $4 \times 10^3 < \mathrm{Re}_D < 10^8$ e $10^{-5} < k_s/D < 2 \times 10^{-2}$.

10.7 Uma Estratégia para a Resolução de Problemas

A análise do escoamento em dutos pode ser um desafio, pois frequentemente as equações não podem ser resolvidas com álgebra. Assim, esta seção apresenta uma estratégia.

A Figura 10.15 fornece uma estratégia para a resolução de problemas. Quando o escoamento é laminar, as soluções são óbvias e diretas, pois a perda de carga é linear com a velocidade V e as equações são simples o suficiente para serem resolvidas com álgebra. Quando o escoamento é turbulento, a perda de carga é não linear com V e as equações são muito complexas para serem resolvidas com álgebra. Dessa forma, para o escoamento turbulento, os engenheiros usam soluções por computador ou o método tradicional.

Para resolver um problema de escoamento turbulento usando o *método tradicional*, primeiro classifica-se o problema em três casos:

O **Caso 1** se aplica quando o objetivo é determinar a *perda de carga*, dados o comprimento do tubo, o diâmetro do tubo e a vazão. Este problema é direto, pois ele pode ser resolvido usando álgebra; ver o Exemplo 10.3.

O **Caso 2** se aplica quando o objetivo é determinar a *vazão*, dados a perda de carga (ou queda de pressão), o comprimento do tubo e o diâmetro do tubo. Este problema exige geralmente um método iterativo. Ver os Exemplos 10.4 e 10.5.

O **Caso 3** se aplica quando o objetivo é determinar o *diâmetro do tubo*, dados a vazão, comprimento do tubo e a perda de carga (ou queda de pressão). Este problema exige geralmente um método iterativo. Ver o Exemplo 10.6.

Existem vários métodos que algumas vezes eliminam a necessidade de uma metodologia iterativa. Para o caso 2, um método iterativo pode às vezes ser evitado usando uma equação explícita desenvolvida por Swamee e Jain (7):

$$Q = -2{,}22\, D^{5/2} \sqrt{gh_f/L} \log\left(\frac{k_s}{3{,}7\,D} + \frac{1{,}78\,\nu}{D^{3/2}\sqrt{gh_f/L}}\right) \tag{10.40}$$

Usar a Eq. (10.40) é equivalente a usar a parte superior do diagrama de Moody, que apresenta uma escala para $\mathrm{Re}\, f^{1/2}$. Para o caso 3, pode-se algumas vezes usar uma equação explícita desenvolvida por Swamee e Jain (7) e modificada por Streeter e Wylie (8):

$$D = 0{,}66\left[k_s^{1{,}25}\left(\frac{LQ^2}{gh_f}\right)^{4{,}75} + \nu Q^{9{,}4}\left(\frac{L}{gh_f}\right)^{5{,}2}\right]^{0{,}04} \tag{10.41}$$

O Exemplo 10.3 mostra o exemplo de um problema do caso 1.

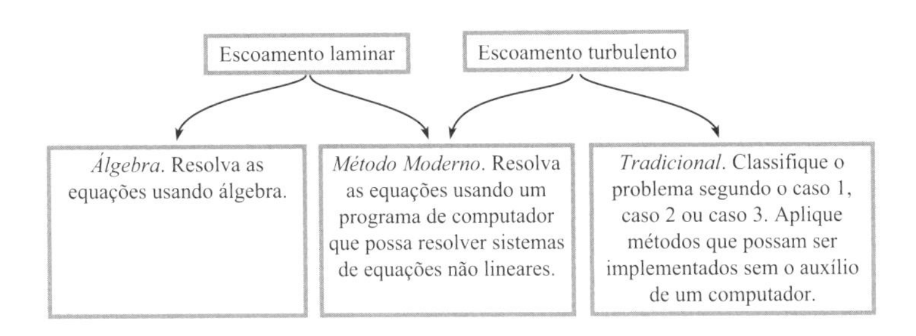

FIGURA 10.15
Uma estratégia para resolver problemas de escoamento em dutos.

EXEMPLO 10.3

Perda de Carga em um Tubo (Caso 1)

Enunciado do Problema

A água (T = 20 °C) escoa a uma vazão de 0,05 m³/s em um tubo de ferro fundido asfaltado de 20 cm de diâmetro. Qual é a perda de carga por quilômetro de tubo?

Defina a Situação

Água está escoando em um tubo.

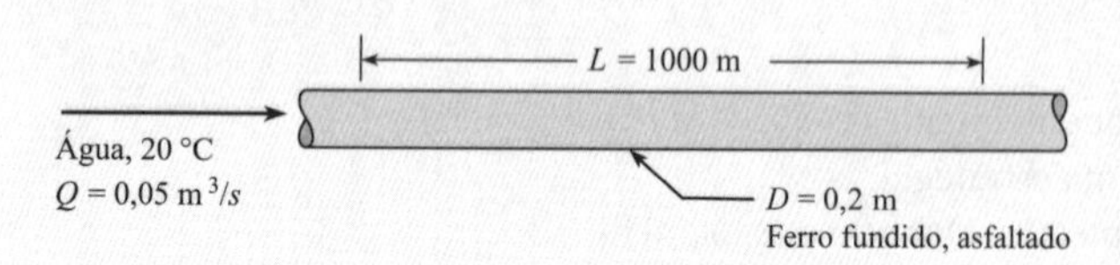

Hipóteses: Escoamento completamente desenvolvido

Propriedades: Água (20 °C): Tabela A.5, $\nu = 1 \times 10^{-6}$ m²/s

Estabeleça o Objetivo

Calcular a perda de carga (em metros) para L = 1000 m.

Tenha Ideias e Trace um Plano

Uma vez que este é um problema de caso 1 (a perda de carga é o objetivo), a solução é óbvia e direta.

1. Calcule a velocidade média usando a equação da vazão.
2. Calcule o número de Reynolds usando a Eq. (10.1).
3. Calcule a rugosidade relativa e então busque um valor de f no diagrama de Moody.
4. Determine a perda de carga aplicando a equação de Darcy-Weisbach (10.1).

Aja (Execute o Plano)

1. Velocidade média:

$$V = \frac{Q}{A} = \frac{0{,}05 \text{ m}^3/\text{s}}{(\pi/4)(0{,}2 \text{ m})^2} = 1{,}59 \text{ m/s}$$

2. Número de Reynolds:

$$\text{Re}_D = \frac{VD}{\nu} = \frac{(1{,}59 \text{ m/s})(0{,}20 \text{ m})}{10^{-6} \text{ m}^2/\text{s}} = 3{,}18 \times 10^5$$

3. Coeficiente de resistência:
   - Rugosidade de areia equivalente (Tabela 10.4):

$$k_s = 0{,}12 \text{ mm}$$

   - Rugosidade relativa:

$$k_s/D = (0{,}00012 \text{ m})/(0{,}2 \text{ m}) = 0{,}0006$$

   - Procurando f no diagrama de Moody para Re = $3{,}18 \times 10^5$ e $k_s/D = 0{,}0006$:

$$f = 0{,}019$$

4. Equação de Darcy-Weisbach:

$$h_f = f\left(\frac{L}{D}\right)\left(\frac{V^2}{2g}\right) = 0{,}019\left(\frac{1000 \text{ m}}{0{,}20 \text{ m}}\right)\left(\frac{1{,}59^2 \text{ m}^2/\text{s}^2}{2(9{,}81 \text{ m/s}^2)}\right)$$
$$= \boxed{12{,}2 \text{ m}}$$

O Exemplo 10.4 mostra um exemplo de problema do caso 2. Observe que a solução envolve a aplicação da escala na parte superior do diagrama de Moody, evitando, assim, uma solução iterativa.

EXEMPLO 10.4

Vazão em um Tubo (Caso 2)

Enunciado do Problema

A perda de carga por quilômetro de tubo de ferro fundido asfaltado com 20 cm de diâmetro é de 12,2 m. Qual é a vazão de água através do tubo?

Defina a Situação

Esta é a mesma situação do Exemplo 10.3, exceto que agora a perda de carga está sendo especificada e a vazão volumétrica é a variável desconhecida.

Estabeleça o Objetivo

Calcular a vazão volumétrica (m³/s) no tubo.

Tenha Ideias e Trace um Plano

Este é um problema do caso 2, pois a vazão é o objetivo. Contudo, uma solução direta (isto é, não iterativa) é possível, pois a perda de carga é especificada. A estratégia será usar a escala horizontal na parte superior do diagrama de Moody.

1. Calcule o valor do parâmetro na parte superior do diagrama de Moody.
2. Usando o diagrama de Moody, determine o fator de atrito f.
3. Calcule a velocidade média usando a equação de Darcy-Weisbach (10.12).
4. Determine a vazão volumétrica usando a equação para a vazão.

Aja (Execute o Plano)

1. Calcule o parâmetro $D^{3/2}\sqrt{2gh_f/L}/\nu$:

$$D^{3/2}\frac{\sqrt{2gh_f/L}}{\nu} = (0{,}20\text{ m})^{3/2}$$
$$\times \frac{[2(9{,}81\text{ m/s}^2)(12{,}2\text{ m}/1000\text{ m})]^{1/2}}{1{,}0 \times 10^{-6}\text{ m}^2/\text{s}}$$
$$= 4{,}38 \times 10^4$$

2. Determine o coeficiente de resistência:
   - Rugosidade relativa:
     $k_s/D = (0{,}00012\text{ m})/(0{,}2\text{ m}) = 0{,}0006$
   - Procure f no diagrama de Moody para

$$D^{3/2}\sqrt{2gh_f/L}/\nu = 4{,}4 \times 10^4 \text{ e } k_s/D = 0{,}0006:$$
$$f = 0{,}019$$

3. Encontre V usando a equação de Darcy-Weisbach:

$$h_f = f\left(\frac{L}{D}\right)\left(\frac{V^2}{2g}\right)$$
$$12{,}2\text{ m} = 0{,}019\left(\frac{1000\text{ m}}{0{,}20\text{ m}}\right)\left(\frac{V^2}{2(9{,}81\text{ m/s}^2)}\right)$$
$$V = 1{,}59\text{ m/s}$$

4. Use a equação da vazão para determinar a vazão volumétrica:

$$Q = VA = (1{,}59\text{ m/s})(\pi/4)(0{,}2\text{ m})^2 = \boxed{0{,}05\text{ m}^3/\text{s}}$$

Reveja a Solução e o Processo

Validação. A vazão calculada é a mesma do Exemplo 10.3, o que é esperado, pois os dados são os mesmos.

Quando os problemas do caso 2 exigem iteração, vários métodos podem ser usados para determinar uma solução. Uma das maneiras mais fáceis é um método chamado da "substituição sucessiva", o qual está ilustrado no Exemplo 10.5.

EXEMPLO 10.5

Vazão em um Tubo (Caso 2)

Enunciado do Problema

A água (T = 20 °C) escoa de um tanque através de um tubo de aço com 50 cm de diâmetro. Determine a vazão volumétrica de água.

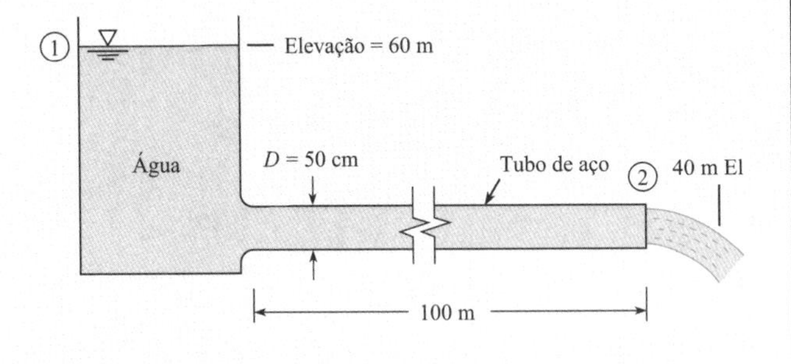

Defina a Situação

A água está sendo drenada de um tanque através de um tubo de aço.

Hipóteses:

- O escoamento está completamente desenvolvido.
- Inclui apenas a perda de carga no tubo.

Propriedades:

- Água (20 °C): Tabela A.5, $\nu = 1 \times 10^{-6}$ m²/s.
- Tubo de aço: Tabela 10.4, rugosidade de areia equivalente, k_s = 0,046 mm. Rugosidade relativa (k_s/D) é de $9{,}2 \times 10^{-5}$.

Estabeleça o Objetivo

Determinar: Vazão volumétrica (m³/s) para o sistema.

Tenha Ideias e Trace um Plano

Este é um problema do caso 2, pois a vazão é o objetivo. Uma solução iterativa é usada, pois V é desconhecida, e daí não existe maneira direta de utilizar o diagrama de Moody.

1. Aplique a equação da energia da seção 1 até a seção 2.
2. Primeira tentativa: Estime um valor de f e então resolva para V.
3. Segunda tentativa: Usando o valor de V da primeira tentativa, calcule um novo valor de f.
4. Convergência: Se o valor de f ficar constante com variação de apenas uma pequena porcentagem entre as tentativas, então pare. De outra maneira, continue com mais iterações.
5. Calcule a vazão volumétrica usando a equação da vazão.

Aja (Execute o Plano)

1. Equação da energia (desde a superfície do reservatório até a saída):

$$\frac{p_1}{\gamma} + \frac{V_1^2}{2g} + z_1 = \frac{p_2}{\gamma} + \frac{V_2^2}{2g} + z_2 + h_L$$
$$0 + 0 + 60 = 0 + \frac{V_2^2}{2g} + 40 + f\frac{L}{D}\frac{V_2^2}{2g}$$

ou

$$V = \left(\frac{2g \times 20}{1 + 200f}\right)^{1/2}$$

2. Primeira tentativa (iteração 1):
   - Estime um valor de f = 0,020.
   - Use a Eq. (a) para calcular V = 8,86 m/s.
   - Use V = 8,86 m/s para calcular Re = $4{,}43 \times 10^6$.
   - Use Re = $4{,}43 \times 10^6$ e $k_s/D = 9{,}2 \times 10^{-5}$ no diagrama de Moody para determinar que f = 0,012.

- Use a Eq. (a) com $f = 0{,}012$ para calcular $V = 10{,}7$ m/s.

3. Segunda tentativa (iteração 2):
   - Use $V = 10{,}7$ m/s para calcular $\text{Re}_D = 5{,}35 \times 10^6$.
   - Use $\text{Re}_D = 5{,}35 \times 10^6$ e $k_s/D = 9{,}2 \times 10^{-5}$ no diagrama de Moody para determinar que $f = 0{,}012$.

4. Convergência: O valor de $f = 0{,}012$ ficou inalterado entre a primeira e a segunda tentativas. Portanto, não existe necessidade de prosseguir com as iterações.

5. Vazão:

$$Q = VA = (10{,}7 \text{ m/s}) \times (\pi/4) \times (0{,}50)^2 \text{ m}^2 = 2{,}10 \text{ m}^3\text{/s}$$

Em um problema do caso 3, derive uma equação para o diâmetro D e então use o método da substituição sucessiva para determinar uma solução. Os métodos iterativos, como ilustrados no Exemplo 10.6, podem empregar um programa de planilhas eletrônicas para realizar os cálculos.

EXEMPLO 10.6

Determinando o Diâmetro de um Tubo (Caso 3)

Enunciado do Problema

Qual tamanho de tubo de ferro fundido asfaltado é exigido para conduzir água (60 °F) segundo uma vazão volumétrica de 3 cfs e com uma perda de carga de 4 ft por 1000 ft de tubo?

Defina a Situação

Água está escoando em um tubo de ferro fundido asfaltado. $Q = 3$ ft³/s.

Hipóteses: Escoamento completamente desenvolvido.

Propriedades:

- Água (60 °F): Tabela A.5, $\nu = 1{,}22 \times 10^{-5}$ ft²/s
- Tubo de ferro fundido asfaltado: Tabela 10.4, rugosidade de areia equivalente, $k_s = 0{,}005$ polegada

Estabeleça o Objetivo

Calcular o diâmetro do tubo (em ft) tal que a perda de carga seja de 4 ft por 1000 ft de comprimento de tubo.

Tenha Ideias e Trace um Plano

Uma vez que este é um problema de caso 3 (o diâmetro do tubo é o objetivo), utilize um método iterativo.

1. Derive uma equação para o diâmetro do tubo usando a equação de Darcy-Weisbach.
2. Para a iteração 1, estime um valor para f, resolva para o diâmetro do tubo, e então recalcule f.
3. Para completar o problema, construa uma tabela em um programa de planilha eletrônica.

Aja (Execute o Plano)

1. Desenvolva uma equação para usar para iteração.
   - Equação de Darcy-Weisbach:

$$h_f = f\left(\frac{L}{D}\right)\left(\frac{V^2}{2g}\right) = f\left(\frac{L}{D}\right)\left(\frac{Q^2/A^2}{2g}\right) = \frac{fLQ^2}{2g(\pi/4)^2D^5}$$

   - Resolva para o diâmetro do tubo:

$$D^5 = \frac{fLQ^2}{0{,}785^2(2gh_f)}$$

2. Iteração 1:
   - Estime $f = 0{,}015$.
   - Resolva para o diâmetro usando a Eq. (a):

$$D^5 = \frac{0{,}015(1000 \text{ ft})(3 \text{ ft}^3\text{/s})^2}{0{,}785^2(64{,}4 \text{ ft/s}^2)(4 \text{ ft})} = 0{,}852 \text{ ft}^5$$

$$D = 0{,}968 \text{ ft}$$

   - Determine os parâmetros necessários para calcular f:

$$V = \frac{Q}{A} = \frac{3 \text{ ft}^3\text{/s}}{(\pi/4)(0{,}968^2 \text{ ft}^2)} = 4{,}08 \text{ ft/s}$$

$$\text{Re} = \frac{VD}{\nu} = \frac{(4{,}08 \text{ ft/s})(0{,}968 \text{ ft})}{1{,}22 \times 10^{-5} \text{ ft}^2\text{/s}} = 3{,}26 \times 10^5$$

$$k_s/D = 0{,}005/(0{,}97 \times 12) = 0{,}00043$$

   - Calcule f usando a Eq. (10.39): $f = 0{,}0178$.

3. Na seguinte tabela, a primeira linha contém os valores para a iteração 1. O valor de $f = 0{,}0178$ da iteração 1 é usado como o valor inicial para a iteração 2. Observe como a solução já convergiu após a iteração 2.

Iteração nº	*f* Inicial	*D*	*V*	Re	K_s/D	Novo *f*
		(ft)	(ft/s)			
1	0,0150	0,968	4,08	3,26E+05	4,5E−04	0,0178
2	0,0178	1,002	3,81	3,15E+05	4,2E−04	0,0178
3	0,0178	1,001	3,81	3,15E+05	4,2E−04	0,0178
4	0,0178	1,001	3,81	3,15E+05	4,2E−04	0,0178

Especifique um tubo com um diâmetro interno de 12 polegadas.

10.8 Perda de Carga Combinada

Seções anteriores descreveram como calcular a perda de carga em tubos. Esta seção completa a estória descrevendo como calcular a perda de carga em componentes, conhecimento essencial para o modelamento e o projeto de sistemas.

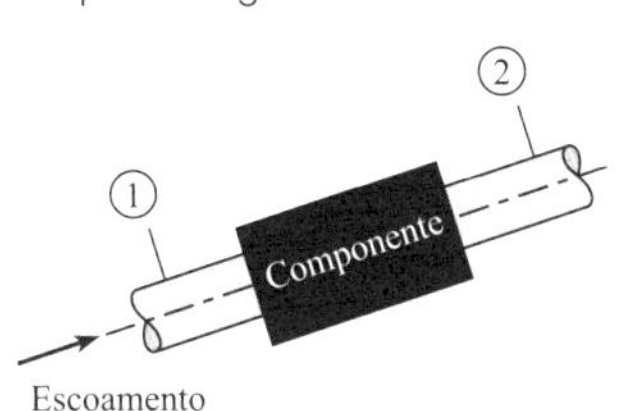

FIGURA 10.16
Escoamento através de um componente genérico.

O Coeficiente de Perda de Carga Localizada, *K*

Quando um fluido escoa através de um componente, tal como uma válvula parcialmente aberta ou uma curva em um tubo, os efeitos viscosos fazem com que o fluido em escoamento perca energia mecânica. Por exemplo, a Figura 10.16 mostra o escoamento através de um "componente genérico". Na seção 2, a carga do escoamento será menor do que na seção 1. Para caracterizar a perda de carga no componente, os engenheiros usam um grupo π chamado de coeficiente de perda localizada K:

$$K \equiv \frac{(\Delta h)}{(V^2/2g)} = \frac{(\Delta p_z)}{(\rho V^2/2)} \quad (10.42)$$

em que Δh é a queda na carga piezométrica causada por um componente, Δp_z é a queda na pressão piezométrica, e V é a velocidade média. Conforme mostrado na Eq. (10.42), a coeficiente de perda de carga localizada possui duas interpretações úteis:

$$K = \frac{\text{queda na carga piezométrica ao longo do componente}}{\text{carga de velocidade}} = \frac{\text{queda na pressão devido ao componente}}{\text{pressão cinética}}$$

Dessa forma, a perda de carga ao longo de um único componente ou transição é igual a $h_L = K(V^2/(2g))$, em que K é o coeficiente de perda localizada para aquele componente ou transição.

A maioria dos valores de K é determinada por meio de experimentos. Por exemplo, considere a configuração mostrada na Figura 10.17. Para determinar K, a vazão é medida e a velocidade média é calculada usando $V = (Q/A)$. As medições de pressão e de elevação são usadas para calcular a variação na carga piezométrica:

$$\Delta h = h_2 - h_1 = \left(\frac{p_2}{\gamma} + z_2\right) - \left(\frac{p_1}{\gamma} + z_1\right) \quad (10.43)$$

Então, os valores de V e de Δh são usados na Eq. (10.42) para calcular K. A próxima seção apresenta dados típicos para K.

Dados para o Coeficiente de Perda Localizada. Esta seção apresenta dados para K e os relaciona com a separação do escoamento e a tensão de cisalhamento na parede. Esta informação é útil para o modelamento de um sistema.

Entrada de um tubo. Próximo à entrada de um tubo, quando a entrada é arredondada, o escoamento está se desenvolvendo, conforme mostrado na Figura 10.3, e a tensão de cisalhamento na parede é maior do que aquela encontrada em um escoamento completamente desenvolvido. Alternativamente, se a entrada do tubo é brusca, ou com uma aresta viva e afilada, como na Figura 10.17, a separação ocorre imediatamente a jusante da entrada. Assim, as linhas de corrente convergem e depois divergem com consequente turbulência e uma perda de carga relativamente alta. O coeficiente de perda para a entrada brusca é $K_e = 0{,}5$. Este valor pode ser encontrado na Tabela 10.5 usando a fileira identificada como "Entrada de tubo" e os critérios de $r/d = 0{,}0$. Outros valores de perda de carga estão resumidos na Tabela 10.5.

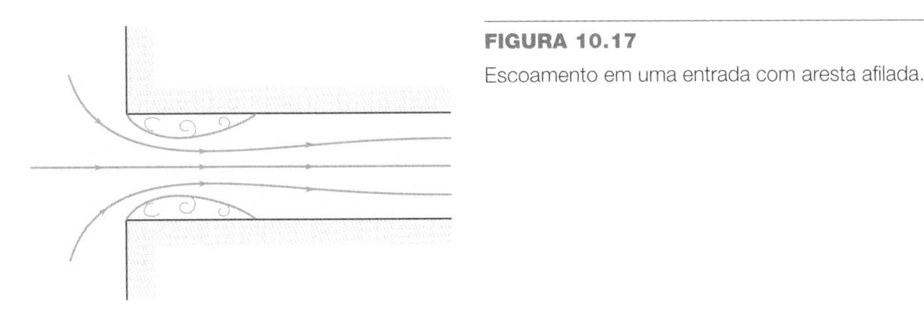

FIGURA 10.17
Escoamento em uma entrada com aresta afilada.

TABELA 10.5 Coeficientes de Perda para Várias Transições e Conexões

Descrição	Figura	Dados Adicionais		K	Fonte
Entrada de tubo $h_L = K_e V^2/2g$		r/d		K_e	(10)
		0,0		0,50	
		0,1		0,12	
		$>$0,2		0,03	
Contração $h_L = K_C V_2^2/2g$		D_2/D_1	K_C $\theta = 60°$	K_C $\theta = 180°$	(10)
		0,00	0,08	0,50	
		0,20	0,08	0,49	
		0,40	0,07	0,42	
		0,60	0,06	0,27	
		0,80	0,06	0,20	
		0,90	0,06	0,10	
Expansão $h_L = K_E V_1^2/2g$		D_1/D_2	K_E $\theta = 20°$	K_E $\theta = 180°$	(9)
		0,00		1,00	
		0,20	0,30	0,87	
		0,40	0,25	0,70	
		0,60	0,15	0,41	
		0,80	0,10	0,15	
Curva de mitra de 90°	Palhetas	Sem palhetas		$K_b = 1{,}1$	(15)
Curva suave de 90°		Com palhetas		$K_b = 0{,}2$	(15)
		r/d			(16) e (9)
		1	$K_b = 0{,}35$		
		2	0,19		
		3	0,16		
		4	0,21		
		6	0,28		
		8	0,32		
		10			
Conexões de tubo roscadas	Válvula globo – totalmente aberta			$K_v = 10{,}0$	(15)
	Válvula angular – totalmente aberta			$K_v = 5{,}0$	
	Válvula gaveta – totalmente aberta			$K_v = 0{,}2$	
	Válvula gaveta – metade aberta			$K_v = 5{,}6$	
	Curva 180°			$K_b = 2{,}2$	
	Tê				
	Escoamento reto			$K_t = 0{,}4$	
	Escoamento com saída lateral			$K_t = 1{,}8$	
	Cotovelo de 90°			$K_b = 0{,}9$	
	Cotovelo de 45°			$K_b = 0{,}4$	

Escoamento em um Cotovelo. Em um cotovelo (curva suave de 90°), uma perda de carga considerável é produzida por escoamentos secundários e pela separação que ocorre próximo ao lado de dentro da curva e a jusante da seção central, como mostrado na Figura 10.18.

O coeficiente de perda para um cotovelo em números de Reynolds elevados depende principalmente da forma do cotovelo. Para um cotovelo com raio muito pequeno, o coeficiente de perda é bem alto. Para cotovelos com maiores raios, o coeficiente diminui até um valor mínimo ser encontrado em um valor de r/d de aproximadamente 4 (ver a Tabela 10.5). Contudo, para valores ainda maiores de r/d, ocorre um aumento no coeficiente de perda, pois o cotovelo propriamente dito fica significativamente mais longo.

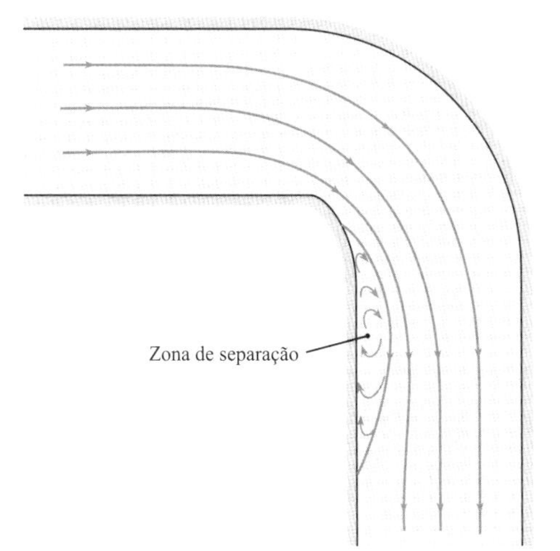

FIGURA 10.18

Padrão de escoamento em um cotovelo (curva de 90°).

Outros componentes. Os coeficientes de perda para uma variedade de outras conexões e transições de escoamento são fornecidos na Tabela 10.5. Essa tabela é representativa da prática na Engenharia. Para tabelas mais abrangentes, veja as referências (10-15).

Na Tabela 10.5, os valores de K foram determinados por meio de experimentos, de modo que deve-se tomar cuidado para assegurar que os valores de número de Reynolds na aplicação correspondam aos valores de número de Reynolds usados para a aquisição dos dados.

Equação da Perda de Carga Combinada

A perda de carga total é dada pela Eq. (10.4), que é aqui repetida:

$$\{\text{perda de carga total}\} = \{\text{perda de carga no tubo}\} + \{\text{perda de carga em componentes}\} \tag{10.44}$$

Para desenvolver uma equação para a perda de carga combinada, substitua as Eqs. (10.12) e (10.42) na Eq. (10.44):

$$h_L = \sum_{\text{tubos}} f\frac{L}{D}\frac{V^2}{2g} + \sum_{\text{componentes}} K\frac{V^2}{2g} \tag{10.45}$$

A Eq. (10.45) é chamada de *equação da perda de carga combinada*. Para aplicá-la, siga os mesmos procedimentos que foram usados para a resolução de problemas envolvendo tubos. Isto é, classifique o escoamento como caso 1, 2 ou 3, e aplique as equações usuais: as equações da energia, de Darcy-Weisbach e da vazão. O Exemplo 10.7 ilustra esse procedimento para um problema do caso 1.

EXEMPLO 10.7

Sistema de Tubulação com Perda de Carga Combinada

Enunciado do Problema

Se o óleo ($\nu = 4 \times 10^{-5}$ m²/s; $SG = 0{,}9$) escoa do reservatório superior para o inferior a uma taxa de 0,028 m³/s no tubo liso de 15 cm, qual é a elevação da superfície de óleo no reservatório superior?

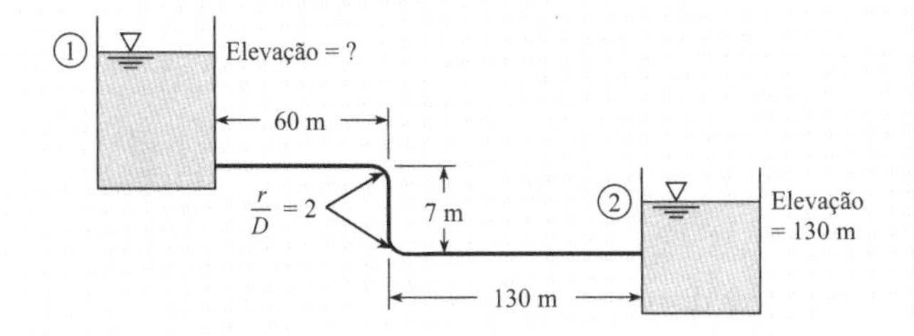

Defina a Situação

Óleo está escoando de um reservatório superior para um reservatório inferior.

Propriedades:

- Óleo: $\nu = 4 \times 10^{-5}$ m²/s, $SG = 0{,}9$
- Coeficientes de perda de carga localizada: Tabela 10.5, entrada = $K_e = 0{,}5$; curva = $K_b = 0{,}19$; saída = $K_E = 1{,}0$

Estabeleça o Objetivo

Calcular a elevação (em metros) da superfície livre do reservatório superior.

Tenha Ideias e Trace um Plano

Este é um problema do caso 1, pois a vazão e as dimensões do tubo são conhecidas. Dessa forma, a solução é direta.

1. Aplique a equação da energia de 1 a 2.
2. Aplique a equação da perda de carga combinada (10.45).
3. Desenvolva uma equação para z_1 pela combinação dos resultados das etapas 1 e 2.
4. Calcule o coeficiente de resistência f.
5. Resolva para z_1 usando a equação da etapa 3.

Aja (Execute o Plano)

1. Equação da energia e análise termo a termo:

$$\frac{p_1}{\gamma} + \alpha_1\frac{\overline{V}_1^2}{2g} + z_1 + h_b = \frac{p_2}{\gamma} + \alpha_2\frac{\overline{V}_2^2}{2g} + z_2 + h_t + h_L$$

$$0 + 0 + z_1 + 0 = 0 + 0 + z_2 + 0 + h_L$$

$$z_1 = z_2 + h_L$$

Interpretação: A variação na carga da elevação é contrabalançada pela perda de carga total.

2. Equação da perda de carga combinada:

$$h_L = \sum_{\text{tubos}} f\frac{L}{D}\frac{V^2}{2g} + \sum_{\text{componentes}} K\frac{V^2}{2g}$$

$$h_L = f\frac{L}{D}\frac{V^2}{2g} + \left(2K_b\frac{V^2}{2g} + K_e\frac{V^2}{2g} + K_E\frac{V^2}{2g}\right)$$

$$= \frac{V^2}{2g}\left(f\frac{L}{D} + 2K_b + K_e + K_E\right)$$

3. Combine as Eqs. (1) e (2):

$$z_1 = z_2 + \frac{V^2}{2g}\left(f\frac{L}{D} + 2K_b + K_e + K_E\right)$$

4. Coeficiente de resistência:

- Equação da vazão:

$$V = \frac{Q}{A} = \frac{(0{,}028\ \text{m}^3/\text{s})}{(\pi/4)(0{,}15\ \text{m})^2} = 1{,}58\ \text{m/s}$$

- Número de Reynolds:

$$\text{Re}_D = \frac{VD}{\nu} = \frac{1{,}58\ \text{m/s}(0{,}15\ \text{m})}{4 \times 10^{-5}\ \text{m}^2/\text{s}} = 5{,}93 \times 10^3$$

Dessa forma, o escoamento é turbulento.

- Equação de Swamee-Jain (10.39):

$$f = \frac{0{,}25}{\left[\log_{10}\left(\frac{k_s}{3{,}7D} + \frac{5{,}74}{\text{Re}^{0,9}}\right)\right]^2} = \frac{0{,}25}{\left[\log_{10}\left(0 + \frac{5{,}74}{5930^{0,9}}\right)\right]^2} = 0{,}036$$

5. Calcule z_1 usando a equação da etapa (3):

$$z_1 = (130\ \text{m}) + \frac{(1{,}58\ \text{m/s})^2}{2(9{,}81)\text{m/s}^2}\left(0{,}036\frac{(197\ \text{m})}{(0{,}15\ \text{m})} + 2(0{,}19) + 0{,}5 + 1{,}0\right)$$

$$\boxed{z_1 = 136\ \text{m}}$$

Reveja a Solução e o Processo

1. *Discussão.* Observe que a diferença é a magnitude da perda de carga no tubo *versus* a magnitude da perda de carga dos componentes:

$$\text{perda de carga no tubo} \sim \Sigma f\frac{L}{D} = 0{,}036\frac{(197\ \text{m})}{(0{,}15\ \text{m})} = 47{,}2$$

$$\text{perda de carga nos componentes} \sim \Sigma K = 2(0{,}19) + 0{,}5 + 1{,}0 = 1{,}88$$

Dessa forma, as perdas nos tubos >> as perdas nos componentes para este problema.

2. *Habilidade.* Quando a perda de carga no tubo for dominante, faça estimativas simples de K, pois essas estimativas não vão ter um grande impacto sobre a previsão do resultado.

10.9 Dutos Não Redondos

As seções anteriores analisaram os tubos redondos. Esta seção estende essa informação e descreve como levar em consideração os dutos que possuem forma quadrada, triangular ou qualquer outra forma não redonda. Essa informação é importante para aplicações como o dimensionamento de dutos de ventilação em edifícios e para o modelamento do escoamento em canais abertos.

Quando um duto não é circular, os engenheiros modificam a equação de Darcy-Weisbach, Eq. (10.12), para usar o diâmetro hidráulico D_h em lugar do diâmetro:

$$h_L = f\frac{L}{D_h}\frac{V^2}{2g} \tag{10.46}$$

A Eq. (10.46) é derivada usando o mesmo procedimento que a Eq. (10.12), e o **diâmetro hidráulico** que emerge dessa derivação é

$$D_h \equiv \frac{4 \times \text{área de seção transversal}}{\text{perímetro molhado}} \tag{10.47}$$

em que o "perímetro molhado" é aquela porção do perímetro que está fisicamente tocando o fluido. O perímetro molhado de um duto retangular com dimensão $L \times w$ é $2L + 2w$. Dessa forma, o diâmetro hidráulico deste duto é

$$D_h \equiv \frac{4 \times Lw}{2L + 2w} = \frac{2Lw}{L + w}$$

Usando a Eq. (10.47), o diâmetro hidráulico de um tubo redondo é o diâmetro do tubo D. Quando a Eq. (10.46) é usada para calcular a perda de carga, o coeficiente de resistência f é encontrado usando um número de Reynolds baseado no diâmetro hidráulico. O uso do diâmetro hidráulico é uma aproximação. De acordo com White (20), esta aproximação introduz uma incerteza de 40% para o escoamento laminar e 15% para o escoamento turbulento.

$$f = \left(\frac{64}{\mathrm{Re}_{D_h}}\right) \pm 40\% \text{ (escoamento laminar)}$$
$$f = \frac{0{,}25}{\left[\log_{10}\left(\dfrac{k_s}{3{,}7D_h} + \dfrac{5{,}74}{\mathrm{Re}_{D_h}^{0{,}9}}\right)\right]^2} \pm 15\% \text{ (escoamento turbulento)} \tag{10.48}$$

Além do diâmetro hidráulico, os engenheiros também usam o raio hidráulico, que é definido como

$$R_h \equiv \frac{\text{área da seção}}{\text{perímetro molhado}} = \frac{D_h}{4} \tag{10.49}$$

Observe que a razão entre R_h e D_h é 1/4, em lugar de 1/2. Embora essa razão não seja lógica, esta é a convenção usada na literatura e é útil lembrar. O Capítulo 15, que foca o escoamento em um canal aberto, irá apresentar exemplos de raios hidráulicos.

Resumo. Para modelar o escoamento em um duto não redondo, são seguidos os procedimentos nas seções anteriores, com a única diferença sendo o uso do diâmetro hidráulico em lugar do diâmetro. Isto está ilustrado no Exemplo 10.8.

EXEMPLO 10.8

Queda de Pressão em um Duto de HVAC

Enunciado do Problema

Ar (T= 20 °C e p = 101 kPa absoluto) escoa a uma vazão de 2,5 m³/s em um duto comercial de aço, horizontal, para HVAC. (HVAC é um acrônimo para *Heating, Ventilating, and Air Conditioning*, que em português significa Aquecimento, Ventilação e Condicionamento do Ar.) Qual é a queda de pressão em polegadas de água por 50 m de duto?

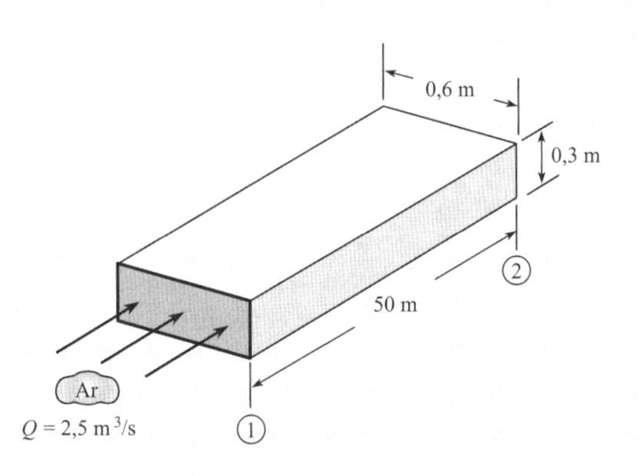

Defina a Situação

Ar está fluindo através de um duto.

Hipóteses:

- Escoamento completamente desenvolvido, significando que $V_1 = V_2$. Com isso, os termos para a carga de velocidade na equação da energia se cancelam.
- Nenhuma fonte para perdas de carga de componentes.

Propriedades:

- Ar (20 °C, 1 atm, Tabela A.2): ρ = 1,2 kg/m³, ν = 15,1 × 10^{-6} m²/s
- Tubo de aço: Tabela 10.4, k_s = 0,046 mm

Estabeleça o Objetivo

Determinar: Queda de pressão (polegada de H_2O) em um comprimento de 50 m.

Tenha Ideias e Trace um Plano

Este é um problema do caso 1, pois a vazão e as dimensões do duto são conhecidas. Dessa forma, a solução é óbvia e direta.

1. Derive uma equação para a queda de pressão usando a equação da energia.

2. Calcule os parâmetros necessários para determinar a perda de carga.
3. Calcule a perda de carga usando a equação de Darcy-Weisbach (10.12).
4. Calcule a queda de pressão Δp combinando as etapas 1, 2 e 3.

Aja (Execute o Plano)

1. Equação da energia (após uma análise termo a termo):

$$p_1 - p_2 = \rho g h_L$$

2. Cálculos intermediários:
   - Equação da vazão:

$$V = \frac{Q}{A} = \frac{2{,}5\ \text{m}^3/\text{s}}{(0{,}3\ \text{m})(0{,}6\ \text{m})} = 13{,}9\ \text{m/s}$$

   - Diâmetro hidráulico:

$$D_h \equiv \frac{4 \times \text{área da seção}}{\text{perímetro molhado}} = \frac{4(0{,}3\ \text{m})(0{,}6\ \text{m})}{(2 \times 0{,}3\ \text{m}) + (2 \times 0{,}6\ \text{m})} = 0{,}4\ \text{m}$$

   - Número de Reynolds:

$$\text{Re} = \frac{VD_h}{\nu} = \frac{(13{,}9\ \text{m/s})(0{,}4\ \text{m})}{(15{,}1 \times 10^{-6}\ \text{m}^2/\text{s})} = 368.000$$

   Assim, o escoamento é turbulento.

   - Rugosidade relativa:

$$k_s/D_h = (0{,}000046\ \text{m})/(0{,}4\ \text{m}) = 0{,}000115$$

   - Coeficiente de resistência (diagrama de Moody): $f = 0{,}015$

3. Equação de Darcy-Weisbach:

$$h_f = f\left(\frac{L}{D_h}\right)\left(\frac{V^2}{2g}\right) = 0{,}015\left(\frac{50\ \text{m}}{0{,}4\ \text{m}}\right)\left\{\frac{(13{,}9\ \text{m/s})^2}{2(9{,}81\ \text{m/s}^2)}\right\} = 18{,}6\ \text{m}$$

4. Queda de pressão (a partir da etapa 1):

$$p_1 - p_2 = \rho g h_L = (1{,}2\ \text{kg/m}^3)(9{,}81\ \text{m/s}^2)(18{,}6\ \text{m}) = 220\ \text{Pa}$$

$$\boxed{p_1 - p_2 = 0{,}883\ \text{polegada de}\ H_2O}$$

10.10 Bombas e Sistemas de Tubulações

Esta seção explica como modelar o escoamento em uma rede de tubulações e como incorporar dados de desempenho para uma bomba centrífuga. Estes tópicos são importantes, pois as bombas e redes de tubulações são comuns.

Modelando uma Bomba Centrífuga

Como mostrado na Figura 10.19, uma **bomba centrífuga** é uma máquina que usa um conjunto de lâminas rotativas que está localizado no interior de uma carcaça para adicionar energia a um fluido em escoamento. A quantidade de energia que é adicionada é representada pela carga da bomba h_b, e a taxa segundo a qual o trabalho é realizado sobre o fluido em escoamento é $P = \dot{m}gh_b$.

Para modelar uma bomba em um sistema, os engenheiros utilizam geralmente uma solução gráfica que envolve a equação da energia e uma curva da bomba. Para ilustrar esse procedimento, considere o escoamento de água no sistema da Figura 10.20a. A equação da energia aplicada desde a superfície do reservatório de água até a corrente de saída é

$$\frac{p_1}{\gamma} + \frac{V_1^2}{2g} + z_1 + h_b = \frac{p_2}{\gamma} + \frac{V_2^2}{2g} + z_2 + \sum K_L \frac{V^2}{2g} + \sum \frac{fL}{D}\frac{V^2}{2g}$$

Para um sistema com um único tamanho de tubo, ela simplifica para

$$h_b = (z_2 - z_1) + \frac{V^2}{2g}\left(1 + \sum K_L + \frac{fL}{D}\right) \qquad \textbf{(10.50)}$$

Dessa maneira, deve ser fornecida determinada carga h_b para qualquer vazão volumétrica, de forma a manter o escoamento. Assim, construa uma curva da carga em função da vazão, conforme mostrado na Figura 10.20b. Tal curva é chamada de **curva do sistema**. Agora, uma dada bomba centrífuga possui uma curva de carga *versus* vazão que é característica daquela bomba. Esta curva, chamada de **curva da bomba**, pode ser obtida a partir do fabricante da bomba, ou pode ser medida. Uma curva de bomba típica está mostrada na Figura 10.20b.

A Figura 10.20b revela que à medida que a vazão volumétrica aumenta em um tubo, a carga exigida para o escoamento também aumenta. Contudo, a carga que é produzida por

FIGURA 10.19

Uma bomba centrífuga produz escoamento por meio de um rotor giratório.

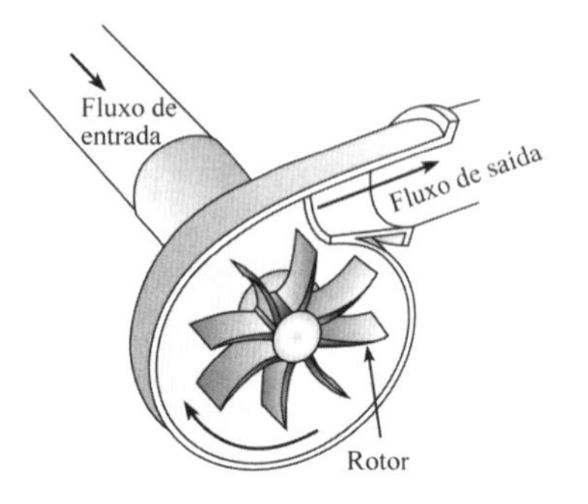

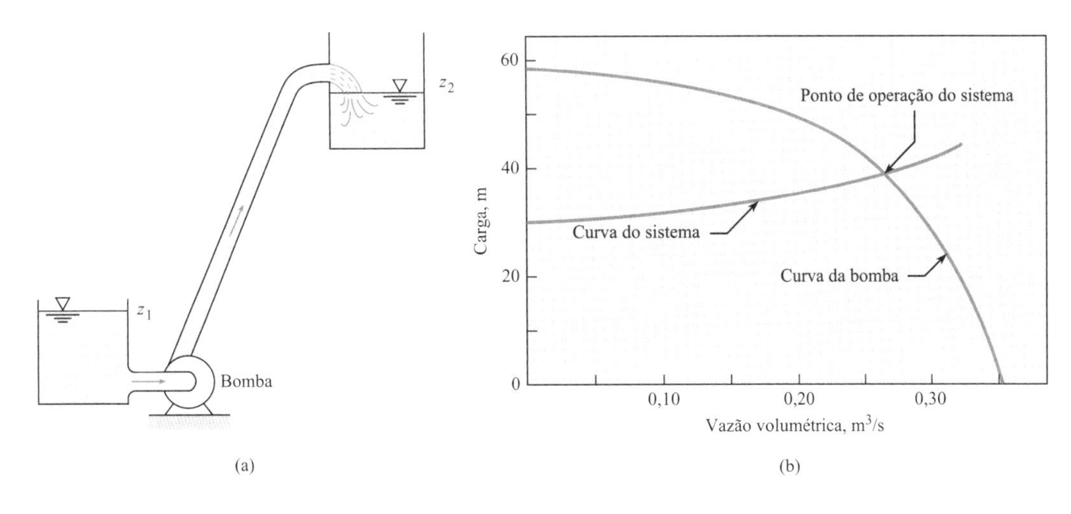

FIGURA 10.20

(a) Combinação bomba e tubulação. (b) Curvas da bomba e do sistema.

uma bomba diminui à medida que a vazão aumenta. Consequentemente, as duas curvas se interceptam, e o ponto de operação se encontra no ponto de interseção – aquele ponto em que a carga produzida pela bomba é exatamente a quantidade necessária para superar a perda de carga no tubo.

Para incorporar dados de desempenho para uma bomba, use a equação da energia para derivar uma curva do sistema. Então, obtenha uma curva para a bomba de um fabricante ou de outra fonte, e trace as duas curvas juntas. O ponto de interseção mostra onde a bomba irá operar. Esse processo está ilustrado no Exemplo 10.9.

EXEMPLO 10.9

Determinando um Ponto de Operação para o Sistema

Defina a Situação

- O diagrama do sistema está esboçado abaixo.
- A curva da bomba é dada na Figura 10.20b.
- O fator de atrito é $f = 0{,}015$.

Estabeleça o Objetivo

Calcular a vazão volumétrica (m³/s) no sistema.

Tenha Ideias e Trace um Plano

1. Desenvolva uma equação para a curva do sistema aplicando a equação da energia.
2. Trace a respectiva curva da bomba e a curva do sistema sobre o mesmo gráfico.
3. Determine a vazão volumétrica Q por meio da interseção entre as curvas do sistema e da bomba.

Aja (Execute o Plano)

Equação da energia:

$$\frac{p_1}{g} + \frac{V_1^2}{2g} + z_1 + h_b = \frac{p_2}{g} + \frac{V_2^2}{2g} + z_2 + \sum h_L$$

$$0 + 0 + 200 + h_b = 0 + 0 + 230 + \left(\frac{fL}{D} + K_e + K_b + K_E\right)\frac{V^2}{2g}$$

Aqui, $K_e = 0{,}5$, $K_b = 0{,}35$ e $K_E = 1{,}0$. Assim,

$$h_b = 30 + \frac{Q^2}{2gA^2}\left[\frac{0{,}015(1000)}{0{,}40} + 0{,}5 + 0{,}35 + 1\right]$$

$$= 30 + \frac{Q^2}{2 \times 9{,}81 \times [(\pi/4) \times 0{,}4^2]^2}(39{,}3)$$

$$= 30\text{ m} + 127Q^2\text{ m}$$

Agora, construa uma tabela de Q em função de h_b (conforme a seguir) para obter os valores para gerar uma curva do sistema que será traçada com a curva da bomba. Quando a curva do sistema é traçada sobre o mesmo gráfico que a curva da bomba, observa-se (Figura 10.20b) que a condição operacional ocorre em $Q = 0{,}27$ m³/s.

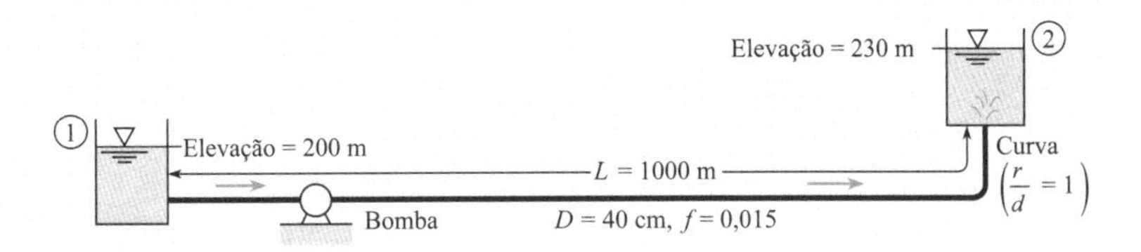

Q(m³/s)	$h_b = (30\ \text{m} + 127Q^2)\ \text{m}$
0	30
0,1	31,3
0,2	35,1
0,3	41,4

Tubos em Paralelo

Considere um tubo que se ramifica em dois tubos paralelos que então se reúnem, conforme mostrado na Figura 10.21. Um problema envolvendo esta configuração pode ser determinar a divisão do escoamento entre cada tubo, dada a vazão total.

Não importa qual tubo esteja envolvido, a diferença de pressão entre os dois pontos de junção é a mesma. Além disso, a diferença na elevação entre os dois pontos de junção é a mesma. Uma vez que $h_L = (p_1/\gamma + z_1) - (p_2/\gamma + z_2)$, segue-se que h_L entre os dois pontos de junção é a mesma em ambos os tubos do sistema de tubos em paralelo. Dessa forma,

$$h_{L_1} = h_{L_2}$$

$$f_1 \frac{L_1}{D_1} \frac{V_1^2}{2g} = f_2 \frac{L_2}{D_2} \frac{V_2^2}{2g}$$

Então,

$$\left(\frac{V_1}{V_2}\right)^2 = \frac{f_2 L_2 D_1}{f_1 L_1 D_2} \qquad \text{ou} \qquad \frac{V_1}{V_2} = \left(\frac{f_2 L_2 D_1}{f_1 L_1 D_2}\right)^{1/2}$$

Se f_1 e f_2 forem conhecidos, a divisão do escoamento pode ser determinada com facilidade. Contudo, uma análise por tentativa e erro pode ser exigida se os valores de f_1 e f_2 se encontrarem na faixa em que eles são funções do número de Reynolds.

Redes de Tubulações

As redes de tubulações mais comuns são os sistemas de distribuição de água para municipalidades. Esses sistemas possuem uma ou mais fontes (descargas de água para dentro do sistema) e numerosas cargas: uma para cada residência e estabelecimento comercial. Para fins de simplificação, as cargas são geralmente agrupadas ao longo de todo o sistema. A Figura 10.22 mostra um sistema de distribuição simplificado com duas fontes e sete cargas.

O engenheiro está envolvido com frequência no projeto do sistema original ou para recomendar uma expansão econômica para a rede. Uma expansão pode envolver residências ou estabelecimentos comerciais adicionais, ou ela pode ser projetada para lidar com cargas extras dentro da área existente.

No projeto de um sistema desse tipo, o engenheiro terá que estimar as cargas futuras para o sistema e precisará ter fontes (poços ou o bombeamento direto de rios ou lagos) para satisfazer

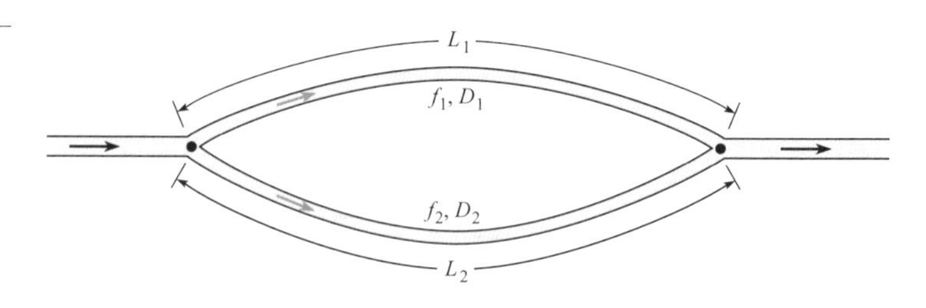

FIGURA 10.21
Escoamento em tubos paralelos.

as cargas. Além disso, o layout da rede de tubulações deve ser concebido (geralmente paralelo às ruas), e os tamanhos dos tubos terão de ser determinados. O objetivo do projeto é chegar a uma rede de tubulações que irá proporcionar a vazão de escoamento na pressão de projeto a um custo mínimo. O custo irá incluir os custos primários (materiais e construção), assim como os custos de manutenção e operação. O processo de projeto envolve geralmente uma quantidade de iterações em relação aos tamanhos de tubo e layouts antes se chegar ao projeto ótimo (custo mínimo).

No que se refere à mecânica dos fluidos do problema, o engenheiro deve determinar as pressões ao longo de toda a rede para várias condições, isto é, para várias combinações de tamanhos de tubo, fontes e cargas. A solução de um problema para um dado layout e um dado conjunto de fontes e cargas exige que duas condições sejam satisfeitas:

FIGURA 10.22
Rede de tubulações.

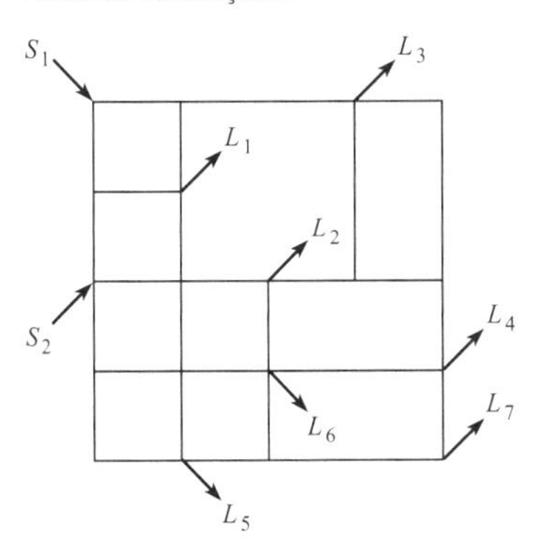

1. A equação da continuidade deve ser satisfeita. Isto é, a vazão que chega a uma junção da rede deve ser igual à vazão que sai da junção. Isso deve ser satisfeito para todas as junções.
2. A perda de carga entre duas junções quaisquer deve ser a mesma, independentemente do trajeto seguido na série de tubos para se deslocar de um ponto de junção ao outro. Essa exigência resulta do fato de que a pressão deve ser contínua ao longo da rede (a pressão não pode ter dois valores em determinado ponto), o que leva à conclusão de que a soma algébrica das perdas de carga em torno de um dado circuito fechado deve ser igual a zero. Aqui, o sinal (positivo ou negativo) para a perda de carga em determinado tubo é dado pelo sentido do escoamento em relação ao circuito; isto é, se o escoamento é na direção horária ou anti-horária.

No passado, essas soluções eram obtidas por meio de cálculo manual de tentativa e erro, mas os computadores tornaram os métodos mais antigos obsoletos. No entanto, mesmo com esses avanços, o engenheiro encarregado pelo projeto ou análise de tal sistema deve compreender a mecânica dos fluidos básica do sistema para ser capaz de interpretar os resultados da maneira correta e tomar boas decisões de Engenharia baseadas nos resultados. Portanto, um conhecimento do método de solução original de Hardy Cross (17) pode ajudá-lo na obtenção dessa compreensão básica. O método Hardy Cross consiste no seguinte.

Em primeiro lugar, o engenheiro distribui o escoamento ao longo de toda a rede, tal que as cargas em vários nodos sejam satisfeitas. No processo de distribuição das vazões através dos tubos da rede, o engenheiro deve se certificar de que a continuidade seja satisfeita em todas as junções (a vazão para dentro de uma junção é igual à vazão para fora dessa junção), satisfazendo, dessa forma, a exigência 1. A primeira estimativa da distribuição de vazões obviamente não irá satisfazer a exigência 2 no que se refere à perda de carga; portanto, são aplicadas correções. Para cada circuito fechado da rede, é aplicada uma correção de vazão para produzir uma perda de carga resultante igual a zero ao longo do circuito fechado. Por exemplo, considere o circuito isolado que está mostrado na Figura 10.23. Neste circuito, a perda de carga na direção horária será dada por

FIGURA 10.23
Um circuito típico de uma rede de tubos.

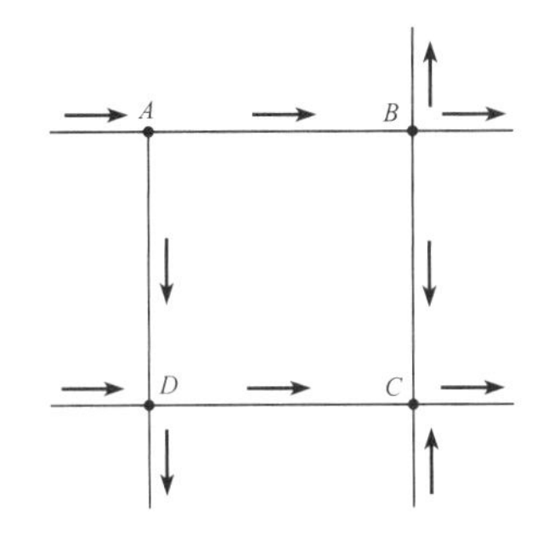

$$\sum h_{L_h} = h_{L_{AB}} + h_{L_{BC}} \\ = \sum kQ_h^n \tag{10.51}$$

A perda de carga para o circuito na direção anti-horária é

$$\sum h_{L_{ah}} = \sum_{ah} kQ_{ah}^n \tag{10.52}$$

Para uma solução, as perdas de carga nas direções horária e anti-horária devem ser iguais, ou

$$\sum h_{L_h} = \sum h_{L_{ah}}$$
$$\sum kQ_h^n = \sum kQ_{ah}^n$$

Como observado, a primeira estimativa para a vazão na rede estará, sem dúvida, errada; portanto, uma correção na vazão, ΔQ, terá de ser aplicada para satisfazer à exigência de perda de carga. Se a perda de carga na direção horária for maior do que a perda de carga na direção anti-horária, ΔQ terá de ser aplicada à direção anti-horária. Isto é, subtraia ΔQ das vazões horárias e adicione às vazões anti-horárias:

$$\sum k(Q_h - \Delta Q)^n = \sum k(Q_{ah} + \Delta Q)^n \tag{10.53}$$

Desenvolva a soma em ambos os lados da Eq. (10.53) e inclua apenas dois termos da expansão:

$$\sum k(Q_h^n - nQ_h^{n-1}\Delta Q) = \sum k(Q_{ah}^n + nQ_{ah}^{n-1}\Delta Q)$$

Resolva para ΔQ:

$$\Delta Q = \frac{\sum kQ_h^n - \sum kQ_{ah}^n}{\sum nkQ_h^{n-1} + \sum nkQ_{ah}^{n-1}} \tag{10.54}$$

Dessa forma, se ΔQ, conforme calculada a partir da Eq. (10.54), for positiva, a correção é aplicada em um sentido anti-horário (adicione ΔQ às vazões anti-horárias, e subtraia das vazões horárias).

Um valor de ΔQ diferente é calculado para cada circuito da rede e aplicado aos tubos. Alguns tubos terão dois ΔQs aplicados, pois serão comuns a dois circuitos. O primeiro conjunto de correções geralmente não irá produzir o resultado final desejado, pois a solução é atingida somente por aproximações sucessivas. Dessa forma, as correções são aplicadas sucessivamente até que sejam desprezíveis. A experiência demonstra que para a maioria das configurações de circuitos, a aplicação de ΔQ, conforme calculada pela Eq. (10.54), produz uma correção demasiado grande. Um número menor de tentativas será exigido para resolver para Qs, se for usado aproximadamente 0,6 do valor de ΔQ calculado.

Mais informações sobre métodos de soluções para redes de tubos estão disponíveis nas referências 18 e 19. Uma busca na *Internet* para "*pipe networks*" (redes de tubulações) produz informações sobre *software* disponíveis a partir de várias fontes.

EXEMPLO 10.10

Vazão em uma Rede de Tubos

Enunciado do Problema

Uma simples rede de tubos com escoamento de água consiste em três válvulas e uma junção, conforme mostrado na figura. A carga piezométrica nos pontos 1 e 2 é de 1 ft e reduz a zero no ponto 4. Existe uma válvula globo totalmente aberta na linha *A*, uma válvula gaveta metade aberta na linha *B*, e uma válvula angular totalmente aberta na linha *C*. O diâmetro do tubo em todas as linhas é de 2 polegadas. Determine a vazão em cada linha. Considere que a perda de carga em cada linha ocorra somente por causa das válvulas.

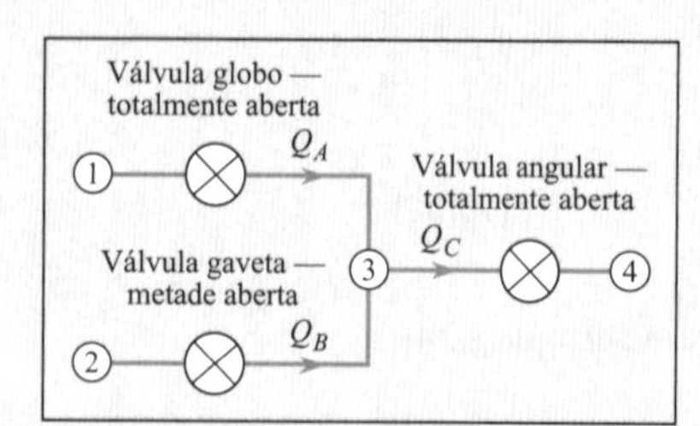

Defina a Situação

A água escoa através de uma rede de tubos.

- $h_1 = h_2 = 1$ ft.
- $h_4 = 0$ ft.
- O diâmetro do tubo (todos os tubos) é de 0,167 ft.

Hipóteses: As perda de carga ocorre somente por causa das válvulas.

Estabeleça o Objetivo

Determinar a vazão (em cfs) em cada tubo.

Tenha Ideias e Trace um Plano

1. Faça com que $h_{L,1\to3} = h_{L,2\to3}$.
2. Faça com que $h_{L,2\to4} = 1$ ft.
3. Resolva as equações usando o método Hardy Cross.

Aja (Execute o Plano)

As cargas piezométricas nos pontos 1 e 2 são iguais, tal que

$$h_{L,1\to3} + h_{L,3\to2} = 0$$

A perda de carga entre os pontos 2 e 4 é de 1 ft, tal que

$$h_{L,2\to3} + h_{L,3\to4} = 0$$

A continuidade deve ser satisfeita no ponto 3, tal que

$$Q_A + Q_B = Q_C$$

A perda de carga por meio de uma válvula é dada por

$$h_L = K_V \frac{V^2}{2g}$$
$$= K_V \frac{1}{2g}\left(\frac{Q}{A}\right)^2$$

em que K_V é o coeficiente de perda. Para um tubo de 2 polegadas, a perda de carga se torna

$$h_L = 32{,}6K_v Q^2$$

em que h_L está em pés e Q está em cfs (pés cúbicos por segundo). A equação para a perda de carga entre os pontos 1 e 2 expressa em termos da vazão volumétrica é

$$32{,}6K_A Q_A^2 - 32{,}6K_B Q_B^2 = 0$$

ou

$$K_A Q_A^2 - K_B Q_B^2 = 0$$

em que K_A é o coeficiente de perda para a válvula globo totalmente aberta ($K_A = 10$) e K_B é o coeficiente de perda para a válvula gaveta metade aberta ($K_B = 5{,}6$). A equação da perda de carga entre os pontos 2 e 4 é

$$32{,}6K_B Q_B^2 + 32{,}6K_C Q_C^2 = 1$$

ou

$$K_B Q_B^2 + K_C Q_C^2 = 0{,}0307$$

em que K_C é o coeficiente de perda para a válvula angular totalmente aberta ($K_C = 5$). As duas equações de perda de carga e a equação da continuidade compreendem três equações para Q_A, Q_B e Q_C. Contudo, as equações não são lineares e exigem linearização e solução por iteração (método Hardy Cross). A vazão volumétrica é escrita como

$$Q = Q_0 + \Delta Q$$

em que Q_0 é o valor inicial e ΔQ é a variação. Então,

$$Q^2 \cdot Q_0^2 + 2Q_0\Delta Q$$

em que o termo $(\Delta Q)^2$ é desprezado. As equações em termos de ΔQ se tornam

$$2K_A Q_{0,A}\Delta Q_A - 2K_B Q_{0,B}\Delta Q_B = K_B Q_{0,B}^2 - K_A Q_{0,A}^2$$
$$2K_C Q_{0,C}\Delta Q_C - 2K_B Q_{0,B}\Delta Q_B = 0{,}0307 - K_B Q_{0,B}^2 - K_C Q_{0,C}^2$$
$$\Delta Q_A + \Delta Q_B = \Delta Q_C$$

que podem ser expressas em forma de matriz como

$$\begin{bmatrix} 2K_A Q_{0,A} & -2K_B Q_{0,B} & 0 \\ 0 & 2K_B Q_{0,B} & 2K_C Q_{0,C} \\ 1 & 1 & -1 \end{bmatrix} \begin{Bmatrix} \Delta Q_A \\ \Delta Q_B \\ \Delta Q_C \end{Bmatrix} = \begin{bmatrix} K_B Q_{0,B}^2 - K_A Q_{0,A}^2 \\ 0{,}0307 - K_B Q_{0,B}^2 - K_C Q_{0,C}^2 \\ 0 \end{bmatrix}$$

O procedimento começa com a seleção de valores para $Q_{0,A}$, $Q_{0,B}$ e $Q_{0,C}$. Considere $Q_{0,A} = Q_{0,B}$ e $Q_{0,C} = 2Q_{0,A}$. Então, a partir da equação para a perda de carga entre os pontos 2 e 4,

$$K_B Q_{0,B}^2 + K_C Q_{0,C}^2 = 0{,}0307$$
$$(K_B + 4K_C)Q_{0,B}^2 = 0{,}0307$$
$$(5{,}6 + 4 \times 5)Q_{0,B}^2 = 0{,}0307$$
$$Q_{0,B} = 0{,}0346$$

e $Q_{0,A} = 0{,}0346$ e $Q_{0,C} = 0{,}0693$. Estes valores são substituídos na equação matricial para resolver para os ΔQs. As vazões são corrigidas por $Q_0^{nova} = Q_0^{velha} + \Delta Q$, e são substituídas novamente na equação matricial para gerar novos valores de ΔQ. As iterações são repetidas até a obtenção de uma precisão suficiente. A precisão é julgada por quanto a matriz coluna à direita se aproxima de zero. A seguir, uma tabela com os resultados das iterações para este exemplo:

		Iteração			
	Inicial	**1**	**2**	**3**	**4**
Q_A	0,0346	0,0328	0,0305	0,0293	0,0287
Q_B	0,0346	0,0393	0,0384	0,0394	0,0384
Q_C	0,0693	0,0721	0,0689	0,0687	0,0671

Reveja a Solução e o Processo

Conhecimento. Esta técnica de solução é chamada de método de Newton-Raphson. Este método é útil para sistemas não lineares de equações algébricas. Ele pode ser implementado com facilidade em um computador. O procedimento de solução para sistemas mais complexos é o mesmo.

10.11 Resumindo Conhecimentos-Chave

Classificando o Escoamento em Dutos

- Um *duto* é qualquer cano, tubo, ou conduto que esteja preenchido com um fluido em escoamento.
- O escoamento em um duto é caracterizado usando o número de Reynolds, com base no diâmetro do tubo. Este grupo π é dado por várias fórmulas equivalentes:

$$\mathrm{Re}_D = \frac{VD}{\nu} = \frac{\rho VD}{\mu} = \frac{4Q}{\pi D\nu} = \frac{4\dot{m}}{\pi D\mu}$$

- Para classificar um escoamento como *laminar* ou *turbulento*, calcule o número de Reynolds:

$\mathrm{Re}_D \leq 2000$ escoamento laminar

$\mathrm{Re}_D \leq 3000$ escoamento turbulento

- O escoamento em um duto pode estar em desenvolvimento ou completamente desenvolvido:
  - Um *escoamento em desenvolvimento* ocorre próximo à entrada ou após o escoamento ter sido perturbado (isto é, a jusante de uma válvula, curva ou orifício). O *Escoamento em desenvolvimento* significa que o perfil de velocidades e a tensão de cisalhamento na parede estão variando com a localização axial.
  - O *Escoamento completamente desenvolvido* ocorre em seguimentos retilíneos de tubo que são longos o suficiente para permitir que o escoamento se desenvolva. Isso significa que o perfil de velocidades e a tensão de cisalhamento são constantes com a localização axial x. Em um escoamento completamente desenvolvido, o escoamento é uniforme, e o gradiente de pressão (dp/dx) é constante.
- Para classificar um escoamento na entrada de um tubo como em desenvolvimento ou completamente desenvolvido, calcule o *comprimento de entrada* (L_e). Em qualquer localização axial maior do que L_e, o escoamento estará completamente desenvolvido. As equações para o comprimento de entrada são

$$\frac{L_e}{D} = 0{,}05\mathrm{Re}_D \quad \text{(escoamento laminar: } \mathrm{Re}_D \leq 2000\text{)}$$

$$\frac{L_e}{D} = 50 \quad \text{(escoamento turbulento: } \mathrm{Re}_D \geq 3000\text{)}$$

- Para descrever tubos comerciais no sistema NPS, especifique um diâmetro nominal em polegadas e um número de *schedule*. O número de *schedule* caracteriza a espessura da parede. As dimensões reais precisam ser consultadas.

Perda de Carga (Perda de Carga no Tubo)

- A soma das perdas de carga em um sistema de tubulações é chamada de *perda de carga total*. As fontes de perda de carga são classificadas em duas categorias:
  - *Perda de carga nos tubos*. É a perda de carga em segmentos retilíneos de tubulação com escoamento completamente desenvolvido.
  - *Perda de carga dos componentes*. É a perda de carga em componentes e transições, tais como válvulas, curvas e cotovelos.
- Para caracterizar a *perda de carga nos tubos*, os engenheiros usam um grupo chamado de *fator de atrito*. O fator de atrito f fornece a razão entre a tensão de cisalhamento na parede ($4\tau_0$) e a pressão cinética ($\rho V^2/2$).
- A perda de carga nos tubos possui dois símbolos que são usados: h_L e h_f. Para estimar a perda de carga nos tubos, aplique a equação de Darcy-Weisbach (EDW):

$$h_L = h_f = f\frac{L}{D}\frac{V^2}{2g}$$

Existem três métodos para o uso da EDW:

- *Método 1 (escoamento laminar)*. Aplique a EDW nesta forma:

$$h_f = \frac{32\mu L V}{\gamma D^2}$$

- *Método 2 (escoamento laminar ou turbulento)*. Aplique a EDW e use uma fórmula para f:

$$f = \frac{64}{\mathrm{Re}} \qquad \text{escoamento laminar}$$

$$f = \frac{0{,}25}{\left[\log_{10}\left(\dfrac{k_s}{3{,}7D} + \dfrac{5{,}74}{\mathrm{Re}_D^{0{,}9}}\right)\right]^2} \qquad \text{escoamento turbulento}$$

- *Método 3 (escoamento laminar ou turbulento)*. Aplique a EDW, e procure um valor para f no diagrama de Moody.
- A *rugosidade* da parede de um tubo algumas vezes afeta o fator de atrito:
  - *Escoamento laminar*. A rugosidade não importa; o fator de atrito f é independente da rugosidade.
  - *Escoamento turbulento*. A rugosidade é caracterizada pela determinação de uma altura de rugosidade de areia equivalente k_s e pela determinação de f como uma função do número de Reynolds e de k_s/D. Quando o escoamento é *completamente turbulento*, f é independente do número de Reynolds.

Perda de Carga (Perda de Carga em Componentes)

- Para caracterizar a perda de carga em um componente, os engenheiros usam um grupo π denominado *coeficiente de perda localizada*, K, que fornece a razão entre a perda de carga e a carga de velocidade. Os valores para K, que são obtidos a partir de estudos experimentais, estão tabulados em referência de Engenharia. Cada componente possui um valor específico de K, o qual deve ser consultado na literatura. A perda de carga para um componente é

$$h_L = K_{\text{componente}}\frac{V^2}{2g}$$

- A *perda de carga total* em um tubo é dada por

$$\text{perda de carga global (total)} = \sum \text{(perdas de carga nos tubos)} + \sum \text{(perdas de carga nos componentes)}$$

$$h_L = \sum_{\text{tubos}} f\frac{L}{D}\frac{V^2}{2g} + \sum_{\text{componentes}} K\frac{V^2}{2g}$$

Resultados Úteis Adicionais

- Dutos não circulares podem ser analisados usando o diâmetro hidráulico D_h ou o raio hidráulico (R_h). Para analisar um duto não circular, aplique as mesmas equações que são usadas para os dutos circulares, e substitua D por D_h nas fórmulas. As equações para D_h e R_h são

$$D_h = 4R_h = \frac{4 \times \text{área da seção}}{\text{perímetro molhado}}$$

- Para determinar o ponto de operação de uma bomba centrífuga em um sistema, o procedimento tradicional é uma solução gráfica. Trace uma curva do sistema que seja derivada usando a equação da energia, e trace a curva da carga *versus* a vazão para a bomba centrífuga. A interseção dessas duas curvas fornece o ponto de operação do sistema.
- A análise de redes de tubos está baseada na satisfação da equação da continuidade em cada junção e no fato da perda de carga entre quaisquer duas junções ser independente do trajeto por tubos entre essas duas junções. Um conjunto de equações baseadas nesses princípios é resolvido iterativamente para obter a vazão em cada tubo e a pressão em cada junção na rede.

REFERÊNCIAS

1. Reynolds, O. "An Experimental Investigation of the Circumstances Which Determine Whether the Motion of Water Shall Be Direct or Sinuous and of the Law of Resistance in Parallel Channels." *Phil. Trans. Roy. Soc. London*, 174, part III (1883).

2. Schlichting, Hermann. *Boundary Layer Theory*, 7th ed. New York: McGraw-Hill, 1979.

3. Moody, Lewis F. "Friction Factors for Pipe Flow." *Trans. ASME*, 671 (November 1944).

4. Nikuradse, J. "Strömungsgesetze in rauhen Rohren." *VDI-Forschungsh.*, no. 361 (1933). Também traduzido em *NACA Tech. Memo*, 1292.

5. White, F. M. *Viscous Fluid Flow*. New York: McGraw-Hill, 1991.

6. Colebrook, F. "Turbulent Flow in Pipes with Particular Reference to the Transition Region between the Smooth and Rough Pipe Laws." *J. Inst. Civ. Eng.*, vol. 11, 133-156 (1939).

7. Swamee, P. K., and A. K. Jain. "Explicit Equations for Pipe-Flow Problems." *J. Hydraulic Division of the ASCE*, vol. 102, nº HY5 (May 1976).

8. Streeter, V. L., and E. B. Wylie. *Fluid Mechanics*, 7th ed. New York: McGraw-Hill, 1979

9. Barbin, A. R., and J. B. Jones. "Turbulent Flow in the Inlet Region of a Smooth Pipe." *Trans. ASME, Ser. D: J. Basic Eng.*, vol. 85, nº 1 (March 1963).

10. ASHRAE. *ASHRAE Handbook - 1977 Fundamentals*. New York: Am. Soc. of Heating, Refrigerating and Air Conditioning Engineers, Inc., 1977.

11. Crane Co. "Flow of Fluids Through Valves, Fittings and Pipe." Technical Paper Nº 410, Crane Co. (1988), 104 N. Chicago St., Joliet, IL 60434.

12. Fried, Irwin, and I. E. Idelchik. *Flow Resistance: A Design Guide for Engineers*. New York: Hemisphere, 1989.

13. Hydraulic Institute. *Engineering Data Book*, 2nd ed., Hydraulic Institute, 30200 Detroit Road, Cleveland, OH 44145.

14. Miller, D. S. *Internal Flow - A Guide to Losses in Pipe and Duct Systems*. British Hydrodynamic and Research Association (BHRA), Cranfield, England (1971).

15. Streeter, V. L. (ed.) *Handbook of Fluid Dynamics*. New York: McGraw-Hill, 1961.

16. Beij, K. H. "Pressure Losses for Fluid Flow in 90% Pipe Bends." *J. Res. Nat. Bur. Std.*, 21 (1938). Informação citada em Streeter (20).

17. Cross, Hardy. "Analysis of Flow in Networks of Conduits or Conductors." *Univ. Illinois Bull.*, 286 (November 1936).

18. Hoag, Lyle N., and Gerald Weinberg. "Pipeline Network Analysis by Digital Computers." *J. Am. Water Works Assoc.*, 49 (1957).

19. Jeppson, Roland W. *Analysis of Flow in Pipe Networks*. Ann Arbor, MI: Ann Arbor Science Publishers, 1976.

20. White, F. M. *Fluid Mechanics*, 5th Ed. New York: McGraw-Hill, 2003.

PROBLEMAS

Notas sobre Diâmetro de Tubos para os Problemas do Capítulo 10

Quando um diâmetro de tubo é dado usando o rótulo "NPS" ou "nominal", determine as dimensões usando a Tabela 10.1 do §10.2. De outra maneira, presuma que o diâmetro especificado seja um diâmetro interno (ID).

Classificando o Escoamento (§10.1)

10.1 A querosene (20 °C) escoa a uma taxa de 0,04 m³/s em um tubo com diâmetro de 25 cm. Você esperaria que o escoamento fosse laminar ou turbulento? Calcule o comprimento de entrada.

10.2 Um compressor succiona 0,4 m³/s de ar ambiente (20 °C) do exterior através de um duto redondo que possui 10 m de comprimento e 175 mm de diâmetro. Determine o comprimento de entrada e estabeleça se o escoamento é laminar ou turbulento.

Equação de Darcy-Weisbach para a Perda de Carga (§10.3)

10.3 Usando o §10.3 e outros recursos, responda às seguintes perguntas. Procure responder com profundidade, clareza e precisão, ao mesmo tempo em que combina o uso de desenhos, palavras e equações de forma a melhorar a efetividade da sua comunicação.

a. O que é a perda de carga em um tubo? Como a perda de carga em um tubo está relacionada com a perda de carga total?

b. O que é o fator de atrito f? Como f está relacionado com a tensão de cisalhamento na parede?

c. Quais hipóteses precisam ser satisfeitas para a aplicação da equação de Darcy-Weisbach?

10.4 Para cada caso a seguir, aplique a equação de Darcy-Weisbach da Eq. (10.12) no §10.3 para calcular a perda de carga em um tubo. Aplique o método da grade para conduzir e cancelar unidades.

a. A água escoa a uma vazão de 23 gpm e uma velocidade média de 210 ft/min em um tubo com 200 ft de comprimento. Para um coeficiente de resistência de $f = 0{,}02$, determine a perda de carga em pés.

b. A perda de carga em uma seção de tubo de PVC é de 0,6 m, o coeficiente de resistência é $f = 0{,}012$, o comprimento é de 15 m, e a vazão é de 4 cfs. Determine o diâmetro do tubo em metros.

10.5 Como mostrado, o ar (20 °C) flui em um grande tanque, através de um tubo horizontal, e depois descarrega no ambiente. O comprimento do tubo é $L = 50$ m, e o tubo é PVC *schedule* 40 com um diâmetro nominal de 1 polegada. A velocidade média no tubo é de 10 m/s, e $f = 0{,}015$. Determine a pressão (em Pa) que precisa ser mantida no tanque.

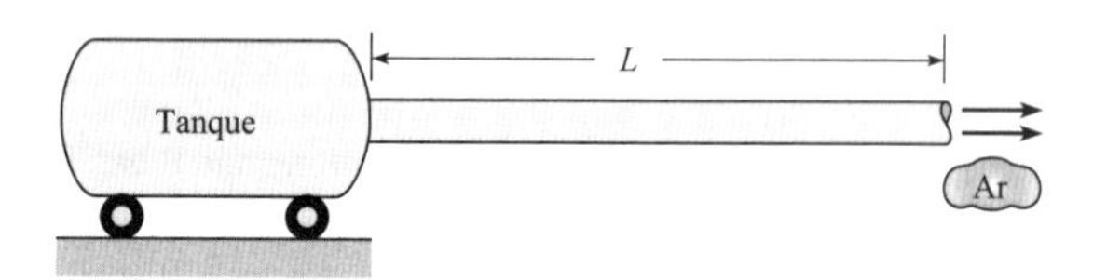

Problema 10.5

10.6 O ar ($\rho = 1{,}4$ kg/m^3) flui em um tubo redondo reto. A velocidade média é de 22 m/s. O fator de atrito é 0,03. O escoamento está completamente desenvolvido. Calcule a tensão de cisalhamento na parede em unidades de Pa. Escolha a resposta mais aproximada (Pa): (a) 1,0, (b) 1,5, (c) 2,0, (d) 2,5, (e) 3,5.

10.7 Um fluido newtoniano está escoando em um duto circular. O escoamento é laminar, estacionário e está completamente desenvolvido. Determine se a seguinte declaração é verdadeira ou falsa: A perda de carga vai variar linearmente com a velocidade média.

10.8 A perda de carga da seção 1 para a seção 2 é de 1,0 m. O fator de atrito de Darcy é 0,01. $D = 1{,}0$ m, $L = 100$ m. O escoamento é estacionário e está completamente desenvolvido. Calcule a velocidade média em m/s. Escolha a resposta mais aproximada (m/s): (a) 1,2, (b) 2,4, (c) 3,2, (d) 4,4, (e) 5,6.

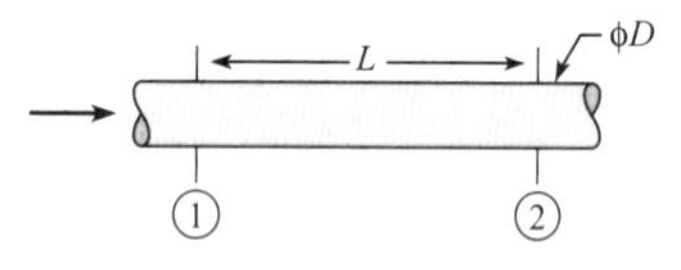

Problema 10.8

10.9 No Caso A, a água escoa através de um tubo de 8 polegadas *schedule* 40 com uma vazão volumétrica de 75 litros por segundo. No Caso B, o *schedule* é mudado para 80. A velocidade média é a mesma em ambos os casos. Calcule a vazão volumétrica em unidades de L/s para o caso B. Escolha a resposta mais aproximada (L/s): (a) 68, (b) 74, (c) 75, (d) 79, (e) 82.

10.10 A água (15 °C) escoa através de uma mangueira de jardim (ID = 25 mm) com uma velocidade média de 1,5 m/s. Determine a queda de pressão para uma seção de mangueira com 20 metros de comprimento e posicionada horizontalmente. Considere que $f = 0{,}012$.

10.11 Conforme mostrado, a água (15 °C) escoa de um tanque através de um tubo e é descarregada no ambiente. O tubo possui ID de 8 mm e comprimento de $L = 6$ m, enquanto o coeficiente de resistência é $f = 0{,}015$. O nível da água é $H = 3$ m. Determine a velocidade de saída em m/s e a vazão em *L*/s. Esboce a LP e a LE. Considere que a única perda de carga que ocorre seja no tubo.

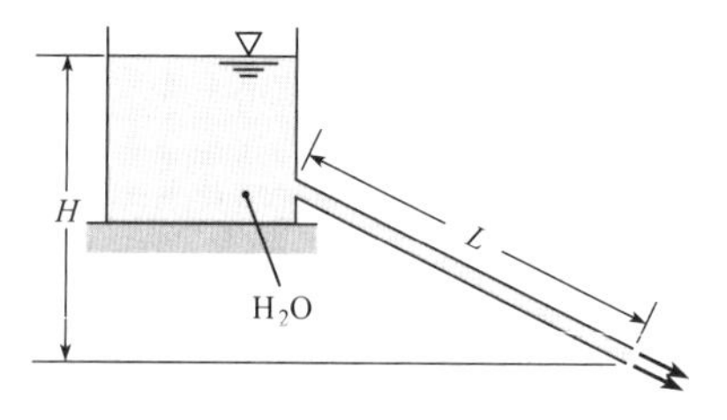

Problema 10.11

10.12 A água escoa no tubo mostrado, e o manômetro deflete 120 cm. Qual é o valor de f para o tubo se $V = 3$ m/s?

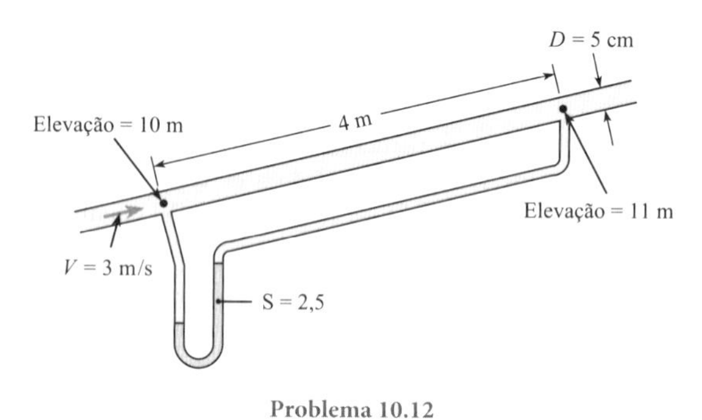

Problema 10.12

Escoamento Laminar em Tubos (§10.5)

10.13 Um fluido ($\mu = 10^{-2}$ N·s/m^2; $\rho = 800$ kg/m^3) escoa com uma velocidade média de 4 cm/s em um tubo liso de 10 cm.

a. Qual é o valor do número de Reynolds?
b. Qual é a magnitude da velocidade máxima no tubo?
c. Qual é a magnitude do fator de atrito f?
d. Qual é a tensão de cisalhamento na parede?
e. Qual é a tensão de cisalhamento em uma distância radial de 25 mm do centro do tubo?

10.14 Um fluido newtoniano está escoando em um duto redondo. O escoamento é laminar, estacionário e está completamente desenvolvido. O fator de atrito de Darcy é de 16. Calcule Re_D. Escolha a resposta mais aproximada: (a) 4,0, (b) 6,1, (c) 8,3, (d) 16,6, (e) 32,2.

10.15 A água (15 °C) escoa em um tubo horizontal *schedule* 40 que possui um diâmetro nominal de 0,5 polegada. O número de Reynolds é Re = 1000. Trabalhe em unidades SI.

a. Qual é a vazão mássica?
b. Qual é a magnitude do fator de atrito f?
c. Qual é a perda de carga por metro de comprimento do tubo?
d. Qual é a queda de pressão por metro de comprimento do tubo?

10.16 O escoamento de um líquido em um tubo liso de 3 cm gera uma perda de carga de 2 m por metro de comprimento de tubo quando a velocidade média é de 1 m/s. Calcule f e o número de Reynolds. Prove que dobrar a vazão irá dobrar a perda de carga. Considere um escoamento completamente desenvolvido.

10.17 Conforme mostrado, um tubo redondo com 0,5 mm de diâmetro e comprimento de 750 mm está conectado ao reservatório. Um ventilador produz uma pressão manométrica negativa de −1,5 polegada H_2O no reservatório, succionando ar (20 °C) para o interior do microcanal. Qual é a velocidade média do ar no microcanal? Considere que a única perda de carga seja no tubo.

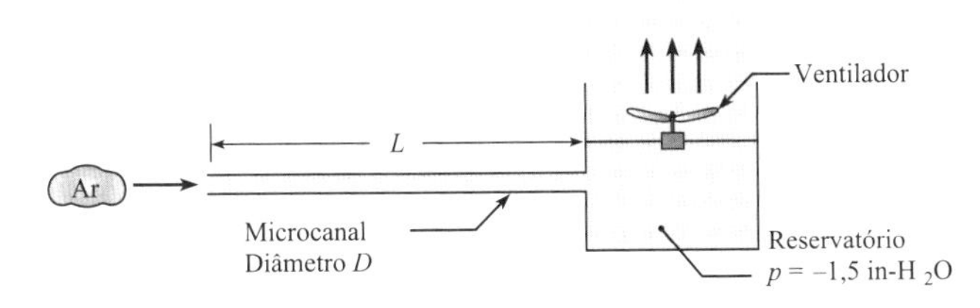

Problema 10.17

10.18 Um líquido (γ = 9,6 kN/m^3) está escoando em um tubo a uma taxa constante, mas a direção do escoamento é desconhecida. O líquido está se movendo para cima ou para baixo no tubo? Se o diâmetro do tubo é de 12 mm e a viscosidade do líquido é de 3,0 $\times$ 10^{-3} N·s/m^2, qual é a magnitude da velocidade média no tubo?

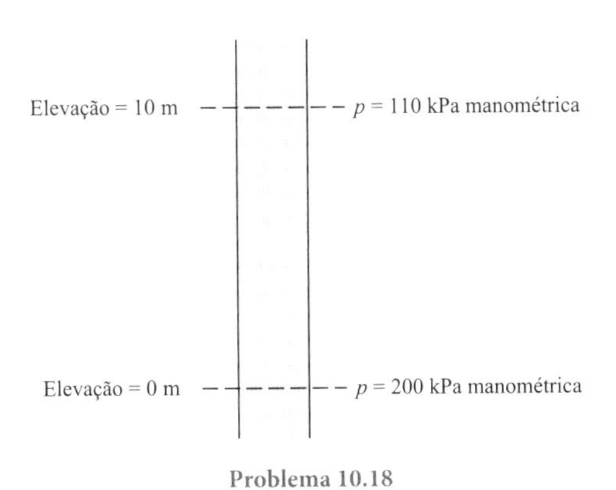

Problema 10.18

10.19 O óleo (SG = 0,97, μ = 10^{-2} lbf·s/ft^2) é bombeado através de um tubo *schedule* 80 com diâmetro nominal de 1 polegada a uma taxa de 0,005 cfs. Qual é a perda de carga por 100 ft de tubo nivelado na horizontal?

10.20 Um líquido (ρ = 1000 kg/m^3; μ = 10^{-1} N·s/m^2; ν = 10^{-4} m^2/s) escoa uniformemente com uma velocidade média de 0,9 m/s em um tubo com diâmetro de 175 mm. Mostre que o escoamento é laminar. Ainda, determine o fator de atrito f e a perda de carga por metro de comprimento de tubo.

10.21 A querosene (SG = 0,80 e T = 68 °F) escoa do tanque mostrado através de um tubo com 1/4 de polegada de diâmetro (ID). Determine a velocidade média no tubo e a vazão volumétrica. Considere que a única perda de carga seja no tubo.

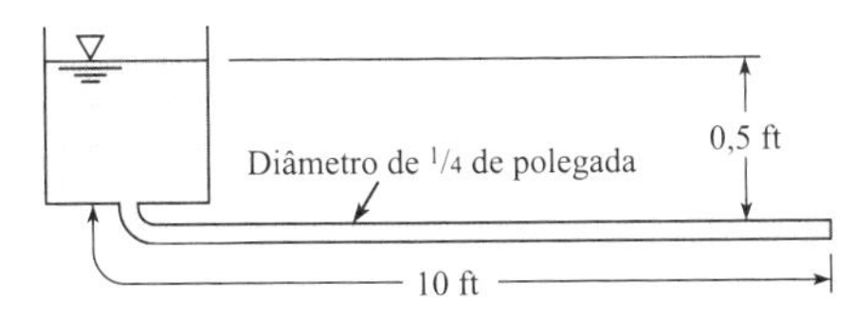

Problema 10.21

10.22 O óleo (SG = 0,84; μ = 0,048 N·s/m^2) é bombeado através de um tubo horizontal com 10 cm de diâmetro. A velocidade média é de 0,3 m/s. Qual é a perda de carga por 10 m de tubo?

10.23 Conforme mostrado, o óleo SAE-10W-30 é bombeado através de um tubo que mede de 8 m e tem 1 cm de diâmetro, a uma vazão de 7,85 $\times$ 10^{-4} m^3/s. O tubo é horizontal, e as pressões nos pontos 1 e 2 são iguais. Determine a potência necessária para operar a bomba, considerando que ela é 100% eficiente. As propriedades do óleo SAE-10W-30 são: viscosidade cinemática = 7,6 $\times$ 10^{-5} m^2/s; peso específico = 8630 N/m^3.

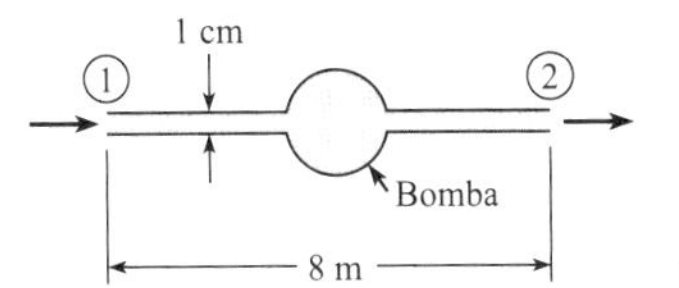

Problema 10.23

10.24 Conforme mostrado, no sistema de tubulações, para determinada vazão volumétrica, a razão entre a perda de carga em um dado comprimento do tubo com 1 m de diâmetro e a perda de carga no mesmo comprimento do tubo com 2 m de diâmetro é (a) 2, (b) 4, (c) 16, ou (d) 32.

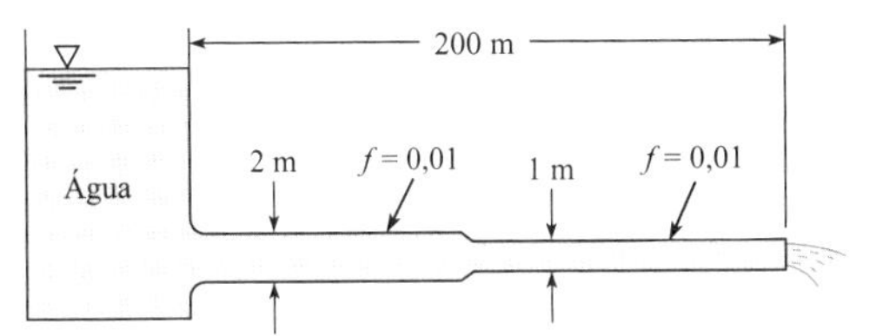

Problema 10.24

10.25 A glicerina (T = 20 °C) escoa através de um funil com D = 1,3 cm, conforme mostrado. Calcule a velocidade média da glicerina na saída do tubo. Considere que a única perda de carga seja em razão do atrito no tubo.

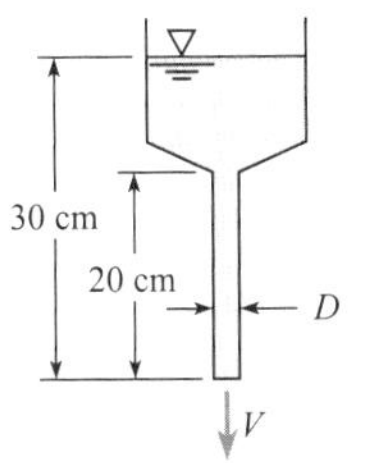

Problema 10.25

10.26 Qual é o tamanho nominal do tubo de aço que deve ser usado para conduzir 0,2 cfs de óleo de rícino a 90 °F ao longo de uma distância de 0,5 milhas com uma queda de pressão admissível de 10 psi (μ = 0,085 lbf·s/ft^2)? Considere SG = 0,85.

10.27 São feitas medições de velocidade em um tubo com 35 cm. A velocidade no centro é de 2 m/s, e observou-se que a distribuição de velocidades é parabólica. Se foi determinado que a queda de pressão é de 2 kPa por 100 m de tubo, qual é a viscosidade cinemática ν do fluido? Considere que SG = 0,8 para esse fluido.

10.28 A velocidade do óleo (SG = 0,8) ao longo de um tubo liso com 5 cm de diâmetro é de 1,2 m/s. Aqui, L = 12 m, z_1 = 1 m, z_2 = 2 m, e a deflexão do manômetro é de 10 cm. Determine a direção do escoamento, o coeficiente de resistência f, se o escoamento é laminar ou turbulento, e, ainda, a viscosidade do óleo.

10.29 A velocidade do óleo (SG = 0,8) ao longo de um tubo liso com 2 polegadas de diâmetro é de 5 ft/s. Aqui, L = 30 ft, z_1 = 2 ft, z_2 = 4 ft, e a deflexão do manômetro é de 4 polegadas. Determine a direção do escoamento, o coeficiente de resistência f, se o escoamento é laminar ou turbulento, e, ainda, a viscosidade do óleo.

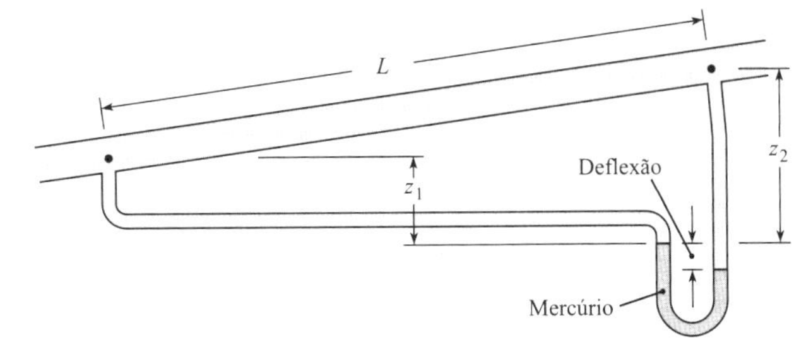

Problemas 10.28, 10.29

10.30 A água é bombeada por meio de um trocador de calor que consiste em tubos de 8 mm de diâmetro e 6 m de comprimento. A velocidade em cada tubo é de 12 cm/s. A temperatura da água aumenta de 20 °C na entrada para 30 °C na saída. Calcule a diferença de pressão ao longo do trocador de calor, desprezando as perdas na entrada, mas levando em consideração o efeito da variação na temperatura, mediante o uso dos valores das propriedades em temperaturas médias.

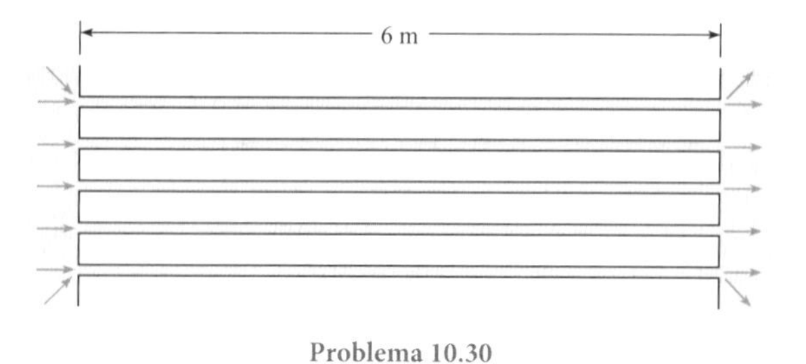

Problema 10.30

Escoamento Turbulento em Tubos (§10.6)

10.31 Use a Figura 10.14, a Tabela 10.3 e a Tabela 10.4 (em §10.6) para avaliar se as seguintes declarações são verdadeiras ou falsas:

a. Se k_s/D é 0,05 ou maior, e o escoamento é turbulento, o valor de f não depende de Re_D.

b. Para tubos lisos e escoamento turbulento, f depende de k_s/D e não de Re_D.

c. Para o escoamento laminar, f é sempre dado por $f = 64/\text{Re}_D$.

d. Se $\text{Re}_D = 2 \times 10^7$ e $k_s/D = 0{,}00005$, então $f = 0{,}012$.

e. Se $\text{Re}_D = 1000$ e o tubo é liso, $f = 0{,}04$.

f. A altura da rugosidade da areia k_s para o ferro forjado é 0,002 mm.

10.32 Um fluido newtoniano escoa em um tubo redondo. O escoamento está completamente desenvolvido, e é estacionário e laminar. Determine se a seguinte declaração é verdadeira ou falsa: A perda de carga em um tubo com uma parede enferrujada e rugosa é maior do que a perda de carga em um tubo com uma parede lisa (por exemplo, aço inoxidável polido).

10.33 Um líquido escoa em uma tubulação redonda. A vazão mássica é de 9800 kg/s. O número de Reynolds é 6 milhões. A viscosidade cinemática é 1,4E-6 m²/s e $SG = 0{,}9$. Calcule o diâmetro do tubo em metros. Escolha a resposta mais aproximada (m): (a) 0,8, (b) 1,1, (c) 1,4, (d) 1,7, (e) 2,0.

10.34 A água (70 °F) escoa através de um tubo de PVC *schedule* 40 com diâmetro nominal de 4" (4 polegadas) à taxa de 6 cfs. Qual é o coeficiente de resistência f? Use a equação de Swamee-Jain (10.39), dada em §10.6.

10.35 A água a 20 °C escoa através de um tubo liso de latão com ID de 2 cm a uma taxa de 0,003 m³/s. Qual é o valor de f para este escoamento? Use a equação de Swamee-Jain (10.39), dada em §10.6.

10.36 A água (10 °C) escoa em um tubo liso com 50 cm de diâmetro a uma taxa de 0,05 m³/s. Qual é o coeficiente de resistência f?

10.37 Qual é o valor de f para o escoamento de água a 10 °C um tubo de ferro fundido com 30 cm de diâmetro a uma velocidade média de 24 m/s?

10.38 Um fluido ($\mu = 10^{-2}$ N·s/m²; $\rho = 800$ kg/m³) escoa com uma velocidade média de 500 mm/s em um tubo liso com 100 mm de diâmetro. Responda às seguintes perguntas relacionadas com as condições de escoamento dadas:

a. Qual é a magnitude da velocidade máxima no tubo?

b. Qual é a magnitude do coeficiente de resistência f?

c. Qual é a velocidade de cisalhamento?

d. Qual é a tensão de cisalhamento em uma distância radial de 25 mm do centro do tubo?

e. Se a vazão volumétrica for dobrada, a perda de carga por comprimento de tubo também irá dobrar?

10.39 A água (20 °C) escoa em um tubo de ferro fundido com 35 cm de diâmetro a uma taxa de 0,5 m³/s. Para essas condições, determine ou estime:

a. O número de Reynolds.

b. O fator de atrito f (use a equação de Swamee-Jain (10.39), dada em §10.6).

c. A tensão de cisalhamento na parede, τ_0.

10.40 Em um tubo de ferro fundido não revestido com 4,2 polegadas de diâmetro, 0,08 cfs de água escoa a 60 °F. Determine f a partir da Figura 10.14.

10.41 Determine a perda de carga em 800 ft de um tubo de concreto com diâmetro de 6 polegadas ($k_s = 0{,}0002$ ft) que conduz 2,5 cfs de um fluido. As propriedades do fluido são $\nu = 3{,}33 \times 10^{-3}$ ft²/s e $\rho = 1{,}5$ *slug*/ft³.

10.42 Os pontos A e B estão a 1,5 km de distância um do outro, ao longo de um tubo novo de aço com 15 cm de diâmetro ($k_s = 4{,}6 \times 10^{-5}$ m). O ponto B está 20 m mais alto do que o ponto A. Com um fluxo de A para B de 0,03 m³/s de petróleo bruto (S = 0,82) a 10 °C ($\mu = 10^{-2}$ N·s/m²), qual pressão deve ser mantida em A se a pressão em B tiver de ser de 300 kPa manométrica?

10.43 Um tubo pode ser usado para medir a viscosidade de um fluido. Um líquido escoa em um tubo liso com 1,7 cm de diâmetro e 0,52 m de comprimento a uma velocidade média de 8 m/s. Foi medida uma perda de carga de 5 cm. Estime a viscosidade cinemática.

10.44 Para um tubo de 40 cm de diâmetro, determinou-se o coeficiente de resistência f de 0,06 quando a velocidade média era de 3 m/s e a viscosidade cinemática era 10^{-5} m²/s. Se a velocidade for dobrada, você espera que a perda de carga por metro de comprimento de tubo dobre, triplique ou quadruplique?

10.45 Você possui os valores para (a) o fator de atrito de Darcy e (b) a rugosidade relativa. Você dispõe de um diagrama de Moody. Determine se a seguinte declaração é verdadeira ou falsa: Você pode determinar o valor do número de Reynolds usando o diagrama de Moody.

10.46 Um fluido escoa através de um tubo. Calcule a queda no nível de um piezômetro (Δh) em unidades de cm. O escoamento é estacionário e está completamente desenvolvido. O fluido é newtoniano. A velocidade média é de 0,4 m/s. O número de Reynolds é 100.000. A rugosidade relativa é 0,002. O comprimento entre os piezômetros é de 50 m e o ID do tubo é 3,0 cm. Escolha a resposta mais aproximada (cm): (a) 8, (b) 14, (c) 22, (d) 28, (e) 34.

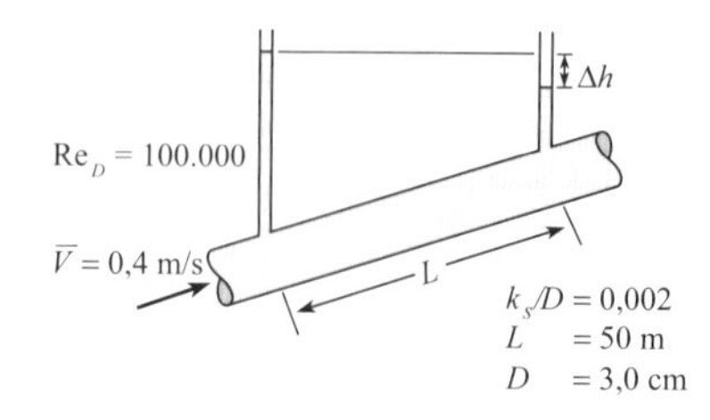

Problema 10.46

10.47 A água (50 °F) escoa com uma velocidade de 5 ft/s por meio de um segmento horizontal de tubo de PVC. O comprimento do tubo é 100 ft, e o tubo é *schedule* 40 com um diâmetro nominal de 2,5 polegadas. Calcule (a) a queda de pressão em psi, (b) a perda de carga em pés, e (c) a potência em cavalos-vapor necessária para superar a perda de carga.

10.48 A água (10 °C) escoa com uma velocidade de 2 m/s por meio de um segmento horizontal de tubo de PVC. O comprimento do tubo é 50 m, e o tubo é *schedule* 40 com um diâmetro nominal de 2,5 polegadas. Calcule (a) a queda de pressão em quilopascal, (b) a perda de carga em metros, e (c) a potência em watts necessária para superar a perda de carga.

10.49 O ar flui em um tubo liso de 3 cm de diâmetro a uma taxa de 0,015 m³/s. Se $T = 20$ °C e $p = 110$ kPa absoluta, qual é a queda de pressão por metro de comprimento de tubo?

10.50 O ar flui em um tubo liso de 1" (polegada) de diâmetro a uma taxa de 30 cfm. Se $T = 80$ °F e $p = 15$ psia, qual é a queda de pressão por pé de comprimento de tubo?

10.51 A água é bombeada por meio de um tubo vertical novo de aço com 10 cm de diâmetro até um tanque elevado sobre o telhado de um edifício. A pressão no lado da descarga da bomba é de 1,6 MPa. Qual pressão pode ser esperada em um ponto no tubo 110 m acima da bomba quando a vazão é de 0,02 m³/s? Considere $T = 20$ °C.

10.52 A casa mostrada está inundada por causa de uma tubulação de água que está quebrada. O proprietário usa um sifão para retirar a água pela janela do porão e jogá-la colina abaixo com uma mangueira de comprimento L, obtendo desta forma uma diferença de elevação h para acionar o sifão. A água drena pelo sifão, mas muito lentamente para os desesperados proprietários da casa. Eles imaginam que poderiam gerar uma vazão maior de água se tivessem uma diferença de carga maior. Por isso, eles obtêm outra mangueira com o mesmo comprimento da primeira, e conectam as duas para totalizar um comprimento de 2 L. O jardim possui uma inclinação constante, de modo que ao comprimento de mangueira $2L$ se relaciona com uma diferença de carga de $2h$.

a. Considere que não existe nenhuma perda de carga e calcule se a vazão dobra quando o comprimento da mangueira é dobrado do Caso 1 (comprimento L e altura h) para o Caso 2 (comprimento $2L$ e altura $2h$).

b. Considere $h_L = 0{,}025(L/D)(V^2/2g)$ e calcule a vazão para os Casos 1 e 2, em que $D = 1$ polegada, $L = 50$ ft., e $h = 20$ ft. Que melhora na vazão é obtida no Caso 2 em comparação ao Caso 1?

c. Tanto o marido como a esposa deste casal teve aulas de mecânica dos fluidos na universidade. Eles revisam com outros olhos a equação da energia e a forma do termo para a perda de carga e chegam à conclusão de que devem usar um maior diâmetro de mangueira. Calcule a vazão para o Caso 3, em que $L = 50$ ft., $h = 20$ ft., e $D = 2$ polegadas. Use a mesma expressão para h_L da parte (b). Que melhora na vazão é obtida no Caso 3 em comparação ao Caso 1 na parte (b)?

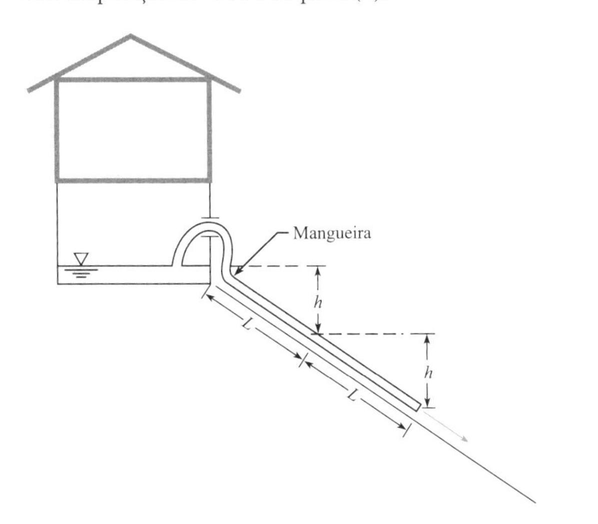

Problema 10.52

10.53 A água (60 °F) é bombeada de um reservatório para um grande tanque pressurizado, conforme mostrado. O tubo de aço possui 4 polegadas de diâmetro e 300 ft de comprimento. A vazão é de 1 cfs. Os níveis de água iniciais nos tanques são os mesmos, mas a pressão no tanque B é de 10 psig, enquanto o tanque A está aberto à atmosfera. A eficiência da bomba é de 90%. Determine a potência necessária para operar a bomba sob as condições dadas.

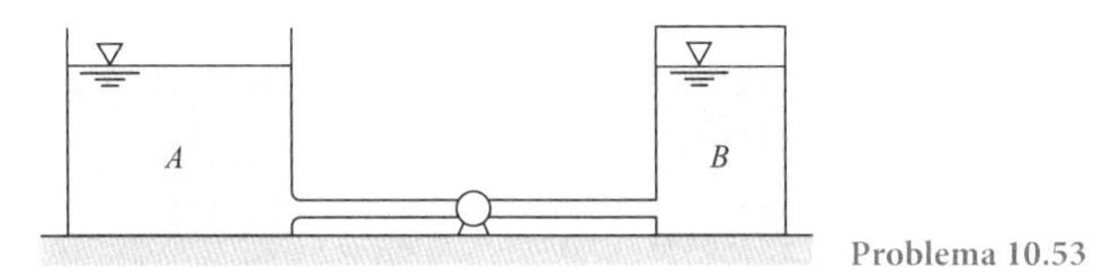

Problema 10.53

Resolvendo Problemas com Escoamento Turbulento (§10.7)

10.54 Usando as informações no começo do §10.7, classifique cada problema dado abaixo como de Caso 1, Caso 2 ou Caso 3. Para cada uma das suas escolhas, comente o seu raciocínio.

a. Problema 10.53
b. Problema 10.56
c. Problema 10.60

10.55 Um sifão plástico de mangueira com $D = 1{,}2$ cm e $L = 5{,}5$ m é usado para drenar a água (15 °C) para fora de um tanque. Calcule a velocidade no tubo para as duas situações dadas abaixo. Use $H = 3$ m e $h = 1$ m.

a. Considere que a equação de Bernoulli pode ser aplicada (despreze todas as perdas de carga).

b. Considere que a perda de carga nos componentes seja zero e que a perda de carga no tubo seja diferente de zero.

10.56 Um sifão plástico de mangueira com comprimento de 7 m é usado para drenar a água (15 °C) para fora de um tanque. Para uma vazão de 1,5 L/s, qual diâmetro de mangueira é necessário? Use $H = 5$ m e $h = 0{,}5$ m. Considere que todas as perdas de carga ocorrem no tubo.

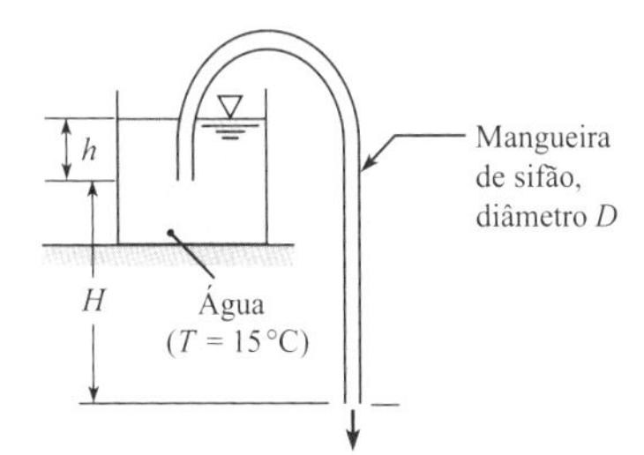

Problemas 10.55, 10.56

10.57 Conforme mostrado, a água (70 °F) está drenando de um tanque por meio de um tubo de ferro galvanizado. O comprimento do tubo é $L = 10$ ft, a profundidade do tanque é $H = 4$ ft, e o tubo é de 1 polegada NPS *schedule* 40. Calcule a velocidade no tubo e a vazão. Despreze as perdas de carga do componente.

10.58 Conforme mostrado, a água (15 °C) está sendo drenada de um tanque por meio de um tubo de ferro galvanizado. O comprimento do tubo é $L = 2$ m, a profundidade do tanque é $H = 1$ m, e o tubo é de 0,5" (polegada) NPS *schedule* 40. Calcule a velocidade no tubo. Despreze as perdas de carga dos componentes.

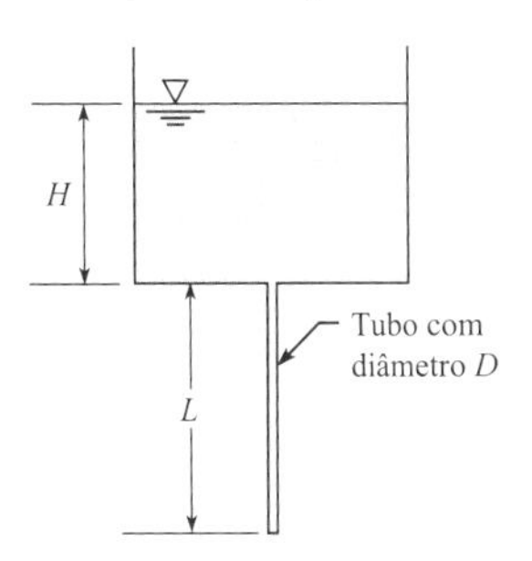

Problemas 10.57, 10.58

10.59 Um fluido com $\nu = 10^{-6}$ m²/s e $\rho = 800$ kg/m³ escoa por meio de um tubo de ferro galvanizado com 8 cm de diâmetro. Estime a vazão para as condições mostradas na figura.

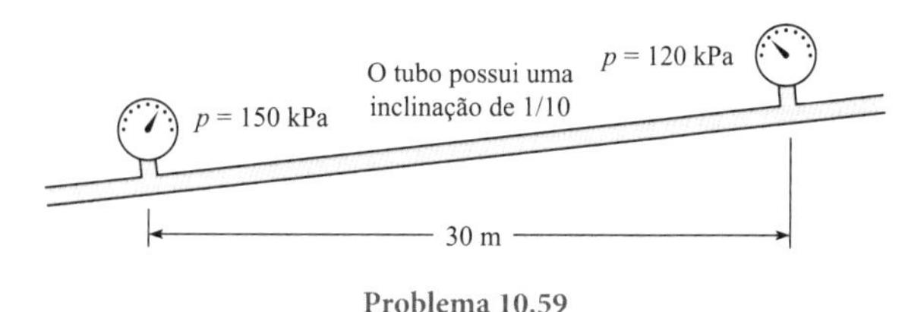

Problema 10.59

10.60 Uma tubulação deve ser projetada para conduzir petróleo bruto ($SG = 0,93$, $\nu = 10^{-5}$ m²/s) com uma vazão volumétrica de 0,10 m³/s e uma perda de carga por quilômetro de 50 m. Qual diâmetro de tubo de aço é necessário? Qual potência de saída de bomba é exigida para manter este escoamento? Os diâmetros de tubo disponíveis são de 20, 22 e 24 cm.

Perda de Carga Combinada em Sistemas (§10.8)

10.61 Use a Tabela 10.5 (§10.8) para selecionar os coeficientes de perda, K, para as seguintes transições e conexões.

a. Um cotovelo de tubo de 90° roscado
b. Uma curva de 90° suave com $r/d = 2$
c. Uma entrada de tubo com r/d de 0,3
d. Uma contração brusca, com $\theta = 180°$, e $D_2/D_1 = 0,60$
e. Uma válvula gaveta, totalmente aberta

10.62 O desenho mostra um teste de um filtro de ar eletrostático. A queda de pressão para o filtro é de 3 polegadas de água, quando a velocidade do ar é de 9 m/s. Qual é o coeficiente de perda de carga localizada para o filtro? Assuma as propriedades do ar a 20 °C.

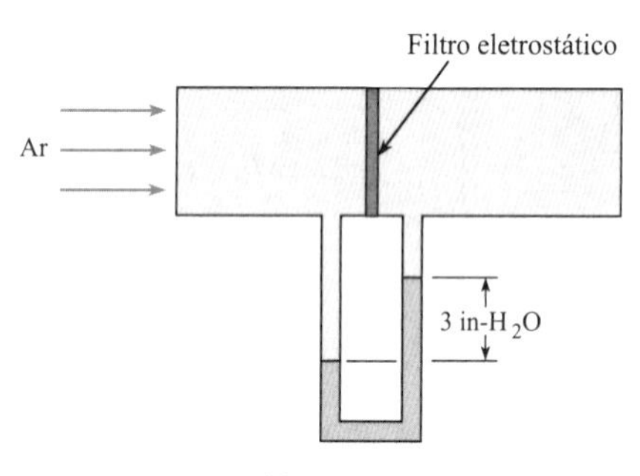

Problema 10.62

10.63 Se um escoamento de 0,10 m³/s de água precisa ser mantido no sistema mostrado, qual potência deve ser adicionada à água pela bomba? O tubo é feito de aço e possui 15 cm de diâmetro.

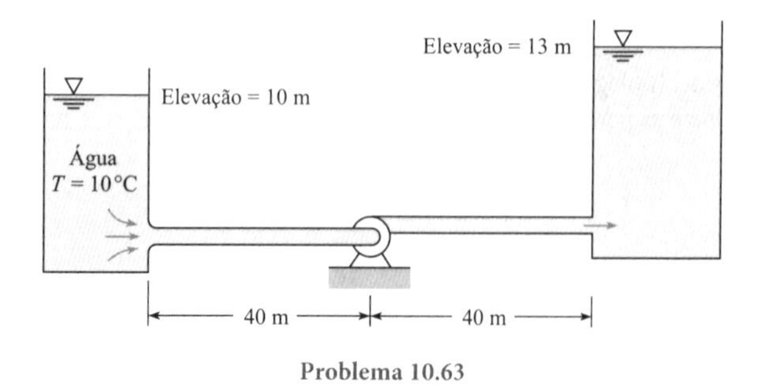

Problema 10.63

10.64 A água escoa para fora de um reservatório, primeiro por meio de um duto de alimentação, e, depois, de uma turbina. Calcule a perda de carga total em unidades de metros. A velocidade média é de 5,3 m/s. O fator de atrito é 0,02. O comprimento total do duto de alimentação é de 30 m e o diâmetro é de 0,3 m. Existem três coeficientes de perdas localizadas: 0,5 para a entrada do duto de alimentação, 0,5 para as curvas no duto de alimentação, e 1,0 para a saída. Escolha a resposta mais aproximada (m): (a) 1,2, (b) 2,8, (c) 3,8, (d) 4,8, (e) 5,7.

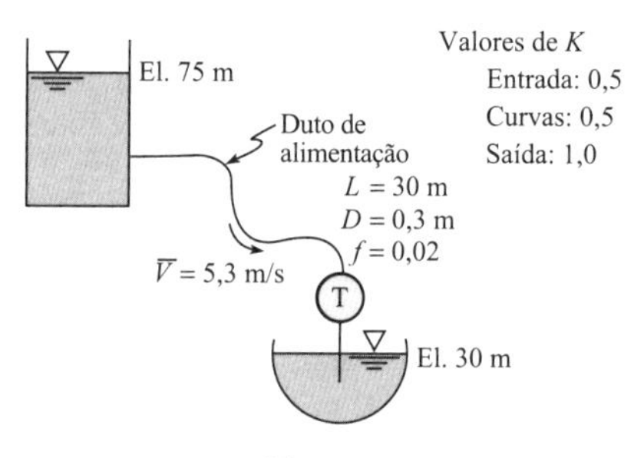

Problema 10.64

10.65 Um líquido escoa para cima por meio de uma válvula localizada em um tubo vertical. Calcule a pressão diferencial (kPa) entre os pontos A e B. A velocidade média do escoamento é de 4,1 m/s. A gravidade específica do líquido é 1,2. O tubo possui diâmetro constante. A válvula possui um coeficiente de perda localizada de 4,0. Considere que as perdas principais (isto é, as perdas de carga em razão do tubo propriamente dito) possam ser desprezadas. O ponto A está localizado 3,2 metros abaixo do ponto B. Escolha a resposta mais aproximada (kPa): (a) 3,4, (b) 6,6, (c) 40, (d) 65, (e) 78.

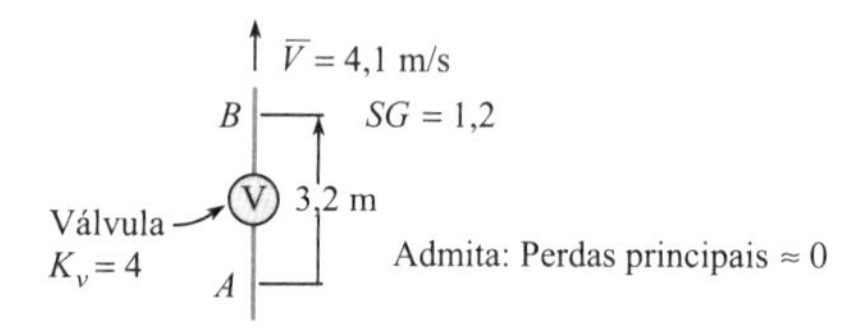

Problema 10.65

10.66 A água será deslocada por efeito sifão através de um tubo de Tygon (um polímero flexível) com 3/16" de diâmetro e 50 polegadas de comprimento a partir de uma jarra que está sobre uma cesta de lixo virada de cabeça para baixo até o interior de uma proveta, conforme mostrado na figura a seguir. O nível inicial da água na jarra é de 21 polegadas acima do topo da mesa. A proveta possui 500 ml, e a superfície da água na proveta está 12 polegadas acima do topo da mesa, quando a proveta está cheia. O fundo da proveta está 1/2 polegada acima da mesa. O diâmetro interno da jarra é de 7 polegadas. Calcule o tempo que vai levar para encher a proveta com uma profundidade inicial de 2 polegadas de água.

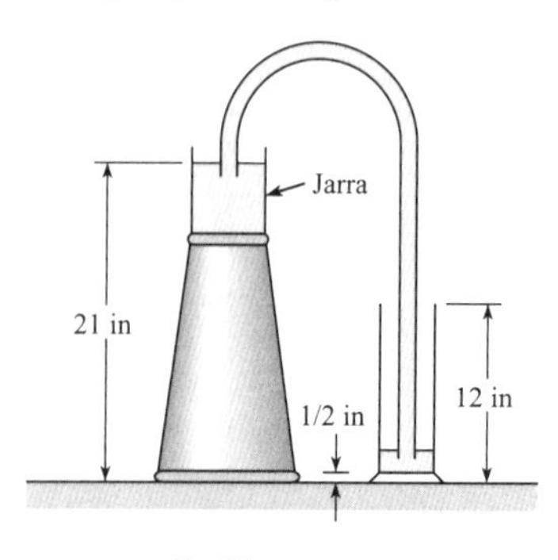

Problema 10.66

10.67 A água escoa de um tanque através de um tubo de ferro galvanizado com 2,6 m de comprimento e 26 mm de diâmetro. No final do tubo existe uma válvula angular que está completamente aberta. O tanque possui 2 m de diâmetro. Calcule o tempo exigido para que o nível no tanque varie de 10 m a 2 m. *Sugestão:* Desenvolva uma equação para dh/dt, em que h é o nível e t é o tempo. Depois, resolva essa equação numericamente.

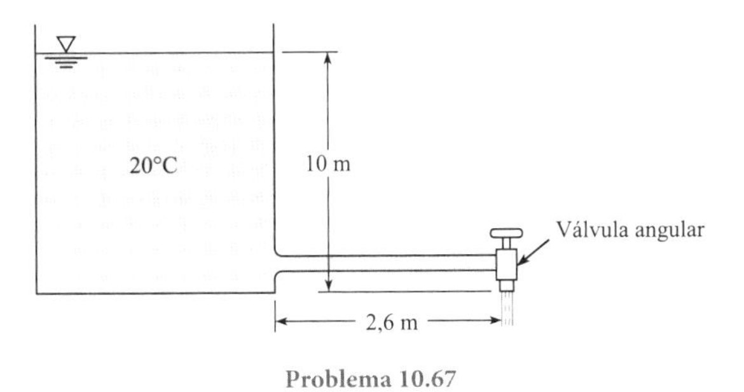

Problema 10.67

10.68 Um tanque e o sistema de tubulação estão mostrados na figura a seguir. O diâmetro do tubo galvanizado é de 3 cm, e o comprimento total do tubo é de 10 m. Os dois cotovelos de 90 ° são conexões roscadas. A distância vertical da superfície da água até a saída do tubo é de 5 m. Determine (a) a velocidade de saída da água e (b) a altura (h) que o jato de água iria se elevar sobre o tubo de saída. A temperatura da água é 20 °C.

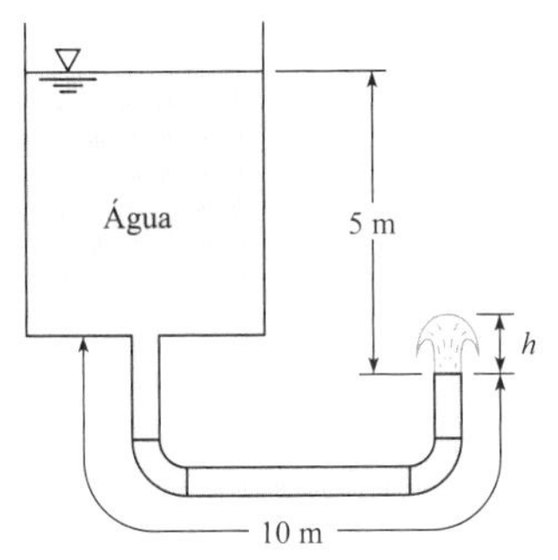

Problema 10.68

10.69 Uma bomba é usada para encher um tanque a partir de um reservatório, conforme mostrado. A carga provida pela bomba é dada por $h_b = h_0(1-(Q^2/Q^2_{\text{máx}}))$, em que h_0 é 50 metros, Q é a vazão volumétrica através da bomba, e $Q_{\text{máx}}$ é 2 m³/s. Considere f = 0,018; o diâmetro do tubo é de 90 cm. Inicialmente, o nível de água no tanque é o mesmo que no reservatório. A área de seção transversal do tanque é de 100 m². Quanto tempo vai levar para encher o tanque até uma altura, h, de 40 m?

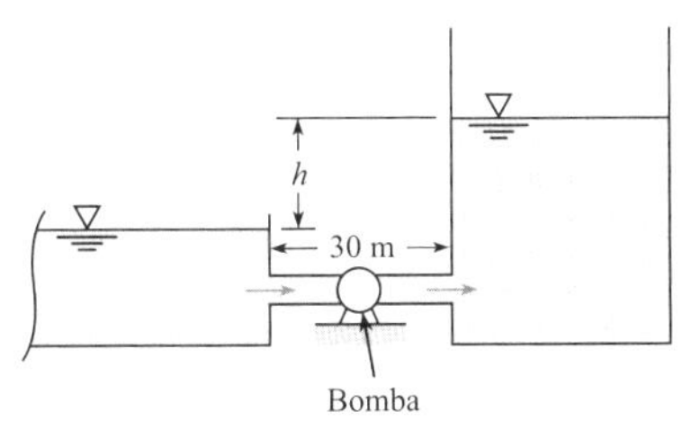

Problema 10.69

10.70 Uma turbina d'água está conectada a um reservatório, conforme mostrado. A vazão neste sistema é de 4 cfs. Qual potência pode ser produzida pela turbina se a sua eficiência é de 90%? Considere uma temperatura de 70 °F.

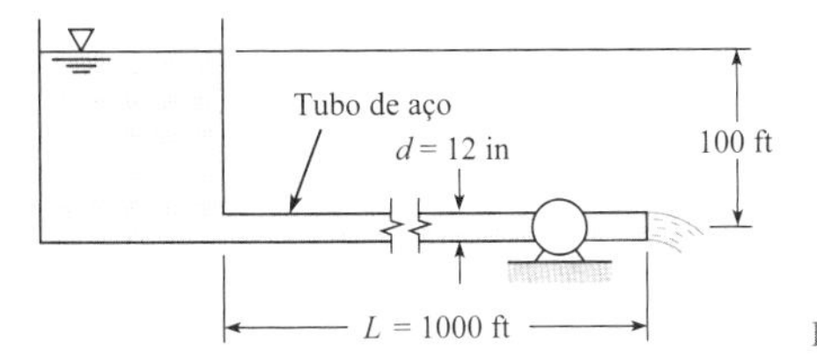

Problema 10.70

10.71 Qual potência a bomba deve fornecer ao sistema para bombear o óleo do reservatório inferior ao superior a uma taxa de 0,3 m³/s? Esboce a LP e a LE para o sistema.

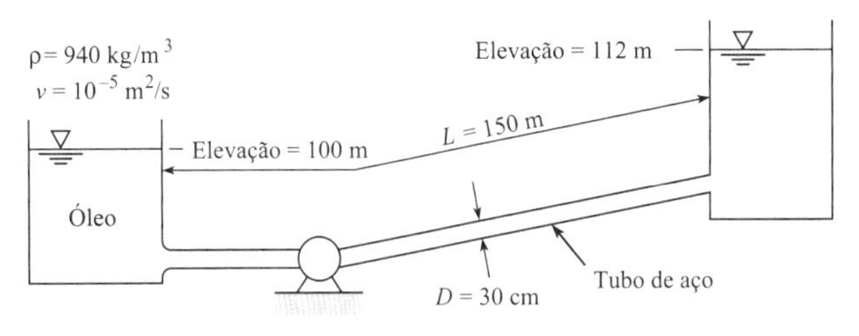

Problema 10.71

10.72 A água está escoando através de uma válvula gaveta (K_v = 0,2). Calcule o valor de b em unidades de mm. O tubo é horizontal. O escoamento é estacionário e está completamente desenvolvido. Ao longo de um comprimento de tubo de 3 metros a montante da válvula, a LE cai em a = 430 mm. O ID do tubo é de 0,25 m, e o fator de atrito no tubo é de 0,03. Escolha a resposta mais aproximada (mm): (a) 180, (b) 240, (c) 320, (d) 340, (e) 360.

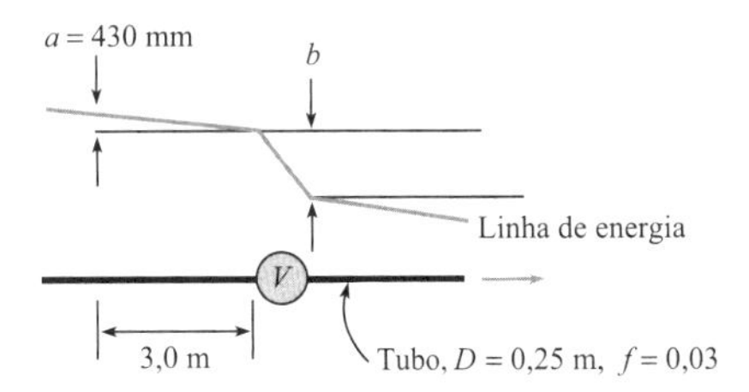

Problema 10.72

10.73 A água escoa através de uma turbina. Calcule a potência (MW) transmitida pelo eixo de saída da turbina. A densidade da água é 1000 kg/m³. A elevação da superfície do reservatório superior é 720 m enquanto aquela do reservatório inferior é 695 m. O diâmetro da tubulação é de 2,2 m, o comprimento total é de 50 m, e a velocidade média é de 2,4 m/s. O fator de atrito é 0,25. A soma dos coeficientes de perdas de carga localizadas é 4,7. A eficiência da turbina é de 80%. Escolha a resposta mais aproximada (MW): (a) 1,6, (b) 1,7, (c) 2,0, (d) 2,1, (e) 2,5.

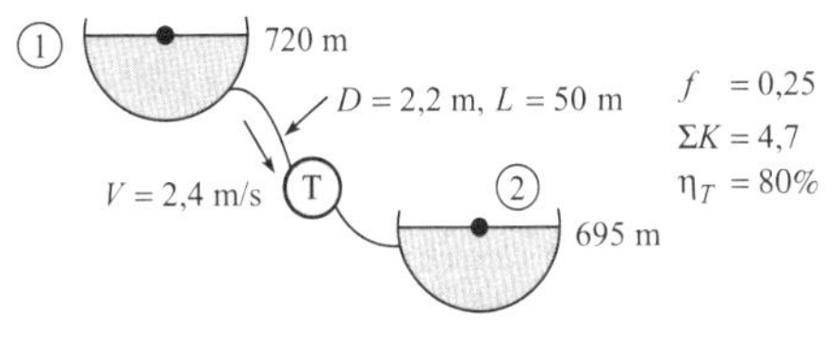

Problema 10.73

10.74 Um engenheiro está fazendo uma estimativa de potência hidrelétrica para um proprietário de imóvel cuja propriedade possui um pequeno riacho (Q = 2 cfs, T = 40 °F) localizado a uma elevação H = 34 ft acima de onde está situada a residência. O proprietário está propondo desviar o riacho e operar uma turbina d'água conectada a um gerador elétrico para suprir a energia elétrica da casa. A máxima perda de carga aceitável no canal de alimentação (que é um duto que alimenta a turbina) é de 3 ft. O canal possui um comprimento de 87 ft. Se ele vai ser fabricado em grau comercial em um tubo plástico, determine o diâmetro mínimo que pode ser usado. Despreze as perdas de carga dos componentes. Considere que os tubos estejam disponíveis em tamanhos pares, isto é, 2 polegadas, 4 polegadas, 6 polegadas, e assim por diante.

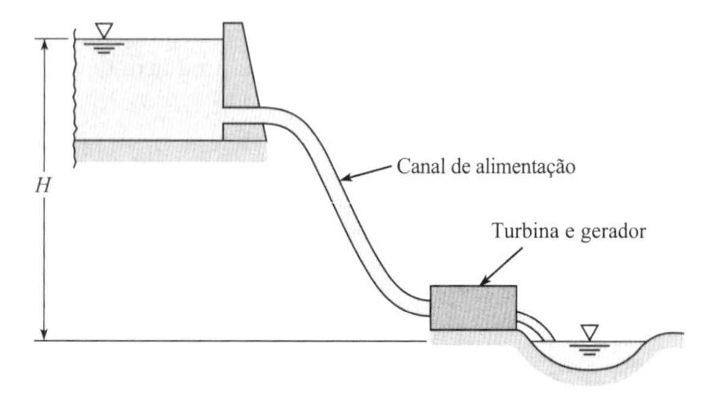

Problema 10.74

10.75 Um trocador de calor está sendo projetado como um componente de um sistema de energia geotérmica em que o calor é transferido da salmoura geotérmica a um fluido "limpo" em um ciclo de energia em circuito fechado. O trocador de calor, do tipo casco-tubo, consiste em 100 tubos de ferro galvanizado com 2 cm de diâmetro e 5 m de comprimento, conforme mostrado. A temperatura do fluido é de 200 °C, a densidade é de 860 kg/m³, e a viscosidade é de $1{,}35 \times 10^{-4}$ N·s/m². A vazão mássica total através do trocador é de 40 kg/s.

a. Calcule a potência exigida para operar o trocador de calor, desprezando as perdas na entrada e na saída.

b. Após uso contínuo, ocorre o desenvolvimento de 2 mm de incrustação sobre as superfícies internas dos tubos. Essa incrustação possui uma rugosidade equivalente de 0,5 mm. Calcule a potência exigida sob essas condições.

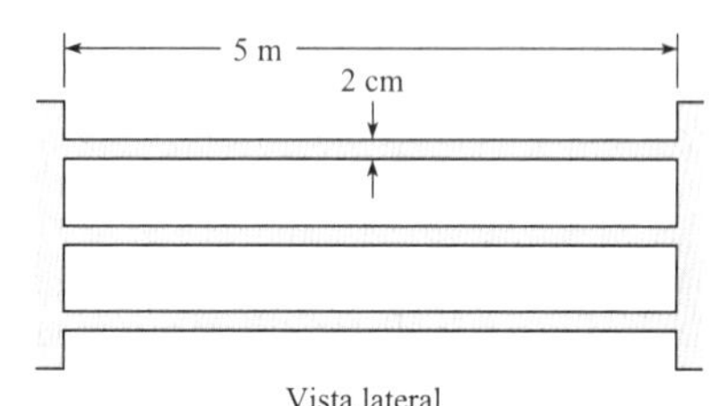

Problema 10.75

10.76 Um trocador de calor consiste em um sistema fechado com uma série de tubos paralelos conectados por curvas de 180°, conforme mostrado na figura. Existe um total de 14 curvas de retorno. O diâmetro do tubo é de 2 cm, e o comprimento total do tubo é de 10 m. O coeficiente de perda de carga de cada curva de 180° é 2,2. O tubo é de cobre. A água com uma temperatura média de 40 °C escoa por meio do sistema com uma velocidade média de 10 m/s. Determine a potência exigida para operar a bomba se ela apresenta uma eficiência de 85%.

10.77 Um trocador de calor consiste em 15 m de tubo de cobre com um diâmetro interno de 15 mm. Existem 14 curvas de 180° no sistema com um coeficiente de perda de 2,2 para cada curva. A bomba no sistema possui uma curva de bomba dada pela equação

$$h_b = h_{b0}\left[1 - \left(\frac{Q}{Q_{máx}}\right)^3\right]$$

em que h_{b0} é a carga provida pela bomba quando a vazão é zero, e $Q_{máx}$ é 10^{-3} m³/s. Água a 40 °C escoa por meio do sistema. Determine o ponto de operação do sistema para valores de h_{b0} de 2 m, 10 m e 20 m.

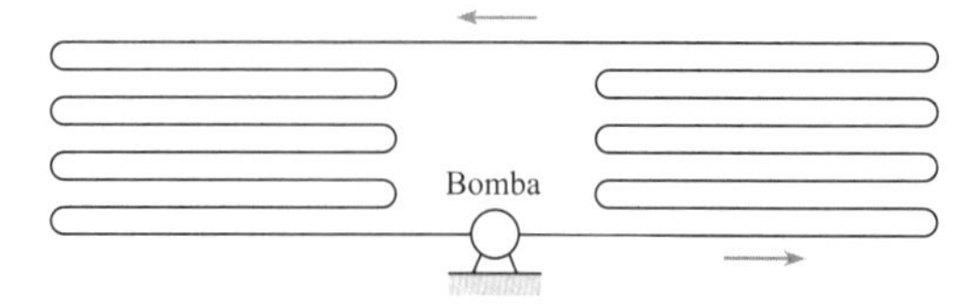

Problemas 10.76, 10.77

10.78 A gasolina (T = 50 °F) é bombeada do tanque de um automóvel ao carburador através de uma linha de combustível com 1/4 de polegada feita a partir de um tubo estirado com 10 ft de comprimento. A linha possui cinco curvas suaves de 90° com r/d de 6. A gasolina descarrega no carburador através de um jato com 1/32 de polegada a uma pressão de 14 psia. A pressão no tanque é de 14,7 psia. A eficiência da bomba é de 80%. Qual potência deve ser fornecida à bomba se o automóvel estiver consumindo combustível a uma taxa de 0,12 gpm? Obtenha as propriedades da gasolina a partir das Figuras. A.2 e A.3.

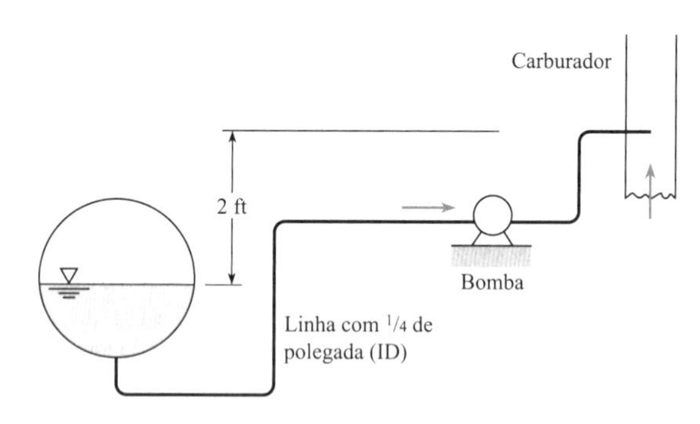

Problema 10.78

10.79 Determine o coeficiente de perda K_v da válvula parcialmente fechada que é exigido para reduzir a vazão volumétrica a 50% da vazão com a válvula completamente aberta, conforme mostrado.

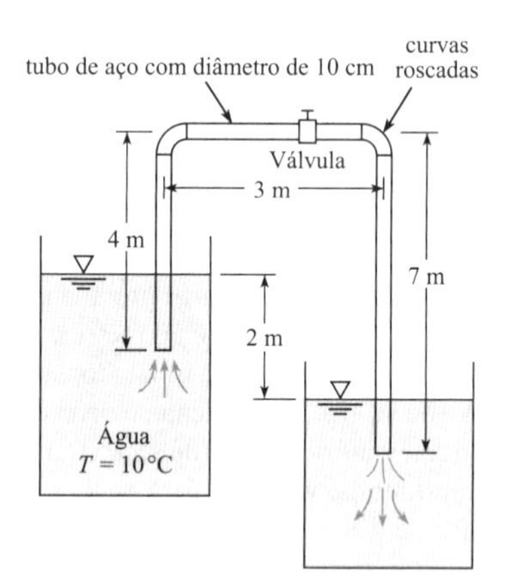

Problema 10.79

10.80 O tubo mostrado, de aço galvanizado de 12 cm de diâmetro, possui 800 m de comprimento e descarrega água à atmosfera. A tubulação possui uma válvula globo aberta e quatro curvas roscadas; h_1 = 3m e h_2 = 15 m. Qual é a vazão volumétrica, e qual é a pressão em A, o ponto intermediário da linha?

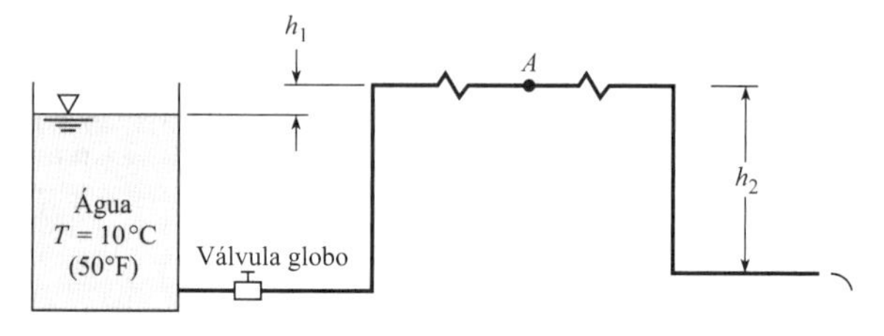

Problema 10.80

10.81 Água é bombeada a uma taxa de 32 m³/s para fora do reservatório através de um tubo, que possui diâmetro de 1,50 m. Qual potência deve ser fornecida à água para efetuar essa descarga?

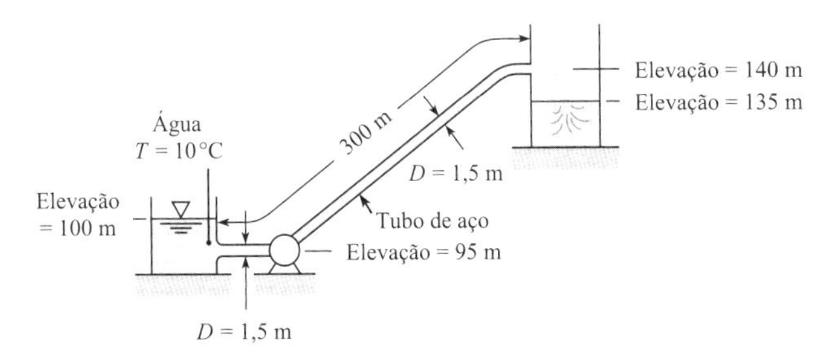

Problema 10.81

10.82 Os dois tubos mostrados no sistema possuem uma rugosidade de areia equivalente a k_s de 0,10 mm e uma vazão de 0,1 m^3/s, com $D_1 = 12$ cm, $L_1 = 60$ m, $D_2 = 24$ cm, $L_2 = 120$ m. Determine a diferença na elevação da superfície da água entre os dois reservatórios.

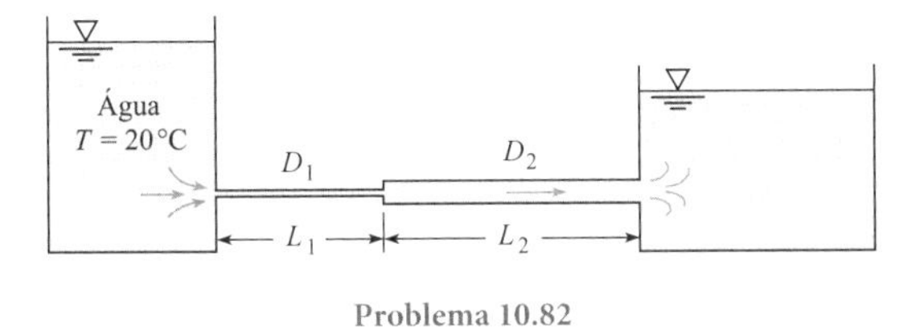

Problema 10.82

10.83 Um líquido escoa de um tanque por meio do sistema de tubulação mostrado. Existe uma seção de Venturi em A e uma contração brusca em B. O líquido é descarregado à atmosfera. Esboce as linhas de energia e piezométrica. Aonde pode ocorrer cavitação?

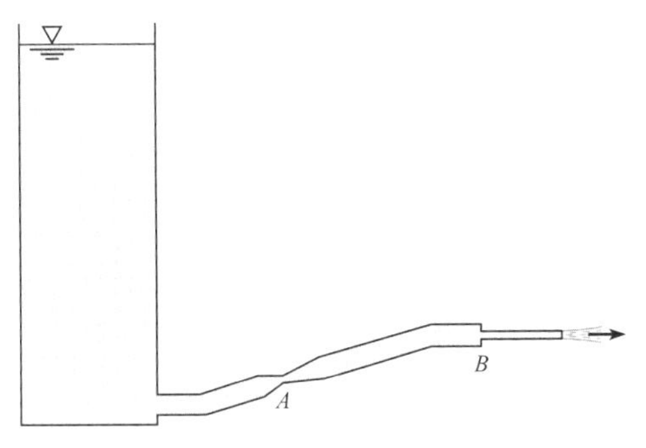

Problema 10.83

10.84 O tubo de aço mostrado conduz a água da tubulação principal A ao reservatório, e possui 2 polegadas de diâmetro e 300 ft de comprimento. Qual deve ser a pressão no tubo A para prover uma vazão de 70 gpm?

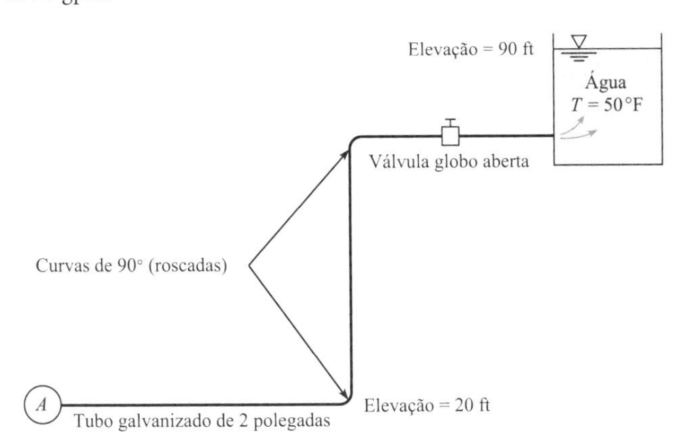

Problema 10.84

10.85 Se a elevação da superfície da água no reservatório B é de 110 m, qual deve ser a elevação da superfície da água no reservatório A se ocorrer uma vazão de 0,03 m^3/s no tubo de ferro fundido? Desenhe a LP e a LE, incluindo as inclinações relativas e as variações nas inclinações.

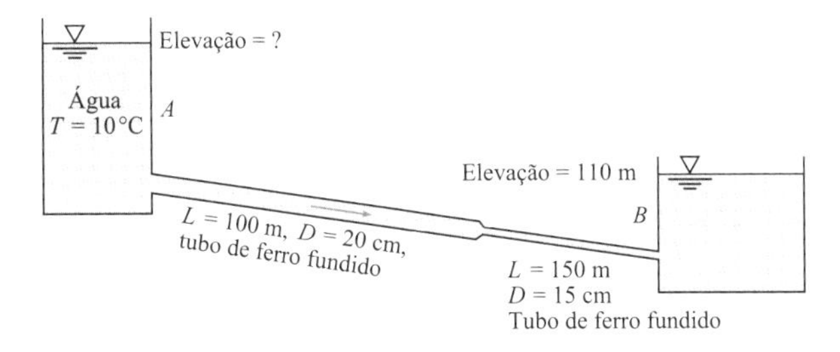

Problema 10.85

Dutos Não Redondos (§10.9)

10.86 O ar a 60 °F e à pressão atmosférica flui em um duto horizontal com uma seção transversal correspondente a um triângulo equilátero (todos os lados iguais). O duto possui 100 ft de comprimento, e a dimensão lateral é de 6 polegadas. O duto é fabricado em ferro galvanizado ($k_s = 0,0005$ ft) e a velocidade média nele é 12 ft/s. Qual é a queda de pressão ao longo de um comprimento de 100 ft?

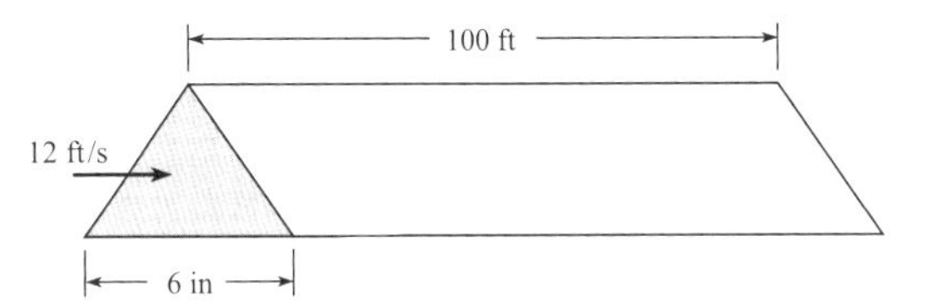

Problema 10.86

10.87 A seção transversal de um duto de ar possui as dimensões mostradas no desenho. Determine o diâmetro hidráulico em unidades de cm. Escolha a resposta mais aproximada (cm): (a) 0,9, (b) 3,0, (c) 3,2, (d) 3,6, (e) 4,1.

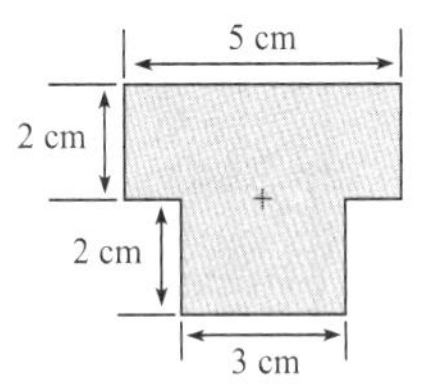

Problema 10.87

10.88 Um duto de ar frio com 120 cm por 15 cm de seção transversal possui 100 m de comprimento, e é feito de ferro galvanizado. Esse duto deve conduzir ar a uma taxa de 6 m^3/s, a uma temperatura de 15 °C e à pressão atmosférica. Qual é a perda de potência no duto?

10.89 Ar (20 °C) circula com uma velocidade de 10 m/s através de um duto de ar-condicionado retangular horizontal. O duto possui 20 m de comprimento e tem uma seção transversal de 4 por 10 polegadas (102 por 254 mm). Calcule (a) a queda de pressão em polegadas de água e (b) a potência em watts necessária para superar a perda de carga. Considere que a rugosidade do duto seja de $k_s = 0,004$ mm. Despreze as perdas de carga de componentes.

Modelando Bombas em Sistemas (§10.10)

10.90 Qual potência deve ser fornecida pela bomba ao escoamento se a água ($T = 20$ °C) é bombeada através de um tubo de aço com

300 mm de diâmetro do tanque inferior ao tanque superior a uma taxa de 0,75 m^3/s?

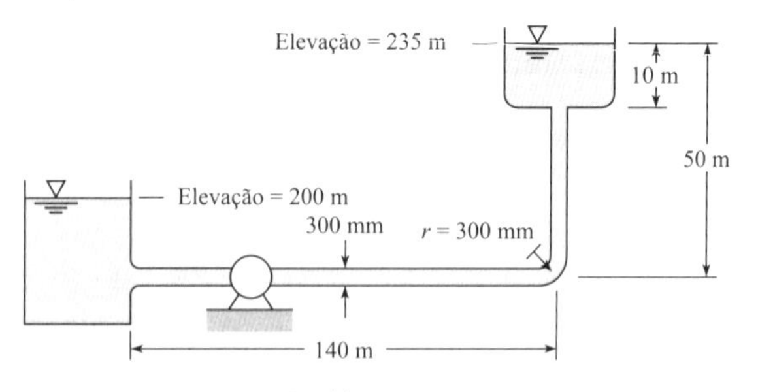

Problema 10.90

10.91 Se a bomba para a Figura 10.20b for instalada no sistema do Problema 10.90, qual será a vazão volumétrica de água do tanque inferior para o superior?

10.92 Uma bomba que possui a curva característica mostrada no gráfico abaixo deve ser instalada conforme mostrado. Qual será a vazão volumétrica de água no sistema?

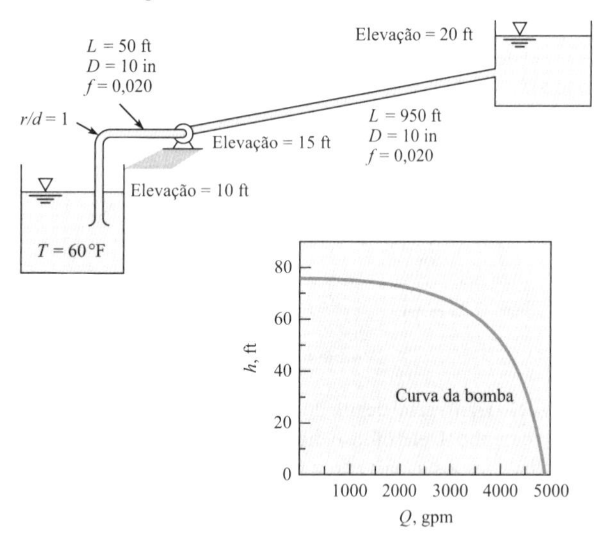

Problema 10.92

Tubos em Paralelo e em Redes (§10.10)

10.93 Um sistema de tubos consiste em uma válvula gaveta completamente aberta ($K_v = 0{,}2$) na linha *A*, e uma válvula globo completamente aberta ($K_v = 10$) na linha *B*. A área da seção transversal do tubo *A* é metade da área da seção transversal do tubo *B*. A perda de carga devido à junção, às curvas e ao atrito no tubo são desprezíveis em comparação à perda de carga através das válvulas. Determine a razão entre a vazão volumétrica na linha *B* e a da linha *A*.

10.94 Um escoamento é dividido entre duas ramificações, conforme mostrado. Uma válvula gaveta, meio aberta, está instalada na linha *A*, e uma válvula globo, completamente aberta, está instalada na linha *B*. A perda de carga devido ao atrito em cada ramificação é desprezível em comparação à perda de carga através das válvulas. Determine a razão entre a velocidade na linha *A* e aquela na linha *B* (inclua as perdas nas curvas para conexões de tubo roscadas).

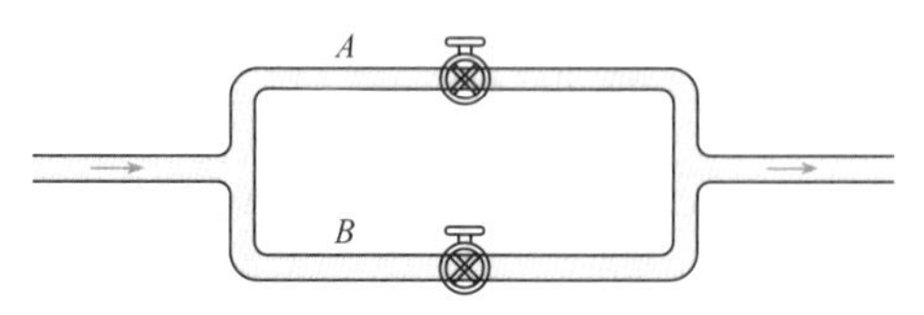

Problemas 10.93, 10.94

10.95 No sistema paralelo mostrado, o tubo 1 possui 1200 m de comprimento e 50 cm em diâmetro. O tubo 2 possui 1500 m de comprimento e 35 cm em diâmetro. Considere que o valor de *f* seja o mesmo em ambos os tubos. Qual será a divisão do fluxo de água a 10 °C se a vazão for de 1,2 m^3/s?

10.96 Os tubos 1 e 2 são do mesmo tipo (tubo de ferro fundido), mas o tubo 2 é três vezes mais longo que o tubo 1. Eles possuem o mesmo diâmetro (1 ft). Se a vazão volumétrica de água no tubo 2 é de 1,5 cfs, então qual será a vazão volumétrica no tubo 1? Considere o mesmo valor de *f* em ambos os tubos.

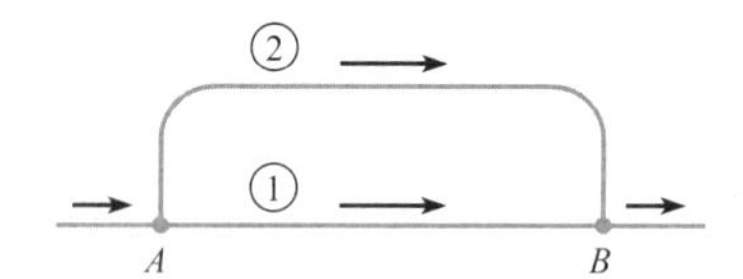

Problemas 10.95, 10.96

10.97 Dois tubos estão conectados em paralelo. Um tubo é duas vezes o diâmetro do outro, e quatro vezes mais longo. Considere que o valor de *f* no tubo maior seja de 0,010, enquanto *f* no tubo menor é de 0,012. Determine a razão entre as vazões volumétricas nos dois tubos.

10.98 Os tubos mostrados no sistema são todos de concreto. Com uma vazão de 25 cfs de água, determine a perda de carga e a divisão dos fluxos nos tubos de *A* até *B*. Considere $f = 0{,}030$ para todos os tubos.

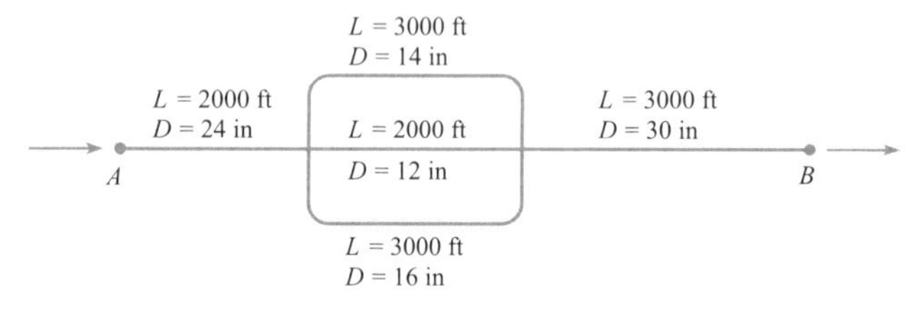

Problema 10.98

10.99 Com frequência, no projeto de sistemas de bombeamento, uma linha de *bypass* é instalada em paralelo à bomba, de modo que alguma parte do fluido possa ser recirculada, conforme mostrado. Dessa maneira, a válvula de *bypass* controla a vazão no sistema. Considere que a curva "carga *versus* vazão volumétrica" para a bomba seja dada por $h_b = 100 - 100Q$, em que h_b está em metros e Q está em m^3/s. A linha de *bypass* possui 10 cm de diâmetro. Considere que a única perda de carga seja por causa da válvula, que possui um coeficiente de perda de carga de 0,2. A vazão que deixa o sistema é de 0,2 m^3/s. Determine a vazão volumétrica através da bomba e da linha de *bypass*.

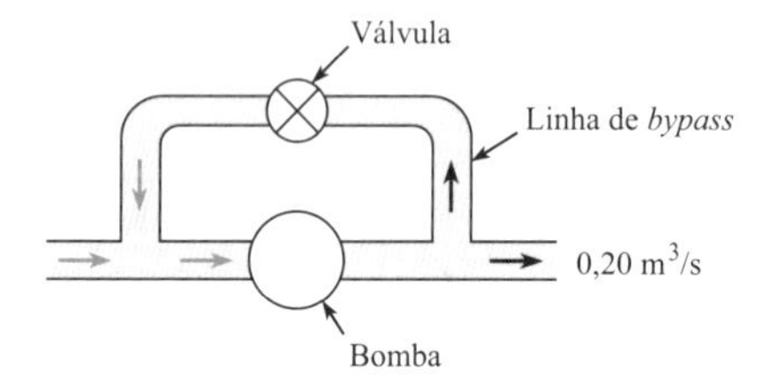

Problema 10.99

CAPÍTULO ONZE

Arrasto e Sustentação

OBJETIVO DO CAPÍTULO Os capítulos anteriores descreveram a força hidrostática sobre um painel, a força de empuxo sobre um objeto submerso, e a força de cisalhamento sobre uma placa plana. Este capítulo expande essa lista introduzindo as forças de sustentação e de arrasto.

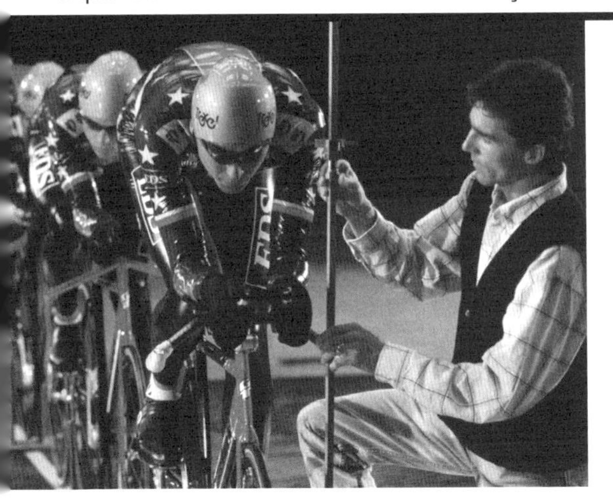

FIGURA 11.1

Esta foto mostra a equipe olímpica de perseguição dos Estados Unidos sendo testada de forma que o arrasto aerodinâmico possa ser reduzido. Este túnel de vento está localizado no Centro de Tecnologia da General Motors, em Warren, Michigan, Estados Unidos. (Andy Sacks/Photodisc/Getty Images.)

RESULTADOS DO APRENDIZADO

COMPREENDENDO A FORÇA DE ARRASTO (§11.1, §11.2).

- Definir o arrasto.
- Explicar como o arrasto está relacionado com a tensão de cisalhamento e com as distribuições de pressão.
- Definir o arrasto de forma e o arrasto de fricção.
- Para o escoamento sobre um cilindro circular, descrever os três regimes de arrasto e a crise do arrasto.

CALCULANDO A FORÇA DE ARRASTO (§11.2 a §11.4).

- Definir o coeficiente de arrasto.
- Encontrar valores de C_D.
- Calcular a força de arrasto.
- Calcular a potência exigida para superar o arrasto.
- Resolver problemas de velocidade terminal.

COMPREENDENDO E CALCULANDO A FORÇA DE SUSTENTAÇÃO (§11.1, §11.8).

- Definir sustentação e o coeficiente de sustentação.
- Calcular a força ascensional ou de sustentação.

Quando um corpo se move através de um fluido estacionário ou quando um fluido escoa passando por um corpo, o fluido exerce uma força resultante. A componente dessa força resultante que está paralela à velocidade da corrente livre é denominada **força de arrasto**. De maneira semelhante, a **força de sustentação** é a componente da força resultante que está perpendicular à corrente livre. Por exemplo, à medida que o ar escoa sobre uma pipa, ele cria uma força resultante que pode ser resolvida nas componentes de sustentação e de arrasto, conforme mostrado na Figura 11.2. Por definição, as forças de sustentação e de arrasto estão limitadas àquelas forças produzidas por um fluido em escoamento.

11.1 Relacionando a Sustentação e o Arrasto com as Distribuições de Tensões

Esta seção explica como as forças de sustentação e de arrasto estão relacionadas com as distribuições de tensões, além de introduzir os conceitos de arrasto de forma e de fricção. Estes conceitos são fundamentais para compreender a sustentação e o arrasto.

Integrando a Distribuição de Tensões para Obter a Força

Esta seção aplica as ideias da §2.4 para desenvolver equações para as forças de sustentação e de arrasto. Estas, por sua vez, estão relacionadas com a distribuição de tensões em um corpo por meio de integração. Por exemplo, considere a tensão que atua sobre o aerofólio mos-

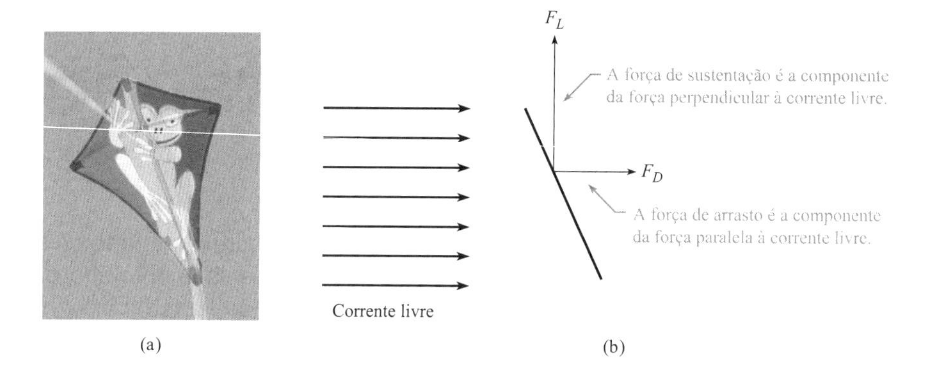

FIGURA 11.2
(a) Uma pipa. (Foto: Donald Elger.)
(b) Forças que atuam sobre a pipa em razão do ar que escoa sobre a pipa.

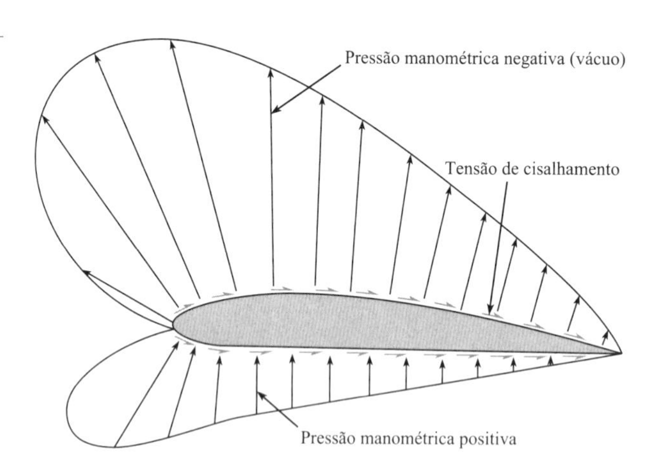

FIGURA 11.3
Pressão e tensão de cisalhamento atuando em um aerofólio.

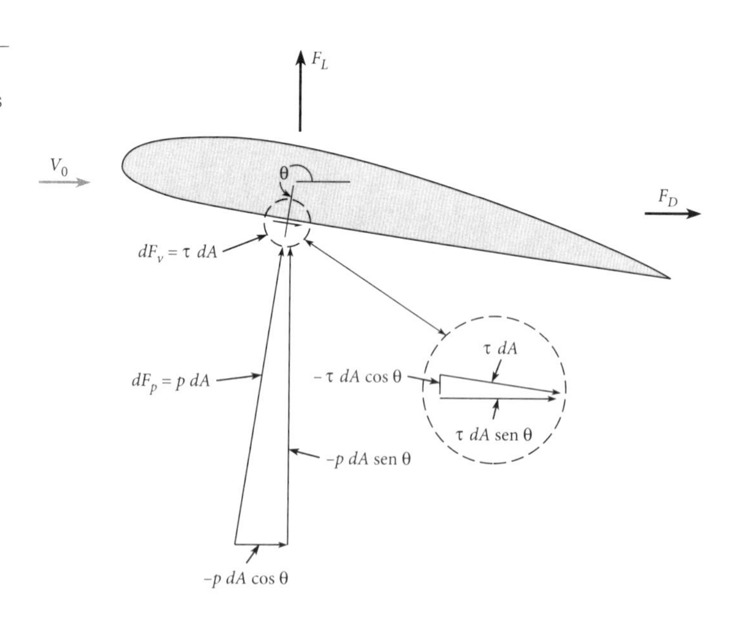

FIGURA 11.4
Forças de pressão e viscosas atuando sobre um elemento de área diferencial.

trado na Figura 11.3. Como é possível verificar, existe uma distribuição de pressões e uma distribuição de tensões de cisalhamento. Para relacionar a tensão à força, selecione uma área diferencial conforme consta na Figura 11.4. A magnitude da força de pressão é $dF_p = p\, dA$, e a magnitude da força viscosa é $dF_v = \tau\, dA$.* A força de sustentação diferencial é normal à direção da corrente livre,

$$dF_L = -p\, dA \operatorname{sen}\theta - \tau\, dA \cos\theta$$

*A convenção de sinais em relação a τ é tal que um sentido horário de $\tau\, dA$ sobre a superfície da lâmina significa um sinal positivo para τ.

e o arrasto diferencial é paralelo à direção da corrente livre,

$$dF_D = -p\,dA\cos\theta + \tau\,dA\,\text{sen}\,\theta$$

A integração ao longo da superfície do aerofólio gera a força de sustentação (F_L) e a força de arrasto (F_D) em termos da distribuição de tensões.

$$F_L = \int(-p\,\text{sen}\,\theta - \tau\cos\theta)dA \tag{11.1}$$

$$F_D = \int(-p\cos\theta + \tau\,\text{sen}\,\theta)dA \tag{11.2}$$

Arrasto de Forma e Arrasto de Fricção

Observe que a Eq. (11.2) pode ser escrita como a soma de duas integrais:

$$F_D = \underbrace{\int(-p\cos\theta)dA}_{\text{arrasto de forma}} + \underbrace{\int(\tau\,\text{sen}\,\theta)dA}_{\text{arrasto de fricção}} \tag{11.3}$$

O **arrasto de forma** é a fração da força de arrasto total que está associada à distribuição de pressões. O **arrasto de fricção** é a fração da força de arrasto total que está associada à distribuição de tensões de cisalhamento viscosas. A força de arrasto sobre qualquer corpo é a soma do arrasto de forma e o arrasto de fricção. Em outras palavras, a Eq. (11.3) pode ser escrita como

$$(\text{força de arrasto total}) = (\text{arrasto de forma}) + (\text{arrasto de fricção}) \tag{11.4}$$

11.2 Calculando a Força de Arrasto

Esta seção introduz a equação para a força de arrasto, o coeficiente de arrasto, e apresenta dados para corpos bidimensionais. Essa informação é usada para calcular a força de arrasto sobre objetos.

Equação da Força de Arrasto

A força de arrasto F_D sobre um corpo é encontrada usando a equação para a força de arrasto:

$$F_D = C_D A_{\text{Ref}}\left(\frac{\rho V_0^2}{2}\right) \tag{11.5}$$

em que C_D é chamado de coeficiente de arrasto, A é uma área de referência do corpo, ρ é a densidade do fluido, e V_0 é a velocidade da corrente livre medida em relação ao corpo.

A área de referência A depende do tipo de corpo. Uma área de referência comum, chamada de **área projetada**, e que recebe o símbolo A_p, é a área de silhueta que seria vista por uma pessoa olhando o corpo da direção do escoamento. Por exemplo, a área projetada de uma placa normal ao escoamento é $b\ell$, enquanto a área projetada de um cilindro com o seu eixo normal ao escoamento é $d\ell$. Outras geometrias usam diferentes áreas de referência; por exemplo, a área de referência para uma asa de avião é a área planiforme, que é aquela observada quando a asa é vista de cima.

O **coeficiente de arrasto** C_D é um parâmetro que caracteriza a força de arrasto associada a determinada forma de corpo. Por exemplo, um avião pode ter um $C_D = 0{,}03$ e uma bola de beisebol pode ter $C_D = 0{,}4$. O coeficiente de arrasto é um grupo π definido por

$$C_D \equiv \frac{F_D}{A_{\text{Ref}}(\rho V_0^2/2)} = \frac{(\text{força de arrasto})}{(\text{área de referência})\,(\text{pressão cinética})} \tag{11.6}$$

Os valores para o coeficiente de arrasto C_D são encontrados geralmente por meio de experimentos. Por exemplo, a força de arrasto F_D pode ser medida usando um balanço de forças em um túnel de vento. Então, C_D pode ser calculado usando a Eq. (11.6). Para esse cálculo, a velocidade do ar no túnel de vento V_0 pode ser medida usando um tubo estático de Pitot ou um dispositivo similar, e a densidade do ar pode ser calculada aplicando a lei dos gases ideais usando valores medidos da temperatura e da pressão.

A Eq. (11.5) mostra que a força de arrasto está relacionada com quatro variáveis: com a forma de um objeto, pois ela é caracterizada pelo valor de C_D; com o tamanho do objeto, pois este é caracterizado pela área de referência; com a densidade do fluido ambiente; e, finalmente, o arrasto está relacionado com a velocidade do fluido ao quadrado. Isso significa que se a velocidade do vento dobrar enquanto C_D permanece constante, a carga do vento sobre um prédio aumenta por um fator de quatro.

Coeficiente de Arrasto (Corpos Bidimensionais)

Esta seção apresenta dados de C_D e descreve como o valor de C_D varia em função do número de Reynolds para objetos que podem ser classificados como bidimensionais. Um **corpo bidimensional** é aquele com uma área de seção transversal uniforme e um padrão de escoamento que é independente das extremidades do corpo. Exemplos de corpos bidimensionais estão mostrados na Figura 11.5. Na literatura sobre aerodinâmica, os valores de C_D para corpos bidimensionais são chamados de **coeficientes de arrasto bidimensional**. Os corpos bidimensionais podem ser visualizados como objetos infinitamente longos na direção normal ao escoamento.

O coeficiente de arrasto bidimensional pode ser usado para estimar o valor de C_D para objetos reais. Assim, o valor de C_D para um cilindro com uma razão entre o comprimento e o diâmetro de 20 (por exemplo, $L/D \geq 20$) se aproxima do coeficiente de arrasto bidimensional, pois os efeitos de extremidade possuem uma contribuição insignificante para a força de arrasto total. Alternativamente, o coeficiente de arrasto bidimensional seria impreciso para um cilindro com uma pequena razão L/D (por exemplo, $L/D \approx 1$), pois os efeitos de extremidade seriam importantes.

Conforme mostrado na Figura 11.5, o número de Reynolds algumas vezes, mas não sempre, influencia o coeficiente de arrasto bidimensional. Os valores de C_D para a chapa plana e a barra

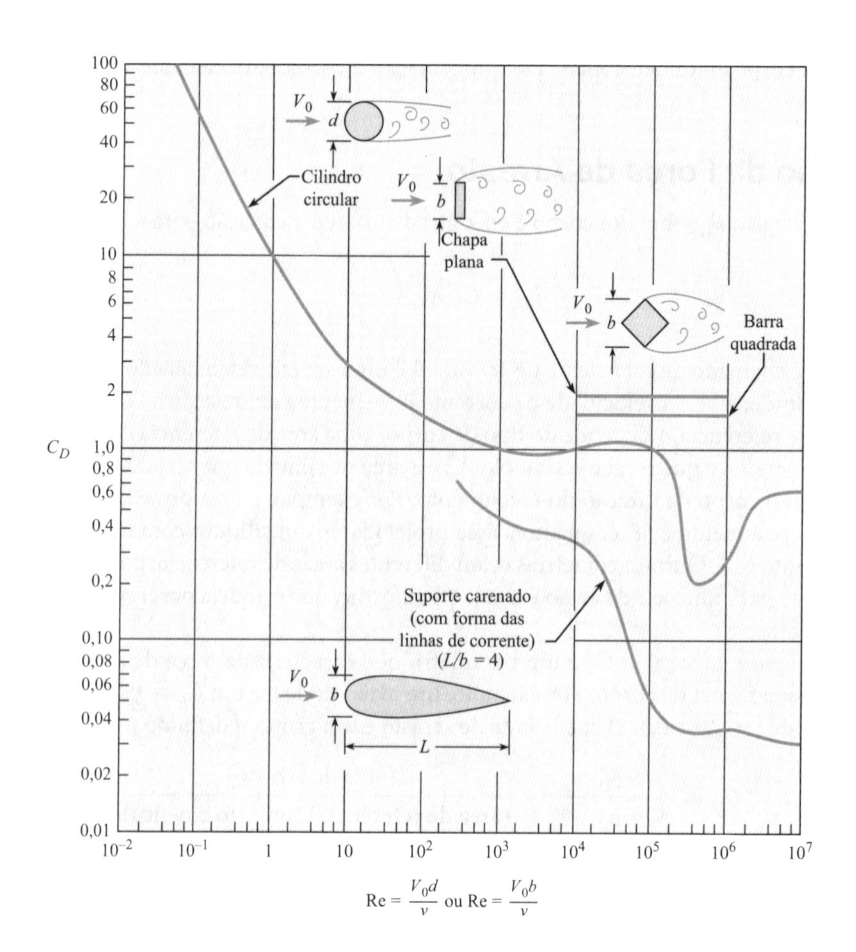

FIGURA 11.5

Coeficiente de arrasto *versus* número de Reynolds para corpos bidimensionais. [Fontes dos dados: Bullivant (1), DeFoe (2), Goett and Bullivant (3), Jacobs (4), Jones (5), e Lindsey (6).]

quadrada são independentes de Re. As arestas vivas desses corpos produzem a separação do escoamento, e a força de arrasto é em razão da distribuição de pressões (arrasto de forma) e não da distribuição de tensões de cisalhamento (arrasto de fricção, que depende de Re). Alternativamente, os valores de C_D para o cilindro e para o suporte carenado (com forma das linhas de corrente) mostram uma forte dependência em relação a Re, pois tanto o arrasto de forma quanto o arrasto de fricção são significativos.

Para calcular a força de arrasto sobre um objeto, determine um coeficiente de arrasto adequado, e depois aplique a equação para a força de arrasto. Esse procedimento está ilustrado no Exemplo 11.1.

EXEMPLO 11.1

Força de arrasto sobre um Cilindro

Enunciado do Problema

Um cilindro vertical com 30 m de altura e 30 cm de diâmetro está sendo usado para suportar uma antena de transmissão de televisão. Determine a força de arrasto que atua sobre o cilindro e o momento fletor na sua base. A velocidade do vento é de 35 m/s, a pressão do ar é de 1 atm, e a temperatura é de 20 °C.

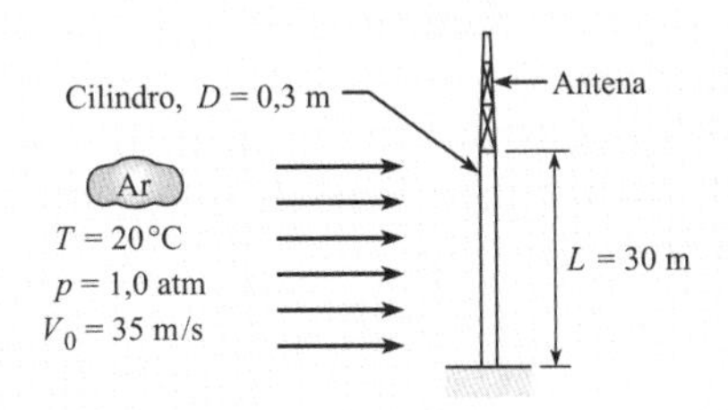

Defina a Situação

O vento está soprando contra um cilindro alto.

Hipóteses:

- A velocidade do vento é constante.
- Os efeitos associados às extremidades do cilindro são desprezíveis, pois $L/D = 100$.
- A força de arrasto sobre a antena pode ser desprezada, pois a área frontal é muito menor do que a área frontal do cilindro.
- A linha de ação da força de arrasto se encontra em uma elevação de 15 m.

Propriedades: Ar (20 °C): Tabela A.5, $\rho = 1{,}2$ kg/m³ e $\mu = 1{,}81 \times 10^{-5}$ N·s/m²

Estabeleça os Objetivos

Calcular:

- A força de arrasto (em N) sobre o cilindro
- O momento fletor (em N·m) na base do cilindro

Tenha Ideias e Trace um Plano

1. Calcule o número de Reynolds.
2. Determine o coeficiente de arrasto usando a Figura 11.5.
3. Calcule a força de arrasto usando a Eq. (11.5).
4. Calcule o momento fletor usando $M = F_D \cdot L/2$.

Aja (Execute o Plano)

1. Número de Reynolds:

$$\text{Re}_D = \frac{V_0 D \rho}{\mu} = \frac{35 \text{ m/s} \times 0{,}30 \text{ m} \times 1{,}20 \text{ kg/m}^3}{1{,}81 \times 10^{-5} \text{ N} \cdot \text{s/m}^2} = 7{,}0 \times 10^5$$

2. A partir da Figura 11.5, o coeficiente de arrasto é $C_D = 0{,}20$.
3. Coeficiente de arrasto:

$$F_D = \frac{C_D A_p \rho V_0^2}{2}$$

$$= \frac{(0{,}2)(30 \text{ m})(0{,}3 \text{ m})(1{,}20 \text{ kg/m}^3)(35^2 \text{ m}^2/\text{s}^2)}{2}$$

$$= \boxed{1323 \text{ N}}$$

4. Momento na base:

$$M = F_D\left(\frac{L}{2}\right) = (1323 \text{ N})\left(\frac{30}{2}\text{ m}\right) = \boxed{19.800 \text{ N} \cdot \text{m}}$$

Discussão de C_D para um Cilindro Circular

Regimes de Arrasto. O coeficiente de arrasto C_D, conforme mostrado na Figura 11.5, pode ser descrito de acordo com três regimes.

- **Regime I (Re < 10³).** Neste regime, C_D depende tanto do arrasto de forma quanto do arrasto de fricção. Conforme mostrado, C_D diminui com o aumento de Re.
- **Regime II (10³ < Re < 10⁵).** Neste regime, C_D possui um valor praticamente constante. A razão é que o arrasto de forma, que está associado à distribuição de pressões, é a causa dominante do arrasto. Ao longo dessa faixa de números de Reynolds, o padrão de escoamento ao redor do cilindro permanece praticamente sem mudanças, e com isso produz distribuições de pressão muito semelhantes. Essa característica, a constância do valor de C_D em valores elevados de Re, é representativa da maioria dos corpos que possuem forma angular.

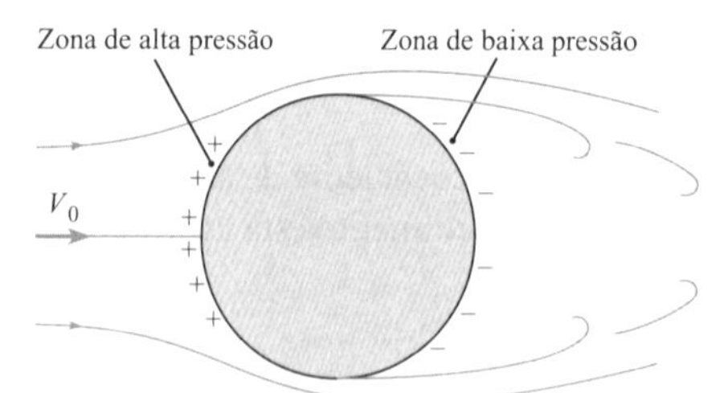

FIGURA 11.6

Padrão de escoamento ao redor de um cilindro para $10^3 < \text{Re} < 10^5$.

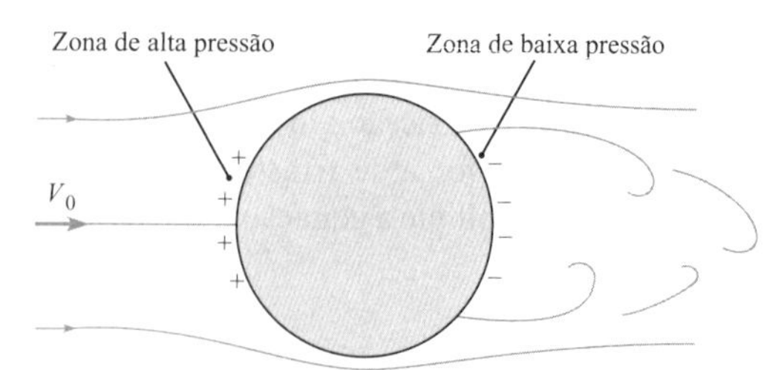

FIGURA 11.7

Padrão de escoamento ao redor de um cilindro para $\text{Re} > 5 \times 10^5$.

- **Regime III ($10^5 < \text{Re} < 5 \times 10^5$).** Neste regime, C_D diminui em aproximadamente 80%, uma variação considerável que é denominada **crise do arrasto**. Esta ocorre porque a camada-limite sobre um cilindro circular muda. Para números de Reynolds menores do que 10^5, a camada- limite é laminar, e a separação ocorre aproximadamente a meio caminho entre o lado a montante e o lado a jusante do cilindro (Fig. 11.6). Assim, toda a metade a jusante do cilindro está exposta a uma pressão relativamente baixa, que, por sua vez, produz um valor relativamente alto de C_D. Quando o número de Reynolds é aumentado até aproximadamente 10^5, a camada-limite se torna turbulenta, e acarreta que o fluido de maior velocidade seja misturado na região próxima à parede do cilindro. Como consequência da presença desse fluido de alta velocidade e grande momento na camada-limite, o escoamento prossegue mais adiante ao longo da superfície a jusante do cilindro contra a pressão adversa, antes da ocorrência da separação (Fig. 11.7). Essa mudança na separação produz uma zona muito menor de baixa pressão, assim como o menor valor de C_D.

Rugosidade da Superfície

A rugosidade da superfície possui uma grande influência sobre o arrasto. Por exemplo, se a superfície do cilindro for ligeiramente rugosa a montante do ponto central, então a camada-limite será forçada a se tornar turbulenta em números de Reynolds menores do que aqueles para uma superfície do cilindro lisa. A mesma tendência também pode ser produzida quando se cria uma turbulência anormal no escoamento de aproximação. Os efeitos da rugosidade estão mostrados na Figura 11.8 para cilindros que foram tornados rugosos com grãos de areia de tamanho k. Um tamanho de pequeno a médio de rugosidade ($10^{-3} < k/d < 10^{-2}$) sobre um cilindro provoca o surgimento precoce da redução no valor de C_D. Contudo, quando a rugosidade relativa é grande o bastante ($10^{-2} < k/d$), a queda característica no valor de C_D desaparece.

11.3 Arrasto de Corpos Axissimétricos e 3-D

A Seção 11.2 descreveu o arrasto para corpos bidimensionais. Esta seção apresenta o arrasto em outras formas de corpos. Ela também descreve a potência e a resistência ao rolamento.

Dados de Arrasto

Um objeto é classificado como um **corpo axissimétrico** quando a direção do escoamento é paralela a um eixo de simetria do corpo e o escoamento resultante também é simétrico ao redor do seu eixo. Exemplos de corpos axissimétricos incluem uma esfera, uma bala e um dardo. Quando o escoamento não está alinhado com um eixo de simetria, o campo de escoamento é tridimensional (3-D) e o corpo é classificado como um **corpo 3-D**, tais como uma árvore, um edifício e um automóvel.

Os princípios que se aplicam ao escoamento bidimensional sobre um corpo também são aplicáveis a escoamentos axissimétricos. Por exemplo, em valores muito baixos do número de Reynolds, o coeficiente de arrasto é dado por equações exatas que relacionam C_D e Re. Em valores de Re elevados, o coeficiente de arrasto se torna constante para corpos angulados, enquanto ocorrem mudanças razoavelmente bruscas nos valores de C_D para corpos arredondados. Todas essas características podem ser vistas na Figura 11.9, em que C_D está traçado em função de Re para vários corpos axissimétricos.

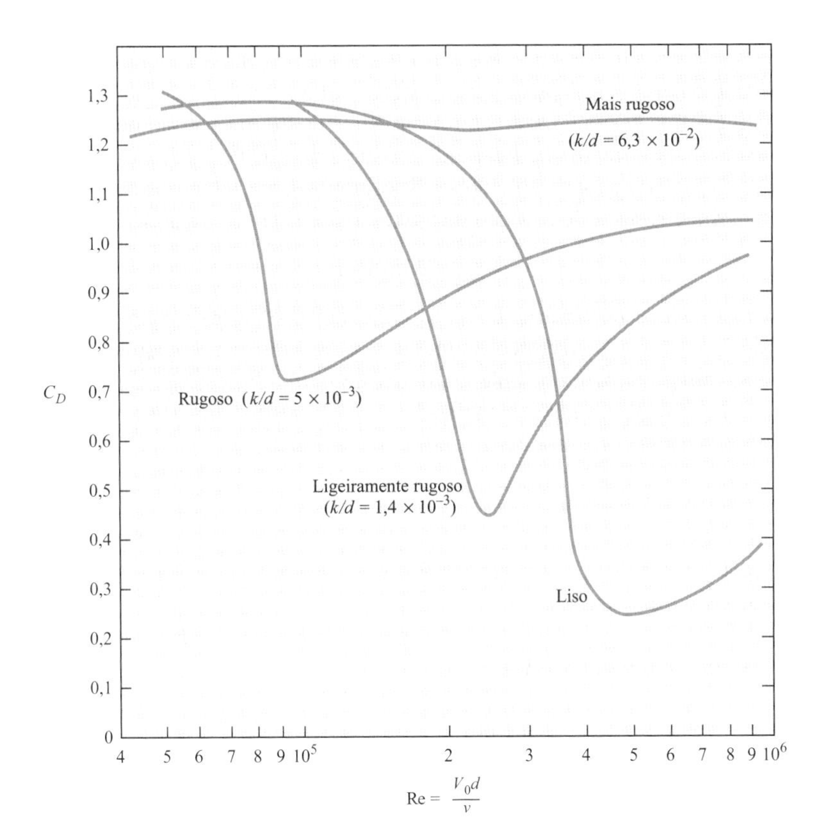

FIGURA 11.8

Efeitos da rugosidade sobre C_D para um cilindro. [Segundo Miller *et al.* (7).]

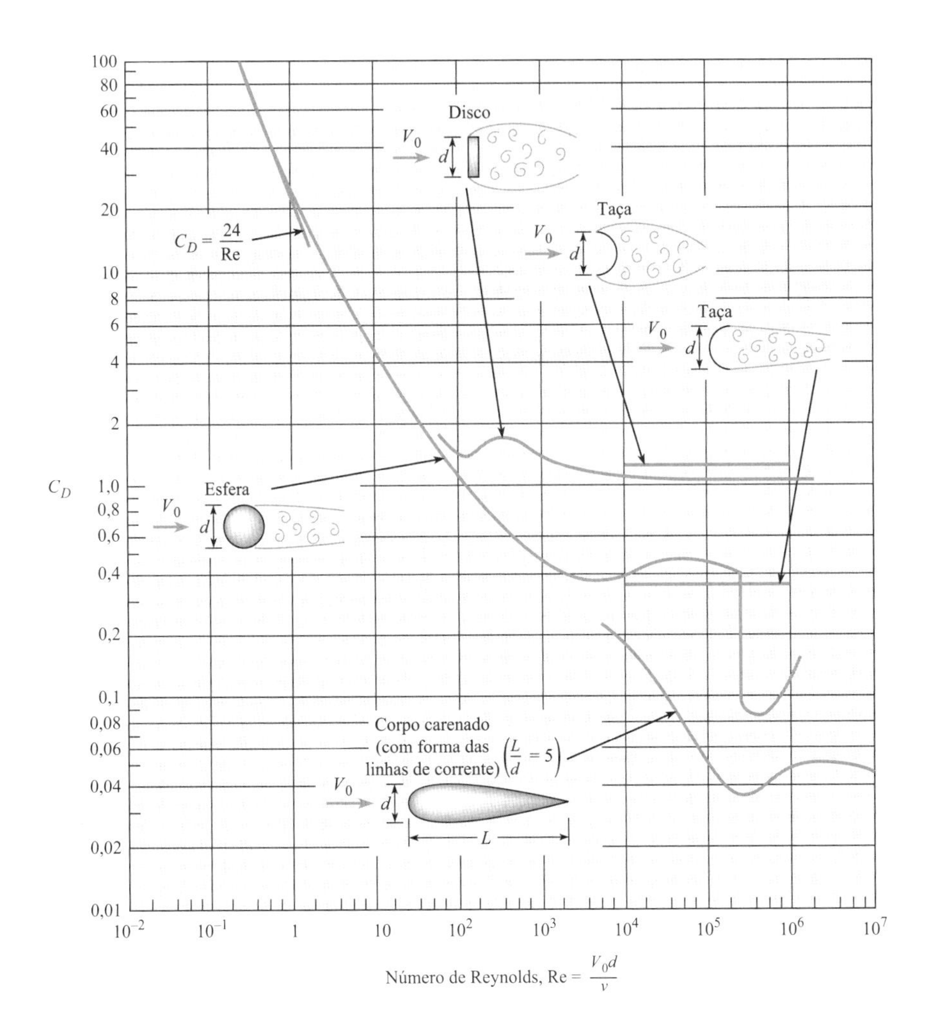

FIGURA 11.9

Coeficiente de arrasto em função do número de Reynolds para corpos axissimétricos. [Fontes dos dados: Abbott (9), Brevoort and Joyner (10), Freeman (11) e Rouse (12).]

O coeficiente de arrasto de uma esfera é de interesse especial, pois muitas aplicações envolvem o arrasto de objetos esféricos ou quase esféricos, tais como partículas e gotículas. Além disso, o arrasto de uma esfera é usado com frequência como um padrão de comparação para outras formas. Para os números de Reynolds menores do que 0,5, o escoamento ao redor da esfera é laminar e passível de ser resolvido analiticamente. Uma solução exata por Stokes gerou a seguinte equação, chamada de equação de Stokes, para o arrasto de uma esfera:

$$F_D = 3\pi\mu V_0 d \tag{11.7}$$

Note que o arrasto para esta condição de escoamento laminar varia diretamente com a primeira potência de V_0. Isto é característico de todos os processos com escoamento laminar. Para um escoamento completamente turbulento, o arrasto é uma função da velocidade à segunda potência. Quando a força de arrasto dada pela Eq. (11.7) é substituída na Eq. (11.6), o resultado é o coeficiente de arrasto correspondente à equação de Stokes:

$$C_D = \frac{24}{\mathrm{Re}} \tag{11.8}$$

Dessa maneira, para o escoamento passando por uma esfera, quando Re $\leq$ 0,5, pode-se usar a relação direta para C_D dada na Eq. (11.8).

Várias correlações para o coeficiente de arrasto de uma esfera (13) estão disponíveis, entre elas a proposta por Clift e Gauvin (14):

$$C_D = \frac{24}{\mathrm{Re}}(1 + 0{,}15\mathrm{Re}^{0{,}687}) + \frac{0{,}42}{1 + 4{,}25 \times 10^4 \mathrm{Re}^{-1{,}16}} \tag{11.9}$$

que desvia da *curva de arrasto padrão** em – 4% a 6% para números de Reynolds de até 3×10^5. Observe que à medida que o número de Reynolds se aproxima de zero, essa correlação se reduz à equação para o escoamento de Stokes.

Na Tabela 11.1 são fornecidos os valores de C_D para outros corpos axissimétricos e 3-D em números de Reynolds elevados (Re $> 10^4$). Dados extensos para o arrasto de várias formas estão disponíveis em Hoerner (15).

Para determinar a força de arrasto sobre um objeto, determine ou estime o coeficiente de arrasto e depois aplique a equação para a força de arrasto. Este procedimento está ilustrado no Exemplo 11.2.

EXEMPLO 11.2

Arrasto sobre uma Esfera

Enunciado do Problema

Qual é o arrasto de uma esfera com 12 mm que cai a uma taxa de 8 cm/s no óleo ($\mu = 10^{-1}$ N·s/m², $SG = 0{,}85$)?

Defina a Situação

Uma esfera ($d = 0{,}012$ m) está caindo no óleo.
A velocidade da esfera é $V = 0{,}08$ m/s.

Hipóteses: A esfera está movendo a uma velocidade constante (velocidade terminal).

Propriedades:
Óleo: $\mu = 10^{-1}$ N·s/m², $SG = 0{,}85$, $\rho = 850$ kg/m³

Estabeleça o Objetivo

Determinar: Força de arrasto (em newtons) sobre a esfera.

Tenha Ideias e Trace um Plano

1. Calcule o número de Reynolds.
2. Determine o coeficiente de arrasto usando a Figura 11.9.
3. Calcule a força de arrasto usando a Eq. (11.5).

Aja (Execute o Plano)

1. Número de Reynolds:

$$\mathrm{Re} = \frac{Vd\rho}{\mu} = \frac{(0{,}08\ \mathrm{m/s})(0{,}012\ \mathrm{m})(850\ \mathrm{kg/m^3})}{10^{-1}\ \mathrm{N\cdot s/m^2}} = 8{,}16$$

2. O coeficiente de arrasto (a partir da Fig. 11.9) é $C_D = 5{,}3$.
3. Força de arrasto:

$$F_D = \frac{C_D A_p \rho V_0^2}{2}$$

$$F_D = \frac{(5{,}3)(\pi/4)(0{,}012^2\ \mathrm{m^2})(850\ \mathrm{kg/m^3})(0{,}08\ \mathrm{m/s})^2}{2} = \boxed{1{,}63 \times 10^{-3}\ \mathrm{N}}$$

*A *curva de arrasto padrão* representa a melhor aproximação dos dados cumulativos que foram obtidos para o coeficiente de arrasto de uma esfera.

TABELA 11.1 Valores Aproximados de C_D para Vários Corpos

Tipo de Corpo		Razão de Comprimento	Re	C_D
	Placa retangular	$l/b = 1$	$>10^4$	1,18
		$l/b = 5$	$>10^4$	1,20
		$l/b = 10$	$>10^4$	1,30
		$l/b = 20$	$>10^4$	1,50
		$l/b = \infty$	$>10^4$	1,98
	Cilindro circular com eixo paralelo ao escoamento	$l/d = 0$ (disco)	$>10^4$	1,17
		$l/d = 0{,}5$	$>10^4$	1,15
		$l/d = 1$	$>10^4$	0,90
		$l/d = 2$	$>10^4$	0,85
		$l/d = 4$	$>10^4$	0,87
		$l/d = 8$	$>10^4$	0,99
	Barra quadrada	∞	$>10^4$	2,00
	Barra quadrada	∞	$>10^4$	1,50
60°	Cilindro triangular	∞	$>10^4$	1,39
	Casca semicircular	∞	$>10^4$	1,20
	Casca semicircular	∞	$>10^4$	2,30
	Casca hemisférica		$>10^4$	0,39
	Casca hemisférica		$>10^4$	1,40
	Cubo		$>10^4$	1,10
	Cubo		$>10^4$	0,81
	Cone — vértice de 60°		$>10^4$	0,49
	Paraquedas		$\approx 3 \times 10^7$	1,20

Fontes: Brevoort e Joyner (10), Lindsey (6), Morrison (16), Robertson *et al.* (17), Rouse (12) e Scher e Gale (18).

Potência e Resistência ao Rolamento

Quando a potência está envolvida em um problema, a equação da potência do Capítulo 7 é aplicada. Por exemplo, considere um carro que se move a uma velocidade constante em uma estrada plana. Uma vez que o carro não está acelerando, as forças horizontais são balanceadas conforme mostrado na Figura 11.10. O equilíbrio de forças fornece

$$F_{\text{Motriz}} = F_{\text{Resistência ao rolamento}} + F_{\text{Arrasto}}$$

FIGURA 11.10
Forças horizontais atuando sobre um carro que se move a uma velocidade constante.

A força motriz (F_{Motriz}) é a força de atrito entre as rodas de acionamento e a estrada. A força de arrasto é a resistência do ar sobre o carro. A resistência ao rolamento é a força de atrito que ocorre quando um objeto, tal como uma bola ou pneu, rola. Ela está relacionada com a deformação e com os tipos dos materiais que estão em contato. Por exemplo, um pneu de borracha sobre o asfalto terá maior resistência ao rolamento que a roda de aço de um trem sobre um trilho de aço. A resistência ao rolamento é calculada usando

$$F_{\text{Resistência ao rolamento}} = Fr = C_r N \quad \textbf{(11.10)}$$

em que C_r é o coeficiente de resistência ao rolamento e N é a força normal.

A potência requerida para mover o carro mostrado na Figura 11.10 a uma velocidade constante é dada pela Eq. (7.2a)

$$P = FV = F_{\text{Motriz}} V_{\text{Carro}} = (F_{\text{Arrasto}} + F_{\text{Resistência ao rolamento}}) V_{\text{Carro}} \quad \textbf{(11.11)}$$

Dessa forma, quando a potência estiver envolvida em um problema, aplique a equação $P = FV$ ao mesmo tempo em que utiliza um diagrama de corpo livre para determinar a força apropriada. Esse procedimento está ilustrado no Exemplo 11.3.

EXEMPLO 11.3

Velocidade de um Ciclista

Enunciado do Problema

Um ciclista de massa 70 kg provê 300 watts de potência enquanto se desloca contra um vento de 3 m/s. A área frontal do ciclista e da bicicleta juntos é de 3,9 ft^2 = 0,362 m^2, o coeficiente de arrasto é 0,88, e o coeficiente de resistência ao rolamento é 0,007. Determine a velocidade V_c do ciclista. Expresse a sua resposta em mph e em m/s.

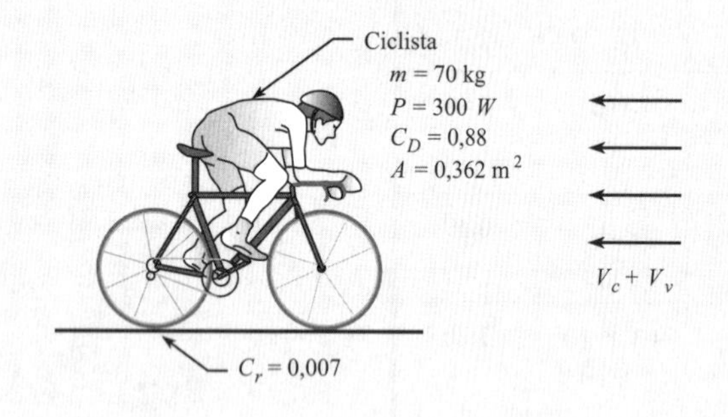

Defina a Situação

Um ciclista está pedalando contra um vento de magnitude V_v = 3 m/s.

Hipóteses:

1. O caminho é plano, sem ladeiras.
2. A perda mecânica no trem de engrenagens da bicicleta é zero.

Propriedades: Ar (20 °C, 1 atm): Tabela A.2, $\rho = 1{,}2\ \text{kg/m}^3$

Estabeleça o Objetivo

Determinar a velocidade (m/s e mph) do ciclista.

Tenha Ideias e Trace um Plano

1. Relacione a velocidade da bicicleta (V_c) com a potência usando a Eq. (11.11).
2. Calcule a resistência ao rolamento.
3. Desenvolva uma equação para a força de arrasto usando a Eq. (11.5).
4. Combine as etapas 1 a 3.
5. Resolva para V_c.

Aja (Execute o Plano)

1. Equação da potência:
   - A potência do ciclista está sendo usada para superar o arrasto e a resistência ao rolamento. Desta forma,

$$P = (F_D + F_r)V_c$$

2. Resistência ao rolamento:

$$F_r = C_r N = C_r mg = 0{,}007(70\ \text{kg})(9{,}81\ \text{m/s}^2) = 4{,}81\ \text{N}$$

3. Força de arrasto:
   - V_0 = velocidade do ar em relação ao ciclista

$$V_0 = V_c + 3\ \text{m/s}$$

   - Força de arrasto:

$$F_D = C_D A\left(\frac{\rho V_0^2}{2}\right) = \frac{0{,}88(0{,}362\ \text{m}^2)(1{,}2\ \text{kg/m}^3)}{2} \times (V_c + 3\ \text{m/s})^2$$

$$= 0{,}1911(V_c + 3\text{ m/s})^2$$

4. Combinação dos resultados:

$$P = (F_D + F_r)V_c$$

$$300\text{ W} = (0{,}1911(V_c + 3)^2 + 4{,}81)V_c$$

5. Uma vez que a equação é cúbica, use um programa de planilha, conforme mostrado. Nessa planilha, varie o valor de V_c e busque o que torna o lado direito da equação (LDE) igual a 300. O resultado é

$$V_c = \boxed{9{,}12\text{ m/s} = 20{,}4\text{ mph}}$$

V_c	LDE
(m/s)	(W)
0	0,0
5	85,2
8	223,5
9	291,0
9,1	298,4
9,11	299,1
9,12	299,9
9,13	300,6

11.4 Velocidade Terminal

Outra aplicação comum para a equação da força de arrasto é encontrar a velocidade em regime estacionário de um corpo que está caindo através de um fluido. Quando um corpo é deixado cair, ele acelera sob a ação da gravidade. À medida que a velocidade do corpo em queda aumenta, o arrasto também aumenta até que a força para cima (arrasto) fica igual à força resultante para baixo (peso menos a força de empuxo). Uma vez que as forças estejam equilibradas, o corpo se move a uma velocidade constante chamada de **velocidade terminal**, que é identificada como sendo a velocidade máxima atingida por um corpo em queda.

Para determinar a velocidade terminal, faça um balanço das forças que atuam sobre o objeto, e depois resolva a equação resultante. Em geral, esse processo é iterativo, conforme ilustrado pelo Exemplo 11.4.

EXEMPLO 11.4

Velocidade Terminal de uma Esfera na Água

Enunciado do Problema

Uma esfera de plástico com 20 mm ($SG = 1{,}3$) é deixada cair na água. Determine a sua velocidade terminal. Considere $T = 20$ °C.

Defina a Situação

Uma esfera lisa ($D = 0{,}02$ m, $SG = 1{,}3$) está caindo na água.

Propriedades: Água (20 °C): Tabela A.5, $\nu = 1 \times 10^{-6}$ m²/s, $\rho = 998$ kg/m³ e $\gamma = 9.790$ N/m³

Estabeleça o Objetivo

Determinar a velocidade terminal (m/s) da esfera.

Tenha Ideias e Trace um Plano

Este problema exige uma solução iterativa, pois a equação para a velocidade terminal é implícita. As etapas do plano são as seguintes:

1. Aplique o equilíbrio de forças.
2. Desenvolva uma equação para a velocidade terminal.
3. Para resolver a equação para a velocidade terminal, estabeleça um procedimento para iteração.
4. Para implementar a solução iterativa, construa uma tabela em um programa de planilha.

Aja (Execute o Plano)

1. Equilíbrio de forças:
   - Esboce um diagrama de corpo livre.

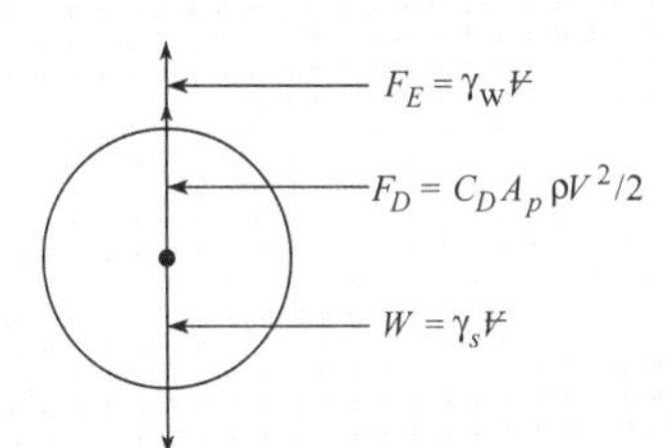

   - Aplique o equilíbrio de forças (direção vertical):

$$F_{\text{Arrasto}} + F_{\text{Empuxo}} = W$$

2. Equação da velocidade terminal:
   - Analise os termos na equação do equilíbrio de forças:

$$C_D A\left(\frac{\rho V_0^2}{2}\right) + \gamma_w \forall = \gamma_s \forall$$

$$C_D\left(\frac{\pi d^2}{4}\right)\left(\frac{\rho V_0^2}{2}\right) + \gamma_w\left(\frac{\pi d^3}{6}\right) = \gamma_s\left(\frac{\pi d^3}{6}\right)$$

- Resolva para V_0:

$$V_0 = \left[\frac{(\gamma_s - \gamma_w)(4/3)d}{C_D\rho_w}\right]^{1/2}$$

$$= \left[\frac{(12{,}7 - 9{,}79)(10^3\ \text{N/m}^3)(4/3)(0{,}02\ \text{m})}{C_D \times 998\ \text{kg/m}^3}\right]^{1/2}$$

$$V_0 = \left(\frac{0{,}0778}{C_D}\right)^{1/2} = \frac{0{,}279}{C_D^{1/2}}\ \text{m/s}$$

3. Iteração 1
   - Estimativa inicial: $V_0 = 1{,}0$ m/s
   - Cálculo de Re:

$$\text{Re} = \frac{Vd}{\nu} = \frac{(1{,}0\ \text{m/s})(0{,}02\ \text{m})}{1 \times 10^{-6}\ \text{m}^2\text{/s}} = 20000$$

   - Cálculo de C_D usando a Eq. (11.9):

$$C_D = \frac{24}{20000}(1 + 0{,}15(20000^{0{,}687})) + \frac{0{,}42}{1 + 4{,}25 \times 10^4(20000)^{-1{,}16}} = 0{,}456$$

   - Determine o novo valor de V_0 (usando a equação da etapa 2):

$$V_0 = \left(\frac{0{,}0778}{C_D}\right)^{1/2} = \frac{0{,}279}{0{,}456^{0{,}5}} = 0{,}413\ \text{m/s}$$

4. Solução iterativa
   - Conforme mostrado, use um programa de planilha para construir uma tabela. A primeira linha apresenta os resultados para a iteração 1.
   - A velocidade terminal da iteração 1, $V_0 = 0{,}413$ m/s, é usada como a velocidade terminal para a iteração 2.
   - O processo de iteração é repetido até que a velocidade terminal atinja um valor constante de $V_0 = 0{,}44$ m/s. Observe que a convergência é obtida em duas iterações.

Iteração nº	V_0 Inicial	Re	C_D	Novo V_0
	(m/s)			(m/s)
1	1,000	20000	0,456	0,413
2	0,413	8264	0,406	0,438
3	0,438	8752	0,409	0,436
4	0,436	8721	0,409	0,436
5	0,436	8723	0,409	0,436
6	0,436	8722	0,409	0,436

$$V_0 = 0{,}44\ \text{m/s}$$

11.5 Desprendimento de Vórtices

Esta seção introduz o desprendimento de vórtices, o qual é importante por duas razões: pode ser usado para melhorar a transferência de calor e a mistura, e pode causar vibrações e falhas indesejadas em estruturas.

O escoamento que passa por um corpo escarpado (não fuselado) geralmente produz uma série de vórtices que são desprendidos alternadamente de cada lado, produzindo assim uma série de vórtices alternados na esteira. Esse fenômeno é chamado de **desprendimento de vórtices**. O desprendimento de vórtices para um cilindro ocorre pra Re ≥ 50 e fornece o padrão de escoamento esboçado na Figura 11.11. Nesta figura, um vórtice está no processo de formação próximo ao topo do cilindro. Abaixo e à direita do primeiro vórtice encontra-se um outro, que foi formado e que se desprendeu pouco tempo antes. Dessa forma, o processo de escoamento na esteira de um cilindro envolve a formação e o desprendimento de vórtices alternadamente de um lado e depois do outro. Essa formação e desprendimento alternados de vórtices cria uma variação cíclica na pressão com consequente periodicidade na impulsão lateral sobre o cilindro. O desprendimento de vórtices foi a causa primária de falha da ponte suspensa de Tacoma Narrows no estado de Washington, Estados Unidos, em 1940.

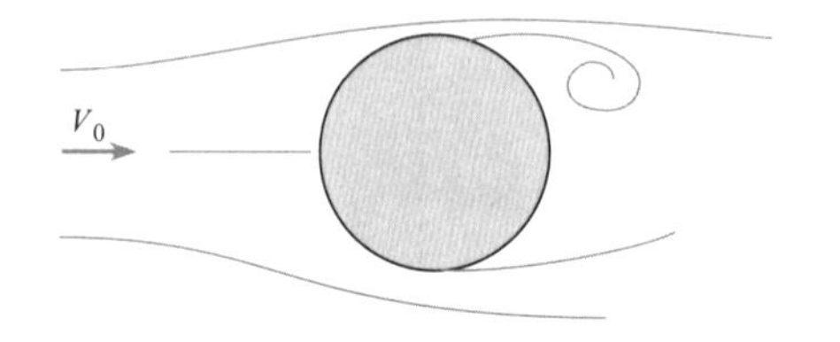

FIGURA 11.11
Formação de um vórtice atrás de um cilindro.

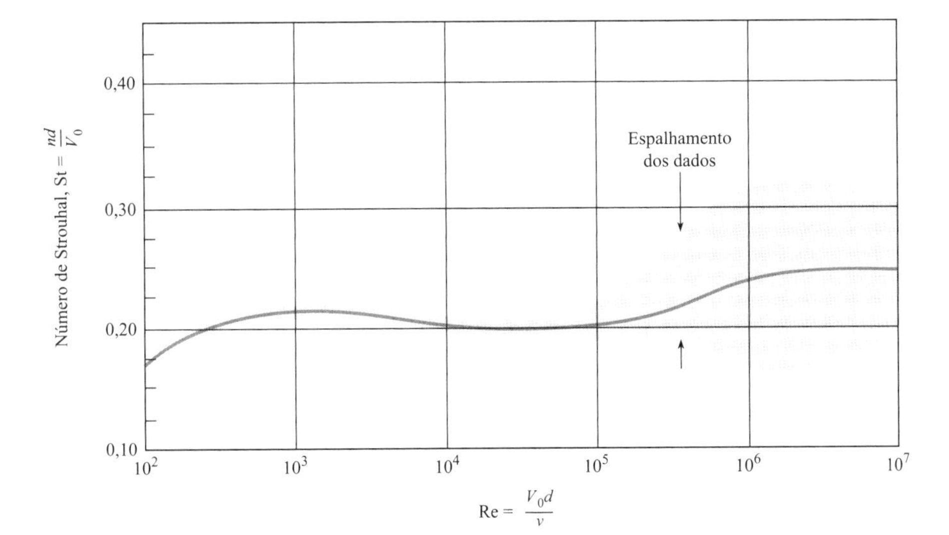

FIGURA 11.12
Número de Strouhal em função do número de Reynolds para um escoamento que passa por um cilindro circular. [Segundo Jones (5) e Roshko (8).]

Os experimentos revelam que a frequência de desprendimento pode ser representada traçando o número de Strouhal (St) como uma função do número de Reynolds. O número de Strouhal é um grupo π definido como

$$\text{St} = \frac{nd}{V_0} \tag{11.12}$$

em que n é a frequência de desprendimento de vórtices de um lado do cilindro, em Hz, d é o diâmetro do cilindro, e V_0 é a velocidade da corrente livre. O número de Strouhal para o desprendimento de vértices de um cilindro circular é dado na Figura 11.12. Outros corpos cilíndricos e bidimensionais também desprendem vórtices. Consequentemente, o engenheiro deve estar sempre alerta para problemas de vibração ao projetar estruturas que estão expostas ao vento ou ao escoamento de água.

11.6 Reduzindo o Arrasto Dando Forma Aerodinâmica

Um engenheiro pode projetar a forma de um corpo para minimizar a força de arrasto. Esse processo é chamado de **tornar aerodinâmico** e foca com frequência a redução do arrasto de forma. A razão para o foco no arrasto de forma é que o arrasto na maioria dos objetos escarpados, isto é, não fuselados, (por exemplo, um corpo cilíndrico em Re $>$ 1000) é predominantemente em razão da variação de pressão que está associada à separação do escoamento. Nesse caso, tornar um corpo aerodinâmico envolve modificar a forma desse corpo para reduzir ou eliminar a separação. Os impactos desse processo podem ser dramáticos. Por exemplo, a Figura 11.5 mostra que C_D para a forma aerodinâmica é de aproximadamente 1/6 o valor de C_D para o cilindro circular quando Re $\approx 5 \times 10^5$.

Ao mesmo tempo que tornar um corpo aerodinâmico reduz o arrasto de forma, normalmente aumenta o arrasto de fricção, visto que existe uma maior área de superfície em um corpo aerodinâmico em comparação com um corpo não aerodinâmico. Consequentemente, quando um corpo é tornado aerodinâmico, a condição ótima resulta quando a soma do arrasto de forma e do arrasto de fricção é mínima.

Tornar um corpo aerodinâmico para produzir um arrasto mínimo em número de Reynolds elevado provavelmente não irá produzir um arrasto mínimo em números de Reynolds baixos. Por exemplo, em Re $<$ 1, a maior parte do arrasto de um cilindro circular é o arrasto de fricção. Assim sendo, se o cilindro se tornar aerodinâmico, o arrasto de fricção será provavelmente amplificado, e o valor de C_D irá aumentar.

Outra vantagem de tornar um corpo aerodinâmico em números de Reynolds elevados é que o desprendimento de vórtices é eliminado. O Exemplo 11.5 mostra como estimar o impacto de tornar um corpo aerodinâmico usando uma razão de valores de C_D.

EXEMPLO 11.5

Comparando o Arrasto sobre Formas Escarpada e Aerodinâmica

Enunciado do Problema

Compare o arrasto do cilindro no Exemplo 11.1 com o arrasto da forma aerodinâmica mostrado na Figura 11.5. Considere que ambas as formas possuem a mesma área projetada.

Defina a Situação

O cilindro do Exemplo 11.1 está sendo comparado à forma aerodinâmica.

Hipóteses:

1. O cilindro e o corpo aerodinâmico possuem a mesma área projetada.
2. Ambos os objetos são corpos bidimensionais (despreze os efeitos das extremidades).

Estabeleça o Objetivo

Determinar a razão entre a força de arrasto sobre o corpo aerodinâmico e a força de arrasto sobre o cilindro.

Tenha Ideias e Trace um Plano

1. Recupere os valores de Re e C_D do Exemplo 11.1.
2. Determine o coeficiente de arrasto para a forma aerodinâmica usando a Figura 11.5.
3. Calcule a razão entre as forças de arrasto usando a Eq. (11.5).

Aja (Execute o Plano)

1. A partir do Exemplo 11.1, Re = 7 × 10⁵ e C_D (cilindro) = 0,2.
2. Usando esse valor de Re e a Figura 11.5, obtemos C_D (forma aerodinâmica) = 0,034.
3. A razão entre as forças de arrasto (derivada da Eq. 11.5) é

$$\frac{F_D(\text{forma aerodinâmica})}{F_D(\text{cilindro})} = \frac{C_D(\text{forma aerodinâmica})}{C_D(\text{cilindro})} \times \left(\frac{\cancel{A_p(\rho V_0^2/2)}}{\cancel{A_p(\rho V_0^2/2)}}\right)$$

$$\frac{F_D(\text{forma aerodinâmica})}{F_D(\text{cilindro})} = \frac{0{,}034}{0{,}2} = \boxed{0{,}17}$$

Reveja os Resultados e o Processo

Discussão. O processo de tornar o corpo aerodinâmico proveu uma redução no arrasto de praticamente seis vezes!

11.7 Arrasto em um Escoamento Compressível

Até aqui, este capítulo descreveu o arrasto para escoamentos com densidade constante. Esta seção descreve o arrasto quando a densidade de um gás está mudando por causa das variações na pressão. Esses tipos de escoamentos são chamados de *escoamentos compressíveis*. Tal informação é importante para o modelamento de projéteis, como balas e foguetes.

Em um escoamento estacionário, a influência da compressibilidade depende da razão entre a velocidade do fluido e a velocidade do som. Esta razão é um grupo π chamado de número de Mach.

A variação do coeficiente de arrasto com o número de Mach para três corpos axissimétricos está mostrada na Figura 11.13. Em cada caso, o coeficiente de arrasto aumenta ligeiramente com os números de Mach baixos, e então aumenta bruscamente à medida que se aproxima de um escoamento transsônico (M ≈ 1). Observe que o rápido aumento no coeficiente de arrasto ocorre em um número de Mach maior (mais próximo à unidade) se o corpo for delgado com um nariz pontudo. O coeficiente de arrasto atinge o máximo em um

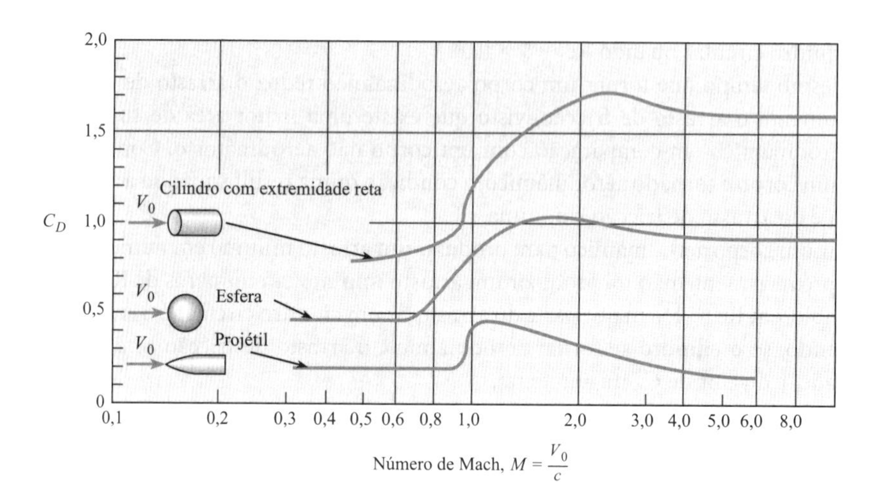

FIGURA 11.13
Características de arrasto de um projétil, esfera e cilindro com os efeitos da compressibilidade. [Segundo Rouse (12).]

número de Mach ligeiramente superior à unidade, e então diminui à medida que o número de Mach aumenta ainda mais.

O pequeno aumento no coeficiente de arrasto com baixos números de Mach é atribuído a um aumento no arrasto de forma em razão dos efeitos da compressibilidade sobre a distribuição de pressões. Contudo, à medida que a velocidade do escoamento aumenta, a velocidade máxima sobre o corpo finalmente se torna sônica. O número de Mach do escoamento da corrente livre no qual o escoamento sônico aparece sobre o corpo é chamado de *número de Mach crítico*. Um aumento adicional na velocidade do escoamento resulta em regiões locais de escoamento supersônico (M > 1), que levam a um arrasto de onda por causa da formação de uma onda de choque e de um aumento apreciável no coeficiente de arrasto.

O número de Mach crítico para uma esfera é de aproximadamente 0,6. Observe na Figura 11.13 que o coeficiente de arrasto começa a aumentar bruscamente ao redor desse número. Como o número de Mach crítico para o corpo pontudo é maior, de forma correspondente, o aumento no coeficiente de arrasto ocorre em um número de Mach mais próximo à unidade.

Os dados de coeficiente de arrasto para a esfera mostrados na Figura 11.13 são para um número de Reynolds da ordem de 10^4. Os dados para a esfera mostrados na Figura 11.9, por outro lado, são para números de Mach muito baixos. Surge então a pergunta sobre a variação geral do coeficiente de arrasto de uma esfera tanto com o número de Mach quanto com o número de Reynolds. Com frequência as informações dessa natureza são necessárias para estimar a trajetória de um corpo através da atmosfera superior ou para modelar o movimento de uma nanopartícula.

Um gráfico de contorno do coeficiente de arrasto de uma esfera em função tanto do número de Reynolds quanto do número de Mach baseado em dados disponíveis (19) está mostrado na Figura 11.14. Observe a curva de C_D em função de Re da Figura 11.9 no plano M = 0. De maneira correspondente, observe a curva de C_D em função de M da Figura 11.13 no plano Re = 10^4. Em baixos números de Reynolds, C_D diminui com o aumento do número de Mach, enquanto em números de Reynolds elevados é observada a tendência inversa. Usando esta figura, o engenheiro pode determinar o coeficiente de arrasto de uma esfera em qualquer combinação de Re e M. Obviamente, podem ser gerados gráficos de contorno de C_D correspondentes para qualquer corpo, desde que estes estejam disponíveis.

11.8 A Teoria da Sustentação

Esta seção introduz a circulação, a causa básica da sustentação (também chamada de ascensão), assim como o coeficiente de sustentação.

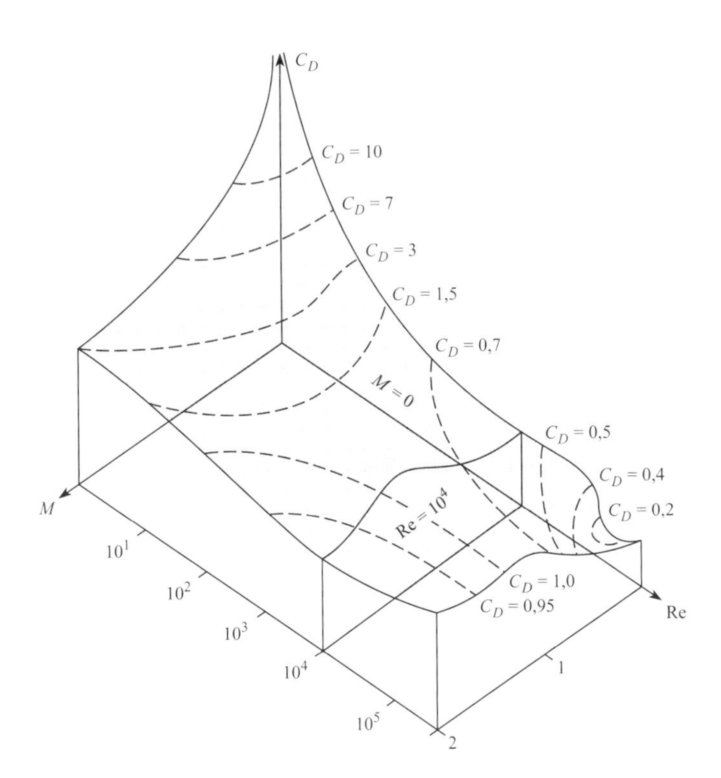

FIGURA 11.14
Gráfico de contorno do coeficiente de arrasto da esfera em função dos números de Reynolds e de Mach.

FIGURA 11.15
Conceito de Circulação.

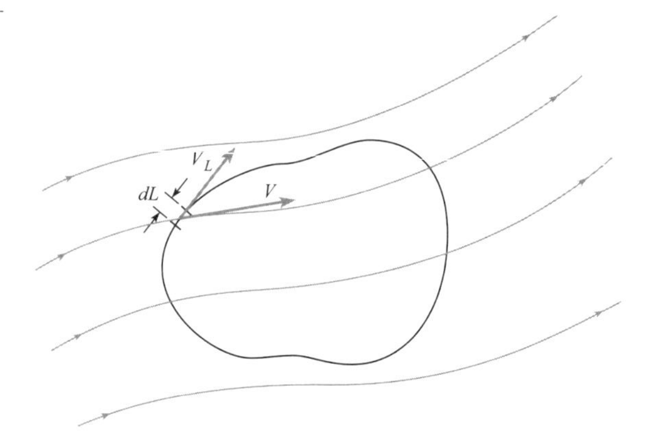

Circulação

A **circulação**, uma característica de um campo de escoamento, dá a medida da taxa média de rotação das partículas de fluido que estão situadas em uma área delimitada por uma curva fechada. A circulação é definida pela integral de caminho, conforme mostrado na Figura 11.15. Ao longo de qualquer segmento diferencial do caminho, a velocidade pode ser resolvida em componentes que são tangentes e normais a ele. Identifique a componente tangencial da velocidade como V_L. Integre $V_L\, dL$ ao redor da curva. A grandeza resultante é chamada de circulação, que é representada pela letra grega Γ (gama maiúscula). Assim,

$$\Gamma = \oint V_L\, dL \tag{11.13}$$

A convenção de sinais estabelece que, ao aplicar a Eq. (11.13), os vetores velocidade tangencial que possuem sentido anti-horário ao redor da curva sejam negativos, e que aqueles que possuem uma direção horária tenham uma contribuição positiva.* Por exemplo, considere determinar a circulação para um vórtice irrotacional. A velocidade tangencial em qualquer raio é C/r, em que um valor positivo de C significa uma rotação horária. Portanto, se a circulação for avaliada ao redor de uma curva com raio r, a circulação diferencial será

$$d\Gamma = V_L\, dL = \frac{C}{r_1} r_1\, d\theta = C\, d\theta \tag{11.14}$$

Integre isso ao redor de todo o círculo:

$$\Gamma = \int_0^{2\pi} C\, d\theta = 2\pi C \tag{11.15}$$

Uma maneira de induzir fisicamente a circulação consiste em girar um cilindro ao redor do seu eixo. A Figura 11.16a mostra o padrão de escoamento produzido por tal ação. A velocidade do fluido próxima à superfície do cilindro é igual à própria velocidade da superfície do cilindro, por causa da condição de não escorregamento que deve prevalecer entre o fluido e o sólido. A determinada distância do cilindro, no entanto, a velocidade diminui com r, da mesma maneira que ela faz para o vórtice irrotacional. A próxima seção mostra como a circulação produz a sustentação.

Combinação de Circulação e Escoamento Uniforme ao Redor de um Cilindro

Superponha o campo de velocidades produzido para o escoamento uniforme ao redor de um cilindro (Fig. 11.16b) ao campo de velocidade com circulação ao redor de um cilindro (Fig. 11.16a). Observe que a velocidade é reforçada na parte superior do cilindro e reduzida no outro lado (Fig. 11.16c), e também que os pontos de estagnação se moveram em direção ao lado de baixa velocidade do cilindro. De acordo com o que rege a equação de Bernoulli (assumindo um escoamento irrota-

*A convenção de sinais é oposta à definição matemática de uma integral de linha.

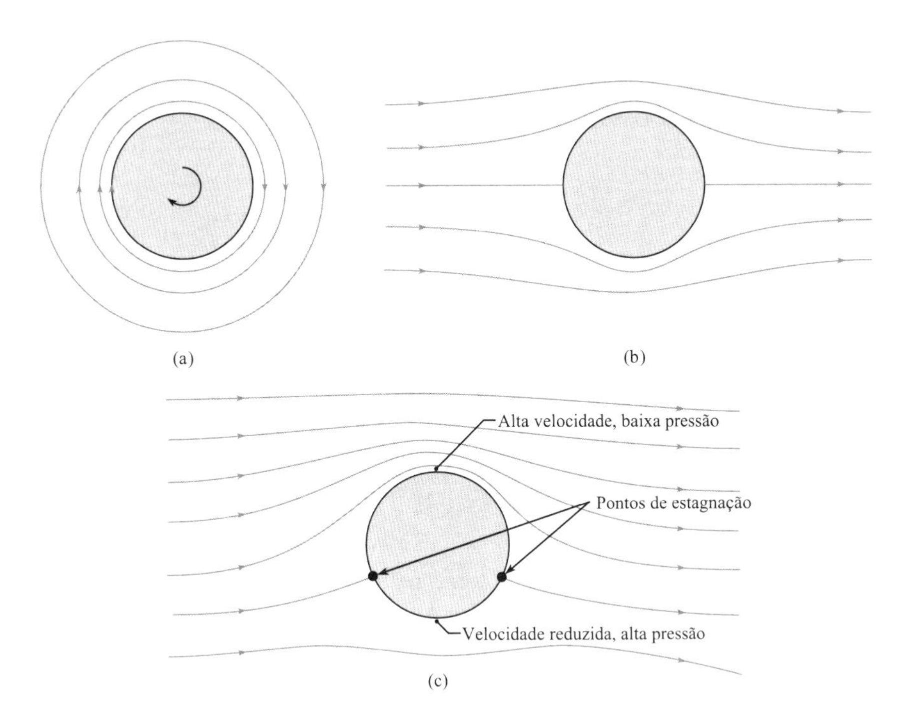

FIGURA 11.16

Escoamento ideal ao redor de um cilindro: (a) circulação, (b) escoamento uniforme, (c) combinação de circulação e escoamento uniforme.

cional em todos os pontos), a pressão sobre o lado com alta velocidade é menor do que a no lado com baixa velocidade. Assim, existe um diferencial de pressão que causa um impulso lateral, ou sustentação, sobre o cilindro. Conforme a teoria do escoamento ideal, a sustentação por unidade de comprimento de um cilindro infinitamente longo é dada por $F_L/\ell = \rho V_0 \Gamma$, em que F_L é a sustentação (força ascensional) sobre o segmento de comprimento ℓ. Para esse escoamento irrotacional ideal, não existe arrasto sobre o cilindro. Para o caso de um escoamento real, a separação e as tensões viscosas produzem arrasto, e os mesmos efeitos viscosos irão, em certo grau, reduzir a sustentação. Mesmo assim, ela é significativa quando o escoamento ocorre ao redor de um corpo em rotação ou quando um corpo está transladando e rodando através de um fluido. Assim, a razão para a "curva" de uma bola de beisebol que é arremessada ou a "queda" de uma bola de ping-pong é uma rotação para frente. Esse fenômeno de sustentação produzido pela rotação de um corpo sólido é chamado de **efeito Magnus**, em homenagem ao cientista alemão do século XIX que realizou os primeiros estudos sobre a sustentação em corpos rotativos. Um trabalho por Mehta (28) oferece um relato interessante do movimento de rotação de bolas esportivas.

Os coeficientes de sustentação e de arrasto para o cilindro rotativo com placas nas extremidades estão mostrados na Figura 11.17. Nela, o parâmetro $r\omega/V_0$ é a razão entre a velocidade

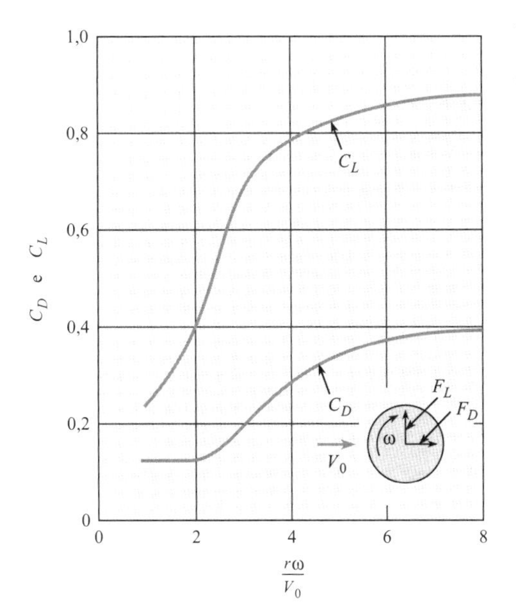

FIGURA 11.17

Coeficientes de sustentação e de arrasto para um cilindro rotativo. [Dados segundo Rouse (12).]

FIGURA 11.18

Coeficientes de sustentação e de arrasto para uma esfera rotativa. [Dados segundo Barkla *et al.* (20).]

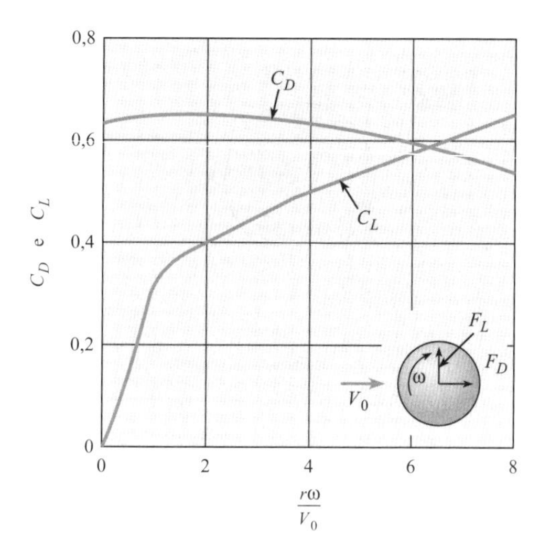

da superfície do cilindro e a velocidade da corrente livre, em que r é o raio do cilindro e ω é a velocidade angular em radianos por segundo. As curvas correspondentes para a esfera com rotação são dadas na Figura 11.18.

Coeficiente de Sustentação

O **coeficiente de sustentação** (ou coeficiente de ascensão) é um parâmetro que caracteriza a sustentação ou ascensão associada a um corpo. Por exemplo, uma asa em um grande ângulo de ataque terá um alto coeficiente de sustentação, enquanto uma asa com um ângulo de ataque igual a zero terá um coeficiente de sustentação baixo ou igual a zero. O coeficiente de sustentação é definido usando um grupo π:

$$C_L \equiv \frac{F_L}{A(\rho V_0^2/2)} = \frac{\text{força de sustentação}}{(\text{área de referência})(\text{pressão dinâmica})} \tag{11.16}$$

Para calcular a força ascensional (ou força de sustentação), os engenheiros usam a equação da sustentação:

$$F_L = C_L A\left(\frac{\rho V_0^2}{2}\right) \tag{11.17}$$

em que a área de referência para um cilindro ou esfera rotativo é a área projetada A_p.

EXEMPLO 11.6

Sustentação sobre uma Esfera Rotativa

Enunciado do Problema

Uma bola de ping-pong se move a 10 m/s no ar e gira a 100 revoluções por segundo na direção horária. O diâmetro da bola é de 3 cm. Calcule a sustentação e a força de arrasto, e indique a direção da sustentação (para cima ou para baixo). A densidade do ar é de 1,2 kg/m³.

Defina a Situação

Uma bola de ping-pong se move horizontalmente e com rotação.

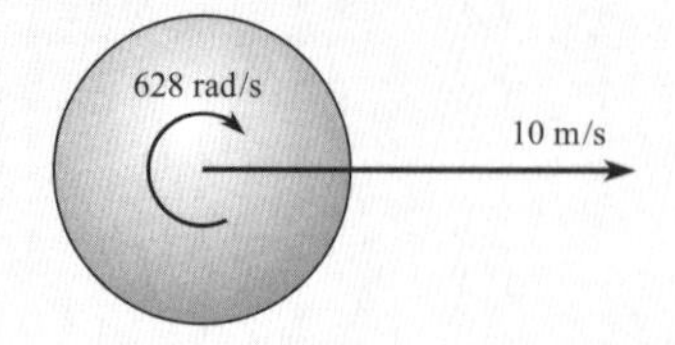

Propriedades: Ar: $\rho = 1{,}2$ kg/m³

Estabeleça o Objetivo

Determinar:

1. A força de arrasto (em newtons) sobre a bola
2. A força ascensional (sustentação) (em newtons) sobre a bola
3. A direção da sustentação (para cima ou para baixo?)

Tenha Ideias e Trace um Plano

1. Calcule o valor de $r\omega/V_0$.
2. Use o valor de $r\omega/V_0$ para obter os coeficientes de sustentação e de arrasto na Figura 11.7.
3. Calcule a força ascensional (sustentação) usando a Eq. (11.8).
4. Calcule a força de arrasto usando a Eq. (11.5).

Aja (Execute o Plano)

A taxa de rotação em rad/s é

$$\omega = (100 \text{ rev/s})(2\pi \text{ rad/rev}) = 628 \text{ rad/s}$$

O parâmetro rotacional é

$$\frac{\omega r}{V_0} = \frac{(628 \text{ rad/s})(0{,}015 \text{ m})}{10 \text{ m/s}} = 0{,}942$$

A partir da Figura 11.18, o coeficiente de sustentação é de aproximadamente 0,26 e o coeficiente de arrasto é de 0,64. A força de sustentação é

$$F_L = \frac{1}{2}\rho V_0^2 C_L A_p$$

$$= \frac{1}{2}(1{,}2 \text{ kg/m}^3)(10 \text{ m/s})^2(0{,}26)\frac{\pi}{4}(0{,}03 \text{ m})^2$$

$$= \boxed{1{,}10 \times 10^{-2} \text{ N}}$$

A força ascensional é para baixo. A força de arrasto é

$$F_D = \frac{1}{2}\rho V_0^2 C_D A_p$$

$$= \boxed{27{,}1 \times 10^{-3} \text{ N}}$$

11.9 Sustentação e Arrasto sobre Aerofólios

Esta seção apresenta informações sobre como calcular a sustentação e o arrasto sobre objetos em forma de asa. Algumas aplicações típicas incluem o cálculo do peso de decolagem de um avião, a determinação do tamanho das asas, e a estimativa das exigências de potência para superar a força de arrasto.

Sustentação de um Aerofólio

Um **aerofólio** é um corpo projetado para produzir sustentação a partir do movimento de um fluido ao seu redor. Especificamente, a sustentação é um resultado da circulação no escoamento produzida pelo aerofólio. Para ver isto, considere o fluxo de um escoamento ideal (não viscoso e incompressível) ao redor de um aerofólio, conforme mostrado na Figura 11.19a. Neste caso, como para o escoamento irrotacional ao redor de um cilindro, a sustentação e o arrasto são iguais a zero. Existe um ponto de estagnação no lado inferior próximo à aresta principal, e outro no lado superior próximo à aresta posterior do aerofólio. Para o escoamento real (fluido viscoso), o padrão de escoamento ao redor da metade a montante do aerofólio é plausível. No entanto, o padrão de escoamento na região da aresta posterior, como mostrado na Figura 11.19a, não pode ocorrer. Um ponto de estagnação sobre o lado superior do aerofólio indica que o fluido deve escoar do lado inferior, ao redor da aresta posterior, e então em direção ao ponto de estagnação. Tal padrão de escoamento implica em uma aceleração infinita das partículas de fluido à medida que elas viram o canto ao redor da aresta posterior da asa. Isto é uma impossibilidade física, e a separação ocorre na aresta afilada. Como consequência da separação, o ponto de estagnação a jusante se move para a aresta posterior. O escoamento tanto do lado superior quanto do inferior do aerofólio na vizinhança da aresta posterior deixa o aerofólio de forma suave e essencialmente paralelo às superfícies na aresta posterior (Fig. 11.19b).

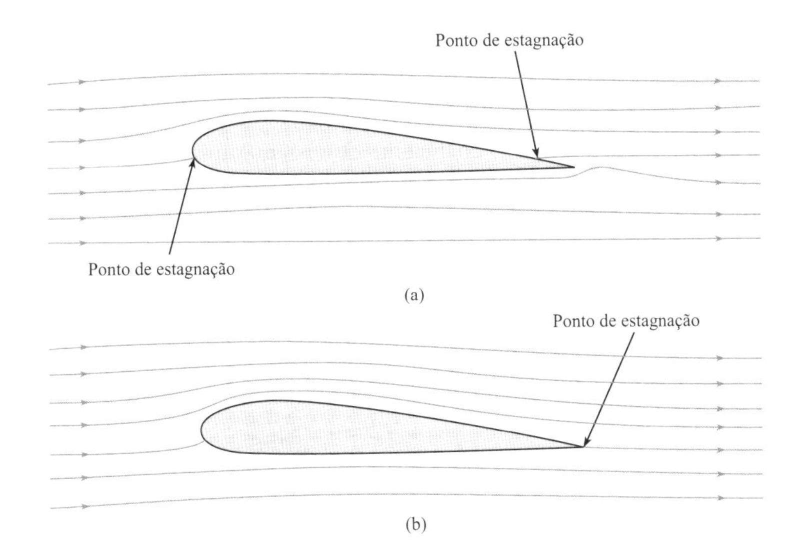

FIGURA 11.19
Padrões de escoamento ao redor de um aerofólio: (a) escoamento ideal – nenhuma circulação; (b) escoamento real – circulação.

Para deixar a teoria em consonância com o fenômeno observado fisicamente, há a hipótese de que uma circulação ao redor do aerofólio deve ser induzida na quantidade exata para que o ponto de estagnação a jusante seja deslocado totalmente para trás, até a aresta posterior do aerofólio, permitindo, desta forma, que o escoamento deixe o aerofólio suavemente na aresta posterior. Isso é denominado *condição de Kutta* (21), em homenagem a um pioneiro na teoria aerodinâmica. Quando são feitas análises com esta simples hipótese relacionada com a magnitude da circulação, ocorre uma concordância muito boa entre a teoria e os experimentos para o padrão de escoamento e a distribuição de pressões, assim como para a sustentação em uma seção de aerofólio bidimensional (sem os efeitos das extremidades). A teoria do escoamento ideal mostra que a magnitude da circulação exigida para manter o ponto de estagnação traseiro na aresta posterior (a condição de Kutta) de um aerofólio simétrico com um pequeno ângulo de ataque é dada por

$$\Gamma = \pi c V_0 \alpha \tag{11.18}$$

em que Γ é a circulação, c é o comprimento da corda do aerofólio, e α é o ângulo de ataque da corda do aerofólio em relação à direção da corrente livre (ver a Fig. 11.20 para um desenho de definição).

Assim como aquela para o cilindro, a sustentação por unidade de comprimento para uma asa infinitamente longa é

$$F_L/\ell = \rho V_0 \Gamma$$

A área planiforme para o segmento de comprimento ℓ é ℓc. Assim, a sustentação sobre o segmento ℓ é

$$F_L = \rho V_0^2 \pi c \ell \alpha \tag{11.19}$$

Para um aerofólio, o coeficiente de sustentação é

$$C_L = \frac{F_L}{S \rho V_0^2/2} \tag{11.20}$$

em que a área de referência S é a área planiforme da asa – isto é, a área a partir de uma vista em planta. Ao combinar as equações (11.18) e (11.19), e ao identificar S como a área associada ao segmento de comprimento ℓ, pode-se determinar que o C_L para o escoamento irrotacional ao redor de um aerofólio bidimensional é dado por

$$C_L = 2\pi\alpha \tag{11.21}$$

As Eqs. (11.19) e (11.21) são equações teóricas para a sustentação para um aerofólio infinitamente longo em um pequeno ângulo de ataque. A separação do escoamento próximo à aresta anterior do aerofólio produz desvios (alto arrasto e baixa sustentação) das previsões para o escoamento ideal quando em grandes ângulos de ataque. Portanto, são sempre realizados experimentos com túnel de vento para avaliar o desempenho de determinado tipo de seção de aerofólio. Por exemplo, os valores determinados experimentalmente para o coeficiente de sustentação em função de α para dois aerofólios da NACA (*National Advisory Committee for Aeronautics* – Comitê Consultivo Nacional para Aeronáutica) estão mostrados na Figura 11.21. Nela, é possível observar que o coeficiente de sustentação aumenta com o ângulo de ataque, α, até um valor máximo, quando passar a diminuir com um aumento adicional em α. Essa condição, em que C_L começa a diminuir com um aumento adicional de α, é denominada **estol**. O estol ocorre por causa do surgimento de separação sobre a parte superior do aerofólio, o que muda a distribuição de pressões, de modo que isto não somente diminui a sustentação,

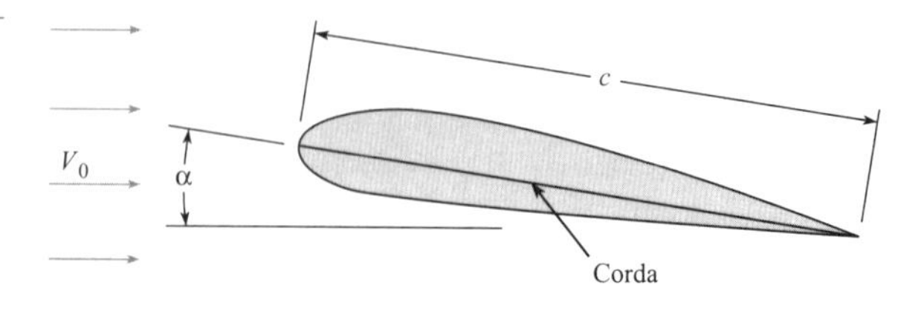

FIGURA 11.20
Desenho de definição para uma seção de aerofólio.

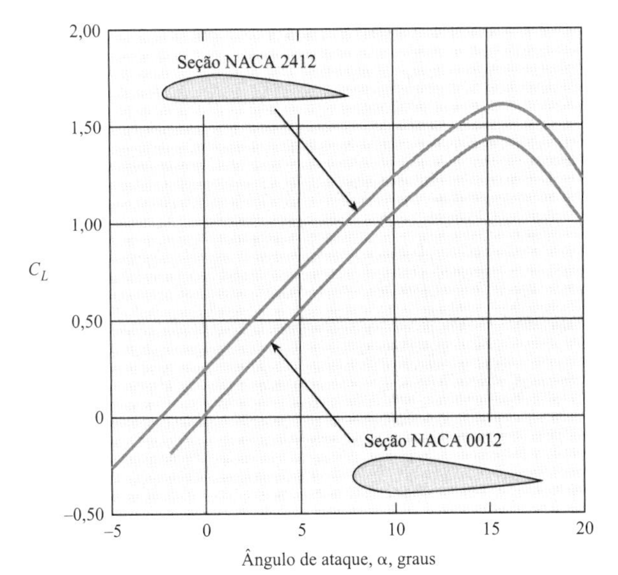

FIGURA 11.21
Valores de C_L para duas seções de aerofólio da NACA. [Segundo Abbott e Van Doenhoff (22).]

mas também aumenta o arrasto. Os dados para muitas seções de aerofólio são fornecidos por Abbott e Von Doenhoff (22).

Aerofólios com Comprimento Finito — Efeito sobre o Arrasto e a Sustentação

O arrasto em um aerofólio bidimensional para um pequeno ângulo de ataque (sem efeitos das extremidades) é principalmente o arrasto viscoso. Contudo, as asas de comprimento finito também terão um arrasto adicional e uma sustentação reduzida associados aos vórtices gerados nas extremidades da asa. Esses vórtices ocorrem porque a alta pressão abaixo da asa e a baixa pressão na parte superior da mesma causam a circulação de fluidos ao redor da extremidade da asa, da zona de alta pressão para a zona de baixa pressão, conforme mostrado na Figura 11.22. Esse escoamento induzido tem como efeito adicionar uma componente de velocidade para baixo, w, à velocidade de aproximação V_0. Assim, a velocidade da corrente livre "efetiva" está agora em um ângulo ($\phi \approx w/V_0$) com a direção da velocidade da corrente livre original, e a força resultante é inclinada para trás, como mostrado na Figura 11.23. Dessa forma, a sustentação efetiva é menor do que a sustentação para a asa infinitamente longa, uma vez que o ângulo de incidência efetivo é menor. Essa força resultante possui uma componente paralela a V_0 que é denominada *arrasto induzido*, e que é dada por $F_L\phi$. Prandtl (23) mostrou que a velocidade induzida w para uma distribuição da sustentação ao longo da envergadura elíptica é dada pela seguinte equação:

$$w = \frac{2F_L}{\pi\rho V_0 b^2} \tag{11.22}$$

em que b é o comprimento total (ou envergadura) da asa finita. Portanto,

$$F_{Di} = F_L\phi = \frac{2F_L^2}{\pi\rho V_0^2 b^2} = \frac{C_L^2}{\pi}\frac{S^2}{b^2}\frac{\rho V_0^2}{2} \tag{11.23}$$

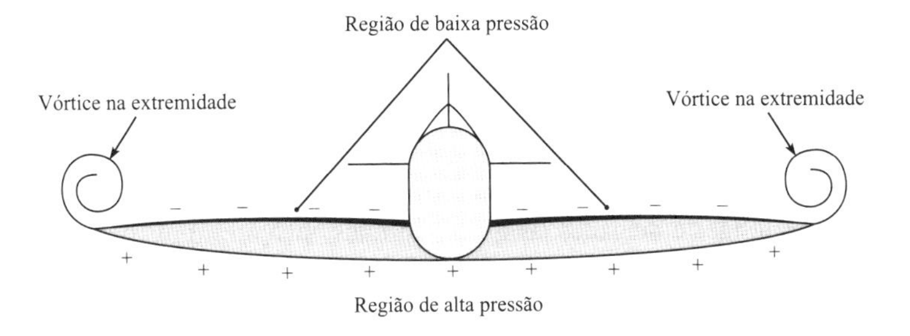

FIGURA 11.22
Formação de vórtices nas extremidades.

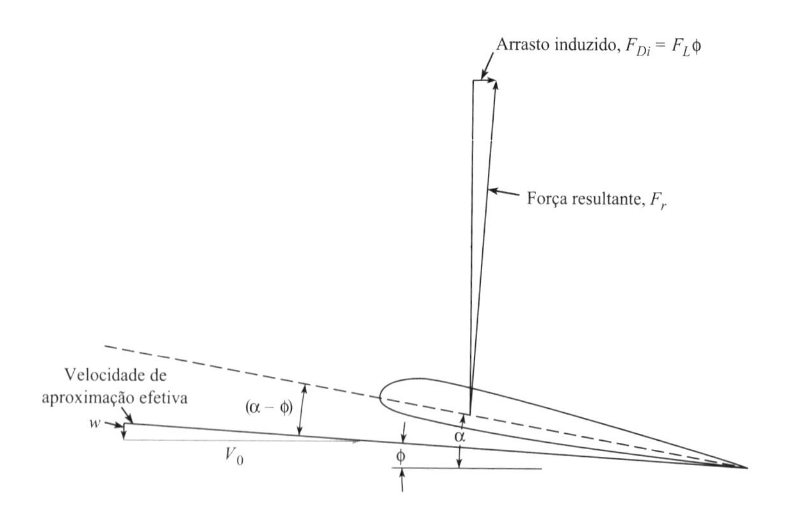

FIGURA 11.23
Desenho para definição das relações para o arrasto induzido.

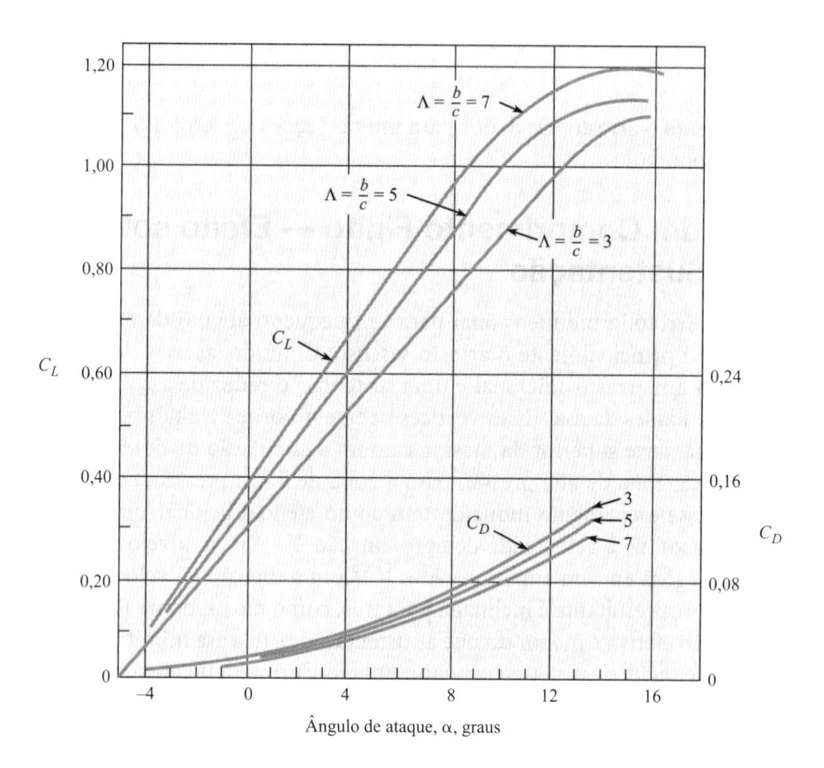

FIGURA 11.24
Coeficientes de sustentação e de arrasto para três asas com razões de aspecto de 3, 5 e 7. [Segundo Prandtl (23).]

A partir da Eq. (11.23), pode ser mostrado com facilidade que o coeficiente de arrasto induzido, C_{Di}, é dado por

$$C_{Di} = \frac{C_L^2}{\pi(b^2/S)} = \frac{C_L^2}{\pi\Lambda} \tag{11.24}$$

que, por sua vez, representa o arrasto induzido mínimo para qualquer planiforme de asa. Aqui, a razão b^2/S é chamada de razão de aspecto Λ da asa, e S é a área planiforme da asa. Dessa maneira, para determinada seção de asa (C_L constante e corda c constante), as asas mais longas (maiores razões de aspecto) possuem menores coeficientes de arrasto induzido. O arrasto induzido é uma fração significativa do arrasto total de um avião a baixas velocidades, e por isso deve receber uma atenção cuidadosa quando do projeto de um avião. Aeronaves (tais como uma asa-delta) e mesmo pássaros (tais como o albatroz e a gaivota), que precisam permanecer no ar durante longos períodos de tempo com um mínimo de gasto de energia, são caracterizados por suas asas longas e delgadas, as quais são mais eficientes, pois o arrasto induzido é pequeno. Para ilustrar o efeito de uma envergadura finita, veja a Figura 11.24, que mostra C_L e C_D em função de α para asas com várias razões de aspecto.

O arrasto total de uma asa retangular é calculado por

$$F_D = (C_{D0} + C_{Di})\frac{bc\rho V_0^2}{2} \quad \textbf{(11.25)}$$

em que C_{D0} é o coeficiente de arrasto de forma da seção de asa, e C_{Di} é o coeficiente de arrasto induzido.

EXEMPLO 11.7

Área de Asa para um Avião

Enunciado do Problema

Um avião com um peso de 10.000 lbf voa a 600 ft/s a 36.000 ft, onde a pressão é de 3,3 psia e a temperatura é de −67 °F. O coeficiente de sustentação é de 0,2. A envergadura da asa é de 54 ft. Calcule a área da asa (em ft²) e o arrasto induzido mínimo.

Defina a Situação

Um avião (W = 10.000 lbf) voa a V_0 = 600 ft/s.

O coeficiente de sustentação é C_L = 0,2.

A envergadura da asa é b = 54 ft.

Propriedades: Atmosfera (36.000 ft): T = −67 °F, p = 3,3 psia

Estabeleça o Objetivo

- Calcular a área de asa exigida (em ft²).
- Determinar o valor mínimo do arrasto induzido (em N).

Tenha Ideias e Trace um Plano

1. Aplique a lei dos gases ideais para calcular a densidade do ar.
2. Aplique o equilíbrio de forças para derivar uma equação para a área de asa exigida.
3. Calcule o coeficiente de arrasto induzido com a Eq. (11.24).
4. Calcule o arrasto usando a Eq. (11.25) com C_{D0} = 0.

Aja (Execute o Plano)

1. Lei do gás ideal:

$$\rho = \frac{p}{RT}$$

$$= \frac{(3{,}3\ \text{lbf/in}^2)(144\ \text{in}^2/\text{ft}^2)}{(1716\ \text{ft-lbf/slug-°R})(-67 + 460\text{°R})}$$

$$= 0{,}000705\ \text{slug/ft}^3$$

2. Equilíbrio de forças:

$$W = F_L = \frac{1}{2}\rho V_0^2 C_L S$$

assim,

$$S = \frac{2W}{\rho V_0^2 C_L}$$

$$= \frac{2 \times 10.000\ \text{lbf}}{(0{,}000705\ \text{slug/ft}^3)(600^2\ \text{ft}^2/\text{s}^2)(0{,}2)}$$

$$= \boxed{394\ \text{ft}^2}$$

3. Coeficiente de arrasto induzido:

$$C_{Di} = \frac{C_L^2}{\pi\left(\frac{b^2}{S}\right)} = \frac{0{,}2^2}{\pi\left(\frac{54^2}{394}\right)} = 0{,}00172$$

4. O arrasto induzido é

$$D_i = \frac{1}{2}\rho V_0^2 C_{Di} S$$

$$= \frac{1}{2}(0{,}000705\ \text{slug/ft}^3)(600\ \text{ft/s})^2(0{,}00172)(394\ \text{ft}^2)$$

$$= \boxed{86{,}0\ \text{lbf}}$$

Um gráfico mostrando C_L e C_D em função de α é dado na Figura 11.25. Observe neste gráfico que C_D é dividido no coeficiente de arrasto induzido C_{Di} e no coeficiente de arrasto de forma C_{D0}.

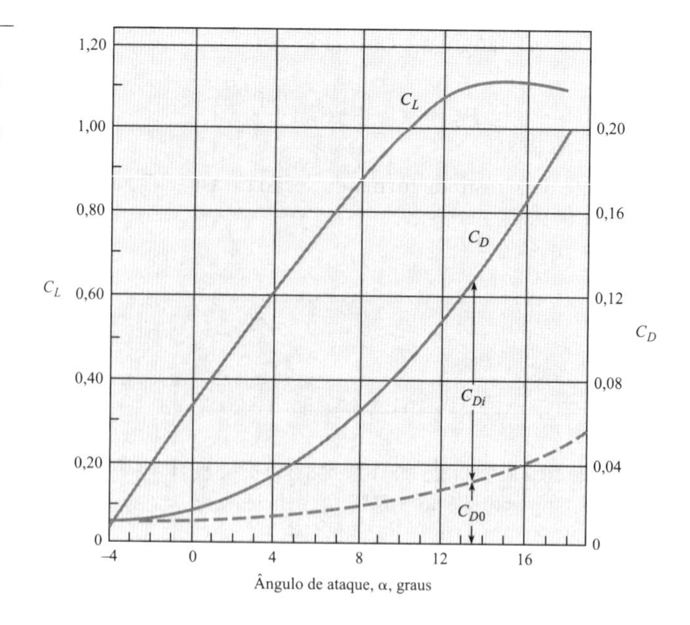

FIGURA 11.25

Coeficientes de sustentação e de arrasto para uma asa com uma razão de aspecto de 5. [Segundo Prandtl (23).]

EXEMPLO 11.8

Características de Decolagem de um Avião

Enunciado do Problema

Um avião leve (peso = 10 kN) possui uma envergadura de 10 m e um comprimento de corda de 1,5 m. Se as características de sustentação da asa são as fornecidas na Figura 11.24, qual deve ser o ângulo de ataque para uma velocidade de decolagem de 140 km/h? Qual é a velocidade de estol? Considere dois passageiros com 800 N, cada, e condições atmosféricas padrões.

Defina a Situação

- Um avião ($W = 10$ kN) com dois passageiros ($W = 1{,}6$ kN) está decolando.
- A envergadura da asa é $b = 10$ m, e o comprimento da corda é $c = 1{,}5$ m.
- As informações sobre o coeficiente de sustentação são fornecidas pela Figura 11.24.
- A velocidade de decolagem é $V_0 = 140$ km/h.

Hipóteses:

1. Os efeitos do solo podem ser desprezados.
2. Prevalência de condição atmosférica padrão.

Propriedades: Ar: $\rho = 1{,}2$ kg/m³

Estabeleça o Objetivo

Determinar:

1. O ângulo de ataque (em graus)
2. A velocidade de estol (em km/h)

Tenha Ideias e Trace um Plano

1. Determine a sustentação aplicando o equilíbrio de forças.
2. Calcule o coeficiente de sustentação usando a Eq. (11.20).
3. Determine o ângulo de ataque α a partir da Figura 11.24.
4. Leia o ângulo de ataque máximo na Figura 11.24, e depois calcule a velocidade de estol correspondente, usando a equação para a força de sustentação, Eq. (11.17).

Aja (Execute o Plano)

1. Equilíbrio de forças (direção y), de modo que sustentação = peso = 11,6 kN.
2. Coeficiente de sustentação:

$$C_L = \frac{F_L}{S\rho V_0^2/2}$$
$$= \frac{11.600 \text{ N}}{(15 \text{ m}^2)(1{,}2 \text{ kg/m}^3)[(140.000/3600)^2\text{m}^2/\text{s}^2]/2}$$
$$= 0{,}852$$

3. A razão de aspecto é

$$\Lambda = \frac{b}{c} = \frac{10}{1{,}5} = 6{,}67$$

4. A partir da Figura 11.24, o ângulo de ataque é

$$\boxed{\alpha = 7^\circ}$$

A partir da Figura 11.24, a estolagem irá ocorrer quando

$$C_L = 1{,}18$$

Aplicando a equação para a força de sustentação, obtemos

$$F_L = C_L A\left(\frac{\rho V_0^2}{2}\right)$$

$$11.600 = 1{,}18(15)\left(\frac{1{,}2}{2}\right)(V_{\text{estol}})^2$$

$$V_{\text{estol}} = 33{,}0 \text{ m/s} = \boxed{119 \text{ km/h}}$$

Reveja a Solução e o Processo

Discussão. Observe que a velocidade de estol (119 km/h) é menor do que a velocidade de decolagem (140 km/h).

11.10 Sustentação e Arrasto em Veículos Rodoviários

Nos primórdios do desenvolvimento dos automóveis, o arrasto aerodinâmico era um fator de menor importância no desempenho, pois a velocidade usual nas estradas era bem baixa. Assim, na década de 1920, os coeficientes de arrasto para os carros eram ao redor de 0,80. À medida que as velocidades nas estradas aumentaram e a ciência da conformação de metais foi avançando, os carros adotaram um formato menos angular, de modo que por volta da década de 1940 os coeficientes de arrasto eram de 0,70 ou menos. Nos anos 1970, o valor médio de C_D para os carros nos Estados Unidos era de aproximadamente 0,55. No início da década de 1980, esse valor caiu para 0,45, e atualmente os fabricantes de automóveis estão dando ainda mais atenção à redução do arrasto ao desenvolver seus projetos. Todas as principais empresas de automóveis dos EUA, Japão e Europa possuem agora modelos com valores de C_D de aproximadamente 0,33, e algumas relatam valores de C_D tão baixos quanto 0,29 nos seus novos modelos. Os fabricantes europeus foram os líderes no desenvolvimento da aerodinâmica dos seus automóveis, pois o preço da gasolina na Europa (incluindo os impostos) tem sido, há vários anos, aproximadamente três vezes maior do que nos Estados Unidos. A Tabela 11.2 mostra o valor de C_D para um Fiat 1932 e para outros modelos de carros mais contemporâneos.

TABELA 11.2 Coeficientes de Arrasto para Carros

Marca e Modelo	Perfil	C_D
1932 Fiat Balillo	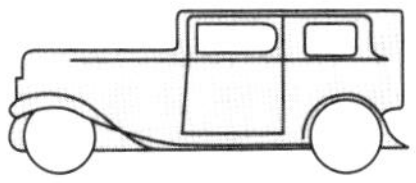	0,60
Volkswagen "Fusca"		0,46
Plymouth Voyager	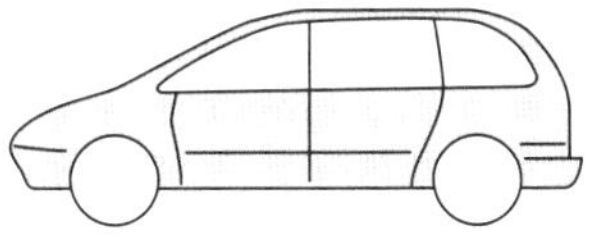	0,36
Toyota Paseo	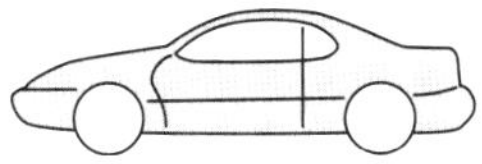	0,31
Dodge Intrepid	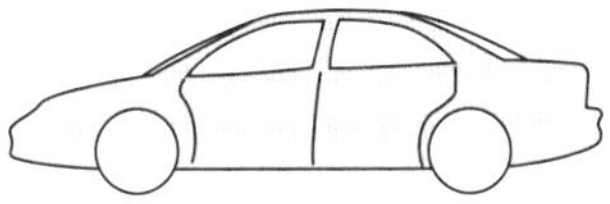	0,31
Ford Taurus	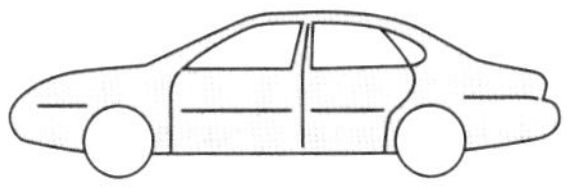	0,30
Mercedes-Benz E320	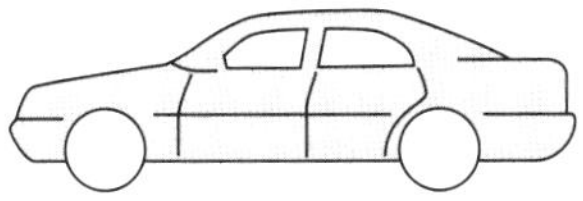	0,29
Ford Probe V (carro conceito)	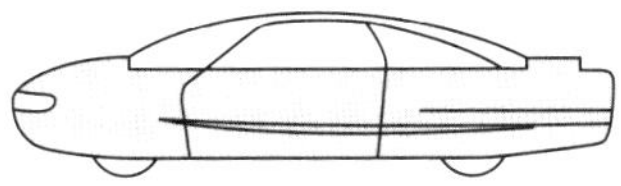	0,14
GM Sunraycer (veículo solar experimental)	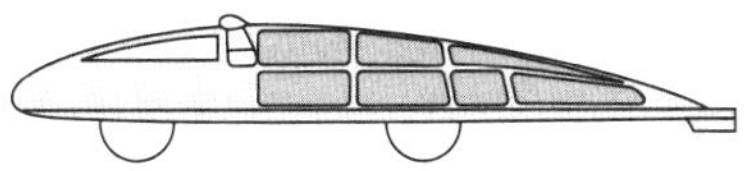	0,12

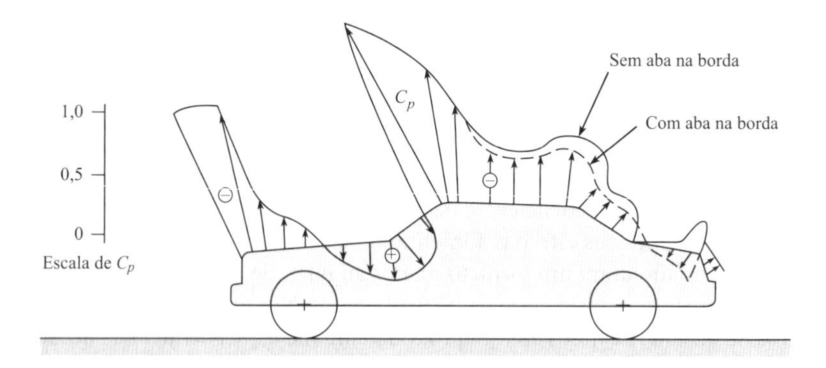

FIGURA 11.26
Efeito de uma aba na borda traseira sobre a superfície do modelo. [Os dados são de Schenkel (25).]

Grandes passos foram dados na redução dos coeficientes de arrasto dos carros de passageiros. Contudo, será muito difícil atingir um progresso significativo no futuro. Um dos carros mais aerodinâmicos foi o "Bluebird", que estabeleceu um recorde mundial de velocidade sobre terra em 1938. O seu valor de C_D era de 0,16. O valor de C_D mínimo de carros de corrida muito aerodinâmicos é de aproximadamente 0,20. Dessa forma, a redução no valor de C_D para carros de passageiros abaixo de 0,30 irá exigir projetos e mão de obra excepcionais. Por exemplo, o lado inferior da maioria dos carros é aerodinamicamente muito grosseiro (eixos, rodas, silencioso, tanque de combustível, amortecedores, e assim por diante). Uma maneira de suavizar o lado inferior consiste em adicionar um painel ao fundo do carro, mas o espaço até o chão pode se tornar um problema, e a dissipação adequada de calor do silencioso pode ser difícil de ser obtida. Outras características básicas do automóvel que contribuem para o arrasto, mas que não são muito suscetíveis a modificações para a redução do mesmo, são os sistemas de escoamento de ar interiores para o resfriamento do motor, as rodas, as características exteriores, como os espelhos retrovisores e as antenas, e outras saliências da superfície. O leitor é direcionado às referências (24) e (25), que abordam o arrasto e a sustentação de veículos rodoviários em mais detalhes do que é possível fazer aqui.

Para produzir veículos com baixo arrasto, o formato básico de uma lágrima é um ponto de partida ideal. Este pode ser alterado para acomodar as características funcionais necessárias do veículo. Por exemplo, a extremidade traseira da forma de uma lágrima deve ser cortada para produzir um comprimento geral do veículo que seja manejável no tráfego e que caiba nas nossas garagens. Além disso, o modelo deve ter sua largura maior do que a sua altura. Testes com túneis de vento são sempre úteis na geração do desenho mais eficiente. Um desses testes foi feito com um protótipo em escala três oitavos de um típico sedan de três volumes. Os resultados dos testes no túnel de vento para este sedan podem ser conferidos na Figura 11.26. Nela, a distribuição de pressões na linha de centro (distribuição de C_p) para o sedan convencional é mostrada por uma linha sólida, enquanto a de um sedan com uma aba na borda traseira de 68 mm é mostrada por meio de uma linha tracejada. Claramente, a aba na borda traseira faz com que a pressão na parte de trás do carro aumente (C_p é menos negativo), reduzindo, assim, o arrasto sobre o próprio carro. Ela também diminui a sustentação, o que melhora a tração. Obviamente, a própria aba produz algum arrasto, e estes testes mostram que a altura ótima da aba para uma maior redução global no arrasto é de aproximadamente 20 mm.

Programas de pesquisa e desenvolvimento para reduzir o arrasto de automóveis continuam. Como uma entrada no PNGV (*Partnership for a New Generation of Vehicles* – Parceria para uma Nova Geração de Veículos), a General Motors (26) exibiu um veículo com um coeficiente de arrasto tão baixo quanto 0,163, que é aproximadamente metade daquele de um sedan médio típico. Esses automóveis possuirão motor traseiro para eliminar o sistema de exaustão sob o veículo e para permitir um fundo plano. O ar para resfriamento do motor será captado através de entradas nos para-lamas traseiros e exaurido para trás, reduzindo o arrasto por causa da esteira. Os espelhos retrovisores salientes também serão removidos para reduzir o arrasto. O efeito cumulativo dessas modificações no desenho é uma redução significativa no arrasto aerodinâmico.

O arrasto de caminhões pode ser reduzido pela instalação de palhetas próximas aos cantos do corpo do caminhão para defletir o escoamento do ar mais fortemente ao redor dos cantos, reduzindo, assim, o grau de separação. Isto, por sua vez, cria uma maior pressão sobre as superfícies traseiras do caminhão, o que reduz o arrasto.

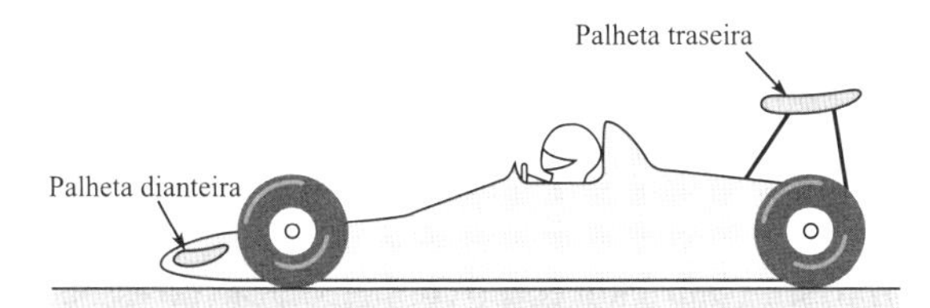

FIGURA 11.27

Carro de corrida com dispositivos de sustentação negativa.

Uma das características desejáveis nos carros de corrida é a geração de uma sustentação negativa para melhorar a estabilidade e a tração em altas velocidades. Uma ideia de Smith (27) consiste em gerar uma pressão manométrica negativa sob o carro pela instalação de uma *cápsula de efeito solo*. Isto consiste em uma seção de aerofólio montada ao longo do fundo do carro que produz um efeito Venturi no canal, entre a seção do aerofólio e a superfície da estrada. O desenho de veículos com efeito solo envolve a otimização de parâmetros de projeto para evitar a separação e um possível aumento no arrasto. Outro esquema para gerar uma sustentação negativa é o uso de palhetas, conforme mostrado na Figura 11.27. Algumas vezes, "gurneys"* são montados sobre essas palhetas para reduzir os efeitos da separação. Os *gurneys* são pequenas abas montadas sobre a superfície superior das palhetas, próximo à aresta posterior, para induzir uma separação local, reduzir a separação sobre a superfície inferior da palheta, e aumentar a magnitude da sustentação negativa. À medida que a velocidade dos carros de corrida continua a aumentar, a aerodinâmica do automóvel passará a desempenhar um papel cada vez maior na tração, estabilidade e controle.

EXEMPLO 11.9

Calculando a Sustentação Negativa sobre um Carro de Corrida

Enunciado do Problema

A palheta traseira instalada no carro de corridas da Figura 11.27 está a um ângulo de ataque de 8° e possui as características fornecidas na Figura 11.24. Estime o impulso para baixo (sustentação negativa) e o arrasto da palheta que possui 1,5 m de extensão e apresenta um comprimento de corda de 250 mm. Considere que o carro de corrida se desloca a uma velocidade de 270 km/h sobre uma pista onde prevalecem uma pressão atmosférica normal e uma temperatura de 30 °C.

Defina a Situação

- Um carro de corridas experimenta uma sustentação para baixo em razão de uma palheta montada na traseira.
- O comprimento total da palheta é de $\ell = 1{,}5$ m, e o comprimento da corda é $c = 0{,}25$ m.
- Velocidade do carro é $V_0 = 270$ km/h $= 75$ m/s.

Propriedades: Ar: $\rho = 1{,}17\ \text{kg/m}^3$

Estabeleça o Objetivo

Determinar:

- A força de sustentação para baixo em razão da palheta (em newton)
- A força de arrasto em razão da palheta (em newton)

Tenha Ideias e Trace um Plano

1. Determine o coeficiente de sustentação C_L e o coeficiente de arrasto C_D a partir da Figura 11.24.
2. Calcule a força para baixo usando a equação para a força de sustentação, Eq. (11.17).
3. Calcule o arrasto usando a equação para a força de arrasto, Eq. (11.5).

Aja (Execute o Plano)

1. A razão de aspecto é

$$\Lambda = \frac{\ell}{c} = \frac{1{,}5}{0{,}25} = 6$$

A partir da Figura 11.24, os coeficientes de sustentação e de arrasto são

$$C_L = 0{,}93 \text{ e } C_D = 0{,}070$$

2. A equação para a força de sustentação:

$$F_L = C_L A\left(\frac{\rho V_0^2}{2}\right)$$

$$F_L = 0{,}93 \times 1{,}5 \times 0{,}25 \times 1{,}17 \times (75)^2/2$$
$$= \boxed{1148\text{ N}}$$

3. A equação para a força de arrasto:

$$F_D = C_D A\left(\frac{\rho V_0^2}{2}\right) = \left(\frac{C_D}{C_L}\right)F_L$$

$$F_D = (0{,}070/0{,}93) \times 1148$$
$$= \boxed{86{,}4\text{ N}}$$

*O *gurney* recebe este nome em homenagem a seu inventor e desenvolvedor, o legendário piloto de carros de corrida americano Dan Gurney. (N.T.)

11.11 Resumindo Conhecimentos-Chave

Relacionando a Sustentação e o Arrasto com as Distribuições de Tensões

- Quando um corpo move em relação a um fluido
  - A *força de arrasto* é a componente da força que está paralela à corrente livre.
  - A *força de sustentação* é a componente da força que está perpendicular à corrente livre.
- As forças de sustentação e de arrasto são causadas pelas distribuições de tensões (pressão e tensão de cisalhamento) que atuam sobre o corpo. Ao integrar a distribuição de tensões ao longo da área são obtidas as forças de sustentação e de arrasto.
- A força de arrasto possui duas partes:
  - O *arrasto de forma* é em razão das tensões de pressão que atuam sobre o corpo.
  - O *arrasto de fricção* (também chamado de atrito de superfície) é em razão das tensões de cisalhamento que atuam sobre o corpo.

Calculando e Compreendendo a Força de Arrasto

- A força de arrasto depende de quatro fatores: forma do corpo, tamanho, densidade do fluido, e velocidade do fluido ao quadrado. Esses quatro fatores estão relacionados por meio da equação para a força de arrasto:

$$F_D = C_D A\left(\frac{\rho V_0^2}{2}\right)$$

- O *coeficiente de arrasto* (C_D), que caracteriza a forma de um corpo, é um grupo π definido por

$$C_D \equiv \frac{F_D}{A_{\text{Ref}}(\rho V_0^2/2)} = \frac{(\text{força de arrasto})}{(\text{área de referência})(\text{pressão cinética})}$$

- (C_D) é tipicamente encontrado por experimento e tabulado em referências de Engenharia. Os objetos são classificados em três categorias: (a) corpos 2-D, (b) corpos axissimétricos, e (c) corpos 3-D.
- Para uma esfera, duas equações são úteis:
  - Escoamento de Stokes ($\text{Re}_D < 0{,}5$):

$$C_D = \frac{24}{\text{Re}}$$

  - Correlação de Clift e Gauvin ($\text{Re}_D < 3 \times 10^5$):

$$C_D = \frac{24}{\text{Re}}(1 + 0{,}15\,\text{Re}^{0{,}687}) + \frac{0{,}42}{1 + 4{,}25 \times 10^4\,\text{Re}^{-1{,}16}}$$

- Os arrastos de corpos escarpados e corpos aerodinâmicos são diferentes:
  - Um *corpo escarpado* é um corpo com separação do escoamento quando o número de Reynolds é grande o suficiente. Quando ocorre a separação do escoamento, o arrasto é principalmente o de forma.
  - Um *corpo aerodinâmico* não possui escoamento separado. Consequentemente, a força de arrasto é principalmente por causa do arrasto de fricção.
- (C_D) para cilindros e esferas cai drasticamente em números de Reynolds próximos a 10^5, pois a camada-limite muda de laminar para turbulenta, movendo o ponto de separação para jusante, reduzindo a região de esteira, e diminuindo o arrasto de forma. Este efeito é denominado *crise do arrasto*.

Resistência ao Rolamento e Potência

- Para calcular a potência para mover um corpo, tal como um carro ou um avião, a uma velocidade constante através de um fluido, o procedimento usual é o que segue:
  - *Etapa 1.* Desenhe um diagrama de corpo livre.
  - *Etapa 2.* Aplique a equação da potência na forma $P = FV$, em que F, a força na direção do movimento, é avaliada a partir do diagrama de corpo livre.
- A resistência ao rolamento é a força de atrito que ocorre quando um objeto, tal como uma bola ou um pneu, rola. A resistência ao rolamento é calculada usando

$$F_{\text{Resistência ao rolamento}} = F_r = C_r N \qquad \textbf{(11.26)}$$

em que C_r é o coeficiente de resistência ao rolamento e N é a força normal.

Determinando a Velocidade Terminal

- A *velocidade terminal* é a velocidade em regime estacionário de um corpo que está caindo através de um fluido.
- Quando um corpo atinge a velocidade terminal, as forças estão equilibradas. Essas forças costumam ser o peso, o arrasto e o empuxo.
- Para determinar a velocidade terminal, some as forças na direção do movimento e resolva a equação resultante. O processo de resolução frequentemente exige o uso de iterações (método tradicional) ou de um programa de computador (método moderno).

Desprendimento de Vórtices, Dando Forma Aerodinâmica e Escoamento Compressível

- O desprendimento de vórtices pode causar efeitos benéficos (melhor mistura, melhor transferência de calor) e efeitos negativos (vibrações estruturais indesejadas, ruído).

- *Desprendimento de vórtices* é quando cilindros e corpos escarpados em um escoamento transversal produzem vórtices que são liberados alternadamente de cada lado do corpo.
- A frequência do desprendimento dos vórtices depende de um grupo π, denominado *número de Strouhal.*
- A *adoção de forma aerodinâmica* envolve o projeto de um corpo para minimizar a força de arrasto. Geralmente, o tornar um corpo aerodinâmico envolve o projeto para reduzir ou minimizar a separação do escoamento para um corpo escarpado.
- Em escoamentos de ar a altas velocidades, os efeitos da compressibilidade aumentam o arrasto.

A Força de Sustentação

- A força de sustentação sobre um corpo depende de quatro fatores: forma, tamanho, densidade do fluido em escoamento, e velocidade ao quadrado. A equação prática é

$$F_L = C_L A\left(\frac{\rho V_0^2}{2}\right)$$

- O *coeficiente de sustentação* (C_L) é um grupo π definido por

$$C_L \equiv \frac{F_L}{A_{\text{Ref}}(\rho V_0^2/2)} = \frac{\text{(força de arrasto)}}{\text{(área de referência)(pressão cinética)}}$$

- *Teoria da sustentação por circulação.* A sustentação sobre um aerofólio é devida à circulação produzida pelo aerofólio sobre o fluido vizinho. Esse movimento circulatório causa uma mudança no momento do fluido e uma sustentação sobre o aerofólio.
- O coeficiente de sustentação para uma asa bidimensional simétrica (sem efeito das extremidades) é

$$C_L = 2\pi\alpha$$

em que α é o ângulo de ataque (expresso em radianos) e a área de referência é o produto da corda e um comprimento unitário da asa.

- À medida que o ângulo de ataque aumenta, o escoamento separa, o aerofólio estola, e o coeficiente de sustentação diminui.
- Uma asa de envergadura finita produz vórtices posteriores que reduzem o ângulo de ataque e produzem um arrasto induzido.
- O coeficiente de arrasto correspondente ao arrasto induzido mínimo é

$$C_{Di} = \frac{C_L^2}{\pi(b^2/S)} = \frac{C_L^2}{\pi\Lambda}$$

em que b é a envergadura da asa e S é a sua área planiforme.

REFERÊNCIAS

1. Bullivant, W. K. "Tests of the NACA 0025 and 0035 Airfoils in the Full Scale Wind Tunnel." *NACA Rept.*, 708 (1941).

2. DeFoe, G. L. "Resistance of Streamline Wires." *NACA Tech. Note*, 279 (Março de 1928).

3. Goett, H. J., and W. K. Bullivant. "Tests of NACA 0009, 0012, and 0018 Airfoils in the Full Scale Tunnel." *NACA Rept.*, 647 (1938).

4. Jacobs, E. N. "The Drag of Streamline Wires." *NACA Tech. Note*, 480 (Dezembro de 1933).

5. Jones, G. W, Jr. "Unsteady Lift Forces Generated by Vortex Shedding about a Large, Stationary, and Oscillating Cylinder at High Reynolds Numbers." *Symp. Unsteady Flow*, ASME (1968).

6. Lindsey, W. F. "Drag of Cylinders of Simple Shapes." *NACA Rept.*, 619 (1938).

7. Miller, B. L., J. F. Mayberry, and I. J. Salter. "The Drag of Roughened Cylinders at High Reynolds Numbers." *NPL. Rept. MAR Sci.*, R132 (April 1975).

8. Roshko, A. "Turbulent Wakes from Vortex Streets." *NACA Rept.*, 1191 (1954).

9. Abbott, I. H. "The Drag of Two Streamline Bodies as Affected by Protuberances and Appendages." *NACA Rept.*, 451 (1932).

10. Brevoort, M. J., and U. T. Joyner. "Experimental Investigation of the Robinson-Type Cup Anemometer." *NACA Rept.*, 513 (1935).

11. Freeman, H. B. "Force Measurements on a 1/40-Scale Model of the U.S. Airship 'Akron.' *NACA Rept.*, 432 (1932).

12. Rouse, H. *Elemetary Mechanics of Fluids.* New York: John Wiley, 1946.

13. Clift, R., J. R. Grace, and M. E. Weber. *Bubbles, Drops and Particles.* San Diego, CA: Academic Press, 1978.

14. Clift, R., and W. H. Gauvin. "The Motion of Particles in Turbulent Gas Streams." *Proc. Chemeca '70*, vol. 1, pp. 14-28 (1970).

15. Hoerner, S. F. *Fluid Dynamic Drag.* Publicado pelo autor, 1958.

16. Morrison, R. B. (ed). *Design Data for Aeronautics and Astronautics.* New York: John Wiley, 1962.

17. Roberson, J. A., *et al.* "Turbulence Effects on Drag of Sharp-Edged Bodies." *J. Hydraulics Div., Am. Soc. Civil Eng.* (July 1972).

18. Scher, S. H., and L. J. Gale. "Wind Tunnel Investigation of the Opening Characteristics, Drag, and Stability of Several Hemispherical Parachutes." *NACA Tech. Note*, 1869 (1949).

19. Crowe, C. T., *et al.* "Drag Coefficient for Particles in Rarefied, Low Mach-Number Flows." In *Progress in Heat and Mass Transfer*, vol. 6, pp. 419-431. New York: Pergamon Press, 1972.

20. Barkla, H. M., et al. "The Magnus or Robins Effect on Rotating Spheres." *J. Fluid Mech.*, vol. 47, part 3 (1971).

21. Kuethe, A. M., and J. D. Schetzer. *Foundations of Aerodynamics.* New York: John Wiley, 1967.

22. Abbott, H., and A. E. Von Doenhoff. *Theory of Wing Sections.* New York: Dover, 1949.

23. Prandtl, L. "Applications of Modern Hydrodynamics to Aeronautics." *NACA Rept.*, 116 (1921).

24. Hucho, Wolf-Heinrich, ed. *Aerodynamics of Road Vehicles.* London: Butterworth, 1987.

25. Schenkel, Franz K. "The Origins of Drag and Lift Reductions on Automobiles with Front and Rear Spoilers." *SAE Paper* no. 770389 (February 1977).

26. Sharke, P. "Smooth Body." *Mechanical Engineer*, vol. 121, pp. 74-77 (1999).

27. Smith, C. *Engineer to Win*. Osceola, WI: Motorbooks International, 1984.

28. Mehta, R. D. "Aerodynamics of Sports Balls." *Annual Review of Fluid Mechanics*, 17, p. 151 (March 1985).

PROBLEMAS

Sustentação, Arrasto e Distribuição de Tensões (§11.1)

11.1 Uma variação hipotética do coeficiente de pressão sobre uma placa longa (comprimento normal ao plano da página) é mostrada na figura a seguir. Qual é o coeficiente de arrasto para a placa nessa orientação e com a distribuição de pressões dada? Considere que a área de referência seja a área de superfície (um lado) da placa.

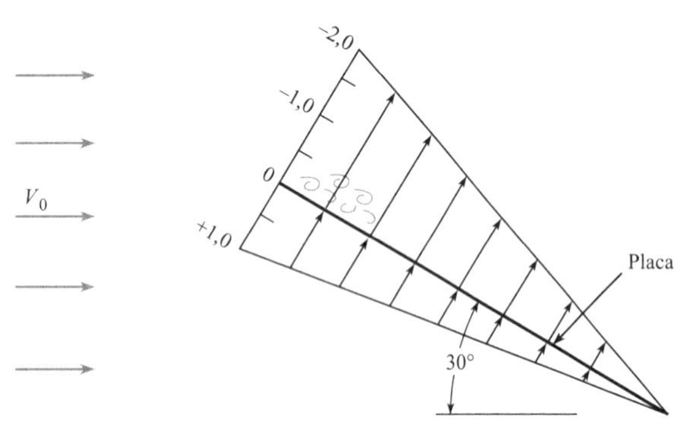

Problema 11.1

11.2 Um escoamento passa por uma barra quadrada. Os valores para o coeficiente de pressão são os mostrados na figura a seguir. De que direção você acredita que o escoamento esteja vindo? (a) Direção SO, (b) direção SE, (c) direção NO, ou (d) direção NE.

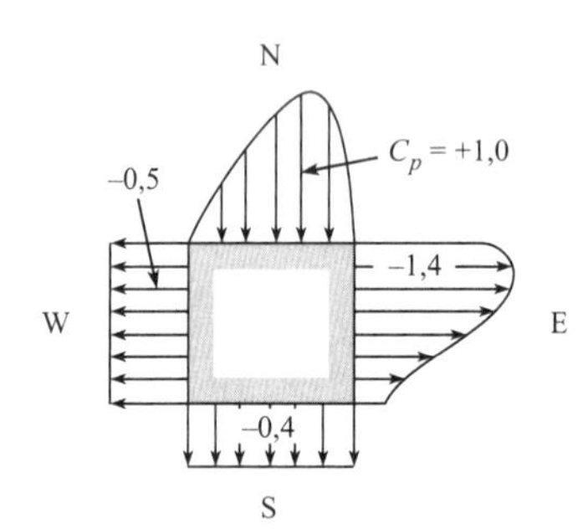

Problema 11.2

11.3 Preencha as lacunas para as duas afirmações a seguir:

A. _______________ está associado à distribuição de tensões de cisalhamento viscosas.

- **a.** O arrasto de forma
- **b.** O arrasto de fricção

B. _______________ está associado à distribuição de pressões.

- **a.** O arrasto de forma
- **b.** O arrasto de fricção

11.4 Determine se a seguinte afirmativa é verdadeira ou falsa: Em geral, a força de arrasto e a força de sustentação são perpendiculares.

Problema 11.4

11.5 Determine se a seguinte afirmativa é verdadeira ou falsa: Em geral, a força de sustentação é para cima, enquanto a força de arrasto é horizontal em relação à gravidade.

Calculando a Força de Arrasto (§11.2)

11.6 Determine se as seguintes afirmativas são verdadeiras ou falsas.

- **a.** Em relação a C_D, as dimensões primárias são: $\frac{M \cdot L}{T^2}$
- **b.** Para calcular a força de arrasto de uma esfera, a fórmula para a área projetada é: $A = 4\pi r^2$

11.7 Uma esfera está imersa em um líquido em escoamento. A velocidade V é dobrada. Além disso, o diâmetro da esfera D é dobrado. Determine quantas vezes aumenta a força de arrasto. Apenas V e D são mudados; todas as demais variáveis relevantes permanecem constantes. A esfera é estacionária. Escolha o valor mais próximo: (a) 2*x*, (b) 4*x*, (c) 6*x*, (d) 8*x*, ou e) 16*x*.

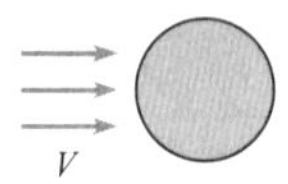

Problema 11.7

11.8 Aplique o método da grade para cada uma das situações a seguir.

- **a.** Use a Eq. (11.5) para estimar a força de arrasto em newtons para um automóvel que se desloca a $V = 60$ mph em um dia de verão. Considere que a área frontal seja de 2 m² e que o coeficiente de arrasto seja $C_D = 0,4$.
- **b.** Aplique a Eq. (11.5) para estimar a velocidade em mph de um ciclista que está sujeito a uma força de arrasto de 5 lbf em um dia de verão. Considere que a área frontal do ciclista seja de $A = 0,5$ m², e que o coeficiente de arrasto seja $C_D = 0,3$.

11.9 Usando as duas primeiras seções deste capítulo e outras fontes, responda às seguintes perguntas. Procure responder com profundidade, clareza e precisão. Além disso, procure utilizar de forma efetiva desenhos, palavras e equações.

- **a.** Quais são os quatro fatores mais importantes que influenciam a força de arrasto?
- **b.** Como estão relacionados a tensão e o arrasto?
- **c.** O que é o arrasto de forma? O que é o arrasto de fricção?

11.10 O escoamento sobre uma placa retangular produz uma tensão de cisalhamento global na parede de 1,2 pascal. Calcule o arrasto de fricção em unidades de newtons. As dimensões da placa são 1,5 m por 2,0 m. A placa está inclinada em 20° em relação à corrente livre. Escolha a resposta mais próxima (N): (a) 3,4, (b) 3,6, (c) 4,2, (d) 6,8 ou (e) 7,2.

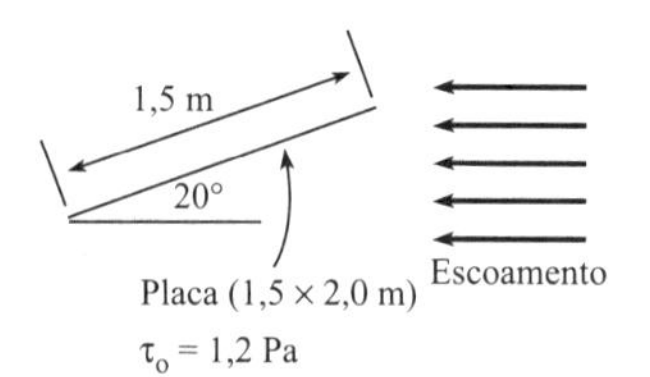

Problema 11.10

11.11 Use a informação nas §11.2 e 11.3 para determinar o coeficiente de arrasto para cada caso descrito a seguir.

a. Uma esfera está caindo através da água, e $Re_D = 10.000$.

b. O ar está soprando normal a um cilindro circular muito longo, e $Re_D = 7000$.

c. O vento está soprando normal a uma placa de anúncio que possui 20 ft de largura por 10 ft de altura.

11.12 Determine se a seguinte afirmativa é verdadeira ou falsa: Quando um automóvel se move através do ar em repouso, a potência para superar o arrasto dinâmico do fluido varia com a velocidade do automóvel ao cubo.

11.13 A água escoa sobre uma esfera. O número de Reynolds com base no diâmetro da esfera é 20. O escoamento é estacionário. Calcule o coeficiente de arrasto. Escolha a resposta mais próxima: (a) 0,4 ou menos, (b) 0,6, (c) 0,8, (d) 1,0, ou (e) 2 ou maior.

11.14 Estime o arrasto de uma placa retangular delgada (3 m por 4 m) quando ela é rebocada através da água (10 °C). Considere uma velocidade de reboque de aproximadamente 5 m/s. Use a Tabela 11.1 na §11.3.

a. A placa está orientada para um arrasto mínimo.

b. A placa está orientada para um arrasto máximo.

11.15 Uma torre de resfriamento, usada para resfriar água de recirculação em uma moderna usina de geração de vapor, possui 350 ft de altura e 200 ft de diâmetro médio. Estime o arrasto sobre a torre de resfriamento em um vento de 150 mph (T = 60 °F).

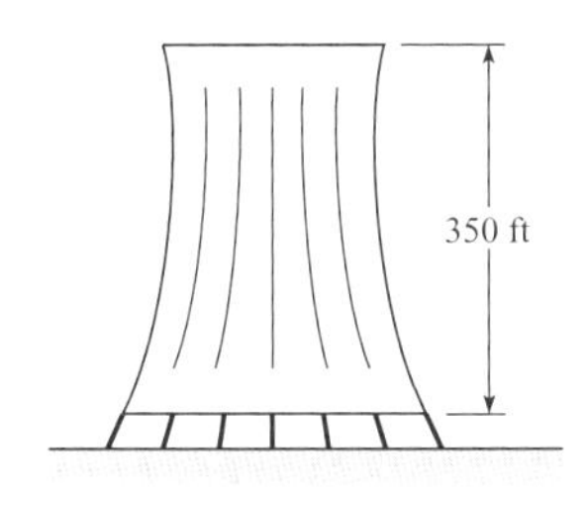

Problema 11.15

11.16 Conforme mostrado na figura que se segue, o vento está soprando contra um tambor de 55 galões. Estime a velocidade necessária de vento para derrubar o tambor. Trabalhe em unidades SI. A massa do tambor é de 48 lbm, o diâmetro é de 22,5 polegadas, e a altura é de 34,5 polegadas. Use a Tabela 11.1 na §11.3.

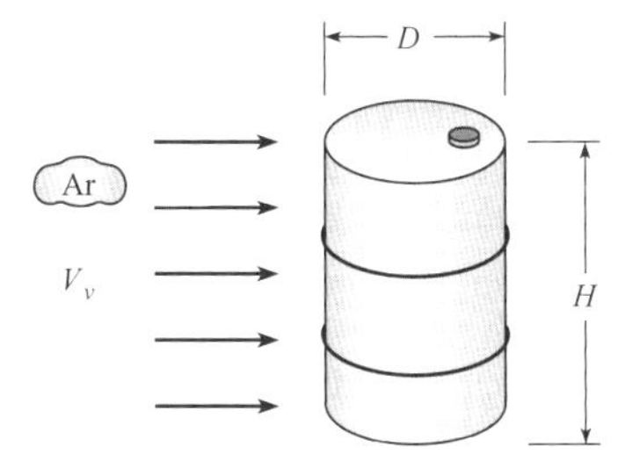

Problema 11.16

11.17 Um cartaz circular com diâmetro de 4 m está exposto ao vento. Estime a força total exercida sobre a estrutura por um vento que possui uma direção normal à estrutura e uma velocidade de 20 m/s. Assuma T = 10 °C e p = 101 kPa absoluta. Use a Tabela 11.1 na §11.3.

11.18 Considere uma grande pedra situada no fundo de um rio e que sofre a ação de uma forte corrente. Estime uma velocidade típica da corrente que irá fazer com que a pedra se mova no fundo do rio. Liste e justifique todas as hipóteses. Mostre todos os cálculos e trabalhe em unidades SI. Use a Tabela 11.1 na §11.3.

11.19 Qual é o momento na base de um mastro de bandeira com 20 m de altura e 20 cm de diâmetro em um vento de 15 m/s? A pressão atmosférica é de 100 kPa, e a temperatura é de 20 °C.

11.20 Algumas vezes, tempestades de vento sopram vagões de trem vazios para fora dos seus trilhos. As dimensões de um tipo de vagão estão mostradas na figura a seguir. Qual é a menor velocidade do vento normal à lateral do vagão que será exigida para soprar o vagão para fora do trilho? Considere $C_D = 1{,}20$.

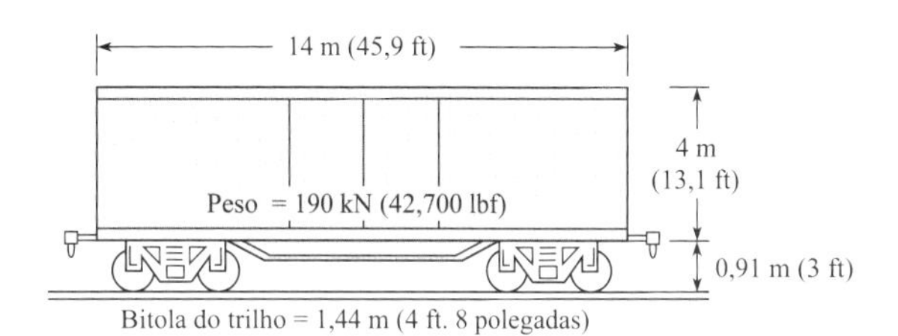

Problema 11.20

Arrasto sobre Corpos Axissimétricos e 3-D (§11.3)

11.21 Considere as tendências da Tabela 11.1 e da Figura 11.9 para classificar estas afirmativas como verdadeiras ou falsas:

a. Um valor de $C_D = 0{,}35$ para um carro esportivo seria uma estimativa razoável.

b. Um valor de $C_D = 0{,}5$ para um golfinho nadando seria uma estimativa razoável.

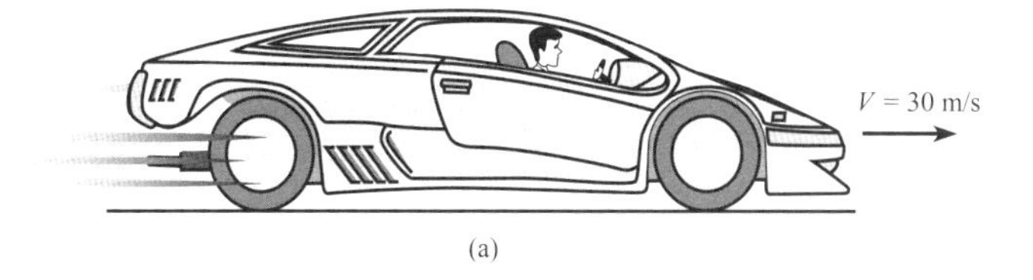

(a)

(b)

Problema 11.21

11.22 Estime a força do vento sobre uma placa de anúncio com 12 ft de altura e 36 ft de largura quando um vento com 60 mph (T = 60 °F) está soprando normal a ela.

11.23 Se a lei de Stokes é considerada válida para um número de Reynolds abaixo de 0,5, qual é a maior gota de chuva que irá cair de acordo com essa lei?

11.24 Qual é o arrasto produzido quando um disco com 0,75 m de diâmetro é submergido em água a 10 °C e rebocado na traseira de um barco a uma velocidade de 4 m/s? Considere que a orientação do disco seja aquela que produz o máximo de arrasto.

11.25 Uma bola de ping-pong com massa de 2,6 g e diâmetro de 38 mm é sustentada por um jato de ar. O ar está a uma temperatura de

18 °C e uma pressão de 27 polegadas Hg. Qual é a velocidade mínima desse jato?

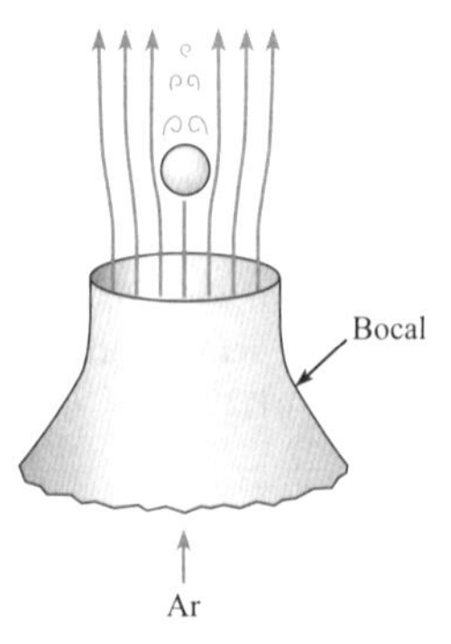

Problema 11.25

11.26 Uma máquina de fazer pipoca semiautomática é mostrada na figura a seguir. Depois de o milho de pipoca ser colocado na tela S, o ventilador F sopra o ar pelas serpentinas de aquecimento C, e então através do milho. Quando o milho estoura, a sua área projetada aumenta; dessa forma, a pipoca é soprada para cima em direção ao recipiente de armazenamento. O milho da pipoca, antes de estourar, possui uma massa de aproximadamente 0,15 g por grão e um diâmetro médio de aproximadamente 6 mm. Quando o milho estoura e vira pipoca, o seu diâmetro médio passa a ser aproximadamente 18 mm. Dentro de que faixa de velocidades do ar na câmara o dispositivo irá operar corretamente?

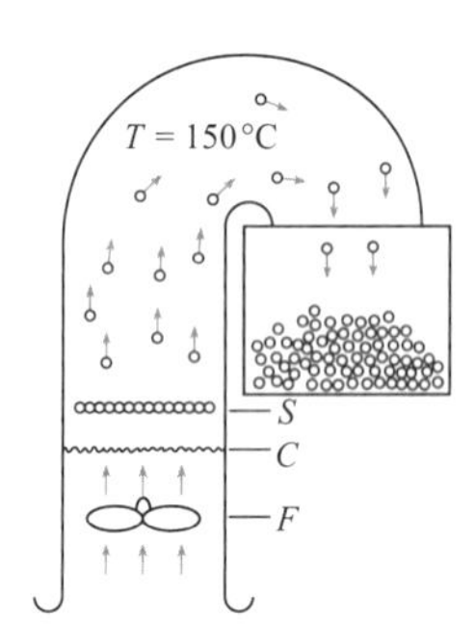

Problema 11.26

Potência, Energia e Resistência ao Rolamento (§11.3)

11.27 Quanta potência é exigida para mover um submarino com formato esférico de 1,5 m de diâmetro através da água do mar a uma velocidade de 10 nós? Considere que o submarino está completamente submerso.

11.28 Um carro se desloca contra o vento. Calcule a potência (em kW) exigida para superar o arrasto. Um carro viaja para leste a uma velocidade constante de 30 m/s. O coeficiente de arrasto para o carro é 0,4 e a área de referência é de 1,5 m². O vento está vindo do nordeste a uma velocidade constante de 10 m/s. A densidade do ar é de 1,1 kg/m³. Escolha a resposta mais próxima (kW): (a) 8,2 ou menos, (b) 11, (c) 14, (d) 17, ou (e) 27 ou mais.

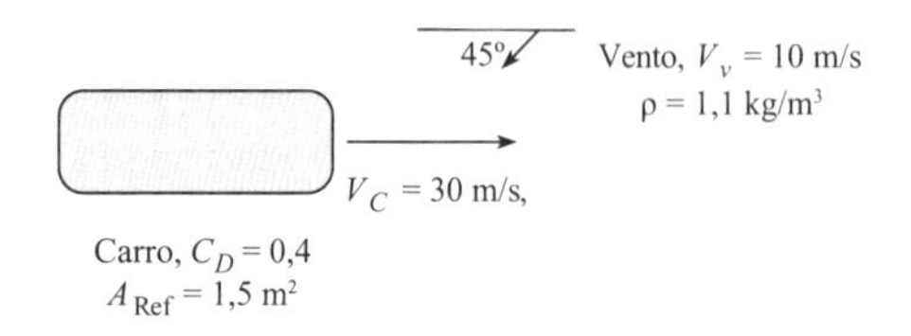

Problema 11.28

11.29 Estime a energia em joules e kcal (calorias alimentícias) que um corredor consome para superar o arrasto aerodinâmico durante uma corrida de 10 km. O atleta corre a um ritmo de 6:30 (isto é, cada milha toma 6 minutos e 30 segundos). O produto da área frontal e o coeficiente de arrasto é $C_DA = 8$ ft². (Uma "caloria alimentícia" é equivalente a 4186 J.) Considere uma densidade do ar de 1,22 kg/m³.

11.30 Estime a potência adicional (em hp) exigida do caminhão quando ele está carregando uma placa retangular à velocidade de 30 m/s em relação ao que é exigido quando ele trafega à mesma velocidade, porém sem carregar a placa.

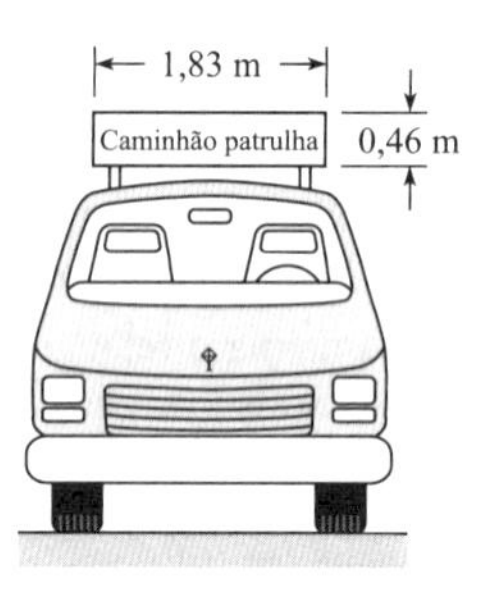

Problema 11.30

11.31 Estime a potência adicional (em hp) exigida para um carro que utiliza o bagageiro de teto e é conduzido a 100 km/h contra um vento de 25 km/h, em comparação à potência exigida quando o bagageiro não está sendo usado sob as mesmas condições.

Problema 11.31

11.32 A resistência ao movimento de um automóvel consiste na resistência ao rolamento e no arrasto aerodinâmico. O peso de um automóvel é 3.000 lbf, e ele possui uma área frontal de 20 ft². O coeficiente de arrasto é 0,30, e o coeficiente de fricção (resistência) do rolamento é 0,02. Determine a economia percentual em quilometragem de gasolina que seria obtida ao dirigir a 55 mph em lugar de 65 mph em uma estrada plana. Considere uma temperatura do ar de 60 °F.

11.33 Um carro desce uma ladeira muito longa, com o peso de 2000 lbf, e a inclinação da ladeira de 6%. O coeficiente de fricção (resistência) do rolamento é 0,01. A área frontal do carro é 18 ft², e o coeficiente de arrasto é de 0,29. A densidade do ar é de 0,002 slug/ft³. Determine a velocidade máxima de descida do carro em mph.

11.34 Um automóvel com uma massa de 1000 kg é conduzido ladeira acima, onde a inclinação é de 3° (inclinação de 5,2%). O automóvel se move a 30 m/s. O coeficiente de fricção (resistência) do rolamento é 0,02, o coeficiente de arrasto é 0,4, e a área de seção transversal é de 4 m². Determine a potência (em kW) necessária para essa condição. A densidade do ar é de 1,2 kg/m³.

11.35 Um ciclista está descendo uma ladeira com uma inclinação de 4° contra um vento (medido em relação ao solo) de 7 m/s. A massa do ciclista e da bicicleta é de 80 kg, e o coeficiente de fricção (resistência) do rolamento é de 0,02. O coeficiente de arrasto é 0,5, e a área projetada é de 0,5 m². A densidade do ar é de 1,2 kg/m³. Determine a velocidade da bicicleta em metros por segundo.

11.36 Um ciclista é capaz de gerar 275 W de potência para as rodas da bicicleta. A que velocidade ele consegue viajar contra um vento de

3 m/s se a sua área projetada é de 0,5 m², o coeficiente de arrasto é de 0,3, e a densidade do ar é de 1,2 kg/m³? Considere que a resistência ao rolamento é desprezível.

11.37 Uma maneira de reduzir o arrasto de um objeto bruto consiste em instalar palhetas para eliminar a quantidade de separação. Tal procedimento foi usado em modelos de caminhões em um estudo em túnel de vento. Para os testes com um caminhão tipo furgão sem palhetas, o C_D foi de 0,78. Contudo, quando foram instaladas as palhetas ao redor das arestas anteriores no teto e nas laterais do corpo do caminhão (ver a figura), foi obtida uma redução em 25% no valor de C_D. Para um caminhão com uma área projetada de 8,36 m², qual redução na força de arrasto será obtida pela instalação das palhetas quando o caminhão trafegar a 100 km/h? Considere uma pressão atmosférica padrão e uma temperatura de 20 °C.

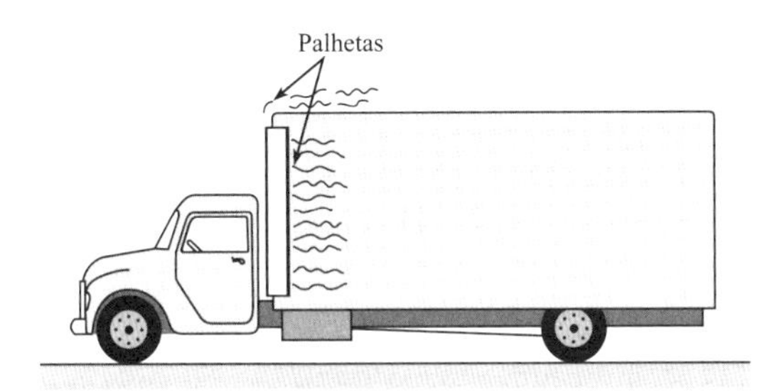

Problema 11.37

Velocidade Terminal (§11.4)

11.38 Suponha que você esteja projetando um objeto para cair na água do mar com uma velocidade terminal de exatamente 1 m/s. Quais variáveis terão a maior influência sobre a velocidade terminal? Liste-as e justifique as suas decisões.

11.39 Uma esfera está caindo em um líquido. Calcule a velocidade terminal em unidades de m/s. A área projetada (isto é, a área de referência) é de 10 cm². O coeficiente de arrasto é de 0,4. A massa da esfera é 70 gramas. A gravidade específica do líquido é 1,2. Escolha a resposta mais próxima (m/s): (a) 1,3, (b) 1,7, (c) 1,8, (d) 1,9, ou (e) acima de 2,1.

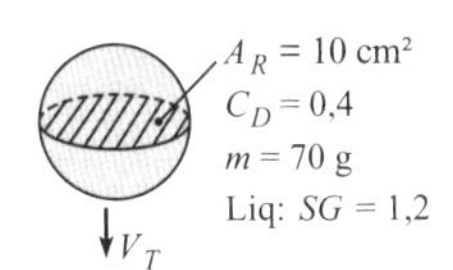

Problema 11.39

11.40 Um grão de pólen está caindo na sua velocidade terminal. O fluido é o ar. Calcule o coeficiente de arrasto. Idealize o grão de pólen como uma esfera lisa com um diâmetro de 50 micra. A velocidade terminal é de 6,0 cm/s. O ar possui uma viscosidade cinemática de 15,0 × 10⁶ m²/s. Escolha a resposta mais próxima: (a) 0,8 ou menos, (b) 1,8, (c) 18, (d) 88, ou (e) 120 ou maior.

Problema 11.40

11.41 Determine a velocidade terminal na água (T = 10 °C) de uma bola com 8 cm que pesa 15 N no ar.

11.42 Este cubo é pesado de maneira que ele caia com uma aresta para baixo, conforme mostrado. O cubo pesa 22,2 N no ar. Qual será a sua velocidade terminal na água?

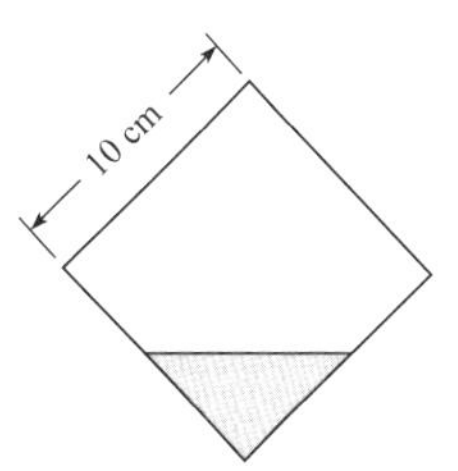

Problema 11.42

11.43 Como mostrado na figura a seguir, um paraquedas medicinal de emergência com 35 cm de diâmetro e que sustenta uma massa de 20 g está caindo através do ar (20 °C). Considere um coeficiente de arrasto de $C_D = 2{,}2$, e estime a velocidade terminal V_0. Utilize uma área projetada de $(\pi D^2)/4$.

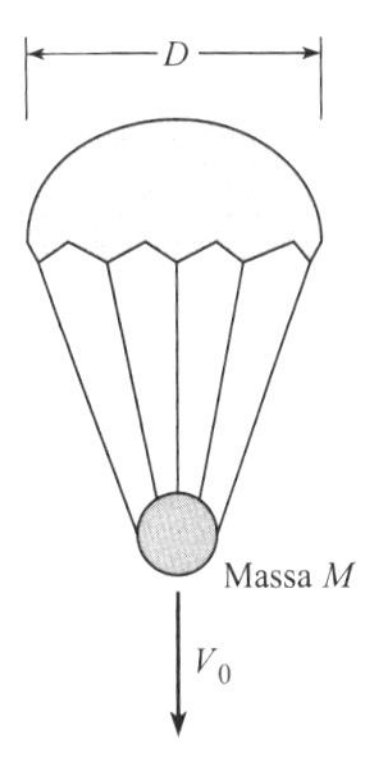

Problema 11.43

11.44 Considere uma pequena bolha de ar (aproximadamente 4 mm de diâmetro) se elevando em uma coluna de líquido muito alta. A bolha irá acelerar ou desacelerar à medida que ela se move para cima no líquido? O arrasto da bolha será principalmente fricção de superfície ou arrasto de forma? Explique.

11.45 Uma rocha esférica pesa 30 N no ar e 5 N na água. Estime a sua velocidade terminal à medida que ela cai na água (20 °C).

11.46 Uma esfera com 2 cm de diâmetro se eleva em meio ao óleo a uma velocidade de 1,5 cm/s. Qual é o peso específico da esfera se a densidade do óleo é de 900 kg/m³ e a viscosidade dinâmica é de 0,096 N·s/m²?

11.47 Estime a velocidade terminal de uma esfera de plástico de 1,5 mm no óleo. O óleo possui uma gravidade específica de 0,95 e uma viscosidade cinemática de 10^{-4} m²/s. O plástico possui uma gravidade específica de 1,07. O volume de uma esfera é dado por $\pi D^3/6$.

11.48 Qual é a velocidade terminal de um granizo com 0,5 cm no ar que possui uma pressão atmosférica de 96 kPa absoluta e uma temperatura de 0 °C? Considere que o granizo tenha um peso específico de 6 kN/m³.

11.49 Um paraquedas de arrasto é usado para desacelerar um avião após a sua aterrissagem. O paraquedas tem um diâmetro de 12 ft e é liberado quando o avião se move a 200 ft/s. A massa do avião é 20.000 lbm, e a densidade do ar é de 0,075 lbm/ft³. Determine a desaceleração inicial do avião por causa do paraquedas.

11.50 Se um balão pesa 0,10 N (vazio) e o mesmo é inflado com hélio até um diâmetro de 60 cm, qual será a sua velocidade terminal no ar (condições atmosféricas padrão)? O hélio está a uma pressão de 1 atm e uma temperatura de 20 °C.

11.51 Uma bola de plástico de 2 cm com uma gravidade específica de 1,2 é liberada do repouso em água a 20 °C. Determine o tempo e a distância necessários para atingir 99% da velocidade terminal. Escreva a equação do movimento igualando a massa vezes a aceleração à força de empuxo, peso e força de arrasto, e resolva desenvolvendo um programa de computador ou usando algum *software* disponível. Use a Eq. (11.9) para o coeficiente de arrasto. *Sugestão:* A equação do movimento pode ser expressa na forma

$$\frac{dv}{dt} = -\left(\frac{C_D \mathrm{Re}}{24}\right)\frac{18\mu}{\rho_b d^2}v + \frac{\rho_b - \rho_w}{\rho_b}g$$

em que ρ_b é a densidade da bola e ρ_w é a densidade da água. Dessa maneira evita-se que o problema do coeficiente de arrasto se aproxime de infinito quando a velocidade chegar perto de zero, pois $C_D\mathrm{Re}/24$ se aproxima da unidade à medida que o número de Reynolds fica perto de zero. Uma "declaração de 'se'" é necessária para evitar uma singularidade na Eq. (11.9) quando o número de Reynolds é zero.

A Teoria da Sustentação (§11.8)

11.52 Aplique o método da grade para cada situação a seguir.

a. Use a Eq. (11.17) para prever a força de sustentação em newtons para uma bola de beisebol que está girando. Use um coeficiente de sustentação de $C_L = 1{,}2$. A velocidade da bola de beisebol é de 90 mph. Calcule a área usando $A = \pi r^2$, em que o raio de uma bola de beisebol é $r = 1{,}45$ polegada. Considere um dia quente de verão.

b. Use a Eq. (11.17) para prever o tamanho de asa em mm², necessária para um aeromodelo que possui uma massa de 570 g. Esse tamanho é especificado ao se fornecer a área da asa (A) vista por um observador que olha para baixo sobre ela. Considere que o avião viaje a 80 mph em um dia quente de verão. Utilize um coeficiente de sustentação de $C_L = 1{,}2$. Considere um voo em linha reta e nivelado, tal que a força de sustentação equilibre o peso.

11.53 Usando a §11.8 e outras fontes, responda às perguntas a seguir. Procure responder com profundidade, clareza e precisão. Além disso, utilize de forma efetiva desenhos, palavras e equações.

a. O que é circulação? Por que ela é importante?

b. O que é a força de sustentação?

c. Quais variáveis influenciam a magnitude da força de sustentação?

11.54 A bola de beisebol é lançada de oeste para leste com uma rotação ao redor do seu eixo vertical, conforme mostrado na figura a seguir. Sob essas condições, ela irá se "quebrar" em direção ao (a) norte, (b) sul, ou (c) nenhum dos dois?

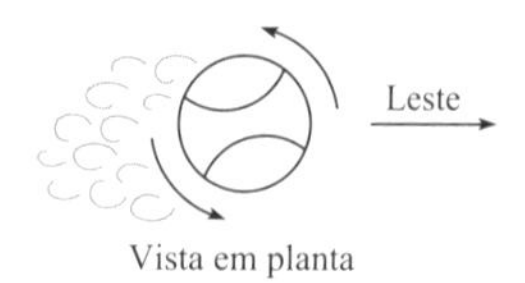

Problema 11.54

Sustentação e Arrasto sobre Aerofólios (§11.9)

11.55 Uma esfera de diâmetro 100 mm, girando a uma taxa de 286 rpm, está situada em uma corrente de água (15 °C) que possui uma velocidade de 1,5 m/s. Determine a força de sustentação (em newton) sobre a esfera rotativa.

11.56 Uma asa de avião com as características mostradas na Figura 11.24 deve ser projetada para sustentar 1800 lbf quando o avião estiver com uma velocidade de cruzeiro de 200 ft/s e um ângulo de ataque de 3°. Se o comprimento da corda deve ser de 3,5 ft, qual envergadura de asa é requerida? Considere $\rho = 0{,}0024$ slug/ft³.

11.57 Um barco do tipo hidrofólio possui uma palheta de sustentação com uma razão de aspecto de 4 que possui as características mostradas na Figura 11.24. Se o ângulo de ataque é de 4° e o peso do barco é de 5 t, quais dimensões de asa aerodinâmica são necessárias para suportar o barco a uma velocidade de 60 fps?

11.58 Uma asa (A) é idêntica (mesma área de seção transversal) a outra asa (B), exceto que a asa B é duas vezes mais longa que a A. Então, para determinada velocidade do vento, que passa por ambas as asas e com o mesmo ângulo de ataque, seria esperado que a sustentação total da asa B seja (a) a mesma que aquela da asa A, (b) menos do que aquela da asa A, (c) o dobro daquela da asa A, ou (d) mais do dobro daquela da asa A.

11.59 O que acontece com o valor do coeficiente de arrasto induzido para um avião que aumenta a velocidade durante um voo nivelado? (a) ele aumenta, (b) ele diminui, (c) ele não varia.

11.60 O coeficiente de arrasto total para a asa de um avião é $C_D = C_{D0} + C_L^2/\pi\Lambda$, em que C_{D0} é o coeficiente de arrasto de forma, C_L é o coeficiente de sustentação e Λ é a razão de aspecto da asa. A potência é dada por $P = F_D V = 1/2\, C_D \rho V^3 S$. Para um voo nivelado, a sustentação é igual ao peso, de modo que $W/S = 1/2\rho C_L V^2$, em que W/S é denominado a "carga alar". Determine: uma expressão para V para a qual a potência seja um mínimo em termos de $V_{\mathrm{MinPot}} = f(\rho, \Lambda, W/S, C_{D0})$, e o valor de V para a potência mínima quando $\rho = 1$ kg/m³, $\Lambda = 10$, $W/S = 600$ N/m², e $C_D = 0{,}02$.

11.61 A velocidade de aterrissagem de um avião é 7 m/s mais rápida do que a sua velocidade de estol. O coeficiente de sustentação na velocidade de aterrissagem é de 1,2, e o coeficiente de sustentação máximo (condição de estol) é de 1,4. Calcule tanto a velocidade de aterrissagem quanto a velocidade de estol.

11.62 A figura mostra a distribuição de pressões para uma palheta de sustentação Göttingen 387-FB (19) quando o ângulo de ataque é de 8°. Se tal palheta com uma corda de 20 cm fosse usada como um hidrofólio a uma profundidade de 70 cm, em qual velocidade em água doce a 10 °C iria ter início a cavitação? Além disso, estime a sustentação por unidade de comprimento da palheta aerodinâmica nessa velocidade.

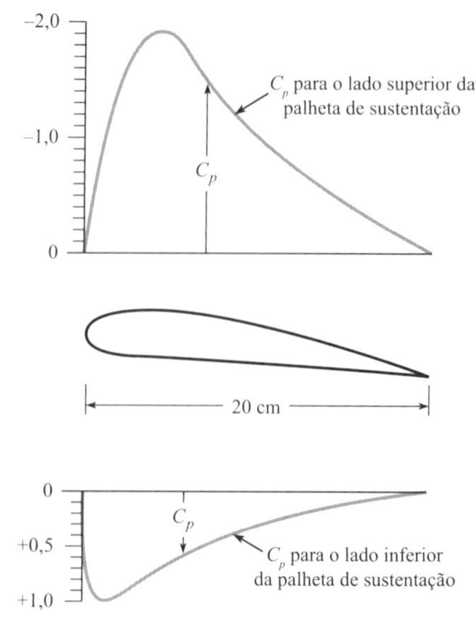

Problema 11.62

11.63 Um planador a uma altitude de 800 m possui uma massa de 180 kg e uma área de asa de 20 m^2. O ângulo de voo é de 1,7°, e a densidade do ar é de 1,2 kg/m^3. Se o coeficiente de sustentação do planador é de 0,83, quantos minutos levará para o planador atingir o nível do mar em um dia calmo?

11.64 A carga alar sobre um avião é definida como o peso do avião dividido pela área da asa. Um avião com uma carga alar de 2000 N/m^2 possui as características aerodinâmicas dadas pela Figura 11.25. Sob condições de voo de cruzeiro, o coeficiente de sustentação é de 0,3. Se a área da asa é de 10 m^2, determine a força de arrasto.

11.65 Um avião ultraleve possui uma asa com razão de aspecto de 5 e coeficientes de sustentação e de arrasto correspondentes à Figura 11.24. A área planiforme da asa é de 200 ft^2. O peso do avião mais o piloto é de 400 lbf. O avião voa a 50 ft/s no ar com uma densidade de 0,002 $slug/ft^3$. Determine o ângulo de ataque e a força de arrasto sobre a asa.

CAPÍTULO**DOZE**

Escoamento Compressível

OBJETIVO DO CAPÍTULO A compressibilidade de um gás que escoa em uma condição de regime estacionário se torna significativa quando o número de Mach excede 0,3. Por exemplo, o desempenho de uma aeronave de alta velocidade, o escoamento nos bocais de exaustão de foguetes, e a mecânica da reentrada de espaçonaves exige a inclusão dos efeitos de um escoamento compressível. Este capítulo introduz tópicos relacionados com o escoamento compressível.

FIGURA 12.1

O bocal de Laval é usado para acelerar um gás a velocidades supersônicas. Ele é utilizado em turbinas, motores de foguetes e motores de jatos supersônicos.

Este bocal específico foi projetado por Andrew Donelick sob a orientação do Dr. John Crepeau, Professor de Engenharia Mecânica na University of Idaho. Esta peça foi fabricada por Russ Porter, na mesma Universidade. (Foto de Donald Elger.)

RESULTADOS DO APRENDIZADO

ONDAS SONORAS (§12.1).

- Descrever a propagação de uma onda sonora.
- Explicar o significado do número de Mach.
- Calcular a velocidade do som e o número de Mach.

ESCOAMENTO COMPRESSÍVEL (§12.2).

- Explicar como as propriedades variam em um escoamento incompressível.
- Realizar os cálculos relevantes.

ONDAS DE CHOQUE (§12.3).

- Descrever uma onda de choque normal.
- Calcular as variações nas propriedades ao longo de uma onda de choque normal.

ESCOAMENTO EM DUTOS (§12.4).

- Descrever como as propriedades variam em um duto quando a área de seção está variando.
- Resolver problemas envolvendo bocais.

12.1 Propagação de Ondas em Fluidos Compressíveis

A propagação de ondas em um fluido é o mecanismo por meio do qual a presença de fronteiras é comunicada ao fluido em escoamento. Em um líquido, a velocidade de propagação da onda de pressão é muito maior do que a velocidade de escoamento, o que possibilita que o escoamento tenha um tempo adequado para se ajustar a uma mudança na forma dos contornos. Os escoamentos de gases, por outro lado, podem atingir velocidades comparáveis ou mesmo superiores àquela na qual as perturbações da pressão são propagadas. Nesta situação, com fluidos compressíveis, a velocidade de propagação é um parâmetro importante e deve ser incorporada na análise do escoamento. Nesta seção, será mostrado como a velocidade de uma perturbação de pressão infinitesimal pode ser avaliada e qual o seu significado para o escoamento de um fluido compressível.

Velocidade do Som

Durante uma tempestade, todos já tivemos a experiência de ver um relâmpago e só instantes mais tarde escutar o trovão a ele associado. Obviamente, o som foi produzido pelo relâmpago, de modo que a onda sonora deve ter viajado a uma velocidade finita. Se o ar fosse totalmente incompressível (se isso fosse possível), então o som do trovão e o relâmpago seriam simultâneos, pois todas as perturbações se propagam a uma velocidade infinita por meios incompressíveis.* Isto é análogo a golpear uma extremidade de uma barra de um material incompressível e registrar instantaneamente a resposta na outra extremidade. Na realidade, todos os materiais são compressíveis em certo grau e propagam as perturbações em velocidades finitas.

A **velocidade do som** é definida como a taxa segundo a qual uma perturbação infinitesimal (pulso de pressão) se propaga em um meio em relação à coordenada de referência para aquele meio. As ondas sonoras reais, compreendidas por perturbações de pressão com amplitude finita, tal que o ouvido pode detectá-las, viajam apenas ligeiramente mais rápido do que a "velocidade do som".

Para derivar uma equação para a velocidade do som, considere uma pequena seção de uma onda de pressão à medida que ela se propaga a uma velocidade c através de um meio, conforme mostrado na Figura 12.2. Como a onda trafega através do gás a uma pressão p e a uma densidade ρ, ela produz mudanças infinitesimais de Δp, $\Delta\rho$ e ΔV. Essas variações devem ser relacionadas às leis de conservação de massa e de momento. Selecione uma superfície de controle em volta da onda e faça com que o volume de controle se desloque com a onda. As velocidades, pressões e densidades em relação ao volume de controle (que é considerado muito delgado) estão mostradas na Figura 12.3. A conservação de massa em um escoamento estacionário exige que o fluxo mássico líquido através da superfície de controle seja zero. Desta forma,

FIGURA 12.2
Vista em seção de uma onda sonora.

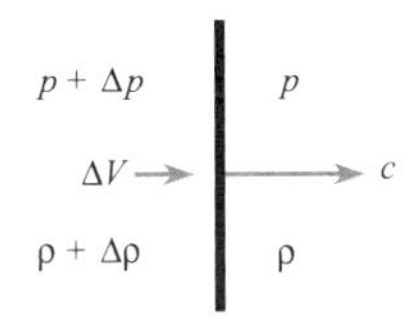

$$-\rho c A + (\rho + \Delta\rho)(c - \Delta V)A = 0 \quad (12.1)$$

em que A é a área de seção transversal do volume de controle. Desprezando os produtos de termos de maior ordem ($\Delta\rho\Delta V$) e dividindo pela área, a equação para a conservação de massa se reduz a

$$-\rho\Delta V + c\Delta\rho = 0 \quad (12.2)$$

FIGURA 12.3
Escoamento em relação à onda sonora.

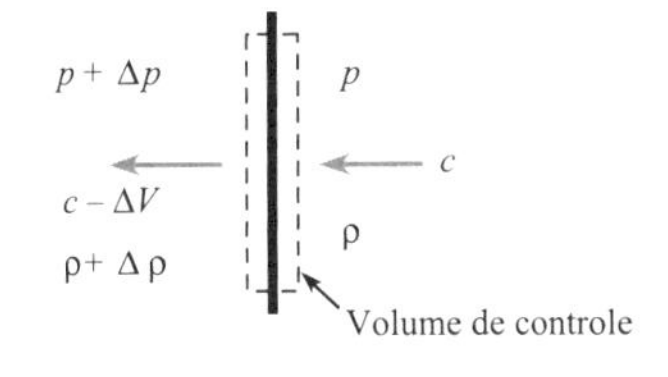

A equação do momento para um escoamento estacionário sem aceleração,

$$\sum \mathbf{F} = \dot{m}_o V_o - \dot{m} V_i \quad (12.3)$$

aplicada ao volume de controle contendo a onda de pressão tem-se

$$(p + \Delta p)A - pA = (-c)(-\rho A c) + (-c + \Delta V)\rho A c \quad (12.4)$$

em que a direção para a direita é definida como positiva. A equação do momento se reduz a

$$\Delta p = \rho c \Delta V \quad (12.5)$$

Substituindo a expressão para ΔV obtida da Eq. (12.2) na Eq. (12.5) obtém-se

$$c^2 = \frac{\Delta p}{\Delta\rho} \quad (12.6)$$

que mostra como a velocidade de propagação está relacionada com as variações de pressão e de densidade ao longo da onda. A partir dessa equação, fica imediatamente claro que se o escoamento fosse idealmente incompressível, $\Delta\rho = 0$, a velocidade de propagação seria infinita, o que confirma o argumento apresentado anteriormente.

A Eq. (12.6) fornece uma expressão para a velocidade de uma onda de pressão genérica. A onda sonora é um tipo especial de onda de pressão. Por definição, uma onda sonora produz apenas variações infinitesimais na pressão e na densidade, de forma que ela pode ser considerada como um processo reversível. Existe também uma transferência de calor insignificantemente pequena, tal que o processo pode ser considerado *adiabático*. Um processo adiabático e reversível é um processo *isentrópico*; dessa forma, a expressão resultante para a velocidade do som é

$$c^2 = \left.\frac{\partial p}{\partial\rho}\right|_s \quad (12.7)$$

*Na realidade, o trovão seria ouvido antes de o relâmpago ser visto, pois a luz também trafega a uma velocidade finita, porém muito alta! Contudo, isso violaria um dos fundamentos básicos da teoria da relatividade. Nenhum meio pode ser completamente incompressível e propagar perturbações a velocidades maiores do que a da luz.

Esta equação é válida para a velocidade do som em qualquer substância. Entretanto, para muitas, a relação entre p e ρ a entropia constante não é muito bem conhecida.

Para reiterar, a velocidade do som é a velocidade na qual uma perturbação com pressão infinitesimal trafega através de um fluido. Ondas com intensidade finita (variação de pressão finita ao longo da onda) trafegam mais rapidamente do que as ondas sonoras. A velocidade do som é a velocidade *mínima* na qual uma onda de pressão pode propagar através de um fluido.

Para um processo isentrópico em um gás ideal, existe a seguinte relação entre a pressão e a densidade (1):

$$\frac{p}{\rho^k} = \text{constante} \quad (12.8)$$

em que k é a razão entre calores específicos; isto é, a razão entre o calor específico a pressão constante e o calor específico a volume constante. Assim,

$$k = \frac{c_p}{c_v} \quad (12.9)$$

Os valores de k para alguns gases comumente utilizados são dados na Tabela A.2. Tirando a derivada da Eq. (12.8) para obter $\partial p/\partial \rho\,|_s$ o resultado é

$$\left.\frac{\partial p}{\partial \rho}\right|_s = \frac{kp}{\rho} \quad (12.10)$$

Contudo, a partir da lei dos gases ideais,

$$\frac{p}{\rho} = RT$$

de modo que a velocidade do som é dada por

$$c = \sqrt{kRT} \quad (12.11)$$

Assim, a velocidade do som em um gás ideal varia com a raiz quadrada da temperatura. Ao usar esta equação para estimar as velocidades do som em gases reais sob condições padrões, obtemos resultados muito próximos dos valores medidos. Obviamente, se o estado do gás está muito distante das condições ideais (altas pressões, baixas temperaturas), então o uso da Eq. (12.11) não é válido.

O Exemplo 12.1 ilustra o cálculo da velocidade do som para determinada temperatura.

EXEMPLO 12.1

Cálculo da Velocidade do Som

Defina a Situação

Ar está a 15 °C.

Hipótese: Ar é um gás ideal.

Propriedades: Ar: Tabela A.2, $R = 287$ J/kg·K, e $k = 1{,}4$

Estabeleça o Objetivo

Calcular a velocidade do som.

Tenha Ideias e Trace um Plano

Aplique a equação para a velocidade do som, Eq. (12.11), com $T = 288$ K.

Aja (Execute o Plano)

$$c = \sqrt{kRT}$$

$$c = [(1{,}4)(287\ \text{J/kg K})(288\ \text{K})]^{1/2} = \boxed{340\ \text{m/s}}$$

Reveja a Solução e o Processo

Conhecimento. A temperatura absoluta deve ser usada sempre na equação para a velocidade do som.

É possível demonstrar, de uma maneira simplificada, o significado do som em um escoamento compressível. Considere o aerofólio que se desloca à velocidade V na Figura 12.4. À medida que ele se desloca através do fluido, a perturbação da pressão gerada pelo movimento do aerofólio se propaga como uma onda à velocidade do som à frente dele. Essas perturbações da pressão se deslocam a uma distância considerável à frente do aerofólio, antes de serem

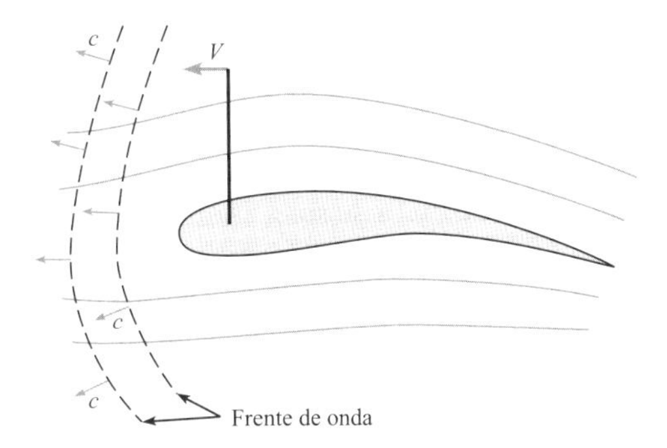

FIGURA 12.4

Propagação de uma onda de som por um aerofólio.

atenuadas pela viscosidade do fluido, e elas "alertam" o fluido a montante que o aerofólio está vindo. Por sua vez, as partículas do fluido começam a se separar, de maneira que existe um escoamento suave sobre o aerofólio no momento em que ele chega. Se a perturbação da pressão criada pelo aerofólio for essencialmente atenuada em um tempo Δt, então o fluido a uma distância $\Delta t(c - V)$ à frente é alertado para se preparar para a sua iminente chegada.

O que acontece à medida que a velocidade do aerofólio aumenta? Obviamente, a velocidade relativa $c - V$ diminui, e o fluido a montante tem menos tempo para se preparar para a chegada do aerofólio. O campo de escoamentos é modificado por curvaturas de linhas de corrente menores, e o arrasto de forma sobre o aerofólio aumenta. Se a velocidade do aerofólio aumenta até ou além da velocidade do som, então o fluido não tem nenhum alerta de que o aerofólio está vindo e não pode se preparar para a sua chegada. Nesse ponto, a natureza resolve o problema criando uma onda de choque que fica parada sobre a aresta anterior principal, conforme mostrado na Figura 12.5. À medida que o fluido passa através da onda de choque próximo à aresta principal, ele é desacelerado a uma velocidade menor do que a do som e, portanto, tem tempo para se dividir e escoar ao redor do aerofólio. As ondas de choque são tratadas em mais detalhes na Seção 12.3.

Outra maneira para apreciar o significado da propagação do som em um fluido compressível consiste em considerar uma fonte sonora pontual que se move em um fluido em repouso, conforme mostrado na Figura 12.6. A fonte sonora está se movendo a uma velocidade menor do que a velocidade do som local na Figura 12.6a, e mais rápido do que a velocidade do som local na Figura 12.6b. No tempo $t = 0$, um pulso sonoro é gerado e se propaga radialmente

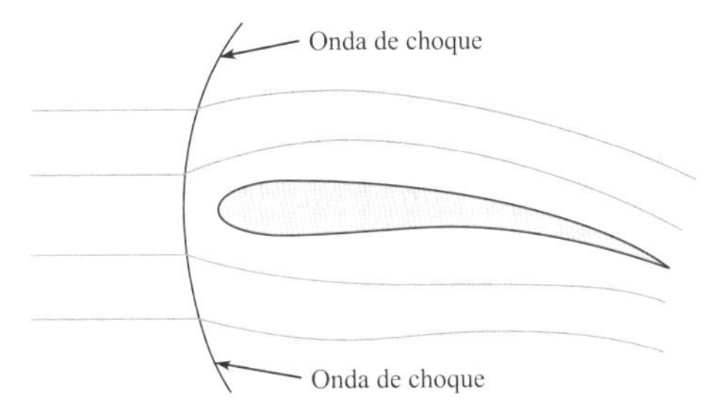

FIGURA 12.5

Uma onda de choque permanente na frente de um aerofólio.

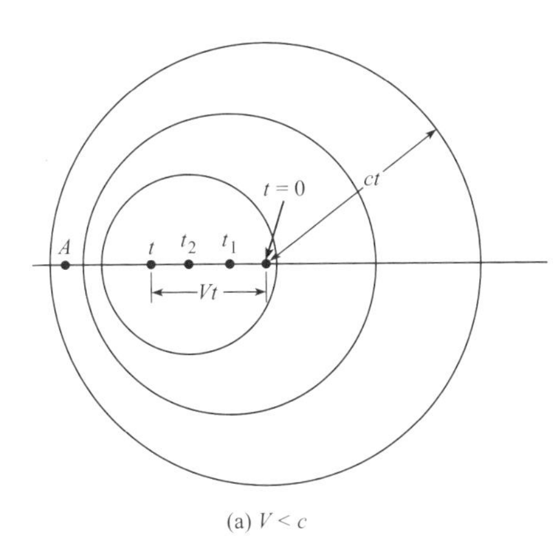

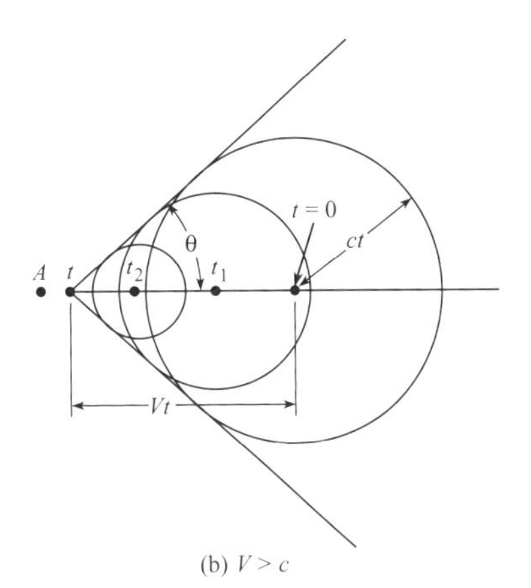

FIGURA 12.6

Um campo sonoro gerado por uma fonte sonora pontual que está em movimento: (a) a fonte se move mais lentamente do que a velocidade do som, (b) a fonte se move mais rapidamente do que a velocidade do som.

para fora à velocidade do som local. No tempo t_1, a fonte sonora se moveu a uma distância Vt_1, e o círculo que representa a onda sonora emitida em $t = 0$ possui um raio ct_1. A fonte sonora emite uma nova onda sonora em t_1, que se propaga radialmente para fora. No tempo t_2, a fonte sonora se moveu para Vt_2, e as ondas sonoras se moveram para fora, conforme mostrado.

Quando a fonte sonora se move a uma velocidade menor do que a do som, as ondas sonoras formam uma família de círculos excêntricos que não se interceptam, conforme mostrado na Figura 12.6a. Para um observador posicionado em A, a frequência dos pulsos sonoros pareceria maior do que a frequência emitida, pois a fonte sonora está se movendo em direção ao observador. De fato, o observador em A detectará uma frequência de

$$f = f_0/(1 - V/c)$$

em que f_0 é a frequência de emissão da fonte sonora em movimento. Essa mudança na frequência é conhecida como **efeito Doppler**.

Quando a fonte sonora se move mais rapidamente que a velocidade do som local, as ondas sonoras se interceptam e formam o *locus* de um cone com um semiângulo de

$$\theta = \text{sen}^{-1}(c/V)$$

O observador em A não irá detectar a fonte sonora até que ela tenha passado. De fato, apenas um observador dentro do cone tem conhecimento da fonte sonora em movimento.

Face aos argumentos físicos dados, fica aparente que um parâmetro importante relacionado com a propagação do som e com os efeitos da compressibilidade é a razão V/c. Este grupo π foi proposto pela primeira vez por Ernst Mach, um cientista austríaco, e recebe o seu nome. O número de Mach é definido como

$$\text{M} = \frac{V}{c} \tag{12.12}$$

A superfície de onda cônica mostrada na Figura 12.6b é conhecida como uma **onda de Mach** e o semiângulo cônico como o **ângulo de Mach**.

Os escoamentos compressíveis são caracterizados pelos regimes dos seus números de Mach da seguinte maneira:

$\text{M} < 1$	escoamento subsônico
$\text{M} \approx 1$	escoamento transônico
$\text{M} > 1$	escoamento supersônico

Os escoamentos com números de Mach maiores do que 5 são algumas vezes denominados **hipersônicos**. Os aviões projetados para viajar a velocidade próxima e acima à do som são equipados com medidores de Mach, em razão da significância do número de Mach em relação ao desempenho da aeronave.

A avaliação do número de Mach de um avião que voa a uma altitude está demonstrada no Exemplo 12.2.

EXEMPLO 12.2

Calculando o Número de Mach de um Avião

Enunciado do Problema

Um caça F-16 voa a uma altitude de 13 km com uma velocidade de 470 m/s. Considere uma atmosfera-padrão dos Estados Unidos, e calcule o número de Mach da aeronave.

Defina a Situação

Um jato de caça voa a 470 m/s a uma altitude de 13 km.

Hipóteses: A variação de temperatura é descrita pela atmosfera-padrão dos Estados Unidos.

Propriedades: A partir da Tabela A.2, $R_{ar} = 287$ J/kg·K, e $k = 1{,}4$.

Estabeleça o Objetivo

Calcular o número de Mach da aeronave.

Tenha Ideias e Trace um Plano

1. Determine a temperatura a 13 km usando o modelo atmosférico-padrão de 1976. (Por exemplo, ver http://www.digitaldutch.com/atmoscalc/).
2. Calcule a velocidade do som.
3. Calcule o número de Mach.

Aja (Execute o Plano)

1. Temperatura a 13 km:

$$T = 217 \text{ K}.$$

2. Velocidade do som:

$$c = \sqrt{kRT} = \sqrt{1{,}4 \times 287 \times 217} = 295 \text{ m/s}$$

3. Número de Mach:

$$M = \frac{V}{c} = \frac{470 \text{ m/s}}{295 \text{ m/s}} = \boxed{1{,}59}$$

Reveja a Solução e o Processo

Discussão. O avião está voando em velocidade supersônica.

12.2 Relações do Número de Mach

Esta seção mostrará como as propriedades do fluido variam com o número de Mach em um escoamento compressível. Considere um volume de controle limitado por duas linhas decorrente em um escoamento compressível estacionário, conforme mostrado na Figura 12.7. Aplicando a equação da energia a este volume de controle obtemos

$$-\dot{m}_1\left(h_1 + \frac{V_1^2}{2} + gz_1\right) + \dot{m}_2\left(h_2 + \frac{V_2^2}{2} + gz_2\right) = \dot{Q} \tag{12.13}$$

Em geral, os termos referentes à elevação (z_1 e z_2) podem ser desprezados para os escoamentos de gases. Se o escoamento é adiabático ($\dot{Q} = 0$), a equação da energia se reduz a

$$\dot{m}_1\left(h_1 + \frac{V_1^2}{2}\right) = \dot{m}_2\left(h_2 + \frac{V_2^2}{2}\right) \tag{12.14}$$

A partir do princípio da continuidade, a vazão mássica é constante, $\dot{m}_1 = \dot{m}_2$, tal que

$$h_1 + \frac{V_1^2}{2} = h_2 + \frac{V_2^2}{2} \tag{12.15}$$

Uma vez que as posições 1 e 2 são pontos arbitrários sobre a mesma linha de corrente, pode-se dizer que

$$h + \frac{V^2}{2} = \text{constante ao longo de uma linha de corrente em um escoamento adiabático} \tag{12.16}$$

A constante nesta expressão é chamada a **entalpia total**, h_t. Ela é a entalpia que surgiria se a velocidade de escoamento fosse reduzida a zero em um processo adiabático. Assim, a equação da energia ao longo de uma linha de corrente sob condições adiabáticas é

$$h + \frac{V^2}{2} = h_t \tag{12.17}$$

Se h_t for a mesma para todas as linhas de corrente, o escoamento é dito **homoenergético**.

É instrutivo neste ponto comparar a Eq. (12.17) com a equação de Bernoulli. Expressando a entalpia específica como a soma da energia interna específica e p/ρ, a Eq. (12.17) torna-se

$$u + \frac{p}{\rho} + \frac{V^2}{2} = \text{constante}$$

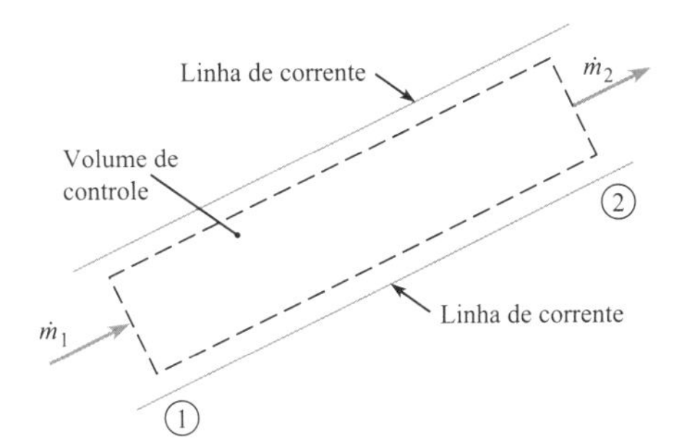

FIGURA 12.7
Volume de controle limitado por linhas de corrente.

Se o fluido é incompressível e não existe transferência de calor, a energia interna específica é constante e a equação se reduz à equação de Bernoulli (excluindo-se a variação de pressão por causa da variação de elevação).

Temperatura

A entalpia de um gás ideal pode ser escrita como

$$h = c_p T \tag{12.18}$$

em que c_p é o calor específico a pressão constante. Substituindo-se essa relação na Eq. (12.17) e dividindo-a por $c_p T$, tem-se como resultado

$$1 + \frac{V^2}{2c_p T} = \frac{T_t}{T} \tag{12.19}$$

em que T_t é a **temperatura total**. A partir da termodinâmica (1), sabe-se que para um gás ideal

$$c_p - c_v = R \tag{12.20}$$

ou

$$k - 1 = \frac{R}{c_v} = \frac{kR}{c_p}$$

Portanto,

$$c_p = \frac{kR}{k - 1} \tag{12.21}$$

Substituindo-se essa expressão para c_p na Eq. (12.19) e levando-se em conta que kRT é a velocidade do som ao quadrado, resulta-se na equação para a *temperatura total*:

$$T_t = T\left(1 + \frac{k - 1}{2}\mathrm{M}^2\right) \tag{12.22}$$

A temperatura T é chamada a **temperatura estática** – a temperatura que seria registrada por um termômetro que se movesse com o fluido em escoamento. A **temperatura total** é análoga à entalpia total no sentido de que ela é a temperatura que iria surgir se a velocidade fosse reduzida a zero adiabaticamente. Se o escoamento for adiabático, a temperatura total é constante ao longo de uma linha de corrente. Caso contrário, a temperatura total varia de acordo com a quantidade de energia térmica transferida.

O Exemplo 12.3 ilustra a avaliação da temperatura total sobre a superfície de uma aeronave.

EXEMPLO 12.3

Cálculo da Temperatura Total

Enunciado do Problema

Uma aeronave está voando a M = 1,6 a uma altitude na qual a temperatura atmosférica é de −50 °C. A temperatura sobre a superfície da aeronave é aproximadamente igual à temperatura total. Estime a temperatura da superfície, tomando $k = 1{,}4$.

Defina a Situação

Uma aeronave está voando a M = 1,6. A temperatura estática é de −50 °C.

Estabeleça o Objetivo

Calcular a temperatura total.

Tenha Ideias e Trace um Plano

Este problema pode ser visualizado como se a aeronave estivesse estacionária e uma corrente de ar com uma temperatura estática de −50 °C estivesse escoando ao redor da aeronave a um número de Mach de 1,6.

1. Converta a temperatura estática local em graus K.
2. Use a equação para a temperatura total, Eq. (12.22).

Aja (Execute o Plano)

1. Temperatura estática em unidade de temperatura absoluta:

$$T = 273 - 50 = 223 \text{ K}$$

2. Temperatura total:

$$T_t = 223[1 + 0{,}2(1{,}6)^2] = \boxed{337 \text{ K ou } 64\,°\text{C}}$$

Se o escoamento for isentrópico, a termodinâmica mostra que a seguinte relação para a pressão e a temperatura de um gás ideal entre dois pontos em uma linha de corrente é válida (1):

$$\frac{p_1}{p_2} = \left(\frac{T_1}{T_2}\right)^{k/(k-1)} \tag{12.23}$$

Escoamento isentrópico significa que não existe transferência de calor, de modo que a temperatura total é constante ao longo da linha de corrente. Portanto,

$$T_t = T_1\left(1 + \frac{k-1}{2}\mathrm{M}_1^2\right) = T_2\left(1 + \frac{k-1}{2}\mathrm{M}_2^2\right) \tag{12.24}$$

Resolvendo-se para a razão T_1/T_2 e substituindo-se na Eq. (12.23) tem-se que a variação de pressão com o número de Mach é dada por

$$\frac{p_1}{p_2} = \left\{\frac{1 + [(k-1)/2]\mathrm{M}_2^2}{1 + [(k-1)/2]\mathrm{M}_1^2}\right\}^{k/(k-1)} \tag{12.25}$$

Na lei dos gases ideais usada para derivar a Eq. (12.23), as pressões absolutas devem ser usadas sempre nos cálculos com estas equações.

A **pressão total** em um escoamento compressível é dada por

$$p_t = p\left(1 + \frac{k-1}{2}\mathrm{M}^2\right)^{k/(k-1)} \tag{12.26}$$

que é a pressão que resultaria se o escoamento fosse desacelerado a uma velocidade zero de forma reversível e adiabática. Diferentemente da temperatura total, a pressão total pode não ser constante ao longo de linhas de corrente em escoamentos adiabáticos. Por exemplo, será mostrado que o escoamento através de uma onda de choque, embora adiabático, não é reversível e, portanto, não é isentrópico. A variação de pressão total ao longo de uma linha de corrente em um escoamento adiabático pode ser obtida substituindo as Eqs. (12.26) e (12.24) na Eq. (12.25) para dar

$$\frac{p_{t_1}}{p_{t_2}} = \frac{p_1}{p_2}\left\{\frac{1 + [(k-1)/2]\mathrm{M}_1^2}{1 + [(k-1)/2]\mathrm{M}_2^2}\right\}^{k/(k-1)} = \frac{p_1}{p_2}\left(\frac{T_2}{T_1}\right)^{k/(k-1)} \tag{12.27}$$

A menos que o escoamento também seja reversível e a Eq. (12.23) seja aplicável, as pressões totais nos pontos 1 e 2 não serão iguais. Contudo, se o escoamento for isentrópico, a pressão total é constante ao longo de linhas de corrente.

Densidade

Análogo à pressão total, a **densidade total** em um escoamento compressível é dada por

$$\rho_t = \rho\left(1 + \frac{k-1}{2}\mathrm{M}^2\right)^{1/(k-1)} \tag{12.28}$$

em que ρ é a densidade local ou estática. Se o escoamento for isentrópico, então ρ_t é uma constante ao longo das linhas de corrente e a Eq. (12.28) pode ser usada para determinar a variação na densidade do gás com o número de Mach.

Na literatura que trata dos escoamentos compressíveis, são encontradas com frequência referências a condições de "estagnação" – isto é, **temperatura de estagnação** e **pressão de** estagnação. Por definição, a *estagnação* se refere às condições que existem em um ponto no escoamento onde a velocidade é zero, independente da velocidade zero ter ou não sido atingida por um processo adiabático ou reversível. Por exemplo, se for inserido um tubo estático de Pitot no interior de um escoamento compressível, estritamente falando, seria medida a pressão de estagnação, não a pressão total, pois a desaceleração do escoamento não seria reversível. Na prática, no entanto, a diferença entre a pressão de estagnação e a pressão total é insignificante.

Pressão Cinética

A pressão cinética, $q = \rho V^2/2$, é usada com frequência para calcular forças aerodinâmicas com o uso de coeficientes apropriados. Ela também pode ser relacionada com o número de Mach. Usando a lei do gás ideal para substituir ρ tem-se

$$q = \frac{1}{2}\frac{pV^2}{RT} \tag{12.29}$$

Então, usando a equação para a velocidade do som, Eq. (12.11), resulta em

$$q = \frac{k}{2}p\mathrm{M}^2 \tag{12.30}$$

em que p deve ser sempre uma pressão absoluta, pois deriva da lei dos gases ideais.

O uso da equação para a pressão cinética para avaliar a força de arrasto está mostrado no Exemplo 12.4.

EXEMPLO 12.4

Calculando a Força de Arrasto sobre uma Esfera

Enunciado do Problema

O coeficiente de arrasto para uma esfera em um número de Mach de 0,7 é 0,95. Determine a força de arrasto sobre uma esfera com 10 mm de diâmetro no ar se p = 101 kPa.

Defina a Situação

Uma esfera está se movendo a um número de Mach de 0,7 no ar.

Propriedades: A partir da Tabela A.2, k_{ar} = 1,4.

Estabeleça o Objetivo

Determinar a força de arrasto (em newton) sobre a esfera.

Tenha Ideias e Trace um Plano

A força de arrasto sobre uma esfera é $F_D = qC_DA$.

1. Calcule a pressão cinética q a partir da Eq. (12.30).
2. Calcule a força de arrasto.

Aja (Execute o Plano)

1. Pressão cinética:

$$q = \frac{k}{2}p\mathrm{M}^2 = \frac{1{,}4}{2}(101\ \text{kPa})(0{,}7)^2 = 34{,}6\ \text{kPa}$$

2. Força de arrasto:

$$F_D = C_Dq\left(\frac{\pi}{4}\right)D^2 = 0{,}95\left(34{,}6\times 10^3\frac{\text{N}}{\text{m}^2}\right)\left(\frac{\pi}{4}\right)(0{,}01\ \text{m})^2 = \boxed{2{,}58\ \text{N}}$$

A equação de Bernoulli não é válida para escoamentos compressíveis. Imagine o que aconteceria se fosse decidido medir o número de Mach de um escoamento de ar de alta velocidade com um tubo estático de Pitot, supondo que a equação de Bernoulli era válida. Considere que fossem medidas uma pressão total de 180 kPa e uma pressão estática de 100 kPa. Pela equação de Bernoulli, a pressão cinética é igual à diferença entre as pressões total e estática, assim

$$\frac{1}{2}\rho V^2 = p_t - p \qquad \text{ou} \qquad \frac{k}{2}p\mathrm{M}^2 = p_t - p$$

Resolvendo para o número de Mach,

$$\mathrm{M} = \sqrt{\frac{2}{k}\left(\frac{p_t}{p} - 1\right)}$$

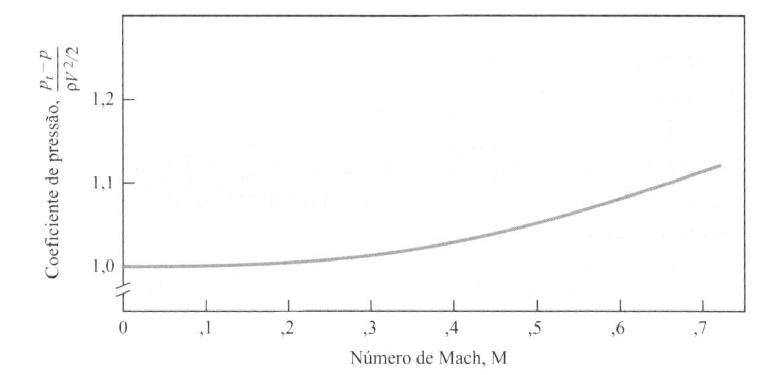

FIGURA 12.8
Variação do coeficiente de pressão com o número de Mach.

e substituindo os valores medidos, obtém-se

$$\text{M} = 1{,}07$$

O procedimento correto consiste em relacionar as pressões total e estática em um escoamento compressível usando a Eq. (12.26). Resolvendo aquela equação para o número de Mach tem-se

$$\text{M} = \left\{\frac{2}{k-1}\left[\left(\frac{p_t}{p}\right)^{(k-1)/k} - 1\right]\right\}^{1/2} \tag{12.31}$$

e substituindo os valores medidos gera

$$\text{M} = 0{,}96$$

Assim, a aplicação da equação de Bernoulli levaria a dizer que o escoamento era supersônico, enquanto o escoamento na realidade era subsônico. No limite de baixas velocidades ($p_t/p \to 1$), a Eq. (12.31) se reduz à expressão derivada usando a equação de Bernoulli, o que de fato é válido para números de Mach muito pequenos ($\text{M} \ll 1$).

É instrutivo ver como o coeficiente de pressão nas condições de estagnação (pressão total) varia com o número de Mach. O coeficiente de pressão é definido por

$$C_p = \frac{p_t - p}{\frac{1}{2}\rho V^2}$$

Usando a Eq. (12.30) para a pressão cinética é possível que C_p seja expresso como uma função do número de Mach e da razão entre calores específicos:

$$C_p = \frac{2}{k\text{M}^2}\left[\left(1 + \frac{k-1}{2}\text{M}^2\right)^{k/(k-1)} - 1\right]$$

A variação de C_p com o número de Mach está mostrada na Figura 12.8. Em um número de Mach de zero, o coeficiente de pressão é igual à unidade, o que corresponde a um escoamento incompressível. O coeficiente de pressão começa a desviar significativamente da unidade em um número de aproximadamente 0,3. A partir dessa observação, pode-se inferir que os efeitos da compressibilidade no campo de escoamento não são importantes para números de Mach menores do 0,3.

12.3 Ondas de Choque Normais

As ondas de choque normais são frentes de onda normais ao escoamento através das quais um escoamento supersônico é desacelerado até virar subsônico com um aumento concomitante na temperatura, pressão e densidade estáticas. O objetivo desta seção é desenvolver relações para as mudanças nas propriedades por meio de ondas de choque normais.

Mudança nas Propriedades do Escoamento através de uma Onda de Choque Normal

A maneira mais direta de analisar uma onda de choque normal consiste em desenhar uma superfície de controle ao redor da onda, conforme mostrado na Figura 12.9, e escrever as equações da continuidade, do momento e da energia.

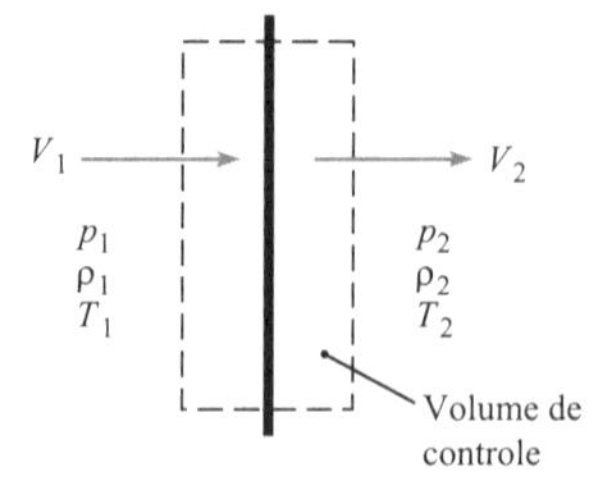

FIGURA 12.9
Volume de controle envolvendo uma onda de choque normal.

O fluxo mássico resultante do volume de controle é zero, pois o regime do escoamento é estacionário. Portanto,

$$-\rho_1 V_1 A + \rho_2 V_2 A = 0 \quad (12.32)$$

em que A é a área de seção transversal do volume de controle. Igualando as forças de pressão resultantes que atuam sobre a superfície de controle do fluxo resultante de saída de momento do volume de controle tem-se

$$\rho_1 V_1 A(-V_1 + V_2) = (p_1 - p_2)A \quad (12.33)$$

A equação da energia pode ser expressa simplesmente como

$$T_{t_1} = T_{t_2} \quad (12.34)$$

uma vez que os gradientes de temperatura sobre a superfície de controle são considerados desprezíveis, e com isso a transferência de calor é desprezada (processo adiabático).

Usando a equação para a velocidade do som, Eq. (12.11), e a lei dos gases ideais, a equação da continuidade pode ser reescrita para incluir o número de Mach da seguinte maneira:

$$\frac{p_1}{RT_1} \mathrm{M}_1 \sqrt{kRT_1} = \frac{p_2}{RT_2} \mathrm{M}_2 \sqrt{kRT_2} \quad (12.35)$$

O número de Mach pode ser introduzido na equação do momento conforme segue:

$$\rho_2 V_2^2 - \rho_1 V_1^2 = p_1 - p_2$$

$$p_1 + \frac{p_1}{RT_1} V_1^2 = p_2 + \frac{p_2}{RT_2} V_2^2 \quad (12.36)$$

$$p_1(1 + k\mathrm{M}_1^2) = p_2(1 + k\mathrm{M}_2^2)$$

Ao rearranjar a Eq. (12.36) para a razão entre pressões estáticas através da onda de choque tem-se

$$\frac{p_2}{p_1} = \frac{(1 + k\mathrm{M}_1^2)}{(1 + k\mathrm{M}_2^2)} \quad (12.37)$$

Como será mostrado posteriormente, o número de Mach de uma onda de choque normal é sempre maior do que a unidade a montante e menor que a unidade a jusante, de modo que a pressão estática sempre aumenta através de uma onda de choque.

Reescrevendo a equação da energia em termos da temperatura e do número de Mach, como foi feito na Eq. (12.22), ao utilizar o fato de que $T_{t_2}/T_{t_1} = 1$, tem-se a razão entre as temperaturas estáticas por meio da onda de choque.

$$\frac{T_2}{T_1} = \frac{\{1 + [(k-1)/2]\mathrm{M}_1^2\}}{\{1 + [(k-1)/2]\mathrm{M}_2^2\}} \quad (12.38)$$

Substituindo-se as Eqs. (12.37) e (12.38) na Eq. (12.35) encontra-se a seguinte relação para os números de Mach a montante e a jusante de uma onda de choque normal:

$$\frac{\mathrm{M}_1}{1 + k\mathrm{M}_1^2}\left(1 + \frac{k-1}{2}\mathrm{M}_1^2\right)^{1/2} = \frac{\mathrm{M}_2}{1 + k\mathrm{M}_2^2}\left(1 + \frac{k-1}{2}\mathrm{M}_2^2\right)^{1/2} \quad (12.39)$$

Resolvendo-se essa equação para M_2 como uma função de M_1, o resultado é encontrado em duas soluções. Uma solução é trivial: $\mathrm{M}_1 = \mathrm{M}_2$, que corresponde a nenhuma onda de choque no volume de controle. A outra solução deriva no número de Mach a jusante da onda de choque:

$$\mathrm{M}_2^2 = \frac{(k-1)\mathrm{M}_1^2 + 2}{2k\mathrm{M}_1^2 - (k-1)} \quad (12.40)$$

Nota: Por causa da simetria da Eq. (12.39), também é possível usar a Eq. (12.40) para resolver para M_1 se for dado M_2, simplesmente trocando os subscritos nos números de Mach.

Estabelecendo $M_1 = 1$ na Eq. (12.40) tem-se M_2 também sendo igual à unidade. As Eqs. (12.38) e (12.39) também mostram que não haveria aumento na pressão ou na temperatura por meio de tal onda. De fato, a onda correspondente a $M_1 = 1$ é a onda sonora através da qual, por definição, as mudanças na pressão e na temperatura são infinitesimais. Desta forma, a onda sonora representa uma onda de choque normal degenerada.

O Exemplo 12.5 demonstra como calcular as propriedades a jusante de uma onda de choque normal dado o número de Mach a montante.

EXEMPLO 12.5

Mudanças nas Propriedades através de uma Onda de Choque Normal

Enunciado do Problema

Uma onda de choque normal ocorre no ar que escoa a um número de Mach de 1,6. A pressão e a temperatura estáticas do ar a montante da onda de choque são de 100 kPa absoluta e 15 °C. Determine o número de Mach, a pressão e a temperatura a jusante da onda de choque.

Defina a Situação

O número de Mach a montante de uma onda de choque normal no ar é 1,6.

$M_1 = 1,6$ ⟶ | ⟶ M_2

$p_1 = 100$ kPa abs | p_2

$T_1 = 15°C$ | T_2

Propriedades: A partir da Tabela A.2, $k = 1,4$.

Estabeleça o Objetivo

Calcular o número de Mach, a pressão e a temperatura a jusante.

Tenha Ideias e Trace um Plano

1. Use a Eq. (12.40) para calcular M_2.
2. Use a Eq. (12.37) para calcular p_2.
3. Converta a temperatura a montante em graus kelvin e use a Eq. (12.38) para determinar T_2.

Aja (Execute o Plano)

1. Número de Mach a jusante:

$$M_2^2 = \frac{(k-1)M_1^2 + 2}{2kM_1^2 - (k-1)} = \frac{(0,4)(1,6)^2 + 2}{(2,8)(1,6)^2 - 0,4} = 0,447$$

$$M_2 = \boxed{0,668}$$

2. Pressão a jusante:

$$p_2 = p_1\left(\frac{1 + kM_1^2}{1 + kM_2^2}\right)$$

$$= (100\text{ kPa})\left[\frac{1 + (1,4)(1,6)^2}{1 + (1,4)(0,668)^2}\right] = \boxed{282\text{ kPa, absoluta}}$$

3. Temperatura a jusante:

$$T_2 = T_1\left\{\frac{1 + [(k-1)/2]M_1^2}{1 + [(k-1)/2]M_2^2}\right\}$$

$$= (288\text{ K})\left[\frac{1 + (0,2)(2,56)}{1 + (0,2)(0,447)}\right] = \boxed{400\text{ K ou } 127°\text{C}}$$

Reveja a Solução e o Processo

Conhecimento. Observe que os valores absolutos para a pressão e a temperatura têm que ser usados nas equações para as variações nas propriedades por meio de ondas de choque.

As variações nas propriedades do escoamento através de uma onda de choque são apresentadas na Tabela A.1 para um gás, tal como o ar, para o qual $k = 1,4$.

Uma onda de choque é um processo adiabático em que nenhum trabalho de eixo é realizado. Assim, para gases ideais, a temperatura total (e a entalpia total) permanece inalterada pela onda. A pressão total, no entanto, muda através de uma onda de choque. A pressão total a montante da onda no Exemplo 12.5 é

$$p_{t_1} = p_1\left(1 + \frac{k-1}{2}M_1^2\right)^{k/(k-1)}$$

$$= 100\text{ kPa}[1 + (0,2)(1,6^2)]^{3,5} = 425\text{ kPa}$$

A pressão total a jusante da mesma onda é

$$p_{t_2} = p_2\left(1 + \frac{k-1}{2}M_2^2\right)^{k/(k-1)}$$

$$= 282\text{ kPa}[1 + (0,2)(0,668^2)]^{3,5} = 380\text{ kPa}$$

Com isso, a pressão total diminui através da onda de choque, visto que o escoamento através dela não é um processo isentrópico, e para que a pressão total permaneça constante ao longo de linhas de corrente é preciso que o escoamento seja isentrópico. Os valores para a razão entre pressões totais através de uma onda de choque normal também são fornecidos na Tabela A.1.

Existência de Ondas de Choque Apenas em Escoamentos Supersônicos

Fazendo referência novamente à Eq. (12.40), que dá o número de Mach a jusante de uma onda de choque normal, se fosse para substituir um valor para M_1 menor do que a unidade, fica fácil de ver que um valor para M_2 seria maior do que a unidade. Por exemplo, se $M_1 = 0{,}5$ no ar, então

$$M_2^2 = \frac{(0{,}4)(0{,}5)^2 + 2}{(2{,}8)(0{,}5)^2 - 0{,}4}$$

$$M_2 = 2{,}65$$

É possível haver uma onda de choque em um escoamento subsônico por meio da qual o número de Mach se torna supersônico? Nesse caso, a pressão total também aumentaria através da onda de choque; isto é,

$$\frac{p_{t_2}}{p_{t_1}} > 1$$

A única maneira de determinar se tal solução é possível é invocando a segunda lei da termodinâmica, que estabelece que para qualquer processo a entropia do universo deve permanecer inalterada ou aumentar.

$$\Delta s_{\text{univ}} \geq 0 \quad \textbf{(12.41)}$$

Uma vez que a onda de choque é um processo adiabático, não existe variação na entropia da vizinhança; assim, a entropia do sistema deve permanecer inalterada ou aumentar.

$$\Delta s_{\text{sys}} \geq 0 \quad \textbf{(12.42)}$$

A variação na entropia de um gás ideal entre as pressões p_1 e p_2 e as temperaturas T_1 e T_2 é dada por (1)

$$\Delta s_{1 \to 2} = c_p \ln \frac{T_2}{T_1} - R \ln \frac{p_2}{p_1} \quad \textbf{(12.43)}$$

Usando a relação entre c_p e R, Eq. (12.21), pode-se expressar a variação na entropia como

$$\Delta s_{1 \to 2} = R \ln \left[\frac{p_1}{p_2} \left(\frac{T_2}{T_1} \right)^{k/(k-1)} \right] \quad \textbf{(12.44)}$$

Observe que a grandeza dentro dos colchetes quadrados é simplesmente a razão entre pressões totais, conforme dada pela Eq. (12.27). Portanto, a variação na entropia através de uma onda de choque pode ser reescrita da seguinte maneira

$$\Delta s = R \ln \frac{p_{t_1}}{p_{t_2}} \quad \textbf{(12.45)}$$

Uma onda de choque por meio da qual o número de Mach varia de subsônico para supersônico daria origem a uma razão entre pressões totais menor do que a unidade e uma correspondente diminuição na entropia,

$$\Delta s_{\text{sis}} < 0$$

o que viola a segunda lei da termodinâmica. Portanto, as ondas de choque só podem existir em escoamentos supersônicos.

A razão entre pressões totais se aproxima da unidade para $M_1 \to 1$, o que está de acordo com a definição de que as ondas sonoras são isentrópicas ($\ln 1 = 0$). O exemplo 12.6 demonstra o aumento na entropia por meio de uma onda de choque normal.

EXEMPLO 12.6

Aumento da Entropia por Meio de uma Onda de Choque

Enunciado do Problema

Uma onda de choque normal ocorre no ar que escoa a um número de Mach de 1,5. Determine a variação na entropia através da onda.

Defina a Situação

Uma onda de choque normal no ar possui um número de Mach a montante de 1,5.

Propriedades: A partir da Tabela A.2, $R_{ar} = 287$ J/kg·K, e $k = 1,4$.

Estabeleça o Objetivo

Determinar a variação na entropia (em J/kg·K) através da onda.

Tenha Ideias e Trace um Plano

1. Calcule o número de Mach a jusante usando a Eq. (12.40).
2. Calcule a razão entre pressões através da onda usando a Eq. (12.37).
3. Calcule a temperatura através da onda usando a Eq. (12.38).
4. Calcule a variação na entropia usando a Eq. (12.44).

Aja (Execute o Plano)

1. Número de Mach a jusante:

$$M_2^2 = \frac{(k-1)M_1^2 + 2}{2kM_1^2 - (k-1)} = \frac{(0,4)(1,5)^2 + 2}{(2,8)(1,5)^2 - 0,4} = 0,492$$

$$M_2 = 0,701$$

2. Razão entre pressões:

$$\frac{p_2}{p_1} = \left(\frac{1 + kM_1^2}{1 + kM_2^2}\right) = \left[\frac{1 + (1,4)(1,5)^2}{1 + (1,4)(0,701)^2}\right] = 2,46$$

3. Razão entre temperaturas:

$$\frac{T_2}{T_1} = \left\{\frac{1 + [(k-1)/2]M_1^2}{1 + [(k-1)/2]M_2^2}\right\} = \left[\frac{1 + (0,2)(2,25)}{1 + (0,2)(0,492)}\right] = 1,32$$

4. Variação de entropia:

$$\Delta s = R \ln\left[\left(\frac{p_1}{p_2}\right)\left(\frac{T_2}{T_1}\right)^{k/(k-1)}\right]$$

$$= 287\,(\text{J/kg K}) \ln\left[\left(\frac{1}{2,46}\right)(1,32)^{3,5}\right]$$

$$= \boxed{20,5 \text{ J/kg K}}$$

Serão dados mais exemplos de ondas de choque na próxima seção. Esta seção termina com uma discussão qualitativa de outras características das ondas de choque.

Além das ondas de choques normais aqui estudadas, existem as oblíquas, que estão inclinadas em relação à direção do escoamento. Observe novamente a estrutura da onda de choque em frente a um corpo grosseiro, conforme representado qualitativamente na Figura 12.10. A porção da onda de choque imediatamente à frente do corpo se comporta como uma onda de choque normal. À medida que ela se dobra na direção da corrente livre, resultam ondas de choque oblíquas. As mesmas relações derivadas anteriormente para as ondas de choque normais são válidas para as componentes da velocidade normais às ondas oblíquas. Estas continuam a dobrar na direção a jusante, até que o número de Mach da componente da velocidade normal à onda seja igual à unidade. Então, a onda de choque oblíqua se degenerou no que é denomi-

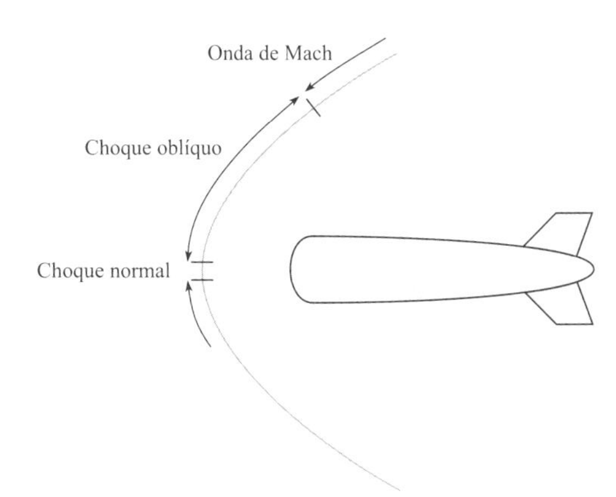

FIGURA 12.10
Estrutura de uma onda de choque à frente de um corpo grosseiro.

nado uma onda de Mach, por meio da qual as variações nas propriedades do escoamento são infinitesimais.

Os estrondos sônicos familiares são o resultado de fracas ondas de choque oblíquas que atingem o nível do solo. É possível imaginar os danos que seriam decorrentes de ondas de choque oblíquas mais fortes se fosse permitido às aeronaves viajar a velocidades supersônicas próximo ao nível do solo.

12.4 Escoamento Compressível Isentrópico através de um Duto com Área Variável

Com o escoamento de fluidos incompressíveis através de uma configuração Venturi, à medida que o escoamento se aproxima da garganta (menor área), a velocidade aumenta e a pressão diminui; então, conforme a área aumenta novamente, a velocidade diminui. A mesma relação velocidade-área não é sempre encontrada para os escoamentos compressíveis. O objetivo desta seção é mostrar a dependência das propriedades do escoamento em relação à variação na área de seção transversal com um escoamento compressível em dutos com área variável.

Dependência do Número de Mach em Relação à Variação da Área

FIGURA 12.11

Duto com área variável.

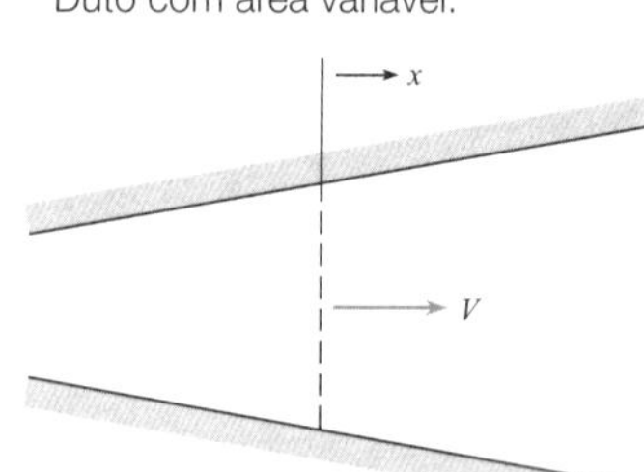

Considere o duto com área variável mostrado na Figura 12.11. Presume-se que o escoamento é isentrópico e que as propriedades do escoamento em cada seção são uniformes. Esse tipo de análise, em que as propriedades do escoamento são consideradas uniformes em cada seção, mas em que é permitida a variação da área da seção transversal (não uniforme), é classificado como "quase unidimensional".

O escoamento mássico através do duto é dado por

$$\dot{m} = \rho A V \tag{12.46}$$

em que A é a área de seção transversal do duto. Uma vez que a vazão mássica é constante ao longo do duto,

$$\frac{d\dot{m}}{dx} = \frac{d(\rho A V)}{dx} = 0 \tag{12.47}$$

o que pode ser escrito como,*

$$\frac{1}{\rho}\frac{d\rho}{dx} + \frac{1}{A}\frac{dA}{dx} + \frac{1}{V}\frac{dV}{dx} = 0 \tag{12.48}$$

o escoamento é considerado invíscido, tal que a equação de Euler é válida. Para o escoamento em regime estacionário,

$$\rho V\frac{dV}{dx} + \frac{dp}{dx} = 0$$

Usando a Eq. (12.7), que relaciona $dp/d\rho$ à velocidade do som em um escoamento isentrópico, tem-se

$$\frac{-V}{c^2}\frac{dV}{dx} = \frac{1}{\rho}\frac{d\rho}{dx} \tag{12.49}$$

Usando essa relação para eliminar ρ na Eq. (12.48), o resultado é

---

*Esta etapa pode ser vista com facilidade, primeiro tomando o logaritmo da Eq. (12.46),

$$\ln(\rho A V) = \ln\rho + \ln A + \ln V$$

e então tirando a derivada de cada termo:

$$\frac{d}{dx}[\ln(\rho A V)] = 0 = \frac{1}{\rho}\frac{d\rho}{dx} + \frac{1}{A}\frac{dA}{dx} + \frac{1}{V}\frac{dV}{dx}$$

$$\frac{1}{V}\frac{dV}{dx} = \frac{1}{M^2 - 1}\frac{1}{A}\frac{dA}{dx} \tag{12.50a}$$

que pode ser escrito de maneira alternativa como

$$\frac{dV}{dA} = \frac{V}{A}\frac{1}{M^2 - 1} \tag{12.50b}$$

Esta equação, embora simples, leva às seguintes importantes e abrangentes conclusões.

Escoamento Subsônico

Para um escoamento subsônico, $M^2 - 1$ é negativo, tal que $dV/dA < 0$, o que significa que uma área decrescente leva a uma velocidade crescente, e, de forma correspondente, uma área crescente leva a uma velocidade decrescente. Essa relação velocidade-área é semelhante à tendência para os escoamentos incompressíveis.

Escoamento Supersônico

Para um escoamento supersônico, $M^2 - 1$ é positivo, tal que $dV/dA > 0$, o que significa que uma área decrescente leva a uma velocidade decrescente, e uma área crescente leva a uma velocidade crescente. Dessa forma, a velocidade na área mínima de um duto com escoamento compressível supersônico é um mínimo. Esse é o princípio que está por trás da operação de difusores em motores a jato para aeronaves supersônicas, conforme mostrado na Figura 12.12. O propósito do difusor é desacelerar o escoamento tal que haja tempo suficiente para a combustão na câmara. Então, o bocal divergente acelera novamente o escoamento para atingir uma maior energia cinética dos gases de exaustão e uma maior potência do motor.

Escoamento Transônico ($M \approx 1$)

As estações ao longo de um duto que correspondem a $dA/dx = 0$ representam ou um mínimo local ou um máximo local na área de seção transversal do duto, conforme ilustrado na Figura 12.13. Se nessas estações o escoamento for subsônico ($M < 1$) ou supersônico ($M > 1$), então pela Eq. (12.50a) $dV/dx = 0$, de modo que a velocidade do escoamento teria um valor máximo ou mínimo. Em particular, se o escoamento fosse supersônico através do duto na Figura 12.13a, então a velocidade seria um mínimo na garganta; no caso de ser subsônico, um máximo.

O que acontece se o número de Mach for igual à unidade? A Eq. (12.50a) estabelece que se o número de Mach for igual à unidade e dA/dx for diferente de zero, então o gradiente de velocidades dV/dx é infinito – uma situação fisicamente impossível. Portanto, dA/dx deve ser zero quando o número de Mach for unitário, para que exista um gradiente de velocidades finito e fisicamente razoável.*

O argumento pode ser levado um passo adiante para mostrar que o escoamento sônico só pode ocorrer em uma área mínima. Considere a Figura 12.13a. Se o escoamento for inicialmente subsônico, o duto convergente vai acelerá-lo em direção a uma velocidade sônica. Se o escoamento for inicialmente supersônico, o duto convergente vai desacelerá-lo em direção

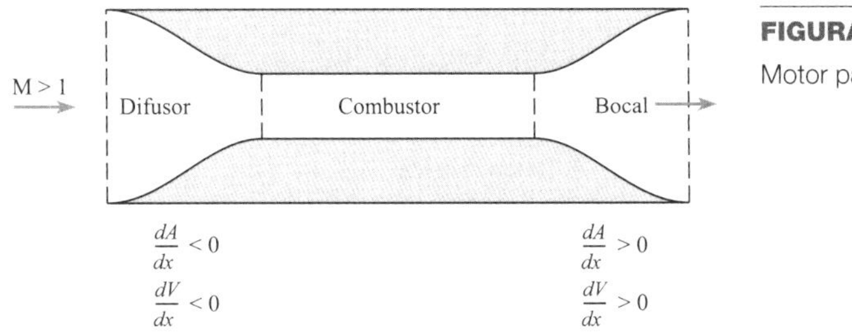

FIGURA 12.12
Motor para aeronave supersônica.

*Na realidade, o gradiente de velocidades é indeterminado, pois o numerador e o denominador são iguais a zero. No entanto, pode ser mostrado pela aplicação da regra de L'Hôpital que o gradiente de velocidades é finito.

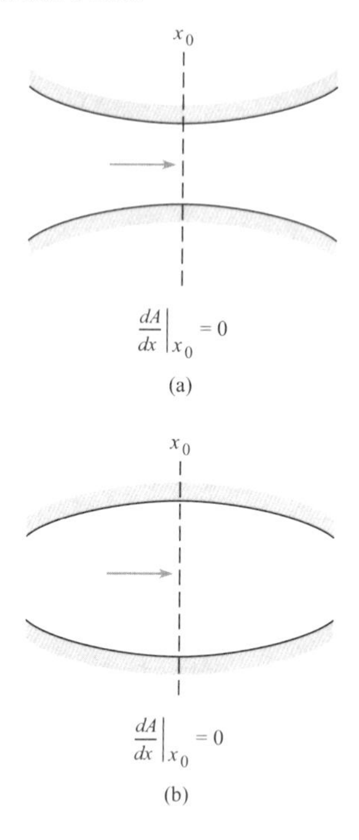

FIGURA 12.13

Contornos de duto para os quais dA/dx é zero.

à velocidade sônica. Usando esse mesmo raciocínio, pode-se provar que o escoamento sônico é impossível no duto representado na Figura 12.13b. Se o escoamento for inicialmente supersônico, o duto divergente aumenta ainda mais o número de Mach. Se o escoamento for inicialmente subsônico, o duto divergente diminui o número de Mach; assim, o escoamento sônico não pode ser atingido em uma área máxima. Dessa forma, o número de Mach em um duto com área de seção transversal variável só pode ser igual à unidade em um local de área mínima (garganta). Isso não significa, no entanto, que o número de Mach deva ser sempre igual à unidade em uma área mínima localizada.

Bocal de Laval

O bocal de Laval consiste em um duto com área variável que produz um escoamento supersônico. O bocal recebe esse nome em homenagem a seu inventor, de Laval (1845-1913), um engenheiro sueco. De acordo com a discussão anterior, o bocal deve consistir em uma seção convergente para acelerar o escoamento subsônico, uma seção de garganta para o escoamento transônico, e uma seção divergente para acelerar ainda mais o escoamento supersônico. Dessa maneira, a forma do bocal de Laval está mostrada na Figura 12.14.

Uma aplicação muito importante do bocal de Laval é o túnel de vento supersônico, que foi uma ferramenta indispensável no desenvolvimento de aeronaves supersônicas. Basicamente, esse túnel (conforme ilustrado na Fig. 12.15) consiste em uma fonte de gás de alta pressão, um bocal de Laval para produzir escoamento supersônico, e uma seção de testes. A fonte de alta pressão pode ser um grande tanque pressurizado, o qual é conectado ao bocal de Laval por meio de uma válvula reguladora para manter uma pressão a montante constante, ou um sistema de bombeamento que proporciona uma fonte contínua de gás a alta pressão.

As equações relacionadas com o escoamento compressível por meio de um bocal de Laval já foram desenvolvidas. Uma vez que a vazão mássica é a mesma em todas as seções transversais,

$$\rho V A = \text{constante}$$

e a constante é avaliada geralmente em relação àquelas condições que existem quando o número de Mach é unitário. Assim,

$$\rho V A = \rho_* V_* A_* \tag{12.51}$$

em que o asterisco significa condições em que o número de Mach é igual à unidade. Rearranjando a Eq. (12.51), tem-se

$$\frac{A}{A_*} = \frac{\rho_* V_*}{\rho V}$$

Contudo, a velocidade é o produto do número de Mach e a velocidade local do som. Portanto,

$$\frac{A}{A_*} = \frac{\rho_*}{\rho} \frac{\mathrm{M}_* \sqrt{kRT_*}}{\mathrm{M} \sqrt{kRT}} \tag{12.52}$$

Por definição, $\mathrm{M}_* = 1$, tal que

$$\frac{A}{A_*} = \frac{\rho_*}{\rho} \left(\frac{T_*}{T}\right)^{1/2} \frac{1}{\mathrm{M}} \tag{12.53}$$

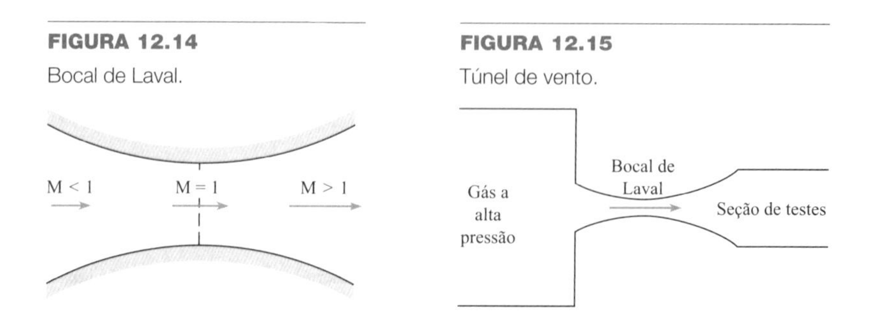

FIGURA 12.14

Bocal de Laval.

FIGURA 12.15

Túnel de vento.

Uma vez que o escoamento em um bocal de Laval é considerado isentrópico, a temperatura total e a pressão total (e a densidade total) são constantes ao longo de todo o bocal. A partir da Eq. (12.28),

$$\frac{\rho_*}{\rho} = \left\{\frac{1 + [(k-1)/2]M^2}{(k+1)/2}\right\}^{1/(k-1)}$$

e a partir da Eq. (12.24),

$$\frac{T_*}{T} = \frac{1 + [(k-1)/2]M^2}{(k+1)/2}$$

Substituindo-se essas expressões na Eq. (12.53) gera-se a seguinte relação para a razão entre áreas como uma função do número de Mach em um duto com área variável:

$$\frac{A}{A_*} = \frac{1}{M}\left\{\frac{1 + [(k-1)/2]M^2}{(k+1)/2}\right\}^{(k+1)/2(k-1)} \quad \textbf{(12.54)}$$

Essa equação é válida, obviamente, para todos os números de Mach: subsônicos, transônico e supersônicos. A razão entre áreas A/A_* é a razão entre a área na estação onde o número de Mach é M e a área onde M é igual à unidade. Muitos túneis de vento supersônicos são projetados para manter a mesma área de seção de testes e para variar o número de Mach de acordo com a área da garganta.

O Exemplo 12.7 ilustra o uso da expressão para o número de Mach-razão entre áreas para dimensionar a seção de testes de um túnel de vento supersônico.

O Exemplo 12.7 demonstra que calcular a razão entre áreas, dado o número de Mach e a razão entre calores específicos, é uma tarefa direta. Contudo, na prática, geralmente se conhece a razão entre as áreas e se deseja determinar o número de Mach. Não é possível resolver a Eq. (12.54) para o número de Mach como uma função explícita da razão entre as áreas. Por esse motivo, foram desenvolvidas tabelas de escoamento compressível que permitem obter o número de Mach com facilidade, dada a razão entre as áreas (como mostrado na Tabela A.1).

EXEMPLO 12.7

Determinando a Dimensão da Seção de Testes em um Túnel de Vento Supersônico

Enunciado do Problema

Suponha que um túnel de vento supersônico esteja sendo projetado para operar com ar em um número de Mach de 3. Se a área da garganta é de 10 cm², qual deve ser a área de seção transversal da seção de testes?

Defina a Situação

Projetar um túnel de vento supersônico com um número de Mach de 3,0 na seção de testes.

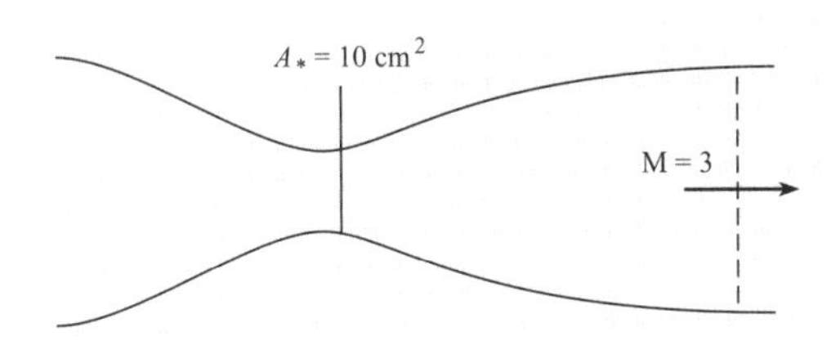

Propriedades: A partir da Tabela A.2, $k_{ar} = 1{,}4$.

Estabeleça o Objetivo

Determinar a área de seção transversal (em cm²) da seção de testes.

Tenha Ideias e Trace um Plano

1. Use a Eq. (12.54), que fornece a razão entre as áreas com relação à seção da garganta.
2. Calcule a área da seção de testes.

Aja (Execute o Plano)

1. Razão entre as áreas:

$$\frac{A}{A_*} = \frac{1}{M}\left\{\frac{1 + [(k-1)/2]M^2}{(k+1)/2}\right\}^{(k+1)/2(k-1)}$$

$$= \frac{1}{3}\left[\frac{1 + (0{,}2)3^2}{1{,}2}\right]^3 = 4{,}23$$

2. Área de seção transversal da seção de testes:

$$A = 4{,}23 \times 10\ \text{cm}^2 = \boxed{42{,}3\ \text{cm}^2}$$

Considere novamente a Tabela A.1. Essa tabela foi desenvolvida para um gás, como o ar, para o qual $k = 1{,}4$. Os símbolos que encabeçam cada coluna são definidos no começo da tabela. São fornecidas as tabelas tanto para o escoamento subsônico como para o supersônico. O Exemplo 12.8 mostra como usar as tabelas para determinar as propriedades do escoamento em determinada razão entre as áreas.

EXEMPLO 12.8

Propriedades do Escoamento em um Túnel de Vento Supersônico

Enunciado do Problema

A seção de testes de um túnel de vento supersônico que usa ar tem uma razão entre as áreas de 10. A pressão e temperatura totais absolutas são de 4 MPa e 350 K. Determine o número de Mach, a pressão, a temperatura e a velocidade na seção de testes.

Defina a Situação

Situação. Um túnel de vento supersônico possui uma razão entre as áreas de 10.

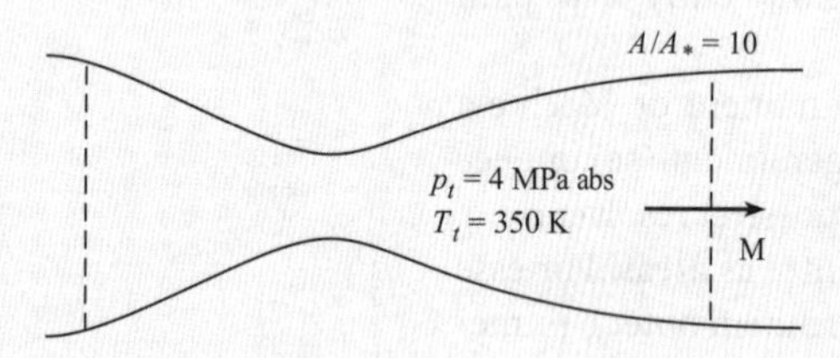

Propriedades: A partir da Tabela A.2, $k_{ar} = 1{,}4$, $R_{ar} = 287$ J/kg·K.

Estabeleça o Objetivo

Determinar o número de Mach, a pressão, a temperatura e a velocidade na seção de testes.

Tenha Ideias e Trace um Plano

1. Use a Tabela A.1 e interpole para determinar o número de Mach na seção de testes.
2. Use a Tabela A.1 para determinar as razões entre pressões e temperaturas na seção de testes.
3. Avalie a pressão e a temperatura na seção de testes.
4. Calcule a velocidade do som usando a Eq. (12.11).
5. Determine a velocidade usando $V = MC$.

Aja (Execute o Plano)

1. A partir da Tabela A.1:

M	A/A_*
3,5	9,79
4,0	10,72

Interpolando entre os dois pontos, tem-se $\boxed{M = 3{,}91}$ em $A/A_* = 10{,}0$.

2. Interpolando usando a Tabela A.1 para determinar as razões entre pressões e temperaturas:

$$\frac{p}{p_t} = 0{,}00743 \quad \text{e} \quad \frac{T}{T_t} = 0{,}246$$

3. Na seção de testes,

$$p = 0{,}00743 \times 4 \text{ MPa} = \boxed{29{,}7 \text{ kPa}}$$
$$T = 0{,}246 \times 350 \text{ K} = \boxed{86 \text{ K}}$$

4. Velocidade do som:

$$c = \sqrt{kRT} = \sqrt{1{,}4 \times 287 \times 86} = 186 \text{ m/s}$$

5. Velocidade:

$$V = 3{,}91 \times 186 \text{ m/s} = \boxed{727 \text{ m/s}}$$

Reveja a Solução e o Processo

Conhecimento. Baixas temperaturas podem causar problemas. Observe que a temperatura do ar na seção de testes é de apenas 86 K, ou −187 °C. Nessa temperatura, o vapor d'água no ar pode condensar, criando uma névoa no túnel e comprometendo a sua utilidade.

Vazão Mássica através de um Bocal de Laval

Uma consideração importante no projeto de um túnel de vento supersônico é o seu tamanho. Um grande túnel de vento exige uma grande vazão mássica, que por sua vez exige um grande sistema de bombeamento para um túnel com fluxo contínuo ou um grande tanque para um tempo de operação suficiente em um túnel intermitente. O propósito desta seção é desenvolver uma equação para a vazão mássica.

A estação mais fácil na qual calcular a vazão mássica é a garganta, pois ali o número de Mach é unitário.

$$\dot{m} = \rho_* A_* V_* = \rho_* A_* \sqrt{kRT_*}$$

É mais conveniente, no entanto, expressar a vazão mássica no que se refere às suas condições totais. A densidade local e a temperatura estática na velocidade sônica estão relacionadas com a densidade total e com a temperatura por

$$\frac{T_*}{T_t} = \left(\frac{2}{k+1}\right)$$

$$\frac{\rho_*}{\rho_t} = \left(\frac{2}{k+1}\right)^{1/(k-1)}$$

que, quando substituídas na equação anterior, resulta em

$$\dot{m} = \rho_t \sqrt{kRT_t} A_* \left(\frac{2}{k+1}\right)^{(k+1)/2(k-1)} \quad \textbf{(12.55)}$$

Geralmente, a pressão e a temperatura total são conhecidas. Usando a lei do gás ideal para eliminar ρ_t gera a expressão para a *vazão mássica crítica*

$$\dot{m} = \frac{p_t A_*}{\sqrt{RT_t}} k^{1/2} \left(\frac{2}{k+1}\right)^{(k+1)/2(k-1)} \quad \textbf{(12.56)}$$

Para gases com uma razão entre calores específicos de 1,4,

$$\dot{m} = 0{,}685 \frac{p_t A_*}{\sqrt{RT_t}} \quad \textbf{(12.57)}$$

Para gases com $k = 1{,}67$,

$$\dot{m} = 0{,}727 \frac{p_t A_*}{\sqrt{RT_t}} \quad \textbf{(12.58)}$$

O Exemplo 12.9 ilustra como calcular a vazão mássica em um túnel de vento supersônico dadas as condições na seção de testes.

EXEMPLO 12.9

Vazão Mássica em um Túnel de Vento Supersônico

Enunciado do Problema

Um túnel de vento supersônico com uma seção de testes quadrada com 15 cm por 15 cm está sendo projetado para operar em um número de Mach de 3 usando ar. A temperatura e a pressão estáticas na seção de teste são de −20 °C e 50 kPa abs, respectivamente. Calcule a vazão mássica.

Defina a Situação

Um túnel de vento supersônico com Mach 3 possui uma seção de testes de 15 cm por 15 cm.

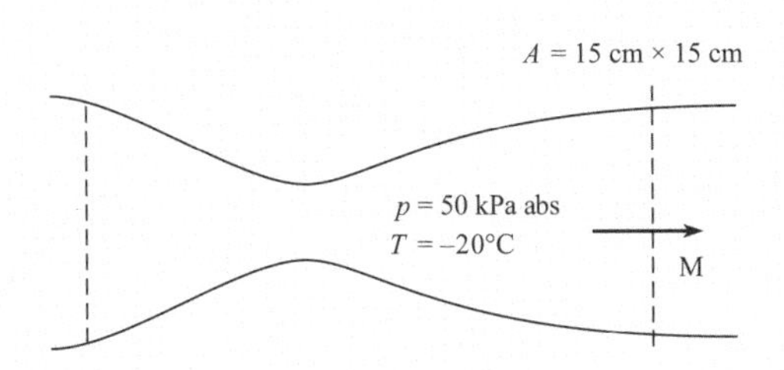

Propriedades: A partir da Tabela A.2, $k_{ar} = 1{,}4$ e $R_{ar} = 287$ J/kg·K.

Estabeleça o Objetivo

Calcular a vazão mássica (kg/s) no túnel.

Tenha Ideias e Trace um Plano

1. Use a Eq. (12.54) para determinar a razão entre as áreas e para calcular a área da garganta.
2. Use a Eq. (12.22) para determinar a temperatura total.
3. Use a Eq. (12.26) para determinar a pressão total.
4. Use a Eq. (12.56) para determinar a vazão mássica.

Aja (Execute o Plano)

1. Razão entre as áreas:

$$\frac{A}{A_*} = \frac{1}{M}\left\{\frac{1 + [(k-1)/2]M^2}{(k+1)/2}\right\}^{(k+1)/2(k-1)}$$

$$= \frac{1}{3}\left[\frac{1 + 0{,}2 \times 3^2}{1{,}2}\right]^3 = 4{,}23$$

Área da garganta:

$$A_* = \frac{225 \text{ cm}^2}{4{,}23} = 53{,}2 \text{ cm}^2 = 0{,}00532 \text{ m}^2$$

2. Temperatura total:

$$T_t = T\left(1 + \frac{k-1}{2}M^2\right) = 253\text{ K}\,(2{,}8) = 708\text{ K}$$

3. Pressão total:

$$p_t = p\left(1 + \frac{k-1}{2}M^2\right)^{k/(k-1)} = (50\text{ kPa})(36{,}7)$$

$$= 1840\text{ kPa} = 1{,}84\text{ MPa}$$

4. Vazão mássica:

$$\dot{m} = 0{,}685\frac{p_t A_*}{\sqrt{RT_t}} = \frac{(0{,}685)[1{,}840(10^6\text{ N/m}^2)](0{,}00532\text{ m}^2)}{[(287\text{ J/kg K})(708\text{ K})]^{1/2}}$$

$$= \boxed{14{,}9\text{ kg/s}}$$

Reveja a Solução e o Processo

1. *Discussão.* Uma forma alternativa de resolver este problema consiste em calcular a densidade na seção de testes usando a lei dos gases ideais, calcular a velocidade do som com a equação da velocidade do som, determinar a velocidade do ar usando o número de Mach, e, finalmente, determinar a vazão mássica com $\dot{m} = \rho VA$.
2. *Discussão.* Uma bomba capaz de deslocar ar segundo essa taxa contra uma pressão de 1,8 MPa exigiria mais de 6000 kW de potência na sua alimentação. Tal sistema seria grande e caro de construir e operar.

Classificação do Escoamento em um Bocal pelas Condições de Saída

Os bocais são classificados pelas condições na sua saída. Considere o bocal de Laval mostrado na Figura 12.16 com as correspondentes distribuições de pressão e de número de Mach plotadas abaixo dele. A pressão na entrada do bocal é muito próxima à pressão total, pois o número de Mach é pequeno. À medida que a área diminui em direção à garganta, o número de Mach aumenta e a pressão diminui. A razão entre as pressões estática e total na garganta, nas quais as condições são sônicas, é chamada de **razão de pressão crítica**. Ela possui um valor de

$$\frac{p_*}{p_t} = \left(\frac{2}{k+1}\right)^{k/(k-1)}$$

que para o ar com $k = 1{,}4$ é

$$\frac{p_*}{p_t} = 0{,}528$$

Ela é chamada de razão de pressão crítica porque para atingir um escoamento sônico com o ar em um bocal é necessário que a pressão de saída seja igual a ou menor que 0,528 vez a pressão total. A pressão continua a diminuir até atingir a pressão de saída correspondente à razão de áreas da saída do bocal. De maneira semelhante, o número de Mach aumenta de forma constante com a distância ao longo do bocal.

A natureza do escoamento na saída do bocal depende da diferença entre a pressão de saída, p_s, e a contrapressão (a pressão na qual o bocal faz sua exaustão). Se a pressão de saída for

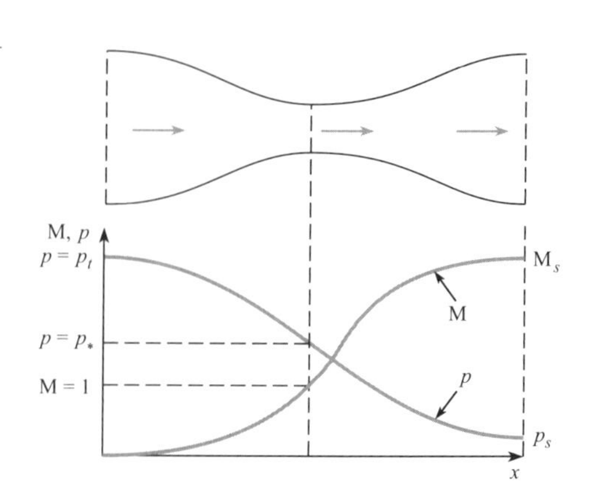

FIGURA 12.16

Distribuição da pressão estática e do número de Mach em um bocal de Laval.

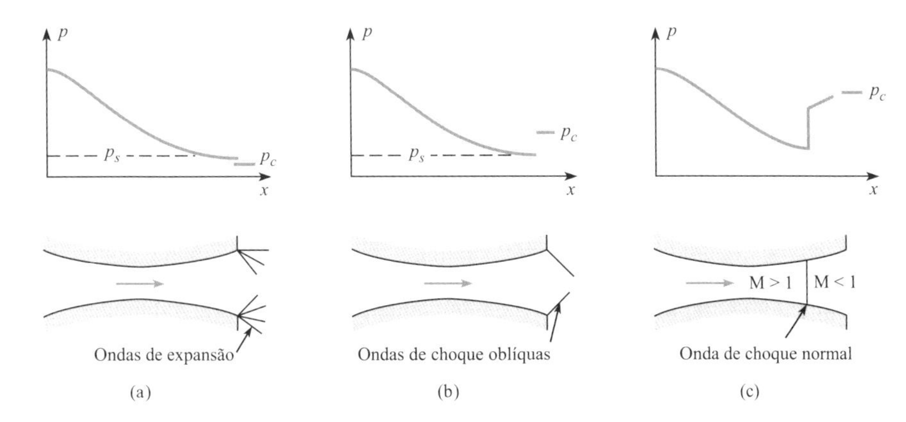

FIGURA 12.17

Condições na saída de um bocal: (a) ondas de expansão, (b) ondas de choque oblíquas, (c) onda de choque normal.

maior do que a contrapressão, então existe uma onda de expansão na saída do bocal, conforme mostrado na Figura 12.17a. Essas ondas, que não serão estudadas neste texto, causam uma aceleração giratória e adicional do escoamento para atingir a contrapressão. Quando se observa a exaustão de um motor de foguete à medida que ele se eleva por meio de uma pressão continuamente decrescente das altitudes mais elevadas, pode-se notar uma fumaça giratória à medida que o escoamento gira mais em resposta à menor contrapressão. Um bocal para o qual a pressão de saída é maior do que a contrapressão é chamado de **bocal subexpandido**, pois o escoamento poderia haver expandido mais.

Se a pressão de saída for menor do que a contrapressão, ocorrem ondas de choque. Se a pressão de saída for apenas ligeiramente menor do que a contrapressão, então a equalização de pressão pode ser obtida por ondas de choque oblíquas na saída do bocal, conforme mostrado na Figura 12.17b.

Se, no entanto, a diferença entre a contrapressão e a pressão de saída for maior do que puder ser acomodada por ondas de choque oblíquas, então vai ocorrer uma onda de choque normal no bocal, conforme mostrado na Figura 12.17c. Ocorre um salto da pressão por meio da onda de choque normal. O escoamento se torna subsônico e desacelera na porção remanescente da seção divergente, de maneira tal que a pressão de saída seja igual à contrapressão. À medida que a contrapressão aumenta ainda mais, a onda de choque se move em direção à região da garganta, até que, finalmente, não exista nenhuma região de escoamento supersônico. Um bocal em que a pressão de saída correspondente à razão da área de saída do bocal é menor do que a contrapressão é denominado **bocal superexpandido**. Qualquer escoamento que saia de um duto (ou tubo) subsonicamente deve sempre sair na contrapressão local.

Um bocal com um escoamento supersônico em que a pressão de saída é igual à contrapressão é **idealmente expandido**.

A avaliação das condições de saída do bocal é fornecida no Exemplo 12.10.

EXEMPLO 12.10

Determinando uma Condição de Saída de Bocal

Enunciado do Problema

A pressão total em um bocal com uma razão de áreas (A/A_*) de 4 é 1,3 MPa. O ar está escoando através do bocal. Se a contrapressão é de 100 kPa, o bocal é superexpandido, idealmente expandido ou subexpandido?

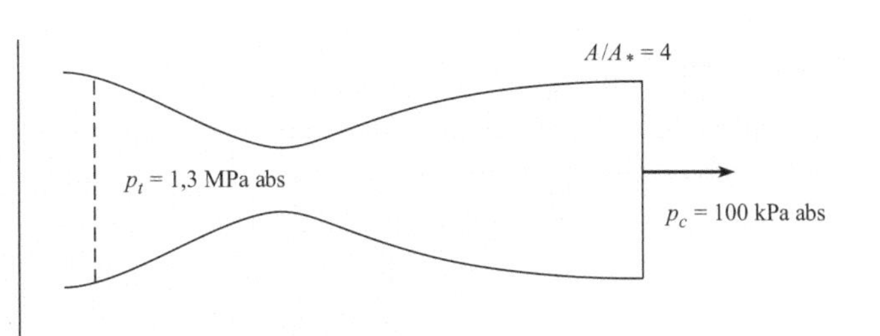

Defina a Situação

O ar escoa através de um bocal com uma razão da área de saída de 4.

Estabeleça o Objetivo

Determinar o estado da condição de saída (idealmente expandida, superexpandida ou subexpandida).

Tenha Ideias e Trace um Plano

1. Interpole a Tabela A.1 para determinar o número de Mach correspondente à razão da área de saída.
2. Calcule a pressão de saída usando a Eq. (12.26).
3. Compare a pressão de saída à contrapressão para determinar a condição de saída.

Aja (Execute o Plano)

1. Interpolação para o número de Mach a partir da Tabela A.1:

M	A/A_*
2,90	3,850
3,00	4,235

2. Pressão de saída:

$$\frac{p_t}{p_s} = \left(1 + \frac{k-1}{2}\mathrm{M}^2\right)^{k/(k-1)}$$

$$p_s = \frac{1300\ \text{kPa}}{(1 + 0,2 \times 2,94^2)^{3,5}} = 38,7\ \text{kPa}.$$

3. Uma vez que $p_s < p_c$, o bocal é superexpandido.

Reveja a Solução e o Processo

Conhecimento. Uma vez que o bocal é superexpandido, existirá uma estrutura de onda de choque dentro do bocal para atingir o equilíbrio de pressão na saída do bocal.

O Exemplo 12.11 ilustra como calcular a pressão estática na saída de um bocal de Laval com escoamento superexpandido.

EXEMPLO 12.11

Uma Onda de Choque em um Bocal de Laval

Enunciado do Problema

O bocal de Laval mostrado na figura possui uma razão de expansão de 4 (área de saída/área da garganta). O ar escoa através do bocal, e uma onda de choque normal ocorre onde a razão de áreas é 2. A pressão total a montante do choque é de 1 MPa. Determine a pressão estática na saída.

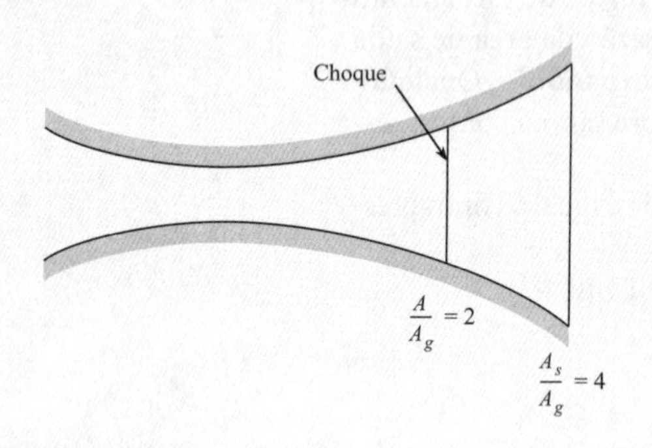

Defina a Situação

O ar escoa no bocal de Laval com uma razão de áreas (A_s/A_*) de 4 e uma onda de choque normal em $A/A_* = 2$.

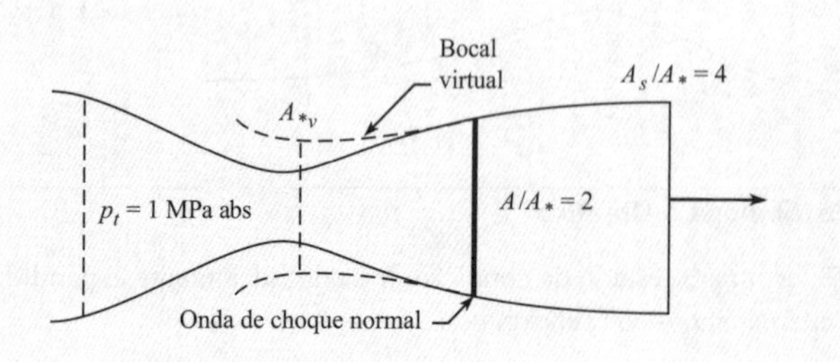

Propriedades: $k_{ar} = 1,4$.

Estabeleça o Objetivo

Calcular a pressão estática (em kPa) na saída.

Tenha Ideias e Trace um Plano

Este problema requer a identificação de um "bocal virtual" mostrado na figura. O bocal virtual consiste em um bocal em expansão com escoamento subsônico e um número de Mach igual ao número de Mach a jusante atrás da onda de choque normal.

1. A partir da Tabela A.1, interpole para determinar o número de Mach para $A/A_* = 2$.
2. Usando a mesma tabela, determine o número de Mach a jusante do choque e a razão entre pressões totais por meio do choque.
3. Calcule a pressão total a jusante da onda de choque.
4. Trate o problema como o escoamento em um bocal subsônico virtual com um número de Mach igual ao número de Mach atrás da onda com a nova pressão total. Calcule a razão de áreas de saída do bocal virtual.
5. Use a tabela de escoamento subsônico para determinar o número de Mach subsônico na saída.
6. Use a equação para a pressão total para calcular a pressão estática na saída.

Aja (Execute o Plano)

1. A partir da interpolação da parte para escoamento supersônico da Tabela A.1,

em $A/A_* = 2$, e $\mathrm{M} = 2,2$.

2. A partir dos mesmos dados na tabela,

$$M_2 = 0{,}547$$
$$\frac{p_{t_2}}{p_{t_1}} = 0{,}6281$$

3. Pressão total a jusante da onda de choque:

$$p_{t_2} = 0{,}6281 \times 1 \text{ MPa} = 6{,}28 \text{ kPa}$$

4. A partir da parte subsônica da Tabela A.1,

em $M = 0{,}547$, e $A/A_{*v} = 1{,}26$.

5. Razão de áreas de saída do bocal virtual:

$$\frac{A_s}{A_{*v}} = \frac{A_s}{A_*} \times \frac{A_*}{A_{oc}} \times \frac{A_{oc}}{A_{*v}}$$
$$= 4 \times \frac{1}{2} \times 1{,}26 = 2{,}52$$

em que A_{oc} é a área de seção transversal na onda de choque.

6. A partir da parte subsônica da Tabela A.1,

em $A/A_* = 2{,}52$, $M = 0{,}24$.

Pressão de saída a partir da Eq. (12.26):

$$\frac{p_t}{p_s} = \left(1 + \frac{k-1}{2}M^2\right)^{k/(k-1)}$$
$$p_s = \frac{628 \text{ kPa}}{[1 + (0{,}2)(0{,}24)^2]^{3{,}5}} = \boxed{603 \text{ kpa}}$$

Escoamento Mássico através de um Bocal Truncado

O **bocal truncado** é um bocal de Laval cortado na garganta, conforme mostrado na Figura 12.18. O bocal descarrega uma pressão p_c. Este tipo de bocal é importante para os engenheiros em função do seu uso frequente como um dispositivo de medição de vazão para escoamentos compressíveis. O objetivo desta seção é desenvolver uma equação para a vazão mássica através de um bocal truncado.

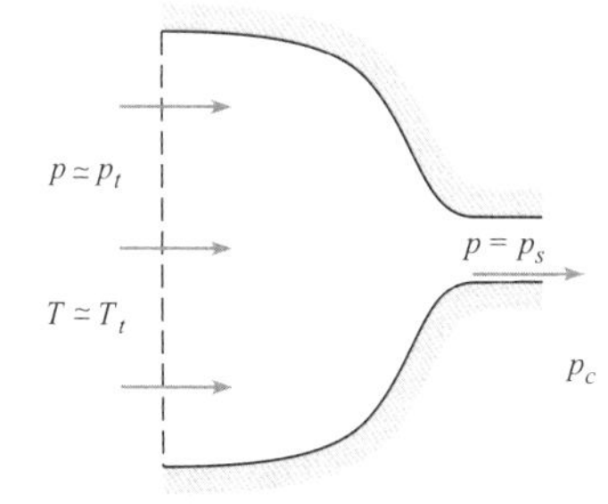

FIGURA 12.18
Bocal truncado.

Para calcular a vazão mássica, deve-se primeiro determinar se o escoamento na saída é sônico ou subsônico. Obviamente, o escoamento na saída nunca poderia ser supersônico, pois a área do bocal não diverge. Primeiro, calcule o valor da razão de pressão crítica,

$$\frac{p_*}{p_t} = \left(\frac{2}{k+1}\right)^{k/(k-1)}$$

que, para o ar, é igual a 0,528. Então, avalie a razão entre a contrapressão e a pressão total, p_c/p_t, e compare com a razão de pressão crítica:

1. Se $p_c/p_t \leq p_*/p_t$, a pressão de saída é maior ou igual à contrapressão, de modo que o fluxo de saída deve ser sônico. O equilíbrio de pressão é atingido após a saída por uma série de ondas de expansão. A vazão mássica é calculada usando a Eq. (12.56), em que A_* é a área na estação truncada.
2. Se $p_c/p_t \geq p_*/p_t$, o escoamento sai subsonicamente. Nesse caso, a pressão de saída é igual à contrapressão. Primeiro deve-se determinar o número de Mach na saída usando a Eq. (12.31):

$$M_s = \sqrt{\frac{2}{k-1}\left[\left(\frac{p_t}{p_c}\right)^{(k-1)/k} - 1\right]}$$

Usando esse valor para o número de Mach, calcule a temperatura estática e a velocidade do som na saída:

$$T_s = \frac{T_t}{\{1 + [(k-1)/2]M_s^2\}}$$
$$c_s = \sqrt{kRT_s}$$

A densidade do gás na saída do bocal é determinada usando a lei dos gases ideais com a temperatura de saída e a contrapressão:

$$\rho_s = \frac{p_c}{RT_s}$$

Finalmente, a vazão mássica é dada por

$$\dot{m} = \rho_s A_s M_s c_s$$

em que A_s é a área na seção truncada.

O Exemplo 12.12 mostra como calcular a vazão mássica em um bocal truncado.

EXEMPLO 12.12

Vazão Mássica em um Bocal Truncado

Enunciado do Problema

O ar sai através de um bocal truncado com 3 cm de diâmetro vindo de um reservatório a uma pressão de 160 kPa e uma temperatura de 80 °C. Calcule a vazão mássica se a contrapressão é de 100 kPa.

Defina a Situação

Ar escoa através de um bocal truncado com 3 cm de diâmetro.

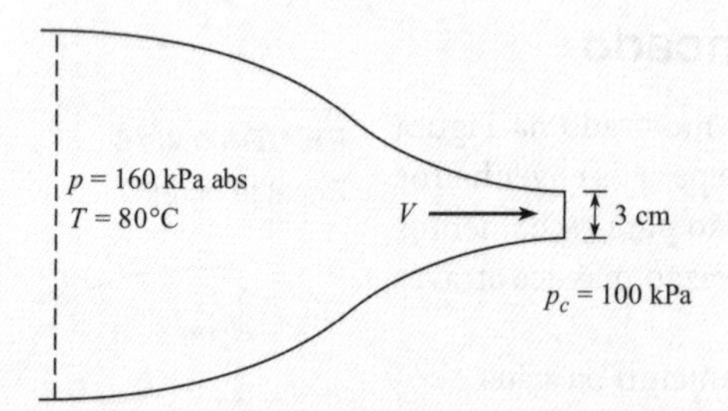

Propriedades: A partir da Tabela A.2, $k_{ar} = 1{,}4$.

Estabeleça o Objetivo

Calcular a vazão mássica (em kg/s) através do bocal.

Tenha Ideias e Trace um Plano

1. Determine a condição de saída comparando a pressão de saída com a contrapressão. Se $p_c/p_t < p_*/p_t$, o escoamento de saída é sônico. Se $p_c/p_t > p_*/p_t$, o escoamento de saída é subsônico.
2. Calcule a vazão mássica de acordo com a condição de saída.

Aja (Execute o Plano)

1. Razão entre a pressão de saída e a pressão total:

$$p_c/p_t = 100/160 = 0{,}625$$

Uma vez que 0,625 é maior do que a razão de pressão crítica para o ar (0,528), o escoamento na saída do bocal deve ser subsônico.

2. Número de Mach na saída, a partir da equação para a pressão total, Eq. (12.26):

$$M_s^2 = \frac{2}{k-1}\left[\left(\frac{p_t}{p_c}\right)^{(k-1)/k} - 1\right]$$

$$M_s = 0{,}85$$

Temperatura estática na saída, a partir da equação para a temperatura total, Eq. (12.22):

$$T_s = \frac{T_t}{\{1 + [(k-1)/2]M_s^2\}} = 308\text{ K}$$

Densidade estática na saída, a partir da lei dos gases ideais:

$$\rho_s = \frac{p_c}{RT_s} = \frac{100 \times 10^3\text{ N/m}^2}{(287\text{ J/kg K})(309\text{ K})} = 1{,}13\text{ kg/m}^3$$

Velocidade do som na saída a partir da equação para a velocidade do som, Eq. (12.11):

$$c_s = \sqrt{kRT_s} = [(1{,}4)(287\text{ J/kg K})(309\text{ K})]^{1/2} = 352\text{ m/s}$$

Vazão mássica:

$$\dot{m} = \rho_s A_s M_s c_s$$

$$\dot{m} = (1{,}13\text{ kg/m}^3)(\pi/4)(0{,}03^2\text{ m}^2)(0{,}85)(352\text{ m/s}) = \boxed{0{,}239\text{ kg/s}}$$

Reveja a Solução e o Processo

Se o valor de p_c/p_t tivesse sido menor do que 0,528, então a Eq. (12.56) teria sido usada para calcular a vazão mássica.

Informações adicionais e outros tópicos relacionados com o escoamento compressível podem ser encontrados em outras fontes, tais como Anderson (2) e Shapiro (3).

12.5 Resumindo Conhecimentos-Chave

Velocidade do Som e Escoamento Compressível

- A velocidade do som é a velocidade na qual uma perturbação infinitesimal na pressão se desloca através de um fluido.
- A velocidade do som em um gás ideal é

$$c = \sqrt{kRT}$$

em que k é a razão entre calores específicos, R é a constante do gás, e T é a temperatura absoluta.

- O número de Mach é definido como

$$\mathrm{M} = \frac{V}{c}$$

- Os escoamentos compressíveis são classificados como

$\mathrm{M} < 1$	subsônico
$\mathrm{M} \approx 1$	transônico
$\mathrm{M} > 1$	supersônico

- Em geral, se o número de Mach é menor do que 0,3, então um escoamento em regime permanente pode ser considerado incompressível.

Variações nas Propriedades ao Longo de uma Linha de Corrente

- Para um escoamento adiabático (sem transferência de calor), a temperatura varia ao longo de uma linha de corrente de acordo com

$$T = T_t\left(1 + \frac{k-1}{2}\mathrm{M}^2\right)^{-1}$$

em que T_t é a temperatura total, atingida se o escoamento for desacelerado até uma velocidade igual a zero.

- Se o escoamento for isentrópico, a pressão varia ao longo de uma linha de corrente conforme

$$p = p_t\left(1 + \frac{k-1}{2}\mathrm{M}^2\right)^{-k/(k-1)}$$

em que p_t é a pressão total, atingida se o escoamento for desacelerado isentropicamente até uma velocidade de zero.

A Onda de Choque Normal

- Uma onda de choque normal consiste em uma estreita região na qual um escoamento supersônico é desacelerado até um escoamento subsônico com uma correspondente elevação na pressão, temperatura e densidade. A temperatura total não varia mediante uma onda de choque, mas a pressão total diminui. A onda de choque é um processo não isentrópico, e só pode ocorrer em escoamentos supersônicos.

O Bocal de Laval

- Um bocal de Laval é um duto com uma área convergente e outra de expansão, usado para acelerar um fluido compressível a velocidades supersônicas. O escoamento sônico só pode ocorrer na garganta do bocal (área mínima).
- A razão entre a área em um local no bocal e a área da garganta, A/A_*, é uma função do número de Mach local e da razão entre calores específicos.
- A vazão através de um bocal de Laval é dada por

$$\dot{m} = 0{,}685\,\frac{p_t A_*}{\sqrt{RT_t}}$$

- Um bocal de Laval é classificado comparando a pressão na saída, p_s, para o escoamento supersônico no bocal com a contrapressão (pressão ambiente), p_c:

$p_s/p_c > 1$	subexpandido
$p_s/p_c = 1$	idealmente expandido
$p_s/p_c < 1$	superexpandido

- Ondas de choque ocorrem em bocais superexpandidos, gerando um escoamento subsônico na saída.
- Um bocal truncado é um bocal de Laval terminado na garganta. O bocal truncado é usado tipicamente para medição da vazão mássica.

REFERÊNCIAS

1. Cengel, Y. A., and M. A. Boles, *Thermodynamics*. New York: McGraw-Hill, 1994.
2. Anderson, J. D., Jr. *Modern Compressible Flow with Historical Perspective*. New York: McGraw-Hill, 1991.
3. Shapiro, A. H. *The Dynamics and Thermodynamics of Compressible Fluid Flow*. New York: Ronald Press, 1953.

PROBLEMAS

Velocidade do Som e Número de Mach (§12.1)

12.1 A velocidade do som em um gás ideal _________. Selecione todos os que sejam corretos:

a. depende de $\sqrt{T}$, em que T é a temperatura absoluta
b. depende de $\sqrt{T}$, em que T é a temperatura em °C
c. depende de $\sqrt{k}$, em que $k = c_p/c_v$, uma razão entre calores específicos para determinado gás

12.2 Faça os seguintes cálculos relacionados com a velocidade do som no ar.

a. A velocidade do som no ar é 340 m/s. Qual é a velocidade em milhas por hora?
b. Considerando que leva-se 4 segundos entre a visualização de um relâmpago e escutar do barulho de um trovão, a que distância (em milhas) está a tempestade (T = 50 °F)?

12.3 O número de Mach _________. (Selecione todos os que sejam corretos.)

a. é a razão V/c, em que c = calor específico
b. é a razão V/c, em que c = velocidade do som
c. depende da velocidade, V, do fluido em relação ao corpo em movimento.
d. possui uma magnitude de $M < 1$ para um escoamento subsônico
e. possui uma magnitude de $M > 1$ para um escoamento supersônico

12.4 A que velocidade (em metros por segundo) uma onda sonora irá se deslocar no metano a –5 °C?

12.5 Calcule a velocidade do som no hélio a 45 °C.

12.6 Calcule a velocidade do som no hidrogênio a 38 °F.

12.7 Quão mais rápido uma onda sonora irá se propagar no hélio em comparação ao nitrogênio se a temperatura de ambos os gases for de 20 °C?

12.8 Uma aeronave supersônica está voando a Mach 1,6 através do ar a 30 °C. Qual temperatura poderia ser esperada sobre as superfícies expostas da aeronave?

12.9 Qual é a temperatura sobre o nariz de um caça supersônico voando a Mach 3 através do ar a –20 °C?

12.10 Uma aeronave de alto desempenho está voando em um número de Mach de 1,8 a uma altitude de 10.000 m, em que a temperatura é de –44 °C e a pressão é de 30,5 kPa.

a. Qual é a velocidade da aeronave em quilômetros por hora?
b. A temperatura total é uma estimativa da temperatura superficial sobre a aeronave. Qual é a temperatura total sob essas condições?
c. Se a aeronave reduz a sua velocidade, em que velocidade (quilômetros por hora) o número de Mach será igual à unidade?

12.11 Um avião se desloca a 850 km/h ao nível do mar onde a temperatura é de 10 °C. A que velocidade o avião estaria voando no mesmo número de Mach em uma altitude na qual a temperatura fosse de –50 °C?

12.12 Um avião voa a um número de Mach de 0,95 em uma altitude de 10.000 m, onde a temperatura estática é de –44 °C e a pressão é de 30 kPa absoluta. O coeficiente de sustentação da asa é de 0,05. Determine a carga alar (força de sustentação/área da asa).

Relações para o Número de Mach (§12.2)

12.13 Um escoamento de ar a $M = 0{,}85$ passa através de um conduto com uma área de seção transversal de 60 cm^2. A pressão absoluta total é de 360 kPa, e a temperatura total é de 10 °C. Calcule a vazão mássica através do conduto.

12.14 O oxigênio escoa a partir de um reservatório em que a temperatura é de 200 °C e a pressão é de 300 kPa absoluta. Considerando que o escoamento é isentrópico, calcule a velocidade, a pressão e a temperatura quando o número de Mach é de 0,9.

12.15 O hidrogênio escoa de um reservatório onde a temperatura é de 20 °C e a pressão é de 500 kPa absoluta para um duto com 2 cm de diâmetro no qual a velocidade é de 250 m/s. Considerando um escoamento isentrópico, calcule a temperatura, a pressão, o número de Mach e a vazão mássica na seção com 2 cm.

12.16 A pressão total em um túnel de vento com Mach 2,5 que opera com ar é de 547 kPa absoluta. Uma esfera com 3 cm de diâmetro, posicionada no túnel de vento, possui um coeficiente de arrasto de 0,95. Calcule o arrasto da esfera.

Ondas de Choque Normais (§12.3)

12.7 Quais dentre as seguintes declarações são verdadeiras?

a. As ondas de choque só ocorrem em escoamentos supersônicos.
b. A pressão estática aumenta por meio de uma onda de choque normal.
c. O número de Mach a jusante de uma onda de choque normal pode ser supersônico.

12.18 As ondas de choque normais podem ocorrer em escoamentos subsônicos? Explique a sua resposta.

12.19 Uma onda de choque normal existe em uma corrente de nitrogênio a 500 m/s que possui uma temperatura estática de –50 °C e uma pressão estática de 70 kPa. Calcule o número de Mach, a pressão e a temperatura a jusante da onda, além do aumento da entropia através da onda.

12.20 Uma onda de choque normal existe em uma corrente de ar a Mach 3 e tem uma temperatura estática e uma pressão estática de 35 °F e 30 psia, respectivamente. Calcule o número de Mach, a pressão e a temperatura a jusante da onda de choque.

12.21 Um tubo de Pitot é usado para medir o número de Mach em uma aeronave supersônica. O tubo, por causa da sua forma rombuda, cria uma onda de choque normal, conforme mostrado na figura a seguir. A pressão total absoluta a jusante da onda de choque (p_{t_2}) é de 150 kPa. A pressão estática da corrente livre à frente da onda de choque (p_1) é de 40 kPa e é sentida pela tomada de pressão estática na sonda. Determine graficamente o número de Mach (M_1).

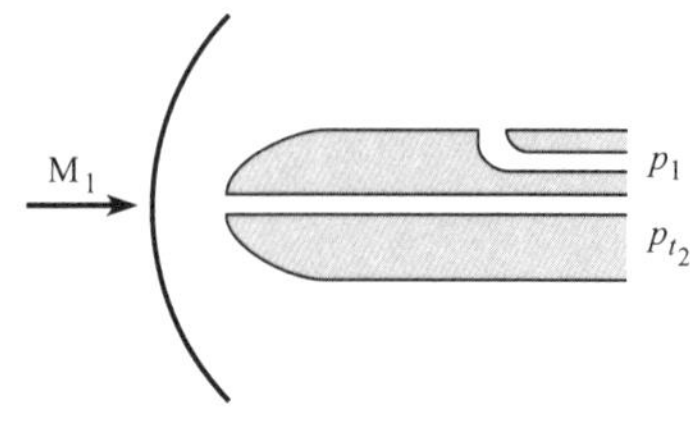

Problema 12.21

12.22 Uma onda de choque ocorre em uma corrente de metano na qual o número de Mach é 3, a pressão estática é de 89 kPa absoluta, e a temperatura estática é de 20 °C. Determine o número de Mach, a pressão estática, a temperatura estática e a densidade a jusante.

12.23 O número de Mach a jusante de uma onda de choque no hélio é 0,85, e a temperatura estática é de 110 °C. Calcule a velocidade a montante da onda.

Escoamento em Bocais Truncados (§12.4)

12.24 O que significa "contrapressão"?

12.25 O bocal truncado mostrado na figura a seguir é usado para medir o escoamento mássico de ar em um tubo. A área do bocal é de 3 cm². A pressão e a temperatura totais medidas a montante do bocal no tubo são de 300 kPa absoluta e 20 °C, respectivamente. A pressão a jusante do bocal (contrapressão) é de 90 kPa absoluta. Calcule a vazão mássica.

12.26 O bocal truncado mostrado na figura a seguir é usado para monitorar a vazão mássica de metano. A área do bocal é de 3 cm², e a área do tubo é de 12 cm². A pressão total e a temperatura total a montante são de 150 kPa absoluta e 30 °C, respectivamente. A contrapressão é de 100 kPa.

a. Calcule a vazão mássica de metano.

b. Calcule a vazão mássica considerando que a equação de Bernoulli é válida, em que a densidade do gás é a que figura na saída do bocal.

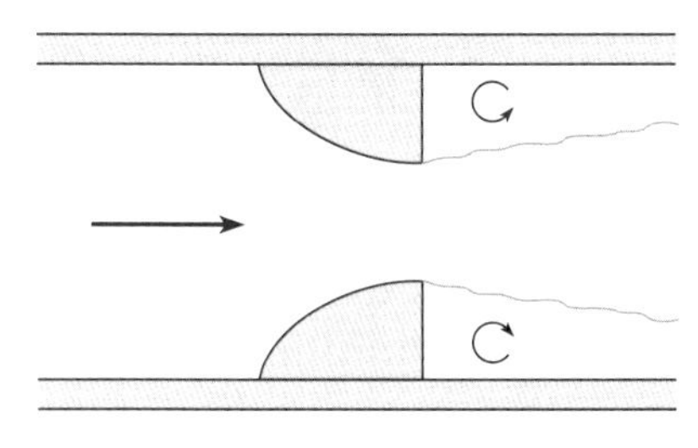

Problemas 12.25, 12.26

12.27 Um bocal truncado com uma área de saída de 10 cm² é alimentado a partir de um reservatório de hélio em que a pressão absoluta é inicialmente de 130 kPa e, depois, de 350 kPa. A temperatura no reservatório é de 28 °C, e a contrapressão é de 100 kPa. Calcule a vazão mássica de hélio para as duas pressões do reservatório.

12.28 Uma sonda de amostragem é usada para coletar amostras de gás de uma corrente gasosa para análise. Na amostragem, é importante que a velocidade que entra na sonda seja igual à velocidade da corrente de gás (condição isocinética). Considere a sonda de amostragem, que possui um bocal truncado no seu interior para controlar a vazão mássica. A sonda possui um diâmetro de entrada de 4 mm e um diâmetro de bocal truncado de 2 mm, e ela está em uma corrente de ar quente com uma temperatura estática de 600 °C, uma pressão estática de 100 kPa absoluta, e uma velocidade de 60 m/s. Calcule a pressão exigida na sonda (contrapressão) para manter a condição de amostragem isocinética.

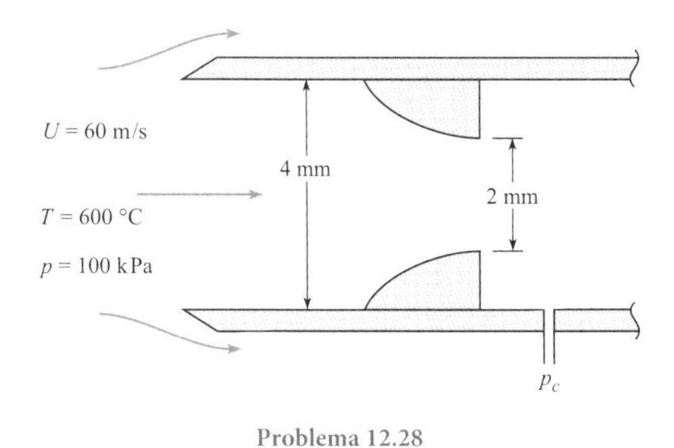

Problema 12.28

Escoamento em Bocais de Laval (§12.4)

12.29 Esboce como o número de Mach e a velocidade variam ao longo de um bocal de Laval desde a entrada até a saída. Como a variação de velocidade é diferente da exibida por uma configuração de Venturi?

12.30 Quando um bocal de Laval possui uma razão de expansão de 4, o que isto significa?

12.31 Um túnel de vento usando ar está projetado para ter um número de Mach de 3, uma pressão estática de 1,5 psia, e uma temperatura estática de −10 °F na seção de testes. Determine a razão de áreas exigida para o bocal e as condições do reservatório que devem ser mantidas se o ar for utilizado.

12.32 Um bocal de Laval deve ser projetado para operar supersonicamente e expandir idealmente até uma pressão absoluta de 25 kPa. Se a pressão de estagnação no bocal é de 1 MPa, calcule a razão da área exigida para o bocal. Determine a área da garganta do bocal para uma vazão mássica de 10 kg/s e uma temperatura de estagnação de 550 K. Considere que o gás é o nitrogênio.

12.33 Um bocal de foguete com uma razão de área de 4 está operando em uma pressão absoluta total de 1,3 MPa e descarregando em uma atmosfera com uma pressão absoluta de 30 kPa. Determine se o bocal é superexpandido, subexpandido ou idealmente expandido. Considere $k = 1,4$.

12.34 Um bocal de Laval com uma razão de áreas de saída de 1,688 descarrega o ar de um grande reservatório em condições ambientes a $p = 100$ kPa.

a. Mostre que a pressão do reservatório deve ser de 782,5 kPa para atingir condições de saída idealmente expandidas em M = 2.

b. Quais são as temperatura e pressão estáticas na garganta se a temperatura do reservatório é de 17 °C com a pressão conforme o item (a)?

c. Se a pressão do reservatório fosse reduzida a 700 kPa, qual seria a condição de saída (superexpandida, idealmente expandida, subexpandida, escoamento subsônico em todo o bocal)?

d. Qual pressão no reservatório causaria a formação de uma onda de choque normal na saída?

12.35 Um bocal de foguete possui a configuração mostrada a seguir. O diâmetro da garganta é de 4 cm, e o de saída é de 8 cm. O semiângulo do cone de expansão é de 15°. Gases com uma razão de calor específico de 1,2 escoam para o interior do bocal com uma pressão total de 250 kPa. A contrapressão é de 100 kPa. Primeiro, usando um método iterativo ou gráfico, determine a razão de áreas na qual o choque ocorre. Depois, determine a distância da onda de choque até a garganta em centímetros.

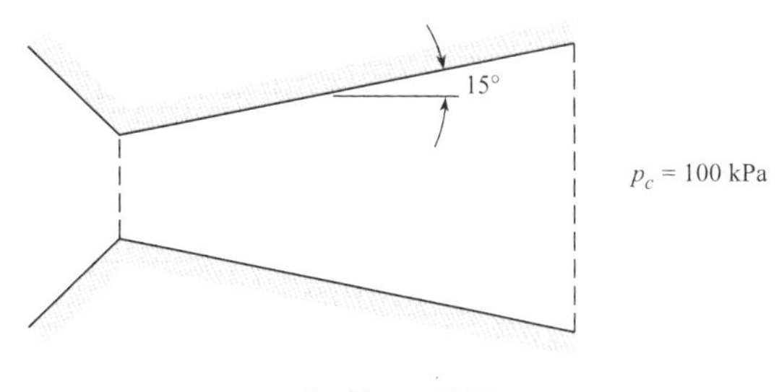

Problema 12.35

12.36 Considere o escoamento de ar no canal com área variável mostrado na figura a seguir. Determine o número de Mach, a pressão estática e a pressão de estagnação na estação 3. Considere um escoamento isentrópico, exceto para as ondas de choque normais.

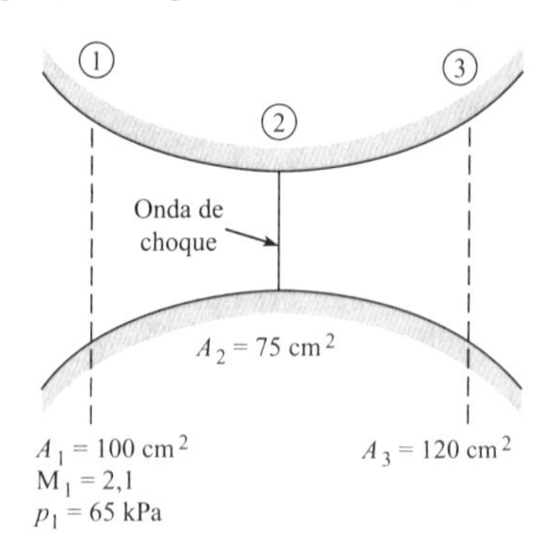

Problema 12.36

12.37 Determine a contrapressão necessária para que a onda de choque se localize como mostrado na figura a seguir. O fluido é o ar.

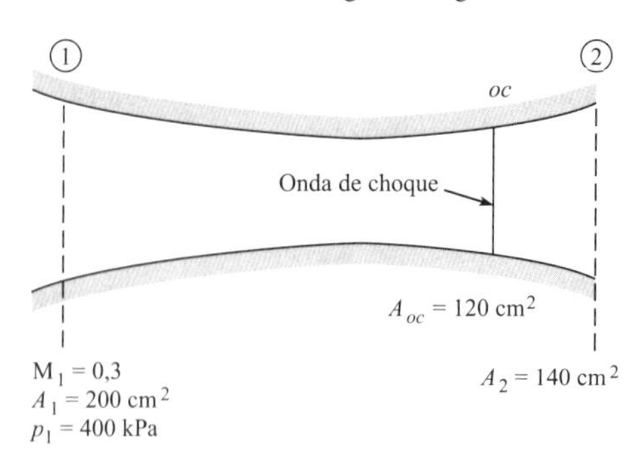

Problema 12.37

CAPÍTULO **TREZE**

Medições do Escoamento

OBJETIVO DO CAPÍTULO As técnicas de medição são importantes porque a mecânica dos fluidos depende muito de experimentos. Por esse motivo, este capítulo explica como medir a vazão, a pressão e a velocidade, e também descreve como estimar a incerteza de uma medição.

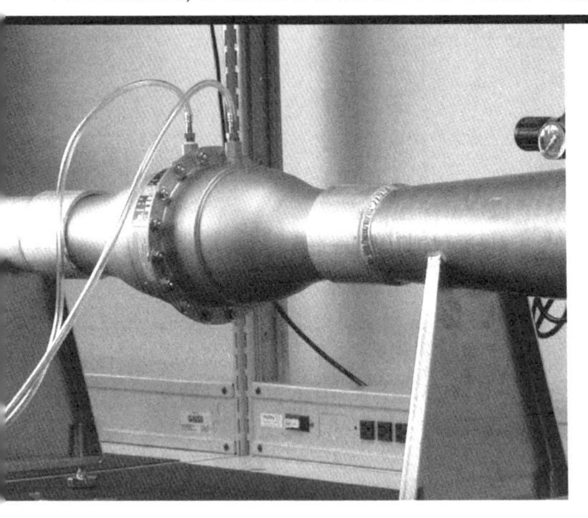

FIGURA 13.1
Esta foto mostra um elemento de escoamento laminar utilizado para medir a vazão volumétrica do ar para testes de ventiladores. (Foto por Donald Elger.)

RESULTADOS DO APRENDIZADO

VELOCIDADE E PRESSÃO (§13.1).

- Descrever instrumentos comuns para medição da velocidade e pressão.

VAZÃO (§13.2).

- Calcular a vazão pela integração de dados da distribuição de velocidades.
- Calcular a vazão para um medidor por obstrução (isto é, um orifício, Venturi ou bocal de vazão).
- Calcular a vazão para um vertedor retangular ou triangular.

13.1 Medindo a Velocidade e a Pressão

Tubo de Estagnação (Pitot)

O tubo de estagnação, também chamado de tubo de Pitot, está mostrado na Figura 13.2a. Ele mede a pressão de estagnação com um tubo aberto que está alinhado paralelamente à direção da velocidade e que sente a pressão no tubo usando um manômetro ou transdutor de pressão.

Quando o tubo de estagnação foi introduzido no Capítulo 4, não debateu-se sobre os efeitos viscosos, cuja importância se deve ao fato de que eles podem influenciar a precisão de uma medição. A Figura 13.3 mostra os efeitos de viscosidade a partir da referência (1). Nessa figura, o coeficiente de pressão C_p está plotado como uma função do número de Reynolds. Os efeitos viscosos são importantes quando $C_p > 1,0$. Essa diretriz pode ser usada para estabelecer uma faixa de números de Reynolds.

Na Figura 13.3, pode ser visto que quando o número de Reynolds para o tubo de estagnação circular é maior do que 60, o erro na velocidade medida é menor do que 1%. Para medições na camada-limite, pode ser usado um tubo de estagnação com uma extremidade achatada. Dessa maneira é possível fazer a medição da velocidade de maneira mais próxima ao limite da camada do que se for usado um tubo circular. Para esses tubos achatados, os coeficientes de pressão permanecem próximos à unidade para um número de Reynolds tão reduzido quanto 30.

Tubo Estático

Um tubo estático, conforme mostrado na Figura 13.2b, é um instrumento para medir a pressão estática, a qual se caracteriza por ser a pressão em um fluido que está estacionário ou escoando. Quando o fluido está escoando, a pressão estática pode ser medida de maneira que

FIGURA 13.2

Vistas em seção de (a) um Tubo de Pitot, (b) um Tubo Estático, (c) um Tubo Pitot-Estático.

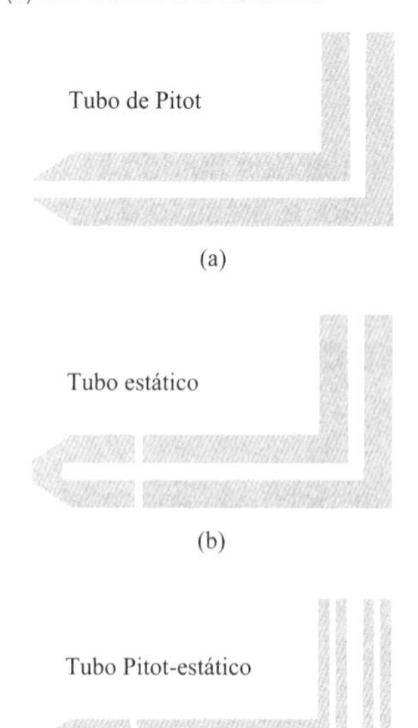

FIGURA 13.3

Efeitos viscosos sobre C_p. [Dados de Hurd, Chesky, e Shapiro (1).]

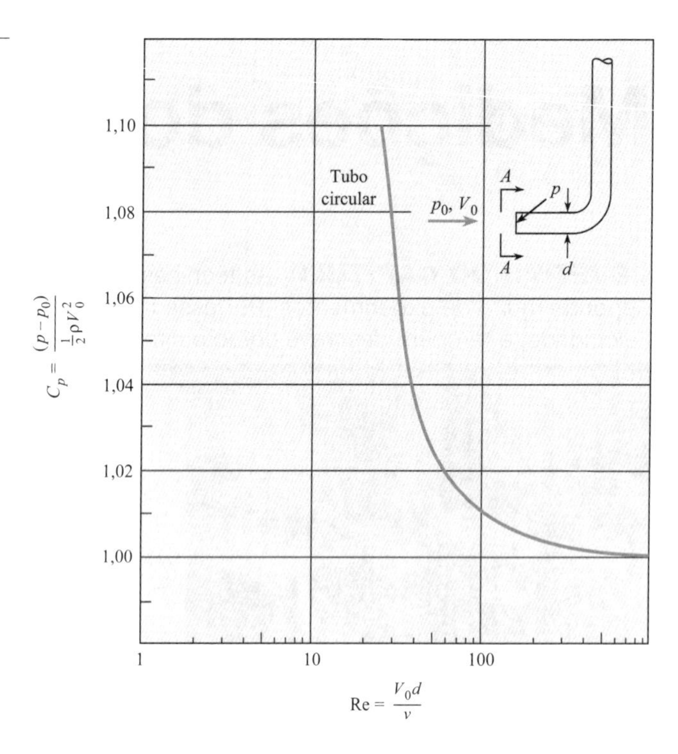

não perturbe a pressão. Assim, no projeto do tubo estático, conforme mostrado na Figura 13.4, a colocação dos orifícios ao longo da sonda é crítica, pois o nariz arredondado no tubo causa uma diminuição de pressão ao longo do mesmo, e a haste a jusante causa um aumento na pressão em frente a ela. Assim, o local para medir a pressão estática deve ser o ponto onde esses dois efeitos se cancelam mutuamente. Os experimentos revelam que a localização ótima é em um ponto aproximadamente 6 diâmetros a jusante da parte frontal do tubo e 8 diâmetros a montante da haste.

Tubo Pitot-Estático

O tubo Pitot-estático (Fig. 13.2c), mede a velocidade usando tubos concêntricos para medir a pressão estática e a pressão dinâmica. A aplicação do tubo Pitot-estático está apresentada no Capítulo 4.

Medidores de Rotação

Um **medidor de rotação**, Figura 13.5, é um instrumento que mede a velocidade usando múltiplas portas de pressão para determinar a magnitude e a direção da velocidade do fluido. Os dois primeiros medidores de rotação na Figura 13.5 podem ser usados para escoamentos bidimensionais, nos quais a direção do escoamento precisa ser encontrada em apenas um plano. O terceiro medidor de rotação na Figura 13.5 é usado para determinar a direção do escoamento em três dimensões. Em todos esses dispositivos, o tubo gira até que as pressões sobre aberturas simetricamente opostas sejam iguais. Essa pressão é sentida por um sensor ou manômetro de

FIGURA 13.4

Tubo estático.

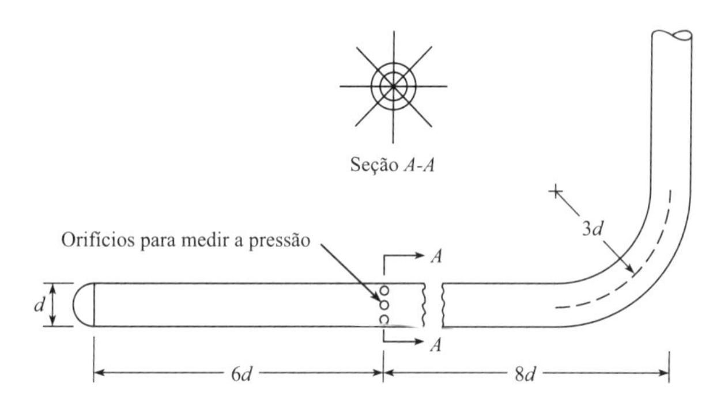

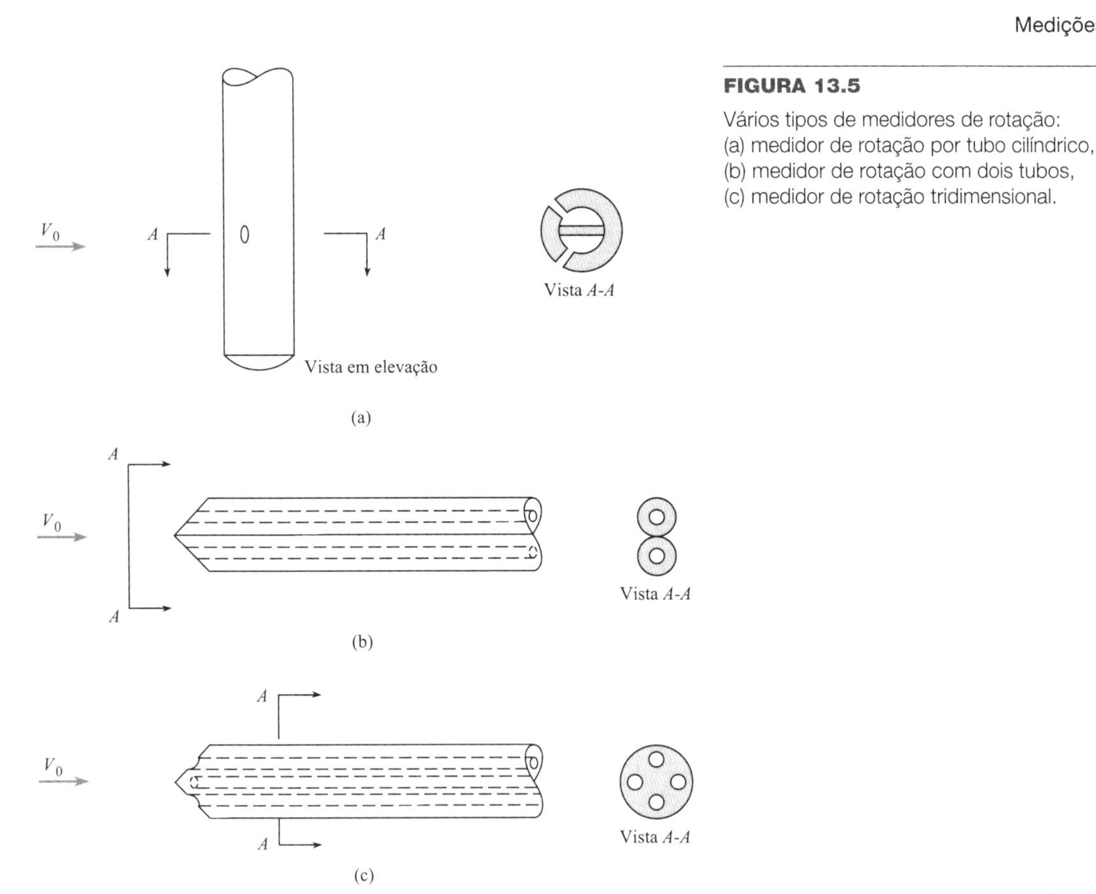

FIGURA 13.5

Vários tipos de medidores de rotação:
(a) medidor de rotação por tubo cilíndrico,
(b) medidor de rotação com dois tubos,
(c) medidor de rotação tridimensional.

pressão diferencial conectado às aberturas no medidor de rotação. A direção do escoamento é sentida quando se tem a indicação de uma leitura nula no medidor diferencial. A magnitude da velocidade é encontrada usando equações que dependem do tipo do medidor de rotação que é usado.

O Anemômetro de Palhetas ou Hélice

O termo **anemômetro** significava originalmente um instrumento usado para medir a velocidade do vento. Contudo, hoje em dia passou a significar um instrumento usado para medir a velocidade de um fluido, pois os anemômetros são usados com água, ar, nitrogênio, sangue e muitos outros fluidos.

O **anemômetro de palhetas** (Fig. 13.6a) e o **anemômetro de hélice** (Fig. 13.6b) medem a velocidade usando palhetas típicas de um ventilador e de uma hélice, respectivamente.

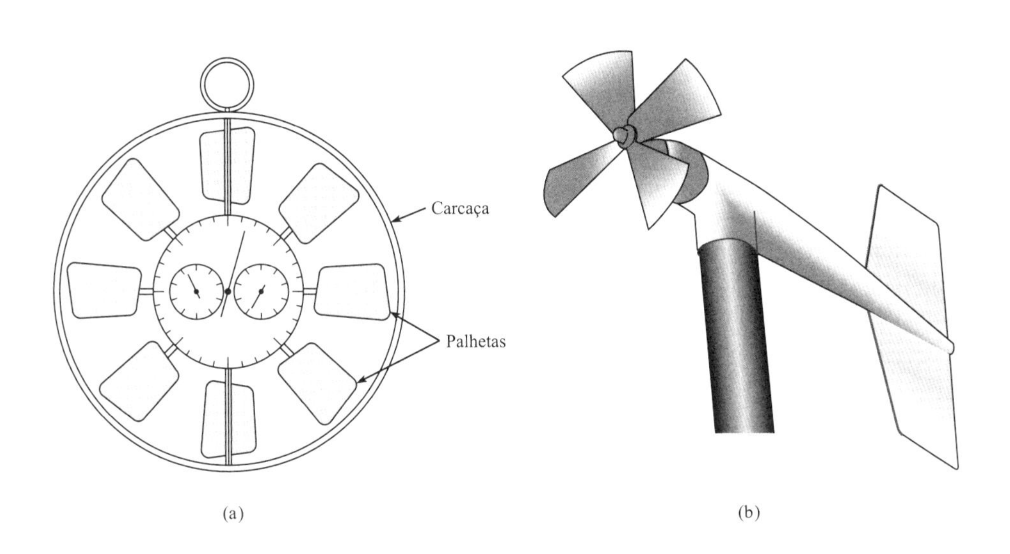

FIGURA 13.6

(a) Anemômetro de palhetas,
(b) anemômetro de hélice.

Essas lâminas giram com uma velocidade de rotação que depende da velocidade do vento. Normalmente, um circuito eletrônico converte a velocidade de rotação em uma leitura de velocidade. Em alguns instrumentos mais antigos, o rotor aciona um conjunto de engrenagens de baixo atrito que, por sua vez, aciona um ponteiro que indica uma distância em pés em um mostrador. Dessa forma, se o anemômetro for mantido em uma corrente de ar durante 1 minuto e o ponteiro indicar uma mudança de 300 ft na escala, a velocidade média do ar é de 300 ft/min.

Anemômetro de Copo ou Concha

FIGURA 13.7
Anemômetro de copo.

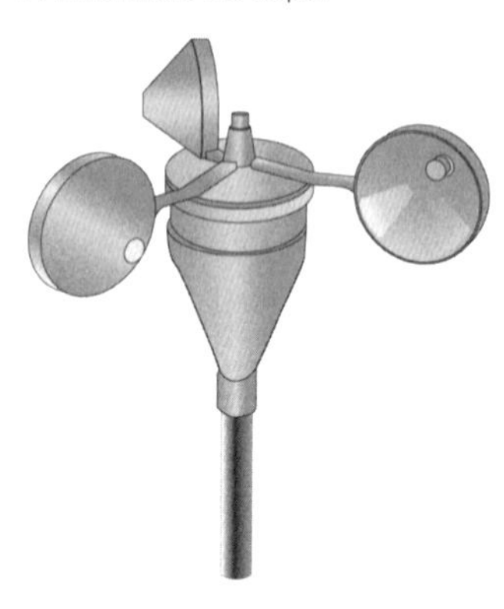

Ao invés de usar palhetas, o **anemômetro de copo** ou de **concha** (Fig. 13.7) é um dispositivo que usa o arrasto sobre objetos em forma de copo para girar um rotor ao redor de um eixo central. Uma vez que a velocidade de rotação do rotor está relacionada com a força de arrasto, a frequência de rotação está relacionada com a velocidade do fluido por dados de calibração apropriados. Um rotor típico compreende três a cinco copos cônicos ou hemisféricos. Além de aplicações com ar, os engenheiros utilizam um anemômetro de copo para medir a velocidade em córregos e rios.

Anemômetro de Fio Quente e de Película Quente

O **anemômetro de fio quente** (AFQ ou HWA – *Hot-Wire Anemometer*; Fig. 13.8) é um instrumento para medir a velocidade através da transferência de calor de um fio aquecido. À medida que a velocidade aumenta, mais energia é necessária para manter o fio aquecido, e as correspondentes variações nas características elétricas podem ser usadas para determinar a velocidade do fluido que está passando pelo fio.

O AFQ possui vantagens em comparação a outros instrumentos. Ele é bem adequado para medir as flutuações na velocidade que ocorrem em um escoamento turbulento, enquanto instrumentos como um tubo Pitot-estático são adequados apenas para medir uma velocidade permanente ou que varia lentamente com o tempo. Como o elemento sensor do AFQ é muito pequeno, ele permite que o AFQ seja usado em locais tais como o interior da camada-limite, onde a velocidade varia em uma região pequena. Muitos outros instrumentos são grandes demais para registrar a velocidade em uma região que é geometricamente pequena. Outra vantagem do AFQ é que ele é sensível a escoamentos a baixa velocidade, uma característica que falta ao tubo de Pitot e a outros instrumentos. As principais desvantagens do AFQ são a sua natureza delicada (o fio sensor quebra com facilidade), o seu custo relativamente elevado, e a necessidade de um usuário com experiência.

O princípio básico do anemômetro de fio quente é descrito conforme a sequência: um fio com diâmetro muito pequeno – o elemento sensor do anemômetro de fio quente – é soldado a suportes, como mostrado na Figura 13.8. Na operação, o fio é aquecido por um fluxo constante de corrente elétrica (o anemômetro de corrente constante) ou mantido a uma temperatura constante pelo ajuste da corrente (o anemômetro de temperatura constante).

Um escoamento de fluido ao redor do fio quente faz com que o fio se resfrie por causa da transferência de calor por convecção. No anemômetro de corrente constante, o resfriamento do fio faz com que a sua resistência varie e ocorra uma mudança correspondente na voltagem através do fio. Como a taxa de resfriamento é uma função da velocidade do escoamento ao redor do fio aquecido, a voltagem através do fio é correlacionada à velocidade do escoamento. O tipo de anemômetro mais popular, o anemômetro de temperatura constante, opera pela variação da corrente para manter a resistência (e a temperatura) constante. O fluxo de corrente é correlacionado à velocidade do escoamento: quanto maior a velocidade, maior a corrente necessária para manter uma temperatura constante. Tipicamente, os fios possuem entre 1 e 2 mm de comprimento e são aquecidos a 150 °C. Eles podem ter 10 μm ou menos em diâmetro; o tempo de resposta melhora com o fio menor. O atraso na resposta do fio a uma variação na

FIGURA 13.8
Sonda para um anemômetro de fio quente (ampliado).

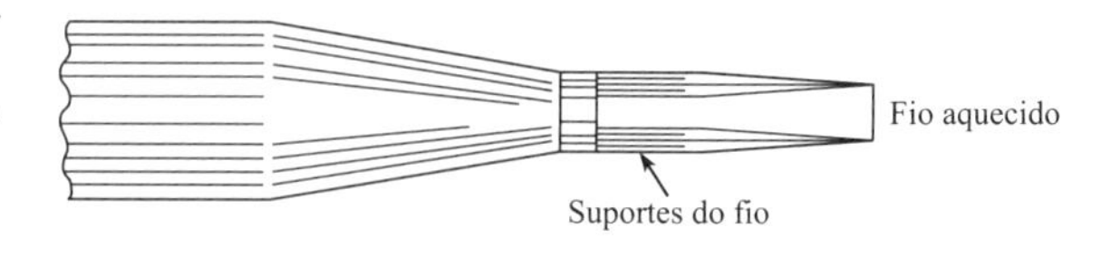

velocidade (inércia térmica) pode ser compensada mais facilmente, usando circuitos eletrônicos modernos, nos anemômetros de temperatura constante do que nos anemômetros de corrente constante. O sinal do fio quente é processado eletronicamente para prover a informação desejada, tal como a velocidade média ou a média quadrática da flutuação na velocidade.

Para ilustrar a versatilidade desses instrumentos, observe que o anemômetro de fio quente pode medir com precisão as velocidades de escoamento de gás de 30 cm/s a 150 m/s; ele também pode medir flutuações na velocidade com frequências de até 100.000 Hz, e tem sido usado satisfatoriamente tanto para gases como para líquidos.

Um único fio quente montado normal à direção média do escoamento mede a componente flutuante da velocidade na direção média do escoamento. Outras configurações de sonda e circuitos eletrônicos podem ser usadas para medir diferentes componentes da velocidade.

Para as medições de velocidade em líquidos ou gases com partículas em suspensão, em que a ruptura do fio é um problema, o anemômetro de película quente é mais adequado. Trata-se de uma fina película metálica condutora (menos de 0,1 μm de espessura) montada sobre um suporte cerâmico, que pode ter 50 μm de diâmetro. A película quente opera da mesma maneira que o fio quente. Recentemente, foi introduzida a película dividida, que consiste em duas películas semicilíndricas montadas sobre o mesmo suporte cilíndrico e eletricamente isoladas uma da outra. A película dividida fornece informações tanto da velocidade quanto da direção.

Para informações mais detalhadas sobre os anemômetros de fio quente e de película quente, ver King e Brater (2) e Lomas (3).

Anemômetro Laser-Doppler

O **anemômetro laser-Doppler** (ALD ou LDA – *Laser-Doppler Anemometer*) é um instrumento para medir a velocidade usando o efeito Doppler que ocorre quando uma partícula em um escoamento espalha as luzes cruzadas dos feixes de *laser*. As vantagens do ALD são que o campo de escoamento não é perturbado pela presença de uma sonda e que ele provê uma excelente resolução espacial. As desvantagens do ALD incluem o custo, a complexidade, a necessidade de se ter um fluido transparente, e as exigências de uma alimentação (semeadura) de partículas.

Existem várias configurações diferentes para o ALD. O modo de feixe duplo (Fig. 13.9) separa um feixe de *laser* em dois feixes paralelos e usa uma lente convergente para fazer com que esses dois feixes se cruzem. O ponto onde os feixes se cruzam é chamado de volume de medição, que melhor pode ser descrito como um elipsoide que possui tipicamente 0,3 mm de diâmetro por 2 mm de comprimento, ilustrando a excelente resolução espacial que pode ser atingida. A interferência dos dois feixes gera uma série de franjas claras e escuras no volume de medição perpendicular ao plano dos dois eixos. À medida que uma partícula passa através do padrão de franjas, a luz é espalhada, e uma parte dela passa através da lente coletora em direção ao fotodetector. Um sinal típico obtido do fotodetector está mostrado na figura.

Pode ser mostrado a partir da teoria da óptica que o espaçamento entre as franjas é dado por

$$\Delta x = \frac{\lambda}{2 \text{ sen } \phi} \tag{13.1}$$

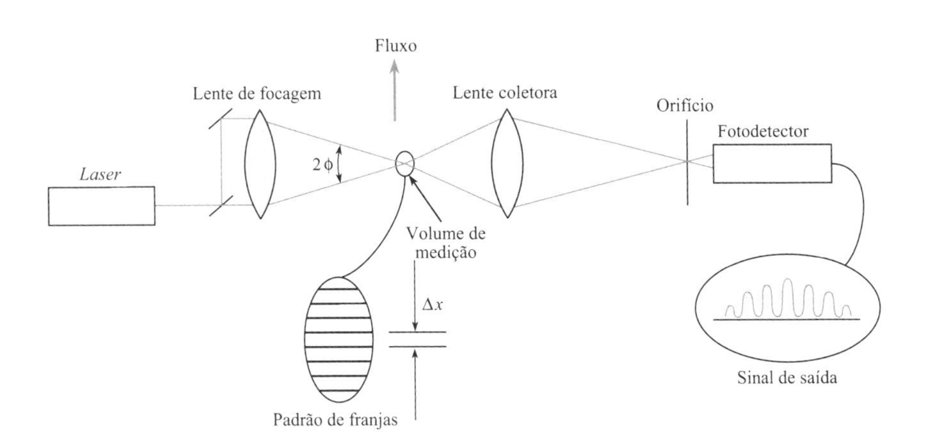

FIGURA 13.9
Anemômetro *laser*-Doppler de feixe duplo.

em que λ é o comprimento de onda do feixe de *laser* e ϕ é o semiângulo entre os feixes que se cruzam. Por meio de circuitos eletrônicos adequados, a frequência do sinal (f) é medida, de modo que a velocidade é dada por

$$U = \frac{\Delta x}{\Delta t} = \frac{\lambda f}{2 \operatorname{sen} \phi} \tag{13.2}$$

A operação do anemômetro *laser*-Doppler depende da presença de partículas para espalhar a luz. Como essas partículas precisam se mover à mesma velocidade do fluido, elas precisam ser pequenas em relação ao tamanho dos padrões de escoamento, e ter uma densidade próxima àquela do fluido ambiente. Nos escoamentos de líquidos, as impurezas do fluido podem servir como centros de espalhamento. Em escoamentos de água, é comum a adição de umas poucas gotas de leite; em escoamentos de gases, é comum "semear" o escoamento com pequenas partículas. Fumaça é usada com frequência para essa semeadura.

Atualmente estão disponíveis anemômetros *laser*-Doppler que proporcionam duas ou três componentes da velocidade de uma partícula que se desloca através do volume de medição. Isto é conseguido usando pares de feixes de *laser* com cores (comprimentos de onda) diferentes. Os volumes de medição para cada cor estão posicionados na mesma localização física, mas orientados de outra maneira para medir uma componente diferente. O sistema de processamento de sinais pode discriminar os sinais de cada cor e, dessa forma, prover as componentes da velocidade.

Outro avanço tecnológico recente na anemometria *laser*-Doppler é o uso de fibras ópticas, que transmitem os feixes de *laser* desde o *laser* até uma sonda que contém elementos ópticos para cruzar os feixes e gerar um volume de medição. Com isso, as medições em diferentes locais podem ser feitas movendo-se a sonda e sem mover o *laser*. Para mais aplicações da técnica *laser*-Doppler, ver Durst (4).

Métodos com Marcadores

O método com marcador para determinar a velocidade envolve partículas que são colocadas em uma corrente. Ao analisar o movimento dessas partículas, é possível deduzir a velocidade do escoamento propriamente dito. Obviamente, isso exige que os marcadores sigam praticamente a mesma trajetória que os elementos do fluido vizinho. Portanto, o marcador deve possuir quase a mesma densidade do fluido, ou ele deve ser tão pequeno que o seu movimento em relação ao fluido seja desprezível. Dessa forma, para o escoamento de água é comum usar gotículas coloridas de uma mistura líquida que tenha aproximadamente a mesma densidade que a água. Por exemplo, Macagno (6) usou uma mistura de n-butil ftalato e xileno com um pouco de tinta branca para produzir uma mistura que tinha a mesma densidade da água e que podia ser fotografada de maneira efetiva. Partículas sólidas (tais como contas de plástico) com densidades próximas àquela do líquido estudado também podem ser usadas como marcadores.

Para um escoamento de água, a visualização de bolhas de hidrogênio (Fig. 13.10) é um método útil. A técnica envolve a geração de pequenas bolhas de hidrogênio de um pequeno fio elétrico (25 a 50 μm de diâmetro) usando eletrólise. O fio elétrico atua como o eletrodo negativo (ou seja, o anodo). O catodo (ou seja, o eletrodo positivo) está localizado em um ponto onde ele não irá perturbar o escoamento. O fio recebe pulsos com uma corrente, e sobre ele formam-se bolhas de hidrogênio, que depois são transportadas na direção do fluxo pela água em escoamento. Repetindo o sinal elétrico em vários momentos, pode-se produzir linhas de bolhas. Outros detalhes relacionados com os métodos com marcadores de visualização do escoamento são descritos por Macagno (6).

Um método com marcador relativamente novo é a velocimetria por imagem de partículas (PIV – *Particle Image Velocimetry*), que fornece uma medição do campo de velocidades. Na PIV,

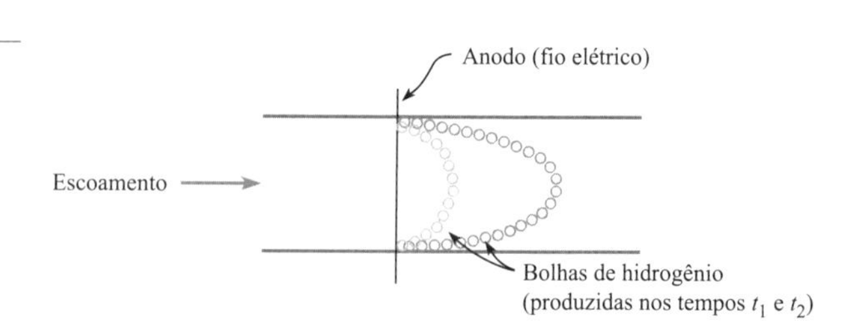

FIGURA 13.10
Quando o método de visualização de bolhas de hidrogênio é aplicado, são produzidas bolhas de hidrogênio pela eletrólise da água.

o marcador ou as partículas de semeadura podem ser minúsculas esferas de alumínio, vidro ou poliestireno; gotículas de óleo, bolhas de oxigênio (apenas para líquidos); ou, ainda, partículas de fumaça (apenas para gases). As partículas de semeadura são iluminadas para produzir um registro fotográfico do seu movimento. Especificamente, uma lâmina de luz que passa através de uma seção transversal do escoamento é pulsada duas vezes, e a luz espalhada pelas partículas é registrada por uma câmera. O primeiro pulso de luz registra a posição de cada partícula no tempo t, enquanto o segundo pulso de luz registra a posição no tempo $t + \Delta t$. Com isso, o deslocamento $\Delta \mathbf{r}$ de cada partícula é registrado sobre a fotografia. Dividindo $\Delta \mathbf{r}$ por Δt é gerada a velocidade de cada partícula. Uma vez que a PIV usa uma lâmina de luz, o método proporciona uma medição simultânea da velocidade em locais ao longo de toda uma seção transversal do escoamento. Assim, a PIV é identificada como uma técnica de campo integral. Outras medições de velocidade (por exemplo, o método de ALD) estão limitadas a medições em um único local.

As medições de PIV do campo de velocidades para o escoamento sobre um degrau que está voltado para trás estão mostradas na Figura 13.11. Este experimento foi conduzido em água usando como partículas de semeadura esferas ocas revestidas com prata, de 15 μm de diâmetro. Observe que o método de PIV proporcionou dados ao longo da seção transversal do escoamento. Embora os dados mostrados na Figura 13.11 sejam qualitativos, também estão disponíveis valores numéricos da velocidade em cada local.

Normalmente, o método de PIV é realizado usando equipamentos digitais e computadores. Por exemplo, as imagens podem ser registradas com uma câmera digital. Cada imagem digital resultante é avaliada com um *software* que calcula a velocidade em diferentes pontos ao longo de toda a imagem. Essa avaliação prossegue pela divisão da imagem em pequenas subáreas chamadas "áreas de interrogação". Dentro de determinada área de interrogação, o vetor deslocamento ($\Delta \mathbf{r}$) de cada partícula é encontrado usando técnicas estatísticas (autocorrelação e correlação cruzada). Após o processamento, os dados de PIV ficam normalmente disponíveis em uma tela de computador. Informações adicionais sobre sistemas PIV são fornecidas por Raffel *et al.* (7).

A fumaça é usada com frequência como um marcador na medição de escoamentos. Uma técnica consiste em suspender um fio verticalmente através do campo de escoamento e permitir que o óleo escoe por ele. O óleo tende a se acumular na forma de gotículas ao longo do fio. A aplicação de uma voltagem ao fio vaporiza o óleo, criando emissões das gotículas. A Figura 13.12 é um exemplo de um padrão de escoamento revelado por tal método. Também estão comercialmente disponíveis geradores de fumaça que proporcionam fumaça pelo aquecimento de óleos. É possível posicionar uma fina lâmina de luz *laser* através do campo de fumaça para obter uma definição espacial aprimorada do campo de escoamento indicado pela fumaça. Outra técnica consiste em introduzir tetracloreto de titânio ($TiCl_4$) em um escoamento de ar seco,

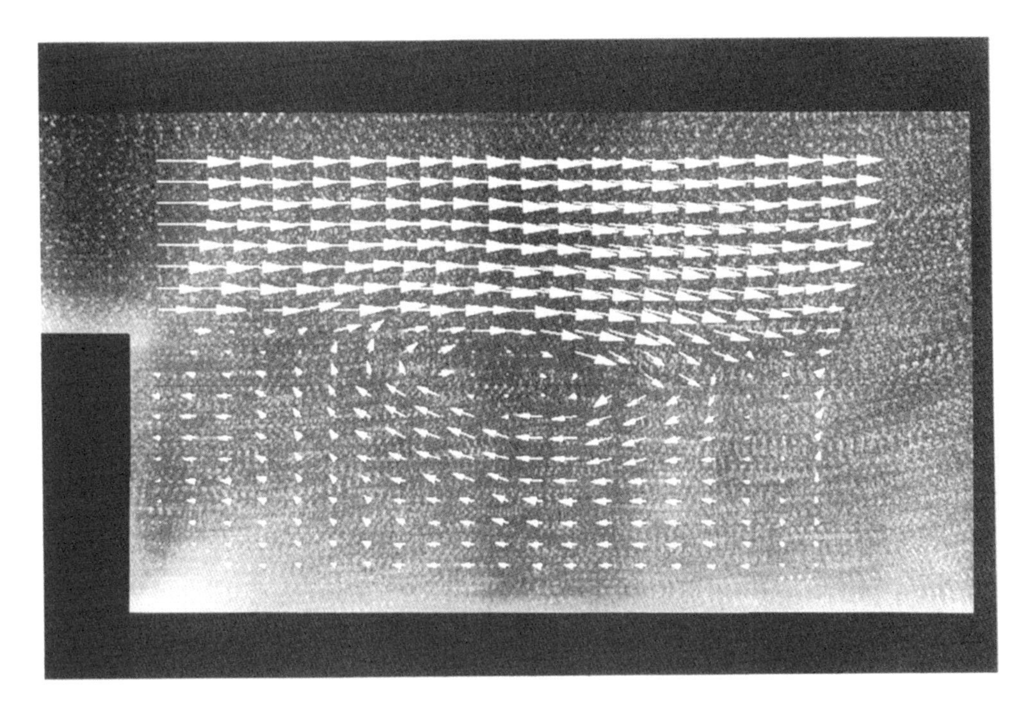

FIGURA 13.11
Vetores velocidade a partir de medições de PIV. (Cortesia da TSI Incorporated e Florida State University.)

FIGURA 13.12
Padrão de escoamento produzido pelo modelo de uma caminhonete em um túnel de vento. (Foto por Stephen Lyda.)

o qual reage com o vapor d'água no ambiente para produzir partículas de óxido de titânio com dimensões micrométricas, as quais servem como marcadores.

13.2 Medindo a Vazão (Volumétrica)

A medição da vazão volumétrica é importante na pesquisa, em projeto, em testes e em muitas aplicações comerciais.

Medição Direta do Volume ou Peso

Para líquidos, um método simples e preciso consiste em coletar uma amostra da totalidade do fluido em escoamento ao longo de determinado período de tempo Δt. A amostra é pesada, e a vazão mássica média é $\Delta W/\Delta t$, em que ΔW é o peso da amostra. O volume de uma amostra também pode ser medido (geralmente em um tanque calibrado), e a partir deste a vazão volumétrica média é calculada como $\Delta \forall/\Delta t$, em que $\Delta \forall$ é o volume da amostra. Este método possui várias desvantagens; por exemplo, ele não pode ser usado para um escoamento em regime transiente, e nem sempre é possível coletar uma amostra.

Integrando uma Distribuição de Velocidades Medida

A vazão pode ser encontrada medindo uma distribuição de velocidades e depois integrá-la usando a equação para a vazão volumétrica:

$$Q = \int_A V\,dA$$

Por exemplo, pode-se dividir um conduto retangular em subáreas e depois medir a velocidade no centro de cada subárea, conforme mostrado na Figura 13.13. Então, a vazão é determinada por

$$Q = \int_A V\,dA \approx \sum_{i=1}^{N} V_i(\Delta A)_i \tag{13.3}$$

em que N é o número de subáreas. Quando a área de escoamento ocorre em um tubo redondo, a subárea é um anel, como mostrado pelo Exemplo 13.1.

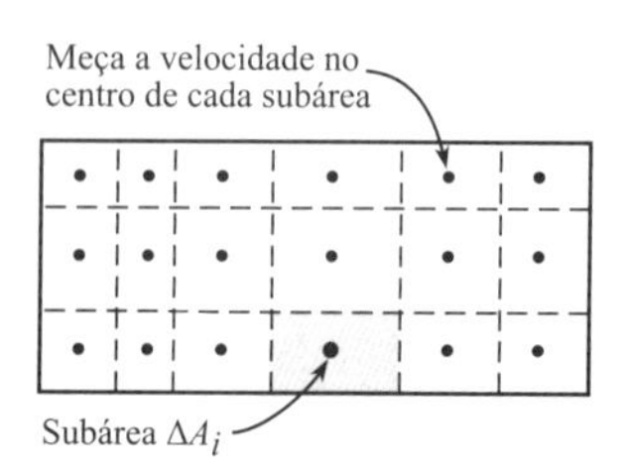

FIGURA 13.13
Dividindo um conduto retangular em subáreas para aproximar a vazão volumétrica.

EXEMPLO 13.1

Calculando a Vazão a partir de Dados de Velocidade

Enunciado do Problema

Os dados fornecidos na tabela são para uma velocidade transversal de escoamento de ar em um tubo com 100 cm de diâmetro. Qual é a vazão volumétrica em metros cúbicos por segundo?

r (cm)	V (m/s)
0,00	50,0
5,00	49,5
10,00	49,0
15,00	48,0
20,00	46,5
25,00	45,0
30,00	43,0
35,00	40,5
40,00	37,5
45,00	34,0
47,50	25,0
50,00	0,0

Defina a Situação

O ar está escoando em um tubo redondo (D = 1,0 m).

A velocidade em m/s é conhecida como uma função do raio (ver a tabela).

Hipóteses: A distribuição da velocidade é simétrica ao redor da linha de centro do tubo.

Estabeleça o Objetivo

Calcular a vazão volumétrica (m^3/s) no tubo.

Tenha Ideias e Trace um Plano

1. Desenvolva uma equação para um tubo redondo aplicando a Eq. (13.3).
2. Determine a vazão volumétrica usando um programa de planilha eletrônica.

Aja (Execute o Plano)

A vazão é dada por

$$Q = \sum_{i=1}^{N} V_i(\Delta A)_i$$

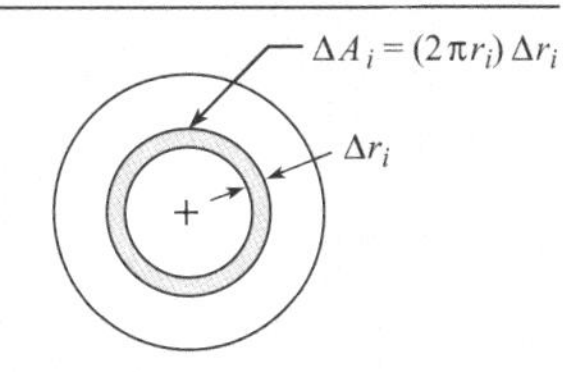

A área ΔA_i está mostrada na figura. Imagine essa área como uma tira com comprimento $2\pi r_i$ e largura Δr_i. Com isso, $\Delta A_i \approx (2\pi r_i)\Delta r_i$. A equação da vazão se torna

$$Q = \sum_{i=1}^{N} V_i(\Delta A)_i = \sum_{i=1}^{N} V_i(2\pi r_i)\Delta r_i$$

i	r_i (cm)	V_i (m/s)	$2*\pi*r_i$ (m)	Δr_i (m)	ΔA_i (m^2)	$V_i*\Delta A_i$ (m^3/s)
1	0,0	50,0	0,0000	0,0250	0,0000	0,000
2	5,0	49,5	0,3142	0,0500	0,0157	0,778
3	10,0	49,0	0,6283	0,0500	0,0314	1,539
4	15,0	48,0	0,9425	0,0500	0,0471	2,262
5	20,0	46,5	1,2566	0,0500	0,0628	2,922
6	25,0	45,0	1,5708	0,0500	0,0785	3,534
7	30,0	43,0	1,8850	0,0500	0,0942	4,053
8	35,0	40,5	2,1991	0,0500	0,1100	4,453
9	40,0	37,5	2,5133	0,0500	0,1257	4,712
10	45,0	34,0	2,8274	0,0375	0,1060	3,605
11	47,5	25,0	2,9845	0,0250	0,0746	1,865
12	50,0	0,0	3,1416	0,0125	0,0393	0,000
			SOMA⇒	0,50	0,79	29,72

Para realizar a soma, use uma planilha, conforme mostrado. Para ver como a tabela é configurada, considere a linha i = 2. A área é

$$\Delta A_2 = (2\pi r_2)\Delta r_2 = (2\pi(0{,}05\text{ m}))(0{,}05\text{ m}) = 0{,}0157\text{ m}^2$$

que é dada na sexta coluna. A última coluna resulta em

$$V_2(\Delta A)_2 = (49{,}5\text{ m/s})(0{,}0157\text{ m}^2) = 0{,}778\text{ m}^3\text{/s}$$

A vazão volumétrica é encontrada somando a última coluna. Como mostrado,

$$Q = \sum_{i=1}^{12} V_i(\Delta A)_i = \boxed{29{,}7\,\frac{\text{m}^3}{\text{s}}}$$

Para checar a validade dos cálculos, some a coluna identificada como Δr_i e verifique para assegurar que esse valor seja igual ao raio do tubo. Conforme mostrado, essa soma é igual a 0,5 m. De maneira semelhante, a área do tubo de

$$A = \pi r^2 = \pi(0{,}5\text{ m})^2 = 0{,}785\text{ m}^2$$

deve ser produzida somando a coluna identificada como ΔA_i. Como mostrado, este é o caso.

Medidor de Orifício Calibrado

Um **medidor de orifício**, ou placa de orifício, é um instrumento usado para medir a vazão por meio de uma placa cuidadosamente projetada e dotada de uma abertura redonda, a qual é colocada em uma tubulação, conforme mostrado na Figura 13.14. A vazão é encontrada

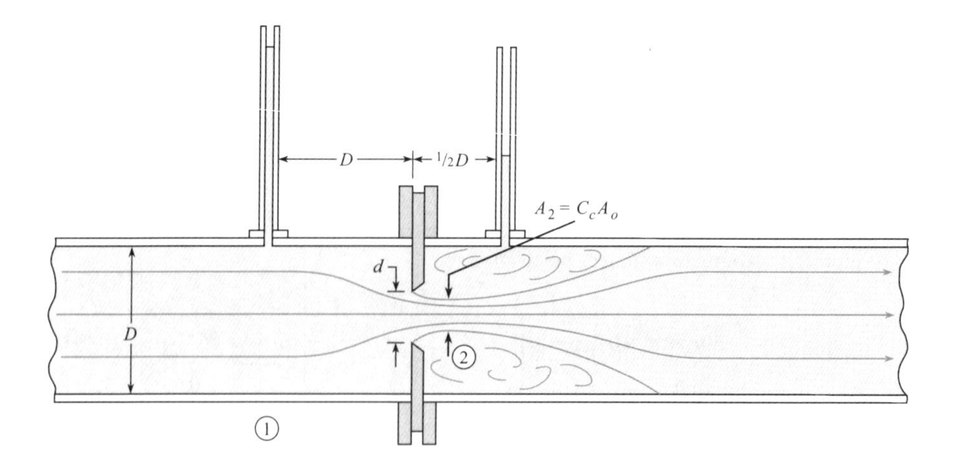

FIGURA 13.14
Escoamento através de uma placa de orifício com aresta viva.

medindo a queda de pressão através do orifício e usando uma equação para calcular a vazão apropriada. Uma aplicação comum da placa de orifício é na medição de gás natural em tubulações. Em razão da grande quantidade de gás natural que é medida e dos elevados custos associados, a precisão é muito importante. Esta seção descreve os principais conceitos associados aos medidores de orifício. Detalhes sobre o uso das placas de orifício estão apresentados em padrões como a referência (10).

O escoamento através de uma placa de orifício com aresta viva está mostrado na Figura 13.14. Observe que as linhas de corrente continuam a convergir uma pequena distância a jusante do plano do orifício. Assim, a área de escoamento mínimo é na verdade menor do que a área do orifício. Para relacionar a área de escoamento mínimo, chamada com frequência de área contraída do jato, ou *vena contracta*, à área do orifício A_o, usa-se o coeficiente de contração, que é definido como

$$A_j = C_c A_o$$
$$C_c = \frac{A_j}{A_o}$$

Então, para um orifício circular,

$$C_c = \frac{(\pi/4)d_j^2}{(\pi/4)d^2} = \left(\frac{d_j}{d}\right)^2$$

Uma vez que d_j e d_2 são idênticos, $C_c = (d_2/d)^2$. Em valores baixos de número de Reynolds, C_c é uma função do número de Reynolds. Contudo, em valores altos do número de Reynolds, C_c é apenas uma função da geometria do orifício. Para razões d/D menores do que 0,3, C_c tem um valor de aproximadamente 0,62. Contudo, à medida que d/D aumenta para 0,8, C_c aumenta até um valor de 0,72.

Para derivar a equação para o orifício, considere a situação mostrada na Figura 13.14. Aplique a equação de Bernoulli entre a seção 1 e a seção 2:

$$\frac{p_1}{\gamma} + \frac{V_1^2}{2g} + z_1 = \frac{p_2}{\gamma} + \frac{V_2^2}{2g} + z_2$$

V_1 é eliminado usando a equação da continuidade $V_1A_1 = V_2A_2$. Resolvendo para V_2 obtemos

$$V_2 = \left\{\frac{2g[(p_1/\gamma + z_1) - (p_2/\gamma + z_2)]}{1 - (A_2/A_1)^2}\right\}^{1/2} \quad \textbf{(13.4a)}$$

Contudo, $A_2 = C_cA_o$ e $h = p/\gamma + z$, de modo que a Eq. (13.4a) se reduz a

$$V_2 = \sqrt{\frac{2g(h_1 - h_2)}{1 - C_c^2A_o^2/A_1^2}} \quad \textbf{(13.4b)}$$

Nosso objetivo principal é obter uma expressão para a vazão volumétrica em termos de h_1, h_2 e das características geométricas do orifício. A vazão volumétrica é dada por V_2A_2. Dessa forma, multiplique ambos os lados da Eq. (13.4b) por $A_2 = C_cA_o$ para obter o resultado desejado:

$$Q = \frac{C_c A_o}{\sqrt{1 - C_c^2 A_o^2 / A_1^2}} \sqrt{2g(h_1 - h_2)} \tag{13.5}$$

A Eq. (13.5) é a equação para a vazão volumétrica para o escoamento de um fluido invíscido e incompressível através de um orifício. Contudo, ela só é válida em números de Reynolds relativamente altos. Para valores baixos ou moderados do número de Reynolds, os efeitos da viscosidade são significativos, e um coeficiente adicional, chamado de *coeficiente de velocidade*, C_v, deve ser aplicado à equação da vazão volumétrica para relacionar o escoamento ideal ao escoamento real.* Com isso, para o escoamento viscoso através de um orifício, temos a seguinte equação para a vazão volumétrica:

$$Q = \frac{C_v C_c A_o}{\sqrt{1 - C_c^2 A_o^2 / A_1^2}} \sqrt{2g(h_1 - h_2)}$$

O produto C_vC_c é chamado de **coeficiente de descarga**, C_d, e a combinação $C_vC_c/(1 - C_c^2A_o^2/A_1^2)^{1/2}$ é chamada de **coeficiente de vazão**, K. Assim, $Q = KA_o\sqrt{2g(h_1 - h_2)}$, em que

$$K = \frac{C_d}{\sqrt{1 - C_c^2 A_o^2 / A_1^2}} \tag{13.6}$$

Se Δh é definida como $h_1 - h_2$, então a forma final da equação para a placa de orifício se reduz a

$$Q = KA_o\sqrt{2g\Delta h} \tag{13.7a}$$

Se um transdutor de pressão diferencial estiver conectado pelo orifício, ele irá medir uma variação na pressão piezométrica que é equivalente a $\gamma\Delta h$, de modo que a equação para a placa de orifício se torna

$$Q = KA_o\sqrt{2\frac{\Delta p_z}{\rho}} \tag{13.7b}$$

Valores para K determinados experimentalmente como uma função de d/D e do número de Reynolds baseado no tamanho do orifício são dados na Figura 13.15. Se Q for fornecido, Re_d é igual a $4Q/\pi\, d\nu$. K é obtido a partir da Figura 13.15 (usando as linhas verticais e a escala inferior), e Δh é calculado a partir da Eq. (13.7a), ou Δp_z pode ser calculado a partir da Eq. (13.7b). Contudo, o problema de determinar a vazão volumétrica Q quando certo valor de Δh ou certo valor de Δp_z é fornecido surge com frequência. Quando Q deve ser determinado, não existe uma maneira direta de obter K entrando com Re na Figura 13.15, pois Re é uma função da vazão, que ainda é desconhecida. Dessa forma, outra escala, que não envolve Q, é construída no gráfico da Figura 13.15. As variáveis para esta escala são obtidas da seguinte maneira: Uma vez que $\mathrm{Re}_d = 4Q/\pi\, d\nu$ e $Q = K(\pi d^2/4)\sqrt{2g\Delta h}$, escreva Re_d em termos de Δh:

$$\mathrm{Re}_d = K\frac{d}{\nu}\sqrt{2g\Delta h}$$

ou

$$\frac{\mathrm{Re}_d}{K} = \frac{d}{\nu}\sqrt{2g\Delta h} = \frac{d}{\nu}\sqrt{\frac{2\Delta p_z}{\rho}}$$

Assim, as linhas tracejadas inclinadas e a escala superior são usadas na Figura 13.15 quando Δh é conhecida e a vazão deve ser determinada. Se certo valor de Δp for dado, então aplique a Figura 13.15 usando $\Delta p_z/\rho$ em lugar de $g\Delta h$ no parâmetro no topo da Figura 13.15.

---

*Em baixos valores de número de Reynolds, o coeficiente de velocidade pode ser bem pequeno; contudo, em números de Reynolds acima de 10^5, C_v possui normalmente um valor próximo a 0,98. Ver Lienhard (8) para análises de C_v.

FIGURA 13.15

Coeficiente de vazão K e Re_d/K *versus* o número de Reynolds para medidores de orifício, bocais e Venturi. [Fonte dos dados: Tuve e Sprenkle (9) e ASME (10).]

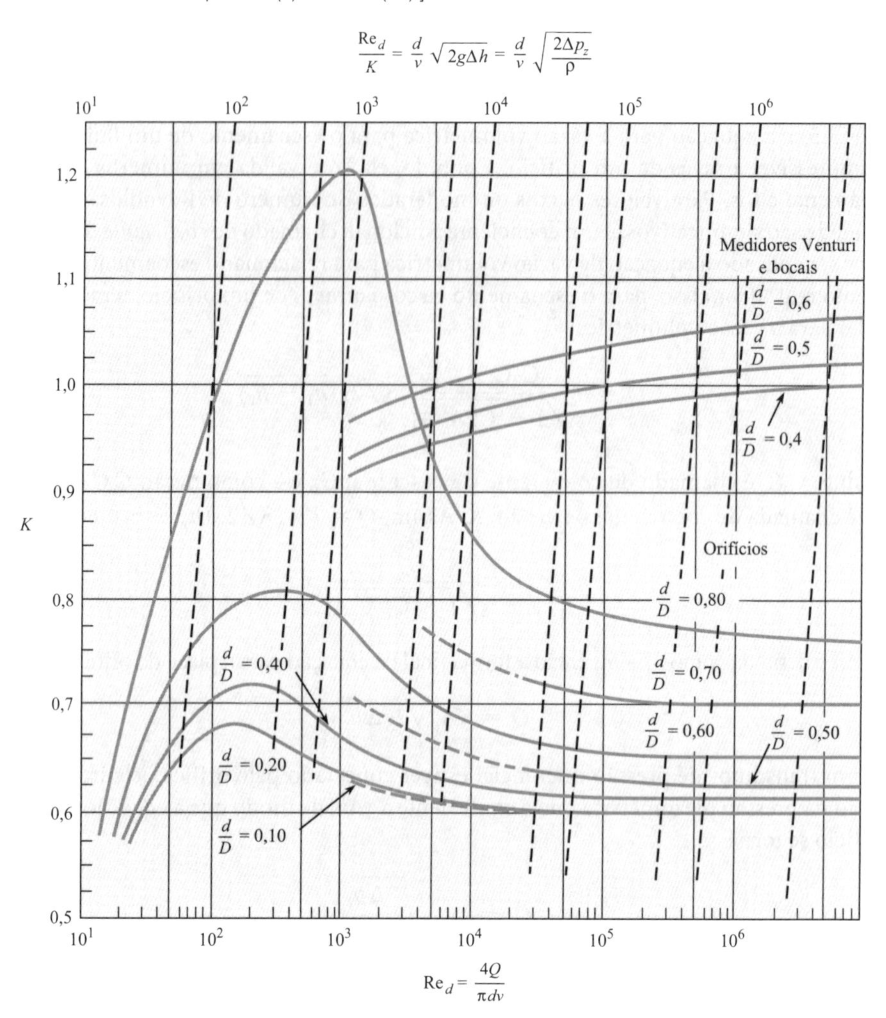

A literatura sobre o escoamento através de orifícios contém numerosas discussões relacionadas com a colocação ótima das tomadas de pressão tanto no lado a montante quanto no lado a jusante de um orifício. Os dados fornecidos na Figura 13.15 são para "tomadas nos cantos". Isto é, no lado a montante as leituras de pressão foram tomadas imediatamente a montante da placa de orifício (no canto entre a placa de orifício e a parede do tubo), enquanto a tomada a jusante se encontrava em uma posição similar a jusante. Contudo, os dados de pressão de tomadas em flanges (1 polegada a montante e 1 polegada a jusante) e das tomadas mostradas na Figura 13.14 produzem todos praticamente os mesmos valores para K; as diferenças não são maiores do que os desvios envolvidos na leitura da Figura 13.15. Para valores de K mais precisos com tipos específicos de tomadas, ver o relatório da ASME sobre medidores de fluidos (10).

Perda de Carga para Orifícios

Alguma perda de carga ocorre entre o lado a montante do orifício e a *vena contracta*. Contudo, essa perda de carga é muito pequena comparada à que ocorre a jusante da *vena contracta*. Esta porção a jusante é como a que ocorre para uma expansão abrupta. Desprezando todas as perdas de carga, exceto aquela em razão da expansão do escoamento, temos

$$h_L = \frac{(V_2 - V_1)^2}{2g} \quad (13.8)$$

TABELA 13.1 Perda de Carga Relativa para Orifícios

$V_2/V_1 \rightarrow$	1	2	4	6	8	10
$h_L/\Delta h \rightarrow$	0	0,33	0,60	0,71	0,78	0,82

em que V_2 é a velocidade na *vena contracta* e V_1 é a velocidade no tubo. É possível mostrar que a razão entre esta perda por expansão, h_L, e a perda de carga através do orifício, Δh, é dada como

$$\frac{h_L}{\Delta h} = \frac{\dfrac{V_2}{V_1} - 1}{\dfrac{V_2}{V_1} + 1} \tag{13.9}$$

A Tabela 13.1 mostra como a razão aumenta com valores crescentes de V_2/V_1. É obvio que um orifício é muito ineficiente do ponto de vista de conservação de energia. Os Exemplos 13.2 e 13.3 ilustram como realizar cálculos quando são usados medidores de orifício.

EXEMPLO 13.2

Aplicando um Medidor de Orifício para Medir a Vazão de Água

Enunciado do Problema

Um orifício com 15 cm está localizado em um tubo de água horizontal de 24 cm, e um manômetro água-mercúrio está conectado a ambos os lados do orifício. Quando a deflexão no manômetro é de 25 cm, qual é a vazão volumétrica no sistema, e qual perda de carga é produzida pelo orifício? Considere que a temperatura da água seja de 20 °C.

Defina a Situação

A água escoa através de um orifício (d = 0,15 m) em um tubo (D = 0,24 m). Um manômetro mercúrio-água é usado para medir a queda de pressão.

Propriedades:

- Água (20 °C): Tabela A.5, $\nu = 1 \times 10^{-6}$ m²/s.
- Mercúrio (20 °C): Tabela A.4, SG = 13,6.

Estabeleça o Objetivo

- Calcular a vazão volumétrica (em m³/s) no tubo.
- Calcular a perda de carga (em metros) produzida pelo orifício.

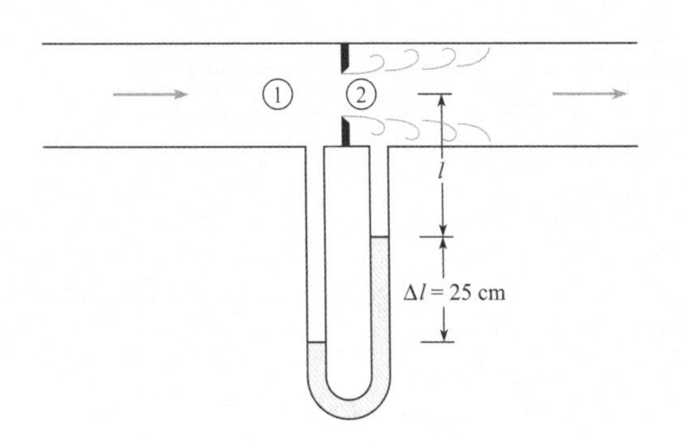

Tenha Ideias e Trace um Plano

1. Calcule $\Delta h = h_1 - h_2$ usando a equação para o manômetro.
2. Determine o coeficiente de vazão K usando a Figura 13.15.
3. Determine a vazão volumétrica Q usando a Eq. (13.7a).
4. Calcule o coeficiente de contração C_c usando a Eq. (13.6).
5. Resolva para a velocidade V_2 na *vena contracta*.
6. Calcule a perda de carga usando a Eq. (13.8).

Aja (Execute o Plano)

1. Variação na coluna piezométrica:
   - Aplique a equação do manômetro entre 1 e 2:

$$p_1 + \gamma_w(l + \Delta l) - \gamma_{Hg}\Delta l - \gamma_w l = p_2$$

   - Resolva para Δh:

$$\Delta h = \frac{p_1 - p_2}{\gamma_w} = \Delta l \frac{\gamma_{Hg} - \gamma_w}{\gamma_w} = \Delta l\left(\frac{\gamma_{Hg}}{\gamma_w} - 1\right)$$

$$\Delta h = (0{,}25 \text{ m})(13{,}6 - 1) = 3{,}15 \text{ m de água}$$

   - Calcule (Re_d/K):

$$\frac{\text{Re}_d}{K} = \frac{d\sqrt{2g\Delta h}}{\nu} = \frac{0{,}15 \text{ m}\sqrt{2(9{,}81 \text{ m/s}^2)(3{,}15 \text{ m})}}{1{,}0 \times 10^{-6} \text{ m}^2/\text{s}} = 1{,}2 \times 10^6$$

   - A partir da Figura 13.15 com d/D = 0,625, K = 0,66 (interpolado).

3. Vazão volumétrica:

$$Q = 0{,}66 A_o \sqrt{2g\Delta h} = 0{,}66\,\frac{\pi}{4} d^2 \sqrt{2(9{,}81 \text{ m/s}^2)(3{,}15 \text{ m})} = 0{,}66\,(0{,}785)(0{,}15^2 \text{ m}^2)(7{,}86 \text{ m/s}) = \boxed{0{,}092 \text{ m}^3/\text{s}}$$

4. Coeficiente de contração C_c:

$$K = \frac{C_d}{\sqrt{1 - C_c^2 A_o^2/A_1^2}}$$

Use $K = 0,66$. A razão $(A_o/A_1)^2 = (0,625)^4 = 0,1526$ e $C_d = C_v C_c$. Considerando $C_v = 0,98$ (veja a discussão sobre C_v na §13.2) e resolvendo para C_c, tem-se $C_c = 0,633$.

5. Velocidade na *vena contracta*:

$$V_2 = Q/(C_c A_o)$$

$$(0,092\ \text{m}^3/\text{s})/[(0,633)(\pi/4)(0,15^2\ \text{m}^2)] = 8,23\ \text{m/s}$$

$$V_1 = Q/A_{\text{tubo}}$$

$$(0,092\ \text{m}^3/\text{s})/[(\pi/4)(0,24^2\ \text{m}^2)] = 2,03\ \text{m/s}$$

6. Perda de Carga:

$$h_L = (V_2 - V_1)^2/2g = (8,23 - 2,03)^2/(2 \times 9,81) = \boxed{1,96\ \text{m}}$$

EXEMPLO 13.3

Aplicando um Medidor de Orifício

Enunciado do Problema

Um manômetro ar-água está conectado a ambos os lados de um orifício de 8 polegadas em uma tubulação de água de 12 polegadas Se a vazão máxima é de 2 cfs, qual é a deflexão no manômetro? A temperatura da água é de 60 °F.

Defina a Situação

- A água escoa (Q = 2 cfs) através de um orifício (d = 8 polegadas) em um tubo (D = 12 in).
- Um manômetro ar-água é usado para medir a queda de pressão.

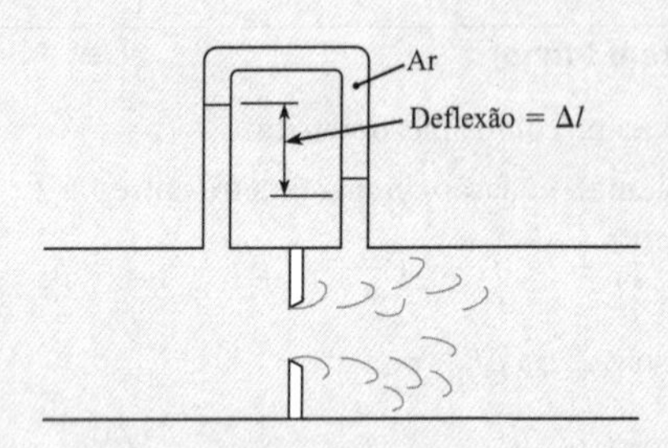

Propriedades: Água (60 °F): Tabela A.5, $\nu = 1,22 \times 10^{-5}$ ft²/s.

Estabeleça o Objetivo

Calcular a deflexão (em ft) de água no manômetro.

Tenha Ideias e Trace um Plano

1. Calcule o número de Reynolds.
2. Determine o coeficiente de vazão K a partir da Figura 13.15.
3. Resolva para Δh usando a Eq. (13.7a).
4. Resolva para Δl usando a equação para o manômetro.

Aja (Execute o Plano)

1. Número de Reynolds:

$$\text{Re} = \frac{4Q}{\pi d \nu} = \frac{(4)(2\ \text{ft}^3/\text{s})}{\pi((8/12)\ \text{ft})(1,22 \times 10^{-5}\ \text{ft}^2/\text{s})} = \boxed{3,1 \times 10^5}$$

2. Coeficiente de vazão:
   - Use a Figura 13.15. Interpole para $d/D = 8/12 = 0,667$ para determinar $K \approx 0,68$.
3. Variação na coluna piezométrica:
   - A partir de $Q = KA_o\sqrt{2g\Delta h}$, resolva para Δh:

$$\Delta h = \frac{Q^2}{2gK^2A_o^2} = \frac{4}{64,4(0,68^2)[((\pi)/4)(8/12)^2]^2} = 1,1\ \text{ft}$$

4. Deflexão do manômetro:
   - A deflexão está relacionada com Δh por

$$\Delta h = \Delta l\left(\frac{\gamma_w - \gamma_{\text{air}}}{\gamma_w}\right)$$

   - Uma vez que $\gamma_w >> \gamma_{ar}$, $\Delta l = \Delta h = 1,1$ ft. $\boxed{\Delta l = 1,1\ \text{ft}}$

O orifício com aresta viva também pode ser usado para medir a vazão mássica de gases. A equação para a vazão volumétrica [Eq. (13.7b)] é multiplicada pela densidade do gás a montante e um fator empírico para levar em conta os efeitos da compressibilidade (10). A equação resultante é

$$\dot{m} = YA_oK\sqrt{2\rho_1(p_1 - p_2)} \qquad \textbf{(13.10)}$$

em que K, o coeficiente de vazão, é encontrado usando a Figura 13.15 e Y é o fator de compressibilidade dado pela equação empírica

$$Y = 1 - \left\{\frac{1}{k}\left(1 - \frac{p_2}{p_1}\right)\left[0,41 + 0,35\left(\frac{A_o}{A_1}\right)^2\right]\right\} \qquad \textbf{(13.11)}$$

Neste caso, tanto a diferença de pressão através do orifício quanto a pressão absoluta do gás são necessárias. Lembre-se de usar a pressão absoluta ao aplicar a equação para o fator de compressibilidade.

EXEMPLO 13.4

Aplicando um Medidor de Orifício para Medir a Vazão de Gás Natural

Enunciado do Problema

A vazão mássica de gás natural deve ser medida usando um orifício com aresta viva. A pressão do gás a montante é de 101 kPa absoluta, e a diferença de pressão através do orifício é de 10 kPa. A temperatura do metano a montante é de 15 °C. O diâmetro do tubo é de 10 cm, e o diâmetro do orifício é de 7 cm. Qual é a vazão mássica?

Defina a Situação

- O gás natural (metano) está escoando através de um orifício com aresta viva.
- O diâmetro do tubo é $D = 0{,}1$ m. O diâmetro do orifício é $d = 0{,}07$ m.
- A diferença de pressão através do orifício é de 10 kPa.

Propriedades: Gás natural (15 °C, 1 atm): Tabela A.2, $\rho = 0{,}678$ kg/m^3, $\nu = 1{,}59 \times 10^{-5}$ m^2/s, $K = 1{,}31$.

Estabeleça o Objetivo

Determinar a vazão mássica (em kg/s).

Tenha Ideias (Trace um Plano)

1. Determine o coeficiente de vazão K a partir da Figura 13.15.
2. Calcule o fator de compressibilidade Y usando a Eq. (13.11).
3. Calcule a vazão mássica usando a Eq. (13.10).

Aja (Execute o Plano)

1. Coeficiente de vazão:
   - Calcule (Re_d/K):

$$\frac{\text{Re}_d}{K} = \frac{d}{\nu}\sqrt{2\frac{\Delta p}{\rho_1}} = \frac{0{,}07}{1{,}59(10^{-5})}\sqrt{2\frac{10^4}{0{,}678}} = 7{,}56 \times 10^5$$

   - Usando a Figura 13.15, $K = 0{,}7$.

2. Fator de compressibilidade:

$$Y = 1 - \left\{\frac{1}{1{,}31}\left(1 - \frac{91}{101}\right)(0{,}41 + 0{,}35 \times 0{,}7^4)\right\} = 0{,}962$$

3. Vazão mássica de metano:

$$\begin{aligned}\dot{m} &= YA_oK\sqrt{2\rho_1(p_1 - p_2)} \\ &= 0{,}962\left(\frac{\pi}{4}0{,}07^2\right)(0{,}7)\sqrt{2(0{,}678)(10^4)} \\ &= \boxed{0{,}302 \text{ kg/s}}\end{aligned}$$

Os exemplos anteriores envolveram a determinação de Q ou de Δh para determinado tamanho de orifício. Outro tipo de problema é a determinação do diâmetro do orifício para dados valores de Q e Δh. Para este tipo de problema, exige-se um procedimento de tentativa e erro. Uma vez que se conhece um valor aproximado de K, este é estimado ("chutado") em primeiro lugar. Então, determina-se o diâmetro e, feito isso, um melhor valor de K pode ser encontrado, e assim por diante.

Medidor Venturi

O **medidor Venturi** (Fig. 13.16) é um instrumento para medir a vazão que faz uso de medições da pressão por meio de uma zona convergente-divergente através da qual passa o escoamento. A principal vantagem do medidor Venturi em comparação ao medidor de orifício é que a perda de carga do primeiro é muito menor. Tal fato ocorre porque o escoamento passa através do dispositivo e segue as linhas de corrente, conforme mostrado na Figura 13.16. Esse seguimento das linhas de corrente elimina qualquer contração do jato além da menor seção de escoamento. Consequentemente, o coeficiente de contração possui um valor unitário, e a equação do Venturi é

$$Q = \frac{A_gC_d}{\sqrt{1 - (A_g/A_t)^2}}\sqrt{2g(h_t - h_g)} \quad \textbf{(13.12)}$$

$$Q = KA_g\sqrt{2g\Delta h} \quad \textbf{(13.13)}$$

em que A_g é a área da garganta e Δh é a diferença na coluna piezométrica entre a entrada do Venturi (tubo) e a garganta. Observe que a equação do Venturi é a mesma usada para um medidor de orifício. Contudo, para o medidor Venturi, K se aproxima da unidade em altos valores

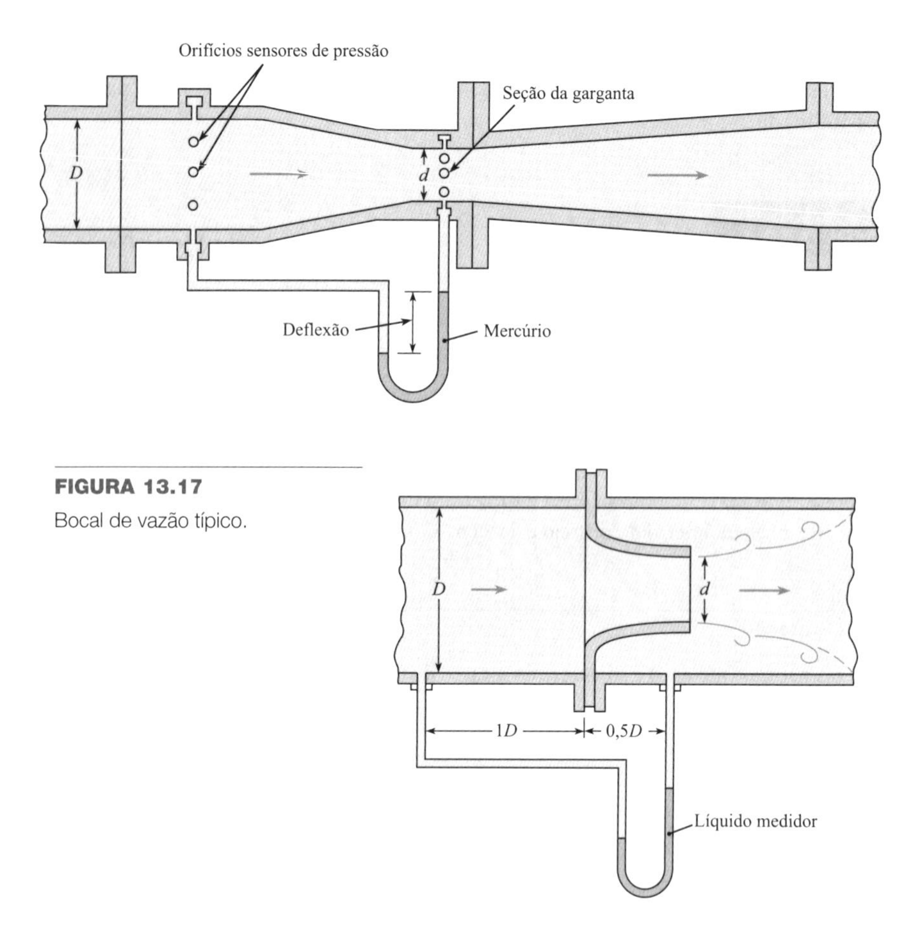

FIGURA 13.16
Medidor Venturi típico.

FIGURA 13.17
Bocal de vazão típico.

de Reynolds e pequenas razões d/D. Essa tendência pode ser vista na Figura 13.15, na qual os valores de K para o medidor Venturi estão plotados juntamente com os dados semelhantes para o orifício.

Bocais de Vazão

O **bocal de vazão** (Fig. 13.17) é um instrumento para medir a vazão usando a queda de pressão através de um bocal que normalmente é colocado no interior de um conduto. De forma semelhante à de um medidor de orifício, o projeto e a aplicação do bocal de vazão são descritos por normas técnicas da Engenharia (10). Em comparação ao medidor de orifício, o bocal de vazão é melhor em escoamentos que causam abrasão (por exemplo, nos escoamentos com partículas). A razão é que a erosão de um orifício vai produzir uma maior variação na relação queda de pressão *versus* vazão. Tanto o bocal de vazão como o medidor de orifício vai gerar aproximadamente a mesma perda de carga global.

EXEMPLO 13.5

Aplicando um Medidor Venturi para Medir a Vazão de Água

Enunciado do Problema

A diferença de pressão entre as tomadas de um medidor Venturi horizontal conduzindo água é 35 kPa. Se d = 20 cm e D = 40 cm, qual é a vazão volumétrica de água a 10 °C?

Defina a Situação

- A água escoa através de um medidor Venturi horizontal.
- O diâmetro da tubulação é D = 0,40 m. O diâmetro da garganta do Venturi é d = 0,2 m.

Propriedades: Água (10 °C): Tabela A.5, $\nu = 1{,}31 \times 10^{-6}$ m²/s, e γ = 9.810 N/m³.

Estabeleça o Objetivo

Determinar a vazão volumétrica (m³/s).

Tenha Ideias e Trace um Plano

1. Calcule $\Delta h = h_1 - h_2$.

2. Determine o coeficiente de vazão K a partir da Figura 13.15.
3. Determine a vazão volumétrica Q usando a Eq. (13.7a).

Aja (Execute o Plano)

1. Variação na coluna piezométrica:

$$\Delta h = \frac{\Delta p}{\gamma} + \Delta z = \frac{\Delta p}{\gamma} + 0 = \frac{35.000 \text{ N/m}^2}{9810 \text{ N/m}^3} = 3{,}57 \text{ m de água}$$

2. Coeficiente de vazão:
   - Calcule (Re_d/K):

$$\frac{\mathrm{Re}_d}{K} = \frac{d\sqrt{2g\Delta h}}{\nu} = \frac{0{,}20\sqrt{2(9{,}81)(3{,}57)}}{1{,}31(10^{-6})} = 1{,}28 \times 10^6$$

   - A partir da Figura 13.15, determine que $K = 1{,}02$.

3. Vazão volumétrica:

$$Q = 1{,}02A_2\sqrt{2g\Delta h}$$
$$= 1{,}02(0{,}785)(0{,}20^2)\sqrt{2(9{,}81)(3{,}57)} = \boxed{0{,}268 \text{ m}^3/\text{s}}$$

Medidor de Vazão Eletromagnético

Todos os medidores de vazão descritos até o momento exigem algum tipo de obstrução colocada no escoamento. A obstrução pode ser o rotor de um anemômetro de palhetas ou a seção transversal reduzida de um medidor de orifício ou Venturi. Um medidor que não obstrui o escoamento e que também não exige tomadas de pressão (que estão sujeitas a entupimentos) é o **medidor de vazão eletromagnético**. O seu princípio básico é o de que um condutor que se move em um campo magnético produz uma força eletromotiva. Assim, os líquidos com um grau de condutividade geram uma voltagem entre os eletrodos, como na Figura 13.18, e essa voltagem é proporcional à velocidade do escoamento no conduto. É interessante notar que o princípio básico do medidor eletromagnético foi investigado por Faraday em 1832. Contudo, não foi feita uma aplicação prática do princípio até aproximadamente um século mais tarde, quando ele foi usado para medir o fluxo sanguíneo. Recentemente, com a necessidade de um medidor para medir o escoamento de metais líquidos em reatores nucleares e com o advento de detectores de sinais eletrônicos sofisticados, esse tipo de medidor encontrou um extenso uso comercial.

As principais vantagens do medidor eletromagnético são que o sinal de saída varia linearmente com a vazão e que o medidor não causa nenhuma resistência ao escoamento. As principais desvantagens são o seu custo elevado e a sua inadequação para a medição de vazões de gás.

Para um resumo da teoria e da aplicação do medidor de vazão eletromagnético, o leitor deve consultar Shercliff (11). Esta referência também inclui uma bibliografia extensa sobre o assunto.

Medidor de Vazão Ultrassônico

Outro modelo de medidor de vazão não intrusivo usado em aplicações diversas que variam da medição do fluxo sanguíneo a um escoamento em canal aberto é o **medidor de vazão ultrassônico**. Basicamente, existem dois modos diferentes de operação para os medidores de vazão

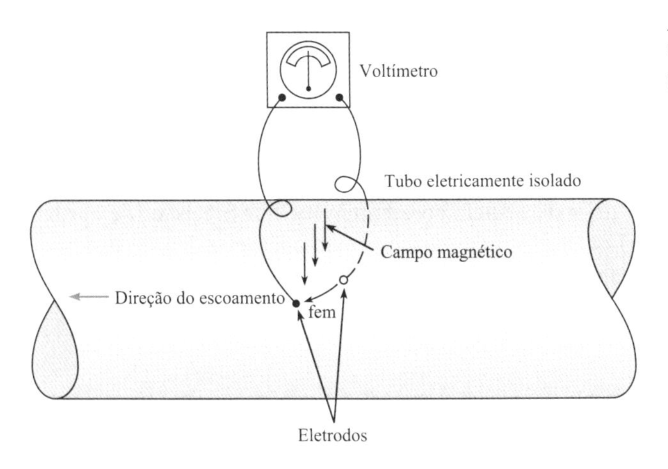

FIGURA 13.18
Medidor de vazão eletromagnético.

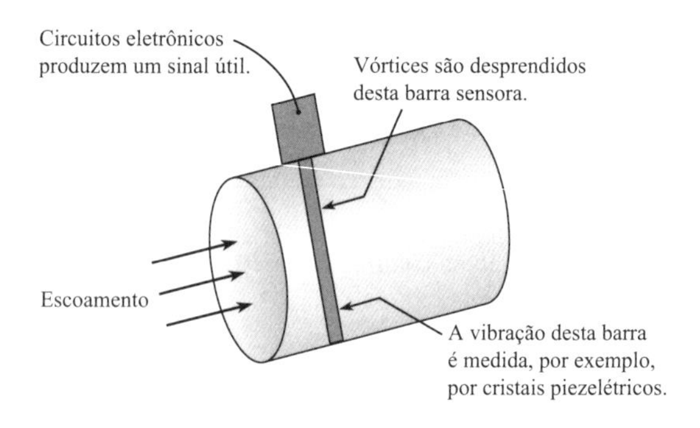

FIGURA 13.19
Medidor de vazão vortex.

ultrassônicos. O primeiro envolve a medição da diferença no tempo de percurso de uma onda sonora que se move contra e a favor do fluxo entre duas estações de medição. A diferença no tempo do percurso é proporcional à velocidade do escoamento. O segundo modo de operação está baseado no efeito Doppler. Quando um feixe ultrassônico é projetado no interior de um fluido não homogêneo, alguma energia acústica é espalhada de volta ao transmissor em uma frequência diferente (deslocamento Doppler). A diferença medida na frequência está relacionada diretamente com a velocidade do escoamento.

Medidor de Vazão de Turbina

O **medidor de vazão de turbina** consiste em uma roda com um conjunto de palhetas curvas (lâminas) montadas no interior de um duto. A vazão volumétrica através do medidor está relacionada com a velocidade de rotação da roda. Essa taxa de rotação é medida geralmente por uma lâmina que passa por um coletor eletromagnético montado na carcaça. O medidor deve ser calibrado para as condições de escoamento especificadas. O medidor de turbina é versátil no sentido de que ele pode ser usado tanto para líquidos quanto para gases. Ele possui uma precisão superior a 1% ao longo de uma ampla faixa de vazões, e opera com uma pequena perda de carga. O medidor de vazão de turbina é usado extensivamente no monitoramento de vazões em sistemas de suprimento de combustíveis.

Medidor de Vazão Vortex

O **medidor de vazão vortex** (Fig. 13.19) relaciona a frequência de desprendimento de vórtices à vazão. Os vórtices se desprendem de uma barra sensora que está localizado no centro de um tubo. Esses vórtices causam vibrações, que são medidas por cristais piezelétricos que estão localizados dentro da barra sensora e que são convertidos em um sinal eletrônico que é diretamente proporcional à vazão. Este medidor vortex provê medições precisas e repetíveis, sem a presença de partes móveis. Contudo, a perda de carga correspondente é comparável à de outros medidores do tipo com obstrução.

FIGURA 13.20
Rotâmetro.

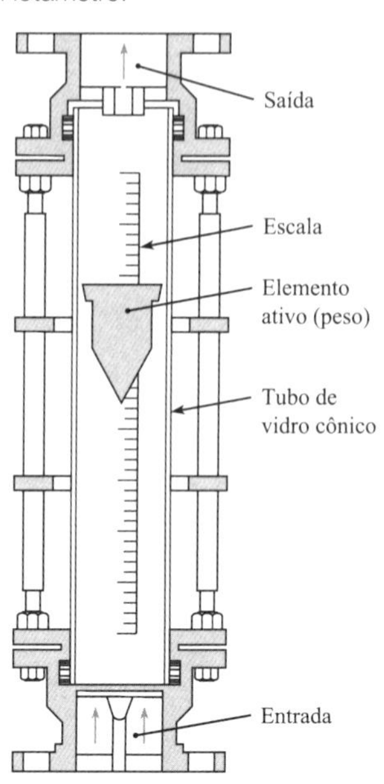

Rotâmetro

O rotâmetro (Fig. 13.20) é um instrumento para medir a vazão mediante a medida da posição de um elemento ativo (peso) localizado no interior de um tubo cônico. A posição de equilíbrio do peso está relacionada com a vazão. Uma vez que a velocidade é menor no topo do tubo (maior seção de escoamento naquele ponto) do que na parte inferior, o elemento busca uma posição neutra onde o arrasto sobre ele contrabalança o seu peso. Assim, o elemento "sobe" ou "desce" no tubo dependendo da vazão. O peso é projetado de modo que ele fique girando e, dessa maneira, permaneça no centro do tubo. Uma escala calibrada na lateral do tubo indica a vazão. Embora os medidores Venturi e de orifício apresentem melhor precisão (de aproximadamente 1% do fundo de escala) do que o rotâmetro (aproximadamente 5% do fundo de escala), o rotâmetro oferece outras vantagens, tal como a facilidade de uso e o baixo custo.

Vertedor Retangular

Um **vertedor** (Fig. 13.21) é um instrumento para determinar a vazão em líquidos por meio da medição da altura do líquido em relação a uma obstrução em um canal aberto. A vazão volumétrica

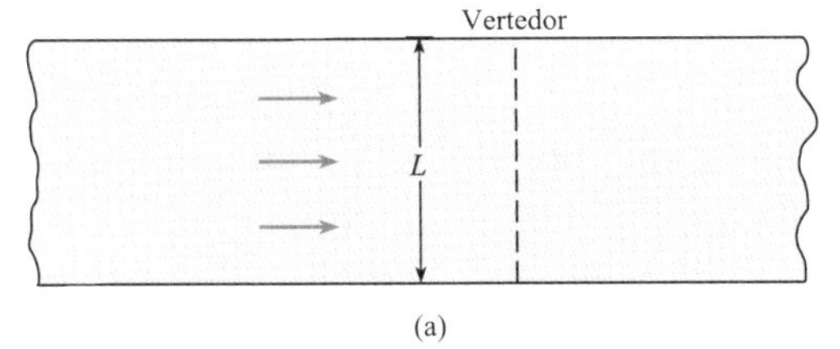

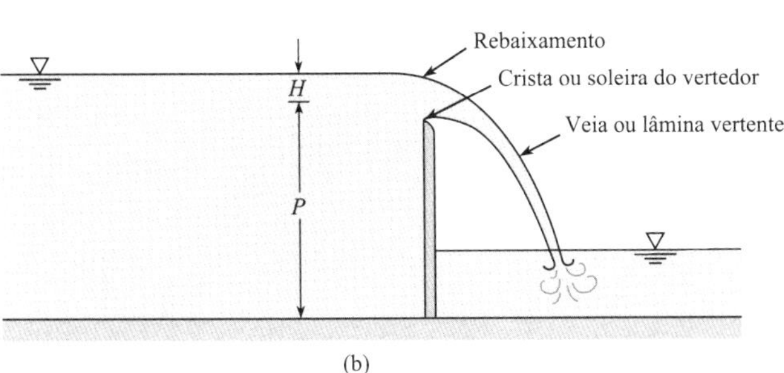

FIGURA 13.21

Desenho de definição para um vertedor com crista afilada: (a) vista em planta, (b) vista em elevação.

sobre o vertedor é uma função da geometria do vertedor e da coluna de líquido sobre ele, H, que é definida como a distância vertical entre a crista (ou soleira) e a superfície do líquido tomada a uma distância suficiente a montante do vertedor para evitar a curvatura local da superfície livre.

A equação da vazão volumétrica para o vertedor é derivada da integração de $VdA = VLdh$ ao longo da coluna total sobre ele. Aqui, L é o comprimento do vertedor e V é a velocidade em qualquer distância h abaixo da superfície livre. Desprezando a curvatura da linha de corrente e considerando uma velocidade de aproximação desprezível a montante do vertedor, obtém-se uma expressão para V escrevendo a equação de Bernoulli entre um ponto a montante do vertedor e um ponto no plano do vertedor (ver a Fig. 13.22). Assumindo que a pressão no plano do vertedor seja atmosférica, esta equação é

$$\frac{p_1}{\gamma} + H = (H - h) + \frac{V^2}{2g} \tag{13.14}$$

Aqui, a elevação de referência é a da crista do vertedor, e a pressão de referência é a atmosférica. Portanto, $p_1 = 0$, e a Eq. (13.14) se reduz a

$$V = \sqrt{2gh}$$

Então, $dQ = \sqrt{2gh}\, Ldh$, e a equação para a vazão volumétrica se torna

$$\begin{aligned} Q &= \int_0^H \sqrt{2gh}\, Ldh \\ &= \frac{2}{3} L \sqrt{2g} H^{3/2} \end{aligned} \tag{13.15}$$

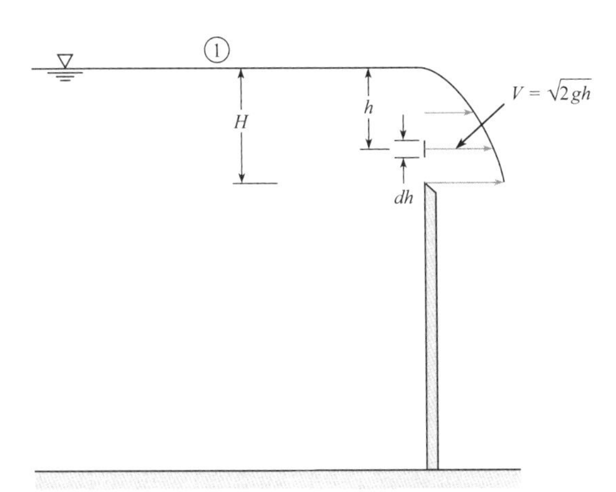

FIGURA 13.22

Distribuição de velocidades teórica sobre um vertedor.

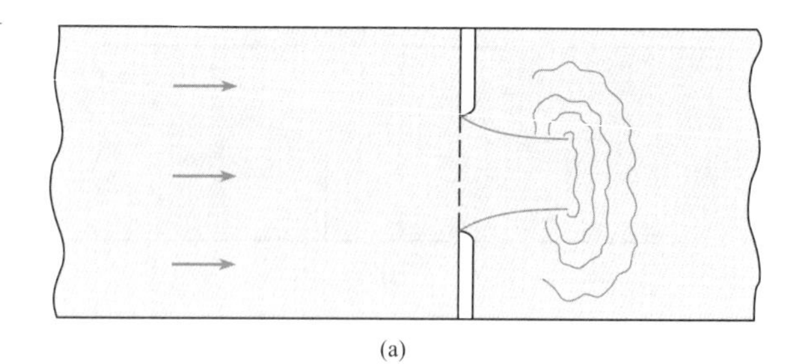

(a)

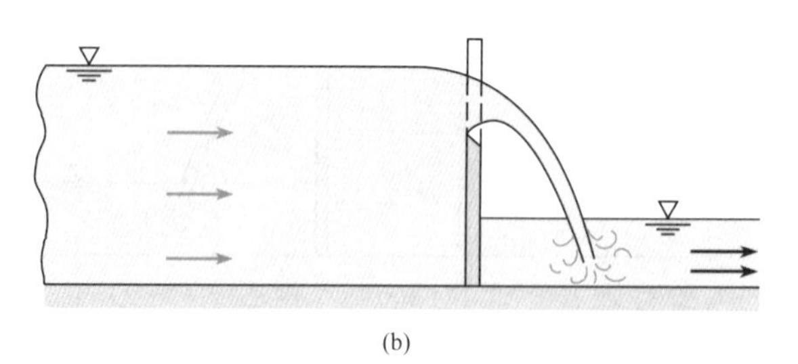

(b)

FIGURA 13.23

Vertedor retangular com contrações nas extremidades: (a) vista em planta, (b) vista em elevação.

No caso de um escoamento verdadeiro sobre um vertedor, as linhas de corrente são convergentes a jusante do plano do vertedor, e os efeitos viscosos não estão inteiramente ausentes. Consequentemente, um coeficiente de descarga C_d deve ser aplicado à expressão básica no lado direito da Eq. (13.15) para compatibilizar a teoria com a vazão real. Dessa forma, a equação para o vertedor retangular é

$$\begin{aligned} Q &= \frac{2}{3} C_d \sqrt{2g} L H^{3/2} \\ &= K \sqrt{2g} L H^{3/2} \end{aligned} \tag{13.16}$$

Para líquidos de baixa viscosidade, o coeficiente de vazão K é inicialmente uma função da carga relativa sobre o vertedor, H/P. Uma equação determinada empiricamente para K adaptada de Kindsvater e Carter (12) é

$$K = 0{,}40 + 0{,}05\frac{H}{P} \tag{13.17}$$

Esta é válida até um vapor de H/P de 10, desde que o vertedor seja ventilado o suficiente para que prevaleça uma pressão atmosférica tanto na parte superior como na inferior da lâmina vertente.

Quando o vertedor retangular não se estende ao longo de toda a distância transversal do canal, como na Figura 13.23, ocorrem contrações adicionais nas extremidades. Portanto, o valor de K será menor do que para o vertedor sem contrações na extremidade. Consulte King (13) para informações adicionais sobre coeficientes de escoamento para vertedores.

EXEMPLO 13.6

Aplicando um Vertedor Retangular para Medir a Vazão de Água

Enunciado do Problema

A coluna sobre um vertedor retangular que tem 60 cm de altura em um canal retangular com 1,3 m de largura mede 21 cm. Qual é a vazão volumétrica de água sobre o vertedor?

Defina a Situação

- A água escoa sobre um vertedor retangular.
- O vertedor possui uma altura de $P = 0{,}6$ m e uma largura de $L = 1{,}3$ m.
- A coluna sobre o vertedor é $H = 0{,}21$ m.

Estabeleça o Objetivo

Determinar a vazão volumétrica (m^3/s).

Tenha Ideias e Trace um Plano

1. Calcule o coeficiente de vazão K usando a Eq. (13.17).
2. Calcule a vazão usando a equação para o vertedor retangular, Eq. (13.16).

Aja (Execute o Plano)

1. Coeficiente de vazão:

$$K = 0{,}40 + 0{,}05\frac{H}{P} = 0{,}40 + 0{,}05\left(\frac{21}{60}\right) = 0{,}417$$

2. Vazão volumétrica:

$$Q = K\sqrt{2g}LH^{3/2} = 0{,}417\sqrt{2(9{,}81)}(1{,}3)(0{,}21^{3/2})$$
$$= \boxed{0{,}23 \text{ m}^3/\text{s}}$$

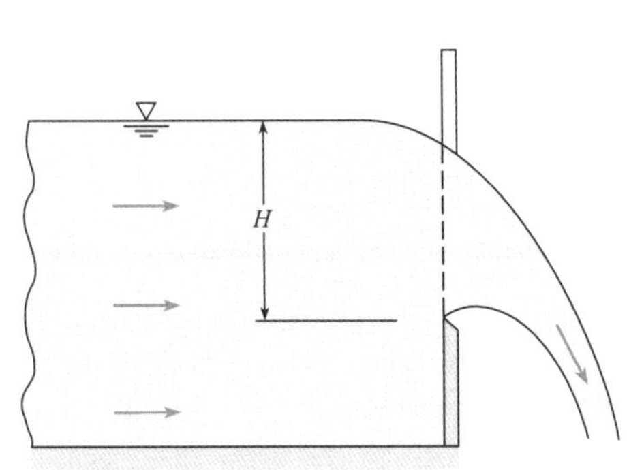

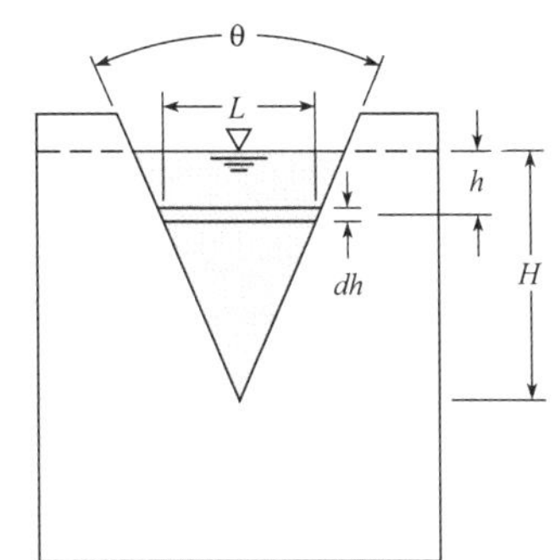

FIGURA 13.24
Desenho de definição para o vertedor triangular.

Vertedor Triangular

Um desenho de definição para o **vertedor triangular** está mostrado na Figura 13.24. A principal vantagem do vertedor triangular é que ele possui um maior grau de precisão ao longo de uma faixa de vazões muito mais ampla do que o vertedor retangular, pois a largura média da seção de escoamento aumenta à medida que a coluna de líquido aumenta.

A equação da vazão volumétrica para o vertedor triangular é derivada da mesma maneira que a do vertedor retangular. A vazão volumétrica diferencial $dQ = VdA = VLdh$ é integrada ao longo da coluna total sobre o vertedor para dar

$$Q = \int_0^H \sqrt{2gh}(H - h)2\,\text{tg}\left(\frac{\theta}{2}\right) dh$$

que integra a

$$Q = \frac{8}{15}\sqrt{2g}\,\text{tg}\left(\frac{\theta}{2}\right) H^{5/2}$$

Contudo, um coeficiente de descarga ainda deve ser usado com a equação básica. Assim,

$$Q = \frac{8}{15}C_d\sqrt{2g}\,\text{tg}\left(\frac{\theta}{2}\right) H^{5/2} \quad \textbf{(13.18)}$$

Os resultados experimentais com o escoamento de água sobre vertedores com $\theta = 60°$ e $H >$ 2 cm indicam que C_d possui um valor de 0,58. Com isso, a equação para o vertedor triangular com essas limitações é

$$Q = 0{,}179\sqrt{2g}H^{5/2} \quad \textbf{(13.19)}$$

EXEMPLO 13.7

Vazão para um Vertedor Triangular

Enunciado do Problema

A coluna sobre um vertedor triangular de 60° mede 43 cm. Qual é a vazão de água sobre o vertedor?

Defina a Situação

- A água escoa sobre um vertedor triangular de 60°.
- A coluna sobre o vertedor é $H = 0{,}43$ m.

Estabeleça o Objetivo

Calcular a vazão volumétrica (m³/s).

Tenha Ideias e Trace um Plano

Aplique a equação para o vertedor triangular, Eq. (13.19).

Aja (Execute o Plano)

$$Q = 0{,}179\sqrt{2g}\,H^{5/2} = 0{,}179 \times \sqrt{2 \times 9{,}81} \times (0{,}43)^{5/2}$$
$$= \boxed{0{,}096\ \text{m}^3/\text{s}}$$

Mais detalhes sobre dispositivos para a medição da vazão em escoamentos incompressíveis podem ser encontrados nas referências (14) e (15).

13.3 Resumindo Conhecimentos-Chave

Medindo a Velocidade e a Pressão

- Os instrumentos para *medição da velocidade* incluem o tubo de estagnação, o tubo Pitot-estático, o medidor de rotação, os anemômetros de palhetas e de copo, os anemômetros de fio quente e de película quente, o anemômetro *laser*-Doppler e a velocimetria por imagem de partículas.
- Os instrumentos para *medição da pressão* incluem o tubo estático, o piezômetro, o manômetro diferencial, o manômetro tipo tubo Bourdon e vários tipos de transdutores de pressão.

Medindo a Vazão (Volumétrica)

- Para medir a vazão, existem vários métodos diretos, incluindo os seguintes:
  - Medir o volume (ou peso) e dividir pelo tempo.
  - Medir as velocidades nos pontos sobre uma seção transversal e integrar usando $Q = \int V\,dA$.
- Instrumentos comuns para a *medição da vazão* incluem o medidor de orifício, o bocal de vazão, o medidor Venturi, o medidor de vazão eletromagnético, o medidor de vazão ultrassônico, o medidor de vazão de turbina, o medidor de vazão vortex, o rotâmetro e o vertedor.
- A vazão volumétrica para um medidor de vazão que usa uma abertura com restrição (isto é, um orifício, bocal de vazão ou Venturi) é calculada usando

$$Q = KA_o\sqrt{2g\Delta h} = KA_o\sqrt{2\Delta p_z/\rho}$$

em que K é um coeficiente de vazão que depende do número de Reynolds e do tipo de medidor de vazão, A_o é a área da abertura, Δh é a variação na coluna piezométrica ao longo do medidor, e Δp_z é a queda na pressão piezométrica através do medidor de vazão.
- A vazão volumétrica para um vertedor retangular com comprimento L é dada por

$$Q = K\sqrt{2g}\,LH^{3/2}$$

em que K é o coeficiente de vazão que depende de H/P. O termo H é a altura da água acima da crista do vertedor, conforme medida a montante do vertedor, e P é a altura do vertedor.
- A vazão volumétrica para um vertedor triangular com 60° com $H > 2$ cm é dada por

$$Q = 0{,}179\sqrt{2g}\,H^{5/2}$$

REFERÊNCIAS

1. Hurd, C. W., K. P. Chesky, and A. H. Shapiro. "Influence of Viscous Effects on Impact Tubes." *Trans. ASME J. Applied Mechanics*, vol. 75 (junho de 1953).

2. King, H. W, and E. F. Brater. *Handbook of Hydraulics*. New York: McGraw-Hill, 1963.

3. Lomas, Charles C. *Fundamentals of Hot Wire Anemometry*. New York: Cambridge University Press, 1986.

4. Durst, Franz. *Principles and Practice of Laser-Doppler Anemometry*. New York: Academic Press, 1981.

5. Kline, J. J. "Flow Visualization." In: *Illustrated Experiments in Fluid Mechanics: The NCFMF Book of Film Notes*. Cambridge, MA: MIT Press, 1972.

6. Macagno, Enzo O. "Flow Visualization in Liquids." *Iowa Inst. Hydraulics Res. Rept.*, 114 (1969).

7. Raffel, M., C. Wilbert, and J. Kompenhans. *Particle Image Velocimetry*. New York: Springer, 1998.

8. Lienhard, J. H., V, and J. H. Lienhard, IV. "Velocity Coefficients for Free Jets from Sharp-Edged Orifices." *Trans. ASME J. Fluids Engineering*, 106, (março de 1984).

9. Tuve, G. L., and R. E. Sprenkle. "Orifice Discharge Coefficients for Viscous Liquids." *Instruments*, vol. 8 (1935).

10. ASME. *Fluid Meters*, 6th ed. New York: ASME, 1971.

11. Shercliff, J. A. *Electromagnetic Flow-Measurement*. New York: Cambridge University Press, 1962.

12. Kindsvater, Carl E., and R. W Carter. "Discharge Characteristics of Rectangular Thin-Plate Weirs." *Trans. Am. Soc. Civil Eng.*, 124 (1959), 772-822.

13. King, L. V. *Phil. Trans. Roy. Soc. London, Ser. A*, 14 (1914), 214.

14. Miller, R. W *Flow Measurement Engineering Handbook*. New York: McGraw-Hill, 1983.

15. Scott, R. W. W., ed. *Developments in Flow Measurement-1*. Englewood Cliffs, NJ: Applied Science, 1982.

PROBLEMAS

Medindo a Velocidade e a Pressão (§13.1)

13.1 Liste cinco diferentes instrumentos ou procedimentos que os engenheiros utilizam para medir a velocidade de um fluido, e outros cinco que sejam usados para medir a pressão. Para cada instrumento ou procedimento, liste duas vantagens e duas desvantagens, usando este livro ou fontes na *internet*.

Velocidade de Escoamento: Tubos de Estagnação (§13.1)

13.2 Conforme mostrado, um tubo de estagnação com 4 mm de diâmetro é usado para medir a velocidade em uma corrente de ar. Qual é a velocidade do ar se a deflexão sobre o manômetro ar-água é de 1,6 mm? Temperatura do ar = 10 °C, e p = 1 atm.

13.3 Se a velocidade de uma corrente de ar (p_a = 98 kPa; T = 10 °C) é 24 m/s, qual deflexão será produzida em um manômetro ar-água se o tubo de estagnação possui 2 mm em diâmetro?

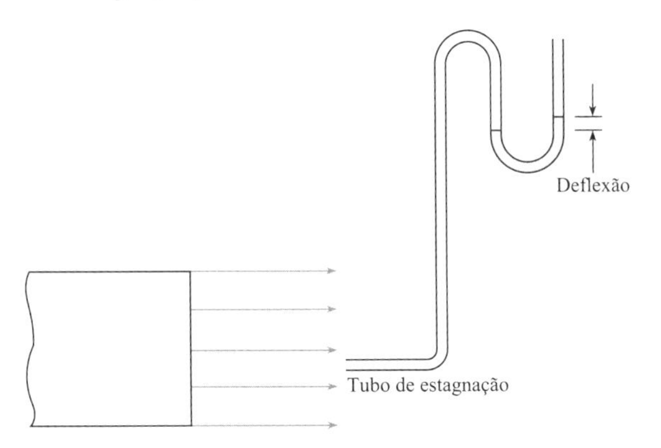

Problemas 13.2, 13.3

13.4 Qual seria o erro na determinação da velocidade se fosse usado um valor de C_p de 1,00 para um tubo de estagnação circular em lugar do valor real? Considere que a medição seja feita com um tubo de estagnação de 2 mm de diâmetro que está medindo a velocidade do ar (T = 25 °C, p = 1 atm) para a qual a leitura da pressão de estagnação é de 5,00 Pa.

13.5 Sem exceder um erro de 2,5%, qual é a velocidade mínima do ar que pode ser obtida usando um tubo de estagnação circular de 1 mm se a fórmula

$$V = \sqrt{2\Delta p_{\text{estag}}/\rho} = \sqrt{2gh_{\text{estag}}}$$

é usada para calcular a velocidade? Considere condições atmosféricas padrão.

13.6 Sem exceder um erro de 1%, qual é a velocidade mínima da água que pode ser obtida usando um tubo de estagnação circular de 1,5 mm se a fórmula

$$V = \sqrt{2\Delta p_{\text{estag}}/\rho} = \sqrt{2gh_{\text{estag}}}$$

é usada para calcular a velocidade? Considere que a temperatura da água seja de 20 °C.

13.7 Uma sonda de medição de velocidade usada com frequência para medir velocidades de gás em chaminés é mostrada na figura a seguir. A sonda consiste em dois tubos dobrados, um contra e o outro a favor da direção do escoamento, e cortados em um plano normal na direção do escoamento, conforme mostrado. Considere que o coeficiente de pressão seja de 1,0 em A e −0,4 em B. A sonda é inserida em uma chaminé cuja temperatura é de 300 °C e a pressão é de 100 kPa absoluta. A constante dos gases para os gases da chaminé é 410 J/kg·K. A sonda está conectada a um manômetro de água, e é medida uma deflexão de 1,0 cm. Calcule a velocidade dos gases na chaminé.

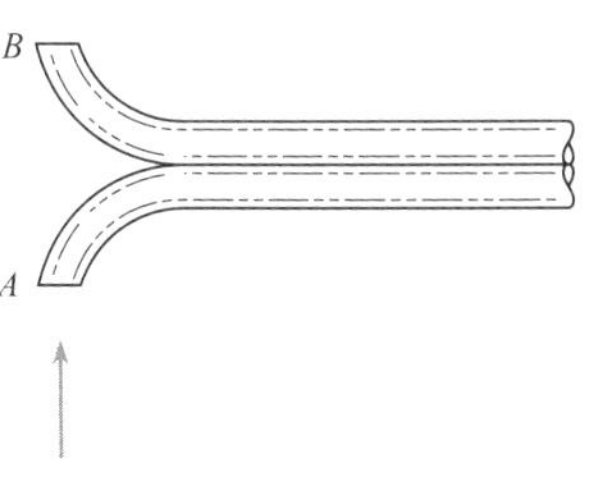

Problema 13.7

Velocidade de Escoamento: Anemômetros *Laser*-Doppler (§13.1)

13.8 Na *internet*, localize fontes tecnicamente embasadas e relevantes sobre ALD. Analise essas fontes, e então

a. escreva cinco descobertas que sejam relevantes para a prática da Engenharia e interessantes para você, e

b. escreva duas perguntas sobre os ALD que sejam interessantes e informativas.

13.9 Um sistema anemômetro *laser*-Doppler (ALD) é usado para medir a velocidade do ar em um tubo. O *laser* é de argônio com um comprimento de onda de 4880 angstroms. O ângulo entre os feixes de *laser* é de 20°. O intervalo de tempo é determinado medindo o tempo entre cinco pulsos, como mostrado, no sinal do fotodetector. O intervalo de tempo entre os cinco pulsos é de 12 microssegundos. Determine a velocidade.

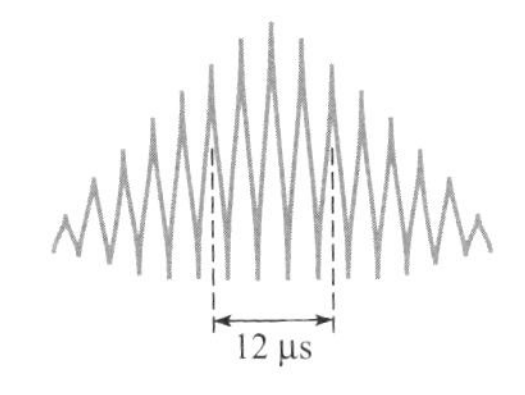

Problema 13.9

Medindo a Vazão Volumétrica (§13.2)

13.10 Classifique os seguintes dispositivos em relação ao seu uso para medir a velocidade (V), a pressão (P) ou a vazão (Q).

a. anemômetro de fio quente

b. medidor Venturi

c. manômetro diferencial

d. medidor de orifício
e. tubo de estagnação
f. rotâmetro
g. medidor de vazão ultrassônico
h. manômetro tipo tubo Bourdon
i. vertedor
j. anemômetro *laser*-Doppler

13.11 Liste cinco diferentes instrumentos ou procedimentos que os engenheiros utilizam para medir a vazão (volumétrica). Para cada instrumento ou procedimento, liste duas vantagens e duas desvantagens.

13.12 A água de um tubo é desviada para um tanque durante 5 minutos. Se o peso da água desviada foi medido e indicou ser de 10 kN, qual é a vazão volumétrica em metros cúbicos por segundo? Considere uma temperatura da água de 20 °C.

13.13 A água de um dispositivo de testes é desviada para um tanque volumétrico calibrado durante 6 minutos. Se o volume da água desviada medido é de 67 m^3, qual é a vazão volumétrica em metros cúbicos por segundo, galões por minuto e pés cúbicos por segundo?

13.14 O perfil de velocidades ao longo da seção transversal de um oleoduto com 24 cm de diâmetro gera os dados na tabela. Quais são a vazão volumétrica, a velocidade média, e a razão entre as velocidades máxima e média? O escoamento parece ser laminar ou turbulento?

r (cm)	*V* (m/s)	*r* (cm)	*V* (m/s)
0	8,7	7	5,8
1	8,6	8	4,9
2	8,4	9	3,8
3	8,2	10	2,5
4	7,7	10,5	1,9
5	7,2	11,0	1,4
6	6,5	11,5	0,7

13.15 A teoria e a verificação experimental indicam que a velocidade média ao longo de uma linha vertical em uma corrente ampla e larga pode ser bem aproximada pela velocidade em uma profundidade relativa de 0,6. Se as velocidades indicadas na profundidade relativa de 0,6 na seção transversal de um rio foram medidas, qual é a vazão volumétrica do rio?

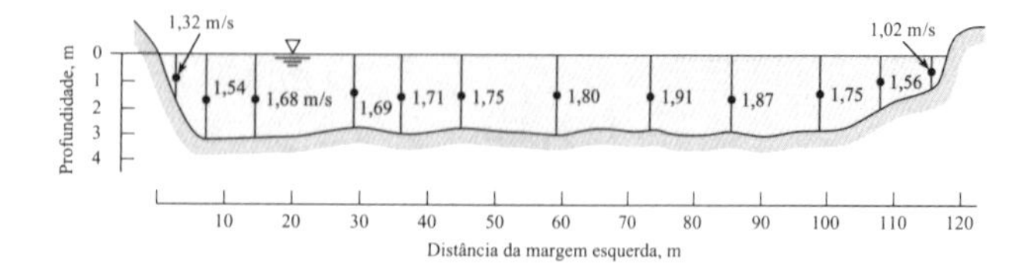

Problema 13.15

Vazão Volumétrica: Medidores de Orifício (§13.2)

13.16 Para o jato e orifício mostrados, determine C_v, C_c e C_d.

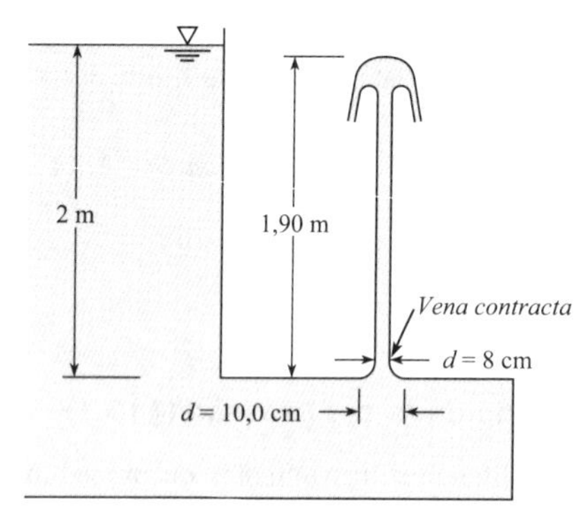

Problema 13.16

13.17 Um jato de fluido descarregando de um orifício com 10,2 cm possui um diâmetro de 8 cm na sua *vena contracta*. Qual é o coeficiente de contração?

13.18 A Figura 13.14 na §13.2 mostra um orifício com aresta viva. Observe que a superfície metálica imediatamente a jusante da aresta principal forma um ângulo agudo com o metal da face a montante do orifício. Você acredita que o orifício iria operar da mesma maneira (iria possuir o mesmo coeficiente de vazão, *K*) se o ângulo fosse de 90°? Explique como você chegou à sua conclusão.

13.19 Um orifício com 6 polegadas é colocado em um tubo com 10 polegadas, e um manômetro de mercúrio é conectado a ambos os lados do orifício. Se a vazão de água (60 °F) através deste orifício é de 4,5 cfs, qual será a deflexão do manômetro?

13.20 Determine a vazão volumétrica de água através deste orifício de 7 polegadas que está instalado em um tubo de 12 polegadas. Considere $T = 60$ °F e $\nu = 1,22 \times 10^{-5}$ ft²/s.

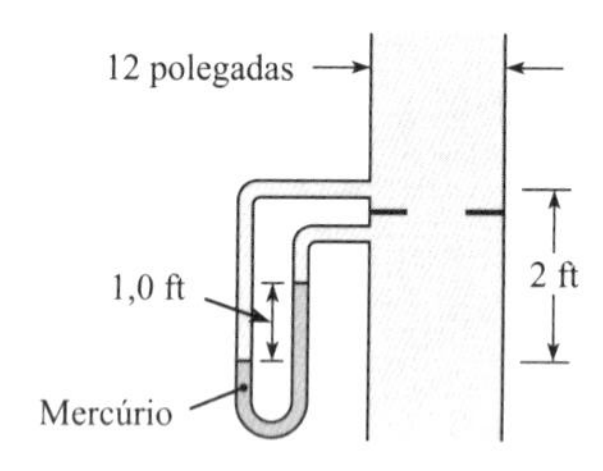

Problema 13.20

13.21 Determine a vazão volumétrica da água ($T = 60$ °F) através do orifício mostrado, se $h = 4$ ft, $D = 6$ polegadas, e $d = 3$ polegadas.

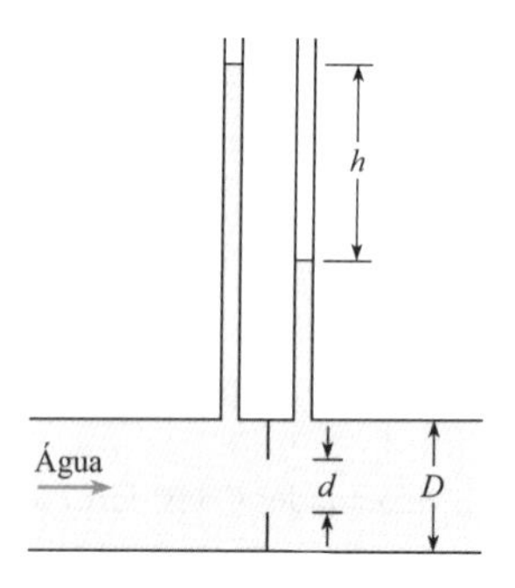

Problema 13.21

13.22 Conforme mostrado, o orifício com 10 cm no tubo horizontal que mede 30 cm possui o mesmo tamanho que o orifício no tubo vertical. Os manômetros são do tipo mercúrio-água, e a água (T = 20 °C) está escoando no sistema. Os manômetros são do tipo tubo de Bourdon. O escoamento, a uma taxa de 0,1 m³/s, é para a direita no tubo horizontal e, portanto, para baixo no tubo vertical. O valor de Δp como indicado pelos medidores A e B é o mesmo que Δp indicado pelos medidores D e E? Determine os seus valores. A deflexão no manômetro C é a mesma que a deflexão no manômetro F? Determine as deflexões.

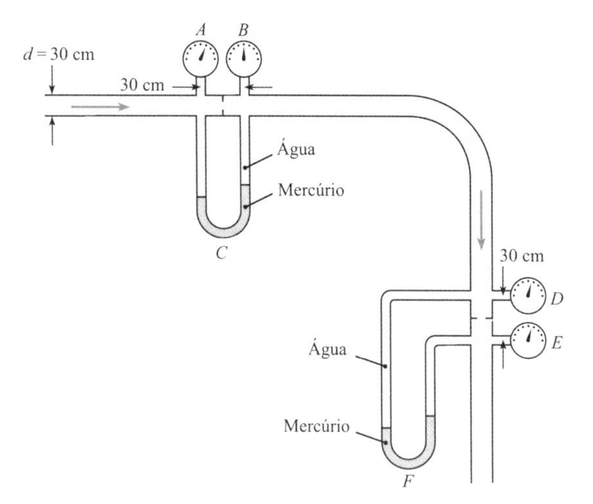

Problema 13.22

13.23 Um placa de orifício com orifício de 15 cm na extremidade de um tubo que mede 30 cm é aumentada para 20 cm. Com a mesma queda de pressão através do orifício (aproximadamente 50 kPa), qual será a porcentagem de aumento na vazão volumétrica?

13.24 Se a água (20 °C) está escoando através deste orifício com 4,3 cm, estime a vazão. Considere o coeficiente de vazão K = 0,6.

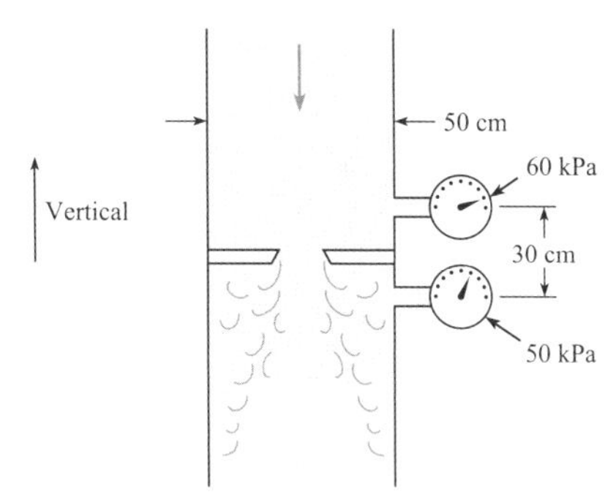

Problema 13.24

13.25 Um transdutor de pressão está conectado por meio de um orifício, conforme mostrado na figura a seguir. A pressão na tomada de pressão a montante é p_1, e a pressão na tomada a jusante é p_2. A pressão no transdutor conectado à tomada a montante é $p_{T,1}$, e na tomada de pressão a jusante é $p_{T,2}$. Mostre que a diferença na pressão piezométrica definida como $(p_1 + \gamma z_1) - (p_2 + \gamma z_2)$ é igual à diferença na pressão entre os transdutores, $p_{T,1} - p_{T,2}$.

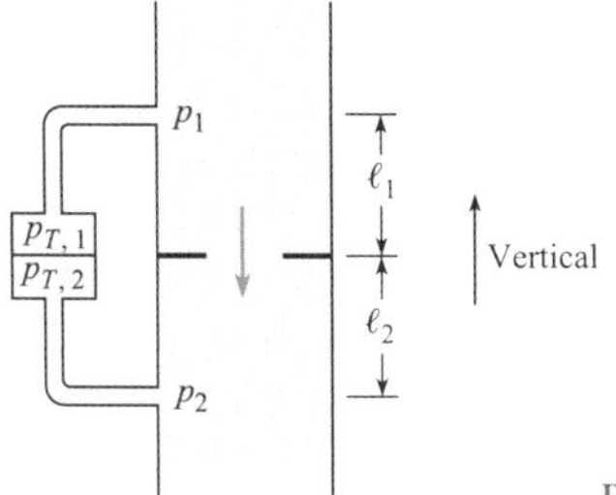

Problema 13.25

13.26 A água (T = 50 °F) é bombeada a uma taxa de 20 cfs por meio do sistema mostrado na figura. Qual será a pressão diferencial através do orifício? Qual potência a bomba deve suprir ao escoamento nas condições dadas? Ainda, desenhe a LP e a LE para o sistema. Considere f = 0,015 para o tubo.

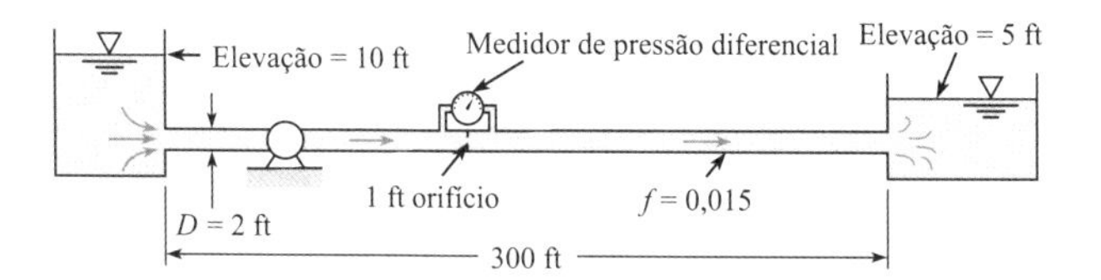

Problema 13.26

13.27 Determine o tamanho do orifício exigido em um tubo de 15 cm para medir 0,03 m³/s de água com uma deflexão de 1 m em um manômetro mercúrio-água.

13.28 Qual é a vazão volumétrica de gasolina (SG = 0,68) em um tubo horizontal com 20 cm se a pressão diferencial através de um orifício de 10 cm no tubo é de 100 kPa?

13.29 Um orifício deve ser projetado para que através dele seja produzida uma variação na pressão de 48 kPa (medida com um transdutor de pressão diferencial) para uma vazão volumétrica de 4,0 m³/s de água em um tubo com 1,2 m de diâmetro. Qual diâmetro deve ter o orifício para produzir os resultados desejados?

Vazão Volumétrica: Medidores Venturi (§13.2)

13.30 Qual é a principal vantagem de um medidor Venturi em comparação a um medidor de orifício? E a principal desvantagem?

13.31 Água escoa através de um medidor Venturi que possui uma garganta com 40 cm. O medidor Venturi se encontra em uma tubulação de 70 cm. Qual será a deflexão em um manômetro mercúrio-água conectado entre as seções a montante e da garganta se a vazão volumétrica é de 0,75 m³/s? Considere T = 20 °C.

13.32 Qual é o diâmetro da garganta exigido para um medidor Venturi em um tubo horizontal de 61 cm que conduz água com uma vazão de 0,76 m³/s se a pressão diferencial entre a garganta e a seção a montante deve ficar limitada em 200 kPa nesta vazão? Para uma primeira iteração, considere K = 1,02.

13.33 Estime a vazão de água através do medidor Venturi mostrado.

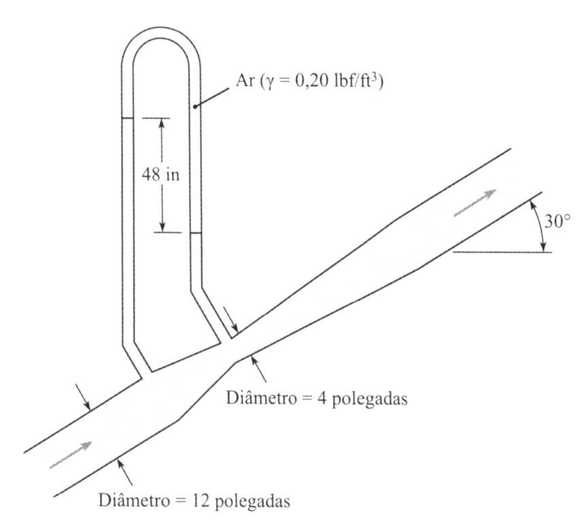

Problema 13.33

13.34 Quando não ocorre escoamento através do medidor Venturi, o indicador no medidor de pressão diferencial fica apontado diretamente para cima e mostra um Δp de zero. Quando 5 cfs de água escoa para a direita, o medidor de pressão diferencial indica $\Delta p = +10$ psi. Se o escoamento for invertido e 5 cfs passar a escoar para a esquerda através do medidor Venturi, em que faixa vai ficar o valor de Δp? (a) $\Delta p < -10$ psi, (b) -10 psi $< \Delta p < 0$, (c) $0 < \Delta p < 10$ psi, ou (d) $\Delta p = 10$ psi?

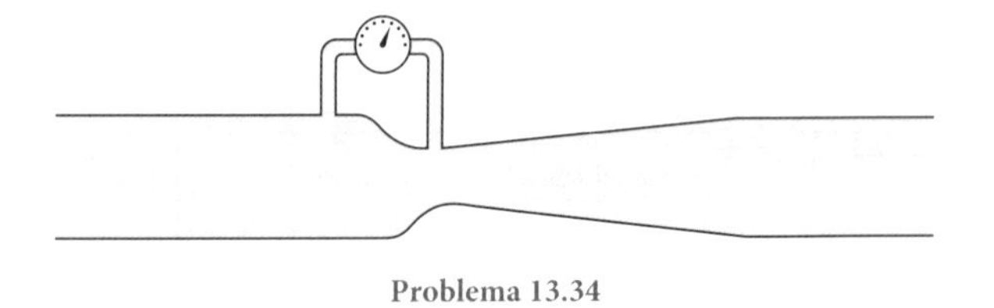

Problema 13.34

13.35 O diferencial de pressão através deste medidor Venturi é 92 kPa. Qual é a vazão volumétrica de água ($T = 20$ °C) através dele? (*Sugestão:* O valor do coeficiente de vazão que você calcular deve ser de $K = 1{,}02$.)

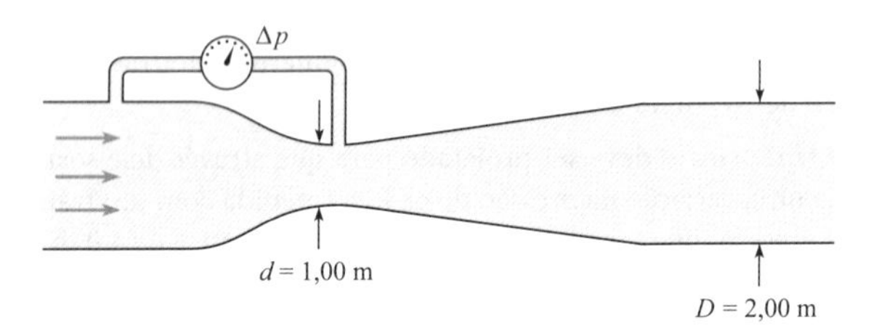

Problema 13.35

13.36 O medidor de pressão diferencial no medidor Venturi mostrado lê 5,4 psi, $h = 25$ polegadas, $d = 7$ polegadas, e $D = 12$ polegadas. Qual é a vazão volumétrica de água no sistema? Considere $T = 50$ °F.

13.37 O medidor de pressão diferencial no medidor Venturi lê 40 kPa, $d = 20$ cm, $D = 40$ cm, e $h = 75$ cm. Qual é a vazão volumétrica de gasolina ($SG = 0{,}69$; $\mu = 3 \times 10^{-4}$ N·s/m^2) no sistema?

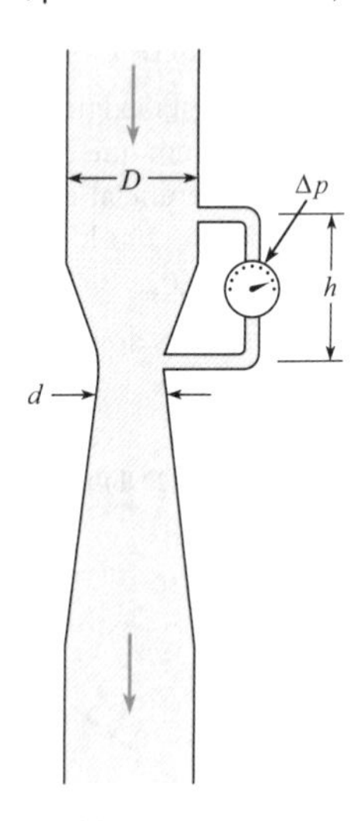

Problemas 13.36, 13.37

13.38 Um bocal de vazão possui uma garganta com diâmetro de 2 cm e uma razão beta (d/D) de 0,5. A água escoa através do bocal criando uma diferença de pressão de 8 kPa. A viscosidade da água é de 10^{-6} m^2/s, e a densidade é de 1000 kg/m^3. Determine a vazão.

13.39 A água escoa através de um Venturi anular que consiste em um corpo de revolução montado no interior de um tubo. A pressão é medida na seção de menor área e a montante do corpo. O tubo possui 5 cm de diâmetro, e o corpo de revolução 2,5 cm de diâmetro. Uma diferença de carga de 1 m é medida por meio das tomadas de pressão. Determine a vazão volumétrica em metros cúbicos por segundo.

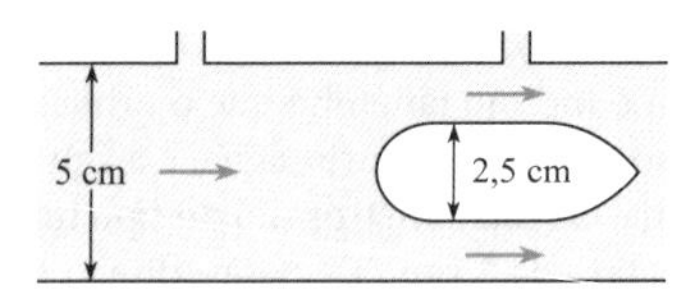

Problema 13.39

Outras Técnicas para Medição da Vazão Volumétrica (§13.2)

13.40 Qual é a perda de carga em termos de $V_0^2/2g$ para o bocal de vazão mostrado?

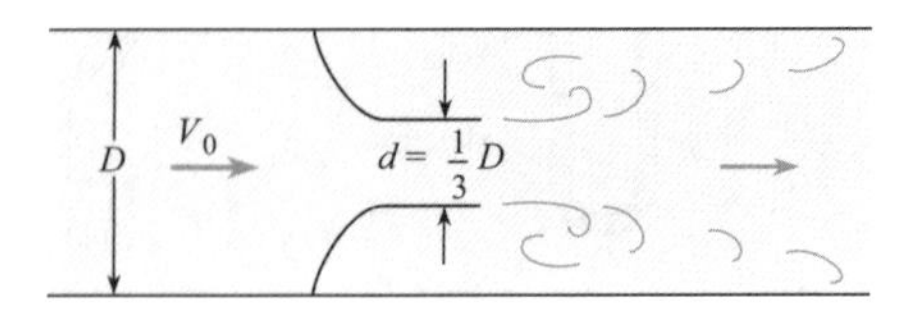

Problema 13.40

13.41 Um medidor de vazão vortex é usado para medir a vazão volumétrica em um duto com 5 cm de diâmetro. O diâmetro do elemento de desprendimento é de 1 cm. O número de Strouhal baseado na frequência de desprendimento de um lado do elemento é 0,2. Uma frequência de sinal de 50 Hz é medida por um transdutor de pressão montado a jusante do elemento. Qual é a vazão através do duto?

13.42 Um rotâmetro opera pela suspensão aerodinâmica de um peso em um tubo cônico. A escala na lateral do rotâmetro está calibrada em scfm de ar – isto é, pés cúbicos por minuto nas condições padrões normais ($p = 1$ atm e $T = 68$ °F). Ao considerar o balanço entre o peso e a força aerodinâmica sobre o peso no interior do tubo, determine como as leituras seriam corrigidas para condições que não fossem as do padrão normal. Em outras palavras, como seriam calculados os verdadeiros pés cúbicos por minuto a partir da leitura na escala, dada a pressão, a temperatura e a constante do gás que entra no rotâmetro?

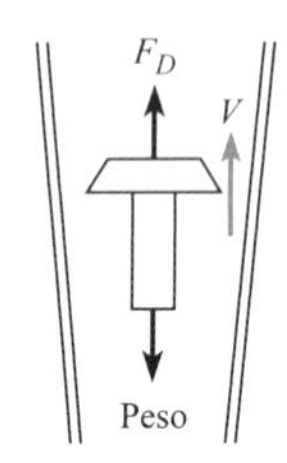

Problema 13.42

13.43 Um rotâmetro é usado para medir a vazão de um gás com uma densidade de 1,0 kg/m^3. A escala no rotâmetro indica 5 litros/s. Contudo, o rotâmetro está calibrado para um gás com uma densidade de 1,2 kg/m^3. Qual é a vazão real do gás (em litros por segundo)?

13.44 Os medidores ultrassônicos são usados para medir a velocidade em sistemas nos quais é importante não perturbar o escoamento, tal como o sistema sanguíneo. Um modo de operação dos medidores de vazão ultrassônicos consiste em medir os tempos de percurso entre duas estações para uma onda sonora que viaja inicialmente contra o fluxo e depois a favor do fluxo. A velocidade de propagação a favor do fluxo em relação às estações de medição é $c + V$, em que c é a velocidade do som e V é a velocidade do escoamento. De maneira correspondente, a velocidade de propagação contra o fluxo é $c - V$.

a. Desenvolva uma expressão para a velocidade do escoamento em termos da distância entre as duas estações, L; da diferença nos tempos de deslocamento, Δt; e na velocidade do som.

b. A velocidade do som é normalmente muito maior do que V ($c >> V$). Com esta aproximação, expresse V em termos de L, c e Δt.
c. Uma diferença de tempo de 10 ms é medida para ondas trafegando 20 m em um gás onde a velocidade do som é de 300 m/s. Calcule a velocidade do escoamento.

Vertedores (§13.2)

13.45 Na *internet*, localize fontes tecnicamente confiáveis sobre vertedores para responder às seguintes perguntas.
a. Quais são as cinco considerações importantes para a utilização de vertedores?
b. Quais variáveis influenciam a vazão através de um vertedor retangular?

13.46 A água escoa sobre um vertedor retangular que possui 3 m de largura e 35 cm de altura. Se a coluna de água sobre o vertedor é de 15 cm, qual é a vazão volumétrica em metros cúbicos por segundo?

13.47 A coluna sobre um vertedor triangular de 60° é de 25 cm. Qual é a vazão volumétrica sobre o vertedor em metros cúbicos por segundo?

13.48 A água escoa sobre dois vertedores retangulares. O vertedor A possui 5 ft de comprimento em um canal com 10 ft de largura; o vertedor B possui 5 ft de comprimento em um canal com 5 ft de largura. Ambos os vertedores têm 2 ft de altura. Se a coluna de água em ambos os vertedores é de 1,00 ft, é possível concluir que (a) $Q_A = Q_B$, (b) $Q_A > Q_B$ ou (c) $Q_A < Q_B$.

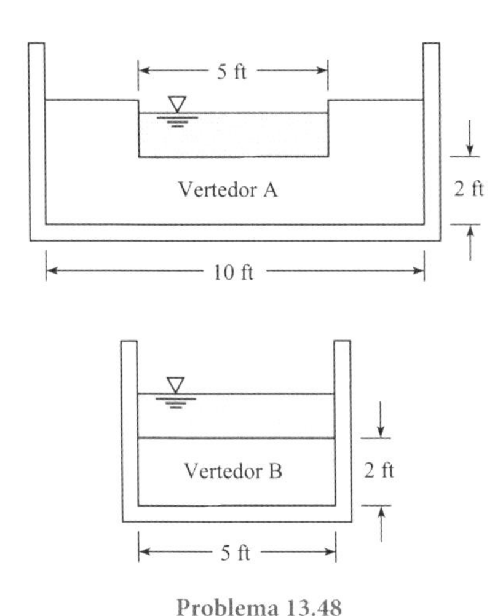

Problema 13.48

13.49 Um vertedor retangular com 1 ft de altura (vertedor 1) está instalado em um canal retangular com 2 ft de largura, e a coluna de líquido sobre o vertedor é observada para uma vazão de 10 cfs. Então, o vertedor de 1 ft é substituído por um vertedor retangular com 2 ft de altura (vertedor 2), e a coluna de líquido sobre o vertedor é observada para uma vazão de 10 cfs. A razão H_1/H_2 deve ser (a) igual a 1,00, (b) menor do que 1,00, ou (c) maior do que 1,00.

13.50 Um vertedor retangular com 3 m de comprimento deve ser construído em um canal retangular com 3 m de largura, conforme mostrado na figura (*a*). A vazão máxima no canal será de 4 m³/s. Qual deve ser a altura P do vertedor para produzir uma profundidade de água de 2 m no canal a montante do vertedor?

13.51 Considere o vertedor retangular descrito no Problema 13.50. Quando a coluna de líquido é dobrada, a vazão volumétrica (a) dobra, (b) é menor do que o dobro, ou (c) é maior do que o dobro.

13.52 A água a 50 °F é encanada de um reservatório até um canal, conforme mostrado. O tubo do reservatório para o canal consiste em um tubo de aço de 4 polegadas com comprimento total de 100 ft. Existem duas curvas de 90°, $r/D = 1$, na linha, e a entrada e a saída possuem arestas vivas. O vertedor possui 2 ft de comprimento. A elevação da superfície da água no reservatório é de 100 ft, e a elevação do fundo do canal é de 70 ft. A crista do vertedor está 3 ft acima do fundo do canal. Para condições de escoamento permanente, determine a elevação da superfície da água no canal e a vazão volumétrica no sistema.

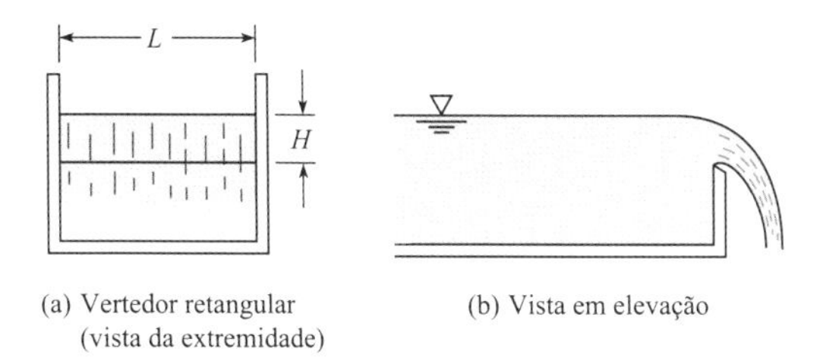

(a) Vertedor retangular (vista da extremidade) (b) Vista em elevação

Problemas 13.50, 13.51, 13.52

13.53 Em uma das extremidades de um tanque retangular com 1 m de largura existe um vertedor retangular com crista afilada com 1 m de altura. No fundo do tanque existe um orifício com aresta viva com 10 cm. Se 0,10 m³/s de água escoa para dentro e para fora do tanque tanto através do orifício quanto sobre o vertedor, que profundidade a água irá atingir no tanque?

13.54 Qual é a vazão volumétrica de água sobre um vertedor retangular com 4 ft de altura e 18 ft de comprimento em um canal retangular com 18 ft de largura se a coluna de líquido sobre o vertedor é de 2,2 ft?

13.55 Um reservatório é alimentado com água a 60 °F por um tubo com um medidor Venturi, conforme mostrado na figura. A água sai do reservatório através de um vertedor triangular com um ângulo incluído de 60°. O coeficiente de vazão do Venturi é unitário, a área da garganta do Venturi é de 12 polegadas², e o valor de Δp medido é de 10 psi. Determine a coluna, H, do vertedor triangular.

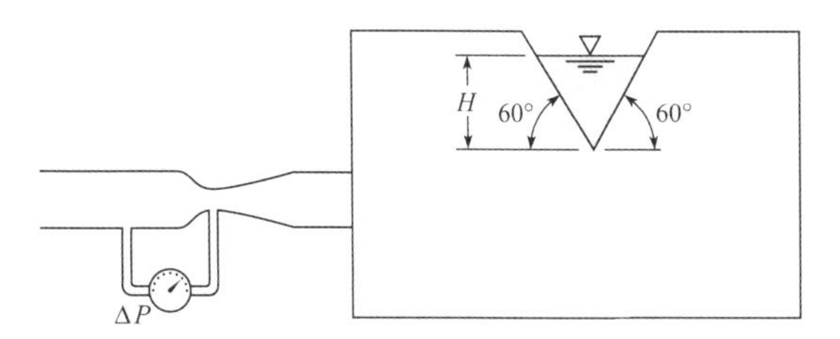

Problema 13.55

13.56 Em um determinado momento, a água escoa para dentro do tanque mostrado pelos tubos A e B, e escoa para fora do tanque sobre o vertedor retangular em C. A largura do tanque e o comprimento do vertedor (dimensões normais à página) são de 2 ft. Assim, considerando as condições dadas, o nível da água está subindo ou baixando?

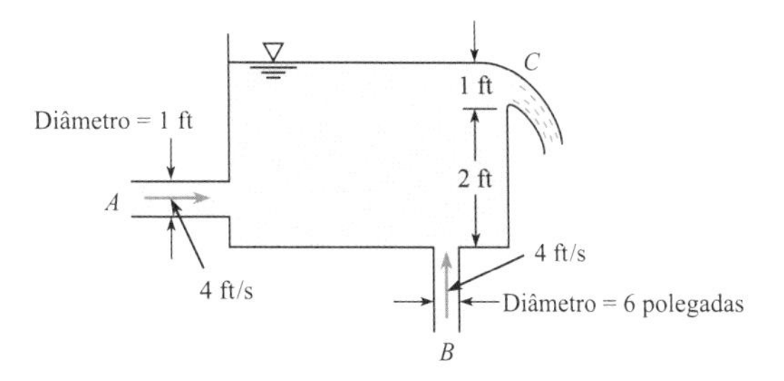

Problema 13.56

13.57 A água escoa do primeiro reservatório para o segundo sobre um vertedor retangular com uma razão de largura sobre a coluna de líquido de 3. A altura P do vertedor é igual a duas vezes a coluna. A água do segundo reservatório escoa sobre um vertedor triangular de 60° para um terceiro reservatório. A vazão volumétrica através de ambos os vertedores é a mesma. Determine a razão entre a coluna sobre o vertedor retangular e a coluna sobre o vertedor triangular.

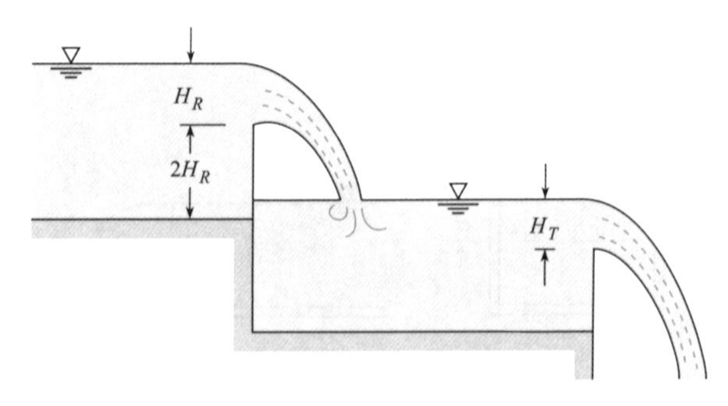

Problema 13.57

13.58 A coluna sobre um vertedor triangular de 60° é de 1,8 ft. Qual é a vazão volumétrica de água sobre o vertedor?

13.59 Um engenheiro está projetando um vertedor triangular para medir a vazão de uma corrente de água que possui uma vazão volumétrica de 6 cfm. O vertedor possui um ângulo incluído de 45° e um coeficiente de descarga de 0,6. Determine a coluna sobre o vertedor.

13.60 Uma bomba é usada para enviar água a 10 °C de um poço até um tanque. O fundo do tanque está 2 m acima da superfície da água no poço. O tubo é de aço comercial com 2,5 m de comprimento e um diâmetro de 5 cm. A bomba desenvolve uma coluna de 20 m. Um vertedor triangular com um ângulo incluído de 60° está localizado em uma parede do tanque com o fundo do vertedor 1 m acima do piso do tanque. Determine o nível de água no tanque acima do piso do tanque.

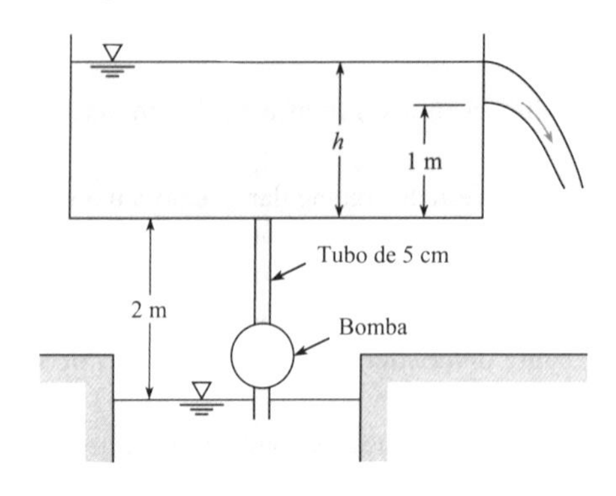

Problema 13.60

CAPÍTULO **CATORZE**

Turbomáquinas

OBJETIVO DO CAPÍTULO As máquinas para mover fluidos ou para extrair energia de fluidos em movimento têm sido projetadas desde o início da história e estão em todos os lugares. Elas são componentes essenciais dos automóveis que dirigimos, dos sistemas de suprimento da água que bebemos, das usinas geradoras de energia para a eletricidade que usamos, e dos sistemas de condicionamento do ar e de aquecimento que proporcionam o conforto que usufruímos. Este capítulo introduz os conceitos por trás de vários tipos de máquinas.

FIGURA 14.1
Esta foto mostra um rotor do soprador que gira dentro de uma carcaça alojada em um aspirador de pó . Esse movimento de rotação cria uma pressão de sucção que puxa o ar para dentro do orifício central e o arremessa para fora pelas lâminas giratórias do rotor.

Esse rotor foi retirado do aspirador de pó por Jason Stirpe enquanto ele era aluno de Engenharia. Jason usou o rotor com um motor DC e uma carcaça caseira para fabricar um soprador para um projeto que ele estava criando. Ter vários recursos está no cerne da inovação tecnológica. (Foto de Donald Elger.)

RESULTADOS DO APRENDIZADO

TEORIA DOS ROTORES (§14.1).

- Descrever os fatores que influenciam a propulsão e a eficiência de um rotor.
- Calcular a propulsão e a eficiência de um propulsor.

BOMBAS CENTRÍFUGAS (§14.2 a §14.4).

- Descrever as bombas de fluxo axial e de fluxo radial.
- Definir o coeficiente de carga e o coeficiente de descarga.
- Esboçar uma curva de desempenho de bomba e descrever os grupos π relevantes que aparecem.
- Explicar como a velocidade específica é usada para selecionar um tipo de bomba apropriado para uma aplicação.
- Explicar como usar o NPSH para evitar cavitação.

TURBINAS (§14.8).

- Descrever uma turbina de impulso e uma turbina de reação.
- Descrever a potência máxima que pode ser produzida por uma turbina de vento.

As máquinas de fluidos estão separadas em duas amplas categorias: as máquinas com deslocamento positivo e as turbomáquinas. As **máquinas com deslocamento positivo** operam forçando um fluido para dentro ou para fora de uma câmara. Como exemplos, temos a bomba de pneus de bicicletas, a bomba peristáltica e o coração humano. As **turbomáquinas** envolvem o escoamento de um fluido através de lâminas rotativas ou rotores, que removem ou adicionam energia ao fluido. Os exemplos incluem as hélices propulsoras, ventiladores, bombas de água, moinhos de vento e compressores.

As turbomáquinas com fluxo axial operam com o escoamento entrando e saindo da máquina na direção paralela ao eixo de rotação das lâminas. Uma máquina com fluxo radial pode ter o escoamento entrando ou saindo da máquina na direção radial, normal ao eixo de rotação.

A Tabela 14.1 fornece uma classificação para as turbomáquinas. As máquinas que absorvem energia exigem energia para aumentar a carga (ou pressão). Uma máquina que gera energia oferece

TABELA 14.1 Categorias de Turbomáquinas

	Absorvem Energia	Geram Energia
Máquinas axiais	Bombas axiais Ventiladores axiais Propulsores Compressores axiais	Turbina axial (Kaplan) Turbina de vento Turbina a gás
Máquinas radiais	Bomba centrífuga Ventilador centrífugo Compressor centrífugo	Turbina de impulsão (turbina Pelton) Turbina de reação (turbina Francis)

energia de eixo à custa de uma perda de carga (ou pressão). As bombas estão associadas aos líquidos, enquanto os ventiladores (sopradores) e compressores estão associados aos gases. Tanto gases quanto líquidos produzem energia por intermédio das turbinas. Com frequência, as "turbinas a gás" se referem a um motor que possui tanto um compressor quanto uma turbina e produz energia.

14.1 Propulsores

Um **propulsor** consiste em um ventilador que converte movimento de rotação em propulsão. O projeto de um propulsor está baseado nos princípios fundamentais da teoria de aerofólios (1). Por exemplo, considere uma seção do propulsor na Figura 14.2; observe a analogia entre a aleta de elevação e o propulsor. Esse propulsor está girando a uma velocidade angular ω, e a velocidade de avanço do avião e do propulsor é V_0. Focando em um elemento de seção do propulsor, Figura 14.2c, observe que aquela seção específica possui uma velocidade com componentes V_0 e V_t. Aqui, V_t é a velocidade tangencial, $V_t = r\omega$, que resulta da rotação do propulsor. Ao inverter e somar os vetores velocidade V_0 e V_t obtemos a velocidade do ar em relação àquela seção específica do propulsor (Figura 14.2d).

O ângulo θ é dado por

$$\theta = \text{arctg}\left(\frac{V_0}{r\omega}\right) \tag{14.1}$$

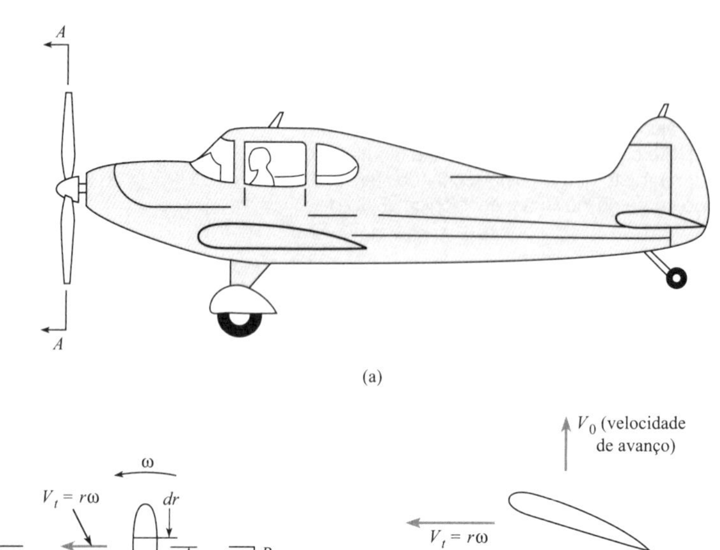

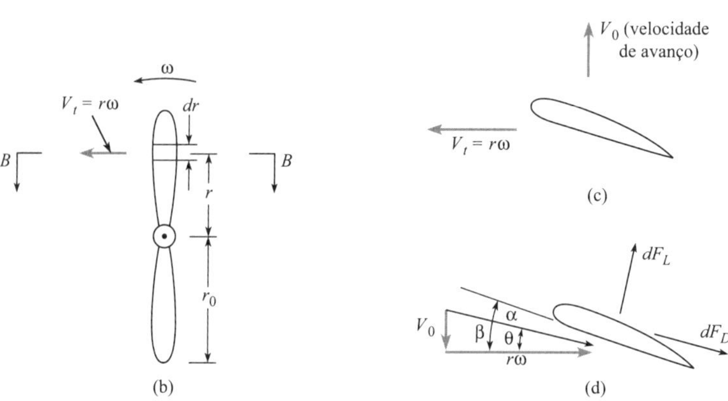

FIGURA 14.2
Movimento de um propulsor: (a) movimento do avião, (b) vista *A-A*, (c) vista *B-B*, (d) velocidade em relação ao elemento da hélice.

Para uma dada velocidade de avanço e uma taxa de rotação, esse ângulo é um mínimo na extremidade do propulsor ($r = r_0$) e aumenta em direção ao eixo da hélice à medida que o raio diminui. O ângulo β é conhecido como o **ângulo de inclinação**. O ângulo de ataque local do elemento de seção é

$$\alpha = \beta - \theta \tag{14.2}$$

O propulsor pode ser analisado como uma série de elementos de seção (com largura dr) que produz elevação e arrasto, proporciona propulsão à hélice e cria um torque resistivo. Esse torque multiplicado pela velocidade de rotação é a energia que alimenta o propulsor.

O propulsor é projetado para gerar propulsão; considerando que a maior contribuição para a propulsão vem da força ascensional F_A, é necessário maximizar a sustentação e minimizar o arrasto, F_D. Para determinada forma de seção de propulsor, o ângulo de ataque ótimo pode ser definido a partir de dados como os que foram fornecidos na Figura 11.24. Uma vez que o ângulo θ aumenta com a diminuição do raio, o ângulo de inclinação local tem de variar para atingir o ângulo de ataque ótimo. Isso é obtido pela torção da hélice.

Uma análise dimensional pode ser realizada para determinar os grupos π que caracterizam o desempenho de um propulsor. Para dada forma de propulsor e distribuição de passos, a propulsão de um propulsor T dependerá do diâmetro do propulsor D, da velocidade de rotação n, da velocidade para a frente V_0, da densidade do fluido ρ e da viscosidade do fluido μ:

$$T = f(D, \omega, V_0, \rho, \mu) \tag{14.3}$$

Realizar uma análise dimensional resulta em

$$\frac{T}{\rho n^2 D^4} = f\left(\frac{V_0}{nD}, \frac{\rho D^2 n}{\mu}\right) \tag{14.4}$$

É prática convencional expressar a taxa de rotação, n, em rotações por segundo (rps). O grupo π à esquerda é chamado **coeficiente de propulsão**,

$$C_T = \frac{T}{\rho n^2 D^4} \tag{14.5}$$

O primeiro grupo π no lado direito é a **razão de avanço**. O segundo grupo é um número de Reynolds baseado na velocidade da extremidade e no diâmetro do propulsor. Para a maioria das aplicações, o número de Reynolds é grande, e a experiência mostra que o coeficiente de propulsão não é afetado por ele, tal que

$$C_T = f\left(\frac{V_0}{nD}\right) \tag{14.6}$$

O ângulo θ na extremidade do propulsor está relacionado com a razão de avanço segundo

$$\theta = \text{arctg}\left(\frac{V_0}{\omega r_0}\right) = \text{arctg}\left(\frac{1}{\pi}\frac{V_0}{nD}\right) \tag{14.7}$$

À medida que a razão de avanço aumenta e θ aumenta, o ângulo de ataque local no elemento da hélice diminui, a ascensão aumenta e o coeficiente de propulsão diminui. Essa tendência está ilustrada na Figura 14.3, que mostra as curvas de desempenho adimensionais para um propulsor típico. Por fim, uma razão de avanço é atingida onde o coeficiente de propulsão tende a zero.

Ao realizar uma análise dimensional para a potência, P, tem-se

$$\frac{P}{\rho n^3 D^5} = f\left(\frac{V_0}{nD}, \frac{\rho D^2 n}{\mu}\right) \tag{14.8}$$

O grupo π no lado esquerdo é o **coeficiente de potência**,

$$C_P = \frac{P}{\rho n^3 D^5} \tag{14.9}$$

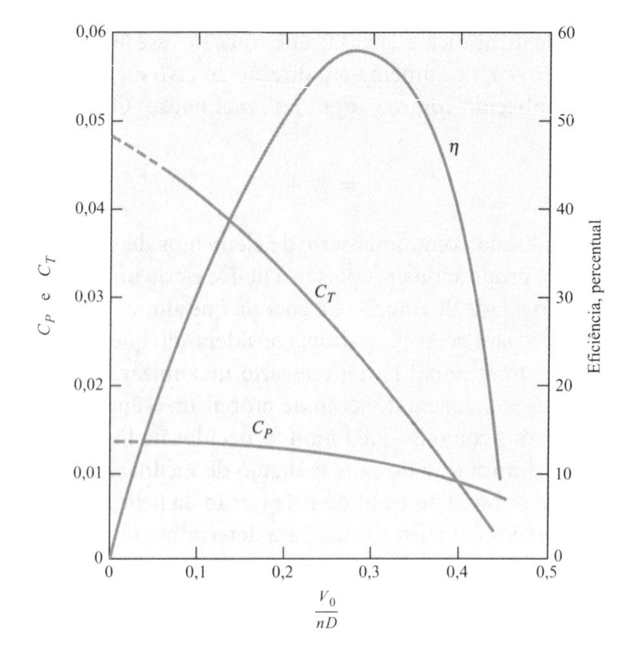

FIGURA 14.3

Curvas de desempenho adimensionais para um propulsor típico; D = 2,90 m, n = 1400 rpm. [Segundo Weick (2).]

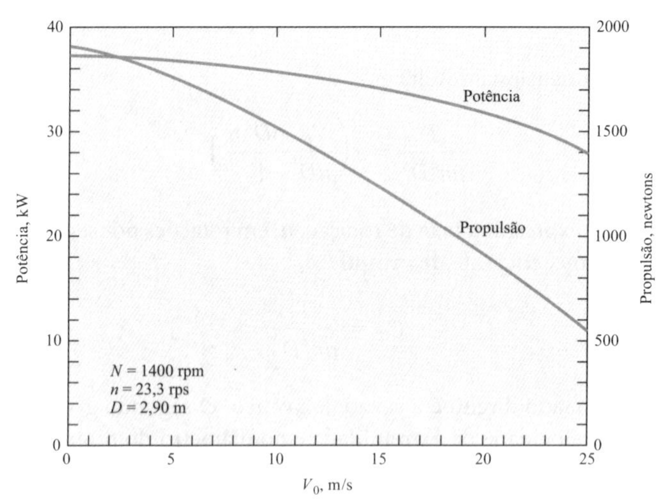

FIGURA 14.4

Potência e propulsão de um propulsor com 2,90 m de diâmetro a uma velocidade de rotação de 1400 rpm. (Segundo Weick (2).]

Como ocorre com o coeficiente de propulsão, o coeficiente de potência não é influenciado de maneira significativa pelo número de Reynolds em números de Reynolds elevados, tal que C_p se reduz a uma função apenas da razão de avanço:

$$C_P = f\left(\frac{V_0}{nD}\right) \tag{14.10}$$

A relação funcional entre C_p e V_0/nD para um propulsor real também está mostrada na Figura 14.3. Embora o coeficiente de propulsão se aproxime de zero em determinada razão de avanço, o coeficiente de potência mostra uma diminuição pequena, pois ele ainda consome energia para superar o torque sobre a hélice do propulsor.

As curvas para C_T e C_p são avaliadas a partir das características de desempenho de um dado propulsor operando em diferentes valores de V_0, conforme mostrado na Figura 14.4. Embora os dados para as curvas sejam obtidos para determinado propulsor, os valores para C_T e C_p, como uma função da razão de avanço, podem ser aplicados a propulsores geometricamente semelhantes de diferentes tamanhos e com diferentes velocidades angulares.* O Exemplo 14.1 ilustra uma aplicação desse tipo.

*A velocidade do som não foi incluída na análise dimensional. Contudo, o desempenho do propulsor é reduzido, pois o número de Mach com base na velocidade da extremidade do propulsor leva a ondas de choque e outros efeitos de fluido compressível.

EXEMPLO 14.1

Aplicação de Propulsor

Enunciado do Problema

Um propulsor com as características mostradas na Figura 14.3 deve ser usado para acionar um barco para pântanos. Se o propulsor deve ter um diâmetro de 2 m e uma velocidade de rotação de $N = 1200$ rpm, qual deverá ser a propulsão partindo do repouso? Se a resistência do barco (ar e água) é dada pela equação empírica $F_D = 0{,}003\rho V_0^2/2$, em que V_0 é a velocidade do barco em metros por segundo, F_D é o arrasto e ρ é a densidade mássica da água, qual será a velocidade máxima do barco e qual será a potência necessária para acionar o propulsor? Considere $\rho_{ar} = 1{,}20$ kg/m³ e $\rho_{água} = 1000$ kg/m³.

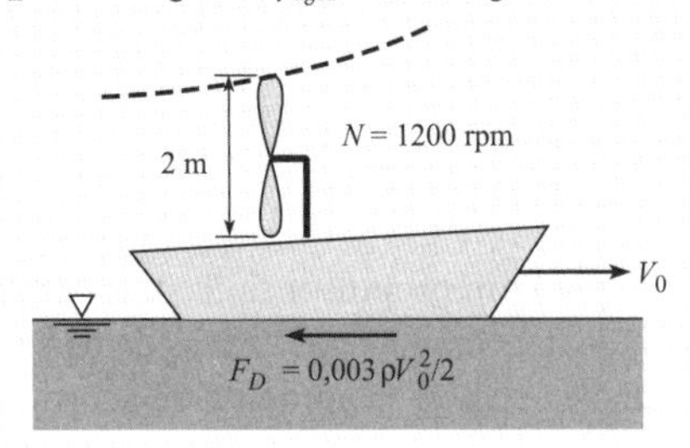

Defina a Situação

Um propulsor está sendo usado para acionar um barco para pântanos.

Propriedades: $\rho = 1{,}2$ kg/m³, $\rho_a = 1000$ kg/m³.

Estabeleça os Objetivos

- Calcular a propulsão (em N) partindo do repouso.
- Determinar a velocidade máxima (em m/s) do barco para pântanos.
- Calcular a potência necessária (em kW) para operar o propulsor.

Tenha Ideias e Trace um Plano

1. A partir da Figura 14.3, determine o coeficiente de propulsão para uma razão de avanço de zero.
2. Calcule a propulsão usando a Eq. (14.5).
3. Calcule a velocidade máxima, trace a propulsão do propulsor em *função* da velocidade do barco, e no mesmo gráfico trace a resistência do barco para pântanos em *função* da velocidade do barco. A velocidade máxima ocorre onde as curvas se interceptam.
4. A potência máxima ocorrerá quando a velocidade do barco for zero, assim use a Eq. (14.9) com C_p para uma razão de avanço de zero a partir da Figura 14.3.

Aja (Execute o Plano)

1. A partir da Figura 14.3, $C_T = 0{,}048$ para $V_0/nD = 0$.
2. Propulsão:

$$F_T = C_T \rho_a D^4 n^2 = 0{,}048(1{,}20 \text{ kg/m}^3)(2 \text{ m})^4(20 \text{ rps})^2$$
$$= \boxed{369 \text{ N}}$$

3. Tabela da propulsão em função da velocidade do barco para pântanos:

V_0	V_0/nD	C_T	$F_T = C_T\rho_a D^4 n^2$	$F_D = 0{,}003\rho_w V_0^2/2$
5 m/s	0,125	0,040	307 N	37,5 N
10 m/s	0,250	0,027	207 N	150 N
15 m/s	0,375	0,012	90 N	337 N

Gráfico da propulsão do propulsor e do arrasto do barco para pântanos em função da velocidade:

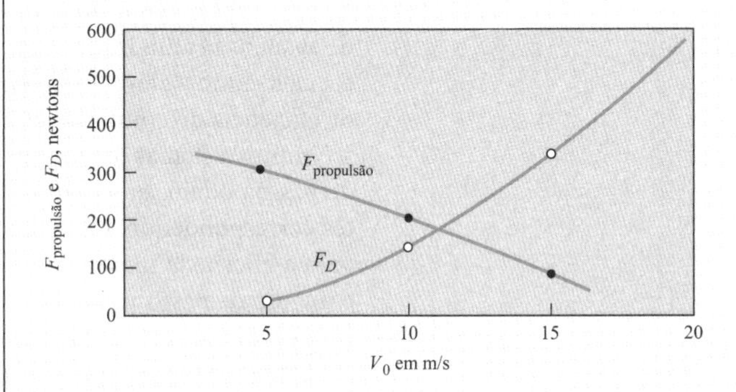

As curvas se interceptam em $V_0 = 11$ m/s. Assim, a velocidade máxima do barco para pântanos é 11 m/s.

4. A $V_0/nD = 0$, $C_p = 0{,}014$:

$$P = 0{,}014(1{,}20 \text{ kg/m}^3)(2 \text{ m})^5(20 \text{ rps})^3$$
$$= 4300 \text{ m} \cdot \text{N/s} = \boxed{4{,}30 \text{ kW}}$$

Reveja a Solução e o Processo

Discussão. Em uma aplicação real, a taxa de rotação inicial do propulsor não precisa ser de 1200 rpm, podendo ser um valor menor. Após o barco ganhar velocidade, a taxa de rotação pode ser aumentada para atingir a velocidade máxima.

A eficiência de um propulsor é definida como a razão entre a saída de potência – isto é, a propulsão vezes a velocidade de avanço – e a potência alimentada. Assim, a eficiência η é dada como

$$\eta = \frac{F_T V_0}{P} = \frac{C_T \rho D^4 n^2 V_0}{C_p \rho D^5 n^3}$$

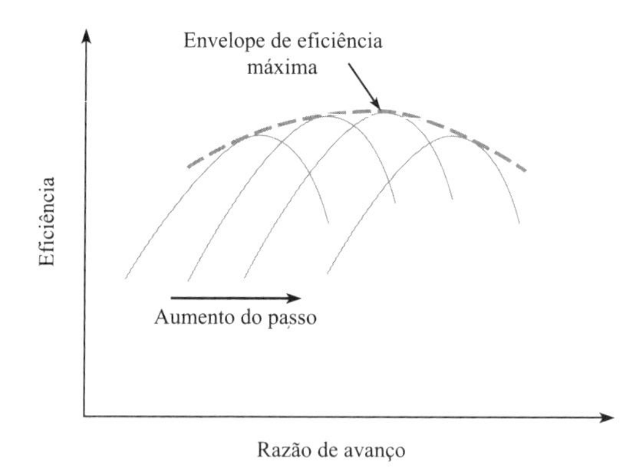

FIGURA 14.5
Curvas de eficiência para um propulsor com passo variável.

ou

$$\eta = \frac{C_T}{C_P}\left(\frac{V_0}{nD}\right) \tag{14.11}$$

A variação da eficiência com a razão de avanço para um propulsor típico também está mostrada na Figura 14.3. A eficiência pode ser calculada diretamente das curvas de desempenho para C_T e C_p. Observe que em baixas razões de avanço a eficiência aumenta de acordo com a razão de avanço até atingir um valor máximo e o coeficiente de propulsão decrescente fazer com que ela caia rumo a zero. A eficiência máxima representa o melhor ponto de operação em termos de eficiência do combustível.

Muitos sistemas de propulsores são projetados para ter um passo variável; isto é, os ângulos do passo podem ser variados durante a operação do propulsor. As curvas de eficiência diferentes correspondendo a ângulos de passo variáveis estão mostradas na Figura 14.5. O envelope para a eficiência máxima também está mostrado na figura. Durante a operação da aeronave, o ângulo de passo pode ser controlado para atingir uma eficiência máxima correspondente à rpm do propulsor e à velocidade para a frente.

A melhor fonte para informações de desempenho de propulsores é a partir dos fabricantes de propulsores. Existem muitos fabricantes especializados para todas as aplicações, desde marinhas até aeronáuticas.

14.2 Bombas de Fluxo Axial

A bomba de fluxo axial atua muito semelhante a um propulsor que está encerrado no interior de uma carcaça, conforme mostrado na Figura 14.6. O elemento rotativo, o rotor, causa uma variação na pressão entre as seções a montante e a jusante da bomba. Em aplicações práticas, as máquinas com fluxo axial são mais adequadas para proporcionar cargas relativamente baixas e vazões elevadas. Assim, as bombas usadas para desaguar áreas de baixa elevação, tais como as que ficam atrás de diques, são quase sempre de fluxo axial. As turbinas de água em represas de pequena carga (menores do que 30 m) em que a vazão e a produção de energia são grandes também são, em geral, do tipo axial.

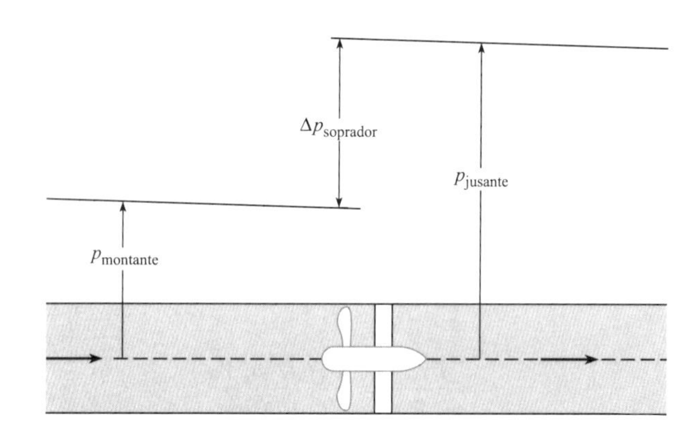

FIGURA 14.6
Soprador de fluxo axial em um duto.

Carga e Coeficientes de Descarga para Bombas

O coeficiente de propulsão é definido como $F_T/\rho D^4n^2$ para uso com propulsores, e se as mesmas variáveis são aplicadas ao escoamento em uma bomba axial, a propulsão pode ser expressa como $F_T = \Delta pA = \gamma\Delta HA$ ou

$$C_T = \frac{\gamma\Delta HA}{\rho D^4 n^2} = \frac{\pi}{4}\frac{\gamma\Delta HD^2}{\rho D^4 n^2} = \frac{\pi}{4}\frac{g\Delta H}{D^2 n^2} \tag{14.12}$$

Um novo parâmetro, denominado **coeficiente de carga**, C_H, é definido usando as variáveis da Eq. (14.12), conforme

$$C_H = \frac{4}{\pi}C_T = \frac{\Delta H}{D^2 n^2/g} \tag{14.13}$$

o qual é um grupo π que relaciona a carga proporcionada ao diâmetro do rotor e à velocidade de rotação.

O grupo π independente que se relaciona à operação do propulsor é V_0/nD; contudo, ao multiplicar o numerador e o denominador pelo diâmetro ao quadrado tem-se V_0D^2/nD^3, e V_0D^2 é proporcional à vazão, Q. Assim, o grupo π para estudos de similaridade de bombas é Q/nD^3 e é identificado como o **coeficiente de descarga**, C_Q. O coeficiente de potência usado para bombas é o mesmo coeficiente de potência usado para propulsores. Resumindo, os grupos π usados na análise de similaridade de bombas são

$$C_H = \frac{\Delta H}{D^2 n^2/g} \tag{14.14}$$

$$C_P = \frac{P}{\rho D^5 n^3} \tag{14.15}$$

$$C_Q = \frac{Q}{nD^3} \tag{14.16}$$

em que C_H e C_p são funções de C_Q para dado tipo de bomba.

A Figura 14.7 é um conjunto de curvas de C_H e C_p em função de C_Q para uma bomba de fluxo axial típica. Nesse gráfico também está traçada a eficiência da bomba como uma função de C_Q. As curvas dimensionais (carga e potência em função de Q para uma velocidade de rotação constante) a partir das quais a Figura 14.7 foi desenvolvida estão mostradas na Figura 14.8. Uma vez que curvas como aquelas mostradas na Figura 14.7 ou Figura 14.8 caracterizam o desempenho da bomba, elas são com frequência denominadas **curvas características** ou **curvas de desempenho**. Essas curvas são obtidas experimentalmente.

É possível que haja um problema com sobrecarga ao operar bombas de fluxo axial. Conforme visto na Figura 14.7, quando o escoamento da bomba é restringido abaixo das condições

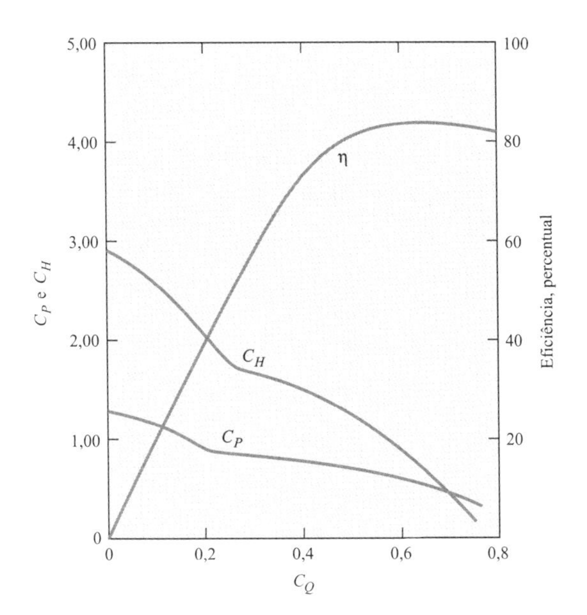

FIGURA 14.7
Curvas de desempenho adimensionais para uma bomba de fluxo axial típica. [Segundo Stepanoff (3).]

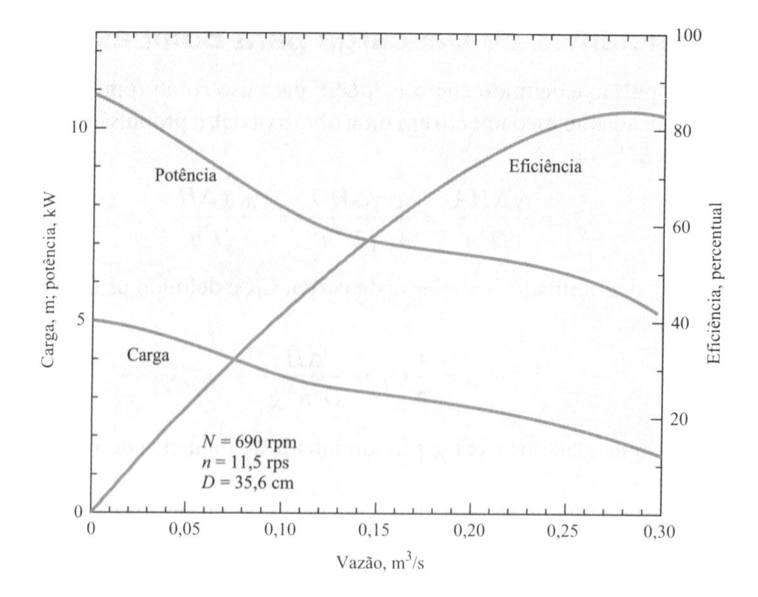

FIGURA 14.8
Curvas de desempenho para uma bomba de fluxo axial típica. [Segundo Stepanoff (3).]

de máxima eficiência, a potência exigida aumenta com a diminuição da vazão, levando, assim, à possibilidade de sobrecarga em condições de baixa vazão. Para instalações muito grandes, procedimentos operacionais especiais são seguidos para evitar tais sobrecargas. Por exemplo, a válvula no *bypass* da descarga da bomba de volta para a entrada da bomba pode ser ajustada para manter uma vazão constante na bomba. Contudo, para aplicações de pequena escala, é com frequência desejável ter flexibilidade total no controle da vazão sem a complexidade de procedimentos de operação especiais.

As curvas de desempenho são usadas para estimar a operação de protótipos a partir de testes com modelos ou o efeito de variar a velocidade da bomba. O Exemplo 14.2 mostra como usar as curvas de bombas para calcular a vazão e a potência.

EXEMPLO 14.2

Vazão e Potência para uma Bomba de Fluxo Axial

Enunciado do Problema

Para a bomba representada pelas Figuras 14.7 e 14.8, qual vazão de água em metros cúbicos por segundo ocorrerá quando a bomba estiver operando contra uma carga de 2 m e a uma velocidade de 600 rpm? Qual é a potência em quilowatts necessária para essas condições?

Defina a Situação

Esse problema envolve uma bomba de fluxo axial com água.

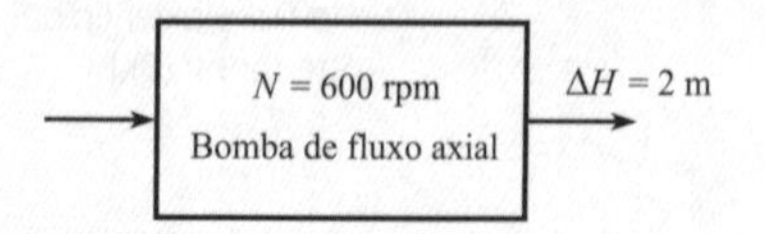

Propriedades: Considere $\rho = 1000$ kg/m³.

Estabeleça os Objetivos

- Calcular a vazão (em m³/s).
- Calcular a potência (em kW).

Tenha Ideias e Trace um Plano

1. Calcule C_H.
2. A partir da Figura 14.7, determine C_Q e C_P.
3. Use C_Q para calcular a vazão.
4. Use C_P para calcular a potência.

Aja (Execute o Plano)

1. A taxa de rotação é (600 revoluções/min)/(60 s/min) = 10 rps.

   $D = 35{,}6$ cm.

$$C_H = \frac{2\text{ m}}{(0{,}356\text{ m})^2(10^2\text{ s}^{-2})/(9{,}81\text{ m/s}^2)} = 1{,}55$$

2. A partir da Figura 14.7, $C_Q = 0{,}40$ e $C_p = 0{,}72$.
3. A vazão é

$$Q = C_Q n D^3$$
$$Q = 0{,}40(10\text{ s}^{-1})(0{,}356\text{ m})^3 = \boxed{0{,}180\text{ m}^3\text{/s}}$$

4. A potência é

$$P = 0{,}72\rho D^5 n^3$$
$$= 0{,}72(10^3\text{ kg/m}^3)(0{,}356\text{ m})^5(10\text{ s}^{-1})^3$$
$$= 4{,}12\text{ km}\cdot\text{N/s} = 4{,}12\text{ kJ/s} = \boxed{4{,}12\text{ kW}}$$

O Exemplo 14.3 ilustra como calcular a carga e a potência para uma bomba de fluxo axial.

EXEMPLO 14.3

Carga e Potência para uma Bomba de Fluxo Axial

Enunciado do Problema

Se uma bomba de fluxo axial com 30 cm e as características mostradas na Figura 14.7 opera a uma velocidade de 800 rpm, qual carga ΔH será desenvolvida quando a taxa de bombeamento de água for de 0,127 m³/s? Qual é a potência necessária para essa operação?

Defina a Situação

Esse problema envolve uma bomba de fluxo axial com 30 cm de água.

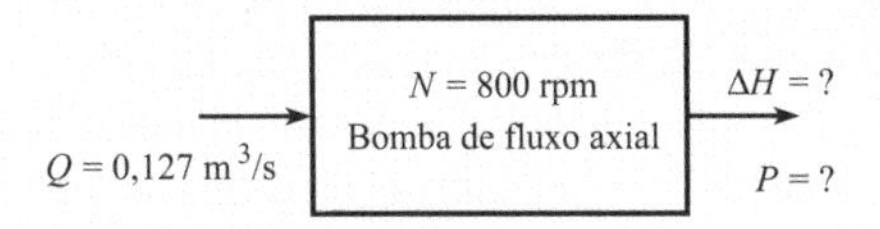

Propriedades: Água: $\rho = 10^3$ kg/m³.

Estabeleça os Objetivos

- Calcular H = carga (em metros) desenvolvida.
- Calcular a potência (em kW) necessária.

Tenha Ideias e Trace um Plano

1. Calcule o coeficiente de descarga, C_Q.
2. A partir da Figura 14.7, ler C_H e C_p.
3. Usar a Eq. (14.14) para calcular a carga produzida.
4. Usar a Eq. (14.15) para calcular a potência necessária.

Aja (Execute o Plano)

1. O coeficiente de descarga é

$$Q = 0{,}127\ \text{m}^3/\text{s}$$

$$n = \frac{800}{60} = 13{,}3\ \text{rps}$$

$$D = 30\ \text{cm}$$

$$C_Q = \frac{0{,}127\ \text{m}^3/\text{s}}{(13{,}3\ \text{s}^{-1})(0{,}30\ \text{m})^3} = 0{,}354$$

2. A partir da Figura 14.7, $C_H = 1{,}70$ e $C_p = 0{,}80$.
3. A carga produzida é

$$\Delta H = \frac{C_H D^2 n^2}{g} = \frac{1{,}70(0{,}30\ \text{m})^2(13{,}3\ \text{s}^{-1})^2}{(9{,}81\ \text{m/s}^2)} = \boxed{2{,}76\ \text{m}}$$

4. A potência necessária é

$$P = C_p \rho D^5 n^3$$
$$= 0{,}80(10^3\ \text{kg/m}^3)(0{,}30\ \text{m})^5(13{,}3\ \text{s}^{-1})^3 = \boxed{4{,}57\ \text{kW}}$$

Leis de Ventiladores

As **leis de ventiladores** são usadas extensivamente por projetistas e práticos envolvidos com ventiladores e sopradores axiais. As leis de ventiladores são equações que fornecem a vazão, a elevação de pressão e as exigências de potência para um ventilador que opera em diferentes velocidades. As leis se baseiam nos coeficientes de descarga, carga e potência serem os mesmos tanto qualquer outro estado quanto no estado de referência, o; isto é, $C_Q = C_{Qo}$, $C_H = C_{Ho}$ e $C_p = C_{po}$. Uma vez que o tamanho e o projeto do ventilador não mudam, a vazão na velocidade n é

$$Q = Q_o \frac{n}{n_o} \tag{14.17a}$$

e a elevação de pressão é

$$\Delta p = \Delta p_o \left(\frac{n}{n_o}\right)^2 \tag{14.17b}$$

por fim, a potência necessária é

$$P = P_o \left(\frac{n}{n_o}\right)^3 \tag{14.17c}$$

Essas leis de ventiladores não podem ser aplicadas entre ventiladores de tamanhos e projetos diferentes. Obviamente, as leis de ventiladores não proporcionam valores exatos por causa das considerações de projeto e das tolerâncias de fabricação, mas elas são muito úteis para estimar o desempenho de ventiladores.

14.3 Máquinas com Fluxo Radial

As máquinas com fluxo radial são caracterizadas pelo escoamento radial do fluido através da máquina. As bombas e os ventiladores de fluxo radial são mais adequados para cargas maiores com menores vazões do que as máquinas axiais.

Bombas Centrífugas

Um desenho da **bomba centrífuga** está mostrado na Figura 14.9. O fluido da tubulação de alimentação entra na bomba através do "olho" do rotor e se desloca para fora entre as palhetas do rotor até sua aresta, onde o fluido entra a carcaça da bomba e é conduzido até a tubulação de descarga. O princípio da bomba de fluxo radial é diferente daquele da bomba de fluxo axial, no sentido de que a variação na pressão resulta em grande parte da ação da rotação (a pressão aumenta para fora como no tanque rotativo em §4.11) produzida pelo rotor em rotação. Um aumento de pressão adicional é produzido na bomba de fluxo radial quando a alta velocidade do escoamento que deixa o rotor é reduzida na seção expandida da carcaça.

Embora os projetos básicos sejam diferentes para as bombas com fluxo radial e com fluxo axial, é possível mostrar que os mesmos parâmetros de similaridade (C_Q, C_p e C_H) se aplicam a ambos os tipos. Assim, os métodos que já foram discutidos para relacionar o tamanho, a velocidade e a vazão nas máquinas com fluxo axial também se aplicam às máquinas com fluxo radial.

A principal diferença prática entre as bombas de fluxo axial e de fluxo radial, no que se refere ao usuário, é a diferença nas características de desempenho dos dois projetos. As curvas de desempenho dimensionais para uma típica bomba de fluxo radial operando a uma velocidade

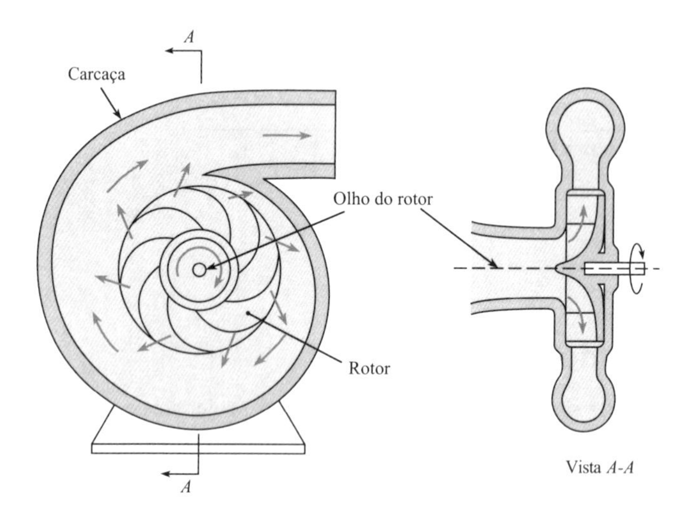

FIGURA 14.9
Bomba centrífuga.

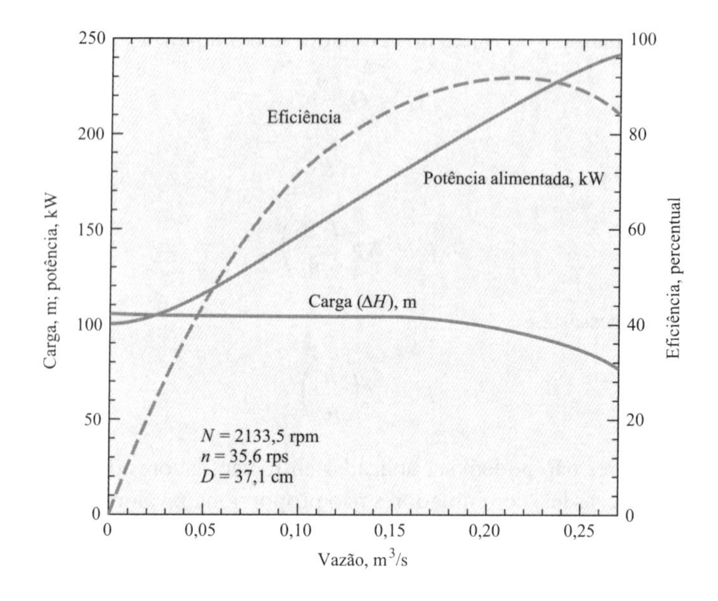

FIGURA 14.10
Curvas de desempenho para uma típica bomba centrífuga; D = 37,1 cm. [Segundo Daugherty e Franzini (4).]

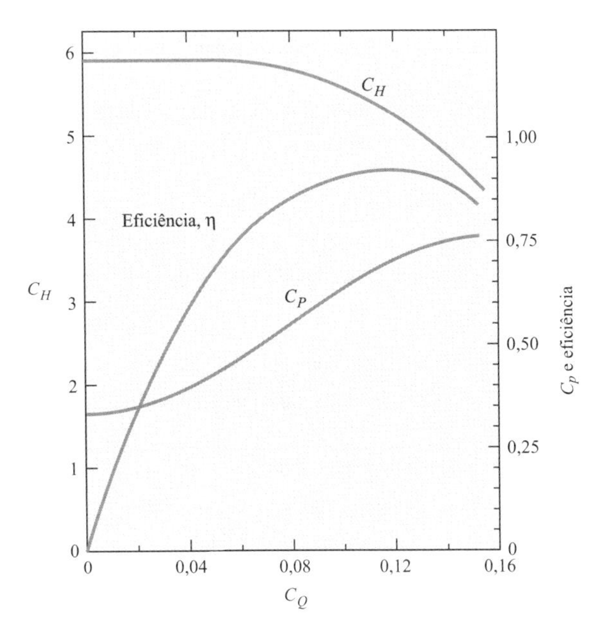

FIGURA 14.11

Curvas de desempenho adimensionais para uma típica bomba centrífuga, a partir dos dados da Figura 14.10. [Segundo Daugherty e Franzini (4).]

de rotação constante estão mostradas na Figura 14.10. As curvas de desempenho adimensionais correspondentes para a mesma bomba estão mostradas na Figura 14.11. Observe que a potência exigida no escoamento nulo (*shutoff*) é menor do que a exigida para o escoamento a máxima eficiência. Normalmente, o motor usado para acionar a bomba é escolhido para condições correspondentes à eficiência máxima da bomba. Assim, o escoamento pode ser restringido entre os limites de condição de *shutoff* e de condições de operação normal, sem a possibilidade de uma sobrecarga do motor da bomba. Nesse último caso, uma bomba de fluxo radial oferece uma nítida vantagem em relação às bombas de fluxo axial.

As bombas de fluxo radial são fabricadas em tamanhos a partir de 1 HP, ou menos, e cargas de 50 ou 60 ft (15 a 18 m) a milhares de cavalo-vapor e cargas de várias centenas de pés (metros). A Figura 14.12 mostra uma vista em corte de uma bomba radial de sucção única, estágio único e eixo horizontal. O fluido entra na direção do eixo em rotação e é acelerado para

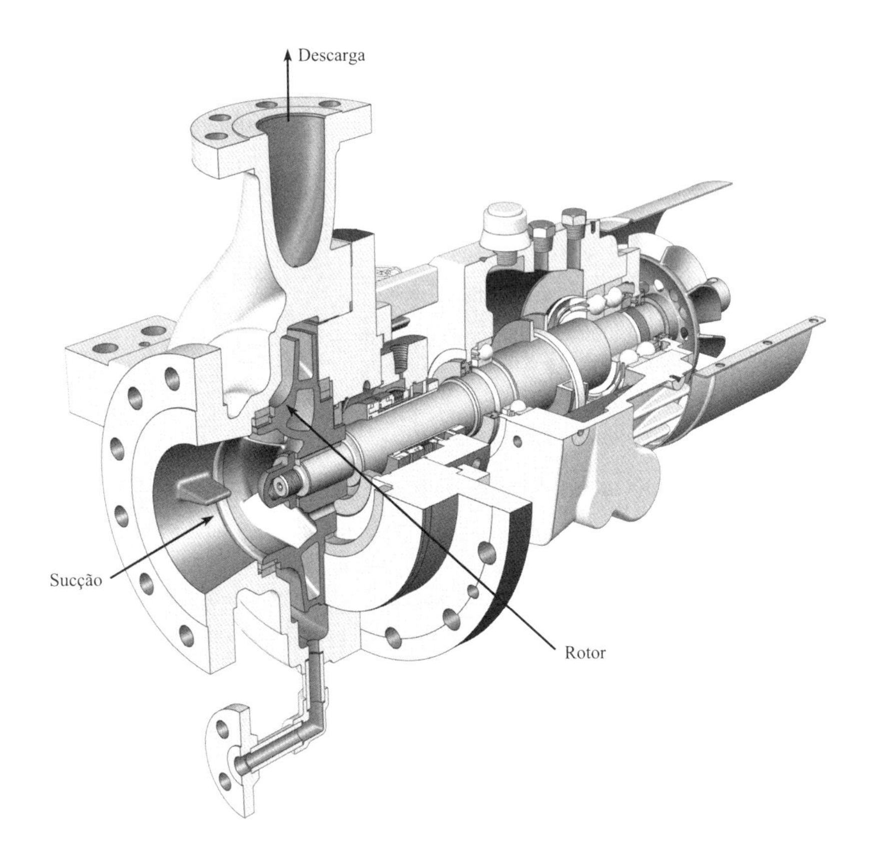

FIGURA 14.12

Vista em corte de uma bomba radial de sucção única, estágio único e eixo horizontal. A sucção, a descarga e o rotor da bomba estão indicados na imagem. (Copyright Sulzer Pumps.)

fora pelo rotor em rotação. Existem muitas outras configurações projetadas para aplicações específicas.

O Exemplo 14.4 mostra como determinar a velocidade e a vazão para uma bomba centrífuga necessária para prover determinada carga.

EXEMPLO 14.4

Velocidade e Vazão de uma Bomba Centrífuga

Enunciado do Problema

Uma bomba com as características dadas na Figura 14.10, quando operada a 2133,5 rpm, deve ser usada para bombear água à sua eficiência máxima sob uma carga de 76 m. Em que velocidade a bomba deve ser operada, e qual será a vazão para essas condições?

Defina a Situação

Uma bomba centrífuga operada a 2133,5 rpm bombeia água com uma carga de 76 m à máxima eficiência.

Hipóteses: Considere que a bomba seja do mesmo tamanho da bomba da Figura 14.10 e que as propriedades da água sejam as mesmas.

Estabeleça os Objetivos

1. Determinar a velocidade de operação da bomba (rpm).
2. Calcular a vazão (m^3/s).

Tenha Ideias e Trace um Plano

C_H, C_p, C_Q e η são os mesmos para qualquer bomba com as mesmas características operando à máxima eficiência. Dessa forma,

$$(C_H)_N = (C_H)_{2133,5\ \text{rpm}}$$

em que N representa a velocidade desconhecida. Além disso,

$$(C_Q)_N = (C_Q)_{2133,5\ \text{rpm}}$$

1. Calcule a velocidade usando o mesmo coeficiente de carga.
2. Calcule a vazão usando o mesmo coeficiente de descarga.

Aja (Execute o Plano)

1. Cálculo da velocidade: A partir da Figura 14.10, na eficiência máxima, $\Delta H = 90$ m.

$$\left(\frac{g\Delta H}{n^2D^2}\right)_N = \left(\frac{g\Delta H}{n^2D^2}\right)_{2133,5}$$

$$\frac{76\ \text{m}}{N^2} = \frac{90\ \text{m}}{2133,5^2\ \text{rpm}^2}$$

$$N = 2133,5 \times \left(\frac{76}{90}\right)^{1/2} = \boxed{1960\ \text{rpm}}$$

2. Cálculo da vazão: A partir da Figura 14.10, na eficiência máxima, $Q = 0,255\ m^3/s$.

$$\left(\frac{Q}{nD^3}\right)_N = \left(\frac{Q}{nD^3}\right)_{2133,5}$$

$$\frac{Q_{1960}}{Q_{2133,5}} = \frac{1960}{2133,5} = 0,919$$

$$Q_{1960} = \boxed{0,234\ \text{m}^3/\text{s}}$$

O Exemplo 14.5 mostra como extrapolar dados para uma bomba centrífuga específica para estimar o desempenho.

EXEMPLO 14.5

Carga, Vazão e Potência de uma Bomba Centrífuga

Enunciado do Problema

A bomba com as características mostradas nas Figuras 14.10 e 14.11 é o modelo de uma bomba utilizada em uma das estações de bombeamento do Aqueduto do Rio Colorado [veja Daugherty e Franzini (4)]. Para um protótipo que é 5,33 vezes maior do que o modelo e que opera a uma velocidade de 400 rpm, qual carga, vazão e potência são esperadas sob máxima eficiência?

Defina a Situação

Uma bomba protótipo é 5,33 vezes maior do que o modelo correspondente. O protótipo opera a 400 rpm.

Hipóteses: Bombeamento de água com $\rho = 10^3\ kg/m^3$.

Estabeleça os Objetivos

Determinar (à máxima eficiência):

1. Carga (em metros)
2. Vazão (em m^3/s)
3. Potência (em kW)

Tenha Ideias e Trace um Plano

1. Determine C_Q, C_H e C_p à máxima eficiência a partir da Figura 14.11.
2. Avalie a velocidade em rps e calcule o novo diâmetro.
3. Use as Eqs. (14.14) a (14.16) para calcular a carga, vazão e potência.

Aja (Execute o Plano)

1. A partir da Figura 14.11 à máxima eficiência, $C_Q = 0,12$, $C_H = 5,2$ e $C_p = 0,69$.

2. Velocidade em rps: $n = (400/60)$ rps $= 6{,}67$ rps

   $D = 0{,}371 \times 5{,}33 = 1{,}98$ m.

3. Desempenho da bomba:

   - Carga:

$$\Delta H = \frac{C_H D^2 n^2}{g} = \frac{5{,}2(1{,}98\text{ m})^2(6{,}67\text{ s}^{-1})^2}{(9{,}81\text{ m/s}^2)} = \boxed{92{,}4\text{ m}}$$

   - Vazão:

$$Q = C_Q n D^3 = 0{,}12(6{,}67\text{ s}^{-1})(1{,}98\text{ m})^3 = \boxed{6{,}21\text{ m}^3/\text{s}}$$

   - Potência:

$$P = C_P \rho D^5 n^3 = 0{,}69\ ((10^3\text{ kg})/\text{m}^3)(1{,}98\text{ m})^5(6{,}67\text{ s}^{-1})^3 = \boxed{6230\text{ kW}}$$

14.4 Velocidade Específica

As seções anteriores apontaram que as bombas de fluxo axial são mais adequadas para altas vazões e baixas cargas, enquanto as máquinas radiais trabalham melhor para baixas vazões e altas cargas. Uma ferramenta para selecionar a melhor bomba é o valor de um grupo π chamado velocidade específica, n_s. A **velocidade específica** é obtida combinando C_H e C_Q de tal maneira que o diâmetro D seja eliminado:

$$n_s = \frac{C_Q^{1/2}}{C_H^{3/4}} = \frac{(Q/nD^3)^{1/2}}{[\Delta H/(D^2n^2/g)]^{3/4}} = \frac{nQ^{1/2}}{g^{3/4}\Delta H^{3/4}}$$

Assim, a velocidade específica relaciona diferentes tipos de bombas sem referência aos seus tamanhos.

Conforme mostrado na Figura 14.13, quando as eficiências de diferentes tipos de bombas são traçadas em função do valor de n_s, observa-se que certos tipos de bombas possuem maiores eficiências para certas faixas de n_s. Para baixas velocidades específicas, a bomba de fluxo radial é mais eficiente, enquanto altas velocidades específicas favorecem as máquinas de fluxo axial. Na faixa entre a máquina com fluxo completamente axial e a máquina com fluxo completamente radial, existe uma mudança gradual na forma do rotor para acomodar as condições

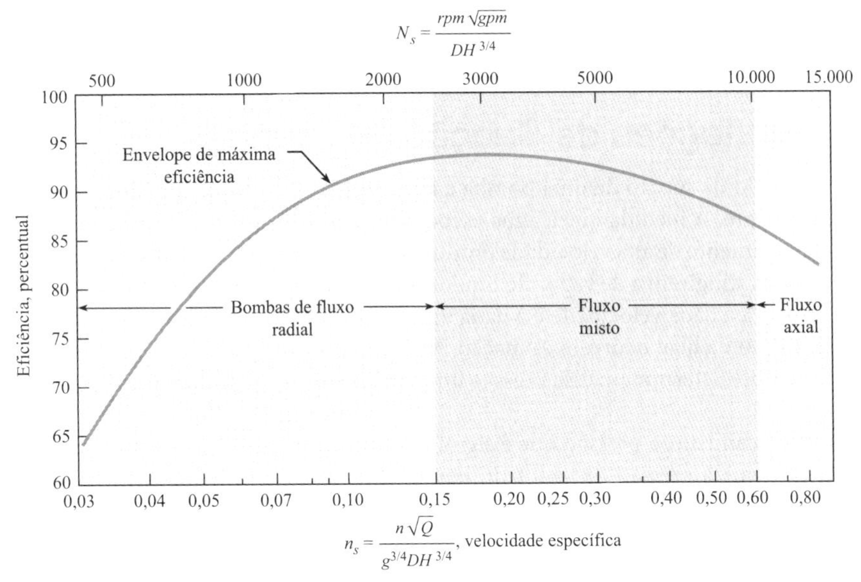

(a) Eficiência ótima e projetos de rotor em função da velocidade específica, n_s.

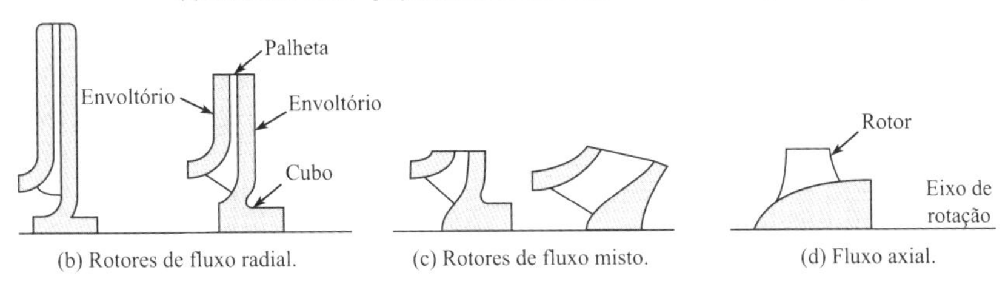

(b) Rotores de fluxo radial. (c) Rotores de fluxo misto. (d) Fluxo axial.

FIGURA 14.13
Eficiência ótima e projeto do rotor em função da velocidade específica.

específicas do fluxo com máxima eficiência. As fronteiras entre as máquinas axial, mista e radial são um tanto quanto vagas, mas o valor da velocidade específica fornece alguma orientação sobre qual máquina seria a mais adequada. A seleção final dependeria de quais bombas estivessem comercialmente disponíveis, assim como dos seus preços para compra, dos custos operacionais e de sua confiabilidade.

Deve ser observado que a velocidade específica tradicionalmente usada para bombas nos Estados Unidos é definida como $N_s = NQ^{1/2}/\Delta H^{3/4}$. Aqui, a velocidade N está em revoluções por minuto, Q está em galões por minuto e ΔH está em pés. Essa forma não é adimensional. Portanto, os seus valores são muito maiores do que aqueles encontrados para n_s (o fator de conversão é 17.200). A maioria dos livros e referências publicados antes da introdução do sistema SI de unidades usa essa definição tradicional para a velocidade específica.

O Exemplo 14.6 ilustra o uso da velocidade específica para selecionar o tipo de bomba.

EXEMPLO 14.6

Usando a Velocidade Específica para Selecionar uma Bomba

Enunciado do Problema

Qual tipo de bomba deveria ser usado para bombear água a uma taxa de 10 cfs sob uma carga de 600 ft? Considere $N = 1100$ rpm.

Defina a Situação

Uma bomba irá bombear água a 10 cfs para uma carga de 600 ft.

Estabeleça o Objetivo

Determinar o melhor tipo de bomba para essa aplicação.

Tenha Ideias e Trace um Plano

1. Calcule a velocidade específica.
2. Use a Figura 14.13 para selecionar um tipo de bomba.

Aja (Execute o Plano)

1. Taxa de rotação em rps:

$$n = \frac{1100}{60} = 18{,}33 \text{ rps}$$

Velocidade específica:

$$n_s = \frac{n\sqrt{Q}}{(g\Delta H)^{3/4}}$$

$$= \frac{18{,}33 \text{ rps} \times (10 \text{ cfs})^{1/2}}{(32{,}2 \text{ ft/s}^2 \times 600 \text{ ft})^{3/4}} = 0{,}035$$

2. A partir da Figura 14.13, uma bomba de fluxo radial é a melhor escolha.

14.5 Limitações de Sucção de Bombas

A pressão no lado da sucção de uma bomba é importante em razão da possibilidade de ocorrência de cavitação. À medida que a água escoa pelas lâminas do rotor de uma bomba, zonas locais com escoamento de alta velocidade produzem baixas pressões relativas (efeito Bernoulli); se essas pressões atingirem a de vapor do líquido, ocorrerá cavitação. Para determinado tipo de bomba que opera a dada velocidade e a dada vazão, irá existir certa pressão no lado da sucção da bomba, abaixo da qual ocorrerá cavitação. Nos seus procedimentos de teste, os fabricantes de bombas sempre determinam essa pressão limite e a incluem nas suas curvas de desempenho de bombas.

Mais especificamente, a pressão que é significativa é a diferença de pressão entre o lado de sucção da bomba e a pressão de vapor do líquido que está sendo bombeado. Na prática, os engenheiros expressam essa diferença em termos de uma carga de pressão, chamada **carga líquida positiva de sucção** (do inglês NPSH - *Net Positive Suction Head*).* Para calcular o NPSH para uma bomba que está produzindo determinada vazão, primeiro aplique a equação da energia a partir do reservatório de onde a água está sendo bombeada até a seção da tubulação de entrada no lado de sucção da bomba. Depois, subtraia a carga da pressão de vapor da água para determinar o NPSH.

Na Figura 14.14, os pontos 1 e 2 são os pontos entre os quais a equação da energia seria escrita para avaliar o NPSH.

*No Brasil utiliza-se exclusivamente o acrônimo em inglês, "NPSH". (N.T.)

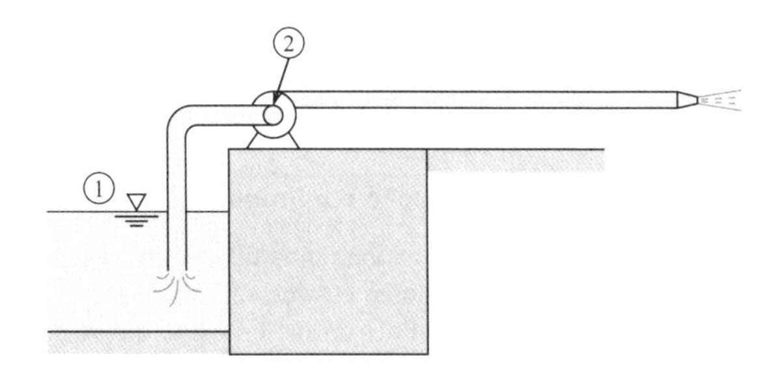

FIGURA 14.14
Locais usados para avaliar o NPSH para uma bomba.

Um parâmetro mais geral para indicar a suscetibilidade à cavitação é a velocidade específica. Contudo, em lugar de usar a carga produzida (ΔH), usa-se o NPSH para a variável elevada à potência 3/4. Isto é

$$n_{ss} = \frac{nQ^{1/2}}{g^{3/4}(\text{NPSH})^{3/4}}$$

Aqui, n_{ss} é denominada velocidade específica de sucção. Esta é tradicionalmente usada nos Estados Unidos como $N_{ss} = NQ^{1/2}/(\text{NPSH})^{3/4}$, em que N está em rpm, Q está em galões por minuto (gpm) e NPSH está em pés. As análises de dados de testes de bombas mostram que o valor da velocidade específica de sucção é boa para indicar se a cavitação pode ser esperada. Por exemplo, o *Hydraulic Institute* (5) indica que o valor crítico de N_{ss} é 8500. O leitor deve consultar os dados de fabricantes ou o *Hydraulic Institute* para mais detalhes sobre o NPSH crítico ou N_{ss}.

Uma análise para determinar o NPSH para um sistema de bomba está ilustrada no Exemplo 14.7.

EXEMPLO 14.7

Calculando o NPSH – Carga Líquida Positiva de Sucção

Enunciado do Problema

Na Figura 14.14, a bomba produz um escoamento de 2 cfs de água a 80 °F, e o diâmetro da tubulação de alimentação é de 8 polegadas. A bomba de sucção está localizada 6 ft acima do nível da superfície da água no reservatório. A bomba opera a 1750 rpm. Quais são o NPSH e a velocidade específica de sucção tradicional para essas condições?

Defina a Situação

Uma bomba produz escoamento de 2 cfs de água a 80 °F.

Hipóteses:

1. Coeficiente de perda na entrada = 0,10.
2. Coeficiente de perda na curvatura = 0,20.

Propriedades: Água a 80 °F: Tabela A.5, $\gamma = 62{,}2$ lbf/ft³, e $p_{\text{vap}} = 0{,}506$ psi.

Estabeleça os Objetivos

- Calcular a carga líquida positiva de sucção (NPSH).
- Calcular a velocidade específica de sucção tradicional (N_{ss}).

Tenha Ideias e Trace um Plano

O NPSH é a diferença entre a pressão na sucção da bomba e a pressão de vapor.

1. Determine a pressão atmosférica em coluna de água para a superfície do reservatório.
2. Determine a velocidade no tubo de 8 polegadas.
3. Aplique a equação da energia entre o reservatório e a sucção da bomba.
4. Calcule o NPSH.
5. Calcule N_{ss} com $N_{ss} = (NQ^{1/2})/(\text{NPSH})^{3/4}$.

Aja (Execute o Plano)

1. Coluna de pressão no reservatório:

$$\frac{p_1}{\gamma} = \frac{14{,}7\ \text{lbf/in}^2 \times 144\ (\text{in}^2/\text{ft}^2)}{62{,}2\ \text{lbf/ft}^3} = 34\ \text{ft}$$

2. Velocidade no tubo:

$$V_2 = \frac{Q}{A} = \frac{2\ \text{cfs}}{\pi \times ((4\ \text{in})/12)^2} = 5{,}73\ \text{ft/s}$$

3. Equação da energia entre os pontos 1 e 2:

$$\frac{p_1}{\gamma} + \frac{V_1^2}{2g} + z_1 = \frac{p_2}{\gamma} + \frac{V_2^2}{2g} + z_2 + \sum h_L$$

- Valores de entrada:

$$V_1 = 0, \quad z_1 = 0, \quad z_2 = 6$$

- Perda de carga:

$$\sum h_L = (0{,}1 + 0{,}2)\frac{V_2^2}{2g}$$

- Carga na sucção da bomba:

$$\frac{p_2}{\gamma} = \frac{p_1}{\gamma} - z_2 - \frac{V_2^2}{2g}(1 + 0{,}3)$$

$$= 34 - 6 - 1{,}3 \times \frac{5{,}73^2}{2 \times 32{,}2} = 27{,}3 \text{ ft}$$

4. Pressão de vapor em pés de coluna de água:

$$0{,}506 \times 144/62{,}2 = 1{,}17 \text{ ft.}$$

NPSH:

$$\text{NPSH} = 27{,}3 - 1{,}17 = 26{,}1 \text{ ft}$$

5. Velocidade específica de sucção tradicional:

$$Q = 2 \text{ cfs} = 898 \text{ gpm}$$

$$N_{ss} = (1750)(898)^{1/2}/(26{,}1)^{3/4} = \boxed{4540}$$

Reveja a Solução e o Processo

1. *Discussão.* Para uma típica bomba centrífuga de estágio único com diâmetro de sucção de 8 polegadas, que bombeia 2 cfs, o NPSH crítico é normalmente ao redor de 10 ft; portanto, a bomba desse exemplo opera com folga na faixa de segurança em relação à suscetibilidade a cavitação.
2. *Discussão.* Este valor de N_{ss} está muito abaixo do limite crítico de 8500; portanto, ela se encontra em uma faixa operacional segura no que se refere à cavitação.

Uma curva de desempenho de bomba típica que seria fornecida por um fabricante de bombas está mostrada na Figura 14.15. As linhas contínuas identificadas de 5 a 7 polegadas representam diferentes tamanhos de rotor que podem ser acomodados pela carcaça da bomba. Essas curvas fornecem a carga proporcionada como uma função da vazão. As linhas tracejadas representam a potência exigida pela bomba para determinada carga e vazão. Também estão mostradas na figura as linhas de eficiência constante. Obviamente, ao selecionar um rotor, deseja-se ter o ponto de operação tão próximo quanto possível do ponto de máxima eficiência. O valor de NPSH fornece a carga mínima (carga em pressão absoluta) na sucção da bomba para a qual a bomba operará sem cavitação.

14.6 Efeitos Viscosos

Nas seções anteriores, foram desenvolvidos parâmetros de similaridade para estimar os resultados de um protótipo a partir de testes com modelos, desprezando efeitos viscosos. A última

FIGURA 14.15

Curva de desempenho de bomba centrífuga. [Segundo McQuiston e Parker (6). Usado com permissão de John Wiley and Sons.]

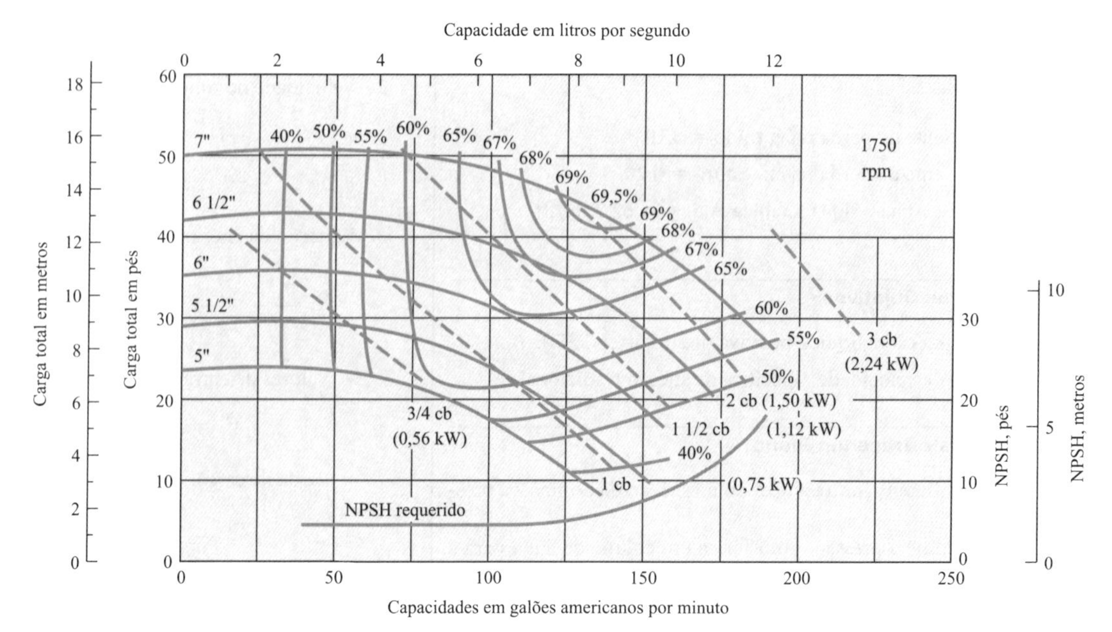

hipótese não é necessariamente válida, especialmente se o modelo for bem pequeno. Para minimizar os efeitos viscosos no modelamento de bombas, as normas do *Hydraulic Institute* (5) recomendam que o tamanho do modelo tenha pelo menos 30 cm em diâmetro. Essas mesmas normas estabelecem que o modelo deve possuir similaridade geométrica com o protótipo.

Mesmo com similaridade geométrica, pode-se esperar que o modelo seja menos eficiente do que o protótipo. Uma fórmula empírica proposta por Moody (7) é usada para estimar as eficiências do protótipo de bombas e turbinas de fluxo radial e de fluxo misto a partir da eficiência de modelos. Aquela fórmula é

$$\frac{1 - e_1}{1 - e} = \left(\frac{D}{D_1}\right)^{1/5} \tag{14.18}$$

Aqui, e_1 é a eficiência do modelo e e é a eficiência do protótipo.

O Exemplo 14.8 mostra como estimar a eficiência devido a efeitos viscosos.

EXEMPLO 14.8

Calculando os Efeitos Viscosos sobre a Eficiência da Bomba

Enunciado do Problema

Um modelo com um diâmetro de rotor de 45 cm é testado e estipulado a apresentar uma eficiência de 85%. Se um protótipo geometricamente semelhante possui um diâmetro de rotor de 1,80 m, estime sua eficiência quando ele está operando sob condições dinamicamente semelhantes àquelas do teste com o modelo ($C_{Q,\,\text{modelo}} = C_{Q,\,\text{protótipo}}$).

Defina a Situação

Uma bomba com um rotor de 45 cm de diâmetro apresenta uma eficiência de 85%.

Hipóteses: As diferenças de eficiência ocorrem em razão dos efeitos viscosos.

Estabeleça os Objetivos

Determinar a eficiência de uma bomba com um rotor de 1,8 m.

Tenha Ideias e Trace um Plano

Use a Eq. (14.18) para determinar os efeitos viscosos.

Aja (Execute o Plano)

Eficiência:

$$e = 1 - \frac{1 - e_1}{(D/D_1)^{1/5}} = 1 - \frac{0,15}{1,32} = 1 - 0,11 = 0,89$$

ou

$$\boxed{e = 89\%}$$

14.7 Compressores Centrífugos

Os compressores centrífugos são semelhantes em projeto às bombas centrífugas. Uma vez que a densidade do ar ou dos gases usados é muito menor do que a densidade de um líquido, o compressor deve girar a velocidades muito mais altas do que a bomba para efetivar uma elevação de pressão mensurável. Se o processo de compressão fosse isentrópico e os gases ideais, a potência necessária para comprimir o gás de p_1 a p_2 seria

$$P_{\text{teo}} = \frac{k}{k-1} Q_1 p_1 \left[\left(\frac{p_2}{p_1}\right)^{(k-1)/k} - 1\right] \tag{14.19}$$

em que Q_1 é a vazão volumétrica entrando no compressor e k é a razão entre calores específicos. A potência calculada usando a Eq. (14.19) é denominada **potência adiabática teórica**. A eficiência de um compressor sem resfriamento com água é definida como a razão entre a potência adiabática teórica e a potência real requerida no eixo. Normalmente, a eficiência melhora com maiores vazões de alimentação, aumentando de um valor típico de 0,60 a 0,6 m^3/s até 0,74 a 40 m^3/s. Eficiências maiores são possíveis de serem obtidas com refinamentos de projeto mais caros.

O Exemplo 14.9 mostra como calcular a potência de eixo exigida para operar um compressor.

EXEMPLO 14.9

Calculando a Potência de Eixo para um Compressor Centrífugo

Enunciado do Problema

Determine a potência de eixo exigida para operar um compressor que comprime ar à taxa de 1 m³/s de 100 kPa a 200 kPa. A eficiência do compressor é de 65%.

Defina a Situação

A vazão de alimentação para um compressor é de 1,0 m³/s. A variação de pressão é de 100 kPa a 200 kPa.

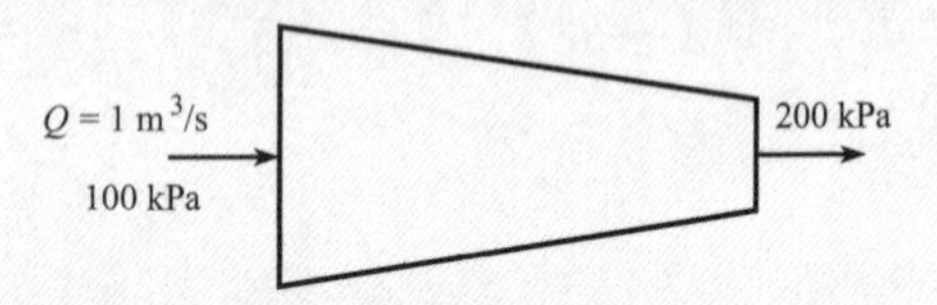

A partir da Tabela A.2, $k = 1,4$.

Estabeleça o Objetivo

P_{eixo} (kW) ⬅ potência exigida no eixo (em kW)

Tenha Ideias e Trace um Plano

1. Use a Eq. (14.19) para calcular a potência teórica.
2. Divida a potência teórica pela eficiência para determinar a potência (exigida) pelo eixo.

Aja (Execute o Plano)

1. Potência teórica:

$$P_{teo} = \frac{k}{k-1} Q_1 p_1 \left[\left(\frac{p_2}{p_1} \right)^{(k-1)/k} - 1 \right]$$
$$= (3,5)(1\ \text{m}^3/\text{s})(10^5\ \text{N/m}^2)[(2)^{0,286} - 1]$$
$$= 0,767 \times 10^5\ \text{N} \cdot \text{m/s} = 76,7\ \text{kW}$$

2. Potência do eixo:

$$P_{eixo} = \frac{76,7}{0,65}\text{kW} = \boxed{118\ \text{kW}}$$

O resfriamento é necessário para compressores de alta pressão por causa das altas temperaturas que resultam do processo de compressão. O resfriamento pode ser atingido mediante o uso de camisas de água ou de radiadores que resfriam os gases entre os estágios. A eficiência de compressores resfriados a água está baseada na potência exigida para comprimir gases ideais isotermicamente, ou

$$P_{teo} = p_1 Q_1 \ln \frac{p_2}{p_1} \tag{14.20}$$

que geralmente é denominada **potência isotérmica teórica**. A eficiência dos compressores resfriados a água é geralmente menor do que a de compressores não resfriados. Se um compressor é resfriado por camisas de água, sua eficiência varia caracteristicamente entre 55% e 60%. O uso de radiadores resulta em eficiência de 60% a 65%.

Aplicação a Sistemas Fluidos

A seleção de uma bomba, ventilador ou compressor para uma aplicação específica depende da vazão desejada. Esse processo exige a aquisição ou geração de uma curva do sistema para o sistema de escoamento de interesse e uma curva de desempenho para a máquina de fluidos. A interseção dessas duas curvas fornece o ponto de operação, conforme discutido no Capítulo 10.

Por exemplo, considere o uso de uma bomba centrífuga com as características mostradas na Figura 14.15 para bombear água a 60 °F de um poço para o interior de um tanque, conforme mostrado na Figura 14.16. É necessária uma capacidade de bombeamento de pelo menos 80 gpm. Devem ser usados 200 ft de tubo de ferro galvanizado padrão de 2 polegadas *schedule* 40. Existe uma válvula de retenção no sistema, assim como uma válvula gaveta aberta. Existe uma elevação de 20 ft entre o poço e o topo do fluido no tanque. Aplicando a equação da energia, a carga exigida pela bomba é de

$$h_b = \Delta z + \frac{V^2}{2g}\left(\frac{fL}{D} + \sum K_L \right)$$

em que K_L representa os coeficientes de perda de carga para a entrada, a válvula de retenção, a válvula gaveta e a perda da expansão repentina à entrada do tanque. Usando valores represen-

FIGURA 14.16

Sistema para bombeamento de água de um poço para o interior de um tanque.

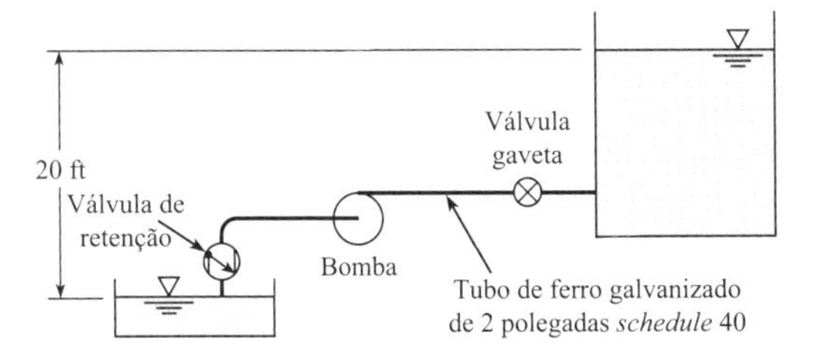

FIGURA 14.17

Curvas do sistema e do desempenho da bomba para uma aplicação de bombeamento.

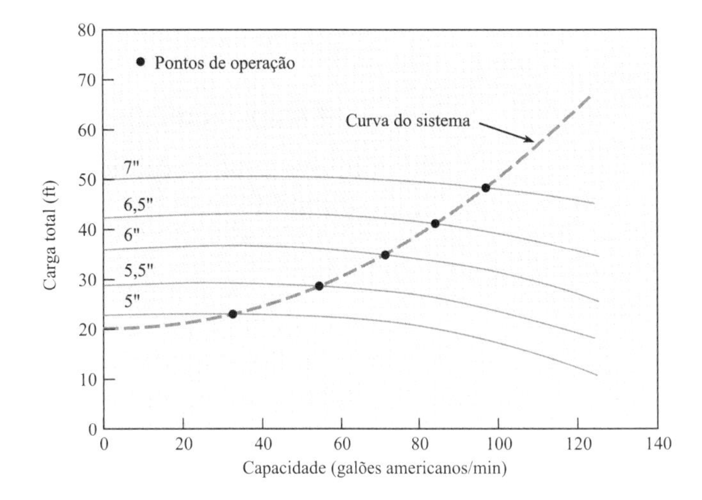

tativos para os coeficientes de perda de carga e avaliando o fator de atrito a partir do diagrama de Moody no Capítulo 10, tem-se

$$h_b = 20 + 0{,}00305\,Q^2$$

em que Q é a vazão em gpm. Essa é a curva do sistema.

O resultado de traçar a curva do sistema sobre as curvas de desempenho da bomba está mostrado na Figura 14.17. Os pontos onde as linhas se cruzam são os pontos de operação. Observe que uma vazão imediatamente superior a 80 gpm é atingida como o rotor de 6,5 polegadas. Ainda, fazendo novamente referência à Figura 14.15, a eficiência nesse ponto é de aproximadamente 62%. Para assegurar que as exigências de projeto sejam satisfeitas, o engenheiro pode selecionar o rotor maior, que possui um ponto de operação de 95 gpm. Se a bomba tiver de ser usada em operação contínua e a eficiência for um fator importante para os custos operacionais, o engenheiro poderá optar por considerar outra bomba que apresente uma eficiência maior no ponto de operação. Um engenheiro experiente no projeto de sistemas de bombeamento estaria muito familiarizado com os comprometimentos entre a economia e o desempenho, e poderia tomar uma decisão com relativa rapidez.

Em alguns sistemas, pode ser vantajoso o uso de duas bombas em série ou em paralelo. Se duas bombas forem usadas em série, a curva de desempenho é a soma das cargas de bombeamento das duas máquinas sob a mesma vazão, como mostrado na Figura 14.18a. Essa configuração seria desejável para um sistema de escoamento com uma curva de sistema inclinada, conforme a figura. Se duas bombas são conectadas em paralelo, a curva

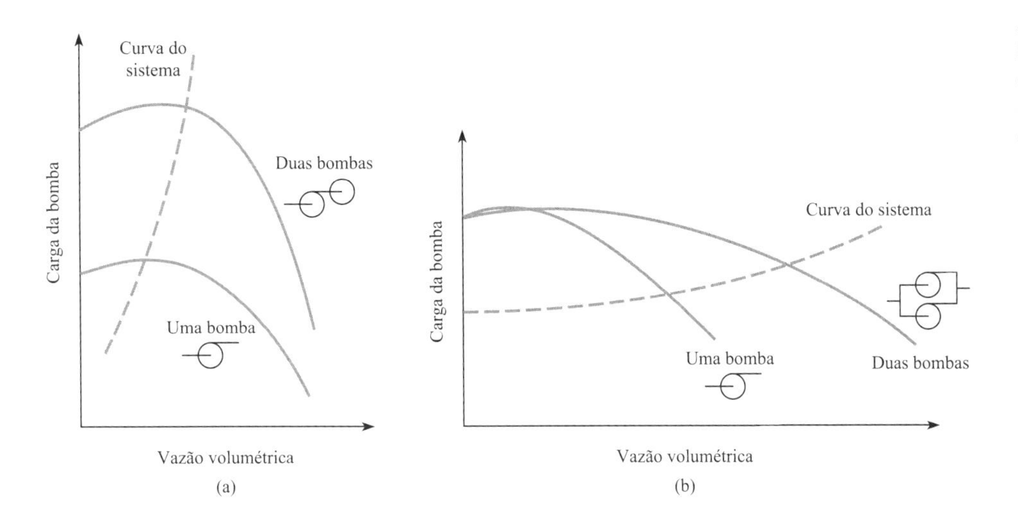

FIGURA 14.18

Curvas de desempenho de bombas para bombas conectadas em série (a) e em paralelo (b).

de desempenho é obtida somando as vazões das duas bombas sob as mesmas cargas de bombeamento, como consta na Figura 14.18b. Essa configuração seria recomendável para sistemas de escoamento com curvas de sistema pouco inclinadas, conforme mostrado na figura. Os conceitos aqui apresentados para bombas também se aplicam a ventiladores e compressores.

14.8 Turbinas

Uma **turbina** é definida como uma máquina que extrai energia de um fluido em movimento. Muito da teoria básica e a maioria dos parâmetros de similaridade usados para bombas também se aplicam a turbinas. Contudo, existem algumas diferenças nas características físicas e na terminologia. Os detalhes do escoamento através dos rotores de máquinas de fluxo radial serão agora abordados.

As duas principais categorias de máquinas hidráulicas são as turbinas de **impulso** e de **reação**. Em uma turbina de reação, o fluxo da água é usado para girar uma roda ou pá de turbina mediante a ação de palhetas ou lâminas fixadas à pá propulsora. Quando as lâminas estão orientadas como um propulsor, o fluxo é axial e a máquina é denominada **turbina Kaplan**. Quando as palhetas estão orientadas como um rotor em uma bomba centrífuga, o fluxo é radial, e a máquina é denominada **turbina Francis**. Em uma turbina de impulso, a água acelera através de um bocal e se choca contra as palhetas que estão fixadas à borda da pá. Essa máquina é chamada de **roda de Pelton**.

Turbina de Impulso

Em uma turbina de impulso, o jato de fluido que sai de um bocal se choca contra as palhetas da roda da turbina, ou **pá propulsora**, produzindo energia à medida que a pá propulsora gira (veja as Figuras 14.19 e 14.20). A principal característica da turbina de impulso em relação à Mecânica dos Fluidos é a produção de energia à medida que o jato é defletido pelas palhetas em movimento. Quando a equação do momento é aplicada a esse jato defletido, é possível se mostrar que [veja Daugherty e Franzini (4)], para condições ideais, a energia máxima será desenvolvida quando a velocidade da palheta for metade da velocidade inicial do jato. Sob tais condições, a velocidade de saída do jato será igual a zero; toda a energia cinética do jato terá sido gasta no acionamento da palheta. Dessa forma, se for aplicada a equação da energia entre o jato que está chegando e o fluido que está saindo (assumindo perda de carga desprezível e também energia cinética desprezível no fluido na saída), determina-se que a carga cedida às turbinas é de $h_t = (V_j^2/2g)$, e a potência assim desenvolvida é de

$$P = Q\gamma h_t \tag{14.21}$$

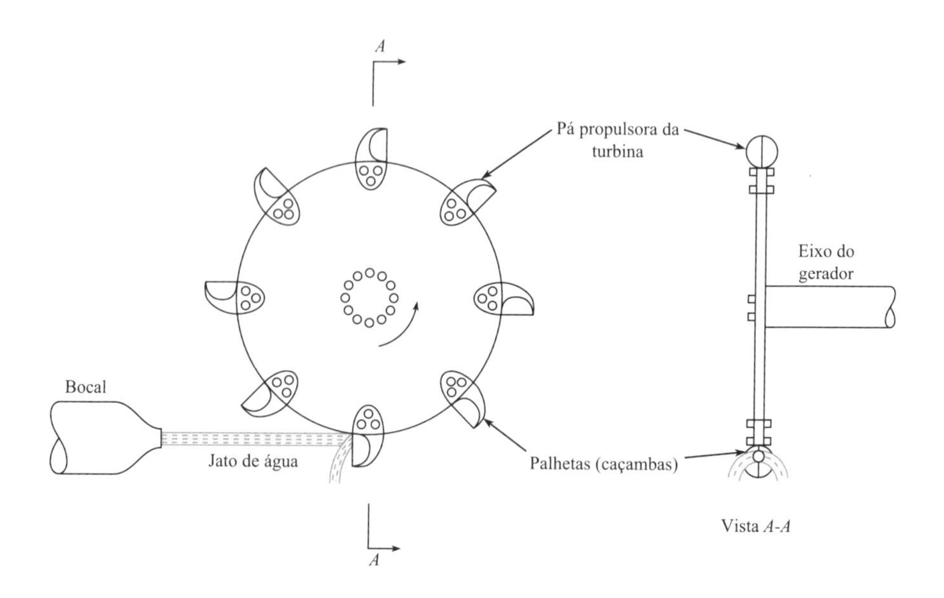

FIGURA 14.19
Turbina de impulso.

FIGURA 14.20

Fotografia da pá propulsora de uma turbina de pás Pelton. (Alberto Pomares/Getty Images, Inc.)

em que Q é a vazão do jato que está chegando, γ é o peso específico do fluido do jato e $h_t = V_j^2/2g$, ou carga de velocidade do jato. Assim, a Eq. (14.21) se reduz a

$$P = \rho Q \frac{V_j^2}{2} \tag{14.22}$$

Para obter o torque no eixo da turbina, a equação do momento angular é aplicada a um volume de controle, como mostrado na Figura 14.21. Para um fluxo em regime estacionário,

$$\sum M = \sum_{sc} \mathbf{r}_o \times (\dot{m}_o \mathbf{v}_o) - \sum_{sc} \mathbf{r}_i \times (\dot{m}_i \mathbf{v}_i)$$

Em geral, considera-se que o fluido que sai possui um momento angular desprezível. O momento que atua sobre o sistema é o torque T atuando sobre o eixo. Assim, a equação do momento angular se reduz a

$$T = -\dot{m} r V_j \tag{14.23}$$

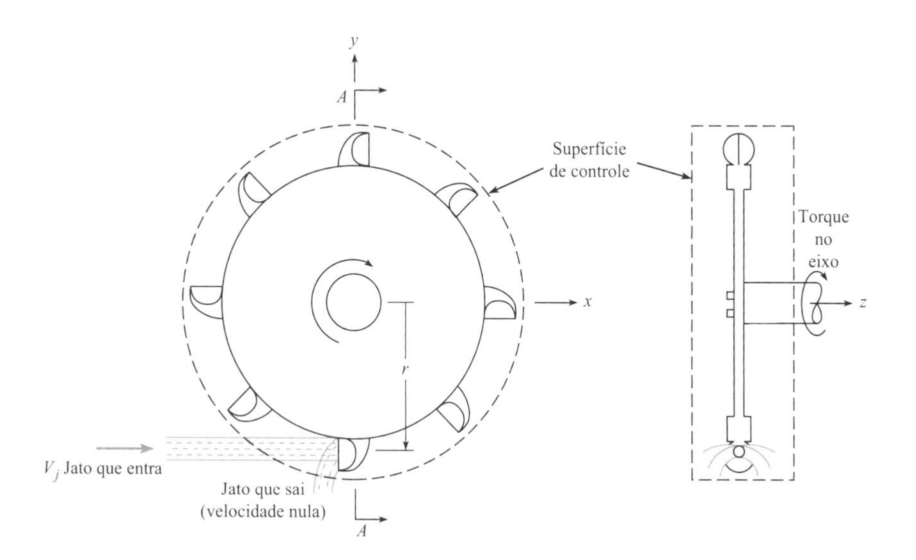

FIGURA 14.21

Procedimento do volume de controle para a turbina de impulso usando o princípio do momento angular.

A vazão mássica através da superfície de controle é ρQ, tal que o torque é

$$T = -\rho Q V_j r$$

O sinal de menos indica que o torque aplicado ao sistema (para mantê-lo girando a uma velocidade angular constante) está na direção horária. Contudo, o torque aplicado pelo sistema ao eixo está na direção anti-horária, que é a direção da rotação da pá, tal que

$$T = \rho Q V_j r \tag{14.24}$$

A potência desenvolvida pela turbina é $T\omega$, ou

$$P = \rho Q V_j r \omega \tag{14.25}$$

Além disso, se a velocidade das palhetas da turbina é $(1/2)V_j$ para potência máxima, como observado anteriormente, então $P = \rho Q V_j^2/2$, que é o mesmo que a Eq. (14.22).

O cálculo do torque para uma turbina de impulso está ilustrado no Exemplo 14.10.

EXEMPLO 14.10

Analisando uma Turbina de Impulso

Enunciado do Problema

Qual potência em quilowatts pode ser desenvolvida pela turbina de impulso mostrada se a sua eficiência é de 85%? Considere que o coeficiente de resistência f do duto é de 0,015 e que a perda de carga no bocal propriamente dito é desprezível. Qual será a velocidade angular da pá, considerando condições ideais ($V_j = 2V_{\text{caçamba}}$), e qual torque será exercido sobre o eixo da turbina?

Defina a Situação

Esse problema envolve uma turbina de impulso com uma eficiência de 85%.

Hipóteses:

1. Não existe perda na entrada.
2. A perda de carga no bocal é desprezível.
3. A densidade da água é 1000 kg/m³.

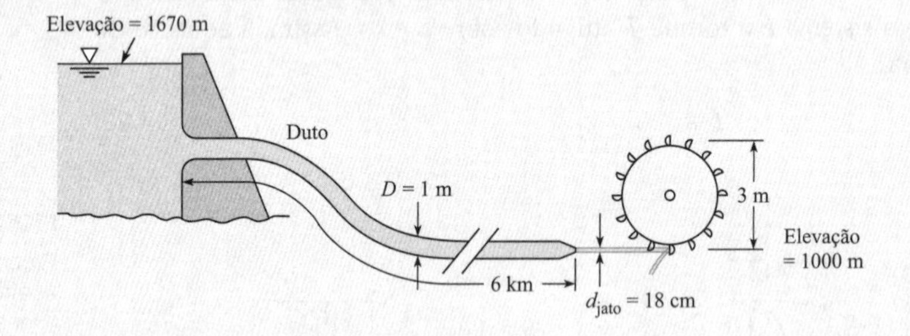

Estabeleça os Objetivos

Determinar:

- Potência (kW) desenvolvida pela turbina
- Velocidade angular (rpm) das pás para eficiência máxima
- Torque (kN·m) no eixo da turbina

Tenha Ideias e Trace um Plano

1. Aplique a equação da energia para encontrar a velocidade no bocal.
2. Use a Eq. (14.22) para a potência.
3. Para máxima eficiência, $\omega r = (V_j/2)$.
4. Calcule o torque a partir de $P = T\omega$.

Aja (Execute o Plano)

1. Equação da energia:

$$\frac{p_1}{\gamma} + \frac{V_1^2}{2g} + z_1 = \frac{p_j}{\gamma} + \frac{V_j^2}{2g} + z_j + h_L$$

- Valores na equação da energia:

$$p_1 = 0, z_1 = 1670 \text{ m}, V_1 = 0, p_j = 0, z_j = 1000 \text{ m}$$

- Razão de velocidades entre o duto e o tubo de alimentação:

$$V_{\text{duto}} = \frac{V_j A_j}{A_{\text{duto}}} = V_j\left(\frac{0{,}18 \text{ m}}{1 \text{ m}}\right)^2 = 0{,}0324\, V_j$$

- Perda de carga:

$$h_L = f\frac{L}{D}\frac{1}{2g}V_{\text{duto}}^2$$

$$= \frac{0{,}015 \times 6000}{1}(0{,}0324)^2\frac{V_j^2}{2g} = 0{,}094\frac{V_j^2}{2g}$$

- Velocidade do jato:

$$z_1 - z_2 = 1{,}094\frac{V_j^2}{2g}$$

$$V_j = \left(\frac{2 \times 9{,}81 \text{ m/s}^2 \times 670 \text{ m}}{1{,}094}\right)^{1/2} = 109{,}6 \text{ m/s}$$

2. Potência bruta:

$$P = Q\gamma\frac{V_j^2}{2g} = \frac{\gamma A_j V_j^3}{2g}$$

$$= \frac{9810(\pi/4)(0{,}18)^2(109{,}6)^3}{2 \times 9{,}81} = 16.750 \text{ kW}$$

Potência gerada:

$$P = 16.750 \times \text{eficiência} = \boxed{14.240 \text{ kW}}$$

3. Velocidade angular das pás:

$$V_{\text{caçamba}} = \frac{1}{2}(109{,}6 \text{ m/s}) = 54{,}8 \text{ m/s}$$

$$r\omega = 54{,}8 \text{ m/s}$$

$$\omega = \frac{54{,}8 \text{ m/s}}{1{,}5 \text{ m}} = 36{,}5 \text{ rad/s}$$

Velocidade da roda das pás:

$$N = (36{,}5 \text{ rad/s})\frac{1 \text{ rev}}{2\pi \text{ rad}}(60 \text{ s/min}) = \boxed{349 \text{ rpm}}$$

4. Torque:

$$T = \frac{\text{potência}}{\omega} = \frac{14.240 \text{ kW}}{36{,}5 \text{ rad/s}} = \boxed{390 \text{ kN} \cdot \text{m}}$$

Turbina de Reação

Em contraste com a turbina de impulso, em que um jato à pressão atmosférica se choca sobre apenas uma ou duas palhetas de cada vez, o fluxo em uma turbina de reação está sob pressão e reage simultaneamente com todas as palhetas da turbina de rotor. Além disso, esse fluxo preenche completamente a câmara na qual o rotor está localizado (veja a Figura 14.22). Existe uma queda na pressão do raio exterior do rotor, r_1, para o raio interno, r_2. Esse é outro ponto de diferença em relação à turbina de impulso, em que a pressão é a mesma para os fluxos que entram e que saem. A forma original da turbina de reação, testada inicialmente de forma extensiva por J. B. Francis, tinha um rotor com fluxo completamente radial (Figura 14.23). Isto é, o fluxo que passava através do rotor tinha componentes da velocidade apenas em um plano normal ao eixo da pá propulsora. Contudo, os projetos de rotor mais recentes, tais como os dos tipos de fluxo misto e fluxo axial, ainda são chamados de turbinas de reação.

Torque e Relações de Potência para a Turbina de Reação

Da mesma maneira que ocorre na turbina de impulso, a equação do momento angular é usada para desenvolver fórmulas para o torque e a potência para a turbina de reação. O segmento de pá propulsora de turbina mostrado na Figura 14.23 representa as condições de escoamento que ocorrem para toda a pá propulsora. As palhetas de guia fora da pá propulsora propriamente dita fazem com que o fluido tenha uma componente tangencial da velocidade ao redor de toda a circunferência da pá propulsora. Assim, o fluido tem uma quantidade inicial de momento angular em relação ao eixo da turbina quando ele se aproxima de sua pá propulsora. À medida que o fluido passa pela pá propulsora, suas palhetas causam uma variação na magnitude e na direção da sua velocidade. Assim, o momento angular do fluido muda, o que produz um torque sobre a pá propulsora. Esse torque aciona a pá, que, por sua vez, gera energia.

Para quantificar o anterior, V_1 e α_1 representam a velocidade de chegada e o ângulo do vetor velocidade em relação à tangente da pá propulsora, respectivamente. Termos semelhantes no raio interno da pá propulsora são V_2 e α_2. Aplicando a equação do momento angular para um fluxo em regime estacionário, Eq. (6.27), ao volume de controle mostrado na Figura 14.23, tem-se

$$\begin{aligned} T &= \dot{m}(-r_2 V_2 \cos\alpha_2) - \dot{m}(-r_1 V_1 \cos\alpha_1) \\ &= \dot{m}(r_1 V_1 \cos\alpha_1 - r_2 V_2 \cos\alpha_2) \end{aligned} \tag{14.26}$$

A potência dessa turbina será $T\omega$, ou

$$P = \rho Q\omega(r_1 V_1 \cos\alpha_1 - r_2 V_2 \cos\alpha_2) \tag{14.27}$$

FIGURA 14.22

Vista esquemática da instalação de uma turbina de reação: (a) vista em elevação, (b) vista em planta, seção *A-A*.

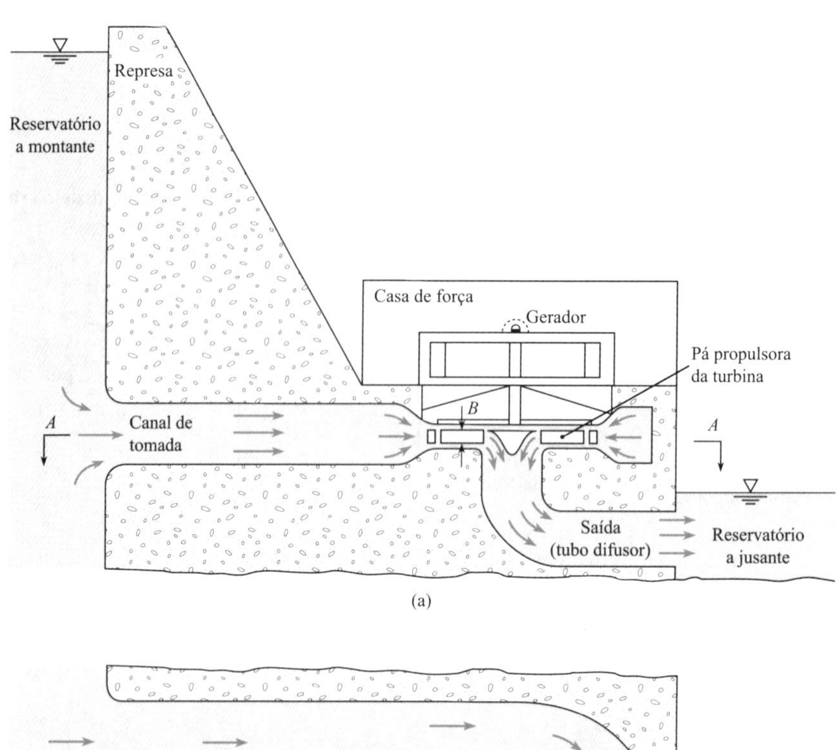

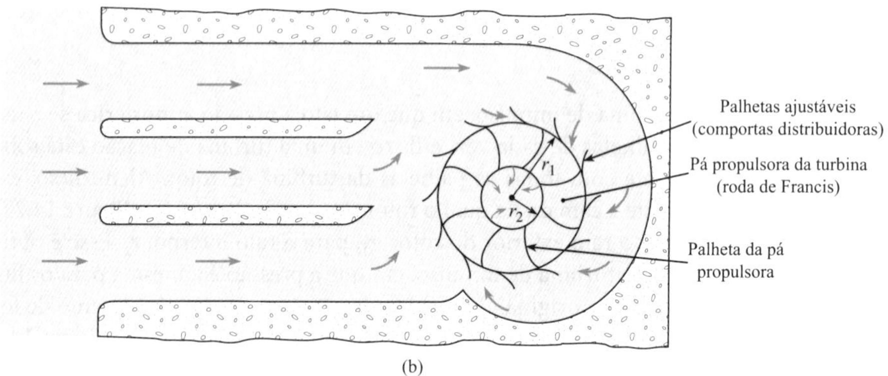

FIGURA 14.23

Diagramas de velocidade para o rotor de uma turbina Francis.

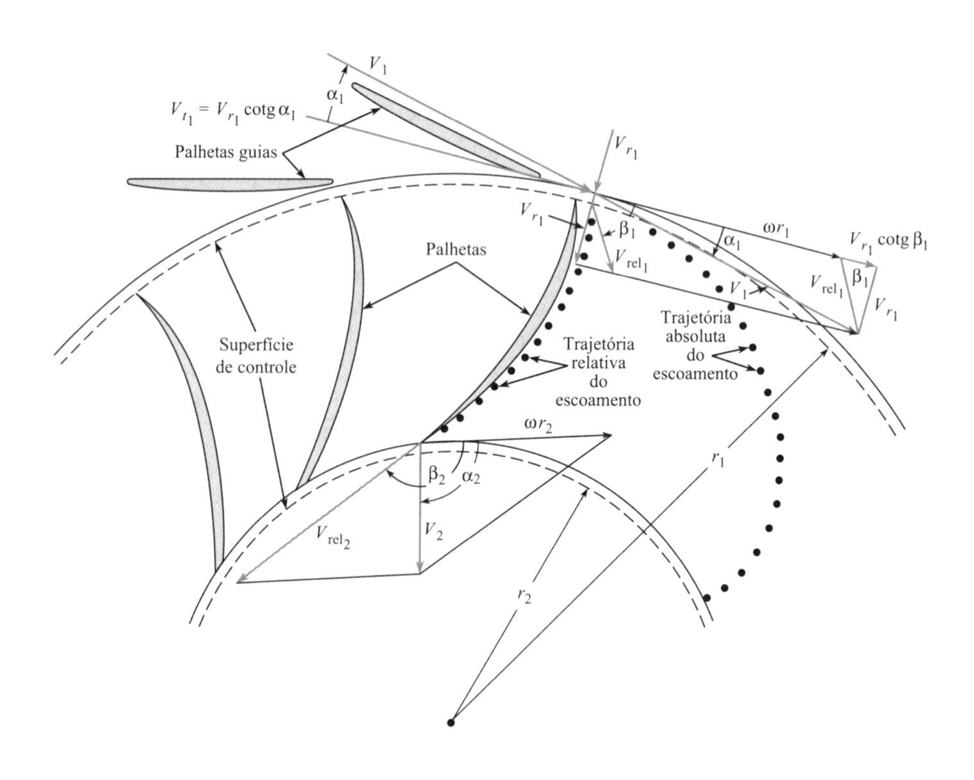

A Eq. (14.27) mostra que a geração de energia é uma função das direções das velocidades do escoamento de entrada e de saída do rotor – isto é, α_1 e α_2.

É interessante observar que apesar de a pressão variar ao longo do escoamento em uma turbina de reação, ela não entra nas expressões derivadas usando a equação do momento angular. A razão para isso é que as superfícies de controle externa e interna escolhidas são concêntricas com o eixo em torno do qual os momentos e o momento angular são avaliados. As forças de pressão que atuam sobre essas superfícies passam através desse eixo específico; portanto, elas não produzem momentos ao redor dele.

Ângulos das Palhetas

É evidente que a perda de carga em uma turbina será menor se o fluxo entrar nas pás propulsoras com uma direção tangente às palhetas delas, em vez de o fluxo se aproximar das palhetas com um ângulo de ataque. Em último caso, irá ocorrer separação com uma consequente perda de carga. Assim, as palhetas de um rotor projetadas para determinadas velocidade e vazão e com palhetas guias fixas terão um ângulo das lâminas ótimo particular β_1. Contudo, se houver mudança na vazão do projeto original, os ângulos das palhetas guias e das palhetas do rotor não serão mais "compatíveis" com a nova condição de escoamento. A maioria das turbinas para instalações hidroelétricas são feitas com palhetas guias móveis no lado de entrada para causar uma melhor compatibilidade com todos os tipos de escoamento. Assim, α_1 aumenta ou diminui automaticamente por meio de ações controladas para acomodar demandas variáveis de energia na turbina.

Para relacionar o ângulo α_1 do escoamento e o ângulo da palheta β_1, primeiro consideramos que o escoamento que entra no rotor seja tangente às lâminas na periferia do rotor. De maneira semelhante, considera-se que o escoamento que sai da palheta guia estacionária é tangente à palheta guia. Para desenvolver as equações desejadas, considere tanto as componentes radial quanto tangencial da velocidade na periferia exterior da roda das pás ($r = r_1$). É fácil calcular a velocidade radial, dados os valores de Q e a geometria da roda, usando a equação da continuidade:

$$V_{r_1} = \frac{Q}{2\pi r_1 B} \tag{14.28}$$

em que B é a altura das lâminas da turbina. A velocidade tangencial (tangente à superfície externa das pás de propulsão) do fluxo que está entrando é

$$V_{t_1} = V_{r_1} \operatorname{cotg} \alpha_1 \tag{14.29}$$

Contudo, essa velocidade tangencial é igual à componente tangencial da velocidade relativa na pá propulsora, $V_{r1} \operatorname{cotg} \beta_1$, mais a velocidade da pá propulsora propriamente dita, ωr_1. Assim, a velocidade tangencial, quando vista em relação ao movimento da pá propulsora, é

$$V_{t_1} = r_1\omega + V_{r_1} \operatorname{cotg} \beta_1 \tag{14.30}$$

Agora, eliminando V_{t1} entre as Eqs. (14.29) e (14.30) resulta em

$$V_{r_1} \operatorname{cotg} \alpha_1 = r_1\omega + V_{r_1} \operatorname{cotg} \beta_1 \tag{14.31}$$

A Eq. (14.31) pode ser rearranjada para ter como resultado

$$\alpha_1 = \operatorname{arccotg}\left(\frac{r_1\omega}{V_{r_1}} + \operatorname{cotg} \beta_1\right) \tag{14.32}$$

O Exemplo 14.11 ilustra como calcular o ângulo de entrada da lâmina para evitar a separação.

EXEMPLO 14.11

Analisando uma Turbina Francis

Enunciado do Problema

Uma turbina Francis deve ser operada a uma velocidade de 600 rpm e com uma vazão de 4,0 m³/s. Se $r_1 = 0{,}60$ m, $\beta_1 = 110°$ e a altura da lâmina B é de 10 cm, qual deveria ser o ângulo da palheta guia α_1 para uma condição de fluxo sem separação na entrada da pá propulsora?

Defina a Situação

Uma turbina Francis está operando com uma velocidade angular de 600 rpm e uma vazão de 4,0 m³/s.

Estabeleça o Objetivo

Determinar o ângulo de entrada da palheta guia, α_1.

Tenha Ideias e Trace um Plano

Use a Eq. (14.32) para o ângulo da guia de entrada.

Aja (Execute o Plano)

Velocidade radial na entrada:

$$\alpha_1 = \text{arccotg}\left(\frac{r_1\omega}{V_{r_1}} + \text{cotg}\,\beta_1\right)$$

$$r_1\omega = 0{,}6 \times 600\ \text{rpm} \times 2\pi\ \text{rad/rev} \times 1/60\ \text{min/s} = 37{,}7\ \text{m/s}$$

Ângulo de entrada da palheta guia:

$$V_{r_1} = \frac{Q}{2\pi r_1 B} = \frac{4{,}00\ \text{m}^3/\text{s}}{2\pi \times 0{,}6\ \text{m} \times 0{,}10\ \text{m}} = 10{,}61\ \text{m/s}$$

$$\text{cotg}\,\beta_1 = \text{cotg}(110°) = -0{,}364$$

$$\alpha_1 = \text{arccotg}\left(\frac{37{,}7}{10{,}61} - 0{,}364\right) = \boxed{17{,}4°}$$

Velocidade Específica para Turbinas

Por causa da atenção focada na produção de turbinas de energia, a velocidade específica para turbinas é definida em termos de potência:

$$n_s = \frac{nP^{1/2}}{g^{3/4}\gamma^{1/2}h_t^{5/4}}$$

Também deve ser observado que as grandes turbinas de água são intrinsecamente mais eficientes do que as bombas. A razão para isso é que à medida que o fluido deixa o rotor de uma bomba, ele desacelera consideravelmente ao longo de uma distância relativamente curta. Além disso, uma vez que normalmente não são usadas palhetas guias nas passagens de escoamento das bombas, são desenvolvidos grandes gradientes locais de velocidade, que por sua vez causam intensa mistura e turbulência, produzindo grandes perdas de carga. Na maioria das instalações de turbinas, o escoamento que sai da pá propulsora da turbina tem sua velocidade gradativamente reduzida através de um **tubo difusor** com expansão gradual, produzindo assim um escoamento muito mais suave e com menor perda de carga do que a bomba. Para detalhes adicionais sobre turbinas hidrelétricas, veja Daugherty e Franzini (4).

Turbinas a Gás

A turbina a gás convencional consiste em um compressor que pressuriza o ar que entra na turbina e o envia para uma câmara de combustão. Os gases a alta temperatura e a alta pressão que resultam da combustão na câmara se expandem através de uma turbina, que tanto aciona o compressor quanto gera energia. A eficiência teórica (potência gerada/taxa de alimentação de energia) de uma turbina a gás depende da razão de pressões entre a câmara de combustão e a entrada; quanto maior a razão de pressões, maior a eficiência. Para mais informações, consulte Cohen *et al.* (8).

Turbinas de Vento (Turbinas Eólicas)

A energia eólica é discutida com frequência como uma fonte de energia alternativa. A aplicação das turbinas de vento* como fontes potenciais de energia se torna mais atrativa à medida

*A frase "turbina de vento" é usada para convergir a ideia de conversão do vento em energia elétrica. Um moinho de vento converte a energia do vento em energia mecânica.

que os custos de energia elétrica aumentam e as preocupações em relação aos gases de efeito estufa crescem. Em muitos países europeus, especialmente no norte da Europa, a turbina de vento está desempenhando um papel cada vez mais importante na geração de energia.

Essencialmente, a turbina de vento trata-se simplesmente de uma aplicação inversa do processo de introdução de energia em uma corrente de ar para derivar uma força de propulsão. A turbina de vento extrai energia do vento para produzir energia. Existe uma diferença significativa, contudo. O limite teórico superior de eficiência de um propulsor que supre energia a uma corrente de ar é de 100%; isto é, é teoricamente possível, desprezando efeitos viscosos e de outras naturezas, converter toda a energia suprida a um propulsor em energia da corrente de ar. Esse não é o caso para uma turbina de vento.

Um esboço de uma turbina de vento com eixo horizontal está mostrado na Figura 14.24. O vento sopra ao longo do eixo da turbina. A área do círculo traçado pelas lâminas em rotação é a **área de captura**. A potência associada ao vento que passa através da área de captura é

$$P = \rho Q \frac{V^2}{2} = \rho A \frac{V^3}{2} \tag{14.33}$$

em que ρ é a densidade do ar e V é a velocidade do vento. Em uma análise atribuída a Glauert/Betz (9), a potência máxima teórica que pode ser atingida de uma turbina de vento é de 16/27 ou 59,3% dessa potência ou

$$P_{\text{máx}} = \frac{16}{27}\left(\frac{1}{2}\rho V^3 A\right) \tag{14.34}$$

Outros fatores, tais como redemoinhos e efeitos viscosos, reduzem ainda mais a potência que se consegue obter de uma turbina de vento.

A potência gerada de qualquer turbina de vento está relacionada com a velocidade do vento através da curva de potência da turbina de vento. Uma curva típica está mostrada na Figura 14.25. Em geral, essa curva pode ser obtida do fabricante. A turbina de vento é inoperante abaixo da velocidade de acionamento. Após a velocidade de acionamento, a potência aumenta com a velocidade do vento, atingindo um valor máximo, que é a potência nominal de saída para a turbina. O projeto de engenharia e restrições de segurança impõe um limite superior em relação à velocidade de rotação e estabelece a velocidade de corte. Um sistema de frenagem é usado para prevenir a operação da turbina de vento para além dessa velocidade.

A turbina de vento com eixo horizontal convencional foi o foco da maior parte da pesquisa e do projeto. Um esforço considerável também foi dedicado à avaliação do rotor de Savonius e da turbina de Darrieus, ambos turbinas com eixo vertical, conforme mostrado na Figura 14.26. O rotor de Savonius consiste em duas lâminas curvas que formam uma passagem em "S" para o fluxo do ar. A turbina de Darrieus consiste em dois ou três aerofólios fixados a um eixo vertical; a unidade lembra uma batedeira de ovos. A vantagem das turbinas de eixo vertical é que

FIGURA 14.24

Turbina de vento com eixo horizontal mostrando a área de captura.

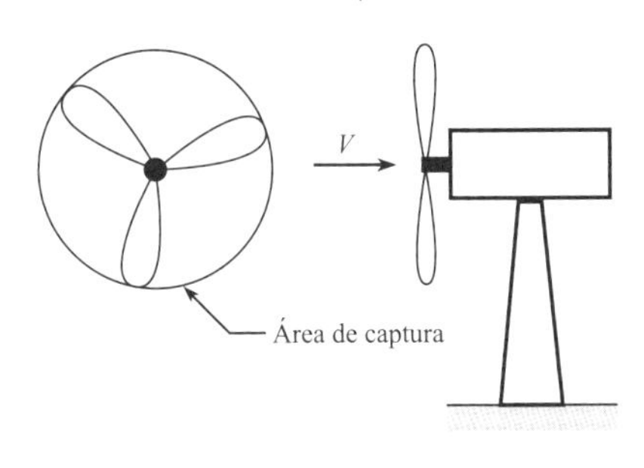

FIGURA 14.25

Curva de potência típica de uma turbina de vento.

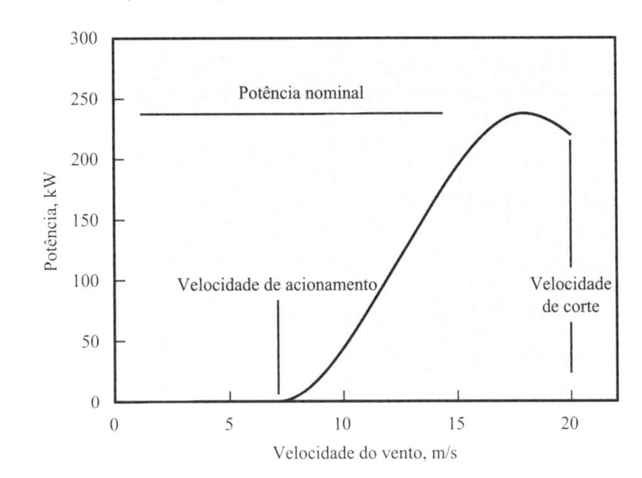

FIGURA 14.26
Configurações de turbinas de vento:
(a) turbina de Savonius, (b) turbina de Darrieus.

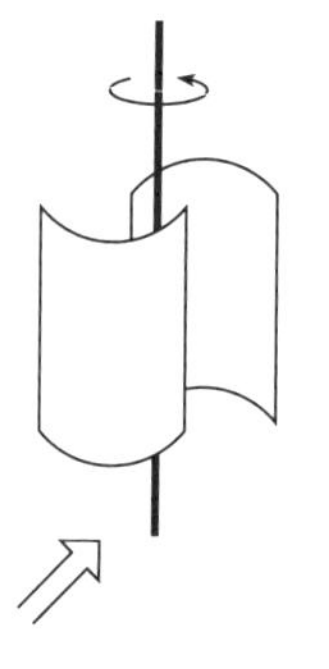
(a) Rotor de Savonius

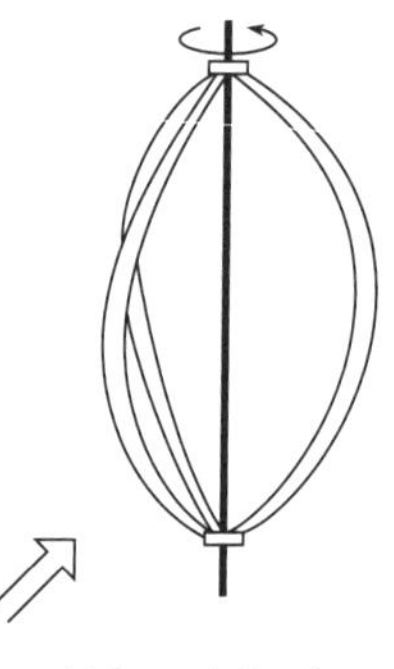
(b) Rotor de Darrieus

sua operação independe da direção do vento. A turbina de vento de Darrieus é considerada superior em desempenho, mas possui a desvantagem de que sua operação não se autoinicia. Com frequência, um rotor de Savonius é montado sobre o eixo de uma turbina de Darrieus para prover o torque inicial.

Para mais informações sobre turbinas de vento e sistemas de turbina de vento, consulte Wind Energy Explained (10).

EXEMPLO 14.12

Calculando a Área de Captura de uma Turbina de Vento

Enunciado do Problema

Calcule a área de captura mínima necessária para um moinho de vento que tem de operar cinco lâmpadas de 100 W se a velocidade do vento for de 20 km/h e a densidade do ar for de 1,2 kg/m³.

Defina a Situação

Uma turbina de vento precisa gerar 500 W de energia elétrica.

Estabeleça o Objetivo

Determinar a área de captura mínima do moinho de vento.

Tenha Ideias e Trace um Plano

Use a equação para a potência máxima de um moinho de vento.

Aja (Execute o Plano)

Área de captura para potência máxima:

$$A = P_{\text{máx}} \frac{54}{16} \frac{1}{\rho V^3}$$

Velocidade do vento em m/s:

$$20 \text{ km/h} = \frac{20 \times 1000}{3600} = 5{,}56 \text{ m/s}$$

Área de captura mínima:

$$A = 500 \text{ W} \times \frac{54}{16} \times \frac{1}{1{,}2 \text{ kg/m}^3 \times (5{,}56 \text{ m/s})^3}$$
$$= \boxed{8{,}18 \text{ m}^2}$$

Reveja a Solução e o Processo

Discussão. Essa área corresponde a um diâmetro de moinho de vento de 3,23 m, ou aproximadamente 10,6 ft.

14.9 Resumindo Conhecimentos-Chave

O Propulsor

- A propulsão de um propulsor é calculada usando

$$F_T = C_T \rho n^2 D^4$$

em que ρ é a densidade do fluido, n é a taxa de rotação do propulsor e D é o diâmetro do propulsor. O coeficiente de propulsão C_T é uma função da razão de avanço V_0/nD.

- A eficiência de um propulsor é a razão entre a potência entregue pelo propulsor e a potência provida a ele:

$$\eta = \frac{F_T V_0}{P}$$

Bombas

- As bombas podem ser de *fluxo axial* ou de *fluxo radial*:
  - Uma bomba de fluxo axial consiste em um rotor, muito parecido com um propulsor, montado em uma carcaça.
  - Em uma bomba de fluxo radial, o fluido entra próximo ao olho do rotor, passa pelas palhetas, e sai na borda delas.

- A carga provida por uma bomba é quantificada pelo *coeficiente de carga*, C_H, definido como

$$C_H = \frac{g\Delta H}{n^2D^2}$$

em que ΔH é a carga através da bomba.

- O coeficiente de carga é uma função do *coeficiente de descarga*, que é

$$C_Q = \frac{Q}{nD^3}$$

em que Q é a vazão.

- As curvas de desempenho de bomba mostram a carga proporcionada, a potência exigida e a eficiência como uma função da vazão.
- A velocidade específica de uma bomba pode ser usada para selecionar um tipo de bomba apropriado para determinada aplicação:
  - As bombas com fluxo axial são mais adequadas para aplicações com alta vazão e baixa carga.
  - As bombas com fluxo radial são mais adequadas para aplicações com baixa vazão e alta carga.

Turbinas de Água

- As turbinas convertem a energia associada ao movimento de um fluido em trabalho de eixo.
- As turbinas são classificadas em duas categorias:
  - A *turbina de impulso* consiste em um jato de líquido que se choca contra as palhetas de uma roda ou pás propulsoras de turbina.
  - Uma *turbina de reação* consiste em uma série de palhetas rotativas que estão imersas em um fluido em escoamento. A pressão sobre as palhetas provê o torque para a energia.

Turbinas de Vento

- As turbinas de vento são classificadas com base no eixo do rotor:
  - O rotor de uma turbina pode girar ao redor de um *eixo horizontal*. A maioria das turbinas de vento comerciais usa esse projeto.
  - O rotor de uma turbina pode girar ao redor de um *eixo vertical*. Dois tipos de turbina nessa categoria são a turbina de Darrieus e a turbina de Savonius.
- A potência máxima que pode ser gerada a partir de uma turbina de vento é

$$P_{\text{máx}} = \frac{16}{27}\left(\frac{1}{2}\rho V_0^3 A\right)$$

em que A é a área de captura da turbina de vento (área projetada a partir da direção do vento) e V_0 é a velocidade do vento.

REFERÊNCIAS

1. Weick, F. E. *Aircraft Propeller Design*. New York: Mcgraw-Hill, 1930.

2. Weick, Fred E. "Full Scale Tests on a Thin Metal Propeller at Various Pit Speeds." *NACA Report*, 302 (January, 1929).

3. Stepanoff, A. J. *Cenfrifugal and Axial Flow Pumps*, 2nd ed. New York: John Wiley, 1957.

4. Daugherty, Robert L., and Joseph B. Franzini. *Fluid Mechanics with Engineering Applications*. New York: Mcgraw-Hill, 1957.

5. Hydraulic Institute. *Centrifugal Pumps*. Parsippany, NJ: Hydraulic Institute, 1994.

6. McQuiston, F. C., and J. D. Parker. *Heating, Ventilating and Air Conditioning*. New York: John Wiley, 1994.

7. Moody, L F. "Hydraulic Machinery." In *Handbook of Applied Hydraulics*, ed. C. V. Davis. New York: Mcgraw-Hill, 1942.

8. Cohen, H., G. F. C. Rogers, and H. I. H. Saravanamuttoo. *Gas Turbine Theory*. New York: John Wiley, 1972.

9. Glauert, H. "Airplane Propellers." *Aerodynamic Theory*, vol. IV, ed. W. F. Durand. New York: Dover, 1963.

10. Manwell, J. F., J. G. McGowan, and A. L. Rogers. *Wind Energy Explained: Theory, Design and Application*. Chichester, UK: John Wiley, 2002.

PROBLEMAS

Propulsores (§14.1)

14.1 Explique por que a propulsão de um propulsor com passo fixo diminui com o aumento da velocidade para a frente.

14.2 O que limita a velocidade de rotação de um propulsor?

14.3 Qual é a propulsão obtida a partir de um propulsor com 3 m de diâmetro, cujas características foram dadas na Figura 14.3, quando o propulsor é operado a uma velocidade angular de 1100 rpm e a uma velocidade de avanço igual a zero? Considere $\rho = 1{,}05$ kg/m^3.

14.4 Qual é a propulsão obtida a partir de um propulsor com 3 m de diâmetro, cujas características foram dadas na Figura 14.3, quando o propulsor é operado a uma velocidade angular de 1400 rpm e a uma velocidade de avanço de 80 km/h? Qual é a potência exigida para operar o propulsor sob essas condições? Considere $\rho = 1{,}05$ kg/m^3.

14.5 Um propulsor com 8 ft de diâmetro possui as características mostradas na Figura 14.3. Qual é a propulsão produzida pelo propulsor quando ele está operando a uma velocidade angular de 1200 rpm e com uma velocidade para a frente de 30 mph? Qual é a alimentação de energia exigida sob essas condições de operação? Se a velocidade para a frente for reduzida para zero, qual é a propulsão? Considere $\rho = 0{,}0024$ slug/ft^3.

14.6 Um propulsor com 8 ft de diâmetro, cujas características foram dadas na Figura 14.3, deve ser usado em um barco para pântanos, que ao navegar deve operar sob eficiência máxima. Se a velocidade de cruzeiro deve ser de 30 mph, qual deve ser a velocidade angular do propulsor? Considere $\rho = 0{,}0024$ slug/ft^3.

14.7 Para o propulsor e as condições descritas no Problema 14.6, determine a propulsão e a alimentação de energia.

14.8 Um propulsor está sendo selecionado para um avião que irá viajar a uma altitude de 2000 m, em que a pressão é de 60 kPa absoluta e a temperatura é de 10 °C. A massa do avião é de 1200 kg, e a área planificada da asa é de 10 m^2. A razão entre a ascensão e o arrasto é de 30:1. O coeficiente de ascensão é 0,4. A velocidade do motor nas condições de cruzeiro é de 3000 rpm. O propulsor deve operar sob máxima eficiência, o que corresponde a um coeficiente de propulsão de 0,025. Calcule o diâmetro do propulsor e a velocidade da aeronave.

14.9 Se a velocidade da extremidade de um propulsor deve ser mantida abaixo de $0{,}8c$, em que c é a velocidade do som, qual é a velocidade angular máxima permissível para propulsores que possuem diâmetros de 2 m, 3 m e 4 m? Considere a velocidade do som igual a 335 m/s.

14.10 Um propulsor com 2 m de diâmetro, cujas características são dadas na Figura 14.3, deve ser usado em um barco para pântanos, que ao navegar deve operar sob eficiência máxima. Se a velocidade de cruzeiro for de 40 km/h, qual deve ser a velocidade angular do propulsor?

14.11 Para o propulsor e as condições descritas no Problema 14.10, determine a propulsão e a alimentação de energia. Considere $\rho = 1{,}2$ kg/m^3.

14.12 Um propulsor com 2 m de diâmetro e cujas características são dadas na Figura 14.3 é usado em um barco para pântanos. Se a velocidade angular é de 1000 rpm e se o barco e os passageiros possuem uma massa combinada de 300 kg, estime a aceleração inicial do barco ao partir do repouso. Considere $\rho = 1{,}1$ kg/m^3.

Bombas e Ventiladores de Fluxo Axial (§14.2)

14.13 Responda às seguintes perguntas sobre bombas de fluxo axial.

a. As bombas de fluxo axial são mais adequadas para quais condições de carga produzida e de vazão?

b. Para uma bomba de fluxo axial, como a carga produzida pela bomba e a potência exigida para operar a bomba variam com a vazão através da bomba?

14.14 Se uma bomba que possui as características mostradas na Figura 14.7 tem um diâmetro de 40 cm e é operada a uma velocidade de 1000 rpm, qual será a vazão quando a carga for de 3 m?

14.15 A bomba usada no sistema mostrado tem as características dadas na Figura 14.8. Qual vazão ocorrerá sob as condições mostradas, e qual potência é exigida?

14.16 Se as condições são as mesmas que no Problema 14.15, exceto que a velocidade é aumentada para 900 rpm, qual vazão ocorrerá e qual potência será exigida para a operação?

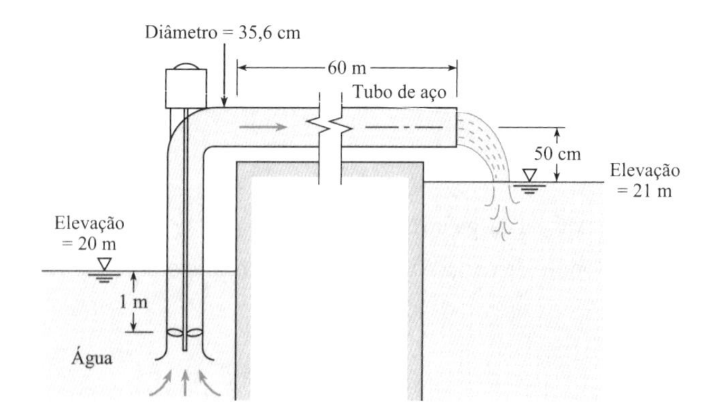

Problemas 14.15, 14.16

14.17 Para uma bomba com as características dadas na Figura 14.7 ou 14.8, quais serão a vazão de água e a carga produzidas sob eficiência máxima se o diâmetro da bomba é de 20 polegadas e a velocidade angular é de 1100 rpm? Qual é potência exigida sob essas condições?

14.18 Uma bomba tem as características dadas pela Figura 14.7. Quais serão a vazão e carga produzidas sob eficiência máxima se o tamanho da bomba é de 50 cm e a velocidade angular é de 45 rps? Qual é a potência exigida ao bombear água a 10 °C sob essas condições?

14.19 Para uma bomba com as características da Figura 14.7, trace a curva carga-vazão se a bomba tem 14 polegadas de diâmetro e é operada a uma velocidade de 1000 rpm.

14.20 Para uma bomba que tem as características da Figura 14.7, trace a curva carga-vazão, se o diâmetro da bomba é de 60 cm e a velocidade é de 690 rpm.

14.21 Um soprador de fluxo axial é usado para um túnel de vento que tem uma seção de testes que mede 60 cm por 60 cm e é capaz de velocidades do ar de até 40 m/s. Se o soprador deve operar sob eficiência máxima à maior velocidade, e se a velocidade de rotação do soprador é de 2000 rpm nessa condição, quais são o diâmetro do soprador e a potência exigida? Considere que o soprador tenha as características mostradas na Figura 14.7. Considere $\rho = 1{,}2$ kg/m^3.

14.22 Um soprador de fluxo axial é usado para condicionar o ar em um edifício de escritórios que tem um volume de 10^5 m^3. Foi definido que o ar a 60 °F no edifício deve ser completamente substituído a cada 15 min. Considere que o soprador opera a 600 rpm sob eficiência máxima e que possui as características mostradas na Figura 14.7. Calcule as exigências de diâmetro e de potência para dois sopradores operando em paralelo.

14.23 Um ventilador axial com 2 m de diâmetro é usado em um túnel de vento, conforme mostrado (seção de testes com 1,2 m de diâmetro; velocidade na seção de testes de 60 m/s). A velocidade de rotação do ventilador é de 1800 rpm. Considere que a densidade do ar seja constante a 1,2 kg/m^3. As perdas no túnel são desprezíveis. A curva de desempenho do ventilador é idêntica à mostrada na Figura 14.7. Calcule a potência exigida para operar o ventilador.

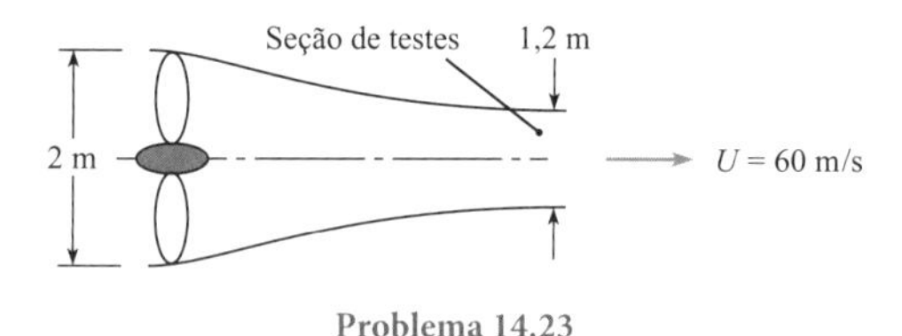

Problema 14.23

Bombas de Fluxo Radial (§14.3)

14.24 A bomba de fluxo radial é mais adequada para quais condições de carga produzida e de vazão?

14.25 Uma bomba é usada para bombear água para fora de um reservatório. O que limita a profundidade para a qual a bomba pode aspirar água?

14.26 Se uma bomba com as características dadas na Figura 14.10 é dobrada em tamanho, mas reduzida à metade em velocidade, qual será a carga e a vazão à eficiência máxima?

14.27 Uma bomba que possui as características dadas na Figura 14.10 bombeia água a 20 °C de um reservatório a uma elevação de 366 m até um reservatório a uma elevação de 450 m através de um tubo de aço com 36 cm. Se o tubo tem um comprimento de 610 m, qual será a vazão através do tubo?

14.28 Se uma bomba com as características dadas na Figura 14.10 ou 14.11 opera a uma velocidade de 1600 rpm, qual será a vazão quando a carga for de 135 ft?

14.29 Se uma bomba com a curva de desempenho mostrada é operada a uma velocidade de 1600 rpm, qual será a carga máxima possível de ser desenvolvida?

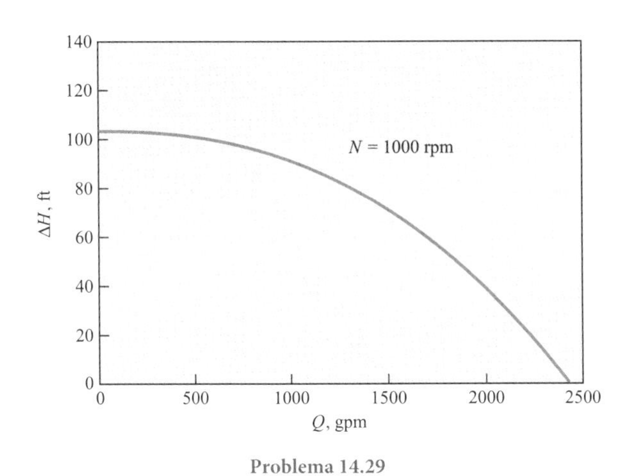

Problema 14.29

14.30 Se uma bomba com as características dadas na Figura 14.10 é operada a uma velocidade de 30 rps, qual será a carga sob a carga nula (*shutoff*)?

14.31 Se uma bomba com as características dadas na Figura 14.11 tem 40 cm de diâmetro e é operada a uma velocidade de 25 rps, qual será a vazão quando a carga for de 50 m?

14.32 Uma bomba centrífuga com 20 cm de diâmetro é usada para bombear querosene a uma velocidade de 5000 rpm. Considere que a bomba tenha as características mostradas na Figura 14.11. Calcule a vazão, a elevação de pressão através da bomba e a potência exigida se a bomba operar sob eficiência máxima.

Velocidade Específica e Seleção de Bombas (§14.4)

14.33 Responda às seguintes perguntas relacionadas com o dimensionamento e a seleção de bombas.

a. Qual é a diferença entre uma curva do sistema e uma curva de bomba? Explique.

b. Qual é a condição para se estabelecer o ponto de operação para um sistema de bombeamento?

14.34 O valor da velocidade específica sugere o tipo de bomba a ser usado para determinada aplicação. Uma velocidade específica elevada sugere o uso de qual tipo de bomba?

14.35 A curva da bomba para determinada bomba é representada por

$$h_{p,\text{bomba}} = 20\left[1 - \left(\frac{Q}{100}\right)^2\right]$$

em que $h_{p,\text{bomba}}$ é a carga provida pela bomba em pés e Q é a vazão em gpm. A curva do sistema para uma aplicação de bombeamento é

$$h_{p,\text{sis}} = 5 + 0{,}002Q^2$$

em que $h_{p,\text{sis}}$ é a carga em pés exigida para operar o sistema e Q é a vazão em gpm. Determine o ponto de operação (Q) para (a) uma bomba, (b) duas bombas idênticas conectadas em série e (c) duas bombas idênticas conectadas em paralelo.

14.36 Qual é a velocidade específica de sucção para a bomba que está operando sob as condições dadas no Problema 14.15? Essa é uma operação segura em relação à suscetibilidade de cavitação?

14.37 Qual tipo de bomba deve ser usado para bombear água a uma taxa de 10 cfs e sob uma carga de 30 ft? Considere $N = 1500$ rpm.

14.38 Para uma operação mais eficiente, qual tipo de bomba deve ser usado para bombear água a uma taxa de 0,10 m^3/s e sob uma carga de 30 m? Considere $n = 25$ rps.

14.39 Qual tipo de bomba deve ser usado para bombear água a uma taxa de 0,40 m^3/s e sob uma carga de 70 m? Considere $N = 1100$ rpm.

14.40 Uma bomba de fluxo axial deve ser usada para elevar água contra uma carga (atrito e estática) de 15 ft. Se a vazão deve ser de 4000 gpm, qual a velocidade máxima em revoluções por minuto é permitida se a carga de sucção é de 5 ft?

14.41 Uma bomba é necessária para bombear água a uma taxa de 0,2 m^3/s do reservatório inferior ao reservatório superior mostrado na figura. Qual tipo de bomba seria melhor para essa operação se a velocidade do rotor deve ser de 600 rpm? Considere $f = 0{,}02$ e $K_e = 0{,}5$.

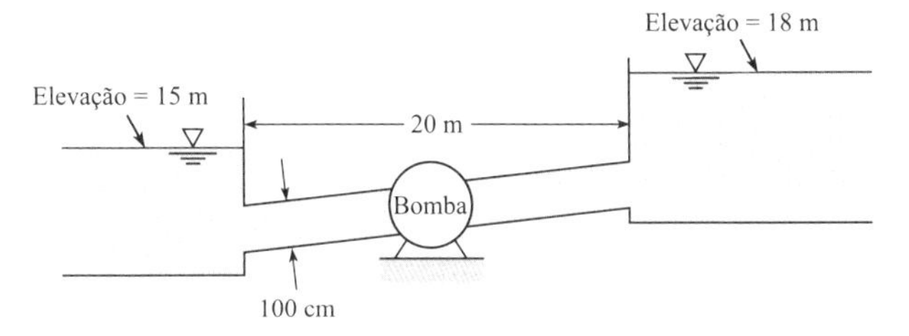

Problema 14.41

14.42 Trace as cinco curvas de desempenho na Figura 14.15 para os diferentes diâmetros de rotor em termos dos coeficientes de carga e de descarga. Use o diâmetro de rotor para D.

Compressores (§14.7)

14.43 Quando um gás é comprimido adiabaticamente, existe uma elevação de pressão e uma elevação de temperatura. A razão entre a temperatura final e a temperatura inicial é menor do que a razão entre a pressão final e pressão inicial. A densidade final será (a) menor ou (b) maior do que a densidade inicial?

14.44 Metano escoando à taxa de 1 kg/s deve ser comprimido por um compressor centrífugo não resfriado de 100 kPa a 165 kPa. A temperatura do metano entrando no compressor é de 27 °C. A eficiência do compressor é de 70%. Calcule a potência de eixo necessária para rodar o compressor.

14.45 Um motor de 36 kW (saída de eixo) está disponível para rodar um compressor não resfriado para dióxido de carbono. A pressão deve ser elevada de 100 kPa para 150 kPa. Se o compressor tem eficiência de 60%, calcule a vazão volumétrica para seu interior.

14.46 Um compressor centrífugo resfriado a água é usado para comprimir ar de 100 kPa a 600 kPa à taxa de 2 kg/s. A temperatura do ar na alimentação é de 15 °C. A eficiência do compressor é de 50%. Calcule a potência de eixo necessária.

Turbinas de Impulso (§14.8)

14.47 Uma turbina de impulso não irá produzir nenhuma energia se a velocidade do jato se chocando contra a caçamba for a mesma que a velocidade da caçamba. Explique.

14.48 Um duto com 1 m de diâmetro e 10 km de comprimento conduz água a 10 °C de um reservatório até uma turbina de impulso. Se a eficiência da turbina é de 85%, qual energia pode ser produzida pelo sistema se a elevação do reservatório a montante está 650 m acima do jato da turbina e o diâmetro do jato é de 16,0 cm? Considere que $f = 0{,}016$ e despreze as perdas de carga no bocal. Qual deve ser o diâmetro da roda da turbina se ela tiver de apresentar uma velocidade angular de 360 rpm? Considere condições ideais para o projeto da caçamba [$V_{\text{caçamba}} = (1/2)V_j$].

14.49 Considere uma caçamba idealizada em uma turbina de impulso que gira a água ao longo de 180°. Prove que a velocidade da caçamba deve ser de metade da velocidade do jato que está chegando para que se tenha uma produção máxima de energia. (*Sugestão:* Estabeleça a equação do momento para resolver a força sobre a caçamba em termos de V_j e $V_{\text{caçamba}}$; então, a potência será dada por essa força vezes $V_{\text{caçamba}}$. Você pode usar seu talento matemático para completar o problema.)

14.50 Considere um único jato de água se chocando contra as caçambas da roda de impulso, conforme mostrado. Suponha que as condições são ideais para a geração de energia [$V_{\text{caçamba}} = (1/2)V_j$ e que o jato gire 180° através do arco]. A partir das condições anteriores, encontre a força do jato sobre a caçamba e então encontre a potência desenvolvida. Observe que essa potência não é a mesma que foi dada pela Eq. (14.24)! Estude a figura para resolver a discrepância.

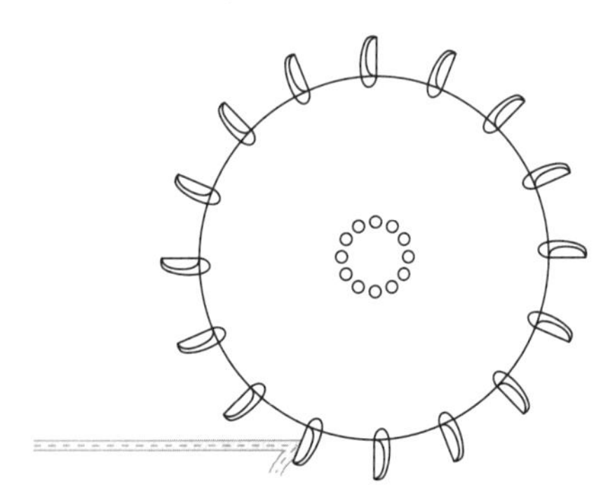

Problema 14.50

Turbinas de Reação (§14.8)

14.51 Responda às seguintes perguntas sobre turbinas de reação.

a. Como uma turbina de reação difere de uma bomba centrífuga?

b. O que significam as "pás propulsoras" em uma turbina de reação?

14.52 Para uma dada turbina Francis, $\beta_1 = 60°$, $\beta_2 = 90°$, $r_1 = 5$ m, $r_2 = 3$ m e $B = 1$ m. A vazão é de 126 m³/s e a velocidade de rotação é de 60 rpm. Considere $T = 10$ °C.

a. Qual deve ser α_1 para uma condição de escoamento sem separação na entrada da pá propulsora?

b. Qual é a potência máxima capaz de ser atingida com as condições estabelecidas?

c. Se você tivesse de reprojetar as lâminas da turbina da pá propulsora, quais mudanças sugeriria para aumentar a produção de energia se a vazão e as dimensões gerais tivessem de ser mantidas iguais?

14.53 Para produzir uma vazão de 3,3 m³/s, uma turbina Francis será operada a uma velocidade de 60 rpm, $r_1 = 1{,}5$ m, $r_2 = 1{,}20$ m, $B = 33$ cm, $\beta_1 = 85°$ e $\beta_2 = 165°$. Qual deve ser (a) α_1 para que ocorra um escoamento sem separação através da pá propulsora? Qual (b) potência e (c) torque devem resultar dessa operação? Considere $T = 10$ °C.

14.54 Uma turbina Francis deve ser operada a uma velocidade de 120 rpm e com uma vazão de 200 m³/s. Se $r_1 = 3$ m, $B = 0{,}90$ m e $\beta_1 = 45°$, qual deve ser o valor de α_1 para um escoamento não separado na entrada da pá propulsora?

14.55 Na figura a seguir, mostra-se um layout preliminar da proposta de um pequeno projeto hidrelétrico. O projeto inicial pede uma vazão de 8 cfs através do duto de alimentação e da turbina. Considere uma eficiência da turbina de 80%. Para essa configuração, qual geração de energia poderia ser esperada da usina de energia? Esboce a LP e a LE para o sistema.

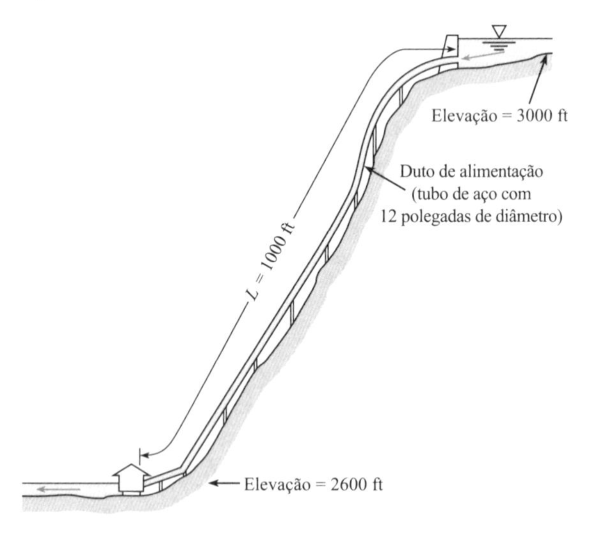

Problema 14.55

Turbinas de Vento (§14.8)

14.56 O que determina as velocidades mínima e máxima do vento às quais uma turbina de vento pode operar?

14.57 Usando a *Internet* ou outras fontes, identifique pelo menos quatro tipos de turbinas de vento. Para cada tipo, descreva as características que as distinguem e as suas vantagens e desvantagens relativas.

14.58 Calcule a área de captura mínima necessária para uma turbina de vento que será exigida para energizar a demanda de 2 kW de uma residência energeticamente eficiente. Considere uma velocidade do vento de 10 mph e uma densidade do ar de 1,2 kg/m³.

14.59 Calcule a energia máxima que pode ser produzida por uma turbina de vento com eixo horizontal convencional com um propulsor de 2,3 m de diâmetro em um vento de 47 km/h com densidade de 1,2 kg/m³.

14.60 Uma fazenda de vento consiste em 20 turbinas Darrieus, cada uma com 15 m de altura. A energia total produzida pelas turbinas deve ser de 2 MW em um vento de 20 m/s e uma densidade do ar de 1,2 kg/m³. A turbina Darrieus mostrada possui a forma de um arco de um círculo. Determine a largura mínima, W, da turbina necessária para prover essa energia.

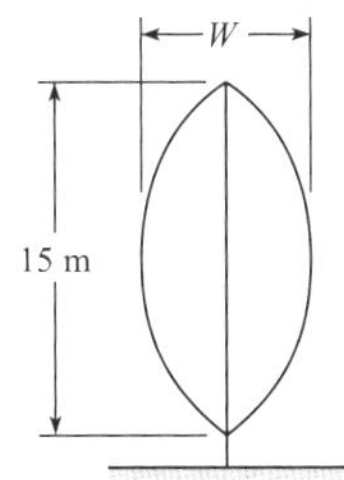

Problema 14.60

14.61 Um moinho de vento está conectado diretamente a uma bomba mecânica que deve bombear água de um poço com profundidade de 10 ft, conforme mostrado. O moinho de vento é do tipo com eixo horizontal convencional, com um diâmetro de ventilador de 10 ft. A eficiência da bomba mecânica é de 80%. A densidade do ar é de 0,07 lbm/ft^3. Considere que o moinho de vento gera a potência máxima disponível. Existem 20 ft de tubulação galvanizada de 2 polegadas no sistema. Qual seria a vazão da bomba (em galões por minuto) para um vento de 30 mph? (1 cfm = 7,48 gpm)

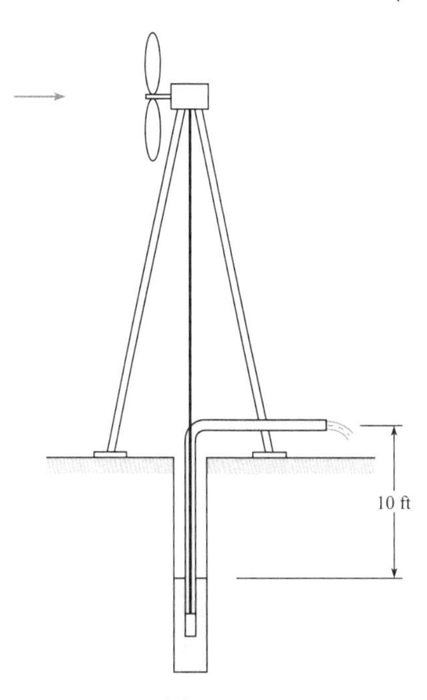

Problema 14.61

CAPÍTULO QUINZE

Escoamento em Canais Abertos

OBJETIVO DO CAPÍTULO O escoamento de água em canais abertos pode ser observado em aquedutos, rios, calhas, valas de irrigação e em outros contextos. Embora esses contextos sejam bem distintos, um pequeno conjunto de conceitos e algumas poucas equações se aplicam à maioria das aplicações de escoamento em canais abertos. Esses conceitos são introduzidos neste capítulo.

FIGURA 15.1

Vista aérea do Aqueduto da Califórnia, na extremidade sudoeste das Montanhas Tehachapi, (Macduff Everton/The Image Bank/Getty Images.)

RESULTADOS DO APRENDIZADO

DESCRIÇÃO DO ESCOAMENTO (§15.1)

- Definir um canal aberto.
- Definir escoamentos uniforme e não uniforme.
- Definir o número de Froude.
- Calcular o raio hidráulico e o número de Reynolds.
- Listar os critérios para escoamentos laminar e turbulento.

ESCOAMENTO UNIFORME (§15.2, §15.3)

- Explicar a física da equação da energia e também explicar as correspondentes LP e LE.
- Calcular a vazão usando a abordagem de Darcy-Weisbach ou a equação de Manning.
- Definir e explicar a melhor seção hidráulica.

ESCOAMENTO NÃO UNIFORME (§15.4 a §15.7)

- Descrever e comparar os escoamentos rapidamente variado e gradualmente variado.
- Descrever profundidade crítica, energia específica, escoamento supercrítico e escoamento subcrítico.
- Descrever um salto hidráulico e realizar cálculos.
- Descrever os fatores usados para classificar os perfis de superfície que ocorrem no escoamento gradualmente variado.

15.1 Descrição do Escoamento em Canal Aberto

Em um **canal aberto**, um líquido flui com uma **superfície livre**. Isto significa que a superfície do líquido está exposta à atmosfera. Exemplos de canais abertos são riachos e rios naturais, canais artificiais, como valas e canais de irrigação, e tubos ou dutos de esgoto não totalmente preenchidos pelo escoamento. Na maioria dos casos, o líquido que está em escoamento é água ou um efluente.

O escoamento em um canal aberto é classificado como uniforme ou não uniforme, conforme distinguido na Figura 15.2. Como definido no Capítulo 4, **escoamento uniforme** significa que a velocidade é constante ao longo de uma linha de corrente, o que no caso de um escoamento em canal aberto significa que a profundidade e a seção transversal são constantes ao longo do percurso. A profundidade para condições de escoamento uniforme é denominada **profundidade normal** e é designada por y_n. No **escoamento não uniforme**, a velocidade varia de seção para seção ao longo do canal, sendo observadas variações na profundidade. A variação na velocidade pode ser por causa de uma mudança na configuração do canal, tal como uma curva, uma mudança na forma da seção transversal ou uma mudança na declividade. Por exemplo, a Figura 15.2 mostra um escoamento estacionário em um vertedouro de largura constante, em que a água deve fluir progressivamente mais rápido à medida que passa pela beira do vertedouro (de A para B), em razão do aumento repentino da declividade. A velocidade mais rápida requer uma profundidade menor, de acordo com a conservação de massa (continuidade). De B até C, o escoamento é uniforme, pois a velocidade (e, portanto, a profundidade) é constante. Após o ponto C, a redução abrupta da inclinação do canal exige uma repentina e turbulenta redução de velocidade. Assim, a partir de C, a profundidade é maior do que entre B e C.

O mais complexo escoamento em um canal aberto é o escoamento não uniforme não estacionário. Um exemplo disso é uma onda que se quebra em uma praia inclinada. A teoria e a análise do escoamento não uniforme não estacionário são abordadas em cursos mais avançados.

Análise Dimensional do Escoamento em Canal Aberto

O escoamento em canal aberto resulta da ação da gravidade, que move a água de elevações maiores para elevações menores, e é impedido por forças de atrito causadas pela rugosidade do canal. Assim, a equação funcional $Q = f(\mu, \rho, V, L)$ e a análise dimensional levam a dois importantes grupos π: o número de Froude e o número de Reynolds. O quadrado do número de Froude é a razão entre a força cinética e a força gravitacional:

$$\text{Fr}^2 = \frac{\text{força cinética}}{\text{força gravitacional}} = \frac{\rho L^2 V^2}{\gamma L^3} = \frac{V^2}{L\gamma/\rho} \tag{15.1}$$

$$\text{Fr} = \frac{V}{\sqrt{gL}} \tag{15.2}$$

O número de Froude é importante quando a força gravitacional influencia a direção do escoamento, tal como no escoamento em um vertedouro, ou na formação de ondas superficiais. No entanto, ele deixa de ser importante quando a gravidade causa apenas uma distribuição de pressões hidrostáticas, tal como em um duto fechado.

O uso do número de Reynolds para determinar se o escoamento em canais abertos será laminar ou turbulento depende do **raio hidráulico**, dado por

$$R_h = \frac{A}{P} \tag{15.3}$$

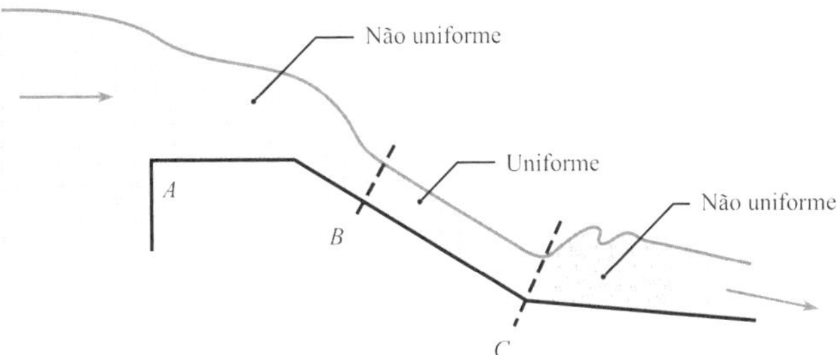

FIGURA 15.2
Distinção entre escoamento uniforme e não uniforme: Este exemplo mostra o escoamento estacionário em um vertedouro, tal como o canal de transbordamento de emergência de uma barragem.

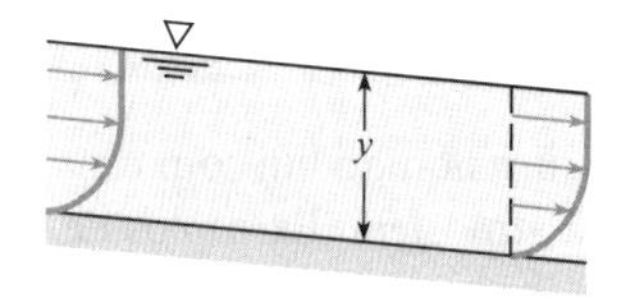

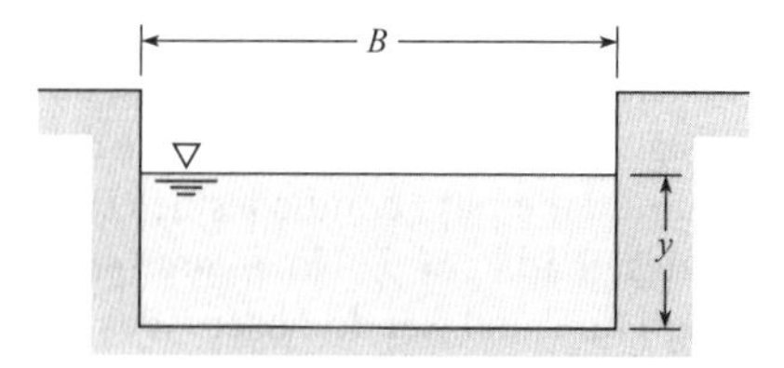

FIGURA 15.3
Relações em canais abertos.

em que A é a área da seção transversal do escoamento e P é o perímetro molhado. O comprimento característico R_h é análogo ao diâmetro D no escoamento em um tubo. Lembre-se de que, para escoamento em um tubo (Capítulo 10), se o número de Reynolds ($VD\rho/\mu = VD/\nu$) for menor que 2000, o escoamento será laminar, e se for maior que aproximadamente 3000, o escoamento será turbulento. O critério do número de Reynolds para o escoamento em canal aberto seria 2000 se D fosse substituído no número de Reynolds por $4R_h$, em que R_h é o raio hidráulico. Para essa definição do número de Reynolds, o escoamento laminar ocorreria em canais abertos se $V(4Rh)/\nu < 2000$.

No entanto, a convenção padrão na análise do escoamento em canais abertos consiste em definir o número de Reynolds como

$$\text{Re} = \frac{VR_h}{\nu} \quad \textbf{(15.4)}$$

Portanto, em canais abertos, se o número de Reynolds for menor que 500, o escoamento será laminar, e se Re for maior que aproximadamente 750, pode-se esperar um escoamento turbulento. Uma breve análise desse critério de turbulência (ver o Exemplo 15.1) mostrará que o escoamento de água em canais será geralmente turbulento, a menos que a velocidade e/ou a profundidade seja muito pequena.

Deve-se observar que para canais retangulares (ver a Figura 15.3), o raio hidráulico é

$$R_h = \frac{A}{P} = \frac{By}{B + 2y} \quad \textbf{(15.5)}$$

Para um canal largo e raso, $B \gg y$, e a Eq. (15.5) se reduz a $R_h \approx y$, o que significa que o raio hidráulico tende à profundidade do canal.

A maioria dos problemas de escoamento em canais abertos envolve escoamento turbulento. Se calcularmos as condições necessárias para manter o escoamento laminar, como no Exemplo 15.1, fica claro que o escoamento laminar é incomum.

EXEMPLO 15.1

Cálculo do Número de Reynolds e Classificação do Escoamento em um Canal Aberto Retangular

Enunciado do Problema

A água (60 °F) em um canal retangular com 10 ft de largura a uma profundidade de 6 ft. Qual é o número de Reynolds se a velocidade média é de 0,1 ft/s? Com essa velocidade, a que profundidade máxima se pode ter certeza de ter escoamento laminar?

Defina a Situação

A água flui em um canal retangular.

$$B = 10 \text{ ft}, y = 6 \text{ ft}, V = 0{,}1 \text{ ft/s}.$$

Propriedades:

Água (60 °F, 1 atm, Tabela A.5): $\nu = 1{,}22 \times 10^{-5}$ ft²/s.

Estabeleça os Objetivos

1. Re ⬅ número de Reynolds

2. y_m(ft) ⬅ máxima profundidade para escoamento laminar

Tenha Ideias e Trace um Plano

Para determinar Re, aplique a Eq. (15,4). Para calcular y_m, aplique o critério de que o escoamento laminar ocorre para Re < 500. O plano é o seguinte:

1. Calcule o raio hidráulico usando a Eq. (15,5).
2. Calcule o número de Reynolds usando a Eq. (15,4).
3. Fixe Re = 500, resolva para R_h e então resolva para y_m.

Aja (Execute o Plano)

1. Raio hidráulico:

$$R_h = \frac{By}{B + 2y} = \frac{(10 \text{ ft})(6 \text{ ft})}{(10 \text{ ft}) + 2(6 \text{ ft})} = 2{,}727 \text{ ft}$$

2. Número de Reynolds:

$$\text{Re} = \frac{VR_h}{\nu} = \frac{(0{,}1 \text{ ft/s})(2{,}727 \text{ ft})}{(1{,}22 \times 10^{-5} \text{ ft}^2\text{/s})} = \boxed{22.400}$$

3. Critério para escoamento laminar (Re < 500):

$$\text{Re} = VR_h/\nu = (0{,}10 \text{ ft/s})R_h/(1{,}22 \times 10^{-5} \text{ ft}^2\text{/s}) = 500$$
$$R_h = (500)(1{,}22 \times 10^{-5} \text{ ft}^2\text{/s})/(0{,}10 \text{ ft/s}) = 0{,}061 \text{ ft}$$

Para um canal retangular,

$$R_h = (By)/(B + 2y)$$
$$(By)/(B + 2y) = (10y)/(10 + 2y) = 0{,}061 \text{ ft}$$
$$y_m = \boxed{0{,}062 \text{ ft}}$$

Reveja a Solução e o Processo

1. *Conhecimento.* A velocidade ou profundidade deve ser muito pequena para produzir escoamento laminar de água em um canal aberto.
2. *Conhecimento.* A profundidade e o raio hidráulico têm valores quase iguais quando a profundidade é muito pequena em relação à largura do canal.

15.2 A Equação da Energia para o Escoamento Estacionário em Canal Aberto

Para deduzir a equação da energia para o escoamento em um canal aberto, iniciamos com a Eq. (7.29) e igualamos a carga de bomba e a carga de turbina a zero: $h_b = h_t = 0$. A Eq. (7.29) torna-se:

$$\frac{p_1}{\gamma} + \alpha_1 \frac{V_1^2}{2g} + z_1 = \frac{p_2}{\gamma} + \alpha_2 \frac{V_2^2}{2g} + z_2 + h_L \quad (15.6)$$

Usando a Figura 15.4 para mostrar que

$$\frac{p_1}{\gamma} + z_1 = y_1 + S_0 \Delta x \qquad \text{e} \qquad \frac{p_2}{\gamma} + z_2 = y_2$$

em que S_0 é a inclinação do fundo do canal e y é a profundidade do escoamento. Considerando que o escoamento no canal é turbulento, $\alpha_1 = \alpha_2 \approx 1{,}0$. A Eq. (15.6) torna-se

$$y_1 + \frac{V_1^2}{2g} + S_0 \Delta x = y_2 + \frac{V_2^2}{2g} + h_L \quad (15.7)$$

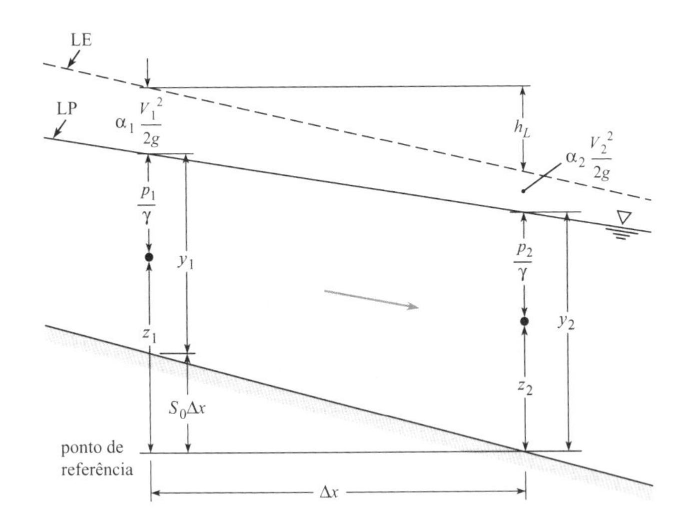

FIGURA 15.4
Desenho com as definições para um escoamento em canal aberto.

Além das hipóteses anteriores, a Eq. (15.7) exige ainda que o canal tenha uma seção transversal uniforme e que o escoamento seja estacionário.

15.3 Escoamento Uniforme Estacionário

O escoamento uniforme exige que a velocidade seja constante na direção do escoamento, tal que a forma do canal e a profundidade do fluido sejam as mesmas de seção para seção. A análise das equações anteriores para a inclinação mostra que, em um escoamento uniforme, a inclinação da LE será igual à do canal, pois a velocidade e a profundidade são as mesmas em ambas as seções. A LE e, dessa forma, a inclinação da superfície da água, são controladas pela perda de carga. Se a equação de Darcy-Weisbach introduzida no Capítulo 10 for reescrita substituindo D por $4R_h$, a perda de carga fica igual a

$$h_f = \frac{fL}{4R_h}\frac{V^2}{2g} \quad \text{ou} \quad \frac{h_f}{L} = \frac{f}{4R_h}\frac{V^2}{2g} \tag{15.8}$$

A partir da Figura 15.4, S_0 é igual à inclinação da LE, que é uma função da perda de carga, ou seja, $S_0 = (h_f/L)$, resultando na seguinte equação para a velocidade:

$$V = \sqrt{\frac{8g}{f}R_h S_0} \tag{15.9}$$

Para resolver a Eq. (15.19) para a velocidade, o fator de atrito f pode ser obtido do diagrama de Moody (Fig. 10.14) e, então, ser usado para calcular a velocidade iterativamente para uma dada condição de escoamento uniforme. Isso está demonstrado no Exemplo 15.2.

EXEMPLO 15.2

Aplicando a Equação de Darcy-Weisbach para Determinar a Vazão em um Canal Aberto Retangular.

Enunciado do Problema

Estime a vazão volumétrica de água que um canal de concreto com 10 ft de largura pode suportar se a profundidade do escoamento é de 6 ft e a declividade do canal é de 0,0016.

Defina a Situação

- A água escoa em um canal retangular,
- $B = 10$ ft, $y = 6$ ft, $S_0 = 0{,}0016$.

Hipótese: Escoamento uniforme

Propriedades:

- Água (60 °F, 1 atm, Tabela A.5): $\nu = 1{,}22 \times 10^{-5}$ ft²/s
- Concreto (Tabela 10.4): $k_s \approx 0{,}005$ ft

Estabeleça o Objetivo

Q(ft³/s) ⬅ vazão volumétrica no canal

Tenha Ideias e Trace um Plano

Como o objetivo é calcular Q, aplique a equação da vazão:

$$Q = VA \tag{a}$$

Para determinar V na Eq. (a), aplique a Eq. (15.9):

$$V = \sqrt{\frac{8g}{f}R_h S_0} \tag{b}$$

Para determinar R_h na Eq. (b), aplique a Eq. (15.5):

$$R_h = \frac{By}{B + 2y} = \frac{(10\text{ ft})(6\text{ ft})}{(10\text{ ft}) + 2(6\text{ ft})} = 2{,}727\text{ ft} \tag{c}$$

Para determinar f na Eq. (c), use uma abordagem iterativa com o diagrama de Moody. Esse é o problema do Caso 2 no Capítulo 10. Portanto:

1. Calcule a rugosidade relativa. Depois, estime um valor para f.
2. Calcule V usando a Eq. (b).
3. Calcule o número de Reynolds, na sequência procure f no diagrama de Moody e compare com o valor estimado no passo 1. Se necessário, retorne ao passo 2.
4. Calcule Q usando a Eq. (a).

Aja (Execute o Plano)

1. Cálculo da rugosidade relativa:

$$\frac{k_s}{4R_h} = \frac{0{,}005\text{ ft}}{4(60\text{ ft}^2/22\text{ ft})} = \frac{0{,}005\text{ ft}}{4(2{,}73\text{ ft})} = 0{,}00046$$

Usa-se o valor de $k_s/4R_h = 0{,}00046$ como guia para estimar $f = 0{,}016$.

2. Cálculo de V com base na estimativa de f:

$$V = \sqrt{\frac{8(32{,}2\text{ ft/s}^2)(2{,}73\text{ ft})(0{,}0016)}{0{,}016}}$$
$$= \sqrt{70{,}6\text{ ft}^2/\text{s}^2} = 8{,}39\text{ ft/s}$$

3. Cálculo de um novo valor de f com base no valor de V obtido no passo 2:

$$\text{Re} = V\frac{4R_h}{\nu} = \frac{8{,}39\ \text{ft/s}(10{,}9\ \text{ft})}{1{,}2(10^{-5}\ \text{ft}^2/\text{s})} = 7{,}62 \times 10^6$$

Usando esse novo valor de Re e $k_s/4R_h = 0{,}00046$, lê-se o valor de f como 0,016. Esse valor de f é igual à estimativa anterior. Assim, concluímos que

$$V = 8{,}39\ \text{ft/s}$$

4. Equação de vazão volumétrica:

$$Q = VA = 8{,}39\ \text{ft/s}(60\ \text{ft}^2) = \boxed{503\ \text{cfs}}$$

Reveja a Solução e o Processo

1. *Observação.* A abordagem para resolver esse problema é semelhante à apresentada no Capítulo 10 para a solução de problemas que envolvem o escoamento em dutos.
2. *Conhecimento.* O diâmetro hidráulico é quatro vezes o raio hidráulico. Por isso, a fórmula da rugosidade relativa no passo 1 é $k_s/(4R_h)$.

Canais com Leito Rochoso

Para canais com leito rochoso, como aqueles em algumas correntes naturais ou em canais sem revestimento, as rochas maiores produzem a maior parte da resistência ao escoamento; basicamente, nenhuma dessas resistências é resultado de efeitos viscosos. Assim, o fator de atrito independe do número de Reynolds. Isso é análogo à região totalmente rugosa do diagrama Moody para o escoamento em tubulações. Para um canal com leito rochoso, Limerinos (1) mostrou que o coeficiente de resistência f pode ser dado em termos do tamanho das rochas no leito da corrente, conforme

$$f = \frac{1}{\left[1{,}2 + 2{,}03\log\left(\frac{R_h}{d_{84}}\right)\right]^2} \tag{15.10}$$

em que d_{84} é uma medida do tamanho das rochas.*

EXEMPLO 15.3

Coeficiente de Resistência para Pedregulhos

Enunciado do Problema

Determine o valor do coeficiente de resistência, f, para um canal natural com leito rochoso com 100 ft de largura e profundidade média de 4,3 ft. O tamanho d_{84} dos pedregulhos no leito da corrente é 0,72 ft.

Defina a Situação

Um canal natural tem leito rochoso.

Estabeleça o Objetivo

Determinar o fator de atrito, f.

Tenha Ideias e Trace um Plano

1. Uma vez que o canal é largo, aproxime R_h como a profundidade do canal.
2. Use a Eq. (15.10) para determinar f com base no tamanho d_{84} dos pedregulhos.

Aja (Execute o Plano)

1. R_h é 4,3 ft.
2. Avaliação de f.

$$f = \frac{1}{\left[1{,}2 + 2{,}03\log\left(\frac{4{,}3}{0{,}72}\right)\right]^2} = \boxed{0{,}130}$$

Equação de Chezy

Especialistas em pesquisas sobre canais abertos recomendam o uso dos métodos já apresentados (envolvendo o número de Reynolds e a rugosidade relativa k_s) para o projeto de um canal (2). Contudo, muitos engenheiros continuam a usar dois métodos tradicionais: a equação de Chezy e a equação de Manning.

*A maioria das rochas desgastadas por um rio tem um formato que se aproxima do elíptico. Limerinos (1) mostrou que a dimensão intermediária d_{84} correlaciona-se melhor com f. O parâmetro d_{84} refere-se ao tamanho de rocha (dimensão intermediária) para o qual 84% das rochas em uma amostra aleatória têm tamanho menor do que o valor de d_{84}. Os detalhes para a escolha da amostra são dados por Wolman (3).

Como observado anteriormente, a profundidade em um escoamento uniforme, denominada profundidade normal, y_n, é constante. Consequentemente, h_f/L é a declividade S_0 do canal, e a Eq. (15.8) pode ser escrita como

$$R_h S_0 = \frac{f}{8g} V^2$$

ou

$$V = C\sqrt{R_h S_0} \tag{15.11}$$

em que

$$C = \sqrt{8g/f} \tag{15.12}$$

Uma vez que $Q = VA$, a vazão volumétrica no canal é dada por

$$Q = CA\sqrt{R_h S_0} \tag{15.13}$$

Essa equação é conhecida como a **equação de Chezy**, em homenagem a um engenheiro francês com esse nome. Para aplicações práticas, o coeficiente C deve ser determinado. Uma forma de se fazer isso é conhecendo-se um valor aceitável para o fator de atrito f e usando a Eq. (15.12).

A Equação de Manning

A segunda, e mais comum, forma para determinar C no sistema de unidades SI é dada como:

$$C = \frac{R_h^{1/6}}{n} \tag{15.14}$$

na qual n é um coeficiente de resistência denominado **coeficiente n de Manning**, que possui diferentes valores para diferentes tipos de rugosidade da superfície de fronteira. Quando essa expressão para C é inserida na Eq. (15.13), o resultado é uma forma comum da equação da vazão volumétrica para o escoamento uniforme em canais abertos para o sistema SI, conhecida como equação de Manning:

$$Q = \frac{1{,}0}{n} A R_h^{2/3} S_0^{1/2} \tag{15.15}$$

A Tabela 15.1 fornece valores de n para vários tipos de superfícies de fronteira. A maior limitação dessa abordagem é que os efeitos viscosos ou da rugosidade relativa não estão presentes na fórmula de projeto. Sendo assim, sua aplicação não é recomendada fora da faixa de canais com tamanhos normais que estejam conduzindo água.

Equação de Manning: Sistema Tradicional Americano de Unidades

A forma da equação de Manning depende do sistema de unidades empregado, pois essa equação não é dimensionalmente homogênea. Na Eq. (15.15), observe que as principais dimensões no lado esquerdo são L^3/T e que a principal dimensão no lado direito é $L^{8/3}$.

Para converter a equação de Manning do sistema SI para unidades do sistema tradicional, devemos aplicar um fator de 1,49, se o mesmo valor de n for usado nos dois sistemas. Assim, no sistema tradicional de unidades, a equação da vazão volumétrica usando o coeficiente n de Manning fica

$$Q = \frac{1{,}49}{n} A R_h^{2/3} S_0^{1/2} \tag{15.16}$$

No Exemplo 15.4, um valor para o coeficiente n de Manning é calculado a partir de informações conhecidas para um canal e é comparado aos valores tabulados para n na Tabela 15.1.

TABELA 15.1 Valores Típicos do Coeficiente de Rugosidade *n* de Manning

Canais com Superfície com Revestimento	*n*
Reboco de cimento	0,011
Concreto projetado (gunita) não tratado	0,016
Madeira nivelada	0,012
Madeira não nivelada	0,013
Cimento alisado	0,012
Concreto, formas de madeira, sem acabamento	0,015
Entulho em cimento	0,020
Asfalto liso	0,013
Asfalto áspero	0,016
Metal corrugado	0,024
Canais com Superfície sem Revestimento	
Terra, retilínea e uniforme	0,023
Terra, com margens sinuosas e com vegetação	0,035
Corte em rocha, retilíneo e uniforme	0,030
Corte em rocha, rugoso e irregular	0,045
Canais Naturais	
Leitos de cascalho, retilíneo	0,025
Leitos de cascalho com grandes pedregulhos	0,040
Terra, retilínea, com alguma grama	0,026
Terra, sinuosa, sem vegetação	0,030
Terra, sinuosa, com margens com vegetação	0,050
Terra, com margens com muita vegetação	0,080

EXEMPLO 15.4

Aplicando a Equação de Chezy para Determinar o Valor do Coeficiente *n* de Manning para o Escoamento em um Canal

Enunciado do Problema

Se um canal com pedregulhos apresenta uma declividade de 0,0030, uma largura de 100 ft, uma profundidade média de 4,3 ft e sabe-se que seu fator de atrito é 0,130, qual é a vazão volumétrica no canal, e qual é o seu valor numérico do coeficiente *n* de Manning?

Defina a Situação

A água flui em um canal com pedregulhos:

$$S_0 = 0{,}003,\ B = 100\ \text{ft},\ y = 4{,}3\ \text{ft},\ f = 0{,}13$$

Hipótese: $R_h \approx y = 4{,}3$ ft (pois o canal é largo).

Estabeleça o Objetivo

1. Q(cfs) ⬅ vazão volumétrica no canal
2. n ⬅ coeficiente n de Manning

Tenha Ideias e Trace um Plano

Para determinar Q, aplique a equação da vazão volumétrica:

$$Q = VA \quad \text{(a)}$$

Para determinar V na Eq. (a), aplique a Eq. (15.9):

$$V = \sqrt{\frac{8g}{f} R_h S_0} \quad \text{(b)}$$

Para determinar n, aplique a Eq. (15.16):

$$Q = \frac{1{,}49}{n} A R_h^{2/3} S_0^{1/2} \quad \text{(c)}$$

Uma vez que as Eqs. (a) a (c) formam um conjunto de três equações com três incógnitas, elas podem ser resolvidas. O plano é o seguinte:

1. Calcular V usando a Eq. (b).
2. Calcular Q usando a Eq. (a).
3. Calcular n usando a Eq. (c).

Aja (Execute o Plano)

1. Velocidade:

$$V = \left[\sqrt{\frac{(8)(32{,}2\ \text{ft/s}^2)}{0{,}130}}\right]\left[\sqrt{(4{,}3\ \text{ft})(0{,}0030)}\right] = 5{,}06\ \text{ft/s}$$

2. Equação da vazão volumétrica:

$$Q = VA = (5{,}06\ \text{ft/s})(100 \times 4{,}3\ \text{ft}^2) = \boxed{2180\ \text{cfs}}$$

3. Coeficiente n de Manning (em unidades tradicionais):

$$n = \frac{1{,}49}{Q} A R_h^{2/3} S_0^{1/2}$$

$$n = \left(\frac{1{,}49}{2176\ \text{ft}^3/\text{s}}\right)(100 \times 4{,}3\ \text{ft}^2)(4{,}3\ \text{ft})^{2/3}(0{,}003)^{1/2}$$

$$n = \boxed{0{,}0426}$$

Reveja a Solução e o Processo

1. *Validação.* Esse valor calculado de n está dentro do intervalo de valores típicos na Tabela 15.1 para a categoria de "Canais com Superfície sem Revestimento: Corte em Rocha".

2. *Observação.* Para um escoamento uniforme, o f na equação de Darcy-Weisbach pode ser relacionado com o coeficiente n de Manning (conforme mostrado neste exemplo).

No Exemplo 15.5, a equação de Chezy em unidades do sistema tradicional é usada para calcular a vazão volumétrica.

EXEMPLO 15.5

Vazão Volumétrica Usando a Equação de Chezy

Enunciado do Problema

Usando a equação de Chezy com o coeficiente n de Manning, calcule a vazão volumétrica em um canal de concreto com 10 ft de largura, profundidade de escoamento de 6 ft e declividade de 0,0016.

Defina a Situação

A água flui em um canal de concreto. Largura = 10 ft. Profundidade = 6 ft. Declividade = 0,0016.

Propriedade: n = 0,015 para um canal de concreto (Tabela 15.1).

Estabeleça o Objetivo

Determinar a vazão volumétrica, Q.

Tenha Ideias e Trace um Plano

Usar a equação de Chezy em unidades tradicionais, Eq. (15.16).

Aja (Execute o Plano)

$$Q = \frac{1,49}{n} A R_h^{2/3} S_0^{1/2}$$

$$R_h = \frac{60}{22} = 2,73 \text{ ft} \quad \text{e} \quad R_h^{2/3} = 1,95$$

$$S_0^{1/2} = 0,04 \quad \text{e} \quad A = 60 \text{ ft}^2$$

$$Q = \frac{1,49}{0,015}(60)(1,96)(0,04) = \boxed{467 \text{ cfs}}$$

Os dois resultados (Exemplos 15.4 e 15.5) estão de acordo com a precisão de engenharia esperada para este tipo de aplicação. Para uma discussão mais completa sobre o desenvolvimento histórico da equação de Manning e a escolha de valores de n para uso em projeto ou análise, consulte Yen (4) e Chow (5).

Melhor Seção Hidráulica para um Escoamento Uniforme

A **melhor seção hidráulica** é a geometria de canal que proporciona a vazão volumétrica máxima para determinada seção transversal. A vazão volumétrica máxima ocorre quando uma geometria possui o perímetro molhado mínimo. Portanto, ela resulta na menor perda de energia viscosa para determinada área. Considere a grandeza $AR_h^{2/3}$ na equação de Manning dada nas Eq. (15.15 e 15.16), que é denominada fator de seção. Uma vez que $R_h = A/P$, o fator de seção relativo ao escoamento uniforme é fornecido por $A(A/P)^{2/3}$. Dessa forma, para um canal com dadas resistência e declividade, a vazão volumétrica aumentará com o aumento da área de seção transversal, e diminuirá com o aumento do perímetro molhado P. Para determinadas área A e forma de canal – por exemplo, seção transversal retangular – haverá alguma razão entre a profundidade e a largura (y/B) para a qual o fator de seção será máximo. Essa razão é a melhor seção hidráulica.

FIGURA 15.5
Melhores seções hidráulicas para diferentes geometrias.

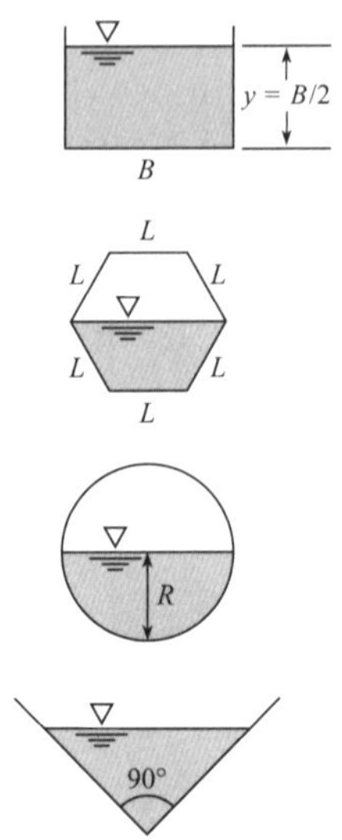

O Exemplo 15.6 mostra que a melhor seção hidráulica para um canal retangular ocorre quando $y = \frac{1}{2}B$. É possível mostrar que a melhor seção hidráulica para um canal trapezoidal é a metade de um hexágono, conforme mostrado; para a seção circular, ela é o semicírculo com profundidade igual ao raio; e para a seção triangular, ela é um triângulo com um vértice de 90° (Figura 15.5). Dentre todas as diferentes formas, o semicírculo possui a melhor seção hidráulica, pois possui o menor perímetro para determinada área.

A melhor seção hidráulica pode ser relevante para o custo de um canal. Por exemplo, se um canal trapezoidal fosse escavado e se a superfície da água devesse ficar ao nível do terreno adjacente, a menor quantidade de escavação (e o menor custo de escavação) resultaria se fosse usado o canal com a melhor seção hidráulica.

EXEMPLO 15.6

Determinando a Melhor Seção Hidráulica para um Canal Retangular

Enunciado do Problema

Determine a melhor seção hidráulica para um canal retangular com profundidade y e largura B.

Defina a Situação

A água escoa em um canal retangular. Profundidade = y. Largura = B.

Estabeleça o Objetivo

Determinar a melhor seção hidráulica (relacionar B e y).

Tenha Ideias e Trace um Plano

1. Estabeleça $A = By$ e $P = B + 2y$, de modo que ambos sejam funções de y.
2. Considere A uma constante e minimizar P:
   - Derive P em relação a y e igualar a derivada a zero.
   - Expresse o resultado da minimização de P como uma relação entre y e B.

Aja (Execute o Plano)

1. Relação entre A e P em termos de y:

$$P = \frac{A}{y} + 2y$$

2a. Minimização de P:

$$\frac{dP}{dy} = \frac{-A}{y^2} + 2 = 0$$

$$\frac{A}{y^2} = 2$$

2b. Expressão do resultado em termos de y e B:

$$A = By, \text{ logo}$$

$$\frac{By}{y^2} = 2 \quad \text{ou} \quad \boxed{y = \frac{1}{2}B}$$

Reveja a Solução e o Processo

Conhecimento. A melhor seção hidráulica para um canal retangular ocorre quando a profundidade é a metade da largura do canal (ver a Fig. 15.5).

Escoamento Uniforme em Manilhas e Dutos de Esgotos

Dutos de esgoto transportam o esgoto (resíduos líquidos domésticos, comerciais ou industriais) de casas de família, empresas e fábricas até os locais de descarte de esgoto. Frequentemente, esses dutos têm seção transversal circular, embora dutos com seção transversal elíptica ou retangular também sejam usados. A vazão volumétrica de esgoto varia ao longo do dia e da estação do ano, porém, obviamente, os dutos de esgoto são projetados para escoar a vazão volumétrica máxima do projeto quando se encontram cheios ou praticamente preenchidos. Assim, em vazões menores do que as máximas, os dutos de esgoto operam como canais abertos.

O esgoto consiste geralmente em cerca de 99% de água e 1% de resíduos sólidos. Uma vez que a maioria dos esgotos está tão diluída, é possível que ele possua as mesmas propriedades físicas da água, para fins de cálculo de vazão volumétrica. No entanto, se a velocidade no duto de esgoto for muito pequena, as partículas sólidas podem sedimentar e bloquear o escoamento. Portanto, os dutos de esgoto são geralmente projetados para ter uma velocidade mínima de escoamento de cerca de 2 ft/s (0,60 m /s) quando o ãoescoamento é feito com ele cheio. Essa condição é atendida com a seleção de uma declividade da linha de esgoto para atingir a velocidade desejada.

Uma manilha subterrânea é um duto colocado sob aterros, tais como o aterro de rodovia. Elas são usadas para escoar uma corrente de escoamento do lado mais elevado do aterro para o menos elevado. A Figura 15.6 ilustra as características essenciais de uma manilha. Ela deve ser capaz de escoar a vazão de uma **tempestade de projeto** sem transbordar o aterro e sem provocar sua erosão a montante ou jusante. A tempestade de projeto, por exemplo, pode ser a mais intensa tempestade que, estatisticamente, ocorreria uma vez a cada 50 anos naquele local específico.

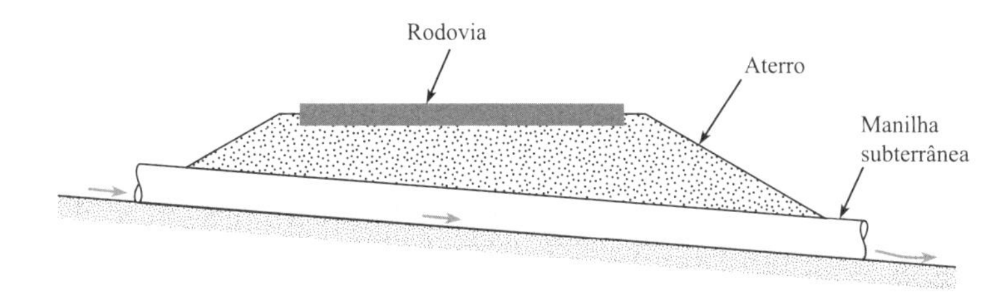

FIGURA 15.6
Manilha sob um aterro de rodovia.

O escoamento em uma manilha é uma função de muitas variáveis, incluindo a forma da seção transversal (circular ou retangular), a declividade, o comprimento, a rugosidade, o projeto da entrada e o projeto da saída. O escoamento em uma manilha subterrânea pode ocorrer como um canal aberto em todo o seu comprimento, como um duto completamente preenchido, ou como uma combinação de ambos. O projeto e análise completos de manilhas subterrâneas estão além do escopo deste livro; portanto, incluiremos aqui apenas exemplos simples (Exemplos 15.7 e 15.8). Para um tratamento mais extenso de manilhas subterrâneas, por favor, consulte Chow (5), Henderson (6) e American Concrete Pipe Assoc. (7).

EXEMPLO 15.7

Dimensionamento de um Duto de Esgoto em Concreto com Seção Transversal Circular

Enunciado do Problema

Um duto de esgoto deve ser construído em um tubo de concreto e ser posicionado com uma declividade de 0,006. Se $n = 0{,}013$ e a vazão volumétrica do projeto é de 110 cfs, que diâmetro de tubo (disponível comercialmente) deve ser selecionado para uma condição de escoamento com duto totalmente preenchido? Qual será a velocidade média no duto de esgoto para essas condições? (Observe que os tubos de concreto estão disponíveis comercialmente nos diâmetros de 8, 10 e 12 polegadas; além de 12 polegadas, em incrementos de 3polegadas, a 36 polegadas de diâmetro. A partir de 36 polegadas até 144 polegadas, estão disponíveis em bitolas com incrementos de 6 polegadas.)

Defina a Situação

Duto de esgoto, $S_0 = 0{,}006$, Q (projeto) = 110 cfs.

Hipótese: Só pode ser usado um tubo com bitola padrão.

Estabeleça o Objetivo

Determinar: O diâmetro de tubo deve ser grande o suficiente para escoar a vazão volumétrica de projeto e permitir que $V \geq 2$ ft/s em condições de escoamento pleno.

Tenha Ideias e Trace um Plano

1. Use a equação de Chezy em unidades tradicionais, Eq. (15.16).
2. Resolva para $AR_h^{2/3}$.
3. Para escoamento com tubo cheio, relacione A e P ao diâmetro por meio de R_h.
4. Resolva para o diâmetro e use o diâmetro comercial imediatamente maior.
5. Verifique se a velocidade para escoamento pleno é maior do que 2 ft/s.

Aja (Execute o Plano)

1. A equação de Chezy em unidades tradicionais é

$$Q = \frac{1{,}49}{n} AR^{2/3} S_0^{1/2}$$

$$Q = 110 \text{ ft}^3/\text{s}$$

$$n = 0{,}013$$

$S_0 = 0{,}006$ (assuma pressão atmosférica no interior do tubo)

2. Resolução para $AR_h^{2/3}$. Observe que as unidades de $AR_h^{2/3}$ são $\text{ft}^{8/3}$, pois A está em ft^2 e R_h em $\text{ft}^{2/3}$.

$$AR^{2/3} = \frac{(110 \text{ ft}^3/\text{s})(0{,}013)}{(1{,}49)(0{,}006)^{1/2}} = 12{,}39 \text{ ft}^{8/3}$$

3. Relacionamento de A e P ao diâmetro por meio de R_h:

$$R_h = \frac{A}{P} \quad \text{e} \quad R_h^{2/3} = \left(\frac{A}{P}\right)^{2/3}$$

$$AR_h^{2/3} = \frac{A^{5/3}}{P^{2/3}} = 12{,}39 \text{ ft}^{8/3}$$

Para um tubo totalmente preenchido, $A = \pi D^2/4$ e $P = \pi D$, ou

$$\frac{(\pi D^2/4)^{5/3}}{(\pi D)^{2/3}} = 12{,}39 \text{ ft}^{8/3}$$

4. A resolução para o diâmetro fornece $D = 3{,}98$ ft = 47,8 polegadas. Usa-se o próximo maior diâmetro comercial, que é $D = 48$ polegadas.

$$A = \frac{\pi D^2}{4} = 50{,}3 \text{ ft}^2 \text{ (para o tubo totalmente cheio)}$$

5. Verifica-se se a velocidade para o escoamento pleno é maior do que 2 ft/s:

$$V = \frac{Q}{A} = \frac{(110 \text{ ft}^3/\text{s})}{(50{,}3 \text{ ft}^2)} = \boxed{2{,}19 \text{ ft/s}}$$

O Exemplo 15.8 demonstra o cálculo da declividade necessária considerando todas as fontes de perda de carga e a vazão volumétrica desejada.

EXEMPLO 15.8

Projeto de uma Manilha Subterrânea

Enunciado do Problema

Uma manilha subterrânea posicionada sob uma rodovia tem 54 polegadas de diâmetro, 200 ft de comprimento e 0,01 de declividade. Ela foi projetada para escoar a vazão máxima de uma enchente em 50 anos, que é de 225 cfs, sob condições de escoamento com tubo totalmente preenchido (ver a figura). Para essas condições, qual é a carga H exigida? Quando a vazão volumétrica for de apenas 50 cfs, qual será a profundidade de escoamento uniforme na manilha? Considere $n = 0{,}012$.

Defina a Situação

Uma manilha subterrânea foi projetada para escoar 225 cfs com as seguintes dimensões.

Hipóteses: Escoamento uniforme; a perda de carga no tubo, h_f, pode ser relacionada com a S_0.

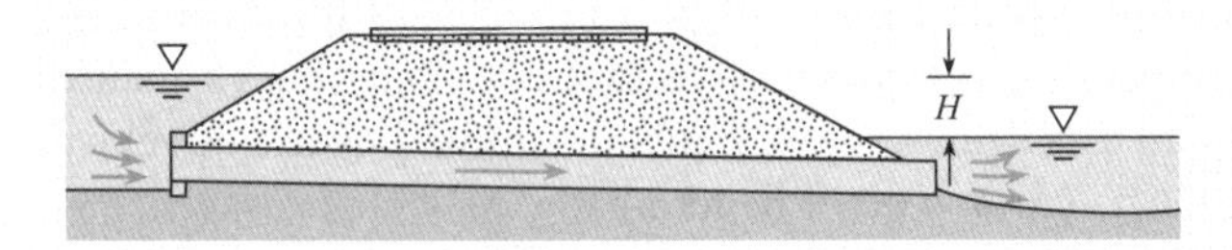

Estabeleça os Objetivos

Determinar:

1. A altura H necessária entre as duas superfícies livres em condições de escoamento pleno.
2. A profundidade de escoamento uniforme na manilha quando $Q = 50$ cfs.

Tenha Ideias e Trace um Plano

1. Use a equação da energia entre as duas seções de extremidade, levando em consideração a perda de carga.
2. Documente todas as fontes de perda de carga.
3. Determine a perda de carga h_f no tubo usando a Eq. (15.17) e o fato de que

$$S_0 = \frac{h_f}{L}$$

4. Use a equação da continuidade para calcular V, a velocidade de escoamento uniforme, necessária para calcular a perda de carga.
5. Resolva para H.
6. Resolva para a profundidade do escoamento, para $Q = 50$ cfs, usando a Eq. (15.16) e as relações geométricas para o tubo em condição de escoamento parcialmente cheio.

Aja (Execute o Plano)

1. Equação de energia:

$$\frac{p_1}{g} + \frac{V_1^2}{2g} + z_1 = \frac{p_2}{g} + \frac{V_2^2}{2g} + z_2 + \sum h_L$$

Tomando os pontos 1 e 2 nas superfícies da água a montante e a jusante, respectivamente.

Dessa forma, ($p_1 = p_2 = 0$ manométrica e $V_1 = V_2 = 0$).

Além disso, $(z_1 - z_2) = H$.

Portanto, $(H = \sum h_L)$.

2. Ocorrem perdas de carga na entrada e na saída da manilha, assim como ao longo do comprimento do tubo:

H = perda de carga no tubo + perda de carga na entrada + perda de carga na saída

$$H = \frac{V^2}{2g}(K_e + K_E) + \text{perda de carga no tubo}$$

$$K_e = 0{,}50 \text{ (a partir da Tabela 10.5)}$$
$$K_E = 1{,}00 \text{ (a partir da Tabela 10.5)}$$

3. A perda de carga no tubo é

$$Q = \frac{1{,}49}{n} A R_h^{2/3} S_0^{1/2}$$

$$Q = 225 \text{ ft}^3/\text{s}$$

$$A = \frac{\pi D^2}{4} = 15{,}90 \text{ ft}^2$$

$$R_h = \frac{A}{P} = \frac{\pi D^2/4}{\pi D} = \frac{D}{4} = 1{,}125 \text{ ft}$$

$$R_h^{2/3} = (1{,}125 \text{ ft})^{2/3} = 1{,}0817 \text{ ft}^{2/3}$$

$$S_0 = \frac{h_f}{L}$$

$$225 = \frac{1{,}49}{0{,}012}(15{,}90 \text{ ft}^2)(1{,}0817 \text{ ft}^{2/3})\left(\frac{h_f}{200}\right)^{1/2}$$

$$h_f = 2{,}22 \text{ ft}$$

4. A equação da continuidade fornece

$$V = \frac{Q}{A} = \frac{225 \text{ ft}^3/\text{s}}{15{,}90 \text{ ft}^2} = 14{,}15 \text{ ft/s}$$

5. Resolução para H:

$$H = \frac{14{,}15^2}{64{,}4}(0{,}50 + 1{,}0) + 2{,}22$$

$$H = 4{,}66 \text{ ft} + 2{,}22 \text{ ft} = \boxed{6{,}88 \text{ ft}}$$

6. A profundidade do escoamento para $Q = 50$ cfs é

$$50 = \frac{1{,}49}{0{,}012} A R_h^{2/3} (0{,}01)^{1/2}$$

Os valores de A e R_h dependerão da geometria do tubo parcialmente cheio, como mostrado:

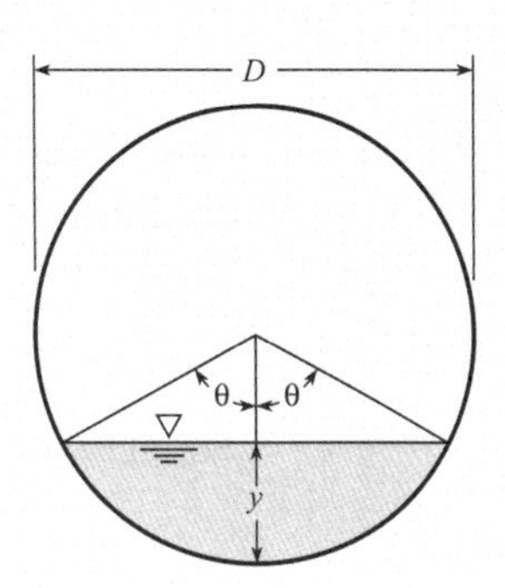

A área A se o ângulo θ é dado em graus:

$$A = \left[\left(\frac{\pi D^2}{4}\right)\left(\frac{20}{360°}\right)\right] - \left(\frac{D}{2}\right)^2(\text{sen}\,\theta\cos\theta)$$

O perímetro molhado será $P = \pi D(\pi/180°)$, tal que

$$R_h = \frac{A}{P} = \left(\frac{D}{4}\right)\left[1 - \left(\frac{\text{sen}\,\theta\cos\theta}{(\pi\theta/180°)}\right)\right]$$

Substituindo essas relações para A e R_h na equação da vazão volumétrica e resolvendo para θ obtém-se $\theta = 70°$. Portanto, y é

$$y = \frac{D}{2} - \frac{D}{2}\cos\theta = \left(\frac{54\text{ in}}{2}\right)(1 - 0{,}342) = \boxed{17{,}8\text{ in}}$$

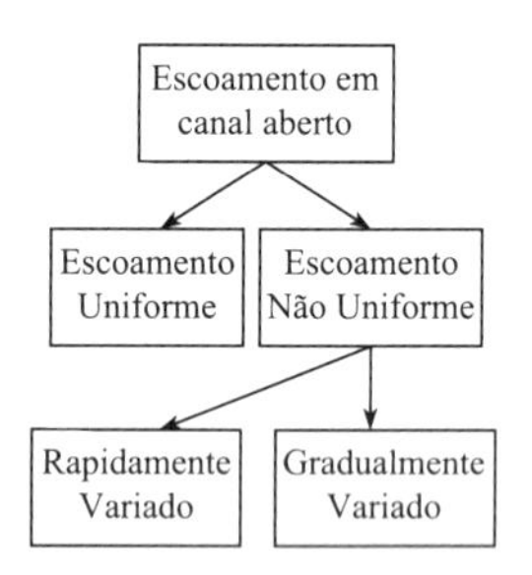

FIGURA 15.7
Classificação do escoamento não uniforme.

15.4 Escoamento Não Uniforme Estacionário

Como estabelecido no início deste capítulo e ilustrado na Figura 15.2, todos os escoamentos em canais abertos são classificados como uniforme ou não uniforme. Lembre-se de que o escoamento uniforme tem velocidade constante ao longo de uma linha de corrente e, portanto, tem profundidade constante para uma seção transversal constante. Em um escoamento não uniforme estacionário, a profundidade e a velocidade variam ao longo da distância (mas não com o tempo). Para todos esses casos, a equação da energia, introduzida em sua forma geral na Seção 15.2, é invocada para comparar duas seções transversais. Entretanto, para a análise de um escoamento não uniforme, é útil distinguir se as variações de profundidade e de velocidade ocorrem ao longo de uma distância curta, o que é denominado **escoamento rapidamente variado**, ou ao longo de uma grande distância no canal, o que é denominado **escoamento gradualmente variado** (Figura 15.7). O termo da perda de carga é diferente para esses dois casos. No escoamento rapidamente variado, podemos desprezar a resistência das paredes e do fundo do canal, pois a variação ocorre ao longo de uma pequena distância. No escoamento gradualmente variado, em razão das longas distâncias envolvidas, a resistência superficial é uma variável significativa no balanço de energia.

15.5 Escoamento Rapidamente Variado

O escoamento rapidamente variado é analisado com a equação da energia apresentada anteriormente para o escoamento em canal aberto, Eq. (15.7), com as hipóteses adicionais de que o fundo do canal é horizontal ($S_0 = 0$) e de que a perda de carga é zero ($h_L = 0$). Portanto, a Eq. (15.7) torna-se

$$y_1 + \frac{V_1^2}{2g} = y_2 + \frac{V_2^2}{2g} \qquad \textbf{(15.17)}$$

Energia Específica

A soma da profundidade do escoamento e da carga de velocidade é definida como **energia específica**:

$$E = y + \frac{V^2}{2g} \qquad \textbf{(15.18)}$$

Observe que a energia específica tem dimensões de comprimento; ou seja, é um termo de carga. A Eq. (15.17) estabelece que a energia específica na seção 1 é igual à energia específica na seção 2, ou $E_1 = E_2$. A equação de continuidade entre as seções 1 e 2 é

$$A_1V_1 = A_2V_2 = Q \qquad \textbf{(15.19)}$$

Portanto, a Eq. (15.17) pode ser expressa como

$$y_1 + \frac{Q^2}{2gA_1^2} = y_2 + \frac{Q^2}{2gA_2^2} \qquad \textbf{(15.20)}$$

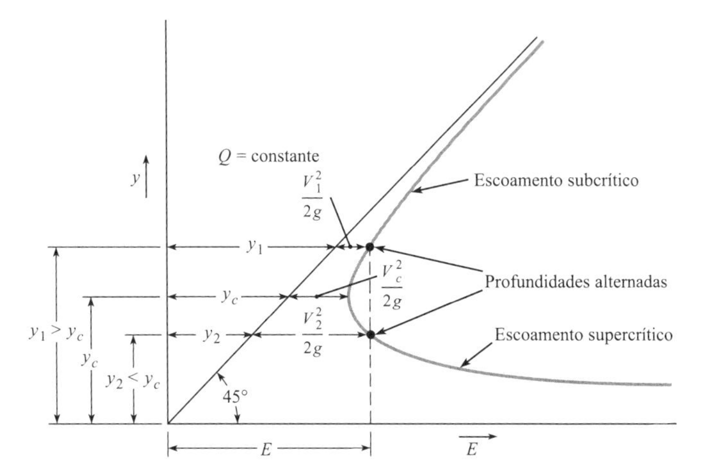

FIGURA 15.8
Relação entre profundidade e energia específica.

Como A_1 e A_2 são funções das profundidades y_1 e y_2, respectivamente, a magnitude da energia específica na seção 1 ou 2 é unicamente uma função da profundidade em cada seção. Se, para dado canal e dada vazão volumétrica, for traçado o gráfico da profundidade *versus* a energia específica, então é obtida uma relação tal como aquela mostrada na Figura 15.8. Analisando a Figura 15.8 para determinado valor de energia específica, é possível observar que a profundidade pode ser grande ou pequena. Isso significa que para pequenas profundidades, a maior parte da energia do escoamento está na forma de energia cinética, isto é, $Q^2/(2gA^2) \gg y$, enquanto para uma profundidade superior, a maior parte da energia está na forma de energia potencial. O escoamento sob uma **comporta** (Fig. 15.9) é um exemplo de escoamento em que duas profundidades ocorrem para determinado valor de energia específica. A grande profundidade e baixa energia cinética ocorrem a montante da comporta; a baixa profundidade e grande energia cinética ocorrem a jusante. As profundidades usadas aqui são chamadas de **profundidades alternadas**. Isto é, para dado valor de E, a grande profundidade é alternada pela baixa profundidade, ou vice-versa. Voltando ao escoamento sob a comporta, determina-se que se for mantida a mesma vazão, mas for aumentada a abertura da comporta, como na Figura 15.9b, a profundidade a montante diminuirá, enquanto a profundidade a jusante aumentará. Isso resulta em diferentes profundidades alternadas e um menor valor de energia específica do que antes, conforme o diagrama na Figura 15.8.

Por fim, na Figura 15.8 é possível verificar que será atingido um ponto em que a energia específica é mínima e ocorre apenas uma única profundidade. Nesse ponto, temos o que denominamos escoamento crítico. Por definição **escoamento crítico** é aquele que ocorre quando a energia específica é mínima para dada vazão volumétrica. O escoamento para o qual a profundidade é menor do que a profundidade crítica (a velocidade é maior do que a velocidade crítica) é denominado **escoamento supercrítico**, e o escoamento para o qual a profundidade é maior do que a profundidade crítica (a velocidade é menor do que a veloci-

FIGURA 15.9
Escoamento sob uma comporta: (a) menor abertura da comporta; (b) maior abertura da comporta.

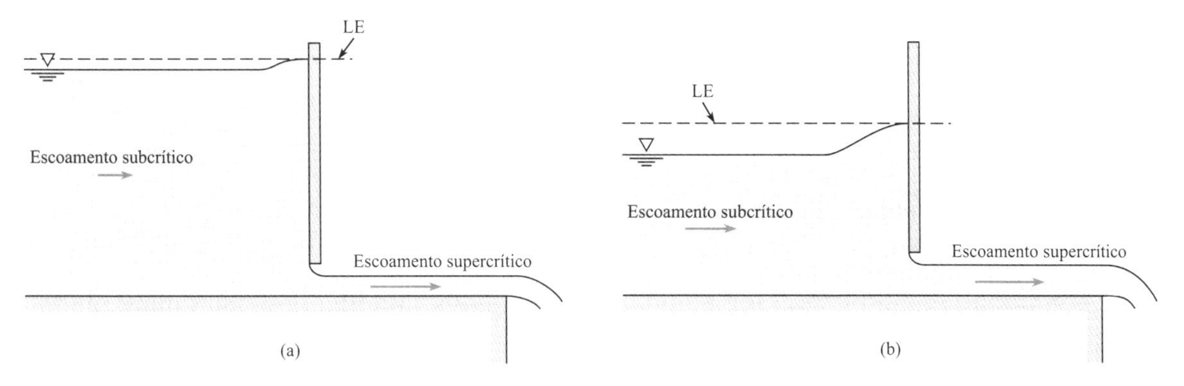

dade crítica) é denominado **escoamento subcrítico**. Portanto, na Figura 15.9, o escoamento subcrítico ocorre a montante da comporta, enquanto o escoamento supercrítico ocorre a jusante da comporta. O escoamento subcrítico corresponde a um número de Froude menor do que um ($Fr < 1$), enquanto o escoamento supercrítico corresponde a $Fr > 1$. Alguns engenheiros referem-se aos escoamentos subcrítico e supercrítico como escoamentos **tranquilo** e **rápido**, respectivamente. Outros aspectos do escoamento crítico são apresentados na próxima seção.

Características do Escoamento Crítico

O escoamento crítico ocorre quando a energia específica é mínima para determinada vazão volumétrica. A profundidade para essa condição pode ser calculada *por* dE/dy a partir de $E = y + Q^2/2gA^2$ e igualando dE/dy a zero:

$$\frac{dE}{dy} = 1 - \frac{Q^2}{gA^3} \cdot \frac{dA}{dy} \tag{15.21}$$

Contudo, $dA = T\,dy$, em que T é a largura do canal na superfície da água, como mostrado na Figura 15.10. Então, a Eq. (15.21) com $dE/dy = 0$ se reduz a

$$\frac{Q^2 T_c}{gA_c^3} = 1 \tag{15.22}$$

ou

$$\frac{A_c}{T_c} = \frac{Q^2}{gA_c^2} \tag{15.23}$$

Se a **profundidade hidráulica**, D, for definida como

$$D = \frac{A}{T} \tag{15.24}$$

a Eq. (15.23) fornecerá uma profundidade hidráulica crítica D_c dada por

$$D_c = \frac{Q^2}{gA_c^2} = \frac{V^2}{g} \tag{15.25}$$

Dividindo a Eq. (15.25) por D_c e tirando a raiz quadrada, obtemos

$$1 = \frac{V}{\sqrt{gD_c}} \tag{15.26}$$

Nota: $V/\sqrt{gD_c}$ é o número de Froude. Portanto, foi mostrado que o número de Froude é igual à unidade quando o escoamento crítico prevalece.

Se um canal tiver seção transversal retangular, então A/T é a profundidade real e $Q^2/A^2 = q^2/y^2$, de modo que a condição para **profundidade crítica** (Eq. 15.23) em um canal retangular se torna

$$y_c = \left(\frac{q^2}{g}\right)^{1/3} \tag{15.27}$$

em que q é a vazão volumétrica por unidade de largura do canal.

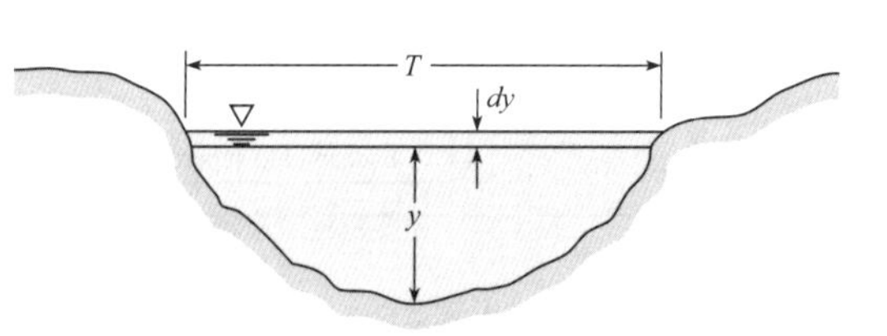

FIGURA 15.10
Relações para um canal aberto.

EXEMPLO 15.9

Calculando a Profundidade Crítica em um Canal

Enunciado do Problema

Determine a profundidade crítica em um canal trapezoidal para uma vazão volumétrica de 500 cfs. A largura do fundo do canal é de B = 20 ft e os lados têm inclinação para cima em um ângulo de 45°.

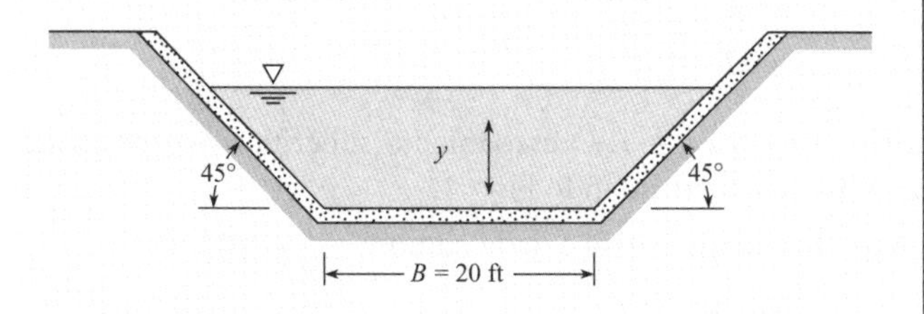

Defina a Situação

A água escoa em um canal trapezoidal com geometria conhecida.

Estabeleça o Objetivo

Calcular a profundidade crítica.

Tenha Ideias e Trace um Plano

1. Para o escoamento crítico, a Eq. (15.22) é aplicável.
2. Relacione a geometria do canal à largura T e à área A na Eq. (15.22).
3. Por processo iterativo (escolha y e calcule A), determine o valor de y que resulta em A^3/T igual a 7764 ft². Esse valor de y será a profundidade crítica y_c.

Aja (Execute o Plano)

1. Aplicação da Eq. (15.22) para mostrar que:

$$\frac{Q^2}{g} = \frac{A_c^3}{T_c}$$

2. Para Q = 500 cfs,

$$\frac{A_c^3}{T_c} = \frac{500^2}{32,2} = 7764 \text{ ft}^2$$

Para esse canal, $A = y(B + y)$ e $T = B + 2y$.

3. Iterações para determinar y_c:

$$y_c = \boxed{2,57 \text{ ft}}$$

O escoamento crítico também pode ser examinado no sentido de como a vazão volumétrica em um canal varia com a profundidade para uma energia específica. Por exemplo, considere o escoamento em um canal retangular em que

$$E = y + \frac{Q^2}{2gA^2}$$

ou

$$E = y + \frac{Q^2}{2gy^2B^2}$$

Se considerarmos uma largura unitária para o canal e tomarmos $q = Q/B$, então a equação anterior torna-se

$$E = y + \frac{q^2}{2gy^2}$$

Se for determinado como q varia com y para um valor constante de energia específica, nota-se que o escoamento crítico ocorre quando a vazão volumétrica é máxima (ver a Fig. 15.11).

Originalmente, o termo **escoamento crítico** provavelmente estava relacionado com a natureza instável do escoamento para essa condição. Fazendo referência à Figura 15.8, é possível se verificar que apenas uma ligeira variação na energia específica fará com que a profundidade aumente ou diminua de modo significativo; essa é uma condição muito instável. Na verdade, as observações de escoamento crítico em canais abertos mostram que a superfície da água consiste em uma série de ondas estacionárias. Em razão da natureza instável da profundidade no escoamento crítico, em geral é preferível que o projeto de canais seja feito de modo que a profundidade normal seja bem maior ou bem menor do que a profundidade crítica. Normalmente, o escoamento em canais e rios é subcrítico; contudo, o escoamento em calhas íngremes ou em vertedouros é supercrítico.

FIGURA 15.11

Variação de q e y com energia específica constante.

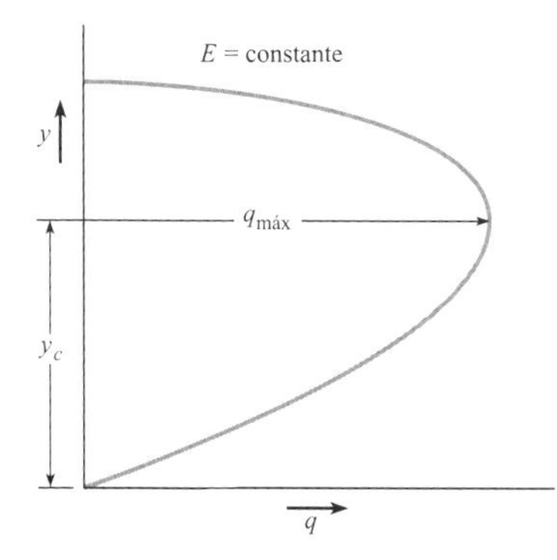

Nesta seção, várias características do escoamento crítico foram exploradas. As principais podem ser resumidas da seguinte maneira:

1. O escoamento crítico ocorre quando a energia específica é mínima para uma dada vazão volumétrica (Fig. 15.8).
2. O escoamento crítico ocorre quando a vazão é máxima para uma dada energia específica.
3. O escoamento crítico ocorre quando

$$\frac{A^3}{T} = \frac{Q^2}{g}$$

4. O escoamento crítico ocorre quando Fr = 1. O escoamento subcrítico ocorre quando Fr < 1. O escoamento supercrítico ocorre quando Fr > 1.
5. Para canais retangulares, a profundidade crítica é dada como $y_c = (q^2/g)^{1/3}$.

Ocorrência Comum de Escoamento Crítico

Ocorre um escoamento crítico quando um líquido passa sobre um vertedor com soleira espessa (Fig. 15.12). O conceito do vertedor com soleira espessa é ilustrado considerando, primeiro, uma comporta fechada que impede que a água escoe do reservatório, conforme mostrado na Figura 15.12a. Se a comporta for aberta apenas um pouco (posição da comporta $a'-a'$), o escoamento a montante dela será subcrítico e o escoamento a jusante será supercrítico (como na condição mostrada na Figura 15.9). À medida que abertura da comporta aumenta, um ponto é finalmente alcançado no qual as profundidades imediatamente a montante e a jusante dela são iguais. Essa é a condição crítica. Nessa abertura da comporta e além dela, a comporta não tem influência sobre o escoamento; essa é a condição ilustrada na Figura 15.12b, o vertedor com soleira espessa. Se a profundidade do escoamento sobre o vertedor for medida, a vazão pode ser facilmente calculada a partir da Eq. (15.27):

$$q = \sqrt{gy_c^3}$$

ou

$$Q = L\sqrt{gy_c^3} \tag{15.28}$$

em que L é o comprimento da crista do vertedor normal à direção do escoamento.

Uma vez que $y_c/2 = (V_c^2/2g)$, a partir da Eq. (15.25), pode ser mostrado que $y_c = (2/3E)$, em que E é a carga total acima da crista $(H + V_{\text{aproximação}}^2/2g)$; assim, a Eq. (15.28) pode ser reescrita como

$$Q = L\sqrt{g}\left(\frac{2}{3}\right)^{3/2} E^{3/2}$$

ou

$$Q = 0{,}385\, L\sqrt{2g}\, E_c^{3/2} \tag{15.29}$$

Para cristas elevadas, a velocidade de aproximação a montante é praticamente zero. Assim, a Eq. (15.29) pode ser expressa como

$$Q_{\text{teórico}} = 0{,}385 L\sqrt{2g}\, H^{3/2} \tag{15.30}$$

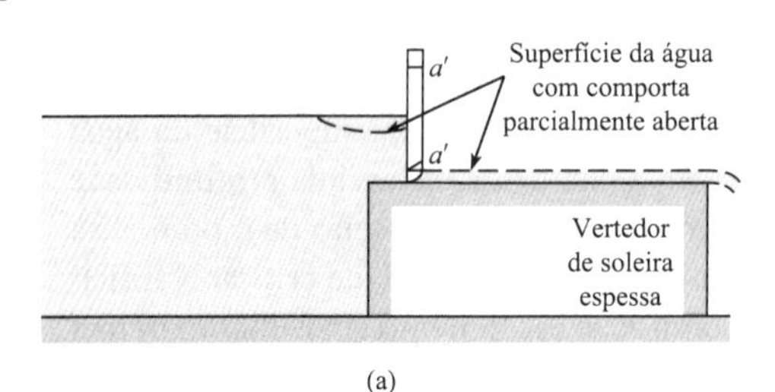

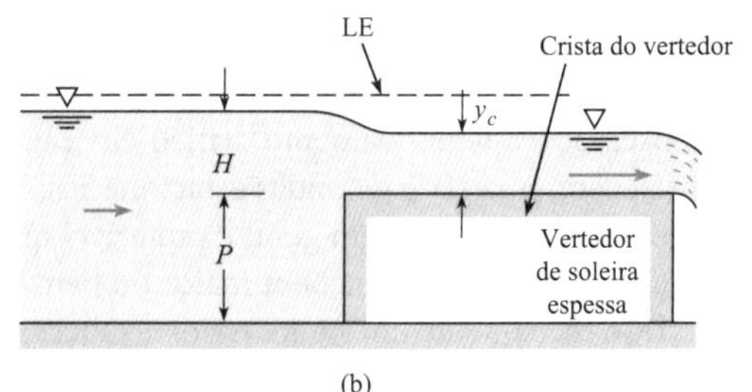

FIGURA 15.12
Escoamento sobre um vertedor com soleira espessa:
(a) a profundidade do escoamento é controlada por uma comporta;
(b) a profundidade do escoamento é controlada por um vertedor e é igual a y_c.

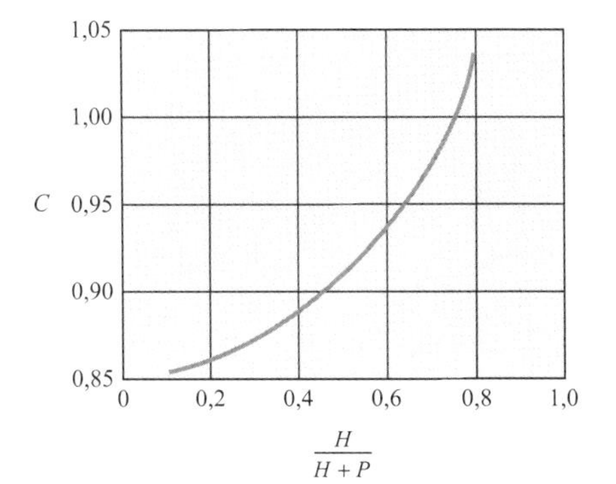

FIGURA 15.13

Coeficiente de descarga para um vertedor com soleira espessa para $0{,}1 < H/L < 0{,}8$.

Se a altura P do vertedor com soleira espessa for relativamente pequena, a velocidade de aproximação poderá ser significativa, e a vazão produzida será maior do que a dada pela Eq. (15.30). Além disso, a perda de carga terá algum efeito. Para levar esses efeitos em consideração, um coeficiente de descarga C é definido como

$$C = Q/Q_{\text{teórico}} \tag{15.31}$$

Então,

$$Q = 0{,}385CL\sqrt{2g}H^{3/2} \tag{15.32}$$

em que Q é a vazão real sobre o vertedor. Uma análise de dados experimentais por Raju (15) mostrou que C varia com $H/(H + P)$, conforme indicado na Figura 15.13. A curva na Figura 15.13 é para um vertedor com uma face a montante vertical e uma aresta viva na interseção entre a face a montante e a crista do vertedor. Se a face a montante estiver inclinada em um ângulo de 45°, o coeficiente de descarga deverá ser aumentado em 10% em relação àquele dado na Figura 15.13. O arredondamento da borda a montante também produzirá um coeficiente de descarga até 3% maior.

A Eq. (15.32) revela uma relação definida para Q em função da carga, H. Esse tipo de dispositivo de medição de vazão está incluído em uma ampla classe de medidores de vazão denominados **calhas de escoamento crítico**. Outra calha de escoamento crítico muito comum é a **calha Venturi**, que foi desenvolvida e calibrada por Parshall (8). A Figura 15.14 mostra as características essenciais dessa calha V. A equação da vazão para a calha Venturi tem a mesma forma que a Eq. (15.32), com a única exceção de que o valor do coeficiente C, determinado experimentalmente, será diferente do valor de C para o vertedor com soleira espessa. Para mais detalhes sobre a calha Venturi, consulte Roberson *et al.* (9), Parshall (8) e Chow (5). A calha Venturi é especialmente útil para a medição da vazão em sistemas de irrigação, pois seu uso requer uma perda de carga pequena, e quaisquer sedimentos na água escoam com facilidade se nela contiver areia.

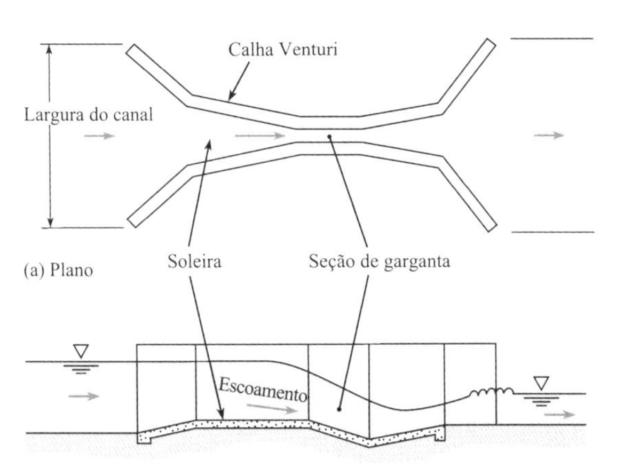

FIGURA 15.14

Escoamento através de uma calha Venturi.

FIGURA 15.15
Profundidade crítica em uma mudança de declividade.

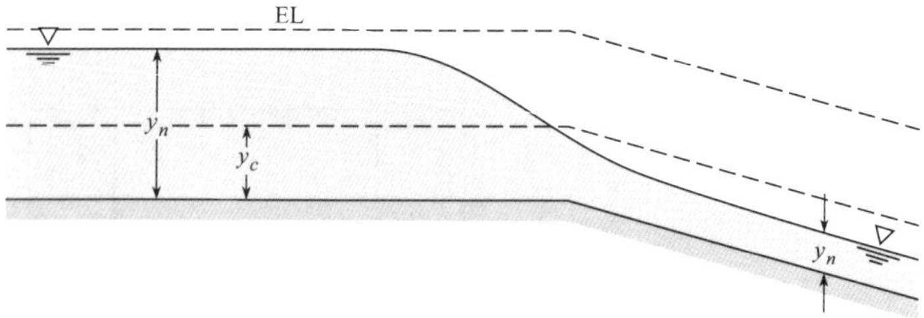

FIGURA 15.16
Profundidade de canal em uma queda livre.

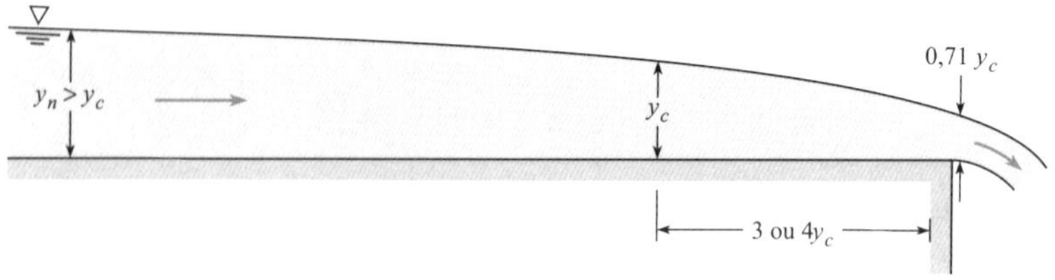

A profundidade também passa através de um estágio crítico no escoamento em canal quando a declividade muda de suave para forte. Uma **declividade suave** é definida como a declividade para a qual a profundidade normal y_n é maior do que y_c. De maneira semelhante, uma **declividade forte** é aquela para a qual $y_n < y_c$. Essa condição está demonstrada na Figura 15.15. Observe que y_c é a mesma para ambas as declividades na figura, pois y_c é função somente da vazão volumétrica. Entretanto, a profundidade normal (profundidade em um escoamento uniforme) para o canal com declividade suave a montante é maior do que a crítica, enquanto a profundidade normal para o canal com declividade forte a jusante é menor do que a crítica; assim, é óbvio que a profundidade deve passar por um estágio crítico. Experimentos mostram que a profundidade crítica ocorre a uma distância muito pequena a montante da interseção dos dois canais.

Outro lugar em que ocorre uma profundidade crítica é a montante de uma queda livre ao final de um canal com declividade suave (Fig. 15.16). A profundidade crítica ocorrerá a uma distância de $3y_c$ a $4y_c$ a montante da borda da queda livre. Tais ocorrências de profundidade crítica (na mudança de declividade ou na borda de uma queda livre) são úteis no cálculo dos perfis de superfície, pois proporcionam um ponto de partida para o cálculo dos perfis de superfície.*

Transições em Canais

Sempre que a configuração da seção transversal (forma ou dimensão) de um canal muda ao longo de seu comprimento, a mudança é denominada **transição**. Os conceitos apresentados anteriormente são usados para mostrar como a profundidade do escoamento muda quando o piso de um canal retangular é elevado ou quando a largura do canal é diminuída. Nesses desenvolvimentos, considera-se que as perdas de energia são desprezíveis. Primeiro, consideraremos o caso em que o piso do canal é elevado (um degrau para cima). Posteriormente, nesta seção, serão apresentadas as configurações de transições usadas para um escoamento subcrítico de um canal retangular para um canal trapezoidal.

Considere o canal retangular mostrado na Figura 15.17, cujo fundo se eleva uma altura Δz. Para ajudar na avaliação de mudanças na profundidade, pode ser usado um diagrama da energia específica *versus* a profundidade, que é similar à Figura 15.8. Esse diagrama é aplicado tanto na seção a montante da transição como na seção imediatamente a jusante da transição. Uma vez que a vazão volumétrica, Q, é a mesma em ambas as seções, o mesmo diagrama é válido para ambas seções. Como observado na Figura 15.17, a profundidade do escoamento na seção 1 pode ser grande (subcrítica) ou pequena (supercrítica) se a energia específica, E_1, for maior do que a requerida para o escoamento crítico. Também pode ser visto na Figura 15.17 que quando o escoamento a montante é subcrítico, ocorre uma redução

*O procedimento para efetuar esses cálculos inicia na §15.7, na subseção intitulada "Avaliação Quantitativa do Perfil de Superfície da Água".

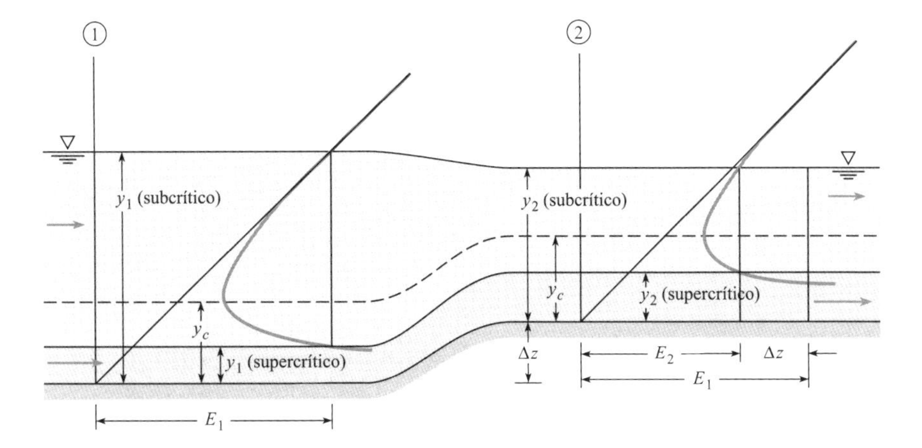

FIGURA 15.17

Variação na profundidade com uma mudança na elevação do fundo de um canal retangular.

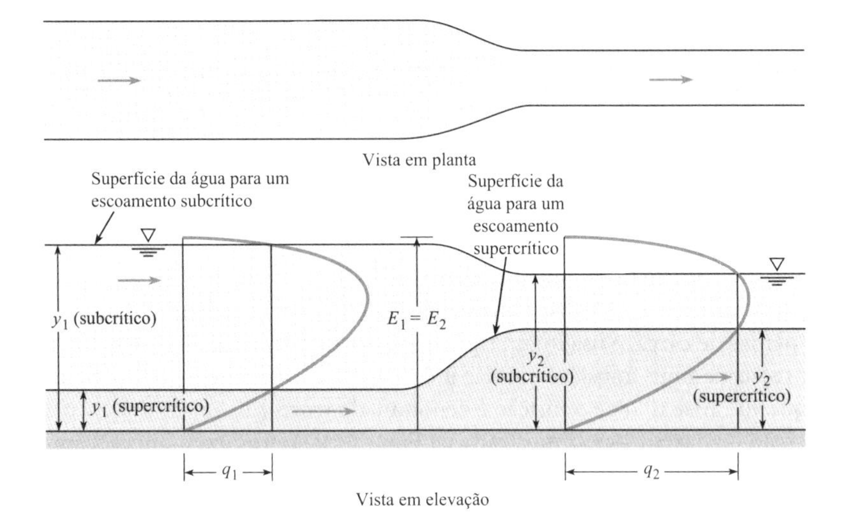

FIGURA 15.18

Variação na profundidade com uma mudança na largura do canal.

na profundidade na região do canal onde o piso foi elevado. Isso ocorre porque a energia específica nessa seção, E_2, é menor do que aquela na seção 1 por um valor de Δz. Portanto, o diagrama da energia específica indica que y_2 será menor do que y_1. De maneira similar, pode ser observado que quando o escoamento a montante é supercrítico, tanto a profundidade como a real elevação da superfície da água, aumentam da seção 1 para a seção 2. Um comentário adicional deve ser feito sobre o efeito que uma mudança na elevação da superfície do fundo do canal tem sobre a profundidade do escoamento. Se o fundo do canal na seção 2 estiver a uma elevação maior do que aquela que é apenas suficiente para estabelecer um escoamento crítico na seção 2, então não haverá carga suficiente na seção 1 para fazer com que o escoamento sobre a elevação se dê em escoamento estacionário. Em lugar disso, o nível da água a montante elevará até que seja apenas suficiente para restabelecer o escoamento estacionário.

Quando o fundo do canal é mantido à mesma elevação, mas a sua largura é diminuída, a vazão volumétrica por unidade de largura entre as seções 1 e 2 aumenta, mas a energia específica E permanece constante. Assim, ao utilizar o diagrama de q *versus* profundidade para a energia específica E indicada, observe que a profundidade na seção restrita aumenta se o escoamento a montante for supercrítico e diminui se esse escoamento for subcrítico (ver a Figura 15.18).

Os parágrafos anteriores descrevem os efeitos básicos para as transições mais simples. Na prática, é mais comum encontrar transições entre um canal de determinada forma (seção transversal retangular, por exemplo) e um canal com uma seção transversal diferente (trapezoidal, por exemplo). Uma transição muito simples entre esses dois tipos de canais consiste em duas paredes verticais que unem os dois canais, como ilustrado pela meia seção na Figura 15.19.

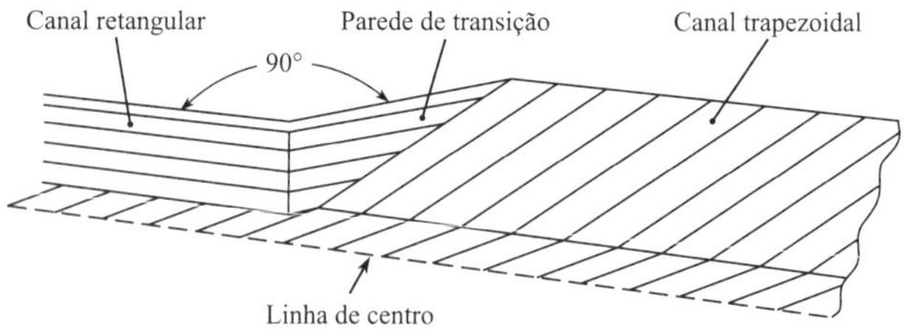

FIGURA 15.19
Tipo mais simples de transição entre um canal retangular e um canal trapezoidal.

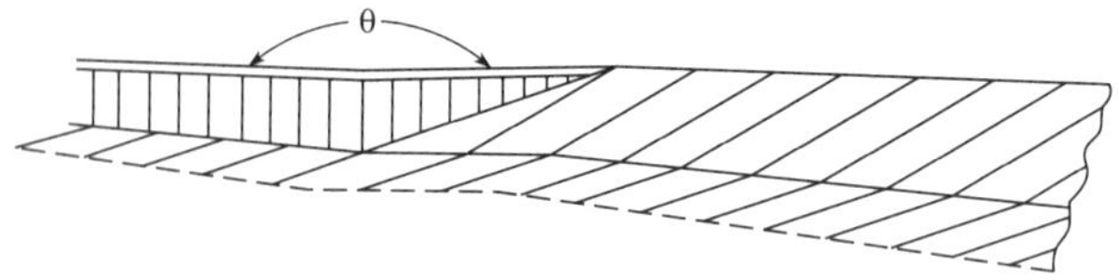

FIGURA 15.20
Meia seção de uma transição em cunha.

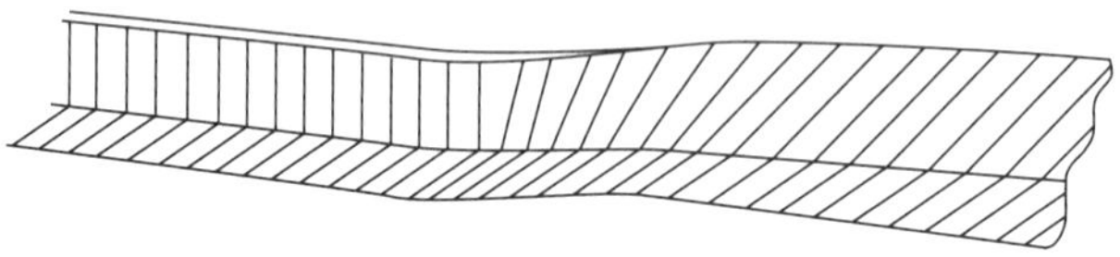

FIGURA 15.21
Meia seção de uma transição de parede curva.

Esse tipo de transição pode funcionar, mas produzirá uma perda excessiva de carga por causa da mudança brusca na seção transversal e a subsequente separação que ocorrerá. Para reduzir as perdas de carga, é usado um tipo de transição mais gradual. A Figura 15.20 ilustra uma meia seção de uma transição similar à da Figura 15.19, porém com o ângulo θ muito maior do que 90°. Esse tipo de transição é denominado **transição em cunha**.

A **transição de parede curva** mostrada na Figura 15.21 produzirá um escoamento ainda mais suave do que as duas transições anteriores e, portanto, apresentará menor perda de carga. Na prática de projeto e análise de transições, engenheiros usam geralmente a equação completa da energia, incluindo os fatores de energia cinética α_1 e α_2, assim como um termo de perda de carga h_L, para definir a velocidade e a elevação da superfície da água através da transição. Análises de transições utilizando a forma unidimensional da equação da energia são aplicáveis somente se o escoamento for subcrítico. Se o escoamento for supercrítico, torna-se necessária uma análise muito mais elaborada. Mais detalhes sobre o projeto e a análise de transições podem ser encontrados em Hinds (10), Chow (5), U.S. Bureau of Reclamation (11) e Rouse (12).

Celeridade da Onda

Celeridade da onda é a velocidade com que uma onda de tamanho infinitesimal se desloca em relação à velocidade do fluido. Esse parâmetro pode ser usado para caracterizar a velocidade das ondas no oceano ou a propagação de uma onda de inundação após a falha de uma barragem. A seguir, é apresentada uma derivação da celeridade da onda, c.

Considere uma pequena onda solitária que se move com velocidade c em um corpo calmo de líquido de pequena profundidade (Fig. 15.22a). Como a velocidade no líquido varia com o tempo, essa é uma condição de escoamento não estacionário. No entanto, se todas as velocidades estivessem em referência a um sistema referencial que se desloca junto à onda, a forma da onda ficaria fixa e o escoamento seria estacionário. Assim, o escoamento estaria suscetível a análise usando a equação de Bernoulli. A condição de escoamento estacionário está mostrada na Figura 15.22b. Quando a equação de Bernoulli é escrita entre um ponto sobre a superfície do fluido não perturbado e um ponto na crista da onda, resulta na seguinte equação:

$$\frac{c^2}{2g} + y = \frac{V^2}{2g} + y + \Delta y \qquad (15.33)$$

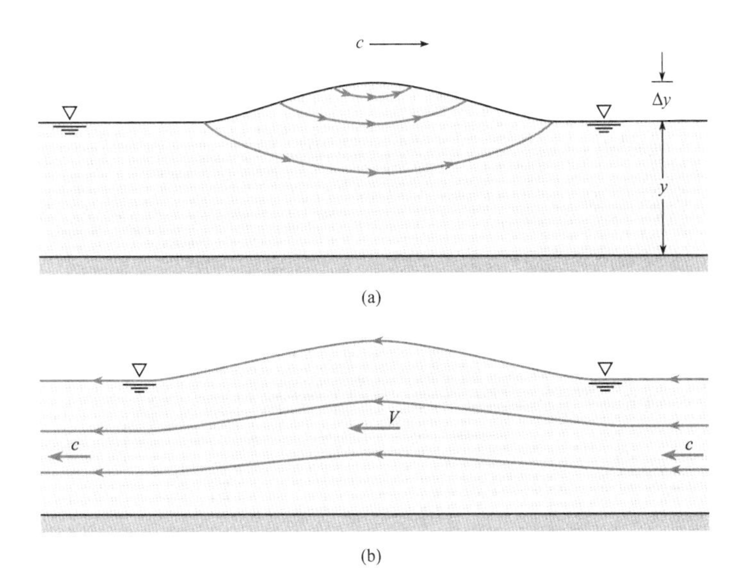

FIGURA 15.22
Onda solitária (escala vertical exagerada):
(a) escoamento não estacionário,
(b) escoamento estacionário.

Na Eq. (15.33), V é a velocidade do líquido na seção em que está localizada a crista da onda. A partir da equação da continuidade, $cy = V(y + \Delta y)$. Logo,

$$V = \frac{cy}{y + \Delta y}$$

e

$$V^2 = \frac{c^2 y^2}{(y + \Delta y)^2} \tag{15.34}$$

Quando a Eq. (15.34) é substituída na Eq. (15.33), obtemos

$$\frac{c^2}{2g} + y = \frac{c^2 y^2}{2g[y^2 + 2y\Delta y + (\Delta y)^2]} + y + \Delta y \tag{15.35}$$

Resolvendo a Eq. (15.35) para c após descartar os termos com $(\Delta y)^2$ e assumindo uma onda de tamanho infinitesimal, obtemos a **equação da celeridade da onda**:

$$c = \sqrt{gy} \tag{15.36}$$

Mostramos, assim, que a velocidade de uma pequena onda solitária é igual à raiz quadrada do produto da profundidade e g.

15.6 Salto Hidráulico

Ocorrência do Salto Hidráulico

Um interessante e importante caso de escoamento rapidamente variado é o salto hidráulico. Um **salto hidráulico** ocorre quando o escoamento é supercrítico em uma seção a montante e então é forçado a se tornar subcrítico em uma seção a jusante (a mudança em profundidade pode ser forçada por uma soleira na parte a jusante do canal ou apenas pela profundidade predominante na corrente mais a jusante), resultando em um aumento abrupto na profundidade e considerável perda de energia. Os saltos hidráulicos (Fig. 15.23) são frequentemente levados em consideração no projeto de canais abertos e vertedouros de barragens. Se um canal for projetado para conduzir a água em velocidades supercríticas, o projetista deve ter certeza de que o escoamento não se tornará subcrítico prematuramente. Se isso acontecesse, certamente as paredes do canal o transbordariam, e consequentemente haveria uma falha da estrutura. Uma vez que a perda de energia no salto hidráulico não é inicialmente conhecida, a equação da energia não é uma ferramenta adequada para a análise das relações velocidade-profundidade. Como há uma diferença significativa na carga hidrostática entre os dois lados da equação, dan-

FIGURA 15.23

Desenho para definição de salto hidráulico.

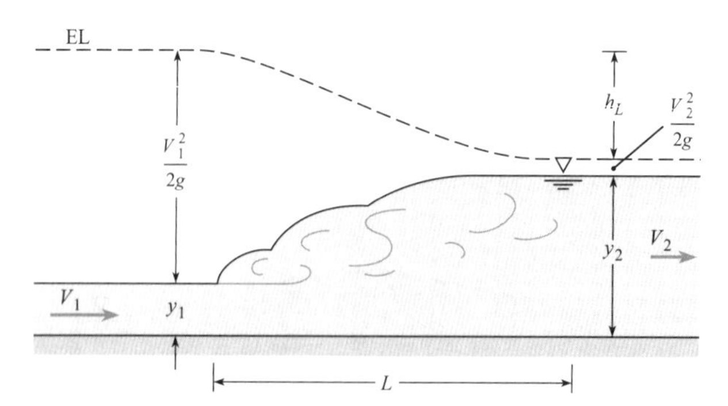

do origem a forças de pressão opostas, a equação do momento pode ser aplicada ao problema, conforme desenvolvido nas seções a seguir.

Derivação de Relações de Profundidade em Saltos Hidráulicos

Considere o escoamento mostrado na Figura 15.23. Aqui, consideraremos que ocorre um escoamento uniforme tanto a montante como a jusante do salto e que a resistência do fundo do canal ao longo da distância relativamente curta L é desprezível. A derivação é para um canal horizontal, mas os experimentos mostram que os resultados da derivação também se aplicam a todos os canais com declividade moderada ($S_0 < 0{,}02$). Iniciamos a derivação aplicando a equação do momento na direção x para o volume de controle mostrado na Figura 15.24:

$$\sum F_x = \dot{m}_2 V_2 - \dot{m}_1 V_1$$

As forças são hidrostáticas em cada lado do sistema; assim, obtém-se a seguinte relação:

$$\bar{p}_1 A_1 - \bar{p}_2 A_2 = \rho V_2 A_2 V_2 - \rho V_1 A_1 V_1$$

ou

$$\bar{p}_1 A_1 + \rho Q V_1 = \bar{p}_2 A_2 + \rho Q V_2 \tag{15.37}$$

Na Eq. (15.37), $\bar{p}_1$ e $\bar{p}_2$ são as pressões nos centroides das respectivas áreas A_1 e A_2.

Um problema representativo (Exemplo 15.10) consiste em determinar a profundidade a jusante y_2, dadas a vazão volumétrica e a profundidade a montante. O lado esquerdo da Eq. (15.37) seria conhecido, pois V, A e p são todas funções de y e Q, e o lado direito é uma função de y_2; portanto, y_2 pode ser determinado.

FIGURA 15.24

Análise do volume de controle para o salto hidráulico.

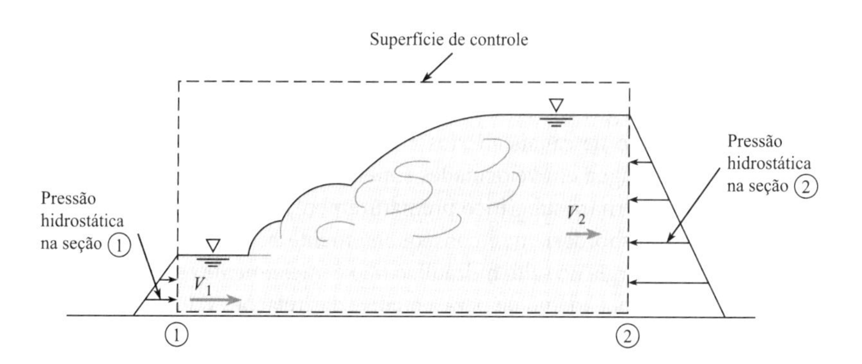

EXEMPLO 15.10

Calculando a profundidade a jusante para um salto hidráulico

Enunciado do Problema

A água flui em um canal trapezoidal a uma taxa de 300 cfs. O fundo do canal tem largura de 10 ft e inclinações laterais de 1 vertical por 1 horizontal. Se um salto hidráulico for forçado a ocorrer onde a profundidade a montante é de 1,0 ft, quais serão a profundidade e a velocidade a jusante? Quais serão os valores de Fr_1 e Fr_2.

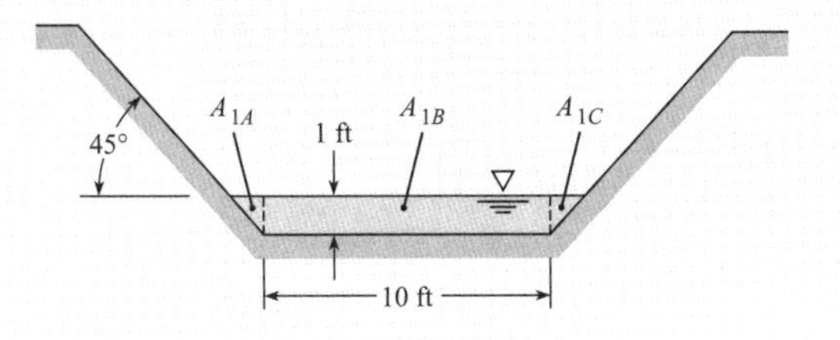

Defina a Situação

Um salto hidráulico é forçado a ocorrer em um canal trapezoidal.

Propriedades: Água (50 °F), Tabela A.5:

$\gamma = 62{,}4$ lbf/ft³ e $\rho = 1{,}94$ *slug*/ft³.

Estabeleça o Objetivo

1. Profundidade e velocidade a jusante
2. Valores de Fr_1 e Fr_2.

Tenha Ideias e Trace um Plano

1. Determine a seção transversal, velocidade e profundidade hidráulica na seção a montante.
2. Determine a pressão na seção a montante e a use para o lado esquerdo da Eq. (15.37).
3. Use as informações para a geometria do canal para resolver para y_2 no lado direito da Eq. (15.37).
4. Use a Eq. (15.2) para resolver o número de Froude em ambas as seções.

Aja (Execute o Plano)

1. Por inspeção, para a seção a montante, a área da seção transversal do escoamento é de 11 ft².

   Portanto, a velocidade média é $V_1 = Q/A_1 = 27{,}3$ ft/s.

   A profundidade hidráulica é $D_1 = A_1/T_1 = 11 \text{ ft}^2/12 \text{ ft} = 0{,}9167$ ft.

2. A localização do centroide ($\bar{y}$) da área A_1 pode ser obtida tomando os momentos das subáreas em torno da superfície da água (ver o desenho do exemplo).

$$A_1\bar{y}_1 = A_{1A} \times 0{,}333 \text{ ft} + A_{1B} \times 0{,}500 \text{ ft} + A_{1C} \times 0{,}333 \text{ ft}$$

$$(11 \text{ ft}^2)\bar{y}_1 = (0{,}333 \text{ ft})(0{,}500 \text{ ft}^2 \times 2) + (0{,}50 \text{ ft})(10{,}00 \text{ ft}^2)$$

$$\bar{y} = 0{,}485 \text{ ft}$$

   Pressão $p_1 = 62{,}4 \text{ lbf/ft}^3 \cdot 0{,}485 \text{ ft} = 30{,}26 \text{ lbf/ft}^2$.

   Portanto,

$$30{,}26 \times 11 + 1{,}94 \times 300 \times 27{,}3 = \bar{p}_2 A_2 + \rho Q V_2$$

3. Usando o lado direito da Eq. (15.37), resolve-se para y_2:

$$\bar{p}_2 A_2 + \rho Q V_2 = 16.221 \text{ lbf}$$

$$\gamma \bar{y}_2 A_2 + \frac{\rho Q^2}{A_2} = 16.221$$

$$\bar{y}_2 = \frac{\sum A_i y_i}{A_2} = \frac{B y_2^2/2 + y_2^3/3}{A_2}$$

   Usando $B = 10$ ft, $Q = 300$ ft²/s e as propriedades materiais assumidas anteriormente,

$$y_2 = \boxed{5{,}75 \text{ ft}}$$

4. Os números de Froude para ambas as seções são

$$Fr_1 = \frac{V_1}{\sqrt{gD_1}} = \frac{27{,}3 \text{ ft/s}}{\sqrt{32{,}2 \text{ ft/s}^2 \times 0{,}9167 \text{ ft}}} = \boxed{5{,}02}$$

$$V_2 = \frac{Q}{A_2} = \frac{300}{57{,}5 + 5{,}75^2} = 3{,}31 \text{ ft/s}$$

$$D_2 = \frac{A_2}{T_2} = \frac{90{,}56}{21{,}5} = 4{,}21 \text{ ft}$$

$$Fr_2 = \frac{V}{\sqrt{gD}} = \frac{3{,}31}{\sqrt{32{,}2 \times 4{,}21}} = \boxed{0{,}284}$$

Salto Hidráulico em Canais Retangulares

Se a Eq. (15.37) for escrita para um canal retangular com largura unitária em que $\bar{p}_l = \gamma y_1/2$, $\bar{p}_2 = \gamma y_2/2$, $Q = q$, $A_1 = y_1$ e $A_2 = y_2$, obtém-se

$$\gamma \frac{y_1^2}{2} + \rho q V_1 = \gamma \frac{y_2^2}{2} + \rho q V_2 \qquad \textbf{(15.38a)}$$

mas $q = Vy$, tal que a Eq. (15.38a) pode ser reescrita como

$$\frac{\gamma}{2}(y_1^2 - y_2^2) = \frac{\gamma}{g}(V_2^2 y_2 - V_1^2 y_1) \qquad \textbf{(15.38b)}$$

A equação anterior poder ser ainda manipulada para gerar

$$\frac{2V_1^2}{gy_1} = \left(\frac{y_2}{y_1}\right)^2 + \frac{y_2}{y_1} \tag{15.39}$$

O termo no lado esquerdo da Eq. (15.39) será reconhecido como o dobro de Fr_1^2. Assim, a Eq. (15.39) fica escrita como

$$\left(\frac{y_2}{y_1}\right)^2 + \frac{y_2}{y_1} - 2\text{Fr}_1^2 = 0 \tag{15.40}$$

Usando a fórmula quadrática, facilmente se calcula y_2/y_1 em termos do número de Froude a montante. Isso resulta em uma equação para a **razão de profundidade** por meio de um salto hidráulico:

$$\frac{y_2}{y_1} = \frac{1}{2}\left(\sqrt{1 + 8\text{Fr}_1^2} - 1\right) \tag{15.41}$$

ou

$$y_2 = \frac{y_1}{2}\left(\sqrt{1 + 8\text{Fr}_1^2} - 1\right) \tag{15.42}$$

A outra solução da Eq. (15.40) fornece uma profundidade a jusante negativa, o que não é fisicamente possível. Portanto, a profundidade a jusante é expressa em termos da profundidade e do número de Froude a montante. Nas Eqs. (15.41) e (15.42), as profundidades y_1 e y_2 são ditas **conjugadas** ou **sequentes** (os dois termos são usados comumente) uma à outra, em contraste às profundidades alternadas (ou recíprocas) obtidas da equação da energia. Numerosos experimentos mostram que a relação representada pelas Eqs. (15.41) e (15.42) é válida para uma grande faixa de valores do número de Froude.

Embora nenhuma teoria tenha sido desenvolvida para estimar o comprimento de um salto hidráulico, experimentos [ver Chow (5)] mostram que o comprimento relativo do salto, L/y_2, é aproximadamente 6 para Fr_1 variando entre 4 e 18.

Perda de Carga em um Salto Hidráulico

Além de determinar as características geométricas do salto hidráulico, com frequência é desejável determinar a perda de carga produzida por ele. Para isso, compara-se os valores da energia específica antes e após o salto, em que a perda de carga é a diferença entre os valores das duas energias específicas. É possível se mostrar que a perda de carga para um salto em um canal retangular é

$$h_L = \frac{(y_2 - y_1)^3}{4y_1 y_2} \tag{15.43}$$

Para maiores informações sobre o salto hidráulico, consultar Chow (5). O exemplo a seguir mostra que a Eq. (15.43) fornece uma magnitude igual à diferença entre as energias específicas nas duas extremidades do salto hidráulico.

EXEMPLO 15.11

Calculando a Perda de Carga em um Salto Hidráulico

Enunciado do Problema

A água escoa em um canal retangular a uma profundidade de 30 cm e com uma velocidade de 16 m/s, conforme mostrado no desenho a seguir. Se uma soleira a jusante (não mostrada na figura) força um salto hidráulico, quais serão a profundidade e a velocidade a jusante do salto? Qual perda de carga é produzida pelo salto?

Defina a Situação

Um salto hidráulico ocorre em um canal retangular.

Estabeleça o Objetivo

- Calcular a profundidade e a velocidade a jusante.
- Calcular a perda de carga produzida pelo salto.

Tenha Ideias e Trace um Plano

1. Para determinar h_L usando a Eq. (15.43), calcule y_2 a partir da equação para a razão de profundidade (Eq. 15.42). Isto exige Fr_1.
2. Verifique a validade da perda de carga comparando-a a $E_1 - E_2$.

Aja (Execute o Plano)

1. Calculo de Fr_1, y_2, V_2 e h_L a partir das Eq. (15.42) e (15.43):

$$\text{Fr}_1 = \frac{V}{\sqrt{gy_1}} = \frac{16}{\sqrt{9,81\,(0,30)}} = 9,33$$

$$y_2 = \frac{0,30}{2}\left[\sqrt{1 + 8(9,33)^2} - 1\right] = \boxed{3,81 \text{ m}}$$

$$V_2 = \frac{q}{y_2} = \frac{(16 \text{ m/s})(0,30 \text{ m})}{3,81 \text{ m}} = \boxed{1,26 \text{ m/s}}$$

$$h_L = \frac{(3,81 - 0,30)^3}{4(0,30)(3,81)} = \boxed{9,46 \text{ m}}$$

2. Comparação da perda de carga a $E_1 - E_2$:

$$h_L = \left(0,30 + \frac{16^2}{2 \times 9,81}\right) - \left(3,81 + \frac{1,26^2}{2 \times 9,81}\right) = 9,46 \text{ m}$$

Os valores são iguais, de modo que é

$\boxed{\text{confirmada a validade da equação para } h_L.}$

Uso do Salto Hidráulico na Extremidade a Jusante do Vertedouro de uma Barragem

Anteriormente, foi mostrado que a transição de um escoamento supercrítico para um subcrítico produz um salto hidráulico e que a altura relativa do salto (y_2/y_1) é uma função de Fr_1. Uma vez que o escoamento sobre o vertedouro de uma represa resulta invariavelmente em um escoamento supercrítico na extremidade inferior do vertedouro e como o escoamento no canal a jusante do vertedouro é, em geral, subcrítico, é óbvio que um salto hidráulico deve se formar próximo à base do vertedouro (ver a Figura 15.25). A porção a jusante do vertedouro, chamada de **fundo do canal do vertedouro**, deve ser projetada de modo que o salto hidráulico sempre se forme na própria estrutura de concreto. Se o salto hidráulico se formasse além da estrutura de concreto, como na Figura 15.26, uma erosão severa do material de fundação resultante do escoamento supercrítico de alta velocidade, poderia danificar a barragem e causar sua completa falha. Uma forma de resolver esse problema consiste em incorporar ao projeto do vertedouro um longo e inclinado fundo de canal, conforme mostrado na Figura 15.27. Um projeto como esse funcionaria muito satisfatoriamente do ponto de vista hidráulico. Para todas as combinações de Fr_1 e elevação da superfície da água no canal a jusante, o salto sempre se formaria no fundo inclinado do canal do vertedouro. No entanto, sua principal desvantagem é o custo de construção. Os custos de construção serão reduzidos à medida que o comprimento, L, da bacia de dissipação for reduzido. Muitas pesquisas têm sido dedicadas ao projeto de bacias de dissipação que funcionarão apropriadamente para todas as condições a montante e a jusante e que ainda serão relativamente curtas para reduzir os custos de construção. Pesquisas pelo U.S. Bureau of Reclamation (13) resultaram em conjuntos de projetos padrões que podem ser usados. Esses projetos incluem soleiras, blocos de amortecimento e blocos de queda, conforme mostrado na Figura 15.28.

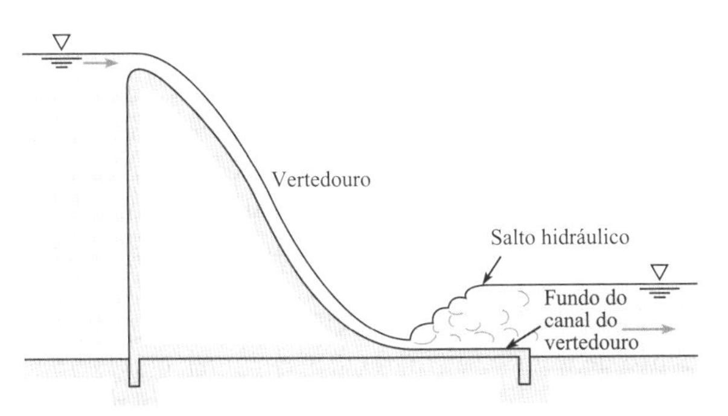

FIGURA 15.25
Vertedor de barragem e salto hidráulico.

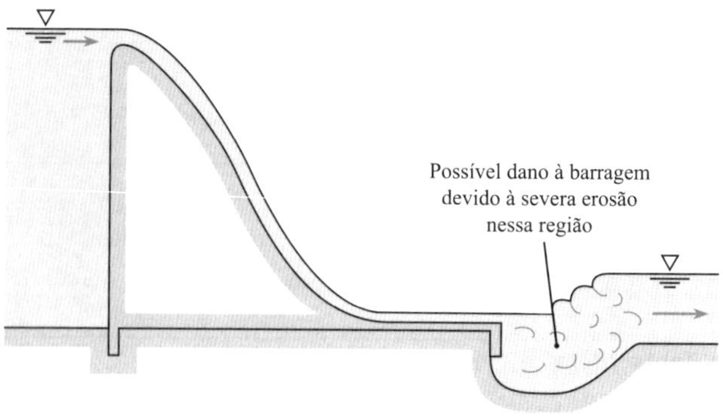

FIGURA 15.26
Salto hidráulico ocorrendo a jusante do fundo do canal do vertedouro.

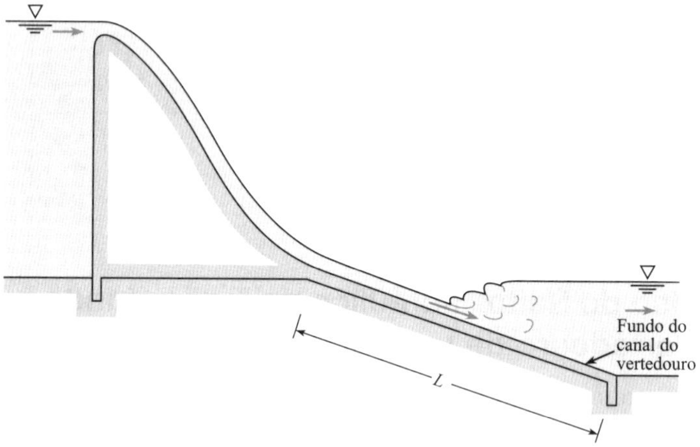

FIGURA 15.27
Fundo do canal do vertedouro longo e inclinado

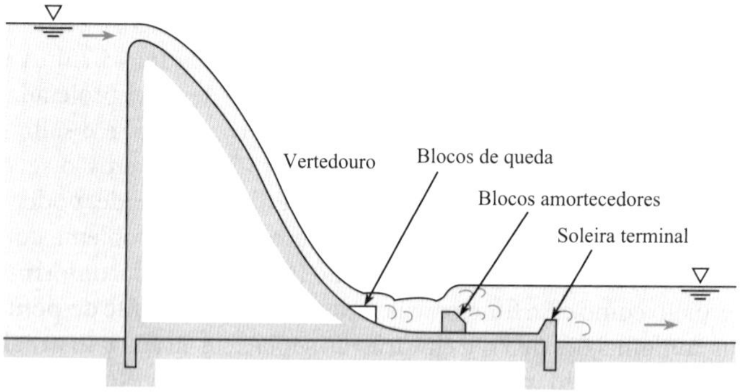

FIGURA 15.28
Vertedouro com bacia de dissipação do Tipo III, como recomendado pelo USBR (13).

Saltos Hidráulicos que Ocorrem Naturalmente

Os saltos hidráulicos podem ocorrer naturalmente em córregos e rios, proporcionando ondas estacionárias espetaculares, denominadas rolos. Entusiastas de caiaques e de *rafting* devem provar uma habilidade considerável ao navegar por saltos hidráulicos, uma vez que a significativa perda de energia que ocorre ao longo de uma curta distância pode ser perigosa, podendo tragar o barco na turbulência. Um caso especial de salto hidráulico, denominado salto hidráulico submerso, pode ser mortal para os entusiastas desses esportes, por serem difíceis de serem vistos. Um **salto hidráulico submerso** ocorre quando a profundidade a jusante estimada pela conservação de momento é excedida pela elevação do nível de água a jusante, de modo que o salto não pode se mover na direção a montante em resposta a esse desequilíbrio por causa da presença de algum obstáculo enterrado [ver Valle and Pasternak (14)]. Assim, os marcadores visuais de um salto hidráulico, particularmente as ondas rolantes representadas nas Figuras 15.23 e 15.24, não são visíveis.

Um **surto**, ou **pororoca**, é um salto hidráulico em movimento que pode ocorrer quando uma maré alta avança em uma baía ou na foz de um rio. As marés são, em geral, baixas o suficiente para que as ondas que elas produzem sejam suaves e não destrutivas. No entanto, em algumas partes do mundo, as marés são tão altas que sua entrada em baías rasas ou fozes de rios forma um surto ou macaréu. Os surtos podem ser muito perigosos para pequenos barcos. Os mesmos métodos analíticos usados para os saltos hidráulicos podem ser empregados para calcular a velocidade de um surto.

15.7 Escoamento Gradualmente Variado

Em escoamentos gradualmente variados, a resistência do canal é um fator significativo no processo de escoamento. Portanto, a equação da energia é utilizada para comparar S_0 e S_f.

Equação Diferencial Básica para o Escoamento Gradualmente Variado

Há numerosos casos de escoamento em canais abertos em que a variação no perfil da superfície da água é tão gradual que é possível integrar a equação diferencial relevante de uma seção à outra para obter a desejada variação na profundidade. Isso pode ser obtido por integração analítica ou, o que é mais comum, integração numérica. Na Seção 15.2, a equação da energia foi escrita entre duas seções de um canal separadas por uma distância Δx. Como aqui a única perda de carga é a resistência do canal, h_L é dado por Δh_f, e a Eq. (15.7) se torna

$$y_1 + \frac{V_1^2}{2g} + S_0\,\Delta x = y_2 + \frac{V_2^2}{2g} + \Delta h_f \qquad \textbf{(15.44)}$$

A inclinação de fricção S_f é definida como a declividade da LE, ou $\Delta h_f/\Delta x$. Assim, $\Delta h_f = S_f\,\Delta x$, e definindo $\Delta y = y_2 - y_1$, tem-se

$$\frac{V_2^2}{2g} - \frac{V_1^2}{2g} = \frac{d}{dx}\left(\frac{V^2}{2g}\right)\Delta x \qquad \textbf{(15.45)}$$

Portanto, a Eq. (15.44) torna-se

$$\Delta y = S_0\Delta x - S_f\,\Delta x - \frac{d}{dx}\left(\frac{V^2}{2g}\right)\Delta x$$

Dividindo todos os termos por Δx e tomando o limite quando Δx tende a zero, temos

$$\frac{dy}{dx} + \frac{d}{dx}\left(\frac{V^2}{2g}\right) = S_0 - S_f \qquad \textbf{(15.46)}$$

O segundo termo é reescrito como $[d(V^2/2g)/dy]dy/dx$, tal que a Eq. (15.46) simplifica a

$$\frac{dy}{dx} = \frac{S_0 - S_f}{1 + d(V^2/2g)/dy} \qquad \textbf{(15.47)}$$

Para colocar a Eq. (15.47) em uma forma mais útil, o denominador é expresso em termos do número de Froude. Isso é feito observando que

$$\frac{d}{dy}\left(\frac{V^2}{2g}\right) = \frac{d}{dy}\left(\frac{Q^2}{2gA^2}\right) \qquad \textbf{(15.48)}$$

Após tirar a derivada do lado direito da Eq. (15.48), a equação se torna

$$\frac{d}{dy}\left(\frac{V^2}{2g}\right) = \frac{-2Q^2}{2gA^3}\cdot\frac{dA}{dy}$$

Contudo, $dA/dy = T$ (largura superior) e $A/T = D$ (profundidade hidráulica); logo,

$$\frac{d}{dy}\left(\frac{V^2}{2g}\right) = \frac{-Q^2}{gA^2D}$$

ou

$$\frac{d}{dy}\left(\frac{V^2}{2g}\right) = -\mathrm{Fr}^2$$

Assim, quando a expressão para $d(V^2/2g)/dy$ é substituída na Eq. (15.47), o resultado é

$$\frac{dy}{dx} = \frac{S_0 - S_f}{1 - \mathrm{Fr}^2} \quad \textbf{(15.49)}$$

Essa é a equação diferencial geral para o escoamento gradualmente variado. Ela é usada para descrever os vários tipos de perfis da superfície da água que ocorrem em canais abertos. Observe que, na derivação da equação, S_0 e S_f foram considerados positivos quando o canal e as linhas de energia eram, respectivamente, inclinados para baixo na direção do escoamento. Observe também que y é medido a partir do fundo do canal. Portanto, $dy/dx = 0$ se a inclinação da superfície da água for igual à inclinação do fundo do canal, e dy/dx é positivo se a inclinação da superfície da água for menor do que a inclinação do canal.

Introdução aos Perfis de Superfície da Água

Na concepção de projetos envolvendo o escoamento em canais (rios ou canais de irrigação, por exemplo), o engenheiro deve, com frequência, estimar o **perfil da superfície da água** (elevação da superfície da água ao longo do canal) para determinada vazão volumétrica. Por exemplo, quando uma barragem está sendo projetada para um projeto fluvial, o perfil de superfície da água no rio a montante deve ser definido para que os desenvolvedores do projeto saibam quanta terra devem adquirir para acomodar o lago a montante. O primeiro passo na definição de um perfil de superfície da água consiste em localizar um ou mais pontos ao longo do canal nos quais a profundidade pode ser calculada para dada vazão volumétrica. Por exemplo, em uma mudança de declividade de suave para forte, a profundidade crítica ocorrerá imediatamente a montante da mudança na declividade (ver Fig. 15.32). Naquele ponto, é possível resolver para y_c com as Eqs. (15.25) ou (15.27). Além disso, para o escoamento sobre o vertedouro de uma barragem, haverá uma equação de vazão volumétrica a partir da qual poderá ser calculada a elevação da superfície da água no reservatório na face da barragem. Tais pontos, onde existe uma relação única entre a vazão volumétrica e a elevação da superfície da água são denominados **pontos de controle**. Uma vez que as elevações da superfície da água nesses pontos de controle sejam determinadas, o perfil de superfície da água pode ser estendido a montante ou a jusante dos pontos de controle para definir o perfil de superfície da água para todo o canal. A conclusão é obtida por integração numérica. Contudo, antes dessa integração ser efetuada, é geralmente útil para o engenheiro esboçar os perfis. Para auxiliar o processo de esboço dos possíveis perfis, o engenheiro pode se basear em diferentes categorias (os perfis de superfície da água têm características únicas que dependem da relação entre a profundidade normal, a profundidade crítica e a real profundidade do escoamento no canal). Esse esboço inicial dos perfis ajuda o engenheiro a avaliar o problema e obter uma solução, ou soluções, em menos tempo. A próxima seção descreve os vários tipos de perfis de superfície da água.

Tipos de Perfis de Superfície da Água

Existem 12 tipos diferentes de perfis de superfície da água para o escoamento gradualmente variado em canais, e eles estão mostrados esquematicamente na Figura 15.29. Cada perfil é identificado por um designador composto por uma letra e um número. Por exemplo, o primeiro perfil de superfície da água na Figura 15.29 é identificado como um perfil M1. A letra indica o tipo de declividade do canal, isto é, se a declividade é suave (M – *Mild*), crítica (C), forte (S – *Steep*), horizontal (H) ou adversa (A). A declividade é definida como suave se a profundidade do escoamento uniforme, y_n, for maior do que a profundidade do escoamento crítico, y_c. De maneira contrária, se y_n for menor do que y_c, a declividade do canal será denominada forte. Se $y_n = y_c$, esse é um canal com declividade crítica. A designação M, S ou C é determinada calculando y_n e y_c para o dado canal, para determinada vazão volumétrica. As Eqs. (15.11) a (15.15) são usadas para calcular y_n e a Eq. (15.27) é usada para calcular y_c. A Figura 15.30 mostra a relação entre y_n e y_c para as designações H, M, S, C e A. Como o nome indica, uma declividade

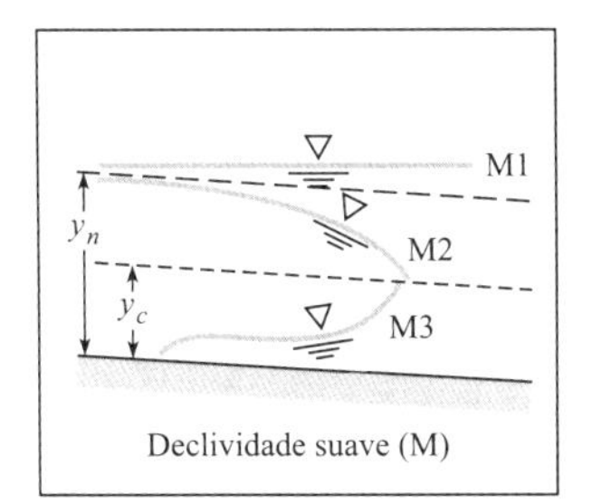

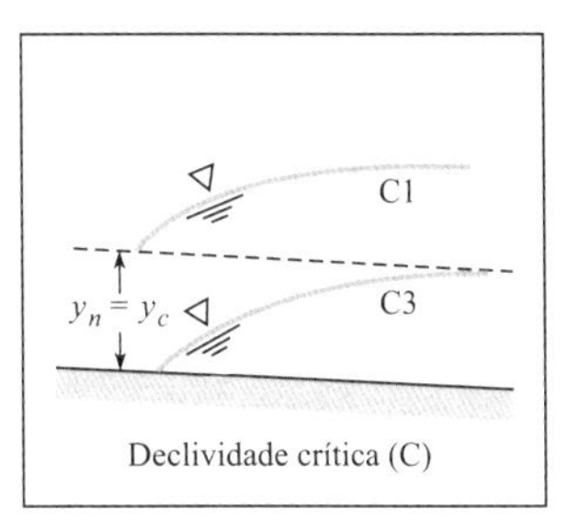

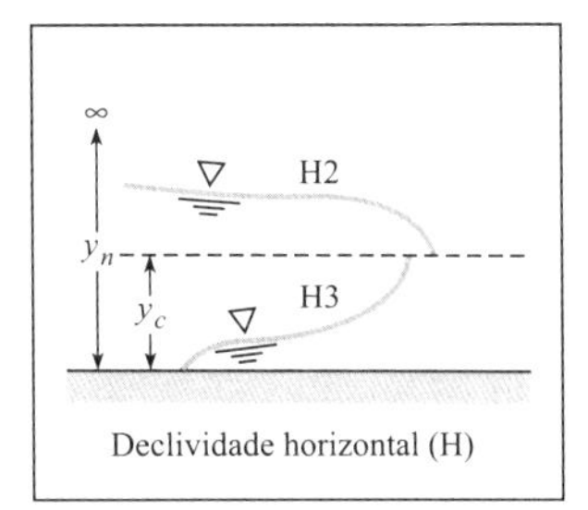

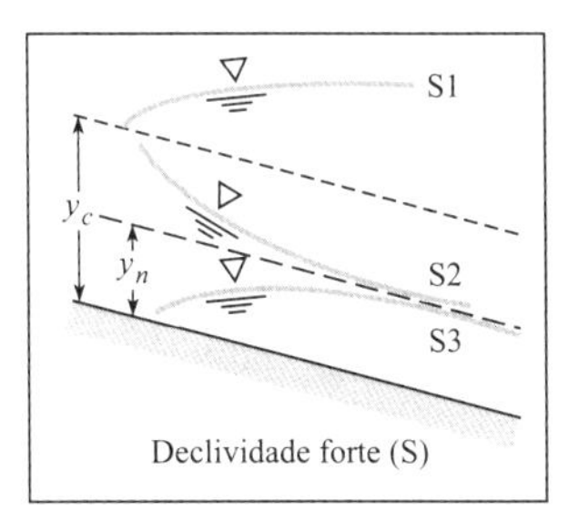

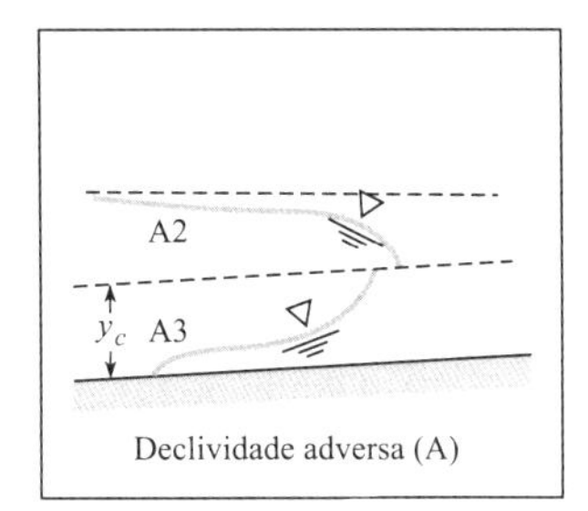

FIGURA 15.29

Classificação de perfis da superfície da água em escoamentos gradualmente variados.

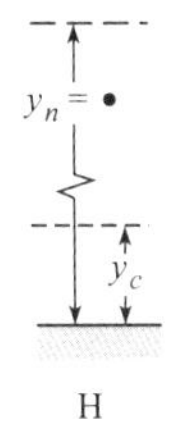

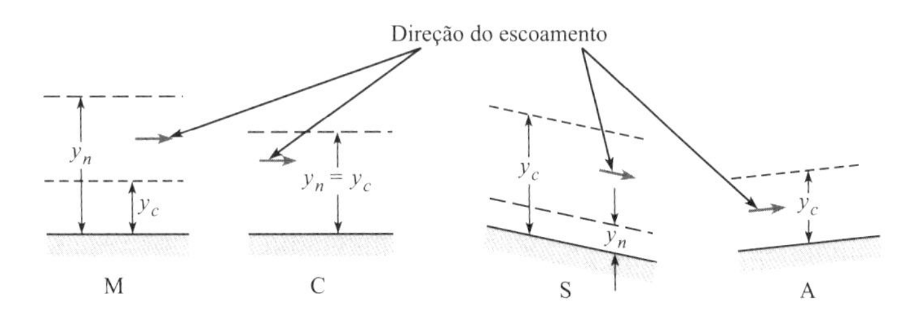

FIGURA 15.30

Designadores literais em função da relação entre y_n e y_c.

horizontal é aquela em que o canal possui de fato uma declividade zero, enquanto uma declividade adversa é aquela em que a inclinação do canal é para cima na direção do escoamento. A profundidade normal não existe para esses dois casos (por exemplo, a água não pode escoar à profundidade uniforme em um canal horizontal ou em um com declividade adversa); portanto, eles recebem as designações especiais H e A, respectivamente.

O designador numérico para o tipo de perfil refere-se à posição da *real* superfície da água em relação à posição da superfície da água para um escoamento uniforme e crítico no canal. Caso a real superfície da água esteja acima do escoamento uniforme e crítico ($y > y_n$; $y > y_c$), aquela condição recebe uma designação 1; se a real superfície da água está entre os escoamentos uniforme e crítico, ela recebe uma designação 2; e se a real superfície da água estiver abaixo dos escoamentos uniforme e crítico, ela recebe a designação 3. A Figura 15.31 ilustra essas condições para as declividades suave e forte.

A Figura 15.32 mostra como diferentes perfis de superfície da água podem se desenvolver em certas situações de campo. Mais especificamente, se considerarmos em detalhe o escoamento a jusante da comporta (ver Figura 15.33), poderemos verificar que a vazão e a declividade são tais que a profundidade normal é maior do que a profundidade crítica; portanto, a declividade é suave. A profundidade real do escoamento mostrada na Figura 15.33 é menor tanto de y_c quanto de y_n. Assim, existe um perfil de superfície da água do tipo 3. Com isso, a classificação completa do perfil na Figura 15.33 é um perfil suave do tipo 3, ou simplesmente

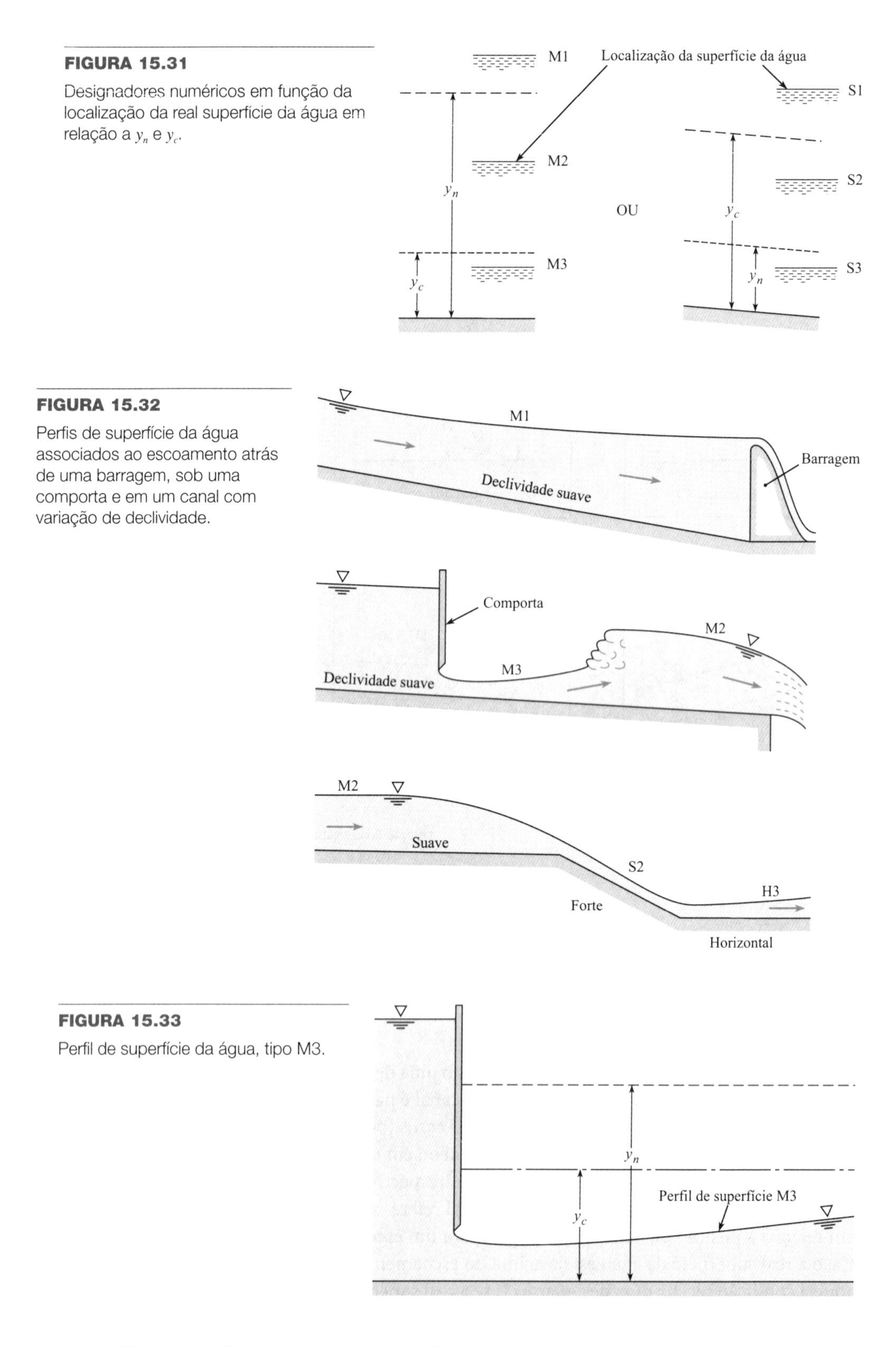

FIGURA 15.31

Designadores numéricos em função da localização da real superfície da água em relação a y_n e y_c.

FIGURA 15.32

Perfis de superfície da água associados ao escoamento atrás de uma barragem, sob uma comporta e em um canal com variação de declividade.

FIGURA 15.33

Perfil de superfície da água, tipo M3.

um perfil M3. Usando essas designações, pode-se categorizar o perfil a montante da comporta como do tipo M1.

EXEMPLO 15.12

Classificação de Perfis de Superfície da Água

Enunciado do Problema

Classificar os perfis de superfície da água para o escoamento a jusante da comporta na Figura 15.9 quando a declividade é horizontal e para o escoamento imediatamente a jusante da mudança de declividade na Figura 15.15.

Defina a Situação

Escoamento não uniforme em um canal.

Estabeleça o Objetivo

Determinar a classificação de perfil de superfície da água para as duas situações de escoamento diferentes.

Tenha Ideias e Trace um Plano

1. Selecione um designador numérico com base na localização da real superfície da água em relação a y_n e y_c (ver a Figura 15.31).
2. Selecione um designador literal para descrever o grau de declividade, que também pode ser caracterizado pelos valores relativos de y_n e y_c (ver a Figura 15.30).

Aja (Execute o Plano)

Para a Figura 15.9:

1. A profundidade real é menor do que a crítica; dessa forma, o perfil é do tipo 3.
2. O canal é horizontal; assim, o perfil é do tipo H3.

Para a Figura 15.15:

1. A profundidade real é maior do que a normal, mas menor do que a crítica, logo o perfil é do tipo 2.
2. A profundidade do escoamento uniforme (profundidade normal y_n) é menor do que a profundidade crítica; logo, a declividade é forte. Portanto, o perfil da superfície da água é designado do tipo S2.

Agora, usa-se a Eq. (15.49) para descrever as formas dos perfis. Novamente, por exemplo, considerando o perfil M3, sabe-se que Fr > 1, pois o escoamento é supercrítico ($y < y_c$), e que $S_f > S_0$, pois a velocidade é maior do que a velocidade normal. Assim, deve haver uma perda de carga maior do que a associada ao escoamento normal. Ao inserir esses valores relativos na Eq. (15.49) revela-se que tanto o numerador quanto o denominador são negativos. Portanto, dy/dx deve ser positivo (a profundidade aumenta na direção do escoamento), e à medida que se aproxima da profundidade crítica, o número de Froude se aproxima da unidade. Assim, o denominador da Eq. (15.49) tende a zero. Portanto, à medida que a profundidade se aproxima da profundidade crítica, $dy/dx \to \infty$. O que realmente ocorre nos casos em que se aproxima da profundidade crítica em um escoamento supercrítico é que há a formação de um salto hidráulico e, dessa forma, produz-se uma descontinuidade no perfil.

Certas características gerais dos perfis, como mostrado na Figura 15.29, são evidentes. Primeiro, à medida que a profundidade se torna muito grande, a velocidade do escoamento tende a zero. Assim, Fr $\to 0$ e $S_f \to 0$, e dy/dx se aproxima de S_0, pois $dy/dx = (S_0 - S_f)(1 - \text{Fr}^2)$. Em outras palavras, a profundidade aumenta à mesma taxa segundo a qual o fundo do canal cai em relação à horizontal. Assim, a superfície da água tende à horizontal. Os perfis que mostram essa tendência são os tipos M1, S1 e C1. Um exemplo físico do tipo M1 é o perfil da superfície da água a montante de uma barragem, conforme mostrado na Figura 15.32. A segunda característica geral de vários dos perfis é que aqueles que se aproximam da profundidade normal, o fazem assintoticamente. Isso está mostrado nos perfis S2, S3, M1 e M2. Observe ainda na Figura 15.29 que os perfis que tendem à profundidade crítica são representados por linhas tracejadas. Isso é feito porque próximo à profundidade crítica ou há o desenvolvimento de descontinuidades (salto hidráulico) ou as linhas de escoamento são muito curvas (tais como as próximas a uma borda). Esses perfis não podem ser estimados com precisão pela Eq. (15.49), pois essa equação está baseada em um escoamento unidimensional, que não é válido nessas regiões.

Avaliação Quantitativa do Perfil de Superfície da Água

Na prática, a maioria dos perfis de superfície da água é gerada por integração numérica, isto é, dividindo o canal em pequenos trechos e conduzindo o cálculo para a elevação da superfície da água de uma extremidade de cada trecho à outra. Em um método, denominado **método do passo direto**, a profundidade e a velocidade são conhecidas em determinada seção do canal (uma extremidade do trecho) e escolhe-se arbitrariamente a profundidade na outra extremidade. Então, resolve-se para o comprimento do trecho. A equação aplicável para a avaliação quantitativa do perfil da superfície da água é a equação da energia escrita para um trecho finito de canal, Δx:

$$y_1 + \frac{V_1^2}{2g} + S_0 \Delta x = y_2 + \frac{V_2^2}{2g} + S_f \Delta x$$

ou

$$\Delta x(S_f - S_0) = \left(y_1 + \frac{V_1^2}{2g}\right) - \left(y_2 + \frac{V_2^2}{2g}\right)$$

ou

$$\Delta x = \frac{(y_1 + V_1^2/2g) - (y_2 + V_2^2/2g)}{S_f - S_0} = \frac{(y_1 - y_2) + (V_1^2 - V_2^2)/2g}{S_f - S_0} \tag{15.50}$$

O procedimento para avaliação de um perfil inicia com a determinação de que tipo se aplica a certo trecho de canal (usando os métodos da subseção anterior). Então, a partir de uma profundidade conhecida, calcula-se um valor finito de Δx para uma variação de profundidade escolhida arbitrariamente. O processo de cálculo de Δx, passo a passo, em direção à entrada (Δx negativo) ou à saída (Δx positivo) do canal é repetido até que todo o comprimento do canal tenha sido coberto. Geralmente, pequenas mudanças de y são tomadas, tal que a declividade do atrito seja aproximada pela seguinte equação:

$$S_f = \frac{h_f}{\Delta x} = \frac{fV^2}{8gR_h} \tag{15.51}$$

Aqui, V é a velocidade média no trecho e R_h é o raio hidráulico médio. Isto é, $V = (V_1 + V_2)$ e $R_h = (R_{h1} + R_{h2})/2$. É óbvio que uma abordagem numérica desse tipo é idealmente adequada para solução por computador.

EXEMPLO 15.13

Classificação e Análise Numérica de um Perfil de Superfície da Água

Enunciado do Problema

A água escoa por debaixo de uma comporta para um canal retangular horizontal a uma taxa de 1 m³/s por metro de largura, conforme indicado na ilustração a seguir. Qual é a classificação do perfil da superfície da água? Avalie quantitativamente o perfil a jusante da comporta e determine se o perfil se estenderá por todo o comprimento até a queda abrupta 80 m a jusante. Para simplificar, considere o fator de atrito f igual a 0,02 e que o raio hidráulico R_h seja igual à profundidade y.

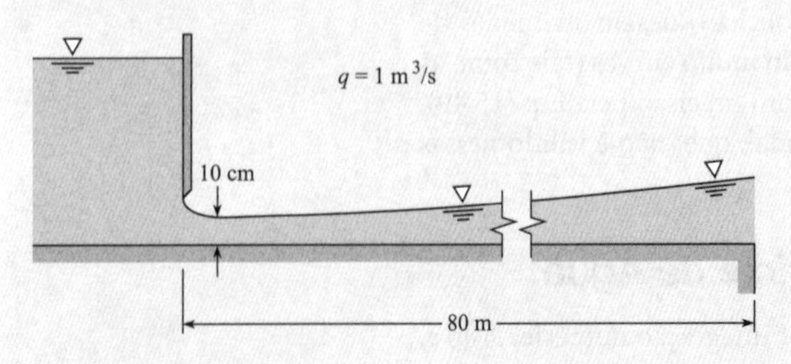

Defina a Situação

A água escoa sob uma comporta.

Hipóteses:

1. Fator de resistência f igual a 0,02.
2. Raio hidráulico R_h igual à profundidade y.

Estabeleça o Objetivo

- Classificar o perfil a jusante.
- Determinar se a crescente declividade prevalecerá por todo o comprimento até um ponto de interesse a 80 m a jusante.

Tenha Ideias e Trace um Plano

1. Determine a designação literal do canal usando a Figura 15.30.
2. Para o escoamento que sai da comporta, determine a profundidade crítica y_c e compare com a profundidade real do escoamento. Use essa informação para refinar a classificação.
3. Resolva para a profundidade em função da distância usando as Eqs. (15.50) e (15.51).

Aja (Execute o Plano)

1. O canal é horizontal, de modo que a designação literal é H.
2. Determinação da profundidade crítica y_c usando a Eq. (15.27):

$$y_c = (q^2/g)^{1/3} = [(1^2\ \text{m}^4/\text{s}^2)/(9{,}81\ \text{m/s}^2)]^{1/3}$$
$$= \boxed{0{,}467\ \text{m}}$$

Portanto, a profundidade do escoamento que sai da comporta é menor do que a profundidade crítica. Logo, o perfil da superfície da água é classificado como do

tipo H3

3. Para determinação da profundidade em função da distância ao longo do canal, aplica-se as Eqs. (15.50) e (15.51), usando a abordagem numérica dada na Tabela 15.2. Então, esboçam-se os resultados, como mostrado. A partir do gráfico, conclui-se que o

perfil se estende até a queda abrupta.

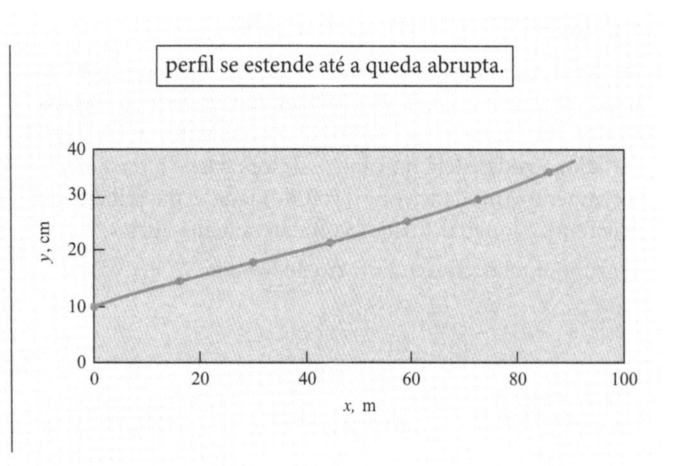

TABELA 15.2 Solução do Exemplo 15.13

Número da Seção a Jusante da Comporta	Profundidade y, m	Velocidade na Seção V, m/s	Velocidade Média no Trecho, $(V_1 + V_2)/2$	V^2	Raio Hidráulico Médio, $R_m = (y_1 + y_2)/2$	$S_f = \frac{fV^2_{\text{média}}}{8gR_m}$	$\Delta x = \frac{(y_1 - y_2) + \frac{(V_1^2 - V_2^2)}{2g}}{(S_f - S_0)}$	Distância a partir da Comporta x, m
1 (na comporta)	0,1	10	...	100	...	...	...	0
	...	...	8,57	73,4	0,12	0,156	15,7	
2	0,14	7,14	...	51,0	...	...	...	15,7
	...	...	6,35	40,3	0,16	0,064	15,3	
3	0,18	5,56	...	30,9	...	...	...	31,0
	...	...	5,05	25,5	0,20	0,032	15,1	
4	0,22	4,54	...	20,6	...	...	...	46,1
	...	...	4,19	17,6	0,24	0,019	13,4	
5	0,26	3,85	...	14,8	...	...	...	59,5
	...	...	3,59	12,9	0,28	0,012	12,4	
6	0,30	3,33	...	11,1	...	...	...	71,9
	...	...	3,13	9,8	0,32	0,008	10,9	
7	0,34	2,94	...	8,6	...	...	...	82,8

15.8 Resumindo Conhecimentos-Chave

Descrição do Escoamento em Canal Aberto

- Um canal aberto é aquele em que um líquido escoa com uma superfície livre.
- O escoamento estacionário em canal aberto é classificado como
  - *uniforme* (velocidade constante em todos os pontos em cada linha de corrente) ou
  - *não uniforme* (velocidade varia em pontos ao longo de uma linha de corrente específica)

Escoamento Uniforme e Estacionário

- A perda de carga corresponde à variação na energia potencial associada à declividade do canal.
- A vazão volumétrica é dada pela equação de Manning:

$$Q = \frac{1}{n} A R_h^{2/3} S_0^{1/2}$$

em que A é a área de escoamento, S_0 é a declividade do canal e n é o coeficiente de resistência (coeficiente n de Manning), que foi tabelado para diferentes superfícies.

Escoamento Não Uniforme

- O escoamento não uniforme em canais abertos é caracterizado como escoamento rapidamente variado ou escoamento gradualmente variado. No escoamento rapidamente variado, a resistência do canal é desprezível e alterações no escoamento (mudanças na profundidade e na velocidade) ocorrem ao longo de distâncias relativamente curtas.
- O grupo π relevante é o número de Froude:

$$\text{Fr} = \frac{V}{\sqrt{gD_c}}$$

em que D_c é a profundidade hidráulica, A/T. Quando o número de Froude é igual à unidade, o escoamento é crítico.
- O escoamento subcrítico ocorre quando o número de Froude é menor do que a unidade, e o supercrítico quando o número de Froude é maior do que a unidade.

Salto Hidráulico

- Um salto hidráulico ocorre geralmente quando o escoamento ao longo do canal passa de supercrítico a subcrítico.
- A equação que governa o salto hidráulico em um canal retangular horizontal é

$$y_2 = \frac{y_1}{2}\left(\sqrt{1 + 8\text{Fr}_1^2} - 1\right)$$

- A perda de carga correspondente no salto hidráulico é

$$h_L = \frac{(y_2 - y_1)^3}{4y_1 y_2}$$

- Quando o escoamento ao longo do canal passa de subcrítico a supercrítico, a perda de carga é considerada desprezível, e a relação entre a profundidade e a velocidade é governada pela mudança na elevação do fundo do canal e da energia específica, $y + V^2/2g$. Entre os casos típicos desse tipo de escoamento estão incluídos os seguintes:
  1. Escoamento sob uma comporta
  2. Uma elevação do fundo do canal
  3. Redução na largura do canal.

Escoamento Gradualmente Variado

- Para o escoamento gradualmente variado, a equação diferencial que governa o processo é

$$\frac{dy}{dx} = \frac{S_0 - S_f}{1 - \text{Fr}^2}$$

Quando essa equação é integrada ao longo do comprimento do canal, a profundidade y é determinada como uma função da distância x ao longo do canal. Isso gera o perfil da superfície da água para o trecho do canal.

REFERÊNCIAS

1. Limerinos, J. T. "Determination of the Manning Coefficient from Measured Bed Roughness in Natural Channels." Water Supply Paper 1898-B, U.S. Geological Survey, Washington, D.C., 1970.

2. Committee on Hydromechanics of the Hydraulics Division of American Society of Civil Engineers. "Friction Factors in Open Channels." *J. Hydraulics Div., Am. Soc. Civil Eng.* (March 1963).

3. Wolman, M. G. "The Natural Channel of Brandywine Creek, Pennsylvania." Prof. Paper 271, U.S. Geological Survey, Washington D.C., 1954.

4. Yen, B. C. (ed.) *Channel Flow Resistance: Centennial of Manning's Formula.* Littleton, CO: Water Resources Publications, 1992.

5. Chow, Ven Te. *Open Channel Hydraulics.* New York: McGraw-Hill, 1959.

6. Henderson, F. M. *Open Channel Flow.* New York: Macmillan, 1966.

7. American Concrete Pipe Assoc. *Concrete Pipe Design Manual.* Vienna, VA: American Concrete Pipe Assoc. 1980.

8. Parshall, R. L. "The Improved Venturi Flume." *Trans. ASCE*, 89 (1926), 841–851.

9. Roberson, J. A., J. J. Cassidy, and M. H. Chaudhry. *Hydraulic Engineering.* New York: John Wiley, 1988.

10. Hinds, J. "The Hydraulic Design of Flume and Siphon Transitions." *Trans. ASCE*, 92 (1928), pp. 1423–1459.

11. U.S. Bureau of Reclamation. *Design of Small Canal Structures.* U.S. Dept. of Interior, Washington, DC: U.S. Govt. Printing Office, 1978.

12. Rouse, H. (ed.). *Engineering Hydraulics.* New York: John Wiley, 1950.

13. U.S. Bureau of Reclamation. *Hydraulic Design of Stilling Basin and Bucket Energy Dissipators.* Engr. Monograph no. 25, U.S. Supt. of Doc., 1958.

14. Valle, B. L., and G. B. Pasternak. "Submerged and Unsubmerged Natural Hydraulic Jumps in a Bedrock Step-Pool Mountain Channel." Geomorphology, 82 (2006), pp. 146-159.

15. Raju, K. G. R. *Flow Through Open Channels.* New Delhi: Tata McGraw-Hill, 1981.

PROBLEMAS

Descrição do Escoamento em Canal Aberto (§15.1)

15.1 Por que o número de Reynolds associado ao surgimento da turbulência é dado por Re > 2000 para o escoamento pleno em tubos e Re > 500 para o escoamento em tubos parcialmente preenchidos e outros canais abertos?

15.2 Um canal aberto retangular tem base de comprimento $2b$, e a água está escoando com uma profundidade de b.

a. Esboce esse canal.
b. Qual é o raio hidráulico desse canal?

15.3 Conforme mostrado, dois canais possuem a mesma área de seção transversal, mas geometrias distintas.
a. Qual canal tem o maior perímetro molhado?
b. Em qual canal o contato entre a água e a parede é maior?
c. Qual canal apresenta maior perda de energia por causa do atrito?

Escoamento Uniforme Estacionário em Canais Abertos (§15.3)

15.4 Considere o escoamento uniforme de água nos dois canais mostrados. Ambos possuem a mesma declividade, a mesma rugosidade das paredes e a mesma área de seção transversal. Portanto, a relação correta é (a) $Q_A = Q_B$, (b) $Q_A < Q_B$ ou (c) $Q_A > Q_B$?

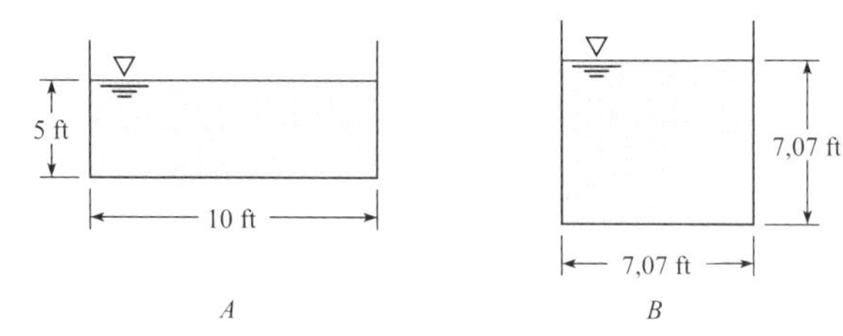

Problemas 15.3, 15.4

15.5 Esta calha de madeira tem uma declividade de 0,0019. Qual será a vazão volumétrica de água na calha para uma profundidade de 1 m? A madeira foi aplainada.

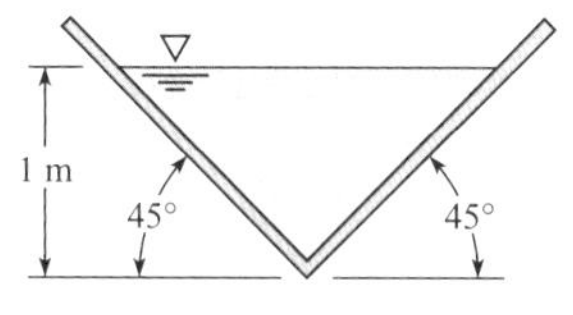

Problema 15.5

15.6 Um córrego em uma montanha escoa sobre um fundo com pedregulhos. Aplique as equações de Limerinos e de Chezy para calcular a vazão volumétrica. O córrego possui pedras de tamanho intermediário d_{84} de 30 cm, uma profundidade média de 2,1 m, uma declividade $S = 0{,}0037$ e uma largura de 52 cm. Escolha a melhor resposta (m^3/s): (a) 85, (b) 120, (c) 160, (d) 240 ou (e) 410.

15.7 A água está escoando em um canal retangular de concreto. Aplique a equação de Manning para calcular a vazão volumétrica. O canal é de concreto sem acabamento, com 8 ft de largura, e cai 3 ft ao longo de uma distância de 1000 ft; a profundidade do escoamento é de 2,5 ft; $T = 60$ °F; e o escoamento é uniforme. Escolha a melhor resposta (cfs): (a) 114, (b) 145, (c) 183, (d) 212 ou (e) 565.

15.8 Estime a vazão volumétrica de água ($T = 10$ °C) que escoa com profundidade de 1,5 m em um longo canal retangular de concreto que tem 3 m de largura e declividade de 0,001. Use a equação de Darcy-Weisbach.

15.9 Considere canais de seção transversal retangular em que a água escoa a 100 cfs. Os canais têm declividade de 0,001. Determine as áreas de seção transversal necessárias para larguras de 2, 4, 6, 8, 10 e 15 ft. Trace um gráfico de A em função de y/b, e veja como os resultados se comparam ao resultado aceito para a melhor seção hidráulica. Use a equação de Manning com concreto sem acabamento.

15.10 Um tubo de esgoto de concreto (considere $n = 0{,}013$) tem diâmetro de 2,5 ft e queda de elevação de 1,0 ft por 800 ft de comprimento. Se o esgoto (assuma propriedades semelhantes às da água) escoa a uma profundidade de 1,25 ft no tubo, qual será a vazão volumétrica?

15.11 Determine a vazão volumétrica em um tubo de esgoto de concreto liso com 5 ft de diâmetro em uma declividade de 0,001 que está conduzindo a água a uma profundidade de 4 ft.

15.12 A água escoa a uma profundidade de 8 ft no canal trapezoidal revestido com concreto mostrado na figura a seguir. Se a declividade do canal é de 1 ft em 1500 ft, quais são a velocidade média e a vazão? Use a equação de Darcy-Weisbach com $k_s = 0{,}003$ ft.

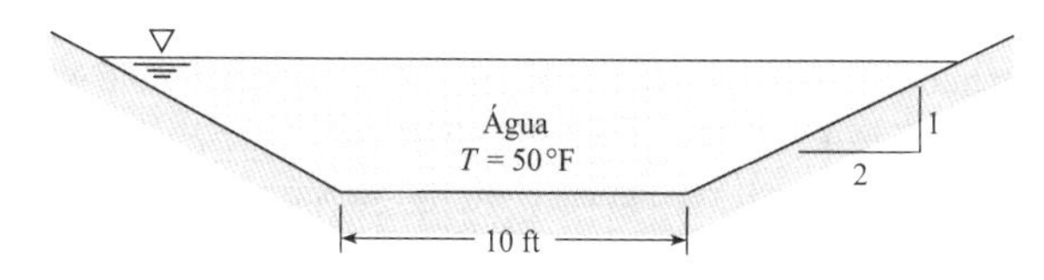

Problema 15.12

15.13 Qual será a profundidade de escoamento em um canal trapezoidal com fundo revestido em concreto alisado que tem uma vazão volumétrica de água de 1000 cfs? O canal tem uma declividade de 1 ft em 500 ft. A largura do fundo do canal é de 10 ft e a inclinação das laterais é de 1 na vertical por 1 na horizontal.

15.14 Qual vazão volumétrica de água ocorrerá em um canal trapezoidal que tem fundo com 18 ft de largura, laterais com inclinação de 1 na vertical por 1 na horizontal, declividade de 2 ft/milha e profundidade de 4 ft? O canal é revestido com concreto alisado.

15.15 Um canal retangular de concreto tem largura de 4 m, declividade de 0,004 e foi projetado para conduzir uma vazão de água ($T =$ 10 °C) de 25 m^3/s. Estime a profundidade de escoamento uniforme para essas condições. O canal tem seção transversal retangular, e o concreto é áspero, sem acabamento.

15.16 Um canal retangular de concreto alisado com largura de 8 ft e declividade de 10 ft em 3000 ft está projetado para uma vazão volumétrica de 400 cfs. Para a água à temperatura de 40 °F, estime a profundidade do escoamento.

15.17 Um canal trapezoidal revestido com concreto tem um fundo com largura de 10 ft e laterais com inclinação de 1 na vertical por 2 na horizontal, e está projetado para conduzir um escoamento de 3000 cfs. Se a declividade do canal é de 0,001, qual será a profundidade de seu escoamento? O concreto é sem acabamento.

15.18 Projete um canal com seção transversal trapezoidal para escoar uma vazão de água de irrigação de projeto de 900 cfs. A declividade do canal deve ser de 0,002. O canal deve ser revestido com concreto sem acabamento, e deve ter a melhor seção hidráulica para o escoamento de projeto.

Escoamento Não Uniforme Estacionário em Canais Abertos (§15.4)

15.19 Qual é a relação entre a perda de carga e a declividade em um escoamento não uniforme em comparação a um escoamento uniforme?

15.20 O escoamento crítico é uma condição desejável ou indesejável? Por quê?

15.21 O escoamento crítico __________. (A seguir, selecione todas as opções corretas.)
a. ocorre quando a energia específica é mínima para determinada vazão.
b. ocorre quando a vazão é máxima para determinada energia específica.
c. ocorre quando $\mathrm{Fr} < 1$.
d. ocorre quando $\mathrm{Fr} = 1$.

15.22 A água escoa a uma profundidade de 100 polegadas e com uma velocidade de 25 ft/s em um canal retangular com 3 ft de largura. (a) O escoamento é subcrítico ou supercrítico? (b) Qual é a profundidade alternada?

15.23 A vazão volumétrica da água em um canal retangular com largura de 20 ft é de 550 cfs. Se a profundidade da água é de 3 ft, o escoamento é subcrítico ou supercrítico?

15.24 A vazão volumétrica em um canal retangular com largura de 18 ft é de 420 cfs. Se a velocidade da água é de 9 ft/s, o escoamento é subcrítico ou supercrítico?

15.25 A água escoa a uma vazão de 8 m^3/s em um canal retangular com 2 m de largura. Determine o número de Froude e o tipo de escoamento (subcrítico, crítico ou supercrítico) para profundidades de 30 cm, 1,0 m e 2,0 m. Qual é a profundidade crítica?

15.26 Para um canal retangular com 3 m de largura e vazão de 12 m^3/s, qual é a profundidade alternada à profundidade de 90 cm? Qual é a energia específica para essas condições?

15.27 A água escoa à profundidade crítica com uma velocidade de 12 m/s. Qual é a profundidade do escoamento?

15.28 A água escoa uniformemente com vazão de 320 cfs em um canal retangular cuja largura é de 12 ft e em que a declividade do fundo é de 0,005. Se n é 0,014, o escoamento é subcrítico ou supercrítico?

15.29 A vazão volumétrica em um canal trapezoidal é de 10 m^3/s. A largura do fundo do canal é de 3,0 m, e as inclinações laterais são de 1 na vertical por 1 na horizontal. Se a profundidade do escoamento é de 1,0 m, o escoamento é supercrítico ou subcrítico?

15.30 Um canal retangular tem 6 m de largura e sua vazão de água é de 18 m^3/s. Trace um gráfico da profundidade em função da energia específica para essas condições. Considere que a energia específica varia entre E_{min} e $E = 7$ m. Quais são as profundidades alternada e sequente para a profundidade de 30 cm?

15.31 Um longo canal retangular tem largura de 8 m e uma declividade suave que termina em uma queda livre. Se a profundidade da água na borda é de 0,55 m, qual é a vazão volumétrica no canal?

15.32 Um vertedor de soleira espessa é usado para medir a vazão volumétrica em uma calha de irrigação. Calcule a vazão volumétrica. O vertedor tem 10 ft de comprimento, 4 ft de altura e a carga sobre o vertedor é de 2,4 ft. Use a Figura 15.13 para determinar o coeficiente de descarga. Escolha a resposta mais próxima: (a) 12, (b) 24, (c) 55, (d) 79, (e) 101.

15.33 Que vazão volumétrica de água ocorrerá sobre um vertedor de soleira espessa que tem 2 m de altura e 5 m de comprimento se a carga sobre o vertedor é de 60 cm?

15.34 A crista de um vertedor de soleira espessa tem uma elevação de 100 m. Se o comprimento do vertedor é de 10 m e a vazão de água sobre o vertedor é de 25 m^3/s, qual é a elevação da superfície da água no reservatório a montante?

15.35 A crista de um vertedor de soleira espessa tem uma elevação de 300 ft. Se o comprimento do vertedor é de 40 ft e a vazão de água sobre o vertedor é de 1200 cfs, qual é a elevação da superfície da água no reservatório a montante?

15.36 A água escoa em um canal retangular com uma velocidade de 3 m/s e a uma profundidade de 3m. Quais são as variações na profundidade e na elevação da superfície da água produzidas por uma mudança gradual para cima (*upstep*) do fundo do canal de 30 cm? Quais seriam as variações na profundidade e na elevação se existisse uma mudança gradual para baixo (*downstep*) de 30 cm na elevação do fundo? Qual é o máximo aumento de elevação do fundo do canal que poderia existir antes que a profundidade a montante sofresse alteração?

15.37 A água escoa em um canal retangular com uma velocidade de 2 m/s e a uma profundidade de 3 m. Quais são as variações na profundidade e na elevação da superfície da água produzidas por uma mudança gradual para cima (*upstep*) do fundo do canal de 60 cm? Quais seriam as variações na profundidade e na elevação se existisse uma mudança gradual para baixo (*downstep*) de 15 cm na elevação do fundo? Qual é o aumento máximo de elevação do fundo do canal que poderia existir antes que a profundidade a montante sofresse uma alteração?

15.38 Considerando que não há perda de energia, qual é o máximo valor de Δz que permitirá que uma vazão unitária de 6 m^2/s passe sobre a rampa sem aumentar a profundidade a montante? Faça um esboço cuidadoso da forma da superfície da água da seção 1 para a seção 2. No desenho, indique os valores para Δz, para a profundidade e para a magnitude da elevação ou queda da superfície da água da seção 1 para a seção 2.

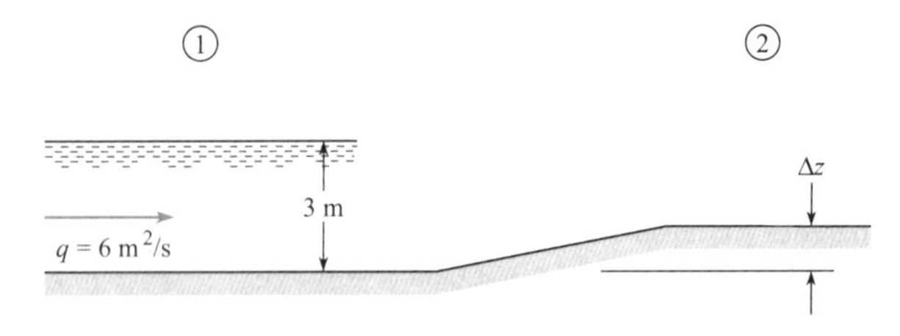

Problema 15.38

15.39 A água escoa com uma velocidade de 3 m/s em um canal retangular de 3 m de largura, a uma profundidade de 3 m. Quais são as variações na profundidade e na elevação da superfície da água produzidas quando ocorre uma contração gradual do canal até uma largura de 2,6 m? Determine a maior contração possível sem alterar as condições a montante especificadas.

15.40 Um canal retangular com 10 ft de largura é muito liso, exceto por um pequeno trecho acidentado que tem cantoneiras de ferro presas ao fundo. A água escoa no canal à vazão de 200 cfs e a uma profundidade de 1,0 ft a montante da seção com os acidentes. Considere um escoamento sem atrito, exceto na seção acidentada, em que o arrasto total de toda a rugosidade (todas as cantoneiras de ferro) é de 2000 lbf. Determine a profundidade a jusante da seção acidentada para as condições consideradas.

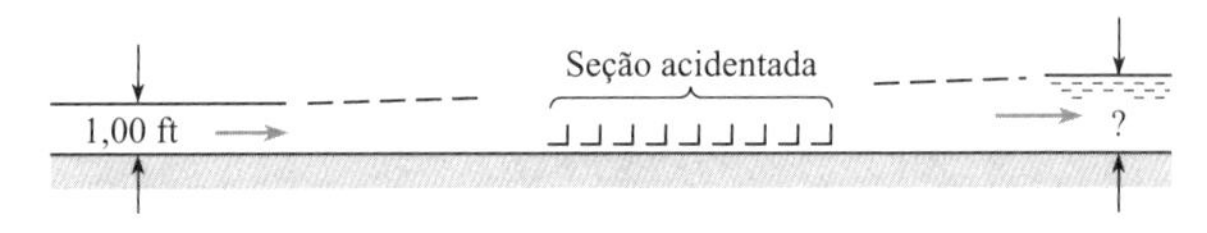

Problema 15.40

15.41 A água escoa de um reservatório em um canal retangular íngreme com 4 m de largura. A superfície da água no reservatório está 3 m acima do fundo na entrada do canal. Qual é a vazão no canal?

15.42 Uma pequena onda é produzida em um lago cuja profundidade é de 18 polegadas. Qual é a velocidade da onda no lago?

15.43 Em um tanque de água com profundidade constante, uma pequena onda se propaga a uma velocidade de 3 m/s. Qual é a profundidade da água?

15.44 À medida que as ondas do mar se aproximam de uma praia com aclive, elas se curvam de modo que se tornam quase paralelas à praia, até finalmente se quebrarem (ver a figura a seguir). Explique por que as ondas se curvam dessa maneira. *Sugestão*: Em uma praia em aclive, onde a água é mais rasa?

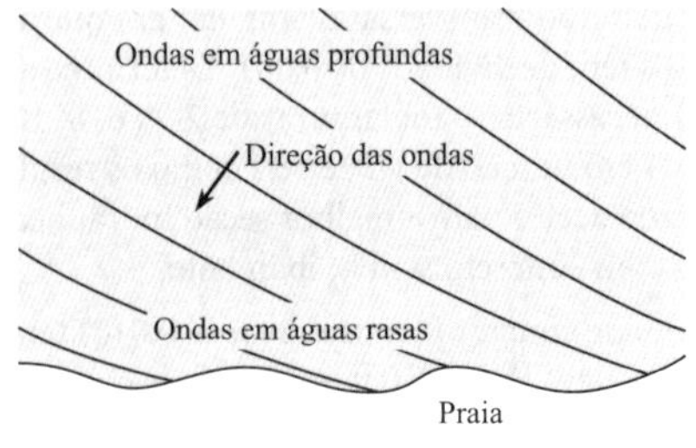

Vista aérea das ondas

Problema 15.44

Saltos Hidráulicos (§15.6)

15.45 Para um salto hidráulico, __________. (A seguir, selecione todas as opções corretas.)

a. o escoamento muda de subcrítico a supercrítico.
b. o escoamento muda de supercrítico a subcrítico.
c. há uma perda significativa de energia.
d. a altura da água aumenta bruscamente da seção transversal a montante para a seção transversal a jusante.
e. as profundidades a jusante e a montante se relacionam quantitativamente quanto ao valor de Fr a montante.
f. a equação da energia é uma ferramenta mais adequada para a análise do fenômeno do que a equação do momento.

15.46 A rampa amortecida mostrada na figura a seguir é usada como um dissipador de energia em um canal aberto bidimensional. Para uma vazão volumétrica de 18 cfs por pé de largura, calcule a perda de carga, a potência dissipada e a componente horizontal da força exercida pela rampa sobre a água.

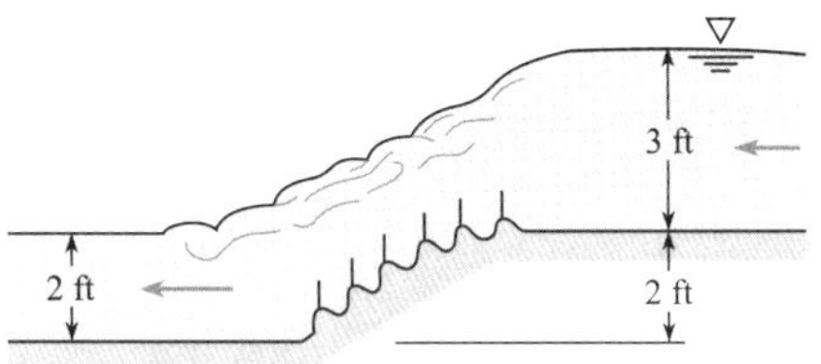

Problema 15.46

15.47 O vertedouro mostrado na figura tem uma vazão volumétrica de 3,1 m³/s por metro de largura. Que profundidade y_2 existirá a jusante do salto hidráulico? Considere uma perda de energia desprezível sobre o vertedouro.

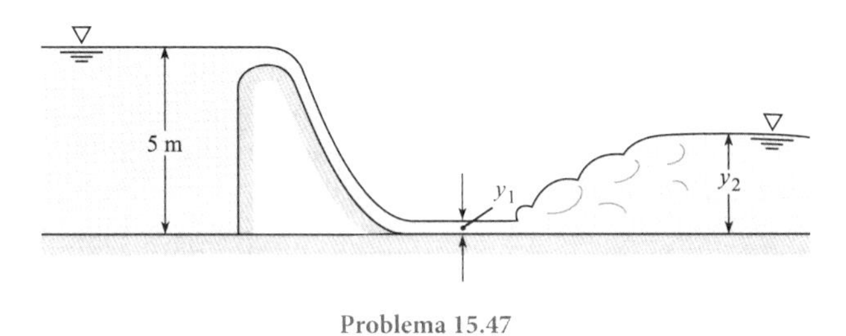

Problema 15.47

15.48 O escoamento de água a jusante de uma comporta em um canal horizontal tem uma profundidade de 35 cm e uma vazão de 7 m³/s por metro de largura. A comporta tem 2 m de largura.

a. É possível a formação de um salto hidráulico a jusante dessa seção?
b. Em caso positivo, qual seria a profundidade a jusante do salto?

15.49 Sabendo que a vazão por unidade de largura é de 65 cfs/ft e que a altura (H) do salto hidráulico é de 14 ft, qual é a profundidade y_1?

Problema 15.49

15.50 A água escoa em um canal a uma profundidade de 40 cm e com uma velocidade de 8 m/s. Uma obstrução causa a formação de um salto hidráulico. Qual é a profundidade do escoamento a jusante do salto?

15.51 A água escoa em um canal trapezoidal a uma profundidade de 40 cm e com uma velocidade de 10 m/s. Uma obstrução causa a formação de um salto hidráulico. Qual é a profundidade do escoamento a jusante do salto? A largura do fundo do canal é de 5 m e as inclinações laterais são de 1 na vertical por 1 na horizontal.

15.52 Um salto hidráulico ocorre em um canal retangular largo. Se as profundidades a montante e a jusante são de 0,50 ft e 10 ft, respectivamente, qual é a vazão por pé de largura do canal?

15.53 O canal retangular com 20 ft de largura mostrado na figura tem três seções distintas: $S_{0,1} = 0{,}01$; $S_{0,2} = 0{,}0004$; $S_{0,3} = 0{,}00317$; $Q = 500$ cfs; $n_1 = 0{,}015$; as profundidades normais nas seções 2 e 3 são, respectivamente, de 5,4 ft e 2,7 ft. Determine as profundidades crítica e normal para a seção 1 (use a equação de Manning do §15.3). A seguir, classifique o escoamento em cada seção (supercrítico, subcrítico, crítico), e determine se irá ocorrer um salto hidráulico. Em caso de ocorrência de salto hidráulico, em qual(is) seção(ões) ele irá ocorrer?

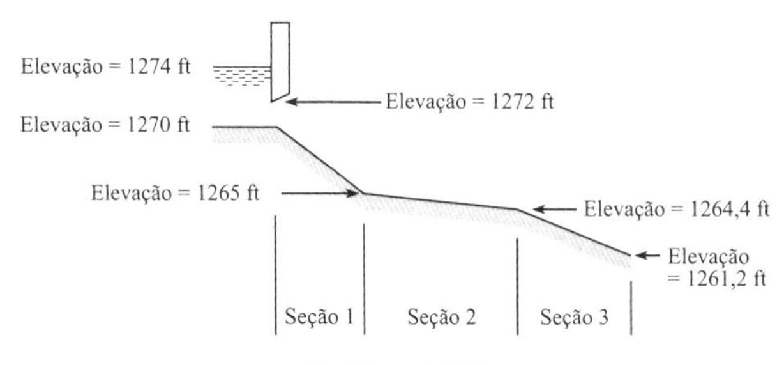

Problema 15.53

15.54 A água escoa sob uma comporta, conforme mostrado na figura, e continua até uma queda livre (também mostrada). A montante da queda livre, o escoamento logo alcança uma profundidade normal de 1,1 m. O perfil imediatamente a jusante da comporta é o que existiria se não houvesse influência da parte mais próxima à queda livre. Para essas condições, haverá a formação de um salto hidráulico? Em caso positivo, determine sua localização. Em caso negativo, faça um desenho do perfil completo e identifique cada parte do mesmo. Trace a linhas de energia para o sistema.

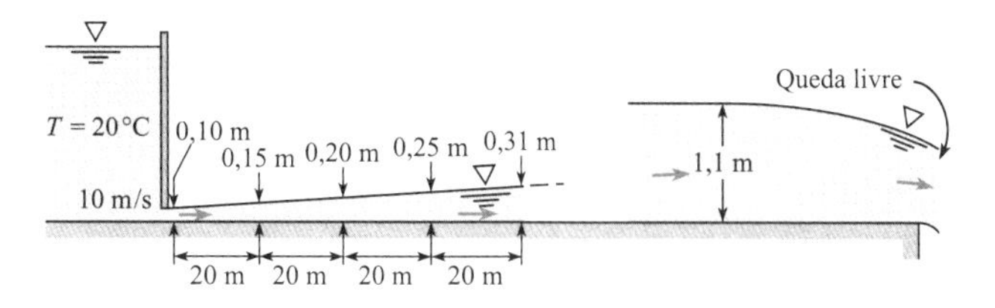

Problema 15.54

15.55 Como mostrado na figura, a água está escoando sob uma comporta em um canal retangular horizontal cuja largura é de 5 ft. As profundidades y_0 e y_1 são, respectivamente, 65 ft e 1 ft. Qual será a potência perdida no salto hidráulico?

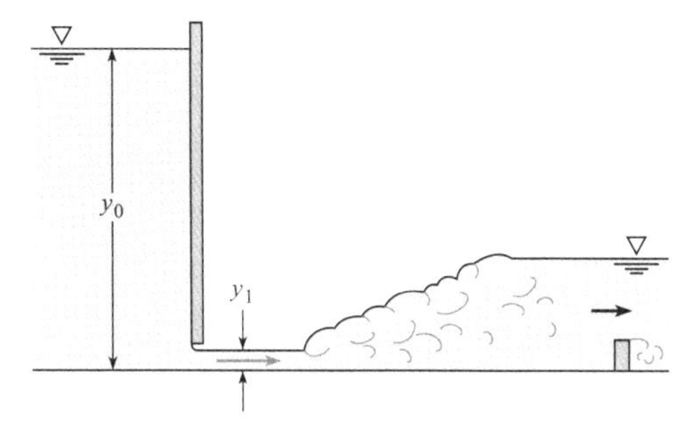

Problema 15.55

15.56 A água escoa uniformemente a uma profundidade $y_1 = 32$ cm no canal de concreto mostrado, que tem largura de 8 m. Estime a altura do salto hidráulico que existirá após a instalação de uma soleira para sua formação. Considere o valor do coeficiente n de Manning de $n = 0{,}012$.

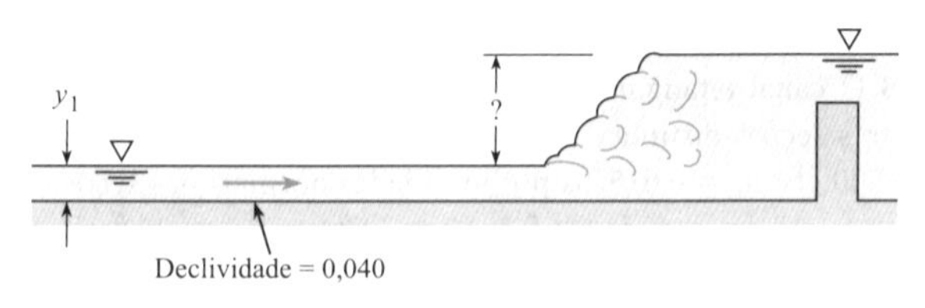

Problema 15.56

Escoamento de Gradualmente Variado (§15.7)

15.57 A profundidade normal no canal a jusante da comporta mostrada é de 1 m. Qual perfil de superfície da água ocorre a jusante da comporta? Além disso, estime a tensão de cisalhamento sobre o fundo liso do canal a uma distância de 0,5 m a jusante da comporta.

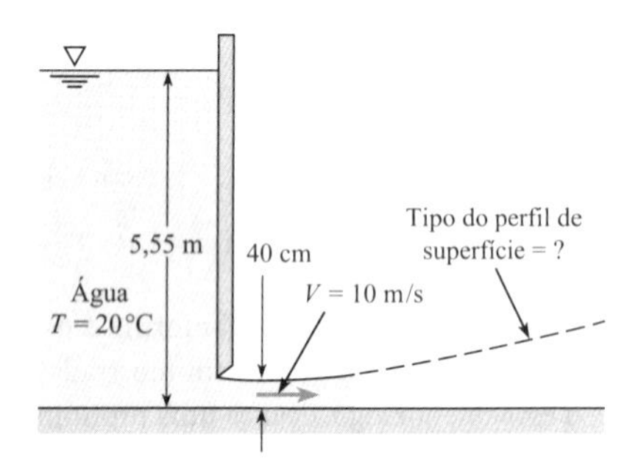

Problema 15.57

15.58 A água escoa a uma vazão de 100 ft³/s em um canal retangular com 10 ft de largura. A profundidade normal no canal é de 2 ft. A profundidade real do escoamento no canal é de 4 ft. Para essas condições, o perfil da superfície da água no canal seria classificado como (a) S1, (b) S2, (c) M1 ou (d) M2?

15.59 O perfil da superfície da água identificado com um ponto de interrogação ("?") é (a) M2, (b) S2, (c) H2 ou (d) A2?

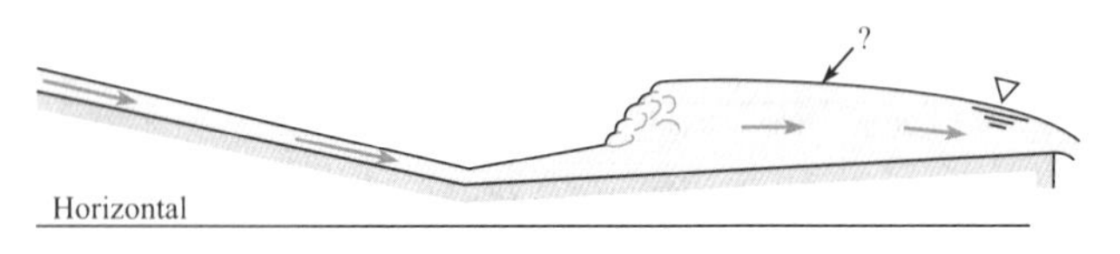

Problema 15.59

15.60 O perfil parcial da superfície da água mostrado na figura é para um canal retangular com 3 m de largura, no qual a água escoa com uma vazão de 5 m³/s. Desenhe a parte que falta do perfil da superfície da água e identifique seu(s) tipo(s).

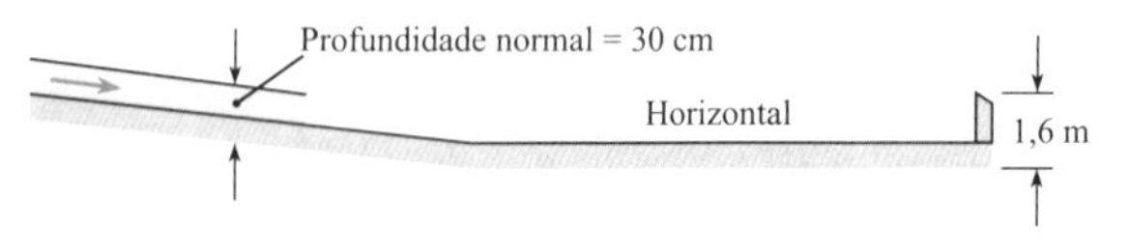

Problema 15.60

15.61 Um canal retangular de concreto muito longo com 10 ft de largura e uma declividade de 0,0001 termina em queda livre. A vazão no canal é de 120 cfs. A uma milha a montante, o escoamento é uniforme. Que tipo (classificação) de superfície da água ocorre a montante da borda?

15.62 A vazão por pé de largura no canal retangular da figura é de 20 cfs. As profundidades normais para as seções 1 e 3 são de 0,5 ft e 1,00 ft, respectivamente. A declividade da seção 2 é de 0,001 (declividade positiva na direção do escoamento). Desenhe todos os possíveis perfis de superfície da água para o escoamento nesse canal e identifique cada parte com a correspondente classificação.

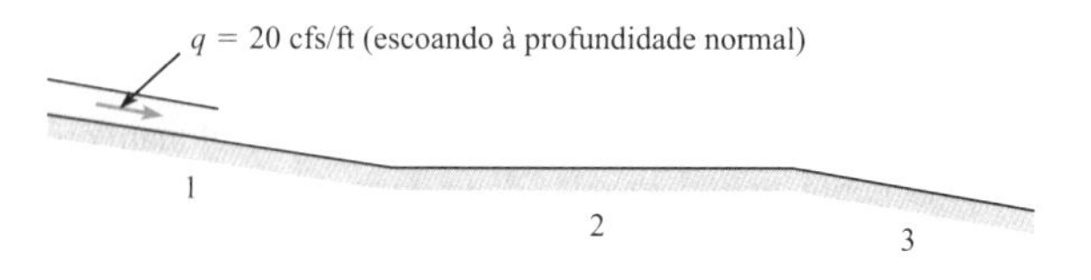

Problema 15.62

15.63 Considere o salto hidráulico mostrado na figura para o longo canal retangular horizontal. Que tipo de perfil de superfície da água (classificação) ocorre a montante do salto? Que tipo de perfil de superfície da água ocorre a jusante do salto? Se blocos de amortecimento forem instalados no fundo do canal, na vizinhança de A, para aumentar a resistência do fundo, quais mudanças são prováveis de ocorrer, mantida a mesma abertura da comporta? Explique e/ou faça um desenho das possíveis mudanças.

Problema 15.63

15.64 O vertedouro de concreto retangular íngreme mostrado na figura tem 4 m de largura e 500 m de comprimento. O vertedouro escoa água de um reservatório até uma queda livre. A entrada do canal é arredondada e lisa (perda de carga desprezível na entrada). Se a elevação da superfície da água no reservatório está 2 m acima do fundo do canal, qual será a vazão no canal?

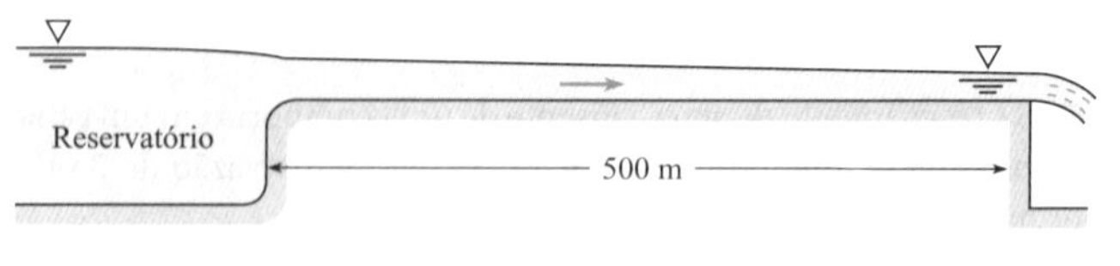

Problema 15.64

15.65 O canal retangular de concreto mostrado na figura tem 3,5 m de largura e uma declividade do fundo de 0,001. A entrada do canal é arredondada e lisa (perda de carga desprezível na entrada), e a superfície da água no reservatório está 2,5 m acima do fundo do canal na entrada.

a. Estime a vazão volumétrica no canal se seu comprimento é de 3000 m.

b. Diga como você resolveria para a vazão no canal se o comprimento fosse de 100 m.

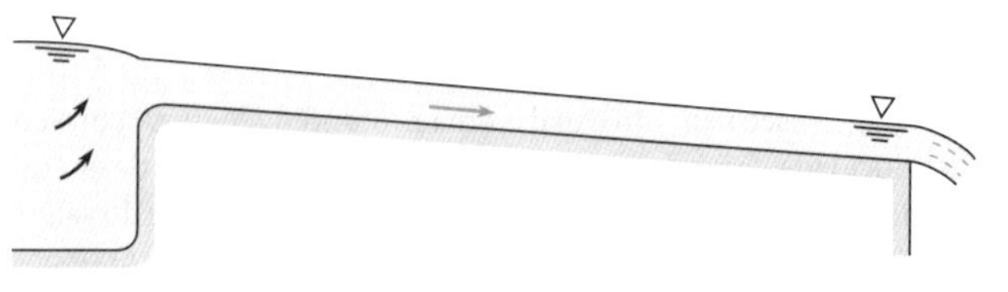

Problema 15.65

15.66 Uma represa com 50 m de altura retém água de um rio, conforme ilustrado na figura. Durante o escoamento de enchente, a vazão volumétrica por metro de largura, q, é igual a 10 m²/s. Simplificando com as hipóteses de que $R = y$ e $f = 0.030$, determine o perfil da superfície da água a montante da represa para uma profundidade de 6 m. Em seus cálculos, tome o primeiro incremento de variação de profundidade como y_c; use incrementos de variação de profundidade de 10 m até uma profundidade de 10 m ser atingida; a seguir, use incrementos de 2 m até que o limite desejado seja alcançado.

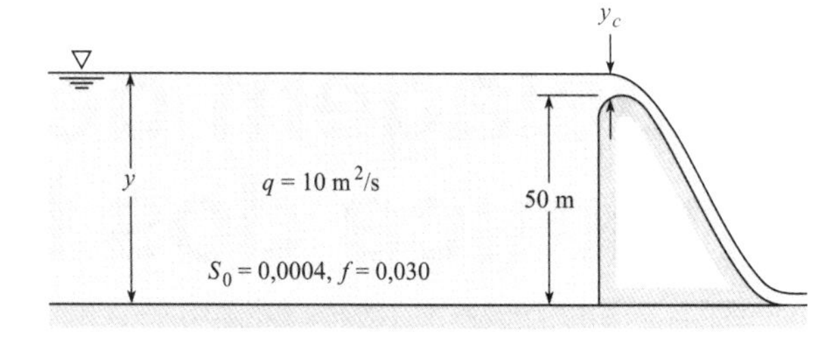

Problema 15.66

CAPÍTULO**DEZESSEIS**

Modelagem de Problemas de Dinâmica dos Fluidos

OBJETIVO DO CAPÍTULO Este capítulo descreve a modelagem e apresenta dois métodos que são úteis para esse fim:

- **Equações Diferenciais Parciais (EDPs).** Este método envolve a formulação das leis científicas que governam o problema em termos de equações diferenciais parciais.
- **Dinâmica dos Fluidos Computacional (DFC).** Este método envolve a aproximação das equações diferenciais parciais por meio de equações algébricas e o uso de algoritmos computacionais para resolvê-las.

FIGURA 16.1

Aeronave Eagle X-TS e funcionários da planta de montagem em que foi construída. O Eagle X-TS foi projetado por John Roncz com o uso de DFC. Roncz, um projetista de renome mundial, é responsável por partes do projeto de cerca de 50 aeronaves. Dois projetos de Roncz são exibidos no Museu Nacional Aeroespacial dos Estados Unidos. (Foto: cortesia de John Roncz.)

Roncz descreve como aprendeu a mecânica dos fluidos:

"Minha principal vantagem é nunca ter feito um curso de engenharia aeronáutica... Como resultado, tive de aprender tudo por conta própria. Dessa forma, você entende melhor as coisas." (1).

RESULTADOS DO APRENDIZADO

MODELAGEM E EDPs (§16.1, §16.2)

- Descrever como os engenheiros constroem modelos.
- Explicar como os engenheiros aplicam EDPs no contexto de modelagem.

TÓPICOS MATEMÁTICOS (§16.2)

- Explicar o campo de velocidades.
- Explicar a série de Taylor.
- Explicar a notação invariante.
- Explicar os operadores matemáticos.
- Explicar a derivada material.
- Explicar o campo de acelerações.

A EQUAÇÃO DA CONTINUIDADE (§16.3)

- Listar os passos para deduzir a equação da continuidade.
- Listar e descrever as várias formas da equação da continuidade.

EQUAÇÃO DE NAVIER-STOKES (§16.4)

- Listar os passos para desenvolver a equação de Navier-Stokes.
- Descrever a física da equação de Navier-Stokes.

DFC (§16.5)

- Descrever a DFC.
- Descrever como os engenheiros selecionam um código de DFC.
- Descrever como funcionam os códigos de DFC.
- Explicar esses tópicos: malha, passo temporal, condições de contorno, validação, verificação e modelos de turbulência.

Caminhos não podem ser ensinados, eles podem ser apenas tomados.

—Provérbio Zen tradicional

No primeiro capítulo deste livro, falamos sobre o caminho para o sucesso. Ao final deste capítulo (§16.7), sugeriremos um caminho para você avançar.

16.1 Modelos na Mecânica dos Fluidos

Os engenheiros criam modelos de sistemas porque esse processo economiza dinheiro e resulta em melhores projetos. A modelagem envolve análises, experimentos e simulações em computador. Estes tópicos são introduzidos nesta seção.

O Conceito de um Modelo

Em Engenharia, há algo real (por exemplo, uma barragem e a usina de energia a ela associada), e há uma idealização (ou seja, um modelo) dessa coisa real. Um modelo, segundo Wang (2), é uma *ferramenta para representar uma versão simplificada da realidade.* Ford (3) sugere que o modelo é um *substituto para um sistema real.* Alguns exemplos de modelos incluem:

- Um mapa rodoviário é um modelo, pois representa um conjunto complexo de estradas.
- Desenhos de arquitetura são modelos, pois representam edifícios que serão construídos.
- O índice de um livro é um modelo, pois representa o assunto do livro.

Alguns exemplos de modelos relevantes para Mecânica de Fluidos são:

- A lei dos gases ideais é um modelo, pois é uma descrição idealizada (simplificada) de como as variáveis densidade, pressão e temperatura estão relacionadas.
- Uma coleção de equações pode ser um modelo. Por exemplo, a equação da energia, juntamente com a equação de Darcy-Weisbach e coeficientes de perdas secundários adequados podem ser usados para estimar a vazão de água através de um sifão. O uso de equações é um substituto à construção de um sistema e à correspondente correlação de dados experimentais.
- Um carro em escala reduzida usado no túnel de vento para estimar o arrasto que atua em um carro real é um modelo.

Para avançar na discussão sobre modelagem, descrevemos a seguir um projeto de Engenharia.

Exemplo de um Projeto de Engenharia. O filtro lento de areia (Fig. 16.2) é uma tecnologia largamente empregada para produzir água potável. A água entra pelo topo do filtro e organismos que ocorrem naturalmente e que vivem na camada superior do filtro removem os contaminantes biológicos. Essa camada superior, chamada de *schmutzdecke*,* é encontrada nos milímetros iniciais do topo da camada de areia. A areia e o cascalho abaixo da *schmutzdecke* coletam partículas de terra e argila.

Há vários anos, estudantes da Universidade de Idaho projetaram um filtro lento de areia para uso no Quênia. Uma vez que os filtros lentos de areia não requerem produtos químicos

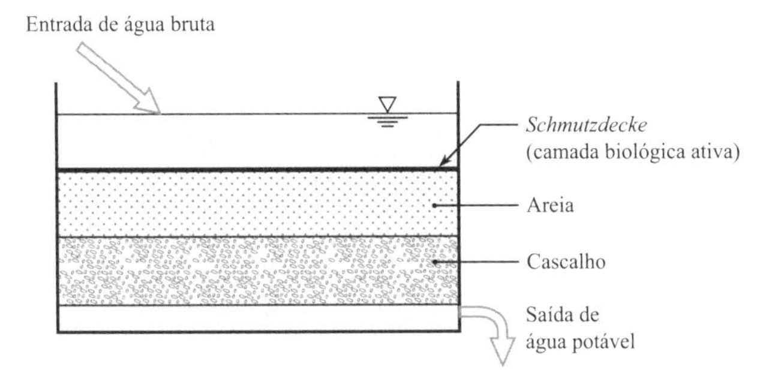

FIGURA 16.2
O filtro lento de areia.

*Expressão de origem alemã que significa "camada de sujeira". (N.T.)

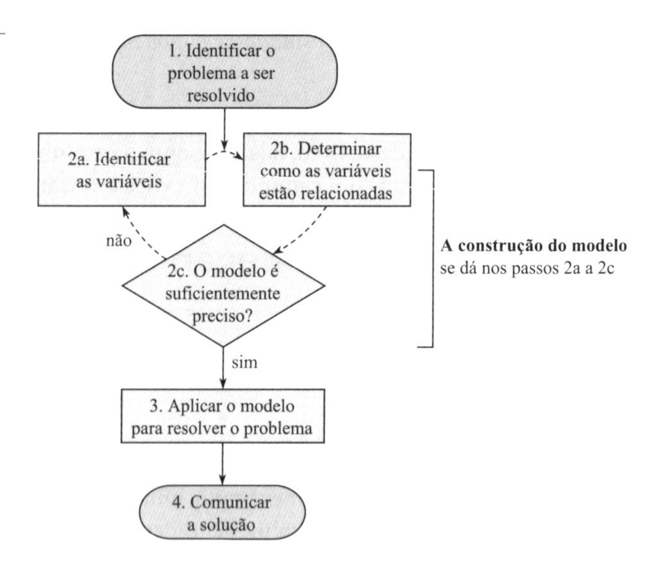

FIGURA 16.3
O modelo no contexto da solução de problemas de Engenharia.

ou eletricidade, essa tecnologia é especialmente adequada para aplicações em países em desenvolvimento.

A equipe decidiu desenvolver vários modelos do filtro lento de areia. O processo de construção do modelo é descrito nas próximas subseções.

Resumo. Um **modelo** é uma idealização ou versão simplificada da realidade. Os modelos são muito úteis quando ajudam os engenheiros e outros profissionais a atingir suas metas de uma maneira econômica.

Como Construir um Modelo de um Sistema

A razão para a construção de um modelo é a resolução de um problema (Fig. 16.3). O processo de construção de modelos, de acordo com Montgomery *et al.* (4), envolve a identificação de variáveis relevantes, a determinação das relações entre essas variáveis e então o teste do modelo para assegurar que ele é preciso (isto é, se o modelo captura fielmente o que acontece na realidade). Como demonstrado, o processo de construção de modelos é iterativo.

Exemplo. Para construir um modelo de filtro lento de areia (Fig. 16.2), o processo de modelagem envolve os seguintes passos:

- **Passo 2a: Identificar as variáveis.** Determinar que variáveis caracterizam o desempenho. Em seguida, classificar as variáveis em dois grupos:
  - **Variáveis de desempenho** caracterizam a qualidade do desempenho do produto. Como exemplos incluem-se a vazão através do filtro, a pureza da água que sai do filtro e o intervalo de tempo entre manutenções para a limpeza do filtro. As variáveis de desempenho são dependentes, o que significa que dependem de valores das variáveis de projeto.
  - **Variáveis de projeto** são os fatores que os engenheiros podem selecionar. Como exemplos temos a profundidade da água no topo do filtro, a espessura da camada de areia e a distribuição de tamanhos de areia e cascalho.
- **Passo 2b: Determinar como as variáveis estão relacionadas**. O objetivo desse passo é identificar causas e efeitos. Por exemplo, se alguém altera o tamanho das partículas de areia, isso melhora ou piora o desempenho do filtro? Por quê? Há duas abordagens para determinar como as variáveis estão relacionadas (4):
  - **Os modelos mecanicistas** são baseados no conhecimento científico dos fenômenos. Por exemplo, a Lei de Darcy descreve o escoamento de fluidos através de um meio poroso como a areia e o cascalho, e a própria equação nos diz a relação entre as variáveis.
  - **Os modelos empíricos** relacionam as variáveis usando o ajuste de curvas de dados experimentais. Por exemplo, experimentos e correlações poderiam ser usados para determinar o tempo necessário ao desenvolvimento da *schmutzdecke*.
- **Passo 2c: Testar a precisão do modelo**. O resultado do passo 2a é uma capacidade de estimar a relação entre as variáveis de projeto (por exemplo, dimensões, tamanhos de partículas)

e as variáveis de desempenho (por exemplo, a qualidade da água ou a vazão). O propósito do passo 2c é verificar se as estimativas são precisas. Na maioria das vezes, esse passo é efetuado comparando os dados experimentais com as estimativas.

- **Iterar de volta ao passo 2a.** Na prática, a construção de modelos é iterativa. A iteração envolve a repetição de um processo com o objetivo de alcançar uma meta desejada. Cada repetição do processo é chamada uma iteração, e seus resultados são usados como o ponto de partida para a próxima iteração. Estas terminam quando o modelo tem precisão suficiente para atender os requisitos dos engenheiros.

Exemplo de Iteração (Filtro Lento de Areia). Para construir um modelo de um filtro lento de areia, pode-se começar com um modelo composto por algumas poucas equações e um simples experimento de bancada. O modelo seria altamente simplificado, e o objetivo da primeira iteração seria ganhar experiência com modelagem e medir a vazão da água através da areia. Em iterações subsequentes, os modelos analíticos e experimentais seriam desenvolvidos e continuamente comparados. Após o desenvolvimento dos modelos analíticos, a equipe pode criar um modelo de DFC para realizar estudos paramétricos do projeto.

Após o modelo ter sido validado pelo processo iterativo, os próximos passos consistem em aplicar o modelo para resolver o problema (passo 3 da Fig. 16.3) e comunicar a solução (passo 4).

Resumo. Modelos são construídos em um processo iterativo que envolve a identificação das variáveis, a classificação dessas variáveis em variáveis de desempenho e variáveis de projeto, e a determinação de como elas estão relacionadas. Por fim, o modelo é validado para verificar se as suas estimativas são precisas o suficiente para as necessidades do problema. O aspecto mais importante da construção de modelos é começar no modo simples e, em seguida, usar iterações sequenciais para melhorar a precisão. A construção de um modelo foi introduzida no Capítulo 1. Quando os modelos são baseados em leis e equações científicas, a abordagem de Wales-Woods descreve como os especialistas constroem modelos matemáticos.

Três Métodos para Construção de Modelos

A construção de modelos envolve três métodos.

A **Dinâmica dos fluidos analítica** (DFA) envolve o conhecimento e equações comumente encontrados em livros e referências de Engenharia.

A **Dinâmica dos fluidos experimental** (DFE) envolve experimentos para a coleta de informações sobre variáveis. A DFE é usada com frequência para validar cálculos e soluções por computador e para determinar características de desempenho de sistemas que não são de fácil modelagem por meio de cálculos ou computadores.

A **Dinâmica dos fluidos computacional** (DFC) envolve soluções em computador das equações diferenciais parciais que governam o problema. Ou seja, os engenheiros executam um programa de computador para entender como as variáveis interagem.

Em aplicações do mundo real, geralmente a construção de modelos envolve uma combinação integrada e iterativa das abordagens anteriores. Por exemplo, os esforços para a construção de modelos para o filtro lento de areia podem incluir:

- **Lei de Darcy** (DFA). É possível aplicá-la para prever a vazão de água que escoa pela areia e o cascalho, posto que ela descreve o escoamento através de um meio poroso. Esse é um exemplo de DFA, pois envolve uma equação conhecida.
- **Medição da permeabilidade** (DFE). Para aplicá-la, devemos estimar o valor da permeabilidade das camadas de areia. (Permeabilidade é uma propriedade dos meios porosos, que caracteriza a facilidade com que a água escoa através do material para uma determinada queda de pressão.) Para determinar a permeabilidade, o engenheiro monta um experimento e mede o valor para vários tipos de areia e cascalho.
- **Modelo computacional** (DFC). Um modelo computacional de DFC comercialmente disponível para o escoamento de água subterrânea poderia ser aplicado para realizar estudos paramétricos com o filtro lento de areia, para que os engenheiros examinassem diferentes variações de projeto.
- **Experimentos** (DFE). Podem medir quanto tempo a camada *schmutzdecke* leva para crescer.

Resumo. Na mecânica dos fluidos, existem três abordagens para a construção de modelos: mecânica dos fluidos analítica, mecânica dos fluidos experimental e mecânica dos fluidos computacional. A maioria dos modelos envolve duas ou três dessas abordagens trabalhando em sinergia.

Avaliando o Valor de um Modelo

Ford (3) afirma que um modelo é útil quando nos ajuda a aprender algo sobre o sistema que ele representa. Por exemplo, um mapa rodoviário é útil quando ajuda a nos deslocarmos com maior facilidade em um local desconhecido, e os desenhos de arquitetos são úteis quando ajudam um construtor a compreender quais materiais devem ser comprados e que aparência o arquiteto imaginou para uma casa.

O valor de um modelo está relacionado com os benefícios e os custos (isto é, com os recursos necessários para produzi-lo). Uma forma de avaliar o valor é usando uma razão entre os benefícios e os custos:

$$\begin{pmatrix}\text{valor de} \\ \text{um modelo}\end{pmatrix} = \frac{(\text{benefícios providos pelo modelo})}{(\text{recursos necessários à implementação do modelo})}$$

Para avaliar o valor de um modelo, os engenheiros poderiam fazer algumas perguntas, como:

Benefícios:

- O modelo levará a um projeto que funciona melhor?
- O modelo ajudará a equipe a completar o projeto mais rapidamente?
- O modelo levará a um projeto final mais barato de construir? E de operar?
- O modelo ajudará a equipe a compreender as interações entre as variáveis?
- O modelo poderá ser usado em projetos futuros?
- O modelo traria benefício a outros engenheiros que estivessem projetando sistemas similares?

Recursos, custos e riscos:

- Qual é o risco de falha? É possível desenvolver um modelo que funcione?
- Quão preciso será o modelo? Qual é a precisão necessária?
- Quanto tempo de engenharia será consumido na construção do modelo?
- Será necessária a compra de pacotes de software? Montar experimentos? Outros custos envolvidos?

Como mostrado na Figura 16.4, as três abordagens para a construção de modelos fornecem diferentes tipos de informações e têm níveis de custos variados (tempo e recursos).

- **Equações algébricas.** A aplicação de equações encontradas em livros fornece estimativas (baixo nível de detalhes). Os custos são baixos, pois as estimativas em geral exigem somente um lápis, papel e calculadora, e requer cerca de uma hora.
- **EDPs**. A obtenção de uma solução já existente para as EDPs que governam o problema fornece ricos detalhes sobre o escoamento. Os custos são modestos, pois é necessário pesquisar a literatura, aprender os detalhes da solução e aplicar a solução. Como existem apenas umas poucas soluções na literatura, essa abordagem é útil apenas em algumas situações.
- **DFC.** O desenvolvimento de uma solução por DFC produz uma riqueza de detalhes. Os custos podem ser altos, pois é necessário obter um código de programa, aprender a usar o código, configurar o modelo e validá-lo.
- **Experimentos.** A concepção e a condução de um experimento fornecem dados do mundo físico, geralmente usados para avaliar a validade de soluções baseadas na matemática. Os custos de um experimento podem variar de muito baixos a muito elevados, dependendo do escopo e da natureza do experimento.

Resumo. Existem três métodos úteis para a construção de modelos; são eles: a análise, o experimento e o cálculo em computador. Com frequência, esses três métodos são usados

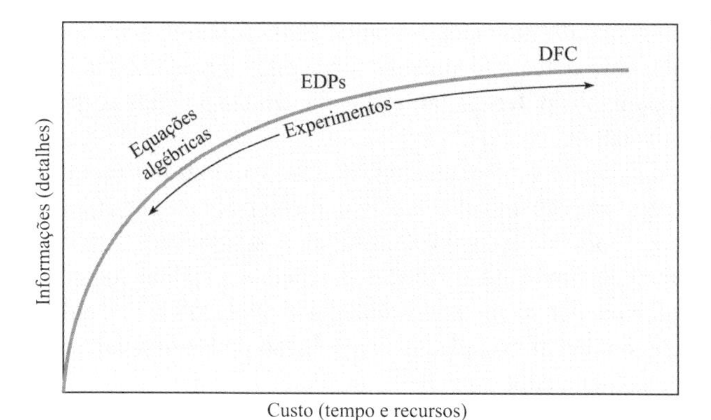

FIGURA 16.4
Informações providas por uma abordagem de um modelo *versus* o custo da abordagem do modelo.

em combinação, mediante uma estratégia iterativa que envolve iniciar com modelos simples e depois refinar esses modelos. Há vários comprometimentos na construção de modelos, que envolvem custos, benefícios, precisão e detalhes da solução.

16.2 Fundamentos para o Aprendizado de Equações Diferencias Parciais (EDPs)

Esta seção apresenta:

- Por que o aprendizado de EDPs é útil
- Alguns fundamentos matemáticos para o aprendizado de EDPs

Lógica para o Aprendizado de EDPs

As EDPs representam as leis científicas que governam os fluidos em escoamento. A solução dessas equações fornece valores numéricos para o campo de pressões, o campo de velocidades ou outros campos. A partir deles, os engenheiros podem calcular praticamente qualquer coisa de interesse da Engenharia, tal como a força de arrasto, a perda de carga e requisitos de energia.

Portanto, a resolução de EDPs é a melhor técnica de solução — mas há uma dificuldade! Na prática, as EDPs possuem termos não lineares que impedem soluções matemáticas diretas, exceto para um número limitado de casos especiais. Estes casos foram resolvidos há muitos anos, e os engenheiros de hoje não resolvem problemas pela solução direta de EDPs. Não obstante, o aprendizado das EDPs traz dois benefícios.

Compreensão das Soluções Existentes (Benefício nº 1). A literatura contém muitas soluções de EDPs, que classificam-se em duas categorias:

- **Soluções Exatas**: Envolve uma situação física na qual as equações do movimento se reduzem a equações cuja solução é possível. Existem aproximadamente 100 soluções desse tipo. Os exemplos incluem o escoamento de Poiseuille e o escoamento de Couette.
- **Soluções Idealizadas:** Envolve uma situação física para a qual são feitas hipóteses que permitem que as equações governantes sejam simplificadas e resolvidas matematicamente. Dois exemplos de solução idealizada são:
  - **Escoamento potencial.** Quando um escoamento externo ao redor de um corpo é considerado invíscido (isto é, sem atrito) e irrotacional (isto é, as partículas do fluido não estão girando), as equações se reduzem a outras que podem ser resolvidas analiticamente. Essa situação é denominada escoamento potencial.
  - **Escoamento na camada-limite laminar.** Quando o escoamento viscoso laminar próximo a uma parede é simplificado por meio de hipóteses relativas à camada-limite, as equações podem ser resolvidas. A solução resultante, denominada solução de Blasius, descreve o escoamento na camada-limite laminar.

Os engenheiros usam soluções existentes para adquirir o conhecimento de problemas mais complexos. Por exemplo, um ciclista ficou gravemente ferido em uma colisão causada por um ônibus que passou muito próximo a ele. Quando um veículo grande passa próximo ao ciclista, isso causa forças laterais sobre o ciclista. Para obter informações sobre essas forças laterais, um engenheiro usou a solução para o escoamento potencial ao redor de um corpo elíptico para estimar a magnitude e a direção da força lateral.

Um segundo exemplo envolve a modelagem do fluxo sanguíneo na aorta abdominal humana. Às vezes, a aorta perde sua integridade estrutural e se dilata, formando um aneurisma. Se um aneurisma se rompe, é comum a morte do paciente. Assim, os pesquisadores queriam compreender as forças exercidas pelo escoamento sobre as paredes do aneurisma. Duas soluções existentes foram usadas para obter informações sobre este problema: a solução de Poiseuille para o escoamento laminar estacionário em um tubo redondo e a solução de Womersley para o escoamento laminar oscilatório em um tubo redondo.

Compreensão e Validação da DFC (Benefício nº 2). Uma vez que os códigos da DFC resolvem EDPs, o primeiro passo no estudo da DFC é aprender EDPs.

Soluções existentes são usadas para validar os códigos da DFC. Por exemplo, quando um modelo de DFC para o fluxo sanguíneo em um aneurisma foi desenvolvido, o código foi validado em parte pela modelagem de uma solução analítica existente (isto é, a solução de Womersley) e a checagem para certificar que a solução da DFC correspondia à solução analítica.

Resumo. Três razões para aprender as EDPs são: (a) ser capaz de compreender e aplicar soluções existentes encontradas na literatura, (b) compreender as equações que estão sendo resolvidas pelos códigos de DFC, e (c) validar códigos de DFC, assegurando que ele pode estimar corretamente os resultados dados por uma solução clássica conhecida.

O restante dessa seção introduz matemática útil no desenvolvimento de EDPs.

Campo de Velocidades: Coordenadas Cartesianas

A solução das equações do movimento são campos, tais como o campo de pressões, o campo de densidades, o campo de temperaturas e o campo de velocidades. Assim, é importante sua compreensão. Esta seção introduz o campo de velocidades.

No sistema de coordenadas cartesianas, um ponto no espaço é identificado pela especificação de coordenadas (x, y, z; Fig. 16.5) Os vetores unitários associados são **i** na direção x, **j** na direção y e **k** na direção z. Observe que o sistema de coordenadas é *direto*, o que significa que o produto vetorial de **i** e **j** resulta no vetor unitário **k**:

FIGURA 16.5

Coordenadas cartesianas.

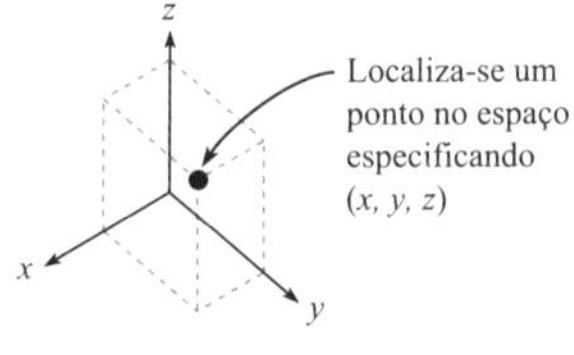

$$\mathbf{i} \times \mathbf{j} = \mathbf{k}$$

O campo de velocidades é dado por:

$$\mathbf{V} = u(x, y, z, t)\mathbf{i} + v(x, y, z, t)\mathbf{j} + w(x, y, z, t)\mathbf{k} \quad \textbf{(16.1)}$$

em que $u = u\,(x, y, z, t)$ é a componente do vetor velocidade na direção x, e v e w têm significados semelhantes. As variáveis independentes são a posição (x, y, z) e o tempo (t).

Os próximos dois exemplos mostram como reduzir a forma geral do campo de velocidades para que este seja aplicável a uma situação específica. Observe as etapas do processo.

EXEMPLO. Considere um escoamento estacionário em um plano (Fig. 16.6). Reduza a equação geral do campo de velocidades para que se aplique a essa situação.

FIGURA 16.6

Exemplo de componentes da velocidade para um escoamento planar.

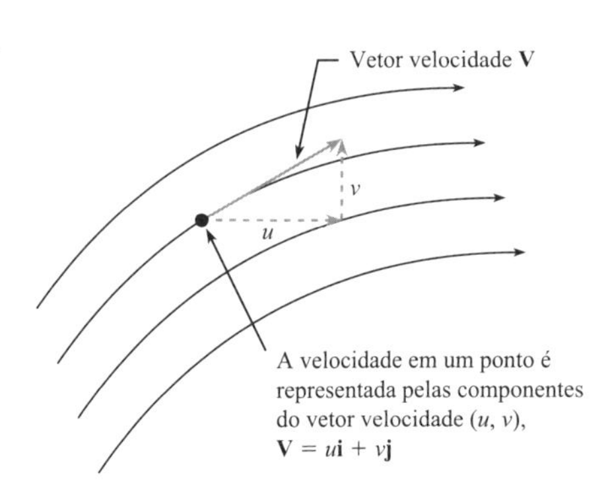

Ideias/Ação.

1. Escrever a equação geral para o campo de velocidades:

$$\mathbf{V} = u(x, y, z, t)\mathbf{i} + v(x, y, z, t)\mathbf{j} + w(x, y, z, t)\mathbf{k}$$

2. Analisar as variáveis dependentes. Como o escoamento se dá no plano, $w = 0$. Portanto, as variáveis dependentes se reduzem a u e v.
3. Analisar as variáveis independentes. Uma vez que o escoamento é planar, z não é um parâmetro. Como o escoamento é estacionário, o tempo não é um parâmetro. Assim, as variáveis independentes são x e y; o campo de velocidades se reduz a $\mathbf{V} = u(x, y)\mathbf{i} + v(x, y)\mathbf{j}$.

EXEMPLO. Considere o escoamento estacionário que entra em um canal (Fig. 16.7) formado por placas que se estendem a $\pm\infty$ na direção z. Essas placas são denominadas *placas infinitas*. Reduza a equação geral para o campo de velocidades para que se aplique a essa situação.

Ideias/Ação

1. Escrever a equação geral para o campo de velocidades:

$$\mathbf{V} = u(x, y, z, t)\mathbf{i} + v(x, y, z, t)\mathbf{j} + w(x, y, z, t)\mathbf{k}$$

2. Analisar as variáveis dependentes. Como não há escoamento na direção z, $w = 0$.
3. Analisar as variáveis independentes. Como o escoamento é planar, a velocidade não varia com z. Como o escoamento é estacionário, a velocidade não varia com o tempo. Assim, a equação para o campo de velocidades se reduz a:

$$\mathbf{V} = u(x, y)\mathbf{i} + v(x, y)\mathbf{j}$$

Essa equação significa que tanto u quanto v serão diferentes de zero, e que tanto u quanto v variarão com x e y. A razão para tal é que o escoamento na entrada do canal está se desenvolvendo (ver o Capítulo 10). Uma vez que o escoamento esteja completamente desenvolvido, o campo de velocidades será reduzido à forma

$$\mathbf{V} = u(y)\mathbf{i}$$

Resumo. A forma geral do campo de velocidades em coordenadas cartesianas é dada pela Eq. (16.1). Para reduzir essa equação de forma que ela se aplique a uma determinada situação, deve-se analisar as variáveis independentes e dependentes, e eliminar os termos que não são relevantes ou que são nulos.

Campo de Velocidades: Coordenadas Cilíndricas

Como as coordenadas cilíndricas são amplamente utilizadas, esse sistema de coordenadas é introduzido a seguir.

Em coordenadas cilíndricas (Fig. 16.8), um ponto no espaço é descrito com a especificação das coordenadas (r, θ, z). O raio r é medido a partir da origem, o ângulo de azimute θ é medido no sentido anti-horário a partir do eixo x e a altura z é medida a partir do plano x-y.

A forma geral do campo de velocidades é

$$\mathbf{V} = v_r(r, \theta, z, t)\mathbf{u}_r + v_\theta(r, \theta, z, t)\mathbf{u}_\theta + v_z(r, \theta, z, t)\mathbf{u}_z \quad (16.2)$$

EXEMPLO. A Figura 16.9 mostra o escoamento ideal sobre um cilindro circular. Reduza a forma geral do campo de velocidades para que ele se aplique a essa situação.

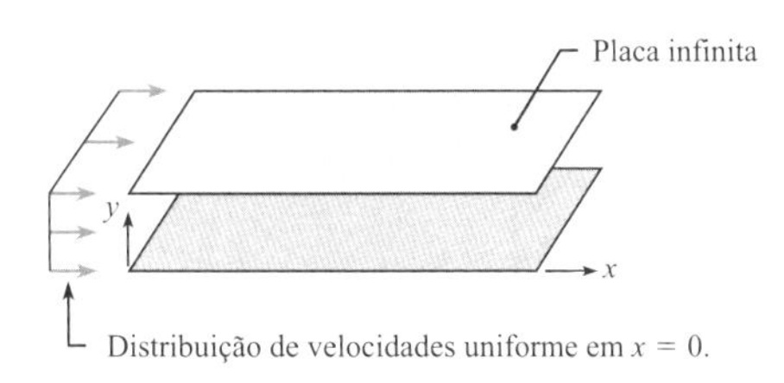

FIGURA 16.7
Escoamento entre placas infinitas.

FIGURA 16.8

Coordenadas e vetores unitários no sistema de coordenadas cilíndricas.

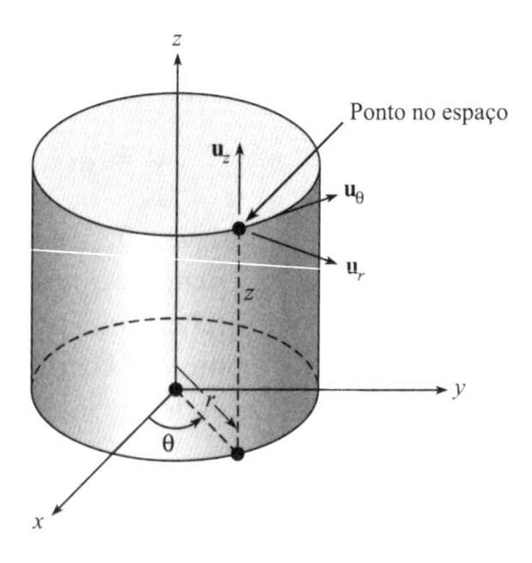

Ideias/Ação

Representar o vetor velocidade em um ponto de interesse (ver a Fig. 16.9).

- **Passo 1.** Desenhe um eixo de coordenadas x e y.
- **Passo 2.** Desenhe um vetor raio com comprimento r.
- **Passo 3.** Desenhe vetores unitários $\mathbf{u}_r$ e $\mathbf{u}_\theta$.
- **Passo 4.** Represente o vetor velocidade com componentes v_r e v_θ.

Em seguida, realize uma análise termo a termo da Eq. (16.2). Elimine z e v_z, pois o escoamento é planar. Elimine t, pois o escoamento é estacionário. A Eq. (16.2) se reduz a:

$$\mathbf{V} = v_r(r, \theta)\mathbf{u}_r + v_\theta(r, \theta)$$

Para escoamento em um plano (por exemplo, a Fig. 16.9), a direção z não é necessária; usam-se apenas as coordenadas r e θ. Esse sistema de coordenadas bidimensional é denominado **sistema de coordenadas polares**.

Resumo. Quando são usadas coordenadas cilíndricas, a forma geral do campo de velocidades é dada pela Eq. (16.2). Para o escoamento em um plano, as coordenadas podem ser simplificadas para um escoamento em 2-D (bidimensional) e são chamadas coordenadas polares.

Série de Taylor

Engenheiros aprendem a série de Taylor porque ela é usada para realizar as seguintes tarefas:

- Desenvolver equações diferenciais ordinárias e parciais.
- Converter equações diferenciais em equações algébricas que podem ser resolvidas usando um algoritmo de computador por um programa de DFC.

Uma **série de Taylor** é uma expansão em série de uma função em torno de um ponto. A fórmula geral para a função $f(x)$ expandida em torno do ponto $x = a$ é

$$f(x) = f(a) + \left(\frac{df}{dx}\right)_a \frac{(x - a)}{1!} + \left(\frac{d^2 f}{dx^2}\right)_a \frac{(x - a)^2}{2!} + \dots \quad \textbf{(16.3)}$$

FIGURA 16.9

Usando coordenadas polares para representar o vetor velocidade em um ponto. O escoamento ilustrado é ideal (isto é, invíscido e irrotacional) sobre um cilindro circular.

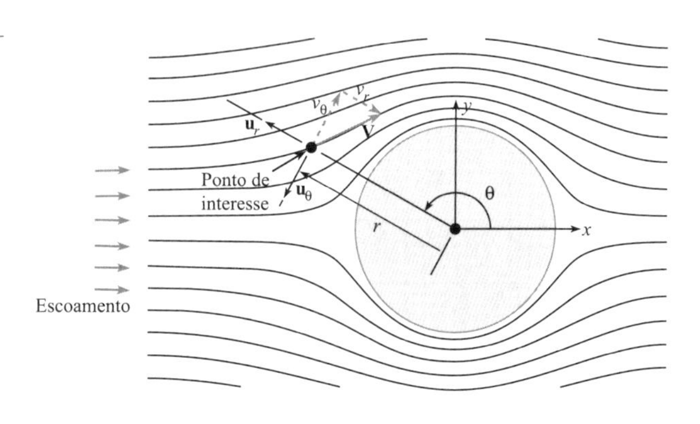

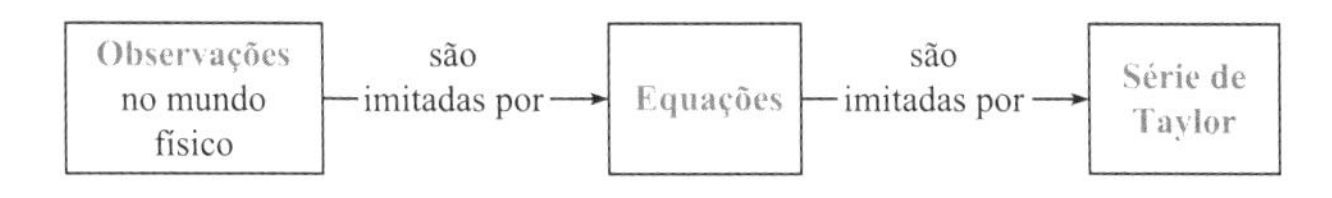

FIGURA 16.10
Dados (observações) são idealizados com equações. Por sua vez, as equações são idealizadas com uma série de Taylor.

Por exemplo, quando a função $f(x) = e^x$, a Eq. (16.3) torna-se

$$e^x = e^a \left[1 + (x - a) + \frac{(x - a)^2}{2} + \frac{(x - a)^3}{6} + \ldots\right] \quad (16.4)$$

Kojima *et al.* (5) sugerem que uma série de Taylor é uma *imitação* de uma equação, assim como as equações são imitações do mundo físico (ver a Fig. 16.10).

As séries de Taylor são, em geral, truncadas. Isso significa que os termos de ordens superiores são desprezados. Por exemplo, vamos considerar a seguinte série de Taylor:

$$\overbrace{f(x) = \frac{1}{1 - x}}^{\text{Função}} = \overbrace{1 + x + x^2 + x^3 + x^4 + \ldots \text{(T.O.S.)}}^{\text{Aproximação por série de Taylor (o acrônimo T.O.S. significa "termos de ordens superiores")}} \quad (16.5)$$

Quando $x = 0{,}1$, a Eq. (16.15) fornece

$$\overbrace{f(x) = \frac{1}{1 - 0{,}1} = 1{,}11111 \ldots}^{\text{Função}} = \overbrace{1 + 0{,}1 + 0{,}01 + 0{,}001 + 0{,}0001 \ldots + \ldots \text{(T.O.S.)}}^{\text{Aproximação por série de Taylor}} \quad (16.6)$$

Os efeitos de desprezar termos de ordens superiores são os seguintes:

- Quando dois termos são mantidos, o resultado é 1,1.
- Quando três termos são mantidos, o resultado é 1,11.
- Quando quatro termos são mantidos, o resultado é 1,111.

Para fins de Engenharia, às vezes é útil modificar a Eq. (16.3) alterando as variáveis independentes. Mudando x para $x + \Delta x$ e fazendo $a = x$, o resultado é

$$f(x + \Delta x) = f(x) + \left(\frac{df}{dx}\right)_x \frac{(\Delta x)}{1!} + \left(\frac{d^2 f}{dx^2}\right)_x \frac{(\Delta x)^2}{2!} + \ldots \text{(T.O.S.)} \quad (16.7)$$

Na mecânica dos fluidos, a série de Taylor é usada para uma função de diversas variáveis. A forma geral da série de Taylor para uma função de duas variáveis $f(x, y)$ expandida em torno do ponto (a, b) é

$$\begin{aligned} f(x, y) = f(a, b) &+ \left(\frac{\partial f}{\partial x}\right)_{a,b} \frac{(x - a)}{1!} + \left(\frac{\partial f}{\partial y}\right)_{a,b} \frac{(y - b)}{1!} \\ &+ \left(\frac{\partial^2 f}{\partial x^2}\right)_{a,b} \frac{(x - a)^2}{2!} + \left(\frac{\partial^2 f}{\partial x \partial y}\right)_{a,b} \frac{2(x - a)(y - b)}{2!} + \left(\frac{\partial^2 f}{\partial y^2}\right)_{a,b} \frac{(y - b)^2}{2!} + \ldots \end{aligned} \quad (16.8)$$

Para modificar a Eq. (16.8), de modo que ela seja mais útil para a mecânica dos fluidos, faz-se $x = x + \Delta x$, $y = y$, $a = x$ e $b = y$:

$$f(x + \Delta x, y) = f(x, y) + \left(\frac{\partial f}{\partial x}\right)_{x,y} \frac{\Delta x}{1!} + \left(\frac{\partial^2 f}{\partial x^2}\right)_{x,y} \frac{(\Delta x)^2}{2!} + \left(\frac{\partial^3 f}{\partial x^3}\right)_{x,y} \frac{(\Delta x)^3}{3!} + \ldots \quad (16.9)$$

Em seguida, introduzimos as variáveis usadas na mecânica dos fluidos:

$$f(x + \Delta x, y, z, t) = f(x, y, z, t) + \left(\frac{\partial f}{\partial x}\right)_{x,y,z,t} \frac{\Delta x}{1!} + \left(\frac{\partial^2 f}{\partial x^2}\right)_{x,y,z,t} \frac{(\Delta x)^2}{2!} + \ldots \text{T.O.S.} \quad (16.10)$$

Resumo. Na mecânica dos fluidos, os engenheiros com frequência expandem funções em uma série de Taylor, que é uma expansão em série em torno de um ponto. Com frequência, os termos de ordens superiores são desprezados. Uma forma útil da série de Taylor para a mecânica dos fluidos é dada pela Eq. (16.10).

Notação Matemática (Notação Invariante e Operadores)

Além de coordenadas cartesianas, cilíndricas e polares, os engenheiros usam outros sistemas de coordenadas, tais como as coordenadas esféricas, coordenadas toroidais e coordenadas curvilíneas generalizadas. Por causa da grande quantidade de detalhes, algumas vezes eles escrevem as equações de forma que elas se aplicam a qualquer sistema de coordenadas. A **notação invariante** é uma notação matemática que se aplica (isto é, generaliza) a qualquer sistema de coordenadas.

Para introduzir a notação invariante, consideraremos o gradiente do campo de pressões (Tabela 16.1). Conforme mostrado, o gradiente pode ser escrito de várias maneiras. Adicionalmente, a notação matemática pode ser classificada em duas categorias:

- **Notação específica para uma coordenada**. Os termos nas equações são escritos de modo que eles se aplicam a um sistema de coordenadas específico. Por exemplo, a Tabela 16.1 mostra coordenadas cartesianas e cilíndricas.
- **Notação invariante**. Os termos são escritos de modo que eles se aplicam a qualquer sistema de coordenadas; isto é, são genéricos.

A Tabela 16.1 mostra três tipos de notação invariante:

- A **notação del** é representada pelo símbolo nabla, ∇. A notação del é a abordagem mais comumente empregada em Engenharia.
- A **notação de Gibbs** usa palavras para representar os operadores - por exemplo, *grad* para representar o gradiente. A notação de Gibbs é comum em matemática.
- A **notação indicial** é uma abordagem abreviada comum tanto em Engenharia como na Física.

Operadores Matemáticos

Em Matemática, conjuntos de termos chamados **operadores** recebem nomes por aparecerem com frequência em equações da Física matemática. Nas equações da mecânica dos fluidos, alguns operadores comuns incluem:

- **Gradiente**. Por exemplo, o gradiente do campo de pressões ou o gradiente do campo de velocidades
- **Divergente**. Por exemplo, o divergente do campo de velocidades
- **Rotacional**. Por exemplo, o rotacional (vorticidade) do campo de velocidades
- **Laplaciano**. Por exemplo, o laplaciano do campo de velocidades
- **Derivada material**. Por exemplo, a derivada temporal do campo de temperaturas

Cada operador tem uma interpretação física e na próxima seção mostramos como desenvolvê-la revisando a derivação da equação diferencial parcial. Para uma introdução completa aos operadores, recomendamos o livro de Schey (6).

TABELA 16.1 Formas Alternativas para Escrever o Gradiente do Campo de Pressões

Categoria	Descrição	Forma Matemática
Notação específica para uma coordenada	Coordenadas cartesianas	$\frac{\partial p}{\partial x}\mathbf{i} + \frac{\partial p}{\partial y}\mathbf{j} + \frac{\partial p}{\partial z}\mathbf{k}$
	Coordenadas cilíndricas	$\frac{\partial p}{\partial r}\mathbf{u}_r + \frac{1}{r}\frac{\partial p}{\partial \theta}\mathbf{u}_\theta + \frac{\partial p}{\partial z}\mathbf{u}_z$
Notação invariante	Notação del	∇p
	Notação de Gibbs	grad(p)
	Notação indicial (convenção de soma de Einstein)	$\frac{\partial p}{\partial x_i}$ ou $\partial_i p$

Resumo. Uma variedade de notações matemáticas são utilizadas e elas podem ser classificadas como invariantes e específicas para cada coordenada. O caminho que recomendamos consiste em aprender cada notação (ao longo do tempo) e reconhecer que elas são apenas formas diferentes de expressar as mesmas ideias.

A Derivada Material

Essa subseção introduz um operador denominado *derivada material*. Esse operador tem vários nomes na literatura, incluindo (a) derivada substancial, (b) derivada lagrangiana e (c) derivada convectiva ou que segue a partícula. Sempre que ouvir qualquer uma dessas denominações, reconheça que todas representam a derivada material.

A melhor forma de compreender a derivada material é seguir os passos da sua derivação, o que faremos a seguir. Nela, selecionamos a temperatura, por ser um parâmetro de visualização mais fácil.

O objetivo é desenvolver uma expressão para a taxa de variação temporal da temperatura de uma partícula de um fluido.

Passo 1: Seleção de uma partícula de um fluido. Visualize uma partícula de um fluido em um escoamento que apresenta variações de temperatura (Fig. 16.11). Observe que à medida que a partícula do fluido se desloca, sua temperatura aumenta, pois ela está sendo transportada de uma região mais fria para uma região mais quente.

FIGURA 16.11
Uma partícula de um fluido que se desloca de uma região de temperaturas mais baixas para uma região de temperaturas mais elevadas.

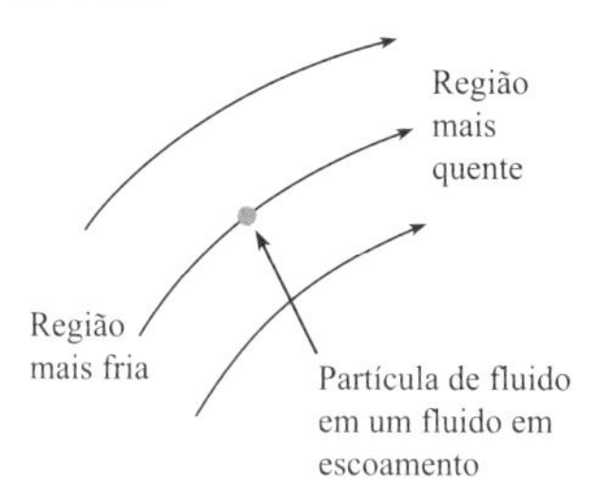

Passo 2: Aplicação da definição de derivada. A taxa de variação temporal da temperatura T da partícula do fluido é dada pela derivada ordinária:

$$\frac{dT}{dt} = \lim_{xt \to 0} \frac{T(t + \Delta t) - T(t)}{\Delta t} \tag{16.11}$$

Como mostrado na Figura 16.12, no tempo t, a partícula está na posição (x, y, z).

Portanto, a temperatura da partícula no tempo t é dada por $T = T(x, y, z, t)$. De maneira semelhante, a temperatura da partícula no tempo $t + \Delta t$ é $T = T(x + \Delta x, y + \Delta y, z + \Delta z, t + \Delta t)$. Substituindo na Eq. (16.11), obtemos

$$\frac{dT}{dt} = \lim_{\Delta t \to 0} \frac{T(x + \Delta x, y + \Delta y, z + \Delta z, t + \Delta t) - T(x, y, z, t)}{\Delta t} \tag{16.12}$$

Passo 3: Aplicação da Série de Taylor. Expandindo o numerador em uma série de Taylor e desprezando os termos de ordens superiores:

$$\begin{aligned}\frac{dT}{dt} &= \lim_{\Delta t \to 0} \frac{\left(\frac{\partial T}{\partial x}\right)\frac{\Delta x}{1!} + \left(\frac{\partial T}{\partial y}\right)\frac{\Delta y}{1!} + \left(\frac{\partial T}{\partial z}\right)\frac{\Delta z}{1!} + \left(\frac{\partial T}{\partial t}\right)\frac{\Delta t}{1!}}{\Delta t} \\ &= \lim_{\Delta t \to 0} \left(\frac{\partial T}{\partial x}\right)\frac{\Delta x}{\Delta t} + \left(\frac{\partial T}{\partial y}\right)\frac{\Delta y}{\Delta t} + \left(\frac{\partial T}{\partial z}\right)\frac{\Delta z}{\Delta t} + \left(\frac{\partial T}{\partial t}\right)\frac{\Delta t}{\Delta t}\end{aligned} \tag{16.13}$$

Passo 4: Aplicação da definição de velocidade:

$$u = \lim_{\Delta t \to 0} \frac{\Delta x}{\Delta t}, \quad v = \lim_{\Delta t \to 0} \frac{\Delta y}{\Delta t}, \quad w = \lim_{\Delta t \to 0} \frac{\Delta z}{\Delta t} \tag{16.14}$$

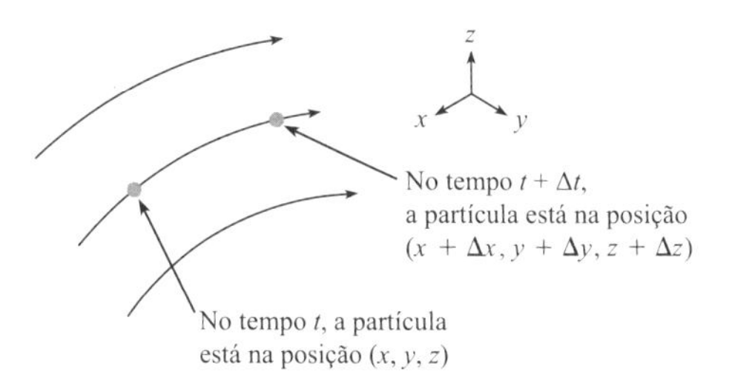

FIGURA 16.12
À medida que uma partícula de um fluido é transportada por um fluido em escoamento, sua posição varia, como aqui mostrado.

Passo 5: **Combinação das equações.** Inserindo a Eq. (16.14) na Eq. (16.13) para dar o resultado final:

$$\frac{dT}{dt} = \left(\frac{\partial T}{\partial t}\right) + u\left(\frac{\partial T}{\partial x}\right) + v\left(\frac{\partial T}{\partial y}\right) + w\left(\frac{\partial T}{\partial z}\right) \tag{16.15}$$

Passo 6: **Interpretação do resultado.** O lado esquerdo da equação é o resultado desejado: *a derivada temporal de uma propriedade de uma partícula*. O lado direito descreve o *processo matemático para calcular a derivada quando um campo é usado*. Isto é, essa equação descreve como usar a matemática para obter a derivada temporal quando está sendo usada uma descrição euleriana. Para resumir:

$$\underbrace{\frac{dT}{dt}}_{\substack{\text{derivada temporal da} \\ \text{temperatura de uma} \\ \text{partícula de um fluido}}} = \underbrace{\left(\frac{\partial T}{\partial t}\right) + u\left(\frac{\partial T}{\partial x}\right) + v\left(\frac{\partial T}{\partial y}\right) + w\left(\frac{\partial T}{\partial z}\right)}_{\substack{\text{matemática necessária para fazer a derivada} \\ \text{quando um campo, isto é, uma abordagem} \\ \text{euleriana, está sendo usado}}} \tag{16.16}$$

Passo 7: **Generalização dos resultados.** A Eq. (16.16) foi derivada para um campo escalar específico (isto é, o campo de temperatura). Entretanto, ela poderia ter sido derivada para qualquer campo escalar. Assim, vamos fazer com que J represente um campo escalar genérico.

De maneira semelhante, a Eq. (16.16) poderia ter sido derivada a partir de qualquer sistema de coordenadas. Dessa forma, é possível substituir as derivadas espaciais por uma notação invariante. A generalização da Eq. (16.16) é

$$\underbrace{\frac{dJ}{dt}}_{\substack{\text{derivada temporal da} \\ \text{propriedade } J \text{ de uma} \\ \text{partícula de um fluido}}} = \underbrace{\left(\frac{\partial J}{\partial t}\right) + \mathbf{V} \cdot \nabla J = \left(\frac{\partial J}{\partial t}\right) + \mathbf{V} \cdot \text{grad}(J)}_{\substack{\text{matemática necessária para fazer a derivada} \\ \text{quando um campo, isto é, uma abordagem} \\ \text{euleriana, é usado}}} \tag{16.17}$$

Observe que muitas referências de Engenharia escrevem a derivada material usando letras maiúsculas:

$$\left(\begin{matrix}\text{a derivada material é} \\ \text{representada usando}\end{matrix}\right) \Rightarrow \frac{DJ}{Dt} \tag{16.18}$$

Em coordenadas cilíndricas, a derivada material é

$$\frac{dJ}{dt} = \frac{\partial J}{\partial t} + v_r\frac{\partial J}{\partial r} + \frac{v_\theta}{r}\frac{\partial J}{\partial \theta} + v_z\frac{\partial J}{\partial z} \tag{16.19}$$

Resumo. A derivada material representa a taxa de variação temporal de uma propriedade de uma partícula em um fluido. Conforme mostrado na Eq. (16.17), os termos de derivadas parciais (lado direito) descrevem a mecânica necessária para determinar a derivada. A derivada material pode ser escrita em coordenadas cartesianas (16.16), coordenadas cilíndricas (16.19) ou em uma notação invariante (16.17).

Campo de Acelerações

O campo de acelerações descreve a aceleração de cada partícula de um fluido:

$$\left(\begin{matrix}\text{aceleração em um} \\ \text{ponto em um campo}\end{matrix}\right) = \left(\begin{matrix}\text{aceleração da} \\ \text{partícula de fluido} \\ \text{nessa posição}\end{matrix}\right) = \left(\begin{matrix}\text{derivada material} \\ \text{do campo de} \\ \text{velocidades}\end{matrix}\right) \tag{16.20}$$

Portanto, introduzimos a derivada material para descrever o campo de acelerações:

$$\mathbf{a} = \frac{d\mathbf{V}}{dt} \tag{16.21}$$

Para representar a Eq. (16.21) em coordenadas cartesianas, inserimos o campo de velocidades da Eq. (16.1):

$$\mathbf{a} = \frac{d}{dt}(u\mathbf{i} + v\mathbf{j} + w\mathbf{k}) = \frac{du}{dt}\mathbf{i} + \frac{dv}{dt}\mathbf{j} + \frac{dw}{dt}\mathbf{k} \tag{16.22}$$

Uma vez que du/dt é a derivada material de um campo escalar, esse termo pode ser avaliado usando a Eq. (16.16). Quando isso é feito para cada termo no lado direito da Eq. (16.22), a aceleração em coordenadas cartesianas é dada por

$$\begin{pmatrix}\text{aceleração de uma}\\ \text{partícula de fluido}\end{pmatrix} = \mathbf{a} = \frac{d\mathbf{V}}{dt} = \begin{bmatrix} \left\{\left(\frac{\partial u}{\partial t}\right) + u\left(\frac{\partial u}{\partial x}\right) + v\left(\frac{\partial u}{\partial y}\right) + w\left(\frac{\partial u}{\partial z}\right)\right\}\mathbf{i} \\ \left\{\left(\frac{\partial v}{\partial t}\right) + u\left(\frac{\partial v}{\partial x}\right) + v\left(\frac{\partial v}{\partial y}\right) + w\left(\frac{\partial v}{\partial z}\right)\right\}\mathbf{j} \\ \left\{\left(\frac{\partial w}{\partial t}\right) + u\left(\frac{\partial w}{\partial x}\right) + v\left(\frac{\partial w}{\partial y}\right) + w\left(\frac{\partial w}{\partial z}\right)\right\}\mathbf{k} \end{bmatrix} \tag{16.23}$$

Quando a aceleração é derivada em coordenadas cilíndricas, o resultado é

$$\mathbf{a} = \begin{bmatrix} a_r \\ a_\theta \\ a_z \end{bmatrix} = \begin{bmatrix} \frac{dv_r}{dt} - \frac{v_\theta^2}{r} \\ \frac{dv_\theta}{dt} + \frac{v_r v_\theta}{r} \\ \frac{dv_z}{dt} \end{bmatrix} = \begin{bmatrix} \frac{\partial v_r}{\partial t} + v_r\frac{\partial v_r}{\partial r} + \frac{v_\theta}{r}\frac{\partial v_r}{\partial \theta} + v_z\frac{\partial v_r}{\partial z} - \frac{v_\theta^2}{r} \\ \frac{\partial v_\theta}{\partial t} + v_r\frac{\partial v_\theta}{\partial r} + \frac{v_\theta}{r}\frac{\partial v_\theta}{\partial \theta} + v_z\frac{\partial v_\theta}{\partial z} + \frac{v_r v_\theta}{r} \\ \frac{\partial v_z}{\partial t} + v_r\frac{\partial v_z}{\partial r} + \frac{v_\theta}{r}\frac{\partial v_z}{\partial \theta} + v_z\frac{\partial v_z}{\partial z} \end{bmatrix} \tag{16.24}$$

Resumo. O campo de acelerações é dado pela derivada material do campo de velocidades. Isso pode ser escrito em coordenadas cartesianas [Eq. (16.23)] ou em coordenadas cilíndricas [Eq. (16.24)].

16.3 A Equação da Continuidade

A equação da continuidade, segundo Frank White (7), é uma das cinco equações diferenciais parciais necessárias à modelagem de um fluido em escoamento. O conjunto de cinco equações é o seguinte:

- **Equação da continuidade.** É a lei de conservação de massa aplicada a um fluido e expressa como uma equação diferencial parcial.
- **Equação de momento.** É a segunda lei do movimento de Newton aplicada a um fluido. Essa equação é mais comumente desenvolvida para um fluido newtoniano, e é denominada equação de Navier-Stokes.
- **Equação da energia.** É a lei de conservação de energia aplicada a um fluido.
- **Equações de estado (duas equações).** Descreve como as variáveis termodinâmicas estão relacionadas. Por exemplo, uma equação de estado para a densidade descreve como a densidade varia com a temperatura e a pressão.

A equação da continuidade é descrita nessa seção; a equação de Navier-Stokes é descrita na próxima seção. As outras três equações são descritas nos livros de White (7, 8).

Na prática, existem múltiplas maneiras de escrever a equação da continuidade como uma equação diferencial parcial. Isso pode ser muito confuso quando se está aprendendo. Assim, o objetivo principal desta seção é introduzir o seguinte:

- Várias formas da equação da continuidade
- Linguagem e ideias para compreender como e por que os engenheiros usam essas diferentes formas.

FIGURA 16.13

Um VC infinitesimal estacionário e que não se deforma que está localizado no ponto (x, y, z) em um fluido em movimento.

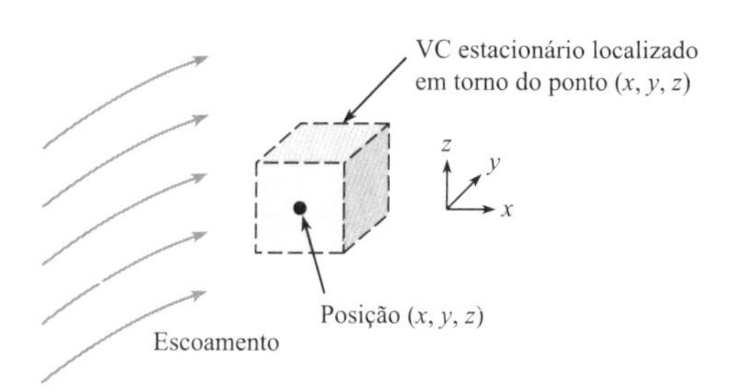

Derivação Usando um Volume de Controle (Forma com Conservação)

Esta seção introduz uma das maneiras de derivar a equação da continuidade.

Passo 1: **Seleção de um volume de controle (VC).** Selecionemos um VC (Fig. 16.13) centrado em torno do ponto (x, y, z). Assumimos que o VC é estacionário e que não se deforma.

Consideramos que as dimensões do VC são $(\Delta x, \Delta y, \Delta z)$, em que cada uma delas é de tamanho infinitesimal. *Infinitesimal* significa que as dimensões tendem a zero no sentido do limite no cálculo (por exemplo, limite $\Delta x \to 0$).

Passo 2: **Aplicação da conservação de massa.** Aplicando a conservação de massa ao VC. A física é

$$\text{(taxa de acúmulo de massa)} + \text{(fluxo líquido de saída de massa)} = \text{(zero)} \quad \textbf{(16.25)}$$

Essa física pode ser representada pela seguinte equação:

$$\frac{dm_{\text{vc}}}{dt} + \dot{m}_{\text{líq}} = 0 \quad \textbf{(16.26)}$$

Passo 3: **Análise do acúmulo.** O termo de acúmulo é:

$$\frac{dm_{\text{cv}}}{dt} = \frac{\partial(\text{massa no vc})}{\partial t} = \frac{\partial(\rho \forall)}{\partial t} = \left(\frac{\partial \rho}{\partial t}\right) \forall = \left(\frac{\partial \rho}{\partial t}\right) \Delta x \Delta y \Delta z \quad \textbf{(16.27)}$$

A Eq. (16.27) usa uma derivada parcial porque o volume de controle está fixo no espaço, o que significa que as variáveis x, y e z têm valores fixos. O termo de volume foi retirado da derivada, pois o volume do VC é constante ao longo do tempo.

Passo 4: **Análise do fluxo de saída.** Para analisar $\dot{m}_{\text{líq}}$, iremos considerar o fluxo através das faces x (Fig. 16.14) do VC. Uma face x é definida como a face do cubo que está perpendicular ao eixo x. Conforme mostrado, há fluxo de saída através da face x positiva e fluxo de entrada através da face x negativa.

FIGURA 16.14

Fluxos de entrada e de saída de massa através das faces x do volume de controle.

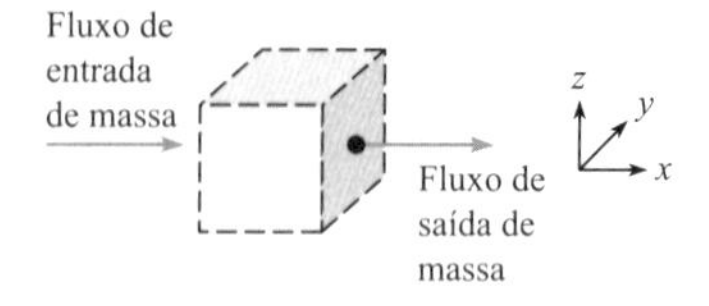

As vazões mássicas através das faces x são

$$\begin{aligned}
\dot{m}_{\substack{\text{face } x \\ \text{positiva}}} &= (\rho A u)_{x+\Delta x/2} = (\rho u)_{x+\Delta x/2}(\Delta y \Delta z) \\
\dot{m}_{\substack{\text{face } x \\ \text{negativa}}} &= (\rho A u)_{x-\Delta x/2} = (\rho u)_{x-\Delta x/2}(\Delta y \Delta z)
\end{aligned} \quad \textbf{(16.28)}$$

A vazão líquida através das faces x é

$$\begin{aligned}
\dot{m}_{\text{líq}} &= \dot{m}_{\substack{\text{face } x \\ \text{positiva}}} - \dot{m}_{\substack{\text{face } x \\ \text{negativa}}} \\
&= ((\rho u)_{x+\Delta x/2} - ((\rho u)_{x-\Delta x/2}))(\Delta y \Delta z)
\end{aligned} \quad \textbf{(16.29)}$$

Simplificando a Eq. (16.29) pela expansão das derivadas em uma série de Taylor, obtém-se

$$\dot{m}_{\substack{\text{líq,} \\ \text{face } x}} = \frac{\partial(\rho u)}{\partial x}(\Delta x \Delta y \Delta z) \quad \textbf{(16.30)}$$

O processo usado para derivar a Eq. (16.30) é repetido para a face y para dar

$$\dot{m}_{\substack{\text{líq,}\\ \text{face } y}} = \frac{\partial(\rho v)}{\partial y}(\Delta x \Delta y \Delta z) \tag{16.31}$$

O processo usado para deduzir a Eq. (16.30) é repetido para a face z para dar

$$\dot{m}_{\substack{\text{líq,}\\ \text{face } z}} = \frac{\partial(\rho w)}{\partial z}(\Delta x \Delta y \Delta z) \tag{16.32}$$

Para somar as vazões mássicas através de todas as faces, soma-se todos os termos nas Eq. (16.30) a (16.32):

$$\dot{m}_{\text{liq}} = \left(\frac{\partial(\rho u)}{\partial x} + \frac{\partial(\rho v)}{\partial y} + \frac{\partial(\rho w)}{\partial z}\right)(\Delta x \Delta y \Delta z) \tag{16.33}$$

Passo 5: **Combinação dos resultados.** Inserção de termos das Eqs. (16.27) e (16.33) na Eq. (16.26):

$$\left(\frac{\partial \rho}{\partial t}\right)(\Delta x \Delta y \Delta z) + \left(\frac{\partial(\rho u)}{\partial x} + \frac{\partial(\rho v)}{\partial y} + \frac{\partial(\rho w)}{\partial z}\right)(\Delta x \Delta y \Delta z) = 0 \tag{16.34}$$

Dividindo os dois lados pelo volume do VC é obtido o resultado final:

$$\frac{\partial \rho}{\partial t} + \frac{\partial(\rho u)}{\partial x} + \frac{\partial(\rho v)}{\partial y} + \frac{\partial(\rho w)}{\partial z} = 0 \tag{16.35}$$

Passo 6: **Interpretação da física.** O significado da Eq. (16.35) é

$$\underbrace{\frac{\partial \rho}{\partial t}}_{\substack{\text{taxa de acúmulo de massa}\\ \text{em um VC diferencial}\\ \text{dividida pelo volume do VC}\\ \text{(kg/s por m}^3\text{)}}} + \underbrace{\frac{\partial(\rho u)}{\partial x} + \frac{\partial(\partial v)}{\partial y} + \frac{\partial(\rho w)}{\partial z}}_{\substack{\text{vazão mássica líquida}\\ \text{que sai do VC dividida}\\ \text{pelo volume do VC}\\ \text{(kg/s por m}^3\text{)}}} = 0 \tag{16.36}$$

Observe as dimensões e unidades dos termos que aparecem na equação da continuidade:

$$\frac{\text{(massa/tempo)}}{\text{(volume)}} = \frac{\text{kg/s}}{\text{m}^3} \tag{16.37}$$

Derivação Usando uma Partícula de Fluido (Forma sem Conservação)

A literatura usa duas formas da equação da continuidade:

- **Forma com conservação.** Desenvolvida na última subseção, é derivada a partir de um volume de controle diferencial com a aplicação da conservação de massa a esse VC. Essa é uma abordagem de Euler.
- **Forma sem conservação.** Desenvolvida nessa subseção, é derivada a partir de uma partícula de fluido diferencial com a aplicação da conservação de massa a essa partícula. Essa é uma abordagem de Lagrange.

Em seguida, derivamos a *forma sem conservação* da equação da continuidade.

Passo 1: **Seleção de uma partícula de fluido**. Seleciona-se uma partícula de fluido (Fig. 16.15) centrada em torno de um ponto (x, y, z) no espaço. Uma vez que uma partícula se move com o fluido em movimento, ela se encontra nessa posição apenas em um instante de tempo específico.

FIGURA 16.15

Uma partícula de fluido (de tamanho infinitesimal) localizada no ponto (x, y, z) em um fluido em escoamento.

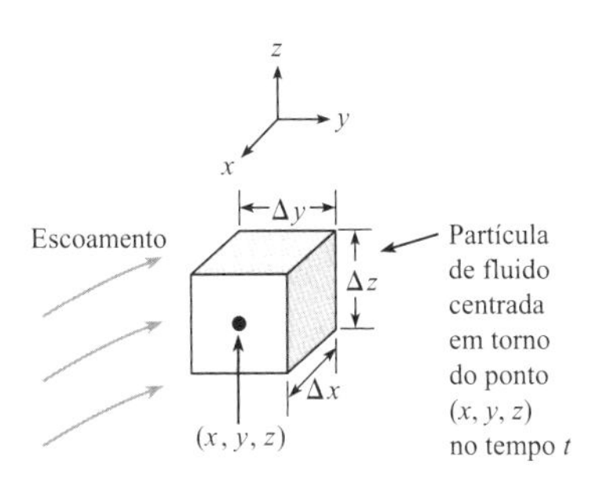

Passo 2: **Aplicação da conservação de massa.** Por definição, a *massa da partícula deve permanecer constante ao longo do tempo*. Dizendo isso matematicamente:

$$\frac{d(\text{massa})}{dt} = \frac{d[(\text{densidade})(\text{volume})]}{dt} = \frac{d(\rho\forall)}{dt} = 0 \tag{16.38}$$

Passo 3: **Aplicação da regra do produto.** A Eq. (16.38) torna-se

$$\rho\frac{d\forall}{dt} + \forall\frac{d\rho}{dt} = 0 \tag{16.39}$$

Passo 4: **Análise da variação no termo de volume.** Descreve como o volume da partícula de fluido varia com o tempo. Para analisar esse termo, aplica-se a definição da derivada:

$$\frac{d\forall}{dt} = \underbrace{\lim}_{\Delta t \to 0} \frac{\forall(t + \Delta t) - \forall(t)}{\Delta t} \tag{16.40}$$

Na Eq. (16.40), o volume no tempo t é

$$\forall(t) = \Delta x \Delta y \Delta z \tag{16.41}$$

e o volume no tempo $t + \Delta t$ é

$$\forall(t + \Delta t) = (\Delta x + \Delta x')(\Delta y + \Delta y')(\Delta z + \Delta z') \tag{16.42}$$

em que cada termo da forma $\Delta x'$ representa uma mudança no comprimento da lateral da partícula. Em seguida, multiplicam-se os termos no lado direito da Eq. (16.42) e são desprezados os termos de ordens superiores. A equação se torna

$$\forall(t + \Delta t) \approx \Delta x\Delta y\Delta z + \Delta x'\Delta y\Delta z + \Delta x\Delta y'\Delta z + \Delta x\Delta y\Delta z' \tag{16.43}$$

Em seguida, as Eqs. (16.41) e (16.43) são combinadas e aplica-se a série de Taylor:

$$\forall(t + \Delta t) - \forall(t) \approx \left(\frac{\partial u}{\partial x}\Delta x\right)\Delta y\Delta z\Delta t + \Delta x\left(\frac{\partial v}{\partial y}\Delta y\right)\Delta z\Delta t + \Delta x\Delta y\left(\frac{\partial w}{\partial z}\Delta z\right)\Delta t \tag{16.44}$$

Então, a substituição da Eq. (16.44) na Eq. (16.40) dá

$$\frac{d\forall}{dt} = \left(\frac{\partial u}{\partial x} + \frac{\partial v}{\partial y} + \frac{\partial w}{\partial z}\right)\Delta x\Delta y\Delta z = \left(\frac{\partial u}{\partial x} + \frac{\partial v}{\partial y} + \frac{\partial w}{\partial z}\right)\forall \tag{16.45}$$

Passo 5: **Combinação dos Resultados.** A substituição da Eq. (16.45) na Eq. (16.39) e a divisão de cada termo pelo volume da partícula seguido de rearranjo fornece

$$\frac{d\rho}{dt} + \rho\left(\frac{\partial u}{\partial x} + \frac{\partial v}{\partial y} + \frac{\partial w}{\partial z}\right) = 0 \tag{16.46}$$

Passo 6: **Interpretação da Física.** A derivação da Eq. (16.46) revela dois conceitos principais:

- Uma variação na densidade de uma partícula de fluido ocorre se, e somente se, o volume da partícula de fluido está mudando ao longo do tempo.
- Uma variação no volume de uma partícula de fluido é representada matematicamente pelas variáveis entre colchetes no segundo termo da Eq. (16.46).

Observe que a forma com conservação [Eq. (16.35)] e a forma sem conservação [Eq. (16.46)] são matematicamente equivalentes, pois é possível começar com uma dessas equações e derivar a outra.

Resumo. A derivação das formas com conservação e sem conservação da equação da continuidade fornece equações que são matematicamente equivalentes. Contudo, essas equações possuem interpretações físicas diferentes.

Coordenadas Cilíndricas

A equação da continuidade também pode ser derivada em coordenadas cilíndricas; ver Pritchard (9). O resultado (forma com conservação) é

$$\underbrace{\frac{\partial \rho}{\partial t}}_{\substack{\text{taxa de acúmulo de massa em}\\ \text{um VC diferencial dividida}\\ \text{pelo volume do VC}\\ (\text{kg/s por m}^3)}} + \underbrace{\frac{1}{r}\frac{\partial(r\rho v_r)}{\partial r} + \frac{1}{r}\frac{\partial(\rho v_\theta)}{\partial \theta} + \frac{\partial(\rho v_z)}{\partial z}}_{\substack{\text{vazão mássica líquida}\\ \text{que sai do VC dividida}\\ \text{pelo volume do VC}\\ (\text{kg/s por m}^3)}} = 0 \qquad \textbf{(16.47)}$$

Também é possível derivar a equação da continuidade em coordenadas esféricas e em outros sistemas de coordenadas.

Notação Invariante

Essa subseção mostra como modificar a equação da continuidade em uma forma invariante. O operador "del" é definido como

$$\nabla \equiv \mathbf{i}\frac{\partial}{\partial x} + \mathbf{j}\frac{\partial}{\partial y} + \mathbf{k}\frac{\partial}{\partial z} \qquad \textbf{(16.48)}$$

Assim, a partir da equação da continuidade em componentes cartesianos, o operador del é introduzido usando o produto escalar:

$$\begin{aligned} &\frac{\partial \rho}{\partial t} + \frac{\partial(\rho u)}{\partial x} + \frac{\partial(\rho v)}{\partial y} + \frac{\partial(\rho w)}{\partial z} = 0 \\ &\frac{\partial \rho}{\partial t} + \left(\mathbf{i}\frac{\partial}{\partial x} + \mathbf{j}\frac{\partial}{\partial y} + \mathbf{k}\frac{\partial}{\partial z}\right) \cdot ((\rho u)\mathbf{i} + (\rho v)\mathbf{j} + (\rho w)\mathbf{k}) = 0 \qquad \textbf{(16.49)} \\ &\frac{\partial \rho}{\partial t} + \nabla \cdot (\rho \mathbf{V}) = 0 \end{aligned}$$

A última linha na Eq. (16.49) é a equação da continuidade em uma forma invariante. A física correspondente é:

$$\underbrace{\frac{\partial \rho}{\partial t}}_{\text{acúmulo}} + \underbrace{\nabla \cdot (\rho \mathbf{V})}_{\substack{\text{fluxo líquido}\\ \text{de saída de massa}}} = 0 \qquad \textbf{(16.50)}$$

O termo $\nabla \cdot (\rho \mathbf{V})$ é a divergência. A Eq. (16.50) também pode ser escrita na notação de Gibbs:

$$\underbrace{\frac{\partial \rho}{\partial t}}_{\text{acúmulo}} + \underbrace{\operatorname{div}(\rho \mathbf{V})}_{\substack{\text{fluxo líquido de}\\ \text{saída de massa}}} = 0 \qquad \textbf{(16.51)}$$

Um aspecto útil da notação invariante é que ela proporciona uma forma de descrever a física de um operador matemático. Por exemplo, a física do operador divergente (ou divergência) pode ser estabelecida a partir da Eq. (16.50):

$$\operatorname{div}(\rho \mathbf{V}) = \nabla \cdot (\rho \mathbf{V}) = \frac{\begin{pmatrix}\text{vazão mássica líquida que sai}\\ \text{de um VC diferencial centrado}\\ \text{em torno do ponto } (x, y, z)\end{pmatrix}}{(\text{volume do VC})} \qquad \textbf{(16.52)}$$

A física do operador divergente também pode ser obtida de outra maneira. O passo 1 consiste em escrever a Eq. (16.46) desta maneira:

$$\frac{d\rho}{dt} + \rho(\nabla \cdot \mathbf{V}) = 0 \qquad \textbf{(16.53a)}$$

$$\frac{d\rho}{dt} + \rho \operatorname{div}(\mathbf{V}) = 0 \quad \textbf{(16.53b)}$$

O passo 2 consiste em retornar à derivação da Eq. (16.46). Isto revelará que:

$$\nabla \cdot \mathbf{V} = \operatorname{div}(\mathbf{V}) = \frac{(\text{taxa de variação temporal do volume de uma partícula de fluido})}{(\text{volume da partícula de fluido})} \quad \textbf{(16.54)}$$

Resumo. A equação da continuidade pode ser escrita em uma forma invariante. Essa abordagem fornece um método para desenvolver uma interpretação física do operador divergente. Conforme mostrado, o operador divergente possui duas interpretações físicas distintas.

Continuidade para um Fluxo Incompressível (Densidade Constante)

Uma vez que é comum assumir um valor constante para a densidade, a equação da continuidade é escrita com frequência quando a densidade é constante. Isso geralmente é chamado de escoamento incompressível.

Quando a densidade é constante, a equação da continuidade escrita em coordenadas cartesianas [Eq. (16.36) ou Eq. (16.46)] se reduz a

$$\frac{\partial u}{\partial x} + \frac{\partial v}{\partial y} + \frac{\partial w}{\partial z} = 0 \quad \textbf{(16.55)}$$

De maneira semelhante, a equação da continuidade para coordenadas cilíndricas [(Eq. (16.47)] se reduz a

$$\frac{1}{r}\frac{\partial(r v_r)}{\partial r} + \frac{1}{r}\frac{\partial v_\theta}{\partial \theta} + \frac{\partial v_z}{\partial z} = 0 \quad \textbf{(16.56)}$$

Quando a densidade é constante, a Eq. (16.51) se reduz a

$$\nabla \cdot \mathbf{V} = \operatorname{div}(\mathbf{V}) = 0 \quad \textbf{(16.57)}$$

Resumo. Quando o escoamento é modelado como incompressível, a equação da continuidade se reduz a $\nabla \cdot \mathbf{V} = \operatorname{div}(\mathbf{V}) = 0$, o que significa que a divergência do campo de velocidades é zero. Essa equação também pode ser escrita em coordenadas cartesianas [Eq. (16.55)] e coordenadas cilíndricas [Eq. (16.56)].

Resumo das Formas Matemáticas da Equação da Continuidade

A Tabela 16.2 lista algumas das formas de escrever a equação da continuidade como uma EDP. Observe que a matemática reflete simplesmente formas alternativas de descrever a física.

Como será mostrado no próximo exemplo, a equação da continuidade pode ser aplicada em duas etapas.

- **Passo 1: Seleção.** A partir da Tabela 16.2, selecione uma forma aplicável da equação da continuidade.
- **Passo 2: Redução.** Elimine as variáveis na equação da continuidade que são iguais a zero ou desprezíveis.

EXEMPLO. Considere o desenvolvimento de um escoamento laminar em um tubo redondo (Fig. 16.16). Na entrada do tubo, o perfil de velocidades é uniforme. À medida que o escoamento avança pelo tubo, o perfil de velocidades se torna completamente desenvolvido. Considere que o escoamento é estacionário e que a densidade é constante. Reduza a equação geral para a equação da continuidade de modo que ela se aplique a essa situação.

TABELA 16.2 Formas Alternativas de Escrever a Equação da Continuidade como uma EDP

	Descrição	Equação
Equação geral	Coordenadas cartesianas (forma com conservação)	$\frac{\partial\rho}{\partial t}+\frac{\partial(\rho u)}{\partial x}+\frac{\partial(\rho v)}{\partial y}+\frac{\partial(\rho w)}{\partial z}=0$
	Coordenadas cartesianas (forma sem conservação)	$\frac{d\rho}{dt}+\rho\left(\frac{\partial u}{\partial x}+\frac{\partial v}{\partial y}+\frac{\partial w}{\partial z}\right)=0$ $\frac{\partial\rho}{\partial t}+\left(u\frac{\partial\rho}{\partial x}+v\frac{\partial\rho}{\partial y}+w\frac{\partial\rho}{\partial z}\right)+\rho\left(\frac{\partial u}{\partial x}+\frac{\partial v}{\partial y}+\frac{\partial w}{\partial z}\right)=0$
	Coordenadas cilíndricas (forma com conservação)	$\frac{\partial\rho}{\partial t}+\frac{1}{r}\frac{\partial(r\rho v_r)}{\partial r}+\frac{1}{r}\frac{\partial(\rho v_\theta)}{\partial\theta}+\frac{\partial(\rho v_z)}{\partial z}=0$
	Invariante (forma com conservação)	$\frac{\partial\rho}{\partial t}+\nabla\cdot(\rho\mathbf{V})=0$
	Invariante (forma sem conservação)	$\frac{d\rho}{dt}+\rho(\nabla\cdot\mathbf{V})=0$
Equação para escoamento incompressível	Forma invariante	$\nabla\cdot\mathbf{V}=\mathrm{div}(\mathbf{V})=0$
	Coordenadas cartesianas	$\frac{\partial u}{\partial x}+\frac{\partial v}{\partial y}+\frac{\partial w}{\partial z}=0$
	Coordenadas cilíndricas	$\frac{1}{r}\frac{\partial(rv_r)}{\partial r}+\frac{1}{r}\frac{\partial v_\theta}{\partial\theta}+\frac{\partial v_z}{\partial z}=0$

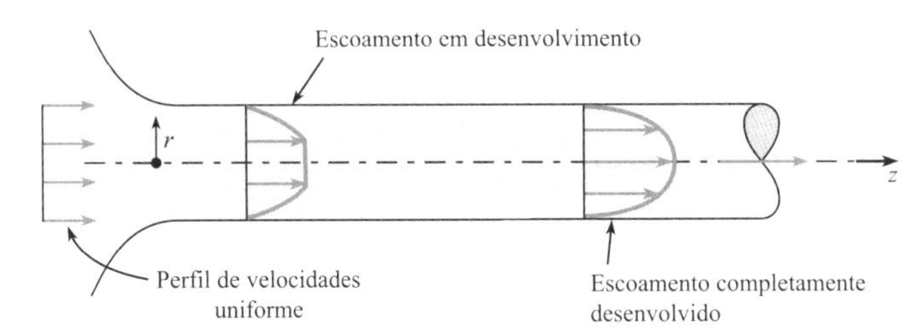

FIGURA 16.16
Desenvolvimento de escoamento laminar em um tubo redondo.

Ação

Passo 1: Seleção. Uma vez que o escoamento ocorre com densidade constante e a geometria é a de um tubo redondo, seleciona-se a forma da equação da continuidade para escoamento incompressível em coordenadas cilíndricas, Eq. (16.56):

$$\frac{1}{r}\frac{\partial(rv_r)}{\partial r}+\frac{1}{r}\frac{\partial v_\theta}{\partial\theta}+\frac{\partial v_z}{\partial z}=0$$

Passo 2: Redução. Assume-se que o escoamento seja simétrico em relação ao eixo z. Assim, $v_\theta = 0$. A equação da continuidade se reduz a

$$\frac{1}{r}\frac{\partial(rv_r)}{\partial r}+\frac{\partial v_z}{\partial z}=0$$

Revisão. Essa equação pode ser resolvida para fornecer o campo de velocidades em um escoamento em desenvolvimento em um tubo redondo. Uma vez que essa equação tem duas variáveis desconhecidas (v_r e v_z), também seria necessário resolver a equação de Navier-Stokes.

16.4 A Equação de Navier-Stokes

A equação de Navier-Stokes, introduzida nesta seção, é amplamente usada tanto na teoria como na prática.

A equação de Navier-Stokes representa a segunda lei do movimento de Newton aplicada ao escoamento viscoso de um fluido newtoniano. Neste livro, consideramos um escoamento incompressível e uma viscosidade constante. Na literatura, podem ser encontradas derivações mais gerais.

Derivação

De maneira semelhante às equações da continuidade, existem múltiplas maneiras de derivar a equação de Navier-Stokes. Esta seção mostra como derivar a equação partindo de uma partícula de fluido e aplicando a segunda lei de Newton. Assim, o resultado será a forma sem conservação da equação. Uma vez que a derivação é complexa, são omitidos alguns dos detalhes técnicos; para conhecer esses detalhes, recomendamos o livro *Viscous Fluid Flow* (Escoamento de Fluido Viscoso) (8).

FIGURA 16.17

Uma partícula de fluido localizada em um fluido em escoamento.

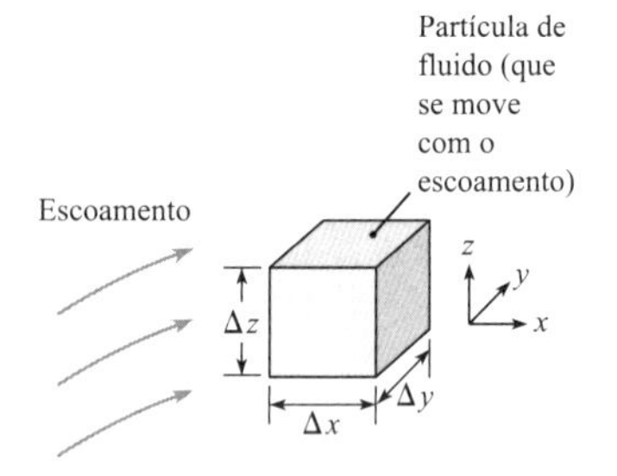

Passo 1: **Seleção de uma Partícula de Fluido.** Selecionemos uma partícula de fluido em um fluido em escoamento (Fig. 16.17). Vamos considerar a partícula com a forma de um cubo. Assumamos que as dimensões são infinitesimais e que a partícula está na posição (x, y, z) no instante mostrado.

Passo 2: Aplicação da segunda lei de Newton.

(soma das forças sobre uma partícula de fluido) = (massa)(aceleração)

$$\sum \mathbf{F} = m\mathbf{a} = m\frac{d\mathbf{V}}{dt} \tag{16.58}$$

Em relação às forças, as duas categorias são as forças volumétricas e as forças de superfície. As únicas forças de superfície possíveis são a força de pressão e a força de cisalhamento. Suponhamos que a única força volumétrica seja o peso **W**. A Eq. (16.58) torna-se

(peso) + (força de pressão) + (força de cisalhamento) = (densidade)(volume)(aceleração)

$$\mathbf{W} + \mathbf{F}_p + \mathbf{F}_c = \rho\forall\frac{d\mathbf{V}}{dt} \tag{16.59}$$

O peso é dado por

$$\mathbf{W} = (\text{massa})(\text{vetor gravidade}) = \rho\forall\mathbf{g} \tag{16.60}$$

Inserindo a Eq. (16.60) na Eq. (16.59), obtemos

$$\rho\forall\mathbf{g} + \mathbf{F}_p + \mathbf{F}_c = \rho\forall\frac{d\mathbf{V}}{dt} \tag{16.61}$$

FIGURA 16.18

As forças de pressão sobre as faces x de uma partícula de um fluido.

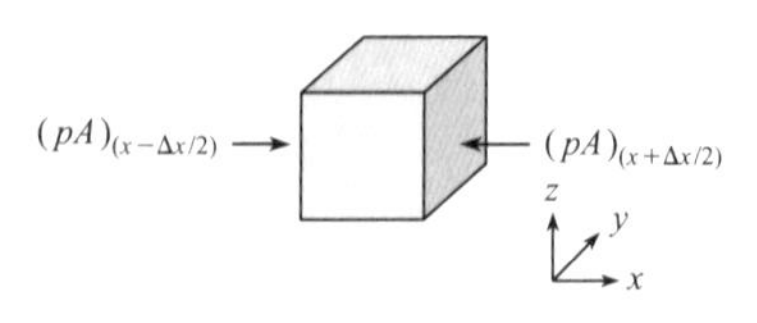

Passo 3: **Análise da força de pressão.** Para começar, consideremos as forças sobre as faces x da partícula (Fig. 16.18).

A força resultante devido à pressão sobre as faces x é

$$\mathbf{F}_{\substack{\text{pressão}\\ \text{nas faces } x}} = -((pA)_{x+\Delta x/2} - (pA)_{x-\Delta x/2})\mathbf{i} = -(p_{x+\Delta x/2} - p_{x-\Delta x/2})(\Delta y \Delta z)\mathbf{i} \tag{16.62}$$

Simplificando a Eq. (16.62) pela aplicação de uma expansão em série de Taylor (duas vezes) e desprezando os termos de ordens superiores, obtém-se

$$\mathbf{F}_{\substack{\text{pressão}\\ \text{nas faces } x}} = \frac{\partial p}{\partial x}(\Delta x \Delta y \Delta z)\mathbf{i} \tag{16.63}$$

Repetindo esse procedimento para as faces y e z e combinando os resultados, obtemos:

$$\mathbf{F}_{\substack{\text{pressão em}\\ \text{todas as faces}}} = -\left(\frac{\partial p}{\partial x}(\Delta x\Delta y\Delta z)\mathbf{i} + \frac{\partial p}{\partial y}(\Delta x\Delta y\Delta z)\mathbf{j} + \frac{\partial p}{\partial z}(\Delta x\Delta y\Delta z)\mathbf{k}\right) \tag{16.64}$$

Simplificando a Eq. (16.64) e depois introduzindo a notação vetorial, temos

$$\mathbf{F}_{\text{pressão}} = -\left(\frac{\partial p}{\partial x}\mathbf{i} + \frac{\partial p}{\partial y}\mathbf{j} + \frac{\partial p}{\partial z}\mathbf{k}\right)(\Delta x\Delta y\Delta z) = -\nabla p(\Delta x\Delta y\Delta z) \tag{16.65}$$

A Eq. (16.65) revela uma interpretação física do gradiente:

$$\begin{pmatrix}\text{gradiente do}\\ \text{campo de pressões}\\ \text{em um ponto}\end{pmatrix} = \frac{\begin{pmatrix}\text{força de pressão resultante}\\ \text{sobre uma partícula de fluido}\end{pmatrix}}{(\text{volume da partícula})} \quad (16.66)$$

Passo 4: **Análise da força de cisalhamento.** A força de cisalhamento é a força resultante sobre a partícula de fluido devido às tensões de cisalhamento. Estas são causadas pelos efeitos viscosos e são representadas matematicamente conforme mostrado na Figura 16.19. Nela, cada face da partícula de fluido tem três componentes de tensão. Por exemplo, a face x positiva possui três componentes de tensão, que são τ_{xx}, τ_{xy} e τ_{xz}. A notação do índice subscrito duplo descreve a direção do componente da tensão e a face sobre a qual o componente atua. Por exemplo:

- τ_{xx} é a tensão de cisalhamento sobre a face x na direção x.
- τ_{xy} é a tensão de cisalhamento sobre a face x na direção y.
- τ_{xz} é a tensão de cisalhamento sobre a face x na direção z.

A tensão de cisalhamento é um tipo de entidade matemática denominada tensor de segunda ordem. Um *tensor* é análogo a um vetor, embora mais geral. Exemplos: Um tensor de ordem zero é um escalar. Um tensor de primeira ordem é um vetor. Um tensor de segunda ordem tem magnitude, direção e orientação (a qual descreve sobre que face a tensão atua).

FIGURA 16.19
Tensões de cisalhamento que atuam sobre uma partícula de um fluido.

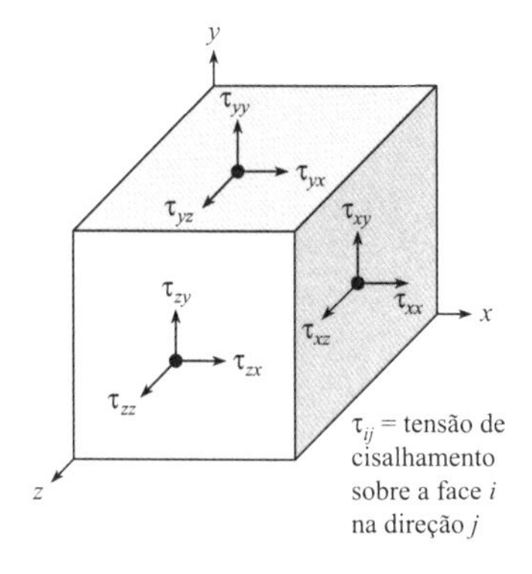

Para determinar a força de cisalhamento resultante sobre a partícula, cada componente da tensão é multiplicado pela área, e as forças são somadas. Então, é aplicada uma expansão em série de Taylor. O resultado é que

$$\mathbf{F}_{\text{cisalhamento}} = \begin{bmatrix} F_{x,\text{ cisalhamento}} \\ F_{y,\text{ cisalhamento}} \\ F_{z,\text{ cisalhamento}} \end{bmatrix} = \begin{bmatrix} \left(\dfrac{\partial \tau_{xx}}{\partial x} + \dfrac{\partial \tau_{xy}}{\partial x} + \dfrac{\partial \tau_{xz}}{\partial x}\right) \\ \left(\dfrac{\partial \tau_{yx}}{\partial y} + \dfrac{\partial \tau_{yy}}{\partial y} + \dfrac{\partial \tau_{yz}}{\partial y}\right) \\ \left(\dfrac{\partial \tau_{zx}}{\partial z} + \dfrac{\partial \tau_{zy}}{\partial z} + \dfrac{\partial \tau_{zz}}{\partial z}\right) \end{bmatrix} (\Delta x \Delta y \Delta z) \quad (16.67)$$

A Eq. (16.67) pode ser escrita em notação invariante como

$$\mathbf{F}_{\text{cisalhamento}} = (\nabla \cdot \tau)\forall = (\text{div}(\tau))\forall \quad (16.68)$$

em que os termos no lado direito representam a divergência do tensor cisalhamento vezes o volume da partícula de fluido.

A Eq. (16.68) revela a física da divergência quando ela opera sobre o tensor cisalhamento. Observe que essa é a terceira interpretação física do operador divergência neste capítulo. Isso ocorre porque a física de um operador matemático depende do contexto em que o operador é usado.

$$\begin{pmatrix}\text{divergência do tensor}\\ \text{cisalhamento}\end{pmatrix} = \frac{\begin{pmatrix}\text{força de cisalhamento resultante}\\ \text{sobre uma partícula de fluido}\end{pmatrix}}{(\text{volume da partícula})} \quad (16.69)$$

Passo 6: **Combinação dos termos.** Substitua a força de cisalhamento, Eq. (16.68), e a força de pressão, Eq. (16.65), na segunda lei do movimento de Newton, Eq. (16.61). Então, divida pelo volume da partícula de fluido para obter

$$\rho \frac{d\mathbf{V}}{dt} = \rho \mathbf{g} - \nabla p + \nabla \cdot \tau_{ij} \quad (16.70)$$

A Eq. (16.70) é a forma diferencial da equação do momento linear sem qualquer hipótese sobre a natureza do fluido. A próxima etapa envolve a modificação dessa equação para que seja aplicável a um fluido newtoniano.

Passo 7: **Hipótese de fluido newtoniano.** Em 1845, Stokes desenvolveu uma maneira de escrever o tensor tensão em termos do tensor taxa de deformação do fluido em escoamento. Os detalhes são omitidos aqui. Após a introdução dos resultados de Stokes, assume-se densidade e viscosidade constantes. A Eq. (16.70) se torna

$$\rho \frac{d\mathbf{V}}{dt} = \rho\mathbf{g} - \nabla p + \mu \nabla^2 \mathbf{V} \quad \textbf{(16.71)}$$

em que $\nabla^2\mathbf{V}$ é um operador matemático denominado Laplaciano do campo de velocidades. A Eq. (16.71) é o resultado final, a equação de Navier-Stokes.

Passo 8: **Interpretação da física.** A física da equação de Navier-Stokes é

$$\underbrace{\rho \frac{d\mathbf{V}}{dt}}_{\left(\substack{\text{massa da partícula vezes a} \\ \text{aceleração da partícula dividida} \\ \text{pelo volume da partícula}}\right)} = \underbrace{\rho\mathbf{g}}_{\left(\substack{\text{peso da partícula} \\ \text{divido pelo seu} \\ \text{volume}}\right)} + \underbrace{-\nabla p}_{\left(\substack{\text{força de pressão resultante} \\ \text{sobre a partícula dividida} \\ \text{pelo seu volume}}\right)} + \underbrace{\mu \nabla^2 \mathbf{V}}_{\left(\substack{\text{força de cisalhamento} \\ \text{resultante sobre a partícula} \\ \text{dividida pelo seu volume}}\right)} \quad \textbf{(16.72)}$$

Observe as dimensões e as unidades:

$$\text{dimensões} = \frac{\text{força}}{\text{volume}} \sim \frac{\text{N}}{\text{m}^3} = \frac{\text{kg}}{\text{m}^2 \cdot \text{s}^2} \quad \textbf{(16.73)}$$

Coordenadas Cartesianas e Cilíndricas

Para escrever a Eq. (16.72) em coordenadas cartesianas, devemos buscar uma referência adequada (por exemplo, a *internet*, um livro avançado sobre fluidos, um manual de engenharia) e procurar a derivada material ($d\mathbf{V}/dt$), o gradiente e o operador laplaciano em coordenadas cartesianas. Após a substituição, a equação de Navier-Stokes (propriedades constantes) em coordenadas cartesianas é

$$\begin{aligned}
\rho\left(\frac{\partial u}{\partial t} + u\frac{\partial u}{\partial x} + v\frac{\partial u}{\partial y} + w\frac{\partial u}{\partial z}\right) &= \rho g_x - \frac{\partial p}{\partial x} + \mu\left(\frac{\partial^2 u}{\partial x^2} + \frac{\partial^2 u}{\partial y^2} + \frac{\partial^2 u}{\partial z^2}\right) \\
\rho\left(\frac{\partial v}{\partial t} + u\frac{\partial v}{\partial x} + v\frac{\partial v}{\partial y} + w\frac{\partial v}{\partial z}\right) &= \rho g_y - \frac{\partial p}{\partial y} + \mu\left(\frac{\partial^2 v}{\partial x^2} + \frac{\partial^2 v}{\partial y^2} + \frac{\partial^2 v}{\partial z^2}\right) \quad \textbf{(16.74)} \\
\rho\left(\frac{\partial w}{\partial t} + u\frac{\partial w}{\partial x} + v\frac{\partial w}{\partial y} + w\frac{\partial w}{\partial z}\right) &= \rho g_z - \frac{\partial p}{\partial z} + \mu\left(\frac{\partial^2 w}{\partial x^2} + \frac{\partial^2 w}{\partial y^2} + \frac{\partial^2 w}{\partial z^2}\right)
\end{aligned}$$

Em geral, não é possível resolver a equação de Navier-Stokes diretamente por causa dos termos não lineares. Um exemplo de um termo não linear é

$$u\frac{\partial u}{\partial x}$$

Esse termo é não linear porque uma variável dependente (u) é multiplicada pela sua derivada de primeira ordem ($\partial u/\partial t$). Em geral, os termos não lineares em equações diferenciais envolvem funções das variáveis dependentes.

A equação de Navier-Stokes (propriedades constantes) para coordenadas cilíndricas é

$$\begin{aligned}
r:&\quad \rho\left(\frac{\partial v_r}{\partial t} + v_r\frac{\partial v_r}{\partial r} + \frac{v_\theta}{r}\frac{\partial v_r}{\partial \theta} + v_z\frac{\partial v_r}{\partial z} - \frac{v_\theta^2}{r}\right) = \rho g_r - \frac{\partial p}{\partial r} + \mu\left(\frac{1}{r}\frac{\partial}{\partial r}\left(r\frac{\partial v_r}{\partial r}\right) + \frac{1}{r^2}\frac{\partial^2 v_r}{\partial \theta^2} + \frac{\partial^2 v_r}{\partial z^2} - \frac{v_r}{r^2} - \frac{2}{r^2}\frac{\partial v_\theta}{\partial \theta}\right) \\
\theta:&\quad \rho\left(\frac{\partial v_\theta}{\partial t} + v_r\frac{\partial v_\theta}{\partial r} + \frac{v_\theta}{r}\frac{\partial v_\theta}{\partial \theta} + v_z\frac{\partial v_\theta}{\partial z} + \frac{v_r v_\theta}{r}\right) = \rho g_\theta - \frac{1}{r}\frac{\partial p}{\partial \theta} + \mu\left(\frac{1}{r}\frac{\partial}{\partial r}\left(r\frac{\partial v_\theta}{\partial r}\right) + \frac{1}{r^2}\frac{\partial^2 v_\theta}{\partial \theta^2} + \frac{\partial^2 v_\theta}{\partial z^2} - \frac{v_\theta}{r^2} + \frac{2}{r^2}\frac{\partial v_\theta}{\partial \theta}\right) \\
z:&\quad \rho\left(\frac{\partial v_z}{\partial t} + v_r\frac{\partial v_z}{\partial r} + \frac{v_\theta}{r}\frac{\partial v_z}{\partial \theta} + v_z\frac{\partial v_z}{\partial z}\right) = \rho g_z - \frac{\partial p}{\partial z} + \mu\left(\frac{1}{r}\frac{\partial}{\partial r}\left(r\frac{\partial v_z}{\partial r}\right) + \frac{1}{r^2}\frac{\partial^2 v_z}{\partial \theta^2} + \frac{\partial^2 v_z}{\partial z^2}\right) \quad \textbf{(16.75)}
\end{aligned}$$

Resumo. A equação de Navier-Stokes representa a segunda lei do movimento de Newton aplicada ao escoamento viscoso de um fluido newtoniano. A equação de Navier-Stokes tem termos não lineares que impedem uma solução matemática exata para a maioria dos problemas.

16.5 Dinâmica dos Fluidos Computacional (DFC)

A **dinâmica dos fluidos computacional** (DFC) é um método para obter soluções aproximadas para problemas em mecânica dos fluidos e transferência de calor mediante o uso de soluções numéricas das EDPs que governam o problema em consideração. Essa seção descreve o seguinte:

- Por que a DFC é útil
- Como a DFC é usada na prática
- O que são os programas de DFC e como funcionam

Por que a DFC É Útil

A DFC fornece aos engenheiros uma ferramenta de modelagem que amplia enormemente suas habilidades. Por exemplo, não há uma forma direta de desenvolver e resolver equações que estimem o campo de pressões e os padrões de linhas de corrente para o escoamento em torno de um edifício. Podemos lançar mão de uma abordagem experimental, mas isso acarreta problemas, como casar o número de Reynolds e a dificuldade para realizar os estudos paramétricos.

Assim, a DFC fornece uma forma de simular fenômenos físicos cuja análise é impossível e para os quais é difícil a elaboração de experimentos. A DFC é uma ferramenta de modelagem útil em casos como os seguintes:

- Sistemas complexos (por exemplo, impressoras a jato de tinta, o coração humano, tanques de mistura)
- Simulações em escala integral (por exemplo, navios, aviões, barragens)
- Efeitos ambientais (por exemplo, furacões, clima, dispersão de poluição)
- Perigos (por exemplo, explosões, dispersão de radiação)
- Física (por exemplo, camada-limite planetária, evolução estelar)

A DFC também é útil para estudar os efeitos de perturbações no projeto. Por exemplo, para projetar uma hélice propulsora, podemos alterar sistematicamente variáveis de projeto, tais como o perfil da lâmina, o passo da lâmina e a velocidade de rotação, e observar o efeito sobre as variáveis de desempenho, tais como eficiência, propulsão e potência.

A DFC é usada em muitas indústrias e áreas de estudo: aeroespacial, automotiva, biomédica, processamento químico, HVAC (Aquecimento, Ventilação e Condicionamento do Ar), hidráulica, hidrologia, marinha, óleo e gás, e geração de energia.

Resumo. A DFC é útil para o engenheiro porque:

- Ela fornece um método para modelar problemas complexos que não podem ser modelados de forma efetiva por meio da mecânica dos fluidos analítica ou experimental,
- Ela fornece uma maneira de considerar perturbações no projeto em problemas complexos, tais como no projeto de uma hélice propulsora e no projeto de vertedouros, e
- Ela é amplamente utilizada na indústria.

Códigos de DFC na Prática Profissional

Um *código* é o jargão de Engenharia para um programa de computador. Na prática profissional e na maioria dos projetos de pesquisa, os engenheiros têm as seguintes opções:

- **Opção 1.** Escrever seu próprio código, o que raramente é feito.
- **Opção 2.** Aplicar um código que foi desenvolvido por outras pessoas. Essa é a prática mais comum, pois o desenvolvimento de códigos requer anos de esforço.

Esta subseção descreve três códigos comumente usados e fornece sugestões sobre como selecionar um código.

Modelagem de Águas Subterrâneas. MODFLOW (10) é um programa de computador para analisar o escoamento de águas subterrâneas. Esse código está em desenvolvimento desde o início da década de 1980. O MODFLOW é considerado o padrão efetivo para simulação de escoamentos no solo. Ele está bem validado e é considerado legalmente defensável em tribunais dos EUA.

O MODFLOW está disponível em versões não comerciais (isto é, gratuitas). No entanto, o licenciamento está limitado a entidades governamentais e acadêmicas. Para uso comercial, as implementações do MODFLOW custam entre US$ 1000 e 7000 (10).

Modelagem de Motores de Combustão Interna. Os códigos KIVA (11, 12) foram desenvolvidos originalmente em 1985 pelo Laboratório Nacional de Los Alamos para simular os processos que ocorrem dentro de um motor de combustão interna. Os KIVA tornaram-se os programas de DFC mais utilizados para a modelagem de combustão multidimensional. Ele pode ser aplicado para compreender os processos químicos da combustão, tal como a autoignição de combustíveis, e para otimizar motores diesel para alta eficiência e baixas emissões. Assim, o KIVA tem sido usado por fabricantes de motores para melhorar o desempenho de seus produtos.

Modelagem de Escoamentos com Superfícies Livres. Em 1963, Tony Hirt, do Laboratório Nacional de Los Alamos, foi o pioneiro no desenvolvimento de um método computacional denominado a abordagem do volume de fluido (VOF – *Volume Of Fluid*), que é útil para rastrear e localizar uma superfície livre ou uma interface fluido-fluido. Assim, o método VOF é útil na modelagem de escoamentos, tal como o escoamento de um reservatório ou o escoamento de um metal dentro de um molde. O Dr. Hirt deixou Los Alamos e fundou uma empresa chamada *Flow Science*, que agora comercializa um código denominado FLOW-3D.

A seguir estão alguns exemplos de aplicações do FLOW-3D, de acordo com a página da empresa na *internet* (13):

- Modelagem de barragem e vertedouro de uma usina hidrelétrica
- Projeto de calha para passagem de canoas em torno de uma barragem de baixa elevação
- Modelagem da moldagem de resina de poliuretano em espuma, cujo volume pode expandir mais de 30 vezes durante a moldagem.

Os exemplos de FLOW-3D, KIVA e MODFLOW sugerem alguns conceitos em comum:

- **Os programas de DFC podem ser muito úteis na prática.** Os três códigos que acabamos de descrever proveem tecnologias para a modelagem de (a) escoamento de água subterrânea, (b) motores de combustão interna, e (c) escoamento em canais abertos. Existem outros códigos disponíveis que permitem a modelagem de outras aplicações. Portanto, a DFC é uma poderosa tecnologia para a modelagem de problemas que envolvem fluidos.
- **Seleção de um código de DFC que corresponda ao seu problema.** Os códigos da DFC são desenvolvidos para resolver tipos de problemas específicos. O FLOW-3D é para o escoamento em canais abertos, enquanto o KIVA é para motores de combustão interna, e o MODFLOW é para a modelagem do escoamento de águas subterrâneas. Assim, devemos nos certificar de que o código DFC seja adequado para o tipo de problema que queremos resolver.
- **Uso de um código existente.** Vários códigos (por exemplo, MODFLOW, KIVA e FLOW-3D) estão em desenvolvimento desde a década de 1980 ou antes. Muitos anos de trabalho foram dedicados a eles. Portanto, do ponto de vista de custo-benefício, é vantajoso tirar proveito desse legado, em vez de escrever um código a partir do zero.

Recursos de Programas de DFC

Esta subseção descreve o vocabulário e os conceitos usados pela maioria dos programas de DFC.

Aproximação de EDPs. Os códigos de DFC aplicam métodos matemáticos para desenvolver soluções aproximadas para as EDPs que gerem o problema em consideração. As soluções aproximadas (estimativas) podem estar próximas ou longe da realidade, dependendo dos detalhes de como as estimativas foram feitas. A precisão da estimativa é determinada em parte por como o código foi desenvolvido. No entanto, a maior parte da precisão está baseada em decisões tomadas pelo usuário do código.

Há diversas maneiras de desenvolver soluções aproximadas de equações diferenciais parciais. Três abordagens comuns são o *método de diferenças finitas*, o *método de elementos finitos* e o *método de volumes finitos*.

Quando uma equação diferencial parcial é aproximada, o resultado é um conjunto de *muitas* equações algébricas que são resolvidas em pontos no espaço. Esses pontos no espaço são definidos usando uma malha.

Geração da Malha. Uma malha (Fig. 16.20) é um conjunto de pontos no espaço nos quais um código resolve os valores de velocidade e outras variáveis de interesse. A malha é configurada pelo usuário. Existem dois comprometimentos:

- **Precisão.** Se o espaçamento entre linhas da malha for pequeno, no que é chamado uma malha fina, então a solução é geralmente mais precisa. Na malha mostrada na Figura 16.20, observe como o usuário definiu uma malha fina nas proximidades da parede do cilindro.
- **Tempo computacional.** Se a malha for grossa (grande espaçamento entre as linhas da malha), então o tempo para executar o código diminui. A redução do tempo de computação é importante, pois códigos da DFC podem requerer muito tempo (isto é, dias) para rodar uma simulação.

A capacidade de geração da malha é configurada pelos desenvolvedores do código, e a geração da malha propriamente dita é feita pelo usuário. Wyman (15) descreve três abordagens disponíveis para a geração da malha:

- **Métodos de malha estruturada.** Com este método, a malha é disposta segundo um padrão repetido regular denominado bloco (Fig. 16.20). Os detalhes (malha fina, malha grossa etc.) são especificados pelo usuário. A vantagem de uma malha estruturada é que o usuário pode configurá-la para maximizar a precisão, ao mesmo tempo em que atinge um tempo de execução aceitável. Uma desvantagem de uma malha estruturada é que a sua criação pode requerer um tempo significativo para que o usuário insira os parâmetros necessários para criar a malha. Além disso, uma malha estruturada exige experiência do usuário para definir o *layout* apropriado.
- **Métodos de malha não estruturada.** Uma malha não estruturada é baseada em um algoritmo de computador que seleciona um conjunto arbitrário de elementos para preencher o domínio da solução. Como não há um padrão de posicionamento dos elementos, a malha é denominada não estruturada. Um método de malha não estruturada é bem adequado para iniciantes, pois a malha pode ser configurada com facilidade e rapidez, e não requerer muita experiência do usuário. As desvantagens são que a malha pode não ser tão boa como a estruturada em termos de precisão e de tempo de solução.

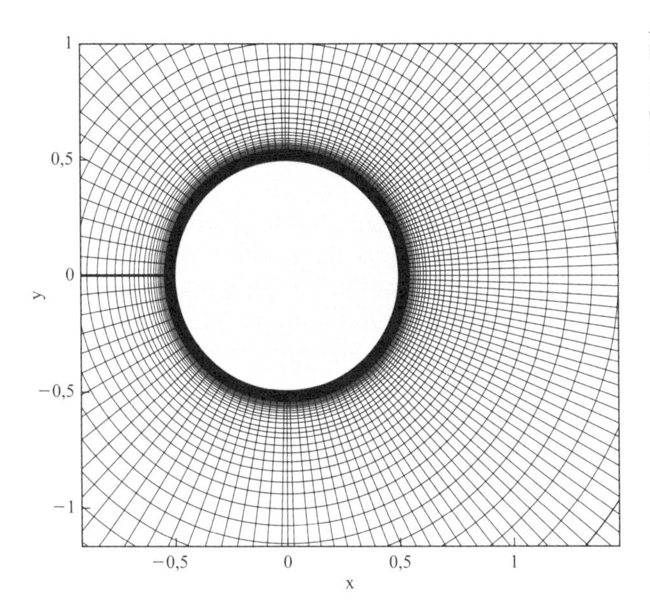

FIGURA 16.20

Uma malha usada para modelar o escoamento subsônico ao redor de um cilindro circular em um número de Reynolds de 10.000. Da NASA (14).

- **Métodos de malha híbrida.** Os métodos de malha híbrida são projetados para aproveitar os aspectos positivos das malhas estruturadas e não estruturadas. As malhas híbridas usam uma malha estruturada em regiões locais e uma malha não estruturada na maior parte do domínio.

Passos Temporais. Como as EDPs estão sendo resolvidas por códigos de DFC, os métodos de aproximação envolvem a resolução de variáveis em instantes de tempo específicos. O intervalo entre cada instante de tempo da solução é denominado **passo temporal**.

Precisão *versus* Tempo de Resolução. Em geral, se for selecionada uma malha fina e pequenos passos temporais, a solução por DFC é mais precisa. No entanto, uma resolução fina do espaço e do tempo aumenta o tempo de resolução exigido pelo computador. Isso pode parecer uma questão irrelevante, tendo em vista os computadores rápidos da atualidade, mas os programas de DFC podem exigir dias ou semanas de tempo de resolução. Assim, existe um comprometimento entre a precisão de uma solução e o tempo que o computador gasta para efetuar os cálculos.

Condições de Contorno e Condições Iniciais. A resolução de EDPs, que inclui uso de programas de DFC para desenvolver soluções aproximadas para as EDPs, envolve a especificação de condições de contorno (ou de fronteira) e de condições iniciais:

- A especificação de uma **condição de contorno** envolve *atribuir valores numéricos* para as *variáveis dependentes* nas *fronteiras físicas* que descrevem a região espacial na qual as equações diferenciais devem ser resolvidas. Por exemplo:
  - Quando o escoamento entra em uma fronteira, o usuário pode especificar um valor conhecido de velocidade em cada ponto. Isso é chamado de *condição de contorno de velocidade*.
  - Quando o escoamento entra em uma fronteira, o usuário pode especificar um valor conhecido de pressão em cada ponto. Isso é chamado de *condição de contorno de pressão*.
- A especificação de uma **condição inicial** envolve atribuir valores numéricos para as *variáveis dependentes* em todos os pontos espaciais no instante inicial das soluções.

Turbulência (Simulação Numérica Direta). Como a maioria dos escoamentos de interesse na Engenharia envolve escoamentos turbulentos, os códigos de DFC têm métodos para analisar o escoamento turbulento. A abordagem mais precisa, denominada **simulação numérica direta (SND)**, envolve configurar a malha e o passo temporal suficientemente finos para resolver os detalhes do escoamento turbulento. Como resultado, Hussan (16) afirma que uma solução de SND é muito precisa, mas também é "irrealista para 99,9% dos problemas de DFC, pois ela é computacionalmente irrealista". Isso ocorre porque o tempo de computação exigido é demasiadamente grande para os computadores atuais. Assim, a SND não é usada para a maioria dos problemas.

Modelagem de Turbulência. Envolve a previsão de efeitos de turbulência pela aplicação de equações simplificadas. Essas equações são mais simples do que as completas, variáveis no tempo, de Navier-Stokes. A página na *internet* DFC Online (www.cfd-online.com) descreve 27 modelos de turbulência e é uma boa fonte de detalhes.

Um dos modelos de turbulência mais utilizados é denominado **modelo *k*-epsilon** (ou **modelo *k*-ε**). Este usa uma equação para a energia cinética turbulenta (k) e outra equação para a taxa de dissipação da energia turbulenta (e). Essas equações são usadas em conjunto com as de **Navier-Stokes ponderadas pelo número de Reynolds** (**RANS** – *Reynolds-Averaged Navier-Stokes equations*). As equações RANS são desenvolvidas a partir das equações do movimento e, em seguida, calculando a média no tempo. De acordo com Hussan (16), o método k-ε "pode ser muito preciso, mas não é adequado para escoamentos transientes, pois o processo de determinação da média elimina a maioria das características importantes de uma solução que varia ao longo do tempo". A principal vantagem do modelo k-ε é ser computacionalmente eficiente.

Outro modelo de turbulência amplamente utilizado é denominado **simulação de grandes turbilhonamentos** (**LES** – *Large Eddy Simulation*). A simulação de grandes turbilhonamentos é um compromisso entre a SND e o k-ε. O LES usa detalhes suficientes para resolver as estruturas de turbulência de grande escala, mas usa as equações k-ε para resolver as de pequena escala. O método LES permite resolver problemas que não são bem modelados com o modelo k-ε, pois adota uma abordagem de maior eficiência computacional do que a SND.

Solucionador. Um solucionador (*solver*) é o algoritmo de computador que resolve as equações algébricas usadas pelo código de DFC. As saídas do solucionador são os valores de velocidade, pressão e de outros campos relevantes.

Pós-processamento. Depois do solucionador ter gerado uma solução, o código usa essa solução para calcular outros parâmetros de interesse. Esse processo é chamado de pós-processamento e o *software* que efetua esse trabalho é denominado **pós-processador**. Algumas funções comuns de um pós-processador são:

- Calcular variáveis derivadas, tais como a vorticidade ou a tensão de cisalhamento
- Calcular variáveis integrais, tais como a força de pressão, a força de cisalhamento, a sustentação, o arrasto, o coeficiente de sustentação e o coeficiente de arrasto
- Calcular grandezas de turbulência, tais como as tensões de Reynolds e os espectros de energia
- Desenvolver gráficos e outras representações visuais de dados:
  - Gráficos que mostram o histórico temporal – por exemplo, histórico temporal de forças ou de alturas de onda
  - Gráficos de contorno 2D de variáveis como pressão, velocidade ou vorticidade
  - Gráficos de vetores velocidade em 2-D
  - Gráficos de parâmetros iso-superficiais em 3-D, como pressão ou vorticidade
  - Gráficos mostrando as linhas de corrente, trajetórias ou linhas de emissão
  - Animações do escoamento

Verificação e validação

Os engenheiros estão muito interessados em avaliar a confiabilidade das soluções. Para esse fim, a comunidade da DFC adotou métodos para avaliar a correção dos resultados.

A **validação** examina o grau com que as previsões da DFC concordam com as observações do mundo real. Uma estratégia de validação comum consiste em comparar sistematicamente as previsões da DFC com dados experimentais ou com as soluções de problemas bem conhecidos, denominadas *soluções de referência.*

A **verificação** examina o grau com que os métodos numéricos usados pelo código resultam em respostas precisas. A verificação pode envolver a variação do espaçamento na malha e a garantia de que os resultados previstos não são dependentes do espaçamento da malha. De maneira semelhante, a verificação pode envolver a variação do passo temporal para garantir que os resultados sejam independentes do passo temporal.

16.6 Exemplos de DFC

Esta seção apresenta três exemplos de como os profissionais aplicam e pensam sobre a DFC.

FIGURA 16.21

A Represa Canton mostrando o novo vertedouro auxiliar proposto.

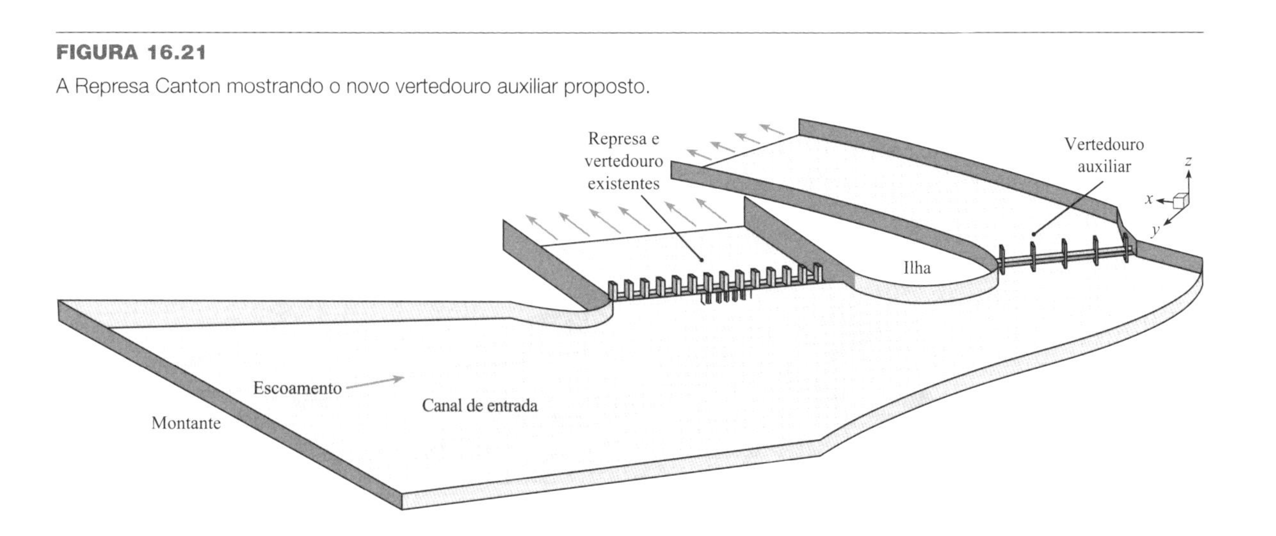

Escoamento através de um Vertedouro

Definição do Problema. Este estudo por Li *et al.* (18) envolveu a represa de Canton (ver a Fig. 16.21), que está localizada no Rio North Canadian, no estado americano de Oklahoma. Quando a represa foi construída em 1948, o projeto foi baseado na vazão máxima (durante uma inundação) de cerca de 10.000 m^3/s. Desde então, dados de hidrologia mais detalhados sugeriram que a represa deveria ser capaz de vazar uma descarga de inundação de pico de 17.700 m^3/s. Dessa forma, um novo vertedouro auxiliar foi proposto, e o estudo apresenta a análise dessa proposta.

Métodos. Um código de DFC comercial, Fluent, foi usado para resolver as equações de Navier-Stokes com média temporal de Reynolds (RANS). O modelo de turbulência adotado foi um modelo k-ε com funções de parede. O código de DFC foi usado para desenvolver um projeto de teste. Esse projeto foi então construído em um modelo físico em escala 1:54, e os dados experimentais foram usados para validar o código de DFC.

Resultados. Li *et al.* declararam: (18, p. 74)

> "Os resultados do modelo físico foram comparados aos resultados do modelo de DFC, tendo sido observada boa concordância. O modelo de DFC foi, portanto, validado, o que, por sua vez, validou a metodologia empregada."

Nesta citação, observe o seguinte:

- Os engenheiros concluíram que o modelo de DFC era confiável.
- Os engenheiros sugeriram que a integração da DFC com a modelagem experimental é uma abordagem viável para o projeto de estruturas hidráulicas.

Arrasto sobre um Ciclista

Definição do problema. Ciclistas de competição e seus treinadores querem compreender como reduzir o arrasto aerodinâmico (ver a Fig. 16.22), pois 90% ou mais das forças resistivas sobre o ciclista são em razão desse arrasto.

Contudo, estudos anteriores usando DFC apresentaram dificuldade em relação a como os modelos de turbulência eram configurados e com o grau de validação dos experimentos. Assim, os objetivos do estudo de Defraeye *et al.* (14) foram os seguintes:

- Avaliar o uso da DFC para a análise do arrasto aerodinâmico de diferentes posições do ciclista.
- Examinar e melhorar algumas das limitações dos estudos de modelagem por DFC anteriores para aplicações esportivas.

Métodos. O método experimental envolveu experimentos em túnel de vento para coletar dados de pressão em 30 locais espaciais e para prover dados sobre o coeficiente de arrasto. Esses dados de arrasto foram medidos como o produto entre o coeficiente de arrasto (C_D) e a área frontal (A), pois a medição da área frontal com precisão representa um desafio.

A simulação por DFC usou tanto a abordagem por RANS quanto LES.

Resultados. Os resultados (Tabela 16.3) mostram que a DFC e os resultados experimentais diferem em cerca de 11% para a RANS e aproximadamente 7% para a LES. Os autores estabelecem que essa diferença é considerada uma boa concordância em estudos por DFC. Ele também relatam uma boa concordância para os valores estimados para as pressões superficiais, especialmente com a LES. Apesar da maior precisão da LES, os autores sugerem que em razão do seu maior custo computacional, a RANS é mais atraente para uso prático.

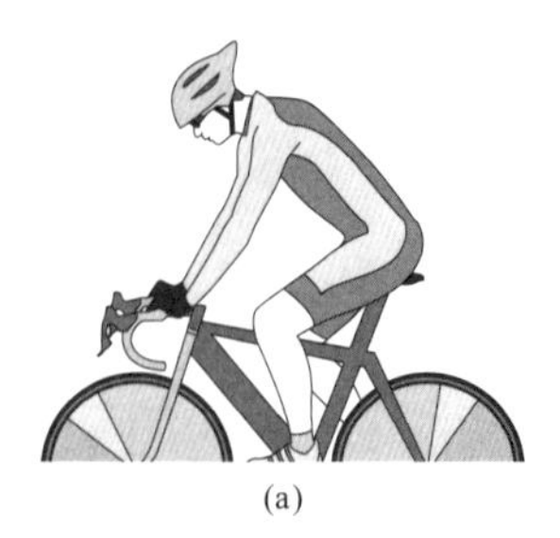

FIGURA 16.22
Posições do ciclista: (a) posição ereta, (b) posição inclinada e (c) posição para teste de tempo.

TABELA 16.3 Arrasto Previsto para Ciclistas por Defraeye *et al.* (17)

Posição do Ciclista (Fig. 16.22)	Modelo de Turbulência	AC_D (m²)	Comparação com o Experimento (%)[a]
Ereto	RANS	0,219	13
	LES	0,219	13
Inclinado	RANS	0,179	7
	LES	0,172	3
Teste de tempo	RANS	0,150	12
	LES	0,142	6

[a]A comparação com o experimento é calculada usando a seguinte fórmula:

$$\frac{(AC_D \text{ predito pela DFC}) - (AC_D \text{ medido no experimento})}{(AC_D \text{ medido no experimento})}$$

Os autores concluíram que a DFC é uma valiosa ferramenta para avaliar o arrasto correspondente a diferentes posições do ciclista e para investigar a influência de pequenos ajustes na posição do ciclista. Uma grande vantagem da DFC é a obtenção de informações detalhadas do campo do escoamento, que não poderiam ser obtidas com facilidade a partir de testes em túnel de vento. Esses detalhes fornecem informações sobre a força de arrasto e uma orientação para melhorias no posicionamento do ciclista.

Prevendo Cargas de Vento na Estrutura de um Telescópio

Problema. Uma vez que a próxima geração de telescópios ópticos terá grandes dimensões, a carga do vento sobre as estruturas se torna mais significativa. Por isso, Mamou *et al.* (19) conduziu um estudo para investigar a carga de vento sobre a estrutura do protótipo para um telescópio óptico muito grande (VLOT - *Very Large Optical Telescope*) canadense-americano. O estudo foi realizado durante a primeira fase do projeto para avaliar as cargas de vento, o desprendimento de vórtices e as ressonâncias de cavidades causadas pelo vento que sopra sobre a abertura do telescópio. A estrutura (Fig. 16.23) tem 51 m de diâmetro, com uma abertura de 24 m de diâmetro por meio da qual o telescópio vê o céu. O objetivo do estudo era avaliar a capacidade de um modelo de DFC.

Métodos. O código era um programa de DFC baseado no método de Lattice-Boltzmann totalmente instável. Dados do túnel de vento foram usados para validar o código.

Resultados. Os autores relataram que a ressonância da cavidade por causa do escoamento sobre a abertura e o desprendimento de vórtices da estrutura esférica foram observados nos experimentos em túnel de vento e nos cálculos com DFC. O código DFC previu três modos de cavidades excitados simultaneamente idênticos aos medidos.

16.7 Um Caminho para Avançar

Para estudantes que desejam aprender mais sobre a Mecânica dos Fluidos, esta seção oferece ideias sobre como avançar.

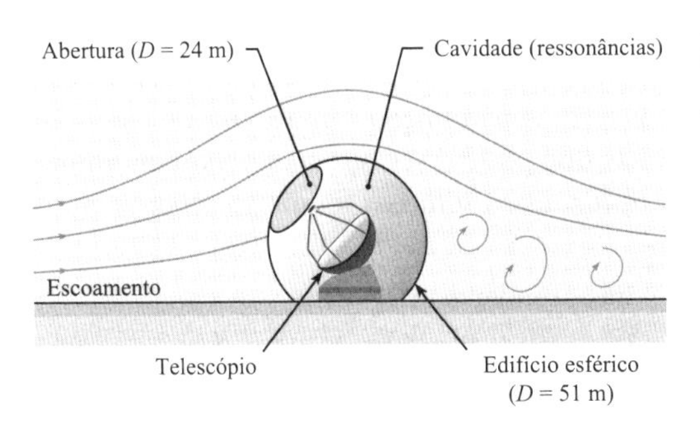

FIGURA 16.23
A estrutura do telescópio ótico muito grande.

Cursos de Pós-Graduação

Algumas matérias úteis de cursos de pós-graduação incluem equações diferenciais parciais, mecânica do contínuo, métodos numéricos, mecânica dos fluidos e mecânica dos fluidos computacional. Enquanto assiste às aulas, algumas formas úteis de expandir seus horizontes incluem:

- Leitura de literatura de pesquisa.
- Leitura de livros técnicos.
- Leitura de páginas da *internet* (por exemplo, ver a comunidade *online* de DFC em www.cfd-online.com).

Aprender Aplicando (Mergulhe na Piscina)

Algumas ideias para aplicação:

- Procure um código de DFC e aprenda a executá-lo.
- Execute projetos para empresas.
- Envolva-se em pesquisa: Assuma o papel principal na escrita de um trabalho de pesquisa.

Para os alunos que se envolvem em pesquisa, considere participar de conferências e apresentar o seu trabalho. Submeta seus trabalhos para publicação. Algumas vezes, o trabalho será criticado, mas as revisões são uma oportunidade para aprender.

Em encontros de pesquisa, troque conhecimento com os membros da comunidade. A maioria das pessoas que participam de reuniões de pesquisa tem paixão por seu trabalho técnico, e muitos gostam de ajudar aqueles que estão começando a se dedicar à disciplina.

Siga o Conselho de John Roncz

Como afirma John Roncz (ver o início do capítulo), mergulhe e descubra as coisas por conta própria. Isto é, de fato, a chave para aprender qualquer coisa.

16.8 Resumindo Conhecimentos-Chave

Modelos

- Um modelo é uma idealização ou versão simplificada da realidade. Modelos são valiosos quando nos ajudam a alcançar nossos objetivos de uma maneira econômica.
- O processo de construção de modelos é iterativo e inclui as seguintes etapas:
  - Identificação das variáveis.
  - Classificação das variáveis em variáveis de desempenho (variáveis dependentes) e variáveis de projeto (variáveis independentes).
  - Determinação de como se relacionam as variáveis. Quando elas podem ser relacionadas pela aplicação de equações de Engenharia, aplique o modelo de Wales-Woods. Quando as variáveis podem ser relacionadas pela correlação de dados experimentais, aplique a análise por regressão e outros métodos estatísticos.
  - Validação para determinar se as previsões do modelo são suficientemente precisas.
- Na mecânica dos fluidos, existem três abordagens para a construção de modelos: mecânica dos fluidos analítica, mecânica dos fluidos experimental e mecânica dos fluidos computacional. A maioria dos modelos envolve duas ou três dessas abordagens trabalhando de forma sinergética.
- A construção de modelos é mais bem-feita quando inicia com modelos simples e vai evoluindo esses modelos por meio de um processo iterativo. Os múltiplos comprometimentos na construção de modelos envolvem recursos, benefícios, precisão da solução e detalhes da solução.

Fundamentos para o Aprendizado de Equações Diferenciais Parciais (EDPs)

- As EDPs que governam os fluidos em escoamento podem ser resolvidas analiticamente apenas para alguns casos especiais, pois seus termos não lineares impedem uma solução geral. Problemas que podem ser resolvidos são denominados *soluções exatas*. Essas soluções foram descobertas muitos anos atrás.
- Duas razões para aprender as EDPs são:
  - Compreender e aplicar as soluções existentes (encontradas na literatura)

- Compreender as equações sendo resolvidas por códigos de DFC
- A solução das EDPs são campos. A forma geral de um campo é exemplificada pelo campo de velocidades. O campo de velocidades é:

Cartesiana	$\mathbf{V} = u(x, y, z, t)\mathbf{i} + v(x, y, z, t)\mathbf{j} + w(x, y, z, t)\mathbf{k}$
Cilíndrica	$\mathbf{V} = v_r(r, \theta, z, t)\mathbf{u}_r + v_\theta(r, \theta, z, t)\mathbf{u}_\theta + v_z(r, \theta, z, t)\mathbf{u}_z$

- Observe que o campo de velocidades envolve:
  - *Variáveis independentes.* São as três variáveis de posição e o tempo.
  - *Variáveis dependentes.* São as três componentes da velocidade.
- A série de Taylor é aplicada comumente na mecânica dos fluidos para o desenvolvimento de derivações de equações e para desenvolver programas de DFC. Uma forma útil da série de Taylor é

$$f(x + \Delta x, y, z, t) = f(x, y, z, t) + \left(\frac{\partial f}{\partial x}\right)_{x,y,z,t} \frac{\Delta x}{1!} + \left(\frac{\partial^2 f}{\partial x^2}\right)_{x,y,z,t} \frac{(\Delta x)^2}{2!} + \ldots \text{ T.O.S.}$$

em que T.O.S. significa "termos de ordens superiores". Para uma pequena variação (ou seja, Δx é pequeno), os termos de ordens superiores são frequentemente desprezados.

- As EDPs são escritas de duas maneiras:
  - *Forma específica para uma coordenada.* Os termos se aplicam a um sistema de coordenadas específico. Essa abordagem é útil para aplicações específicas.
  - *Forma invariante.* Os termos se aplicam a qualquer sistema de coordenadas; isto é, são genéricos. Essa abordagem é útil em textos (por exemplo, teses, trabalhos de pesquisa) e apresentações, pois as equações são compactas e ilustram a física.
- A *notação invariante* é uma notação matemática que se aplica (isto é, generaliza) a múltiplos sistemas de coordenadas. Três formas comuns de notação invariante são:
  - A *notação del* usa o símbolo nabla ∇.
  - A *notação de Gibbs* usa palavras (por exemplo, grad, div, rot) para representar os operadores.
  - A *notação indicial* usa letras subscritas para representar os componentes de vetores e somatórios.
- Um *operador* é um conjunto de termos matemáticos que tem um nome. Operadores comuns em equações de mecânica dos fluidos são:
  - *Gradiente* (por exemplo, o gradiente do campo de pressões)
  - *Divergente* ou *divergência* (por exemplo, a divergência do campo de velocidades)
  - *Rotacional* ou *vorticidade* (por exemplo, rotacional do campo de velocidades)
  - *Laplaciano* (por exemplo, o laplaciano do campo de velocidades)
  - *Derivada material* (por exemplo, a derivada em relação ao tempo do campo de temperaturas)
- Cada operador tem uma ou mais interpretações físicas. Essas interpretações podem ser desenvolvidas a partir das derivações das EDPs.
- A *derivada material*
  - tem vários nomes na literatura (por exemplo, derivada substancial, derivada lagrangeana e derivada convectiva, ou que segue a partícula),
  - representa a taxa de variação temporal de uma propriedade de uma partícula de um fluido, e
  - é representada em símbolos como

$$\underbrace{\frac{dJ}{dt}}_{\substack{\text{derivada temporal}\\ \text{da propriedade } J\\ \text{de uma partícula}\\ \text{de fluido}}} = \underbrace{\left(\frac{\partial J}{\partial t}\right) + \mathbf{V} \cdot \nabla J = \left(\frac{\partial J}{\partial t}\right) + \mathbf{V} \cdot \text{grad}(J)}_{\substack{\text{matemática necessária para calcular a derivada quando um}\\ \text{campo, isto é, uma abordagem euleriana, está sendo usado}}}$$

- *Aceleração*, definida em um ponto no espaço, significa a aceleração da partícula de fluido nesse ponto no dado instante de tempo. A aceleração em coordenadas cartesianas é dada

$$\begin{pmatrix}\text{aceleração de uma}\\ \text{partícula de fluido}\end{pmatrix} = \mathbf{a} = \frac{d\mathbf{V}}{dt} =$$

$$= \begin{bmatrix} \left\{\left(\frac{\partial u}{\partial t}\right) + u\left(\frac{\partial u}{\partial x}\right) + v\left(\frac{\partial u}{\partial y}\right) + w\left(\frac{\partial u}{\partial z}\right)\right\}\mathbf{i} \\ \left\{\left(\frac{\partial v}{\partial t}\right) + u\left(\frac{\partial v}{\partial x}\right) + v\left(\frac{\partial v}{\partial y}\right) + w\left(\frac{\partial v}{\partial z}\right)\right\}\mathbf{j} \\ \left\{\left(\frac{\partial w}{\partial t}\right) + u\left(\frac{\partial w}{\partial x}\right) + v\left(\frac{\partial w}{\partial y}\right) + w\left(\frac{\partial w}{\partial z}\right)\right\}\mathbf{k} \end{bmatrix}$$

A Equação da Continuidade

- Qualquer problema envolvendo um fluido em escoamento pode, em princípio, ser resolvido por um conjunto interligado de cinco equações diferenciais parciais compreendidas pela equação da continuidade, a equação do momento, a equação da energia e duas equações de estado.
- A *forma com conservação* da equação da continuidade é desenvolvida mediante a aplicação da lei da conservação de massa a um volume de controle diferencial. Em coordenadas cartesianas, a equação resultante é

$$\underbrace{\frac{\partial \rho}{\partial t}}_{\substack{\text{taxa de acúmulo de massa em}\\ \text{um VC diferencial dividida}\\ \text{pelo volume do VC}\\ \text{(kg/s por m}^3\text{)}}} + \underbrace{\frac{\partial(\rho u)}{\partial x} + \frac{\partial(\rho v)}{\partial y} + \frac{\partial(\rho w)}{\partial z}}_{\substack{\text{vazão mássica líquida}\\ \text{que sai do VC dividida}\\ \text{pelo volume do VC}\\ \text{(kg/s por m}^3\text{)}}} = 0$$

- A equação da continuidade pode ser expressa usando duas formas:
  - A *forma com conservação* é derivada a partir de um volume de controle diferencial e com a aplicação da conservação de massa a esse VC.
  - A *forma sem conservação* é derivada a partir de uma partícula de fluido diferencial e com a aplicação da conservação de massa a essa partícula.
  - As formas com conservação e sem conservação são matematicamente equivalentes, pois podemos começar com uma forma da equação e derivar a outra.
- A forma sem conservação da equação da continuidade em coordenadas cartesianas é

$$\frac{d\rho}{dt} + \rho\left(\frac{\partial u}{\partial x} + \frac{\partial v}{\partial y} + \frac{\partial w}{\partial z}\right) = 0$$

- A derivação da equação da continuidade fornece duas interpretações do operador divergência:

$$\text{div}(\rho\mathbf{V}) = \nabla \cdot (\rho\mathbf{V}) = \frac{\begin{pmatrix}\text{vazão mássica líquida que sai}\\ \text{de um VC diferencial centrado}\\ \text{em torno do ponto } (x, y, z)\end{pmatrix}}{(\text{volume do VC})}$$

$$\nabla \cdot \mathbf{V} = \text{div}(\mathbf{V}) = \frac{\begin{pmatrix}\text{taxa de variação temporal do volume}\\ \text{de uma partícula de fluido}\end{pmatrix}}{(\text{volume da partícula de fluido})}$$

- Quando a densidade é constante, o escoamento é denominado incompressível, e a equação da continuidade pode ser escrita como

Forma invariante	$\nabla \cdot \mathbf{V} = \text{div}(\mathbf{V}) = 0$
Coordenadas cartesianas	$\frac{\partial u}{\partial x} + \frac{\partial v}{\partial y} + \frac{\partial w}{\partial z} = 0$

A Equação de Navier-Stokes

- A equação de Navier-Stokes é derivada aplicando a segunda lei do movimento de Newton a um escoamento viscoso, considerando que o fluido é newtoniano.
- Na forma invariante, a equação de Navier-Stokes para um escoamento incompressível com densidade e viscosidade constantes é

$$\underbrace{\rho\frac{d\mathbf{V}}{dt}}_{\begin{pmatrix}\text{massa da partícula vezes a}\\ \text{aceleração da partícula dividida}\\ \text{pelo volume da partícula}\end{pmatrix}} = \underbrace{\rho\mathbf{g}}_{\begin{pmatrix}\text{peso da partícula}\\ \text{dividido pelo seu}\\ \text{volume}\end{pmatrix}} + \underbrace{-\nabla p}_{\begin{pmatrix}\text{força de pressão resultante}\\ \text{sobre a partícula dividida}\\ \text{pelo seu volume}\end{pmatrix}} + \underbrace{\mu\nabla^2\mathbf{V}}_{\begin{pmatrix}\text{força de cisalhamento}\\ \text{resultante sobre a partícula}\\ \text{dividida pelo seu volume}\end{pmatrix}}$$

FIGURA 16.24

Termos não lineares na equação de Navier-Stokes contêm o produto entre a velocidade e a sua derivada.

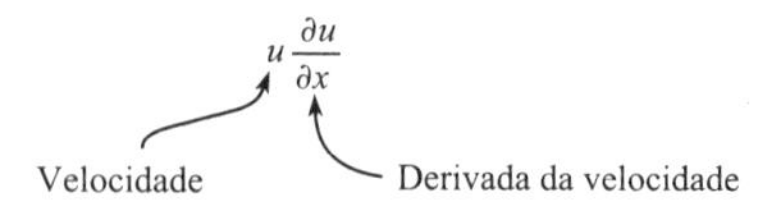

- A dedução da equação de Navier-Stokes revela a física dos operadores:
  - O gradiente do campo de pressões descreve a força de pressão resultante sobre uma partícula de fluido dividida pelo volume da partícula.
  - A divergência do tensor tensão de cisalhamento descreve a força viscosa resultante sobre uma partícula de fluido dividida pelo volume da partícula.
- Os termos não lineares (ver a Fig. 16.24) aparecem no termo de aceleração da equação de Navier-Stokes.

Dinâmica dos Fluidos Computacional (DFC)

- A *Dinâmica dos fluidos computacional* (DFC) é um método para resolver problemas de mecânica dos fluidos mediante o desenvolvimento de soluções aproximadas para as EDPs que governam o problema em consideração. Os benefícios de aprender a DFC incluem:
  - A DFC pode ser aplicada para modelar problemas complexos que não podem ser modelados de maneira efetiva por meio de experimentos ou análise.
  - A DFC fornece uma maneira de variar os parâmetros de projeto e aprender o que acontece com o desempenho do sistema que está sendo estudado.
  - A DFC é amplamente utilizada na indústria.
- Em relação aos códigos da DFC:
  - Os engenheiros geralmente aplicam um código existente em vez de escrever seus próprios, pois vários excelentes códigos estão disponíveis e seu processo de desenvolvimento a partir do zero exige anos de esforço.
  - Os engenheiros selecionam os códigos que se ajustam ao tipo de problema que eles estão tentando resolver (por exemplo, para a modelagem de águas subterrâneas, é possível que selecionem o MODFLOW; para modelar um motor de combustão interna, podem selecionar o KIVA).
- Os códigos de DFC têm uma linguagem associada:
  - Uma *malha* é um conjunto de pontos no espaço nos quais um código calcula os valores de velocidade e de outras variáveis de interesse.

- Um *passo temporal* é o intervalo entre sucessivos instantes de tempo para os quais é calculada a solução.
- As *condições de contorno* ou *de fronteira* são valores especificados das variáveis dependentes (por exemplo, pressão, velocidade) nas fronteiras físicas do problema.
- A especificação de uma *condição inicial* envolve atribuir valores numéricos às *variáveis dependentes* em todos os pontos no espaço no instante inicial da solução.
- Um *solucionador* (ou *solver*) é uma denominação para o algoritmo de computador que resolve as equações algébricas que aproximam as EDPs que estão sendo resolvidas pelo código da DFC.
- Um *pós-processador* é um algoritmo de computador que usa a solução produzida pelo solucionador para gerar gráficos e calcular parâmetros, tais como força de arrasto e a tensão de cisalhamento.
- A *validação* avalia o grau segundo o qual as estimativas da DFC concordam com os dados experimentais.
- A *verificação* examina o grau segundo o qual os métodos numéricos usados pelo código resultam em respostas precisas.
- Três abordagens comuns para a modelagem de um escoamento turbulento são:
  - A *simulação numérica direta* (SND) envolve a configuração da malha e dos passos temporais com dimensões finas o suficiente para resolver os detalhes do escoamento turbulento. A SND não é realista para a maioria dos escoamentos, pois o tempo de computação correspondente é demasiadamente grande.
  - A *simulação de grandes turbilhonamentos* (LES) envolve a simulação direta dos turbilhonamentos de larga escala na turbulência e a simulação aproximada dos turbilhonamentos menores.
  - O *modelo k-epsilon* (modelo k-ε) representa a turbulência por meio da introdução de duas equações adicionais. Em comparação à SND e à LES, o modelo k-ε é computacionalmente eficiente.

REFERÊNCIAS

1. Noland, David, Wing Man, *Air & Space: Smithsonian*, 5(5), December 1990/ January 1991, p. 34–40.

2. Wang, Herbert, and Mary P. Anderson. *Introduction to Groundwater Modeling: Finite Difference and Finite Element Methods*. San Diego: Academic Press, 1982.

3. Ford, Andrew. *Modeling the Environment*. Washington, DC: Island Press, 2010.

4. Montgomery, Douglas C., George C. Runger, and Norma Faris Hubele. *Engineering Statistics*. Hoboken, NJ: John Wiley, 2011.

5. Kojima, H., S. Togami, and B. Co. *The Manga Guide to Calculus*. San Francisco: No Starch Press, 2009.

6. Schey, H. M. *Div, Grad, Curl, and All That: An Informal Text on Vector Calculus*. New York: W.W. Norton, 2005.

7. White, Frank M. *Fluid Mechanics*. 4e, Boston; London: McGraw-Hill, 2011.

8. White, Frank M. *Viscous Fluid Flow*. New York: McGraw-Hill, 2006.

9. Pritchard, P. J., *Fox and McDonald's Introduction to Fluid Mechanics*, 8e. Hoboken, NJ: John Wiley, 2011.

10. "MODFLOW - Wikipedia, the free encyclopedia." *Download* feito em 03/01/2012. Disponível emhttp://en.wikipedia.org/wiki/Modflow

11. "KIVA." *Download* feito em 03/01/2012. Disponível emhttp://www.lanl.gov/orgs/t/t3/codes/kiva.shtml

12. "KIVA" (*software*) - Wikipedia, the free encyclopedia." *Download* feito em 03/01/2012. Disponível em http://en.wikipedia.org/wiki/KIVA_(*software*)

13. "Computational Fluid Dynamics Software | FLOW-3D from Flow Science, CFD." *Download* feito em 03/01/2012. Disponível em http://www.flow3d.com/

14. "Test Cases." Baixado em 04/01/2012. Disponível em http://cfl3d.larc.nasa.gov/Cfl3dv6/cfl3dv6_testcases.html#cylinder

15. Wyman, Nick, "CFD Review | State of the Art in Grid Generation." *Download* feito em 04/01/2012. Disponível em http://www.cfdreview.com/article.pl?sid=01/04/28/2131215

16. http://piv.tamu.edu/CFD/les.htm, *download* feito em 14/02/12.

17. Defraeye, Thijs, Bert Blocken, Erwin Koninckx, Peter Hespel, and Jan Carmeliet. "Aerodynamic Study of Different Cyclist Positions: CFD Analysis and Full-Scale Wind-Tunnel Tests." *Journal of Biomechanics* 43, no. 7 (2010).

18. Li, S., S. Cain, M. Wosnik, C. Miller, H. Kocahan, and P. E. Russell Wyckoff. "Numerical Modeling of Probable Maximum Flood Flowing Through a System of Spillways." *Journal of Hydraulic Engineering* 137 (2011).

19. Mamou, M., K. Cooper, A. Benmeddour, M. Khalid, J. Fitzsimmons, and R. Sengupta. "Correlation of CFD Predictions and Wind Tunnel Measurements of Mean and Unsteady Wind Loads on a Large Optical Telescope." *Journal of Wind Engineering and Industrial Aerodynamics* 96, no. 6-7 (2008).

PROBLEMAS

Modelos na Mecânica dos Fluidos (§16.1)

16.1 Qual(is) dentre os seguintes poderia(m) ser considerado(s) um modelo? Por quê? (Selecione todos os que sejam aplicáveis.)

a. A lei dos gases ideais

b. Um conjunto de instruções para uso de um tubo estático de Pitot para medir a velocidade

c. Um avião construído a partir de um *kit*

d. Um programa de computador para estimar a força sobre uma curva em uma tubulação

16.2 Aplique o processo de construção de modelo à seguinte tarefa. Sua equipe está projetando um balão de hélio para viajar a pelo menos 80.000 pés de elevação na atmosfera. O balão transportará uma carga que consiste em uma câmera e um sistema de aquisição de dados. Você decidiu resolver um problema mais simples, que consiste em desenvolver um modelo que estima o peso sobre a superfície da Terra (na sua localização), para que um balão de hélio flutue naturalmente de forma neutra. Esse problema mais simples pode ser testado com facilidade em sala de aula.

a. Quais são as variáveis relevantes?
b. Como as variáveis estão relacionadas? Quais são as equações relevantes? Como você pode aplicar essas equações para desenvolver uma única equação algébrica para solucionar o problema?
c. Qual seria uma forma simples e barata de testar o seu modelo matemático usando dados experimentais?

16.3 Aplique o processo de construção de modelo à seguinte tarefa. Sua equipe está projetando um foguete de dois estágios movido a combustível sólido que deve subir a 15.000 pés de altitude e tirar fotografias. Você decidiu resolver um problema mais simples, que consiste em desenvolver um modelo que estima a altitude de voo de um pequeno foguete de baixo custo. Um pequeno foguete pode ser comprado de fabricantes, tal como a Estes ou Pitsco, e é relativamente fácil medir a elevação para esse tipo de foguete.

a. Quais são as variáveis relevantes?
b. Como as variáveis estão relacionadas? Quais são as equações relevantes?
c. Qual seria uma forma simples e barata de testar seu modelo matemático usando dados experimentais?

Fundamentos para Aprender EDPs (§16.2)

16.4 Por que você acha que os engenheiros se empenham para aprender equações diferenciais parciais? Quais são os benefícios para eles?

16.5 Considere a função $f(x) = \dfrac{1}{1 - x}$. Mostre como obter a expansão da série de Taylor para a função $f(x)$ em torno do ponto $x = 0$. Avalie o valor numérico da série de Taylor para $x = 0{,}1$ usando cinco termos.

16.6 Considere a função $f(x) = \ln(x)$. Mostre como obter a expansão da série de Taylor para a função $f(x)$ em torno do ponto $x = a$. Depois, calcule o valor numérico para $x = 1{,}5$ usando seis termos da expansão em série de Taylor.

16.7 Considere uma placa plana horizontal que é infinita em tamanho em ambas as dimensões. Acima da placa está um fluido de viscosidade μ. A placa está em repouso. Então, no tempo igual a zero segundos, a placa é colocada em movimento para a direita com uma velocidade constante V atuando para a direita. Considere o campo de velocidades no fluido acima da placa e simplifique a forma geral do campo de velocidades respondendo às seguintes perguntas.

a. Quais componentes da velocidade (u, v, w) são zero? Quais são diferentes de zero? Por quê?
b. Quais variáveis espaciais (x, y, z) são parâmetros? Quais podem ser ignoradas? Por quê?
c. O tempo é um parâmetro? Ou o tempo pode ser ignorado? Por quê?
d. Qual é a equação reduzida que representa o campo de velocidades?

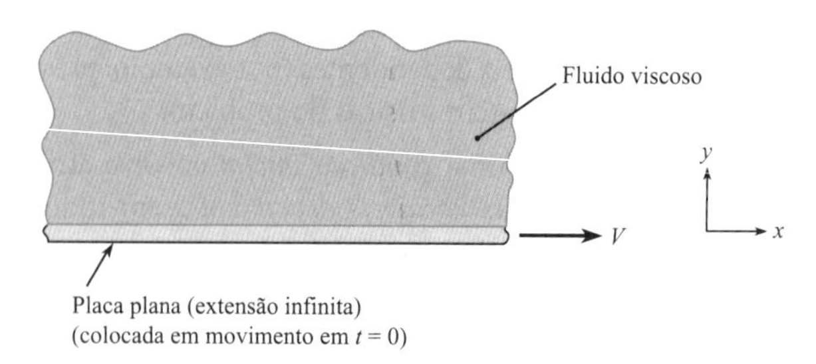

Problema 16.7

A Equação da Continuidade (§16.3)

16.8 Compare e contraste a forma integral da equação da continuidade [(Eq. (5.28)] com a forma de EDP da equação da continuidade [(Eq. (16.36)]. Responda às seguintes perguntas.

a. As unidades e dimensões de cada termo são as mesmas? Ou são diferentes?
b. Como a física se compara? O que é igual? O que é diferente?
c. Como as derivações das equações se comparam? O que é igual? O que é diferente?
d. Quando você gostaria de aplicar a forma integral da equação da continuidade (Capítulo 5)? Quando você desejaria aplicar a forma de EDP da equação da continuidade (Capítulo 16)?

16.9 Comece com a forma com conservação da equação da continuidade em coordenadas cartesianas e derive a forma sem conservação.

16.10 Comece com a forma sem conservação da equação da continuidade em coordenadas cartesianas e derive a forma com conservação.

16.11 Considere o escoamento de água drenando pelo orifício redondo no fundo de um tanque redondo. Assuma que a densidade é constante e que a água não está girando. Então,

a. selecione a forma geral da equação da continuidade mais adequada a esse problema, e
b. mostre como simplificar a equação geral da parte (a) para desenvolver a forma reduzida.

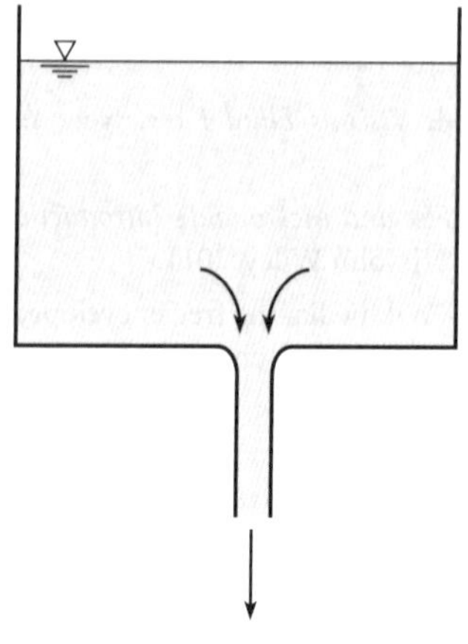

Problema 16.11

A Equação de Navier-Stokes (§16.4)

16.12 Responda a cada pergunta a seguir.
- **a.** A Eq. (16.72) está na forma com conservação ou sem conservação? Por quê?
- **b.** A Eq. (16.72) está na forma invariante ou na forma para coordenadas específicas? Por quê?

16.13 Qual é a física do gradiente do campo de pressões? Quais são as unidades? Quais são as dimensões?

16.14 Qual é a física da divergência do tensor tensão de cisalhamento? Quais são as unidades? Quais são as dimensões?

16.15 Compare a equação de Navier-Stokes com a equação de Euler.
- **a.** Identifique duas semelhanças importantes.
- **b.** Identifique duas diferenças importantes.

16.16 A tensão, como introduzida na derivação da equação de Navier-Stokes, é um tensor de segunda ordem. Usando a *internet*, encontre alguns artigos sobre tensores e responda às seguintes perguntas:
- **a.** Por que as pessoas usam os tensores? Quais são os benefícios?
- **b.** O que significa tensor? Como um tensor é definido?
- **c.** Quais são os cinco exemplos de tensores à medida em que estes são aplicados na Engenharia e na Física?

Dinâmica dos Fluidos Computacional (§16.5)

16.17 Se alguém lhe perguntasse por que os códigos da DFC são úteis aos engenheiros, como você responderia? Liste as suas três principais razões em ordem de prioridade.

16.18 Você preferiria escrever os seus próprios programas de DFC, ou preferiria usar os códigos que foram escritos por outros? Discuta as vantagens e desvantagens de cada abordagem.

16.19 Usando a *internet*, determine um exemplo de um programa de DFC publicamente disponível (um código comercial ou não comercial) e descreva o código para que outros possam compreendê-lo. Responda às seguintes perguntas:
- **a.** Qual é a história do código? Quando o código foi desenvolvido? Por quem?
- **b.** Qual é o objetivo principal do código? Para que tipo de escoamento o código é adequado?
- **c.** Quanto é o custo do código?
- **d.** Que treinamento e recursos estão disponíveis para ajudá-lo a usar o código?

16.20 Explique sucintamente cada um dos seguintes conceitos.
- **a.** Malha
- **b.** Passo temporal
- **c.** Tempo de solução para um programa de DFC *versus* a precisão
- **d.** Condição de contorno
- **e.** Condição inicial

16.21 Explique sucintamente cada um dos seguintes conceitos.
- **a.** SND
- **b.** Método *k*-epsilon
- **c.** LES

16.22 Explique sucintamente cada um dos seguintes conceitos.
- **a.** Pós-processador
- **b.** Verificação
- **c.** Validação

Apêndice

FIGURA A.1

Centroides e momentos de inércia de áreas planares.

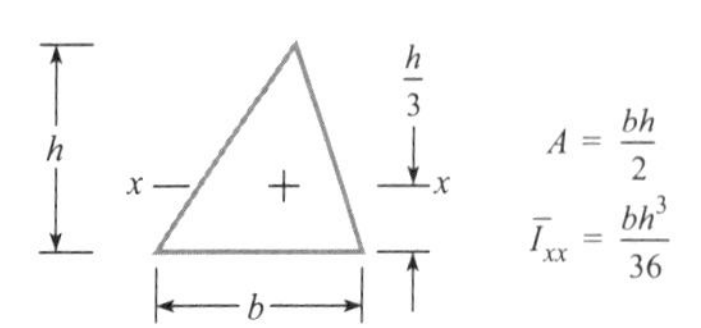

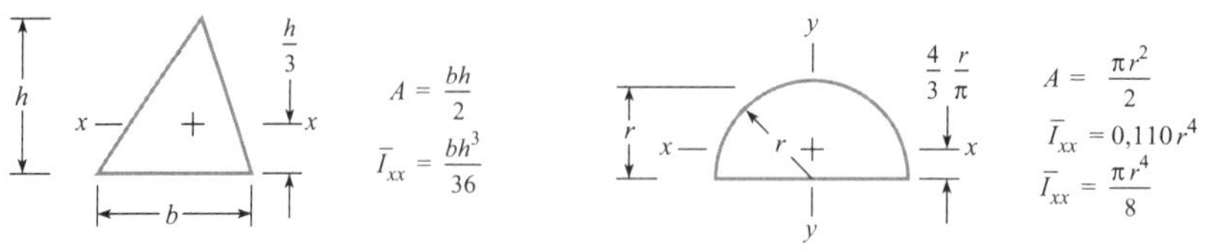

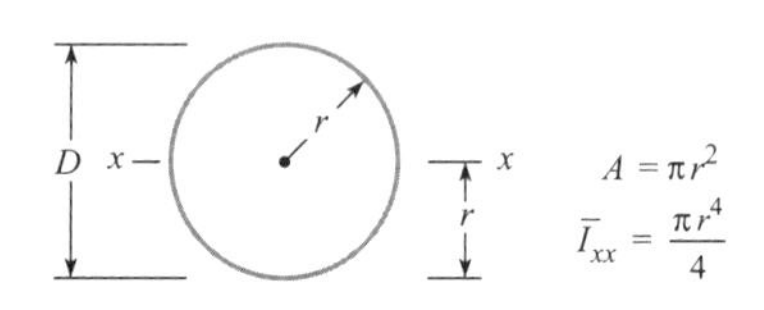

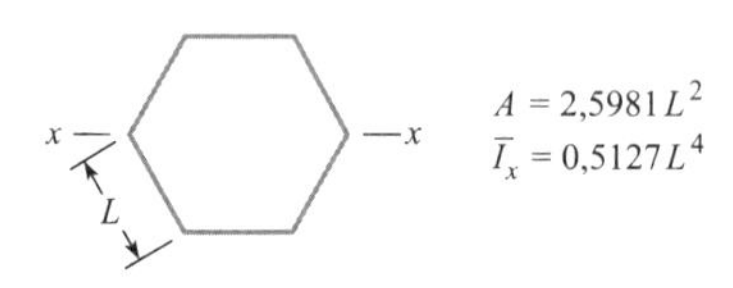

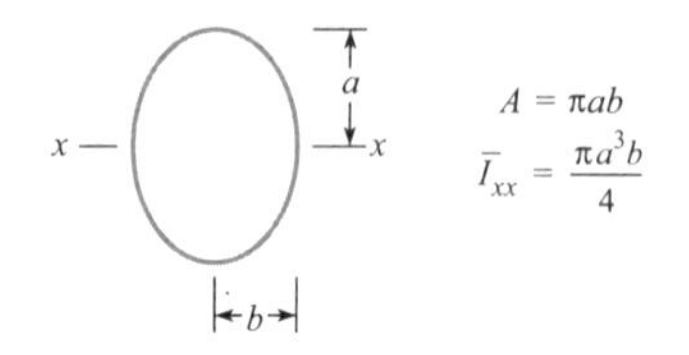

Fórmulas de volumes e áreas:

$$A_{círculo} = \pi r^2 = \pi D^2/4$$

$$A_{superfície\ da\ esfera} = \pi D^2$$

$$V_{esfera} = \frac{1}{6}\pi D^3 = \frac{4}{3}\pi r^3$$

$$V_{cone} = \frac{1}{12}\pi D^2 h = \frac{1}{3}\pi r^3 h$$

TABELA A.1 Tabelas de Escoamento Compressível para um Gás Ideal com $k = 1{,}4$

M ou M_1 = número local ou número de Mach a montante de uma onda de choque normal; p/p_t = razão entre a pressão estática e a pressão total; ρ/ρ_t = razão entre a densidade estática e a densidade total; T/T_t = razão entre a temperatura estática e a temperatura total; A/A_* = razão entre a área de seção transversal local de um tubo de corrente isentrópica e a área de seção transversal no ponto em que M = 1; M_2 = número de Mach a jusante de uma onda de choque normal; p_2/p_1 = razão entre pressões estáticas através de uma onda de choque normal; T_2/T_1 = razão entre temperaturas através de uma onda de choque normal; p_{t_2}/p_{t_1} = razão entre pressões totais através de uma onda de choque normal.

Escoamento Subsônico				
M_1	p/p_t	ρ/ρ_t	T/T_t	A/A_*
0,00	1,0000	1,0000	1,0000	∞
0,05	0,9983	0,9988	0,9995	11,5914
0,10	0,9930	0,9950	0,9980	5,8218
0,15	0,9844	0,9888	0,9955	3,9103
0,20	0,9725	0,9803	0,9921	2,9630
0,25	0,9575	0,9694	0,9877	2,4027
0,30	0,9395	0,9564	0,9823	2,0351
0,35	0,9188	0,9413	0,9761	1,7780
0,40	0,8956	0,9243	0,9690	1,5901
0,45	0,8703	0,9055	0,9611	1,4487
0,50	0,8430	0,8852	0,9524	1,3398
0,52	0,8317	0,8766	0,9487	1,3034
0,54	0,8201	0,8679	0,9449	1,2703
0,56	0,8082	0,8589	0,9410	1,2403
0,58	0,7962	0,8498	0,9370	1,2130
0,60	0,7840	0,8405	0,9328	1,1882
0,62	0,7716	0,8310	0,9286	1,1657
0,64	0,7591	0,8213	0,9243	1,1452
0,66	0,7465	0,8115	0,9199	1,1265
0,68	0,7338	0,8016	0,9153	1,1097
0,70	0,7209	0,7916	0,9107	1,0944
0,72	0,7080	0,7814	0,9061	1,0806
0,74	0,6951	0,7712	0,9013	1,0681
0,76	0,6821	0,7609	0,8964	1,0570
0,78	0,6691	0,7505	0,8915	1,0471
0,80	0,6560	0,7400	0,8865	1,0382
0,82	0,6430	0,7295	0,8815	1,0305
0,84	0,6300	0,7189	0,8763	1,0237
0,86	0,6170	0,7083	0,8711	1,0179
0,88	0,6041	0,6977	0,8659	1,0129
0,90	0,5913	0,6870	0,8606	1,0089
0,92	0,5785	0,6764	0,8552	1,0056
0,94	0,5658	0,6658	0,8498	1,0031
0,96	0,5532	0,6551	0,8444	1,0014
0,98	0,5407	0,6445	0,8389	1,0003
1,00	0,5283	0,6339	0,8333	1,0000

(*Continua*)

TABELA A.1 Tabelas de Escoamento Compressível para um Gás Ideal com k = 1,4 (*Continuação*)

Escoamento Supersônico					Onda de Choque Normal			
M_1	p/p_t	ρ/ρ_t	T/T_t	A/A_*	M_2	p_2/p_1	T_2/T_1	p_{t_2}/p_{t_1}
1,00	0,5283	0,6339	0,8333	1,000	1,0000	1,000	1,000	1,0000
1,01	0,5221	0,6287	0,8306	1,000	0,9901	1,023	1,007	0,9999
1,02	0,5160	0,6234	0,8278	1,000	0,9805	1,047	1,013	0,9999
1,03	0,5099	0,6181	0,8250	1,001	0,9712	1,071	1,020	0,9999
1,04	0,5039	0,6129	0,8222	1,001	0,9620	1,095	1,026	0,9999
1,05	0,4979	0,6077	0,8193	1,002	0,9531	1,120	1,033	0,9998
1,06	0,4919	0,6024	0,8165	1,003	0,9444	1,144	1,039	0,9997
1,07	0,4860	0,5972	0,8137	1,004	0,9360	1,169	1,046	0,9996
1,08	0,4800	0,5920	0,8108	1,005	0,9277	1,194	1,052	0,9994
1,09	0,4742	0,5869	0,8080	1,006	0,9196	1,219	1,059	0,9992
1,10	0,4684	0,5817	0,8052	1,008	0,9118	1,245	1,065	0,9989
1,11	0,4626	0,5766	0,8023	1,010	0,9041	1,271	1,071	0,9986
1,12	0,4568	0,5714	0,7994	1,011	0,8966	1,297	1,078	0,9982
1,13	0,4511	0,5663	0,7966	1,013	0,8892	1,323	1,084	0,9978
1,14	0,4455	0,5612	0,7937	1,015	0,8820	1,350	1,090	0,9973
1,15	0,4398	0,5562	0,7908	1,017	0,8750	1,376	1,097	0,9967
1,16	0,4343	0,5511	0,7879	1,020	0,8682	1,403	1,103	0,9961
1,17	0,4287	0,5461	0,7851	1,022	0,8615	1,430	1,109	0,9953
1,18	0,4232	0,5411	0,7822	1,025	0,8549	1,458	1,115	0,9946
1,19	0,4178	0,5361	0,7793	1,026	0,8485	1,485	1,122	0,9937
1,20	0,4124	0,5311	0,7764	1,030	0,8422	1,513	1,128	0,9928
1,21	0,4070	0,5262	0,7735	1,033	0,8360	1,541	1,134	0,9918
1,22	0,4017	0,5213	0,7706	1,037	0,8300	1,570	1,141	0,9907
1,23	0,3964	0,5164	0,7677	1,040	0,8241	1,598	1,147	0,9896
1,24	0,3912	0,5115	0,7648	1,043	0,8183	1,627	1,153	0,9884
1,25	0,3861	0,5067	0,7619	1,047	0,8126	1,656	1,159	0,9871
1,30	0,3609	0,4829	0,7474	1,066	0,7860	1,805	1,191	0,9794
1,35	0,3370	0,4598	0,7329	1,089	0,7618	1,960	1,223	0,9697
1,40	0,3142	0,4374	0,7184	1,115	0,7397	2,120	1,255	0,9582
1,45	0,2927	0,4158	0,7040	1,144	0,7196	2,286	1,287	0,9448
1,50	0,2724	0,3950	0,6897	1,176	0,7011	2,458	1,320	0,9278
1,55	0,2533	0,3750	0,6754	1,212	0,6841	2,636	1,354	0,9132
1,60	0,2353	0,3557	0,6614	1,250	0,6684	2,820	1,388	0,8952
1,65	0,2184	0,3373	0,6475	1,292	0,6540	3,010	1,423	0,8760
1,70	0,2026	0,3197	0,6337	1,338	0,6405	3,205	1,458	0,8557
1,75	0,1878	0,3029	0,6202	1,386	0,6281	3,406	1,495	0,8346
1,80	0,1740	0,2868	0,6068	1,439	0,6165	3,613	1,532	0,8127
1,85	0,1612	0,2715	0,5936	1,495	0,6057	3,826	1,569	0,7902
1,90	0,1492	0,2570	0,5807	1,555	0,5956	4,045	1,608	0,7674
1,95	0,1381	0,2432	0,5680	1,619	0,5862	4,270	1,647	0,7442
2,00	0,1278	0,2300	0,5556	1,688	0,5774	4,500	1,688	0,7209
2,10	0,1094	0,2058	0,5313	1,837	0,5613	4,978	1,770	0,6742
2,20	$0,9352^{-1\dagger}$	0,1841	0,5081	2,005	0,5471	5,480	1,857	0,6281

(*Continua*)

TABELA A.1 Tabelas de Escoamento Compressível para um Gás Ideal com k = 1,4 (*Continuação*)

Escoamento Supersônico					Onda de Choque Normal			
M_1	p/p_t	ρ/ρ_t	T/T_t	A/A_*	M_2	p_2/p_1	T_2/T_1	p_{t_2}/p_{t_1}
2,30	$0,7997^{-1}$	0,1646	0,4859	2,193	0,5344	6,005	1,947	0,5833
2,50	$0,5853^{-1}$	0,1317	0,4444	2,637	0,5130	7,125	2,138	0,4990
2,60	$0,5012^{-1}$	0,1179	0,4252	2,896	0,5039	7,720	2,238	0,4601
2,70	$0,4295^{-1}$	0,1056	0,4068	3,183	0,4956	8,338	2,343	0,4236
2,80	$0,3685^{-1}$	$0,9463^{-1}$	0,3894	3,500	0,4882	8,980	2,451	0,3895
2,90	$0,3165^{-1}$	$0,8489^{-1}$	0,3729	3,850	0,4814	9,645	2,563	0,3577
3,00	$0,2722^{-1}$	$0,7623^{-1}$	0,3571	4,235	0,4752	10,330	2,679	0,3283
3,50	$0,1311^{-1}$	$0,4523^{-1}$	0,2899	6,790	0,4512	14,130	3,315	0,2129
4,00	$0,6586^{-2}$	$0,2766^{-1}$	0,2381	10,72	0,4350	18,500	4,047	0,1388
4,50	$0,3455^{-2}$	$0,1745^{-1}$	0,1980	16,56	0,4236	23,460	4,875	$0,9170^{-1}$
5,00	$0,1890^{-2}$	$0,1134^{-1}$	0,1667	25,00	0,4152	29,000	5,800	$0,6172^{-1}$
5,50	$0,1075^{-2}$	$0,7578^{-2}$	0,1418	36,87	0,4090	35,130	6,822	$0,4236^{-1}$
6,00	$0,6334^{-2}$	$0,5194^{-2}$	0,1220	53,18	0,4042	41,830	7,941	$0,2965^{-1}$
6,50	$0,3855^{-2}$	$0,3643^{-2}$	0,1058	75,13	0,4004	49,130	9,156	$0,2115^{-1}$
7,00	$0,2416^{-3}$	$0,2609^{-2}$	$0,9259^{-1}$	104,1	0,3974	57,000	10,47	$0,1535^{-1}$
7,50	$0,1554^{-3}$	$0,1904^{-2}$	$0,8163^{-1}$	141,8	0,3949	65,460	11,88	$0,1133^{-1}$
8,00	$0,1024^{-3}$	$0,1414^{-2}$	$0,7246^{-1}$	190,1	0,3929	74,500	13,39	$0,8488^{-2}$
8,50	$0,6898^{-4}$	$0,1066^{-2}$	$0,6472^{-1}$	251,1	0,3912	84,130	14,99	$0,6449^{-2}$
9,00	$0,4739^{-4}$	$0,8150^{-3}$	$0,5814^{-1}$	327,2	0,3898	94,330	16,69	$0,4964^{-2}$
9,50	$0,3314^{-4}$	$0,6313^{-3}$	$0,5249^{-1}$	421,1	0,3886	105,100	18,49	$0,3866^{-2}$
10,00	$0,2356^{-4}$	$0,4948^{-3}$	$0,4762^{-1}$	535,9	0,3876	116,500	20,39	$0,3045^{-2}$

†x^{-n} significa $x \cdot 10^{-n}$.

Fonte dos dados: R. E. Bolz and G. L. Tuve, *The Handbook of Tables for Applied Engineering Science*, CRC Press, Inc., Cleveland, 1973. Copyright © 1973 pela The Chemical Rubber Co., CRC Press, Inc.

FIGURA A.2

Viscosidades absolutas de certos gases e líquidos. (*Fonte dos dados:* Fluid Mechanics, 5th ed., V. L. Streeter, 1971, McGraw-Hill, New York.)

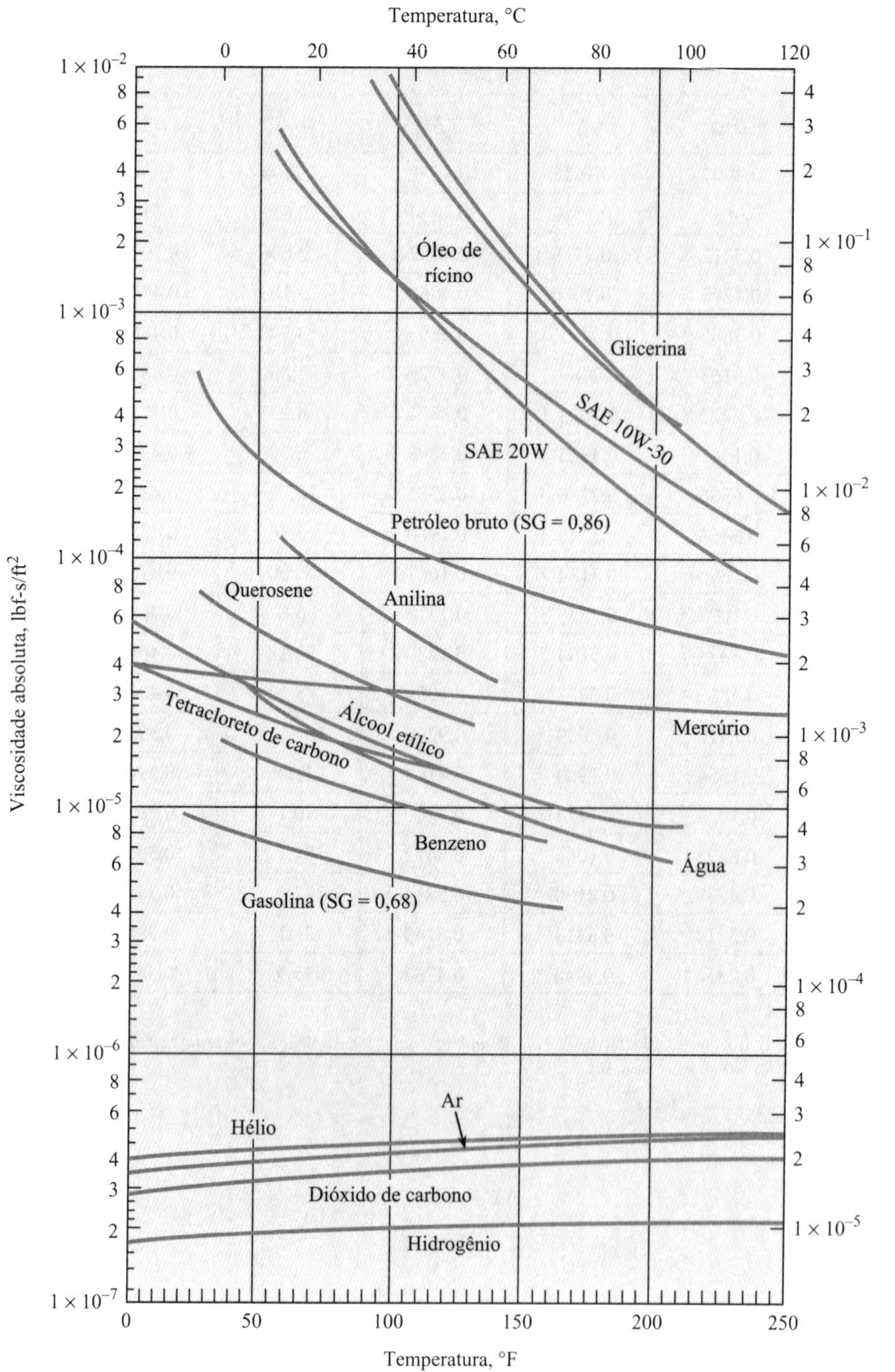

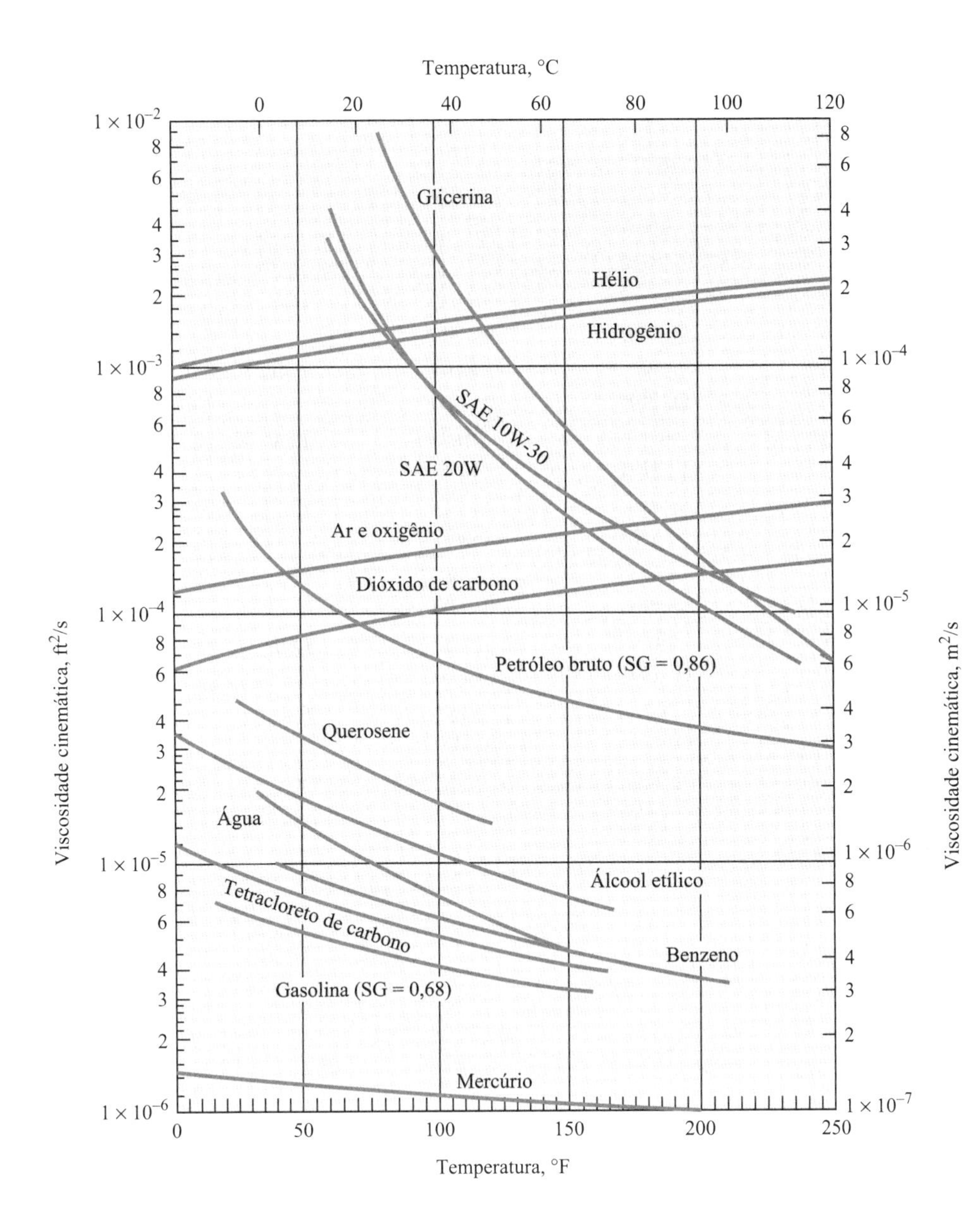

FIGURA A.3

Viscosidades cinemáticas de certos gases e líquidos. Os gases estão à pressão normal. (*Fonte dos dados:* Fluid Mechanics, 5th ed., V. L. Streeter, McGraw-Hill, New York.)

TABELA A.2 Propriedades Físicas de Gases [T = 15°C (59°F), p = 1 atm]

Gás	Densidade kg/m³ (slugs/ft³)	Viscosidade Cinemática m²/s (ft²/s)	R Constante dos Gases J/kg·K (ft-lbf/slug-°R)	c_p $\frac{J}{kg \cdot K}$ $\left(\frac{Btu}{lbm\text{-}°R}\right)$	$k = \frac{c_p}{c_v}$	S Constante de Sutherland K(°R)
Ar	1,22 (0,00237)	$1{,}46 \times 10^{-5}$ ($1{,}58 \times 10^{-4}$)	287 (1716)	1004 (0,240)	1,40	111 (199)
Dióxido de carbono	1,85 (0,0036)	$7{,}84 \times 10^{-6}$ ($8{,}48 \times 10^{-5}$)	189 (1130)	841 (0,201)	1,30	222 (400)
Hélio	0,169 (0,00033)	$1{,}14 \times 10^{-4}$ ($1{,}22 \times 10^{-3}$)	2077 (12.419)	5187 (1,24)	1,66	79,4 (143)
Hidrogênio	0,0851 (0,00017)	$1{,}01 \times 10^{-4}$ ($1{,}09 \times 10^{-3}$)	4127 (24.677)	14.223 (3,40)	1,41	96,7 (174)
Metano (gás natural)	0,678 (0,0013)	$1{,}59 \times 10^{-5}$ ($1{,}72 \times 10^{-4}$)	518 (3098)	2208 (0,528)	1,31	198 (356)
Nitrogênio	1,18 (0,0023)	$1{,}45 \times 10^{-5}$ ($1{,}56 \times 10^{-4}$)	297 (1776)	1041 (0,249)	1,40	107 (192)
Oxigênio	1,35 (0,0026)	$1{,}50 \times 10^{-5}$ ($1{,}61 \times 10^{-4}$)	260 (1555)	916 (0,219)	1,40	

Fonte dos dados: V. L. Streeter (ed.), *Handbook of Fluid Dynamics*, McGraw-Hill Book Company, New York, 1961; também R. E. Bolz e G. L. Tuve, *Handbook of Tables for Applied Engineering Science*, CRC Press, Inc., Cleveland, 1973; e *Handbook of Chemistry and Physics*, Chemical Rubber Company, 1951.

TABELA A.3 Propriedades Mecânicas do Ar à Pressão Atmosférica Normal

Temperatura	Densidade	Peso Específico	Viscosidade Dinâmica	Viscosidade Cinemática
	kg/m³	N/m³	N·s/m²	m²/s
−20°C	1,40	13,70	$1{,}61 \times 10^{-5}$	$1{,}16 \times 10^{-5}$
−10°C	1,34	13,20	$1{,}67 \times 10^{-5}$	$1{,}24 \times 10^{-5}$
0°C	1,29	12,70	$1{,}72 \times 10^{-5}$	$1{,}33 \times 10^{-5}$
10°C	1,25	12,20	$1{,}76 \times 10^{-5}$	$1{,}41 \times 10^{-5}$
20°C	1,20	11,80	$1{,}81 \times 10^{-5}$	$1{,}51 \times 10^{-5}$
30°C	1,17	11,40	$1{,}86 \times 10^{-5}$	$1{,}60 \times 10^{-5}$
40°C	1,13	11,10	$1{,}91 \times 10^{-5}$	$1{,}69 \times 10^{-5}$
50°C	1,09	10,70	$1{,}95 \times 10^{-5}$	$1{,}79 \times 10^{-5}$
60°C	1,06	10,40	$2{,}00 \times 10^{-5}$	$1{,}89 \times 10^{-5}$
70°C	1,03	10,10	$2{,}04 \times 10^{-5}$	$1{,}99 \times 10^{-5}$
80°C	1,00	9,81	$2{,}09 \times 10^{-5}$	$2{,}09 \times 10^{-5}$
90°C	0,97	9,54	$2{,}13 \times 10^{-5}$	$2{,}19 \times 10^{-5}$
100°C	0,95	9,28	$2{,}17 \times 10^{-5}$	$2{,}29 \times 10^{-5}$
120°C	0,90	8,82	$2{,}26 \times 10^{-5}$	$2{,}51 \times 10^{-5}$
140°C	0,85	8,38	$2{,}34 \times 10^{-5}$	$2{,}74 \times 10^{-5}$
160°C	0,81	7,99	$2{,}42 \times 10^{-5}$	$2{,}97 \times 10^{-5}$
180°C	0,78	7,65	$2{,}50 \times 10^{-5}$	$3{,}20 \times 10^{-5}$
200°C	0,75	7,32	$2{,}57 \times 10^{-5}$	$3{,}44 \times 10^{-5}$
	slugs/ft³	lbf/ft³	lbf-s/ft²	ft²/s
0°F	0,00269	0,0866	$3{,}39 \times 10^{-7}$	$1{,}26 \times 10^{-4}$
20°F	0,00257	0,0828	$3{,}51 \times 10^{-7}$	$1{,}37 \times 10^{-4}$
40°F	0,00247	0,0794	$3{,}63 \times 10^{-7}$	$1{,}47 \times 10^{-4}$
60°F	0,00237	0,0764	$3{,}74 \times 10^{-7}$	$1{,}58 \times 10^{-4}$
80°F	0,00228	0,0735	$3{,}85 \times 10^{-7}$	$1{,}69 \times 10^{-4}$
100°F	0,00220	0,0709	$3{,}96 \times 10^{-7}$	$1{,}80 \times 10^{-4}$
120°F	0,00213	0,0685	$4{,}07 \times 10^{-7}$	$1{,}91 \times 10^{-4}$
150°F	0,00202	0,0651	$4{,}23 \times 10^{-7}$	$2{,}09 \times 10^{-4}$
200°F	0,00187	0,0601	$4{,}48 \times 10^{-7}$	$2{,}40 \times 10^{-4}$
300°F	0,00162	0,0522	$4{,}96 \times 10^{-7}$	$3{,}05 \times 10^{-4}$
400°F	0,00143	0,0462	$5{,}40 \times 10^{-7}$	$3{,}77 \times 10^{-4}$

Fonte dos dados: R. E. Bolz e G. L. Tuve, *Handbook of Tables for Applied Engineering Science*, CRC Press, Inc., Cleveland, 1973. Copyright © 1973 pela The Chemical Rubber Co., CRC Press, Inc.

TABELA A.4 Propriedades Físicas Aproximadas de Líquidos Comuns à Pressão Atmosférica

Líquido e Temperatura	Densidade kg/m³ (slugs/ft³)	Gravidade Específica	Peso Específico N/m³ (lbf/ft³)	Viscosidade Dinâmica N·s/m² (lbf-s/ft²)	Viscosidade Cinemática m²/s (ft²/s)	Tensão Superficial N/m* (lbf/ft)
Álcool etílico[(1)(3)] 20 °C (68 °F)	799 (1,55)	0,79	7.850 (50,0)	$1,2 \times 10^{-3}$ ($2,5 \times 10^{-5}$)	$1,5 \times 10^{-6}$ ($1,6 \times 10^{-5}$)	$2,2 \times 10^{-2}$ ($1,5 \times 10^{-3}$)
Tetracloreto de Carbono[(3)] 20 °C (68 °F)	1.590 (3,09)	1,59	15.600 (99,5)	$9,6 \times 10^{-4}$ ($2,0 \times 10^{-5}$)	$6,0 \times 10^{-7}$ ($6,5 \times 10^{-6}$)	$2,6 \times 10^{-2}$ ($1,8 \times 10^{-3}$)
Glicerina[(3)] 20 °C (68 °F)	1.260 (2,45)	1,26	12.300 (78,5)	1,41 ($2,95 \times 10^{-2}$)	$1,12 \times 10^{-3}$ ($1,22 \times 10^{-2}$)	$6,3 \times 10^{-2}$ ($4,3 \times 10^{-3}$)
Querosene[(1)(2)] 20 °C (68 °F)	814 (1,58)	0,81	8.010 (51)	$1,9 \times 10^{-3}$ ($4,0 \times 10^{-5}$)	$2,37 \times 10^{-6}$ ($2,55 \times 10^{-5}$)	$2,9 \times 10^{-2}$ ($2,0 \times 10^{-3}$)
Mercúrio[(1)(3)] 20 °C (68 °F)	13.550 (26,3)	13,55	133.000 (847)	$1,5 \times 10^{-3}$ ($3,1 \times 10^{-5}$)	$1,2 \times 10^{-7}$ ($1,3 \times 10^{-6}$)	$4,8 \times 10^{-1}$ ($3,3 \times 10^{-2}$)
Água do mar 10 °C com 3,3% salinidade	1.026 (1,99)	1,03	10.070 (64,1)	$1,4 \times 10^{-3}$ ($2,9 \times 10^{-5}$)	$1,4 \times 10^{-6}$ ($1,5 \times 10^{-5}$)	
Óleos – 38 °C (100 °F) SAE 10W[(4)]	870 (1,69)	0,87	8.530 (54,4)	$3,6 \times 10^{-2}$ ($7,5 \times 10^{-4}$)	$4,1 \times 10^{-5}$ ($4,4 \times 10^{-4}$)	
SAE 10W-30[(4)]	880 (1,71)	0,88	8.630 (55,1)	$6,7 \times 10^{-2}$ ($1,4 \times 10^{-3}$)	$7,6 \times 10^{-5}$ ($8,2 \times 10^{-4}$)	
SAE 30[(4)]	880 (1,71)	0,88	8.630 (55,1)	$1,0 \times 10^{-1}$ ($2,1 \times 10^{-3}$)	$1,1 \times 10^{-4}$ ($1,2 \times 10^{-3}$)	

*Valores da tensão superficial líquido-ar.

Fontes dos Dados: (1) V. L. Streeter, *Handbook of Fluid Dynamics*, McGraw-Hill, New York, 1961; (2) V. L. Streeter, *Fluid Mechanics*, 4th ed., McGraw-Hill, New York, 1966; (3) A. A. Newman, *Glycerol*, CRC Press, Cleveland, 1968; (4) R. E. Bolz and G. L. Tuve, *Handbook of Tables for Applied Engineering Sciences*, CRC Press, Cleveland, 1973.

TABELA A.5 Propriedades Físicas Aproximadas da Água* à Pressão Atmosférica

Temperatura	Densidade	Peso Específico	Viscosidade Dinâmica	Viscosidade Cinemática	Pressão de Vapor
	kg/m^3	N/m^3	$N \cdot s/m^2$	m^2/s	N/m^2 abs
0°C	1000	9810	$1,79 \times 10^{-3}$	$1,79 \times 10^{-6}$	611
5°C	1000	9810	$1,51 \times 10^{-3}$	$1,51 \times 10^{-6}$	872
10°C	1000	9810	$1,31 \times 10^{-3}$	$1,31 \times 10^{-6}$	1.230
15°C	999	9800	$1,14 \times 10^{-3}$	$1,14 \times 10^{-6}$	1.700
20°C	998	9790	$1,00 \times 10^{-3}$	$1,00 \times 10^{-6}$	2.340
25°C	997	9781	$8,91 \times 10^{-4}$	$8,94 \times 10^{-7}$	3.170
30°C	996	9771	$7,97 \times 10^{-4}$	$8,00 \times 10^{-7}$	4.250
35°C	994	9751	$7,20 \times 10^{-4}$	$7,24 \times 10^{-7}$	5.630
40°C	992	9732	$6,53 \times 10^{-4}$	$6,58 \times 10^{-7}$	7.380
50°C	988	9693	$5,47 \times 10^{-4}$	$5,53 \times 10^{-7}$	12.300
60°C	983	9643	$4,66 \times 10^{-4}$	$4,74 \times 10^{-7}$	20.000
70°C	978	9594	$4,04 \times 10^{-4}$	$4,13 \times 10^{-7}$	31.200
80°C	972	9535	$3,54 \times 10^{-4}$	$3,64 \times 10^{-7}$	47.400
90°C	965	9467	$3,15 \times 10^{-4}$	$3,26 \times 10^{-7}$	70.100
100°C	958	9398	$2,82 \times 10^{-4}$	$2,94 \times 10^{-7}$	101.300
	$slugs/ft^3$	lbf/ft^3	$lbf\text{-}s/ft^2$	ft^2/s	psia
40°F	1,94	62,43	$3,23 \times 10^{-5}$	$1,66 \times 10^{-5}$	0,122
50°F	1,94	62,40	$2,73 \times 10^{-5}$	$1,41 \times 10^{-5}$	0,178
60°F	1,94	62,37	$2,36 \times 10^{-5}$	$1,22 \times 10^{-5}$	0,256
70°F	1,94	62,30	$2,05 \times 10^{-5}$	$1,06 \times 10^{-5}$	0,363
80°F	1,93	62,22	$1,80 \times 10^{-5}$	$0,930 \times 10^{-5}$	0,506
100°F	1,93	62,00	$1,42 \times 10^{-5}$	$0,739 \times 10^{-5}$	0,949
120°F	1,92	61,72	$1,17 \times 10^{-5}$	$0,609 \times 10^{-5}$	1,69
140°F	1,91	61,38	$0,981 \times 10^{-5}$	$0,514 \times 10^{-5}$	2,89
160°F	1,90	61,00	$0,838 \times 10^{-5}$	$0,442 \times 10^{-5}$	4,74
180°F	1,88	60,58	$0,726 \times 10^{-5}$	$0,385 \times 10^{-5}$	7,51
200°F	1,87	60,12	$0,637 \times 10^{-5}$	$0,341 \times 10^{-5}$	11,53
212°F	1,86	59,83	$0,593 \times 10^{-5}$	$0,319 \times 10^{-5}$	14,70

*Notas: O módulo volumétrico E_v da água é de aproximadamente 2,2 GPa ($3,2 \times 10^5$ psi).

Fontes dos Dados: R. E. Bolz and G. L. Tuve, *Handbook of Tables for Applied Engineering Science*, CRC Press, Inc., Cleveland, 1973.

Respostas

Respostas a Problemas com Número Par

Capítulo 1

1.8 (b)

1.10 Força de superfície

1.18 (b)

1.20 $\rho = 2{,}78 \times 10^{-3}\,\dfrac{\text{slug}}{\text{ft}^3}$

1.24 Não. Ao invés, $p_2 = 1{,}2\,p_1$.

1.26 $\rho_{CO_2} = 1{,}66$ kg/m³, $\gamma_{CO_2} = 16{,}3$ N/m³

1.28 $D = 1{,}50$ ft

1.30 $\dfrac{\rho_{\text{água}}}{\rho_{\text{ar}}} = 253$

1.32 $m_{liberado} = 31{,}9$ kg

1.34 $m = 5{,}23 \times 10^8$ slug $= 7{,}63 \times 10^9$ kg

1.38 (a) e (b)

1.40 $\rho = 0{,}253$ lbm/ft³

1.42 (a) $F = 100$ N (b) $F = 3{,}11$ lbf (c) $F = 445$ N

1.44 $C =$ US\$ 10.900

1.46 ML^2/T^2, M/LT, M, L^3/T, L^2/T

1.48 Dimensões: massa, energia/tempo, pressão; Unidades: slug, kg, metros, cavalo-vapor, pascal

1.50 (a) $\frac{M}{LT^2}$ (b) $\frac{M \cdot L^2}{T^2}$ (c) $\frac{ML^2}{T^3}$ (d) adimensional

1.52 (a) $\frac{ML}{T^2}$ (b) $\frac{ML}{T^2}$

Capítulo 2

2.2 (a) Tabela A.4 (b) Tabela A.3 (c) Tabela A.4

2.4 (a) Tabela A.4 (b) Tabela A.5

2.6 (a)

2.8 (a)

2.10 Para a água: $\Delta\mu = -9{,}95 \times 10^{-4}$ N·s/m², $\Delta\rho = -35$ kg/m³. Para o ar: $\Delta\mu = 3{,}70 \times 10^{-6}$ N·s/m², $\Delta\rho = -0{,}28$ kg/m³.

2.12 Óleo: $\mu = 4{,}0 \times 10^{-2}$, $\nu = 4{,}5 \times 10^{-5}$. Querosene: $\mu = 1{,}0 \times 10^{-3}$, $\nu = 1{,}5 \times 10^{-6}$. Água: $\mu = 5{,}47 \times 10^{-4}$, $\nu = 5{,}53 \times 10^{-7}$.

2.14 $\mu_{\text{ar}} = 1{,}91 \times 10^{-5}\,\dfrac{\text{N}\cdot\text{s}}{\text{m}^2}$, $\nu_{\text{ar}} = 10{,}1 \times 10^{-5}\text{m}^2/\text{s}$,
$\mu_{\text{água}} = 6{,}53 \times 10^{-5}$ N·s/m², $\nu_{\text{água}} = 6{,}58 \times 10^{-7}$m²/s

2.16 (b) e (d)

2.18 SI: 13,55, 133.000 N/m³, 13.550 kg/m³. Tradicional: 13,55, 847 lbf/ft³; 26,3 slug/ft³.

2.20 (c)

2.22 $\forall_{final} = 4290$ cm³

2.24 (a)

2.26 (b)

2.28 (b)

2.30 (a) $\mu = 3 \times 10^{-4}\,\frac{\text{lbf}\cdot\text{s}}{\text{in}^2} = 4{,}32 \times 10^{-2}\,\frac{\text{lbf}\cdot\text{s}}{\text{ft}^2}$
(b) $\mu = 2{,}067\,\frac{\text{N}\cdot\text{s}}{\text{m}^2}$
(c) mais

2.32 $\tau\,(y = 1\text{ mm}) = 1{,}49$ Pa

2.34 $\tau_{\text{máx}} = 1{,}0$ N/m²; a meio caminho entre os dois limites

2.36 $\tau = 0{,}300$ lbf/ft²

2.38 (a) $\tau_{\text{máx}}$ ocorre em $y = H$.
(b) $y = \dfrac{H}{2} - \dfrac{\mu u_t}{H dp/ds}$
(c) $u_t = (1/2\mu)\dfrac{dp}{ds}H^2$

2.40 (a) $\dfrac{\tau_2}{\tau_3} = \dfrac{2}{3}$ (b) $V = 0{,}06$ m/s
(c) $\tau = 0{,}30$ N/m²

2.44 $p = \dfrac{4\sigma}{d}$

2.46 $m = 0{,}268$ g

2.48 $h = 14{,}9$ mm

2.52 (a)

2.54 $\sigma = 0{,}0961$ N/m

2.56 (a)

2.58 A água não irá ferver

Capítulo 3

3.2 (a) $\rho = 0{,}181$ kg/m³
(b) $\rho = 0{,}268$ kg/m³

3.4 $P_{abs} = 341$ kPa abs

3.6 (a) $\frac{W_2}{W_1} = \left(\frac{D_2}{D_1}\right)^2$
(b) $(D_2/D_1) = \sqrt{300.000}$; selecione um D_1 e um D_2 de forma correspondente.

3.8 (a) e (c)

3.10 (a) água; (b) $p = -\gamma z$

3.14 A altura diminui; $\Delta h = 2{,}55$ m

3.16 $SG_{\text{óleo}} = 0{,}87$; $p_c = 72{,}6$ kPa man

3.18 $F_2 = 2310$ N

3.20 $p = 490$ kPa man; $\dfrac{p_{50}}{p_{\text{atm}}} = 5{,}83$

3.22 $\Delta\ell = 0{,}0824$ m

3.24 $h_2 = \frac{4w}{(SG)(\gamma_{\text{água}})(\pi D_1^2)}$

3.26 $p_{\text{máx}} = 128$ kPa, no fundo do líquido com $SG = 3$; $F_{CD} = 98{,}1$ kN

3.28 $\forall_{\text{adicionado}} = 29{,}6\ \text{in}^3$

3.30 $d = 2{,}80$ m

3.32 (a)

3.34 (c)

3.36 $p_A = 591$ Pa man

3.38 $p_{\text{recipiente}} = 891$ Pa man

3.40 $p_A = 5{,}72$ psig; $p_A = 39{,}5$ kPa man

3.42 Água: 468 mm; Mercúrio: 121 mm; $p_3 = p_{\text{máx}} = 16{,}1$ kPa man

3.44 $p_A - p_B = 4{,}17$ kPa; $h_A - h_B = -0{,}50$ m

3.46 $p_A - p_B = 108$ psf; $h_A - h_B = 3{,}32$ ft

3.50 Parte 1 (b); Parte 2 (c)

3.52 (a) Tanque 1 (b) Tanque 2

3.54 (a) $F = 22{,}1$ kN (b) Distância $= 0{,}50$ m

3.56 'a', 'b', e 'e'

3.58 $F = 11{,}9$ kN; $y_{cp} - \bar{y} = 14{,}8$ mm

3.60 $F = 1930$ lbf

3.62 $R_A = 557$ kN

3.64 $h = \ell/3$

3.66 Ficará na posição

3.68 $F = \dfrac{5\gamma W h^2}{3\sqrt{3}}$; $\dfrac{R_T}{F} = \dfrac{3}{10}$

3.70 Instável

3.72 $F_h = 2465$ N; $F_v = 321$ N

3.74 (a) todos são iguais

(b) nenhuma mudança

(c) a preenchida com aço afunda, a preenchida com água é neutra, a preenchida com ar sobe

3.76 $SG > 19{,}0$; sim

3.78 (c)

3.80 O navio irá subir; $\Delta h = 0{,}343$ ft

3.82 $\forall = 31{,}6$ L; $\gamma_{\text{bloco}} = 22{,}1\ \text{kN/m}^3$

3.84 $L = 2{,}24$ m

3.86 $\Delta\forall = 0{,}854\ \text{m}^3$

3.88 $\rho_{\text{madeira}} = 556\ \text{kg/m}^3$

3.90 $SG = 0{,}89$

3.92 Pesos das esferas, mN: 5,19, 5,24, 5,29, 5,34, 5,38, 5,44

3.94 $\dfrac{\ell}{w} = 0{,}211$; $SG = 0{,}211$

3.96 Instável

3.98 Instável

Capítulo 4

4.2 Linha de emissão

4.4 (c)

4.8 (b)

4.10 As condições favorecem laminar

4.14 (b) e (d)

4.16 Escoamento permanente: $\partial V_s/\partial t = 0$; escoamento transiente: $\partial V_s/\partial t \neq 0$; escoamento uniforme: $\partial V_s/\partial s = 0$; escoamento não uniforme: $\partial V_s/\partial s \neq 0$

4.18 Não

4.20 (d)

4.22 (b)

4.24 $a_x = \left(3U_0^2 \dfrac{r_0^3}{x^4}\right)\left(1 - \dfrac{r_0^3}{x^3}\right)$

4.26 $a_c = 5{,}48\ \text{ft/s}^2$

4.28 $a_\ell = 3{,}56\ \text{ft/s}^2$; $a_c = 9{,}48\ \text{ft/s}^2$

4.32 $\dfrac{\partial p}{\partial z} = -70{,}8\ \text{lbf/ft}^3$

4.34 $a_s = 66{,}8\ \text{ft/s}^2$

4.36 $p_{\text{montante}} = 490$ kPa man

4.38 $\dfrac{\partial p}{\partial x} = -5330$ psf/ft

4.40 $p_B - p_A = 12{,}7$ kPa; $p_C - p_A = 44{,}6$ kPa

4.42 'a' e 'c'

4.44 $V_2 = 6{,}76$ m/s

4.46 $V_1 = 3{,}78$ m/s

4.48 $V = 231$ ft/s

4.50 $h = 2{,}22$ m

4.52 (b)

4.54 $V = 69{,}3$ m/s

4.56 $V = 1210$ ft/s

4.58 $V_0 = 1{,}66$ m/s

4.60 $p_B - p_C = 66{,}5$ kPa

4.62 $V_0 = 9{,}19$ m/s

4.68 Irrotacional

4.70 Irrotacional

4.72 $z_2 - z_1 = 0{,}045$ m

4.74 $p_A = 154$ kPa man

4.76 (c)

4.78 $p_2 - p_1 = 0{,}960$ kPa

4.80 (c)

4.84 $p = -4{,}98$ psig

4.86 $a_r = 88.800\ \text{m/s}^2$; $FCR = 9060$

4.88 $\omega = 6{,}26$ rad/s

4.90 $a_n = 4g$

4.92 $F = 15{,}7$ N

4.94 $z_2 = 12{,}6$ m

Capítulo 5

5.4 (c)

5.6 $V = 0{,}996$ m/s

5.8 $Q = 12{,}6\ \text{m}^3\text{/s}$; $Q = 445$ cfs

5.10 $\dot{m} = 5{,}71$ kg/s

5.12 $\frac{\bar{V}}{V_o} = \frac{1}{3}$

5.14 $Q = 138$ cfs; $Q = 62.100$ gpm

5.16 (a) $Q = 5$ m³/s (b) $V = 5$ m/s (c) $\dot{m} = 9{,}5$ kg/s

5.18 $Q = 0{,}743$ m³/s

5.20 $Q = 0{,}136$ m³/s

5.22 $V_{porto} = 13{,}1$ ft/s

5.24 $Q = 1$ cfs

5.26 $V = 0{,}230$ ft/s

5.28 $Q = 0{,}0849$ cfs; $Q = 37{,}9$ gpm

5.30 $Q = 0{,}110$ m³/s

5.34 (a) extensiva (b) extensiva (c) intensiva (d) extensiva (e) intensiva

5.40 (a), (b), (c), (d) e (e)

5.42 (a)

5.44 Não. A explicação é baseada na equação da continuidade.

5.46 (a) m e ρ irão ambos ↓.
(b) A partir da lei dos gases ideais, com T constante, ↓ ρ leva a ↓ p.

5.48 Subindo

5.50 $p_2 = 311$ kPa

5.52 (a) Em A, $a_c = \dfrac{-Q^2}{r(2\pi rh)^2}$ (b) $a_c = -12.700$ m/s²
(c) $V_{tubo} = 48{,}4$ m/s

5.54 $V_{entrada} = 4{,}47$ m/s

5.56 $V_R = (2/3)$ ft/s

5.58 $Q_A = 0{,}388$ m³/s, $Q_{18\,cm} = 0{,}0621$ m³/s

5.60 $V_B = 5{,}00$ m/s

5.62 $Q_B = +3{,}33$ cfm; saindo

5.64 Subindo; $\frac{dh}{dt} = 1/8$ ft/s

5.66 $Q_p = 7{,}5$ cfs

5.68 $\dot{m} = 7{,}18$ slug/s; $V_C = 20{,}4$ ft/s; $SG = 0{,}925$

5.70 $V = 6{,}95$ m/s

5.72 (a) $Q = 0{,}658A_o\sqrt{\dfrac{2(p_1 - p_2)}{\rho}}$

5.74 $t = 9$ h 6 min

5.76 $\Delta t = 621$ s ou 10,3 min; $\Delta t = 20{,}1$ min

5.80 $\rho_s = 0{,}0676$ kg/m³

5.82 (b)

5.84 $p_B = 18{,}1$ lbf/in²

5.86 $Q_f = 0{,}228$ L/min; $\frac{Q_l}{Q_l + Q_w} = 0{,}028$ (ou 2,8%)

5.90 $Q = 84.400$ cfm

5.96 $V_o = 23{,}9$ ft/s

5.98 $V_0 = 39{,}6$ ft/s

Capítulo 6

6.4 (a) DM (b) DF (c) DF (d) DF, se significativo (e) DF

6.6 $F = 0{,}869$ N

6.8 (a) Verdadeiro (b) Falso

6.10 $\mu = 0{,}239$

6.12 $v_1 = 30{,}9$ ft/s

6.14 $F_1 = 182$ N; $F_2 = 169$ N; F_1 é ligeiramente maior.

6.16 $\dot{m} = 200$ kg/s; $D = 7{,}14$ cm

6.18 $p_{ar} = 8{,}25$ atm

6.20 $T = 946$ lbf

6.24 $F_x = -331$ lbs (atua para a esquerda);
$F_y = -85$ lbf (atua para baixo)

6.26 $\mathbf{F} = (9{,}99\ \text{lbf})\mathbf{i} + (37{,}3\ \text{lbf})\mathbf{j}$

6.28 $v = 0{,}774$ m/s

6.30 $h = 3{,}21$ m

6.32 $\mathbf{F}$ (água sobre a palheta) = $(25.200\,\mathbf{i} + 5720\,\mathbf{j})$ N

6.34 $F_x = 11{,}9$ kN (atuando para a esquerda)

6.36 $a_s = -80$ m/s²

6.38 $D = 91{,}8$ lbf, $L = 5260$ lbf

6.40 $v_2 = 50{,}8$ ft/s

6.42 $F = -4310$ lbf (atua para a esquerda)

6.44 $F_x = -6080$ lbf

6.46 $F = 1{,}02$ MN

6.48 (a) $p_{man} = 13{,}3$ kPa (b) $F_x = -1{,}38$ kN/m

6.50 $\mathbf{F} = (-491\,\mathbf{i} - 14{,}7\,\mathbf{j})$ lbf

6.52 $\mathbf{F} = (-36{,}8\,\mathbf{i} + 119\,\mathbf{j})$ N

6.54 (d)

6.56 $\mathbf{F} = (-14{,}1\mathbf{i} + 0\,\mathbf{j} + 1{,}38\,\mathbf{k})$ kN

6.58 $\mathbf{F} = (-1030\mathbf{i} - 356\,\mathbf{j} + 287\,\mathbf{k})$ lbf

6.60 $F_a = 2470$ lbf

6.62 $F_y = 12.200$ lbf (atuando para baixo)

6.64 $F_x = 3350$ lbf (atuando para a esquerda, oposto ao escoamento de entrada)

6.66 $F_x = -1380$ N

6.68 $F_x = -272$ lbf (atuando para a esquerda)

6.70 $F_x = -7{,}76$ kN (atua para a esquerda), $F_y = -1{,}8$ kN (atua para baixo)

6.72 $F_x = -49{,}7$ kN

6.74 $F_\tau = \frac{\pi D^2}{4}[p_1 - p_2 - (1/3)\rho U^2]$

6.76 $T = 688$ N (atuando para a direita)

6.80 $T = 15{,}3$ kN (para a esquerda)

6.82 $a_r = 0{,}112$ ft/s²; $\dfrac{a_r}{g_c} = 0{,}0035$

6.84 $F_r = 100$ N (atuando para a esquerda)

6.86 $\Delta t = 2{,}22$ s

6.88 $\mathbf{F} = (465\,\mathbf{j} - 1530\,\mathbf{k})$ N; $\mathbf{T} = (16{,}3\,\mathbf{j} - 413\,\mathbf{k})$ N·m

6.90 $\mathbf{F} = (12{,}1\,\mathbf{i} - 3{,}1\,\mathbf{j})$ kN; $\mathbf{M} = (-2{,}54\,\mathbf{k})$ kN·m

6.92 $P = 3{,}83$ hp

Capítulo 7

7.4 'a', 'd', 'f' e 'g'

7.8 a

7.12 (a) $\alpha = 1{,}0$ (b) $\alpha > 1{,}0$ (c) $\alpha > 1{,}0$ (d) $\alpha > 1{,}0$

7.14 $\alpha = \frac{27}{20}$

7.16 $Q = 0{,}311$ m³/s; $p_B = 86{,}4$ kPa man

7.18 $p_A = -437$ psfg; $V_2 = 34{,}0$ ft/s

7.20 $\frac{p_2}{\gamma} = 38{,}0$ m

7.22 $p_A - p_B = 12{,}4$ kPa diferencial

7.24 $K_L = 2{,}57$

7.26 $Q = 5{,}03 \times 10^{-3}$ m³/s

7.28 $p_1 = 118$ Pa man

7.30 $h_L = 3{,}64$ ft; $p_B = -3{,}51$ psig

7.32 Profundidade = 6,78 m

7.34 $Q = 0{,}302$ m³/s

7.36 $t = 6{,}63$ h

7.38 $\Delta p = 19{,}6$ kPa; $\dot{W}_p = P = 692$ W

7.40 $P = 1{,}76$ MW

7.42 $P = 24{,}1$ hp

7.44 $P = 61{,}6$ kW

7.46 $P = 1470$ hp $= 1{,}10$ MW

7.50 $h = 119$ ft

7.52 $\dot{W} = P = 309$ hp

7.54 $h_L = 0{,}975$ ft

7.56 $h_L = 0{,}125$ m

7.58 $Q = 0{,}0149$ m³/s

7.60 $F_i = 11{,}7$ lbf atuando para a esquerda

7.62 $F_{\text{parede}} = 198$ lbf atuando para cima

7.64 $p_{80} = 1210$ kPa man; $F_x = -910$ kN

7.66 (b), (c) e (d)

7.68 (a) Da direita para esquerda (b) Bomba
(c) Tubo CA é menor − LE mais inclinada (e) Não

7.72 $h_b = 8{,}00$ m

7.74 (a) $Q = 1{,}99$ m³/s
(b) Esboço
(c) Fundo do tubo antes do bocal
(d) Ponto mais alto na curva
(e) $p_{\text{máx}} = 373$ kPa man, e $p_{\text{mín}} = -82{,}6$ kPa man

7.76 $P = 9260$ hp, esboço

7.78 $Q = 0{,}0735$ m³/s

7.80 $Q = 6{,}96$ m³/s; $p_P = 78{,}5$ kPa man

7.82 $z_L = 129$ ft

7.84 $Q = 0{,}523$ m³/s; $p_m = -392$ kPa man

Capítulo 8

8.2 Três variáveis adimensionais (ou três grupos π)

8.4 (a) Homogênea (b) Não homogênea
(c) Homogênea (d) Homogênea

8.6 $\frac{\Delta h}{d} = f\left(\frac{D}{d}, \frac{\gamma t^2}{\rho d}, \frac{h_1}{d}\right)$, ou $\frac{\Delta h}{d} = f\left(\frac{d}{D}, \frac{g t^2}{d}, \frac{h_1}{d}\right)$

8.8 $C = \frac{F_D}{\mu V d}$

8.10 $C = \frac{\Delta p}{\Delta \ell}\frac{D^2}{\mu V}$, ou $\frac{\Delta p}{\Delta \ell} = C\frac{\mu V}{D^2}$

8.12 $F/(\rho c^2 \lambda^2) = f(D/\lambda)$, ou $F/(\rho c^2 D^2) = f(D/\lambda)$

8.14 $\frac{P}{\rho D^5 n^3} = f\left(\frac{Q}{nD^3}\right)$; trace a potência adimensional $(P/\rho D^5 n^3)$ sobre o eixo vertical, a vazão adimensional (Q/nD^3) sobre o eixo horizontal

8.16 $\frac{V}{\sqrt{gD}} = f\left(\frac{V\rho_p D}{\mu}, \frac{\rho_f}{\rho_p}\right)$

8.18 $\frac{Q}{\omega D^3} = f\left(\frac{\mu}{\omega \rho D^2}, \frac{\Delta p/\Delta l}{\rho \omega^2 D}\right)$

8.20 $\frac{Q}{ND^3} = f\left(\frac{h_p}{D}, \frac{\mu}{\rho N D^2}, \frac{g}{N^2 D}\right)$

8.24 (a) We (b) Re (c) Fr (d) M (e) Fr
(f) We (g) Re (h) M

8.30 $U_m = 13{,}6$ m/s; $\frac{F_{D,m}}{F_{D,p}} = 0{,}504$

8.32 $V_w = 0{,}10$ m/s

8.34 $\frac{Q_m}{Q_p} = \frac{1}{10}$; $\Delta p_p = 4{,}0$ kPa

8.36 $F_p = 7{,}58$ lbf $= 33{,}7$ N

8.38 $\rho_m = 10{,}5$ kg/m³

8.40 c

8.42 Re = 25.200, $F_D = 20{,}4 \times 10^{-3}$ N; $P = 16{,}3 \times 10^{-3}$ W

8.44 $V_m = 9{,}0$ m/s

8.46 $V_{\text{túnel}} = 25$ m/s; $F_D = F_{\text{prot.}} = 2400$ N

8.48 $Q_m = 0{,}0455$ m³/s; $C_p = 1{,}07$

8.50 $F_p = 25$ kN

8.52 $d = 0{,}913$ mm

8.54 $h_p = 1{,}6$ m; $t_p = 8{,}94$ s

8.56 $V_m = 13{,}27$ m/s $= 47{,}8$ km/h

8.58 $V_p = 20{,}2$ ft/s; $Q_p = 35.700$ ft³/s

8.60 $t_p = 5$ min; $Q_p = 312$ m³/s

8.62 $F_p = 3{,}83$ MN

8.64 $L_m/L_p = 1/31{,}4 = 0{,}0318$

8.66 $p_{\text{parede barlavento}} = 1{,}93$ kPa man;
$p_{\text{parede lateral}} = 1929$ Pa man $\times (-2{,}7) = -5{,}21$ kPa man;
$p_{\text{parede sota-vento}} = 1929$ Pa man $\times (-0{,}8) = -1{,}54$ kPa man;
$F_{\text{lateral}} = 48{,}6$ MN

Capítulo 9

9.2 $V = 1{,}38$ m/s

9.4 $\mu = 3{,}44 \times 10^{-2}$ N·s/m²

9.6 (a) $u = \left(\frac{u_{\text{máx}}}{\Delta y}\right) y = 150y$ m/s
(b) rotacional (c) sim (d) $F_s = 180$ N

9.8 $T = 43{,}1$ N·m

9.10 $T = 3{,}45 \times 10^{-3}$ N·m

9.12 (a) gradiente de pressão (b) Linha de centro
(c) Duas paredes (d) Linha de centro

9.14 (a) Falso (b) Falso (c) Falso (d) Verdadeiro

9.16 $u_{\text{máx}} = 0{,}703$ ft/s

9.18 $q = 1{,}57 \times 10^{-4}$ m²/s

9.20 $\frac{dp}{ds} = -464$ psf/ft

9.22 $\frac{dp}{ds} = -6{,}30 \times 10^4$ Pa/m; $P = 3{,}18 \times 10^{-4}$ W

9.24 'a', 'b' e 'd'

9.26 $u = 0{,}23$ m/s

9.28 $u = 0{,}311$ m/s

9.30 Camada-limite mais grossa e reduzido τ

9.32 $\frac{\delta}{x} = 0{,}0071$

9.34 (a)

9.36 (a) $\delta = 3{,}09$ mm (b) $x = 0{,}437$ m (c) $\tau_0 = 1{,}06$ N/m^2

9.40 (a) $F_{s,\text{asa}} = 230$ N (b) $P = 12{,}8$ kW (c) $x_{cr} = 14{,}4$ cm (d) aumento de 16,2%

9.42 $\frac{F_{s,30}}{F_{s,10}} = 2{,}63$

9.44 $T = 124$ N

9.46 $F = 42{,}6$ N

9.48 $F_s = 4{,}17$ N

9.50 $L = 0{,}0845$ m; $F_s/B = 40{,}0$ N/m

9.52 (a) $P_{81,1} = 12{,}1$ kW; $P_{204} = 171$ kW
(b) $F_{s81,1} = 534$ N; $F_{s204} = 3020$ N

9.54 $F_s = 49.100$ lbf

9.56 (a) $F_s = 1{,}85$ MN (b) $P = 17{,}1$ MW (c) $\delta = 2{,}25$ m

9.58 $P = 1{,}62$ hp

Capítulo 10

10.2 Turbulento; $L_e = 8{,}75$ m

10.4 (a) $h_f = 5{,}57$ ft
(b) $D = 0{,}200$ m

10.6 (d)

10.8 (d)

10.10 $\Delta p = 10{,}8$ kPa man

10.12 $f = 0{,}0491$

10.14 (a)

10.16 $f = 1{,}18$; Re $= 54{,}4$; dobrando Q aumentará tanto V quanto h_f por um fator de 2.

10.18 Para baixo; $V = 0{,}90$ m/s

10.20 Re < 2000, portanto, laminar; $f = 0{,}0406$; $\frac{h_f}{L} = 0{,}0096$

10.22 $\Delta p = 0{,}461$ kPa por 10 m de comprimento de tubo

10.24 (d)

10.26 Selecione um tubo com diâmetro nominal de 14 polegadas NPS *Schedule* 40 ($DI = 13{,}1$ in).

10.28 Para baixo, da direita para a esquerda; $f = 0{,}0908$; laminar; $\mu = 0{,}068$ N·s/m^2

10.30 $\Delta p = 321$ Pa diferencial

10.32 Falso

10.34 $f = 0{,}0102$

10.36 $f = 0{,}018$

10.38 (a) $V_{\text{máx}} = 0{,}632$ m/s (b) $f = 0{,}041$ (c) $u_* = 0{,}0358$ m/s (d) $\tau_{25\text{ mm}} = 0{,}513$ N/m^2 (e) Não. Mais próximo a um fator de 4.

10.40 $f = 0{,}0300$

10.42 $p_A = 768$ kPa man

10.44 Quadruplicou

10.46 (e)

10.48 (a) $\Delta p = 29{,}1$ kPa
(b) $h_f = 2{,}97$ m
(c) Potência para superar a perda de carga = 177 W

10.50 $\frac{\Delta p}{L} = 2{,}48$ psf por ft de tubo

10.52 (a) Não. Em seu lugar, um fator de $\sqrt{2}$.
(b) Fator pequeno, não é 2.
(c) Fator de 5,48 quando D é dobrado.

10.54 (a) 1 (b) 3 (c) 2

10.56 $D = 0{,}022$ m

10.58 $V = 3{,}15$ m/s

10.60 $D = 22$ cm (bitola nominal do tubo); $P = 45{,}6$ kW para cada quilômetro de comprimento de tubo

10.62 $K = 15{,}4$

10.64 (e)

10.66 $t = 29{,}7$ s

10.68 (a) $V_2 = 26{,}5$ m/s (b) $h = 35{,}9$ cm

10.70 $P = 38{,}1$ hp

10.72 (b)

10.74 $D \approx 8$ in

10.76 $P = 7{,}07$ kW

10.78 $P = 10{,}1 \times 10^{-4}$ hp

10.80 $Q = 0{,}0129$ m^3/s; $p_A = -92{,}0$ kPa

10.82 $z_1 - z_2 = 44{,}5$ m

10.84 $p_A = 51{,}6$ psig

10.86 $\Delta p_f = 1{,}77$ lbf/ft^2

10.88 $P_{\text{perda}} = 27{,}5$ kW

10.90 $P = 581$ kW

10.92 $Q \approx 2.950$ gpm

10.94 $\frac{V_A}{V_B} = 1{,}26$

10.96 $Q_1 = 2{,}60$ cfs

10.98 Q(tubo de 12 in) = 6,46 cfs; Q(tubo de 14 in) = 7,75 cfs; Q(tubo de 16 in) = 10,8 cfs; $h_{L_{AB}} = 107$ ft

Capítulo 11

11.2 (d)

11.4 Verdadeiro

11.6 (a) Falso. C_D é um grupo π, portanto, adimensional.
(b) Falso. A área projetada é a área do círculo.

11.8 (a) $F_D = 337$ N (b) $V = 35{,}7$ mph

11.10 (d)

11.12 Verdadeiro

11.14 (a) $F_D = 802{,}7$ N (b) $F_D = 177.000$ N

11.16 $V = 19{,}7$ m/s

11.18 $V = 3{,}9$ m/s

11.20 $V = 33{,}5$ m/s

11.22 $F_D = 4720$ lbf

11.24 $F_D = 4{,}14$ kN

11.26 $(5{,}9 \text{ m/s}) \leq V \leq (17{,}7 \text{ m/s})$

11.28 (c)

11.30 Potência adicional = 21,9 hp

11.32 14,7%

11.34 $P = 47{,}2$ kW

11.36 $V_c = 12{,}6$ m/s

11.38 S_{obj}, ($\forall/A$) e C_D

11.40 (e)

11.42 $V_0 = 1{,}47$ m/s

11.44 Acelera; arrasto de forma

11.46 $\gamma_{esfera} = 8750$ N/m^3

11.48 $V = 9{,}13$ m/s

11.50 $V_0 = 3{,}83$ m/s para cima

11.52 (a) $F_L = 4{,}84$ N
(b) $A = 6{,}23 \times 10^3$ mm^2

11.54 (a)

11.56 $b = 18{,}75$ ft

11.58 (d)

11.60 $V = \left[\frac{4}{3}(W/S)^2(1/(\pi\Lambda\rho^2 C_{D_0}))\right]^{1/4}$; $V = 29{,}6$ m/s

11.62 $V_0 = 10{,}5$ m/s; $F_{L/comprimento} = 16.000$ N/m

11.64 $F_D = 4000$ N

Capítulo 12

12.2 (a) $V = 761$ mph (b) $s = 0{,}84$ mi

12.4 $c = 427$ m/s

12.6 $c = 4160$ ft/s

12.8 $T_t = 185$ °C

12.10 (a) $V = 1970$ km/h (b) $T_t = 377$ K $= 104$ °C
(c) $V = 1090$ km/h

12.12 $W = 948$ Pa

12.14 (a) $V = 346$ m/s (b) $p = 177$ kPa (c) $T = 407$ K

12.16 $F_D = 94{,}1$ N

12.18 Não. Impossível, pois iria violar a segunda lei da termodinâmica.

12.20 (a) $M_2 = 0{,}475$ (b) $p_2 = 310$ psia
(c) $T_2 = 1326{,}6$ °R $= 866{,}6$ °F

12.22 (a) $M_2 = 0{,}454$ (b) $p_2 = 680$ kPa, abs
(c) $T_2 = 680$ K $= 407$ °C (d) $\rho_2 = 2{,}55$ kg/m^3

12.26 (a) $\dot{m} = 0{,}0733$ kg/s (b) $\dot{m} = 0{,}0794$ kg/s;
erro = 8,3% (muito alto)

12.28 $p_b = 87{,}2$ kPa abs

12.32 (a) $A_e/A_* = 4{,}45$ (b) $A_T = 29{,}5$ cm^2

12.34 (b) $p = 413$ kPa e $T = -31$°C (c) Superexpandida
(d) $p_t = 174$ kPa

12.36 $M_3 = 0{,}336$; $p_t = 499$ kPa; $p_3 = 461$ kPa

Capítulo 13

13.2 $V = 5{,}01$ m/s

13.4 % erro = 0,1%

13.6 $V \geq 0{,}06$ m/s

13.10 (a) V (b) Q (c) P (d) Q (e) P (f) Q
(g) Q (h) P (i) Q (j) V

13.12 $Q = 3{,}40 \times 10^{-3}$ m^3/s

13.14 $V_{média} = 4{,}33$ m/s; $V_{máx}/V_{média} = 2$; $Q = 0{,}196$ m^3/s

13.16 $C_v = 0{,}975$; $C_c = 0{,}640$; $C_d = 0{,}624$

13.20 $Q = 5{,}01$ cfs

13.22 Deflexão $h_C = h_F = 1{,}82$ m; $\Delta p_C = 225$ kPa;
$\Delta p_F = 222$ kPa

13.24 $Q = 4{,}44 \times 10^{-3}$ m^3/s

13.26 $\Delta p = 1.610$ psf; $P = 32{,}0$ hp; esboço

13.28 $Q = 0{,}0842$ m^3/s

13.32 $d = 0{,}221$ m

13.34 (b)

13.36 $Q = 7{,}6$ cfs

13.38 $Q = 0{,}00124$ m^3/s

13.40 $h_L = 64V_0^2/2g$

13.42 $Q/Q_{normal} = (\rho_{normal}/\rho)^{0,5}$

13.44 $V = (L/\Delta t)[-1 + \sqrt{1 + (c\Delta t/L)^2}$; $V = 22{,}5$ m/s

13.46 $Q = 0{,}325$ m^3/s

13.48 (c)

13.50 $P = 1{,}22$ m

13.52 $H = 0{,}53$ ft, $Q = 2{,}54$ ft^3/s

13.54 $Q = 202$ ft^3/s

13.56 O nível da água está baixando.

13.58 $Q = 6{,}24$ ft^3/s

13.60 $h = 1{,}24$ m

Capítulo 14

14.4 $F_T = 926$ N; $P = 35{,}7$ kW

14.6 $N = 1160$ rpm

14.8 $D = 1{,}71$ m; $V_0 = 89{,}4$ m/s

14.10 $N = 1170$ rpm

14.12 $a = 0{,}783$ m/s^2

14.14 $Q = 0{,}667$ m^3/s

14.16 $Q = 0{,}32$ m^3/s; $P = 13{,}5$ kW

14.18 $Q = 3{,}60$ m^3/s; $\Delta H = 38{,}7$ m; $P = 1710$ kW

14.22 $D = 2{,}07$ m; $P = 27{,}8$ kW

14.26 $\Delta H = 91{,}3$ m; $Q = 0{,}878$ m^3/s

14.28 $Q = 6{,}25$ cfs

14.30 $H_{30} = 73{,}8$ m

14.32 $Q = 0{,}0833$ m^3/s; $\Delta h = 146$ m; $P = 104$ kW

14.36 $N_{ss} = 2.760$, que está muito abaixo de 8.500; portanto, segura.

14.38 Bomba de fluxo radial

14.40 $N = 2070$ rpm

14.44 $P_{ref} = 118{,}0$ kW

14.46 $P_{ref} = 592{,}4$ kW

14.48 $P = 10{,}6$ MW; $D = 2{,}85$ m

14.52 a. $\alpha_1 = 6{,}78°$ b. $P = 88{,}9$ MW c. aumentar β_2

14.54 $\alpha_1 = 13{,}6°$

14.58 $A = 282$ m^2

14.60 $W = 3{,}46$ m

Capítulo 15

15.2 Esboço; $R_h = \frac{b}{2}$

15.4 (c)

15.6 (d)

15.8 $Q = 8{,}91\ m^3/s$

15.10 $Q = 6{,}5\ ft^3/s$

15.12 Equação de DW: $V = 7{,}75$ ft/s; $Q = 1610$ cfs; Equação de Manning: $V = 7{,}05$ fps; $Q = 1470$ cfs

15.14 Manning: $Q = 443$ cfs

15.16 $d = 4{,}29$ ft

15.22 Superficial e $y_2 = 15{,}07$ ft

15.24 Subcrítica

15.26 $E = 1{,}907$ m; $y_2 = 1{,}58$ m

15.28 Supercrítica

15.30 Gráfico; $y_{alt} = 5{,}38$ m; $y_2 = 2{,}33$ m

15.32 (e)

15.34 Elevação = 101 m

15.36 (a) $y_2 = 2{,}49$ m; $\Delta y = -0{,}51$ m (b) $y_2 = 3{,}40$ m; $\Delta y = 0{,}40$ m (c) $z_{passo,\ máx} = 0{,}43$ m

15.38 $\Delta z = 0{,}89$ m

15.40 $y_2 = 1{,}43$ ft

15.42 $V = 6{,}95$ ft/s

15.44 As ondas em águas rasas são mais lentas do que em águas profundas.

15.46 $h_L = 2{,}30$ ft; $P = 4{,}70$ hp; $F_x = -51{,}2$ lbf; isto é, 51,2 lbf oposto à direção do escoamento

15.48 Sim; $y_2 = 5{,}17$ m

15.50 $y_2 = 2{,}09$ m

15.52 $q = 29{,}1\ ft^2/s$

15.54 Sim; a aproximadamente 29 m a montante da comporta; esboço

15.56 Δ Elevação = 1,42 m (aumenta)

15.58 (c)

15.60 Esboço com salto hidráulico; S1 e H2

15.64 $Q = 19{,}2\ m^3/s$

Capítulo 16

16.12 Verdadeiro; Falso; Falso

Índice

GEOGRÁFICA — 2019/1